吴越 著

Basis of Applied Catalysis
应用催化基础

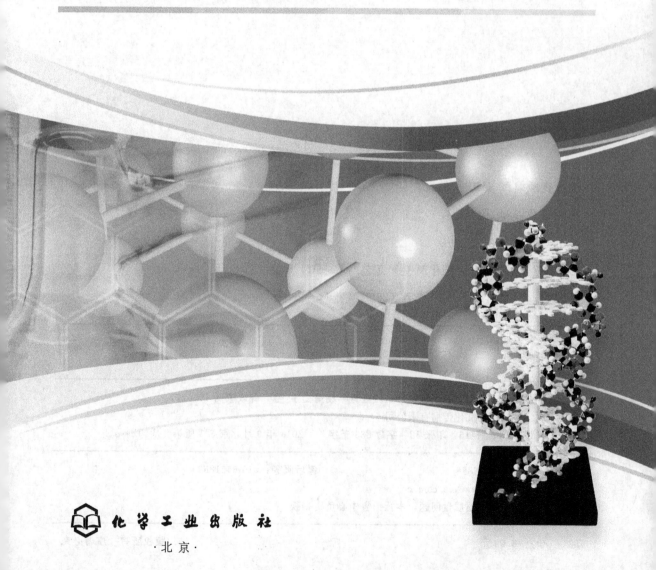

化学工业出版社
·北京·

本书内容精练,全面、系统地阐述了催化工艺开发过程中所涉及的基础问题。

全书共分 4 个部分。前三章为通论部分,即从催化的发展历史、现代催化工业和以化学为基础概括出的共识三个层面,总括了催化的现代成就和水平。第四至九章分类阐述了均相(酸、碱催化,配位催化)催化剂、生物(酶)催化剂、金属(合金)催化剂、酸-碱型氧化物催化剂和氧化-还原型氧化物催化剂等各自的特征和作用本质。第十章根据催化剂的织构、结构和表面性质,扼要介绍了测定这些性质的一些有代表性的表征方法。最后,在催化剂的制备(第十一章)和催化反应工艺(第十二章)中,分别探讨了有望优化实际使用中的催化剂性能的途径。

本书可供科研院所、企业、高等院校中从事与催化有关的研究人员参考,也可作为高等院校本科学生、研究生教学之用。

图书在版编目(CIP)数据

应用催化基础/吴越著.—北京:化学工业出版社,
2008.11(2018.9 重印)
ISBN 978-7-122-03729-9

Ⅰ. 应… Ⅱ. 吴… Ⅲ. 催化剂-生产工艺 Ⅳ. TQ426.6

中国版本图书馆 CIP 数据核字(2008)第 141620 号

责任编辑:成荣霞   装帧设计:张 辉
责任校对:郑 捷

出版发行:化学工业出版社(北京市东城区青年湖南街 13 号 邮政编码 100011)
印 装:北京虎彩文化传播有限公司
787mm×1092mm 1/16 印张 32 字数 833 千字 2018 年 9 月北京第 1 版第 3 次印刷

购书咨询:010-64518888   售后服务:010-64518899
网 址:http://www.cip.com.cn
凡购买本书,如有缺损质量问题,本社销售中心负责调换。

定 价:98.00 元

前　言

　　"催化"是一个应用范围广、实用性强、基础面宽、精髓的理论与实践兼容并蓄的领域。笔者曾在《催化化学》(上、下册)一书中就其化学内涵做过详细阐述,在《现代催化原理》一书中又对当前这个领域内的一些前沿科学问题做过探讨。据业内人士反映,这两本书不太适合学生参考,尤其是工科学生。因此,化学工业出版社希望笔者能在以往工作的基础上,编写这本实用且应用性较强的催化基础方面的书籍。

　　笔者认为,作为一个催化工作者,无论是现在还是将来,所应必备的基础知识应该与开发催化工艺过程有关。众所周知,一个催化工艺的开发,即从催化反应、催化剂的研究到实际生产应用,都要经历几个相互衔接的阶段,循序渐进。开发催化工艺的这种连贯性,主要来之于过程中各阶段有一个共同的基础——化学。根据笔者在《现代催化原理》一书中对"催化"这一学科所作分析:催化的基础是化学。催化按其化学内涵分成:a. 催化化学——以开发"新"催化反应(工艺)和"新"催化剂为目标;b. 催化原理——为了阐明过程的化学本质。即使像催化剂已在开发阶段定型将走向工业化的阶段时,还是要以化学(化学工程学——传质、传热对化学反应的影响)作为研究基础的。由此可见,催化工艺的开发,实际上只是以解决催化剂实际应用中各阶段的问题为目的的。所以,催化工艺的开发过程常常被业内人士界定为应用催化,这是没有错的。《应用催化基础》一书即以此为导向,阐述催化工艺开发过程中所涉及的基础问题。

　　本书分 4 部分,共 12 章。

　　第一部分,通论。从三个层面:a. 催化(应用和基础)的发展历史(第一章);b. 现代重要催化工业(第二章);c. 在"化学"基础上建立起来的一些共识(第三章)。首先阐明了催化科学和技术的现代水平,通过介绍几个有时代特征的催化剂——合成氨催化剂、F-T 合成催化剂、Ziegler-Natta 聚合催化剂、分子筛裂解催化剂和汽车尾气净化催化剂等的开发和催化理论的建立过程,揭示了有许多理由可以用来强调催化科学和技术的兴起和发展,并指出一个不可忽略的推动力是化工产品原材料的更迭:天然植物资源——→煤——→石油(天然气)——→天然植物资源。化工原材料的每一次更迭,都会涌现出不少新的催化工艺、新的催化剂和催化理论的发展。这里特别指出了,当前又面临一种新的抉择,即现在将从天然矿产资源(煤、石油、天然气)向绿色天然资源——绿色化工转化,这将又一次地可能给催化工艺的开发带来新的机遇。

　　催化理论的建立过程更加曲折,现在依然还在求索之中。40 多年前,当人们开始用一些现代技术来研究固体催化剂时,人们抱着过分乐观的心态,扬言"多相催化这块荒地、化学工业的基石以及经验主义留下的一个堡垒,终于不得不开始感觉到高技术的强占而让出道路了"。认为通过超高真空技术和单晶的研究,就可以解决催化的理论问题。几十年过去了,虽然获得了相当成功,催化理论获得了显著的进展,例如,确认了 Fe(111) 晶面是合成氨铁催化剂中最具活性的晶面等。然而,就在最近(1999 年),G. Somorjai 提醒大家:"别忘了 30 年前 Charles Kemball 的警告,单晶方法只是前进中的途径,过于热衷,有可能会把人们自己禁锢在象牙塔的危险中。"他说道:"假如表面科学在催化领域内能够保持它的可信度,那么,现在就是我们离开单晶的舒适世界和转向实际的担载颗粒的时候了。"他相信:"于 1998 年逝世的 Charles Kemball 听到这些也会感到高兴的。"尽管如此,建立现代的催化理论，虽非指日可待，但应该还是可以期望的。

通过这一部分的介绍，还可以看到，"催化"已有扎实的化学基础，介绍的每种已工业化的催化工艺，都含有基础化学、有关工程方面的叙述、原料供应和产品说明。

第二部分，各类催化剂的特点和作用原理。新催化剂的开发，归根到底，只是为一个反应寻找出合适的催化剂，以往这种寻找催化剂的工作被视为是一种技艺，无规律可循。现代催化研究已能把催化剂分类，概括出各类催化剂的特点，并逐渐掌握其作用本质。这些规律对开发新催化剂来说，作为基础，在一定程度上可以起到指导作用。本书将所有催化剂，即从最简单的质子酸 H^+ 催化剂，到较复杂的复合氧化物催化剂以及最复杂的生物催化剂（酶），分成：a. 均相催化——酸、碱催化和配位催化（第四章）；b. 生物催化剂及其催化作用（第五章）；c. 金属（合金）催化剂（第七章）；d. 金属氧化物催化剂（一）——酸-碱型（第八章）；e. 金属氧化物催化剂（二）——氧-还原型（第九章），从催化化学和从催化原理角度分别概括出了各类催化剂的基本特点和作用本质；另外，由于金属（合金）和金属氧化物都是固体催化剂，同为一类"表面功能化的材料"，因此另立一章（第六章），从固体物理和化学的角度总结了这类催化剂的共性。

除此之外，在这一部分中，还对各类催化剂列举了一些正在开发中的、富有应用前景的催化工艺，以扩大读者的视野。

第三部分，催化剂的表征（第十章）。催化工艺的开发，现在已不局限于研究反应条件（温度、压力等）对催化剂性能的影响，催化剂的表征已成为不可或缺的信息。根据第九届国际催化会议（Calgary，Canada，1988）对报告的统计，在约 250 篇报告中，不少于 78% 的研究结果是以催化剂的表征为基础的，其余的 22% 才主要涉及未经表征的催化剂上的反应。催化剂的表征在应用催化研究中已变得越来越重要。

催化剂的表征方法以往一般都按使用方法分类，本书则按催化剂的测定性质分成如下三类。

① 织构（textural）性质。即催化剂的宏观性质，包括表面积、密度、孔结构、孔径大小和孔分布。

② 结构（structural）性质。催化剂的催化性能取决于表面上原子水平上的化学组成和结构，所以不仅要知道有哪些化学元素，而且还要知道这些化学元素在表面上的确切位置和形成什么样的结构才是最具有活性的。在原子水平上进行表征，就需要确定晶体的结构、空间群、晶胞大小、原子坐标和最后原子周围的密度分布等，包括决定主相的化学计量、均一性和氧化态等。显然，这里经常使用的方法有 X 射线衍射分析（XRD）、电子显微镜（TEM、SEM）、红外光谱（IR）和热分析技术等。

③ 表面（surface）性质。为了了解表面过程，即在表面上发生的化学（催化作用），知道表面分子的表面化学键的形成和断裂是必要的。这就需要获得表面上原子和分子的信息，即它们在表面上的精确吸附部位和表面化学键的键强、键长和键角以及这些对反应性能的影响等。所有这些只能通过表面光谱学的研究才能获得。表面光谱因催化剂对光子、电子、中子以及离子的吸收、发射以及散射而有多种方法，这里只能择要地介绍有限的几种，例如以光子、电子能量交换为基础的 LEED、XPS、UPS、AES、EXAFS 和 HREELS 等，以及以离子能量交换为基础的 SIMS 和 LEIS 等。

第四部分，和催化工艺有关的基础。这里着重讨论了两方面的问题。一方面，催化剂的制备和成型（十一章）。从沉淀法、水热合成法、制陶法的一般原理和机理出发，着重介绍了结构单一的催化剂载体（SiO_2、Al_2O_3 和碳）和复合氧化物催化剂（沸石、钙钛石、尖晶石等）以及载担型催化剂的制备方法；对载担型催化剂还特别关注了制法与表面化学之间的关系。整个介绍是分子水平的。另一方面，催化剂的工业应用。这里有许多限制，但本质上都是宏观的。本书给出的是催化反应工艺方面的，涉及的也是这种宏观考虑，仅简要介绍了两种模型反应器和工业反应器中的传输和动力学现象。

限于笔者的水平，加上成书的时间又比较匆促，书中有不当之处在所难免，敬请学者、专家及有关读者不吝赐教，予以批评、指正，不胜感激。

本书得以付梓，全仗化学工业出版社的鼓励和帮助，谨志谢忱。

吴 越
2006 年 8 月 6 日
于中国科学院长春应用化学研究所

出版者的话

吴越先生是我国著名的催化化学家，他长期在中国科学院长春应用化学研究所工作，在催化理论和应用方面造诣颇深，他曾经编写过多部催化化学方面的著作，其中《催化化学》（上、下册）已成为催化领域的经典作品，在国内外具有深远的影响。这部《应用催化基础》是吴先生经过多年精心积累和总结推出的又一力作，本书全面、系统地阐述了催化工艺开发过程中所涉及的基础问题，内容精练。书中既有现代催化文献的归纳与综述，又有作者本人实践工作经验、体会和科研成果的概括与总结，充分反映了催化化学的现状和未来发展趋势，对于从事催化研究和应用的科研人员和工程技术人员，以及从事相关专业教学的师生具有极大的参考价值。

吴先生工作勤奋、严谨。为了早日将他的这部著作奉献给读者，他不顾近 80 岁高龄，笔耕不辍，并在出版合同规定时间内按时交出了书稿。吴先生的稿件，字里行间流露出他的智慧与辛苦。然而，正值我们编辑加工完毕，准备与吴先生处理稿件遗留问题之际，吴先生与世长辞的噩耗晴天霹雳般传到了北京。为了让吴先生的大作早日与读者见面，我们在悲痛之际，经过几番周折，找到了了解吴先生、熟悉吴先生，身为吴先生学生的长春应用化学研究所的杨向光教授，请求他的帮忙。为了完成吴先生的遗愿，完成稿件出书前的后续工作，杨教授爽快地答应了我们的请求。他对我们提出的遗留问题一一作了答复，并对书稿进行了多次反复核校和必要的文字润色。现在，这部《应用催化基础》就要问世了，特此告慰吴越先生的在天之灵。在这里，我们要衷心感谢杨向光教授为本书顺利出版所付出的辛勤劳动。

化学工业出版社

2009 年 1 月

目 录

第一章 催化科学和技术的发展简史[1]

最早记载有"催化现象"的资料，可以追溯到 1597 年由德国炼金术士 Libavius 著的 "Alchymia"一书。而"催化作用"作为一个化学概念，则在这之后数百年，即 1836 年才由瑞典化学家 Berzelius 在他著名的"三元论"基础之上提出来。他认为具有催化作用的物质，除了与一般化合物一样，由电性相异（正、负）的两部分组成（二元）之外，还具有一种称之为催化力（katalytische kraft）的作用力，以和一般的化合物相区别。1894 年，德国化学家 Ostwald 认为催化剂是一种可以改变化学反应速度，而自己又不存在于产物之中的物质。一个世纪以来"催化"作为一门科学，无论在实际上，还是在理论上，都已有了极为丰富的内容，而且还处于不断发展之中，为了能对这门科学的现状，特别是对今后发展绘出一个大概的轮廓，回顾一下催化科学发展的历史不是没有益处的。古人说得好，"要了解科学，就必须知道它的历史（to understand science it is necessary to know it's history——Augusta Comte）"。

第一节 催化概念的产生和形成（1800～1900 年）[2]

催化作用发展成为一个化学概念，首先应该归功于 Berzelius。他将 19 世纪初许多孤立进行的研究概括在一个称之为"催化力"的名词之中，并将"催化力"定义为"物质内在的一种潜在的能把特定温度下还沉睡着的'亲和力'唤醒的能力"。这样的概念在当时被用来解释淀粉糖在酸的作用下转化成糖，过氧化氢在金属上的分解以及分散在酒精中的铂可使乙醇转化成醋酸等。另外，早在 1813 年 Prestley 等人发现红热瓷管中有铁、铜、银、金或铂时才能分解通过的氨。Dobereiner（三元论的创始人）有幸从 Weimar 处获得了一些白金，并把酒精氧化成醋酸[3]，1823 年他把 H_2-O_2 混合气体通过铂时，铂变得很热，几天之后，他把氢通过放在空气中的铂，发现形成了火焰，这一直被认为是第一个点火机，但很快就被安全火柴取代了。

但是，Humphry 是第一个发现金属表面上两种气体间可以发生化学反应的，1817 年他在伦敦皇家学会的报告中，把这一发现描述成"一个新而奇怪的现象"，并将它开发成矿工安全灯。在安全灯中，把细铂丝固定在煤气焰上，当有更多的煤气被导入时，火焰就变得十分明显。Humphry 认为煤气和空气（氧）与热铂丝接触时，就能够无焰地结合，而使铂丝保持热的状态。只有铂丝和钯丝才有效，而铜、银、金和铁的都是无效的。显然，这是催化中关于选择性的最早报道。

在上述实验中，Humphry 得到了 Faraday 的帮助，但他们之间的相对贡献就不清楚了。另外，Edward 在 1820 年制成过具有极高活性的分散铂，甚至可以在室温下作为催化剂。

1932 年 Taylor 于 Faraday 年会上讨论气体在固体上的吸附时强调了 Faraday 对吸附问题的贡献。Faraday 这段时期对吸附工作的推动和他在其它领域内的发现一样，都是非常杰出的[4]。Faraday 基于氢和氧在铂表面反应的研究认为，（吸附）现象与气体和固体内在的吸引力相结合的程度有关。他还研究了对吸附过程的阻碍作用，结论如下：在通常的情况下，铂可使氢和氧结合释放出巨大能量，但外来物质在铂表面上凝缩使之污染并通过阻止氧和氢与铂接触来阻止氧和氢的反应。显然，这是他在吸附和表面中毒领域内早期做出的贡献。

对催化氧化做出显著贡献的还有 Henry（Henry 定律的提出人），但 Dobereiner 是描述使用担载型铂的第一人，在中国黏土制成的球和海绵状铂催化剂上，乙烯可以阻碍氢和一氧化碳混合物的氧化，这就确认了表面中毒的概念。

在 Berzelius 引入催化概念之前，最后一个有明显贡献的是由 Micherlich 于 1833 年作出的，他把通过"接触"物质产生反应进行了概括，其中有醚的形成，醇氧化至乙酸，糖发酵和由醇加热生成乙烯。Berzelius 本人并未参与过催化的研究，和他曾在异构化概念中所作的贡献一样，只是把这一化学领域的实验结果作了概括。通过催化这个名词，描述了别人观察到的现象而已，但却做出了有效的贡献。Liebig 是通过和 Berzelius 通信后，提出了催化剂的功能就在于能克服阻碍不稳定物质进行化学变化和加速自身进行得很慢的过程的（惰性）。Liebig 也是 Berzelius 的批评者，他指出通过催化这个名词创造出一个新的力，这不仅没有说明什么，而且还是有害的，它会阻碍将来的研究。而且，看来，"催化"这个名词 Berzelius 早就是已知的了，其意义取自"分解"。这可以在 1597 年出版的由 Andreas Libavias 著的《炼丹术》"Alchemia"一书中找到。

在讨论 Berzelius 的成就时，Hartley 说过："化学的确很幸运，它正在一年一年地变成独立的科学，同时，知识流的增长如此之快，使它已具备百科全书的意向，这些都是 Berzelius 敏锐的判断所引导的。"

关于催化应用的第一个报告应归功于 Philips，他于 1831 年取得了一项英国专利（No.6069），名为制造通常称之为矾（vitrioe）油的硫酸的改进工艺。另外还有 Kuhlman 于 1838 年在法国 Lille 科学委员会上报告的氨在铂上催化氧化制硝酸的结果。

在催化发展进程中，催化剂和反应速度之间的关系在当时引起过争论，Wilhelmy 通过蔗糖（酸）水解成右旋糖（葡萄糖）和左旋糖（果糖）的反应，使这一概念变得更加明确。他指出，在给定的时间内，反应速度和当时蔗糖的浓度成正比的（$C_{12}H_{22}O_{11} + H_2O \longrightarrow C_6H_{12}O_{12} + C_6H_{12}O_6$）。所以，Ostwald（1909 年 Nobel 奖获得者）声言，根据他的考虑，要引入反应速率（velocity）作为催化过程的判据。因为 1888 年，把催化剂看作在接触下的正在进行的反应的加速剂（或者抑制剂），是和当时催化剂能引发一个反应的观点不相容的。1895 年，他对催化作用给出了更加明确的定义[5]：催化剂是可以改变一个反应的速率，但并不是能调整反应能量因素的物质。

联系到催化和可逆过程之间关系的一个最早的例子是 Lemoine 关于氢碘酸分解（$2HI \longrightarrow H_2 + I_2$，一个多相反应）的研究以及 Bertholet 关于在酯化反应中（均相反应）达到平衡的研究。Lemoine（1877 年）演示了在有铂石棉时，氢碘酸 350℃ 的分解可立即能达到 19%（极限值），但在没有催化剂时，在相同温度和 1atm（1atm=101325Pa）压力下，超过 300h 极限值才达到 18.6%（极限值）。这种平衡关系确立之后，关于催化反应的研究得到了明显推动，并成为现代物理化学发展的主要组成部分。发现反应体系因催化剂作用达到平衡所需的时间要比体系中无催化剂时少得多，但是催化剂并不能移动平衡，因为平衡是和催化剂无关的。这正像 Lewis 和 Falkanstein 分别于 1906 年和 1907 年研究 Deacon 法制氯过程中清晰观察到的那样，随着这种平衡和催化讨论的深入，认为在可逆过程中，催化剂必须同时对正向和反向反应都应加速。例如一个加氢催化剂应该在反向的脱氢反应中也有同等的效果。

第二节　与工业有关的重要催化过程的开发

一、重无机化学工业中的催化过程（1860～1940 年）

合成氨的工业化生产被认为是催化历史上的第一次革命。Rideal 和 Taylor 于 1926 年曾对氢和氮的催化结合认为是现代物理和工程化学的一次最伟大的胜利。在他们所著的《理论和实践中的催化》一书中提供了一份详细的报告。他们认为在 1910 年于 Karlsruhe 会议上报告 Haber-Bosch 过程以前，关于合成氨的研究还有一些重要的进展。更详细的可从 Jenning 编写的 （1991 年）《合成氨：基础和实践》一书中 Kenzi Tamaru 的报告中找到[6]。

1865 年 Deville 观察氨在放电分解时从未发现过程的可逆性。Matignon 在工业化学会的开幕会议上总结专利文献时指出，Dufresne 在 1871 年的一个有关生产氧的专利中说过："在这一操作中有大量的氮生成，为了利用这种气体，我把它通过热的铁，当再通过氢时，它吸收了氮，但放出的却是氨。"这就是 Matignon 所建议的降低氨生产价格的一种方法。

在 Haber 从事合成氨研究之前已有很多关于合成氨的专利，Haber 是 1904 年才从研究氢和氮之间的热力学平衡开始他合成氨工作的，并于 1905 年发表了与此相关的一项报告。尽管 Le Chatelier 早已报道了利用高压来合成氨，但由于偶然爆炸事件，炸死了一名助手，因此不得不中断这一试验。在合成氨成功地实现工业化生产中，Haber 的主要贡献在于他和 Le Rosaigno 共同完成了一批实验数据以及和 Van Oordt 共同确定了平衡数据。他得出结论，只要发现合适的催化剂，在室温下合成氨是可能的。

以后的问题是 Nerst 和 Haber 之间，在什么是正确的平衡浓度，特别是在高压下（30atm）存在着分歧。虽然在 1atm 压力铁和锰催化剂上获得了与平衡数据十分一致的结果，但这一过程是否是在商业上具有生命力依然有待确定，因为在 600℃ 和 200atm 压力下 NH_3 的浓度只有 8%。

BASF 是因该公司的 2 个工程师（Bosch 和 Mittasch）于 1909 年开始和 Haber 合作而对合成氨感兴趣的。1910 年在 Karlsruhe 会议上报告了使用 Os 为催化剂，在 175atm 下合成氨的成功结果。接着 BASF 就开始规划工业化生产氨，但需克服一系列困难，尤其值得提到的是工业规模的高温高压反应器。至于催化剂的制备，Mittasch 通过添加几种助剂使铁催化剂具有更好的性能成为实用催化剂。不过在此之前，已在 6000 个实验中选用了 2000 多种催化剂。

Haber 因成功地合成氨和 Bosch 对工业化学高压技术的贡献分别于 1918 年和 1931 年获得了 Nobel 奖。这里我们不能忘掉 Ostwald，他由于对氮的固定在基础物理化学方面的贡献，也获得了 1909 年的 Nobel 奖。

了解曾经是有机化学家的 Haber 是怎样和在物理化学方面已做出过特殊贡献的 Van't Hoff(1901 年 Nobel 奖获得者）以及 Arrhenius(1903 年 Nobel 奖获得者）和 Ostwald 等人相结合而且迅速发展了新的物理化学领域是很重要的。BASF 由于合成的靛蓝（indigo）在有机化学工业占据主要地位，而 Haber 和 Bosch(还有 Bergius，1931 年 Nobel 奖获得者）却在多相催化方面创造了一个新的地平线。这一发现完全和第一次世界大战期间欧洲处在一个转变时间相适应。第一个合成氨工厂 1915 年建在 Oppau，是通过水煤气在氧化铁上的催化转化（$CO+H_2O \longrightarrow CO_2+H_2$）生成氢，是用空气和焦炭生成氮，每天可生产 20t 氨。

尽管 20 世纪在合成氨生产方面主要依赖于铁基催化剂，但是数十年以前 Tennsion 等人在 BP 实验室发现了碱金属修饰的担载钌催化剂，较传统的铁催化剂具有更明显的优点。

氧化反应在早期发展的化学工业中占有重要地位，这是和 Dobereiner，Faraday 和

Grove 等人的贡献有关的。1812 年 Dobereiner 曾指出，氮的氧化物在二氧化硫氧化中的作用，并建议使用铂石棉作为催化剂。在 1831 年 Philips 可能是在工业规模上最早接受这一建议的。在 1875 年，Squire 和 Mesel 成功地用这一工艺生产出发烟硫酸（oleum）后，该方法才得到了迅速发展。在 19 世纪末变成了制造硫酸的方法，称之为"接触法"。Kneitsch 和 Kraus 受到平衡和动力学概念的影响，在 SO_2 氧化的研究中，他们测定了催化剂对反应速度的影响，理论推动他们用 PtO 和 PtO_2 这样一些起作用的中间化合物，去解释"接触法"的反应机理。

尽管法国化学家 Kuhlmann 在 1837 年已对氨氧化的研究取得了显著进展，直到 1903 年 Ostwald 和 Bauer 发表他们的实验结果后，氨氧化在技术上才得到迅速进展。1920 年，所有氨氧化的工厂都使用了铂作为催化剂。正如 Kohlmann 于 1839 年第一个注意到的，存在铂对氨中杂质的敏感性问题，这里硫化氢和乙炔被认为是有毒的。1914～1920 年，开始了对非铂催化剂的研究，因为铂在战争期间变成了不易获得的资源。在"氧载体"概念的指导下，将那些具有确定结构的几种二元、三元混（复）合氧化物用于氨的氧化。不同的氧化态或者显著的氧化-还原性质乃是一种有效催化剂的重要参数。

二、与石油炼制工业有关的催化过程[5]（1930～1960 年）

催化工业和有机化合物的加氢有着密切的渊源。第一个有关加氢的报告是在 19 世纪末由 Sabatier（获 1912 年 Nobel 奖）提出来的，其中 Senderens 担当着极其重要的角色。此前已有一些关于加氢的研究。例如，由氧化氮催化还原合成氨，是由 Kuhlmann 在 1838 年报告的。1836 年，Debas 报告了在氢的存在下铂黑可以把亚硝基乙酯转化成乙醇和氨。Wilde 于 1874 年指出，不饱和烃是可以被氢化的。

从 1879 年开始，Sabatier 通过在巴黎科学院 Comptes Rendus 上发表一系列论文，企图确认催化加氢，即使用金属作为潜在的加氢催化剂将是一种应用广泛的过程。氢来自水电解过程，催化剂则有在低温下还原的活性铜，还有通过氧化物还原的镍、铁和钴，由于需要在较高温度下才能还原，而很易被烧结。此外，还有铂石棉。这些催化剂可以有效催化以下几个反应是：

① 氮的氧化物：$2NO+5H_2 \longrightarrow 2NH_3+2H_2O$
② 有机硝基化合物：$RNO_2+3H_2 \longrightarrow RNH_2+2H_2O$
$$CH_3NO_2+4H_2 \longrightarrow CH_4+NH_3+2H_2O$$
③ 硝基苯：$C_6H_5NO_2+3Fe+6HCl \longrightarrow C_6H_5NH_2+2H_2O+3FeCl_3$
④ 有机醛：$RCHO+H_2 \longrightarrow RCH_2OH$
⑤ 碳的氧化物：$CO+3H_2 \longrightarrow CH_4+H_2O$；$CO_2+4H_2 \longrightarrow CH_4+2H_2O$

这些研究成了 Sabatier 日后开发油脂加氢硬化工艺过程的基础。

20 世纪 30 年代是催化开始实现技术应用的时代，特别是 Ipatieff 在石油炼制和以石油为原料的化学品工业中的贡献是巨大的。在 Ipatieff 之前，使用的催化剂主要是Ⅷ族元素的金属，但是他在催化宝库中引入了氧化物，如氧化铝。1930 年，他由俄罗斯移民到美国，同时受雇于西北大学化学系和通用油产品公司（UOP），那时他已 60 岁，但依然有着巨大的创造力，开发出了一种可用于丙烯迭合的固体磷酸催化剂，用以生产加入汽油中的添加剂和生产去污剂。在第二次世界大战期间，这个催化剂还被用来生产高品位的轰炸机燃料的重要组分异丙苯。另外，他还发现了烃类的烷基化和异构化反应，以制备高辛烷值的航空汽油，这些成果都是他在通用油产品公司和 Herman Pine 一起完成的。

在西北大学和 Ipatieff 一起工作的 Haensel 在催化重整方面做了大量工作，他是使用镍-

硅胶-氧化铝催化剂进行煤油加氢的第一人，从而产生了将整个汽油馏分在铂催化剂上去硫的概念。由氟化铝制得的氧化铝特别适合于制取高辛烷值汽油，而且不会因碳化严重而失活。1949 年 UOP 在一次会议上用"铂重整"（platforming）命名了这一创新过程。1950 年在美国大约只有 2% 汽油池是来自催化重整的，而在 20 世纪 50 年代后期就增加到了 30%。催化剂中铂含量只含有 3%，尽管在科学和技术上都已相当成功，但却很昂贵。在后期开发的催化剂中，铂的浓度已降低到了 0.2%～0.7%。这一进展主要是由 Chevron 开发出双金属（Pt-Re）催化剂做出的。

Bergius（1931 年获 Nolel 奖）在 Bertholet、Sabatier 和 Ipatieff 等人的工作基础上开发了煤的直接加氢过程。1943 年，德国已有 12 个工厂每年生产达 4 万吨的煤炼油，所用催化剂类似于油精制工业的催化剂。后者是 60 年前由 UOP 公司开发的，其中包括 Ipatieff、Pines 等人的贡献，也可以生产高辛烷值汽油，这种汽油在第二次世界大战中明显地提高了战斗机的作战能力。

高沸点石油的催化裂化可能是对材料加工和催化剂需求最大的工业催化过程。法国化学家 Houdry 在 1924～1928 年开发出一种固定床过程，这里催化剂是活化黏土，并使用了可循环操作的平行反应器。这种固定床过程后来被移动床过程和沸腾床过程所取代。从反应产物的商业价值看，催化裂解的优点远超过热裂解[7]。对催化裂解，Whitemore 第一个提出了正碳离子，就是现在的烷基烯碳正离子机理。

Sun Oil 公司的 Thomas 于 1949 年根据 4 价硅和 3 价铝二者都和氧原子成四面体配位，对 SiO_2-Al_2O_3 催化剂的酸性质作出了解释：为了结构完整（电中性原则），需要补充一个额外的正离子。通过适当的制法，这个正离子可以是氢离子，在这样的情况下，催化剂才是活性的。使用 Hammett 指示剂可以证明 SiO_2-Al_2O_3 催化剂具有大于 90% 硫酸的酸强度，发现其酸性和催化活性之间存在着很好的对应关系。

1944 年 Wagner 等人在 JACS 上发表的论文指出，当异丁烷和 D_2SO_4 反应时，i-C_4H_{10} 中的 9 个氢原子很容易和 D 进行交换，但第十个氢，即活性最高的一个氢却不能。据此他们认为，烯碳正离子是活性物种，它的 9 个氢很容易交换，但是需要从另一个 i-C_4H_{10} 分子转移一个负氢离子（即最后一个氢）才能完成反应链。这个概念和铂重整、异构反应中固体酸催化剂上的反应机理有关。

1942 年，Plank 在 Mobil 公司从事催化裂解的研究时，提出的课题是改进 SiO_2-Al_2O_3 凝胶催化剂，这是 Houdry 改进过的酸处理黏土。这种催化剂比较稳定，活性较强，但选择性不佳。根据 Plank 的意见，如果汽油能在消耗同等的气体和焦炭情况下增加 1%，那么对 Mobil 来说，每年就可增值百万美元。Rosinsky 和 Plank 开始选择了两种材料进行研究，即分子筛沸石和硅铝胶，但是他们的研究立刻将精力集中到沸石的研究上。Weisz 和 Frilette 在 Mobil 考察了商品 NaX 和 CaX 对癸烷的裂解，发现两种催化剂都很活性，不过选择性不同。他们于 1960 年在 JPC 杂志上发表了一个报告，最主要观点是，即使在 SiO_2-Al_2O_3 催化剂结焦失活的情况下，分子筛仍可连续起着催化作用。1964 年 Mobil 对许多种分子筛获得了扩展的专利权。

能反映出 Csicsery[8] 择形催化概念的大多数催化剂是沸石型的分子筛，其理由是很明显的：a. 它们都有一个或多个大小不连续的孔径；b. 这些孔径和有机分子的大小相类似；c. 它们有可交换的阳离子，允许通过引入不同的阳离子以改变其催化性能；d. 如果这些阳离子用 H+ 交换，就可以获得强的酸性。a 和 b 说明可以筛选分子，而性质 c 和 d 则可说明催化的活性。

催化剂的择形性在大多数工艺应用中有利于生成更多希望的异构体，把不需要的分子裂解成较小容易除去的碎片，或者避免发生不希望的反应，如碳化或聚合等。石油加工过程和化学工业一直要求择形催化剂更加活性、更稳定。这需要合成新结构的沸石，或修饰已有的以及通过杂原子的同晶取代来实现。而利用具有光学活性结构的导向剂制备手征性分子筛用作对映选择催化这是沸石化学将来发展目标中的一个方向。

CO 加氢是由 Sabatier 第一个发现的，而 Orlov 则是第一个从中注意到还有烃类生成，1925 年发展成了众所周知的 Fischer-Tropsch(F-T) 催化合成。1974 年原油供应发生危机，又一次激发了对 F-T 合成石油的兴趣。南非的 SASOL 公司是目前全世界唯一进行的煤转化成燃料油生产的企业。室温下，CO 在铁催化剂表面上是解离化学吸附的 (Kishi 和 Roberts，1975 年)，起始步骤并非形成羟化碳烯，该机理的重要组成部分是：CO → C → CH_x → C_nH_{2n}。即通过添加 CH_x 基团，按照 Schulz-Flory 分布一步一步地成长成为产物。Roper 于 1983 年在 Keim 主编的《C1 化学中的催化》一书中对 F-T 合成机理进展做了很好的总结[9]。

由 CO 加氢制甲醇的第一个工业化催化剂是 BASF 1923 年引入的 $ZnO+Cr_2O_3$。1950 年以前 $ZnO+Cr_2O_3$ 一直是甲醇生产的主要催化剂，但存在反应温度高和压力大的缺点。用 CuO/ZnO 体系取代 $ZnO+Cr_2O_3$ 催化剂从 1928 年就已开始了，但是 CuO/ZnO 催化剂的主要问题是很容易为合成原料中的杂质所毒化。一直到 20 世纪六七十年代，ICI 经过仔细精制原料以 $CuO/ZnO/Al_2O_3$ 为催化剂实验了甲醇的低压合成。现在已成为甲醇生产中最有效的工艺。利用此法生产的甲醇几乎已达到全世界甲醇总产量的 80% 以上。

在过去 20 年间，关于合成甲醇的机理有两种思想占主要地位：一是铜的表面积起着决定性的作用，二是通过 CO_2 而不是 CO 的途径合成甲醇。这可通过同位素标记实验也可从 CO_2 通过核心中间化合物甲酸合成甲醇等两个实验得到合理的解释[11]。吸附在铜上的 CO_2 还有相当的争论，但是表面氧和碱金属都能使 CO_2 在它们的存在下转化成活性的可弯曲的阴离子状态 $\overset{-\delta}{CO_2}$ 的重要作用却是已经清楚了的。后者很容易转化成表面甲酸盐 HCOO(a)，而后再按众所周知的甲醇合成中的基元步骤 (在 Twigg 主编的《催化剂手册》中给出) 进行[10]：

$$H_2 \longrightarrow 2H(a)$$
$$CO+O(a) \longrightarrow CO_2(a)$$
$$CO_2(a)+H(a) \longrightarrow HCOO(a)$$
$$HCOO(a)+2H(a) \longrightarrow CH_3O(a)+O(a)$$
$$H(a)+CH_3O(a) \longrightarrow CH_3OH$$
$$H_2(a)+O(a) \longrightarrow H_2O$$
$$H_2O(a)+CO \longrightarrow H_2+CO_2$$

尽管约 90% 的油被用作燃料，只有 10% 用于不同的选择氧化生产，根据产物的重量，Grasselli 曾经估算过，在美国，通过催化生产的约占 90% 的 20 种大众有机化合物，可以归属于 5 种主要反应类型。它们是烷基化 (24%)、多相氧化 (25%)、脱氢 (15%)、合成甲醇 (16%) 和均相氧化 (13%)。另外在多相氧化领域内，还可以概括成以下 5 类[7]：

① 丙烯氧化至丙烯醛、丙烯酸；

② 乙烯环氧化至环氧乙烷；

③ 邻二甲苯氧化至邻苯二甲酸酐；

④ 正丁烷烃氧化至顺丁烯二酸酐；

⑤ 甲醇氧化至甲醛。

1931 年 Lefort 发现了银是乙烯环氧化的催化剂，直至今天，依然是生产环氧乙烷的唯一途径。1937 年由 Union Carbide 公司开发建成了第一个乙烯环氧化工厂。在选择性方面，一个重要的进展是添加了痕量的氯离子和在 1950 年由 Scientific Design Co 开发出的直接氧化过程，以及由 Shell 公司开发的用大量纯氧取代空气的过程，生产的大部分环氧乙烷被水解制成乙二醇。这个反应是独一无二的，一是没有别的金属在选择性方面可以和 Ag 相比，二是对乙烯来说环氧化反应也是独一无二的。在现代的生产工艺中，在 Ag 中添加少量的 Cs 和在原料中添加氯乙烯可以获得最好的选择性，但是通常要损失一些活性。

三、催化作用的物理化学基础（1860～1940 年）

多相催化工艺开发同时，对均相催化反应方面的了解也做了相当多的努力，是为了阐明被认为完全参与气相反应表面的作用。和 Arrhenius(1903 年获 Noel 奖) 提出的分子是怎样被活化的以及引入活化能的概念一样，是 20 世纪内，一直在探讨的问题，即反应的气体分子是怎样被活化的？存在于活性的和非活性分子之间的平衡概念如何理解？温度是怎样影响这个平衡的等。Arrhenius 进一步延伸了这些问题，企图来说明催化剂的影响。起初他假定，在活性和非活性分子之间存在一个动态平衡。那时并不能判定，由 Arrhenius 提出的活性分子就是当时物理学家提出的"激发分子"的假设，是有充分理由的。Arrhenius 原始的实验方程式为：

$$\lg k = -E/(RT) + C$$

式中，$k \propto e^{-E/(RT)}$，通过指数项，把激发分子或者活性分子部分表达了出来；同时，把从非活性状态的分子转化成活性状态需要能量用 E，即反应活化能，也表达了出来。这期间，其它学者把注意力更多地放在固体表面的本质、吸附作用的重要性和存在界面时的能量上，还有对液体和固体表面上的吸附存在着可类比的建议等。1914 年 Eucken 发表了《对吸附作用的理论想法》一文（见 G-M. Schwab 第 8 届国际催化会议. 第 1 卷. 1984）。1916 年，Polanyi 注意到了吸附作用的位能理论，而 Langmuir 则在包括云母和钨丝在内的表面范围内进行了完美的实验。

这一时期，值得一提的还有反映 Langmuir 早在 1912 年就在表面科学方面所做的贡献。那时，他讨论了氢在热的钨丝上解离成原子，以及同一年对钨的一种化学活性修饰进行了描述。这些报告是 Langminir 在通用电气公司的 Schenectady 实验室研究钨灯发射时开始的，而且是有关钨的表面化学最早的系列报告。另外还有关于"极低压力下的化学反应"，这也是由他继续完成的，并于 1915 年引入他的吸附理论。在该报告中，他写道："分子对表面晶格来说将取确定的位置，并因此趋向于在旧的晶格上形成一个新的晶格，任何晶体表面上单位面积都含有一个确定数目的能够吸引一个分子或原子的基元空间"。他由此推导出了"Langmuir 方程"，并用实验数据作了验证。在他的总结报告中写道："这个理论要求在真实吸附的典型情况下，吸附膜在厚度上应该不超过一个分子，这是和通常的观点相矛盾的，引起吸附的力量是典型化学的，同时和化学力在强度以及性质等所有方面都存在极大差别[12]。"

在 Langmuir 的工作汇编（12 卷）中发表的报告表明[13]他在表面科学，重点是化学、物理和工艺方面做出的贡献。Rideal 在第 1 卷的前言中这样写道："Langmuir 的单层及其反应的概念是很令人震惊的，一个接一个的结果正如现在看来是遵循逻辑的，不过，每一步更加像一本书的每一新页，贡献给新的和不能期望的化学世界"。在同一卷中，著名的俄国科学家 Roginsky 也这样称赞 Langmuir："以其明确的原子模型和机理操作性做出了创造性的贡献"，同时注意到了他对催化理论的贡献："较之对催化反应推导出的基本动力学方程更多。"

对实验工作者来说，能够把表面覆盖度和气体压力相关联是特别重要的。这是 Langmuir 通过发展等温线来表示实验数据时完成的，他以存在于蒸发（脱附）和凝缩（吸附）之间的动态平衡模型为依据，推导出了关联微观覆盖度 θ 和气体压力 P 的 Langmuir 方程：

$$\theta = kP/(1-kP)$$

式中，k 是常数。另外，Freumdlich 在 1923 年也导出了一个经验关系式：$\theta = k'P^{1/n}$，式中 k' 和 n 都是常数。

Langmuir 的实验数据在表面化学中还是一座分水岭。他利用在真空中加热至高温以除去钨丝表面的杂质，第一次企图在原子水平上研究洁净表面。他指出氢的吸附速度是和氢压的平方根 $(P_{H_2})^{1/2}$ 成正比的，由此，他推导出了吸附将产生两个吸附的氢原子，即吸附是解离的。

Langmuir 假定，吸附表面是由空间均匀的晶格所组成，而每个晶格就是吸附的位置，同时表面也是均匀的，或者说，在能量上是均匀的。这就立刻清楚了，这里不涉及边、角和不同晶面的那种情况。此后逐渐出现了一些证明：催化反应应在局域的反应中心——活化位上发生，后者在面积上和在反应中暴露的总面积相比是相对小的。1925 年 Richardsen 在热离子发射实验中指出，在整个表面上，电子发射并不均匀，而是发生在局域的斑点上。Langmuir 认为，这些斑点和那些有催化作用的部位之间会有某种程度的联系，因为添加一些毒物就可以停止电子发射和催化反应。

1919 年，Langmuir 和他的助教 Sweetser 研究了氢和氧在热钨丝上的相互作用，创建了一个模型，提出"牢固结合的氧原子是单分子层的"，开创了化学动力学和吸附等温线重要的新纪元，并在以后的表面化学和催化中占据了重要地位。

1932 年在 Oxford 召开的有关"固体对气体的吸附"的 Faraday 讨论会上，许多科学家在这次会议上发表了关于吸附和催化各方面的创造性工作。Rideal 根据分子束对沉积在玻璃上金属原子的研究，间接证明了氧在氧化铜上的侧向移动，固体和气体在吸附时的能量交换，还有 Robert 关于调节系数的工作；Freundlich 讨论了气体吸附的动力学和能量；Frankenburger 和 Hodler 关于氨在钨上催化作用的机理；Bonnhoeffer 和 Farkas 考虑了氢在金属表面上的解离化学吸附；Taylor 和 Sherman 在氧化物表面上的仲氢转化；Polanyi 对吸附理论给出了一个一般的介绍；Lennard-Jones 对吸附作用，用包括弱结合（或者物理吸附）在内的吸附过程的能量变化，给出了理论模型；而 Evans 则改变了吸附分子偏离理想移动的 Lennard-Jones 的模型，直至 20 世纪 70 年代，这依然是讨论化学吸附的有用的方法[14]。

Taylor 在讨论会的引论中提出要对 Langmuir 的吸附等温线、Polanyi 的吸附观点、Freundlich 的吸附等温线以及怎样处理非均一表面、吸附气体的迁移、吸附过程的能量学等加以特别注意。但是，在吸附和表面反应的讨论中，最重要的也许是"活化吸附"的概念以及需要把"活化能"的存在包括在这一讨论之中。他率先指出，能从 Polanyi 和 Erying 对化学动力学的理论处理中学习到很多。

1946 年，Taylor 在被问及第二次世界大战期间催化有哪些进展时说："最后五年（1935~1940 年）内给了多相催化一个工具，这是十分需要的。"他指的是，利用气体物理吸附的实验数据推导出的实验技术，固体的表面积可用 B 点法或是用 Bruner-Emmett-Teller (BET) 方程式(1-1) 进行分析。

$$P/[V(P_0-P)] = 1/(CV_m) + (C-1)/(CV_m P/P_0) \tag{1-1}$$

式中，P_0 表示气体（即 N_2）在吸附温度下的饱和蒸气压；V 表示在压力 P 时的气体吸附的体积；V_m 为单层体积；C 为式(1-2) 给出的常数：

$$C = \frac{a_1 b_2}{a_2 b_1} \exp\left(\frac{E_1 - E_L}{RT}\right) \tag{1-2}$$

式中，E_1 表示第一层的吸附热；E_L 表示吸附质的液化热。这时的指数系数为 1。V_m 能从上式的 $P/[V(P_0 - P)]$ 对 P/P_0 作图获得的直线截距和斜率得到。如果 C 很大（常常是这样）斜率就是 $1/V_m$。当假定吸附质的截面积（对 N_2 为 $15A^2$）就能够计算出表面积。毋庸置疑，尽管 Taylor 是在 50 年前作出的判断，BET 方程果然在催化中产生如此之大的影响，帮助全世界范围内的催化工作者来比较各自的催化剂，而且迄今仍是催化研究中有活力的一种工具。

尽管在 Faraday 会议上已经意识到需要使用洁净的表面来研究中毒现象，Langmuir 也已利用他获得的高真空技术有效地研究了"洁净钨表面上的化学"，但是 Robert 在剑桥的工作，才称得上是一个最早在洁净金属表面上研究的有细微控制的化学吸附。Langmuir（在 1932 年）已经强调过测定调节系数可以作为线状表面上存在吸附分子的灵敏测定器。Roberts 在已化学吸附着氢、氧和氮的钨丝上，研究了一种惰性气体（氖）的能量交换，或者调节系数，为此，他还确定了各自的吸附热。化学吸附按每个表面钨原子大概吸附一个氢原子迅速进行。这一行为和早期由钨粉获得的结果并不一致，在后一种情况下，氢的吸附等压线显示在 75℃处有一最小值，而在 150℃处则有一最大值，而氮在 0℃时竟不吸附。这一结果无疑引起了（粉状）催化剂和洁净金属表面之间有什么不同的讨论。在这种情况下，几年之后激励了 Otto Beeck 在加州的 Shell Emmery Ville 实验室用蒸发金属膜进行了完美的研究[14]。

在 1950 年的 Faraday 讨论会上 Otto Beeck 给出了如下三个报告。第一个是"加氢催化剂"，描述的是乙烯和别的烃类催化加氢的研究。这里，他注意到了催化剂表面的化学性质（电子构型）和最终的物理性质（晶格参数）是怎样影响反应速度的，给出了吸附热、加氢速度和金属能带的 d-规函（%d）轨道之间的关系。第二个报告是和 Ritchie 一起的"晶体参数对加氢和脱氢反应的影响"，描述了在取向不同金属镍蒸发膜上的研究结果，而在讨论会上的第三个工作则是和 Cole 及 Wheeler 共同进行的，描述了使用热量计的技术细节和氢在铁及镍膜上于 23～183℃ 和 196℃时作为表面覆盖度函数时测得的一些数据。

在 Liverpool 的同一个会议上，Taylor 给出了第五个侦探性的纪念演讲"催化作用：回顾和展望"，其中，他强调了以晶格缺陷作用为基础的 Volkinstein 理论已做出的贡献，Schwab 有关合金催化剂的研究以及由 Dowden、Couper 和 Eley 等人提出的催化电子理论[15]。

第三节　表面物理的冲击和新实验方法的诞生[16]（1945～1965 年）

20 世纪 50 年代看到了由于半导体工业发展而激发的表面物理学的迅速成长。早在 1945 年，Otto Beeck 在现代物理评论上发表了他的论文《催化作用对物理学家的挑战》，其中有如下结论："看起来已无可怀疑，多相催化作用的基本问题，不密切关注固体物理，特别是关于表面的结构、能量和熵，那是不可能解决的"。半个多世纪已经过去了，这样的设想，现在已做得怎样？以后又该怎样做？有哪些没有改变？一个意识到的突出问题，就是要发展超高真空技术，制备完好确定的表面，并且能够对它进行表征。那个时候的思想状态可以用 1956 年在 Pennsylvania 大学召开的半导体表面物理会议来说明，会议的论文集已由 Kingston 主编，Oxford 大学出版社于 1957 年出版。其中，Weisz 的论文一般性地谈到分子吸附时发生的电子交换过程，给物理学家和化学家指出了有共同的基础。Hauffe 和 Schwab 广泛地讨论了有关半导体表面的理论和实验。而 Gabrera-Mott 氧化理论则讨论了金属的氧化和氧覆盖层的作用，该论文发表于 1948 年。Caberea-Mott 理论的中心点是金属氧化物界面存在的可以降低金属离子扩散能垒，即氧化物得以生长"场"的作用。化学吸附氧的表面位能就是该种场的来源，同时激发了对氧化学吸附功函数以及氧化物薄膜生成的研究。这涉及氧化物薄膜的本质，以及是否代表了氧化物的体相。这和多相催化中氧的化学吸附与氧化物的反应性有着显著的关系一样。在光子散射实验中研究电子发射能量时可以进一步验证化学吸附氧对金属表面具有再构作用。1960 年 Faraday 学会的秘书和主编 Tompkin 于皇家学院就职演说《表面化学和固体缺陷》中说道[17]，催化是一种现象，一种技艺，但是几乎还不是一门独立的科学……它包含着各种各样的科学学科和广泛的科学原理，但这就是它的挑战和神往之处。

1973 年，英国皇家化学会建立了以 Whan 为首任秘书的表面反应和催化研究小组，研究集中在固体表面，也涉及催化方面的工作。以 Thomas 等学者的名义发表了《固体的表面和缺陷性质》新的系列文章。20 世纪 60 年代中期还进行第二次讨论会，主要反映通过以物理学为基础的技术来了解表面反应性能和催化[18]。在 Liverpool 大学召开的 Faraday 学会讨论会上，讨论了"多相催化中的吸附态"问题。在 North Carolina 也召开了"表面结构"的讨论会[23]，在 Faraday 会议上，可以看到 Ehrlich、Holscher、Sachtler 和 Moss 等人有关场电子和场离子发射方面的工作，以及 Gomer 的关于钾在钨上对吸附态控制作用。Hayward 和 Tompkin 的工作是有关化学吸附中的黏着概率，还有 Breman 的吸附热，以及 Eley 和 Norton 的有关仲氢转化的工作。Roberts 则给出了有关 Ni-O 体系中明显的光发射和功函数的工作。Boreskov、Cimino、Teichner、Schut、Well、Kemball、Bond 和 Pen 等对多相催化，Rabo 对阳离子引入修饰过的沸石提出诸多看法。在这次讨论会上，Hinshelwood 强调光电子逸出深度不超过 1nm，于 1965 年和 Quinn 一起发表了这一工作[19]，这大大促使 Siegbahn 继续从事这方面的工作并从而开发出了可以研究金属面上化学吸附和催化作用的光电子能谱。Schlier 和 Farnwort 同时也描述了他们是怎样应用低能电子衍射（LEED）来研究用离子轰击制成的洁净锗表面的。需要通过对洁净和杂质可控表面的实验来"了解半导体表面的性质"才是他们工作的真正推动力，同时也是开发超高真空测量技术的真正目的[25]。1956 年以前 LEED 在实验上是乏味且很费时间的，因为需要研究非常多的衍射点，才能把一个固定的电子束流和能量的电流作为集合角的函数测定出来，而且这一过程还要用不同的能量束和其它的方位角重复进行。差不多花了 10 年以上的时间才研制出 LEED 的商品仪器，这是 Bell 电话实验室 Germer 和 MacRae 的天才之作。他们于 1961 年在 Robert-weleh 基金通报中把这一新技术描述为"一种新的可以用于催化研究的低能电子衍射技术"。该技术可用来测定金属表面上吸附质的结构，引起了表面化学家（包括晶态学、Mason 和 Sussex）和工业研究实验室，例如在 Sunbury BP 实验室的 Thomas 的极大兴趣，化学吸附和催化领域一夜之间发生了如此之大的变化！

表面结构的研究现在已成为利用低能电子衍射的重要领域。这种方法有三大优点：a. "低"速电子的穿透能力很小，这样获得的信息绝对只涉及表面层；b. 它的波长和原子间距具有相同的量级，这样的衍射所提供的自然只是表面结构的信息；第三，非弹性散射的电子，通过 Auger 过程还可以对表面进行化学分析。在这一阶段，新的 LEED 花样被假定能反映金属的再构，而吸附质则被认为不能有效散射低能电子，这是不正确的[22]。

Mobil 公司的 Plank 于 1992 年以他在油工业中悠久的经历，十分清楚地发表了他的观点，他认为工业催化剂是已污染表面的科学，这样一来，了解多相催化作用的基本道路应该是怎样的呢？这是一个即使今天也是不能明确解答的问题。这需要从所有可能的途径，包括理论的发展、实验技术发展和模拟方法的引入，才能将真正的或者应用的催化输入科学领域。

当问及在第二次世界大战期间多相催化又怎样向完美发展是相当不平常的，因为那时对气体产物分析的能力相当贫乏，同时又没有可用于测定催化剂表面组成的方法，这显然是一个只能用当时起重要作用的 BET 理论来关联表面覆盖度与气体压力的动力学和吸附等温线的时期。

1948 年，已经发现了阿拉伯油田，而且已经认识到了它的潜力，但在那时世界对石油短缺依然存在着疑虑和恐惧。Texas 公司的一项重要课题就是用 F-T 技术合成石油。CO 在铁催化剂上的化学吸附成了当时刚到 Beacon（Texas 公司）工作的 Eischen 的主要任务，特别要求他能阐明红外光谱的使用范围。关于裂解催化剂上酸性问题，即 Lewis 或 Bronsted 酸位的问题是他和 Mapes 通过红外方法获得解决的，使用的仪器是 Pekin-Elmer 口型。这就鼓励了 Eischen 和 Pliskin 研究 CO-铁体系。通过红外方法证明了高比表面 SiO_2（Cabosil）上担载金属颗粒是一种很好的红外辐照的透过剂这一概念被成功地证明了，同时报道了 CO 在铜、铂、镍和铂上化学吸附的吸收带。结论是，一氧化碳作为分子进行化学吸附，并且通过碳和金属的键合。在有些情况下（例如 Ni 和 Pd），谱带宽化，而 Pt 的吸收带很窄，表明键合的方式是不同的[20]。

催化研究中另一个显著进展也发生在这个期间。和可用作气相分析的质谱发展有关。最早的一个研究是由 Kemball 和 Taylor 在担载 15％Ni 的硅藻土上观察乙烷以及乙烷-氢混合物的催化分解。当质谱仪与气相色谱仪组合以后 20 多年间，成为多相催化研究以及 Kemball H_2-D_2 交换研究作出了巨大贡献的工具。红外光谱则一直用于 CO 的研究。因为后来的高分辨率，使其能够在亚单分子水平上进行研究。尽管透过法是以高表面的 SiO_2 作为载体起步的，后来被反射-吸收技术所取代，到 1970 年发现后者竟如此有益于单晶表面上吸附的研究[21]。

了解键合电荷转移过程是实现了解化学吸附的基础。表面位能（功函数变化）测定是由 Mignolet 在 Liege 和 Tompkin 在伦敦完成的，此时，Selwood 在美国西北大学描述了一个可以同时测定氢在 Ni 催化剂上化学吸附和磁化率变化的仪器。报告表明，在吸附时都发生电子的转移，这反映了 1956 年那时的思想。同年，在 Keele 大学召开了"化学吸附"的报告会，可以通过以下五个副标题再一次强调了固体和催化剂活性之间的关系。这五个副标题是化学吸附理论和在绝缘体、金属、半导体以及碳上的化学吸附。这里包含着后来成为化学吸附和催化基础研究方面带头人：Dowden、Grimley、deBoer、Schuit、Eley、Trapnell、Bond、Suhrman、Tompkin、Mignolet、Winter 和 Stone 等。

在 20 世纪 50 年代红外光谱的出现，对了解化学吸附和催化确实是作出了无可比拟的贡献。1958 年 Sheppard 写道，"红外光谱在决定分子结构的光谱方法中是独一无二的。这是由于它在各种情况下都可相对容易地用来研究所有物态的化合物（气体、液体和固体），也是第一个广泛用于研究表面上吸附分子结构的方法"。Sheppard 还讨论了红外光谱的两个应用方向：在高表面积 SiO_2 上的物理吸附和担载在 SiO_2 上已分散金属的 CO 化学吸附[24]。俄罗斯的 Yaroslavsky 和 Terenin 以及 Karbatov 和 Neumin 于 1949 年最早完成了吸附分子的红外实验，这里多孔性玻璃是最好的吸附剂。

化学吸附的第一个直接信息是在 1954 年来自 Eischen、Francis 和 Pliskin[20]关于 CO 在铜和铂上的吸附。即在 $2130cm^{-1}$ 和 $2070cm^{-1}$ 处出现的尖峰归属为线态的化学吸附分子（ⅰ），而在 $1800cm^{-1}$ 处较宽而弱的带可归属于桥态键合（ⅱ），类似于气态金属羰基化合物的光谱。几乎在同一个时间（1958 年）Sheppard 和 Yates 以及 Little 已经在剑桥开展了金属氧化物上烃类化学吸附的研究。

$$
\begin{array}{ccccc}
\mathrm{O} & \mathrm{O} & & \mathrm{O} & \\
\parallel & \parallel & & \parallel & \\
\mathrm{C} & \mathrm{C} & & \mathrm{C} & \\
| & | & & \diagup\;\diagdown & \\
\mathrm{M} & \mathrm{M} & & \mathrm{M} & \mathrm{M} \\
& (\mathrm{I}) & & (\mathrm{II}) &
\end{array}
$$

1965 年，Eischen 和 Hammakor 以及 Francis 使用偶极-偶极相互作用，企图把 CO 吸收带随覆盖度变化的位移合理地归属于表面的非均一性，这一结论是含糊不清的。

在 20 世纪 50 年代，Erwin、Müller 发明了场离子显微镜，并用这种仪器在图中给出了所得钨（111）晶面的图像。关于各表面吸附原子的行为，特别是它们扩散行为的信息，首先是通过场离子显微镜获得的。Ehrlich 和 Bassett 对钨和铑不同晶面上表面扩散的能垒提供了详细的信息[26]。1982 年，Ehrlich 写道，"系统地观察不同的和更复杂的体系有助于描绘趋势，同时应该经常在各个吸附原子和单分子层之间建立起定量的联系！"但在那个时候，扫描隧道电子显微镜还没有发明出来。

第四节　经典的多相催化反应机理[27,28]（1950～1980 年）

1950 年，物理吸附和化学吸附都已开发出两种明显不同的研究催化的重要方法。物理吸附能很好测定催化剂的表面积和催化材料的孔径。前者是通过使用 BET 理论，而后者是借助 Wheeler 关于吸附分子形成多层以及吸附质在毛细管中的凝缩的工作，计算出催化剂毛细管中的孔径分布。Wheeler 曾为阐明催化剂对不同反应物的行为发展了一个理论，其中特别提出了孔径分布能够影响到催化反应的表观级数、温度系数、反应的专一性和催化剂在不同毒物中暴露之后的行为。总的说来，他演示了催化剂因制法不同而形成的特殊孔分布，可以怎样优化催化剂在一个特殊反应中的活性。

化学吸附早在 20 世纪 50 年代就被用作两种工具。第一个是测定具有催化活性的那部分表面；第二是了解化学吸附物种是怎样地参与催化过程的。1951 年，Zabor 和 Emmett 用体积方法，估算了只有 0.1% 的 SiO_2-Al_2O_3 表面在裂解中被吸附的烃所覆盖。随后又用放射性同位素技术证明了烃类，诸如异丁烷，吸附的大约只有总表面积的 0.01%[29]。

Horiuti 研究氮的化学吸附是源于合成氨的关系。1955 年他在北海道催化研究所引入了"化学计量数"的概念，并应用于一个催化反应中的各个步骤。因此，他确认在铁催化剂上合成氨速度的控制步骤应该不是氮的化学吸附。这与荷兰学者 Schulton 和 Zwietering 的观点有很大不同。他们指出，在 250℃ 以上时，合成的氨和化学吸附的氮的比例是相等的。在过去 40 多年中，合成氨反应机理的研究大大激发了广泛利用表面科学技术和在单晶表面进行实验工作，甚至包括理论、模拟在内的方法都用于确定在所含各种步骤中哪一步是速度的控制步骤。

前面已经讨论过需要利用洁净表面对化学吸附和催化进行基础研究。这是 20 世纪三四十年代就提出来的，可能在 50 年代早期才变成清楚的想法。Otto Beeck 的蒸发膜法已变得很流行，1952 年，Trapnell 发表了他对大概 20 种通过蒸发制得的膜表面上所做多种气体（N_2，H_2，C_2H_4，C_2H_2，O_2）的化学吸附研究。他认为气体在化学吸附方面的亲和力有一个次序，除了少数高活性的金属之外，都和过渡金属，或者具有 d-带部分充满特性的过渡金属有关。Trapnell 在早期的研究中强调了 d-带结构的明显作用，但是后期却进一步否定了 d-轨道函数在氧化反应中的明显作用。他认为，在乙烯加氢、H_2-D_2 交换、合成氨和 F-T 催化反应中存在这种关系。Trapnell 相信,他的实验数据是 Dowden 于 1950 年假定的 d-带理论的一个证明,而后者也已为 Couher、Eley、Dowden、Reynolds 以及 Beeck 的一些实验所支持[30]。

当 Trapnell 在 Oxford 研究金属膜上的化学吸附时[31],Kemball 也在 Cambridge 开始利用金属蒸发膜进行催化反应基础研究的另一个长远计划。Kemball 的目的在于继续他和 Taylor 在 Princeton 的工作,因为当时他已是利用化学吸附研究氘交换研究的名人。Kemball 早在 1951 年就用质谱仪研究过甲烷交换的工作,指出在镍表面上可以直接形成 CD_4,而且是反应引发阶段的主要产物。他利用改装的质谱仪,在一系列金属(Pt、Rh、Pd、Ni、W、Fe、Cu)上研究了氘交换反应,企图说明动力学活化能、频率因子是否和催化剂的电子或几何性质存在任何关系。Kemball 和 Anderson 扩展了这一研究,用来探讨不同烃类的交换反应,特别是开发了一种可以计算与实验结果相对比的氘化分子效率的方法。

1959 年,Kemball 总结了他在了解表面化学和烃类转化方面对氘交换研究的贡献,但把注意力放在用来分析数据的方法以及 Princeton 学派 Bond、Parravano、Turkivich 和 Morikawa 等的贡献上。

Kemball 讨论了交换的可能机理,并在"简单交换反应"的情况下,考虑了三种可能情况,但是这里他并不能区分,例如在何种情况下才能发生解离机理,却都有可能把 L-H 机理和 E-R 机理区分开来。在复合交换的反应中,对一个机理的解释却变得更加复杂,甚至是不可信的。

这时,氧化物表面上的交换研究比较少,只有 Burwell 和 Littlewood 报道了氧化铬胶在氘和正己烷交换的数据。在高温下,他们认为高氘化的物种必须通过脱氢至正己烯而后加氘完成。

Kemball 在总结交换研究的重要结论时,强调了金属在 C—H 键断裂中的活性应该和交换反应的难易有关。Kemball 还指出,在更复杂的反应中,自由基也可以参与。同时,只覆盖表面千分之一的一个物种,在一个反应中,只要它很容易生成,同时又很活性,就可以起着十分重要的作用。

在 20 世纪 60 年代,Kemball、Burwell 之间曾有过很友好的争论,特别是有关在交换反应中是否也包含 π 键合的中间化合物的问题。然而,Kemball 并不十分注意阐明活性中心的原子本质,或者说应用电子理论和表面结构中最重要的应该是什么的问题。他曾企图从一个金属到另一个金属来确定活性与选择性以及在他研究中起过重要作用的动力学与热力学论据之间的关系。1964 年在一篇总结性文章中,Bond 指出 H_2-D_2 交换和仲氢转化,看来"已失去从前那样作为催化探针的作用"。主要是它未能与键合反应物种的表面活性部位的精确本质很好地联系起来,而只是用了一个符号"*"代表[18]。

于 1961 年 Roberts 在"Nature"上发表了一篇正丙烷和正丁烷在洁净 Rh 膜表面上分解的论文。在以后的年代里,他还指出,乙烷可以催化裂解生成甲烷和于 0℃ 在 Rh 上残留一种吸附烃。在 Roberts 研究 Rh 之前,Robertson 和 Fabian 在伦敦的 King 学院已经对乙烷在低压($1.33×10^{-5}$Pa)热铂丝上的脱氢做过详细的动力学分析,估计每一次碰撞,有可能生成一个自由基。

20 世纪 60 年代,确定金属表面上(主要是钨)分子(主要是 CO 和 N_2)可能黏着的动力学研究也很流行。有两个方法是很有用的:Ehrlich、Redhead 和 Degras 等人用于研究金属丝或单晶上化学吸附的灯丝闪光法(以后发展成为程序升温脱附法),以及由 Oda、Wagner 和 Bloomer,之后又由 Hayward、King 和 Tompkin 等人用于研究高表面蒸发金属膜上化学吸附的流动法。这些工作不仅确定了化学吸附动力学中前体状态的重要性，而且还为 Lennard-Jones 的化学吸附模型进一步提供了实验证据以及支持了 Kisliuk 对吸附的分析。在 "Chemstry of the Metal-Gas Interface"（1978）一书和 "Introduction to Surface Physical Chemistry"（1991）中全面讨论了动力学研究的重要性。这里，着重对实验和由高表面孔性金属膜获得的实验数据的表示法给出了合适的设计。这一期间还有一个值得一提的进展是由 King 和 Wells 使用的分子束技术。

Dowden 继续发展了他的化学吸附和固体（不管是金属、半导体还是绝缘体）电子构型之间关系的概念。1956 年，他在 Keele 召开的化学吸附讨论会上强调了电子构型是怎样通过物理吸附以及有些化学吸附的调节系数来控制和不同吸附质之间的相互作用。这时他把注意力从通过固体和吸附质之间起决定作用的电子转移，转移到了固体的本质上。功函数的测定（Mignolet 和 Tompkin）作为化学吸附的一个重要方面，支持了关于点阵缺陷和位错被认为是可能的"活性中心"的观点。这一概念是由 Taylor 于 1925 年第一个建议的。Volkenstein 于 1949 年提出了一个不同的一般概念：即"活性中心"是由于吸附作用本来应该在均匀表面上进行而形成的[32]，由 Taylor（H. A. 而非 H. S.）提出的概念，只不过是为了说明描述化学吸附动力学的 Elovitch 方程某些无处不在的真实性，只是他和 Thon 的灵感而已。Boudart 早就是 Taylor 在 Princeton 的同事，他一直热心于用动力学来阐明多相催化反应机理的。在 1976 年第六届国际催化会议上所作大会报告中，他提出了选择性、结构敏感反应，并第一次在 Dowden 和 Balandin 多位理论中强调了有关集团作用的问题。1952 年，他已经用催化中的"诱导效应"来描述碱金属对氮在铁表面上活化时的作用。这对研究催化作用的科学家来说是一个很有意义的概念。

到 20 世纪 60 年代初，另一个获得特别关注的领域是在 SiO_2-Al_2O_3 催化剂上对催化裂解机理基础性的了解。在 1950 年 Faraday 讨论会上，Steiner（Mancheter）、Tamele（Erneryville）、Milliken、Mills 和 Oblad（Houdry 实验室）以及 May、Sanders、Krops 和 Dixon（美国氰化物公司）等人报告体现了那个时代的思想。Evans 提出当 1,1-二苯基乙烯在黏土表面上吸附时，质子从黏土转移到烯烃上会形成一个阳碳离子 $(C_2H_5)_2C^+$—CH_3。这一结论是通过紫外吸收光谱测定在硫酸中由 $(C_2H_5)_2C$＝CH_2 形成已知的阳碳离子获得的。很久以后（1959 年）Webb 在谈到有关 Evans 通过电子光谱进行研究时说，他曾经使用红外光谱研究过吸附在 SiO_2-Al_2O_3 催化剂上的烯烃，证明也有这种类型的自由离子，而且在 60 年代还进一步等到 Pink、Flockart 和 Roomy 在 Belfast 于 20 世纪 60 年代的顺磁共振研究的确认[31]。

也曾对氧化铝催化剂接受电子的性质进行过研究，并和 SiO_2-Al_2O_3 催化剂的结果（ESR）做过比较。对氧化铝，认为包含着分子氧的氧化位很容易氧化芳烃生成相应的阳离子，并接着生成含氧化合物。而在 SiO_2-Al_2O_3 上则与此不同，阳离子能长时间保持稳定。如 20 世纪 70 年代初期，Tench 和 Che 利用 ESR 详细研究了 MgO 表面上单个顺磁性化学吸附氧，并对其催化作用进行了阐述。

1954 年提出的 Mars-Van-Kevelen 机理在阐明烃类的催化氧化过程中一直占有重要地位。该机理的主要特点是在烃类氧化时，被还原的氧化物接着被气相中的氧重新氧化，并生成活性的氧物种。直接起催化氧化作用的物种，一般被假定为氧化物表面上的 O^{2-}。Sachtler 和 de Boer 于 1965 年假定，氧化物提供氧的能力可以决定着它是否可能成为一个有选择性的氧化催化剂。假如氧化物较气相氧化更易被还原，那么催化剂的氧就可从气相中得到"提供"。这样，可以希望催化剂是活性的，但并不是有选择性的。相反，对一个不易还原的氧化物（金属-氧键），可能是一个活性低的催化剂，但对选择性有利。尽管已有大量足以支持催化氧化中这一一般规律的证据，奇怪的是，常常把着重点放在活性氧化物的晶格 O^{2-} 物种上，因为可以期待，在电子转移的步骤中，将有可能产生多种状态的氧[33]：

$$O_2 + e \longrightarrow O_2^-$$
$$O_2^- + e \longrightarrow O_2^{2-}$$
$$O_2^{2-} \longrightarrow 2O^-$$
$$O^- + e \longrightarrow O^{2-}$$

早期，由 Kazansky 对 TiO_2 所作 ESR 研究说明有 O^- 物种存在。根据 Che 和 Tench 在 1982 年用 ^{17}O 的研究，并不能确认有富集的 O_2^-。在 MgO 的表面上，利用 N_2O 可以很好地确认有 O^- 物种存在。而在 ZnO 上，O^- 物种是定位在表面附近，而不是在表面上的。过氧化型 O_2^- 物种已为 Katzer 等人于 1979 年在 Pt/Al_2O_3 催化剂上观察到[34]，而 Cordischi 等人在罗马也报告了 O_2^- 物种存在于 MgO 表面上。Zechina 和 Stone(1975 年) 也得出了类似的结论。他们提出了配位不饱和的氧空位和它们在化学反应中作用的概念。这些部位的表面覆盖度是无例外地小（<0.005）。Boudart 和 Derouane 早（1975 年）就确定了在真空处理下的 MgO 上存有顺磁性物种，并把它指认为在微晶面（111）处呈"三角形排列"的 O^-。这样的 O^- 型物种具有特别的活性，尤其是对烷烃在 MgO 上选择氧化脱氢。这是 Lunsford 于 20 世纪 80 年代在研究甲烷氧化偶联这一新反应时发现的。1992 年，Oyama 和 Hightower 在有兴趣增加石油化工工业中有价值的产品时，组织了一次选择氧化的讨论会，讨论了现代技术和一些传统方法，其中至少有 1/3 的报告涉及了钒的几种氧化态中的一种氧化态[34]的问题。

下面来讨论瞬态 O^δ 和 O_2^δ 的特点。20 世纪 80 年代中期，当考虑双氧在洁净表面上的化学吸附动力学以及通过使用表面敏感的光谱和使用仔细选择的探针分子研究化学吸附层时，Cardiff 研究小组就已确认了它们瞬时存在的证据。

溢流（Delmon，Burch）是在 20 世纪 70 年代才出现的一个一般概念，特别当涉及氢的时候，如在 MoO_3 用氢还原的情况下，氢可以在铂活化的氧化物上进行解离，机理是清楚的，但有关氢迁移的详情并不十分清楚。Burwell 在 11 届国际催化会议上（1996 年）对那些谈及溢流而并未确定与催化关系的作者作了一些批评。他说道，"现在用以往所有文献去通晓是困难的，但是，无知的程度看来确实是在增加。"

1960～1980 年期间，来自均相金属有机化学对多相催化反应机理的影响相当之大，特别是在 Belfast 的 Rooney，他是一个对上述存在着密切联系的强有力的倡议者。然而，这并不能对多相反应的机理详情明确地建立起来[35]。1976 年，Thomas 和 Webb 在 Glasgow 说道："烯烃在金属催化剂上的加氢是大量文献报道的主题，然而，对这样一个反应也还没有统一的基础理论，在机理以及动力学和说明金属作为催化剂的基础性质方面都还存在矛盾"。他们对烯烃加氢建议了一个一般的机理，并且认为，这应该通过氢在吸附烃物种 $M-C_2H_x$ 和吸附烯烃之间的转移，而不是在烯烃上直接加氢表示出来。这一建议使金属成为次要的，而加氢则被看作自加氢的一个扩展。

Haber 和他在 Cracow 的同事们对包含烃类选择氧化在内的机理径路曾经给予了很大关注，并且引起了 Cotton、Lewis 和 Johnson 等对含金属-金属键的小金属簇和金属簇合物重要性的注意。由 Haber 和 Witko 所作理论计算，为了解一个氧原子和烃类分子相互作用时的最优攻击点（亲电子的还是亲核的）以及和烃类分子中电荷分布提供了途径。Haber 在 1989 年强调，表面催化中间化合物的反应性能和在均相反应中作为孤立的过渡金属配合物的反应性二者之间存在着本质上的差别。在后一种情况下，只是涉及了电子数固定的体系，而在固体表面上出现的表面配合物，则要控制分子轨道中的电子密度（也就是要通过固体的掺杂），并因此要沿反应路径控制其反应性。一个最早的例子就是在铁表面上，通过预吸附硫以减小化学吸附 CO 中的成键电子向反键轨道反馈的程度来控制 CO 的解离，也就是说阻碍碳-氧键的断裂（Kishi 和 Robert，1975 年）。

Dowden 的电子理论曾引起过人们的极大的注意。这个理论促进了对半导体和金属催化作用的了解[36]。能带理论在化学吸附和催化中起着重要作用，因为这个理论可以把催化剂合理地划分为 n 型半导体、p 型半导体，或是绝缘体。Stone 于 1956 年 Keele 讨论会上总结了它在前十几年进展的地位。Hauffe 也是能带理论的一个强有力的倡导者[37]。另外还有别的学者也都注意到了催化活性和电子浓度之间的关系（Schwab，1943 年），甚至还有由消耗电子至接受电子物种之间的同步耦合（Suhrmann 和 Sachtler）。后者可以作为过程是否发生：是纯化学反应还是催化过程，或者是吸附的一种基础性的先决条件。Suhrmann 和 Sachtler 是在很广的温度范围内（90～295K）通过测定气体在金属薄膜上化学吸附时电导率以及功函数的变化而得出他们的结论的[38]。

1962 年前苏联 Zelinsky 有机化学研究所的 Balandin，总结了他在 1929 年就提出的多位理论的进展，他把催化活性归结为催化剂表面上原子的几何排列。但是，Balandin 对苯加氢和环己烷脱氢是通过反应分子在原子间距独特、金属位置又是专一排列的"平面"上的吸附来解释的。他把催化活性和金属表面中原子的特殊排列相联系，但是总可以找到一些例外，这样，Balandin 的理论就失去了它的预测能力。关于几何和电子因素，可以从 1967 年由 Thomas 所著《多相催化原理导论》一书中找到很好的说明[18]。

第五节　表面敏感光谱学及其对催化的冲击[39~44]（1970～1999 年）

表面敏感光谱的出现标志着表面化学和催化的一个新时期的来临，它是普遍接受"表面科学"的同义词。早期它对催化的冲击已由 Thornson 于 1978 年做过总结。1971 年由 Bradford 大学的 Brundle 和 Roberts 以及 East Grinstead 的 Yates 和 Latham 合作[45]，开始开发为吸附和催化研究特别设计的超高真空电子显微镜。但是按照 Seah 和 Brigg 等人的看法，这里要引用的"并不是 Brundle 和 Roberts 在超高真空方面的工作，因为 XPS(X 射线光电子能谱)确实早已成了一种表面技术……"在这个时候，另一些光电子能谱也已商业化，其中包括由 Hewlett、Packard、Perkin、Elmer、联合电气工业以及真空发生器公司（非UHV）早期的型号（ESCA1）。但是所有这些，都缺少能在很好确定的金属表面上进行化学吸附的重要前处理部分，即足够低的 1.33×10^{-7} Pa 或更低的本底压力。真空发生器公司的 UHV 能谱仪成为广泛使用的并称之为 ESCA-3 的仪器，是以前洁净表面化学中已知的和光发射以及气体分子的 UV 光电子能谱中的 Brundle 本底相结合的产品。真空发生器公司在真空方面的兴趣是企图开发下一代能谱仪 ESCA-Lab 系列和第一个高压能谱的设计（Joyner 和 Roberts，1979 年）[43]。

然而，除了 Auger 电子能谱之外，光电子能谱只是首先在"部分单层水平"上，对表面分析做出了极为重要的贡献罢了。Auger 电子能谱虽然早在 1925 年由 Auger 在研究气体分子的 X 射线诱导离子化时就第一次发现这个现象，通过 Webb 和 Peria 的努力，使之成为有用的技术。他们还建议，通过相对简单地改进 LEED，就可以用于表面分析。1967 年在全世界范围内已有 30 多个实验室拥有 LEED 设备，并经过相对容易的改进可用于表面分析。表面化学和催化确实在一夜之间就有了明显的变化。但这已经是 Lander 从各种材料观察到二次能量分布函数中被称之为 Auger 转变的小峰 15 年之后的事了。低灵敏度意味着这一方法用于表面分析时尚未达到要求。直到 Harris 在 Schenectady 的通用电气实验室中演示了电子的变异可以明显提高灵敏度，以及 Weber 和 Peria 提出调整 LEED 体系的设想之后才得到了 Auger 能谱。对光电子来说，电子的平均逸出深度是很浅的（0.5～2nm），同时对原子的化学鉴定只能在逸出深度范围之内，这就预示着有可能对洁净表面的表面化学在原子水平进行研究，以及通过对表面进行化学或者结构修饰实现可控的化学研究。1968 年 Palmberg 第一个描述了用 LEED 体系的 Auger 研究，1972 年 Brundle 总结了用于表面研究的电子能谱的使用情况，1978 年 XPS（或者 ESCA）和紫外光电子能谱（UPS）以及 Auger 电子能谱（AES）被认为是最有成效的表面敏感的电子能谱。同时，出现了另一些具有冲击力的表面光谱，它们是位能光谱、电子能量损失光谱和离子中和光谱等。Delgass 等人于 1970 年总结了 XPS 在催化中的应用情况，利用 Berkely 50cm 无铁磁性光电子能谱，已经获得了一些实验数据，其要点如下：a. 不可能提供在 X 轴上能指认键能的谱图；b. 对一氧化碳在 Pt 上的吸附，由于碳和氧的本底相当之高，以致可以屏蔽 CO 的吸附效果；c. 数据的限制来自不太好的真空以及获取谱图所需计数时间长达 7h。但对 XPS 阐明催化却抱有希望。

在 Trapnell 早期和后来的 Ehrlich 工作中讨论了关于双原子分子在金属表面上化学吸附的核心问题，乃是这个过程是解离的还是缔合的。在解离的情况下，键将发生断裂，这显然包括修饰金属表面的最后结构。当时（20 世纪 50 年代末至 60 年代初）有两种不同的观点：一是根据红外光谱提供的一氧化碳（例子）状态的信息；二是吸附动力学分析得出的结论。红外研究是直接的，但对于唯一分子的吸附是否发生解离并不需要明确，而动力学研究又常常是含糊不清的。20 世纪 70 年代初期，通过内层（XPS）和外层（UPS）光电子能谱相结合的有效性，对这一问题提供了明确的信息。至少可以确定化学吸附是否只有缔合的，或者还有解离状态的贡献。

在 1966 年 Faraday 讨论会议上，Gomer 通过脱附动力学、场发射以及电子冲击研究 CO 在钨上的吸附，指出至少有三种化学吸附态的存在。这些吸附态因其吸附热、电子脱附截面积和偶极矩的不同，可以分别描述成 α、β 和 γ。在同一个会议上，Holscher 和 Sachtler 根据场发射和场离子显微镜研究结果，提出当 CO 化学吸附时，金属原子发生了表面的重新排列，并提出与此相应的是"腐蚀化学吸附作用"。Ehrlich 和 Holscher 之间的争论，引来了其它实验的意见。Prague 的 Knor, Liverpool 的 Brennan, Banjor 的 Thomas 和 London 的 Bassett，以极大的怀疑态度对"腐蚀化学吸附"概念提出了异议。Brennan 这样说道："我认为 CO 分子能够穿透进入次表面层，或者钨原子能通过扩散吸附 CO 分子并形成新的吸附部位，是难于接受的。"显然，那时这一领域内活动获得的结果表明，CO 在钨的表面上是不能解离化学吸附的。但是，通过内层和外层光谱相结合的原位研究，对 CO 能在金属表面上进行解离化学吸附获得了直接证明（Kishi and Roberts, 1975）[55]。这就激发了对 F-T 合成的重新讨论，为表面碳化物的解离机理提供了较之氢化羰基路线更多的证据，几乎在同一时期，Araki and Ponec(1976)[65] 使用标记 ^{13}C 得出了碳-氧键断裂和生成羟化卡宾中间化合物相比是最好路线的结论。

由 Webb 和 Eischen 早在 1955 年根据 CO 的交换研究得出 CO 的化学吸附是解离的结果令人惊讶[61]，因为更加重要的是 Eischen 和 Bradchaw 关于红外的研究已为 CO 分子的化学吸附提供了证明，但在那时，红外光谱并不能为解离化学吸附的后果提供证明，即是同时形成金属-碳化物键还是金属-氧化物键。

1964 年，Blyholder 根据表面金属原子中 d 电子对 π 键合不同程度的作用，提出通过不同 π 键合程度的线型羟基简单模型说明 CO 在金属表面上的吸附。但是透射光谱并不允许对结构确定的单晶表面进行研究。基于 Greenler 1967 年的理论分析，1970 年开发出反射光谱才得以实现。Prichard 和 Sims 利用超高真空技术于 1970 年采用平行镜面之间的多重反射报道了 CO 在蒸发铜膜上的光谱，接着 Chesters、Prichard 和 Sims 介绍了 CO 在 Cu(100) 单晶上的吸附的单一反射的方法，在 $2085cm^{-1}$ 处观察到了一个简单的尖峰，这可能是在金属单晶表面上观察到的第一个 CO 红外光谱。Kemball 在 1970 年把他的观点明确而简明地表示成为："我愿意在这里对那些热衷于超高真空以及使用单晶的人们提个醒，那就是要记住这有可能把自己禁锢在象牙塔之中的危险。"

当 1988 年 Sheppard 从烃类在金属单晶表面上的化学吸附中总结吸附物种结构的振动光谱时发现，已有大量的文献[61]，而且从单晶由 RAIRS 技术所得结果表明，烃类在很好分散的金属粒子，常常是担载在金属氧化物上的吸附获得的振动光谱特别有用。许多烃类在 $750 \sim 840cm^{-1}$ 之间以及 $303cm^{-1}$ 附近有着类似的谱图。但随着温度升高，会有更多的氢释放出来。残留物种都可以分别表示成 ν_{CH} 和 δ_{CH} 型的 2 个 C—H 吸收。尽管最近（1997 年）的新的 Ibach 光谱所具有的分辨率已可与 FT-IRS 相竞争，然而 FT-IRS 的一个明显优点是能在高压下记录谱图，这对研究多相催化反应来说具有特别的价值。在 20 世纪 90 年代初期，FT-IRS 还得到了很好发展，对大多数表面科学和催化有兴趣的实验室来说，都是可以接受的。但要注意的是，当使用高压时，来自气相的干涉就成为一个问题了。

1994 年 King 在回顾最后 30 年间化学吸附的发展时指出[46]："多相催化这块荒地、化学工业的基石以及经验主义留下的一个堡垒，正在开始感觉到高新技术的强占而不得不让出道路。"

有人认为，开始改变到达多相催化道路的脚步还要早些，大概在 30 年前，当首次出现表面敏感的光谱时，就可以用来实时地研究组成很好确定的固体表面的表面过程了，其次是和发展桥联压力间隙有关的实验方法有关。Samorjai 最早开始了这种尝试，同时和 Joyner 一起，在接近于真实催化的条件下进行了可能的高质量的基础研究，暴露的表面阶梯在分子活化中的作用。由于 Samorjai 对催化表面和吸附层结构方面富有想像力和有创造性的工作以及在表面上进行反应的研究，他获得了 1981 年的 Kendall 奖[47]。为了阐明多相催化中活性组成的作用，他发展了把在几个大气压力下研究催化反应速度和常常需要在超高真空条件下进行的催化剂的表面分析结合在一起的实验方法，确认了铂单晶是一种最好的模型催化剂，LEED 可以提供结构信息；表面平台可以通过原子高的阶梯来制备，也可以引入纽结位，并在烃类转化反应中确认了各自的催化活性，第一次把结构敏感的概念在原子水平上进行了考察。

在 1977 年的《催化进展》的一篇报告中，Somorjai 描述一种能在 $10^{-7} \sim 10^{-5}$ 的压力范围内，在单晶表面（面积 $1cm^2$）上研究表面反应速度的低压-高压仪器[47]。另外，还有由 LEED 和 Auger 电子能谱组成的可从原位获取结构信息的设备。在同一篇论文中，Somorjai 还指出了分子束表面散射实验的重要性，反应气体或反应气混合物可以准确从晶体表面上散射同时，反应产物则在给定的角度经过一次简单散射后脱附，经质谱仪检测后，就可获得导致反应物吸附步骤以及表面反应步骤的详细动力学信息。总目标则是为了确认多相催化中活性位的本质。

20 世纪 60 年代对双氮在表面上解离化学吸附模型也极感兴趣，这是因为当时需要在分子水平上来了解 Haber-Bosch 过程机理。在过去的 50 年间表面灵敏光谱对以动力学研究和热力学论据为基础的机理提供了有利证据。

1974 年 Emmett 在讨论合成氨研究进展时认为过去 50 年的实验工作得到了如下结论：在铁催化剂表面上的速度控制步骤是氮的化学吸附，问题在于表面上的氮物种是氮的分子还是原子，依然没有结论性地解决。1991 年 Ertl 认为，自 1970 年由表面科学技术发展而取得的重要成就是或多或少地实现了在工业高压实际催化反应条件下对催化剂给出了预知特性的微观图像。

其它相关进展还有，X 射线光电子能谱首先在 1977 年被用来阐明在多晶铁表面上是否也存在氮的各种吸附态。Kichi 和 Roberts 将 400.2eV 和 405.3eV(85K)2 个键能指认为 2 种分子态的 N(1s)[48,55]，而将 295K 时一个 N(1s) 峰归属于化学吸附的氮原子。之后 Johnson 和 Roberts[41] 报道了分子态的氮在 80K 转化成原子态是很慢的，并因此建议，这样的转变就是 295K 时的化学吸附步骤。

1982 年 Ertl、Lee 和 Weiss 报道了氮在 Fe(111) 晶面上三种吸附态[50]，在 100K 脱附的（γ）和在 150K 脱附的（α）两个分子态和一个原子态，原子态是由 α 态加热解离得到的。不同铁晶面对氮的黏着系数是不同的，在有钾的情况下，可以提高解离化学吸附的速度，同时，提出了一个静电模型。1991 年 Ertl 对上述模型进行了总结，并假设了一个合成氨机理，得到了光谱数据和从铁单晶表面观察到的动力学理论模拟的支持。除了 Ertl 的工作之外，还有两个别的动力学模型，一个来自 Bowker、Perker 和 Waugh[51]，另一个来自 Staltze 和 Norskov。

Somorjai 在 1982 年于 20atm 下，用 $V_{H_2}:V_{N_2}=3:1$ 的混合物作研究时，第一个指出了合成氨活性随表面结构 Fe(111)＞Fe(100)＞Fe(110) 而变。而且，仅活性表面上配位数是 7 的金属原子（C7）能在大多数实验条件下起到控制反应速度的作用。最有意义的一个发现是在这些实验中，当有 Al_2O_3 存在时能更早地观察到表面再构现象。另外，水蒸气也有相同作用。铁的再构过程包含着活性晶面 Fe(111) 和 Fe(211) 再生的氧化和还原。载体相（Al_2O_3）的作用是使这些晶面更加稳定和阻止它们再向非活性定位的转化。Somorjai 于 1987 年第一个对 Ozaki 在 1981 年已经预言的可能性提供了实验证明。1994 年，Somorjai 和 Materer 在总结了表面结构在合成氨中的作用时，强调了需要利用 Fe(111) 和 Fe(211) 晶面进行高压、高温的 STM 研究，以说明合成氨过程中的动态变化。

1992 年 Spencer 认为下列三步可能是不同合成条件下的速度控制步骤[92]：

$$N_2(g) \longrightarrow N_2(a) \longrightarrow 2N(a) \tag{I}$$

$$N(a)+H(a) \longrightarrow NH(a) \tag{II}$$

$$NH_3(a) \longrightarrow NH_3(g) \tag{III}$$

只有在低压下，速度控制步骤才可能是单一的并且已被确定为反应（I）。在工业条件下，反应（II）和反应（III）对合成速度的控制更为显著。另外，Spencer 曾表示要用模拟给出动力学参数，并对"明确的机理"提供证明。看来 Somorjai 的研究最像是能对合成氨问题提供合理回答的，那就是整个上世纪，为了确定多相催化中这一概念而进行实验的理由，其中心要旨就是回答在创造新的活性部位中"可变的表面结构"的作用。

近 30 年，表面光谱学在烃类的催化化学方面也已经作出了极大贡献[53]。Eley、Rideal、Kemball、Boudart、Sachtler、Rooney、Sinfelt 和 Gault 等人早期的研究主要是以动力学分析为基础，对反应机理也只是提供了一些间接的证明。而进入 20 世纪 60 年代，表面光谱学提供了更为直接的方法，并更加重视不饱和烃类在单晶金属表面上的化学吸附和烷烃被金属的活化。

催化表面科学研究十分有赖于称之为"样品转移的操作"，但这并未涉及"压力间隙"的问题。二次谐波（Second Harmonic Generation，SHG）与和频（Sum Frequency Generation，SFG）两种新方法克服了 1995 年由 Somorjai 提出的压力间隙问题，其优点已在 Pt(111)-乙烯体系中显示出来，发现除了次乙基之外，还有被加氢至乙烷的弱 π 键合的乙烯。在表面催化中，STM 作为一种重要工具，也已为 Somorjai 用来研究表面的氧化反应。

Zaera[54]已经对烃类表面化学的现状作过总结，这里强调了 G. Samorjai 在 1998 年和 Gerhard Ertl 一起成为 Wolf 奖的获得者[40,41]。

研究烃类在金属表面上的活化被认为是相当困难的，但已由 Steward 和 Ehrlich 于 1975 年所涉及，他们把振动模式作为甲烷在铑上解离的能源看来是最合适的。而近来，根据 Madix 和 Weinberg 等人的报告指出只有烷烃移动动能的垂直组分，才是超声束实验中 C—H 键断裂步骤的重要能源。Weinberg 在 1993 年证明表面结构在活化中也是重要因素。

前面已经介绍过瞬态氧有可能在表面催化的基元步骤中通过提供的低能途径而发挥其作用，但对最终化学吸附的"氧化物"（物种）与表面氧的作用不利。这是 1986 年 Cardiff 使用富氨的双氧-氨混合物在镁表面上研究氨氧化时，第一次在共吸附实验中认识到的。瞬态氧在氧化脱氢反应形成酰胺和酰亚胺时的作用是表面反应机理中一个新的概念。虽然 1986 年 Prichard 在 Faraday 讨论会上曾提出"在极限情况下通过迅速表面扩散进行的瞬态氧原子和氨的反应可以近似于 E-R 模式。"但它既不是 E-R 机理，也不是 L-H 机理。在接下来的十年工作中，Cardiff 小组确认在很广范围内它是一个意义深远的问题，并由 Van Santen 作了理论上的研究[43]。Haber 在 1994 年的一个总结中也强调过[56]，最后由 Iwasawa 于 1997 年作了扩展[57]。真正推动这一工作的动力是用表面敏感光谱学来了解有两个反应物的催化氧化反应，氧是其中的一个反应物，而且同时暴露在催化剂表面上。接着是瞬态氧的作用以及活性瞬态氧 $O^{-\delta}$ 的寿命。后者被定义为在反应条件下，随着覆盖度的增加能变为相对不活性的"氧化物"物种 O^{2-} 之前存在的时间。活性瞬态氧是原子的 $O^{\delta-}$ 还是分子的 $O_2^{\delta-}$，则取决于化学吸附过程的动态学，也就是取决于金属的属性。另外，反应的径路可以通过改变气体混合物的组成进行控制[63]。

Standford 的 Madix 利用 STM 完成了氨在铜表面上的氧化研究，并证明了由 Cardiff 小组在原子水平上确定的模型。处于前沿的 Ertl 小组也认为在形成最终的化学吸附态之前，在金属表面上出现亚稳的或者非平衡的氧态 $O^{\delta-}$ 或 $O_2^{\delta-}$ 是没有问题的，而不清楚的只是它们为什么会有这样高的活性。在 $O_2^{\delta-}$ 的存在下，含有电荷转移的前体状态（$O_2^{\delta-}$-NH_3）型配合物为反应到氧化产物提供了低能的路径。另外，瞬态原子 $O^{\delta-}$ 则认为是和氟等电子体类似，可以有很高的化学反应性。在 1986 年的《自然》杂志上发表文章，认为位于 Mg(0001) 晶面上的原子氧可以进行迅速的表面扩散，并接着使反应物的键发生断裂[49]。这已由 Ertl 和 Wintterlin 的 STM 数据[58]以及 Ceyer 对 F_2 在硅上化学吸附时对氟原子冲击运动的观察得到了支持[59]。此外，Wangh[51]还注意到在焦磷酸钒表面上的晶格氧表现出特有的选择氧化行为。

尽管因远离平衡，瞬时花样是自然界中非常广泛的现象，而与多相催化的关系却是相对新的，但是 Ertl 在研究 CO 在 Pt(110) 表面上氧化时已观察到了一种空间的瞬时振荡行为，并且描述了发生这种行为所必备的条件，包括 CO 的压力、氧和 CO 的覆盖度以及温度等。而光发射电子显微镜对观察空间的瞬时振荡应该具有特别的优势。看来，了解、控制以及阐明发生在固体表面上的自组织现象将成为这个世纪的核心问题。

Somorjai 曾经拥护过的主题是挠性表面的概念，而合成氨反应中的再构性恰好是一个例子。又如 Cardiff 小组利用 STM，也曾指出过吡啶分子在化学吸附时是怎样影响铜-氧列间的空间距离的。这一过程是可逆的，在吡啶脱附时可弛豫回到原来的内列间距。固体表面以及缔合化学吸附物种的动态学本质无疑是一个最显著的、在原子水平上用精确实验见证过的新概念，这是过去十年间出现的并对表面催化反应机理有过深远影响的思想。利用 STM 的原子分辨率，并结合 Somorjai 扩展的用于高压和高温反应技术，至少在原则上可用于阐明固体表面反应机理。1999 年在美国的 ACS 会议上，Somorjai 提醒大家别忘记约 30 年前

Kemball 的警告[64]，他说道："假如表面科学在催化领域内能够保持它的可信度，那么，现在就是我们离开单晶的舒适世界和转入更为实际的担载颗粒的时候了。"他相信，已于 1998 年去世的 Kemball 听到这些将会感到高兴的。

在 Somorjai 以及 Goodman、Gai、Schlögl 和 Freund[60]等的实验室中，通过在单晶金属表面上生长的氧化物薄膜，以及担载在氧化物上的金属簇，即采用模型催化剂已获得了相当大的进展。

虽然"表面再构"在学术流中并不是很容易接受的（60 年代的腐蚀化学吸附的争论就是讨厌这一概念的表示），然而这是现代催化思想中的一个核心问题。一个极好的例子是沸石腔中的铂簇，CO 压力的变化显示出再构作用[62]，高压时铂粒转化成了羰基铂，并被沸石骨架中的碱性氧原子所稳定。当减小 CO 的压力时，羰基铂转化成了铂粕，过程是可逆的。

组分简单的金属催化剂无须是最好的，这是由 EXXON 的 Sinfelt 及其同事们指出的。重整催化剂是通过开发双金属铂-铱催化剂，催化功能获得显著改进的。几乎同时，Chevron 石油公司（在 20 世纪 60 年代初期）也开发出了铂-铼催化剂，这两种催化剂在 C—C 键加氢中，由于减少了表面中毒，要比"纯"铂更加有效。

这些就是催化剂功能在催化工艺和基本概念中的显著突破。确实，导致 Dutch 小组用催化电子理论指导合金催化剂的研究，确定了合金表面的组成明显不同于相应的体相组成，催化作用的"集体"途径被"原子"途径所取代。出现了诸如"集团效应"、"配体效应"以及"结构敏感"等新概念。对它们的发展，可在 Ponec 和 Bond 所著一书中找到很好的说明[53]。

第六节 固态化学和多相催化剂的设计[42,56,66~71]（1975～1999 年）

20 世纪第一个 50 年，催化主要是通过物理化学的两个支柱——热力学和动力学进行讨论的，但是，随着可精确确定结构的高尖端仪器的出现，开始从对催化起关键作用的许多微细方面进行认知，其中包括点和扩展缺陷、原子配位、孪生结构以及相界面等。由于化学工业中的许多催化剂是以氧化物为基础的，首先是氧化物在选择催化氧化中的作用引起了特别关注。Stone 是在 Garner 的兴趣影响下，在 Bristol 有志于固态化学的；以后还有 Krakow 的 Haber，他们二人是最早阐述与催化氧化作用有关的固态化学中的结构问题的。Stone 和在 Turin 的 Zechina、Garronet、Collucia 以及罗马的 Cimino 合作，主要是利用反射光谱研究了模型催化剂 MgO，特别是用过渡金属离子渗杂后的影响，通过同时监控固体和化学吸附物种二者的电荷变化，把氧化态的反应性和存在的配位不饱和的氧关联了起来。把表面激子的吸收带归因于存在于氧化镁中配位不饱和的两种不同状态的表面离子。激子光谱为氧、氧化亚氮、二氧化碳和一氧化碳的化学吸附对电子转移步骤的影响提供了证明。在一氧化碳的情况下，形成二聚体 $(CO)_2^{2-}$ 和更加缩合的物种 $(CO)_n^{x-}$。这些物种的表面覆盖度一般不超过单层的 1%。关于氧化物上化学吸附的研究，红外光谱起着重要的作用。德国的 Knozinger 和英国的 Rechster 是这一技术的积极参与者。

于 20 世纪 70 年代初，通过与无机配位化学相类比，催化和表面配合物的关系受到了极大青睐，已发展成了一个新领域。讨论的要点是配合物的结构是怎样决定其反应性的，包括金属的氧化态、金属原子的配位数以及围绕中心原子的配位原子的立体排列。

Haber 的兴趣主要在于烃类的选择氧化，他把氧化物的结构研究和催化活性相结合[68]，后来结合理论研究开发出了一种较为可行的计算方法，且把催化氧化分成了两类：（1）通过氧的活化而进行的亲电子氧化；（2）第一步是烃类分子活化，接着通过亲核氧的插入和拉氢等连续步骤的亲核氧化。烃分子的被活化的程度和组成活性中心的各个阳离子及其最邻近原子的性质有关。催化剂的表面被认为是动态地和气相相互作用，依赖于反应混合物，这样表面就可以有不同的相。

早在 20 世纪 80 年代初，例如，Brazdil、Teller 和 Grasselli 的工作[67] 已经证明最有效的氧化催化剂本质上都是由多个相组成的。在这种情况下，开始了含多个相的催化剂中"协同效应"的研究。同时，由于高分辨电子显微镜可以对微晶结构，而不是晶体的平均值（XRD）进行识别，从而推动了新材料制备技术的发展。1983 年，Thomas 的一个同事 Jeffson 第一次总结了高分辨电子显微镜在阐明氧化铋引入钨和钼后对制得的氧化物结构的贡献，像 Bi_2MoO_6 那样简单的氧化物都存在着可吸取氧的结构。

在这期间，Cambridge 的 Thomas 小组和标准油公司的 Grasselli 对化学计量与催化活性之间关系的研究进行了紧密的合作[72,73]。

沸石在工业上重要性的迅速增加，迫使 Union Carbide 和 Mobil 两个公司使用了许多当时还停留在实验室阶段的分子筛的合成方法，并制造出各种具有不同的酸性、不同孔径和不同孔结构以及有无担载金属的分子筛[74]。它们可以用于气体分离的选择吸附以及在各种精细化学品合成中用作吸附剂和催化剂。

Thomas 对多相催化、表面结构和显微镜之间关系的兴趣成为他 40 多年来的研究中心即从炭气化中过渡金属的掺杂作用开始，到和 Purnell 对层状黏土的催化作用以及更近的对一些有关沸石催化作用的研究。然而，在 20 世纪 70 年代有关使用高分辨电子显微镜对固体卓有创造性的工作，恰好为他进行微孔材料的研究筑起了平台[75]。

尽管长时期以来，认为位错以及有关缺陷的出现是加快表面反应的活性中心。如 1959 年 Faraday 讨论会上，在"晶体的非完整性和固体的化学反应性"一文中，Thomas 利用电子显微镜直接研究了可以阐明提高化学反应性的结构缺陷问题。这种通过和"金饰"相耦合，很容易使电子显微镜在放大了万倍的情况下进行工作。这已是扫描隧道显微镜成为商品 20 多年前的事了。1964 年由 Thomas 和 Walker 用光学方法观察到了由钴催化石墨氧化的过程。这显然是一个今天可以描述成"活性氧溢流"的例子。这是气体氧通过掺杂钴的活化，导致生成瞬态双氧或者原子氧并把石墨氧化成带有深坑的表面。

20 世纪 70 年代初期，Thomas 把注意力转移到了层状硅酸盐，并特别热衷于阐明嵌入有机分子的详细结构。他利用 X 射线衍射和 X 射线光电子能谱对几种热稳定的蒙脱土的嵌入物进行了系统研究。目的在于阐明超微结构以及长程有序和催化的关系。这时他使用了高分辨电子显微镜和魔角自旋多核 NMR(MASNMR) 两种工具，研究结果指出存在着相干的或者重复的孪生、反常的（缺陷的）结构等母体结构的新变种。

在硅酸盐的情况下，^{29}Si MASNMR 可以分出所有五种 Si(nAl) 的建构单元，能够确定 Si/Al 的比值，可以对晶体中非等价的 $Si(OSi)_4$ 的峰进行区分和归类，除了可以指认非晶体材料之外，还可以指认另外一些核，诸如，^{17}O、^{71}Ga 和 ^{27}Al 等，这些是沸石中重要的结构信息[76]。

在最近的 15 年内，Thomas 在反应时是否在催化剂表面内也发生结构上的变化给予了高度关注，其目的是要提出设计催化剂的合理方法。自然，结构必须是在催化作用中存在的，这样就必须应用原位方法。在 1996 年 Faraday 讨论会上，Thomas 在其大会报告"高分辨率下的催化和表面科学"中讨论了他对沸石已经开发出的原位方法。他相当关注 Zechina 在乙烯低聚时为阐明 HZSM-5 中活性中心本质所做的 FTIR 工作。讨论了适用于高压研究的 RAIRS 的优点和晶体沸石粉末中子辐射涉及的沸石活性中心以及在这些部位上的吸附。但是只有 HREM 能对沸石结构的真正晶体空间，包括以前未知的孪生相，或者已识别的相之间关系提供独一无二的信息。

沸石的包埋化学为能在纳米尺度上设计催化材料也引起了广泛重视。Herron 的"船在瓶中"方法[92] 从 1988 年开始已控制这个领域超过了 10 年，其范围是世界性的。这里，金属配合物被包埋在特定沸石的通道和笼中，较其它的固载体方法具有如下优点：金属配合物可以物理地被俘获在孔内，无需和氧化物固体表面键合，从这个意义上讲，沸石配合物可以被看作联系均相体系和多相体系的桥梁。一个很好的例子是近来由 Royal-Institution 的 Cambridge 小组报道的，在多相钛硅胶环氧化催化剂中的钛活性中心是和均相可溶性 Siles-Quioxane 催化剂结合的 Ti(Ⅳ) 中心相同。[84]

Hatchings(1999 年) 在总结他称之为"在多相催化作用中提高速度的新方法"时，强调了分子的（而不是经验的）方法，其中提到了有关 Iglesia 在沸石 Y 上担载 Rh 和 Ni 配合物用于手性烯烃加氢的工作[78]，Thomas 把接枝在 MCM-41 上的茂金属钛作为有效氧化催化剂的研究，Jacob 将大配合物包埋在沸石 X 和 Y 中的前期研究，Ogunmumi 和 Bernin 及 Saloter 把包埋概念扩展到多相环氧化催化剂的研究[79,80]。

沸石催化和酶催化之间的对比也已由 Jacob、Shilov 和 Thomas 提出来了。他们都强调，在沸石化学中决定催化特异性的沸石孔，在几何学上类似于酶对底物分子作用时存在着几何学上的限制。在这两种情况下，化学转变都在一个分子大小的空间中进行，Jacob 引入了"沸石酶"这一名词对这一现象加以描述[81]。

选择氧化的一个特殊方向是直链烃端甲基的氧化，它是一个最不易捉摸的课题。但 Labinger 高度注意到，这可以较之烯烃更好地使用烷烃，Thomas 利用 Co(Ⅱ) 或 Mn(Ⅱ) 部分取代了磷酸铝分子筛中的 Al 显示出分子筛的优点。Labinger 讨论了[77]包括生成一个 ROO·物种的 Thomas 自由基机理，并认为是将来烃类氧化领域的有吸引力的发展方向。氧的配合物（和氨及烃类的）也被认为也是在表面科学研究中由 Cardiff 小组所确认的能在氧化反应中提供能量较低的反应径路。

强调包埋化学为什么能控制氧化和脱氢反应以及随着计算机方法的发展，这一领域的现状将迅速改变。在《用沸石的包埋化学》一书中（1995 年）已由 Hensen 和 Cheetham 作过全面讨论[82]。1991 年，Csisery 在一个 NATO 会议上总结时提到过去过分地强调了结构的研究，今后需要对催化给予足够的重视[83]。

第七节　开发中的新催化过程（1975～1999 年）

一、多相催化中的手性反应[85,86]

1930 年 Schwab 以及 Lipkin 和 Stewart 是第一个开始多相不对称催化反应研究的。不对称活性首先要求催化剂表面上要有一个手性环境，对此主要已有两种方法：第一，把金属催化剂担载在手性载体上；第二，把手性修饰剂吸附在一般催化剂的活性相上。尽管早在 1956 年 Izumi 就报道了 β-酮酯加氢的不对称活性，但在 1978 年 Orito 报道 α-酮酯在经金鸡纳生物碱修饰的担载铂催化剂上可有效进行不对称加氢之后，对手性反应的兴趣才与日俱增。由于 Wells、Blaser、A. G. Webb 等人[87]广泛研究，以及 Baiker 在 Zurich 的发明和获得了一种对机理来说是始络如一的全包模型[88]，于 1993 年才召开了第一届多相催化中的手性反应的欧洲讨论会，在会上有日本学者 Osawa 和 Harado 关于 α-丁酮在经酒石酸修饰的镍催化剂上加氢的报告，Ghosez 讨论了不对称合成的战略，来自德国的 Reschetilowcki 报告了含铂的分子筛，Bethell、Hatchings、King 和 Page 发表了用手性亚砜修饰的沸石，在 2-丁醇脱水至 2-丁烯时可以提高选择性和反应性的报告。Tungler 对使用手性助剂可以生产过剩对映体作了总结[89]。

从这次会议获得的结论是，很难对手性添加剂作为助剂（和溶液中的底物反应）和作为修饰剂（在表面上和催化剂反应）之间加以区别。丙酮酸乙酯加氢就是体现这一困难的很好例子。辛可宁在铂催化剂上是作为一种吸附的修饰剂，还是作为溶于反应混合物中的助剂和底物作用呢？还无法回答。

在有铂-辛可宁结果之前，由 Sachtler 领导的 Dutch 小组[88]于 1972～1976 年间在单酸和 α-氨基酸修饰过的 Ni 催化剂上研究了甲基乙基丙酮不对称加氢至甲基-3-羟基丁酸的反应。他们假定，修饰剂分子对镍部位成垂直方向的螯合是产生手性的关键。另外，室温下生物碱可以发生多层吸附，但是在有乙醇的情况下，只有化学吸附的单层是稳定的。烃类物种很容易在原子洁净的 Pt(111) 表面上生成，并已用光谱的表征方法（UPS 和 XPS）做过鉴定，确定为丙烯。当 Pt(111) 上有氧时，还有烃类和氧化物的存在。多相不对称合成领域内最新、最明显的贡献是由 Gellmann[90] 和 Attard[91] 做出的。他们注意到，铂表面上的"扭折"位有其内在的手性特点，这和过去普遍认为表面是非手性的观点［手性催化剂锚定在介孔载体（MCM-41）的内壁上和 Pd[II] 中心配位］不同。这种观点已由 Royal Institution 的研究小组在乙酸肉桂酯中烯丙基位的活化时，通过获得的立体选择性远远超过均相的得到确认。

已经估计过在化学品和药品工业中对手性分子的市场正在以如下的速度不断增长：2000年，市场价值以每年 25% 的速度增长，接近于 300 亿美元，而现在处于工业过程前沿的无机均相催化剂的目标就是要在加成或开环的反应中引入手性反应[93]。

二、环保和能源催化（1950～1999 年）[94,95]

20 世纪是工业催化达到顶峰的时期，这可从它产品创造财富的重要性得到证明，这一结论是 Thomas 于 1997 年给出的[7]。

Hernmann 在第 11 次国际催化会议上（40 周年纪念会）概括了在 1956～1996 年间发展起来的一系列重大催化过程，它们是 Ziegler-Natta 催化剂；水蒸气重整 NiK₂Al₂O₃ 催化剂；催化裂解的八面沸石；双金属重整催化剂；低压合成甲醇；机动车尾气净化催化剂等。由 ICI 在 Billingham 开始了低压合成甲醇工艺的开发，1972 年引入的铜-锌催化剂是在学院式交流的基础上通过延伸铜表面催化作用的基础研究获得的。在汽车尾气净化方面，也是 Johnson-Matthey 对学院式研究的鼓励而获得的成功。

经合成气制得的甲醇作为各种化学产品原料可用如下的图解来说明[7]：

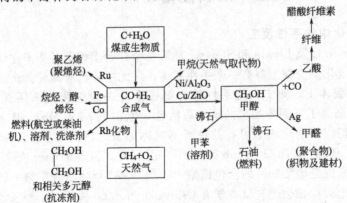

选择氧化，包括脱氢和氧化脱氢两个反应，其中特别是对生产顺酐的丁烷和丁烯，已对

反应器的设计和反应工程有了极大的兴趣，这可以对工艺作出显著的改进[94]。

20 世纪 60 年代后期，Johnson-Matthey 开始开发控制污染物技术，例如，硝酸厂的排放气 NO_x 和食品工艺设备中的臭味除去的催化工艺[96,97]，催化剂是以铂族金属为基础的。含铑的铂催化剂，当 NO_x 用 CH_4 还原时十分有效。1970 年，美国的洁净空气法案是汽车排放物控制的推动力，在 Johnson-Matthey 成功地演示了含铂催化剂可以净化汽车尾气之后，1975 年就见到了催化转化器，第一个工作是在 Wembey（英国）的研究实验室进行的，但是在 1971 年，样品生产就转移到在 Roytone 的新催化剂开发实验室了。用作催化剂的蜂窝状陶瓷块则是由美国的 Corning Glass 和 3M-Amercan Lava 以及英国的 ICI 供应的。通过发明的几种关键工艺最终达到了整型生产。

开始时的概念是利用两个催化剂，Pt/Ph 催化剂能在稍微富燃的情况下还原 NO_x，然后导入空气，利用第二个催化剂将多余的 CO 和烃类氧化，这个催化剂在还原 NO_x 至 N_2 中非常有效，因为如果产生 NH_3，它就可以在第二个催化剂上再氧化成 NO_x：

$$2CO + O_2 \longrightarrow 2CO_2$$
$$(8n+2m)NO + 4C_nH_m \longrightarrow (4n+m)N_2 + 2mH_2O + 4nCO_2$$
$$2NO + 2CO \longrightarrow N_2 + 2CO_2$$

第一个汽车尾气催化剂是 1974 年由 Roytone 厂为 Volkswagen 汽车厂供应的。在 20 世纪 90 年代初，另一些大生产厂在 Brussls 和 Sydney 建成，全世界最大的厂则在 Wayne（Pennsylvania）。一个由 Twigg 所作的最新报告，总结了最近 25 年来汽车尾气净化催化剂的进展。由 Johnson-Matthey 领导的团队，由于对汽车尾气净化催化剂建立起来的功勋，1976 年获得了女王奖。这是用 Pt-Rh 制成的催化剂，其生产量（以体积计）已超过目前生产量最大的裂解催化剂。

1991 年，由茂金属催化的聚合反应变成了制造聚乙烯和聚丙烯的商业技术，估计已有 40% 的热塑性塑料和弹性体用此法生产。现在发现，这类化合物还可以用来合成可以和传统高聚物，如尼龙、聚酯和聚碳酯等相竞争的新的高聚物。从学术观点看，这种化合物是由一个金属原子（Zr、Ti 等）夹在平行的平面环己二烯（茂）基团之间形成的只具有单一活性位的催化剂。钛的硅酸盐，作为一个例子，一种称之为 TS-1 的氧化催化剂的发展也很引人注意，它是一种在有空气的情况下利用 H_2O_2 作为氧化剂，能高选择地制备环氧化物等的催化剂：

$$RC=C + H_2O_2 \longrightarrow RC\underset{\displaystyle O}{\diagdown}\diagup C + H_2O$$
$$RCH_2OH + H_2O_2 \longrightarrow RCHO + H_2O$$

正如已在上面谈及的，在药物和精细化学品的合成中，利用更多催化化学的有机合成也正在不断增长。例如，沸石在高选择性的合成中已得到了广泛的应用，并因此已能担负起环境法规对化学工业一些新安排的要求。

在讨论将来重要的事物时，美国有一本《催化剂工艺公路地图》的刊物指出[98]，无论是工业还是研究单位，已被确定为最起决定作用的有以下一些课题：

A. 通过实验和机理的了解，以及和计算机化学的组合进行催化剂的设计；

B. 开发高通量筛选以及催化剂的合成方法；

C. 对催化剂表征原位技术的改进；

D. 开发具有一定织构部位的催化剂的合成方法。

考虑到改进催化剂工艺可以极大冲击的领域，报告中突出地选择了氧化，它们可以烷烃活化以及减少副产品和废弃物[99]。

还不应该忘掉多相催化在对流层中的作用：固体气溶胶、天然水以及光诱导反应。在大气层中的化学反应是十分显著的，虽然反应可能很慢，但体积却如此之大，会产生大量的产物[99]。

第八节　与催化有关的诺贝尔化学奖[100]

在 20 世纪内，与催化有关的诺贝尔（Nobel）化学奖获奖者及他们在化学方面的杰出贡献列于表 1-1 中，其中有 * 号的是和动力学以及催化直接有关的，供读者阅读时参考。

表 1-1　与催化有关的 Nobel 化学奖获奖者名单

获奖年代	国别	姓　名	事　迹
1901	荷兰	* Van't Hoff Jacobus Hindri	化学动力学法则和渗透压的发现
1903	瑞典	* Arrhenius Svante Auguct	电解质溶液中的离子化分解理论
1907	德国	* Buchner Edward	生物化学研究及无细胞(酶)发酵的发现
1909	德国	* Ostwald Wilhelm	关于催化作用化学平衡和反应速度的研究
1912	德国	* Sabatier(法国)Pane	用金属作催化剂的有机化合物的加氢方法
1913	瑞士	Werner, Afred	关于原子排列的原子价理论
1918	德国	* Haber Fritz	发明用氮和氢合成氨的 Haber——Bosch 法
1920	德国	Nerst Warher	化学反应中热交换方面的若干发现
1929	英国	* Harden Sir Arther	关于糖的发酵和酶的研究
1929	德国	Von-Euler Chelpin, Hans	关于辅酶的研究
1931	德国	* Bosch Carh	发明合成氨的高压方法
	德国	Bergius Friedrich	发明煤液化的高压方法
1932	美国	* Langmuir Irving	关于吸附表面的分子层的发现
1946	美国	Samner B. James	发现结晶酶
1946	美国	Northrop H. Johm	酶及病毒蛋白的提纯制备
1946	美国	Stanley M. Wendell	酶及病毒蛋白的提纯制备
1954	美国	Pauling Linus	关于物质结合力、化学键的研究
1956	英国	* Hinshelwood Sir Cyril	氢和氧之间的反应机理
1956	前苏联	* Semennov N. Nikolai	关于链反应的研究
1961	美国	Calvin Melvin	关于光合作用的研究
1963	意大利	* Natta Giulio	揭示聚合物的贡献
1963	德国	* Ziegler Karrl	对金属有机化合物的制备
1965	美国	Woodward Robert, Burns	对有机合成的贡献
1968	美国	Onager Lars	提出不可逆过程热力学理论
1971	加拿大	Herzberg Gerhard	对分子结构,特别是自由基分子结构的研究
1972	美国	Anfinsen B. Chriticm	对酶化学、生物基础物质化学的贡献
1972	美国	Moore Standford	
1972		Stein H. William	
1973	英国	Wilkinson Geoffrey	关于有机化合物和金属元素组成的物质"有机金属化合物"的研究
1973	德国	Fischer Erust	
1975	奥地利(在英工作)	Cornforth John Warcup	酶催化作用的立体化学研究
1975	瑞士	Prelog Vladimin	有机分子及其反应的立体化学研究
1977	比利时	I. Prigogin	非平衡态热力学特别是耗散结构的理论处理

续表

获奖年代	国别	姓 名	事 迹
1981	日本	福井谦一	建立"前线轨道理论"和"分子轨道对称守恒原理"
1981	美国	Hoffman Roald	
1983	美国	* Taube Henry	关于金属配合物中的电子转移反应机理的研究
1992	美国	* R. A. Marcus	预言速率如何随反应中反应物和产物之间的能量差而变化
1994	美国	* C. A. Olah	正碳离子化学
1998	美国	W. Kohn	密度泛涵理论
1998	美国	J. A. Pople	量子化学计算方法
2001	美国	* Knowles Williams	非对称合成
2001	日本	* 野依良治	非对称合成
2001	美国	* Sharpless K. Barry	非对称合成
2005	法国	* Yves Chauvin	发现有机化合物的换位合成法
	美国	* Robert，H. Grubbs	
	美国	* Richard，H. Schrock	

参 考 文 献

[1] Roberts M W. Catalysis Letter, 2000, 67：1~70.

[2] Larsson R. Perspectives in Catalysis. In Commemoration of Jones Jacob Berzelius. CWK Gleerup, 1981.

[3] Robertson A J. Plat Metal Review, 1975, 19(2)：64.

[4] Thomas J M. Michael Faraday and Royal Institution. The Genius Man and Place' Adam Hilger, 1991.

[5] Rideal E K. Taylor H S. Catalysis in Theory and Practice. Maemillan and Co, 1926.

[6] Tamaru K. History of Development of Ammonia Synthesis in Catalytic Ammonia Synthesis. Foundamental and Practice' Jinings, J R. Chapter 1 Plenum, 1991.

[7] Thomas J M, Thomas W J. Principles and Practice of Heterogeneous Catalysis. VCH, 1997.

[8] Csicery S M. Catalysisby Microporous Materials // Beyer H K, Karges H C, Kirissi I, Nagy J B. Studies in Surface Science and Catalysis. Elsevier, 1995, 91：1.

[9] Keim W. Catalysis in C$_1$. Chemistry Reidel Publishing Co, 1983.

[10] Bridge C W, Spencer M S. In Catalyst Handbook. Twigg , Wolfe Publishing Ltd, 1989.

[11] Paul J, Pradier G M. Royal Society of Chemistry, 1994.

[12] The Adsorption of Gases by Solids. Disc Faraday Soc, 1932.

[13] Suits G. The Collected Works of Irving Langmuir 1~12. Pergmon, Press. 1961.

[14] Trapnell B M W. Chemisorption. Butterworth, 1955.

[15] Van Santen R A, Niemanlsverdrect J R. In Twigg M V, Spencer M S. Chemical Kinetics and Catalysis. Plenum, 1995.

[16] Davis B H, Hettinger Jr W P. Heterogeneous Catalysis. Selected American Histories. ACS Symposium Series, 1983, 222.

[17] Culver R V, Tompkin F C. Adv In Catalysis. Acad Press, 1959.

[18] Thomas J M, Thomas W J. Introduction to the Principles of Heterogeneous Catalysis. Acad Press.

[19] Quinn C M, Roberts M. W. Trans. Farad Soc, 1965, 61：1775.

[20] Eischen R P, Pliskin W A, Francis W A. J Chem Phys, 1954, 24：482.

[21] Bell A T, Hair M I. Vibrational Spectroscopies of Adsorbed Species. VCS Symposium Series, 1980, 137.

[22] Roberts M W, Mckee C S. Chemistry of the Metal-Gas Interface. Oxford Press, 1978.

[23] The Role of the Adsorbed State in Heterogeneous Catalysis. Disc Of the Faraday Soc, 1966, 41.

[24] Sheppard N. In Proc Conf on Mol Spectroscopy. Pergmon Press, 1958.

[25] The Structure of Surfaces. Surface Science 8, 1867.

[26] Gomer R. Field Emmision and Field Ionization. Oxford Unipress, 1961.

[27] Heterogeneous Catalysis. Disc Faraday Society, 1950. 8.

[28] Catalysis. Vol 1 Articles by Ries, Emmett, Laidler, Ciapetta, Plank, Selwood. Reinhold Pub Co, 1954.

[29] Gomer R．Smith C S．Structure and Properties of Solid Surfaces．University of Chicage Press，1952．

[30] Bond B C．Catalysis by Metals．Acad Press，1962．

[31] Garner W E．Chemisorption．Butterworth，1956．

[32] Garner W E．Chemistry of Solid．Butterworth，1955．

[33] Proc Intern Cong on Catalysis Philidelphia，Adv In Catalysis 9．Acad Press，1957．

[34] Gates B C，Katzer J，Schuit J C A．Chemistry of Catalytic Process．McGraw Hill，1979．

[35] Boudart M，Pjaga-Mariadassen G K．Kinetics of Heterogeneous Catalytic Reactions．Princeton University Press，1981．

[36] Christmann K．Introduction to Surface Physics．Steinkopff-Verlage，1991．

[37] Flockart R D．Surface and Defect Properties of Solids．The Chemical Society，1973．

[38] Roberts W M，Mckee C S．Chemistry of the Metal-Gas Interface．Oxford University Press，1978．

[39] Duke，C．B．Surface Science．North Holand，1994．

[40] Somorjai G A，Cat Tech，1999，3(1) 84．

[41] Ertl G．Angew Chem，1990，29：1219．

[42] Disc Faraday Society．Catalysis and Surface Science at High Resolution．1996．105．

[43] Joyners H W，Van Santen R A．Elementary Steps in Heterogeneou Catalysis．NATO ASI Series 398．Kluwer Academic Publishers，1993．

[44] Briggs D，Seah M．Practical Surface Analysis．2nd Ed．Wiley and Sons，1996．Vol 29．

[45] Brundle C R，Roberts M W．LONDON：Proc Roy Soc，1972，A331：383．

[46] Somorjai G A，Sir Thomas J M．Catalyst Characterization under Reaction Conditions．Topics in Catalysis 8(12)．Baltzer Science Publishers 1999．

[47] Samorjai G A．Active Site in Heterogeneous Catalysis Adv in Catal．Acad Press，1977．26．

[48] Roberts W M．The Role of Short Lived Oxygen Transition and Precursor States in the Mechanism of Surface Reactions．A Different View of Cayalysis．Chem Soc．Rev，1996．437．

[49] Au C T，Roberts M W．Nature，1986，319：206；J Chem Soc Faraday Trans I，1987，83：2047．

[50] Dwyer D J，Hoffmann E M．Surface Science and Catalysis．In Situ Probes and Reaction Kinetics ACS Symposium 1992，482．

[51] Waugh K．Catal Today，1999，53：161．

[52] Spencer M S．Catal．Lett，1992，13：45．

[53] Ponec V，Bond G．C．Catalysis by Metal and Alloys．Studies in Surface and Catalysis．Elesivier，1995．

[54] Zaera F．The Surface Chemistry of Hydrocarbons on Transition Metal Surfaces．A Critical Review，Israel J Chem，1998，38(4)：293．

[55] Kishi K，Roberts M W．J Chem Soc Farad Tran 1，1975，71：1715．

[56] Crzybowsky-Swierkosy B，Haber J．Catalysis．Ann Reports Progress of Chemistry，Royal Society of Chemistry，1994，91：295．

[57] Iwasawa Y．Accounts Chem．Research，1997，30：103．

[58] Bar/th J V，Zambelli T，Wintterlin S R．Ertl G Phys Rev，1997，B55(19)：12902．

[59] Haug K L，Burge T，Tautman Ceyes S T．J A C S，1998，120：8885．

[60] Freund H J．Angew Chem Intern Ed Engl，1997，36：452．

[61] Sheppard N．Ann Rev Phys Chem，1988，29：589．

[62] King D A，Woodruff D P．The Chemical Physics of Solid Surfaces and Heterogeneous Catalysis．Vol 4．Fundamental Studies of Heterogeneous Catalysis．Elsevier，1982．

[63] Harikumar K R，Rao C N R．Chem Coommun，1999，41：3．

[64] Thomas S T．Catalysis 1 1977 Specilist Periodical Reports．The Chem Soc．LONDON：1977．

[65] Araki M，Ponec V．J Catal，1976，44：438．

[66] The Role of the Adsorbed State in Heterogeneous Catalysis．Disc Farad Soc，1966．41．

[67] Grasselli B K，Brazdil J F．Solid State Chemistry in Catalysis．ACS Symposium Series，1985．279．

[68] Catalytic Activation and Functionation of Light Alkanes．Adv and Challenges．[Eds] Deronane E G，Haber J，Lemos F，Ribeiron F R，Guisnert W；NATO ASI Series 44 Kluwre Acad．Publishers，1997．

[69] Thomas J M．Angew Chem，1994，33：913．

[70] Recent Advances and New Horizon in Zeolite Science and Technology. [Eds] Chon H, Woo S I, Park S E. Studies in Surface Science and Catalysis Elsevier, 1996, 102.

[71] Graselli R K. Heterogeneous Catalysis. Selected American Histories. ACS Symposium, 1983. 22.

[72] Thomas J M, Raja R, Sankar G. Bell R G. Nature, 1999, 298; 227.

[73] Thomas J M. Tales of Tortured Eestasy; Probing the Secrets of Solid Catalyst Farad Disc, 1995, 100; 9.

[74] Zamaraev A I, Kuznezov K L. Catalysts and Adsorbents of Advanced Materials. Blackwell Scientific Publication, 1993.

[75] Thomas J M. New Approaches to the Structural Elucidation of Zeolite Clay and related Materials Proc. 8th Intern Cong On Catalysis. Berlin, 1984, 1; 31.

[76] Catlow R, Cheethaw A. New Trends in Materials Science. NATO ASI Series. Kluwer, Academic Publishers, 1997.

[77] Labinger J A. A Radically New Approach Cat Tech, 1999, 3; 18.

[78] Hutchings G J. New Approach to Rate Enhancement in Heterogeneuos Catalysis. Chem Commun, 1999. 301.

[79] Beyer H K, Karge H G, Kirisei, L, Nagy J B. Catalysis by Microporous Materials. Studies in Surface Science and Catalysis. 94 Elsevier 1995. 94.

[80] Thomas J M, et al. J Phys Chem, 1999, B103; 8809.

[81] Thomas J M. Angew Chem Intern Ed Engl, 1999, 38; 3589.

[82] Herron N, Gorbin D R. Inclusion Chemistry with Zeolites. Kluwer Academic Press.

[83] Zeolite Microporous Solids. Synthesis, Structure and Reactivity [Eds] Deronane E G, Lemos F, Narrache C, Ribeiro F A. NATO Series. Kluwer Acad Publishers, 1991, 52; 3.

[84] Zeolites. A refind Tool for Designing Catalytic Sites . Studies in Surface Science and Catalysis. [Eds] Bonneviot L, Kaliagume S, Elsevier, 1995. 75.

[85] Jannes, G. , Dubois, V. Chiral Reactions in Heterogeneous Catalysis. Plenum, 1995.

[86] Guisnet M, Barbier J, Barraut J, Bouchonle C, et al. Heterogeneous Catalysis and Fine Chemicals Ⅲ. Studies in Surface Science and Catalysis. Elsevier, 1993. 78.

[87] Webb G, Wells P B. Catal Today, 1992, 12; 319.

[88] Goenewagen J A, Sachter W M H. J Catal, 1972, 27; 369; Ibid, 1974, 33; 176. 1975, 38; 501.

[89] Simons K E, Meheux P A, Griffiths, et al. Recc Trav Chem, 1994, 113; 465.

[90] McFadden C F, Cremer P S , Gellman A J. J Langmuir, 1996, 12; 2483.

[91] Ahmadi A , Attard G, Feliu J, Rhodes A. ibid, 1999, 15; 2429.

[92] Ichikawa M. Catalyst Technology Platinum-Metal Rev, 2000, 44; 3.

[93] Johnson B F G, Raynor S A, et al. Chem Commun, 1999, 1167.

[94] Bashin M M, Slocum D W. Methane and Alkane Conversion Chemistry. Plenum, 1995.

[95] Skrzypek J, Sloczynski J, Ledakowiez S. Methanol Synthesis. Polish Scientific Publishers, 1994.

[96] Twigg M V. Platinum Metal Rev, 1999, 43; 168.

[97] Acres G J, Cooper B J, ibid, 1972, 16; 74.

[98] Catalyst Technology Roadmap Report. Workshop held in 1997 at the Chem Soc Headquarters. Washington D. C. Sponsored by the Councilfor Chem. Research. US Department of Energy Amer Chem Soc, 1997.

[99] a. Ertl G, Knozinger H, Weitkampf J. Handbook of Heterogeneous Catalysis; Wiley VCH, 1999.
b. Parmon V N, Zamaraev K I. ibid. Chapter 5.
c. Au C T, Roberts M W. Proc Roy Soc(LONDON), 1984, A396; 165.
d. Au C T, Carley A F, Roberts M W. Phil Trans Roy Soc(LONDON) 1986, A318; 61.

[100] a. [美] 乍克曼 H. 诺贝尔奖获奖奥秘. 劳永光译. 北京：教育科学出版社, 1987. 327.
b. 彭万华. 化学通报, 2001, 11; 735.

第二章　工业中的重要催化过程

今天，在与化学有关的工业中使用的生产工艺，大概已有 95% 是以催化为基础的，而在发达国家的 GDP 中，约 20% 直接或间接地来自与催化有关的工业。

工业催化已有悠久的历史，发轫于催化古老的实际应用。最早，酶作为生物催化剂已被用来制造葡萄酒、啤酒、奶酪等，有几种早期的工业催化过程属于无机物的氧化，如 Deacon 法制氯（由 HCl 氧化制 Cl_2）、生产硫酸等是在化学反应性的科学基础尚未确认之前就已经开发出来。但是只有在 Vant'Hoff 把化学平衡理论公式化建成之后，开发催化剂的框架才被有效地确定。例如在 20 世纪初，对合成氨过程的开发曾起到了冲击作用，以后才系统地以科学为基础研究出了一系列性能良好的催化剂，为开发今天大家熟知的一些化学工业中的催化工艺奠定了基础。

本章将向读者简要介绍若干个有代表性的工业催化过程，这既可以强化读者对催化剂应用的印象，而且在深入了解有关催化的基础知识、催化剂的制备和表征以及催化工艺之前，通过对催化剂工业应用情景的了解，当读者阅读（或研究）催化作用的各个方面时，也就会有所感悟。

过程的选择是任意的，但力图对有限选择的过程显示出其中普遍性的要点。于是从应用的重要性出发，选择了以下一些过程：

A. 重无机化学工艺中的催化过程，包括合成氨、硝酸和硫酸的制造（金属催化剂）；

B. 炼油工业中的催化过程，包括催化裂解、催化重整、催化异构和加氢处理（固体酸催化剂）；

C. 石油化工中的烃类催化转化，包括烯烃氧化、环氧化、芳烃氧化等（氧化物和复合氧化物催化剂）；

D. 合成高分子材料，包括 Ziegler-Natta 型催化剂、茂金属催化剂生产聚烯烃，尼龙-66原料的合成（配合物催化剂）；

E. 以合成气（$CO+H_2$）为原料的催化过程，包括甲醇合成、羰基合成和氢甲酰化反应（均相催化剂）；

F. 生物催化工业，包括亮氨酸的制备、除虫菊的生产以及 6-氨基青霉烷酸的合成（生物酶催化剂）；

G. 环保催化工业，包括汽车尾气的净化、光催化作用（光催化剂）；

H. 与开发能源有关的催化工业，主要介绍燃料电池（电催化）。

在列举的催化过程中，包含着很广的化学反应，从催化裂解到去氧化氮和非对称合成；各式各样的催化剂和工艺，在有限的这些例子中，还在一定程度上注意到产物和催化剂的分离，列入了一些有代表性的反应流程。将按过程的化学（过程中的化学科学）、使用的催化剂、反应流程的工艺条件等进行描述。对已经过详细研发的过程，还将给出动力学表示式和有关机理的讨论。

第一节　重无机化学工业中的催化过程

一些大规模生产的工业过程常常是放在一起的，这并不是因为它们之间有相似之处，而是因为它们的产品之间的利用有着相互的联系，而且大都是一些无机化学工业。其中有三个同属无机化学工业的反应最具代表性：a. 合成氨；b. 制造硝酸的氨氧化；c. 制备硫酸的二氧化硫氧化。众所周知，氨是由氮和氢的混合物大规模生产出来的，1984 年，全世界产量已接近 1 亿吨，其中 1/4 用来生产硝酸，约 70% 用来制取化肥硝酸铵和硫酸铵。因此，这三个反应之间的密切联系是一目了然的。另外，尿素（H_2NCONH_2）也是一种需求迅速增长的化肥，它也是由氨和二氧化碳为原料制成的，不过，在这个反应中并不需要催化剂。

一、氨的合成

（一）化学过程

现代的合成氨工厂系在温度 350～550℃ 和压力 （1～3）×10^{7}Pa 范围内操作，催化剂为颗粒状，主要成分为 Fe_3O_4（磁铁矿），添加几种助催化剂，通常是 Al_2O_3、K_2O、CaO 和其它添加剂 （如 MgO） 所组成[1]。简单的化学计量反应，以 1mol 氨为基准时可以写成：

$$0.5N_2 + 1.5H_2 \Longleftrightarrow NH_3$$

对合成氨来说，用活度表示的一般的平衡常数可记作：

$$K = \frac{a_A}{a_N a_H} = \frac{Y_A P}{(Y_N P)^{0.5}(Y_H P)^{1.5}} \times \frac{f_A}{f_N^{0.5} f_H^{1.5}} = K_p K_f \tag{2-1}$$

式中，a 为活度；Y 为摩尔分数；P 为压力 （大气压）；f 为逸度系数；A、H、N 分别代表氨、氢和氮；K_p 可由记录的数据或者根据 Gibb′s 自由能的方程式算出，只是温度的函数；K_f 是逸度系数项，是压力和反应体系组成的函数。

平衡组成的可应用理想气体定律，选用最适当压力进行直接计算时，$K_f = 1$。但对氨的合成来说，K_f 是偏离 1 的。所以这一开始就需要利用 K_p 值计算标态理想气体情况下的平衡组成。利用这些值和状态方程就可以算出逸度系数；同时，右侧 （RHS） 为 $K_p K_f$ 的式 (2-1) 算出真实的摩尔分数。

图 2-1 和图 2-2 分别示出了使用纯氢和纯氮混合物以及氩气和甲烷作为惰性气体的典型进料时的计算结果[2]。惰性气体可以降低反应物的有效分压，因此，降低了平衡转化率和

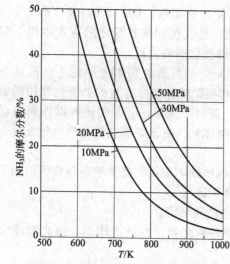

图 2-1　平衡混合物中 （不含惰性气体）
氨的摩尔分数

供料基准：摩尔分数为 75% 的 H_2；摩尔分数为 25% 的 N_2，惰性气体用量为 0

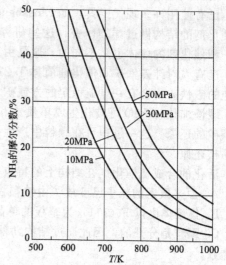

图 2-2　平衡混合物中 （含惰性气体）
氨的摩尔分数

供料基准：摩尔分数为 67.5% 的 H_2，摩尔分数为 22.5% 的 N_2，摩尔分数为 3% 的 He，摩尔分数为 7% 的 CH_4

速度。这两个图还指出，压力对这种可降低摩尔数的反应的平衡有着十分戏剧性的影响。多年来，随着催化剂的改进，以及更好地控制反应温度和减少惰性气体的工艺等的进展，使合成氨工艺能在更温和的温度和压力下操作，这虽然在操作上并无明显改善，但在节能方面却取得了很大的进展。

（二）催化剂

合成氨的催化剂并非是通常的活性组分分散在载体上的那种类型。Haber 开始使用的是天然磁铁矿，其中含有一些天然的杂质，如氧化钾、氧化钙和 Al_2O_3 其中含量范围和今天所用催化剂中的相类似。现在使用的主要原料是高品位的磁铁矿。矿物 Fe_3O_4 经粉碎后与助催化剂［即 1％ K(以碳酸盐形式加入)、1％～3％碳酸钙、2％～5％ Al_2O_3］混合，在有些情况下需加入其它添加剂，例如氧化铬（0.5％～3.0％），并在高温炉内融熔，经缓慢冷却后将所得铸锭粉碎和分级而成[3]。一般地，催化剂系由不规则的，按筛分大小（1.5～3mm、3～6mm、6～10mm、8～12mm 和 12～21mm）的碎片所组成。催化剂颗粒大小的选择取决于反应器设计，即薄床层允许小压力降，因此可采用活性高的小颗粒，如果设计是厚床层，那就需要采用大颗粒，以避免发生过高的压力降 ΔP 和高能耗。最典型的筛分是大小 6～10mm 的颗粒。有时也生产具有较高低温活性的椭圆形（5mm×10mm）和磨光的颗粒，这样可以避免在使用中因消除边、角而引起的压力降和影响物流分布。

工业用合成氨催化剂的活化是通过加热原料气在 370～390℃ 范围内，最后在 400～420℃ 完成的。当催化剂开始变活性时，氨也就开始生成了。大概要一个星期之后才能达到满生产。如果装入预先还原的或者部分预先还原的催化剂，就有可能缩短这个时间[4]。

催化剂在还原过程中，催化剂结构会有明显的变化。简单地说，由于氧将以 H_2O 的形式除去，大概有 25％ 的失重发生。这就可以引起铁晶相的密度增大，但是，总的颗粒大小并不会发生变化[5]。这样一来，在催化剂颗粒中就会产生 50％ 的孔度。这时，大小为 20～30μm 的铁微晶所具有的内表面积 10m^2/g 就被包埋在助催化剂的模具之中（表面上有些钾），就可以使铁微晶相互很好地隔离起来[5]。

已有使用许多现代工具，如 Mossbauer 能谱、X 射线衍射，EXAFS 以及 TEM 等对这类催化剂的结构做过详细研究，这些研究已经确认。催化剂和纯铁粉之间有着本质上的差异，和催化剂的前体也是不同的，这是由于添加了助催化剂的关系。

已有人对纯磁铁矿和催化剂前体于 27℃（300K）时的显著差别做过描述[6]。前体并非是纯的磁铁矿，会有一点亚稳定的方铁矿（FeO）和在颗粒界面处有结构助催化作用的氧化物。缓慢加热时 FeO 可歧化生成单质铁和磁铁矿，假如在氢存在下，铁还可以作为核促进磁铁矿的还原。这一过程可在颗粒中产生一些孔，使体相的磁铁矿能在较高的活化温度下更容易被还原。

活化的合成氨催化剂在结构上的特点，可根据原磁铁矿催化剂前体单一颗粒假设如下：

A. 原来致密的粒子已变成了由铁颗粒组成的集聚体；

B. 集聚体由以 Fe(111) 为基板的单晶体的薄层堆积而成；

C. 颗粒是分开的，因此通过结构助催化剂（三种氧化物）的隔离作用，使之有稳定的孔体系；

D. 烧结可因薄层表面上的结构助催化剂氧化物的分布而受阻，这一作用对保持催化剂的活性状态的床层处于亚稳状态非常重要。

铝、钾、钙的氧化物是商品合成氨催化剂的主要助催化剂，对它们的作用已做过大量研究[7]，为便于参考，结论可归列于表 2-1[8～10]。

表 2-1 合成氨铁催化剂中各种助催化剂的含量和作用

助催化剂	在还原铁催化剂中的部位和形式	主 要 作 用
Al_2O_3	在暴露的还原表面上以氧化物形式成薄层；也可以成富集 Al_2O_3 的柱状。按不同报告，最佳含量为 2%～5% Al_2O_3	稳定铁的活性晶面，如 Fe(111) 和 Fe(211)，防止它们转化成热力学上更稳定但无活性的表面，Al_2O_3 粒或隔层物可稳定孔结构
CaO	以氧化物状态集聚在铁晶粒之间。按不同报告，最佳含量为 2%～3% CaO	增大活性表面积和抵抗杂质的能力
K_2O	因为 K_2O 在约 620K 分解，一般认为，在铁表面上呈氧化钾的吸附层	增大控制步骤氮解离吸附的速率，可降低 NH_3 在活性铁上吸附浓度，因而提高氮解离吸附位的数目和生成 NH_3 的速率，钾具有降低氮在铁上的吸附能

最常见的永久性毒物是硫化物，通常在表面上含 $0.2mg \cdot s/m^2$ 时就可以使催化剂完全失活。另一些毒物还有磷和砷的化合物。催化剂的使用寿命达 10 年以上是正常的，常常由于转化器等设备需要检修，催化剂才需重新装载[5]。

（三）工艺

合成氨反应是一个放热、受平衡限制反应的绝好例子，像这样的反应，当转化进行和在高压下操作时，由于合成反应中物质的量的减少（由 2mol 下降到 1mol），反应混合物需要有效的方法冷却，才可以改善反应的平衡转化率。另外，在低转化区内的高反应速率能够导致可由高物流克服的传质控制，但是，高物流又会引起高的压力降和加大了可利用大颗粒催化剂的能耗，最后，大颗粒催化剂又会降低催化剂的利用率，并因此降低表观活性。显然在反应器设计和催化剂粒度方面可以有多种选择，这样一来，就需要把反应器设计与操作进行优化。

如今，一些国内外催化剂生产公司都有丰富的经验，可以为新的大型合成氨生产工厂提供设计和催化剂，不仅如此，许多用于合成氨反应器的设计理念还能应用于石油和化工工业中其它强放热、高压和受平衡限制的一些反应之中。

Haber 在开发的过程中，采用了系统的研究方法，先是找到并定型了一个合适的催化剂，然后按比例放大反应器，最后才设计和建立了一个包括可生产足够纯原料气的完整过程。Haber 对这一过程的设计流程见图 2-3。

进行系统的研究是为了开发合适的催化剂，铁催化剂是特殊试验的对象，因为当时铁是已知的唯一可以分解氨的催化剂。实验证明，单独的铁的活性并不大，但却可以通过添加一些助剂提高其活性，也可以因存在毒物而中毒。在实验中，他及同事们制备了 1 万多个催化剂和进行了 4 千多次实验。

当实验得出了喜人的结果之后，按比例放大的工作就被提到日程上来了。遇到的主要困难是在工作条件下反应器的结构问题。由于是高压的关系，需要高强度的碳钢，但是这种钢在苛刻的工作条件下很容易为 H_2 所

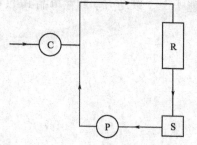

图 2-3 Haber 提出的生产氨的流程图
C—压缩机；R—反应器；
S—分离器；P—循环泵

腐蚀并因此失去应有的强度。Bosch 设计了一个有高碳钢外壁和内部用低碳钢衬里的反应器（图 2-4）。这样，催化剂在内部加热，而外壁就能连续地保持低温。

（四）动力学

为了明确对这一反应在假设机理上的解释，尽管包括表面科学以及动力学，已对这个反应作了很好的研究，然而对反应器模拟和设计最常用的速度方程，还是原先的 Temkim-Py-

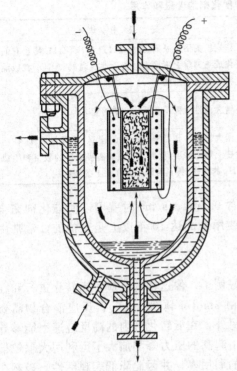

图 2-4 合成氨反应器（BASF—1910）

ahev 方程。尽管如此，以上述研究为基础的在反应机理上的观点，对开发新的和改进催化剂仍然是十分有用的。

原来的 Temkin-Pyahev 方程[11] 是以分压的形式表示的，但对工业，采用逸度（f）更加适合，可以产生较好的结果。

$$W=k\left[KP_{N_2}\left(\frac{P_{H_2}^3}{P_{NH_3}^2}\right)^\alpha-\left(\frac{P_{NH_3}^2}{P_{H_2}^3}\right)\right]^{1-\alpha} \quad (2-2)$$

式中　W——反应速度；

　　　k——控制步骤氮解离的速度；

　　　K——平衡常数；

　　　α——常数，在 0 ± 1 之间；

　　　P——以大气压表示的压力。典型值 0.5 被认为是适合于许多情况的，这样将转变为：

$$W=2k\left[K_P\frac{f_N f_H^{1.5}}{f_{NH_3}}-\frac{f_{NH_3}}{f_H^{1.5}}\right] \quad (2-3)$$

式中，f 为逸度，活度＝逸度；K 是以 $0.5N_2+1.5H_2 \longrightarrow NH_3$ 化学计量反应为基础的；另一些 α 值，依据过程的不同条件也是有可能的[12]。

要注意的是，当反应混合物中氨的值很低时，速度的计算值会变成不收敛的；而当送入氨反应器的合成气中含循环氨和未反应的氢和氮时方程就非常适合了。

（五）反应机理

近年来，发展中的表面科学技术已为了解催化剂的表面位、各种助催化剂的作用以及反应的可能路径提供了很有说服力的信息，其中之一已被认为可以用来预测工业反应器的功能[8,13]。以动力学和在单晶 Fe(111) 晶面上吸附为基础的机理可表示如下：

$$N_2(g)+* \rightleftharpoons N_2^*$$
$$N_2^*+* \rightleftharpoons 2N^*$$
$$H_2(g)+2* \rightleftharpoons 2H^*$$
$$N^*+H^* \rightleftharpoons NH^*+*$$
$$NH^*+H^* \rightleftharpoons NH_2^*+*$$
$$NH^*+H^* \rightleftharpoons NH_3^*+*$$
$$NH_3^* \rightleftharpoons NH_3(g)+*$$

其中，* 表示活性位。第二步的 N_2 在催化剂表面上的解离吸附已被确定为速率控制步骤。而所有其它的步骤都假定是平衡的。这一结论已由许多研究工作者所获得，而且已有显著的方法，包括量子化学计算和在高真空下 Fe(111) 单晶上的 N_2、H_2 和 NH_3 的吸附所确证。

模型中的所有参数均是在没有参考由氨合成实验获得的数据的结论下给出的[1]。然而计算所得的参数，当用来预测实验反应出口的 NH_3 摩尔分数时，在实验值和在 $1\sim300atm$❶ 范围内计算 NH_3 的产率与实验值之间却都符合得很好[8~13]。这样的结果不得不

---

❶ 1atm＝101325Pa。

令人信服，特别是由于真实的合成反应器并非在高真空下操作，同时，工业催化剂又是由多晶的 Fe(Ⅲ) 所组成，并非单晶。

二、硝酸的制造

在三种主要的无机酸（硫酸、磷酸和硝酸）中，以生产的体积计，硝酸居第三位。其最大用途是生产用作肥料的硝酸铵和炸药，约有 65% 的硝酸用于制造肥料，25% 用于生产炸药，其余的 10% 用于生产和有机化合物有关的重要化工产品以及生产重要化合物，例如在己二酸生产中用作氧化剂等[14,15]。

最重要的反应产物硝酸铵在温度高于 210℃ 即能分解，但在有金属氧化物或粉状金属时在低温下也能分解。尽管硝酸铵具有过剩的氧化能力，但需要具有过剩还原能力且更加敏感的有机物（例如炸药 TNT）存在时才能产生有效的爆炸。但是，超过 50%（浓）的热的水溶液，在热和限定的条件下也能爆炸性地分解。然而用作肥料时，并没有危险性分解的威胁。

（一）化学过程

NH_3 氧化成 NO_2 需要通过 2 个反应：在铂-铑网上的催化反应以及 NO 和氧生成 NO_2 的均相反应。这通常在文献中以整数写成如下的化学计量方程：

$$4NH_3 + 5O_2 \longrightarrow 4NO + 6H_2O$$
$$2NO + O_2 \longrightarrow 2NO_2$$

从工程角度看，当涉及常常以 "kcal/mol" 表示的反应热时并不能引起混乱，只要实际地写成氨的 kcal/mol 即可，下面方程的写法可以避免这种含糊不清的情况。

A.
$$NH_3 + 1.25O_2 \longrightarrow NO + 1.5H_2O \text{（气相）}$$
$$\Delta H = 54.1 \text{kcal/mol}(NH_3, 1000K)$$
$$K = 1.87 \times 10^{14} (1000K)$$

催化剂：Pt/Rh/Pd

反应条件：800～900℃，$(3～6) \times 10^5 Pa$ 或 $(7～12) \times 10^5 Pa$

B.
$$NO + 0.5O_2 \longrightarrow NO_2 \text{（气相）}$$
$$\Delta H = -13.75 \text{kcal/mol}(NO_2, 1000K)$$
$$K = 0.188$$
$$\Delta H = -13.66 \text{kcal/mol}(NO_2, 400K)$$
$$K = 3.483 \times 10^3$$

均相反应；反应条件：50℃，$(3～6) \times 10^5 Pa$ 或 $(7～12) \times 10^5 Pa$

NO 和与其处于平衡的二聚体（N_2O_4）吸收之后就能产出硝酸，这种吸收的概念是把以前气相氧化中形成的 N_2O_4 当作活性物为基础的[16]。

$$2NO + O_2 \longrightarrow 2NO_2 \longrightarrow N_2O_4 \text{（气相）}$$
$$N_2O_4 + H_2O \longrightarrow HNO_3 + HNO_2 \text{（液相）}$$
$$HNO_2 \longrightarrow 0.33HNO_3 + 0.33H_2O + 0.667NO \text{（液相）}$$

从气相中放出的 NO 在液相中被氧氧化成 NO_2 和 N_2O_4。

反应 A. 在任何温度下都是不可逆的，对这一主要反应估计压力的效果时，就不能应用 Le chatelier 原理。在氨氧化的单元反应中，还会发生一系列不希望的副反应（表 2-2）。表中的数据除了特别说明以外，都是 1000K 时的值。

（二）催化剂

催化剂系由直径为 0.003in(0.076mm) 的铂（90%）和铑（10%）或者铂（90%）铑（5%）和钯（5%）的丝编织成的 80cm×80cm 的丝网所组成。因为钯比铑便宜，所以最后的组成更好些，同时，看起来功能也很完美。另外，也有报道在低压和接近大气压下操作的单元中可以使用稍细的丝（0.06mm）[17]。

表 2-2　氨氧化单元反应中的副反应

副 反 应	ΔH/(kcal/mol NH_3)	K_P
$NH_3+0.75O_2 \longrightarrow 0.5N_2+1.5H_2O$	-75.75	2.18×10^{18}
$NO \longrightarrow 0.5N_2+0.5O_2$	-21.64	1.641×10^3
$NH_3+1.5NO \longrightarrow 1.25N_2+1.5H_2O$	-108.21	3.09×10^{14}
$NH_3 \longrightarrow 0.5N_2+1.5H_2$	13.11	1.757×10^3
	$(11.43, 400K)$	$(0.178, 400K)$
$NH_3+O_2 \longrightarrow 0.5N_2O+1.5H_2O$	-65.855	1.85×10^{14}

丝网好像棉布，依据操作压力的不同，可从 4 张变化至 50 张相互紧贴地堆积起来。在低压反应器中，可用少数丝网，丝网的直径依据反应器的尺寸和压力的大小，可从 0.5m 变化为 3m。在高压下 [(8～10)×10^5 Pa]，根据工厂的大小，可以使用直径为 0.5～1.5m 的丝网。低压工厂，范围最大可使用至 2～3m。在所有情况下，丝网填层的直径和高度之比是非常之大的。因此，需要精确的设计以保证反应物通过丝网层有很好的气流分布。

铑的含量能改进催化剂的活性和强度，操作开始时，丝表面上的铑含量是富有的，因此确认了活性有所改进[18]，催化剂由于和铑的合金化对性能有所改进在 1934 年就发现了[19]，并因此确认了现代化硝酸工厂的成功。合金化的催化剂不仅可改进转化率和选择性，而且还可以降低由于氧化和以后 PtO_2 的蒸发引起的铂的损耗[20]。发现铑的含量无需超过 10%，否则的话，会降低催化剂的活性[21]。接着由 Pd 取代一部分铑（90%Pt，5%Rh 和 5%Pd）组成的催化剂体系并未损失活性和选择性[22]，和原来的 Pt(90%)Rh(10%) 催化剂具有等同的性能，满足了对网应尽可能地少损失金属的要求[23]。

实验还指出，Pt（95%）Rh（5%）的丝网也可以很成功地用于某些操作条件和反应器设计之中，但低铑时，单独的铑会形成少量不活性的氧化铑 RhO_2 [24,25]。

（三）工艺[14,15,26]

有三种类型的生产工厂，主要区别在操作压力上。典型的氨氧化反应器操作条件如表 2-3 所示。低压反应器具有耗能少、选择性好和产率高等优点，但是低压操作的吸收系统允许尾气中存有过剩的氧化氮。高压工厂在装备尺寸上比较小，同时也较省钱，但收率较低。高压工厂由于需要提供压缩的能量，所以能耗较多，但是在吸收系统中容易除去氧化氮。结果是低压工厂由于过多地排放氧化氮，所以已不再新建。在欧洲中压和中/高压工厂（反应器于中压下运转，而吸收系统则在高压下运转）比较普遍，之所以这样选择，完全是因为在欧洲，氨和能源的价格都较高，二者结合，较之高压工厂可以产生低排放和高产率，由于高产率节省下来的能量和氨就可以克服大生产设备的高投资。而在美国，反应和吸收都使用高压操作。无论是中高压过程，还是高压过程都需要把空气压缩至反应器的操作压力，但是在中高压过程中，从反应器放出的产物 NO_x 还需要经过压缩进行吸收。氮的氧化物（NO_x）不仅有毒，而且还因为它们都是氧化剂，有爆炸危险。

在美国，建成的高压工厂，据说投资要比双压工厂的低 10%～14%[18]，事实上不同地区的情况应依当地的经济分析而定。对单独的高压过程，低效率和 Pt 的耗损就可以抵消低压工厂的装置、结构以及维持的费用。

为了优化生产，高压工厂必须在高温下操作，但这样的条件，加上高压对回收能量就十分有利了[18]。

表 2-3 氨氧化反应器的典型设计数据

反应器类型	压力/10^5Pa	丝网数/张	气体流速/(m/s)	反应温度/℃	每吨 HNO₃ 损耗催化剂/g
低压	1～2	3～5	0.4～1.0	840～850	0.05～0.10
中压	3～7	6～10	1～3	880～900	0.15～0.20
高压	8～12	20～50	2～4	900～950	0.25～0.50

产率作为操作条件的函数,在 $1×10^5$Pa 时为 97%～98%,$5×10^5$Pa 时为 95%～96%,而在 $(8～10)×10^5$Pa 时[17]就只有 94% 了,反应的温度范围已示于表 2-2 中。

(四)动力学

氨氧化至氧化氮是一个极端复杂和快速的反应体系,因此,很难进行动力学研究。在实际的工厂中,于丝网上迅速形成的瘤状表面可以增大反应的表面积,因而使观察到的反应速度剧烈地依赖于气相的传质,远远超过了表面的动力学。当在 500～1000℃ 范围内操作时,NO 的选择性实际上是由表面上的低氨浓度所决定。

已有一个对不同化学反应速度的表示式比较透彻地总结了这一过程[23],许多工作是在低于 600℃ 和温和压力下进行的。所以需要应用表面科学,相反,实际工厂的操作是 3～12atm(1atm=$1.01×10^5$Pa) 和 850～950℃,提出的假设是对 NO 的选择性取决于活性位上 NH_3 和 O_2 之间的竞争。在工厂温度短接触时间的情况下,表面实际上是富氧的,但是在这样的情况下 Rideal-Eley 方程或者 Langmuir - Hinselwood 方程的非竞争吸附都是可用的[23,27]。

$$O(S)+NH_3(g)\longrightarrow NO(g)+3H(S)$$

这里 S 表示吸附表面。

$$r=\frac{KP_AP_0^{1/2}}{(1+K_AP_A)(1+\sqrt{K_0P_0})} \tag{2-4}$$

式中,A 和 O 分别表示氨和氧。

这一公式有理由地适合于实验数据,但作者们推导出了带有深奥意义的常数,他们实际上把包含在不确定变数中的参数归并到了一起[27]。

铂的耗损是极缓慢的,而且是通过可限定的反应进行的:

$$Pt(s)+O_2(g)\longrightarrow PtO_2(s)$$

这有很明显的传质特征,可以表示成:

$$r=\frac{k_bK_{eq}P_0}{(1+k_bk_m)} \tag{2-5}$$

式中 k_b——当气体 PtO_2 撞击催化剂表面时发生可逆反应的速率常数;

K_{eq}——可逆反应的平衡常数;

k_m——传质常数。

(五)机理

没有一个反应体系像氨氧化那样在说明机理方面时间如此之长,最后还没有完全一致的说法。如果考虑到这个反应不平常的本质,产生这种情况的原因就很显而易见了。NH_3 被 Pt 丝网氧化至 NO 是已知工业中温度最高和接触时间最短的过程。网层面积中接触时间在不同报告中为 $10^{-3}～10^{-4}$s,估计的实际反应时间为 10^{-11}s,在如此短的停留和反应时间内,多少年来都无法通过实验检测出短寿命的中间化合物,尽管一些现代的新技术,如激光诱导荧光可以成功地使用,但并没有很大的激情来进行这项工作,在以往的十年中,为了成功地操作,还有很多设想。

在很低压力下曾用 AES 和 LEED 对铂的单晶和铂丝进行过研究,获得的有价值的假设可以说已达到了顶峰[18,23,27,29,30]。

① 在工业操作的条件下，总速率是传质控制的，氨氧化中的选择性由活性位上 NH_3 和 O_2 分子的竞争吸附所决定：a. 低于 200℃时为 N 所完全覆盖；b. 200~300℃，为 NH_3 所覆盖；c. 500~1000℃为 O_2 所覆盖；d. 超过 1000℃，NH_3 进行分解。

其中，c 处于工业反应的操作范围之内。

② 在范围 c 中，NO 的最优选择性于 $(3~6)×10^5Pa$ 和约 850℃时达到，在高压下，温度必须高至 920~940℃。

③ 对氨的传质计算可以从丝网表面上的 0.05~0.06 最高摩尔分数提供一个估算值，在丝网表面上如此低的摩尔分数是根据 NH_3/O_2 供料比低于化学计量数（0.3 或更小，相对化学计量数 0.8）获得的。这可以保证在实际反应中催化剂表面上低的 NH_3 浓度，这样的条件可以降低副反应（C）、（E）和（G）（见表 2-2）的速度，因为这些反应被认为对 NH_3 较之主反应是呈高次方的。当然 NO 的分解反应可以为短接触时间所减少，但是在高压操作下，对 NO 的生成又有影响。因为表 2-2 中的反应（D）的速度表观上是 NO 分压的二次方。

④ 在范围 d. 中，反应体系变成以 NH_3 分解成 N_2 和 H_2 为主，氢被迅速氧化成水，正如前面已注意到的，该反应是吸热的，在高温下它可以变成热力学上有利的反应。

三、硫酸的生产

硫酸的工业生产始于 18 世纪中叶，在称之为铅室法的过程中，SO_2 通过 NO 的催化氧化生成 SO_3。制成的酸不是很浓，所用原料是西西里岛的单质硫，以后才改用黄铁矿。它的价格便宜，但送入反应的原料气中含有高含量的杂质，其实早在 1831 年就有一个 SO_2 在很好分散铂上氧化的专利，这个方法的工业化由于技术上的困难，问题之一是催化剂易于中毒，而拖延了很长时间。

在第一次世界大战期间，军事上需用高浓度的硫酸，才开始研究多相催化的金属催化剂。开始时，把氧化硅或石棉上的铂用作催化剂，以后由于贵金属的高价以及易于被原料中残存的污染物（例如砷）所毒化，铂才被以 V_2O_5 为基础的催化剂所取代（1920）。原料也改变了，今天，又再次主要使用了单质硫作为原料，但这在一定程度上已是油氢加工的产品了[14,20,31]。

（一）化学过程

整个过程的反应包含硫燃烧成二氧化硫，二氧化硫氧化成三氧化硫以及 SO_3 溶解成硫酸（95.5%）。加入水并移去酸使 98%~99% 的酸维持循环。

A. 硫燃烧 $S+O_2 \longrightarrow SO_2$ 983℃→1150℃ $\Delta H = -70.94$ kcal❶/mol

B. 二氧化硫氧化（气相）

$$SO_2 + 1/2O_2 \longrightarrow SO_3;   \Delta H = -23.64\text{kcal/mol}$$

催化剂：V_2O_5/硅藻土

反应温度：693℃（进口），875℃（最大）

压力：$(1.2~1.4)×10^5Pa$（绝对压力）

C. 三氧化硫吸收（逆向流动）

$$SO_3 + H_2O \longrightarrow H_2SO_4;   \Delta H = -36.15\text{kcal/mol}$$

二氧化硫氧化是受平衡限制的（经典反应），催化剂在低温下难以负担完全转化的活性，但可以避免未反应 SO_2 回收的问题。

---

❶ 1cal=4.2J。

这一最低允许温度，据报告为 390℃（693K）。图 2-5 示出了空气中含 8%SO₂ 时的供料平衡转化率与温度（以 K 表示）的关系。十分明显，温度在 700K 以下时，特别是高转化率区是很吸引人的。

（二）催化剂

催化剂制造商可提供多种型号形状、组成各异的催化剂。典型且标准的催化剂含 6%～9% V_2O_5 和 K/V 原子比为 2～4 的碱金属硫酸盐（硫酸钾）。另外，还有极小量以硫酸钠形式加入的含量为 1% 的钠，载体是二氧化硅。常常是具有生物分散孔结构的硅藻土。硅藻土可以提供便

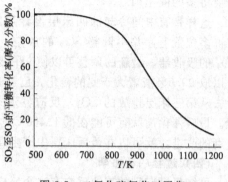

图 2-5　二氧化硫氧化时平衡
转化率与温度的关系[24]

于传质的大孔，其平均孔径不是以让融熔体充满，但适合涂覆于其表面以增大和反应物的接触面积[14,32]。合成最优的孔结构乃是催化剂制备的关键步骤。这种典型的催化剂已为别的具有特殊性质的、特别适宜于某种情况的产品所取代。例如，适当降低 K/Na 比例的高钒催化剂，在反应的最后步骤中使用时更具活性，同时可以提高产量[33]。还可以提高低熔点复合物的低温催化剂（通过添加铯以取代钾）允许用在最后的床层中，例如在平衡效率很高的低温下（低于 400℃）使用。因此无需使用中间吸收器以改进产率也是可能的。

另一些催化剂的选择是将一部分硅藻土用胶体氧化硅取代，这样就可以使催化剂变得更加坚硬[34]，具有强抗磨损性，这对需要周期性使用异常重要。

（三）工艺

二氧化硫氧化反应器是绝热固定床的。在床层之间带有中间冷却设备。下面是这种反应器的一般操作特点：

A. 直径为 7～13m；单层高度为 0.5～1.0m；床层数为 4。

B. 床层之间的中间冷却：前三层中每层的出口气体通过和低温饱和蒸汽的热交换进行冷却以产生过热蒸汽，每个反应气流然后返回到反应器进入床层，而后再由此进入。

C. 催化剂分布：一般地说，每个系列中，每个床层中催化剂荷载量是大于上一个床层的。一个工厂的报告中对 1～4 床层有如下分布：19.4%、25.0%、26.7% 和 28.9%[31]。

D. 建构材质：不锈钢已被碳钢和铸钢所取代[36]。

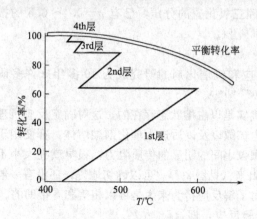

图 2-6　平衡转化-绝热温度图
（带有中间冷却的四催化剂床层）

为了获得高转化率就必须应用绝热反应器和在床层之间提供中间冷却。这种需求明显地表示成图 2-6，图中对角线表示在设计床层中的绝热温度升高，而水平线则表示床层之间的冷却温度。第一层中的高温度是允许的，因为出口温度较之平衡温度略低（即达到平衡的 ΔT 是富有的），达到高转化率时，从第一层流出的气体必须在进入第二床层之前被冷却。正如图 2-6 所示，在以后的床层间的关系是相同步骤的重复。

当每个床层中的平均床温降低而速度又保持不变时，平衡达到 ΔT 将有所衰减，因此，每个连接床层中的反应速度也将衰减，这样就

需要更多的催化剂。

这样带有中间冷却的四床层设计可以在反应出口处非常好地实现 98.5％ SO₂ 的转化。在许多位置上，并不调整 SO₂ 的放空，而是反应器之后还有热回收装置，然后才是吸收 SO₃ 的吸收器。最新的调整可以使 98.5％ SO₂ 转化需要在许多位置上放出过多的气体。也可以取 99.5％或者大于此的转化，已经达到过这样的目标。但必须安装一个中间吸收塔以除去从第三床层排放的 SO₃，反应器形式的改变或者改进，都将会不断地改进催化剂的性能。最后催化剂就有可能在低于 400℃ 的情况下也能保持活性。在这样的低温下，由于反应速度的改进，就可以在最后床层中产生高的转化率。

（四）过程的动力学

可能再没有别的工业反应有这个反应研究得如此久长，并有这样多的研究工作者企图开发出有用的速率表示式和可信的真实机理了。关于这一反应的动力学研究已有一个很好总结[32]。作者的结论是，开发可以用于设计反应器的方程式事实上并没有成功[32]。

这样简单的反应体系可以说绝对复杂。由于在不同温度下融熔体本质的关系，对一个带有可以通过不同途径湿润而又无法预见孔的体系则难以限定，这自然会包含着传质上的种种限制。虽然对已有的一些方程式在几个规模中（间歇式、中间试验和工厂）作过实验，只有在间歇式反应器上得到过符合得很好的结果，而对工厂规模的反应器却从未得到过满意的结果。看起来由熟悉工厂操作的几个理由的研究工作者已经开发出一些因子，乘以计算出来的层高就可以获得所需的层高，例如对第一层需要最大的乘数是 4[32]，当然，需要的层高主要应取决于催化剂的特性。另一些人也报告了工厂反应器第 2、第 3、第 4 层[38] 以及第 1 和第 4 层[39] 相符合的计算值。

与工业反应器床层相对薄和直径较大有关的一个主要问题是：由于透过床层截面流过速度的变化会造成一定程度的不均匀性。因为这样就会在床层表面上产生明显的温度和组成断面，这个问题可以通过仔细充填催化剂以及提供低 ΔP 分布板等方法得到很好解决。对工业应用，可利用指数定律方程，例如：

$$r = P_0 (P_{SD}/P_{ST})^m \left[1 - \frac{P_{ST}}{K_P P_{SD} P_0^{0.5}} \right] \tag{2-6}$$

在平衡条件下 $r=0$，于 $r=0$ 时解 K_P，即可由方程获得正确的平衡表示式：

$$K_P = \frac{P_{st}}{P_{sd} P_0^{0.5}} \tag{2-7}$$

这里 P_0、P_{SD}、P_{ST} 分别表示氧、二氧化硫和三氧化硫的分压，已有 $n=0.4 \sim 0.8$ 的报告值。有关文献中还报道了许多其它的速度方程[32,40]。

（五）反应机理

因为硫酸生产的重要性是首屈一指的，对反应和钒催化剂的研究成为 40 多年来许多研究工作的焦点，已经发表了许多极好的研究报告[32,40,41]。

由钾助催化的氧化钒催化剂，在操作条件下确实是以融熔状态存在的，这对确定反应机理的任务增加了不少复杂性。另外，气体组分向孔内扩散以及以后进入催化剂融熔体，都使用于确定机理速率常数的测定变得更加困难。存在于颗粒之间的明显的传质阻力，很早就在大小不同的球形颗粒中通过比较 SO₂ 反应速率时显示了出来（见图 2-7）。可以确切地说，还没有一般可定论的反应机理，但是已有一些有用的共识，对了解反应行为来说是可以相信和有帮助的。

早期的和众所周知的机理可以用来描述双步骤反应，即：

$$SO_2 + 2V^{5+} + O^{2-} \rightleftharpoons SO_3 + 2V^{4+}$$

$$1/2 O_2 + 2V^{4+} \rightleftharpoons 2V^{5+} + O^{2-}$$

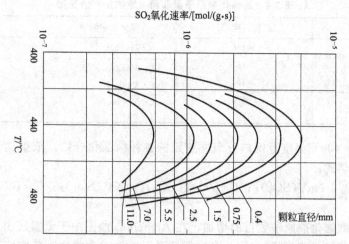

图 2-7 大小不同的球形催化剂颗粒上于转化率 95％时二氧化硫氧化速率和温度的关系[32]

这样的机理，以其简单方式描述了 SO_2 的氧化以及随后钒的再氧化。近来，通过无载体情况下的融熔盐研究，已有可能确认出反应中所含钒的复合物。使用融熔体的工作，已经建议了多种机理[32,40~42]下面举例说明：

A. 一种 SO_2 的复合物的氧化就可以给出 SO_3，同时，V^{4+} 再氧化至 V^{5+}。但是没有涉及反应速度控制步骤[43]：

$$V_2O_5 \cdot SO_3 + SO_2 \rightleftharpoons (VOSO_4)_2$$
$$(VOSO_4)_2 \rightleftharpoons V_2O_4 \cdot SO_2 + SO_3 + 1/2O_2$$
$$V_2O_4 \cdot SO_2 + 1/2O_2 \rightleftharpoons V_2O_4 \cdot SO_3$$

B. 反应和钒的价态无关，可以和 2 个钒原子形成诸如被指认是钒酸钾硫双分子复合物。假定为 V_2^{5+} 的途径，据说，这是高浓度 SO_2 时主要氧化至 SO_3 的途径 [Ⅰ]，而且和钒的价态无关。在低浓度时，氧化-还原机理被认为是主要的[44] [Ⅱ]。

$$[V_2^{5+}] \xrightarrow{+SO_2} [V_2^{5+}]SO_2 \xrightarrow{+SO_2} [V_2^{5+}]2SO_2 \xrightarrow{+O_2} [V_2^{5+}]+2SO_3[Ⅰ]$$
$$\downarrow O^{2-}$$
$$[V_2^{4+}]SO_3 \xrightarrow{1/2O_2} [V_2^{5+}]+O^{2-}+SO_3[Ⅱ]$$

C. 在另一个研究中，催化反应物种假定是 $VO_2(SO_4)_2^{3-}$ 这是下列平衡反应的产物[33,45,46]。

$$VO(SO_4)_3^{3-}+SO_4^{2-} \rightleftharpoons VO_2(SO_4)_2^{3-}+S_2O_7^{2-}$$

在融熔相中研究的优点是可以消除催化剂的传质和传热过程的复杂性以及存在惰性物种的影响。事实上，这样的结论已在 1980 年作出，但今天才获得重要应用。已经进行的大量机理方面的研究看来未必是徒劳的。它把一个重要的技术问题引向了焦点，需要开发出一个可以在低于 400~460℃范围以下操作的催化剂。在这样的范围内，如果有价值的化合物在其熔点以融熔状态和其附加物一并结晶出来，那就会使活性迅速下降。对放热反应来说，低操作温度可以增大 SO_3 的平衡转化率（如果活性复合物依然能保持融熔状态的话）。

已对典型的融熔态催化剂做过彻底研究，可以分离出在低温下淀积出来的复合物并进行了鉴定[35]。淀积时通常会伴随着通常的活化作用的突然增大，并因此会明显地降低速度。对不同助催化剂组成的研究结果列于表 2-4 中[35]。

表 2-4　助催化剂原子量和量（摩尔比）的变化

催化剂融熔物	淀积温度/℃	催化剂融熔物	淀积温度/℃
Na/V＝3.0	＞470	K/V＝10.0	404
Na/V＝4.7	＞460	Cs/V＝3.0	430
Na/V＝10.0	＞460	Cs/V＝4.7	416
K/V＝3.0	＞475	Cs/V＝10.0	388
K/V＝4.7	439		

已经在 350～480℃ 温度范围内分离并鉴定的各种结晶化合物，依据加入的助催化剂不同，有如下的化学式：

$NaVO(SO_4)_2$；$NaV(SO_4)_2$；$K(VO)_3(SO_4)_5$；$KV(SO_4)_2$；$Cs_2(VO)_2(SO_4)_3$；和 $CsV(SO_4)_2$

随着碱金属助催化剂原子数目的增加，在 Arrhenius 绘图中于低温区出现的断裂可以看出，铯（Cs）将使熔点降低[35]，因此允许在低温下操作。有关这一反应机理方面进一步的说明，读者可参阅有关文献 [41，43，44，47]。

第二节　石油炼制中的催化过程

石油炼制是极为重要的一项工业。因为它为运输、加热以及石油化工提供主要的原料。石油炼制中生产的重要消耗产品和特性如表 2-5 所示，表中所列出的产品，主要是通过催化

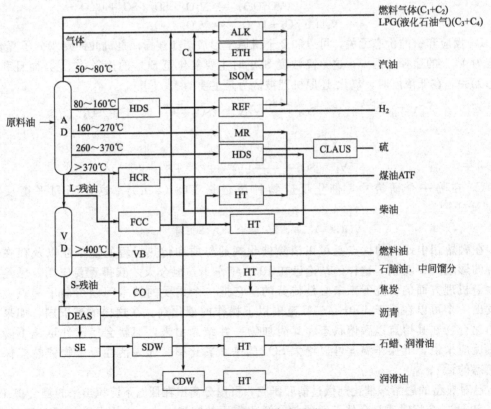

图 2-8　石油炼制操作流程图

缩写见表 2-6

过程生产的，全世界每年的催化剂市场约 10 亿美元，而其中约有 25％来自石油炼制。典型的石油炼制操作过程（包括催化和非催化的）的流程示于图 2-8 中，而图中所示的炼制过程列于表 2-6 中。由图 2-8 可见，最终产品并不总是能从简单过程获得的，常常要通过不同流程的复合。不同流程的复合则是为了获得专一的产品和提升所有纯化产品的利用率或者降低供料中的 S 和 N 含量，从而改进产物的稳定性、色泽和味道。石油炼制中重要的催化转化过程有流态化催化裂化（FCC）、催化重整、加氢处理和异构化。本节将对这些过程作重点介绍[13]，另外还有烷基化、叠合等也都是利用催化剂的加工过程，但它们在规模上都不能和上述过程相比，而且只涉及单个分子的加工，这里不准备一一介绍。

表 2-5 由石油炼制获得的消耗产品名称及其特性

名　称	主 要 组 成 和 特 性	近似沸点/℃
液化石油气（LPG）	C_4 烃和一些 C_3 烃	低于 0
汽油（petrol）	$C_5 \sim C_9$（富芳烃）	30～160
煤油	$C_{10} \sim C_{15}$（富烷烃）	150～270
航空透平机燃料（ATP）		
柴油	$C_{10} \sim C_{18}$（富烷烃）	260～360
润滑油	约为 $C_{20} \sim C_{40}$，无芳烃和烷烃	300～550
蜡	约为 $C_{20} \sim C_{40}$（正构烷烃）	＞300

表 2-6 石油炼制中的主要过程（缩写参见图 2-8）

缩　写	过程的名称	目　　的	典型催化剂	产品名称
AD	分馏	分离	无催化剂	不同馏分，长残油
VD	真空蒸馏	分离	无催化剂	真空气体油，短残油
HDS	加氢脱硫	去 S 和 N	$Co-Mo-Al_2O_3$ $Ni-Mo-Al_2O_3$ （硫化物）	用于所有馏分
HCR	加氢裂解	重馏分转化成轻馏分	$Ni-W-SiO_2-Al_2O_3$ $Pd/Pt/$分子筛	LPG，汽油。煤油 ATF 和柴油（中间馏分 MD）清洁产品低 S，N，烯烃含量
FCC	流态化催化裂解	重馏分转化成轻馏分	$REY/SiO_2-Al_2O_3$/添加剂/ZSM-5	LPG，汽油，MD，富 S，N 和烯烃产物，需要 HT
HT	加氢处理	去烯烃，去 S 和 N	$Ni-Mo-Al_2O_3$，$Co-Mo-Al_2O_3$，（硫化物）	全部产品
VB	减黏裂化	中等热裂解，重馏分转化成一种轻馏分	无催化剂	中馏分，燃料油，富 S，N 和烯烃，使用前产品需 HT
CO	焦化	深度热裂解（用于重质油和富芳烃馏分）	非催化	石油焦，中间馏分，燃料油，富 S，N 和烯烃，使用前产物需 HT
ALK	烷基化	异丁烷和烯烃反应	HF，H_2SO_4，固体催化剂在开发中	异辛烷，汽油
ETH	醚化	甲基叔丁基醚，别的醚	离子交换树脂	MTBE，汽油添加剂
ISOM	异构化	正 C_6 和正 C_7 馏分	$Pt/SiO_2-Al_2O_3$，$Pt/$分子筛	富高辛烷值异构烷烃，掺入汽油
REF	催化重整	$C_6 \sim C_9$ 正构烷烃和石脑油转化成芳烃	Pt[＋助添加剂]/Al_2O_3	高辛烷，汽油掺入剂和芳烃

缩 写	过程的名称	目 的	典型催化剂	产品名称
MR	去硫醇(脱硫)	消除恶臭;硫醇转化成硫化物	Co/Fe 酞菁担载在活性炭上	臭味改善,煤油及其它低直馏产物
CLAUS	去硫的 Claus 工艺	$H_2S \longrightarrow SO_2$ $H_2S + SO_2 \longrightarrow S$	加助催化剂 Al_2O_3	硫
DEAS	去沥青	由残渣抽提重油	非催化	焦油,重油
SE	溶剂抽提	去芳烃	非催化	无芳烃的油(提余油)
SDW	溶剂脱蜡	去蜡(正碳烷烃),高倾点油	非催化	蜡,不含低倾点油的蜡,适用于制润滑油
CDW	催化脱蜡	正碳烷烃利用择形裂解(或者异构化)脱蜡	Ni(Pd)/ZSM-5 用于择形裂解;Pt/SAPO-11 用于异构化	润滑油的基础储料,副产品是由 LPG 至中馏出液的轻馏分

一、流态化催化裂解 (FCC)

催化裂解的目的是为了提高汽油馏分的产率。原来的裂解是通过加热完成的,但是,现在的裂解都是在催化剂存在下进行。催化裂解是催化应用中规模最大的一项工艺,在世界范围内,产量每年已达 5 亿吨。催化裂解是第一个大规模应用流化床(图 2-9)的技术[29],所以现在还依然使用"流态化催化裂解 (FCC)"这个名词,尽管最新式的催化裂解反应已是一种夹带催化剂的气流床反应器了。

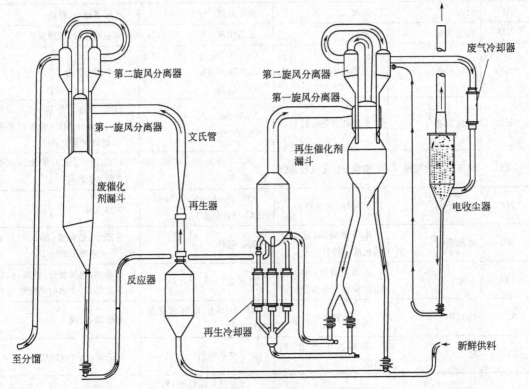

图 2-9 世界上第一个催化裂解装置[29]

(一) 化学过程

像气体油一类原料裂解时包含着数百个反应和上千种组分,显然,所有这些化学的详情是无法完全了解的，但是有可能对主要反应作一般性的描述。对流化床催化裂化中的主要反应，用简化方法总结之后可用如下所示[42]。

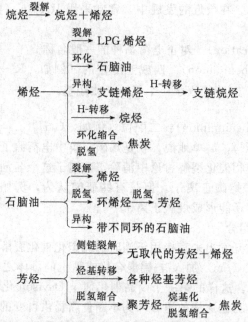

真实的反应步骤也就可以很好地概括成如图 2-10 所示。需要注意一下原料对各种炼制产品混合物的贡献以及催化剂上生成的炭，说明重烃混合物（气体油）较之小分子原料能产生更多的焦炭。这是因为生成了各种活性的不饱和物种的关系，而且由于高分子的双烯烃进行齐聚和 Diel-Adler 反应的缘故，还将进行环化和生成环状化合物以及脱氢生成带侧链的芳烃，并进一步通过脱烷基和缩合生成多核芳烃，而这些缩合物就能生长成大的焦炭或焦油沉

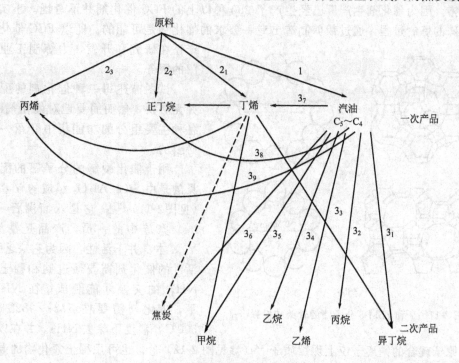

图 2-10 气体油裂解的机理[43]

积物[30]。

许多年来，有机化合物在酸催化剂作用下的反应，都是用生成正电荷的中间物种，以后又称为正碳离子来描述的。在最近的发展中，常常采用 IUPAC（国际纯粹化学和应用化学联合会）的如下命名：

A. 正碳离子（carbocation）：对正电荷物种的一般名称。

B. 烷碳正离子（carboniumion）：四或五配位的（例如，$R^1—CH_2=CH_2^+—R^2$，$R^1—CH_3^+—CH_2R^3$，CH_5^+），这里 R 表示一个氢原子或烃基。

C. 烯碳正离子（carbeniumnion）：二配位（例如，$C_6H_5^+$，$—\overset{\overset{\displaystyle H^+}{\cdots}}{C}=\overset{\cdots}{C}—$）和三配位（例如，$CH_3R^1—CH_2—CH^+—R^2$），简单地说，就是烯碳正离中电荷原子是碳的正离子。

这一变化主要可从液相催化裂解讨论中消除正碳离子这个名词看出，因为大多数反应在工业操作条件下都包含着烯碳正离子。但是有些研究认为，例如，ZSM-5 裂解催化剂上，裂解时在几个步骤之中，还能形成烷碳正离子[41]。

（二）催化剂类型和组分

当晶体分子筛第一次开发出来直接用于当时的流态化催化裂解装置时，它们的活性异常之高，需要把这种细颗粒（μm）加入硅-铝混合物或黏土的母体之中后进行喷雾干燥并制成平均大小约 $60\mu m$ 的微球。这样的第一个商品催化剂是 Davison 化学公司于 1964 年采用的。尽管当时也许并未发现，可是这样的组分却为不断创新提供可变的颗粒使石油炼制工业发生了巨大的变化。另外，反应器/再生器体系也证明也能任意调变操作条件，虽然常常需要改型，但却很少放弃的。事实上早于 1942 年 Exxon 的 Batone Ronge 炼油厂中的世界上最老的流化催化裂解装置（参见图 2-9）也可以有用地连续运转。这是因为不仅提升了装置，也许更加重要的是由于大大改进了催化剂。

因为炼油厂的需要，在商品市场中要求在各个方面能随时进行改变，同时优化操作又如此之严格，因为催化剂生产厂已经生产了 250 种以上的 FCC 催化剂并不奇怪。事实上，对一个特殊的炼制过程，通过裁剪制造出专一要求的催化剂是可能的。所以 FCC 催化剂的生产还在研究和开发，为炼制工业提供专门的服务。

试图描述每一种催化剂的配方看来并无必要，然而简要地对催化剂的性质、各种主要组分的功能集中介绍一下还是必要的。

用于催化裂解的分子筛的配料最常见的是由 $SiO_2-Al_2O_3$ 组成的 Y 型分子筛（见图2-11）[45]。它是八面沸石（faujasite）家族中的一员，产品是钠型（Na-Y），本身并不活性，因为它缺乏强酸位。活性的催化剂需要通过钠和稀土元素或 NH_4^+ 的交换才能制成。在 NH_4^+ 情况下，催化剂需要在 $572\sim982°F$（$300\sim500°C$）温度下除去 NH_3，并在以前和晶

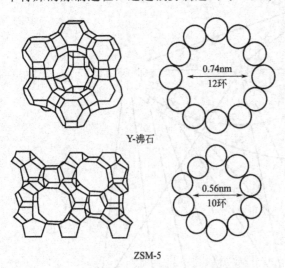

Y-沸石

ZSM-5

图 2-11　Y 和 ZSM-5 分子筛的骨架和投影[45]

格中氧原子键合的钠离子位上保留质子[44]（参见图 2-12）[46]。也可用稀土氯化物的混合物通过水解即能生成酸位的多价稀土阳离子来交换钠[46]，例如：

$$La^{3+} + H_2O \longrightarrow La(OH)^{2+} + H^+$$

上述两种方法都可以获得活性高的裂解催化剂，其中稀土型的更为稳定，且抗热或耐水热损耗，这些情况都能使分子筛的结构破坏，有利于生成三维的大孔结构。

稀土离子不仅可使晶体结构在高达 1600℉（871℃）温度时稳定，而且还能增加活性。这样，当 Na^+ 或 H^+ 被交换时，在稀土和最近邻铝离子之间产生大的偶极矩时，在部位上留下的空位就能保持中性。这些偶极距产生的强电场可以改变带电荷的电子分布，从而增大活性位的酸性。尽管稀土交换的分子筛可以提高汽油的产率，但却会降低汽油馏分的辛烷值。如果把产生高辛烷值性质的超稳 Y 型分子筛（USY）和产生高汽油产率的稀土交换分子筛（REY）相结合，那就可能实现经济上优化的辛烷值/汽油收率。这一目的通过用稀土部分交换 USY 催化剂也能达到。

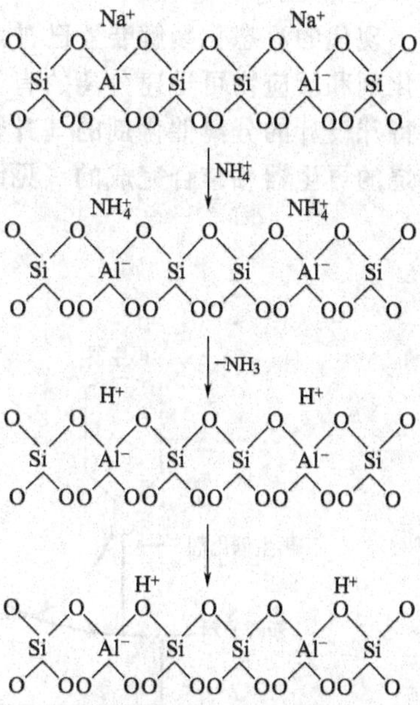

通过除去骨架铝就可以使分子筛更加稳定。这可以通过减少晶胞大小、增加分子筛中 SiO_2/Al_2O_3 的比例以及在 760℃ 以上通过水蒸气处理来完成。

图 2-12 形成 Bronsted 酸位的反应序列[46]

当然，从分子筛骨架中除去一些铝会降低酸位密度，因为这些部位是和骨架中的铝联系在一起的，低钠含量也会提高部分脱铝分子筛的钒容限值[47]。由于脱铝而降低的酸位密度不利于氢转移反应，因此会降低汽油的选择性。但是可以提高辛烷值。氢转移反应是双分子的，有理由相信这和近邻部位上的组分有关。因此，如果酸密度降低了，氢转移就会被抑制，这样就会生成更多的高辛烷值烯烃并减少结焦[47]。脱铝分子筛被称为超稳 Y 型分子筛。脱铝过程也包含着减少钠含量的过程，钠离子能降低分子筛的稳定性，同时减少辛烷值产品，这是因为强酸位被部分地中和了[42,48]。

已有四种修饰过的 Y 型分子筛被广泛用于裂解反应。分别被命名为 REY、REHY、USY 和 REUSY，如表 2-7 所示。为了特殊的要求，每一种分子筛都可通过多种合适的离子交换方法和结构修饰制成所需的产品，这样一来，交换度、钠残有量和 SiO_2/Al_2O_3 比都是显著不同的。

表 2-7 稳定的 Y 型分子筛主要类型及其催化性能

类 型	制 法	主 要 性 能
稀土交换 Y-分子筛（ReY）	$NaY + Re^{3+} \longrightarrow ReY$	活性位的浓度高，汽油和轻质循环油的产量高，有 C_3—C_4 低碳烯烃和焦炭生成，RON 辛烷值
稀土交换氢 Y-分子筛（ReHY）	$NaY + Re^{3+} + NH_4^+ \longrightarrow ReNH_4Y \longrightarrow ReHY$	稀土含量较 REY 低，但高于 ReUSY，辛烷值比 ReUSY 低，但汽油选择性高
超稳 Y-分子筛（USY）	$NaY + NH_4^+ \longrightarrow NaHY\,H_2O \longrightarrow USY + Na$ 溶液	活性低，需要大量分子筛，和/或苛刻操作条件，有好的水热稳定性可提供高 LPG 选择性，高烯烃收率，低结炭高辛烷值
稀土交换超稳氢 Y-分子筛（ReUSY）	$USY + Re^{3+} \longrightarrow ReUSY$	汽油选择性高，率烷值比 USY 低，由于较之 USY 增大了晶胞

（三）工艺

现代的流态化裂解装置已被成功地设计成可以完成接触时间短、反应器中是活塞流的，催化剂和反应物可迅速分离的有气提效率，并且再生器中温度可控制的。这些目的是通过装有特殊设计的分离催化剂的气升管（riser）或者输送管的反应器和气提塔与一个用来高效率燃烧的再生器相结合完成的（见图 2-13）。

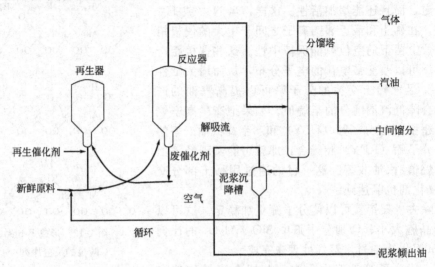

图 2-13　FCC 单元的流程

二、催化重整

催化重整用的是 Pt(或 Pt 和作为助催化剂的别种金属）和由 Al_2O_3 提供酸性位的双功能催化剂，将低辛烷值的石脑油（RON＝20～50）转化成高辛烷值（RON＝90～108）的汽油掺合储料。传统上的原料来自原油的直馏重石脑油［主要是烷烃和环烷烃 93～204℃(b. p.)]，有时也使用来自延迟焦化和加氢裂解以及环烷烃含量高的别种馏分。由直馏石脑油，特别是来自烷烃原油的 150～200℉(66～93℃) 的馏分，如果在低于 200psig(英制的压力，1psig＝6894.76Pa) 下操作可以获得很有用的产品。但这一沸点范围的加氢裂解石脑油却不能使用。同样，沸点高于 380℉(193℃) 的裂解储油也应该避免，因为这能产生过度焦化[50]。重整过程显著提高了产品的辛烷值的主要原因是由于所有环烷烃和一部分大小相当的烷烃转化成了芳烃以及直链烃转化成了支链异构体的关系。芳烃还可以回收制成石油化工产品，同时通过操作条件（低压和高温）以及原料馏出点的调整，还可以获得最大需要的芳烃，如苯、甲苯和二甲苯。

（一）化学过程

炼制用的石脑油是由 C_6～C_{10} 或者 C_7～C_{10} 范围内的多种类型的分子所组成。典型的重整产物会有 300 多种不同的化合物，幸运的是这样的复杂性可以被简化，因为许多种化合物的功能是类似的。因此，描述碳数专一的化合物的总反应就可以用于另类碳数的化合物[51]。

A. 环己烷脱氢成芳烃（强吸热，很快）

$$\text{环己烷} \rightleftharpoons \text{苯} + 3H_2$$

B. 烃基环戊烷脱氢异构成芳烃（相当吸热，快）：

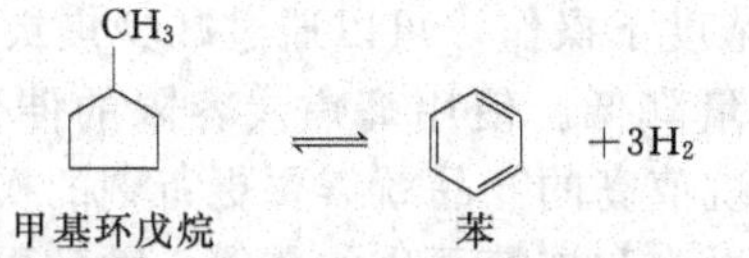

$$甲基环戊烷 \rightleftharpoons 苯 +3H_2$$

C. 烷烃异构（中等放热，快）：

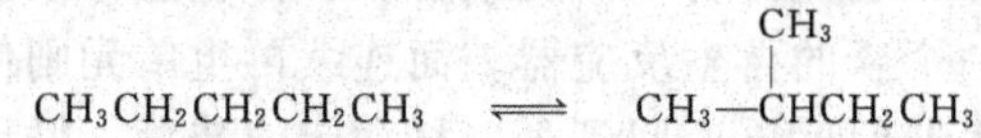

$$CH_3CH_2CH_2CH_2CH_3 \rightleftharpoons CH_3-CHCH_2CH_3 (CH_3)$$

正戊烷   2-甲基丁烷

D. 烷烃脱氢环化成芳烃（吸热，慢）：

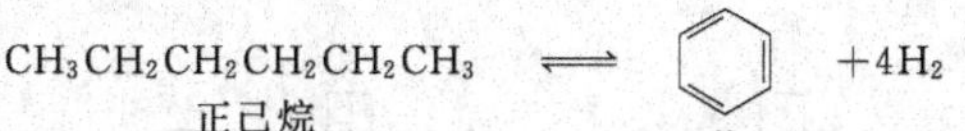

$$CH_3CH_2CH_2CH_2CH_2CH_3 \rightleftharpoons 苯 +4H_2$$

正己烷   苯

E. 烃类加氢裂解（相当放热，最慢）：

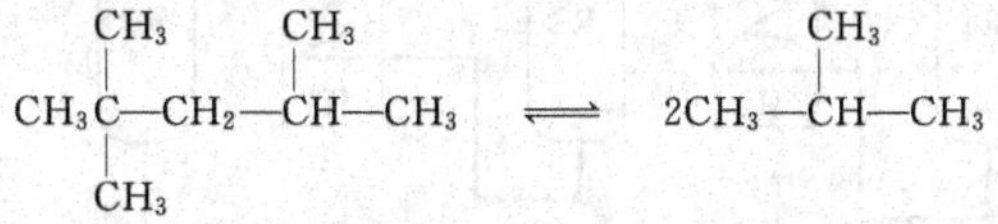

$$CH_3C-CH_2-CH-CH_3 \rightleftharpoons 2CH_3-CH-CH_3$$

2,2,4-三甲基戊烷   异丁烷

由于生成 1mol 苯可以有 3～4mol H_2 生成，所以相对别的炼制工艺来说重整是一种主要氢源。

每个反应除了加氢裂解之外，在一定条件下大都是受热力学限制的，前者则是速度控制的。在吸热反应减退之后，裂解反应在高温下就变得相当显著。在低压和高温下，热力学上有利于进行 A、B、D 反应，低氢浓度则有利于所需反应。因为它是一种明显的产物，但是氢在抑制焦炭形成中是起主要作用的，通常一部分氢产品被循环使用。在整个炼制厂中用于氢处理和加氢裂解单元中，由于重整的关系，这些单元就成了可变动的。

（二）催化剂

第一个重整过程，用的是在氧化铝上担载氧化钼的催化剂，这是在 1939 年由 NewJersey 的标准油（Exxon）、Indiana 的标准油（Amoco）和 M. W. Kellog 的公司共同开发出来的。1949 年，UOP 利用氧化铝上的铂制成了由酸位和金属位组成的双功能催化剂，开发出了一个新过程（铂重整），立即成为被选用于重整过程。几年来，由炼制工作者开发出了一系列合适的过程和催化剂。作为原始专利已经到期，现在有不少以新助催化剂和别的独一无二的发明为依据的商品催化剂。尽管如此，铂依然是现代石脑油重整催化剂的主要活性组分。但是从 20 世纪 40 年代开始，在催化剂中已经引入了一种或几种别的金属组分，包括铼、铱和锡。这样的双金属和多金属催化剂大大地改善了稳定性（循环次数）和选择性。

现在铂-铼催化剂已成为应用最广泛的一种重整催化剂，因为它有较大的焦炭容限性，因此有更长的循环时间（再生周期之间的时间）。另外还有可能减低操作压力和有利于提高平衡条件下的收率。同时，由于保持了有吸引力的循环时间，还可以节约能量。典型的 Pt-Re 催化剂在循环时间方面较之只有 Pt 的催化剂的情况可以提高 2～4 倍[52]。

（三）工艺

广泛使用的有三种工艺，即半再生的、循环的和连续再生的。每一种过程都使用氢处理过的原料，并在阶段之间使用锅炉使原料重新加热，而一部分氢（其余部分则送至炼厂的别的单元）则进行循环，最后分离出轻质馏分。温度在第一阶段中下降最猛，这里发生的是环己烷脱氢成环己烯的反应。在后继的阶段中将发生别的稍快的吸热反应，而在最后阶段，与留下的吸热反应针锋相对的吸热的加氢裂解和氢解可以使温度略有变动。

半再生装置有 3 个或 4 个固定床反应器（图 2-14），为了周期性的再生（每 6～12 个月），在 275～375psig 和高氢浓度下操作，可以通过减少焦炭形成来延长循环时间。但是这样的条件会引起芳烃和氢的产量降低。使用高焦炭容限的催化剂，例如 Pt/Re 就可以使这个问题得到改善。为了获得辛烷值高的产品就需要更苛刻的操作条件和在热力学上有利的低压操作，并因此鼓励使用循环再生和连续再生的装置。循环再生单元利用一个附加或者摆动的反应器和所需阀门一起，并分别允许将一个反应器从工作状态移动至计划的循环（从一星期到一个月）上，将其取代一个新的再生反应器。而连续再生单元则使用催化剂在床层之间穿越的移动床和最终通过再生器而后再返回到第一移动床的装置。循环和连续再生装置通常是在低压下（50～70psig）运转，在这样的条件下，如果是专门的设计，那就不仅可以提高芳烃和氢产量，而且也能节省能量。

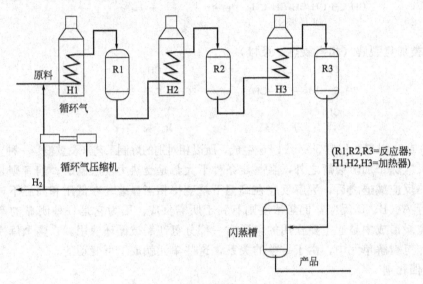

图 2-14　半再生的催化重整流程

　　因为在催化剂挤出物和催化剂片之间的传质是再生中的限制因素，所以催化剂的大小常常不超过 0.16cm。小颗粒在制造过程中，挤出物浸渍时要更有保证。因为这样小颗粒的床层甚至层高也必须加以限制，才能阻止床层间的高压力降。这一目的在向下流的单元中；使用直径相当大的球状罐时就可以解决。这样一来，合适的床高就能适应球的直边部分。另外，也可以利用径向流反应器，在后一种情况下，就要特别注意沿床层整个截面的有效低压力降分布的设计。在向下流动的反应器中，通过观察不同厚度处径向安装的热电偶所指示的温度差，确实可以观察到存在的隧道。但是这样的测定对径向反应器并不适用。这时，总的变化，例如反应器总 ΔT 的下降，或者在再生时扩展的残存燃烧，都可以表明径向反应器也存在着隧道[53]。

三、低碳烷烃的异构

　　丁烷、戊烷和己烷混合物的异构是增大汽油馏分中高辛烷值组分的另一类加工过程。丁烷可以单独地异构成可和来自催化裂解单元的烯烃（例如丁烯和丙烯等）进行烷基化的异丁烷。包括异丁烷在内的多种高辛烷值产品，在铅添加剂被挤出石油池时已成为更加重要的石油掺合组分。而当试用新的含氧添加剂，例如 MTBE 时，正丁烷的异构就变得格外重要。这样异丁烷可以脱氢成异构的烯烃，后者再和甲醇反应就可以生产 MTBE。另外，还有可使 C_4 和 C_5 烯烃直接异构的过程，加氢裂解和催化裂解单元也能生产异丁烷，同时，许多炼油厂并不需要装备用于正丁烷异构的装置。

在常常被称为轻直馏石脑油（LSR）的戊烷/己烷混合物的情况下，有一种分开异构的操作，主要生产异戊烷和己烷异构体（2-甲基戊烷和3-甲基戊烷以及2,2-二甲基丁烷和2,3-二甲基丁烷）。把未反应的戊烷和己烷循环，最后产品的辛烷值可达到RON＝87～89[54]，因此又创造了一种很有价值的汽油池掺合剂。这不仅有助于辛烷值、速度，而且还为汽油蒸气压的专一性提供了所需的挥发性。

汽油池的轻质直馏馏分的异构作用，在四乙基铅排除在汽油添加剂之外以及芳烃［特别其中还包括苯（RON＝100）］又被限制之后，已经变得更加重要。因为汽油的C_5/C_6烷烃馏分异构体在大多数情况下有助于改善辛烷值，这就成了增值的重要馏分[55]。而当苯被排除时，C_5/C_6馏分对提高辛烷值来说，就成了更加重要的候补原料。

第一个丁烷异构的商业装置建于1941年后期，到第二次世界大战终了，美国已有38个装置，但都是以Friedel-Crafts化学为基础的，虽各有各合适的设计，但在五种成功的过程中都使用了加入助催化剂HCl的$AlCl_3$催化剂。这些工厂在提供用于烷基化的异丁烷以制取异辛烷及别的高辛烷值组分，作为加入航空汽油的调和剂方面起到了决定性的作用。尽管这一过程已发挥了重要作用，但是却很难操作和维护，腐蚀以及催化剂床堵塞是问题之源，同时需要高操作和维护费用[56]。

随着双功能重整催化剂以及重整过程的成功开发，研究工作者已经实现了这些催化剂的异构活性，同时开始研究如何在C_4和C_5/C_6混合物的异构中采用这样的双功能催化剂。现在已能提供这样的催化剂。这种催化剂既具有异构活性，又可以控制不需要的副反应的加氢活性，而后者对于主反应是十分重要的。已有两种主要类型的商品催化剂：贵金属（即Pt）在氯化的氧化铝上以及贵金属在分子筛上。这两种催化剂都可以提供酸功能，同时起载体的作用。贵金属则提供加氢功能，主要可以抑制过度地生成焦炭。反应是在温度范围250～500°F(120～260℃)和250～400psig(18～28atm)压力下操作[54]，需要在H_2气氛进行，氢对烃的摩尔比保持在（1:1～4:1）之间[57]，需要在H_2气氛进行。由于有H_2的关系，所以这一过程常常又被称为加氢异构化。

（一）化学过程

异构反应是中等放热的，低温有利于平衡。在戊烷异构中，异戊烷在500°F（260℃）的平衡摩尔分数为64％，而248°F(120℃)时摩尔分数为82％。己烷的平衡如图2-15所示，比较复杂。温度对几种异构体的平衡值影响不大。但是当温度下降时，存留的己烷有利于生成2,2-二甲基丁烷，因此，己烷的低辛烷值就可被第二高辛烷值（91.8）的异构体所取代。

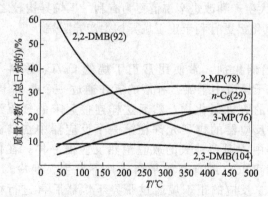

图2-15　己烷加氢异构的热力学平衡（RON）[61]

显然，理想的催化剂应能提供足够高的活性，使能在有利于平衡的低温下操作。自从第一次引入双功能加氢异构催化剂以来，这个目的一直是催化剂开发的推动力。但是开始时，这些催化剂在 550~850℉（260~454℃）温度范围内操作，无法达到平衡，因此，相当量的正戊烷和正己烷从产物中分离出来和循环。

下一代的催化剂，不管 Pt 在氯化的氧化铝上，还是在分子筛上都有很高的活性，而且都可在较低的有利于平衡的温度范围内操作[57~60]。下面是假定的反应途径，为了避免编写异构体的复杂性[59]以丁烷为例。烷碳正离子的骨架异构被认为是通过环烃基中间化合物进行的：

$$CH_3CH_2CH_2CH_3 \Longrightarrow CH_3CH_2CH=CH_2$$

$$CH_3CH_2CH=CH_2 + [H^+][A^-] \longrightarrow CH_3CH_2\overset{+}{C}HCH_3 + [A^-]$$

$$CH_3CH_2\overset{+}{C}HCH_3 \longrightarrow \underset{\underset{+}{HC}-----\overset{CH_3}{\underset{|}{CH}}}{\overset{H_2}{\quad}} \longrightarrow CH_3-\overset{CH_3}{\underset{+}{\overset{|}{C}}}-CH_3$$

$$CH_3-\overset{CH_3}{\underset{|}{\overset{|}{C}}}-CH_3 + A^- \longrightarrow CH_2=\overset{CH_3}{\underset{+}{\overset{|}{C}}}-CH_3 + [H^+][A^-]$$

$$CH_2=\overset{CH_3}{\underset{|}{\overset{|}{C}}}-CH_3 + H_2 \longrightarrow CH_3-\overset{CH_3}{\underset{|}{\overset{|}{CH}}}-CH_3$$

另外，也可以假定在低温下操作时，脱氢似乎在铂上并不能以相当的速率进行，取代的可能是氢在贵金属上解离并溢流至分子筛上[61,62]。

（二）催化剂

铝基催化剂是经过进一步研究的重整催化剂的后代，酸活性在有效的异构过程中是绝对重要的。因为在有利于平衡的低温下，这是十分需要的。这一目的已经通过提高氯化铝中的氯离子浓度，或者在反应中连续添加有机氯化物（如 Cl$_4$，CHCl$_3$，CH$_2$Cl$_2$）得到了解决。HCl 可以产生能侵蚀催化剂的氯化物，所以体系必须干燥才能抑制这一作用。

使用分子筛的酸位是由低钠分子筛获得的，或许是酸性强的 HY 或 HZSM-5。分子筛也可以在无 Pt 的情况下在表面上催化这一反应，但是活性下降很快[62]。看来，Pt 具有稳定活性的作用，能将 H$_2$ 解离成负氢离子和质子，连续向表面提供这些物种；还要求孔的大小和孔径分布必须能使反应物过多地和容易地达到活性位。

尽管分子筛基的催化剂在异构活性方面已经得到了不断改进，但其操作温度依然高于氯化的氧化铝催化剂（200~260℃相对于120~150℃）。在两种情况下都能接近于平衡，但在低温下，对异构体的最大生产和改进辛烷值更为有利。丁烷异构较之 C$_5$/C$_6$异构需要更低的温度，所以氯化的 Pt-氧化铝更有利于正丁烷异构生产异丁烷。

（三）工艺

对氯化的 Pt-氧化铝催化剂，常使用富正丁烷的 C$_5$/C$_6$ 原料[58,59]。如果需要的话，原料需先在含分子筛的干燥塔中干燥。补偿的氢在通过一个类似干燥塔后和原料相连接，在原料中则要喷入少量的有机氯化物，然后这样连接起来的气流经由带有中间冷却器的两个绝热反应器通过，反应器的排列允许在第一个反应器中在高温下进行快速反应的操作，而在第二个反应器中，则和一般的放热绝热反应器一样，在低进口温度下操作。这样一来，余下的转化就可以在最有利的平衡条件下发生。经冷却将产品骤发分离之后，液体产品就稳定了。而未反应的正丁烷通过脱异丁烷器后再进行循环。双反应器体系为了更换催化剂而除去一个反应器也无需停工。反应器的操作条件报道是 120~150℃ 和 (1.5~3)×10^6 Pa。

分子筛基体系因为是在高温下操作的关系不存在除水的负担，但有相当多的烷烃留在产物之中，表明这些烷烃需要进一步的循环。由异构反应器放出的产品，借助于液体通过一个蒸发热交换器进行骤发分离被送入吸附塔，同时，骤发的塔顶分离物经由压缩机后通过加热器而后通入脱附塔。这两个塔则在吸附和脱附之间运行。分子筛则被设计成孔径可以接受正烷烃，但不能接受异构烷烃。产品异构体混合物则在一个稳定器中除去轻质组分，诸如溶于骤发分离液体中的氢以及来自轻度裂解反应和原来补偿氢中的少量轻质烃（C_3和C_4）[61]。这样的装置也有2个串联的反应器。据报道反应器的操作条件为200～260℃和2.6×10^6Pa。因为也会发生一些加氢裂解反应，在延长使用期间会有焦炭生成，因此，几年之后需要再生。这样的可能性不会产生严重问题，因为没有氯化物，只要按照规范仔细操作和成功地再生即可。

Pt-分子筛过程是对轻质直链石脑油（C_5～C_6）提高辛烷值最好的方法。参考图2-14中示出的C_6异构体的平衡组成，低温有利于2,2-二甲基丁烷，同时，对2-甲基戊烷、3-甲基戊烷或者2,3-二甲基丁烷只有很小的影响，因为2,2-二甲基丁烷的辛烷值（RON）已达93，把它分离之后，其它的组分可以再循环以增加2,2-二甲基丁烷和消除辛烷值更低的组分。C_5组分通过再循环也可以改进最终混合产品的辛烷值（RON）达到92以上。

四、加氢处理过程

第二次世界大战以前，在德国的煤焦油和合成燃料工业中，为了改进产品的质量，已开发出一些高压下的氢处理过程。但是直到20世纪50年代，才在美国及其它国家，在石油炼制工业中引入类似的过程。由于从催化重整工厂可以获得廉价的氢，而含高有机硫、氮以及金属化合物的原料的利用又不断增长，加上对产品和原料质量的严格要求等，无论从经济还是从需要上都要求与加氢处理过程相结合，近年来，这样的过程，通过使用改进的担载在氧化铝上的钴和镍以及钼为基的催化剂获得了戏剧性的发展。

今天，加氢处理这个名词是用来命名那些应用氧化铝为载体，担载可原位转化成硫化物的Co-Mo、Ni-Mo和Ni-W等氧化物以及各种助催化剂，例如磷，可以明显改善和优化酸性质的催化剂的过程。这样的催化剂可以用来加氢处理不同的原料和产品，使烯烃和芳烃饱和以及消除结合的硫（作为H_2S）、氮（作为NH_3）、氧（作为H_2O）以及金属杂质（以硫化物形式淀积在催化剂上的Pb、As、P、V、Ni、Cu、Si、Fe和Na）[69,70]。

虽然会发生裂解和附带降低平均相对分子质量，但这常常是微不足道的。因此，这里加氢处理也可称之为加氢精制。

（一）化学过程

加氢处理的重要目的是：a. 保护下游催化剂；b. 改进汽油品质（色、嗅、稳定性和腐蚀性）；c. 保护环境。

发生的典型反应有：

A. 硫醇[64,65]：$RSH+H_2 \longrightarrow RH+H_2S$

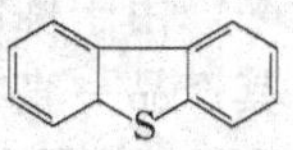

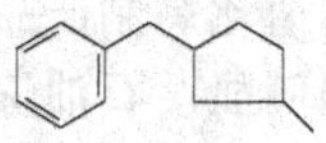

B. 硫醚[64] $+4H_2 \longrightarrow CH_3CH_2CH_2CH_3+H_2S$

 $+5H_2 \longrightarrow$ $+H_2S$

C. 吡啶[66,67]： $+5H_2 \longrightarrow C_5H_{12}+NH_3$

D. 苯酚[68]： $+H_2 \longrightarrow$ $+H_2O$

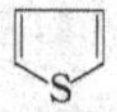

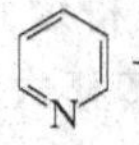

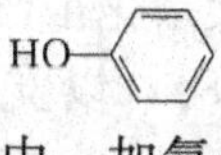

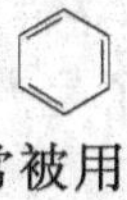

在石脑油重整中，加氢处理常常被用来保护含铂催化剂的抗硫中毒作用，用于重整单元

的原料中的硫含量的阈值应低于 1mg/kg。

用于石脑油加氢处理的氢是催化重整的副产品，当重质残留物需要进行加氢处理时，为了提高石脑油裂解时形成的不稳定副产物的稳定性，也需要加氢处理，这里发生的重要反应之一是双烯烃的饱和。

（二）催化剂[71~73]

催化剂是担载的混合金属硫化物[71~73]。主要的催化剂有担载的 CoS 和 MoS_2、NiS 和 MoS_2，以及 NiS 和 WS_2 等的混合相。但是对这些催化剂的结构至今尚未完全清楚，对第一种催化剂的最好描述是位于边缘上的 MoS_2 小簇和 CoO 单元，这些簇的典型大小是 1nm，并呈 1~3 之间的堆垛。

（三）工艺

在简单的石脑油加氢处理过程中，原料都要先蒸发，然后蒸汽被导入一个固定床反应器中。当用重质原料时还需先处理，但不可能蒸发，更适合使用滴流床操作。在这样的模式中，液体和气体同时向下流动。重残留物的大多数加氢处理是在滴流反应器中完成的（参见图 2-16），这主要可保证催化剂颗粒能被湿润，因为在干区内能引起过分地结焦。

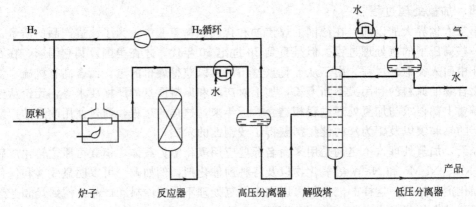

图 2-16 用滴流床反应后加氢处理的简化流程[74]

当发生部分加氢时（多来自于芳环的加氢）常常需要中间冷却步骤。典型的操作条件为：温度 350~420℃，压力 (40~100)×10^6 Pa；LHSV，1~6h^{-1}。操作条件取决于原料，对轻质石油馏分就要比重质残留物的温和一点。另外如何抵消由于温度升高而引起的催化剂失活也是一个常见的实际问题。

第三节　石油化工过程中的催化

第二节中介绍的石油炼制产品主要用来解决人类活动中的能源问题，而石油化工产品则是石油炼制产品进一步加工的产物，主要用来生产各种化工原料，供人类日常消费和利用。石油化工产品成分单一，是纯粹的化合物，附加值比炼制产品高。近年来，由于炼制产品需求的不景气，炼制和石油化工相结合的趋势日趋明显。石油炼制工业对其产品一直在追求更大的利润，增加化学品和石油化工产品的生产工厂，意味着燃料将遭遇更新和更严格的规范；芳烃作为汽油池中高辛烷值组分正逐渐从石油炼制过程中被转移大宗化工原料；许多炼油厂根据原油类型、自身的复杂组构和特定的操作条件生产了大宗化工产品。典型地说，一些炼制过程或生产线已为基本石油化工原料提供了生产（表 2-8），以支持石油化工工业的发展就可见一斑。

表 2-8 由石油炼制获得的石油化工产品及下游产品

石油化工产品		石油炼制产品	石油化工工厂
基本石油化工产品	乙烯	石脑油及 LPG	水蒸气裂解
	丙烯	FCC 产品	
	丁烯	FCC 产品	
	苯、甲苯、二甲苯	重整油	催化重整
下游产品	乙苯		
	聚丙烯		聚合
	异丙醇		
	异丙苯		烷基化
	低聚物	由 FCC 或延迟焦化气获得的稀乙烯 FCC 产品	
	甲乙酮(MEK)		仲丁醇脱氢
	甲基叔丁基醚(MTBE)		
	环乙烷		苯加氢
	邻二甲苯		异构化
	对二甲苯		
	萘	FCC 的轻质循环油柴油	
	正烷烃		分子筛分离

流态化催化裂解是丁烯和少量乙烯的主要来源，延迟焦化也生产乙烯、丙烯和丁烯，相对来说量要比 FCC 的少得多。由催化重整获得的重整油是芳烃，包括苯、甲苯和混合二甲苯（BTX）的主要来源。另外，在石油化工或者化工范围内，还有很多可以用分子筛催化剂和工艺不断开拓的新领域，这里的主要产品有苯、乙苯、异丙苯和对二甲苯等。

另类石油化工原料是乙烯、丙烯（丁烯）和丁二烯，称之为三烯。他们一般都可以由蒸气裂解不同原料进行生产。石油化工对烯烃需求量远比用这种工艺所能生产的大得多。烯烃的另一个来源是 FCC 的排放气和别的炼厂排放气。另外还有煤和天然气也逐渐变得重要，流态化原料产品的水蒸气裂解也能附带生产烯烃和双烯烃。汽油热裂可以生产富含 BTX 的产品，后者用抽提方法提取更加方便。

考虑到制备石油化工产品时不同原料的来源，包括天然气、LPG、LNG 以及煤（尽管是汽化和合成气路线），还需要注意到合成甲醇和以固体催化剂为基础的甲醇到烯烃工艺的新发展。

20 世纪 50 年代初期，世界上才开始零星生产一些石油化工产品，当时，在石油化工产品的基本原料方面提出了三烯（乙烯、丙烯和丁二烯）和三苯（苯、甲苯、二甲苯），而在产品方面，提出了三大合成（合成橡胶、合成塑料和合成纤维）的奋斗目标。50 多年来，可以看到这些目标都已经完美的解决了。而且还开拓了不知多少新的化工产品和新催化技术。这里不可能对这些成就一一介绍，只能对其中有重大意义的和新的化工过程作以介绍。

在这些新的催化过程中，和烃类的催化氧化有关的一些过程具有特别的意义。这不仅因为有机化合物的催化氧化，需要利用允许具有部分氧化和阻碍生成二氧化碳和水的完全氧化的选择性催化剂，而且还需要控制温度以避免迅速的氧化破坏催化剂以及有可能引起爆炸的其它副反应[75]（如果反应体系的组成达到爆炸和在燃烧范围内的话）。

一、同时生产苯乙烯和环氧丙烷（SMPO 法）

（一）化学过程

在同时生产苯乙烯和环氧丙烷的总反应中包括如下四个步骤：

A. 苯和乙烯利用 H-ZSM 为催化剂气相烷基化（Mobil-Badger 法，气相，420℃，1.5×10^6 Pa）；

B. 乙苯自动氧化成相应的过氧化氢物（EBHP，130℃，液相，30mbar❶）；

C. 丙烯和 EBHP 液相催化环氧化，产出环氧丙烷和 1-苯基乙醇（110℃，液相，7∶1 SiO₂ 或者均相 Ti 或 Mo 催化剂）；

D. 1-苯基乙醇在钛催化剂上于 150～280℃脱水成苯乙烯。

反应可表示如下：

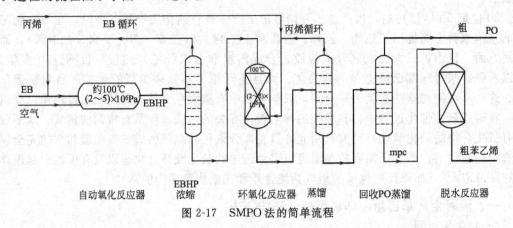

总反应：

目前，国际上每年约生产 1400 万吨苯乙烯和 350 万吨环氧丙烷，大多数苯乙烯仍旧来自乙苯脱氢，估计有 1000 万吨。由 SMPO 法生产的环氧丙烷约 50 万吨。

（二）催化剂

烷基化的催化剂是酸式（H⁺）ZSM-5 分子筛，系利用四丙基铵为模板剂合成，模板剂经熔烧除去。几种别的分子筛，如 H-Y，H-MCM-22 和 H-β 也已在工业上用于苯的乙基化和丙基化。另外，高脱铝的 H-丝光沸石也曾报道过是一种很好的催化剂。

（三）工艺

苯烷基化的基本问题是产物较之苯更加活泼，因此可给出二烷基化合物和三烷基化合物，所以后者必须予以循环。反应是在烯烃转化率约为 40%、苯比为 0.35 或 0.55 的情况下操作的。Mobil-Badger 过程给出的二乙苯的转化率相对于使用 Lewis 酸的老工艺的要低。

第二步可以用两种不同的方法，其主要差别是环氧化步骤中使用的催化剂不同。在 Arco(at-lantic richfield) 法中，使用的是均相催化剂，而在 Shell 法中，则应用多相的 Ti/SiO₂ 催化剂。

反应的化学计量关系大概是每生产 2t 苯乙烯可以生产 1t 环氧丙烷。用 SMPO 法生产苯乙烯比较清洁，而且能耗较传统的脱氢法也小。苯乙烯产量受到能出售的环氧丙烷产量的限制。过程的流程图示于图 2-17 之中。

图 2-17　SMPO 法的简单流程

此法中使用的乙苯过氧化氢物也可以用异丁烷和双氧制得的叔丁基过氧化氢物。醇类产

---

❶ 1bar＝10⁵Pa。

物可以和甲醇转化成甲基叔丁醚（MTBE）。

二、由丁烷或苯生产顺丁烯二酸酐

顺丁烯二酸酐在化学工业中是一种重要的中间体[76]，被用于缩合和加成反应之中。主要用于生产不饱和聚酯树脂，其中，它和邻苯二甲酸酐与丙二醇聚合成不饱和的线型聚酯，和苯乙烯单体互溶生成低黏度的树脂，通过添加过氧化物引发剂还能交联，最后制得刚性树脂[77]，这种树脂有多种用途[78]。

苯是氧化制顺丁烯二酸酐的主要有机物，现在还在欧洲和远东广泛使用，但在美国已被丁烷所取代，因为后者的价格较为便宜，同时还可避免和苯有关的中毒问题。欧洲和远东的新建工厂也已采用丁烷作原料。这两种工艺都是气相的，尽管要改变催化剂，有些工厂已经考虑使用二者之一的过程。下面从丁烷出发来说明这一生产过程。

（一）化学过程

丁烷和丁烯可由炼厂的裂解气或者天然气中获得，自从 1985 年以来，丁烷即被引入这一过程取代苯作为原料。第一个以苯为原料的工业生产始于 1930 年，典型的生产厂规模为每年（2～3）万吨，世界产量约为 100 万吨。

所用催化剂为钒/磷氧化物组成，操作温度位于 400～480K 之间（高于苯的部分氧化），压力在 $(2\sim3)\times10^5 Pa$，主要反应如下：

$$C_4H_{10}+3.5O_2 \longrightarrow C_4H_2O_3+4H_2O \qquad \Delta H_{700K}=-301.99kcal ❶$$
$$C_4H_{10}+4.5O_2 \longrightarrow 4CO+5H_2O \qquad \Delta H_{700K}=-634.57kcal$$
$$C_4H_{10}+6.5O_2 \longrightarrow 4CO_2+5H_2O \qquad \Delta H_{700K}=-363.53kcal$$

丁烷反应至顺丁烯二酸酐的放热是小于苯的，但转化成 CO_2 大于苯的（30%对 25%）、选择性也低（53%对 72%），因此，由丁烷生产每摩尔顺丁烯二酸酐产生的热量较大，这样丁烷氧化时需用大的反应器或者改进的催化剂。这不仅因为需用较大的供料速度以生产等量的顺丁烯二酸酐，同时还因为要清除大的热负载。

（二）催化剂

商业上成功的基础是开发出高选择性的催化剂[79,80]，即钒磷氧化物（VPO）催化剂，存在的主要形式为 $(VO)_2P_2O_7$ 晶体。一般地说，钒对磷的比值可在 0.5～2.0 之间变化，在有些专利中也有采用 1 的[81]。磷主要用来稳定 V^{5+} 对 V^{4+} 的优化价态，而碱性和碱土元素作为助催化剂是为了降低磷的流失以延长催化剂寿命。催化剂是由 V_2O_5 在酸液（HCl 的水或者丁醇、苄醇溶液）和正磷酸中回馏蒸煮而成。沉淀物过滤之后经在 200℃ 以下干燥，所得固体再在空气中于 400℃ 焙烧。对用于硫化床操作的 VPO 需要有高的强度，因此在制备中需要另加硅胶，焙烧之后，在颗粒边有一层薄的 SiO_2。这样的颗粒由于 SiO_2 层对反应物和产物是多孔的，所以极为耐用。对 VPO 催化剂有多种助催化剂，其中最为重要的有 Zn、U、Ti、Co、Mo、Mg 和 Zr，看来有一个一般的规律，那就是钒需要一个略比 4 大一些的最佳平均价态。图 2-18 给出了由胶体 SiO_2 和聚硅酸制备的喷雾干燥颗粒的图示。

对动力学骨架的解释引起了人们一定的注意，提出了如下简单的图解：

$$C_4H_{10} \longrightarrow C_4H_8 \longrightarrow C_4H_6 \longrightarrow 呋喃（C_4H_8O）\longrightarrow MA \longrightarrow CO_2+H_2O$$

从扩展的文献可以推出如下结论：反应机理可以采用 Mars—Van-krevelen 机理说明。烃类在氧化中，利用了表面的氧，而催化剂的再氧化则是由分离部分位上氧的还原作用完成的。

（三）工艺

工业过程是以固定床为基础的，为了获得更好的传热也可以应用管式反应器。但是，固

---

❶ 1cal=4.2J。

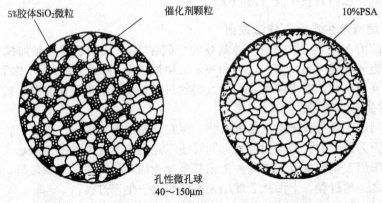

图 2-18　由 50％胶体 SiO₂（直径约 20nm）和由聚硅酸获得的
10％二氧化硅制备的喷雾干爆颗粒的图示

定床反应器并非是优化了的。对反应骨架而言，反应的热特性很为不利，反应都是放热的，而且中间产物较之丁烷又都更加活泼。以致生成的热点可以导致整体燃烧，所以要求低供料浓度和强化传热表面积。供料中丁烷的浓度只有 1.8％，低于爆炸极限。丁烷法较之苯法产生更多的水，而且顺丁烯二酸酐只有 35％的产率可以直接从产物流中回收，其余部分则和水一起冷凝并转化成顺丁烯二酸，然后还要在大于 130℃下脱水。产品须经分馏进行精制。另外，顺丁烯二酸酐产品也可以流到在一个高沸点有机溶剂，例如苯二甲酸中凝缩出来，废气即可送至燃烧单元。

　　以往，许多重要的过程多是以苯的部分氧化为基础，典型的生产单元是每年（1～2）万吨，这要比用丁烷作原料的少的多，苯给出的水量较少，故在第一冷凝步骤中可以获得较多的顺丁烯二酸酐。

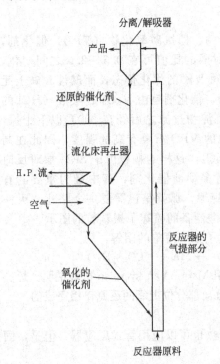

图 2-19　选择氧化的气升反应器[79]

　　流态化床反应器曾被建议可以消除上述问题（ALMA 工艺、Alusuisse Lummus），这种流程可以较好地控制温度和高原料浓度。另外，反应系统也较安全。主要问题应归因于催化剂，在近代文献中，这一问题已引起极大注意，流化床反应器的另一个缺点是使转化率降低的内部混合行为。

　　一个有趣的选择（Monsanto、Dupont）包括使用如图 2-19 所示的气升反应器，构型类似于 FCC 单元（参见图 2-13）。在气升反应器中，已氧化的催化剂将氧转移于底物丁烷，给出顺丁烯二酸酐。催化剂然后在气提区内与产物分开后接着在流化床反应器中又重新氧化。从中间试验的数据可知，催化剂可以给底物转移相当于单层量的氧。这就进一步确认了这一反应遵循 Mars van Krevelen 机理，把两个步骤分开进行，就可以很好地改变反应条件：

　　A. 氧化可以在没有分子氧的情况下完成，因而没有选择性的限制（据报道可达 75％）。另外反应混合物也常常处于爆炸区之外。

　　B. 在反应器和再生器中的停留时间可独立选定，

结果可以获得对选择性来说最优的条件。

三、丙烯氨氧化制丙烯腈

氨氧化实质上包括氨和氧同时作用于甲基或甲烷生产氰化物的过程，最重要的氰化物有丙烯腈和氢氰酸。另外还有一些芳族氰化物也是用于合成贵重产品的中间化合物。

丙烯腈是一种重要的化学品，有多种用途，根据其用量多少可以按次序排列如下[83]：

A. 聚丙烯腈纤维　用作和聚酯的纤维掺合剂制造毛衣和运动服，可以有类似于羊毛的热和感觉，而无和羊毛有关的问题，也可用于制地毯和呢绒。

B. 塑料（ABS、丙烯腈-丁二烯-苯乙烯树脂）　可用于汽车部件和管配件，以及 SAN（苯乙烯-丙烯腈）树脂，由于高透明可以在汽车、机械仪表以及生活中取代玻璃。

C. 含脂丙烯腈（由丙烯腈加氢二聚制成）　生产用于尼龙-66 的六亚甲基二胺 [NH_2 $(CH_2)_6NH_2$]。

D. 丙烯酰胺　由丙烯腈部分水解制成，制备可用于造币、选矿、水处理絮凝剂的水溶性聚合物以及用于涂料的特种高分子和树脂。

E. 丁腈橡胶（丙烯腈-丁二烯共聚物）　用于需要抗油，抗低温挠曲和抗热到 200℃ 的专门工业。

丙烯氨氧化的开发始于 Sohio（现在的 BP）公司，特别是在世界范围内拥有相当量的油田气源，在大规模生产丙烯时生产丙烯腈可产生巨大的经济效益。丙烯路线现在已成为占统治地位的过程，只在最近几年，才努力开发从低价原料丙烷生产丙烯腈的过程[83]。事实上 Texas 实验室正在 BP 的 Great Lake 建立了一个规模不小的演示单元，证明了丙烷无需先转化成丙烯就可以直接用于这一过程，这就可能实现在相当程度上降低成本的目的。

（一）化学过程

丙烯氨氧化过程为气相反应，具体热力学数据如下：

$$CH_2=CH-CH_3+NH_3+1.5O_2 \longrightarrow CH_2=CHC\equiv N, +3H_2O$$

操作条件：$(0.5\sim2)\times10^5Pa$，$400\sim500℃$。

温度/K	ΔH/kcal[●]	K_p
600	−125.22	6.966×10^{46}
700	−122.17	3.062×10^{42}
800	−120.69	1.365×10^{38}

副反应生成 HCN、乙腈和一些燃烧产品（CO 和 CO_2）。

（二）催化剂

部分氧化催化剂（特别是用于氨氧化中的）经过多年的研究已获得了重大进展。实际应用的催化剂在任何时间内都受专利权保护。但是根据有价值的专利文献发展历程，可以看出，通过改进已经创造出了非常成功的催化剂。

早期使用的催化剂是担载在硅胶上的 Bi_2O_3-MoO_3 淤浆经过喷雾干燥制成的。用于流化床的催化剂大小为 $60\sim200$ 目的微球[84]，以后使用的是经过焙烧能生成适度抗磨性的槽形颗粒。新的催化剂含有各种各样的助催化剂和添加剂，这样使催化剂具有较高的选择性和使用寿命。早期改进后的催化剂，包括加添加剂后焙烧成氧化物的硝酸铁和硝酸钾。较新的技术依然是以及 $Bi_2O_3\sim MoO_3$ 为基础，但是 Bi 的含量减小了，添加了诸多二价阳离子（Co、Mn、Ni 和 Mg）和三价铁或可以提高晶格氧迁移的 $Ce(Ce^{4+})$[71,85]。另一些催化剂含有

● 1cal=4.2J。

Te^{4+} 或 Sb^{3+} 以取代 Bi^{3+}，Sb^{5+} 则可以取代大部分 Mo^{5+}[86]，钾和磷在许多丙烯腈催化剂中也能用作助催化剂，还使用过 UO_2-Sb_2O_5 催化剂。

(三) 工艺

大多数丙烯腈工厂使用流化床反应器，为了移去反应热，内部常常装有热交换环。在合适的流化床反应器中，优化温度可以在 450℃ 左右维持恒温。操作范围是可变的，据报道，为 400～500℃ 和 2×10^5 Pa[83~86]。反应的总放热包括丙烯部分氧化至丙烯腈、副反应丙烯完全氧化至 CO 和 CO_2[86]，据报道丙烯氧化至丙烯腈的选择性为 70%[86]。

流化床中的冷却环用锅炉冷水进料，这可以把它转化成有价值的中压或高压饱和蒸汽，后者在靠近锅炉的对流部分中还可以过热。产品回收过程脱色含除去中和过剩的氨，之后，通过一系列蒸馏以回收丙烯腈和除去副产品，其中主要是也具有经济价值的 HCN 和 CH_3CN。

有些单元现在还使用管式固定床反应器和用熔盐作为热交换介质进行操作。蒸汽可从泵循环液体在外交换器中产生。为了能获得在流化床中那样的温度控制和抑制过氧化，固定床催化剂中的惰性组分必须用高热导材料，另外，也有可能通过加水和废气进行循环，这也是一种很实用的办法。据报道，二氧化碳在烃类完全氧化中在活性位上的强吸附也能改进部分氧化的选择性[87]。

第四节　合成高分子材料工业

以合成橡胶、合成塑料和合成纤维为发展目标的石油化工工业，几十年来获得了奇迹般的发展，到 20 世纪 80 年代初，已有几十种这类高分子商品问世，它们不仅在性能上赶上或超过了同类的天然产品，而且在人类社会活动的范围内还可取代别的一些非同类天然材料所能取代的材料（如钢铁、木材等），已成为可与传统无机材料相匹敌的新材料工业[88]。下面将列举几种有代表性的产品，阐明在其发展过程中催化过程如何发挥作用的问题。

一、全同（立构）聚丙烯（聚乙烯）

(一) 化学过程

德国化学家 K. Ziegler 于 1953 年指出，四氯化钛以二乙基氯化铝为助催化剂，可以在室温和标准压力下，使乙烯聚合成高密度的聚乙烯（HDPE），几乎在同一时间，意大利化学家 G. Natta 也发现 α-烯烃，例如丙烯也能由钛催化剂聚合成半晶体的聚丙烯，1963 年他们两人获得了这一发明的 Nobel 化学奖。过程的总反应可表示为：

$$\diagup\!\!\!\diagup \xrightarrow{\text{TiCl}_4/\text{Et}_2\text{AlCl}} \left[\begin{array}{c} \diagdown \diagup \\ \text{R} \quad \text{R} \quad \text{R} \end{array}\right]_n$$

α-烯烃　　　　　　聚烯烃

全同（立构）的聚丙烯是一种立体规整的聚合物，所有甲基都指向同一个方向，而其骨架则是伸长的。在间同（立构）的聚丙烯中，甲基则是沿链交叉指向同一方向的，而无规（立构）的聚丙烯则缺乏规整性。所有这三种形式的聚合物都保持头接尾的结构走向[89]。

根据产品性质的要求，聚丙烯是用途十分广泛的一种塑料，一般地说，全同（立构）聚丙烯具有较高的抗拉强度，低密度，有很好的耐热和抗磨耗性质，还具有很好的外貌光泽度。熔点为 162℃，密度为 0.9g/cm³。由生产厂确定的化学性质有立体规整性、相对分子质量和分子量分布。生产给出的是一种粉状物，可以压制成片（酪素颗粒）。在生产过程中可以加入各种有机化学品，例如抗氧化剂，UV 稳定剂、填充剂、增强纤维、颜料等。加工过程可以包括注模、制模或吹管，第二次转化的加工参数有温度、冷却速度等，决定着产品的力学性质。产品一般含有 60% 的结晶度，结晶体球晶具有各种各样的形貌。强烈地依赖于加工条件。目前，聚丙烯的生产量已达每年 2000 万吨，而在 1973 年只有 300 万吨。

（二）催化剂

① Ziegler-Natta 型　在 Ziegler 和 Natta 于 1954 年发明这类催化剂不久，就用这种催化剂商业生产了两种聚合物。反应开始时，钛被还原成三价状态，然后丙烯分子在烃基-钛键之间插入生成聚合物，这已是一般可以接受的。立体规整性则由催化中心的几何学所决定。这被称为 Cossee-Arlmam 机理。固体 $TiCl_3$ 含有不同的活性中心，其中有些给出无规的聚合物，而有些则可给出全同（立构）的聚合物。第二代催化剂的主要改进是制出了无共结晶 $AlCl_3$ 的高表面 $TiCl_3$，而现代的高产率催化剂则又是由极小的 $MgCl_2$ 微晶担载 $TiCl_4$ 和一种 Lewis 碱（例如苯二甲酸二甲酯）所组成。在反应中，它们为 $AlEt_3$ 所还原。催化剂的生产能力是不断研究的课题，表 2-9 给出的是过去 40 年间催化剂活性发展的回顾。

表 2-9　PP 催化剂活性发展的回顾

PP 催化剂	年代/年	产率/(kg/g)	规 整 度
$TiCl_3$（第一代）	1954	4	92
$TiCl_3$（第二代）	1971	16	96
$MgCl_2$-$TiCl_4$（第三代）	1975	325	92
$MgCl_2$-$TiCl_4$（第三代）	1981	1300	96
$MgCl_2$-$TiCl_4$（第三代）	1998	5000	98

另外，对分子的性质来说，聚合物颗粒的宏观生长很重要，它应该足够地大和密致，否则产品就无法收集和加工；还有工厂的生产能力也会随产品的堆密度而增加，理想的均匀球的理论堆密度是 $540kg/m^3$，而由现代工厂获得的值大概为 $500kg/m^3$。形态学也取决于固体催化剂的制备，宏观催化剂颗粒的形态学可以通过高分子颗粒的生长而"重复"。

② 金属茂化物催化剂　最近几年来，发明了一种以金属锆的茂化合物为代表的，只有单个活性中心的聚合催化剂[90]，和原来惯用的 Ziegler-Natta 催化剂相比，可以在烃类中溶解，表明只有单个活性中心。同时它们的化学结构很容易被改变。这些参数允许人们在制备它们时，可通过已知结构精确预测最终的结果，例如聚合物的性质和通过选择反应条件控制最终的相对分子质量、分子量分布、其单体的含量以及构型规整度等。另外，这种催化剂的活性要比典型的 Ziegler-Natta 体系的高 10～100 倍。在被称为夹心化合物的金属茂化合物结构中，有位于两个芳环体系之间的一个呈 π 键合的金属原子，这是由 Fischer 和 Wilkinson 在 1952 年发现并因之获得 Nobel 化学奖的。尽管这类化合物诱发出了一个新的有机金属化学分支，但是这在工业领域内，一直到应用于烯烃聚合之前，都不曾起过重要作用。

这类化合物，像金属钛茂化物和通常用于 Ziegler 体系的烷基铝助催化剂相结合，确实就能够使乙烯聚合，但只有很小的活性[91]。到了 1977 年，在汉堡，Kaminsky 和 Sinn 发现[92]通过控制条件产生的一个新化合物，将其和金属茂化物一起用作助催化剂时就可以给出很高的聚合活性。

接着指出，金属茂化物的活性，即使使用甲基铝氧丙烷（MAO），也能增大 10000 倍。后者是通过三甲基铝部分水解产生的。MAO 主要由基本结构（$Al_4O_3Me_6$）所组成。铝原子在结构中是配位不饱和的。基本结构（大多数是 4）结合在一起形成簇和笼：

$$H_3C\diagdown{Al}\diagup^{H_3C}-O-\underset{|}{Al}-O-\underset{|}{Al}-O-Al\diagup^{CH_3}_{\diagdown CH_3}$$

它们的相对分子质量从 1200～1600，而且可溶于烃类中。如果金属茂化物，特别是金属锆的茂化物用 MAO 处理，所得催化剂进行聚合时，从每克锆就可以生产出 100t 的聚乙烯。在这样高的活性之下，催化剂就无需从产物中分离出来。这一实验结果表明，这时烯烃的插入时间（用于一个分子插入生长链中的时间）大概只需要 10^{-5} s，这已十分接近酶的反应活性了。

③ 工艺　催化剂的性能对工厂设计起着决定性的作用。图 2-20 给出的是高产率液相过程的流程图，这一过程使用的催化剂最早是由 Montedison 和 Mitsui 提出来的[93]。催化剂是担载在氯化镁上的四氯化钛。催化剂在各种修饰给体化合物的情况下，用三乙基铝还原就可以获得高活性的催化剂。而产品则是高立体规整的和高堆密度的。原料丙烯必须彻底精制，痕量杂质如 H_2O、CO 和硫化物都可以破坏催化剂。各种组分的原料气被送入反应器（STR）中，反应在 60～70℃，1×10^6 Pa 下进行，反应中放出的热量（根据气体 C_3H_6，2500kJ/kg）使用反应器中安装的冷却环冷却，在第二步中，通过聚冷再循环除去未反应的丙烯，固体状全同（立构）产品通过离心机加以分离。根据催化剂的不同，由离心步骤获得的液体，含有溶解的无规聚丙烯，后者可通过水蒸气除去溶剂后获得。从离心机获得的全同（立格）产物进行干燥，同时，溶剂经干燥后可用于再循环。在这一过程中催化剂的浓度不高，无需从产物中除去（脱灰）。絮状粉产品对氧化十分敏感，因此，在空气中暴露之前，产品需进行稳定包装，这样干粉才能在挤压机中打成片出售。

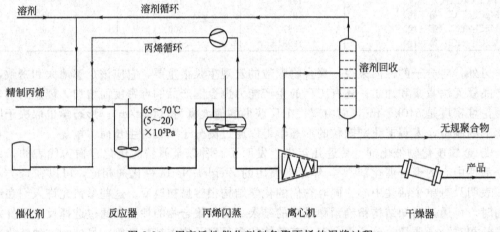

图 2-20　用高活性催化剂制备聚丙烯的泥浆过程

不太活性的催化剂也可以使用类似旧的泥浆工艺。单体先溶解在异辛烷中，然后加入钛催化剂和铝助催化剂，所得混合物送入反应器并保持 70℃。无机腐蚀性残留物（Cl）可通过醇洗除去，无规材料则通过抽提除去，在第三种过程中，把丙烯作为一种液体和高活性催化剂相结合。另外还有一种称为 Himont 的"Sheripol"过程，使用的是球状催化剂颗粒，可以给出毫米大小的球状聚合物珠粒，对某种目的而言这就无需挤压了。最新发展起来的还有使用搅拌床的气相聚合过程，所有这些过程都是连续的，产品也是连续从反应器生产的，几年来，已经看到，过程的步骤在减少，现在使用的过程成本已经很低，原料丙烯的成本却要达到总成本的 60%。

这里使用的 Ziegler-Natta 型聚合催化剂和工艺，同样也可应用于多种合成橡胶的生产。最早使用这种配位聚合催化剂的是异戊二烯的聚合，所得聚合物中顺 1,4-聚异戊二烯的含量可达 96%[91]。

二、合成纤维尼龙-6 原料己内酰胺的生产

（一）化学过程

最重要的合成纤维有聚酯、聚酰胺（尼龙）、聚丙烯以及少量聚烯烃等，其中以聚酯的

量最大（50%），尼龙次之（35%）。聚酰胺是一种由二碳酸和二胺通过内酰胺的开环（尼龙-6和尼龙-66）反应合成的缩合高聚物[88]。尼龙-66 是市场上出现的（1944）第一个合成纤维商品。尼龙-6 则是由德国 I. G. Farben 公司与尼龙-66（在美国）在同一时期开发出来的。所以在欧洲主要生产的是尼龙-6 而在美国则是尼龙-66。尼龙后面的数字是根据所用原料单体的含碳数衍生出来的，譬如尼龙-6,10 是由六亚甲基二胺 $[H_2N—(CH_2)_6—NH_2]$

和癸二酸 $\left[HO—\underset{O}{\overset{O}{C}}(CH_2)_8—\underset{O}{\overset{O}{C}}—OH \right]$ 的合成物，第一个数字"6"表明二胺的含碳原子数，而第二个数字"10"则表示癸二酸的碳原子数。尼龙-6 的单体只有一种含 6 个碳原子的己内酰

胺 $\left[CH_2—(CH_2)_4—\underset{NH}{\overset{O}{C}} \right]$。现在市场上已有多种聚酰胺型的合成纤维产品。在全世界范围内，尼龙-6 的每年生产量大概为 200 万吨。

尼龙-6 的原料是己内酸胺，聚合过程可表示为：

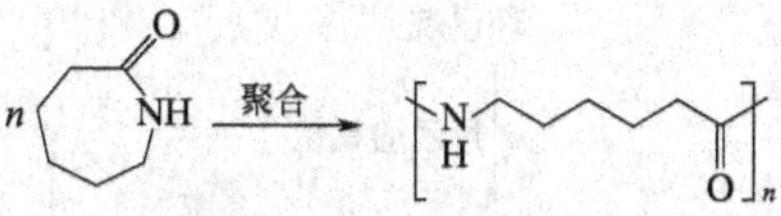

（二）工艺

生产尼龙-6 只需要解决单体己内酰胺的生产问题。工业上已有多种工艺可以生产己内酰胺[95]，而最重要的方法则是从起始化学原料苯先加氢生成环己烷，而后在液相中用 Co 和 Mn 的环烷酸盐为催化剂，于 125～126℃和（8～15）$\times 10^5$ Pa 条件下，用空气氧化成环己酮和环己醇的混合物，选择性为 80%～85%，环乙烷的转化率限定为 4%～6%，以减少副产物的生成。环己酮和环己醇混合物再用钯为催化剂脱氢成纯环己酮。

环己酮既可以用硫酸羟胺 $[(H_3N—OH)_2SO_4]$ 于 95℃处理成环己酮肟，而后再在酸，例如硫酸（浓）[95]或硼酸[97]，催化下通过 Beckmann 重排[96]转化成己内酰胺，也可以用过氧乙酸处理使之变成己内酯，然后再用氨处理成己内酰胺（图 2-21）。另一个制取己内酰胺的路线是将环己酮在紫外光照射下用亚硝酸氯（NOCl）处理，所得环己酮肟再用上述硫酸或硼酸处理以制取己内酰胺。

甲苯也可以作为原料生产己内酰胺，先将它氧化成苯甲酸，然后加氢制成环己烷羧酸，后者再用亚硝酰硫酸（NOHSO$_4$）直接制成己内酰胺，无需经由肟[98]。图 2-21 给出了制取己内酰胺的各种路线。超过 90% 的己内酰胺是用来生产尼龙-6 的。

己内酰胺的聚合始于加水，后者可使环打开给出 ω-氨基酸：

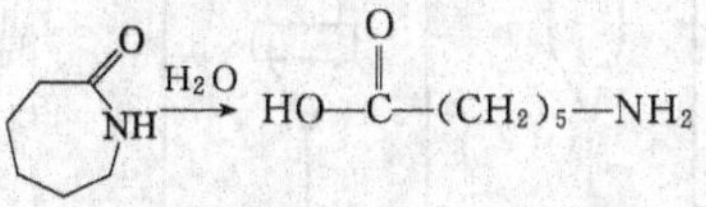

这种氨基酸在较高温度下（250～280℃）即能聚合，聚合物大概能和 10% 单体形成平衡。这时通过热水洗涤即可连续不断地分出聚合物。也可用一个抽提塔，这时呈片状的聚合物逆流地流入抽提热水中，而未反应的氨基酸再和己内酰胺反应，将后者再一次地开环：

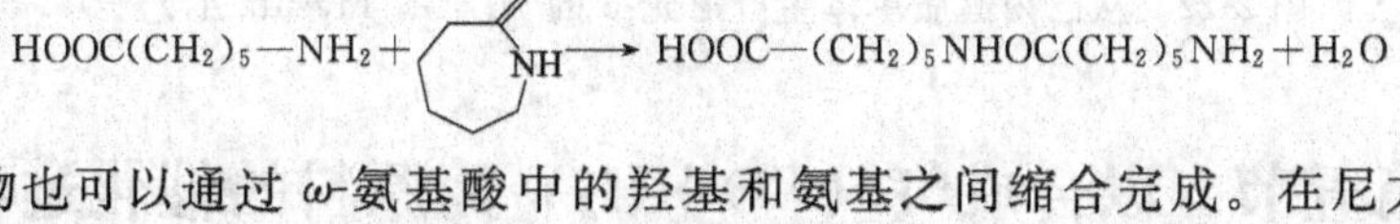

有些聚合物也可以通过 ω-氨基酸中的羟基和氨基之间缩合完成。在尼龙-6 的合成中，控制聚己内酰胺树脂中单体和低相对分子质量聚合物的含量是一个严重问题。低温有利于高聚物的均匀性，但是反应时间过长，活化剂（共催化剂），例如水、酸、胺盐和醇都有稳定

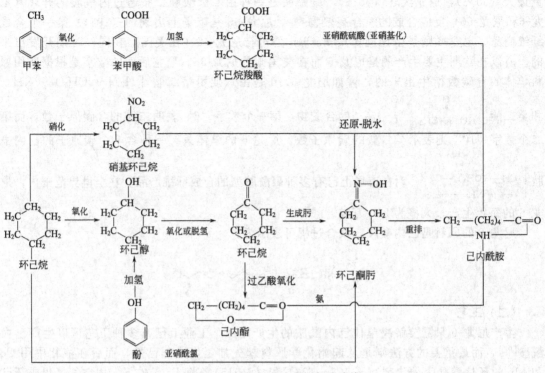

图 2-21 制备己内酰胺的各种路线

低相对分子质量聚合物的作用。聚合速度和反应温度及水含量成正比。图 2-22 给出的是生产尼龙-6 的 A. G. Inventa 过程。

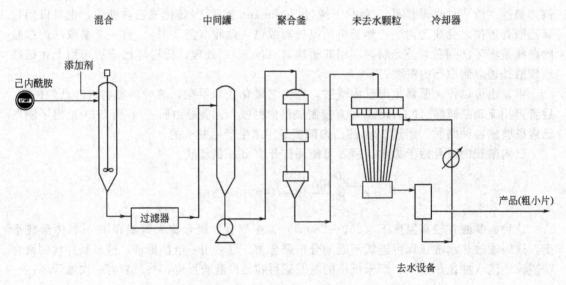

图 2-22 从己内酰胺单体生产尼龙-6 的 A. G. Inventa 工艺[99]

第五节 以合成气 (CO+H₂) 为原料的催化过程

合成气有多种原料来源,以往合成气都是从煤出发,由发生炉煤气和水煤气制得。近年来已改用石油和天然气为原料，通过催化加工制取合成气。不仅提高了产率，而且 H_2 和 CO 之间的配比可以根据下游过程的需要进行调整。

合成气是一种可在广泛范围内制备有机化学品，且是用途十分广泛的原料。在实际的应用条件下，在热力学上有利于制备几乎所有含碳和氢以及任意含碳、氢和氧的有机分子（见图2-23）。德国科学家早在 20 世纪 20 年代，就发现合成气在使用锌-铬氧化物为催化剂的情况上，可以高转化率地生成甲醇。而在使用担载的和有助催化剂的铁和钴的情况下，又可转化为一定范围的烃类（液体燃料）和醇类。前一类反应，现在国际上都和德国科学家 Fischer 和 Tropsch 相关联，称之为 F-T 合成。

甲醇一直在用合成气生产，而液体燃料的生产由于原料的更迭却显示出合成燃料的不可捉摸性。譬如，20 世纪 70 年代，在全世界范围内发生能源危机时，合成气的开发利用曾引起人们极大的兴趣。在美国，曾为如何从煤出发解决能源问题的技术路线，即将煤转化为合成气再转化为油（F-T 合成）或甲醇有过争论，虽然结果以"煤—油"路线而告终。但是，现在看来，合成气还

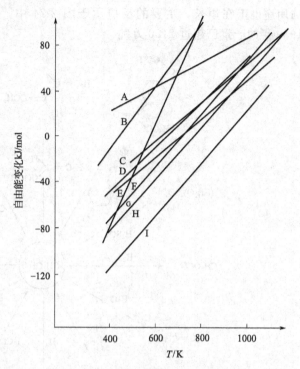

图 2-23　由合成气合成烃类和醇类的标准生成自由能[101]

A—乙醇；B—甲醇；C—乙炔；D—苯；E—丙烯；
F—乙烯；G—丙烷；H—乙烷；I—甲烷

不可能用来合成油以解决能源的主要资源问题，可是作为后备的化工原料以取代部分石油资源还是令人向往的。因此，在 20 世纪 70 年代后期，在这一领域内提出了称为"C_1-化学"的一系列催化新技术{109}，其中甲醇的合成和进一步加工利用成为石油化工中的一项重要支柱。

一、合成甲醇

从 1830～1923 年，甲醇的唯一来源是木材蒸馏（因此被称为木醇）。1923 年 BASF 在德国 Leuna 开始由合成气（一氧化碳和氢）第一次工业生产合成甲醇[102]。BASF 的研究者们注意到这里还有氨和别的含氧化合物生成（这并不奇怪）。因为这正是早在 1900 年开发 Haber-Bosch 合成氨的年代，这时，合成气是由含可以使反应强烈中毒的硫化物的煤制造的。从开发抗硫催化剂过程中涌现出的氧化锌-氧化铬催化剂，才使这一过程获得成功。但这一过程需要高压 [（2.5～3.5）×10^7Pa] 和高温 （320～450℃）。这样的操作条件一直沿用到 1966 年。这时 ICI 才引入了有重大改进的催化剂，同时又很容易地解决了从天然气制取无硫的合成气。使这项工艺可在 （5～10）×10^6Pa 和 200～300℃下操作。

（一）化学过程

合成甲醇的总反应为：

$$CO + 2H_2 \longrightarrow CH_3OH \qquad \Delta H = -90.8 \text{kJ/mol} \quad (298K, 101.3kPa)$$

$$CO_2 + 3H_3 \longrightarrow CH_3OH + H_2O \qquad \Delta H = -49.6 \text{kJ/mol}$$

甲醇是一种最重要的化学品，主要应用于化学工业中的溶剂或中间化合物。在能源方面的用途也正在增长，主要的反应示于图 2-24 中。甲醇也是一种生产量极大的化工产品，1989 年的产量已超过 2100 万吨。

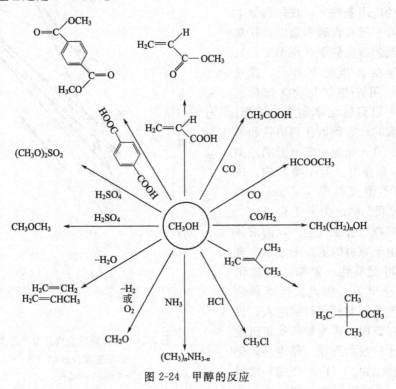

图 2-24　甲醇的反应

（二）催化剂

原来开发出来的催化剂是以锌和铬的氧化物为基础的。事实上，在最早的 40 年间，用的都是这种催化剂，并无根本改变。一直到 1966 年 ICI 公司才开发出一种活性很高的催化剂——$Cu/ZnO/Al_2O_3$。这种催化剂允许的反应温度低于 300℃，从而使生产能在较低的压力 $(5 \sim 10) \times 10^6 Pa$ 下操作，取代了旧生产工艺中所用 $(2.5 \sim 3.5) \times 10^7 Pa$ 的压力。

（三）工艺

热力学平衡有利于高压和低温。合成甲醇的生产工艺和合成氨工艺几乎是在同一时期内开发出来的。在开发合成氨的生产过程中已经注意到，因催化剂和反应条件的不同，也可以生成含氧化合物。和合成氨相比较，合成甲醇催化剂的开发要难得多。这是因为除了活性之外，控制选择性变成主要的了。在 CO 加氢中可以生成许多种别的产品，例如高级醇和烃类，如图 2-23 所示，这都是热力学上允许的。

显然，甲醇要比许多可能的产品（例如甲烷）不稳定，所以催化剂必须具有选择性。最新催化剂的选择性可超过 99%。而原来的催化剂只有在高温（300～400℃）时才有活性，而且还要使用高压 [(25～35)MPa]。一直到 20 世纪 60 年代后期，基本上使用的是原来的催化剂。虽然早就知道，有许多活性的催化剂，但是它们不抗杂质，例如硫。在现代的工厂中，合成气已十分纯净，可以使用活性催化剂，这才开发出了"低压合成甲醇工厂" [260℃；(5～10)×10⁶Pa]。温度是决定性的，从热力学观点看，低温才有利于反应进行。

合成甲醇工厂由如下三大部分组成：a. 合成气的生产；b. 甲醇的合成；c. 粗甲醇产品的加工。

合成气的组成取决于所用原料，当使用石脑油为原材料时，正好符合化学计量的要求，但如果使用天然气 CH_4，H_2 就会过剩。实际上，过剩的 H_2 可以作为燃料烧掉，也可以在过程中加入 CO_2 将所有 H_2 转化为甲醇。一般的说，后一种是较为妥善的办法。

现在，大多数现代工厂都已采用低压法生产甲醇，生产能力从每天 $150\sim300t$ 不等。工厂的差别主要是反应器的设计以及和这相关的，其中包括如何将反应产生的热排除的问题。一般采用在不同床高处加入冷反应气体使之骤冷的办法，床层中的温度分布呈锯齿形的。图 2-25 给出的就是 ICI 低压合成甲醇的工艺流程图。

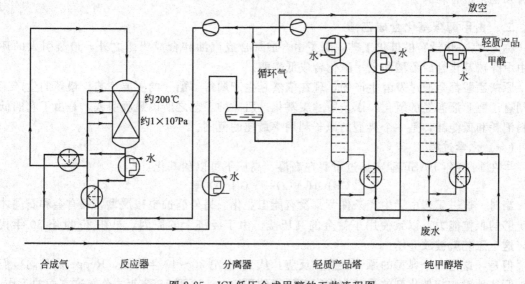

图 2-25　ICI 低压合成甲醇的工艺流程图

离开反应器的产品混合物经由热交换器流过并使反应混合物加热至所需温度后进一步冷却。这时粗甲醇被凝缩下来，未反应的合成气再循环进入反应器。原料甲醇则通过蒸馏进行精制。

在 Lurgi 工艺中使用的是管式反应器，催化剂颗粒被置于管中，而冷却利用沸水。以上两种反应器的主要差别是温度的分布形状。在 Lurgi 反应器中，温度分布要比骤冷反应器的平坦一些。

在 Holdor-Topsol 工艺中使用的是成串排列的反应器。反应热则是通过中间冷却除去，合成气则是径向流过催化剂床层。

减活是常常发生的，由于催化剂对烧结的敏感，通常实际情况中是通过升温提高活性的，在生产中常常需要提高压力来补偿这样的活性下降。

通过以上对合成甲醇工艺开发的过程可以看到，为了开发一个新的过程，固然采用一种传统的方法，研究和开发仍需同时进行。有些改进不是通过除去产物以移动热力学平衡，就是开发出具有戏剧性改进的催化剂，允许可在更低温度下操作为基础的。

最近，Air Product and Chemical Inc. 开发出了一个新的液相制造甲醇的过程（LPMEOH）。生产规模为 300t/日 的工艺性示范已在 Eastmamn 的 Kingsport 实验工厂演示。这里的合成气来自煤的气化[103]，LPMEOH 技术的核心是泥浆气泡塔式反应器。粉状催化剂悬浮分散在一种惰性矿物油之中，使用的内部热交换器（在反应器内）的除热能力非常有效，可使反应器沿整个长度保持均一的温度，并因而和气相对比，对合成气转化至甲醇可以获得很高的转化率。这一工艺的下面几个优点更值得注意：

A. 反应可直接在富一氧化碳的合成气中发生（无需调整化学计量关系）；

B. 无需再循环富 H_2 以调整温度；

C. 可以使用 CO 浓度超过 50% 的合成气；

D. 泥浆反应器特别适合于迅速提高温度、空转以及极端停止/开始工作等操作；

E. 得到的甲醇质量高 [1%（质量分数）的水相对于 20%（质量分数）的甲醇]，精制成本低；

F. 可以随意从生产线上取出废催化剂和加入新催化剂。

由演示工厂获得的结果表明，已有希望在工艺上开发出有显著工业价值的过程，总的经济看来也是很有利的。

二、由甲醇羰基化合成乙酸

称为"C₁-化学"的催化工艺，除了由合成气合成汽油和合成甲醇之外，最吸引人的还有由甲醇羰基化合成乙酸和氢甲酰化合成低碳醇。

原来乙酸都是通过发酵生产的，现在依然是生产调料"醋"的主要工艺。最新的生产工艺则有乙醛和液态烃的氧化，以及甲醇羰基化。后一种工艺之所以最吸引人，是由于它的低原料消耗和低能耗，是一个典型的原子利用率最佳的范例。

（一）化学过程

早在 1913 年 BASF 就宣扬过甲醇在高温、高压下可以羰基化：

$$CH_3OH + CO \longrightarrow CH_3COOH$$

当时，这一工艺由于生产条件苛刻没有能工业化。另外腐蚀也很严重，只有金和石墨才有足够的抵抗能力，以致使用了衬金的高压釜。由于经济上的原因，早在 20 世纪 30 年代初，这个工艺就被放弃了。

但是，这是一个典型的原子经济性反应，从 20 世纪 30~40 年代间，Reppe 及其同事们一如既往地对均相催化剂的羰基化进行着认真的研究，一直到 1953 年才公布这方面的工作。根据所得的结果，这一先进的乙酸生产工艺才在 1955 年工业化。

（二）催化剂

1941 年 Reppe 演示了许多金属羰基化合物，在包括氢甲酰化的几个反应中的潜在的性能。这一工作在 1960 年产生了一个以 CoI₂ 为基础的、于 7×10^7 Pa 和 250℃ 操作的新工艺，腐蚀问题则通过应用 Hastelloy C 钢解决。

1968 年 Monsanto 报道了化学上类似的以碘化铑配合物为基础的过程，由于反应速度高，高选择性以及不同的动力学，明显不同于钴的过程。1970 年就成功地实现了工业化，操作条件比较温和：30atm 和 180℃。

（三）机理

甲醇使用 $[Rh(CO)_2I_2]^-$/HI 催化剂的羰基化制乙酸的反应机理可描述为下：

$$CH_3OH + HI \longrightarrow CH_3I + H_2O$$

$$CH_3I + [Rh(CO)_2I_2]^- \longrightarrow [CH_3Rh(CO)_2I_3]^-$$

$$[CH_3Rh(CO)_2I_3]^- \longrightarrow [CH_3(CO)Rh(CO)I_3]$$

$$[CH_3(CO)Rh(CO)I_3]^- + CO \longrightarrow CH_3COI + [Rh(CO)_2I_2]^-$$

$$CH_3COI + H_2O \longrightarrow CH_3COOH + HI$$

总催化反应：

$$CH_3OH + CO \longrightarrow CH_3COOH$$

这是一个助催化剂只有和 Rh 配合物结合时才能使反应变易的例子（助催化剂作用），即反应既不能在 Rh 配合物或者助催化剂单独存在时发生。

三、低碳烯烃氢甲酰化合成低碳醇

(一) 化学过程

这类反应早在 1938 年就为德国的 Röllen 所发明，这是由一氧化碳和氢（合成气）在钴（或铑）催化剂作用下和烯烃作用生成醛的反应：

$$C=C+CO+H_2 \xrightarrow[\text{RhHCO(PR}_3)_3]{\text{HCO(CO)}_4} \left[\begin{array}{c} \text{H--C--C--CHO} \\ | \\ \text{H} \end{array} \right] + \left[\begin{array}{c} \text{H--C--C--} \\ | \\ \text{CHO} \end{array} \right]$$

这个反应原来称为加氧合成，由于反应中在烯烃键上表观地加上了甲醛（H—CHO），后来才称为氢甲酰化的。

由这一反应可以合成一系列低碳醛类，进一步还原又可制成相应的醇。这些产品原来都依赖于发酵生产，在产量上受到极大的限制。例如，丁醇作为一种最重要的溶剂，一直无法满足，而此法工业化之后，不仅解决了丁醇的供应问题，而且，它的前体丁醛也是一种重要的化工产品，例如它和二聚合成的 2-乙基己醇-1 就是 PVC 的增塑剂——邻苯二甲酸酯的原料。现在估计每年用此法生产的丁醇已达 600 万吨。

(二) 催化剂

通过对钴催化剂过程特性的全面分析，可以看到，它的功能还存在很大改进的余地。Wilkinson 所作基础工作指出，三苯基膦铑催化剂允许氢甲酰化反应在较低的压力下操作（Wilkinson 报道的是 1×10^5 Pa）。这就有希望降低投资和操作成本。不仅如此，有关选择性的报道也相当的多。确实也没有观察到加氢作用，而且在某些情况下线性产物可以达到 90%。常用的催化剂前体是 RhH（CO）（PPh$_3$）$_3$，在温和条件下，就可以将烯烃转化成醛。内烯烃几乎不能进行任何反应，这和钴催化剂不同，只有很小异构化活性，在高温下需要有（或高于）1×10^6 Pa 的压力。除非有过量的配体，催化剂也有一点异构化活性。但是，由此生成的内烯烃也不能氢甲酰化。这就使铑催化剂不能用于除丙烯以外的烯烃。丙烯氢甲酰化的结果根据膦的浓度，可以使线性达到 66%～95% 的范围。在膦的浓度很高时，速度是慢的，但线性却可以达到最大值。

工业过程是在压力为 3×10^6 Pa 左右、温度为 120℃ 的条件下操作。在高膦浓度时给出的线性可达 92%。转换频率，每摩尔铑配合物每小时的产物的物质的量估计可以达到 300mol，在低配体浓度和低线性（70%）时于 1×10^6 Pa 和 90℃ 时给出的转化频率，量级约为 10000。

(三) 工艺[105]

低压加氧合成过程是由 Union Carbide、Davy Powergas（Davy Mckee）和 Johnson Mathey 联合开发出来的。他们拥有 Wilkinson 的发明专利。催化剂是含有大量过剩三苯膦的铑配合物，温度和压力必须严格控制。产物的线性强烈依赖于这些参数。配体和铑（0.3g/kg）对杂质都十分敏感。所以原料必须仔细净化。铑停留在反应器中和小规模的净化循环器隔开，后者可随时用来重新活化失活的铑配合物，同时除去重质的末端产物和逐渐形成的配体分解产物。气体从反应器底部的一个喷雾器送入反应器（图 2-26）。烯烃的单程收率估计为 30%，丙烯是再循环的。使用这样的过程，只有丙烯能氢甲酰化，也不用从气体中除去高沸点的烷烃。喷雾器是这个体系的关键部分，在气相中形成的液滴中，必然会含有铑，考虑到这一昂贵的原材料应该很严格地将它重新返回到反应器中，当产品在分离器中凝缩和从气体原料分离后含少量（<10%）2-甲基丙醛的丁醛导入分馏塔中。从分离器流出反应器时，反应器必须保持最小的液位。少量催化剂的再循环是必要的，因为会有很慢的配体分解发生。在铑的催化过程中，三苯基膦分解成苯和二苯基膦碎片，二苯基膦虽然是

无活性的铑配合物，但却是一种很稳定的物种。原料中的杂质也可以导致生成惰性的铑配合物，但是已有多种试剂可以用来使不活性的铑配合物重新恢复成活性的前体 HRh(CO)(PPh₃)₃。

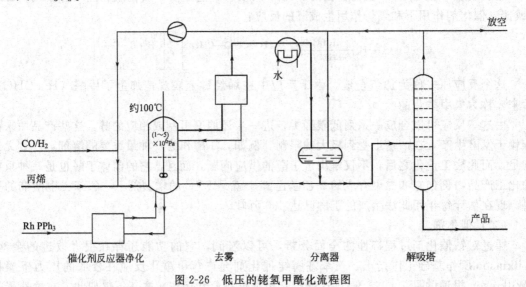

图 2-26　低压的铑氢甲酰化流程图

（四）反应机理

已对这一有代表性的均相催化反应的动力学和机理作过认真研究，反应机理可表示为：

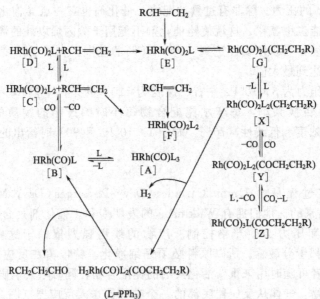

第六节　生物催化技术[106]

生物技术是聚焦于许多应用领域内的多学科交叉的科学；围绕生物技术的许多定义之一是用细胞或其一部分进行生产，这意味着最终可获得一部分产品。生物技术和化学之间的相互关系可以从几种不同的角度加以审视。从化学反应的类型看，对酶已有可以表明各类酶反应的分类系统，这里列出了化学家可利用酶的六种基本类型的反应，并对每一种反应给出一个例子。

A. 水解酶 (hydrolase)：可以通过加水打开 C—O 键或别的键。

$$R'-\underset{\underset{O}{\parallel}}{C}-R'' + H_2O \longrightarrow R'COOH + R''OH$$

B. 氧化还原酶 (oxido-reductase)：这是一种很有用的酶，例如可以将酮立体专一地还原或者将（芳）烃氧化成醇（酚）。

$$R'\underset{\underset{O}{\parallel}}{C}-R'' \longrightarrow R'CHOH-R''$$

C. 异构酶 (isomerase) 经典的例子是葡萄糖异构酶。

$$葡萄糖 \rightleftharpoons 果糖$$

D. 裂解酶 (lyasas)：可以把水或氨加入 C＝C、C＝N 和其它多重键，消除这些小分子形成双键。

$$\underset{HOOC}{\overset{H}{}}C=C\underset{H}{\overset{COOH}{}} \rightleftharpoons \underset{HOOC}{\overset{OH}{}}CH-CH_2\overset{COOH}{}$$

E. 转移酶 (transferase)：可以从一个化合物把整个基团，例如甲基或糖基转移至另一个化合物。

$$双磷酸甘油酯＋ADP \rightleftharpoons 磷酸甘油酯＋ATP$$

F. 连结酶 (ligase)：能把两个分子结合起来，这是一个非常有趣的特点，但它依赖于 ATP 的断裂。

$$
\begin{array}{c}
NH \\
| \\
C-OH \\
| \\
NH \\
| \\
(CH_2)_3 \\
| \\
CHNH_2 \\
| \\
COOH
\end{array}
\;ATP+\;
\begin{array}{c}
COOH \\
| \\
H_2N-CH \\
| \\
CH_2 \\
| \\
COOH
\end{array}
\longrightarrow
\begin{array}{cc}
NH & COOH \\
\parallel & | \\
C-NH-CH \\
| & | \\
NH & CH_2 \\
| & | \\
(CH_2)_3 & COOH \\
| \\
CHNH \\
| \\
COOH
\end{array}
\;+AMP+H_2P_2O_7
$$

L-瓜氨酸　　　　L-天冬氨酸　　　精氨（基）琥珀酸

以上见到的所有产品都可以通过发酵或者借助于酶获得。据说酶允许有几十亿次的转化频率，这不是看到了关于所有化学的尽头了吗？但这到现在还未发生过，也许以后将会有吧。

通过以上介绍，可以看到酶反应也包含一个底物和一个催化剂——在这种情况下是一种生物催化剂以及获得一种产品，这和化学过程是完全类同的。现在要介绍的是生物技术合成和经典的有机化学合成相比，到底有哪些差别？

在许多情况下，生物反应具有很高的立体专一性：

$$HOOC\overset{COOH}{\underset{}{C}} \xrightarrow[\;天冬酶\;]{+NH_3} COOH-\overset{COOH}{\underset{NH_2}{CH}}$$

L-天冬氨酸

上市的产品日益增多，有许多理由只需要一种立体专一的异构体。这也是对作为进一步合成起始原料的化学中间体一个冲击。

生物反应的另一个优点是区域专一性：

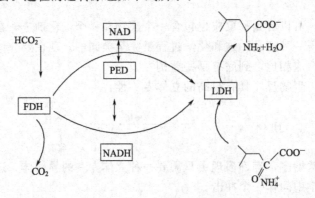

β 羟化酶

1,1-脱氧可的松　　　　　　氢化可的松

这就可以完成甚至"远部位"的反应。也就是说，在靠近反应中心有并且能定位的官能团，对一个生物转化来说，还有温度低、转化频率高和可在常压下操作的优点。

当然，生物催化剂也有其缺点，那就是酶或微生物的稳定性。这类催化剂常常是大相对分子质量的蛋白质、酶对温度，pH 值、氧化、力学剪切以及和别的酶（例如蛋白酶）的接触等都十分敏感。它们的寿命都是有限的，在许多情况下还必须使用载体，这意味着需要和通常的固体载体耦合起来，这是延缓酶催化剂寿命的一种有效方法。

通常生物转化都是在介质中进行的，而大多数有机物质却是亲脂的，因此在水中的溶解度很差，尽管现在已有许多研究小组正在研究采用有机溶剂的酶，而且已发表了不少文章，但是在这个领域内的实际应用方面还未成功。

另一个大问题是生物反应有时需用辅因子，像 NAD、ATP 等，这些化合物的价格都很高，无法大量使用，但这个问题必须加以克服，现在已有如下几个途径：一是可以取整个细胞让它们工作，而后将其丢弃。当然，这只能在微生物很便宜时，例如发面酵母那样才行；另一个可能性是找出一种共代谢的物质，也就是当产物减少时，加入一种可以同时被所用辅因子氧化的底物，这是一个十分麻烦和棘手的工艺，最好的解决途径看来是把辅因子和酶一起固载化，这将在以后介绍的亮氨酸生产中作较详细的说明。下面介绍几个生物催化的具体例子。

一、亮氨酸的制备

这是在德国由 Wandreg 教授和工业制造商 Degussa 公司之间协作开发出来的，可以在一个专一的情况下解决上面提到的各种问题。

异己酮酸用亮氨酸脱氢酶通过还原氨基化被转化成亮氨酸，这是一个还原反应。这意味着需有一个辅因子，也就是 NADH。这种辅因子的价格对任何过程来说都是无法接受的。假如非使用它不可，就只能是一次性的。因此，要求它能循环地使用。利用一个氧化反应相互耦合起来，以保持电子平衡的想法就变得十分明智了。

这里，甲酸盐被甲酸脱氢酶氧化成二氧化碳很容易从反应体系中除去是众所周知的。所以整个过程可以在一个膜反应器中完成。这意味着一个连续流动的低相对分子质量化合物可由反应器泵入和除去。过程的运转原理如下式所示：

FDH —甲酸脱氢酶；LDH —亮氨酸脱氢酶；PED —聚乙烯醇（相对分子质量 20000）；NADH —辅因子

辅因子可用水洗去，技巧是把它固载在平均相对分子质量约 20000 的聚乙烯醇上。这样一来，它被保持在膜反应器内。Wandrey 教授用 1mol 辅因子已经循环使用了 100000 次，这确实是一个很好的设想。

二、除虫菊的制备[106]

另一个例子还正处在实验室和中间试验的阶段，这是由 Kobël 等人开发的纯制除虫菊的工艺。除虫菊酯（pyrethroids）是现在已知的最有杀虫效果的杀虫剂，已由不同公司生产出多种产品。市场上出售的几种 Bayer 公司的产品都是以除虫精酸为原料，产品中可能含有四种立体异构体：

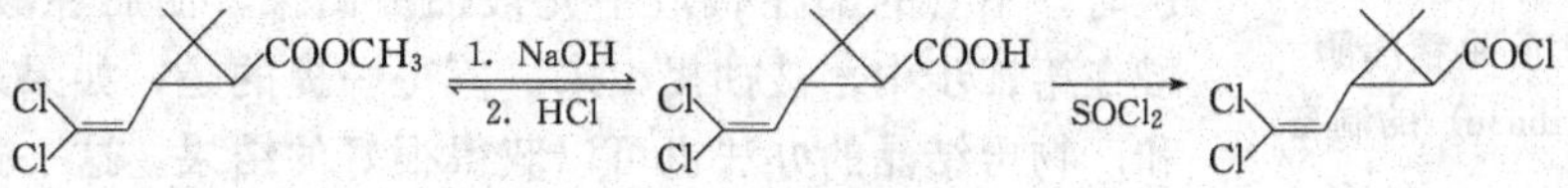

(±)-反式酯　　(Ⅰ)(±)-反式酸　　(Ⅱ)(±)反式

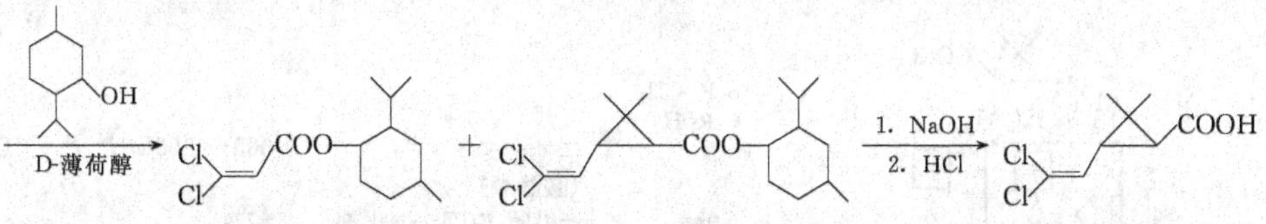

(Ⅲ)(+)-反式　　(Ⅳ)(−)-反式　　(+)-反式酸

有如下几个理由可以说明纯异构体的优点。

A. 毒性，有时一种立体异构体和混合物相比，具有低的总毒量或者比毒性。

B. 只有一种或者两种异构体是有效果的载体，在大多数情况下，*R* 和 *S* 异构体之间具有明显不同的效果。有时，只需一种异构体的杀虫剂就可以控制杀虫剂效果达 90%以上。

C. 从原料酸以及醇消耗部分的价格看，比起除虫菊酸是很贵的，同时，大多数组分的醇也很昂贵，所以，只使用活性异构体的可能性很值得考虑。

顺式和反式异构体可用物理化学方法分开。对映异构体的分离是一项很难成功完成的任务。已经开发出一种多步骤的分离过程，但是，通过酸的水解方法有可能是单一的步骤。

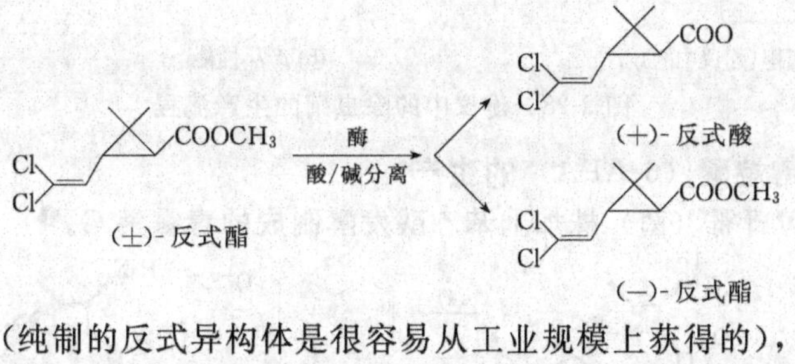

(±)- 反式酯　　(−)- 反式酯

为了实用起见（纯制的反式异构体是很容易从工业规模上获得的），尽管有可能要从所有四个异构体的混合物出发，这里将集中介绍反式异构体和反式异构体的分离。这里，先从介绍商品酶的筛选过程开始，以著名的猪肝酯酶（esterase）为终结。由于它确实不是一种便宜的酶，所以这里甚至还不能对其可用性作出定量的评估，还需要继续进行进一步筛选数百种微生物，最后才有可能获得假单胞菌菌株，这种菌株的酶对稳定性、选择性和酯酶活性都具有极好的功能。

已用如图 2-27 所示的流程制备出用于这一工艺的酯酶。

ZP50 的假单胞菌株在发酵中生长，然后把细胞质通过离心作用进行分离，细胞的分裂在高压均化器中进行，得到的酶再经过交叉流过滤以及酸和硫酸铵沉淀进行净化之后，所得制剂通过共价键合被固定在一种载体之上。这样制出的生物催化剂就像化学过程中使用惯常催化剂那样，用于生物反应之中。图 2-28(a) 给出的是建议的生产流程。在一个搅拌反应器

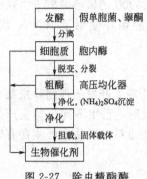

图 2-27 除虫精酯酶
（permethrinase）的制备

中，外消旋的反式除虫精酸（permethrinic）的甲基酯作为悬浮体和生物催化剂进行反应，左侧的产物流表示需要 *IR*-反式异构体，而右侧的流则为不需要的 *IS*-反式异构体，过程在稍碱性 pH 值的介质中进行。这样，新形成的酸就能以钠盐的形式溶解，未开裂的酯作为乳化剂不变地被保存了起来。

这个过程既可以间歇进行，也可以通过连续加入反应物和分离产物溶液而采用半间歇式生产。但是连续的塔式过程看来并不适用，这是因为有保持 pH 值的问题。分离采用的是甲苯抽提法。这时，不要的酯在碱液中先被抽提出来，而后在酸化之后，*IR*-酸在第二步中才被抽提出来。值得一提的是，如果采用溶液冷却和产物再结晶的办法也可以获得很好的结果。这一过程已经进入 100L³ 的中试阶段，而且已经制备了 10kg 具有以上［图 2-28(b)］性能的产品。

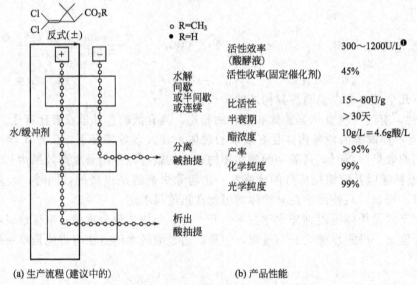

活性效率（酸酵液）	300～1200U/L❶	
活性收率（固定催化剂）	45%	
比活性	15～80U/g	
半衰期	>30天	
酯浓度	10g/L=4.6g酸/L	
产率	>95%	
化学纯度	99%	
光学纯度	99%	

(a) 生产流程(建议中的)　　　　(b) 产品性能

图 2-28　建议中的除虫菊的生产流程

三、6-氨基青霉烷酸（6-APA）的生产

主要原料是用黄青霉（菌）株加上苯乙酸发酵制成的青霉素 G。❶

6-氨基青霉烷酸是生产广泛使用的一种抗生素——半合成青霉素的中间化合物。最重要的衍生物有由 6-APA 分别和 D-对羟基苯甘氨酸以及和苯基甘氨酸偶联而成的氨必西林（ampicilin）和羟氨苄青霉素（amoxycilin[107]），它们都是药价约 40 亿的药品。从全世界每年生产的约 2.5 万吨青霉素 G 中，有 2.0 万吨是用来转化 6-APA 的，大概可生产出 1.0 万吨 6-APA。

青霉素 G 转化成 6-APA 的主要问题是在仲酰胺键需要水解时能否完整地保留活性的 β-内酰胺的酰胺键。

---

❶ 1U＝每立升每小时 1mgIR-反式酸。

在经典的化学合成过程中，这要使用 3t 三甲基氯化硅、8t N,N-二甲基苯胺、6t 五氯化磷和 1.6t 氨通过连续的多步骤，在一个间歇式反应器中完成，从 10t 青霉素 G 生产出 5t 6-APA。另外还要 50t 二氯甲烷和 40t 丁醇作为溶剂，而且还有一部分操作需在 −40℃ 进行，因此，还需要耗费 30kW·h 的能量：

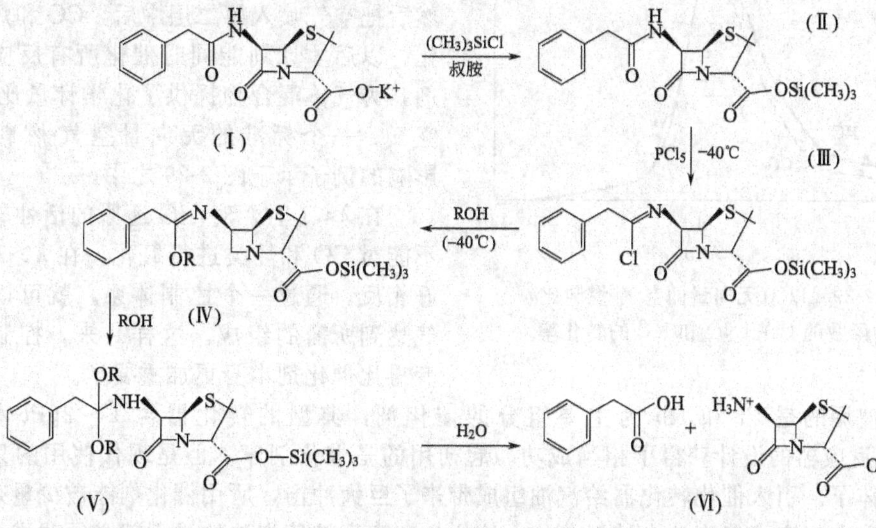

在现代的酶过程中，5t 6-APA 只需要使用固载化的青霉素酰基转移酶（5～10kg）作为生物催化剂，在含 10t 青霉素 G 的 100t 水溶液中，在温和条件下即可获得。在酶水解的过程中，通过连续加入（500kg）氨即可使 pH 值保持不变。另外，在 6-APA 水解时生成的苯基乙酸，通过再循环还可用于青霉素 G 的发酵过程。这样一来，就可以远离使用大量含氯的试剂，而后者只能部分地进行再循环，生物催化过程就是简单（一步的间歇反应器），能耗和成本都低，在这一过程中苯基乙酸还可以重新回收利用。

第七节 环 保 催 化

人们曾预料，在 20 世纪末，催化在解决当时国际上普遍关心的地球环境问题和能源等问题还将起到重要的作用。日本的催化工作者早就预言，在这段时间内，催化研究将从美国自 20 世纪 40 年代开始的以获得有用物质为目的的石油化工催化研究，进入日本从 20 世纪 70 年代就开始了的以消灭有害物质为目的的新的"环保催化"时期，这是很有道理的[109]。

一、控制机动车排放尾气的净化催化剂[110]

（一）化学过程

Carlifonia 法规大大促进了用于机动车排放气体净化催化转化器的开发。1959 年和 1960 年，颁布了机动车排放标准的法规，当至少有两种不同方法开发出来之后，可以对这一标准进行评估时，这些法规就变成可行的了。在 20 世纪 60 年代中期，汽车工业宣称，发动机的改装已经成功，在没有催化转化器的情况下也能达到标准。这大大延缓了进一步开发催化转化器的研究。

到了 20 世纪 60 年代后期宣布要进一步提高标准时，催化研究才重新活跃起来。Clear air Act 在 1970 年提出了一个远远超过当时工艺的标准，并且指出催化炉是重要的。开始时的目的只需要降低 CO 和烃类（HC）的排放，在发动机中的混合物是"富燃的"，CO 和烃类的浓度相对地高，但是 NO_x 的浓度可低些。尾气可以在可供应空气的转化中氧化。以后不久，NO_x 的标准提高了，这样，NO_x 的含量必须减少。这样一来，氧化和还原两个反应就必须同时考虑。开始时在双效的体系中曾设想把还原和氧化催化剂分开。发动机在富燃条件下在第一层中操作先发生还原反应，然后把空气喷入第二层中后，CO 和烃类再氧化。以后才计划能同时催化所有反应的催化剂，为气体混合物提供了化学计量比的燃料-空气。一个标准的无向量空气-燃料比（λ）影响的例子示于图 2-29 之中。

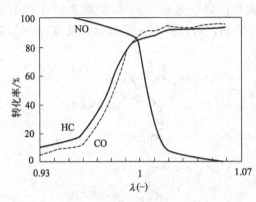

图 2-29 以 λ（无向量的空气-燃料比）
为函数的 CO、NO 和 HC 的转化率

在 λ<1 时，对 NO 还原的活性较高，但不能对 CO 和烃类进行氧化。在 λ>1 时则刚好相反。通过一个控制体系，就可以保证尾气达到所需的组成。这样一来，控制体系就变得比催化剂本身更加重要了。

现在使用的是 Pt 和 Rh 为主要组分的催化剂，典型的转化器含 1～2gPt 和 0.2～0.3gRh。反应器的设计获得了相当成功。起初用的是催化剂床，但是现代使用的只有整块的蜂窝状体了。引入催化转化器给汽油组成带来了巨大冲击，所用催化剂能被少量杂质所毒化，特别是在高辛烷值汽油中的铅化物。这样生产高辛烷值汽油的过程就必须改进，加大了对裂解和重整过程的要求。最近还要求降低芳烃含量或者采用别的方法，例如加入 MTBE 等以改进汽油的品质等。

（二）催化剂

用于 Otto 发动机转化器中的三效催化剂是担载在经 La 稳定的氧化铝上的 Pt/Rh，另外，还有助催化剂，即 CeO_2。氧化铝在由堇青石制成的蜂窝状载体（标准单元密度为 400 孔/英寸^2）上常常被用作催化剂载体（涂层，washcoat），实际上催化剂看起来相当稳定，事实上，电子控制体系（在转化器中用来调整 λ 值）的寿命要比催化剂本身更加紧要。

现在，在科研院所和高校范围内以及在工业上，在开发其它金属的催化剂，例如 Cu 基、Ag 基和 Ce 基的催化剂方面，已经看到了有改革的兴趣。如果贫燃体系变成了可能，那么，只要催化一个氧化反应就行。这样一来，催化剂的组成就会完全改变，当然，对柴油发动机来说，催化转化器依然有待于开发。

（三）工艺

汽车排放的尾气是重要的空气污染源，特别是在都市里。汽油发动机的尾气的典型组成示于图 2-30 中。

这里 λ 是空气对燃料的比值（λ=1 相当于比燃烧是化学计量的）。低 λ 值表示空气量低于化学计量比，这时，将产生较多 CO 和烃类，而在高 λ 值（λ>1）时，燃烧较为完全，排放的未燃完的烃类和 CO 较少。但是汽缸中的温度升高，同时，就会排放出较多的 NO_x，如果 λ 值更高，由于存在过量的空气，温度就会下降，同时就只能生成小量的 NO_x。因此，在过量空气下，操作就相当于"贫燃"。相对于生成的 CO 和 NO 来说，贫燃是很有吸引力的。但是贫燃也有其缺点：增大了未燃烃的排放，同时点火也成问题。后一个问题可以通过使用高压缩比解决。现在正在试图开发和制造可在高 λ 值工作的发动机。如果"贫燃"发动机能够制造成功，那么，在催化转化器中就只需要烃类的氧化了。

催化剂在减少有害气体的排放方面已经取得了重大成功。表 2-10 给出了 Otto（汽油）发动机以及无三效催化剂时的典型排放值，这里还包括柴油发动机的数据。

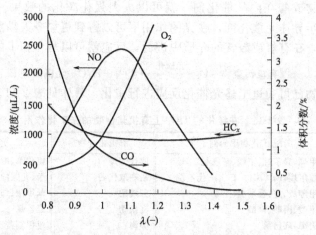

图 2-30 以 λ(空气对燃料的无向量比) 为函数的汽油发动机
排放的 CO、NO、HC_x 和 O_2 的浓度

表 2-10 汽油发动机和带有催化剂的汽油发动机以及柴油机排放的颗粒、烃类、NO_x 和 CO

发 动 机	排 放 量			
	颗粒/(mg/mile)	烃类/(g/mile)	NO_x/(g/mile)	CO/(g/mile)
Otto 发动机(无催化剂)	15~30	2.2~3.8	2.6~8.6	13~33
Otto 发动机和三效催化剂	5~10	0.1~0.3	0.2~0.6	1~4
柴油发动机	200~650	0.1~0.8	1.0~2.0	1~3

① mile 表示英里，1mile=1.609km，由 18 个发动机在标准运转循环 (FTP) 下测定，1988 年由德国 Volkswagen 公司提供。

很明显，催化剂主要解决了排放尾气的质量问题。这些数据表明，就 NO_x 和 CO 的排放而言，柴油发动机也有很好的功能。直到现在，在发达国家中 NO_x 和 CO 的排放也低于法规的规定，但是最近又制定了更加严格的规定。另外也很清楚，对柴油机来说，颗粒(主要是煤烟)的排放和 Otto 发动机相比是很多的。如果认为柴油机较之 Otto 发动机是更加有效的动力，那么，由它产生的环保问题还要进行更深入的研究，这可以采用初始测定(发动机模拟)和二次测定(催化消除 NO_x 和煤烟燃烧)两种途径进行。柴油机的排放还和有、无 SO_2 有关，SO_2 的排放在汽油发动机中是很低的，因为汽油已经经过彻底的去硫净化，而对柴油就不是这样，当然，还是希望这在不久的将来能有所改变。

二、水质净化中的光催化作用

天然水一般通过如下四种途径进行水质净化，达到污染物天然净化的目的：

A. 大部分挥发性有机污染物能自动从环境水系向大气挥发消失；

B. 通过自然界微生物的分解变成挥发性和无害物质；

C. 为水中悬浊体或堆积物所吸附；

D. 通过光化学和水解进行化学分解。

但是当积聚的污染物量超过水体自净化能力时，就必须进行人工的水质处理。事实上，现时采用的水质处理方法中使用的各种单元过程，从最古老的沉淀、过滤到以后的添加絮凝剂，现代的离子交换膜分离至生物氧化，也都不外乎是对上述四种过程的模拟或者修饰而已。

现在最广泛使用的先进的净化水质的工艺是利用化学的氧化剂或还原剂以及光化学反应，将水中的有机或无机污染物进行氧化或还原以达到无害化的目的。如果在这些过程中，添加包括生物微生物或酶在内的催化剂，就可以大大强化净化的效果。近年来在这个领域内，通过添加一些半导体光催化剂，在光的作用下可以得到更加令人满意的结果。如果在这样的光催化反应中，在有氧或鼓气的介质中进行，反应就可以写作如下的形式：

$$有机污染物+O_2 \xrightarrow{\text{光催化剂}} CO_2+H_2O+无机酸$$

有些有机化合物已可通过上述光催化反应进行矿化，具体见表 2-11。

表 2-11 在敏化的 TiO_2 上有机化合物的光矿化作用

有机化合物	光矿化物质的例子	有机化合物	光矿化物质的例子
烷烃	甲烷、异丁烷、辛烷、环己烷	取代芳烃	氯化苯、取代硝基苯
卤化烷烃	氯甲烷、Br^-，Cl^-，F^-，取代乙烷	酚和取代酚	酚、儿茶酚，间苯二酚，氯化酚
脂族醇	甲醇、乙醇、葡萄糖	芳羧酚	苯甲酸、邻苯二酸、水杨酸
脂族羧酸	甲酸、丙酸、草酸	高聚物	聚乙烯
烯烃	丙烯、环己烯	颜料	亚甲基蓝、甲基橙
芳烃	苯、萘	肽	DDT、高丙体六六六、对硫磷

尽管商品 Degussa P25-TiO_2 已作为光敏剂用于这些反应，对这一反应的有效控制参数还有半导体的形态、晶相、比表面积、颗粒大小和所用样品 TiO_2 中—OH 的密度。

现在，由悬浮在水中的 n 型半导体（例如 TiO_2）获得的共识是：在价带中的空穴具有足够的氧化能力，能使有机物转化成 CO、水和矿物酸（例如 HCl），而在半导体颗粒内的光生空穴、俘获空穴的自由基物种以及活性氧物种（为自由基所俘获），对有机化合物来说，也都是强氧化剂体系。这种非选择的光氧化性，通过有机物的光矿化作用，完全可以用来净化水质[111,112]。

第八节 与开发新能源有关的催化技术

现在，大家都已认识到未来的世界依赖能源是决定性的。比较可接受的观点是，除了利用太阳能和其它可再生能源，包括适当利用原子能之外，任何时候对优化利用燃料的新技术都有必要考虑其效果。燃料电池也就是在优化利用现代燃料的基础上改变其效果可以解决一部分能源问题而开发的一种新工艺。而利用太阳能分解水制氢则是充分利用自然资源永久的解决能源问题的一个人类孜孜以求的途径。

一、燃料电池

燃料电池的原理早在 1839 年就由 William Grove 所创立[113]，但直到 1900 年左右，才被一些科学家和工程师们预言，在不久的将来，它有可能生产出电和动力。燃料电池是一种原电池，可以将燃料的化学能直接转化成直流（DC）电，无需经过作为中间产物的热能，如下所示[114]：

燃料电池既有别于一般的内燃机，它不受 Cannot 循环的限止，和二次蓄电池也不同，没有通常的放电过程，同时还有别于要供应还原剂（燃料）和氧化剂（典型的是空气和氧）的一次蓄电池，无需像通常那样要预先包装。另外一次蓄电池还含有在阳极上氧化和在阴极上还原的消耗性电极材料，它们在使用中会随时间衰变以致无法工作，到最后直至崩塌。

可以应用于燃料电池的燃料数据列于表 2-12 中。根据这些数据可以看出，氢是最有应用前景的燃料，它不仅可以提供最大的能量密度，同时效率也很高。正如可明显指出的，它能达到的最大电位十分接近于理论值。当然别的燃料，例如甲醛，由于尚有别的优点也能够应用。现在燃料电池可以根据电解质和使用温度分成以下数据[115]，见表 2-13。

表 2-12　不同燃料的化学和电化学数据

燃　料	ΔG^0/(kcal/mol)	$E^0_{理论}$/V	E^0_{max}/V	能量密度/(kW·h/kg)
氢	−56.69	1.23	1.15	32.67
甲醇	−166.80	1.2	0.98	6.13
氨	−80.80	1.17	0.62	5.52
肼	−143.90	1.56	1.28	5.52
甲醛	−124.70	1.35	1.15	4.82
一氧化碳	−61.50	1.33	1.22	2.04
甲酸	−68.20	1.48	1.14	1.72
甲烷	−195.50	1.06	0.58	—
丙烷	−503.20	1.08	0.65	—

表 2-13　几种燃料电池

PEMFC(353~393K)	PAFC(423~473K)	MCFC(673~923K)	SOFC(>273K)
离子交换膜燃料电池	磷酸燃料电池	熔融碳酸盐燃料电池	固体氧化物燃料电池

从原理上讲，任何电解质只要有足够的离子电导性就可以用作燃料电池。为了获得最大效能需要避开浓度梯度。活性电导应该经由一个电极反应产生的离子，在另一个电极反应中消耗来进行。在用氢和氧工作的液体燃料电池中，只有高浓度的 H^+ 和 OH^-，也就是强酸和强碱的溶液。这两种离子是作为阳极和阴极产物的载体离子，例如，H^+ 在水的酸性溶液中生成 $H(H_2O)^+$ 而为水所载担。

碱性燃料电池是通过在阴极上形成水的载体离子进行工作的，因为 OH^- 是反应物，而产物是 O^{2-} 和水。相反，磷酸则是自身离子化的双性体系。在熔融盐中，H^+ 原则上被用作一次导体，也就是在熔融的酸性碳酸盐中。在直接通过 O^{2-} 的固体氧化物中并不需要载体，纯 O^{2-} 和 H^+ 导体的固体氧化物和磷酸是两种极端的情况。

固体高分子膜（nafion）是强酸性和质子导体的，可以用作电解质，H_2 或甲醇都可以用作燃料的。

不同电解质的温度窗口则受制于极端低温时的性能和最高温度时的材料考虑[116]。

燃料电池中使用的催化剂，其种类、形态均因电池种类而异，催化剂是电池的核心部件，催化性能对燃料电池的功能有重大影响。以 H_2-O_2 燃料电池为例，为了使其具有电催化性能，催化剂本身首先要具有导电性，否则就必须将其固载在具有导电性的载体上。由于在电极表面上发生的化学反应是在有电解质的条件下才进行的，这就涉及气（H_2、O_2）、液（电解质）和固（催化剂）三个相，即反应是在三相界面上进行的，如图 2-31 所示，为了能建立起理想的反应场，不仅反应的接触面要大，而且还能让气体、

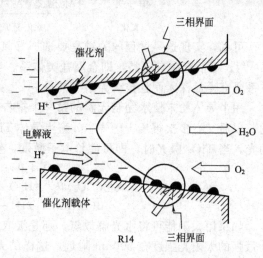

图 2-31　气、液、固三相界面反应的示意图

液体迅速顺利地扩散到界面上互相接触。

在这样的情况下，由于催化剂载体涉及气体扩散和电极的结构，而后者对催化剂活性的发挥以及气体、液体的相互扩散都有较大影响，可见要解决好燃料电池中的这种电极催化剂，除了选用好催化剂本身之外，还必须很好设计并制备出满意的气体扩散电极。除此之外，催化剂还必须是疏水的，否则在催化剂表面上形成的液膜就有可能抑制 H_2 和 O_2 在催化剂表面上的吸附和继续反应。只有这几方面的密切结合才能制得可用的燃料电池的电极催化剂。可见具有相当的独特性，不同于一般使用的固体催化剂。

二、水光解制氢

自从 1972 年日本科学家藤岛昭和本多键一在 n 型半导体 TiO_2 电极上发现了水的光电催化分解作用以来[117]，几十年间，在物理、化学以及化工等领域内都进行了大量研究工作，主要涉及新能源的开发（太阳能电池）[118]和储能（水的光解）[119]。

水的分解反应：

$$2H_2O \longrightarrow 2H_2 + O_2 \tag{I}$$

此反应属吸热反应，每摩尔水分解时需吸热约 240kJ。在无催化剂的情况下，需在温度达 2000℃时才能进行，水分子在光激发下直接进行分解需要波长小于 185nm 的高能量光（约 7ev 真空紫外光）。太阳光在无第二物质存在时是不能直接分解水的，因为水直接分解时按如下反应进行：

$$H_2O \longrightarrow HO + H \tag{II}$$

这样 O—H 键断裂需要能量 5.08eV，相当于需吸收波长为 244nm 的光，而水是不能吸收这样的光的。水能直接吸收的光的波长为 185～190nm，而到达地面的阳光并不含有这种波长的紫外光。如果水不是直接生成自由基而是通过双分子反应［式（I）］分解，那么能量应为 2.44eV，相当于波长为 507nm 的可见光，但要使这个反应发生，需要有适合的催化剂，使两个分子结合成一个中间化合物才可能，这是相当困难的。众所周知，水电解的电压为 1.25V，改用此能量相当的光分解水时，大约需要波长为 1000nm 的光，所以用太阳光借助于催化剂使水分解还是有可能的，然而直接使用这种方法效率太低，只有 1%～2%。因此，还常常需用某种光敏剂以提高效率，在催化剂存在下水的光解反应可示意如下：

可见，实现这一过程的关键是要选择好氧化-还原催化体系。已经研究过多种这样的体系[119]，概括起来有三类，即金属盐类体系、半导体体系和金属配合物体系，其中以半导体体系研究得最深入而且被认为最有前景。

用半导体粉末使水完全光解的第一个报告是 1976 年在硫酸水溶液中的 Pt/TiO_2 上发现的。以后又有多次报道[122,123]。n 型半导体 TiO_2 的禁带宽为 3.00eV，相当于波长为 415nm 的光，当 TiO_2 吸光时，即可使价电子激发，生成自由电子和空穴，并发生如下反应：

$$TiO_2 + 2h\nu \longrightarrow 2e + 2p^+$$
$$氧化(TiO_2)2p^+ + H_2O \longrightarrow 1/2O_2 + 2H^+$$
$$还原(Pt)2e + 2H^+ \longrightarrow H_2$$

如果用太阳能可将水光解放氢，那是极有意义的。但是要达到这一目的却十分困难，因为最强的太阳光强度在 500nm 附近，这样的光强度如果有效地利用，理论上仅相当于半导体禁带宽（1.3 ± 0.3）eV。水按光电化学机理光解时，由于多少需要一些超电压，所以最适

合的禁带宽度应为 $1.8eV$[124]。另外，通过半导体光电极对半导体所作水的光解特性表明，凡是半导体的导带和价带位置均夹在水氧化、还原电位的位置，几乎在水溶液中都会发生光溶作用。金属氧化物半导体比较稳定，且禁带宽度比较小，而导带的位置又大约是正的，因此认为水是不能进行还原的[125]。用杂质掺杂可以使吸收波长一端移向长波一侧，但效率又将有所下降，不具备实用意义。总之，在水光解领域内还需要多做工作，开发出新的半导体光催化剂，使其禁带宽度下降到比 TiO_2 的小，看来，利用太阳能光解水还是有希望的。

以上扼要介绍了在国民经济建设中产生过重要影响的一些催化过程。在化学催化工业和生物催化工业中尚有许多有意义的工艺，由于篇幅的限制，不可能一一列举。为了读者在这方面有一个全面的了解，在表 2-14 和表 2-15 中，分别按年代列出了化学催化工业和生物催化工业开发历史，其中包括过程的内容和使用的催化剂。

表 2-14　化学催化工业开发历史[126~128]

年代/年	化 学 催 化 过 程	催 化 剂
1750	H_2SO_4 铅室法	NO/NO_2
1870	SO_2 氧化	Pt
1880	Deacon 制氯工艺	$ZnCl_2/CuCl_2$
1985	Claus 法除硫	铝钒土
1900	由 $CO+H_2$(合成气)制甲烷 $CH_3OH+1/2O_2 \longrightarrow HCHO$(Tolens 和 Loew) 油脂加氢制奶油代用品	Ni Ag+沸石 Ni
1910	煤液化高压加氢制油(Beigius) 由 N_2+H_2 合成氨(Haber—Bosch) 合成乙醛 $CH\equiv CH+H_2O \longrightarrow CH_3CHO$(Kucherov 和 Grunstein) 接触法合成硫酸(Bodenstein)	Fe、Mo、W 的硫化物 物 Fe/K $HgSO_4$ V_2O_5
1920	接触法合成硝酸(Ostwald) 合成甲醇(BASF) 由水煤气合成石油(F-T 法) 由乙炔合成各种有机化合物(Reppe)	Pt $ZnO\text{-}Cr_2O_3$ Fe、Co、Ni 金属配合物
1930	合成橡胶,由乙炔合成氯丁二烯、烯丁二烯等(Neiuland) 合成橡胶,由酒精合成丁二烯(Lebedev) 固定床催化裂化(Houdry) 环氧己烷生产(UCC 公司) 聚氯乙烯 低密度聚乙烯(ICI 高压法) 由石油制取高辛烷值汽油[烷基化,叠合(Ipatieff)] 羰基合成(OXO 合成,Rollen)	$Cu_2Cl_2+NH_4Cl$ $MgO\text{-}ZnO\text{-}Al_2O_3$ 蒙脱土、硅酸铝 Ag/沸石 过氧化物 过氧化物 HF、$AlCl_3$、H_2SO_4、H_3PO_4 $CO(CO)_4$
	催化重整,由油制取芳烃(Moldavskii) 合成尼龙-66(Carothers) 苯氧化制顺丁烯二酸酐	Cr_2O_3,MoS_2,Pt/Al_2O_3 均相 Co 催化剂 V_2O_5
1940	由苯加氢合成环己烷 合成丁苯橡胶、丁腈橡胶、丁基橡胶 氢甲酰化,烯烃至醛	Ni,Pt Li,过氧化物 Co
1950	高密度聚乙烯、聚丙烯(Ziegler、Natta、Philip 公司) 聚丁二烯橡胶	Ti,Cr Ti,Co,Ni

续表

年代/年	化 学 催 化 过 程	催 化 剂
1950	催化加氢脱硫（HDS）	Co-硫化物，Mo-硫化物
	乙烯氧化制乙醛	Pd/Cu（均相）
	对二甲苯制对苯二甲酸	Co、Mn（均相）
	由乙烯低聚合成 α-烯烃（Gulf）	$AlEt_3$
	石脑油加氢处理	Co/Al_2O_3
	萘氧化制苯二甲酸酐	V 氧化物，Mo 氧化物
1960	丁烷氧化制顺丁烯二酸酐	V 氧化物，P 氧化物
	丙烯氨氧化合成丙烯腈（Sohio 法）	Bi 氧化物、Mo 氧化物
	丙烯氧化合成丙烯醛、丙烯酸	Fe 氧化物、Sb 氧化物
	二甲苯加氢异构	$Pt-Al_2O_3/SiO_2$
	丁烯氧化脱氢制丁二烯（Petrotax 公司）	$A^{V}-Fe^{III}O_4$、尖晶石
	丙烯歧化合成乙烯和 2-丁烯（PhiliP 三烯法）	W、MO、Re
	丁二烯临氢腈化合成己二腈（杜邦公司）	均相 Ni
	双金属重整催化剂	$Pt-Re/Al_2O_3$
	新型裂解催化剂	分子筛
	乙烯氯氧化合成氯乙烯	Cu
	乙烯氯氧化合成乙烯基乙酸（Wacker 法）	Pd/Cu
	乙烯氯氧化合成氯乙烯（反式，催化剂）	Cu
	邻二甲苯氧化制苯酐	V 氧化物、Ti 氧化物
	丙烯环氧化制环氧丙烷（Halcon 法）	均相 Mo
	加氢裂解	$Ni-W/Al_2O_3$
	HT 水煤气转化	$Fe_2O_3/Cr_2O_2/MgO$
	LT 水煤气转	$CuO/ZnO/Al_2O_3$
1970	低压合成甲醇（ICI 公司）	$Cu-ZnO-Al_2O_3/(Cr_2O_3)$
	低压羰基合成（Wilkinson）	均相 Rh
	α-氨基丙烯酸加氢合成手性氨基酸	均相 Rh
	由甲醇羰基合成乙酸（低压，Monsanto）	均相 Co、Rh
	改进的二甲苯异构（二甲苯择形转化）	H-分子筛
	汽车尾气净化	Pt/Rh/氧化物
	L-Dopa 合成（Monanto）	Rh
	环辛烯（换位合成）	W
	NO 的选择还原（用 NH_3）	V_2O_5/TiO_2
	甲苯歧化合成苯和对二甲苯	H-ZSM-5
	催化脱蜡	H-ZSM-5
	MTBE 生产	酸性离子交换树脂
	加氢异构	Pt/分子筛
1980	由甲醇合成汽油（Mobil）	分子筛
	由合成气通过醋酸甲酯羰基合成醋酐（Halcon）	均相 Rh、Pt
	叔丁醇氧化合成丙烯酸甲酯	氧化钼
	煤气催化 液化（H-Cool 法、EDS 法）	Co-Mo-硫化物
	煤的直接汽化（Lurge 法）	主族元素的盐类
	乙烯和乙酸制乙酸乙烯	Pd
	由合成气生产柴油	Co
	异丁烯水合	Mo-V-P-杂多酸
	四氢呋喃聚合	相转移催化剂
1990	由丙酮生产碳酸二甲酯	氯化铜
	烯烃聚合	金属茂化物
	由酚制苯醌和儿茶酚	Ti-硅酸盐
	丁烯异构至 2-甲基丙烯	H-分子筛

续表

年代/年	化 学 催 化 过 程	催 化 剂
	环己酮肟异构成己内酰胺	SAPO-11
	环己酮用 H_2O_2 氧化至肟	Ti-硅酸盐
	由 Co 和烯烃合成羰酮	Pd(均相)
	由合成气通过醋酸甲酯羰基化合成醋酸乙烯	Ru,Pd 均相
2000	由合成气直接合成乙二醇	Ru,Pd 均相
	由合成气直接合成乙醇	Ru
	由合成气直接合成乙酸	Ru
	由丙烯直接合成环氧丙烷	Ti-硅分子筛
	由苯直接合成苯酚	氧化物

表 2-15 生物催化工业开发历史[128]

年代/年	生 物 催 化 过 程	微生物/酶
1850	由乳糖转化成乳酸	乳酸杆菌
1870	纯发面酵母用于烘烤面包	发面酵母
1880	由葡萄糖或乳糖发酵制 L-乳酸	乳酸杆菌
1990	生产啤酒	啤酒酵母
	由大豆蛋白生产食品和香料	霉菌淀粉酶
1910	由葡萄糖、空气发酵合成丙酮-丁醇-酒精(3:6:1)混合物	Dostridium、Acetolutylicum
1920	柠檬酸发酵	曲霉(Aspargillus)
	织物退浆(纺织后除淀粉)	细菌淀粉酶
1930	葡萄糖氧化制 D-葡萄酸	AcetobacterSuboxydans、Asp、Niger
	通过偶烟(acyloin)缩合合成麻黄素中间体	酵母
	果胶、半纤维和淀粉水解的果子汁分类	Pictinas a,O
	山梨(糖)醇至 L-山梨糖的氧化(在生产维生素 C 中)	Gluconobacter、Suboxydans
	维生素 B_2(核黄素)发酵	Ashbya、Eremothcium
1940	葡萄糖水解制转化糖	转化酶、蔗糖酶
	青霉素(β-内酰胺抗生素)发酵	青霉菌
1950	杆菌肽(抗生素)发酵	链霉菌
	头孢菌素(β-内酰胺抗生素)发酵	头孢菌
	葡萄糖氧化制 D-核糖(维生素 B_2 前体)	枯草杆菌(BacillusSubtilus)
	发酵制 L-氨基酸	黄青霉-棒状杆菌物种
	L-谷氨酸发酵	棒状杆菌
	L-亮氨酸发酵	黄青霉杆菌
	由葡萄糖氧化制 L-酒石酸	A. Suboxy dans
	L-色氨酸发酵	黄青霉杆菌
	通过内淀粉水解(凝胶作用)生产麦芽糖糊精糖浆	α-淀粉酶
	霉菌素发酵	链霉菌
	蛋白质部分水解(食品和酒精饮料)	蛋白酶
	甾族化合物(药品)的氧化和还原	Rizopus、曲霉菌、青霉菌
	四环素(抗生素)发酵	链霉菌
1960	由麦芽糖糊精水解(糖化作用)生产葡萄糖糖浆	淀粉葡萄苷酶
	由葡萄糖发酵制衣康酸	土曲霉菌
	洗涤清洁剂预浸渍法(新生霉素)	碱性蛋白酶
	维生素 B_{12} 发酵	去硝假单胞菌
	葡萄糖空气发酵生产黄原胶	Xathomas、Compesfris

续表

年代/年	生 物 催 化 过 程	微生物/酶
1970	青霉素水解制 6-氨基青霉烷酸	细菌/霉菌酰基转移酶
	酪蛋白用纯微生物粗制凝乳酶水解制干酪(凝聚)	凝乳酶
	油脂水解(乳化)制干酪	脂肪酶
	由直链淀粉制糊精(六环、七环和八环葡萄糖)	芽孢杆菌(Circulans、Maceras)
	由葡萄糖转移制聚葡糖(1,5-聚葡糖)	凝胶链球菌(Mesentroides)
	葡萄糖至果糖异构化(HFCS 生产)	葡萄糖异构酶
	乳糖在牛奶中水解(对不耐乳糖的牛奶制品)	乳糖酶
	通过反丁烯二酸加氨合成 L-天冬氨酸	天冬酶(E. coli、大肠杆菌)
	L-赖氨酸发酵	黄青霉菌
	L-苯丙氨酸发酵	黄青霉菌
	由外消旋的 N-酰基衍生物合成 L-苯丙氨酸	酰化氨基酸水解酶
	L-苏氨酸发酵	Serratia Narcesens
	由外淀粉水解生产麦芽糖浆	β-淀粉酶
	洗涤时蛋白质水解	碱性蛋白酶
	洗涤时淀粉胶(结合的脏物)的水解	α-淀粉酶
1980	通过水解支链淀粉转化成直链淀粉	支链淀粉酶
	羧酸(药品的前体)的 $\beta(-R)$羟化	假丝菌(Candida)、Rugosa
	外消旋的海因水解制 D-p-羟基苯基甘氨酸胰岛素发酵	D-专一海因酶
	胰岛素发酵	芽孢杆菌
	L-天冬氨酸脱羧基合成 L-丙氨酸	天冬氨酸-β-脱羧酶
	外消旋物酶促脱 N-酰基制 L-氨基酸	L-专一氨基酰基转移酶
	由氨丙酮酸盐邻苯二酚制 L-Dopa	细菌酶
	氨基己内酰胺水解和外消旋化制 L-赖氨酸	氨基酰基转移酶、外消旋酶
	反丁二烯加水制 L-苹果酸(羟基丁二酸)	富马酸酶(黄青霉菌)
	顺环氧琥珀酸水解制 L-酒石酸	环氧水解酶
	由氨、丙酮酸盐和吲哚制色氨酸	细菌酶
	发酵制酪氨酸	黄青霉菌
	由丙酮酸盐和酚制酪氨酸	细菌酶
	由 17-酮还原至 17-β-羟基制甾酮	发面酵母
1990	丙烯腈水解制丙烯酰胺	腈水解酶
	洗涤时动物脂和植物油水解	碱性脂肪酶
	通过立体和对映选择二肽耦合制增香剂	嗜热菌蛋白酶
	洗涤纤维水解(软化)	碱性纤维酶
	由氨基酰胺水解制 D-氨基酸和 L-氨基酸(杂)	L-专一酰胺酶
	由猪胰岛素通过丙氨酸—苏氨酸互转化制人胰岛素	胰蛋白酶
	由甘氨酸和甲醛对映选择缩合制 L-丝氨酸	Klebsielle、Aeroglues
	由蔗糖制新糖(果糖-低聚糖)	果糖转移酶
	由蔗糖"异构"制 Palatinos(Isomultase)	葡萄糖转移酶
	烟酸(尼克酸)-6 羟基化(杀虫剂前体)	无色细菌
	肌醇六磷酸水解成肌醇和磷酸盐(饲料)	肌醇六磷酸酶
	由发酵生产聚(R)-β-羟基丁酸酯和戊酸酯	成碱细菌
	通过细胞壁水溶液破裂抽提植物油	细胞壁、衰减酶
	通过对映的酯水解合成$(2R,3S)$-缩水甘油酸酯(Diltiazem 前体)	酯酶
	通过脱氢酶体突变种菌株制备(R)-肉碱外消旋丁酸缩合甘油酯对映选择水解制(R)-缩水甘油	土壤杆菌 酯酶
	外消旋 Solketal 对映选择氧化制(R)-Solketal	氧化酶
	外消旋选择对映脱卤制(S)-2-氯丙酸	(R)-专一脱卤酶

续表

年代/年	生 物 催 化 过 程	微生物/酶
2000	半纤维水解纸质浆补充漂白(去木质素)	木聚糖酶
	旋复花粉(聚糖)水解制果糖	葡糖酶
	饲料组分部分水解(提高畜类消化)	细胞降解酶
	通过转移酯化使天然油脂增值	脂肪酶
	酯的选择对称制(S)-Naproxene 和(S)-Ibuprofen	脂酶

第九节 展望：绿色催化[129,130]

从表 2-13 和表 2-14 中列出的资料，回顾过去，有许多理由可以用来强调催化科学与技术的兴起和发展，但是一个不该忽略的推动力是化工产品原材料的更迭。原材料的每一次更迭，都会涌现出不少新的催化工艺、新的催化剂和催化理论。

150 年前，大部分有机化学产品，还都来自生物原料（主要是植物原料），这时化学催化尚处于萌芽状态，生产这些化学产品都采用发酵、微生物转化等加工方法，但是不久，即出现利用煤作为化学原材料，煤的直接加工产品和焦炉煤气组分起着基本化学品的作用。在20 世纪 40～50 年代，一些重要的化工产品，主要是由煤通过电石制得的乙炔和煤直接制得的合成气加工制成的。在加工方法中才开始引入催化工艺。这时最引人注意的催化剂是用于乙炔转化的过渡金属ⅠB（铜）和ⅡB（汞、锌）的配合物，以及一些担载型的过渡金属和过渡金属本身。接着从地下抽提出了石油，开始了应用石油的时代，第二次世界大战不久，石油就成了占统治地位的化工原材料。石油的丰富、易得和多样性，使化学工业在引入全新的化学品和许多衍生物方面获得了迅猛的发展。在这个时期，开发出了许多新工艺和新催化剂。催化科学和技术进入了一个鼎盛时期。20 世纪 70 年代初，由于发生了能源危机，已沉寂多年的从煤出发的合成气工业再度复苏，同时，又发现了大量天然气资源，在天然气化工应运而生的同时，开始了石油-天然气化工的新纪元，并在"碳一化学"构想的引导下，不仅重新提出了"合成石油"的问题，而且还开展了一系列由合成气直接合成化工原料（例如乙醇、乙酸）的研究以及一些新的催化转化过程，如由甲醇合成烃的研究等，大大丰富了关于催化科学和技术的发展内涵。

正是由于这些在化工原料更迭中涌现的催化新技术和技术的不断更新，才使催化工业在国民经济建设中发挥如此重大的作用，为提高国家的经济实力、人民的生活水平做出了重大贡献。但是综观这 100 多年来的发展历史，可以清楚地看到，自始至终都是围绕以"化石资源"为原料而展开的。在没有进入 21 世纪时，人们早就不经意地意识到这条技术路线存在着如下两个难以克服的困难。

A. 由催化工艺与过程带来的环境问题，这里，有人竟这样评估：石油化工所获得的巨大成就和繁荣，是以牺牲环境为代价换来的。

B. 天然资源会逐渐枯竭，不可能为持续发展源源不断地提供能源和石油化工原料。

针对这样两个实际问题，从发展看，必须找到一种可以作为持续发展的基础原料和开发一些对环境友好的新的加工工艺。在这样的基础上，有识之士提出的"绿色化学（化工）"的构思是十分可取的。他们主张，从可再生的生物原料（主要是植物原料）出发，通过生物技术，包括利用微生物、酶和基因工程（广义的生物催化剂）的生物转化制成各种化工产品，而废弃物再经过生物技术的进一步处理制成肥料、饲料和能源的原料，从根本上摒弃污染[131~135]。因而认为，在没有完成这种转变之前，催化过程的生产可能同时存在下列几种模式。

① 以牺牲环境为代价的污染生产：

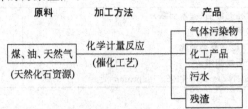

② 环境友好的清洁生产：

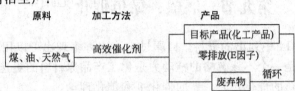

为了实现这一模式，就必须在低的 E 因子和高的原子利用率两个因素的基础上加以考虑。

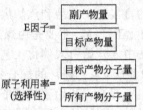

③ 可持续发展的绿色生产：

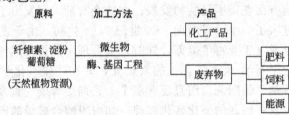

参 考 文 献

[1] Rostrup-Nilsen J R, Nilsen E H. Deactivation and Poisoning of Catalysts. N. Y: Marcel Dekker, 1985. 259.

[2] Christiansen L J. Ammonia Catalysis and Manufacture. New York: Springer Verlag, 1995. 7~8.

[3] Stiles A B, Koch T A. Catalyst Manufacture. 2nd Edition. N. Y.: Marcel Dekker, 1995. A167.

[4] Manufacture's Liturature.

[5] Hojland-Nielsen P E. Catalytic Ammonia Synthesis, Fundamentals and Practice. N. Y.: Plenum Press, 1991. 285.

[6] Schlogel R. ibid, 19.

[7] Strongin D R Somorjar G A. ibid, 133.

[8] Stolze P. Ammonia: Catalysis and Manufacture, Berlin: Springer Verlag, 1995. 21.

[9] Dybkjaer I. ibid. 202.

[10] Rase H F. Chemical Reactor Design for Process Plants Vol1 and Vol 2. New York: Wiley, 1977.

[11] Hahsen J D. see [2] or [8], [9], 149.

[12] Lack A V. ibid, 93.

[13] Hatch L F, et, al. Hydrocarbon Processing, 1977, July: 191~201. Stolze P, Norskov J K. J Catal, 1988, 110: 1.

[14] Chenier P J. Survey of Industrial Chemistry. 2nd Edition. N. Y: VCH. 1992.

[15] Ohsol E O. Encyclopedia of Chemical Processes and Design. Vol 31. N. Y.: Marcel Dekker, 1990, 150.

[16] Hoftyzer P J, Kwanten F I G. Gas Purification Processes for Air Pullution Control. LONDON: Butterworths, 1972.

[17] Buchner W, Schliebs R, Winter G, Buchal K H. Industrial Inorganic Chemistry, N. Y.: VCH, 1989.

[18] Clarke S I, Mazzafro W J. Kirk-Orhmer Encyclopedia of Chemical Technology. 4th Edition. Vol 17. N. Y.: Wiley, 1996. 80.

[19] Handforth D L, Tilley J N. Ind Eng Chem, 1934, 26: 1287.

[20] Chinchem G. Catalysis; Science and Technology, Vol 8. N. Y: Springer Verlag. 1987. 28.

[21] Thiemann M, Scheibler E, Wiegand K W. Ulmann's Encyclopedia of Industrial Chemistry. 5th Edition. Vol A17. N. Y: VCH, 1991. 293.

[22] Neck R M, Bonacci J C, Harfield W R, Hsiung T H. Ind Eng Chem Process Des Dev, 1982, 21: 73.

[23] Staccy M H. Catalysis; Specialized Periodical Reports. Vol. 3. LONDON: Chem, Soc, 1980. 98.

[24] Satterfield C N. Heterogeneous Catalysis in Industrial Practice. N. Y: McGraw-Hill, 1991.

[25] Gillespie G R, Kenson R E. Chemtech. 1971. 627.

[26] Kobe K A. Inorganic Processes Industries. N. Y.: MacMillan Co, 1946.

[27] Pignet T, Schmidt I D. J Catal, 1970, 40: 212.

[28] Gillespie G R, Goodfellow D. Chem Eng Prog, 1974, 70 (3): 81.

[29] Reichle A D. Oil and Gas Journal, 1992, May (18): 41.

[30] Decroocq D. Catalytic Cracking of Heavy Petroleum Fractions. Editions Technip. Paris: 1984.

[31] Smith G M. Encyclopedia of Chemical Processing and Design. N. Y.: Marcel Dekker, 1996. 469.

[32] Urbanek A, Trela M. Catal Rev-Sci Eng, 1980, 21 (1): 73.

[33] Jariren-Helm H, King J D. Sulfur 88 Conference. Vienna: Nov. 6~8, 1998.

[34] Michalek J. Vyt Sk Den Technol Praze, 1980, B25: 57.

[35] Boghosian S, Fehrmann R, Bieram N G, et al. J Catal. 1989, 119: 121.

[36] Schillmoller C M. see [31], 427.

[37] Boreskov G K, Slinko M G, Beskov V S. Khim Prom, 1968, 44: 173.

[38] Rase H F. Chemical Reactor Design for Process Plants. Vol. 2. Hill, N. Y.: MacGgraw, 1977. 86.

[39] Michalak J, Simecek A, Kadlec B, Bulicka M. Khim Prom, 1969, 44: 346.

[40] Livbjerg H, Viladsen J J. Chem Eng Sci, 1972, 27: 21.

[41] Haag W, Dessau M R. Proc 8th Intern Cong On Catal. Vol 2. Berlin: 1984.

[42] Scherzer J. Catal Rev Sci and Eng, 1989, 31 (3): 215.

[43] John T M, Wojciechowski B W. J Catal, 1975, 37: 240.

[44] Wojciechowski B W, Corma A. Catalytic Cracking. N. Y.: Marcel Dekker, 1985.

[45] Chen Y, Deguan T F. Chem Eng Prog, 1998, Feb: 132.

[46] Humphries A, Harris D H, O'connor P. Studies in Surface Sci and Catal, 1993, 76: 41.

[47] Szostak R. ibid, 1991, 58: 153.

[48] Pine L A, Maher P G, Wachter W A. J Catal, 1984, 85: 466.

[49] Montgomery J A. Guide to Fluid Catalytic Cracking Part1 Grace. Davison Baltmore ML, 1993.

[50] McCoy C S, Edgar D, Gardner A S. Today's Refinery. January 1993.

[51] Ciapetta F G, Wallace O N. Catal Rev Sci Eng, 1971, 5: 67.

[52] Little D L. Catalytic Reforming Pennwalt Books. Tulsa 1985.

[53] Postorius J T. Trouble Shooting Catalytic Reforming Unit' Annual Meeting NPRA. San Antonio Texas, 1985.

[54] Gray J H, Handwerk G E. Petroleum Refining; Technology and Economics3rd. N. Y.: Marcel Dekker, 1994.

[55] Asselin G F, Bloch H S, Donaldsen G R, et al. Amer Chem Soc Div of Pet Chem Prepr, 1972, 17 (3): B4.

[56] Rosati D. Handbook of Petroleum Refining Processes. N. Y.: McGraw Hill, 1986. 5~39.

[57] Satterfield C N. Catalyst in Industrial Practice. 2nd Edition. N. Y.: MaGraw-Hill, 1991.

[58] Weiszmann J A. see [56], 5, 47.

[59] Gusher N A. ibid, 9, 7, 15.

[60] Greenough P, Relfe J R K. ibid, 5, 25.

[61] Gusher N A. ibid. 2nd Edition. 1996. 9, 22.

[62] Kouwenhoren H W, Van Zijll Langhout W C. Chem. Eng Prog, 1971, 22 (4): 65.

[63] Fujimoto K Maeda R, Almoto K. Preprinting Div OfPetro Chem Amer Chem Soc, 1992, 37 (3): 768.

[64] Honalla M, Nag N K, Spare A V, et al. AIChE Journal, 1978, 24: 1015.

[65] Speight, The Desurlfunization of Oils and Residiua. 2nd Edion, N. Y.: Marcel Dekker, 1981.

[66] Satterfield C N, Yang S H. Ind Eng Chem Process Des Dev, 1984, 23: 11.

[67] Finn R A, Larson O A, Benther H. Hydrocarbon Processing, 1963 Sept: 129.

[68] Lepage J F, et al. Appl. Heterogenous Catal. Paries: Editions Technic, 1987.

[69] Yen T F. The Role of Trace Elements, Ann Arbor Science Publishers, Ann Arber Mich. 1973.

[70] Valknic V. Trace Elements in Petroleum. Petroleum Pub Co Tulsa, 1978.

[71] Gates B C. Catalytic Chemistry. N. Y.: Wiley: 1992.

[72] Prins R, De Beer V H J, Somorjai G A. Catal Rev-Sci Eng, 1989, 31 (1~2): 1.

[73] Topsoe N Y, Topsoe H. J Catal 1983, 84: 396.

[74] McCulloch D C. Appplied Industrial Catalysis, edited by Bruce E. Leach. Vol 1, Acad Press Inc, 1983. 88.

[75] Dadyburjor D B, Jewur S S, et al. Catal Rev Sci Eng. 1979, 19 (2): 293.

[76] Hutchings G T. Appl Catal, 1991, 72: 1~32.

[77] Jelley J. Concise Encyclopedia of Polymer Science Engineering N. Y.: Wiley, 1996.

[78] Cooley S D, Powers J D. Encyclopedia of Chemical Processing. Vol 29. N. Y.: Marcell Dekker, 1988. 35.

[79] Contractor R M, Sleight A W. Catal Today, 1988, 3: 175~184.

[80] Hodnett B K. Catal Rev-Sci Eng, 1985, 27: 373~424.

[81] Chinchen G, Davis P, Sampson R J. Catalysis: Science and Technology. Vol. 8. Berlin: SpringerVerlag, 1987.

[82] Eur Chem News, 1988, 56 (Dec.): 12, 36.

[83] Weisenmel K, Arpe H J. Industrial Organic Chemistry. 3rd Ed. N. Y.: VCH, 1997. 304

[84] Stile A B, Koch T A. Catalyst Manufacture. 2nd Ed. N. Y.: Marcel Dekker, 1995.

[85] Schuit G C A, Gate B C. Chemtech, 1981, 13: 693.

[86] Brazdil J F. see [18]. Vol 1, 1991. 352.

[87] Skolovskii V D, Davydov A A, Orsitsev O. Catal Rev-Sci Eng, 1996, 37: 425.

[88] Hatch L F, Matar S. Hydrocarbon Processing, 1979, March: 165~172. Sept: 175~187; 1980, 1980, Jan: 141~151; 1980, April: 211~219; 1980, May: 207~213.

[89] Stevens P M. Polymer Chemistry. Boston, Mass. Addison Uesley Publishing Co. Inc, 1975, 52~53.

[90] Bennett A M. Chemtech. 1999, July: 24~31.

[91] Montagna A A, Dekmezian A H, et al. Chemtech, 1997, Dec: 27~31.

[92] Kaminsky W. J Chem Soc Dalton Trans, 1998, 1413~1418.

[93] Chemical and Engineering News, 1975, May (5): 17.

[94] Horne S E Jr, et. al. Ind Eng Chem, 1956, 48: 785.

[95] Hatch L F. Studies on Photochemicals. N. Y.: United Nations, 1966. 511~522.

[96] Invanta A G. French Patent 1337717.

[97] Badisch Anilin and Soda Fabrick A G. German Patent 1155132.

[98] Snia Viscosa. US Patent 3022291; Belgian Patent 582793.

[99] Hydrocarbon Processing 1977 Petroleum Handbook. Vol 56. 1977. 189.

[100] Keim, W., Catalysis in C_1-Chemistry D Reidel Pub Co Doldrecht, 1983.

[101] Twigg M V. Catalyst Handbook. 2nd Ed. LONDON: Manson Publishing, 1996, 445.

[102] Feidler E, Grossmann G, Karsebohm B, et al. see [21]. Vol A16. Germany. VCH Weinheim, 1960. 465.

[103] Hydorm E C, Stern V C, Tyin P J A, et al., Liquid Phase. Methanol Process Demonstration. Industrial. Catalysis News. Vol. 5. 1998.

[104] Roelen O. DBP 249 548; Angew Chem PRD, 1976, 15: 46.

[105] Wiebes E, Comils B. Chem Ind Techn, 1994, 66: 916.

[106] Kolbl H K, Hildebrand H, Piel N, et al. Pure and Appl Chem, 1988, 60 (6): 828~831.

[107] Verweij J, de Vroom E. Recl Trav Chim Pays-Bas, 1993, 112: 66.

[108] Bio Tech Life Science 1991, 5 (Oct): 36.

[109] 荒井通弘. 触媒, 1989, 31 (7): 505.

[110] Nieuwenhuys B E. Adv in Catalysis, 2000, 44: 259~328.

[111] Fox M A, Dulay M T. Chem Rev, 1993, 93: 341.

[112] Kamat P V. ibid, 1993, 93: 267.

[113] Grove W R. Philos Mag, 1839, 14: 127.

[114] Kordesch K V, Similar G. Fuel Cell and their Applications. Germany: VCH Publisher, 1996.

[115] Narayan R, Viswanthan B. Chemical and Electrical Energy Systems. India Ltd: University Press, 1998.

[116] Lu, G-Q., Chrzanowski, W., Wieckowski, A., J, Phys. Chem. 2000 B104 5566.

[117] Fujishima A, Honda K. Nature, 1972, 37: 238.

[118] Parmon V N, Zamaraev K I. Ohoto Catalysis: Foundamentals and Applications. N. Y: Wiley Inter. Science, 1989. 565.

[119] Pelizzetti E, et al. Photochemical Conversion and Storage of Solar Energy'Kluwer Academic Pub Dordrecht, 1991.

[120] Lehn I M. 8TH Intern Cong on Catal Vol 1: Berlin, July, 2~6, 1984.

[121] Bulator A B, Khidekel MI. Isv Akad Nauk SSSR Ser Khim, 1976, 1902.

[122] Sato S, White J M. Chem Phys Lett, 1980, 72: 83.

[123] Kawai T, Sakata T. ibid, 1980, 72: 87.

[124] Muruska P, Ghosh A K. Solar Energy, 1978, 20: 443.

[125] Scaffe D E. ibid, 1980, 25: 41.

[126] 吴越. 催化化学. 上册. 北京: 科学出版社, 1990, 15~17.

[127] Somorjai G A, Thomas J M. Catal Lett, 2000, 67 [1]: 66~67.

[128] Van Santen R A, VanLeeuwen P W N M, Moulijn J A, Averill B A. Studies in Surface Science and Catalysis, 1992, 123: 23~27.

[129] Webster I C, Anatas P T, Williamson T C. Environmentally Benign Production of Commodity Chemicals through Biotechnology. In "Greeen Chemistry" Chem-Soc. Symposium Series. 1996. 626.

[130] 吴越, 杨向光. 科技导报, 2001, 2: 62~65.

[131] Shelden R A. Chirotechnology: Industrial Synthesis of Optical Active Compounds. N. Y.: Marcel Dekker Inc, 1993.

[132] Viswanathan B, Sivasanker S, Ramaswamy A V. Catalysis. New Delhi: Narosa Publishing House, 2000: 281.

[133] 闵恩泽, 李成岳等. 绿色石化技术的科学与工程基础. 北京: 中国石化出版社, 2002.

[134] Noyori R. Science, 1998, 281: 1646.

[135] Draths K M, Frost J W. J Amer Chem Soc, 1998, 120: 10545.

第三章　催化作用的化学基础

　　当前，催化研究的一个重要动向是企图能在和传统气相及液相化学反应相对照的基础上来了解催化反应，并确定一些能在实际情况下预测或归纳催化剂化学组成及结构对催化作用影响的原理或法则，特别是对固体和酶。这里，一些已用于传统化学分类和归纳的概念，诸如电负性、诱导效应、亲核性、硬及软酸碱性等显然是有用的。事实上，例如像"化学键"以及"化学反应分类（参见表 3-1）"等概念早已为催化研究所采用[1]。在催化研究中占重要地位的固体表面化学，由于固体表面的不均一性，其发展一直受到影响，但是，如果把表面的不均一性和由复杂混合物组成的溶液化学相对照，那么，任何组分对所观察的化学（催化）效应也同样可以认为都是有贡献的。催化的另一个重要部分——酶学的研究，由于涉及十分复杂的大分子结构的问题，其发展也曾受到一定的限制。直到 20 世纪 70 年代后期，由于在表面化学和酶学的研究中广泛应用了新技术，诸如，a. 高真空技术，可以使制得的表面为研究提供和保持意义明确的结构和化学状态；b. 对表面敏感的各种能谱技术，可以直接检测表面的结构和组成；c. X 衍射结构和分析，可以对许多酶的立体结构——构型和构象作出精确的判据。等等的结果，已能在一定程度上从分子和原子水平上来了解表面化学和酶学，为把传统的化学概念应用到催化化学中来，提供了更直接和更可信的信息。本章试图根据近代物理和化学知识，用已确认的一般的"化学观点"，对发生在均相、多相和酶三类不同体系中的催化反应作统一的解释。

第一节　催化反应和催化剂

一、催化反应和催化剂的分类
（一）催化反应的分类

　　催化反应通常根据体系中催化剂和反应物的"相"分类。当催化剂和反应物形成均一的相时，反应称为均相催化反应。催化剂和反应物均为气相时，称为气相均相催化反应，如由 I_2、NO 等气体分子催化的一些热分解反应。催化剂和反应物均为液体，则称为液相均相催化反应，如由酸、碱催化的加水分解反应。当催化剂和反应物处于不同相时，反应称为多相催化反应。在多相催化反应中，催化剂通常均为固体。由气体反应物和固体催化剂组成的体系称为气-固多相催化反应，这是最常见的并且是最重要的一类反应，如氨的合成、乙烯氧化合成环氧乙烷。反应物是液体，催化剂是固体的反应称为液-固多相催化反应，如在 Ziegler-Natta 催化剂作用下的烯烃聚合反应，油脂的加氢等。两类催化体系各有其优缺点，尽管多相催化使用得更为广泛。表 3-1 列出了它们之间的比较。

　　应该指出，上述分类并不是绝对的。譬如，乙烯通过 Wäcker 法合成乙醛时，催化剂 $PdCl_2 + CuCl_2$ 处于液相，而反应物乙烯是气体，在反应器内形成了气、液两相，但是反应却是在反应物溶于溶剂（水）中之后才进行，所以反应仍属于均相催化的。又如，高压聚乙烯是在超高压（>2000atm❶）无溶剂的情况下合成的，反应开始时属于超临界状态下的气

---

❶　1atm＝101325Pa。

相均相反应，但当聚合物一旦生成，反应就变成在液体聚合物中进行的无催化剂的液相均相反应了。酶催化反应的特点是：酶本身成胶体均匀分散在水溶液中（均相），但反应却从反应物在其表面上积聚开始（多相），因此同时具有均相和多相的性质。

表 3-1 均相和多相催化体系的比较

项 目	均相催化	多相催化
活性（相对于金属含量）	高	可变的
选择性	高	可变的
反应条件	温和	苛刻
催化剂寿命	可变的	长
对催化剂毒物的敏感性	低	高
扩散问题	无	可以很重要
催化剂循环	昂贵	不需要
催化剂位阻和电子因素的可变性	可能	不可能
机理的了解	在任何条件下可能	或多或少地可能
反应活化能	大（氨分解>80kcal①）	小（39kcal/mol）

① 1cal=4.2J。

由固体催化剂催化的多相催化反应与均相催化反应和酶催化反应相比，有其一定的特殊性，这主要是由于反应在固体表面上进行的关系。如众所周知，无论在均相反应还是在酶催化的反应中，催化剂（酶）本身不管怎样复杂，但均以分子的形式存在于体系之中，而固体催化剂则不然，属于聚集体，有其一定的复杂性。尽管如此，但就反应物与催化剂之间的作用本质而言，还是相同的。从这一点出发，催化反应和非催化反应一样，也可以根据反应中反应分子之间电子传递的情况进行分类：凡是在反应中发生电子对转移的称为酸-碱反应，而只有一个电子转移（不管以后可能发生多个电子转移的情况）的称为氧化-还原反应。据此，一些常见的催化反应可分类如表 3-2 所示。

在许多实际的催化体系中，往往能同时发生上述两类反应。例如，石油的重整，就是在重整催化剂（Pt/Al_2O_3）作用下能同时发生上述两类反应的典型例子。目前，在许多复杂的反应中，例如，在前述由丙烯氨氧化合成丙烯腈中，为了提高丙烯腈的收率，制成了一系列"多功能催化剂"，它们在使用中都具有同时催化几个反应的功能。

（二）催化剂的组成

一些有实际用途的催化剂，不管是多相的，还是均相的，总是由多种成分组成的，由单一物质组成的催化剂为数不多。根据各组分在催化剂中的作用，可分别定义如下。

① 主催化剂 是起催化作用的根本性物质。例如，在合成氨催化剂中，无论有无 K_2O 和 Al_2O_3，金属铁总是有催化活性的，只是活性稍低、寿命稍短而已。相反，如果催化剂中没有铁，催化剂就一点活性也没有。因此，铁在合成氨催化剂中是主催化剂。

② 共催化剂 能和主催化剂同时起催化作用的组分。例如，脱氢催化剂 Cr_2O_3-Al_2O_3，单独的 Cr_2O_3 就有较好的活性，而单独的 Al_2O_3 活性则很小，因此，Cr_2O_3 是主催化剂；但在 MoO_3-Al_2O_3 型脱氢催化剂中，单独的 MoO_3 和 γ-Al_2O_3 都只有很小的活性，但把两者组合起来，却可制成活性很高的催化剂，所以 MoO_3 和 γ-Al_2O_3 互为共催化剂。石油裂解用 SiO_2-Al_2O_3 固体酸催化剂具有与此类似的性质，单独使用 SiO_2 或 γ-Al_2O_3 时，它们的活性都很小。

③ 助催化剂 是催化剂中具有提高主催化剂的活性、选择性，改善催化剂的耐热性、抗毒性、机械强度和寿命等性能的组分。简言之，在催化剂中只要添加少量助催化剂，即可

表 3-2　催化反应分类

反应类别	均相、多相[2]	酶[a]
酸-碱反应	**1. 歧化** $2 \, C_6H_5CH_3 \xrightarrow{\text{分子筛}} C_6H_6 + C_6H_4(CH_3)_2$	**1. 转移酶** $NH_2-CH(R')-COOH + O=C(R'')-COOH \xrightarrow{\text{转氨酶}}$ $O=C(R')-COOH + NH_2-CH(R'')COOH$
	2. 水解 $HO-C-(OC_2H_5)_3 + H_2O \xrightarrow{[H^+]}$ $HCOOC_2H_5 + 2C_2H_5OH$	**2. 水解酶** $O_2N-C_6H_4-OCOCH_3 + H_2O \xrightarrow{\text{糜蛋白酶}}$ $O_2N-C_6H_4-OH + HOCOCH_3$
	3. 裂解 高级烃 $\xrightarrow[\text{SiO}_2/\text{Al}_2\text{O}_3]{\text{分子筛}}$ 低级烃 $C_6H_5R \xrightarrow{[H^+]} C_6H_6 + R'$	**3. 裂解酶** $\begin{array}{l} COOH \\ CHOH \\ CH_2 \\ COOH \end{array} \xrightarrow{\text{延胡索酸酶}} \begin{array}{l} COOH \\ CH \\ \| \\ CH \\ COOH \end{array} + H_2O$ L-苹果酸　　　　富马酸
	4. 异构 $p\text{-}C_6H_4(CH_3)_2 \underset{\text{分子筛}}{\rightleftharpoons} m\text{-}C_6H_4(CH_3)_2$	**4. 异构酶** $\begin{array}{l} CH_2OPO_3^{2-} \\ HC-OH \\ HC=O \end{array} \xrightarrow[\text{异构酶}]{\text{磷酸丙糖}} \begin{array}{l} CH_2OPO_3^{2-} \\ C=O \\ HC-OH \end{array}$
	5. 烷基化(水合) $C_6H_6 + C_2H_5Cl \xrightarrow{AlCl_3} C_6H_5C_2H_5 + HCl$ $C_3H_6 + H_2O \xrightarrow[(H_2SO_4)]{H_3PO_4} (CH_3)_2CHOH$	**5. 连接酶(合成酶)** $ATP + HCO_3^- + CH_3COSCoA \xrightarrow[\text{羧化酶}]{\text{乙酰-Co-A}}$ $CH_2(COO^-)-CO-S-CoA + ADP + P$
氧化-还原反应	**6. 氧化-还原** 　a. 加氢脱氢 $C_6H_6 + 3H_2 \xrightarrow{Ni} C_6H_{12}$ $C_4H_8 \xrightarrow{Cr_2O_3/Al_2O_3} C_4H_6 + H_2$ 　b. 氧化还原 $C_3H_6 + O_2 \xrightarrow[Bi_2O_3/MoO_3]{Cu_2O} CH_2=CHCHO + H_2O$	**6. 氧化-还原酶** 　a. 脱氢酶 $\begin{array}{l} COO^- \\ (CH_2)_2 \\ COO^- \end{array} \xrightarrow[\text{酶(FAD)}]{\text{琥珀酸脱氢}} \begin{array}{l} H-C-COO^- \\ \|\| \\ {}^-OOC-CH \end{array} + FADH_2$ 　b. 氧化还原酶 L-色氨酸 $+ O_2 \xrightarrow[\text{咯酶}]{\text{色氨酸吡}}$ 甲酰狗尿酸

明显达到改进催化剂催化性能的目的。助催化剂通常可区分为:

A. 结构助催化剂　能使催化活性物质粒度变小、表面积增大,防止或延缓可因烧结而降低活性等。

B. 电子助催化剂　由于合金化使空 d 轨道发生变化,像双助合成氨催化剂(Fe-K$_2$O-Al$_2$O$_3$)中的 K$_2$O 那样,使 Fe 的 Fermi 能级发生变化,通过改变主催化剂的电子结构提高活性和选择性。

C. 晶格缺陷助催化剂 使活性物质晶面的原子排列无序化，通过增大晶格缺陷浓度提高活性。

D. 扩散助催化剂 用于工业生产的固定床催化剂，通常都加工成球状或柱状，这样，催化剂的有效利用率将显著下降。为了增大催化剂体相中的孔，使细孔内的扩散过程不致成为速度控制步骤，往往加入一些在焙烧时可以分解的有机物或硝酸盐，使催化剂保持一定孔性。

④ 载体 这是固体催化剂所特有的组分。它可以起增大表面积，提高耐热性和机械强度的作用，有时还能担当共催化剂和助催化剂的角色。与助催化剂的不同之处，一般是载体在催化剂中的含量大于在助催化剂中的含量。

若干典型催化剂的组成示于表 3-3 中。

表 3-3　若干典型催化剂的组成

催化剂	主(共)催化剂	助催化剂	载　体
合成氨	铁(Fe)	K_2O, Al_2O_3	—
硫酸	V_2O_5	K_2SO_4	硅藻土
乙烯氧化	Ag	—	α-Al_2O_3
脱氢	Cr_2O_3 / MoO_3(Al_2O_3)	(Al_2O_3)	Al_2O_3 / (Al_2O_3)
加氢	Ni	—	γ-Al_2O_3
Ziegler-Natta	$TiCl_3$	AlR_3	—
Wacker 法	$PdCl_2$	$CuCl_2$	

（三）催化剂的分类

从理论上讲，任何物质，无论是气体、液体，还是固体，均可作为催化剂。从催化剂的聚集状态看，它可以从最简单的单质，如氢离子、卤素离子，到复杂的大分子，如酶、核酸等：

单纯均相催化剂　　均相配位催化剂
（H^+、I^-、BF_3、H_2SO_4）　（Ziegler-Natta、Wilkinson）　　高分子催化剂　　生物催化剂
单纯多相催化剂　　多相复合催化剂　　（离子交换树脂、分子筛）　（酶、核酸）
（Ni、Pt、活性炭）　（复合氧化物、固体酸、碱）

这里可以看出，除了以单纯物质作为催化剂时，已不再有均相和多相之分了。而且，聚集状态的复杂化，催化剂的催化性能，例如，选择性、产物结构的立体选择性等均有明显改善；这可从酶的催化作用得到明确的认识。现在，合成单纯催化剂的时代已经过去，许多有实际意义的催化剂无一不是成复杂的聚集体，也同样反映了这种情况。

根据催化剂的聚集状态，将催化剂分成固体、液体和气体，但不能反映出催化剂的作用本质和内在联系。显然，最合理的分类是把催化剂的作用机理和反应中化学键的本质以及和元素周期律相联系。下面是以此为依据的对催化剂的分类。

① 根据化学键的分类 催化反应和普通化学反应一样，都应按一定的化学机理进行。不言而喻，所有形式的化学键及化学反应也都可能在催化反应中出现。表 3-4 列出了根据化学键类型对催化反应和催化剂的分类。从这里同样可以看到，所谓催化剂的多功能性，实质上反映了反应中可以同时形成多种化学键。例如，在 Wäcker 法中，催化剂 $PdCl_2$ 在反应时除了和 C_2H_4 形成 π-配合物之外，还通过氧化还原作用自己被还原成了金属。

② 按元素周期律分类 元素周期律将元素分为主族和过渡元素，主族元素的单质由于只具有不大的电负性，反应性较大，故本身很少被用作催化剂，它们的化合物几乎不具备氧

化还原的催化性质，相反，却具有酸-碱催化作用。过渡元素具有易转移的电子（d电子或f电子），因此，很容易发生电子的传递过程。所以这类元素的单质（金属）以及离子（氧化物、硫化物、卤化物及其它配合物）都具有较好的氧化还原的催化性能。同时，它们的离子有时还具有酸-碱催化性能。根据这些基本性能，不管反应是均相的还是多相的，可以把具有催化性能的物质分类，见表3-5。当然，这种分类也不是绝对的。

表3-4 根据化学键类型，催化反应和催化剂的分类

化学键类型	催化剂举例	反应类别
金属键	过渡金属，活性炭	〉自由基反应
等极键	BPO，AIBN等引发剂	
	燃烧过程中形成的自由基	〉氧化还原反应
离子键	MnO_2，乙酸锰，尖晶石	
配位键	BF_3，$AlCl_3$，H_2SO_4，H_3PO_4	〉酸、碱反应（配合物形成反应）
	Ziegler-Natta，Wäcker法	〉金属键反应
金属键	Ni，Pt，活性炭	

表3-5 催化剂按周期律的分类

元素类别	存在状态	催化剂举例	反应类别
主族元素	单质	强阳性，Na	供电子体（D）
		强阴性，I_2，Cl_2	受电子体（A）
		中性，活性炭	电子供受体（D-A）
	化合物	Al_2O_3，$AlCl_3$，BF_3	酸-碱反应
	含氧酸	H_2SO_4，H_3PO_4	酸-碱反应
过渡元素	单质	Ni，Pt…	氧化-还原反应
	离子	Ni^{2+}，V^{5+}…	氧化-还原反应 酸-碱反应

③ 根据催化剂性能分类　催化剂在实际应用中，常按其性能，即根据催化剂所催化的反应以及反应产物之间的相容性来分类。为了能发生催化作用，在催化剂和反应物-产物之间必须有一个这样的相互作用，即它不能改变催化剂的化学本质，而只能在表面上。这种相互作用乃是存在于表面的而不能穿透入固体内部的。表3-6列出了这样的分类。

表3-6 催化剂按性能的分类

分类	催化性能	催化剂举例
金属	加氢，脱氢，氢解（氧化）	Fe，Ni，Pd，Pt，Ag
半导体、氧化物和硫化物	氧化，脱氢，脱硫（加氢）	NiO，ZnO，MnO_2，Cr_2O_3，Bi_2O_3-MoO_3，WS_2
绝缘体、氧化物	脱水	Al_2O_3，SiO_2，MgO
酸、液体酸	聚合，异构，裂解，烷基化	H_3PO_4，H_2SO_4，SiO_2-Al_2O分子筛，杂多酸，离子交换树脂
固体酸		
酶、微生物	各种酶催化反应（参见表3-1）	各种酶和微生物

二、催化剂在化学反应中的作用

（一）广义的催化剂定义

催化剂在化学反应中的作用可以通过分析催化剂在表3-7中所列三个众所周知的反应中的作用得出明确的概念。反应（1）表明催化剂铁可以促进氨的合成；这里，催化剂起着"提高反应速度"的作用。反应（2）是原料体系相同，而催化剂不同时能得到不同产物的例子。乙醛和环氧乙烷是异构体，由反应（2a）和反应（2b）可见，这里的选择性是非常好

的，这是一个极限的例子。这个例子说明，催化剂能"控制对异构体的选择体"。但是在反应（2b）中，还可以同时发生完全燃烧的反应，即：

$$C_2H_4 + 3O_2 \longrightarrow 2CO_2 + 2H_2O$$

表 3-7　催化反应的例子

反应	反应体系	生成物体系	温度/℃	压力 atm	相	催化剂
1	$1/2N_2 + 3/2H_2$	NH_3	450	400	气-固	$Fe-K_2O-Al_2O_3$
2a	$C_2H_4 + 1/2O_2$	CH_3CHO	约 270	常压	液	$PdCl_2-CuCl_2$
2b	$C_2H_4 + 1/2O_2$	$\underset{O}{CH_2\text{—}CH_2}$	250	常压	气-固	Ag/Al_2O_3
3a	nC_2H_4	$\text{—}(C_2H_4)_n\text{—}$	150 180	约 2000	气	O_2，过氧化物
3b	nC_2H_4	$\text{—}(C_2H_4)_n\text{—}$	150 180	30	气-液-固	$Cr_2O_3-SiO_2-Al_2O_3$ $MoO_3-Al_2O_3$
3c	nC_2H_4	$\text{—}(C_2H_4)_n\text{—}$	60280	常压	气-液-固	Ziegler-Natta 型

例如，如果使用镍催化剂，那么，在与反应（2b）相同的条件下，即有以上反应发生；在许多催化剂中，只有银催化剂才能相应地抑制此反应的深度。由反应（2b）生成的环氧乙烷，对乙烯的收率约为 70%，这时，银催化剂显然起到了"控制反应选择性"的作用。

反应（3a）～反应（3c）的原料均为乙烯，而产物又都是聚乙烯，但产物的立体规整性则不同，规整度由反应（3a）→反应（3c）增大，同时，熔点也逐渐升高。在这种情况下，催化剂具有控制产物立体规整性的作用。

在以上列举的反应中，催化剂在化学反应方程中并不出现，同时，产物中也不含催化剂，这似乎表明催化剂是不参与反应的物质。另外，在大多数催化反应中，催化剂用量相当少，而且，在多相催化的情况下，催化剂的寿命一般很长；而均相催化剂大多又能回收。根据这些情况，催化剂自然已不能再像 W. Ostwald 所定义的那样简单了，曾有人把它定义为自身在化学反应方程中并不出现，却可以控制反应的速度、选择性、产物立体规整性的物质，这个定义当然也不是完美无缺的，譬如，催化剂用量并不一定非限于少量不可。例如，在介质为液体的均相酸、碱催化反应中，溶剂本身（通常要比反应物的量大得多）也具有催化剂效应。另外，根据所述催化剂的定义，催化剂在反应中依然不承受任何变化，事实上也并非如此。根据用现代实验方法检测出的多种反应的中间产物，已经可以确信，催化剂是反应的积极参与者，它和反应物之间有着相互的作用，不过在反应过程中，催化剂不断反应—再生，循环不已，而本身变化十分缓慢。除此之外，还有另一些问题值得指出，例如，使用于反应（3a）～反应（3c）的聚合催化剂，它们在反应过程中和反应产物——聚合物包合在一起，反应完了之后，就无法从产物中取走。反应（3a）中的过氧化物在用作自由基聚合的催化剂时，寿命相当短暂，通常被称作引发剂，有别于上述催化剂的定义。

（二）催化剂的选择性

选择性是催化剂的一项重要性质。譬如，在乙烯聚合反应中，如果原料乙烯中含有微量乙炔（如 $10\mu L/L$），那么，所得聚合物中就会含有少量双键，生成有色的杂质聚合物，使产品质量明显下降。除去乙炔的最好方法就是把活性的三键进行选择加氢。但是，在一般情况下加氢时，往往会有部分乙烯的双键也被氢化。所以，要把三键加氢，而同时又不涉及双键，那就需用高选择性的催化剂。目前，工业上已有一种这样的催化剂——Pd/Al_2O_3，可以取代常用的铂和镍催化剂，解决了从乙烯中除去杂质乙炔的问题。不言而喻，对任何一种工业催化剂来说，都要求具有最高的选择性。

（1）选择因子

根据反应类型，表示催化剂选择性的选择因子的表示式是不同的。通常均用 A. Wheeler 的分类法来说明[4]。

① 第 I 种选择性　如果两种物质 A_1 和 A_2 的混合物，同时经由同一种催化剂，分别生成产物 B_1 和 B_2。例如，不同烯烃在氧化物催化剂上的氧化，这种通常被称为竞争反应的反应式可记作：

$$A_1 \xrightarrow{k_1} B_1$$
$$A_2 \xrightarrow{k_2} B_2$$

速度方程式可写成：

$$d[B_1]/dt = k_1[A_1]$$
$$d[B_2]/dt = k_2[A_2]$$

如果令 A_1 和 A_2 的起始浓度各为 $[A_1]_0$ 和 $[A_2]_0$，B_1 和 B_2 的起始浓度为零，那么，

$$[B_1] = [A_1]_0(1 - e^{-k_1 t})$$
$$[B_2] = [A_2]_0(1 - e^{-k_2 t})$$

转化率 q_1 和 q_2 应为：

$$q_1 = [B_1]/[A_1]_0 = 1 - e^{-k_1 t} \tag{3-1}$$
$$q_2 = [B_2]/[A_2]_0 = 1 - e^{-k_2 t} \tag{3-2}$$

作为选择性的尺度，选择因子 σ 为：

$$\sigma = k_1/k_2 \tag{3-3}$$

由式(3-1) 和式(3-2) 消去 k_1 和 k_2，可得：

$$q_1 = 1 - (1 - q_2)^\sigma \tag{3-4}$$

这里由式(3-3)，于 $0 \leqslant \sigma \leqslant \infty$ 时，可得另一种选择因子的表示式：

$$S = \frac{\sigma}{1+\sigma} \quad (0 \leqslant S \leqslant 1) \tag{3-5}$$

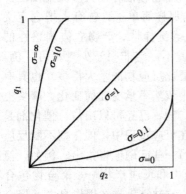

图 3-1　第 I 种选择性的表示图

在实验中，通过改变接触时间，由求得的 q_1 和 q_2，以 $\lg(1-q_1)$ 对 $\lg(1-q_2)$ 作图，从斜率可得 σ。在 σ 为不同值时，q_1 和 q_2 随反应时间的变化可表示成图 3-1 的曲线。由图可见，当 $\sigma \gg 1$ 时，尽管第 I 种的选择性很高，但如果接触时间较长，q_2 还是可以很大的（$q_2 = 1$），表明在这种情况下还是得不到很好的选择性。所以，σ 值应有一定的限制。这可以根据反应体系分离的难易，产品和原料的价格以及反应器的生产能力等因素来考虑，选择出一个对 q_1 和对 q_2 都适宜的值。

② 第 II 种选择性　这里指的是只有一种原料，但是有不同的反应方向，典型的形式为：

$$A \xrightarrow{\text{催化剂}} \begin{matrix} \xrightarrow{k_1} B_1 \\ \xrightarrow{k_2} B_2 \end{matrix}$$

如乙醇在一种氧化物催化剂上的脱水和脱氢：

$$C_2H_5OH \xrightarrow{ZnO} \begin{matrix} \xrightarrow[{-H_2O}]{k_1} C_2H_4 \\ \xrightarrow[{-H_2}]{k_2} CH_3CHO \end{matrix}$$

再如，二乙苯的脱烷基和异构化：

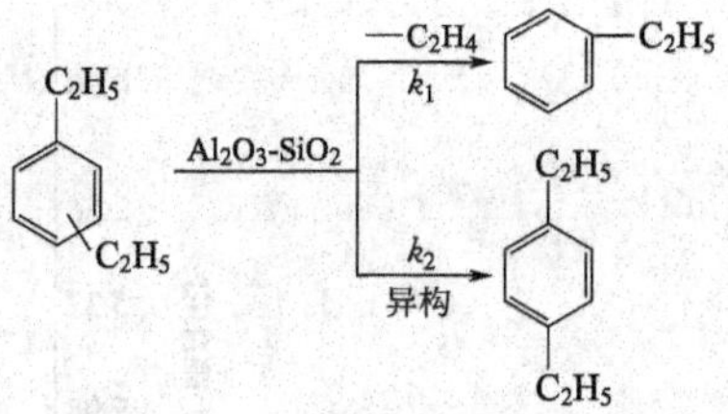

假定对原料为一级反应，反应速度式应为：

$$\frac{d[B_1]}{dt}=k_1[A]; \quad \frac{d[B_2]}{dt}=k_2[A]$$

由此，

$$d[B_1]/d[B_2]=k_1/k_2=\sigma$$

因此，

$$[B_1]/[B_2]=q_1/q_2=\sigma \tag{3-6}$$

即生成物的比就等于选择因子 σ。

③ 第Ⅲ种选择性　如，乙炔加氢：

$$C_2H_2 \xrightarrow{H_2} C_2H_4 \xrightarrow{H_2} C_2H_6$$

再如，二乙苯的接触分解：

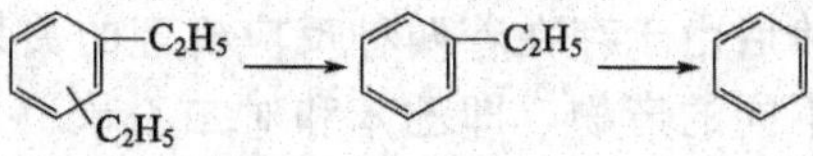

以上均为连串反应：

$$A \xrightarrow{k_1} B_1 \xrightarrow{k_2} B_2$$

这类反应的反应速度式应为：

$$-d[A]/dt=k_1[A]$$

$$\frac{d[B_1]}{dt}=k_1[A]-k_2[B_1]$$

$$\frac{d[B_2]}{dt}=k_2[B_1]$$

如 A 的起始浓度为 $[A]_0$，那么，

$$[A]_0=[A]+[B_1]+[B_2]$$

由上述速度方程式，可以由 A 的转化率 $q_A=\dfrac{[A]_0-[A]}{[A]_0}$ 和 σ 求得 B_1 的收率 q_1 为：

$$q_1=\frac{[B_1]}{[A]_0}=\frac{k_1}{k_2-k_1}(e^{-k_2 t}-e^{-k_1 t})$$

$$=\frac{\sigma}{\sigma-1}(1-q_A)\{(1-q_A)^{(1-\sigma)/\sigma}-1\} \tag{3-7}$$

在这类反应中，只要有足够的时间，最后 A 都将转化成 B_2。一般地说，可以希望得到最大的 q_1 值。如以 q_1 和 B_2 的收率 q_2 作图，即可得如图 3-2 所示的曲线，可见，q_1 在某一 q_2 值之下有一最大值。

乙炔在 Pd/Al_2O_3 催化剂上加氢时的选择性很高，$S>0.95$。只要乙炔尚有微量存在，乙烯就不能加氢。乙炔的加氢反应如图 3-3 所示。这里，直线部分表示只有乙炔加氢，只有当乙炔已全部转化成乙烯，乙烯才开始和氢反应（曲线部分）。

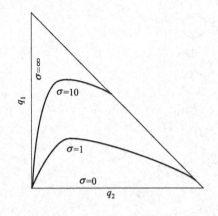

图 3-2　第Ⅲ种选择性的表示图

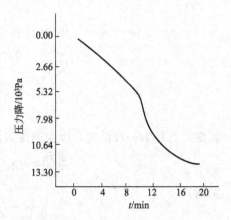

图 3-3　乙炔的加氢反应[5]

催化剂：Pd/Al_2O_3，20℃；起始压力：

$P_{C_2H_2}=6.7\times10^3Pa$，$P_{H_2}=20.0\times10^3Pa$

（2）选择性析疑

在同一个反应中，之所以有不同的选择性可能有以下三个原因：

第一个原因是由于反应机理不同，可称为机理选择性，其典型例子就是上述第Ⅱ种选择性。例如，在间二乙苯脱烷基和异构的反应中，反应一开始，原料有可能先和质子酸形成质子化的烷基苯中间化合物，然后由于存在着两种反应机理的关系，使同一种中间化合物按两种途径进行反应，生成两种不同的产物，即乙苯和对二乙苯。

第二个原因是热力学上的，可称为热力学选择性。Ⅰ型和Ⅲ型反应均可包括在这类选择性之中。例如，在Ⅲ型反应中，如图 3-3 所示，乙烯的加氢速度大于乙炔的加氢速度，即 $k_2>k_1$，但当乙烯和乙炔混合在一起进行加氢时，前者反而慢于后者，这就是由于乙炔在活性中心上的吸附作用在热力学上优于乙烯，使乙烯在所述条件下完全不能吸附的关系，这样，就得到了对乙炔有较好选择性的结果。在Ⅰ型反应中，吸附强的烯烃，反应速度也较大。

第三个原因是由于催化剂的孔结构引起的。当反应物在催化剂孔内的扩散过程为控制步骤时，速度常数应同时包括反应分子的扩散项，一般可表示成 $\sqrt{kD}$。这里 k 为非扩散控制过程时的速度常数，D 为反应物在孔内的扩散系数。把这一关系代入式(3-3)，可得：

$$\sigma=\sqrt{\frac{k_1}{k_2}\times\frac{D_1}{D_2}} \tag{3-8}$$

这里 D_1，D_2 分别为反应物 A_1 和 A_2 的扩散系数，当 $D_1\approx D_2$，得 $\sigma=\sqrt{k_1/k_2}$。当 $k_1>k_2$ 时，σ 值要比由式(3-3)求得的小得多。为了要使 σ 变大，显然，就必须变更反应物在孔中的扩散系数，即改变 D_1/D_2。为了达到这个目的，可以变更催化剂的孔径以及催化剂的颗粒大小。这种情况，在Ⅲ型反应中是屡见不鲜的，具有重要的意义。但在例如Ⅱ型的反应中，由于是同一种原料，当它在孔内的扩散是控制步骤时，对 σ 也就不会显示出孔效应了。

（三）催化剂的动态性质

上述有关催化剂的定义，主要是根据催化剂的化学本质概括出来的，这对任何一种催化剂——均相、多相、酶都是真实的。但从催化剂实际应用的角度看，还需要强调一下以下一些特点。

A. 用量少。使反应物或底物全部转化成产物所需催化剂量只占反应物的极小部分。以酶为例，细胞中酶的浓度很少超过 10^{-5}mol/L 的，通常比这个浓度还要低几个数量级，但是底物的浓度可以高达 $10^{-4} \sim 10^{-3}$mol/L。

B. 不为反应所改变。这个说法可由痕量催化剂即能起催化作用这点逻辑地得出，为了达到这点，催化剂在使一个底物分子转化成产物后必须立刻再生或转换，以便再使另一个底物分子转化成产物。现在知道，每个酶分子每分钟可以转化 $20 \sim (3 \times 10^6)$ 个底物分子。

C. 不能影响可逆化学反应的平衡，只能提高到达平衡的速度。催化剂的这一性质常常可用热力学量定量地表示出来。根据热力学第二定律，任何非平衡体系能自发地转化成平衡状态。如果一个化学反应自发地走向平衡，并和一个使之返回的力相对抗，那么，这个反应即能做出有用功，这在热力学上称为反应的自由能变化，通常以 ΔF 或 ΔG 表示。体系一旦到达平衡，就不能再做有用功，这时有用的自由能等于零。所以，反应过程中自由能的变化可以用来从热力学角度说明催化剂为什么能加速反应的问题。在非催化的、化学催化的以及酶催化的反应过程中，自由能的变化可以在反应坐标图上用曲线表示出来（图 3-4）。由图 3-4可见，反应物或底物以及产物的自由能函是固定的；它们在图上的位置和有、无催化剂以及催化剂的本质无关。反应时放出的能量被定义为 ΔF，同时，能量对自发生反应来说常常是负的。其实，即使是放热反应，反应也并不总能迅速发生。在反应能够发生之前，体系还需要

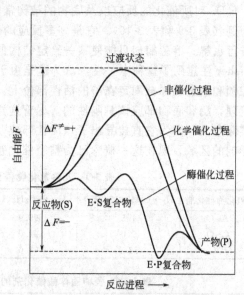

图 3-4 理想的非催化、化学催化以及
酶催化反应的反应坐标图

一部分附加能量，把反应物活化到过渡状态或者活化复合物的能级。所谓过渡态或者活化复合物乃是一种寿命短、不稳定的物种，其结构介于反应物和产物之间。化学家常常以热的形式把能量导入反应物以引发反应。这种用以引发反应的附加能量就是活化自由能 $\Delta F^{\neq}$，它可以从由实验求得的反应速度的倒函数算出（见第三节），反应速度愈慢，$\Delta F^{\neq}$ 愈大，反之亦然。非催化反应有一个相对大的 $\Delta F^{\neq}$ 值，化学催化反应能以比非催化反应快的速度进行，同时，$\Delta F^{\neq}$ 也较小。酶催化反应则比非催化和化学催化反应进行得都快，所以 $\Delta F^{\neq}$ 值最小（表 3-8）。

表 3-8 非催化和催化反应的活化能

反 应	$E_{(非催化)}$/(kJ/mol)	$E_{(催化)}$/(kJ/mol)	催化剂
	184	—	—
$2HI \rightleftharpoons H_2 + I_2$	—	105	Au
	—	39	Pt
	245	—	—
$2N_2O \rightleftharpoons 2N_2 + O_2$	—	121	Au
	—	134	Pt
$(C_2H_5)_2O \longrightarrow$ 热裂	224	—	—
	—	144	水蒸气

化学和酶催化剂通过改变反应机理起着降低活化自由能 $\Delta F^{\neq}$ 的作用。换言之，催化剂

能在反应物（或底物）和产物的反应途径上改变中间化合物的本质。正如将要在下面见到的，酶不仅能在反应前与底物形成一种（E·S）复合物，并且尚能产生酶和产物的（E·P）复合物。酶-底物以及酶-产物复合物的自由能能级远远低于非催化反应的过渡态的，而且都是亚稳的。在理想的酶催化反应中形成的中间化合物的位置示于反应坐标图上。在非催化反应中，反应物要越过一个大的自由能的峰才能落入产物谷中，而在化学和酶催化反应中，反应物则可取捷径，例如，甚至经由隧道（非常低的自由能峰）到达产物。

D. 对所催化的反应以及底物的结构常常是专一的。为了说明这点，可以举酸（氢离子）为例（表 3-9 和表 3-10）。它是许多反应的化学催化剂，可以催化各种结构的酯、酰胺、苷进行水解。溶菌酶却只能使某一给定结构的苷水解，但速度却要比酸快很多。1894 年，E. Fisher 注意到了这种专一性，认为这是由于底物和酶在结构上有互补性的关系，即底物可以像锁和钥匙那样被固定在酶的活性部位上。当然，这种机理今天已不再成立，因为根据这个机理，酶和底物都应该是刚性的。尽管这样，这个机理在了解酶催化反应的机理时还有一定实际意义，因为它直接导出了"活性部位"的概念，把它定义为酶表面上对催化作用有直接影响的区域。现在这一概念已为整个催化领域广泛承认。

表 3-9　几种氧化物催化剂的催化专一性（乙醇分解）　　　　　　　单位：%

氧化物催化剂	$H_2+C_2H_4O(350℃)$	$H_2O+C_2H_4(1h)$	氧化物催化剂	$H_2+C_2H_4O(350℃)$	$H_2O+C_2H_4(1h)$
Al_2O_3	1.5	95.9	ZrO_2	35.0	45.0
Cr_2O_3	9.0	91.0	Fe_2O_3	86.0	14.0
TiO_2	32.0	63.0	ZnO	95.0	5.0

表 3-10　各种固体酸催化剂的催化专一性（正己烷裂解的相对活性）

催化剂	相对活性($k/k_{标准}$)	催化剂	相对活性($k/k_{标准}$)
无定形 SiO_2-Al_2O_3	1.0($k_{标准}$)	H-沸石-Y	30000.0
钠沸石-X	1.2	蒸气超稳-Y	230000.0
稀土-H-沸石-Y	460.0	脱铝超稳沸石-Y	1200000.0
稀土-H-沸石-X	7800.0		

E. 要求有严格的操作条件。例如，化学催化剂常常需要在苛刻的条件下——高温、高压、高催化剂浓度才能发生催化反应；相反，酶通常在 10～50℃ 的范围内、pH 值接近中性的条件下，即在维持有机生命的条件下就能发挥作用。可见，在催化反应中，由于催化剂本质的不同，要求有不同的操作条件。

第二节　催化剂作用的化学本质

一、反应分子（底物）的活化

为了研究催化剂的作用本质，探讨一下那些在没有催化剂的情况下，也能迅速进行的化学反应是在怎样的条件下才发生的问题，也许不是没有意义的。已知下列反应能在无催化剂的情况下迅速发生：

A. 水溶液中纯离子之间的反应，例如：

$$Ag^+ + Cl^- \longrightarrow AgCl\downarrow$$

$$H^+ + OH^- \longrightarrow H_2O$$

B. 形成配合物的反应，例如：

$$NH_3(气) + HCl(气) \longrightarrow NH_4Cl(气)$$

$$Cu^{2+}(液)+4NH_3(液)\longrightarrow[Cu(NH_3)_4]^{2+}$$

C. 单纯的电解反应，例如：

$$Fe^{2+}+\oplus\longrightarrow Fe^{3+}$$

$$Zn(固)+2\oplus\longrightarrow Zn^{2+}$$

$$Cu^{2+}+2\ominus\longrightarrow Cu(固)$$

$$[Fe(CN)_6]^{3-}+\ominus\longrightarrow[Fe(CN)_6]^{4-}$$

D. 某些与自由基有关的反应，例如：

自由基的结合　　$H\cdot+H\cdot\longrightarrow H_2$

通过自由基引发的反应　　$2H\cdot+CH_3CH_2CH_3\longrightarrow CH_2=CH-CH_3+2H_2$

自由基攻击的反应　　$3CH_3^{\cdot}+Sb\longrightarrow Sb(CH_3)_3$

E. 某些高温反应，例如：

金属的氧化　　$M+1/2O_2\longrightarrow MO$

硅酸盐、耐火材料的制备　　$2CaO+SiO_2\longrightarrow 2CaO\cdot SiO_2$

$$MgO+Fe_2O_3\longrightarrow MgFe_2O_4$$

通过以上实例可见，如下反应可在没有催化剂的情况下迅速进行：a. 纯粹的离子间的反应（电解反应是一种特例）；b. 与自由基有关的反应；c. 极性非常大的配位反应；d. 可以充分提供能量的高温反应。但是，对稳定的化合物，特别是对有机化合物来说，它们既难以形成离子、自由基等活性粒子，也不具备形成极性大的配合物的能量，因此，不难理解，它们在没有催化剂的情况下是不容易发生反应的。

从工业上看，历史上许多大型化学工业，几乎都是非催化的。譬如，高温下的窑业、冶金业，通过溶液中的离子反应合成碳酸铵以及电化学工业等；后来才在几种化学工业中应用了催化剂。例如，硫酸生产中二氧化硫的氧化、氨的合成等。但是近代的化学工业，如表1-1 所示，几乎没有一个重大的化学工业是不用催化剂的。

在化学反应中，反应分子中原有的某些化学键，必须发生离解和形成某种新的化学键，这一般是不容易的。也就是说，需要有一定的活化能。但在上述离子、自由基以及形成配合物的反应中，由于其中全部或者部分化学键的离解和形成只需要较小的活化能，所以反应就能在没有催化剂的情况下进行。反过来说，要是在那些难以发生反应的体系中，除了反应分子之外，加入某种有助于反应分子化学键重排的第三种物质，在这种物质的中介作用之下，反应分子即能发生离子化、自由基化或配位，那么，反应不也就有可能迅速进行了吗？这就是催化剂作用的化学本质。下面举几个例子来说明这个观点。

当氢分子为各种氧化剂，例如，铬（Ⅵ）、铁（Ⅲ）、铊（Ⅲ）以及碘酸氧化时，Cu（Ⅱ）及其配合物是很好的催化剂。现已查明，这个催化作用是按下列方程式表示的机理进行的：

$$Cu(Ⅱ)+H_2\xrightarrow{慢}CuH^++H^+\quad\Delta H^{\neq}=108.86kJ/mol$$

$$\frac{CuH^++Tl(Ⅲ)\xrightarrow{快}Cu(Ⅱ)+H^++Tl(Ⅰ)}{H_2+Tl(Ⅲ)\longrightarrow 2H^++Tl(Ⅰ)}$$

这里，分子氢为铜（Ⅱ）异裂是速度控制步骤。对非催化过程，则可用如下的方程式表示：

$$H_2\longrightarrow H^++H^-$$

$$\frac{H^-+Tl(Ⅲ)\longrightarrow H^++Tl(Ⅰ)}{H_2+Tl(Ⅲ)\longrightarrow 2H^++Tl(Ⅰ)}$$

这个过程是不利的，因为氢分子异裂是吸热过程，活化能估计要超过 146.34kJ/mol，比用 Cu（Ⅱ）催化的反应大；这时活化能的降低可归结为由于催化剂 Cu（Ⅱ）使中间体 H^- 稳定的关系。其它如加氢催化剂镍、钯等的作用，也认为是由于它们能使氢分子离解为活性氢原子的关系：

$$H_2 \longrightarrow H\cdot + H\cdot$$

氧化催化剂铂、金属氧化物（V_2O_5、NiO、MnO_2、Co_3O_4 等）以及锰、钴的醋酸盐、环烷酸盐等的催化作用，则可认为是由于它们中的金属原子或离子的原子价发生了变化，使氧分子离子化才有利于反应的：

$$2M^{m+} + 1/2O_2 \longrightarrow 2M^{(m+1)+} + O^{2-}$$
$$O^{2-} \longrightarrow O(用于氧化) + 2e$$
$$2M^{(m+1)+} + 2e \longrightarrow 2M^{m+}$$

在由乙烯通过 Wacker 法合成乙醛时，乙烯被认为是由于和催化剂钯配位才获得反应性的。

通过以上分析，不难看出，催化剂的作用就在于"活化"反应分子，降低活化能，从而加快反应的速度。反应分子在催化剂的作用下的活化过程，从本质上说，只是通过分子内部的电子交换和重排，使反应分子的电子结构有所变更形成各种各样的活性中间体（中间化合物、过渡状态、活化复合物、自由基）而已。顺便说一下，在以往的报道中，一般总把在多相催化反应中反应物的活化过程说成是"吸附"，而在均相反应中的则归结为"配位"的结果，但是，根据近代表面分子催化理论，固体的表面原子被认为是配位不饱和的，因此，"吸附"也就可以看作是一种"配位"过程，这样一来，催化剂对反应物的"活化"，不管在多相中，还是在均相中，都可统一在"配位"这个概念之中。

二、催化剂的失活和再生

选择一个反应的催化剂不仅要考虑对原料转化成产物的能力（活性、选择性），还要考虑在操作条件下能否长期使用的问题（稳定性、寿命）。使催化剂失活的根本原因主要是催化剂的中毒、结焦和烧结。这都是催化剂和反应物相互作用的结果。应该强调的是不能完全排除催化剂的失活，但在某些情况下，把催化剂的失活降低到最小的程度还是可以做到的。

催化剂失活的一般原因可归纳如表 3-11 所示。

表 3-11 催化剂的失活和再生

催化剂	失活	原因	处理方法
金属	烧结	由气体提高的温度	温度重新分布
	中毒	含ⅤB和ⅥB族元素的化合物 含5个或更多 d 电子的金属离子	通过氧化或还原,再生很困难 改换更抗毒的催化剂
	污损	结焦 尘化/金属体积	焚烧调整表面整体的大小 可能很难消除
金属氧化物 （化学计量的）	烧结	由气体增大的高温	添加稳定剂
	中毒	碱金属	再酸化
	污损	结焦金属（例如 Ni）金属沉淀	焚烧加一种金属毒物很难除去
金属氧化物 （非化学计量的）	烧结	高温	加稳定剂
	中毒	价态稳定的毒物	很难再生
	污损	不很可能	焦炭的氧化去无机污损物很难除去

（一）失活的化学本质

催化剂的失活原因，如前所述可概括为中毒、污损和烧结。中毒和污损这两个原因，包含着各种物种在催化剂上的吸附/沉积。各种物种的效果显然取决于这些物种和催化剂的化学本质。毒物是因在表面上的强烈吸附使催化剂失活的，而污损则因在催化剂上大量沉积把活性部位覆盖所致。

催化剂的毒物是有选择性的，在金属上，硫化物、一氧化碳和汞是最常见的毒物，而一些别的化合物也能使金属部位失活，这包括能在金属上强烈吸附的任何一种气体，某些金属离子和含ⅤB和ⅥB族元素的一些化合物。在后一种情况下，元素的毒化能力强烈依赖于它们的氧化态。发现大多数有毒化合物至少含有一对孤对电子，并认为强烈的吸附和中毒就是由于形成强配键的关系，而有毒分子的氧化就能把孤对电子屏蔽。例如：

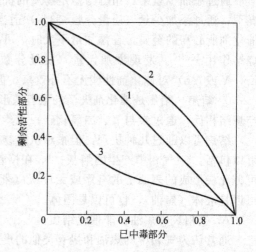

（××表示孤对电子对）

对金属催化剂曾仔细研究过金属离子在液相中的毒性[6]，不含 d 电子的离子是无毒的，但至少含 5 个 d 电子的离子则是毒物，认为有毒的金属离子在表面上采取四面体配位，四个电子在 dr 轨道上，而第五个电子则在 dε 轨道上，这就有可能和金属催化剂成键并使其中毒[7]。

化学计量的氧化物催化剂很容易被碱金属毒化，特别是被原料中含氮的分子。但这并非是一般的规律，这就是说，并非所有的氮化物都会使催化剂失活。

知道得不是很多的是非化学计量氧化物催化剂的失活，因为被催化的反应常常包含着电子的传递，任何趋向于稳定催化剂离子价态的物种都会是一种毒物，对金属离子潜在的毒性可以根据毒物和催化剂的相对氧化-还原位进行评估，除此之外，许多对金属催化剂的毒物也是对金属氧化物有毒的。但是，无机物杂质对在金属氧化物上进行的反应并不像对在金属载体催化剂上进行的反应那么明显，所以，失活是不常见的。

催化剂的污损是不太有选择性的，但是根据在金属或酸催化剂上进行反应的本质来看，污损在金属和酸催化剂上更加合理，一般地说，污损包括结焦，或无机物在催化剂上的沉积，例如，用于重油加氢处理的催化剂上的铁、钛、镍或钒等金属或化合物的沉积[8,9]，氨氧化时铂-铑网的灰[9]，裂解催化剂上沉积的镍[10]，或者加氢处理催化剂中沉积的无机盐[11]等。

催化剂失活可以是可逆的或不可逆的。看来，烧结是很难恢复的，而结焦则很容易再生。一般地说，催化剂的毒可以消除，但这可能是很费钱的事，包括无机物对催化剂的污损常常是很难消除的。

（二）催化剂失活的效果

催化剂失活最明显的标志是反应速度随时间的降低。一旦发生，就要通过分析失活曲线所提供的信息充分了解失活的机理。典型的失活曲线如图 3-5 所示。这里曲线 1 表明所有部位同时中毒，曲线 2 表示最不活性的部位先中毒，而曲线 3 则表示最活性部位首先中毒。

但是，通过考虑典型催化剂的本质可以看

图 3-5　各种类型的失活曲线

到，这些曲线是简化了的。因为这忽略了催化剂颗粒中可能的传质限制作用，例如，如果孔已被例如炭沉积所堵塞，这样的失活曲线就很不一样了。事实上曲线的形状强烈地依赖于失活的形式。这可以想像有如下多种可能性。

① 烧结　烧结是催化剂寿命的大问题，因为它包含着失去表面积和孔，而这要完全恢复又相当困难。

烧结机理很不一样，当固体的温度升高时，表面上的原子先成为可移动的（表面扩散[12]），把很不稳定的表面调匀并形成小平面或小球形的颗粒。这一过程可因存在的气体而加强[13]。Huttig[14]认为，从理论上讲，和烧结有关的表面扩散，在固体熔点 1/3 的温度下变得十分重要。这一预见已为实验测定所证实。但气体或者表面的痕量杂质都对烧结开始的温度有重要影响[12,15,16]。

最常用来表示烧结重要性的是和固体有关的温度。早在 1923 年，Tamman 和 Masouri[17]就注意到，根据经验，烧结开始于固体熔点一半的温度附近，和 Huttig 温度相结合，烧结可以在熔点的 1/3～1/2 之间的温度下发生。

原子在晶格内的迁移过程也会引起相的变化，例如，在氧化铝的情况下已知有多种晶格，但只有 α 相在热力学上是最稳定的，这是因为当温度增加时发生了相变。Gitgen[18]曾对不同的稳定性提出过一个很有用的判据。由于失去表面积和孔而发生的相变显然是因为晶体中晶胞尺寸的关系（表 3-12）。

表 3-12　氧化铝不同相的晶胞大小

氧化铝	晶　型	a/nm	b/nm	c/nm
η	立方	0.790		
θ	单斜	0.562	0.286	1.174
γ	立方	0.790		
δ	四方	0.796	0.796	1.170
α	菱形-六方	0.513		

气体对烧结的效果很难避免。已经知道，水蒸气在许多体系中有不好的效果，例如加速氧化铝[7]的烧结和有利于氢氧化硅的升华[19]。这些不利的效果可以通过选择稳定的载体或减少载体与水蒸气之间的接触来减弱。

通过添加少量第二组分为稳定物质的抗烧结性已取得了一些成效。例如，在氧化铝的情况下，通过添加少量（质量分数≤3%）适当的添加剂，既可以增大也可以阻碍烧结。添加催化剂所必需的金属，在添加量不大时，可以略为减小烧结作用，而添加大量时，却能增大烧结作用[20,21]。发现添加大量（质量分数约 0.1%）的稀土氧化物（Ce、Nd、Eu、Dy、Er、Y 或 Yb）对催化剂性能无不好效果，但对烧结温度却有影响[20]。

② 结焦　结焦是催化剂失活的最普遍形式，它包含着所有含碳物质在催化剂上的沉积。与烧结相反，通过炭与氧、二氧化碳、水蒸气以及氢的汽化作用是常常可以再生的。

结焦可以通过几种机理，但很难从产物分析确定炭源，因为许多炭沉积十分类似。焦炭可以包括：a. 气相中产生的烟灰；b. 在惰性表面上生成的有序或无序炭（表面炭）；c. 在可催化炭形成的表面上的有序或无序炭（催化炭）；d. 高相对分子质量的稠环芳烃化合物，可以是液体（焦油），也可以是固体。

A. 气相炭和焦油：非催化结焦。

通常认为气相中的焦油和炭有类似的形成过程。许多人建议，焦油的某些组分是生成烟灰的前体[23,25]，但是，Graham[25]等人指出，并不需要这样，因为高相对分子质量的稠环烃在反应中正好是在同一时间作为碳核生成的。以后，这些碳核在包含于碳表面上的稠核烃反应[27]才生长的。

对形成气相炭的确切机理，有一个合理推测[27,28]。通常同意它包含于某些自由基聚合反应之中。从反应来说，最容易实现的是类似于 Diels-Alder 反应的自由基反应，它会导致生成高相对分子质量的产品，例如：

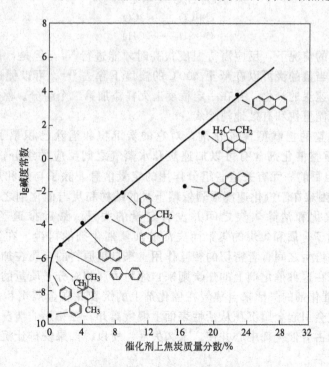

另外，自由基的生成反应也有类似的效果：

一般的结论是：通常同意自由基链锁反应应该会导致焦油和烟灰的形成。

B. 催化结焦　从催化剂失活的意义上讲，催化结焦要比气相结焦重要得多；同时认为对这种现象的正确了解，有助于解决这种结焦而失活的问题。

催化结焦过程在金属和金属氧化物或硫化物上发生的反应机理是不同的；在金属氧化物催化剂上产生的结焦主要是酸催化聚合反应的结果，而在金属上，则是按复杂机理进行的结焦过程。

支持在金属氧化物和硫化物上酸催化结焦的证明主要建立在已确定的结焦速度和原料的酸/碱度之间的关系上的。例如，在酸催化剂上一系列芳烃原料的结焦速度示于图 3-6 中，

图 3-6　在催化裂化中结焦和原料碱度的关系

并已被建议包含着以下类型的反应：

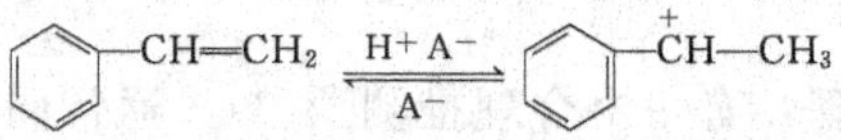

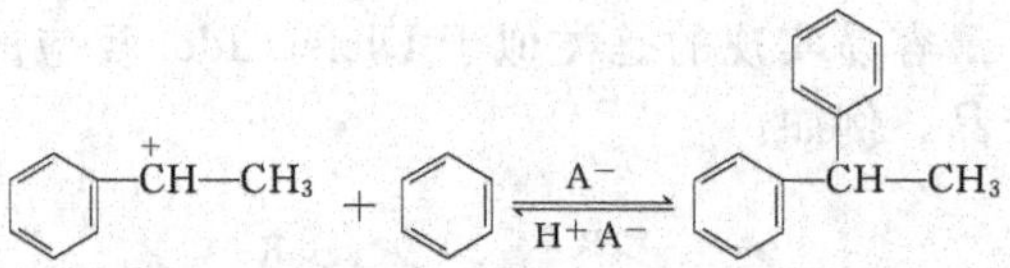

同时，除去有利于结焦的酸中心而又排除有利于主要反应的酸中心的失活是很困难的。但是，许多混合氧化物或硫化物的稳定性就有可能利用再生（除去焦炭而不烧结）来完成。

在金属上结焦相当复杂，例如在研究镍上的结焦时[23]发现，反应的次序是烃类先在镍表面上吸附，而后再反应生成碳原子/原子簇。这些都能停留在表面上并将金属包裹起来（即使催化剂失活）或者溶入镍中和迁入像颗粒界面那样长大了的中心，一定时间之后，沉积炭的生长又会使镍粒子走出表面并形成镍位于前沿炭粒，结果是至少有些催化剂的活性被保持了，但炭粒的成长有时导致反应器堵塞，同时必须再生。

（三）催化剂的再生

催化剂失活可以是可逆的，或者是不可逆的。例如，催化剂的烧结是不可逆的，再生相当困难；而结焦失活则可通过焦炭汽化成为可逆的，但再生时必须十分注意避免高温（否则就会烧结），但如果是这样的话，催化剂可以因结焦而失活，同时要多次再生。

在工业实际中常常用少量氧将炭焚烧，而且，氧量可随炭的汽化而增加，这个过程可以减少因高温而烧结的机会。

通常，炭能够通过和氧、水蒸气、二氧化碳以至氢的反应而汽化：

$$C+O_2 \longrightarrow CO_2$$
$$C+H_2O \longrightarrow CO+H_2$$
$$C+CO_2 \longrightarrow 2CO$$
$$C+2H_2 \longrightarrow CH_4$$

在没有催化剂的情况下，反应需待温度很高时才能进行[23]，但是，催化剂却能明显降低汽化的温度，相当量的炭可以在低至 400℃ 的温度下除去[30]。可以促进有些结焦的催化剂在不同情况下加速炭的汽化，并在一定程度上无需添加第二个组分。然而，为了加速除焦而添加第二组分就能更快和有效地消除炭。

用于水蒸气重整的担载型镍催化剂，对它的炭沉积和消除已积累了相当多的定量资料[23,32]。水蒸气重整催化剂含有可以加速炭和水蒸气之间反应的组分，诸如 MgO、K_2O 或 V_3O_8 等[31]。但目前尚无有关这些组分作用的定量信息，除了与煤和煤焦油汽化有关的资料之外[32~34]，困难在于汽化速度强烈依赖于炭的结构和炭与催化剂之间的接触程度[35]。这样一来，煤的汽化和消除焦炭之间并没有定量的关系。最近报道了一个感兴趣的体系[9,11]，那就是由于金属和焦炭的集聚而失活的加氢催化剂的再生。在许多方法中，这个体系显示出结焦和再生之间有着密切的相互作用。来自重原料的金属在加氢催化剂上沉积后很难消除。而沉积在这种催化剂上的焦炭则来自原料中高相对分子质量的分子以及催化剂的酸中心[36]。如果催化剂的失活来自焦炭在催化剂上的沉积并在金属沉积之前，那么在再生时，焦炭的汽化就会引起金属沉积从活性表面上慢慢离开。在相反的情况下，焦炭汽化时反而会使金属牢固地占有催化剂中心并使之永久失活。所以，如果安排让沉积焦炭的失活在先是相当有利的。

失活催化剂的再生依然是需要继续做相当工作的领域。

（四）总结

催化剂的失活看来是一个很复杂的问题，是多种原因引起的。一般地说，失活可以通过避免高温和仔细控制催化剂的原料来减小。另外，像水蒸气常常能加速烧结，而催化剂酸度则有助于结焦。失活的本质和效果则依赖于每个过程本身。

三、化学反应的电子概念

通常，化学反应包括催化反应，如表 3-2 所示，总是根据反应分子中元素或基团间的相互作用和转化进行分类的。19 世纪末，德国化学家 W. Ostwald 曾经提出过这样一个概念，叫做"没有物质的化学"，意思是指化学可以和具体的元素或分子毫不相干。例如，氧化-还原，原来是指物质和氧的结合（氧化）和从物质中除去氧（还原），即和元素氧相关的化学。然而，今天这个概念已被广泛用来描述和电子得失有关的过程，不再和氧有关；而原来和氧有关的化学已完全变成了电子转移的一个特例。同样，W. Ostwald 的这个概念也可以从酸-碱理论的发展中看到。现在，Lewis 酸和 Lewis 碱已不再是一般意义上的酸（H^+）或碱（OH^-），已成了反应物上有无孤对电子的一般概念。由此可见，氧化-还原反应也好，酸-碱反应也好，都和反应中的电子重排有关[37]。根据现代物质的电子结构理论，在物种（分子、原子、离子、自由基）A 和 B 之间可能发生的化学反应可用图 3-7 所示的电子连续重排来表示[38]；左侧保持着大部分电子密度的 B（碱）和 A（酸）相作用，形成了简单的静电相吸作用，这里像离子那样，很少甚至不发生电子的重排。而在另一端，作为极限状态，B（碱）的电子密度已完全转移给酸。这时，碱变成了一种还原剂，而酸则成了氧化剂。可见，酸-碱和氧化-还原反应的差别，仅在于反应物对电子的相对吸引力不同而已，其相互关系可归纳如图 3-8 所示。在有机化学反应中，曾广泛使用过亲电子这个名词来概括化学反应中受电子的物种，不管它是酸还是氧化剂；用憎电子这个名词来概括供电子的物种，不管它是碱还是还原剂。这些名词以及别的通常用来描述化学反应的名词之间的相互关系见图 3-9。这样，就不再可能从绝对意义上把某一物质叫做酸或碱，氧化剂或还原剂。所有物质，就其电子结构而言，都是双性的。这就是说，一种物质起酸还是碱的作用，或者，把它看作氧化剂还是还原剂，取决于所探讨的体系。涉及 H_2O 的反应，就是可以用来说明这种关系的最好例子（参见图 3-9 之例）。

向酸 A 增大电子密度 →

酸-碱反应	氧化-还原反应
$(A)^{+n}(:B)^{-n}; ^{+\delta}(A:B)^{-\delta}; (A:B);$	$^{-\delta}(A:B)^{+\delta}; (A\cdot)^{(n+1)+}(\cdot B)^{n-1-}; (A:)^{(n-2)+}(B)^{(n-2)-}$
例：　Na+F⁻；　　$^{+\delta}(H:F)^{-\delta}$；　(H:H)	$M^{(n+6)}+\cdots O_2^{-\delta}$；　$M^{(n+1)}+\cdots O_2^-$；　$M^{(n+2)}+\cdots O_2^{-2}$
键型：　离子　　极性共价　　共价	极性共价　　　　自由基　　　　共价

图 3-7　按反应物中电子重排的反应分类

从物质的电子理论来看，这两种反应有其相似之处，但有程度上的差别。氧化-还原反应通常是指有一个或几个电子由一种物种转移至另一物种的反应，在此过程中，物种的电子结构发生较大程度的变化：

$$A_{氧化型}+B_{还原型} \longrightarrow A_{还原型}+B_{氧化型}$$

同时，往往又可以分成两个阶段：

$$A_{氧化型}+e \longrightarrow A_{还原型}$$
$$B_{还原型} \longrightarrow B_{氧化型}+e$$

即电子从还原型物种 B 完全转移到氧化型物种 A 上的反应，依靠电子结合了起来。如果把以上两个电极反应组成原电池，就能直接观察到电子的转移（产生电流），并测出氧化剂和还原剂得失电子的趋势——标准电极电位。通常为方便起见，常把氧化还原和氧化数的变化联系在一起，认为凡在反应中氧化数发生变化的反应都是有电子转移的，是氧化-还原反应。

酸-碱反应虽也与电子转移有关，但电子并不完全离开原位向对方转移，而只是孤对电子在电子受体和电子供体之间的配位方式改变而已。受体负电荷的增加和供体负电荷的减少是相等的；同时，这种电荷移动相当小，电子结构并不发生大幅度的变化。这种很小的电荷转移在氧化数上是体现不出来的，通常，氧化数均被看作不变。当然，根据氧化数有无变化，把反应分为氧化-还原反应（氧化数有变化）和酸-碱反应（氧化数无变化）仅是为了研究方便，并不意味着两者之间有不可逾越的鸿沟，因为它们同属广义的酸-碱范畴，所不同的仅是反应中电子转移的程度而已。

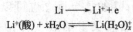

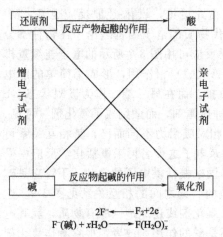

图 3-8　氧化-还原反应和酸-碱
反应相互补充的本质

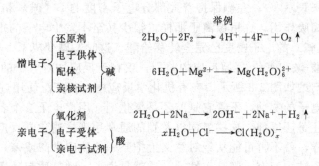

图 3-9　化学反应中各种反应物种的相互关系

四、基元化学反应机理

化学反应既然实质上可以表示成连续的电子转移过程，不言而喻，基元化学反应的机理自然将由物质 A 及 B 之间电子的传递方式和程度所决定。

根据分子轨道理论，由两个物种结合形成的分子轨道（化学键）将由这两个物种各自的原子轨道混合而成，即：

$$\psi_{AB} = a\psi_A + b\psi_B \qquad (3\text{-}9)$$

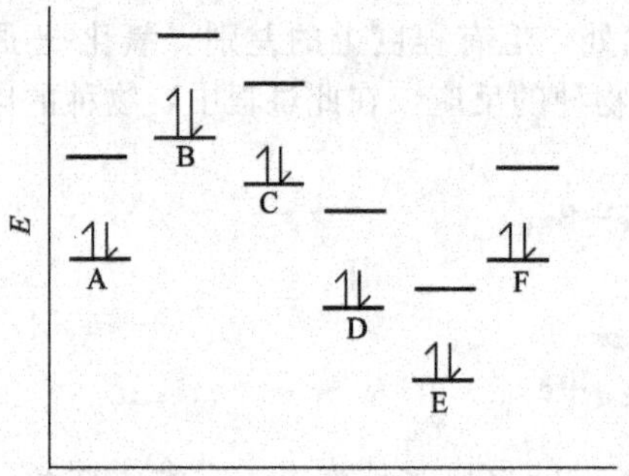

在许多反应中，最重要的起始的混合作用，将在各自的前线轨道——最高已占分子轨道（HOMO）和最低未占分子轨道（LUMO）之间发生[39,40]。根据这个概念，前述反应的多样性可用图 3-10 明确地表示出来。当反应物 A 和 B 作用时，电子自 B 至 A 的传递，即 A（LUMO）-B（HOMO）将是有利的，这时，A 起氧化剂的作用；而当 A 和 C 相作用时，则有利于发生 A（LUMO）-C（HOMO），A 将起酸的性质；和 D，则有利于发生

图 3-10　不同反应物前线轨道的相对能量

A(HOMO)-D(LUMO)，A 就具有碱的性质；最后与 E 作用时，则有利于发生 A(HOMO)-E(LUMO)，这时，A 将作为还原剂存在。根据前线轨道之间电子传递的方式划分的基元化学反应有如下三类。

1. 通过 HOMO-LUMO 之间电子对的供-受 (D-A)[41~43]

这时，电子供体的 HOMO 和电子受体的 LUMO 发生作用，最典型的例子就是 Lewis 酸-碱反应（图 3-11）和按 S_{N2} 机理进行的亲核取代反应（图 3-12）：

$$Y^- + R_3C—X \longrightarrow R_3CY + X^-$$

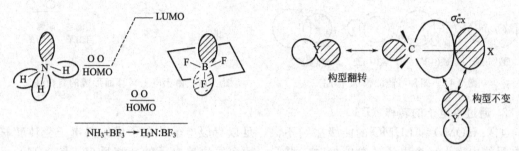

$$NH_3 + BF_3 \longrightarrow H_3N:BF_3$$

图 3-11　形成供-受配合物时轨道的相互作用图　　图 3-12　亲核取代反应中前线轨道的相互作用

在后一种情况中，亲核试剂 Y^- 的 HOMO 从背后进攻 C—Xσ 键的反键分子轨道（LUMO），从而发生了构型翻转，例如：

$$HO^- + \underset{R^3}{\overset{R^1}{R^2}}C—Cl \longrightarrow HO—C\underset{R^3}{\overset{R^1}{R^2}} + Cl^-$$

而亲核试剂 Y^- 由前面进攻时，由于轨道间不能相互匹配，因而在 S_{N2} 反应中从未得到过构型不变的产物。

根据分子轨道理论，这种供-受作用有如下特点：

A. 可以和通常用点电子所表示的（A：B）意义不同，不要求供-受轨道非定位在单一的原子上，或定位于两个原子之间不可，轨道可以是多中心的，例如，像苯环上的 π 离域电子那样[44]：

$$+Ag^+ \longrightarrow $$

B. 无须像通常对 Lewis 碱或 Lewis 酸所要求的那样，供-受轨道总是非键轨道，把前者表示成带有孤对电子的物种（B，例如 NH_3），后者则为不完全的八隅体（A，例如 BF_3）。碱的 HOMO 轨道既可以是非键轨道（σ 键），也可以是成键轨道（π 轨道）；同样，酸的 LUMO 轨道既可以是非键轨道（σ 轨道），也可以是反键轨道（$π^*$ 轨道）。

C. 供-受作用的程度可以从零—弱的分子间力和理想的离子缔合（如果反应物是离子性的），到电子供体和电子受体共享两个电子。这种连续性可以用下述波函数表示，即：

$$\psi_{AB} = a\psi_1(A^- B^+) + b\psi_0(AB) \qquad (3-10)$$

或

$$\psi_{AB} = [a\psi_A + b\psi_B]^2 \qquad (3-11)$$

而供-受程度则和比值 a^2/b^2 成正比。供-受作用的程度主要取决于前线轨道之间的能量差以及它们之间的有效叠合。这里，将有如图 3-13 所示的四种不同的结合状态，图中虚线圆表示受体（酸）的 LUMO。这里，由供体（碱）的 HOMO 和受体的 LUMO 等"前线轨道控制"的反应的稳定化能 $[b\psi_0(AB)]$，其相对强度在括号内用弱、中、强表示了出来，如果这时考虑到由"电荷控制"的反应的贡献 $[a\psi_1(A^-\ B^-)]$，那么，这种关系实质上就成了 Pearson 的硬-软酸碱定则的理论依据[45]。

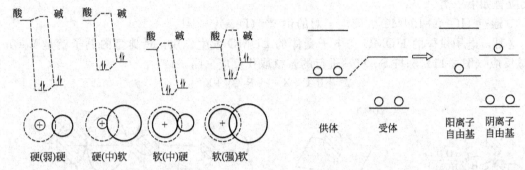

图 3-13　四种可能的供-受作用　　　　　图 3-14　由于电子转移而形成的自由基对

2. 通过单电子的转移（ET）

如果 HOMO 和 LUMO 的能级差别不大，足以克服电子从电子供体向电子受体转移，和在受体中加入一个电子的总能量时，那么，就会发生单电子的转移反应（图 3-14）。这时，将形成更加活性的物种——自由基[46]；这也包括自由基单独占有轨道（SOMO）和底物的 HOMO 或 LUMO 之间的相互作用（图 3-15）。两个不同金属原子或离子之间的这种电子转移，在过渡金属化学中是最重要的反应之一[47]。

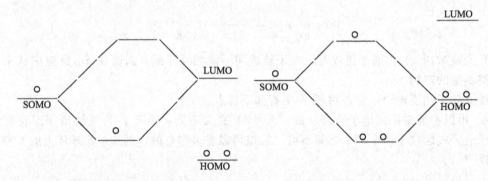

(a) 高能单电子轨道的亲核自由基反应　　　　　(b) 低能单电子轨道的亲核自由基反应

图 3-15　高能单电子轨道的亲核自由基反应以及低能单电子轨道的亲核自由基反应

3. 通过 HOMO-LUMO 之间的电子对的相互交换

当两个分子的各自的 HOMO 和 LUMO 轨道的能级差别不大时，如图 3-10 中 A 和 F 相作用时，那么，两者将发生相互交换的作用。热允许的 ［4S＋2S］环化加成以及丁二烯和顺丁烯二酸酐之间的 Diels-Adler 反应（图 3-16），就是这类反应中最典型的例子[48]。这里要强调指出的是，这两个交换过程是同时进行的。

五、晶体场和配位场理论简介

在以上谈及的物质之间的三类相互作用中，如果其中物质之一是过渡元素及其化合物，那么，它们和另一种物质之间的作用无论是形成配合物的结构、分子轨道能级的相对分布以及它们为电子充填的特点等。已成功地用有关配合物化学的理论——价键理论、晶体场和配位场理论加以说明。这对研究催化作用来说显然是重要的，因为现在知道，最重要而广泛的催化剂大多是过渡金属及其化合物。均相配位催化剂几乎全是过渡金属的配合物，（金属）酶中的金属主要是过渡金属，固体催化剂也大都是过渡金属及其氧化物。近年来，催化研究

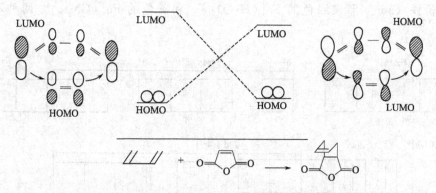

图 3-16　热允许环加成反应中前线轨道的交换作用

由于广泛引用这些理论的结果，确实也得到了可以说得上是明显的进展，不仅证明任何含过渡金属的催化体系都具有配位的特征，而且，对某些由含过渡金属催化剂所催化的过程，已不再如上述那样定性地，而是可以半定量地作出说明。可以毫不夸张地说，这些理论已成为今天研究催化作用本质不可缺少的理论基础。这里，由于篇幅的限制，同时，考虑到已有不少这方面的专著，所以，不可能也不必要从根本的原理（量子化学）到概念以及理论的发展作详细说明，只能提供一些定义和理论公式，以及扼要地介绍从几种实际有效的理论得到的一些结果，至于这些理论在催化中的实际应用，将在以后各章中结合具体催化剂和反应再行阐述。

过渡金属原子可因电子填充的最外层能级是 d 能级（d 轨道），d 轨道的径向及角度分布不同于 s 及 p 轨道的特性（图 3-17），决定着过渡金属原子的特殊的化学性质。

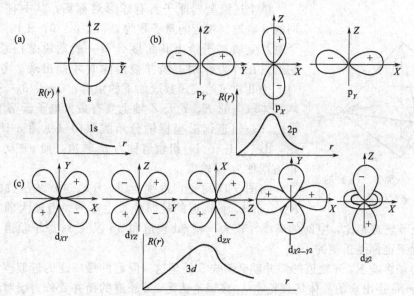

图 3-17　原子波函数的角度分布（s，p_X，p_Y，p_Z，d_{XY}，d_{YZ}，d_{ZX}，$d_{X^2-Y^2}$，d_{Z^2}）
及径向分布 $[R(r)]$ 图

价键理论是由 L. Pauling 提出来的。他指出，八面体配位的过渡金属离子是 d^2sp^3（即 $3d^24s4p^3$）或 sp^3d^2（即 $4s4p^34d^2$）杂化，这些杂化轨道用来和配体形成化学键。在第一种情况中，3d 轨道中有 3 个未参加杂化，而在第二种情况，5 个 3d 轨道均未参加杂化，这意味着第一种情况最多有 3 个未配对 d 电子，第二种情况最多有 5 个。这可以用来很好地解释例如由二价铁（3d^6）形成绿色的 Fe$[(H_2O)_6]^{2+}$ 和黄色的 Fe$[(CN)_6]^{4-}$ 两种不同的配合物：

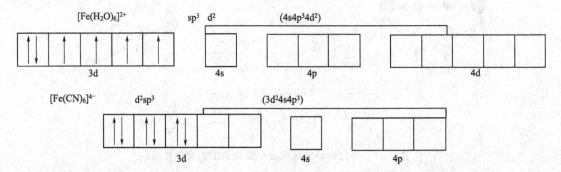

前者每个铁原子有 4 个未配对电子，是顺磁性的；后者没有未配对电子，是抗磁性的。这一理论现在基本上已被摒弃不用，虽然有时还会提到这一理论的某些术语，例如，"内轨道"（3d 轨道参与杂化）和"外轨道"（4d 轨道参与杂化）配合物。这个理论最严重的缺点是没有考虑反键轨道，因此，无法解释电子光谱，不能说明有 6 个以上 d 电子的相当稳定的"内轨道"配合物的存在。尽管这个理论对理解金属配合物化学有过重要贡献，但这里不准备对它作进一步讨论[49]。

晶体场和配位场理论在处理配位化合物时可以得到更加满意的结果。晶体场理论完全是一种静电理论，而配位场理论则是静电理论和分子轨道（MO）理论的结合，两者的计算有许多共同之处，所以本节将在明显地引进分子轨道之前较详细地介绍一下前一个理论。

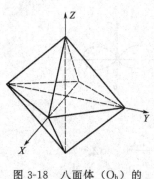

单个过渡金属原子具有球形对称场，其中有五个能量相同的 d 轨道（相应的量子数为 $l=2$；$m=0$，± 1，± 2）。对单个过渡金属离子绘出其角度分布一般地说是任意的，因为，它们只在外力作用下简并被消除时才能出现。考虑到这点，对 5 个 d 轨道的波函数取如下的组合：d_{z^2} 及 $d_{x^2-y^2}$ 轨道在沿八面体取向的 X、Y 及 Z 轴上具有最大电子云密度，而 d_{XY}、d_{YZ}、d_{XZ} 轨道则沿坐标轴分角线取向（见图 3-18）。根据群论，d_{XY}、d_{YZ}、d_{XZ} 组轨道称为 t_{2g} 轨道，而 d_{z^2} 及 $d_{x^2-y^2}$ 两个轨道则称为 e_g 轨道。

图 3-18　八面体（O_h）的坐标体系

由图 3-17 可见，过渡金属（d 轨道）波函数的径向分布 $R(r)$ 和 s、p 轨道的径向分布也不同，有较大的扩散性，和定域的 s 及 p 轨道相比，空间的离域性较大。将 3d 轨道和 3p 以及 3s 原子轨道比较时，这在任何情况下也都是正确的。

在外力场影响下，d 轨道的简并就会消失。处理这一问题的最广泛的近似理论，最早是由 H. A. Bethe 提出来的晶体场理论[50]。该理论认为，d 轨道的简并受外力场对称性及方向的影响，在配位场中，中心金属原子的 d（或 f）电子能级就会发生分裂。所谓配体，就是位于第一配位界内，即和中心金属离子紧挨并能与之作用的物种（原子、阴离子或分子）。中心原子和配体形成配合物时，通常把配体看成处于外静电场中的点电荷，一般不考虑它的轨道结构，这里，生成共价键的可能性显然完全被忽略了。晶体场理论近年来的发展已可用来说明晶体中离子的化学性质及磁性，过渡金属化合物的光谱、ESR 谱以及其它特性[51~53]。

d 轨道分裂以及分裂轨道为电子填充的特点取决于配合物的对称性和配体的性质。过渡金属原子在完全成球形的负电荷场作用下，由于斥力作用的关系，其 d 能级要比单个离子的高（E_0，参阅图 3-19），在实际配合物或固体中，晶体场的对称性比球形的低，d 轨道是这样分裂的：其平均能量保持和球形场中的能量 E_0 相等。如果中心离子周围有 6 个沿八面体轴分布的配体，那么，其中电子将对 e_g 轨道 d_{z^2} 和 $d_{x^2-y^2}$ 上的电子发生斥力，由于斥力的作用，这些轨道的能量和原来 5 个简并 d 能级相比就会有所增高，而 t_{2g} 轨道 d_{XY}、d_{YZ}、d_{ZX} 在能量上将变得有

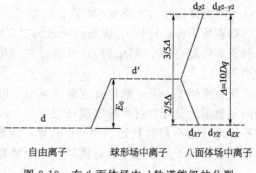

图 3-19　在八面体场中 d 轨道能级的分裂

利，原来的 d 能级分裂成了两组副能级——下部一组由 3 个简并的 t_{2g} 轨道组成，而上部则由两个简并的 e_g 轨道组成一组。总的分裂值。即 t_{2g} 和 e_g 轨道之间的距离，通常用 Δ 或 $10Dq$ 表示，称为晶体场分裂参数。由于 d 电子的平均能量 E_0 保持不变，所以上部 2 个轨道应配布在比原来未分裂 d 轨道高 $3/5\Delta = 6Dq$ 处，而下部 3 个轨道的位置则要比原来 d 能级的 E_0 低 $2/5\Delta$ 或 $4Dq$。

当中心离子处于四面体环境中时，由于其 t_{2g} 轨道较之 e_g 轨道更接近于配体，因此，3 个 t_{2g} 能级要比球形场中的 d' 能级高 $3/5\Delta$，而两个 e_g 能级则比原来的低 $2/3\Delta$（参见图 3-20）。在配体相同的情况下，这里，不仅总的分裂值 Δ_T 要比八面体环境中的分裂值 Δ_0 小：

$$\Delta_T = 4/9\Delta_0 \tag{3-12}$$

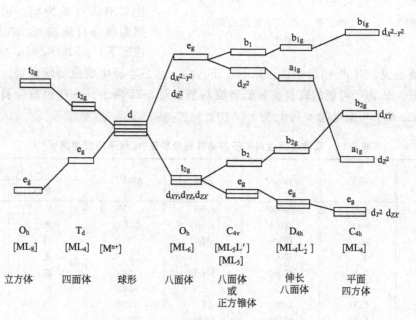

图 3-20　各种配位场中 d 能级的分裂情况

而且，原来呈球形对称的 d' 能级的能量 E_0'［参见图 (3-19)］也要比八面体中的 E_0 小些。同样可以指出，在立方环境中：

$$\Delta_C = 8/9\Delta_0 \tag{3-13}$$

图 3-20 进一步指出了当配合物中含有不同配体，对称性继续降低时 d 轨道是怎样分裂的。例如，在正方锥体中（对称群 c_{4V}），2 个 e_g 轨道的能量已经不同了，在 $d_{x^2-y^2}$ 轨道上的电子对配体的斥力大于 d_{z^2} 轨道上的电子，从而使 $d_{x^2-y^2}$ 轨道的能级有所升高，而 d_{z^2} 轨道的则有所下降。同样 t_{2g} 轨道也一分为二：b_2 轨道（d_{XY}）及 e 轨道（d_{YZ}、d_{ZX}）。在三角形和正方形配合物中（D_{4h} 群），分裂将进一步增加。对称性继续下降使 d 轨道的简并最后完全消失。

现在来研究一下 d 轨道在连续填充电子时发生的情况。电子在配合物中过渡金属中心离子的 d 轨道上分配时有两种倾向进行竞争：a. 电子力图占据最稳定的轨道；b. 电子力图自旋平行地分占不同的轨道（Hund 原理，或最大多重性原理）。第一种倾向取决于晶体场，也就是排斥电子的静电斥力，例如，八面体场中位于 t_{2g} 轨道上的电子。第二种倾向则和可交换的相互作用有关，例如，原子体系的稳定性在可交换的相互作用的影响下，可因自旋平行的不成对电子数的增加而增加。在强配体场中（Δ 大），第一种倾向起主要作用，形成低自旋的配合物，而在弱场中（Δ 小），则第二种趋势为主，形成高自旋配合物。对给定的金属离子来说，Δ 都有一个临界值，高于该值时，易于生成低自旋配合物，而低于该值时，则生成高自旋配合物。如果成对能 p 低于 Δ，那么就能实现低自旋构型，相反，$p>\Delta$，则实现高自旋构型。在配体相同的情况下，$p(d^6)<p(d^7)<p(d^4)<p$

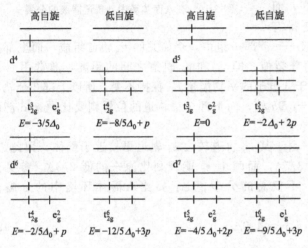

图 3-21 d^4、d^5、d^6、d^7 离子可能的高自旋及低自旋基态

（d^5），也就是说，对 d^6 构型来说（Co^{3+}、Fe^{2+}），总是容易生成强场配合物。八面体场中 d^4、d^5、d^6、d^7 离子可能的高自旋和低自旋基态如图 3-21 所示。一些过渡金属离子的晶体场分裂值 Δ_0 及平均成对能 p 列于表 3-13 中。

表 3-13 几种过渡金属离子的晶体场分裂值 Δ_0 和平均成对能 p[54]

构型	离子	p/cm^{-1}	配体	Δ/cm^{-1}	自旋状态 预测值	自旋状态 实验值
d^4	Cr^{2+}	23500	$6H_2O$	13900	高	高
	Mn^{3+}	28000	$6H_2O$	21000	高	高
d^5	Mn^{2+}	25500	$6H_2O$	7800	高	高
	F^{3+}	30000	$6H_2O$	13700	高	高
d^6	Fe^{2+}	17600	$6H_2O$	10400	高	高
			$6CN$	33000	低	低
	Co^{3+}	21000	$6F^-$	13000	高	高
d^7	Co^{2+}	22500	$6NH_3$	23000	低	低
			$6H_2O$	9300	高	高

Δ 值不是计算得来的，一般是通过实验由分析分子的光谱数据决定。它因配合物不同而异，就任何一种离子而言，通常均按不同配体产生的 Δ 的大小排列成一个次序，以比较配

体和金属离子之间的作用强弱。现在发现，不论所考虑的是什么正离子，就大多数配体而言，有一个几乎相同的序列，一个缩短了的序列如下所示：

$$I^- < Br^- < Cl^- < SCN^- < F^- < OH^- < H_2O < NH_3 < NO_2 < CN$$

因为通常这是从光谱测定的，故这个序列常被称为光谱化学序列（spectro-chemical series），可以用来作为区分弱场还是强场的依据。

对二价金属 M^{2+} 氧化物和氢氧化物，以及 M^{2+} 在溶液中和含氧配体形成的配合物，参数 Δ 约为 $7500 \sim 12500 cm^{-1}$（$0.9 \sim 1.6 eV$ 或 $80 \sim 140 kJ/mol$），对三价金属的相应配合物，Δ 则为 $13500 \sim 21000 cm^{-1}$，而对四价的，例如 Pt^{4f}，Δ 为 $30000 cm^{-1}$。在第一长周期（3d 元素）过渡金属的含氧化合物中，只有 d^6 体系才能生成强场配合物，而含氮配体则能和别的电子数的过渡金属生成强场配合物。从弱场过渡到强场的 Δ 值，在光谱系列中，位于 H_2O 和 NH_3 之间。对第二和第三周期，则常常生成低自旋配合物，它们的 Δ 值约要大 $30\% \sim 70\%$。

在八面体场下部的 t_{2g} 轨道上填入第一个 d 电子时，和球形构型相比是要获得能量的，这种能量称为晶体场稳定化能（CFSE），如果过渡金属离子在八面体配位场中 d 轨道构型为 $(t_{2g})^m(e_g)^n$，这里 m 和 n 为 t_{2g} 和 e_g 轨道上相应的电子数，那么：

$$CFSE = \Delta_0(4m-6n)/10 = (4m-6n)Dq \tag{3-14}$$

对四面体构型 $(e_g)^n(t_{2g})^m$，则：

$$CFSE = \Delta_T(6m-4n)/10 = (6m-4n)Dq \tag{3-15}$$

对于八面体配合物，高自旋和低自旋的 d^n 电子的 CFSE 的数值（以 Δ_0 的分数表示），如表 3-14 所示。

表 3-14　八面体配合物高自旋和低自旋的 d^n 电子的 CFSE 数值

$n(d^n)$		0	1	2	3	4	5	6	7	8	9	10
CFSE(Δ_0)	高自旋	0	0.4	0.8	1.2	0.6	0	0.4	0.8	1.2	0.6	0
/Dq	低自旋	0	0.4	0.8	1.2	1.6	2.0	2.4	1.8	1.2	0.6	0

由表中的数据可见，在弱八面体场中，d^3 及 d^8 型的 CFSE 最大，而 d^5 的最小。在强场中，则 d^6 的最大。表 3-15 列出的是在接近弱场的条件下，不同构型的 CFSE 值[51]。由这些数据可见，在任何弱场的情况下，除构型为 d^0（Sc^{3+}、Ti^{4+}、V^{5+}）、d^5（Mn^{2+}、Fe^{3+}）和 d^{10}（Cu^+、Zn^{2+}）以外的所有过渡金属离子，在晶体场作用下都有晶体场稳定化能。如果没有 CFSE，这些离子就和电荷以及半径与之类似的主族金属离子一样。构型为 d^0、d^5

表 3-15　3d 电子在接近弱场条件下的 CFSE 值 　　　　　　　　　单位：Dq

电子构型	三角形 D_{3h}	四面体 T_d	平面四方形 D_{4h}	正方锥体 C_{4v}	八面体 O_h
d^0	0	0	0	0	0
d^1	3.86	2.67	5.14	4.57	4.0
d^2	7.72	5.34	10.28	9.14	8.0
d^3	10.92	3.56	14.56	10.0	12.0
d^4	5.46	1.78	12.28	9.14	6.0
d^5	0	0	0	0	0
d^6	3.86	2.67	5.14	4.57	4.0
d^7	7.72	5.34	10.28	9.14	8.0
d^8	10.92	3.56	14.56	10.0	12.0
d^9	5.46	1.78	12.28	9.14	6.0
d^{10}	0	0	0	0	0

和 d^{10} 的离子具有更为对称的环境，在强场中，d^0 以及 d^{10} 构型的离子也具有同样的性质，而 d^5 构型的离子则能为晶体场所稳定。

在对称性比八面体和正四面体低的晶体场中，能级分裂（图 3-20）可用 Jahn-Teller 理论（Tahn-Teller 效应）解释[55]。该理论应用于配合物时可表述如下：当配合物中离子的轨道基态是电子简并时，振动将使核位置发生改变，直至原子不再具有对称性较低、能量较小的构型，而且，原来的简并也已消除时为止。在文献［56］中，Jahn-Teller 理论有更详细和严格的证明。

Jahn-Teller 效应是由过渡金属化合物常常结晶成低对称性结构这一事实决定的。例如，八面体配位中 Cu^{2+} 的电子构型为 d^9 —— $t_{2g}^6 e_g^3$。d^{10} 离子在任何场中都是球形对称的，d^9 离子与之相比，d 壳层中有一个空穴，后者可以位于一个 e_g 轨道上：$d_{X^2-Y^2}$ 轨道或 d_{Z^2} 轨道上。在第一种情况下，核在 X 和 Y 方向上的屏蔽较小，这样，配体（阴离子）就被拉得较

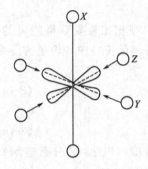

图 3-22　d^9 电子构型离子
（Cu^{2+}）配位化合物
中的键结构

紧，使 X 和 Y 轴方向上的键强大于 Z 轴方向上的（图 3-22），而在第二种情况下则相反，Z 轴方向上的键较强。实验指出，$CuCl_2$、$CuBr_2$、CuI_2 等属于第一种情况，生成了由两个长键和四个短键组成的畸变八面体（伸长八面体）构型。例如，在 $CuCl_2$ 中，4 个 Cu—Cl 键的长度为 0.230nm，而另两个 Cu—Cl 键则为 0.295nm。在这样的晶格中，除了发生 t_{2g} 及 e_g 能级分裂外（参见图 3-20），在晶体场中，稳定性亦将有所增加；极限的情况当然就是两个远离的配体被完全除去，最后生成平面四方形（D_{4h}），那就是呈单斜结构的黑铜矿（CuO）的结构。在第二种情况下则呈压缩八面体。和这种结构类似的配合物，除了构型为 d^9 的离子之外，还有构型为 d^4 的高自旋配位离子（Cr^{2+}、Mn^{2+}）及构型为 d^7 的低自旋配位离子（Co^{2+}、Ni^{3+}）。

在 d^1、d^2、d^6 以及 d^7 等的高自旋以及 d^4 和 d^5 等的低自旋八面体配合物中，晶体结构偏离正八面体的 Jahn-Teller 畸变并不明显，这是因为这时 t_{2g} 轨道（d_{XY}、d_{YZ}、d_{ZX}）的对称轴并不指向配体，因此电子在 t_{2g} 轨道上作非对称填充时对键长的影响远远小于在 e_g 轨道（$d_{X^2-Y^2}$、d_{Z^2}）上填充时的。t_{2g} 轨道全充满（或半充满）和 e_g 轨道全空的结构以及 d^3、d^5 和 d^8 等的高自旋配合物，d^6 的低自旋配合物也都不会发生畸变。

在四面体配合物中，当简并消失时将产生三角形畸变；四面体沿三次轴压缩或伸长。例如，$TiCl_4$（d^0 无 Jahn-Teller 效应）是正四面体结构，但 VCl_4（d^1）则为压缩四面体结构。

已经知道，晶体场作用下的稳定作用仅是保证过渡金属配合物稳定性的一个因素。图 3-23 列出了二价离子水合物的水合热 Q_H 和氯化物的晶格能 Q_L 的实验数据。实验数据（●，○）

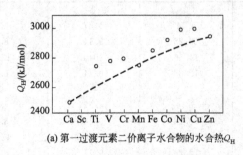

(a) 第一过渡元素二价离子水合物的水合热 Q_H

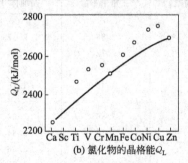

(b) 氯化物的晶格能 Q_L

图 3-23　第一过渡元素二价离子水合物的水合热 Q_H 和氯化物的晶格能 Q_L

分布在 d^5（Mn^{2+}）处有最低值以及另外还有两个最大值的曲折线上，如果考虑到 CFSE，Q_H 以及 Q_L 的校正值就能很好地落在联结这一周期始末的直线上。这对配合物稳定性的贡献是因配体被拉入呈球形对称的离子内界中决定的。第一长过渡金属二价离子配合物的稳定性，不管是何种配体，都是按以下序列增大的：

$$Mn^{2+} < Fe^{2+} < Co^{2+} < Ni^{2+} < Cu^{2+} > Zn^{2+}$$

显然，这也包括含氧的配合物，当然，固体中金属离子和氧离子之间的键也不例外。

在过渡金属化合物的系列中，不同性质变化的双峰关系是相当普遍的。例如，第一过渡系列三价离子的水合物的水合热 Q_H 如图 3-24 所示，从周期的始末也同样可以观察到明显的双峰关系，经过 CFSE 校正的 Q_H 值，可以落在联结期间始末元素的平滑直线上。不过这里 d^5 构型的离子是 Fe^{3+}。

从 J. A. Van Vleck[57] 开始，为了说明过渡金属化合物的结构和性质，根据分子轨道法着手开发了一种称为配位场理论的新理论。该理论和晶体场理论不同之处是除了考虑中心离子的电子结构外，还同时考虑了配体的电子结构。

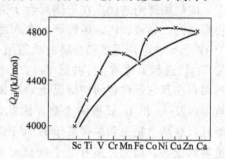

图 3-24　第一过渡元素三价离子
水合物的水合热 Q_H

这一理论在许多著作中已有详细说明[51,53]。总的来说，这里所用方法和量子化学中广泛使用的以原子轨道线性加和（LCAO）为基础的分子轨道（MO）法相同。

由过渡金属离子和配体组成的配位化合物，其分子轨道由中心离子的轨道和配体的轨道组合而成。在进行这样的组合时，必须根据群论的规则，求得配体轨道的组合，即所谓配体的群轨道，金属和配体的群轨道组成配合物的分子轨道时，则要应用对称性以及重叠作为判据。

图 3-25 是八面体配合物中，由金属的 3d、4s 以及 4p 原子轨道和配体的群轨道（未考虑 π 键）组成的分子轨道能级图。左侧是金属离子的轨道，而右侧则是配体的轨道，中央为配合物的分子轨道。金属的 4s 轨道和配体的 A_{1g} 群轨道 $\sigma_1 + \sigma_2 + \sigma_3 + \sigma_4 + \sigma_5 + \sigma_6$ 相结合（这里 σ_i 为单个配体的轨道）生成成键轨道 A_{1g} 和反键轨道 A_{1g}^*。金属的 3 个 4p 轨道和配体的 3 个 T_{1u} 轨道结合，形成 T_{1u} 成键和 T_{1u}^* 反键轨道，而 2 个 E_g 轨道（d_{z^2} 和 $d_{x^2-y^2}$）则和配体的 E_g 轨道组合成 E_g 成键和 E_g^* 反键轨道。简并

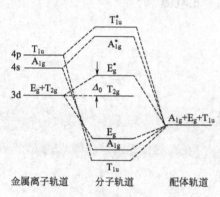

图 3-25　由第一过渡系金属离子
和 6 个无 π 轨道配体组成八面
体配合物时的分子轨
道能级示意图

度通过图中列出的轨道符号来表示，在这一图示中，金属的 T_{2g} 轨道，根据对称条件，在配体轨道中没有相对应的轨道，因此，依然保持原来的非键原子轨道，其能量和原来金属原子的 3d 轨道的相当。在形成分子轨道时，必须把配体的 12 个（按 6 个配体的轨道，每个上有 2 个电子计算）电子和构型为 d^n 的中心金属离子的 n 个电子分别安置好。第一部分被安置在 A、G、T_{1u} 以及 E_g 等成键的 σ 轨道上，其余的 n 个电子则可放置在金属原子的非键轨道 T_{2g} 以及反键轨道 E_g^* 上，两者的容量分别为 6 个和 4 个电子。后两种轨道之间的距离 $\Delta_0 = 10Dq$ 可由光谱数据决定，完全和晶体场理论中相应的值相同，然而，它们各自能级的起源

是不同的。这里，T_{2g} 轨道是非键的，能级和原来简并 d 能级的相同，而反键轨道 E_g^* 的则位于 T_{2g} 能级之上。根据这个图示，显然，在 T_{2g} 轨道上填充电子时没有稳定化能（有利），相反，在 E_g^* 轨道上填充时，能量上就不利了。配位场作用下的稳定化能（LFSE）可以通过电子在所有非键和反键轨道上最大平均分配时的结构，向电子在轨道上真实分配时的结构转化时的能量变化来决定[58]，同时，这些轨道在强以及弱配体场中的相对能量及其电子充满度和晶体场理论中的保持一样。

配位场理论的优点在于能对含 π 键配体的配合物进行研究，如众所周知，这样的配体是相当多的，如氧、氮、烯烃等。在八面体配合物中，对称群为 T_{2g}、T_{2u}、T_{1g}、T_{1u} 的配体的 12 个 π 轨道，可以和金属的轨道组合。例如，配体的 T_{1u} 轨道和金属的 4p 轨道，而配体的 T_{2g} 轨道和金属的 T_{2g} 轨道 d_{XY}、d_{YZ} 和 d_{XZ}。在这一种情况中，后者就不再是非键的了。然而，在其它条件相同的情况下，八面体中金属的 T_{2g} 轨道和配体轨道的重叠远远小于 E_g 轨道以及 4s 和 4p 轨道的重叠，因此，π 轨道将分裂为成键 T_{2g} 和不太大的反键 T_{2g}^* 轨道，而且，这两个轨道和原来离子的 3d 能级保持接近，也就是说，在图 3-25 中央部分的 T_{2g} 轨道要略低些，而另外还有一个能级略高的 T_{2g}^* 轨道。注意到图 3-25 中没有对称性为 T_{1g} 和 T_{2u} 的轨道，因此这些轨道是非键的，这样，对这个体系同样可示于图 3-26 中。在对称性为 T_{2g} 的配体群轨道和金属离子非键 T_{2g} 相互作用时，有可能出现两种情况：a. 配体有能量低于 3d 的填满 π 轨道（如图 3-26 所示）；b. 配体有能量高于 3d 的空 π 轨道。这两种情况的能级可以分别用图 3-27 来表示。第一种情况的例子有 H_2O 和卤化物（在光谱系列中属于弱场范围），而第二种情况则有 CN^- 和 CO（强场）等。

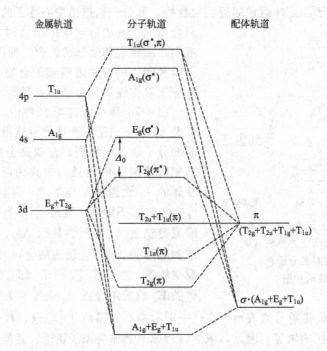

图 3-26　金属离子和含 π 轨道配体组成八面体配合物时分子轨道的示意图

对大多数平面正方形配合物，最一般的 MO 图如图 3-28 所示。

分子轨道法明显地指出了配体的电子和金属的 d、s、p 电子是怎样参与形成化学键的。由上述图示可见，这已有不同的情况，从共价键到有高度离子性的极性键。如果键由配体的孤对电子和受体——金属的空轨道形成，那么，这样的键就是上述所谓的供-受（D—A）键

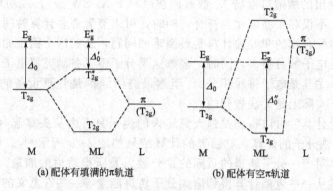

(a) 配体有填满的π轨道　　　　(b) 配体有空π轨道

图 3-27　配体 π 轨道对配合物分子轨道的影响

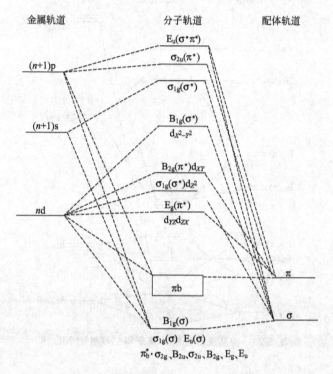

图 3-28　对平面四方形配合物 ML_4 的 MO 图的排列对 $PtCl_4^{2-}$ 相当吻合

（也可以叫做配位键，然而，配位键这个概念现在已被用来指过渡金属配位化合物中各种形式的键了）。如果电子以相反方向位移，即电子从金属的充满轨道向配体的空轨道转移，那么，金属就变成了供体（D），而配体就是受体（A），这样的键常被区别称为配价键（dative bond）。例如，在八面体中，π 键可以通过电子密度从金属的 d_{XY}、d_{YZ}、d_{XZ} 轨道反方向流入配体的 t_{2g} 轨道形成等，因此 d 轨道部分或全部充满的金属，包括构型为 d^{10} 的离子，如 Hg^{2+}、Cd^{2+}、Cu^+、Ag^+、Pt^0 等都有形成这种键的倾向。

　　现在已有多种可以从理论上计算过渡金属化合物分子轨道能量的方法，如推广的 Hückel 法（EHM）、Fenske-Hall 法（FH⁻M）、全略微分重叠法（CNDO）、X_α 法等。本章末列出的有关参考书中都有对这些方法的评论。这些计算在最好的情况下也只能对能级给出正确的序列。20 世纪 70 年代，由于应用了非经验的和未应用近似 LCAO 法而得的分子轨道法，使计算配合物的能量结构获得了极大的进展。其中，由 J. C. Slater[59] 和

K. J. Johnson[60]提出的所谓自洽场 X_α 散射波法（SCF-X_α-SW 法），成功地算出了一系列配合物的能量结构，不仅和实验值相当符合，同时，可以节省许多计算时间。

完成过渡金属配合物的非经验计算是最困难的问题，造成这个困难的原因很多，最主要的是这类分子中的电子数目很多，同时，多数这类分子不具备满壳层电子结构，这意味着要计算大量的积分（尤其是电子排斥积分）。当然最终的原因是计算设备的规模和完善程度，但这在目前情况下实际上是无法做到的。

迄今由"完全计算"可以得到差强人意结果的例子只有由从头算起（AbInitia）方法对 $[CuCl_4]^{2-}$ 和二茂铁分子的计算，对后者的计算结果如图 3-29 所示[61]。由所得计算值，可以给出金属和配体对每一分子轨道的贡献的百分数以及所得轨道的能量，具有半定量性质。总之，目前还只能从一些近似计算得到诸如分子轨道能量等一些有意义的信息。

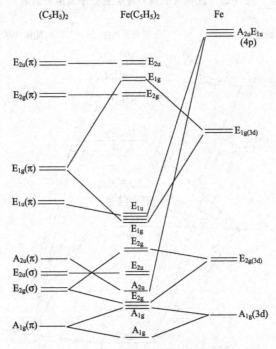

图 3-29　由从头算起法计算所得二茂铁的 MO 图

第三节　催化中的物理化学

在研究一个工业上有用的催化过程的化学体系时，两个问题是需要认真考虑的，一个问题是，反应进行时能达到何种程度。所有化学反应在远离绝对平衡时总是会停止的，那么在怎样的特殊平衡位置上体系停止反应最好。回答这些和有关的问题是热力学的范围。第二个要考虑的问题则是反应能进行得多快。亦即反应能以多快的速度达到平衡状态。回答这些和有关的问题，涉及化学的动力学。在设计一个催化过程时，这两种考虑都是至关重要的。体系的热力学决定在特定的条件下能达到的最大收率，不管速度多快，如果平衡常数不大，收率总是低的，这样就不能得到有活力的过程；对平衡常数很大的体系，尽管这时产物有一个潜在的高收率，但如果达到平衡的速度很慢的话，那也就没有价值了。概括地说，几乎在每一种情况下，无论是收率还是速度，都需要考虑经济因素。

化学热力学已是科学上一个确定的分支，对很多化学体系可以提供许多信息，从这些信息，就可以把平衡作为温度、压力或浓度以及别的参数的函数确定下来。即使没有确切的信息，热力学知识的主体也可以回答，作出明智的预想。它在人们的化学直观和用以评估中有很大意义。

热力学的基本原理是 Gibb's 自由能 G、热焓 H 和熵 S 的变化仅依赖于体系的终态和始态，和从始态至终态的径路无关。但是，这种情况和化学动力学明显不同，动力学参数（速度常数 k、活化能 E 和反应级数 n）敏感地依赖于所经路径。引入催化的途径不仅可以改变这些参数的值，而且还有它们的重要意义。读者若需要进一步深入了解有关热力学和动力学的原理，可以参阅任何一本完美的物理化学教科书。

一、催化反应热力学

化学和酶催化反应与普通化学反应一样，都是受反应物转化为产物过程中的能量变化控制的，无论是发生反应的可能性还是发生反应时的速度均为能量变化的函数。热力学这门科学是描述物理和化学过程中能量变化的定律。这一学科的主要概念可用两个统一的原理表达，即热力学第一定律和热力学第二定律。这些定律既可用来描述化学反应的速度，又能在考虑能量的基础上给出反应最终的平衡状态。下面对催化反应热力学的介绍尽管不是完整的，但已可包括最重要的特点。

（一）热力学第一定律

众所周知，能量的转换是在空间范围内进行的。热力学把在一定空间范围内的物体称为体系，体系以外的部分称为环境；但后者通常是指与体系有相互影响的有限部分的物质。如果物质以及以热或功表示的能量可以通过边界，那么，这样的体系就是敞开的。如果物质不能通过边界，而能量可以通过，那么，体系就是封闭的。如果体系和环境之间既无物质交换，又无能量交换，那么，体系就是孤立体系；严格说来，自然界是不存在绝对孤立体系的。

热力学第一定律，即能量守恒和转化定律，说明能量有各种形式，能够从一种形式转化为另一种形式，从一个物体传递给另一个物体，但在转化和传递中，能量的总量总保持不变。如果反应开始时体系的总能量是 E_1，终了时增加到 E_2，那么，体系的能量变化 ΔE 为：

$$\Delta E = E_2 - E_1 \tag{3-16}$$

体系增加的能量 ΔE 正好和环境损失的能量相当。

如果体系从环境接受的能量是热，那么，还可以做功，像气体受膨胀那样。所以，体系的能量变化 ΔE 必须同时反映出体系吸收的热和膨胀所做的功。体系能量的这种变化可表示为：

$$\Delta E = Q - W \quad 或 \quad Q = \Delta E + W \tag{3-17}$$

式中，Q 是体系吸收的热能；W 则为体系所做的功。通常，当热是被体系吸收的，那么，Q 就是正值，当热是损失的，Q 就是负值；相反，当对体系做功时，W 值是负值，而当体系对环境做功时，W 值就是正值。这里要着重指出的是体系能量的变化 ΔE 仅和始态及终态有关，和转换过程中所取途径无关。

大多数化学和酶催化反应都在常压下进行。在这一条件下操作的体系，从环境吸收热量时（$+Q$）将伴随体积的增加，换言之，体系将完成功（$+W$）。在常压 P 时，体积增加所做的功为：

$$W = P\Delta V \tag{3-18}$$

式中，ΔV 为始态和终态时的体积差；将式(3-18) 代入式(3-17)，将得：

$$Q = \Delta E + P\Delta V \tag{3-19}$$

对在常压下操作的体系，热量 Q 的变化可以用 ΔH 表示。符号"H"被定义为热函或体系的总热容量，ΔH 就是热函的变化，或始态和终态热容量的差。因此，对常压下操作的体系，方程（3-19）可改写成：

$$\Delta H = \Delta E + P\Delta V \qquad (3\text{-}20)$$

ΔE 和 $P\Delta V$ 对描述许多化学反应十分重要，但对发生在水溶液中的反应却并不通用，因为这样的反应没有明显的体积变化，$P\Delta V$ 接近于零，ΔH 近似地等于 ΔE。所以，对在水溶液中进行的任何反应，可以用热函的变化 ΔH 来描述总能量的变化，而这个量是可以测定、并且是通用的。

（二）热力学第二定律

热力学第二定律认为，所有体系都能自发地移向平衡状态，要使平衡状态发生位移就必须消耗一定的由其它体系提供的能量。这可以用几个简单的例子来说明：水总是力求向下流至最低可能的水平面——海洋，但只有借助消耗太阳辐射能才能重新蒸发返回山上；钟表可以行走，但只有通过输入机械功才能重新开上发条等。广义地说，第二定律指明了宇宙运动的方向，说明在所有过程中，总有一部分能量变得在进一步过程中不能做功，即一部分热函，或者体系的热容量 ΔH 不再能完成有用功。因为在大多数情况下，它已使体系中分子的随机运动有了增加，根据定义：

$$Q' = T\Delta S \qquad (3\text{-}21)$$

式中，Q' 为失去做功能力的总能量；T 为绝对温度；S 称为熵，是一定温度下体系随机性或无序性的尺度。式（3-21）可以用来度量分子随机运动的速度。将式（3-21）重排，这样，任意过程中体系的熵变可表示为：

$$\Delta S = Q'/T \qquad (3\text{-}22)$$

式中，ΔS 为体系始态和终态的熵的差值。

热力学第二定律用数学语言可表示为：一个自发过程，体系和环境的熵的总和必须是增加的，即：

$$\Delta S_{体系} + \Delta S_{环境} > 0 \qquad (3\text{-}23)$$

这里要注意的是，在给定体系中发生自发反应时，熵也可以同时减少，但是，体系中熵的这种减少可以大大为环境的熵的增加所抵消。如果在体系和环境之间没有能量变换，也就是说，体系是孤立的，那么，体系内发生自发反应时，则总是和熵的增加联系在一起的。

从实用观点讲，熵并不能作为决定过程能否自发发生的判据，并且，它也不容易测定。为了回避这一困难，J. W. Gibbs 引出了自由能 F（或用 G）这个概念，后者对决定过程能否自发进行相当有用。基本原理是：热函是可以自由作功的能量 F 和不能自由做功的能量 TS 的和，即：

$$H = F + TS \qquad (3\text{-}24)$$

在体系内的任何变化中，ΔH、ΔF 和 ΔS 分别表示始态和终态之间的热函、自由能和熵的变化，因此，对任何过程，自由能关系方程（3-24）可表示为：

$$\Delta H = \Delta F + T\Delta S \qquad (3\text{-}25)$$

对在孤立体系中发生的过程，由于体系的热容量没有发生净变化，也就是说，$\Delta H = 0$，因此，

$$\Delta F = -T\Delta S \qquad (3\text{-}26)$$

前面已经说过，对能自发发生的反应，体系以及环境的熵的净变化必须是正的［方程（3-23）］，这一要求对孤立体系同样正确。所以，根据方程（3-26），对体系及其环境，或者对恒温下的孤立体系，自发反应可以用正的 ΔS 值和负的 ΔF 值来表征。

（三）反应物和产物的热力学参数差的计算

为了了解催化剂是怎样影响化学反应的，需要知道反应物、过渡状态以及产物的能级，这一点已在反应坐标图中反映出来（图 3-4）。尽管热函、自由能以及熵的绝对值难以测定，但测定反应径路中各点间这些物理量的变化还是可能的。目前，既有能用来测定反应物和产物之间的热力学参数差 ΔH、ΔF 和 ΔS 的实验方法，也有计算热力学活化参数 $\Delta H^{\neq}$、$\Delta F^{\neq}$ 和 $\Delta S^{\neq}$ 的方法。

① ΔH 不可逆反应中反应物和产物之间的热函差可用量热法测定，例如，葡萄糖能和氧反应生成二氧化碳和水：

$$C_6H_{12}O_6 + 6O_2 \longrightarrow 6H_2O + 6CO_2$$

热函值用"kJ/mol"表示。对葡萄糖氧化，热函的变化 ΔH 为 -2817.7kJ/mol。

因为反应的热函变化 ΔH 以及其它热力学参数的定量值均随条件而变，所以，最好在标准条件下测定这些值。在标准条件下各种参数的变化可表示成 ΔH^0、ΔF^0 和 ΔS^0。它们表示当反应物处于标准状态时所能观察到的变化。对溶液中的物质，标准状态是指 25℃ 和 1mol/L 浓度（或者更严格些说成活度）。

可逆反应的标准热函变化 ΔH^0 可从该反应在不同温度下的平衡常数算得。以温度为函数的平衡常数的变化与反应的标准热函 ΔH^0 之间的变化可用 Van't Hoff 方程表示。

$$\frac{\mathrm{d}\ln K}{\mathrm{d}T} = \frac{\Delta H^0}{RT^2} \tag{3-27}$$

式中，R 为气体常数 $[3.314\mathrm{J/(mol \cdot K)}]$。该方程积分时可得：

$$\ln K = c - \frac{\Delta H^0}{RT^2} \tag{3-28}$$

或

$$\lg K = \frac{c}{2.303} - \frac{\Delta H^0}{2.303RT}$$

当 $\lg K$ 与绝对温度的倒数 $\frac{1}{T}$ 作图，可得一直线（图 3-30），该直线和垂直轴的交点为积分常数除以 2.303，而直线的斜率即为 $-\Delta H^0/(2.303R)$。

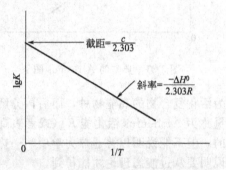

图 3-30 可逆反应的 Van't Hoff 图

② ΔF 可逆反应中反应物和产物自由能之间的差也可以从平衡常数算出。首先，溶液中任何物质在给定状态下的自由能 F 和标准状态下的自由能 F^0 有如下关系：

$$F = F^0 + RT\ln[A] \tag{3-29}$$

式中，$[A]$ 是物质 A 的浓度（或者更严格些说是活度），对可逆反应：

$$A + B \rightleftharpoons C + D$$

自由能的变化为：

$$\Delta F = \Delta F^0 + RT\ln\frac{[C][D]}{[A][B]} \tag{3-30}$$

式中，$\Delta F^0 = F_C^0 + F_D^0 - F_A^0 - F_B^0$。平衡时反应达到完成，这时反应已失去继续做功的能力，即 $\Delta F = 0$，因此，方程（3-30）可简化成：

$$\Delta F^0 = -RT\ln\frac{[C][D]}{[A][B]} = -RT\ln K \tag{3-31}$$

可逆反应的标准自由能变化 ΔF^0 可以从平衡常数算出。和热函一样，它的单位也是 kJ/mol。如果 ΔF^0 是负值，同时反应物又处于标准状态，那么，过程即可按箭头方向自发进行。如果 ΔF^0 是正值，同时反应物也处于标准状态，这时，净反应在热力学上是不可实现的，只有当自由能在环境对体系有利的情况下才可能发生。

③ ΔS 已经看到，自由能的关系式包含三个项：ΔF、ΔH 和 ΔS[方程（3-25）]。因为对任何化学反应来说，热函的变化 ΔH 以及自由能的变化 ΔF 都能用实验测定。熵在给定的绝对温度下的变化 ΔS 即可直接由方程（3-25）算出。熵的单位为"J/(mol·K)"，此单位亦常常被写成 e. u. 。

（四）热力学活化参数的计算

① Arrhenis 活化能 E'_A 化学和酶催化反应的速度同样是温度的函数，温度每增高 10℃，反应速度常常能增加 2~4 倍。1889 年，S. Arrhenius 指出，反应速度常数是以指数形式随温度增加的，表示这一关系的 Arrhenius 公式可表示成：

$$\frac{\mathrm{d}\ln k}{\mathrm{d}t} = \frac{E'_A}{RT^2} \tag{3-32}$$

式中，k 是被研究反应的速度常数；E'_A 为活化能。积分后，Arrhenius 方程变为：

$$\ln k = -\frac{E'_A}{RT} + \ln k_0 \tag{3-33}$$

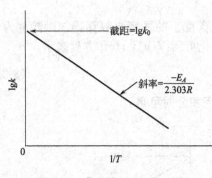

或

$$\lg k = -\frac{E'_A}{2.303RT} + \lg k_0$$

图 3-31 典型的 Arrhenius 图

如果把给定反应的 $\lg k$ 对绝对温度的倒数 $\frac{1}{T}$ 作图，也将得到一条直线（图 3-31）。该直线和垂直轴的交点为积分常数 $\lg k_0$，而直线的斜率为 $-E_A/(2.303R)$，E'_A 的单位为 kJ/mol。

为了说明反应速度常数的温度关系，S. Arrhenius 假定，反应物必须先转化为现在称之为活化复合物的高能物种，而后再分解成产物。体系在把反应物转化成活化复合物所需的能量称为 Arrhenius 活化能 E'_A（或者表观活化能）。这个理论在说明反应的温度关系时是有用的，但不能说明以普通热力学项——热函 H、熵 S 或自由能 F 所表示的反应速度，那样的说明要从过渡态理论才能得到。

② $\Delta H^{\neq}$ 过渡态理论，或者绝对反应速度理论是通过 H. Eyring 的努力而发展起来的，它可以更准确地以热力学项来描述反应的速度。该理论指出，反应物必须先达到过渡态（和活化复合物同意），同时，反应速度和过渡态的浓度成正比。例如，对简单的双分子反应，可表示为：

$$A + B \xrightleftharpoons{K^{\neq}} AB^{\neq} \xrightarrow{k^{\neq}} 产物$$

根据过渡态理论，反应速度应为：

$$-\frac{\mathrm{d}[A]}{\mathrm{d}t} = k^{\neq}[AB^{\neq}] \tag{3-34}$$

因为形成活化复合物 $AB^{\neq}$ 的平衡常数

$$K^{\neq} = \frac{[AB^{\neq}]}{[A][B]} \tag{3-35}$$

解 $[AB^{\neq}]$，得

$$[AB^{\neq}] = K^{\neq}[A][B] \tag{3-36}$$

将其代入方程（3-34），可得：

$$-\mathrm{d}[A]/\mathrm{d}t = k^{\neq}K^{\neq}[A][B] \tag{3-37}$$

此方程具有二级反应速度定律的形式，这里观察到的速度常数应为：

$$k = k^{\neq} K^{\neq} \tag{3-38}$$

活化复合物的分解速度常数 $k^{\neq}$ 可根据理论估计。最简单的情况是分解速度常数 $k^{\neq}$ 和导致分解的一个振动频率 ν 相等（精确地说，ν 应乘以传递系数 κ，后者表示过渡态分解成产物的概率，通常假定等于 1）。根据物理学，频率等于 ε/h，ε 为振动的平均能量，而 h 为 Planck 常数（6.626×10^{-34} J·s）。

$$k^{\neq} \doteq \nu = \varepsilon/h \tag{3-39}$$

所以，在温度 T 时，激发振动能具有能量 $\varepsilon = k_B T$，这里 k_B 为 Boltzmann 常数（13.81×10^{-24} J/K）。把这些值代入式(3-39)，可以看出：

$$k^{\neq} \frac{k_B T}{h} \tag{3-40}$$

这样，反应速度常数：

$$k = \frac{k_B T}{h} K^{\neq} \tag{3-41}$$

形成活化复合物的平衡和普通热力学中所讨论的一样，可表示为：

$$\Delta F^{\neq} = -RT \ln K^{\neq} \tag{3-42}$$

这样解出的 $K^{\neq}$ 为：

$$K^{\neq} = e^{-\Delta F^{\neq}/(RT)} \tag{3-43}$$

由此求得的反应速度常数

$$k = \frac{k_B T}{h} e^{-\Delta F^{\neq}/RT} \tag{3-44}$$

同时，活化复合物的形成还可用标准热力学项来描述，即：

$$\Delta F^{\neq} = \Delta H^{\neq} - T \Delta S^{\neq} \tag{3-45}$$

最后，反应速度常数 k 可记作：

$$k = \frac{k_B T}{h} e^{-\frac{\Delta F^{\neq}}{RT}} = \frac{k_B T}{h} e^{-\Delta H^{\neq}/(RT) + \Delta S^{\neq}/R} \tag{3-46}$$

如果 $\Delta S^{\neq}$ 不随温度而变，那么，把方程（3-46）写成对数形式，并进行微分，可得：

$$\frac{d \ln k}{dt} = \frac{1}{T} + \frac{\Delta H^{\neq}}{RT^2} \tag{3-47}$$

或

$$\frac{d \ln k}{dt} = \frac{\Delta H^{\neq} + RT}{RT^2}$$

这个方程是根据过渡态理论推导出来的，可以通过热力学项 $\Delta H^{\neq}$ 来描述速度常数；这个方程在形式上和经验的 Arrhenius 方程（3-32）类似。把这两个方程相对比，即可得：

$$\frac{E_A}{RT^2} = \frac{\Delta H^{\neq} + RT}{RT^2} \tag{3-48}$$

和

$$E_A = \Delta H^{\neq} + RT \tag{3-49}$$

或

$$\Delta H^{\neq} = E_A - RT$$

由此可见，过渡态理论把 Arrhenius 的经验观察和热力学联系了起来。另外，它对由实验求得的活化能 E'_A 通过给出一个校正方法，可由方程（3-49）得到真实的活化热函，这也是很重要的。

③ $\Delta F^{\neq}$ 由方程 (3-34) 可以看出，化学反应速度是过渡态形成平衡的函数。所以，活化自由能 $\Delta F^{\neq}$ 可像可逆反应由平衡数据计算 ΔF 那样 [方程 (3-31)]，由速度数据计算出来。由方程 (3-42)，并把由方程 (3-33) 求得的 $K^{\neq}$ 代入，即得：

$$\Delta F^{\neq} = -RT\ln\frac{kh}{k_B T} \tag{3-50}$$

为了保持单位的一致性，当从方程 (3-40) 计算 $\Delta F^{\neq}$ 时，速度常数必须用时间的倒数 (s^{-1}) 来表示，在 25℃ 时，活化自由能 (J/mol) 可算得：

$$\Delta F^{\neq} = -5.770\lg K + 72.800$$

④ $\Delta S^{\neq}$ 自由能关系式 (3-25) 对活化热力学参数也是正确的 [见方程 (3-45)]，因为对给定反应的 $\Delta F^{\neq}$ 和 $\Delta H^{\neq}$ 都可以从动力学数据求得，所以，只要用方程 (3-45) 作简单的数学运算即可算出恒温下的活化熵 $\Delta S^{\neq}$。

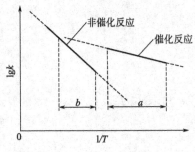

图 3-32 催化和非催化反应的 Arrhenius 图

（五）热力学活化参数的物理意义

上述热力学参数对了解反应进程中的能量变化以及反应机理是很有意义的。例如，Arrhenius 活化能 E'_A 对说明非催化、化学和酶催化反应中由反应物形成活化复合物所需能量方面具有极大的说服力。表 3-16 列出了几个例子。由列举的活化能值 E'_A 可以明显看出，相同的反应通常在催化剂存在下活化能都较小；其中酶催化的比化学催化的还小。活化能小的反应和相应的活化能高的反应相比，可在更低的温度下进行。这是因为在催化反应中速度的温度系数较小，故催化反应和非催化反应相比，能在较宽的温度范围内完成（图 3-32）。这一特点对控制催化反应是一个明显优点。

表 3-16 催化和非催化反应的活化能 E_A

反应	催化剂	活化能 E'_A/(kJ/mol)
H_2O_2 分解	无	75.3
	胶态铂	49.0
	肝过氧化氢酶	23.0
$C_3H_7COOC_2H_5$ 水解	H^+	55.2
	胰脂肪酶	18.8
$CO(NH_2)_4$ 水解	H^+	102.9
	脲酶	52.3

另外，由图 3-4 可以看出，反应的自由能 ΔF 和活化自由能 $\Delta F^{\neq}$ 可以用来确立反应坐标图。这样的图在从能量角度说明反应怎样发生方面是很有用的，因为这种处理已是定量的而不是概念的了。当然，仅从能量的变化，而没有在分子水平上考虑这些变化的物理意义，要了解热力学活化参数与反应机理之间的关系，显然还是不够的。下面我们就来探讨一下这个问题。

首先，活化自由能 $\Delta F^{\neq}$ 和反应速度有着直接的关系 [方程 (3-50)]，它是那些影响反应速度能量因素的总和 [方程 (3-45)]。活化热函 $\Delta H^{\neq}$ 是反应分子必须克服的能垒的尺度，可以定量地描述反应分子从反应物能级激发到过渡态能级时必须得到的热能。活化熵 $\Delta S^{\neq}$ 则是活化热函足够大、可以参与反应的反应物中真正反应的那一部分反应物的度量，它包含着诸如浓度、溶剂效应、位阻和定向要求等一系列因素，如果这些因素参与作用，那么，它们就将在大而负的 $\Delta S^{\neq}$ 值中反映出来，这样将使 $\Delta F^{\neq}$ 增大，使反应速度的观察值降低。

根据上述，活化熵在判别反应机理时相当重要。例如，在单分子反应中，反应分子无需在三维空间内取向，只要获得足以反应的能量（吸收了等于 $\Delta H^{\neq}$ 的能量）即可反应，所以活化熵 $\Delta S^{\neq}$ 通常接近于零或正。相反，多分子反应的 $\Delta S^{\neq}$ 常常是负的，在别的因素相同的情况下，熵变化的负值表示反应分子要求在三维空间中取向以及在发生反应之前完成适当的空间接近。简单地说，负的熵变化包含着体系有序性的增加，同时，负的活化熵表示反应分子在它分解成产物之前，已排列成有一定构型的过渡态。所以，双分子反应的 $\Delta S^{\neq}$ 值总是负的，从 $-21 \sim -167$ e.u.。例如，在反应分子对金属的配位是速度控制步骤的反应中，$\Delta S^{\neq}$ 值为 -84 e.u.，相反，如果控制步骤是过渡态的离解，那么，$\Delta S^{\neq}$ 值常常是正的（约为 $+21$ e.u.）。当 $\Delta S^{\neq}$ 值相当大时，速度控制步骤处的自由能垒的高度（$\Delta F^{\neq}$）将随温度而变。因此，反应按配位还是按离解机理进行，有时将取决于反应温度。下面是一个具体例子：

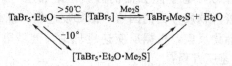

当 $TaBr_5 \cdot Et_2O$ 为 Me_2S 取代时，在 -8℃ 将按缔合机理，而在 52℃ 时将经由离解进行。一般说来，$\Delta S^{\neq}$ 为正值的离解机理适于在高温下进行，因为这时 $-T\Delta S^{\neq}$ 项变得相当大，结果能垒就变小了。

在探讨酶催化反应的热力学活化参数时，首先应该了解酶是怎样影响催化作用的。为了说明的目的，先研究一个简单的硫氰酸酶，它可以催化氰离子和硫代硫酸根离子的反应，生成硫氰酸根和亚硫酸离子：

$$CN^- + S-SO_3^{2-} \longrightarrow SCN^- + SO_3^{2-}$$

该反应在自动催化和在硫氰酸酶催化下的热力学活化参数列于表 3-17 中。由表中数据可见，当反应被酶催化时，速度很快，同时，活化自由能 $\Delta F^{\neq}$ 要比非催化反应的小 36kJ/mol。根据方程（3-45），$\Delta F^{\neq}$ 的减少既可以由于活化热函 $\Delta H^{\neq}$ 的减少，也可以由于活化熵 $\Delta S^{\neq}$ 的增大，或者两种原因都有。对比一下两种体系的活化参数值，$\Delta H^{\neq}$ 是降低的，而 $\Delta S^{\neq}$ 则是增加的。可见，硫氰酸酶能使反应的活化热函 $\Delta H^{\neq}$ 降低 20.1kJ/mol。所以，反应物反应时只需较少的热能即可达到过渡态。另外，这种酶能使活化熵 $\Delta S^{\neq}$ 提高一个相当大的数值 53.6J/(mol·K)（或 e.u.）。

表 3-17　硫代硫酸盐和氰离子反应的活化参数

活化参数①	反应体系		差　值
	非催化的	由硫氰酸酶催化	
$\Delta F^{\neq}$	99.2kJ/mol	63.2kJ/mol	36.0kJ/mol
$\Delta H^{\neq}$	51.5kJ/mol	31.4kJ/mol	20.1kJ/mol
$\Delta S^{\neq}$	-159.0e.u.	-105.4e.u.	-53.6e.u.

① 在 300K 测得的值。

为了在分子水平上说明活化熵 $\Delta S^{\neq}$ 的增大，还需要有催化反应速度控制步骤的知识。所谓速度控制步骤，就是指控制总反应速度并借以计算活化参数的步骤。它既可以是真正的化学反应，也可以是催化剂和反应物之间形成过渡态或后者的分解等。在第一类情况下，活化熵的减少表示与非催化反应相比反应物在进入过渡态时需要有一定的有序性，说明反应机理和反应物本身的定向和位阻因素、反应物完成空间接近的方式以及它的溶剂和浓度效应等有着密切的关系。而在后一种情况下，活化熵 $\Delta S^{\neq}$ 反映的是催化剂本身结构在催化过程中有序性的变化。对酶催化反应来说，这就是酶蛋白在反应前或反应后的构象变化等。

二、催化反应动力学

动力学是研究化学反应速度的科学。化学反应速度明显受常见反应条件——反应物浓度、反应介质的本质、pH 值和温度以及有无催化剂等的影响，这些条件都是决定反应速度的重要因素。反应速度可从慢至可以实际检测，到快至无法用通常实验技术检测，即实际上是瞬间进行的。研究动力学的目的是为了推断反应机理，即查明反应物转化成产物时经历的中间步骤。

（一）反应速度的表示法

如上所述，催化剂在化学反应中的作用，即催化剂的催化性能，就是指催化剂的活性和选择性而言。催化剂的活性，通常是反应速度（记作 v）表示。过去，在理论上研究各种因素对反应速度的影响时，比较注意物理方面的因素；诸如压力、温度、射线、电场、磁场等。很少注意化学的，或者说物质方面的因素，诸如反应物、催化剂、溶剂等的影响。在前一类研究中，对一般的非催化反应，根据反应速度理论，已经得出以温度（T）、压力（P）或浓度（c）为变数的反应速度方程：

$$v = v(P, T; n, E_A) \tag{3-51}$$

这个反应速度的一般表示式，例如，对最简单的单分子反应 $X \rightarrow Y$，其正向的反应速度 $\vec{v}$ 可以很容易地通过 Arrhenius 方程表示出来：

$$\vec{v} = k_0 e^{-E_A/(RT)} \cdot P_x^n \tag{3-52}$$

式中，n 和 E_A 为这一反应的反应级数和活化能。这个表示式清楚地说明，这里影响反应速度的两个物理因素——温度和压力（或浓度），可以通过反应内在的两个物理量，即反应级数（n）和活化能（E_A）关联起来。类比之下，自然对化学因素对反应速度的影响，也可以得到相似的反应速度表示式。例如，对气-固多相反应，反应速度 v' 应该可用催化剂（C），反应物（R）作为变数表示出来：

$$\vec{v}' = v'(C, R, \gamma, \delta) \tag{3-53}$$

为了把 C 和 R 关联起来，和式（3-53）一样，这里引进了两个系数，即 γ 和 δ。迄今为止，这类研究在催化领域内还远没有被人注意。但是，在简单的均相反应（包括均相催化反应）中，已经发现一些反映催化剂（C）和反应物（R）影响反应速度的经验规则。例如，通过研究置换效应而得到的 Hammett 经验式[62]：

$$\left. \begin{aligned} \lg k &= \lg k_0 + \rho\sigma \\ \lg K &= \lg K_0 + \rho\sigma \end{aligned} \right\} \tag{3-54}$$

或

以及研究酸、碱催化剂作用而得到的 Brönsted 法则[63]：

$$\left. \begin{aligned} \lg k_A &= \lg G_A + \alpha \lg K_a \\ \lg k_B &= \lg G_B + \beta \lg \frac{1}{K_a} (0 < \alpha, \beta < 1) \end{aligned} \right\} \tag{3-55}$$

这里，显然 σ 为和 R，K_a 则为和 C 相对应的值；而 ρ 和 α 或 β 则具有方程（3-53）中参数 γ 和 δ 的性质。

从理论上讲，对催化反应的速度表示式来说，应该同时考虑这两个因素的影响，才能把催化反应的速度完整地表示出来[64]。把方程式（3-51）和式（3-53）关联起来，得：

$$v = v(P, T, C, R; n, E_A, \gamma, \delta) \tag{3-56}$$

这可称为催化反应的总反应速度方程。如何确立这些变数和参数之间的关系，不仅是催化科学中物理化学部分研究的重要问题，而且也是今后解决催化剂设计定量化所不可缺少的依据。

（二）单分子反应动力学

（1）中间化合物

关于化学反应在催化剂作用下为什么加速的问题，最早是由 J. J. Berzelius 提出来的，他认为这是由于物质中一种叫做"催化力"作用的结果。以后，J. F. Licbig 提出了一个与之对立的运动传递或原子间共振的理论，这和德国化学家 E. Mitscherlich（1794～1863 年）的纯唯象学说，即认为物体间单纯的接触即能导致加速是完全一样的，显然，这些概念都无助于了解催化剂之所以能加速化学反应的本质。第一个可以通过实验验证，并且没有超出一般化学范围的解释是由法国化学家 P. Sabatier（1854～1941 年）提出来的。他通过对有机化学中大量催化作用的研究和发现的许多新催化反应与催化剂，认为这不是单纯有无催化剂的问题，而是由于催化剂参与了反应，反应才被加速的。他指出，这是一种特殊的参与过程，催化剂在这样的过程中，在积极参与反应之后，不仅没有消失，而且还能重新复原。

现在，就来一般地、不涉及任何具体例子地探讨这种概念。设有这样的反应：

$$A+B \Longrightarrow AB$$

即为化合反应，当平衡处于产物 AB 时，逆反应（化合物的分解）可以略去不计。如果这种合成只能在催化剂存在下才发生，那么，根据 P. Sabatier 的想法，反应可以想象成由如下分步骤所组成，即：

$$A+K \longrightarrow AK$$
$$AK+B \longrightarrow AB+K$$

这里，K 是催化剂。前提是分步反应的速度都要比非催化的自发合成的快，这样，在 K 的存在下，或者，更确切地说，在 K 的参与下，反应才能得到加速。同时，可以看到，在合成 AB 中，K 的量并未改变，也就是说，K 没有在反应产物中，同时也没有变化。两个分步反应和自发反应相比具有更大的速度，这就是一个合适催化剂所必备的性质。当然，中间化合物 AK 既不能太不稳定，否则，它的生成速度就太慢了；也不能太稳定，否则，它就不能进一步和 B 反应生成 AB，以及使 K 再生形成催化循环。现在，已有许多这样的例子。最老的例子之一是由铅室法生产硫酸，这个过程可记作：

$$2SO_2+O_2 \Longrightarrow 2SO_3$$

当催化剂是氧化氮，反应证明是按下列分步骤进行的：

$$O_2+2NO \longrightarrow 2NO_2$$
$$2NO_2+2SO_2 \longrightarrow 2SO_3+2NO$$

这和上述理想的例子完全相符，这里 A＝O_2，K＝NO，B＝SO_2，AK＝NO_2。当然，这个例子相当简单。现在，在催化反应中，无论是均相、多相还是酶催化，由反应物和催化剂生成中间化合物的例子，包括多相催化中反应物在表面上的吸附态在内，已到了俯拾的程度。可见，由反应物和催化剂在反应过程中生成中间化合物是催化反应中一个普遍存在的客观规律。

（2）动力学公式的推导

以生成中间化合物为基础推导出来的单分子催化反应速度定律，可以很好说明许多均相、多相和酶催化反应的实验结果，这样也就反过来说明了中间化合物理论的正确性。大量实验证明，如果催化剂的浓度保持不变，在相当广的反应物浓度范围内测定起始反应速度，那么，对大多数催化剂都可以得到图 3-33 所示的曲线，在 [S] 很低的情况下，几乎成直线，也就是说，速度 V 和 [S] 成正比，反应对反应物来说是一级的。在底物浓度较高时，可以达到一个极限速度 $\overline{V}$，然后反应速度就和底物浓度无关，即反应变成了零级的。根据这

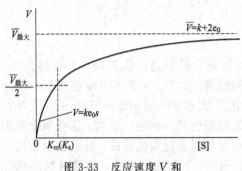

图 3-33　反应速度 V 和
底物浓度 [S] 的关系

种形式的曲线，可以很好导出众所周知的酶催化和表面反应动力学方程。

① Michaelius-Menten 方程[65]　这是以生成酶-底物复合物为基础推导出来的广泛适用于单分子酶催化反应的动力学方程。1902年，V. Henri 在研究蔗糖在转化酶作用下转化的动力学时首先获得了如图 3-33 所示的曲线。为了说明这条曲线，他假定在底物转化之前，先和酶结合成中间复合物，而后再进一步分解出反应产物。在底物浓度很高的情况下，所有酶分子都以中间复合物的形式存在，底物浓度过高时，酶将以一种饱和状态存在，而在浓度过低时，酶就不会被完全饱和，这时，中间复合物的浓度将随底物的加入而增大。尽管直至 1943 年，酶-底物中间复合物在任何酶催化反应中从未被确认，但这一由 V. Henri 提出的概念却得到了迅速传播，这是因为除了假定有部分酶直接参与反应之外，就无法解释催化剂何以能提高反应速度的问题。1943 年，B. Chance 宣布，在过氧化氢酶和过氧物酶所催化的反应中，用光谱证明了这种中间复合物。此后，大量实验又进一步确认了假定形成酶-底物复合物的正确性，使这个学说成为酶催化的理论基础。

酶反应可表示如下：

$$E+S \underset{k_{-1}}{\overset{k_{+1}}{\rightleftharpoons}} E\cdot S \overset{k_{+2}}{\longrightarrow} P+E$$

在推导 Michaelius-Menten 动力学方程式时，如果酶上有许多这样的部位或"活性部位"的话，假定只有一个底物分子和酶上有催化作用的一个部位结合。同时假定，当一个这样的部位被一个底物分子占据时，并不影响其它分子和其它部位相结合；这个假定当然并不是完全正确的。L. Michaelius 和 M. L. Menten(1913 年) 认为，在 E 和 S 及 E·S 之间很容易达成平衡，即产物的形成对 E·S 浓度的影响可略去不计。据此，他们推导出了一个反应速度和底物浓度的方程式。

设体系中酶的活性部位的总浓度为 e_0，而底物的总浓度为 s。这样，如果平衡时 E·S 的浓度为 x，那么，体系中游离的酶量将等于 (e_0-x)，如果 s 远大于 e_0，那么，游离底物的浓度将近似地等于 s，因为 E·S 中 S 的含量对总量来说只是极小一部分。

E·S 的离解常数 K_s 可记作：

$$K_s = \frac{(e_0-x)s}{x} \tag{3-57}$$

或

$$x = \frac{e_0 s}{K_s+s}$$

对于总反应，可以测定的速度 V 是由中间复合物分解成产物的速度决定的，即

$$V = k_{+2}x \tag{3-58}$$

这样

$$V = \frac{k_{+2}e_0 s}{K_s+s} \tag{3-59}$$

当酶为底物饱和时，E·S 就可以达到较高的浓度，也就是说，所有的酶都以中间复合物的形式存在。在这样的条件下，V 将有最大的值：

$$\overline{V} = k_{+2} e_0 \tag{3-60}$$

把式（3-60）代入方程（3-59），得：

$$V = \frac{\overline{V}_s}{K_s + s} \tag{3-61}$$

在一组特定的条件下，K_s 和 $\overline{V}$ 是常数，方程（3-61）所代表的图形即为图 3-33 所示的双曲线。

常数 K_s 常被称为 Michaelius 常数。因为它是 E·S 的离解常数，可以用来度量酶和底物之间的结合强度或亲和力。K_s 愈小，酶对底物的亲和性愈大，因为这时 E、S 和 E·S 之间的平衡位于生成 E·S 的方面。

如果在方程（3-61）中，在给定酶浓度下，V 恰好等于最大速度 $\overline{V}$ 的一半，即

$$V = \overline{V}/2$$

那么，就将得到如下的关系：

$$K_s = s \tag{3-62}$$

这就是 Michaelius 常数怎样通过运算被定义下来的，换言之，它等于反应速度为最大速度一半时的底物浓度。由方程（3-62）及定义，K_s 的向量是浓度，同时可以从速度-底物浓度曲线推导出近似值（图 3-33）。

从 Michaelius-Menten 方程（3-61）还可以看出如下两点。

一是，在 s 和 K_s 相比很大时，这时：

$$V = \overline{V} \text{ 或 } \overline{V} = k_{+2} e_0 \tag{3-63}$$

这就是 V. Herri 所考虑的酶饱和的条件。这时，反应速度和酶浓度成正比，而对反应物则是零级的。方程（3-62）是一个很重要的关系式，因为它是所有酶分析方法的基础。由于酶的催化作用常常是在酶浓度（以"mol"计）很小，同时在几乎不变的情况下进行的，所以，测定酶催化反应的速度要比测定酶的绝对浓度方便得多。

二是，当 K_s 比 s 大得多时，方程（3-63）变为：

$$V = \frac{\overline{V}_s}{K_s} = \frac{k_{+2} e_0 s}{K_s} = k e_0 s$$

这时，反应速度和底物浓度成正比，反应对底物是一级的，这可以用图 3-33 中原点附近的直线部分来表示。

② Langmuir-Hinshelwood 方程　发生在固体表面上的反应的速度，取决于催化剂表面上反应物的浓度，后者根据多相催化理论应和表面覆盖度 θ 成正比。对单分子反应可以通过如下步骤完成：

$$A + K \underset{k_{-1}}{\overset{k_{+1}}{\rightleftharpoons}} AK \overset{k_2}{\longrightarrow} BK \underset{k_{-3}}{\overset{k_{+3}}{\rightleftharpoons}} B + K$$

表面反应为控制步骤，也就是速度常数 k_2 很小，即由 AK 变为 BK 的速度比 A 的吸附速度和 B 的脱附速度慢得多。根据质量作用定律，反应速度应为：

$$V = k_2 \theta_A \tag{3-64}$$

但是，通常用 θ_A 表示的 A 在表面上的浓度是不能测定的，只能采用某种吸附等温线，把反应物 A 的表面浓度用它在气相中的分压 P_A 表示出来，例如，利用众所周知的 Langmuir 等温线，后者通常表示为：

$$\theta_A = \frac{K_A P_A}{1 + K_A P_A} \tag{3-65}$$

将 θ_A 代入方程（3-64），得：

$$V = \frac{k_2 K_A P_A}{1 + K_A P_A} \tag{3-66}$$

如果反应物吸附很弱，即 $K_A P_A \ll 1$，或 P_A 很小时，方程（3-66）分母中的 $K_A P_A$ 即可略去不计，此时反应表观为一级反应：

$$V = \frac{-dP_A}{dt} = k_2 K_A P_A = k P_A \tag{3-67}$$

如果反应物吸附很强，即 $K_A P_A \gg 1$ 或 P_A 很大时，$\theta = 1$，因而反应表观为零级：

$$V = -\frac{dP_A}{dt} = k_2 \tag{3-68}$$

将反应速度对气相中反应物 A 的分压 P_A 作图，也可获得如图 3-33 所示的曲线。这时 $s = P_A$，$\overline{V} = k_2$。由于在推导表面反应动力学方程时，C. N. Hinshelwood 首先引入了 Langmuir 等温线，所以，这类动力学表示式也称为 Langmuir-Hinshelwood 方程。这个动力学方程适用于许多表面催化反应。

由单分子表面催化反应可以明显看出，θ 与其说代表表面上反应物的浓度，不如说表示由反应物和催化剂作用生成的表面中间化合物（AK）的浓度，和酶催化反应中 E·S 中间复合物的浓度相当。当表面全部为反应物 A 覆盖时（$\theta = 1$），表示参与反应的活性中心全部和反应物 A 相结合，使表面为中间化合物 AK 所饱和，众所周知，在推导方程（3-65）时，和推导 Michaelius-Menten 方程一样，假定：a. 固体表面上含有许多活化部位，每个部位能和一个反应分子相结合；b. 只有在空部位上才能发生吸附作用；c. 吸附分子之间没有相互作用；d. 吸附能达到平衡。所以，以底物和酶生成中间复合物为根据推导而得的 Michaelius-Menten 方程和以反应物与表面活性中心生成表面过渡态为依据推导而得的 Langmuir-Hinshelwood 方程具有相同的物理意义（图 3-33），它们之间的关系可用表 3-18 表示出来。不仅如此，还可以应用这两个反应速度方程来处理同类型的配位均相催化反应的动力学[66]。不过，这时的常数 K_s 和 K_A 换成了配位常数 K。

表 3-18　Michaelius-Menten 方程和 Langmuir-Hinshelwood 方程的比较

项　目	Michaelius-Menten 方程	Langmuir-Hinshelwood 方程
反应式	$S + E \underset{k_{-1}}{\overset{k_{+1}}{\rightleftharpoons}} E \cdot S \xrightarrow{k_2} P + E$	$A + K \underset{k_{-1}}{\overset{k_{+1}}{\rightleftharpoons}} [AK] \xrightarrow{k_2} [BK] \underset{k_{-3}}{\overset{k_{+3}}{\rightleftharpoons}} B + K$
活性部位总浓度	e_0	1
底物总浓度	s	P
平衡时中间化合物浓度	x	θ
游离活性部位	$e_0 - x$	$1 - \theta$
中间化合物离解常数	$K_s = \dfrac{k_{-1}}{k_{+1}} = \dfrac{(e_0 - x)s}{x}$ $x = \dfrac{e_0 x}{K_s + s}$	$\dfrac{1}{K_A} = \dfrac{k_{-1}}{k_{+1}} = \dfrac{(1-\theta)P}{\theta}$ $\theta = \dfrac{K_A P}{1 + K_A P}$
动力学方程	$V = k_2 \dfrac{e_0 s}{K_s + s}$	$V = k_2 \theta = \dfrac{k_2 P}{1/K_A + P}$
起始浓度时（一级反应）	$V = \dfrac{k_2 e_0 s}{K_s}$	$V = k_2 \dfrac{P}{1/K_A} = k_2 K_A P$
饱和时（零级反应）	$V = k_2 e_0 = \overline{V}$	$V = k_2 = \overline{V}$
$V = \frac{1}{2}\overline{V}$ 时	$K_s = s$	$\dfrac{1}{K_A} = P$

许多催化反应是双分子的，也可用对两种混合气体表面覆盖度的表示式来讨论反应的动力学，对过程 A＋B ⟶ C 的速度，可表示为：

$$dP_c/dt = k\theta_A\theta_B = kb_A P_A b_B P_B/(1+b_A P_A+b_B P_B)^2$$

假如，a. 分子 A 和分子 B 吸附在分隔的部位上，而且无解离；b. 两个吸附分子的反应是慢步骤；c. 产物 C 是不吸附的，这样，就有几种受限制的情况可供考虑。这里，只讨论其中的两种。

A. 如果 A 和 B 都是弱吸附的，即如果 b_A 和 b_B 两者都比 1 小得多，那么，速度方程式即可写成

$$dP_c/dt = k' P_A P_B$$

式中，$k' = kb_A b_B$，反应对每一个反应物都是一级的，而总反应是二级的。

B. 如果 A 是弱吸附的，而 B 则是强吸附的，那么，$b_A < 1 < b_B$，速度表示式可简化成：

$$dP_c/dt = k'' P_A/P_B$$

式中，$k'' = kb_A/b_B$，反应对 A 是一级的，而对 B 则是负一级的。

现在重新回到总表示式（3-66），当 $\theta_A = \theta_B$，亦即 $b_A P_A = b_B P_B$ 时，速度有一个最大值。如果 A 的分压是变化着的，而 B 保持不变，那么，最大速度处的比值 P_A/P_B 将给出值 b_A/b_B（参见图 3-34）。

如果产物 C 是强吸附的，那么，分母中就会有一个 $b_c P_c$ 项。如果 $b_c > 1 > b_A \approx b_B$，这时，这个项将比所有其它的项都重要，速度就将和 P_c 以及 P_A 和 P_B 的一次方成反比。

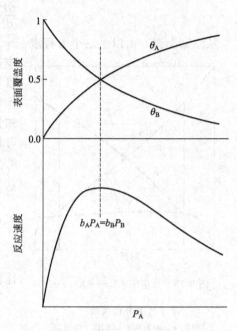

图 3-34　A 和 B 之间的双分子表面反应的速度，于 B 的压力（P_B）恒定时，与 A 的分压（P_A）的关系
图的上部表示，每个反应物的表面覆盖度分数是怎样随 P_A 而变的，而速度则与 θ_A、θ_B 成正比

③ 稳定态理论　尽管 Michaelius-Menten 方程可以很好概括许多酶催化的实验数据，但是 1925 年，G. E. Briggs 和 J. B. S. Haldane 等考虑到推导这一方程时的某些假设，对众所周知的酶催化反应并不都完全正确。许多酶有很高的催化活性，ES 在反应中似乎并未和 E 及 S 长时间地保持平衡，相反，ES 能很快转化为产物，根本不要求建立什么平衡。他们没有假定必需的平衡步骤，而是在建立"稳定态"的假定下推导出了一个速度方程式。所谓"稳定态"就是指 E·S 浓度在测定条件下保持不变，也就是其生成和分解速度刚好相等的状态。当然，在假设稳定态基础上推导动力学方程时必须考虑体系中所有反应的速度。

由反应：

$$E \; + \; S \underset{k_{-1}}{\overset{k_{+1}}{\rightleftharpoons}} E\cdot S \overset{k_2}{\rightleftharpoons} P+E$$
$$(e_0-x) \qquad \quad (x)$$

可得底物 S 消失的速度为：

$$-\frac{ds}{dt} = k_{+1}(e_0-x)s - k_{-1}x \qquad\qquad (3\text{-}69)$$

E·S 浓度随时间的变化可写作：

$$\frac{\mathrm{d}x}{\mathrm{d}t} = k_{+1}(e_0-x)s - (k_{-1}+k_2)x \tag{3-70}$$

产物的生成速度则由式(3-58)给出，即：

$$\frac{\mathrm{d}P}{\mathrm{d}t} = V = k_{+2}x$$

从原则上讲，由以上三个方程求三个未知数 e_0、s 和 x 应该是可能的。然而，在确定反应速度常数时，如果对 k_{+1}、k_{-1} 和 k_{+2} 的相对大小，以及 s 的相对浓度、时间等不加限定，那么，这些方程还是不可能得解的。然而，这些方程在假定每个未知数和速度常数有特殊值的情况下，借助于计算机即可从数字上积分出来。这样，反应物种的浓度随时间的变化也就可以计算出来，并可绘成如图 3-35 所示的曲线。图 3-35 指出，在垂线范围内，$\frac{\mathrm{d}x}{\mathrm{d}t}=0$。因此，由方程（3-70），得：

$$k_{+1}(e_0-x)s = (k_{-1}+k_{+2})x \tag{3-71}$$

这是一个替代微分方程的代数式，这样对总反应速度也就可以找到一个解了。由方程（3-63）可得：

$$x = \frac{k_{+1}e_0 s}{k_{+1}s + k_{-1} + k_{+2}} \tag{3-72}$$

利用方程（3-58）得：

$$V = \frac{k_{+1}k_{+2}e_0 s}{k_{+1}s + k_{-1} + k_{+2}}$$

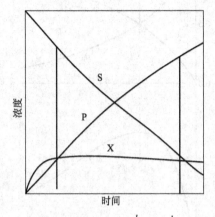

图 3-35 反应 $E+S \underset{k_{-1}}{\overset{k_{+1}}{\rightleftharpoons}} X \xrightarrow{k_2}$

P+E 的进程曲线

这里按 $k_{+1} \approx k_1 \approx k_{+2}$ 算出，在相当

一段时间内 $\frac{\mathrm{d}x}{\mathrm{d}t}=0$，保持了"稳定态"

分子、分母各除以 k_{+1}，得：

$$V = \frac{k_{+2}e_0 s}{s + \dfrac{k_{-1}+k_{+2}}{k_{+1}}}$$

令 $K_{\mathrm{m}} = \dfrac{k_{-1}+k_{+2}}{k_{+1}}$ 和 $\overline{V} = k_{+2}e_0$，得：

$$\overline{V} = \frac{\overline{V}_s}{K_{\mathrm{m}}+s} \tag{3-73}$$

把这个方程（3-73）和方程（3-61）相比较，两者有完全相等的形式，所不同的只是 K_s 换成了 K_{m}。K_{m} 并非 E·S 的离解常数，因此不同于 K_s，除非 k_{+1} 和 k_{-1} 相比很小。这一点相当重要，因为在许多情况下，K_{m} 是由决定 V 和底物浓度关系的相当简单的实验测得的。这就不可能确切决定 E·S 是否和 E 及 S 平衡。当使用 K_{m} 时就不包含任何限制，不像 K_s 那样，只能适用于 E·S 和 E 及 S 处于平衡状态下的特殊情况。

有许多酶反应是通过形成两种以上的中间复合物完成的，例如，有的反应取如下的形式：

$$E+S \underset{k_{-1}}{\overset{k_{+1}}{\rightleftharpoons}} [E \cdot S]_1 \underset{k_{-2}}{\overset{k_{+2}}{\rightleftharpoons}} [E \cdot S]_2 \xrightarrow{k_3} 产物+E$$

这里，总反应速度方程可在假定 $[E \cdot S]_1$ 和 $[E \cdot S]_2$ 均保持稳定态的条件下推导出来。这种例子的速度定律可记作：

$$V=\frac{\dfrac{k_{+2}k_{+3}e_0s}{k_{+2}+k_{-2}+k_{+3}}}{s+\dfrac{k_{-1}(k_{-2}+k_{+3})+k_{+2}k_{+3}}{k_{+1}(k_{+2}+k_{-2}+k_{+3})}}=\frac{K_0e_0s}{K_m+s} \qquad (3\text{-}74)$$

式中，K_0 和 K_m 表示方程（3-74）中分子和分母中的常数项。这个例子说明，Michaelius-Menten 速度方程是在完全不考虑反应中有多少中间步骤的情况下推导出来的。方程（3-74）中的 K_m 同样可由速度-底物浓度曲线数据求得。但是应当看到，K_m 既和离解常数不同，也不能用来度量"亲和力"。然而，在某些情况下，各个速度常数的相对值可以使 K_m 接近于 k_{-1}/k_{+1} 值，也就是说接近于底物的结合常数，但是要决定这种条件是否适用于特殊的酶常常并非简单。

最大速度 $\overline{V}$ 等于 K_0e，这里的常数 K_0 有时叫做催化速度常数，因为它和总催化过程的速度相关联。如果已知反应混合中酶的物质的量浓度，那么，K_0 即可由 $\overline{V}/e_0$ 算出。

在以上讨论模式反应的机理时，假定导致生成产物的反应是不可逆的，但是所有催化剂，包括酶在内，均能同时加速可逆反应中的正向和反向反应。因此，在有一定量的产物时，由于逆反应的关系，可逆反应的速度定律应作某些调整。然而，在许多催化反应中，速度测定常常在无产物的情况下进行，同时，反应又往往在有相当量底物转化之前就终止的，所以，在这样的情况下，用简单的 Michaelius 方程处理实验数据还是适合的。

这里谈到的根据稳定态理论处理酶催化的原理，也完全适用于固体表面催化反应的情况，读者可参阅本章末列举的参考书。

（三）动力学参数及其相互关系

（1）反应级数（n）

所谓反应级数乃指反应速度公式（3-75）中反应物、产物的压力（或浓度）项的指数：

$$V=k\cdot P_x^n x\cdot P_y^n y\cdot P_z^n z\cdots \qquad (3\text{-}75)$$

反应级数通常可由式（3-76）求得：

$$n_x=\left(\frac{\partial \ln V}{\partial \ln P_x}\right)_{T,P_y,P_z,\cdots} \qquad (3\text{-}76)$$

以单分子表面催化反应为例，例如烷基苯在 SiO_2/Al_2O_3 催化剂上裂解，在不考虑逆反应的情况下，并假定服从 Langmuir 型吸附平衡，反应速度可表示成式（3-66）。这里 P_A 为烷基苯的分压（大气压），K_A 为其吸附平衡常数。由于式（3-66）的分子和分母中均含有 P 的一次项，因此很难从 $v\infty P$ 的这种关系式确定 P 的级数。但由式（3-76），可得：

$$n=\left(\frac{\partial \ln v}{\partial \ln P}\right)_T=\frac{1}{1+K_A P} \qquad (3\text{-}77)$$

这样，当 $K_A P\geqslant 0$ 时，将得 $0\leqslant n\leqslant 1$。由不同的 $K_A P$ 值，可以得出如下的极限情况，即当：

$$K_A P\ll 1 \text{ 时，} n\approx 1；v=kK_A P；\theta\approx 0 \qquad (3\text{-}78)$$
$$K_A P\gg 1 \text{ 时，} n\approx 0；v=k；\theta\approx 1 \qquad (3\text{-}79)$$

这里，需要指出的是 $K_A P\ll 1$ 的条件，这显然只有在分压 P 很小，同时，K_A 值也相当小的情况下才能满足；例如，反应温度较高，反应物吸附能力较弱时即可满足后一种条件。许多实验证明，式（3-78）和式（3-79）是可以很好地符合许多实验数据的。

（2）表观活化能（E_A'）

通常，由反应速度常数（k）随温度的变化通过 Arrhenius 方程：

$$k=k_0 e^{-E_A/(RT)}$$

可以求得反应的真活化能 E_A：

$$E_A = RT^2 \left(\frac{\partial \ln k}{\partial T}\right)_P = \frac{RT^2}{k}\left(\frac{\partial k}{\partial T}\right)_P \tag{3-80}$$

将此定义扩展，将式(3-80)中的反应速度常数 k 用速度（v）取代，即可求得表观活化能 E_A'（或称速度活化能，惯用活化能）。

$$E_A' = RT^2 \left(\frac{\partial \ln v}{\partial T}\right)_P = \frac{RT^2}{v}\left(\frac{\partial v}{\partial T}\right)_P \tag{3-81}$$

对上述烷基苯裂解的实例，可得：

$$E_A' = RT^2 \left(\frac{\partial \ln k K_A P}{\partial T}\right)_P - RT^2 \left(\frac{\partial \ln(1+K_A P)}{\partial T}\right)_P$$

$$= \left(\frac{\partial \ln k}{\partial T}\right)_P RT^2 + \left(\frac{\partial \ln K_A}{\partial T}\right)_P RT^2 - \frac{K_A P}{1+K_A P}\left(\frac{\partial \ln K_A P}{\partial T}\right) RT^2$$

$$= E_A + \Delta H_a \left(1 - \frac{K_A P}{1+K_A P}\right)$$

$$= E_A + \Delta H_a \left(\frac{1}{1+K_A P}\right)$$

$$= E_A + \Delta H_a(n) = E_A - nQ_a \tag{3-82}$$

这里，ΔH_a 为吸附热函；Q_a 为吸附热；$Q_a = -\Delta H_a$。对极限状态，可分别为：

$$K_A P \ll 1 \text{ 时；} n \approx 1,\ \theta \approx 0,\ E_A' = E_A - Q_a \tag{3-83a}$$

$$K_A P \gg 1 \text{ 时；} n \approx 0,\ \theta = 1,\ E_A' = E_A \tag{3-83b}$$

对一定的反应来说，变更反应温度，K_A 亦将随之变化，对放热吸附的反应，在高温下 K_A 较小，式(3-83a)可以成立，低温时，则式(3-83b)可以成立。这种关系可以用图 3-36 明显地表示出来。由图可见，由速度求得的活化能不是一个定值，而是随温度改变的；而且，高温时的活化能低于低温时的。这种关系对吸热吸附的反应同样正确。

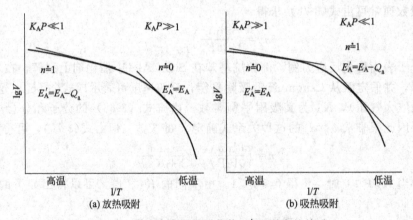

图 3-36　由速度求得的活化能 E_A' 和温度的关系

图 3-36 的现象可以用催化循环中发生的基元反应来说明。图 3-37 即为分解成基元反应后的催化反应坐标图。和图 3-36 相对应，基元反应 I→IV 为控制步骤。当 $K_A P \ll 1$ 时，表明成吸附状态的原料量很少，原料的浓度可看作不变（P_0），这时的反应速度为：

$$v = k^{\neq}[\text{II}] = k^{\neq}[K_A P_0] \tag{3-84}$$

式中，$k^{\neq}$ 为 II→III 的速度常数，而反应速度常数应为 $k^{\neq} K_A$。这时，求得的速度活化能 E_A' 如式（3-83a）所示。与此相反，当 $K_A P \gg 1$ 时，表明催化剂的活性中心（II）全部为反应物所覆盖，即 $\theta=1$，覆盖率不再与 P 有关。这样，反应速度当由图 3-37中的从 Ⅱ 经过 Ⅲ 之后，到达 Ⅳ、Ⅴ 的速度来决定。这可以通过式(3-83b) 所表示的关系来理解。

以上以服从 Langmuir 吸附的单分子反应为例，通过不同意义的活化能说明了吸附和反应之间的内在联系。这种关系对其它类型的反应以及服从其它类型吸附的各类反应，定性地说也都是正确的。不过，这里要指出的是，图 3-36 的曲线系假定反应在温度范围内的机理没有变化，即 E_A 为一常数的情况下求得的。这一结果表明，如果以反应

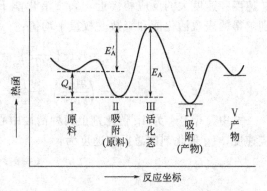

图 3-37　反应基元步骤的能量变化曲线

速度常数按 Arrhenius 公式作图，将得到一直线，而由 $\lg v - \dfrac{1}{T}$ 作图，则在一定的温度范围内，只能得到一曲折线。

（3）活化能的温度变化

由 Arrhenius 方程从反应速度常数（k）求得的活化能 E_A，从理论上讲应与温度无关，在正常情况下，由 $\lg k$ 和 $1/T$ 作图应得一直线。但是，如前所述，许多 Arrhenius 图在较广的温度范围内是曲折的。图 3-38 是一些有代表性的 Arrhenius 图。其中图 3-38（a）为正常的情况，说明反应在较广的温度范围内机理没有变化；图 3-38（b）为上凸型 Arrhenius 曲折线，说明反应在高温区的活化能 E_A 小于低温区的。发生这种现象的原因，目前已知有如下两种可能性。a. 例如在多相反应中，认为是由低温时的反应速度控制步骤表面反应、吸附或脱附等在高温情况下变成了扩散造成的。通常认为催化反应是依图 3-39 按步进行的连续过程，其中速度最慢的反应是控制步骤。如上所述，图 3-38（b）中 1～3 的控制步骤和图 3-39 中的基元步骤 2、3 及 4 相当，而 2～4 的控制步骤变成了扩散，和图 3-39 中的 1～5 相当，这和实验结果是完全一致的。因为气相以及液相中扩散步骤的活化能一般不大于 21kJ/mol，而吸附、化学反应的活化能一般均高于 21kJ/mol[67]。通过图 3-38（b）型 Arrhenius 曲折线可见，可以在高温区研究反应物的扩散现象。b. 温度对吸附平衡常数或配位平衡常数的影响。这在第二节中已作了明确说明。图 3-38（c）刚好和图 3-38（b）中的曲线走向相反，呈下凸型。实验证明，这是由于有两种不同的活性中心的缘故，这时将发生平行反应，

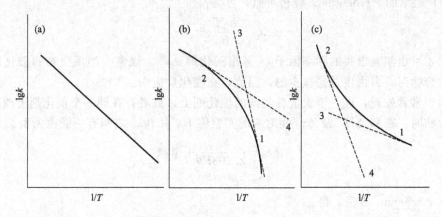

图 3-38　不同类型的 Arrhenius 图

总速度和速度大的反应相接近，表观活化能 E'_A 和反应级数（n）则等于由两种活性中心分别求得的表观活化能和级数的权重平均值：

$$E'_A = RT^2 \left(\frac{\partial \ln v}{\partial T}\right)_P = \frac{v_1 s_1 E'_{A,1} + v_2 s_2 E'_{A,2}}{v_1 s_1 + v_2 s_2} \tag{3-85}$$

$$n = \left(\frac{\partial \ln v}{\partial \ln P}\right)_T = \frac{P}{v} \times \frac{\partial v}{\partial P} = \frac{v_1 s_1 n_1 + v_2 s_2 n_2}{v_1 s_1 + v_2 s_2} \tag{3-86}$$

式中，s_1、s_2 为 1g 催化剂上两种活性中心的物质的量；v_1、v_2 则为两种活性中心的反应速度，1g 催化剂的总反应速度为：

$$v = v_1 s_1 + v_2 s_2 \tag{3-87}$$

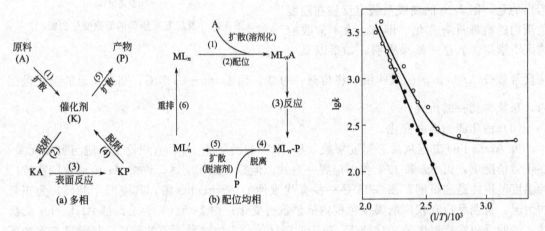

图 3-39　催化反应的基元步骤

图 3-40　以 NiO 为催化剂时 CO 的氧化
○ 未毒化的催化剂；● 为 CO_2
部分毒化的催化剂

这可以举出 CO 在 NiO 催化剂上的氧化为例，通过升温脱附，确认 NiO 有两种活性中心[68]。当两种活性中心都未中毒时，可以得到如图 3-40 所示和图 3-38(c) 实线相一致的曲折线。当 E_A 小的活性中心中毒时［相当于图 3-38(c) 中的直线 1～3］，即可得到如图 3-38(c) 中直线 2～4 相当的线。

（4）活化能和活化熵——补偿效应（θ 法则）[69a]

在第二节中，根据绝对反应速度理论，反应速度常数 k 可用公式（3-46）表示，和以公式（3-33）表示的 Arrhenius 方程相对照，可得：

$$k_0 = \frac{k_B T}{h} e^{\Delta s^{\neq}/R} \tag{3-88}$$

因此，可由实验求得的频率因子 k_0 算出活化熵 $\Delta s^{\neq}$。通常，当反应物和催化剂作用形成中间化合物时，自由度总是减少的，因此，在催化反应中 $\Delta s^{\neq} < 0$。

实验中常常发现，同一个反应在类同的催化剂上，或者，在同一个催化剂上改变结构类似的反应物时，在和 $\Delta H^{\neq}$ 及 $\Delta s^{\neq}$ 相对应的实验值 E_A 及 $\lg k_0$ 之间有一线性关系：

$$\lg k_0 = \frac{E_A}{2.303 R \theta} + 常数 \tag{3-89}$$

或

$$k_0 = a e^{E_A/(R\theta)}$$

代入 Arrhenius 方程，得：

$$k = k_0 e^{-E_A/(RT)} = a e^{-E_A \left(\frac{1}{RT} - \frac{1}{R\theta}\right)} \tag{3-90}$$

这种现象称为补偿效应，或者称为等动力学法则，θ 则称为补偿温度或等动力学温度。作者在以不同方法制得的氧化铝为催化剂上研究乙醇脱水反应的动力学时，得到了很好的这种关系（参见表 3-19 及图 3-41[69b]）。在多相催化反应的研究中，这几乎已是较普遍的规律[70,71]。

表 3-19　催化剂制法及其基本性质

催化剂	制　　法	表面积 S /(m²/g)	活化能 ε /(kJ/mol)	活性方程式	吸附势 q /(kJ/mol)
1	Al(NO₃)₃ 溶液加当量 NH₃ 沉淀	188	80.7	$\lg k = -\dfrac{4211}{T} + 8843$	587.0
2	同 1,加 4 倍当量 NH₃ 沉淀	171	90.4	$\lg k = -\dfrac{4714}{T} + 9587$	574.1
3	铝酸钠溶液以 CO₂ 沉淀	254	106.3	$\lg k = -\dfrac{5550}{T} + 10580$	552.7
5	氯化铝溶液以过量 NH₃ 沉淀	202	71.1	$\lg k = -\dfrac{3720}{T} + 8132$	600.0
6	工业用氢氧化铝（博山产）	120	159.0	$\lg k = -\dfrac{8300}{T} + 14020$	482.4
7	同 3,成型时不加硝酸	236	138.1	$\lg k = -\dfrac{7216}{T} + 12949$	510.5
8	铝酸钠溶液,以 HNO₃ 沉淀,沉淀时 pH 值恒定	177	95.8	$\lg k = -\dfrac{5000}{T} + 10005$	566.9

补偿效应可定性地说明如下：在 E_A 较小的情况下，反应物和催化剂结合较强，中间化合物这时的自由度较小，即 $\Delta s^{\neq}$ 值较小（愈负，而绝对值较大）。相反，当 E_A 值较大时，说明反应物和催化剂的结合较弱，表面化合物的自由度较大，和原料体系的相接近，也就是说 $\Delta s^{\neq}$ 值较大；同时，在这样的倾向之间恰好又成直线关系，结果得到了如式(3-89) 所示的线性方程。目前，对这一现象已有一些半定量的说明，但都是以催化剂表面上活性中心的分布和吸附热以及吸附熵均成直线关系的假设推导出来的。

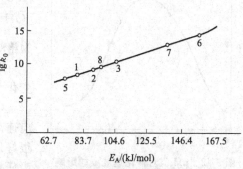

图 3-41　乙醇在不同制法的氧化铝上脱水时的补偿效应（线上标号和表 3-19 中催化剂号同）

三、催化剂结构对催化性能的影响

（一）均相、多相和酶催化反应机理的同一性

催化作用既然是一种化学现象，同时，催化剂又被确认为反应的积极参加者，那么，发生在反应物和催化剂之间的相互作用——反应分子的活化，理所当然地能用基元化学反应的机理进行解释。如果催化反应也按反应物和催化剂之间的电子传递方式进行分类，那么，就有可能把发生在均相、多相和酶三种不同体系中的催化反应的机理，统一于共同的概念之中。催化反应根据反应中电子传递方式可概括为以下四类。

（1）酸-碱催化反应

这时，催化剂为 Brönsted 酸（H_3O^+）和碱（OH^-），这是前述供-受作用的一个特例。在这类反应中，反应物和 H^+ 或 OH^- 发生电子供-受作用形成离子键，在酸催化的情况下，大多形成质子化的反应物。最有代表性的是各类水解反应。这类反应无论在均相、多相条件下，还是在酶催化下，其反应机理都是相同的，都是以形成四面体的中间体为其特点[72]。例如，在酯类水解时，可分别表示如下。

酸催化：

$$R-C-OR' \xrightarrow{H_2O} \left[\begin{array}{c} O \\ RC-OR' \\ | \\ O \\ | \\ H \quad H \end{array} \right] \xrightarrow{H^+} \left[\begin{array}{c} OH \\ R-C-OR' \\ | \\ O^+ \\ | \\ H \quad H \end{array} \right] \Longleftrightarrow \left[\begin{array}{c} OH \quad R' \\ R-C-O \\ | \quad H^+ \\ OH \end{array} \right]$$

（四面体中间体）

$$RC\begin{array}{c}O\\OH\end{array} + H^+ \longleftarrow RC\begin{array}{c}OH^+\\OH\end{array} + R'OH$$

碱催化：

$$RC-OR' \xrightarrow{OH^-} \left[\begin{array}{c} O^{(-)} \\ R-C-OR' \\ | \\ OH \end{array} \right] \longrightarrow RC\begin{array}{c}O\\OH\end{array} + R'O \xrightarrow{H_2O} R'OH+OH^-$$

（四面体中间体）

而且对这类反应，还发现下列一些规律，在均相、多相以及酶体系中都是成立的[73]。

A. 动力学方程一般可表示为：

$$k=k_0+k_{H_3O}+\cdot[H_3O^+]+k_{OH^-}\cdot[OH^-]+\sum_i k_i^A\cdot[A]+\sum_i k_i^B\cdot[B]$$

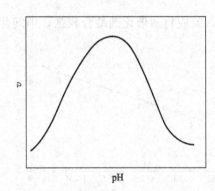

图 3-42 pH 值对催化速度 v 的影响

式中，k_0 为溶剂分子以及分子内部催化的项；$k_{H_3O}+\cdot[H_3O^+]$ 表示为特殊酸催化的项，$k_{OH^-}\cdot[OH^-]$ 特殊碱催化的项；$\sum_i k_i^A[A]+\sum_i k_i^B[B]$ 则为溶液中总酸和总碱催化的总和。

B. 反应速度和介质 pH 值之间的关系均成钟罩形变化（图 3-42）。钟形则取决于酸、碱的 pK_a 值。

C. Brönsted 法则：大量实验证明，这类反应在反应速度常数（k）和催化剂离解常数 pK_a 值之间均能很好地满足 Brönsted 法则（参见本节之二）。图 3-43 为任意取自文献的两例[74]。

（2）共价催化反应[75]

由催化剂和反应物通过电子供-受作用而引起的反应是催化领域内最为广泛的一类反应。催化剂和反应物之间将形成极性共价键或共价键（配位键）；反应可因催化剂作为电子对受体（EPA）或电子对供体（EPD）而分为亲电子反应或亲核反应。无论在均相、多相，还是在酶的体系中，EPA 部位主要是金属阳离子，而 EPD 部位则主要是碱和各种阴离子。今举例如下：

A. 亲电子反应[76]：

（a）转氨酶：

$$\begin{array}{c} RCH-CO_2^- + R'C-CO_2^- \Longleftrightarrow RC-CO_2^- + R'C-CO_2^- \\ | \qquad\qquad || \qquad\qquad || \qquad\qquad | \\ NH_2 \qquad\qquad O \qquad\qquad O \qquad\qquad NH_2 \end{array}$$

$$\begin{array}{cc} \parallel M & \parallel M \end{array}$$

$$\begin{array}{cc} \begin{array}{c} H \\ RC-N-C-R' \\ \parallel \qquad\qquad \parallel \\ O=C \qquad C=O \\ \ \ \ \backslash \quad | \quad / \\ O-M-O \\ | \\ L \end{array} & \Longleftrightarrow \begin{array}{c} H \\ RC=N-C-R' \\ \qquad\qquad | \\ O=C \qquad C=O \\ \ \ \ \backslash \quad | \quad / \\ O-M-O \\ | \\ L \end{array} \end{array}$$

$$M=Fe^{3+}、Cu^{2+}、Al^{3+}$$

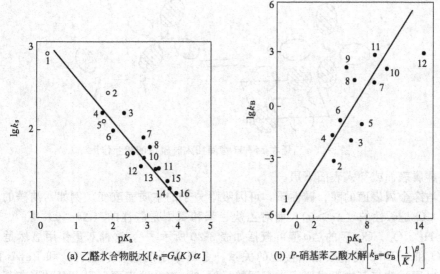

图 3-43 Brönsted 法则

(a) 催化剂为各种羧酸；1—二氯乙酸；2—水杨酸；3—m-硝基苯甲酸；4—氯乙酸；5—溴乙酸；6—苯氧基乙酸；7—p-氯苯甲酸；8—苯甲酸；9—甲酸；10—二苯乙酸；11—p-羟基苯甲酸；12—o-甲苯甲酸；13—苯乙酸；14—苯丙酸；15—乙酸；16—丙酸

(b) 催化剂为各种碱；1—H_2O；2—CH_3COO^-；3—HPO_4^{2-}；4—![苯胺]NH_2 ；5—三偶氮化合物；

6—![吡啶] ；7—NH_3；8—![咪唑] ；9—NH_2OH；10—甘氨酸；11—巯基乙醇；12—OH^-

（b）ATP 水解：

$$RO-P(=O)(O^-)-O-P(=O)(O^-)-O-P(=O)(O^-)... \xrightarrow{H_2O} ... + H_3PO_4$$

(ATP) $M=Ca^{2+}、Cu^{2+}$ (ADP)

B. 亲核反应[77]：

如，酯水解：

$$RCOR' \xrightarrow{H_2O, :N} \left[\begin{array}{c} O^{-\delta} \\ R-C-OR' \\ | \\ O^{+\delta} \end{array} \right] \rightleftharpoons RC(O^-)-OR' + {}^+HN \downarrow$$

$$RC(OH)=O + R'OH + N$$

烯烃加氢时，C=C 双键在过渡金属-氢共价键之间的插入，也按这一机理进行（图 3-44）。

从 EPA-EPD 观点看，分子在固体表面上的吸附作用，正好是这类相互作用的另一个例子。根据现代表面化学的观点，表面可以根据和底物形成化学键时净电子的传递方向区分为酸（EPA）或碱（EPD）。当吸附分子在固体表面上呈缔合吸附时，净电子的传递方向可由实验测得的功函数变化 $\Delta\varphi$ 来决定。如果 $\Delta\varphi > 0$，那么，说明净电子系从表面向吸附分子传递（碱性表面）；如果 $\Delta\varphi < 0$，表明净电子系由吸附分子向表面传递（酸性表面）。对离解吸附，从功函数变化的符号不能确认净电子的传递方向，因为离解时生成的每一种新的物种，

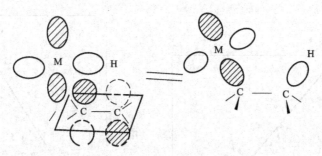

图 3-44　乙烯在 M—H 键间插入时轨道的相互作用

都能进入金属表面或穿入表面下层。

一个洁净金属表面的酸、碱性质，可因吸附分子的本质而改变。例如，洁净的镍 [111] 晶面，对 CO 是碱性的（$\Delta\varphi > 0$），而对乙炔、苯和氨则是酸性的（$\Delta\varphi < 0$）等[78～80]。一些金属吸附 H_2、O_2、CO 后的 $\Delta\varphi$ 值可概括如表 3-20 所示[81]。这种双重作用显然是由于这里的 HOMO 和 LUMO 的能级相当接近的关系。金属原子的这种双重性，和 Lewis 酸、碱一样，还可以通过改变其中组成原子进行调整。例如，在金属表面上引入氧、碳或其它电负性物种，金属表面的碱性就能有所减弱，或者变为酸性；相反，如果引入电正性粒子，如碱金属，那么就将产生相反的效果，使表面变成碱性，或者使酸性有所减小等。

表 3-20　各种金属（晶面）吸附不同气体后的 $\Delta\varphi$ 值

吸附物	$\Delta\varphi/eV$								
	Cu	Au	Ag	Fe	Ni	Pt	W	Mo	Ta
H_2				0.45	0.35	0.14	0.48		
O_2	0.125[111]			0.20	1.0～1.2	1.0		1.0	
	0.39[100]				0.3[100]				
	0.075[110]				0.5[110]				
CO	−0.28	−0.92	−0.31	1.33	1.35		0.82		0.67

对金属氧化物或金属的氧化表面，表面部位的酸性或碱性比较容易确定。这是因为氧对大多数金属来说有较大的电负性。这样，电子将主要由金属向氧传递，并使表面氧化和生成金属氧化物。金属氧化物的 HOMO 和 LUMO 的能级差别较大，因而其电荷分布要较纯金属的稳定得多，其可极化性也比纯金属的低，故化学吸附时对电荷重新分配的阻力相当大。因此，在金属氧化物表面上，通常总是富电子的氧阴离子是碱性或供电子的部位（EPD 部位），而贫电子的金属离子则为酸性或受电子的部位（EPA）。另外，还可以期望，电子供-受轨道的定域性质将比洁净金属表面的大[82]。

对反应物来说，那些带有孤对电子的基团可以认为是 EPD 部位，如：

$$H_3N: \quad H_2\ddot{O}: \quad H_2C\ddot{O}: \quad H_2\ddot{S}:$$

ERD

而 EPA 部位则可由基团内部某些原子对电子的吸引力特强而形成，如：

$$\overset{+\delta}{C}=\overset{-\delta}{O} \quad \overset{+\delta}{C}=\overset{-\delta}{N} \quad -CH=CH-\overset{+\delta}{C}=\overset{-\delta}{O}$$

EPA

反应时，催化剂和反应物之间的 EPA 部位和 EPD 部位应相互作用[83]（互补原理 Complementarity[84]）。例如，带有电负性基团的醇，就可以形成如下的结构：

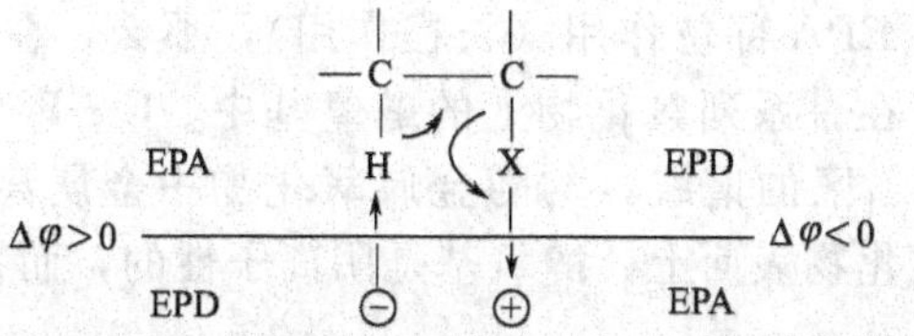

在固体表面上，这种相互作用的模型已在许多反应中得到证实。例如，在 1-丁醇在各种阳离子分子筛上脱水的例子中，催化剂活性的变化序列正好和表征表面部位酸-碱性强度的一些物理量——e/r（表观电荷对半径之比）、Pauling 或 Sanderson 电负性的变化相一致[85]：

$$
\begin{array}{cc}
\text{Li} & \text{Be} \\
\vee & \vee \\
\text{Na} & \text{Mg} \\
\vee & \vee \\
\text{K} \ll & \text{Ca} < \text{Al} < \text{Si} \\
\vee & \vee \\
\text{Rb} & \text{Sr} \\
\vee & \vee \\
\text{Cs} & \text{Ba}
\end{array}
$$

有些化学家不相信配位键具有较大的强度，足以导致分子之间的化学反应，并因而怀疑表面阳离子的催化效应。表 3-21 给出了不同价态阳离子的水合热函值。由表可见，二阶阳离子和第一水合层中水分子的键强（约 418.7kJ）几乎和单键（对 H_2 为 435.5kJ/mol）的相等，而三阶阳离子的则更强（＞628.0kJ）。所以，表面阳离子和一个供电子分子，例如，醇之间的相互作用有着相似的强度，可见，阳离子是催化中很重要的 EPA 部位。

表 3-21　不同价态阳离子的 $\Delta H_{水合}$

阳离子	$\Delta H_{水合}/(kJ/mol)$	N[①]	$(\Delta H_{水合}/N)/kJ$
K^+	−351.7	4	−87.9
Cu^+	−619.6	4	−150.7
Ca^{2+}	−1628.7	4	−406.2
Cr^{2+}	−1879.9	4(6)	−469.0(−314.0)
Fe^{2+}	−1955.2	4(6)	−490.0(−326.6)
Cu^{2+}	−2126.9	4	−531.7
Cr^{3+}	−4019.3	6	−736.9
Fe^{3+}	−4417.1	6	−736.9

① $N=$ 配体数。

表面的氧离子作为 EPD 也有不少例子。例如，在研究丙酮在金属氧化物上吸附的红外光谱时，发现 C—H 键的振动频率总是减小的[86]。这时，丙酮和催化剂表面的相互作用可表示为：

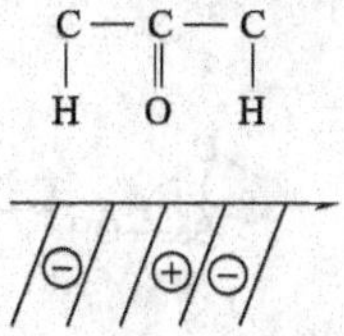

	C—H	MgO	Al_2O_3
Δv (cm^{-1})		−50	−30

在 MgO 上的位移大于在 Al_2O_3 上的，这是因为 MgO 碱性较大的缘故。说明它是一种较强的 EPD，而且有理由相信，位移是由于和催化剂的 EPD 部位作用的关系（短程作用）。

因为不然的话，由 CO 和 EPA 部位作用（长程作用），那么，在强 EPA 上（即 Al₂O₃）的位移就应该较大。另外，在一系列氧化物上的醇氧基中，C—H 键的频率也有类似的走向。如图 3-45 所示，所有 v_{C-H} 区的谱线，均随金属氧化物中金属离子的电负性向同一方向迁移，表明在电负性小的氧化物表面上，醇氧基是阴离子性的，而在电负性强的氧化物上，则成共价结合[87]。

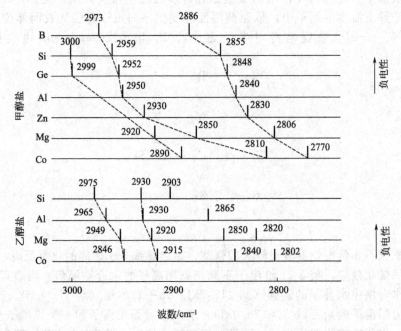

图 3-45 以碱度（电负性）为函数的表面醇盐中 C—H 键的伸缩频率位移

在这类催化反应中，均相、多相、酶催化体系反应的共同性，可以举金属离子在氧化反应中形成金属-氧（M═O）中间体的催化作用为例加以说明[88]。这时，反应按亲电子取代机理进行：

$$:O = M^{n+} \longrightarrow HO—M^{n+} \longrightarrow HO—M^{(n-2)+} \longrightarrow O = M^{(n-2)+} + ROH$$

A. 均相体系 有机化合物和金属氧试剂，诸如过锰酸盐、铬酸盐以及铬酰化合物、SeO₂、OsO₄、RuO₄ 以及 MnO₂。

之间的化学计量氧化是众所周知的，这些化合物中的一个或几个 M═O 基团参与反应是这种反应机理中的关键步骤。例如，在烯烃氧化中[89]：

B. 多相体系 由 MoO₃-Bi₂O₃ 催化剂所催化的丙烯氧化制丙烯醛、氨氧化制丙烯腈以及丁烯氧化脱氢制丁二烯，证明均按同类机理进行[90]：

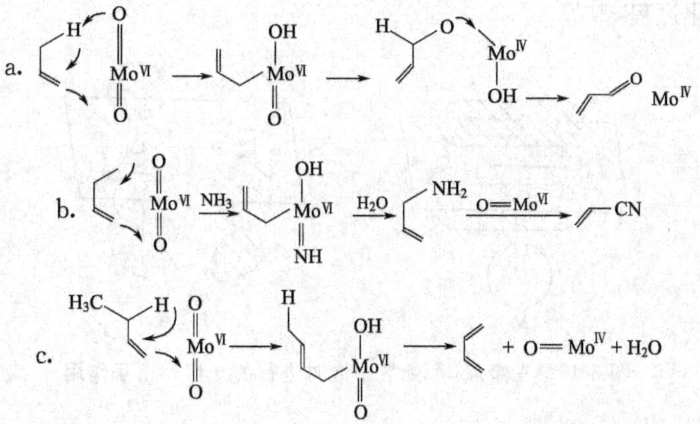

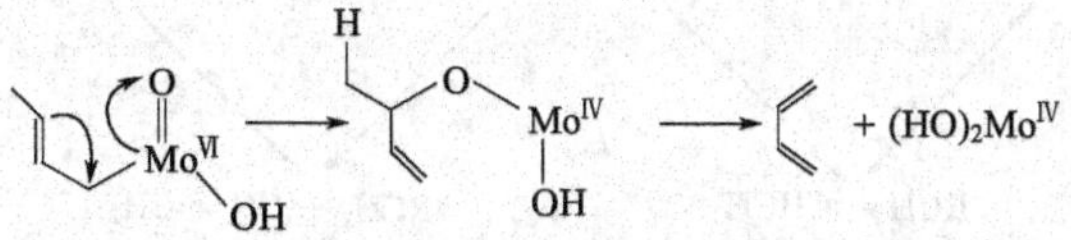

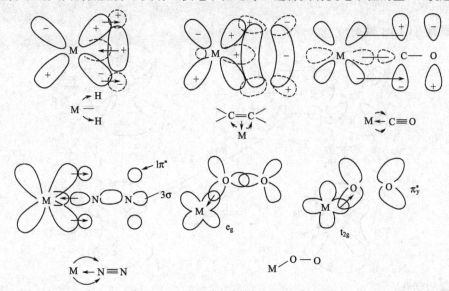

C. 酶体系　这里可以举由单加氧酶 P-450 催化的氧化反应中生成的 $Fe^V=O$ 为例[91]：

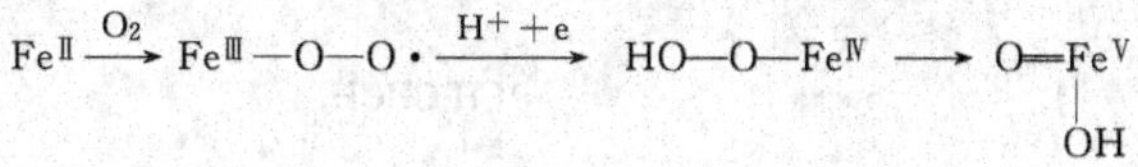

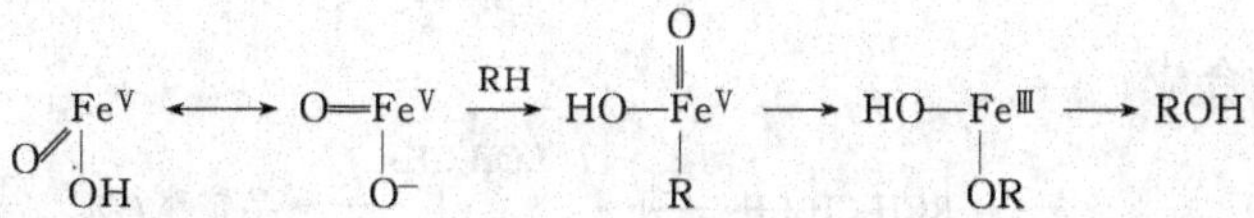

$$Fe^{II} \xrightarrow{O_2} Fe^{III}-O-O \cdot \xrightarrow{H^+ +e} HO-O-Fe^{IV} \rightarrow \underset{OH}{O=Fe^V}$$

$$\underset{OH}{O=Fe^V} \longleftrightarrow \underset{O^-}{O=Fe^V} \xrightarrow{RH} HO-\underset{R}{Fe^V} \rightarrow HO-\underset{OR}{Fe^{III}} \rightarrow ROH$$

（3）σ-π 配位催化反应

在催化反应中，经常遇到低价金属（软酸）和不饱和烃之间的 η^2 配位，在这类反应中，2 个作用物的 HOMO 和 LUMO 发生交换作用形成 $\sigma\pi$-配键，如图 3-46 所示[92]。除了烯烃之外，还包括其它许多可作为软碱的反应物的反应，诸如，CO[93]；O_2[94]、N_2[95]、$C\equiv C$[92] 等。这些反应分子的共同特点是除了具有 σ 供电子性之外，还都具有受电子性的空 π^* 轨道：

这包括一系列在均相、多相中进行的加氢、烯（炔）烃转化、水煤气合成以及酶催化中的固氮和氧的活化过程[96]等。

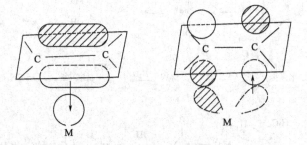

图 3-46　在金属-η^2-烯烃中同时进行的 σ 和 π 相互作用

A. 烯烃异构反应：

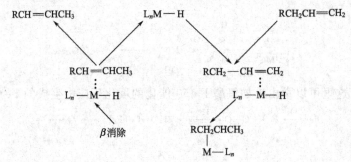

B. 烯烃的羧基合成：

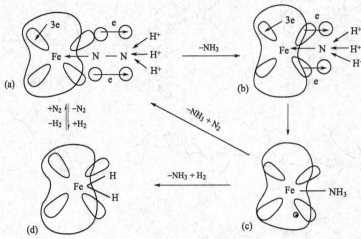

C. 固氮（Chatt 模型）：

D. 氧的活化：

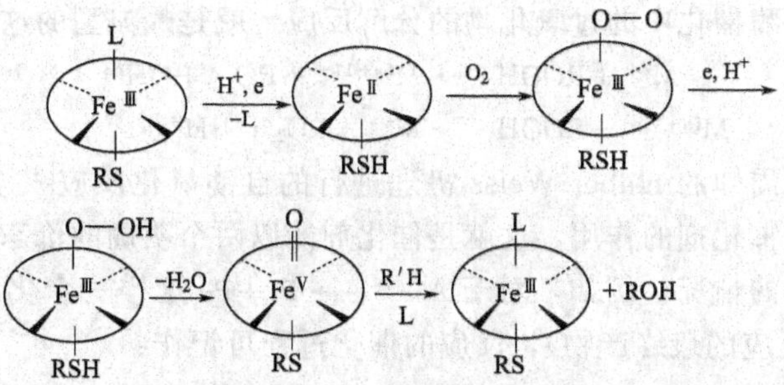

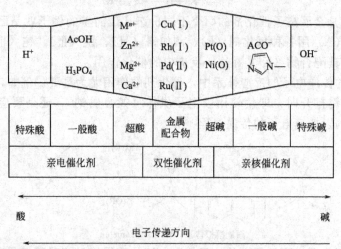

以上三类反应，可以用广义的酸-碱反应来概括，它们之间有如下的关系：

特殊酸	一般酸	超酸	金属配合物	超碱	一般碱	特殊碱
亲电催化剂			双性催化剂		亲核催化剂	

酸 ←————————————————→ 碱

电子传递方向

在均相、多相和酶三个催化体系中，其作用机理完全相同。

（4）氧化-还原催化反应

这类反应以金属离子和金属配合物为催化剂的最多。它可以作为链反应的引发剂，通过催化剂和反应物之间的电子转移形成自由基。因为无论金属离子作为电子受体 $[M^+]$，还是电子供体 $[M^-]$，甚至顺磁中心（M），都很容易和底物作用形成自由基：

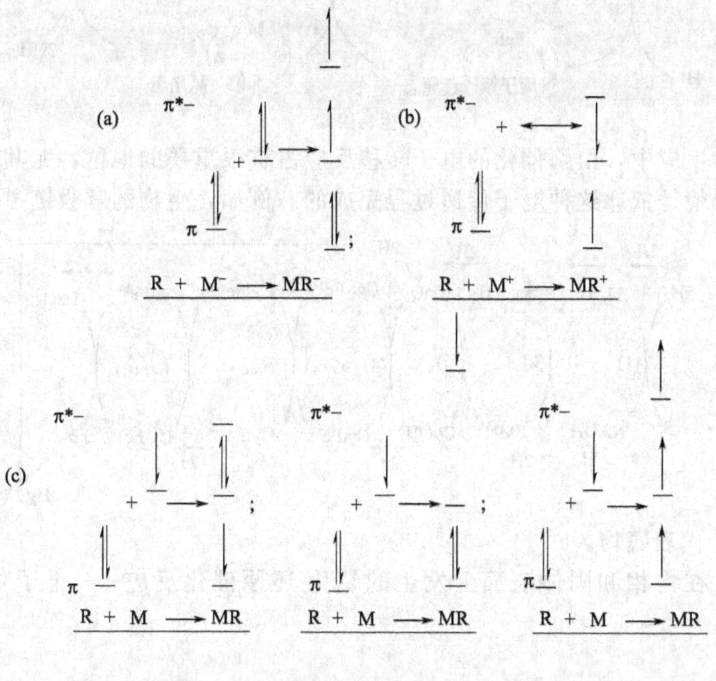

在均相、多相、酶催化中的过氧化物的分解反应，就是最典型的这类反应：

氧化 $\qquad\qquad M^{n+}+ROOH \longrightarrow M^{(n+1)+}+RO\cdot+OH^-$

还原 $\qquad\qquad M^{(n+1)+}+ROOH \longrightarrow M^{n+}+RO_2\cdot+H^+$

这也就是按众所周知的 Haber-Weiss 机理进行的自动氧化反应[97]。另外，也可以在反应物之间传递电子起催化剂的作用，这就是催化剂能以两个明确的价态存在，而这两个价态又都不依赖于反应物的情况。例如，对于 $A+B \longrightarrow P_1+P_2$ 这样一个化学计量反应（A 和 B 为反应物，P_i 则为反应的最终产物），反应的催化过程可记作：

$$A+K\text{（催化剂）} \longrightarrow P_1+K'$$

$$K'+B \longrightarrow P_2+K$$

这里 K 和 K′是金属离子催化剂的两个不同价态。最简单的例子就是已在本章第二节中介绍过的分子氢（A）用各种氧化剂（B），例如铬（Ⅵ）、铁（Ⅲ）、铊（Ⅲ）以及碘酸氧化时，Cu^{2+}（K）及其配合物（K′）在这一反应中的催化作用。

在较为复杂的传递电子的反应体系中，催化剂的作用尤为重要。例如，当氮分子用化学还原法使 N≡N 键打开时，即使使用强电子供体（如金属钠），还是要应用由萘和氧烷基钛所组成的催化剂以加速电子的传递过程[95]：

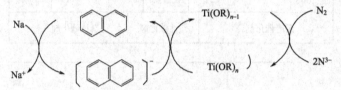

固氮模拟体系（Vol′pin-Tamelen）

生物固氮证明是通过更加复杂的体系传递电子的，尽管目前对其细节还不十分清楚，但最可能的途径还是可以用类似于上述氧化-还原的机理来描述[95]：

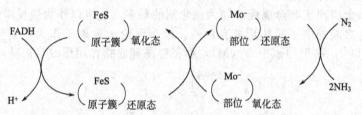

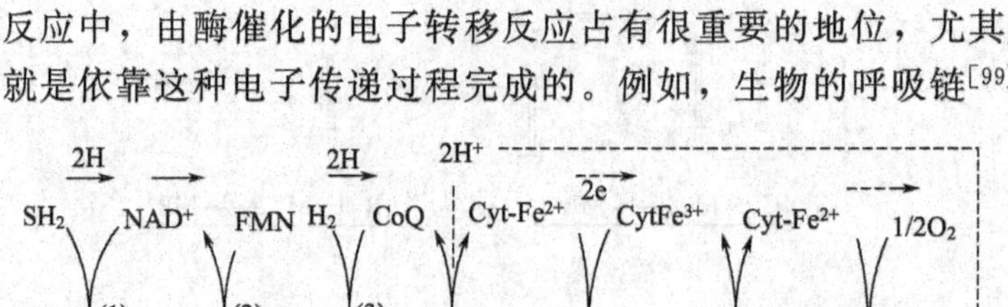

生物固氮

在生物化学反应中，由酶催化的电子转移反应占有很重要的地位，尤其是在所谓的呼吸链中；代谢过程就是依靠这种电子传递过程完成的。例如，生物的呼吸链[99]：

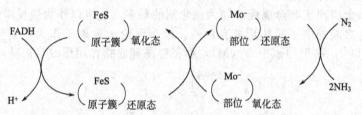

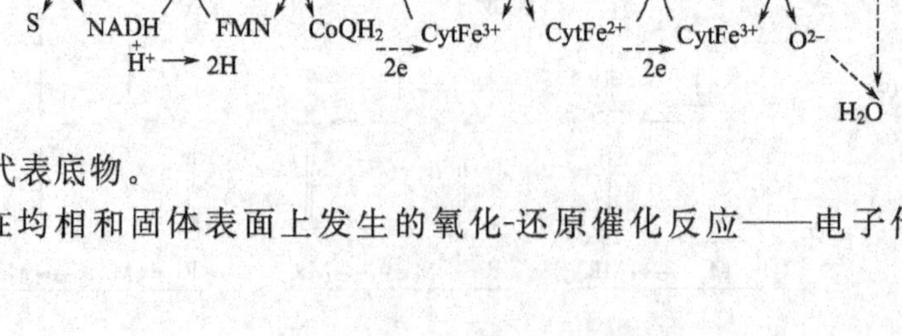

这里，SH_2 代表底物。

通常认为，在均相和固体表面上发生的氧化-还原催化反应——电子传递过程也与此类似[86]：

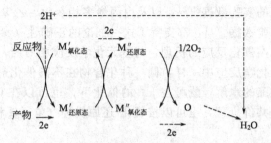

这就是所谓的 Mars 和 Van Krevelen 氧化-还原机理[100]。众所周知的由乙烯氧化合成乙醛的 Wacker 法，就是按这个机理进行的：

$$C_2H_4 + Pd^{2+} + H_2O \longrightarrow CH_3CHO + Pd^0 + 2H^+$$

$$Pd^0 + 2Cu^{2+} \longrightarrow Pd^{2+} + 2Cu^+$$

$$2Cu^+ + 1/2O_2 \longrightarrow 2Cu^{2+} + O^{2-}$$

在这类反应中，化合物通过催化剂转移电子以氧化或还原另一种化合物的能力，已经可以通过在特定条件下测定催化剂的氧化-还原电位 E_0 半定量地表示出来：

$$E = E_0 - \frac{RT}{nF}\ln Q$$

通过比较电子转移体系的 E_0 值，即可估计出电子的传递方向及能力。例如，在水溶液中，Fe^{III}/Fe^{II} 体系的 E_0 为 $+0.77V$，而体系 $O_2 + 2H^+/H_2O(pH \approx 7)$ 的 E_0 为 $+0.82V$，这就说明要在 $pH=7$ 时用 O_2 使 Fe^{II} 氧化成 Fe^{III} 是困难的。但是，当 Fe^{II} 周围有特殊配体，例如，细胞色素 a(电子载体)存在时，E_0 变为 $+0.29V$，这时，借助于细胞色素氧化酶，就可以很容易地在它和 O_2 之间发生电子转移，生成氧化态的细胞色素 a(Fe^{III})了。

另外，对这类反应中的氧化物催化剂来说，其还原之难易或者活性的高低，目前已知在一定程度上取决于氧化物中金属离子和氧的结合能 (Q_0)：

$$MO_n \longrightarrow MO_{n-1} + 1/2O_2 - Q_0$$

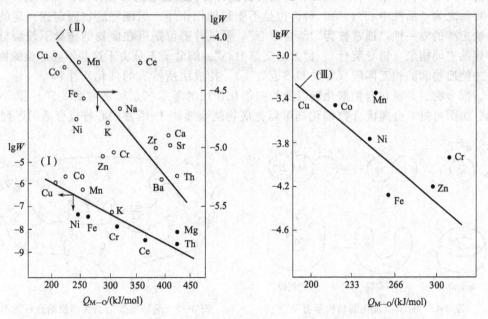

图 3-47　丙烯多相（Ⅰ）、乙苯液相均相（Ⅱ）和异丙苯液相多相（Ⅲ）氧化

许多有关烃类氧化的实验数据[102]，以及由丙烯多相氧化、乙苯液相均相氧化以及异丙苯液相多相氧化所得实验数据[101]，都支持了这一推论的正确性（参见图 3-47）。

以上扼要介绍了几类催化反应的机理，与基元化学反应相对照，这些反应似应看作基元催化反应。和在一般的化学反应中一样，同一种化合物在不同催化剂作用下可以按不同机理进行反应。例如，前述酯的水解，既可在 H^+ 的催化下，也可以在 OH^- 催化下进行。又如烃类的氧化，既可以按共价机理，也可以按氧化-还原机理（电子转移）进行[102]：

$$O=M^{n+} \longrightarrow HO-M^{n+} \longrightarrow HO-M^{(n-2)+} \longrightarrow ROH + M^{(n-2)+}$$

或

$$O=M^{n+} + RH \longrightarrow HO-M^{(n-1)+} + R\cdot \longrightarrow ROH + M^{(n-2)+}$$

另外，在同一个反应中，还可以同时包括几个基元催化反应。例如，在前述由乙烯制取乙醛的 Wacker 法中，在发生氧化-还原之前，乙烯须先和 Pd^{2+} 形成 σ-π-配键。

（二）催化剂结构对其催化性能的影响

前已述及，从化学角度看，催化剂的作用不外乎使反应物转化成离子、自由基或配离子等活性物种，以提高反应物的反应能力。既然各类催化反应在三种不同体系中有共同的反应机理，那么，为什么相同体系中的催化剂的催化性能——活性及选择性却又有如此明显的差别呢？原来，催化剂从最简单的 H^+、金属离子（M^{n+}）、经复杂的配合物（ML_n）、酶等一系列分子催化剂，最后到固体——聚集体，催化剂在结构上发生了从简单到复杂的明显变化。单就分子型催化剂来说，由图 3-48 可以看出，酶的结构显然要比其它分子催化剂复杂得多，而酶催化剂之所以具有独特的催化性能，正是由于它在结构上有其特殊性的关系。图 3-49 给出了酶和底物的活性部位在反应时的结合示意图。由图可见，酶分子至少具有三种功能不同的部位：第一种部位能和底物的特定部位直接接触起催化作用，和普通催化剂一样，可称之为"活性中心"；第二种部位虽不能起催化作用，但能把底物固定在一定的位置上，决定酶的专一性，通常称为"结合中心"；第三种部位则可在底物的诱导下使酶分子保持特定的空间构象（诱导契合），称为"支撑中心"。酶分子正是由于这些不同部位的协同作用，才使底物和酶相互匹配（定向和挨近效应），构成酶所特有的催化活性和专一性。金属离子、配合物、有机化合物催化剂以及酶的催化作用的基本区别可通过图 3-50～图 3-53 来说明。由图可见，金属配合物催化剂可以把底物绕金属离子-活性中心排成合适的序列，而

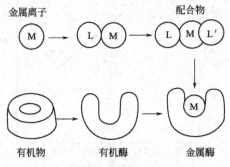

图 3-48　分子型催化剂结构示意及
它们之间的演变关系

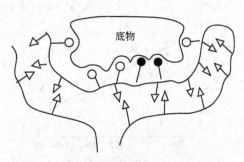

图 3-49　酶和底物的活性部位结合示意图
● 活性中心；○ 结合中心；△ 支撑中心

有机化合物催化剂则可将底物固定在孔或缝隙之中，从而诱发所催化的反应。两种催化剂用不同方式完成了相同的功能，但却显示出了不同的活性和选择性。可以认为，金属酶的结构正好把金属配合物中配体的排列序列和有机物催化剂的择形以及亲水或疏水等局部因素结合了起来。根据催化研究的现状来看，其催化作用之特点是人类目前还无法攀登的。尽管如此，如果能对均相、多相和酶三个不同催化体系各自的特点以及其相互之间的联系作出确切的或半定量的解释，那么，逐步接近这种高效催化剂的设计和合成并不是完全不可能的。

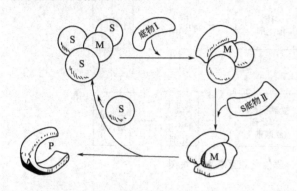

图 3-50　金属离子催化作用示意图
S—溶剂；M—金属离子；P—产物

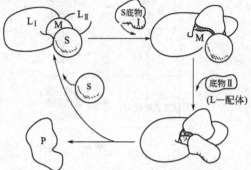

图 3-51　配合物催化作用示意图

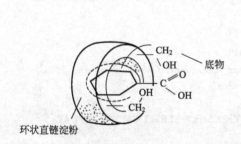

图 3-52　环状直链淀粉作为一种酶的模型

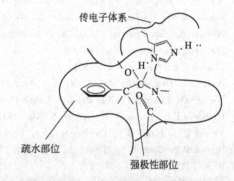

图 3-53　酶的活性部位示意图

　　根据以上介绍的不同催化体系的特点，按照同一的化学原理，它们之间似乎有如方块图（图 3-54）所示的相互联系。方块图表示，以均相催化剂为中心，向右可通过合成高分子和高分子负载型催化剂逐步完成酶的模拟；向左则通过均相催化剂的固载化可以深入了解多相催化剂的本质。方块图上部表示均相、多相以及酶催化三种不同体系中酸-碱催化反应之间的相互联系。由于这类反应的机理都和质子（H^+）、羟基（OH^-）和其它碱种有关，许多共同点已昭然若揭，这类催化反应的理论问题应该说已渐趋解决。方块图下方涉及以金属离子（M^{n+}）为催化剂的大多数反应，其反应机理可能是多种多样的，目前远不如酸-碱催化反应那么清楚，但是也可以遵循方块图上部解决酸-碱催化反应的途径，即先在均相体系中深入探讨其作用机理，在催化剂性能及其它有关物理化学、结构性质之间建立起相应的经验规律，或半定量的表达公式，然后如方块图所示，逐渐将其应用于同类型的多相催化反应和金属酶催化反应。这条路一旦走通，那么，这类催化反应的问题也就会像酸-碱催化反应一样获得圆满解决。

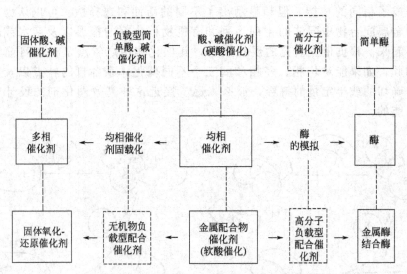

图 3-54　均相、多相、酶催化相互关系方块图

参　考　文　献

[1] Stair P C. J Amer Chem Soc, 1982, 104：4044.
[2] 米田幸夫. 近代工业化学：触媒工业化学. 朝仓书店, 1966.
[3] Ferdinand W. The Enzyme Molecule. John Wiley and Sons, 1976.
[4] Wheeler A. Adv Catalysis, 1951, 3：249~327.
[5] Sheridan J. J Chem Soc, 1944, 470.
[6] Maxted E B. Adv Catalysis, 1951, 3：129.
[7] Bond G C. Catalysis by Metals. N. Y.：Acad Press, 1962.
[8] Weisser O, Landa S. Sulfide Catalysts；their Properties and Applications. Oxford：Pergamon, 1973.
[9] Holloway F B, Kramer D K. Report SAND, 1977, 77：1389.
[10] Venuto P B, Habib E T. Cat Rev Sci Eng, 1979, 18：1.
[11] Kovach P B, Castle L J, Bennett J V, Schrodt J T. Ind Eng Chem Prod Res Dev, 1978, 17：62.
[12] Dacey J R, ibid, 1965, 56：27.
[13] Gjostein N A. Metal Surfaces. Amer Soc Ohio：Metals Cleveland, 1963.
[14] Huttig G F. Disc Farad Soc, 1950, 8：215.
[15] Presland A E B, Price G L, Trimm D L. Prog In Surface Sci, 1972, 3：63.
[16] Mouyeri M, Trimm D l. Farad Soc Trans, 1977, 73：1265.
[17] Tamman G, Mansouri Q A A. Anorg Allg Chem, 1923, 126：119.
[18] Gitzen W M. Alumina as a Ceramic Material. Columbia：Amer Cer Soc, 1970.
[19] Catalyst Handbook. Wolfe Scientific Books, 1970.
[20] Kozlov N B, Lazarev M Ya, Mostovaya L Ya, Stremok I P. Kin u Catal, 1973, 14：1130.
[21] Young D G. Intern Conf On Catalyst Deactivation, Antworp, 1980.
[22] Kozlov N S, Sen' kov G, Ermolanko E N, et al. Dokl Akad Nauk, B SSR, 1975, 19：1102.
[23] Trimm D L. Catal Rev Sci Eng, 1977, 16：155.
[24] Palmer H B, Cullis C F. Chemistry and Physics of Carbon, 1965, 1：166.
[25] Graham S C, Homer J B, Rosenfeld J C J. Paper Presented at the Second Combustion Symposium；France：Orleans, 1975. 166.
[26] Tesner P A. Farad Symp, 1973, 7：104.
[27] La Cava A, Trimm D L. Carbon, 1978, 16：505.
[28] Hirt T J, Palmer H B. ibid, 1963, 1：65.

[29] Fitzer E, Mueller K, Schaefel W. Chemistry and Physics of Carbon, 1971, 7: 237.

[30] Bernardo C A, Trimm D L, Carbon, 1979, 17: 115.

[31] Ross J. Chem Soc: Specialist Periodical Reports Surface and Defect Properties of Solids 4.

[32] Walker P L, Shelef M, Anderson R A. Chemistry and Physics of Carbon, 1968, 4: 187.

[33] Mills G A. Cat Rev Sci Eng, 1976, 14: 69.

[34] Johnson J L. ibid, 131.

[35] Otto K, Bartosiewicz L, Shelef M. Fuel, 1979, 58: 563.

[36] Kang C C. Adv in Chem Sci, 1979, 179: 192.

[37] Taube H. Angew Chem Intern Ed, 1984, 23 (5): 329.

[38] Jonsen W B. Chemistry , 1974 , 47 (3): 11; (4): 13; (5): 14.

[39] Fukui K. Topics Curr Chem 1970, 15: 1.

[40] Fleming Ⅰ. Frontiers Orbitals and Organic Chemistry, N. Y: Wiley, 1976.

[41] Salm L. Chem Br, 1969, 5: 449.

[42] Fukui K. Bull Chem Soc Jap, 1965, 38: 1749.

[43] Pearson R G. Chem Eng News, 1970, 48: 66.

[44] Hawthorne M F, Dunks G B. Science, 1972, 178: 462.

[45] Pearson R G. J Amer Chem Soc, 1963, 85: 3533; 1967, 89: 1827.

[46] Salm L. Ibid, 1968, 90: 543, 556.

[47] Fossey J, Befort D. Tetrahedron, 1980, 36: 1023.

[48] Sims J, Houk K N. J Amer Chem Soc, 1973, 95: 5798.

[49] Paulin L. Nature of the Chemical Bond. 2nd Ed. Cornell, 1962.

[50] Bethe H. A. Ann Phys, 1925, 3: 135.

[51] Ongel L E. An Introduction to Transition Metal Chemistry: Ligand Field Theory. 2nd Ed: Methuen and John, Wiley, 1966.

[52] Jorgenson C K. Absorption Spectra and Chemical Bonding in Complexes. Oxford etc. Pergamon Press, 1964.

[53] Jorgensen C K. Modern Aspects of Ligand Field Theory. Amsterdam North Hall Pub, 1971.

[54] Lagowiski J J. Modern Inorganic Chemistry. Dekker, 1973.

[55] Jahn H A, Teller E, Proc Roy Soc, (London), 1937, A164: 220.

[56] Engelman B. The Jahn Teller Effect in Molecules and Crystals. Wiley Interscience, 1972.

[57] Van Vleck J A. J Chem Phys, 1935, 3: 307, 803.

[58] Jachimirski K B. J Appl Chem. (in Russian), 1966, 11: 2429.

[59] Slater J C. Adv in Quantum Chem, 1972, 6: 1.

[60] Johnson K J. Adv in Quantum Chem, 1973, 7: 143.

[61] Veillard A, Demuyck J. Application of Electron Structure Theory. Plenum Press, 1977. 187~219.

[62] Hammett L P. Physical Organic Chemistry N. Y: McGraw-Hill Book Co. 184.

[63] Bronsted J K, Pedersen K J. J Phys Chem 1924, 108: 185.

[64] Boreskov G K. Proc Of 8th Intern. Congr. On Catalysis. Vol 3. Berlin: 1984. 231.

[65] a. Henri V. Compt Rend Acad Sci (Paris), 1902 135: 916.

　　b. Michaelius L, Menten M L. Biochem Z, 1913, 49: 333.

　　c. Brtggs G E, Haldano J B S. Biochem J, 1925, 19: 333.

[66] Ye S K, Han F R, Chang S S, Qu S H, Wu Y. Oxid Commun, 1983, 3: 135.

[67] 庆伊富长. 触媒工学讲座. Vol 1. 地人书馆, 1964. 151.

[68] Kondo, J., Uchijima, T., Yoneda, Y., Bull. Chem. Soc. Jap. 1967 40 1040.

[69] a. Schwab G-M. J Catal, 1983, 84: 1~7.

　　b. 谢筱帆, 吴越, 科学通报, 1958, 20: 633.

[70] Rienacker G, Wu Y. Z Anorg Allg Chem, 1962, 314: 121; 1965, 340: 97.

[71] Galwey A K. Adv in Catal, 1977, 26: 247.

[72] Bender M L. Mechanism of Homogeneous Catalysis from Proton to Protein, N. Y: Wiley, 1971.

[73] Winkler H. Katalyse. Berlin: W de G, 1976. 170~277.

[74] Jenks W P, Carriulo J. J Amer Chem Soc, 1960, 82: 1778.

[75]　吴越. 化学通报，1981，6：38.

[76]　Metzler D E，Ikawa Snell E E. J Amer Chem Soc，1954，76：648，979.

[77]　Blow D M. Acc Chem Rev，1976，9：145.

[78]　Gonrad H，Ertl G，Kupper J Latta E E. Surface Sci，1976，57：475.

[79]　Demuth J E. Eastman D E. Phys Rev Lett，1974，32：1123.

[80]　Seabury C W，Rhodin T N，Purtell R J，Merrill R P. J Vac Sci Technol，1981，18：601.

[81]　Krylov O V，Kiselev V F. Adsorption and Catalysis on Transition Metal and their Oxides. Chemistry Moscow，1981.

[82]　Tanabe K. Solid Acids and Bases N. Y：Acad Press，1970.

[83]　Noller H. Acta Chim Acad Sci Hung 1981，109：429.

[84]　Metzler D E. Biochemistry The Chemical Reaction of Living Cell. N. Y.：Acad. Press，1977.

[85]　Garic P P，Gorubchenko I T，Gytzerja B S，Irin B G. Neumark I E. Dokl AN USSR，1965，161：627.

[86]　Lercher J A，Noller H. J Catal，1982，77（1）152.

[87]　Takazawa N，Kobayashi H，ibid，1973，28：335.

[88]　Shelden R A，Kochi J K，Adv Catal，1976，25：272.

[89]　Sharples K B，Lauer H F. J Amer Chem Soc，1973，95：7917.

[90]　a. Trifiro F. Chim Ind（Milan），1974，56：835.

　　　b. Dai P S E，Lubsford J H. J Catal，1980，64：173，184.

[91]　a. Uhrich V. J Mol Catal，1980，7：159.

　　　b. 吴越，张岱山. 生物化学与生物物理进展，1983，4：10.

[92]　a. Dewar M J S. Bull Soc Chim Fr，1951，18：17.

　　　b. Chatt J，Dirncansen L A. J Chem Soc，1953，2939.

[93]　Keim W. Catalysis in C_1-Chemistry. D. Reidel Pub. Co. Dordrecht，1983.

[94]　a. Jones R D，Summerville D A，Basolo F. Chem Rev，1979，79：139.

　　　b. 吴越. 应用化学，1983，1（1）：1.

[95]　Shilov A E. Chem Rev（in Russian），1974，43：863.

[96]　山本明夫. 化学总说，1973，3：45~80.

[97]　Schuit G C A，Gate B C. Chemistry and Chemical Engineering of Catalytic Process. Sijthoff and Nordhoff，1980.

[98]　上海第一医学院. 医用生物化学（下册）. 1979.

[99]　应用化学研究所甲醛组. 中国科学，1978，4：396.

[100]　Mars P，Van Krevelen D W. Chem Eng Sci Suppl，1954，3：41.

[101]　叶兴凯，韩富荣，张素贤，吴越. 燃料化学学报，1981，9（2，3）：130，210；1982，10（1）：230.

[102]　a. Sazonov B A，Popovski V V，Boreskov G K. Kinet Catal（in Russian），1968，9：312.

　　　b. Germain J E，Laugier R. Bull Soc Chim Fr. 1972，54：1~8.

第四章 均相催化：酸、碱催化及配位催化

均相催化反应分为气相和液相，其主要特点是催化剂为结构和组成确定的小分子化合物，包括气体、酸、碱、可溶性金属盐类及金属配合物；这些物质在各方面都比酶和固体催化剂简单，既无酶那样结构上的复杂性，又不存在固体催化剂那样的表面不均一性和孔隙结构等问题，这就使在研究这类反应时，不仅便于应用一些现代技术在动态条件下进行研究，以获得比较直接和可靠的信息，而且所得结果还易于利用有机化学、无机化学、配合物化学等的现代成就进行概括和阐述，概言之，这类反应的动力学和机理比较容易阐明和搞清。正如已在前章指出过的那样，这是了解酶以及多相催化作用机理的重要借鉴。可以说，了解均相催化作用是研究整个催化作用的基础。因此，本书将着重介绍均相催化中已经作过详细研究的两类重要催化剂，即酸、碱和配合物及其作用机理，以此为基础，并按图 3-54 所示方块图次序，探讨酶、固体催化剂的作用机理。

第一节 酸、碱催化剂及其作用机理

在第三章中已经谈及，一般地说，在无机化合物的液相反应中，离子反应是最快的；有机化合物则由于大都由共价键组成，相互之间反应较慢，通常除用光、自由基引发之外，也可以在酸（一般为亲电子试剂）或碱（一般为亲核试剂）的作用下使之离子化，而后发生反应。当其中酸或碱可以循环作用时，即组成所谓的酸-碱催化反应。这类反应的数目相当众多，许多还很有实际意义，如石油炼制、石油化工中的重要催化反应，如烯烃水合、烃类异构化、烷基化、烷基转化、裂解、聚合等。这里不可能也无必要一一介绍，作者认为，如果读者能对酸-碱催化的作用机理有所理解，那么，也就不难从原理上了解这类反应的作用本质了。

为了讨论方便起见，本书将采用文献中最常见的符号[1]：

S 或 SH 表示反应底物；HA 和 B 为酸和碱，显然，A^- 为 HA 的共轭碱，而 BH^+ 则为 B 的共轭酸；所以 BH^+ 和 HA 以及 A^- 和 B 是相同的；H^+ 表示质子。

一、酸、碱的定义

早先，S. A. Arrhenius 对酸和碱曾定义为：能在水溶液中给出质子（H^+）的物质称为酸；能在水溶液中给出羟离子（OH^-）的物质称为碱。

以后，经常为大家所采用的则为由 J. N. Brönsted 提出的定义[2]：凡是能给出质子的物质称为酸；凡是能接受质子的物质称为碱。

后来，根据 G. N. Lewis 的电子理论，酸、碱的定义又得到了进一步的扩展[3]：所谓酸，乃是电子对的受体，例如 BF_3；所谓碱，则是电子对的供体，如 NH_3。

近来，R. S. Mulliken 又引入了电荷转移的概念，根据电子的转移方向定义了电子供体（D）和电子受体（A）[4]；认为 D 和 A 是相互作用的，当负电荷由 D 向 A 转移时，结果将生成另一种与原来 D 和 A 都不同的物质——一种新的加成化合物。这个定义具有更广泛的意义，即除了普通的酸-碱反应之外，也适用于电荷转移的配合物的反应。最近，R. G.

Pearson 等人又在这一领域内引入了软、硬酸碱的概念[5]，把酸、碱反应从金属配合物的反应，进一步扩及到了一般的有机化学反应，使酸-碱概念具有更加广泛的含义。本节讨论的将只限于 Brönsted 酸、碱定义范围内的酸、碱催化反应，即只涉及由质子或简单碱所催化的反应。在第二节配合物催化剂中，则将在 Lewis 酸、碱和软、硬酸碱的范围内探讨广泛意义上的酸-碱催化作用。

按照 J. N. Brönsted 的观点，普通的酸、碱催化反应可以分为一般的酸或碱催化反应和特殊的酸或碱催化反应[6]。

二、一般酸、碱催化反应

所谓一般酸（或碱）催化反应是指那些在溶液中的所有酸种（或碱种），包括质子和未离解的酸（或碱）分子都有催化作用的反应。例如，原乙酸乙酯的水解：

$$CH_3C\begin{matrix}OC_2H_5\\-OC_2H_5\\OC_2H_5\end{matrix} + H_2O \longrightarrow CH_3COOC_2H_5 + 2C_2H_5OH$$

反应速度不仅与溶液中的氢离子浓度，而且还和缓冲液——间硝基苯酚的浓度有关[6]。

$$k = k_0[H_2O] + k_{H^+}[H_3O^+] + k_n[m\text{-}NO_2\text{—}C_6H_4OH] \tag{4-1}$$

式中，k 为酸催化下的总催化速度常数；$k_0[H_2O]$ 为无催化剂时的水解速度常数；$k_{H^+}[H_3O^+]$ 为氢离子的催化速度常数，k_{H^+} 称氢离子的催化系数；$k_n[m\text{-}NO_2\text{—}C_6H_4OH]$ 为间硝基苯酚的催化速度常数，k_n 则为间硝基苯酚的催化系数。

下面以丙酮的卤化为例来说明这类反应的机理。之所以选择这一反应，不仅因为它既可以为酸又可以为碱所催化，而且也是这类反应中研究得最清楚的[7]。早就知道（约为 1904 年），酮的溴化反应速度与酮的浓度成正比，而与溴的浓度无关：

$$CH_3\overset{\overset{O}{\|}}{C}CH_3 + Br_2 \longrightarrow CH_3\overset{\overset{O}{\|}}{C}CH_2Br + HBr$$

这种现象表明，反应中有一定中间产物生成，而其生成速度较慢，是反应的控制步骤。当它一旦生成，即可迅速与溴反应生成产物，换言之，实际测得的是由丙酮生成中间产物的速度，而中间产物和溴的反应速度快得无法测定。在普通的有机化学反应中，酮-烯醇互变异构现象：

$$-CH_2\overset{\overset{O}{\|}}{C}-\overset{|}{C}- \rightleftharpoons \left[-CH=\overset{\overset{HO}{|}}{C}-\overset{|}{C}-\right] \longrightarrow -CH=\overset{\overset{HO}{|}}{C}-\overset{|}{C}-$$

（酮式）　　　　　　　　　（烯醇式）

这已为人所共知，酮的卤化反应可为许多酸或碱所催化，自然使人联想到酮在催化剂作用下质子的转移和形成烯醇式中间结构的可能性。以此为依据，对丙酮在酸或碱作用下的卤化反应机理可分述如下。

（一）碱催化反应机理

这时，可以假定丙酮首先与碱作用，生成烯醇负离子及碱的共轭酸：

$$CH_3\overset{\overset{O}{\|}}{C}CH_3 + B \rightleftharpoons \left[CH_3\overset{\overset{O}{\|}}{C}=CH_2\right]^- + BH^+$$

前者再与溴迅速反应生成溴化丙酮：

$$\left[CH_3\overset{\overset{O}{\|}}{C}=CH_2\right]^- + Br^{\delta-}—Br^{\delta+} \longrightarrow CH_3\overset{\overset{O}{\|}}{C}CH_2Br + Br^-$$

尽管在丙酮与碱的平衡反应中只能生成少量烯醇，但由于它能与溴迅速反应，使平衡立刻右移不断溴化和生成烯醇。而且碱的强度不同，反应速度也不同。例如，用乙酸根负离子要比用羟基为催化剂的反应为慢。

这个反应机理已通过许多方法作过验证。已知具有旋光活性的酮与碱作用时能发生消旋化，这种现象即可用上述机理进行解释。因为烯醇负离子是没有不对称因素的，因此无旋光活性，当它转变为取代酮时，生成左、右旋光体的概率相等，故生成的产物是消旋混合物，用消旋方法测定反应速度，证明消旋化速度正好等于烯醇负离子的形成速度。

$$R^2_{R^1}CH-\overset{\overset{O}{\|}}{C}-R^3 + B \longrightarrow \left[\,^{R^1}_{R^2}C=\overset{\overset{O}{\|}}{C}-R^3 \right]^- + BH^+$$

除此之外，还通过氘的交换作用得到了进一步的证明。与前述相同，酮在含有氘的碱性水溶液中生成的烯醇负离子，能迅速与氘化合生成氘代丙酮，这时证明，氘化速度和负离子生成速度、光学活性酮的消旋化速度以及酮的卤化速度完全一致。

（二）酸催化反应机理

酸也能催化酮的卤化反应，而且反应速度也与卤素的浓度无关（高浓度除外）[10]；光学活性的酮在酸性水溶液中卤化时的反应速度与其消旋化速度相等。根据大量实验材料判定，这个反应在酸催化下的机理可表示为：

$$CH_3\overset{\overset{O}{\|}}{C}CH_3 + H^+ \Longrightarrow CH_3\overset{+}{C}CH_3 \longrightarrow CH_3\overset{\overset{OH}{|}}{C} \curvearrowright CH_2 + H^+$$

$$CH_3-\overset{\overset{OH}{|}}{C}=CH_2$$

即先形成碳镓离子，而后立刻转化成烯醇，并迅速与卤素发生反应。已经证明，这一反应的速度与烯醇和卤素直接反应的速度相同：

$$CH_3\overset{\overset{OH}{|}}{C}=CH_2 + Br_2 \longrightarrow CH_3\overset{\overset{O}{\|}}{C}CH_2Br + HBr$$

由于卤代酮的碱性略弱于母体酮的，它们接受质子的能力无明显差别，因此，可以制得相应的一卤代和二卤代化合物。

三、特殊酸、碱催化反应

在特殊酸、碱催化的反应中，只有溶剂合氢离子（如 H_3O^+、$C_2H_5OH_2^+$、NH_4^+ 等）或溶剂的共轭碱（如 OH^-、$C_2H_5O^-$、NH_2^- 等）才具有催化剂的作用。特殊酸或碱催化的反应和一般酸（或碱）催化的反应无根本区别，只是在对催化速度的影响上只和催化剂——特殊酸或碱的浓度有关（当然，还有反应物的浓度）。这在实际应用中极为重要，因为在这种情况下，通过测量这些离子的浓度即可直接求得催化反应的速度常数。例如，在水溶液中，这类反应的速度常数可表示如下：

$$k=k_0[H_2O]+k_{H^+}[H_3O^+]+k_{OH^-}[OH^-] \tag{4-2}$$

式中　　　　k——反应速度常数；

　　　　　k_0——无催化剂时测得的速度常数（在水中），称为"自发的"催化常数；

$k_{H^+}[H_3O^+]$——氢离子催化速度常数，k_{H^+} 称氢离子催化系数；

$k_{OH^-}[OH^-]$——氢氧根离子的催化速度常数；k_{OH^-} 称为氢氧根离子催化系数。

对某些反应，k_{H^+} 或 k_{OH^-} 为零。显然，如果这两个常数都等于零，那么，速度方程表示酸和碱都无催化作用。

四、一般酸、碱和特殊酸、碱催化反应的区别

一般酸、碱和特殊酸、碱反应可以通过在不同缓冲溶液中测定反应速度进行区分。例如，两个溶液中的氢离子浓度相同，而另一种酸的浓度不同，如果反应是特殊酸催化反应，那么，反应在这两种溶液中的速度应相同，如果是一般酸催化反应，则反应在两种溶液中的速度不同。不言而喻，在另一种酸浓度较大的溶液中的反应速度较大。碱催化反应也与此类似。

从反应机理看，在特殊酸（或碱）催化的反应中，质子转移到底物（或从底物移去质子）的速度较快，而底物的共轭酸（或共轭碱）进一步反应时涉及结构的变化，因此速度较慢，是决定整个反应速度的控制步骤。相反，在一般酸、碱催化反应中，形成中间状态这一步的速度较慢，涉及结构的变化，是反应的控制步骤，而由中间状态分解成产物的反应却是快速过程。所以，如果溶液中的酸和碱都对生成过渡状态的反应速度有影响，那么，反应就是一般酸及碱催化的。

但要注意，在特殊酸催化的反应中，并非只有溶剂合离子才起催化作用，例如在水溶液中：

$$S + H_3O^+ \longrightarrow HS^+ + H_2O$$

这仅是从反应的总效果或者从动力学数学处理而得的表观结果。因为在有些情况下，其它酸（HA）也能把质子转移给底物，而生成的共轭碱又能迅速和水合氢离子作用：

$$\begin{array}{c} HA + S \longrightarrow HS^+ + A^- \\ A^- + H_3O^+ \longrightarrow HA + H_2O \\ \hline S + H_3O^+ \longrightarrow HS^+ + H_2O \end{array}$$

这两种不同情况在表观上完全一样。同理，对在水溶液中的特殊碱催化反应，在正常情况下为：

$$SH + OH^- \longrightarrow S^- + H_2O$$

如果有别的碱同时存在时，可以发生如下的反应：

$$\begin{array}{c} B + SH \longrightarrow BH^+ + S^- \\ BH^+ + OH^- \longrightarrow B + H_2O \\ \hline SH + OH^- \longrightarrow S^- + H_2O \end{array}$$

从表观上看，OH^- 和 B 的作用完全一样，而实际的机理并不相同。

如果在一个酸催化反应中同时存在着上述两种催化作用，那么，由实验测得的总反应速度常数 $k_{观测}$ 将由水合氢离子和非离解酸各自贡献的反应速度常数 k_{H^+} 和 k_{AH} 所组成，令水合氢离子及非离解酸的活度各为 a_{H^+} 和 a_{AH}，则：

$$k_{观测} = k_{H^+} a_{H^+} + k_{AH} a_{AH}$$

移项，得：

$$\frac{k_{观测}}{a_{H^+}} = k_{H^+} + \frac{k_{AH} a_{AH}}{a_{H^+}} \tag{4-3}$$

这为一直线方程式。由 $\dfrac{k_{观测}}{a_{H^+}}$ 对 $\dfrac{a_{AH}}{a_{H^+}}$ 作图所得直线的斜率可求得 k_{AH}，截距可求得 k_{H^+}。氧乙基、氧三氟乙基缩苯甲醛在乙酸作用下于 25℃ 的加水分解反应可以很好满足这一关系。通过这种分离方法求得的 $k_{H^+} = 12.3 L/(mol \cdot s)$，$k_{AH} = 7.80 \times 10^{-4} L/(mol \cdot s)$（图 4-1）[8]。同样，二乙醇缩苯甲醛在二甲胂酸于 25℃ 作用下加水分解所得结果为 $k_{H^+} = 180 L/(mol \cdot s)$，$k_{AH} = 3.01 \times 10^{-5} L/(mol \cdot s)$。另外，二乙醇缩间氯苯甲醛加水分解时如图 4-2 所示，$k_{H^+} = 12 L/(mol \cdot s)$；$k_{AH} = 0$，则为特殊酸催化反应[8]。

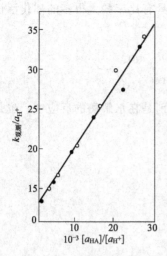

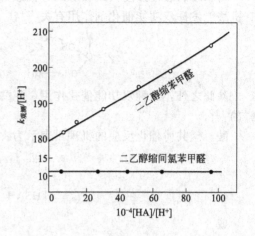

图 4-1　氧乙基、氧三氟乙基缩苯甲醛
在乙酸作用下的加水分解
● pH＝4.65；○ pH＝4.98

图 4-2　二乙醇缩苯甲醛及二乙醇缩间
氯苯甲醛在二甲肼酸作用下的水解

五、酸、碱协同催化反应

有些反应只有在酸和碱的同时催化下才能进行。糖类的变旋现象就是其中之一例[9]，其反应机理为：

即在反应过程中，在 H^+ 进攻环中的桥氧原子时，B 则同时进攻桥旁 OH^- 中的 H，或者相反。也就是说，在反应体系中必须同时有酸和碱存在，才能使反应进行到底。如果只有酸（例如甲酚，弱酸，几乎无碱性），或者只有碱（例如吡啶，呈碱性，无酸性）存在，糖就不能发生变旋现象。如果把这两种溶液混在一起，反应就能迅速发生[10]。有人还证明，在苯溶液中，这种变旋现象与糖、吡啶、甲酚三者浓度成正比，即：

$$v=k[糖][吡啶][甲酚] \tag{4-4}$$

此为三级反应。如果催化剂分子兼有酸及碱性，例如，α-羟基吡啶，那么，尽管它的碱性仅为吡啶的万分之一，酸强度也不过是苯酚的百分之一，但其活性却要比等浓度（10^{-3} mol）吡啶和甲酚混合液的大 7000 倍，而且，反应速度与 α-羟基吡啶浓度的一次方成正比。可以推断，这种活性正是来源于催化剂具有双功能的关系[11]。这时，催化剂作用的机理可表示为：

与苯酚的酸性强度大致相等的有机酸，有时之所以具有比苯酚大得多的催化活性，也和有机酸能发挥双功能催化剂作用有关[12]：

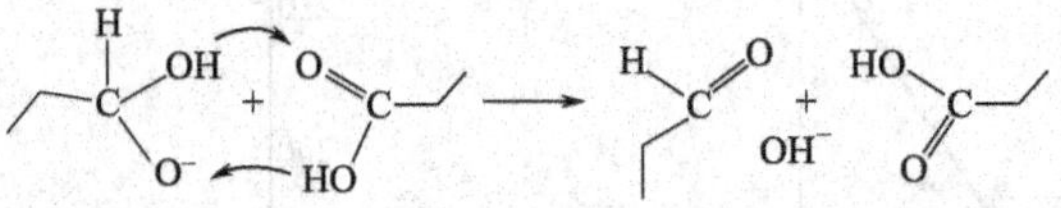

除此之外，这种双功能催化作用，在酶反应中，特别是在水解酶的反应中，也是屡见不鲜的[13]。

酸、碱共协催化反应的机理可表示为：

$$\begin{cases} \mathrm{HS+HA} \underset{k-1}{\overset{k_1}{\rightleftharpoons}} \mathrm{HSAH} \\ \mathrm{HSAH} +\mathrm{B} \overset{\text{慢}}{\underset{k_2}{\longrightarrow}} \mathrm{P} \end{cases}$$

或

$$\begin{cases} \mathrm{HS} +\mathrm{B} \underset{k-1}{\overset{k_1}{\rightleftharpoons}} \mathrm{BHS} \\ \mathrm{BHS} \overset{\text{慢}}{\underset{k_2}{\longrightarrow}} \mathrm{P} \end{cases}$$

反应按照这种机理进行，其动力学方程显然将表示成由若干个酸、碱对组成的项的和。例如在水溶液中：

$$v = k_{\text{观测}}[\mathrm{S}] = k_0[\mathrm{S}] + k_{\mathrm{H^+}}[\mathrm{H^+}][\mathrm{S}] + k_{\mathrm{OH^-}}[\mathrm{OH^-}][\mathrm{S}] +$$
$$\sum_i k_i^{\mathrm{A}}[\mathrm{A}][\mathrm{S}] + \sum_j k_j^{\mathrm{B}}[\mathrm{B}][\mathrm{S}] \tag{4-5}$$

其中，第一项表示没有催化剂时的反应，第二项、第三项则是 $\mathrm{H^+}$ 和 $\mathrm{OH^-}$ 的贡献，而最后两项则为由酸 HA 及其共轭碱 B 催化的反应。

通过以上介绍可以看出，对特殊酸、碱催化反应来说，其一般特点是：反应按离子机理进行，速度很快，无需很长的活化时间，并以"质子的转移"这一步为其特征。质子的转移之所以速度很快，一方面由于它不带电子，只有一个正电荷，容易和其它极性分子中带负电的一端接近而形成化学键。另一方面，质子的半径又特别小，呈现出较强的电场强度，使接近它的分子易于极化，有利于新键的形成和使质子化的底物成为不稳定的中间复合物，显示出较大的活性。若酸是催化剂，则底物分子必须含有易于接受质子的原子或基团，相反，若碱是催化剂，则底物必须具有易于给出质子的部位以形成活化复合物。

六、Brönsted 法则[14]

均相酸、碱催化反应是已被广泛和深入研究过的一类反应，积累了大量信息，得出了一些规律，其中最为普遍的是已经多次提到过的 Brönsted 法则。为了说明这个规律，有必要先对催化系数作一些说明。在一般均相酸、碱催化反应中，速度常数 k 与催化剂浓度 $[\mathrm{C}]$ 的 n 次方成正比，即 $k \propto [\mathrm{C}]^n$，所以，$k = k_a[\mathrm{C}]^n$，这里 k_a 称为催化剂 C 的催化系数。催化系数的大小是催化剂活性的度量，它主要取决于催化剂自身的性质。

今以丙酮的碘化反应为例[15]，该反应可被多种质子酸所催化，从大量实验结果发现，这些酸对丙酮碘化的催化系数 (k_a) 与这些酸在水中的离解常数 (K_a) 有关（见表4-1）。如果以 $\lg k_a$ 对 $\lg K_a$ 作图，可得如图4-3所示的直线，从图中直线的斜率、截距得知，催化系数和酸离解常数的关系为：

$$k_a = 7.90 \times 10^{-4} K_a^{0.62} \tag{4-6}$$

其它如在乙酸甲酯的水解以及蔗糖转化等反应中，也得到了类似的关系，并具有与丙酮碘化反应相同的斜率[15]。

表 4-1 某些酸的离解常数和丙酮催化反应的催化系数（25℃）

催 化 剂	K_a	$k_a/[10^6 L/(mol \cdot s)]$	催 化 剂	K_a	$k_a/[10^6 L/(mol \cdot s)]$
二氯乙酸	5.7×10^{-2}	220	β-氯丙酸	1.01×10^{-4}	5.9
α, β-二溴丙酸	6.7×10^{-3}	63	乙酸	1.75×10^{-5}	2.4
氯酸	1.41×10^{-3}	34	丙酸	1.34×10^{-5}	1.7
乙醇酸	1.54×10^{-4}	8.4	三甲基乙酸	9.1×10^{-4}	1.9

在碱催化反应中，发现也有同样的规律。例如，硝酰胺在水中的分解：

$$H_2NNO_2 \longrightarrow H_2O + N_2O$$

这是典型的碱催化反应，若以 K_b 表示各种碱的离解常数，k_b 表示碱的催化系数，从 lgk_b 与 lgK_b 也可得到很好的直线关系（图 4-4），从图上直线得：

$$k_b = 7.4 \times 10^{-7} K_b^{0.93} \tag{4-7}$$

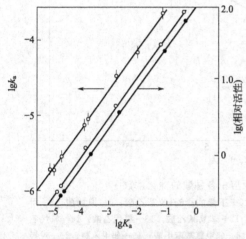

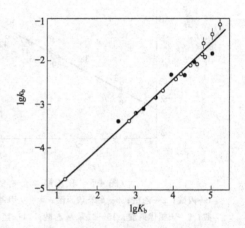

图 4-3　丙酮碘化、乙酸甲酯水解及蔗糖转化等反应中催化系数和酸离解常数的关系

◊ 丙酮碘化；● 乙酸甲酯水解；
○ 蔗糖转化

图 4-4　碱催化的 H_2NNO_2 分解反应中催化系数和碱离解常数的关系

◊ 胺；○ 羧酸盐；● 苯胺类；
◐ 二元酸盐

酸（或碱）的离解常数与其催化系数之间的这种关系在酸（碱）催化反应中具有普遍意义。因此，方程（4-6）和方程（4-7）可改写成通式：

$$k_a = G_a K_a^\alpha \tag{4-8}$$

$$k_b = G_b K_b^\beta \tag{4-9}$$

式中，G_a、G_b、α 和 β 是与反应种类、溶剂种类、反应温度有关的常数，α、β 值则在 $0 \sim 1$ 之间变化。这一由方程（4-8）和方程（4-9）关联起来的酸、碱催化反应中有关参数之间的变化规律，即所谓 Brönsted 法则。

众所周知，有些酸催化剂在反应过程中可以同时离解出两个或多个质子，在这种情况下，就必须对上述方程作某些修正，最一般的 Brönsted 方程应为：

对酸

$$k_a/p = G_a \left(\frac{q}{p} K_a \right)^\alpha \tag{4-10}$$

对碱

$$k_b/q = G_b(p/qK_b)^\beta \tag{4-11}$$

式中，p 是一个酸分子放出的质子数；q 是一个共轭碱分子能接受质子的位置数。例如，对草酸 $[(COOH)_2]$，$p=2$，$q=2$；对亚硫酸离子 $[(HSO_4)^-]$，$p=1$，$q=4$。可见，k_a 随 p 的增加而增加，而与 q 无关，但 K_a 则不仅随 p 一起增大，而且还随 q 的增大而减小。图 4-5 列出了以多羧酸和酚为催化剂（多至 47 种）时乙醛水合物在丙酮溶液中的脱水数据。以 $\lg k_a/p$ 对 $\lg qK_a/p$ 作图得到的直线关系可见，大多数催化剂都能很好符合 Brönsted 关系[16]。

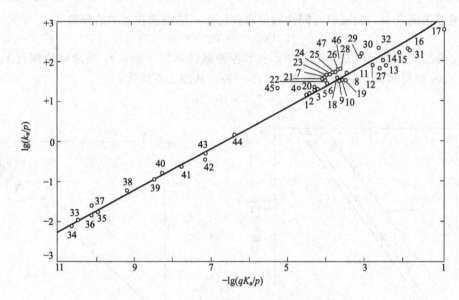

图 4-5 在乙醛水合物的脱水反应中各种酸的催化常数

1—丙酸；2—乙酸；3—β苯基丙酸；4—三甲基乙酸；5—丁烯酸；6—苯基乙酸；7—肉桂酸；8—甲酸；9—β-氯代丙酸；10—二苯基乙酸；11—羟基乙酸；12—苯氧基乙酸；13—溴代乙酸；14—氯代乙酸；15—氰基乙酸；16—苯基丙炔酸；17—二氯乙酸；18—邻甲氧基苯甲酸；19—邻甲苯酸；20—对羟基苯甲酸；21—对甲氧基苯甲酸；22—间羟基苯甲酸；23—对甲苯酸；24—间甲苯酸；25—苯甲酸；26—对氯代苯甲酸；27—邻氯代苯甲酸；28—间氯代苯甲酸；29—间硝基苯甲酸；30—对硝基苯甲酸；31—邻硝基苯甲酸；32—水杨酸；33—百里酚；34—氢醌；35—酚；36—间苯二酚；37—邻苯二酚；38—对氯苯酚；39—邻氯苯酚；40—间硝基苯酚；41—2,4-二氯苯酚；42—邻硝基苯酚；43—对硝基苯酚；44—2,4,6-三氯苯酚；45—五氯苯酚；46—2,6-二硝基苯酚；47—2,4-二硝基苯酚

Brönsted 法则是从大量实验总结出来的较普遍的经验规律，已能在实际应用中起一定的指导作用。例如，当某种类型的酸、碱催化反应固定时，在用少数几个催化剂测得它们的催化系数后，即可和催化剂的离解常数一起求得 G_a、G_b、α 和 β 等参数，然后利用 Brönsted 法则，从任意催化剂的 K_a（或 K_b）值算出该催化剂的催化系数；换言之，Brönsted 法则在这种情况下已可用作选择催化剂的基础。

Brönsted 法则对很多酸或碱催化反应都是适用的，但当酸或碱的结构相差较大时，计算值往往偏离实验值较大。这一关系式对许多以羧酸和酚类作催化剂的反应比较成功。它们的 $\alpha=0.54$，平均偏差仅 0.15 个对数单位，而 K_a 的范围可大至 10^{10}。由取代苯甲酸可得两条直线，一条是对间位及对位取代的苯甲酸的，而另一条则是对邻位取代的苯甲酸的[17]（参见图 4-6）。但对另一些结构上差别更大的酸偏差就要大得多。例如，硝基甲烷为 -1.9 对数单位，二乙酮肟为 $+2.1$ 对数单位等。这种现象显然是由于结构的变化导致自由热函的不同而产生的。

Brönsted 法则有时还可用来判断酸、碱催化反应的机理。例如，当反应为一般酸催化，而且由一个质子转移引起时，α 即可用来度量质子在过渡态中转移的程度；$\alpha=1$ 表明质子已完全由催化剂转移至底物，而 $\alpha=0$ 则表明质子完全不能转移。对所有包含质子转移的反应，由 Brönsted 关系所得 α 值都位于这两个极限值之间。对 β 值也是同样。

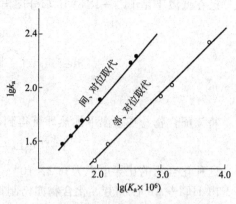

图 4-6 在乙醛水合物的脱水反应中不同位置取代的苯甲酸的催化系数

七、Lewis 酸、碱催化反应

Lewis 酸（L 酸）有两类，一类是分子型，如 BF_3、$AlCl_3$、$SnCl_4$、$ZnCl_2$ 等，另一类是离子型，都是金属离子，如 Cu^{2+}、Ca^{2+}、Ag^+ 和 Fe^{3+} 等。

（一）分子型 L 酸

（1）Friedel-Crafts 反应[18]

L 酸催化的反应也按离子机理进行。如在 $AlCl_3$ 催化下苯与卤化烃的反应，其机理为：

$$C_5H_{11}:\ddot{C}l:+Cl:\overset{Cl}{\underset{}{\ddot{A}l}}:Cl \longrightarrow C_5H_{11}^+ + [AlCl_4]^-$$

或

$$[R^{\delta+}-Cl^{\delta-}\cdots\cdots AlCl_3]$$

L 酸 $AlCl_3$ 先接受电子对生成碳鎓离子，然后进一步反应：

$$\text{〇} + C_5H_{11}^+ \longrightarrow \text{〇}-C_5H_{11} + H^+$$

$$[AlCl_4]^- + H^+ \longrightarrow AlCl_3 + HCl$$

生成产物并完成催化循环。

当以烯烃作为烷基源时，除了主催化剂 AlX_3 之外，还必须有正离子源，如 HX、PX 或水的参与：

$$\text{〇} + CH_2=CH-R' \xrightarrow{AlX_3+PX} \text{〇}-CHR'-CH_3$$

反应也是按上述同样机理进行的：

$$AlX_3+PX \rightleftharpoons R^+\cdots\cdots AlX_4^-$$

$$CH_2=CH-R'+R^+\cdots AlX_4^- \longrightarrow CH_3^-+CHR'\cdots AlX_4R^+$$

即先生成碳鎓离子，然后再和苯反应。

（2）Gatterman-Koch 反应[19]

在 $AlCl_3+HCl$ 以及 BF_3+HF 存在下，可由 CO 和芳烃合成芳醛。例如：

$$HF+BF_3+CO \longrightarrow HCO^+\cdot BF_4^-$$

（3）碳鎓离子配合物的证明[20]

已在低温下由 $BF_3 + RF +$ 甲苯分离出配合物盐（Ⅰ）：

$$C_2H_5F + BF_3 + \underset{\text{甲苯}}{\bigcirc\hspace{-0.5em}CH_3} \xrightarrow[-80℃]{\text{低温}} \left[\underset{\substack{| \\ H \quad C_2H_5}}{\overset{CH_3}{\bigcirc}} \right]^+ BF_4^-$$

$$\text{I}$$

将该配合物盐在室温下加热即可得到烷基苯：

$$\text{I} \xrightarrow{\text{室温}} C_2H_5 - \bigcirc - CH_3 + HF + BF_3$$

这种化合物的比导电率为 $0.2 \times 10^{-2} \Omega^{-1} \cdot cm^{-1}$。

由 $HCl + AlCl_3$ 和芳族化合物亦已制得这类配合物，例如：

$$\underset{\substack{H_3C \\ \quad}}{\overset{CH_3}{\bigcirc}}\hspace{-1em}CH_3 + HCl + AlCl_3 \rightleftharpoons \left[\underset{\substack{H_3C \quad CH_3 \\ H \quad\quad H}}{\overset{CH_3}{\bigcirc}} \right]^+ AlCl_4^-$$

这个化合物可在电子光谱 $350 \sim 400nm$ 处观察到，由 IR 发现，由于有新的 C—H 键生成，在 $670 \sim 910cm^{-1}$ 处有新的 C—H 键面外吸收[21]。

（二）离子型 L 酸的催化作用

金属离子在溶液中普遍存在着溶剂化作用，这时，溶剂分子配位在金属离子周围。所以金属离子催化剂常常被包括在金属配合物催化剂中讨论。这里所说的金属离子催化剂特指催化剂在加入反应体系之前是简单盐而非配合物。另外，金属离子的催化作用又是多方面的，包括配位催化作用，氧化-还原催化作用、酸-碱催化作用及离子-自由基催化作用等，而在这一节中，仅涉及金属离子作为酸（L 酸）的问题。

金属离子带有正电荷，故可和质子（H^+）一样用作酸催化剂。M. L. Bender[22] 认为，金属离子在用作酸催化剂时在以下数方面优于质子，即它可以向有关分子传递数个正电荷，而且这种作用在中性溶液中也能进行；不仅如此，它还能和多个供电子原子配位等。当金属离子作为酸催化剂时，它的催化活性（或者酸性）的大小可以和它的亲电子能力或者电负性相关联。这样的例子是

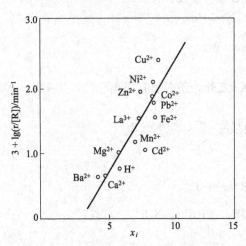

图 4-7　丁酮二酸脱羧基反应中金属离子的催化活性和电负性的关系

很多的，如对 2-乙氧基甲酰环戊酮的溴化、氨基酸的水解、各种酸的脱羧反应等。其中之一例，即对于丁酮二酸的脱羧基反应，如图 4-7 所示，金属离子的催化活性与其电负性之间有很好的直线关系[23]。

第二节　配合物催化剂及其作用机理

20 世纪 70 年代以前，为石油、化工工业采用的均相配位催化过程为数不多（参见表 2-

12）。近 30 年来，一些以可溶性过渡金属配合物为催化剂的化学工业，诸如用于由乙烯氧化合成乙醛的钯配合物（Wäcker 法）[24]，甲醇羰基化合成乙酸的铑配合物[25]，共轭二烯环齐聚的镍配合物[26]和烯烃二聚、齐聚以及高聚的可溶性 Ziegler 催化剂[27]等相继问世，引起了人们对均相配位催化的广泛兴趣。

从实用观点看，这一进展的原因首先和化学工业的原料路线改变有关：20 世纪 40 年代，以煤为原料的乙炔，由于有较高的化学反应性，还是化学工业的主要原料（特别是在德国），但在煤为天然气、石油取代之后，开发烯烃的新用途受到了极大鼓励，这就必须寻求高活性的催化剂以抵消其较低的化学活性。进入 20 世纪 70 年代，以煤为原料的 C_1-化学登场，要求开发可以活化 CO 和催化 $CO+H_2$ 反应的催化剂。另一个原因是化学工业力求在温和条件下操作以节省能源的趋势，因为如众所周知，经典的使用氧化物或金属催化剂的多相催化工艺，由于主要使用高温、高压，不仅能量消耗大，而且又无法获得较高的选择性，需要进行复杂的分离，单程收率较低等，使每吨产物的投资和成本都很高。而均相配位催化过程正好可在低压、低温下操作，而且效率很高，有时甚至可以获得意外高的选择性。

除了上述实用性的优越性之外，对结构明确的可溶性配合物催化剂进行研究，还能为了解均相和多相催化过程中过渡金属催化剂共有的一些基本特点提供广泛而确切的信息。例如，对在多相钴或铁催化剂上由一氧化碳和氢合成烃类的 Fischer-Tropsch 反应，已可根据烯烃均相氢甲酰化反应中确认的单元步骤来解释[28]。但是这样的例子目前还不多。从这个意义上说，如果能对与此类似的由一氧化碳和氢合成甲醇的过程，开发出一种可溶性配合物催化剂，那么，这个过程作为由甲烷合成甲醇的途径之一，意义就更加重大了。

配位催化在关联均相、多相方面的工作应该说才刚开始，取得的成就远不如酸-碱催化剂。但是可以相信，仿照酸-碱催化所经历的途径，即一方面通过改变各种参数及测定活性以开发各类反应的高效催化剂，并从唯象学的角度总结出经验规律；另一方面，通过确定催化循环中的基元反应，测定各独立步骤的速度和平衡常数，分离并鉴定中间化合物以及分析活性金属中心的价态和配位数等，对配位催化反应机理进行深入的基础研究，定会和酸-碱催化一样，取得的相应结果可以成为探讨同类型多相催化反应机理的理论基础（表面分子催化），阐明金属酶催化作用的依据（参见图 3-50）。

众所周知，配位化学是化学领域中最活跃的前沿学科之一，联系并渗透到几乎所有的化学分支学科；而在催化学科内的作用之广、之深，则远非其它学科所能比拟。当然，本书不可能对这种作用作全面的阐述，仅能针对有重要意义的配位催化剂——过渡金属的 Werner 配合物、π-配合物、原子簇和金属有机化合物，它们在一些重要反应中的催化作用机理，特别是和均、多相及酶催化中有关的共性问题进行探讨；而本书中"配位催化"这一概念，既涉及广义的以配合物为催化剂的反应，也包括狭义的，催化剂本身并非配合物，而反应物则是通过配位活化的反应。

一、配合物催化剂

早在丹麦化学家 S. M. Jørgensen(1837～1914 年) 致力于研究复合物的合成之前，已经知道由金属卤化物和其它盐类能形成中性的化合物，同时，这样的化合物能够很容易地在水溶液中形成。对这种复合物真实本质的认识是从 A. Werner(1866～1916 年) 开始，在其经典著作 "Neue Anschauungen auf dem Gebiete der Anorganischen Chemie" (1906)[29]中提出来的。他因这一工作而获得了 1913 年的诺贝尔化学奖。A. Werner 指出，中性分子可以直接和金属键合，因此，像 $CoCl_3 \cdot 6NH_3$ 那样的复合物盐，可正确地记作 $[Co(NH_3)_6]^{3+}$ Cl_3^-。他还指出，如果围绕金属的分子或离子（配体）占据的位置分别在八面体和正方形的角上，那么，还可以得到立体结构不同的复合物。A. Werner 对立体化学的研究，加上 G. N. Lewis 和 N. V. Sidwick 等关于化学键需要共享电子对的概念[30]导出了这样一个概念，即带有电子对的中性分子（配体、Lewis 碱）能把这些电子授予金属离子或别的电子受体（Lewis 酸），为配合物的形成奠定了理论基础。配合物实质上就是反应 $A^+ : B \rightarrow A : B$ 的产物，典型的例子如：

$$\begin{array}{c}\text{Et}\\\text{Et}\end{array}\!\!>\!\!O : \rightarrow B\!\!<\!\!\begin{array}{c}F\\F\\F\end{array} \quad \left[\begin{array}{ccc}H_3N: & & :NH_3\\ H_3N: & \!\!\!\!\rightarrow\!\!Co\!\leftarrow\!\!\!\! & :NH_3\\ H_3N: & & :NH_3\end{array}\right]^{3+}$$

这里必须强调的是"对"字，以示 Lewis 酸和可以接受任意数目电子的氧化剂不同，只能接受成"对"的电子；而且，配体上成对的电子在正常状态下无需完全转移给酸，仅用来组成共价键（配价键）而已。

从电子对的供-受观点来看，甚至像共价化合物，如甲烷也可以看作是由 C^{4+} 和四个 H^- 组成的配合物，这当然是不正确的。但是，在无机化学中，诸如，H^-、F^-、Cl^-、NO_3^- 以及 SO_4^{2-} 等离子，CH_3^- 和 $C_6H_5^-$ 等基团，即使再简单的主要通过共价键组成的分子 [如 SF_6，$W(CH_3)_6$] 中，通常也都被看作配体。目前，配体有多种分类法，其中以中心原子与其周围原子之间的化学键型为基础的分类最为有用。这里暂不详细讨论键的问题，先提出两个足以说明两类主要配体之间区别的问题。

A. 为什么像水或氨那样的分子能和主族及过渡金属形成配合物，例如，$[Al(H_2O)_6]^{3+}$、$[Co(NH_3)_6]^{3+}$；而另一些分子，例如 PF_3 或 CO，却只能和过渡金属形成配合物。

B. PF_3 和 CO 能和过渡金属形成中性的配合物，例如 $Ni(PF_3)_4$ 或 $Cr(CO)_6$；而像 NH_3、胺和含氧化合物等却为什么又不能形成诸如 $Ni(NH_3)_4$ 那样的中性化合物。

现在知道，原来有两种本质完全不同的配体，其中之一称为经典的或简单的供电子配体，它们对离子或分子受体来说，起着电子对供体的作用，可以和所有类型的 Lewis 酸-金属离子或分子形成一般的 Werner 配位化合物、原子簇化合物、σ-金属有机化合物。另一种称为非经典配体，π 键合或 π-酸配体，它们差不多只能和过渡金属原子形成配合物——π 配合物。这种配合物的形成是由金属和配体二者的特殊性决定的，即金属具有可以成键的 d 轨道，而配体不仅具有供电子的能力，而且还有接受反馈电子的轨道。

通过以上扼要介绍，不难把配合物催化剂按中心金属-配体之间的键（M—L）的本质进行分类，结果列于表 4-2 中。

表 4-2　配合物催化剂中心金属-配体之间的键的本质

电子分布	$M^{n+} \cdots L^-$	$+(n-\delta)-(1-\delta)M \leftarrow L$	M—L	$M \rightleftharpoons L$
键的本质	静电的	配位的($\delta \ll 1 \sim \delta \approx 1$)	共价的	反馈的
配合物的例子	螯合物及 Werner 型配合物；金属原子簇；离子型有机金属化合物		σ 键金属有机化合物（Hg，Pb 等）	π 配位化合物（广义）
金属的种类	通常原子价及高原子价的金属		非过渡金属；低原子价过渡金属	低原子价过渡金属
硬软度	硬	$\longrightarrow$	软	
一般规则	电中性原理		有效原子序数；惰性气体构型规则	

二、配合物催化剂的作用特点

目前，配位催化研究中最常见的报道是把催化剂的活性或选择性和其不同特性相关联。

这里，可和配合物催化剂关联的特性是多种多样的，最基本的当然是配合物的电子状态（能级、轨道形状和对称性、电负性等），中心金属和配体的键合状态（参见表 4-2），但是更多的是和一些可用物理化学方法测得的特性值，诸如，氧化-还原电位、酸度、稳定性等相关联。当然，这些表观的特性值是上述微观状态的宏观反映。另外，在讨论配合物催化剂的效果时，对催化剂在不同反应中的选择性比对活性以及对如何控制反应速度更感兴趣，因为前者直接反映催化剂的上述特性。通常把和催化作用有关联的催化剂的特性分为二类：连续的和不连续的。前者如金属的酸度、电负性、氧化-还原电位、配体的碱度、配体的反位效应、位阻等，后者最重要的例子则有电子数、形式电荷、有效原子序数、配位数、使用特定轨道的键（例如 d_{xy}）等。下面将着重介绍在催化作用中起关键作用的一些特性。

（一）配离子的稳定性

通常在讨论物种的稳定性时常常区分为热力学上的和动力学上的。物种在热力学上的稳定性是体系在一定条件下达到平衡时物种形成或转化能力的量度，而动力学上的稳定性则和导致平衡时的转化速度有关。配合物催化剂在热力学上的稳定性和其催化性能有明显的依赖关系。例如，如图 4-8 所示，稀土元素在双烯烃定向聚合中的活性序列[31]和稀土离子与草酸配位时的稳定常数［β_1］变化规律[32]之间有很好的对应关系，即配位能最低的钕（Nd）聚合活性最大。

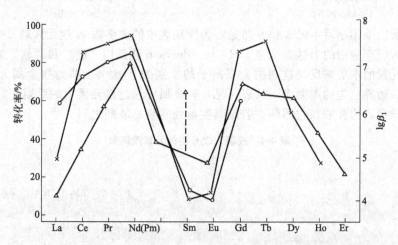

图 4-8　稀土配离子在双烯烃聚合中的活性序列和稳定常数之间的相关性
—○— 丁二烯；—*— 异戊二烯；—△— $\lg\beta_1$

从研究配位离子稳定性获得的所谓 Irving-Williams 稳定性序列[33]，是配位化学中最早得到的一般规律之一。这一规律指出，由二价金属离子和给定配体生成的配合物，其稳定性有如下的次序：$Ba^{2+} < Sr^{2+} < Ca^{2+} < Mg^{2+} < Mn^{2+} < Fe^{2+} < Co^{2+} < Ni^{2+} < Cu^{2+} < Zn^{2+}$。这个次序部分是由于离子大小依次减小和配位场效应造成的。影响配离子稳定性的因素可概括如表 4-3 所示。

（二）酸、碱度

有关配位化合物稳定性的另一个一般规律，是在发现有些配体只能和金属离子，诸如 Ag^+、Hg^{2+}、Pt^{2+}，而另一些配体则和 Al^{3+}、Ti^{4+}、Co^{3+} 等金属离子形成最稳定的配合物的基础上建立起来的。这里普遍的规则是，如果以一级稳定常数的对数值（$\lg K_1$）表示配合物的稳定性，那么，每种金属与周期表中同族配位原子组成的配合物，其稳定性随周期不同呈有规律的变化。金属离子（酸）可因此分为三类。一类为 Fe^{3+}、H^+ 等，它们与卤

表 4-3　影响配离子稳定性的因素[34]

热 函 效 应	熵 效 应
键能随金属离子和配体供电子的原子电负性的变化	螯合环数目
	螯合环的大小
配位场效应	形成配合物时溶剂化的变化
配合物中配体间的空间和静电排斥	螯合环的排列
和非配位配体的构象有关的热函效应	非配位配体的熵效应
包括形成螯合环在内的别的库仑力	由于配合物中配体构型熵的差别而产生的效应
配体的溶液热函	配体的溶液熵
配体带电荷时键能的变化	配位金属离子的溶液熵

离子的配位稳定常数随卤离子原子序数增加而降低；另一类为 Ag^+、Hg^{2+} 等，稳定常数顺序正好与前一类的相反；而 Zn^{2+}、Pb^{2+} 的则介于以上两类之间，它们的稳定常数值随卤离子的变化不大。当配体的配位原子为别类元素时也发现了类似的现象。S. Ahrland、J. Chatt 和 N. R. Davies 首先以此为根据把第一类称为 a 类金属离子，第二类称为 b 类金属离子，它们和同族配位原子组成的配合物的稳定性有如下的关系[34]：

a 类
N≫P>As>Sb
O≫S>Se>Te
F>Cl>Br>I

b 类
N≪P>As>Sb
O≪S<Se~Te
F<Cl<Br<I

这里之所以采用小写字母 a 和 b 乃是因为周期表中的大多数 A 族元素属 a 类金属，而 b 类金属则多为周期表中的 B 族重元素。R. G. Pearson 建议用"硬"和"软"来表征 a 和 b 类金属，从元素的本质来反映这两类金属离子的差别[35]。表 4-4 即为按金属元素常见状态分为硬、软、边界三类的周期表。从表可见，软金属皆为过渡元素中的后期元素，占周期表的一个三角地带，边界酸在它两侧，名副其实地处在硬、软酸之间。

表 4-4　按硬、软分类的元素周期表

H

I A	II A										I B	II B	IIIA	IVA	VA	VIA	VIIA
Li	Be												B	C	N	O	F
Na	Mg												Al	Si	P	S	Cl
		IIIB	IVB	VB	VIB	VIIB		VIIIB									
K	Ca	Sc	Ti	V	Cr	Mn	Fe	Co	Ni	Cu		Zn	Ga	Ge	As	Se	Br
Rb	Sr	Y	Zr	Nb	Mo	Tc	Ru	Rh	Pd	Ag	Cd		In	Sn	Sb	Te	I
Cs	Ba	La	Hf	Ta	W	Re	Os	Ir	Pt	Au	Hg		Tl	Pb	Bi	Po	At

注：□为边界；△为软；其余为硬。

对配体来说，发现同样可以分为两类：含 F^- 的配合物的稳定常数，由 Fe^{3+} 到 Hg^{2+} 即由硬酸到软酸是依次递减的；而含 I^- 的配合物，则依次递增。因此，与 a 类金属能形成稳定配合物的配体称为 a 类配体，或硬碱；而能与 b 类金属形成稳定配合物的则称为 b 类配体，或软碱。

根据大量实验事实，硬、软酸碱的基本区别可概括如下：a 类金属的特点是体积小，正电荷高，可极化性低，也就是说对外层电子的约束力较大，具有"硬"的性质；b 类金属的特点是体积大，正电荷低或等于零，可极化性高，并且往往具有易于激发的 d 电子，也就是对外层电子的约束力较小，只具"软"的性质。根据类似的理由，a 类配体的可极化性低、电负性高，难氧化，对外层电子的约束力大，难于丢失，故称为硬碱；软碱则具有完全相反的特性，可极化性高，电负性低，容易氧化和丢失外层电子。综上所述，可见"硬"、"软"实质上是酸、碱对外层电子控制程度的一种量度。有关酸、碱硬软度的表观性质可归纳如表4-5 所示。

表 4-5 酸、碱硬软度的表观性质

性 质		软	硬
共同的	电子云分布	松弛	紧密
	体积	大	小
	可极化性	高	低
	键合性质	共价,配位	静电
	(反馈性)	(有)	(无)
	配位平衡 $\diagdown \Delta H$	大	小
	$\diagdown \Delta S$	小	大
酸	受电子中心正电荷密度	低(零)	高
	还原反应	易(E大)	难(E小)
	LUMO	低	高
碱	供电子中心电荷密度	低	高
	氧化反应	易(E小 IP小)	难(E大 IP大)
	HOMO	高	低

① E—标准还原电位。
② IP—电离势。

介于硬、软酸碱之间的酸和碱称为边界酸、碱。一种物种的硬、软度并不是固定不变的，一般随所带电荷不同而变。例如，Fe^{3+} 和 Sn^{4+} 是硬酸，而 Sn^{2+} 和 Fe^{2+} 则为边界酸；Cu^{2+} 为边界酸，而 Cu^+ 则为软酸；SO_4^{2-} 为硬碱，SO_3^{2-} 为边界碱，$S_2O_3^{2-}$ 则为软碱；中心原子上连续的基团也有很大影响，例如，BH_3 为软酸，BF_3 为硬酸，而 $B(CH_3)_3$ 则为边界酸；NH_3 为硬碱，而 $C_6H_5NH_2$ 则为边界碱。溶剂对这种分类也有一定影响。要确定酸、碱的硬、软度必须明确具体条件。因此，如何建立酸、碱的软、硬标度是当前这个领域中最活跃的课题。

R. G. Pearson 提出了两个参比标准——H^+ 和 CH_3Hg^+，来鉴别碱的硬、软性质。凡是容易和 H^+ 结合并生成稳定配合物的碱称为硬碱，反之，凡是容易和 CH_3Hg^+ 结合的为软碱。这样得到了硬、软度大致相同的顺序，如表4-6 所示。

表 4-6 硬、软酸碱分类

类 别	酸	碱
硬	H^+、Li^+、Na^+、K^+（Rb^+、Cs^+）；Be^{2+}、Mg^{2+}、Ca^{2+}、Sr^{2+}、（Ba^{2+}）；Mn^{2+}；Sc^{3+}、La^{3+}、Ce^{4+}、Gd^{3+}、Lu^{3+}、Th^{4+}、U^{4+}、UO_2^{2+}、Pu^{4+}；Ti^{4+}、Zr^{4+}、Hf^{4+}、VO^{2+}、Cr^{3+}、Cr^{6+}、MoO^{3+}、WO^{4+}、Mn^{7+}、Fe^{3+}、Co^{3+}；BF_3、BCl_3、$B(OR)_3$、Al^{3+}、$Al(CH_3)_3$、$AlCl_3$、AlH_3、Ga^{3+}、In^{3+}；CO_2、RCO^+、NC^+、Si^{4+}、Sn^{4+}、CH_3Sn^{3+}、$(CH_3)_2Sn^{2+}$；N^{3+}、RPO_2^+、$ROPO_2^+$、As^{3+}；SO_3、RSO_2^-、$ROSO_2^+$；Cl^{3+}、Cl^{7+}、I^{5+}、I^{7+}；HX(氢结合分子)	NH_3、RNH_2、N_2H_4；H_2O、OH^-、O^{2-}、ROH、RO^-、R_2O；CH_3COO^-、CO_3^{2-}、NO_3^-、PO_4^{3-}、SO_4^{2-}、ClO_4^-；F^-（Cl^-）

续表

类　别	酸	碱
边界	Fe^{2+}、Co^{2+}、Ni^{2+}、Cu^{2+}、Zn^{2+}；Rh^{3+}、Ir^{3+}、Ru^{3+}、Os^{2+}；$B(CH_3)_3$、GaH_3、R_3C^+、$C_6H_5^+$、Sn^{2+}、Pb^{2+}、NO、Sb^{3+}、Bi^{3+}；SO_2	$C_6H_5NH_2$、C_5H_5N、N_3^-；N_2、NO_2^-、SO_3^{2-}、Br^-
软	$Co(CN)_5^{2-}$、Pd^{2+}、Pt^{2+}、Pt^{4+}；Cu^+、Ag^+、Au^+、Cd^{2+}、Hg^{2+}、Hg^+、CH_3Hg^+；BH_3、$Ga(CH_3)_3$、$GaCl_3$、$GaBr_3$、GaI_3、Tl^+、$Tl(CH_3)_3$；CH_2、卡宾、π-受体、三硝基苯、醌类、四氰乙烯等；HO^-、RO^+、RS^-、RSe^+、Te^{2+}、RTe^+；O、Cl、Br、I、N、$RO\cdot$、$RO_2^\cdot$；M^0（金属原子）和金属块	H^-；R^-、C_2H_4、C_6H_6、CN^-、RNC、CO；SCN^-、R_3P、$(RO)_3P$、R_3As、R_2S、RSH、RS^-、$S_2O_3^{2-}$、I^-

　　另外，在硬、软酸碱之间还发现了一个经验规则，即所谓的硬、软酸碱（HSAB）规则：软亲软，硬亲硬，边界酸、碱不分亲疏。所谓亲，经常反映在两个方面：一是生成物的稳定性，另一则是反应速度的快慢。硬酸（如 Fe^{3+}、H^+）与硬碱（如 F^-），软酸（如 Ag^+、Hg^{2+}）与软碱（如 I^-）均能形成稳定的配合物，而且反应速度都相当快。但这并不是说硬酸与软碱，或者软酸与硬碱就不能生成配合物了，仅是生成的配合物比较不稳定，或者生成速度较慢而已。至于边界酸、碱，不管配对物种是硬或软都能发生反应，但生成的配合物稳定性差别不大，同时反应速度适中。尽管这个规则可以概括和预测一些实验事实，但归根结蒂还只是定性的描述，而且还有不少例外，例如：

$$CHCl_3\cdot NH_3 + B(CH_3)_3\cdot C_6H_6 \rightleftharpoons CHCl_3\cdot C_6H_6 + B(CH_3)_3\cdot NH_3$$

　　硬　　硬　　边界　　软　　　硬　　软　　边界　　硬

　　根据 HSAB 规则应按反方向进行，因为 $CHCl_3$ 和 NH_3 均属硬酸、硬碱，$B(CH_3)_3$ 属边界酸，而 C_6H_6 属软碱。然而，恰恰相反，正向反应实际上是可以进行的。可见，硬、软酸碱规则并非已是完整无缺、适用于各种情况的。现在的认识是在全面解决硬、软酸碱相互作用之间的关系问题时，除了考虑酸和碱的硬度或软度之外，还必须同时考虑酸和碱内在的强度因素。

　　这里可以举出下面一些例子来说明这个问题。OH^- 和 F^- 都是硬碱，然而 OH^- 的碱度要比 F^- 的大 10^{13} 倍，与此类似，SO_3^{2-} 和 Et_3P 同属软碱，但后者对 CH_3Hg^+ 的强度比前者大 10^7 倍。强酸或强碱取代一个较弱的酸或碱，即使违反硬、软酸碱规则也是可能的，例如，较强的软碱（如亚硫酸离子）能从强酸（如 H^+）取代弱而硬的碱（如 F^-）：

$$SO_3^{2-} + HF \longrightarrow HSO_3^- + F^- \qquad K_{平衡} = 10^4$$

　　同样，很强的硬碱（如氢氧根离子）能从软酸（如甲基汞阳离子）取代较弱的软碱（如亚硫酸离子）：

$$OH^- + CH_3HgSO_3^- \longrightarrow CH_3HgOH + SO_3^{2-} \qquad K_{平衡} = 10$$

　　在上述两种情况中，碱的强度（$SO_3^{2-} > F^-$；$OH^- > SO_3^{2-}$）足以使反应向右进行，可以不考虑酸、碱的硬软。然而，如果这种竞争在需要同时考虑强度和硬-软度的情况下发生，那么，硬、软规则就起作用了。例如：

$$CH_3HgF + HSO_3^- \longrightarrow CH_3HgSO_3^- + HF \qquad K_{平衡} \approx 10^3$$

　　软-硬　　硬-软　　　软-软　　硬-硬

$$CH_3HgOH + HSO_3^- \longrightarrow CH_3HgSO_3^- + HOH \qquad K_{平衡} > 10^7$$

　　这些例子表明，在考虑酸-碱相互作用时必须同时考虑强度和硬-软度。

　　内在的酸强度因素和硬-软因素二者的重要性还可以从一些含氧、氮、硫螯合物的 Irving-Williams 序列中看到（图 4-9）[36]。从 Ba^{2+} 至 Cu^{2+} 稳定性增大的 Irving-Williams 序列是金属离子内在酸强度增加的量度，附加的硬度-软度因素则表现在序列后部较软的物种（d

电子数较多）更有利于按 S>N>O 成键，而较硬的碱土和前期过渡金属离子（少或无 d 电子）则更有利于按 O>N>S 次序键合。

综上所述，可见在有关配合物催化剂的金属离子和配体的酸、碱度方面已经做了大量工作，尽管目前在它的定量化方面，和本章第一节酸-碱催化剂的相比，还不能称已经解决，有待进一步发展。然而，这里已确定的一些规则，对深入探讨催化作用的本质已具有重要的指导意义。所以 R. Ugo 把配合物催化剂的软、硬度作为均相催化分类的依据，并不是没有道理的（表 4-7）[37]。

（三）配体的作用

配合物催化剂中的配体虽然不直接参与反应（按照配位催化机理，反应物以配体形式参与反应），但对金属-碳键和金属-烯烃（或 CO）键起很大作用，可以直接影响催化剂的反应性能。配体对催化剂的影响程度取决于它对电子的供-受能力，可使催化剂的整个电子结构发生变化：某些区域内的电子密度提高，而另一些区域内的电子密度减小。归根结蒂，使原来的化学键发生某种程度的变化。例如，在最简单的静电结构 $M^{\delta+}—L^{\delta-}$ 中，由于中心金属离子带有正电荷，其周围的配

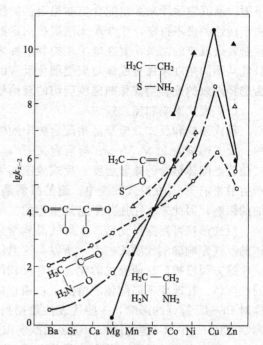

图 4-9 第一长周期金属离子和配体组成 1∶1 配合物的稳定性序列

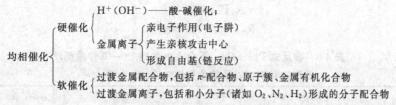

表 4-7 均相催化按硬、软分类

体将或多或少受到极化作用，当 L(1) 为 L(2) 取代时，如果 L(2) 的供电子性比 L(1) 的大，那么，中心金属上的正电荷将会有所减弱，这样，就会降低中心金属和其它配体之间的结合力。可见，改变一个配体，就能波及整个配合物的键合性质。又如，具有适当对称性的配体（例如烯烃、CO 中的 π^* 反键轨道、膦中的 d 轨道等），通过 σ 轨道体系对 π 轨道电子施加影响，这时，配体就会起吸引其它配体中 π 键合电子的受体作用，而金属的 dπ 轨道则起着传递电子的导体作用。这可以从 CO 和膦配体同时和金属配位时的作用图（图 4-10）看出。

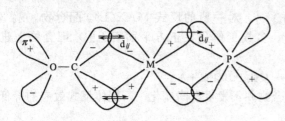

图 4-10 由金属和 CO 及膦同时配位时形成的逆配价 π 键
（σ 轨道未绘出）

如图所示，当金属和 CO 及膦同时配位时，由于膦的存在，可以使 CO 的 π 键合明显减弱。要分别确定 σ 和 π 键合的影响并非易事，当然通过振动光谱、X 射线

衍射以及其它手段来测定配合物的稳定性能适当反映出配体的影响。在催化反应中，一方面由于活性种极不稳定，至今尚无法直接测定配体对催化作用的影响，另一方面还由于催化过程是复杂反应的结果，要在电子结构和活性之间建立起简单的关系相当困难，因此，目前还只能从不同角度来探讨配体对配位催化反应的影响，通过广泛地汇集得到的信息，才有可能为选择高效的配合物催化剂提供确切的理论依据。

(1) 反式影响和反式效应

反式影响和反式效应都是指配合物中配体对处于反式位置上的配体所能施加的影响而言的。反式影响为 L. M. Venazi 等所定义[38]，是一个热力学概念，用来度量配合物配体对反式位置上配体键合的减弱程度。反式效应则为动力学现象，描述配体对反式配体交换速率所产生的影响[39]。在反式效应中，键的减弱是明显的，但由于后者对配体作用的过渡态有附加的影响，因此二者往往并不总是平行的。

反式影响可用振动光谱、X 射线晶构学以及别的几种方法测知[40]。大量实验证明，配体的反式影响确实比顺式的大，所以，这里仅讨论前者。

这方面已被广泛研究过的化合物有反式的 Pr(II) XClL$_2$，这里 L 为叔膦，X 为各种不同的配体。在改变不同配体的情况下，通过测量 Pt—Cl 键的伸缩振动频率即可看出反式配体对 Pt—Cl 键强的影响，一些代表性数据列于表 4-8 中。由所列两组数据可见，在强反式影响作用下 Pt—Cl 键的伸长、键强的减弱以及因此 Pt—Cl 键伸缩振动能的降低三者完全一致。这里要说明的只是这种影响都是通过 σ 键施加的。有关配体因 σ 键供给强度减弱而使反式影响降低的顺序如下[41]：

$$C_2H_5O^- > CH_3O^- > CH_3CH_2^- > CH_3^- > CH_2=CH^- > CH\equiv C^- > CN^- > OH^- > Cl^-;$$
$$(C_2H_5)_3P > (CH_3)_3P > (C_2H_5)_2P(C_6H_5) > (C_2H_5)P(C_6H_5)_2 > (C_6H_5)_3P;$$
$$H^- \approx CH_3^- > PR_3 > Cl^- > CO;$$
$$(CH_3OC_6H_4O)_3P > (C_6H_5O)_5P > (ClC_6H_4O)_3P;$$
$$R_3P > (RO)_3P;$$
$$R_3P > R_3As > R_3Sb$$

表 4-8 在反式 Pt—XClL$_2$ 配合物中 X 对 Pt—Cl 伸缩振动
频率的影响，以及键伸长的关系 (L 为膦)[40]

X	ν_{Pt-Cl}/cm^{-1}	Pt—Cl/nm	X	ν_{Pt-Cl}/cm^{-1}	Pt—Cl/nm
Me$_3$Si	238	—	P(OC$_6$H$_5$)$_3$	316	—
H	269	0.242	NH$_3$[来自顺式 PtCl$_2$(NH$_3$)$_2$]	321	0.233
CH$_3$	274	—	吡啶	336	—
P(C$_2$H$_5$)$_3$	294	0.237	Cl	340	0.230
P(C$_6$H$_5$)$_3$	298	—	CO	344	0.228

动力学上的反式效应同样已经广泛研究[42]。对一般的反式 MAX(L)$_n$ 配合物，就 X 配体对配体 A 的交换速度进行了较多工作。多数工作是在正方平面 Pt(II) 配合物上进行的：

反式　　　　　　　　PtAXLL$'$+B ⟶ 反式 PtBXLL$'$+A

这类交换反应实际上是一置换反应，配合物并不发生空间变化。X 配体反式效应的降低顺序为[43]：

$$C_2H_4 \approx CN \approx CO \approx NO > H^- \approx PR_3 > H_3C^- > I^- > Cl^- > Br^- > 吡啶 > NH_3$$

如图 4-11 所示，当配体 B 靠近配合物时，在 X 是强的 π 受体（如 C$_2$H$_4$、CO）的情况下，由于形成 π-Pt-烯烃，dπ 轨道中 d$_{xz}$ 电子密度降低，这就有利于配体 B 的电子和该金属的作用（这一情况只有对烯烃成反式时才有可能），当 A 脱离配合物时，B 即占有它的位置，于是同 $d_{x^2-y^2}$ 形成 σ 键，配合物的空间结构保持不变。

（2）螯合效应[44]

为了说明螯合效应的本质，可以研究一下下列两个反应的平衡常数：

$$Ni^{2+}(aq) + 6NH_3(aq) \rightleftharpoons [Ni(NH_3)_6]^{2+}(aq) \quad lg\beta = 8.61$$

$$Ni^{2+}(aq) + 3en(aq) \rightleftharpoons [Nien_3]^{2+}(aq) \quad lg\beta = 18.28$$

可见，有三个螯合环的 $[Nien_3]^{2+}$ 要比不含环的 $[Ni(NH_3)_6]^{2+}$ 稳定性高 10^{10} 倍。尽管这一效应并不总是明显的，但却是一个带有普遍意义的特性。

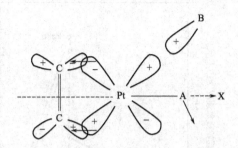

图 4-11　反式 Pt-(烯烃) ALL'用 B
取代 A 的反应

图中表示分子的 XZ 平面（正方平面结构）

以后将看到，在许多由配合物中心金属离子催化的反应中，中间化合物都有可能是不稳定的螯合物。这里，先举出一个由 K. Pederson 发现的以铜离子为催化剂的乙酰乙酸乙酯的溴化反应为例[45]：

$$CH_3CCH_2COC_2H_5 \xrightleftharpoons[\text{快}]{Cu^{2+}} CH_3C \quad COC_2H_5 \xrightarrow[\text{慢}]{B} CH_3C \quad COC_2H_5 \xrightarrow[\text{快}]{Br_2} CH_3C—CHBrC—OC_2H_5$$

这里 B 为溶液中的任何一种碱，反应物和催化剂形成中间螯合物后即可被迅速溴化。铜离子的效应是十分明显的，$0.007mol/L$ 的 Cu^{2+} 即可使速度提高一倍。大量实验证明，反应速度和中间复合物的浓度即和螯合物的稳定性有关。在反应速度和各种金属螯合物稳定性之间还发现有很好的平衡关系：

$$Cu^{2+} > Ni^{2+} > La^{3+} > Zn^{2+} > Pb^{2+} > Mn^{2+} > Cd^{2+} > Ca^{2+} > Ba^{2+} > H^+$$

（3）大环效应[46]

从上述螯合效应得知，由 n 齿配体组成的螯合物远比由 n 个同类型单齿配体组成的配合物稳定（即配合物的生成自由能 ΔF^0 更负），人们发现，由 n 齿大环配体形成的配合物又要比由最类似的 n 齿链状配体组成的配合物稳定得多。例如：

（300K 时 $lgK = 5.2$，$\Delta F = -30kJ/mol$）

和螯合效应一样，产生所谓大环效应的原因不是熵就是热函，或者两者兼而有之，而到底哪一个因素重要现在还在争论之中。最新的结果指出，熵因素往往有利于大环配体。对上示体系，其值约为 $70J/(mol \cdot K)$。热函也常对大环有利，但其影响往往因情况而异，对上示体系 $\Delta H = -10kJ/mol$。一般地说，大环效应常常是在有利的热函变化下，同时由有利的熵变引起的。

大环效应在催化作用中的重要意义可以举出以酞菁铁为催化剂模拟单加氧酶 p-450 的体系为例说明（图 4-12）[47]。由图可见，体系的催化活性几乎随 Fe^{2+} 周围的氮原子数增加而呈直线增加。但都远不及铁酞菁（PcFe）体系的活性。说明大环配体对 Fe^{2+} 的活性影响最大。

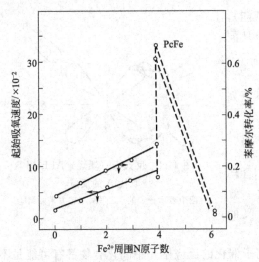

图 4-12 Fe^{2+}周围氮原子数与其活性的关系

氮原子数 0 相应于体系 Fe^{2+}；1 相应于
Fe^{2+}：吡啶＝1:1；2 相应于 Fe^{2+}：
(CH$_3$)$_2$NCH$_2$CH$_2$N(CH$_3$)$_2$＝1:1；3 相
应于 Fe^{2+}：(H$_2$NCH$_2$CH$_2$)$_2$NH＝1:1；4
相应于 Fe^{2+}：吡啶＝1:4，以及磺化 PcFe；
6 相应于 Fe^{2+}：联二吡啶＝1:3

在大环效应中还有一种独特的情况，称为"模板效应"[48]。这时，阳离子大小适度，正好能和几个配体在同一平面内保持成环状，这样就更容易形成大环。利用这一效应可以通过金属离子来控制合成反应，获得最高的收率。

"模板效应"涉及几个反应分子同时在具有若干个"空"位的同一个金属中心上配位的过程。在催化研究中，这种现象是由 W. Reppe 在研究由乙炔齐聚合成环辛四烯时首先观察到的。反应体系为均相，镍（Ⅱ）催化剂；反应温度为 80～95℃，压力为 20～30atm（1atm＝101325Pa）。后来，根据 G. N. Schrauzer 等人的研究[49]，认为只有四个乙炔分子同时在 Ni^{2+} 上配位才能生成环辛四烯 ［图 4-13(a)］，如果其中一个"空"位预先被膦配体所占有，那么，就只能生成苯 ［图 4-13(b)］，如果添加邻菲咯啉，反应就被完全抑制 ［图 4-13(c)］。

（4）配体的空间效应

配位的空间效应，例如在叔膦配体的情况下，由于这类配体占有的体积很不一样 ［如 P(CH$_3$)$_3$ 和 P(t-C$_4$H$_9$)$_3$ 相比］，显得特别重要。当膦配体的位阻因素可比较时，含一个或几个膦配体的过渡金属配合物，其主要性质和膦本身的电子结构有着密切的关系。例如，当小分子在 Rh(Ⅰ) 和 Ir(Ⅰ) 配合物上进行氧化加成时，如果其对位为叔芳膦，那么，反应速度将随膦的碱性增加而提高[49]。C. A. Tolman[50] 据此对 MPR$_3$ 提出了圆锥体排列模型，如图 4-14 所示，金属处于圆锥体的顶端，PR$_3$ 围绕金属以 M—P 为轴自由旋转，圆锥角作为配体位阻因素的量度。圆锥角的绝对值虽不可能严格求得，但作为相对比较还是有意义的。一些膦的圆锥角示于表 4-9 中。

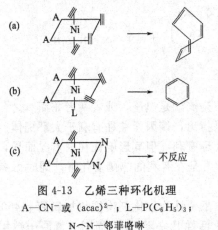

图 4-13 乙烯三种环化机理

A—CN$^-$ 或 (acac)$^{2-}$；L—P(C$_6$H$_5$)$_3$；

N⌒N—邻菲咯啉

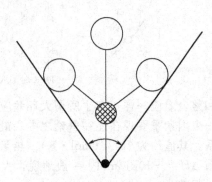

图 4-14 Ni-PR$_3$ 圆锥体排列模型

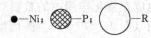

●—Ni； ▨—P； ◯—R

空间效应大的配体在催化反应中往往可以形成一个刚性框架，使底物按一定的方向进行配位，从而达到有选择地生成产物的目的。

表 4-9　不同 PR_3 的圆锥角

PR_3	最小圆锥角	PR_3	最小圆锥角
PH_3	87±2	$P(CH_3)_2(Ph_2)$	136
PH_3	104±2	$P(CF_3)_3$	137±2
$P(CH_3)_3$	118±4	$P(i\text{-}C_3H_7)_3$	160±10
PCl_3	125±2	$P(C_6H_5)_3$	145±2
$P(O\text{-}C_6H_4\text{-}CH_3)_3$	128°	$P(C_6H_{11})_3$	179±10
		$P(i\text{-}C_4H_9)_3$	182±2
PBr_3	131±2	$P(C_6F_5)_3$	184±2
$P(C_2H_5)_3$	132±4	P(邻-$C_6H_4CH_3)_3$	194±6
$P(C_4H_9)_3$	130±4		

近来，由配体形成的框架已被用来合成光学活性物质。最为大家注意的是由 W. S. Knowles 等合成的一种称为 L-Dopa 的药物[52]。作者成功地先将 α，β 不饱和 α-酰氨基酸，通过不对称加氢制成 L-Dopa 的前身 L 型加氢产物：

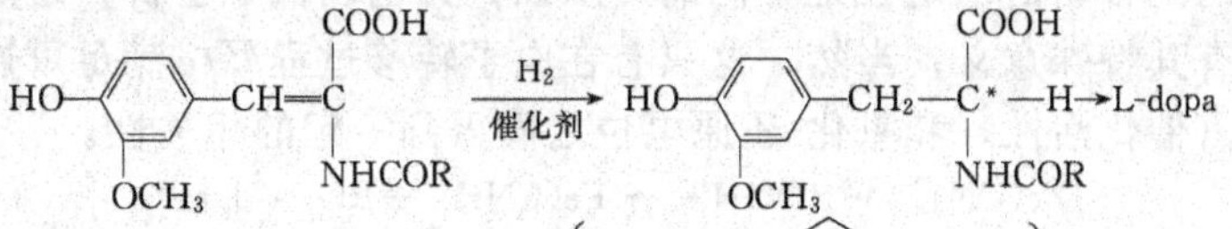

催化剂为

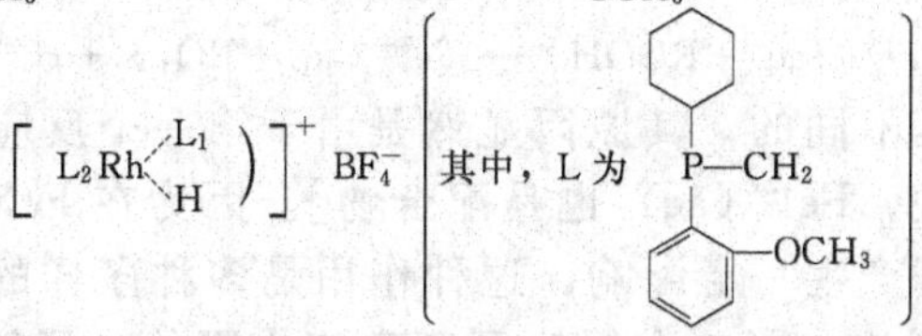

催化剂是由一个双烯配体 L_1（例如 1,5-己二烯）和两个手征性膦配体（L）与 Rh(Ⅰ) 组成的配合物，作者能够指明，在远离手征性膦配体的空间框架处，酰胺基（氢）和甲氧基（氧）间的氢键起着立体选择配位和底物加氢的作用，产物的光学纯度可高达 80%～90%。

配体对配合物催化剂活性的重要影响已如前述。概括地说，它们主要是通过电子性质和几何因素起作用的，如果把配体的电子性质按 σ 供给性和 π 接受性来分类，那么，就可以得到如表 4-10 所示的排列。

表 4-10　配体的电子性质及其配合物

σ 供给性：大 ← → 小

π 接受性（小↓大）			
小	H^- σ-烷基负离子 烯丙基负离子 （主族元素和一般原子价配合物；过渡元素和 π 接受性配体组成的配合物）	NR_2^-, OR^-, NR_3, OR_2 （一般原子价配合物） bipy O-phen（一般及低价配合物） CN^- NO CO π-环状化合物 （低原子价配合物及第二、第三周期过渡金属配合物）	O^{2-}　F^- （高原子价配合物） Cl^- Br^- I^- 高原子价配合物（第一周期过渡金属） 低原子价配合物（第一周期过渡金属） $SnCl_3^-$
大	R_3P, R_3As		C═C（烯烃、双烯烃等） 乙炔 CF_2═CF_2 CH_2═CHCN $C(CN)_2$═$C(CN)_2$

这里，第一周期过渡金属的低原子价配合物以及第二、第三周期过渡金属配合物和有机化合物形成 π 键合还是 σ 键合，可以由有机化合物的反应来控制。例如：

$$(OC)_5Mn —CH_2CH_3 \underset{+H^-}{\overset{-H^-}{\rightleftharpoons}} \left[(OC)_5Mn \cdots \underset{CH_2}{\overset{CH_2}{\|}} \right]^+$$

$$\underset{Cl}{\overset{(CH_3)_2C=CH_2}{Pd}} \underset{Cl}{\overset{Cl}{Pd}} C(CH_3)_2 \underset{+HCl}{\overset{-HCl}{\rightleftharpoons}} CH_3-\underset{CH_2}{\overset{CH_2}{\cdots}} Pd \underset{Cl}{\overset{Cl}{\cdots}} Pd \underset{H_2C}{\overset{CH_2}{\cdots}} C-CH_3$$

（四）金属离子的氧化-还原特性

以 $M^{n+}+e \rightleftharpoons M^{(n-1)+}$ 形式表示的氧化-还原反应（或电子转移反应）是屡见不鲜的。例如，有机化合物的液相空气氧化就是以此为依据的反应。从金属离子的氧化-还原电位来看，不同氧化态的配合物的稳定性是不同的，所以，无论以低原子价，还是以高原子价配合物为催化剂都各有其特殊意义；当然，这只有在电子转移过程严格满足可逆平衡的要求，才有可能在反应性（催化活性）和氧化-还原电位之间得到一定的相关性。

$$Fe(CN)_6^{3-}+ROOH \longrightarrow Fe(CN)_6^{4-}+RO_2 \cdot +H^+$$
$$Fe^{3+}(aq)+ROOH \longrightarrow Fe^{2+}(aq)+RO_2 \cdot +H^+$$

这两个反应的速度是不同的，其原因显然是由于第一个反应中的催化剂是配合物的关系［当然，从广义上说，Fe^{3+}（aq）也是配合物］。因为在 FeXY…中，X、Y…肯定会对体系中的电子传递过程产生一定影响。这种作用是多种多样的，其中较为重要的一种配体效应是通过配体的桥连，影响金属离子和底物之间的电子转移效果。这种效果，如下式所示，在分子间的反应中，反应速度因共轭有机基团的桥连而有所提高已得到了确认。这里，电子在混合氧化态的钌配合物之间的传递频率可达 $10^9 s^{-1}$，而在 Fe^{III} 和 Fe^{II}-血红素之间则可达 $6 \times 10^9 s^{-1}$。这个事实可以充分说明配合物在电子迁移型催化反应中的作用何等重要。

$$\left[\underset{H_3N}{\overset{NH_3}{Ru^{2+}}} \overset{NH_3}{\cdots} NH_3 \underset{N}{\overset{}{\bigcirc}} N \xrightarrow{e} \underset{H_3N}{\overset{NH_3}{Ru^{3+}}} \overset{NH_3}{\cdots} NH_3 \right]^{5+}$$

血红素-Fe^{2+} ←—— N ◯—◯ N ——→ Fe^{3+}-血红素

（五）配位数和配合物的空间构型

任何一种化学键，从离子键至范德瓦耳斯力以及共价键都是有方向性的。配合物，特别是过渡金属配合物的方向性特强，如第三章二节之五所述，这是由于含有 d 轨道的关系。另外，配合物根据中心金属种类之不同，与之配位的配体数是有一定限制的。譬如，Ni^{2+} 容易形成六配位的正八面体，但在很多含 Ni^{2+} 的配合物中，也有呈四配位正方形和六配位四角双锥形的。这当然是指 d 轨道的特性非常明显时的情况。如果电子密集在金属周围（例如，低价金属配合物），d 轨道的特性表现得不那么突出，那么，配位数这个概念也就不十分明确了。在配位催化反应中，反应物必须先配位，根据反应类型的不同，要求催化剂有一个、二个，甚至三个"空位"才能达到"活化"反应物的目的；不仅如此，这些"空位"的排布还必须和反应分子的立体化学相匹配，否则催化剂就无法对反应分子施加影响。

最后介绍的例子是更加一般的 CO 争位过程。这和大分子中所含 $M(CO)_3$ 单元中 CO 的定位转动有关。在已知的所有情况中，这种转动在温度低于化合物的分解温度时即能迅速发生，不管 CO 基是否已在核间发生过任何争位过程。例如，在 I 中的三个 CO 基都是不相等的，在低于室温时可以观测到三个不同的信号。但是在 60℃，它们则全都消失；然而在这一情况中，化合物在组合信号变得相当尖锐之前就已经分解了。这类转动的活化能约 66kJ/mol，但也有小至 25kJ/mol 的，例如 II。

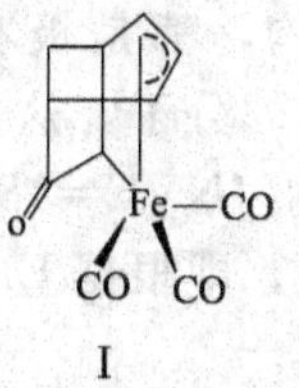

I 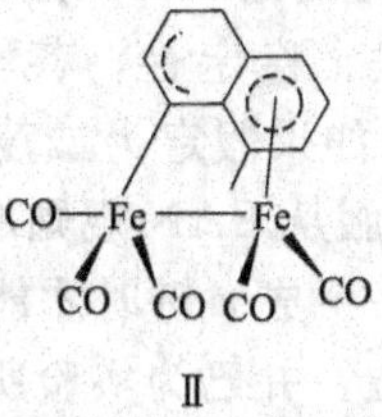   II

三、配位催化中的基元反应

在本书第 1～3 章中曾多次强调过催化作用的化学本质，催化剂是反应的积极参与者。就这个意义而言，任何催化剂在完成一个反应过程中，都将经历由多个基元反应组成的催化循环。配位催化在这方面提供的信息最为明确，而且已在积累的大量数据基础上开始对其规律进行概括，如众所周知的 16-18 电子规则即为一例[53]。本节将在介绍已获得的某些规律的基础之上，扼要阐述配位催化中一些重要基元反应的特点。

（一）有效原子序数（EAN）规则

早在价键理论提出之前，N. V. Sidgwick[30] 第一个企图将 G. N. Lewis 的八隅体理论应用于配位化合物，以说明配合物中的化学键。他假定，配合物的稳定性和能否形成惰性气体构型有关。他把金属和配体提供的电子总数称为有效原子序数（EAN），当它等于 36 (Kr)、54(Xe)、或 86(Rn) 时，就可说满足了 EAN 规则。另外，也可这样说，当电子构型为 $ns^2(n-1)d^{10}np^6$ 时，要形成封闭构型，价键轨道上需有 18 个电子（价电子数，NVE）。服从这个规则的稳定配合物如表 4-11 所示。

表 4-11 服从 EAN 规则的一些配合物

Co	$=27e^-$	Ag	$=47e^-$	Pt	$=78e^-$
Co^{3+}	$=24e^-$	Ag^+	$=46e^-$	Pt^{4+}	$=74e^-$
$6NO_2^-$	$=12e^-$	$4NH_3$	$=8e^-$	$6Cl^-$	$=12e^-$
$[Co(NO_2)_6]^{3-}$	$=36e^-$	$[Ag(NH_3)_4]^+$	$=54e^-$	$[PtCl_6]^{2-}$	$=86e^-$
—[最后 EAN]	$18e^-$		$36e^-$		$54e^-$
NVE	$18e^-$		$18e^-$		$32e^-$①

① 包括 $4f^{14}$。

可惜，虽然 $[Ag(NH_3)_4]^+$ 是银的一种稳定配合物，但还远不如含两分子氨的银离子 $[Ag(NH_3)_2]^+$ 稳定，显然，后者是不能满足 EAN 规则要求的，因为总电子数只有 50。除此以外，还有不少元素的配合物也不服从这个规则（见表 4-12）。

可见，EAN 规则作为配合物稳定性的一个判据是不完美的，因为惰性气体的构型只能用来概括某些特殊的稳定性，并不能全面概括配合物的化学本质。尽管如此，从发展历史看，它在配位化学的一定领域内还是起过应有作用的。例如，对有机金属化合物，特别是金属羰基和亚硝酰基化合物，符合这个规则的频率相当高，因此，在考虑这些金属有机化合物的反应时，不失为一种有用的经验规则。

表 4-12　违背 EAN 规则的几种稳定配合物

Cr	$=24e^-$	Ni	$=28e^-$	Co	$=27e^-$
Cr^{3+}	$=21e^-$	Ni^{2+}	$=26e^-$	Co^{2+}	$=25e^-$
$6NH_3$	$=12e^-$	$6NH_3$	$=12e^-$	$4Cl^-$	$=8e^-$
$[Cr(NH_3)_6]^{3+}=33e^-$		$[Ni(NH_3)_6]^{2+}=38e^-$		$[CoCl_4]^{2-}=33e^-$	
NVE	$15e^-$		$20e^-$		$15e^-$

表 4-13 总结了不同配体在满足 EAN 规则要求时所需提供的电子数。这对利用这一规则以预测化合物的正确化学式、稳定性，甚至结构，都是极有帮助的。例如，实验式为 $Fe(C_5H_5)_2(CO)_2$ 的化合物，如果假定为二茂铁类的分子，这显然违背 EAN 规则（NVE＝22），但是可以给出一个完全服从 EAN 规则的结构（NVE＝18），由结构式Ⅲ可见，只有在一个环戊二烯成 σ 键，而另一个成 π 键时才能满足，即根据 EAN 规则确定了在这个化合物中环戊二烯有两类不同的配位，并已为实验所证实。

表 4-13　配体对 EAN 规则的贡献

配　体	电 子 数	配　体	电 子 数
氢	1	简单 Lewis 碱：Cl^-、PR_3 等	2
烷基、酰基	1	烯烃	2/双键
羰基	2	烯丙基　$CH_2=CH_2-CH_2$	3
亚硝酰基(线型)	3	环戊二烯基 C_5H_5	5
亚硝酰基(弯曲型)	1	环庚三烯基 C_7H_7	7

Ⅲ

C. A. Tolman 综合了众多文献报道的事实，得出了表 4-14 的结果。表中 ΔNVE 的值表明，在表中所列的反应中，价电子数的改变一般为 2，Lewis 碱配体的离解或缔合可能生成 16 或 18 电子配合物；Lewis 碱配体的离解、还原消除、插入和氧化偶联反应发生于 18 电子配合物；而 Lewis 碱配体的缔合、氧化加成、挤出和还原消除反应则只能在 16 电子配合物中发生等。据此，他提出了今天已为大家所接受的 16-18 电子规则。显然，这个规则，或者表 4-14 的分类并不能解释和概括所有的有机金属反应，因为在许多有机金属的反应

表 4-14　单元有机金属反应

反应类别	ΔNVE[①]	ΔOS[②]	ΔN[③]	例　子	逆 反 应	ΔNVE[①]	ΔOS[②]	ΔN[③]
1. Lewis 酸离解	0	0	−1	$CpRh(C_2H_4)_2SO_2 \rightleftharpoons SO_2+CpRh(C_2H_4)_2$	Lewis 酸缔合	0	0	+1
	0	−2	−1	$HCo(CO)_4 \rightleftharpoons H^+ + Co(CO)_4^-$		0	+2	+1
2. Lewis 碱离解	−2	0	−1	$NiL_4 \rightleftharpoons NiL_3+L$	Lewis 碱缔合	+2	0	+1
3. 还原消除	−2	−2	−2	$H_2IrCl(CO)L_2 \rightleftharpoons H_2+IrCl(CO)L_2$	氧化加成	+2	+2	+2
4. 插入	−2	0	−1	$MeMn(CO)_5 \rightleftharpoons MeCOMn(CO)_4$	挤出	+2	0	+1
5. 氧化偶联	−2	+2	0	$(C_2H_4)_2Fe(CO)_2 \rightleftharpoons \begin{matrix}CF_2-CF_2\\ \quad\quad Fe(CO)_2\\ CF_2-CF_2\end{matrix}$	还原解联	+2	−2	0

① 金属价电子数的变化。

② 金属形式氧化态的变化。

③ 配位数的变化。

中，还经常涉及一些配位不饱和的，例如 14 电子的物种 $RhCl(PPh_3)_2$；更重要的是这种仅包含双电子、抗磁性物种的假定，完全忽略了这样的事实，即许多认为按双电子步骤进行的催化和化学计量反应，事实上是按单电子变化的自由基反应[54]。尽管如此，16-18 电子规则还是可以用来解释和预测众多的有机金属反应和均相催化反应的机理。下面将在这一规则的基础上对配位催化反应中重要基元反应的特点作一些扼要的说明。

（二）配体的配位和离解

首先介绍一下配位不饱和的概念。

如果两个反应物 A 和 B 在溶液中在配合物的金属离子上反应，那么，就必须有可供它们配位的空部位。在多相催化中，金属、氧化物、卤化物等的表面原子原来就是配位不饱和的；在溶液中，即使像 d^8 的正方构型的配位不饱和配合物，空部位也已被溶剂分子（S）所占有，反应时后者也能为反应分子所取代：

对五配位和六配位的金属配合物，配位部位也可以通过热或光化学解离一个或几个配体来实现，例如，通过热解离：

$$RhH(CO)(PPh_3)_3 \underset{}{\overset{-PPh_3}{\rightleftharpoons}} RhH(CO)(PPh_3)_2 \underset{}{\overset{-PPh_3}{\rightleftharpoons}} RhH(CO)(PPh_3)$$

和上式第一个配合物类似的铱的配合物，即 $IrH(CO)(PPh_3)_3$，不能催化 Rh-物种于 25℃时催化的反应，但当通过热或紫外线辐照使之发生解离时，反应即能立刻发生。

在以后将要谈及的氧化-还原反应中，配体的离解还可以通过改变氧化态来完成。例如，尽管 $RhCl(PPh_3)_3$ 在溶液中无明显的离解作用，但经氢作用后生成的顺式 $RhH_2Cl(PPh_3)_3$ 却可离解一个 PPh_3 从而形成一个空位：

$$RhCl(PPh_3)_3 \underset{-H_2}{\overset{+H_2}{\rightleftharpoons}} Rh^{III}Cl(H_2)(PPh_3)_3 \underset{+PPh_3}{\overset{-PPh_3}{\rightleftharpoons}} RhCl(H_2)(PPh_3)_2$$

利用高反位效应，可以更加容易地提供配位部位。例如，

$$PtCl_4^{2-} + C_2H_4 \longrightarrow [PtCl_3C_2H_4]^- + Cl^-$$

该反应是相当慢的。但是，如果在反应体系中加入氯化锡（Ⅱ），反应即可大大加速。这是因为在生成的 $PtCl_3(SnCl_3)^{2-}$ 中，处于 $SnCl_3$ 反位的 Cl^- 被活化了。

在膦配体的情况下，位阻效应特别重要[51]。配体的体积越大，离解的趋势也就越大[55]。例如在反应：

$$NiL_4 \rightleftharpoons NiL_3 + L$$

其中，对 $L = P\left(O-\bigcirc-CH_3\right)_3$，$K_d = 6 \times 10^{-10}$ mol/L（25℃ 苯中，下同）；对 $PMePh_2$，$K_d = 5 \times 10^{-2}$ mol/L；而对 PPh_3，溶液中已检测不出 $Ni(PPh_3)_3$ 了，这表明它几乎全部离解。而且，K_d 与不同配体的圆锥角之间还存在着很好的直线关系（参见表 4-9）。

在均相配位催化的整个循环过程中，常常包含着多种配位和离解的平衡问题，因此专门弄清楚这些平衡是研究均相配位催化的重要一环。对某些不稳定的低价 d^8 或 d^{10} 金属配合物中配体的离解平衡已做过大量的工作，因为这在相关的催化反应中相当重要。例如，下列配位-离解之间的预平衡，被认为是众所周知的 $RhCl(PPh_3)_2$-H_2-烯烃均相加氢催化体系中的重要步骤[56]：

A.　　　　　$RhCl(PPh_3)_3 \rightleftharpoons RhCl(PPh_3)_2 + PPh_3$ 配体离解

B.　　　　　$2RhCl(PPh_3)_3 \rightleftharpoons [RhCl(PPh_3)_2]_2 + 2PPh_3$ 离解二聚

C.　　　　$RhCl(PPh_3)_2 + C^= \rightleftharpoons RhCl(C^=)(PPh_3)_2$　烯烃配位

D.　　　　$[RhCl(PPh_3)_2]_2 + 2C^= \rightleftharpoons 2RhCl(C^=)(PPh_3)_2$　烯烃配位

E.　　　　$RhCl(PPh_3)_3 + H_2 \rightleftharpoons RhH_2Cl(PPh_3)_3$　氧化加成

F.　　　　$RhH_2Cl(PPh_3)_3 \rightleftharpoons RhH_2Cl(PPh_3)_2 + PPh_3$　配体离解

G.　　　　$RhH_2Cl(PPh_3)_3 + C^= \rightleftharpoons RhH_2(C^=)Cl(PPh_3)_2 + PPh_3$　烯烃配位

H.　　　　$RhH_2(C^=)Cl(PPh_3)_2 \rightleftharpoons RhH(R')Cl(PPh_3)_2 \longrightarrow R'H + RhCl(PPh_3)_2$　生成加氢产物

(三) 氧化加成和还原消除[57]

当一个配合物同时以 Lewis 酸和 Lewis 碱的角色参与反应时,这类反应就是氧化加成反应,通常可记作:

$$LyM^{n+} + XY \rightleftharpoons LyM^{(n+2)+}(X)(Y)$$

这类反应的逆反应称为还原消除。这两个名词仅能用来描述反应,毫无机理的内容。下面将要见到,这类反应的机理可以相当复杂,随金属、配体以及所起氧化作用的反应物的本质而不同。

为了使加成反应能够进行,必须有如下的条件:

A. 金属 M 上有非键电子密度;

B. 配合物 LyM 上有两个"空位",以便由 X 和 Y 形成两个新键;

C. 金属 M 的氧化态能按两个单位分离。

在过渡金属中,结合这类反应研究得最多的是 d^8 和 d^{10} 电子构型的金属配合物,值得注意的有 Fe^0、Ru^0、Os^0、Rh^I、Ir^I、Ni^0、Pd^0、Pt^0 和 Pd^{II}、Pd^{II}。其中已被研究过的配合物是正方反式 $IrCl(CO)(PPh_3)_2$,进行的反应如:

$$反式\ IrCl(CO)(PPh_3)_2 + HCl \rightleftharpoons Ir^{III}HCl_2(CO)(PPh_3)_2$$

这里要注意如下三点。

① 16 电子体系,例如 Rh^I,Ir^I 或 Pt^{II} 等的配位不饱和的正方配合物,通过氧化加成将产生 18 电子体系;这个反应的逆过程将使一个 18 电子体系还原为 16 电子体系。

② 在 H_2、HCl 或 Cl_2 等分子的加成反应中,将在 H—H、H—Cl 或 Cl—Cl 等键裂开的同时,形成两个和金属的新键。含有重键的分子也能通过氧化进行加成,但键并不开裂,只形成三元环的新配合物。这类加成作用可以认为重键之一被打开了,而留下的则原封未动,即:

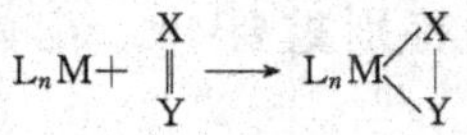

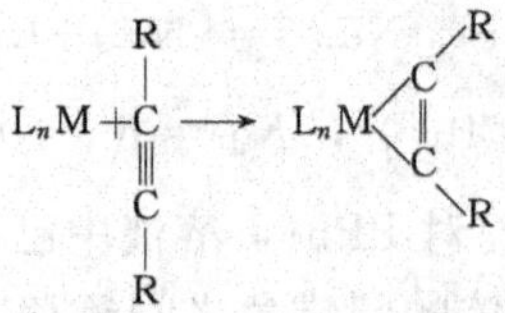

特别还有:

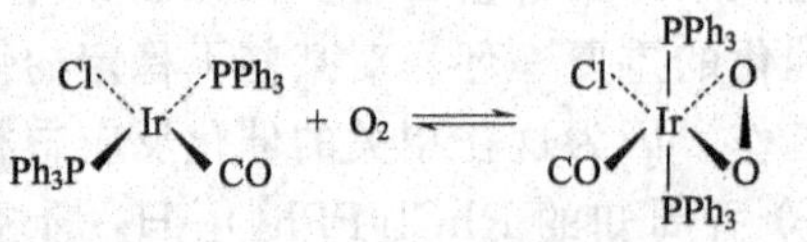

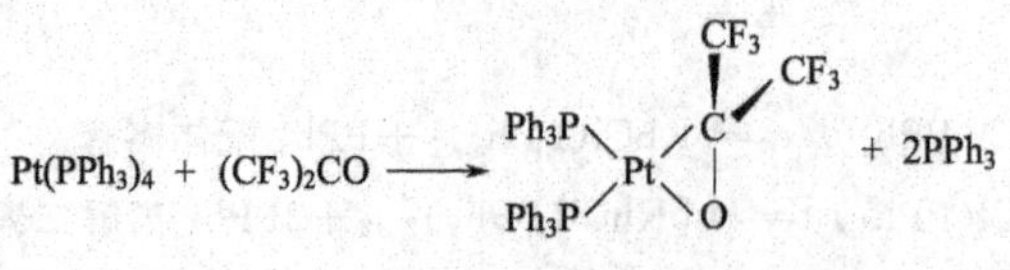

③ 18 电子的化合物，在没有去除一个配体之前是不能进行氧化加成反应的。否则，在氧化态的情况下，可以超过最稳定的配位数。为了补充上述最后的例子，还可以举出下列反应为例：

$$Ru^{(0)}(CO)_3(PPh_3)_2 + I_2 \rightleftharpoons Ru^{II}I_2(CO)_2(PPh_3)_2 + CO$$

$$Mo^{(0)}(CO)_4 bipy + HgCl_2 \rightleftharpoons Mo^{II}Cl(HgCl)(CO)_3 bipy + CO$$

在有些情况下，氧化加成反应可以通过光协助进行。这种反应很可能是先从光离解开始，然后再在配位不饱和部位上进行氧化加成的[58]。

（四）插入及挤出反应[59]

在各种类型的均相催化反应中，在 M—H 键或 M—C 键中插入不饱和化合物也是一种重要的基元反应。通常，这类反应可表示如下：

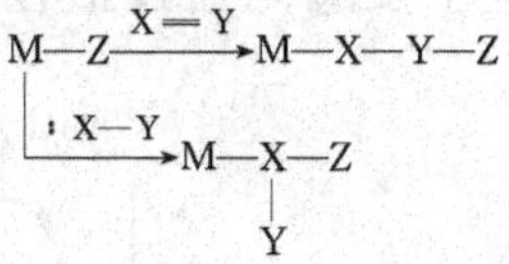

$$M-Z \xrightarrow{X=Y} M-X-Y-Z$$
$$\xrightarrow{:X-Y} M-X-Z$$
$$\qquad\qquad\qquad\qquad |$$
$$\qquad\qquad\qquad\qquad Y$$

这里 M—Z 为 M—H、M—C 或 M—N；X=Y 为 C=C、C=N、N=N 等；:X—Y 为 :C=O、:C=N—R 或 :CR_2 等。

从插入分子来考虑，这类反应也可以看作是 M—Z 键对 X=Y 重键的一种 1,2-加成反应，或者是 M—Z 键对 :X—Y 分子中 X 原子的一种 1,1-加成反应；在 M—H 键或 M—C 键中的插入反应还可以分别称为"氢化金属取代"或"碳化金属取代"反应。

因为在 M—Z 键和 X=Y 键或 :X—Y 分子之间的组合是多种多样的，这里不可能全面阐述这个问题，只举几种典型的例子加以说明。但是首先要强调指出，这里探讨的插入反应是指那些在反应中金属的表观氧化态不发生任何变化的反应，不包括那些在反应中金属氧化态发生变化的反应，例如在前节中介绍的氧化加成反应：

$$(Ph_3P)_3ClRh + CH_3I \longrightarrow (Ph_3P)_3ClRh\begin{smallmatrix}CH_3\\I\end{smallmatrix}$$

此反应可以看作是 Rh 在 CH_3 和 I 之间的插入反应。又如一些金属的氧化加成反应：

$$Ni + C_6F_5Br + 2Et_3P \longrightarrow C_6F_5-\underset{\underset{PEt_3}{|}}{\overset{\overset{PEt_3}{|}}{Ni}}-Br$$

此反应也被称为"插入反应"[60]，都不在讨论之列。

CO 插入 M—C 键的立体化学曾用同位素标记的金属羰基化合物 $CH_3{}^{13}COMn(CO)_5$ 作过仔细研究[61]：

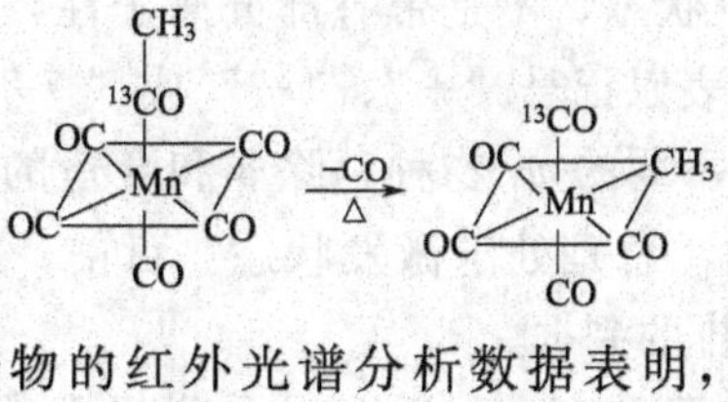

对热反应后消去 CO 的产物的红外光谱分析数据表明，产物为 $CH_3Mn(CO)_4$（顺式 ${}^{13}CO$）。这一结果说明，CH_3 发生了迁移，和 CH_3 成顺式的 ${}^{13}CO$ 可以插入 Mn—CH_3 键，这样常常把 CO 的插入当作甲基向邻近的 CO 基之一的"迁移"。值得注意的是，配位的亲核试剂（例如 PPh_3）也能诱导 CO 的插入：

$$CH_3Mn(CO)_5 + PPh_3 \longrightarrow CH_3-\underset{\underset{O}{\|}}{C}-Mn(CO)_4(PPh_3)$$

对 CO 在 Ir—C 键中的插入曾有人提出过稍有不同的机理。

（五）σ-π 重排

自从 F. Hein 在合成二（η^6-苯基）铬配合物中分离出三苯基（四氢呋喃）铬作为中间化合物之后，已有大量关于这一重要有机金属反应——σ-π 重排的报道[62]。这种重排作用无论在理论上还是在实用上都是很有意义的，因为它在均相催化过程中已显示出特有的重要性。σ-π 重排也是一种分子内的反应，这里，一个和金属成 σ 键合的（η^1）有机基团（例如，含碳的配体）变成了和金属 π 键合（η^2）。这个过程还会发生相反方向的反应，即 π-σ（$\eta^2 \rightarrow \eta^1$）。

最早的例子是由 F. Hein 等人，在聚（η^1-苯基）铬配合物热分解时发现有二（η^6-苯基）铬配合物生成。现在知道，这个反应是通过活性的 η^1 苯基金属部分的 σ-π 重排完成的[63]：

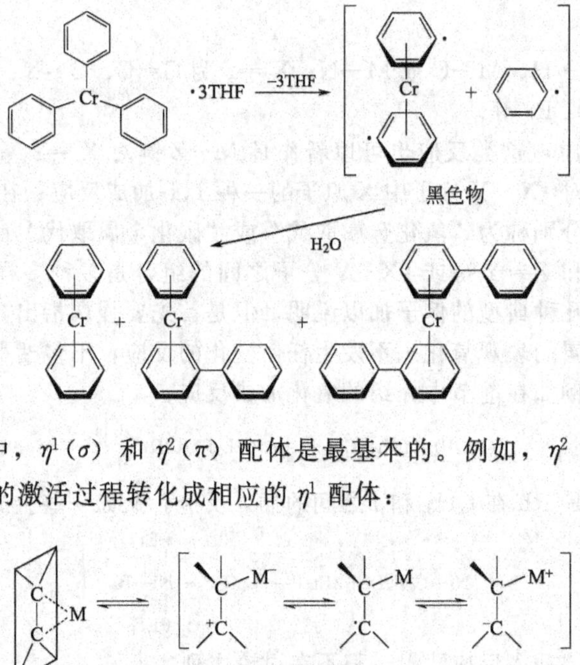

在各种 σ-π 重排中，η^1（σ）和 η^2（π）配体是最基本的。例如，η^2 碳配体（如 π-烯烃配体）可以通过热或别的激活过程转化成相应的 η^1 配体：

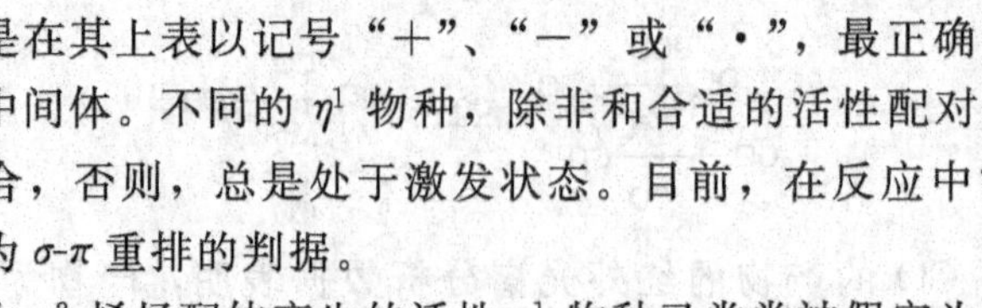

因为 η^1 物种多少处于激发状态，不是带有部分离子性，就是带有部分自由基性。对这些物种经典的表示法是在其上表以记号"＋"、"－"或"·"，最正确的做法是把它写成由所有这些物种组成的中间体。不同的 η^1 物种，除非和合适的活性配对物（阴离子、阳离子或自由基试剂）相结合，否则，总是处于激发状态。目前，在反应中能否形成含有 σ-（η^1）键的配体的产物已成为 σ-π 重排的判据。

在许多反应中，由 η^2 烯烃配体产生的活性 η^1 物种已常常被假定为中间产物。

近年来，有人企图更好地阐明 σ-π 重排在催化过程中的作用。例如，有人认为在 Wäcker 法中，这是关键的一步。动力学和同位素效应数据表明，起始时生成的 η^2-乙烯钯配合物，在动力学上重要的催化步骤中先转化成 η^1-β-羟基乙烯钯物种，这一 σ-烷基物种被假定不是直接，就是通过生成 η^2-乙烯醇-钯物种进一步转化成乙醛[64,65a]：

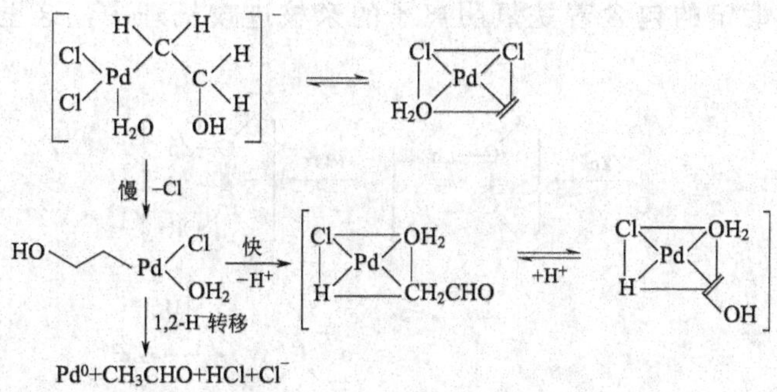

这里，假定由 η^2-乙烯醇转化成 η^1-甲酰甲基（或 β-氧乙基）相当方便和迅速。关于 σ-π 重排的假定，已经通过对（η^2-乙烯醇）铂配合物的制备和结构鉴定所确认。这个配合物的制法如下式所示：

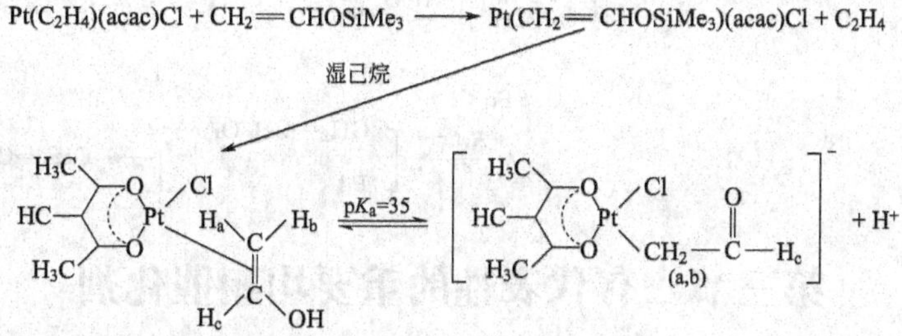

$$Pt(C_2H_4)(acac)Cl + CH_2 = CHOSiMe_3 \longrightarrow Pt(CH_2 = CHOSiMe_3)(acac)Cl + C_2H_4$$

铂和烯端碳之间的键长（0.2098nm）明显比铂和烯内碳之间的键短（0.2222nm）。考虑到通过质子化 σ-π 重排是很容易的，所以，成 η^2-键合的乙烯醇配体，连基态都接近于相应的 σ-结构。在极性溶剂中，乙烯基质子的 ^{1}Hnmr 谱图为 A_2X 花样，而不是像希望的那样，是在乙烯基甲硅烷基醚结构中见到的 ABX 花样[65b]。

（六）配位配体的反应

在以上几节中，主要讨论了配位配体在分子内的转移。这里将着重研究外部试剂对配位配体的进攻问题。其中有些反应已在前面作过讨论（例如，本章第二节之二），当然，要区分配体在试剂配位的情况下还是在配位之前就反应是不容易的，但是可以肯定的是在下列情况下并不包含分子内的转移过程。

前已述及，当一个小分子配位在金属上时，它的电子状态和几何学将因金属的微扰作用而发生变化。这些变化的某些部分已被成功地用于许多均相催化作用。例如，炔烃三重键在水合 Hg^{2+} 作用下的催化水合作用，就是由于 Hg^{2+} 有极高的极化能力，使炔烃中的碳原子，在和 Hg^{2+} 形成 η^2-配位时变成部分正电荷，使之便于受亲核试剂，例如 MeOH 或 H_2O 的进攻：

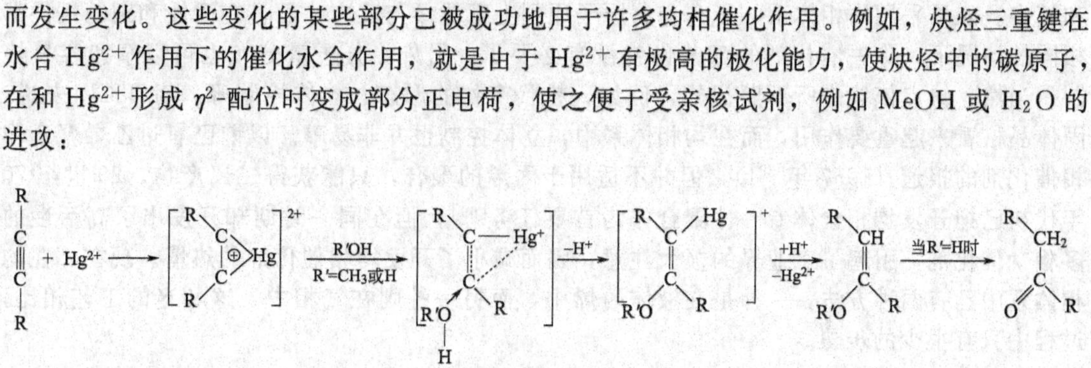

许多别的金属离子（例如 Pt^{2+}、Pd^{2+}、Cu^+ 或 Zn^{2+}）也有类似的比较弱的极化作用，例如锌盐，对乙炔在高温高压下和醇类的乙烯化作用是很有效的。这个由 J. W. Reppe 发

现的过程[66]，在其假定的包含着烷氧阴离子的亲核进攻机理中，这里 η^1-配位是相当重要的：

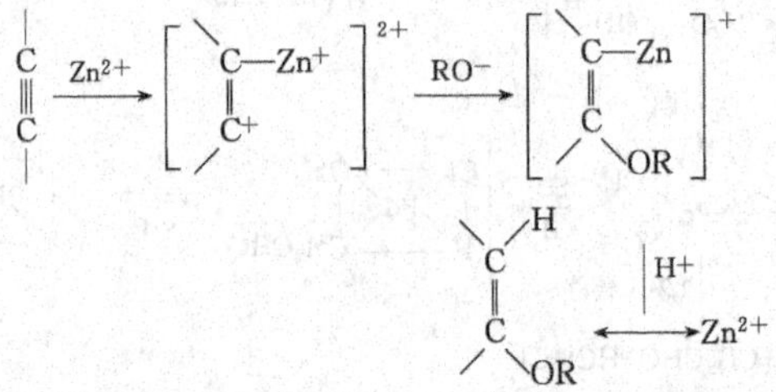

烯烃在 $PdCl_2$ 物种上配位，也是导致 H_2O 或 AcO^- 亲核进攻的活化过程。这是乙烯分别和 $PdCl_2/HCl$ 水溶液或 $Pd(OAc)_2/AcOH$ 体系进行化学计量反应转化为乙醛或醋酸乙烯的根据[67]：

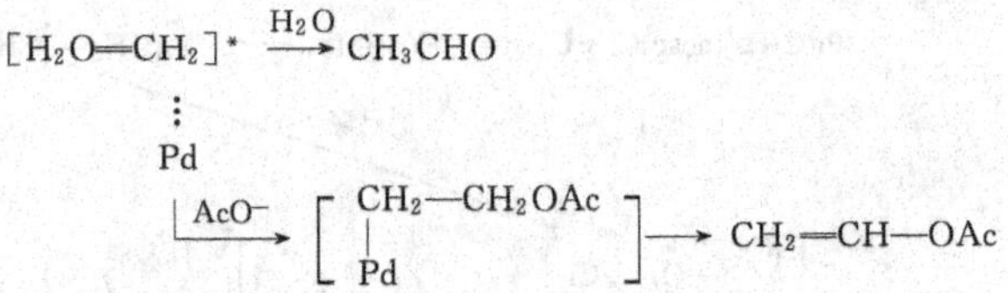

第三节 有代表性的重要均相催化剂

一、α-烯烃聚合均相配合物催化剂

首先介绍 α-烯烃聚合均相（锆、钛）配合物催化剂的近代进展情况，这类催化剂的主要研究课题之一是丙烯聚合，在不到 10 年的时期里，开发出了一类可以由多种单体合成区域选择和立体选择的聚合物的全新催化剂。几种新催化剂已在工业规模中使用（如间同聚苯乙烯、乙烯-降冰片烯共聚物、聚分支长链乙烯），不久还将在工业上有更多的应用。

在本书第二章第四节中，已对烯烃聚合配合物催化剂作过扼要介绍，如表 2-8 所示，目前工业生产的烯烃聚合物还都采用多相 Ziegler-Natta 型催化剂。这是由 Ziegler 和 Natta 于 20 世纪 50 年代中期发明的，并且不久之后就投入生产。尽管催化剂和工艺都已有了长足的进步，但是聚合物在溶液或者泥浆中生产，对全同（立构）聚合物的选择性还不是很高，需要在生产中用抽提方法除去无规材料和采用乙醇洗涤除去残余的催化剂；而且工艺比较复杂和繁多。如果采用均相体系，所有金属原子原则上都能参与反应，而且在活性和别的条件都相同的情况下，除去催化剂的工艺也就没有必要了。另外，分子量分布也可以窄和容易控制。当然，缺点依然是所不期望的，例如，粉状产物的形态、立体控制等。对 $TiCl_3$ 来说，固体晶格看来起重要作用，而在均相体系中，立体控制也并非易事。以前已有过乙烯聚合均相催化剂的报道（1957 年[68]），但并不适用于丙烯的聚合，只能获得二聚产物。20 世纪 70 年代初已把开发均相立体专一性聚合作为首要任务[69]，但在同一时期却开发出了高活性的多相钛催化剂，引起了工业界的极大注意，因而减小了开发均相催化剂的热情。现在，在均相体系中已有两种方法，一种是在液体丙烯中，而另一种则在气相中。这和老的工艺相比，过程中只有很少的步骤。

（一）反应机理

聚合物的工业生产，包括丙烯按立体规整模式立体选择地 1,2-插入制成全同（立构）聚合物，可用简图表示如下：

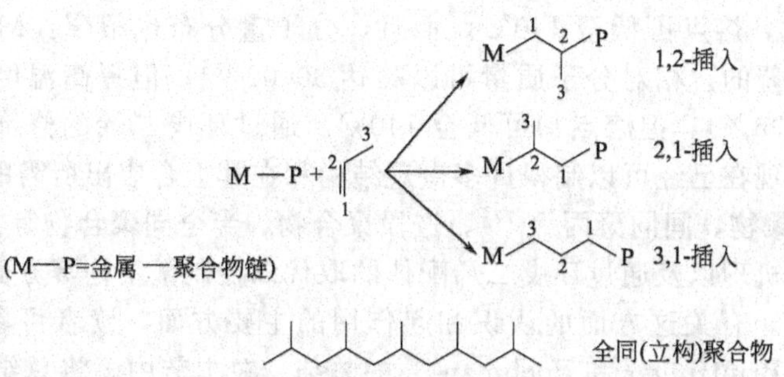

全同(立构)聚合物

最早提出这一反应在多相 $TiCl_3$ 催化剂上的机理的是 Cossee-Arlman[70]，他们认为，催化剂 Ti 是六配位的。其中四个和氯离子桥联，另一个末端氯离子为烷基试剂（Et_2AlCl 或 Et_3Al）中的烷基所取代（P-高聚物链），最后一个空位被原料丙烯配位（图 4-15）。上示构型的非对称性为调控丙烯分子的配位模式提供了内在基础，换句话说，它驱驭着甲基的指向。下面来讨论均相催化剂和聚合反应的立体化学，关于多相催化剂的机理读者可参阅另一些资料[69]。

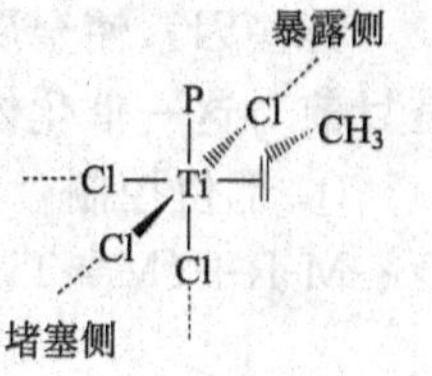

图 4-15 非对称 α-$TiCl_3$ 上的 Cossee 活性位

前些年，已有两个假设的机理来说明立体控制高聚物链的生长，一个是部位控制机理，另一个是链末端控制机理。在部位控制机理中，催化部位的结构决定着 1-烯烃分子的插入途径（对映位控制），显然，Cossee 的机理属于这一类。在链末端机理中，最后插入的单体决定着下一个 1-烯烃分子将怎样插入。对多相催化剂来说，看起来部位控制机理受到了强烈欢迎[69]。而许多意大利学者则支持后一种观点，尤其是 Carradini 在工作中指出[71]，至少对聚丙烯，两种机理是不能分开的。正是由于两者的结合，才获得如此高的立体规整性。

（二）丙烯聚合均相茂金属催化剂的开发

直到 1984 年，并无很好确定的立足于四族金属的均相丙烯聚合催化剂。立足于四族金属双环戊二烯配合物的新型均相烯烃聚合催化剂，主要是 Kaminsky、Ewen 和 Brintzinger 的贡献。第一个突破是在 Sinn 和 Kaminsky 的实验中作出的，他们在几年时期里研究了锆和烷基铝的相互作用，于 1980 年报告[72]，由 $Cp_2Zr(CH_3)_2$ 和 $(CH_3AlO)_n$（Cp=C_5H_5，环戊二烯；由三甲基铝和作为缓释源的水合盐 $CuSO_4 \cdot 5H_2O$ 反应。制得的甲基铝氧烷——MAO）相互作用，制成了能使乙烯快速聚合的均相催化剂。在 8×10^5 Pa 的乙烯压力和 70℃下，每小时每摩尔 Zr 配合物乙烯的平均插入速度可达 3×10^7 mol。这一催化剂由丙烯可制得完全无规的高聚物[72]。

Ewen 是第一个报告用可溶性四族金属配合物和甲基铝氧烷作为共催化剂以合成立体规整聚合物的[73]。他发现，Cp_2TiPh_2 和甲基铝氧烷以及丙烯通过链-端控制可以制得全同聚丙烯：

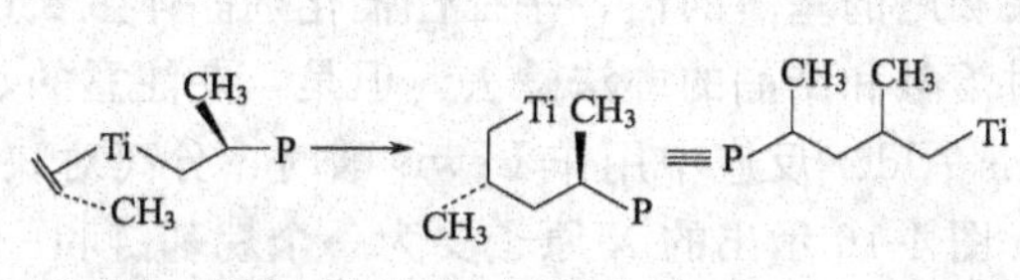

第二个重要突破是怎样在四族金属茂化合物中建立一个手征性中心。1982 年，Brintzinger 已经报道过取代的手征性金属茂配合物[74]，他使用本征的手征性钛配合物（外消旋 rac 乙烯双茚基钛二氯化物），制得了部分全同（立构）的聚丙烯[73]。接着，Kaminsky 和 Brintzinger 指出，高全同聚丙烯可通过乙烯-双（茚基）化合物的外消旋锆类化合物制得[75]。这一创新结果给出了一种相对分子质量相对较低，与从工业多相催化剂获得的材料

（熔点 165℃）相比，熔点可低至 140℃。而且，分子量分布也很窄：Mw/Mn＝1.8，这正是均相催化剂所期望的。相对分子质量可以高达 30000[76]，但提高温度可迅速下降。尽管全同指数较高（＞96%），但熔点却可低至 140℃。通过环戊二烯的修饰，还可以获得非常丰富的化学内涵。现在已经可以制得许多微观结构和在其上合成出所需的产品，包括熔点超过 160℃的全同高聚物、间同聚丙烯[77]、嵌段聚合物、半全同聚合物等。

现在，在聚合机理以及通过环戊二烯配体的取代以控制微结构等方面的基础研究，都已获得了详尽的见解。有关这方面的认识和起作用的主要方面，读者可参阅 Ewen[78] 和 Erker[79] 的文章以及 Brintzinger 和 Bochman[69] 的总结。在本节中，将总结一些在决定微观结构方面起作用的特点。这个领域还正在发展之中，所以，对有些问题还难作出明确的结论。

哪些因素使金属（Ti、Zr）茂配合物在烯烃均相聚合反应中具有如此高的立体选择性，是目前对这一催化体系在机理研究方面最感兴趣的课题。已有多种说法，如下所述。

① 部位控制　全同（立构）催化剂的结构已由 Jordan、Turner 等证明是阳离子物种 Cp₂-M-R+（M＝Ti、Zr、Hf）[80]，基本结构图 4-16。

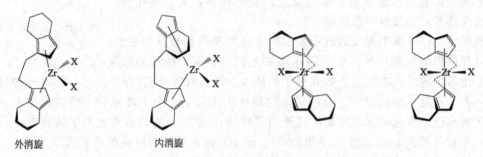

外消旋　　　　　　　　内消旋

图 4-16　1,2-联（二）亚甲基-双（四氢茚基）MX₂ 外消旋（rac）
和内消旋（meso）异构体的两个视图

锆呈四面体，四周围绕两个环戊二烯和两个氯离子。后两个配体并不重要，因为在聚合开始之前就被一个烷基（例如，由甲基铝氧烷的 CH₃）和另一个溶剂分子所取代，从而形成所期望的阳离子物种。两个环戊二烯阴离子则通过乙烷桥联在一起，并通过能给分子以手征性的有机组分扩展。1,2-乙烷桥联的（1,1′-四氢茚）双阴离子则在图 4-16 中作为例子给出。当合成这样的配合物时，就可以获得两种化合物：rac-异构体和 meso-异构体的混合物。这常常可用再结晶的办法分开，形成立体阻碍小的 rac-异构体可以过剩些。异构体仅能通过环戊二烯-金属键的断裂，使金属重新和环戊二烯配体的另一个面接触相互转化，但是，这个过程和丙烯插入反应的速度相比异常之慢。

rac-异构体有两个轴，因之是 C_2-对称的，而 meso-异构体则有一个镜面作为对称元，所以是 C_s-对称的。rac-混合物可以用作聚合反应的催化剂，因为由两个对映体产生的两个链是等同的，如果不考虑头和尾的基团的话，手征性催化剂晶体生长过程中开始时在晶体内引入的非对称性，可以通过熔融和结晶的办法除去。但是，要注意的是当这类催化剂用于非对称合成时，例如，在 Diels-Alder 反应中用作 Lewis 酸时，分离对映体是预先需要的。

为了能使聚合发生，图 4-16 示出的 X 原子要为一个烷基链和一个配位丙烯分子所取代，丙烯的配位将引入第二个手征性元和期望的几种非对称体。这样一步一步地调整立体化学的部位可以很清楚地通过图 4-17 示出的分子表示出来。首先可采用纯粹的部位控制所假设的机理来讨论过分简单化了的流程。

这里，取页面等同于由 Zr 和图 4-17 中两个 X 原子决定的平面，或者，换句话说，取分割两个环戊二烯平面的平面。这时，丙烯以 π-型将两个烯基碳定位在平面之内与 Zr 配位。

迁移插入反应可通过［2+2］环加成，和1,2-立体选择性来描述。对1,2-插入有两种可能的结构，一是在 a 中表示成甲基指向下方，另一个则是在 b 中甲基在平面之上。四氢化茚则位于平面下方（以虚线表示），更有利于 b 的位置。如果采用类似于配位化合物的过渡态，插入产物的立体化学将从结构 b→c，烷基基团就将迁移到配合物的另一个配位部位，问题就在于下一个插入和刚描述过的一个之间有什么关系？

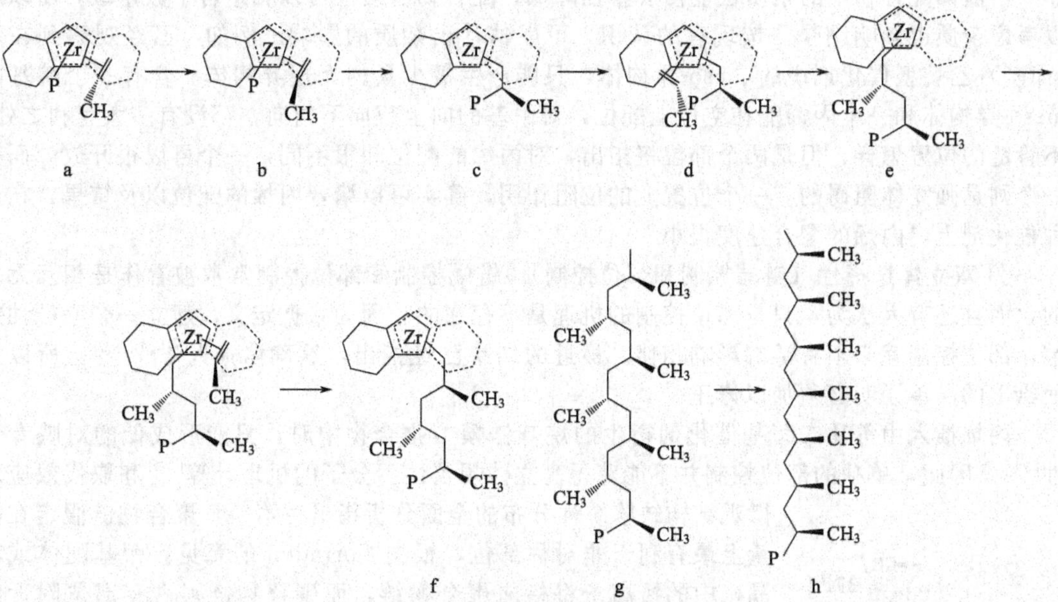

图 4-17 rac-1,2-联（二）亚甲基双茚基锆配合物的丙烯全同（立构）聚合

下一个丙烯分子将在甲基指向下方的配合物［图 4-17(d)］上配位，新烷基阴离子的迁移将给出如图中 e 所示的立体结构。这一过程反复数次后，将会形成位于图平面内的碳链，结果获得如 f 所示的聚合物。从这一结构并不能立即推导出微观结构是怎样的，因为聚合物并不能像以前示出的那样拉伸开来，但是，仔细地绕键旋转一下就可以从 g 得到全同的立体结构 h 了。因此，由实验从 rac-双（茚基）衍生的配合物观察到的全同（立构）结构，可以用一组十分简单的图加以说明。

形式上的近似可以更加方便地获得相同的结果，因为配合物有 C_2-对称性时，丙烯的配位将在催化剂的两端产生相同的立体结构。当丙烯和结构图 4-17 中 b 的 re 面配位时，同时也能在结构 d 中进行。所有新的手征性碳原子将有相同的绝对构型和因此获得全同的聚丙烯。

支持这一机理的一系列出色的实验中也包括应用异丙基-(1-芴基环戊二烯) 配体[73]，这种配合物并非手征性的，（即图 4-18 的二氯化物的前体），但却有一个对称的平面，该催化剂能给出异同（立构）的聚合物。丙烯在哪一边配位都能导致镜像，烷基链的迁移就会创造出相反的绝对构型的碳原子（也就是间同〈立构〉的聚丙烯）。这是一个十分重要的结果，因为至今认为，间同（立构）聚合物只能经由 2,1-插入，通过控制链端的立体结构获得。

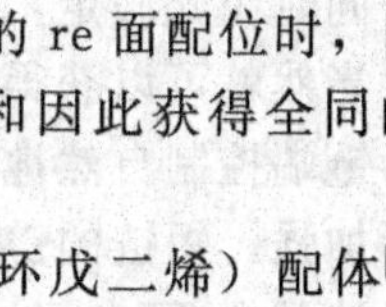

对茚基以及芴基配合物有如下几种可以引入误差的途径：

A. 1,2-插入时，甲基指向位阻更大的方向；

B. 2,1-插入（两种定位），见下；

图 4-18 异丙烯基-(1-芴基环戊二烯) 锆配合物的间同丙烯聚合

C. 2,1-插入，接着异构（3,1-插入）；

D. 可能发生烷基的差向异构[81]；

E. 无插入的烷基迁移（"反跳"）[82]，有 C₁ 对称性的催化剂将产生全同聚合物，这已在原始的 Cossee 机理中指出；

F. 在金属之间交换烷基。

锆前体配合物中的杂质也能使规整性降低，配合物的活性可以相差若干数量级，所以可以考虑杂质也影响结果。按现有的认识，可以估计出杂质的影响。例如，已经观察到在双（茚基）乙烷型催化剂中的 meso-异构体，只能产生极少量的无规异构体。含有一个烷基的 meso-异构体和一个丙烯能在空位上配位，对甲基的向上或向下指向，都没有多大有利之处，不管链的位置怎样，但是两个部位将指出，对丙烯的配位却很不同，一个可以很开放，而另一个则是强立体阻碍的。一个位置上的位阻作用，确实可以堵塞丙烯的配位以及结果，在这种催化剂上，丙烯的聚合速度很小。

② 双立体选择性（链端控制和部位控制）　链端控制和部位控制常常被看作是相互无关的，而且还有人认为，只是部位控制的机理是不存在的。因为根据定义，建立一个手征性链端，部位控制就必须有链端影响相伴。最近的结果已经指出，这确凿如此[59,78,83]。所以上面给出的简单说明必须加以修正。

丙烯插入由等比二茚基催化剂衍生的烷基锆模型化合物中时，只能形成低的对映专一性[84]，因此，单独的部位控制并不能获得高立体规整性。分子的机理计算[85]和取代效应对

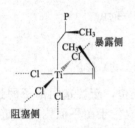

图 4-19　不对称 α-TiCl₃ 表面上的 Corradini 活性位

微观结构缺陷统计分布的全面分析指出，第一，聚合物链假定在能量上最有利于非对称部位，根据 Corradini 的意见，茚基配体或者晶格中的氯离子将指向聚合物链，而聚合物链则占有部位附近的"自由空间"。图 4-19 简略地对 α-TiCl₃ 催化剂给出了这一构型：即最后插入的聚合物链的甲基基团，将引导进入丙烯的甲基进到最有利的位置上。这就会使如图 4-17 所示的丙烯定向发生倒转，但这基本上不会改变解释，因为所有丙烯都是以相同方式进行定向的。因此，前一个甲基引导接着的插入，并同时和 Cossee 活性位相似地进行控制。但是，现在聚合物链 P 的位置被固定在催化剂部位上。

这就不得不想到双立体选择性，并强化这种机理。假如部位的非对称性是控制链的定位，同时因此假定，进入丙烯的定位也由链和部位所控制，那么，当两种影响能互相加强的话，当然就可以获得最高的立体选择性。对 1,2-插入，这对全同（立构）聚合物最为有效，因为链端控制自然地会导致全同聚合物，同时，这还可能通过双茚基乙烷型配体的部位控制有所加强。短链的链端影响要比长聚合物链的小得多，所以，短链末端将导致低的选择性。这也涉及在 Ti 和 Zr 配合物上 1,2-插入机理制取间同（立构）聚合物的问题。显然，这要比制取全同聚合物困难得多，因为这两种机理在这里起着相反的作用。

聚合物链由于部位而引起的导向影响，还有另一个对 β-负氢离子消除作用的影响。通过 β-负氢离子消除作用使链终止，需要包括金属原子、两个碳原子和氢原子在同一平面内的重排。可以这样想象，部位会阻碍这一过程，所以，在某种位阻更大的情况下，催化剂会给出更高的相对分子质量。Spaleck 和同事们曾报道[86]，利用桥联的金属锆茂化合物研究过取代对相对分子质量、立体规整性以及反应速度的效果。

③ 氢的效果　烯烃聚合时加入氢是为了调整相对分子质量，利用氢使键转移是很吸引人的，因为通过歧化反应可以给出饱和的末端。丙烯聚合时加入氢不仅可以获得所期望的相

对分子质量，还能获得高反应速度和对映选择性（聚合物的熔点增高）。Chadwick 和 Busico 怎样阐明这一现象已是一个有趣而待探究的故事[87]，但是，就事论事，这还需要更一般地给出直观的说明。

本节一开始，就对可能发生的 1,2-插入和 2,1-插入模式作过介绍。后者常常会通过 β-消除发生异构和使立体选择性下降的再插入。另一个结果是，特别对很难避开 β-消除反应的催化剂来说，还将在链中继续进行有错的聚合，并因而产生低熔点的聚丙烯，这是由于在支链烷基配合物中，下一个丙烯非但不能依顺序地，而且还以慢于 1,2-插入之后形成正规链中插入的速度插入的缘故。在已研究过的几种催化剂上导致生成了"休止的"催化部位，即与无活性的次要烷基金属配合物相联结的金属中心。如果偶然发生插入，那就会在链中产生一次错误的插入。通过在这样的体系中导入二氢，就可以通过和二氢反应除去无活性的次要烷基金属配合物。这当然就会接着减少由烷基产生的位阻，形成的金属氢化物就能开始使新的聚合物链快速成长，这样会导致如下结果：

A. 相对分子质量会略有下降；

B. 总的活性却有所增大；

C. 链中的错误数会相应减少（见图 4-20）。

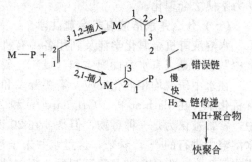

图 4-20　二氢对丙烯聚合速度和
立体选择性的影响

（三）展望

除了丙烯和乙烯之外，许多别的烯烃（高烯烃、苯乙烯、环烯烃）也能利用这类催化剂聚合。这样就可以合成出各种各样的高聚物和低聚物，包括熔点可高达 500℃ 的塑料，新的橡胶材料等。已经通过催化剂设计制备出几种新高聚物，基本上说，由 Cossee 提出的概念以及他的时代并没有改变。但是今天，已有能给出所需聚合物的催化剂的设计手段。立体选择性和相对分子质量在有些情况下可以不太高，但确可更好地获得改进的成功率。

A. 环戊二烯；茚基乙烷配体在全同和无规模式中，通过交替插入可根据要求制得半全同的高聚物。

B. 可以设想这样的配合物，在一个部位上由于位阻的关系（例如乙烯），只能插入某一类型的烯烃，而在另一部位上——第二种烯烃，这就有可能给出甚至含有立体规整的交替共聚物。

C. 可以制成如下的嵌段聚合物：嵌段物的规整性可以通过部位的倒转反应交替进行[88]。

D. 可以这样制取嵌段共聚物，通过两个单体，在"活的"催化剂上连贯聚合。尽管催化剂的每个金属部位只能产生一种高分子。

这里，只是讨论了许多配体中的几个配体，已经研究过环戊二烯配体取代物的许多变数，更多的还在进行之中，包括桥联结构的变化、阴离子、中心金属以及环戊二烯配体为别的大体积配体所取代等。总之，工作范围已经相当扩展，未来高聚物性质的预测对设计新催化剂已能指导催化研究。

二、水溶液金属有机化学：双相催化

均相催化可为从基本有机原料合成有用的化学品提供温和且有选择性的途径，而且，均相催化剂在活性和选择性方面的优点也是人所共知的[89]。但是，催化剂或其前体对空气和水汽的敏感性以及其与产物的分离等问题却是工业应用的主要经济障碍。虽然为了克服这些缺点，已经开发出了多种方法，如热处理[90]，例如，蒸馏、分解、转换和精馏等，但通常都要使催化剂经受热处理。使用键合的高分子催化剂[91]，也常常难免高分子的降解和金属遭溶剂抽提而流失。

解决这些问题的较好方法就是利用难溶于有机介质中的水溶性配体，使催化剂能在液-液双相的体系中进行反应。这样一来，催化剂就很容易从双相中倾出和分离回收。

近年来，水溶性双相催化已经在本领域内的一些均相催化过程中得以实施，例如，已将氢甲酰化变成了一个新的重要化学工业。因为这个新工艺有许多优点，它的重要性和应用还将不断地扩大。以往这方面的科学研究，主要集中在制备水溶性配体和它们的金属配合物，但是，水基催化剂在各种反应中的显著特点和效果，还有待于通过探讨其独特的反应机理和动力学使之合理化。

(一) 什么是水溶液有机金属化学

水溶液有机金属化学涉及利用各种有机金属配合物"在水中"研究有机金属化学。"在水中"指的是只有水溶性配体和（或）金属配合物参与下才发生的反应。

在水中研究均相催化反应，需要开发和了解相对还不十分清楚的领域——水溶液的金属有机化学。在 Barbier[92]、Grignard[93] 和 Ziegler[94] 等的早期研究中，水在有机金属反应中，常常被认为是一种毒物，但是，在 20 世纪 60 年代中期，烯烃加氢就是在 Co(Ⅱ) 盐的水溶液中进行的[95]。看来，这里水并未干涉这个催化循环。研究水的双相均相催化反应的历史并不久，但印象却是很深刻的。现在被称为水溶液有机金属化学的原始工作是由 Manassen 激发起来的[96]，之后还有 Kunta 小组所做富有想象力基础性工作[97]。从 1984 年开始以来，在 Ruhrchemie AG 公司（现在是 Hoechst AG 的一部分）进行了关于氢甲酰化（氧化合成）的第一个工业开发工作[98,99]，原来由 Kuntz 制备和精制的三磺酸三苯基膦配体也由 Herman 等作了进一步的研究[100]。

水溶液催化第一个成功的大规模工业应用是 Ruhrchemie/Rhone-Poulenc[RCH/RP] 公司使用的溶解于水中的 HRh(Co)[P-(3-磺酸苯钠)₃]₃ 催化剂的氧化合成。该公司从 1984 年以来，每年大概生产 30 万吨正丁醛（带有少于 4％的异丁醛）这说明一新生的研究在工业上起到了多么重大的作用。历史上可能由于没有意识到 Manassen 的原创目的，怀疑方法的实用性以及对均相催化新技术缺乏应有的兴趣，在一段时间内延缓了工作的发展。只有现在，双相催化这一课题才变成世界性的研究热点，在学术界也已引起越来越浓的兴趣。水溶液双相均相催化以及与之相关的化学，已成为有自己讨论会议的研究领域了[101]。

水溶液体系中的过渡金属配合物的现代发展较之正规的均相催化具有很多优点，可概括如下：

A. 可以从催化剂简单而完全地分离产物；

B. 催化剂的寿命长，而且很容易再生和循环；

C. 活性和选择性都高；

D. 反应条件较比温和；

E. 可减少催化剂的设计和制备的复杂性；

F. 对专一应用和专门的立体或电子性质，可以通过改变中心原子或者配体来调整催化剂的配位界；

G. 有可能利用 18 电子配体，后者在水中能解离给出在产生催化活性个体中起中间化合物作用的"水合"物种[102]；

H. 避开有毒的氧化物和致癌的有机溶剂；

I. 利用环境友好的“水”作为溶剂，经济而安全。

（二）水溶性配体分类

（1）膦配体

均相催化中水溶性催化剂的成就，受益于水溶性配体的大踏步地开发。因此低氧化态金属的许多配合物，可以为含膦配体所稳定。这是并不奇怪的，对含有合适取代基团，包括羧基、氨基、羟基和磺酸基等的这些配体上，已经做过大量工作，以加大它们在水中的溶解度。因此，根据这些基团的分类，看来是有用的：

（ⅰ）$-SO_3H$，$-SO_3^- A^+$；（ⅱ）$-COOH$，$-COO^- H^+$；

（ⅲ）$-NR_3^+$；（ⅳ）$-PR_3^+$；（ⅴ）$-OH^-$

别的可以加大水中溶解度的取代基，例如磷酸根，在催化应用中并不重要。

即使还有很多水溶性配体，那也只有有限的几种可以用于催化过程：例如，Ahrland[103]、Wilkinson 等[104]以及 Joo 和 Beck 等[105]作为 Rh 氧化合成催化剂修饰配体开发的单磺酸三苯膦和双磺酸三苯膦（分别命名为 TPPMS 和 TPPDS）；Chatt 等[106]开发的乙酰甲基膦和羟化甲基膦；Podlahova[107]引入二苯基膦乙酸；Podlahova 和 Podlava[108]引入乙二胺四乙酸的 Phosphane 类似物，而 Smith 和 Baird 引入 2,2-二苯基膦的三甲基季胺化合物；Kuntz 在三磺酸三苯基膦（TPPTS）的工作已被用于著名的 Ruhrchemie 公司成功的商业加氧合成工艺之中。这些水溶性配体的一部分示于图 4-21 之中。

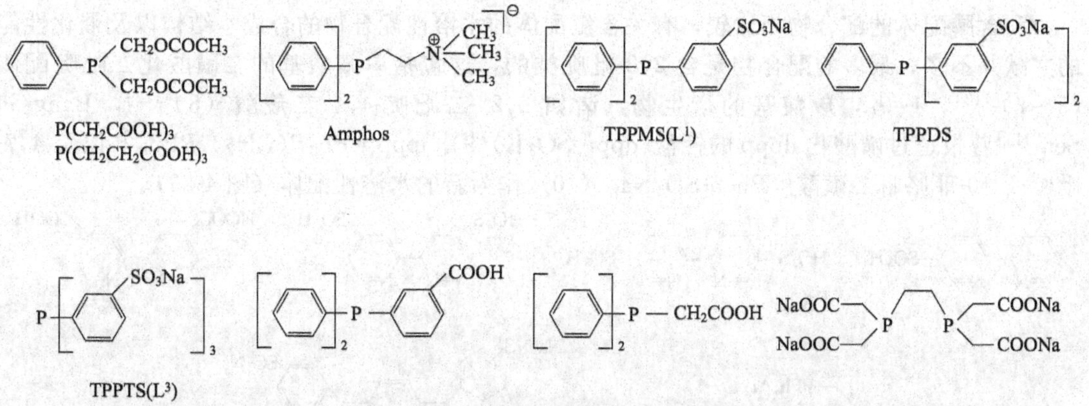

图 4-21　典型的水溶性膦配体

膦配体具有如下特点：水溶性配合物成功地应用于均相催化应归功于开发水溶性配体的大量工作[109]。最常用的水溶性膦配体是单和三磺酸三苯基膦（L^1 和 L^3）以及单和四羧基三苯基膦（L^2 和 L^4），如图 4-22 所示。示于图 4-22 的配体的某些特点，当考虑用作水溶性金属催化剂在均相催化合成中时是值得借鉴的。

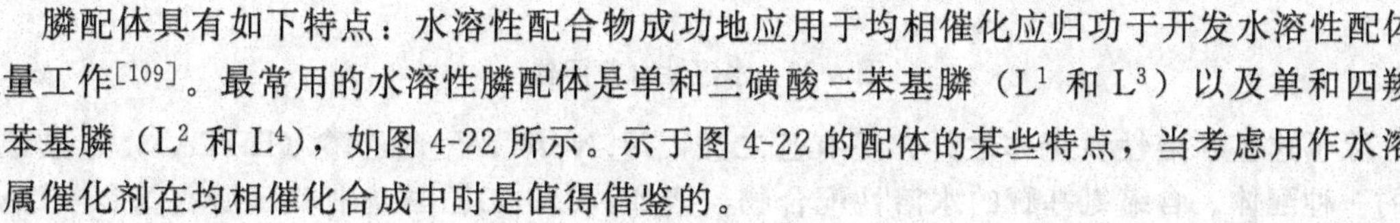

TPPMS（L^1）1　　TPPTS（L^3）2　　（L^2）3　　（L^4）4

图 4-22　最常用的水溶性膦配体

第一，它们在水中的溶解度，L¹ 配体稍溶于水（80g/L），而 L² 的溶解度可达 1000g/L。因此，可制得浓的水溶液。这在相分离方面可以获得高效的双相催化剂。

另外，TPPMS（L¹）和 TPPTS（L³）以及羧基化的单膦衍生物和三膦衍生物的金属配合物，由于有亲水的磺酸基、羧基和憎水的苯基，所以本质上是两性的。这一特点使配合物很容易在双相体系中的水和有机相中转移。

再者，这些配合物在水相中具有自身集聚，形成微胶束，或者成为表面活性化合物的能力，这是水相/有机相双相催化剂中的关键步骤，这样的体系又常常和利用两性或者相转移试剂相伴[110]。

重要因素之一是 TPPTS 的圆锥角 θ(170°)，它要比三苯基膦 TPP 的大（$\theta = 145°$）。TPPTS 配体的位阻要求比 TPP 的大 20%，这说明 TPPTS 形成配合物时要求过渡金属具有较低的配位数。例如，[RuCl₂(PPh₃)₄]、[Ni(PPh₃)₄] 以及 Pd[(PPh₃)₄] 等配合物将分别提供低配位物种 [RuCl₂(L³)₂]、[Ni(L³)₃] 和 [Pd(L³)₃][100]。配体的这种低配位数被假定是由于配位界中电荷高度集中的关系。

TPPTS 之所以能成为工业应用中最重要的一个配体，乃是因为它对氧化合成的活性 HRh(CO)₄ 来说，是一个理想的配体修饰物，没有任何困难即可完成许多步骤；四个 CO 配体中的三个，很容易被易溶（100g/L）且无毒的 TPPTS 所取代，从而生成亲水的氧化加成催化剂 HRhCO(TPPTS)₃。

（2）水溶性含氮配体

和含膦配体的配合物相比较，有关含氮配体的水溶性配合物的合成、结构以及催化性能的文献并不多，最多的配合物是含 2,2-吡啶类的，这包括单磺酸基的二磺酸化二吡啶配体（5～7）[112]，或者，羧酸基的衍生物，诸如 2,2′-二吡啶-4,4′二羧酸（8）[112]。Jiang 和 Sen[113] 曾报道过磺酸化 dppp 的钾盐(dppp-SO₃K)(9)[dppp=Ph₂P(CH₂)₃PPh₂] 以及 4,7-吡啶-1,10-菲咯啉二磺酸（Phen-SO₃Na）（10）作为新的水溶性配体（图 4-23）。

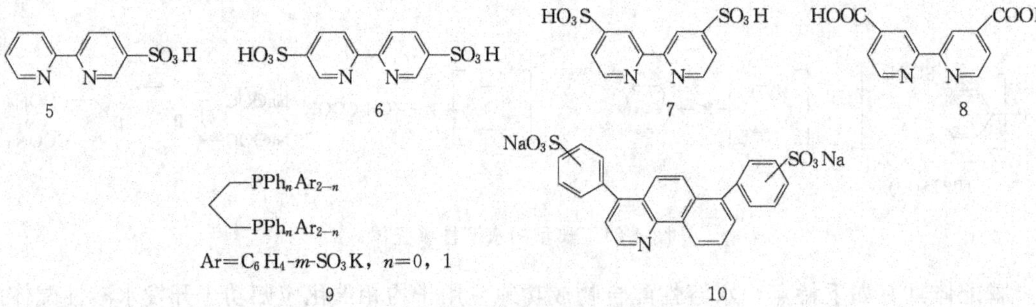

图 4-23　水溶性含氮配体

除了这些水溶性氮配体之外，还有乙二胺，N,N,N',N'-四乙酸（EDTA），这是最常用的一种配体。含缩氨基脲的水溶性配合物，诸如，2,6-二乙酰基吡啶双缩氨基脲（DAB-SC）[114]、氨基脲[115]、四磺酸酞菁[116] 以及卟啉[117] 等都曾制备过。

近来，Bakers 和 Jenkins[118] 已经制备出一系列新的水溶性含氮配合物，它们是含羧基和磺酸基取代的吡啶配体的零价钼以及钨的四羰基配个物，通式可记作：顺[M(CO)₄L₂]（M = Mo，W），其中，L 表示水溶性配体 3-NaO₂CC₅H₄N、4-NaO₂CC₅C₄N、3,4-(NaO₂)₂C₅H₃N、3,5-(NaO₂)₂C₅H₃N 和 3-NaO₃SC₅H₄N(11～15)（图 4-24）。

（3）新的水溶性配体

新的水溶性配体，诸如螯合的二膦[119]，阳离子型的[120]和非离子型的[121]膦的合成和表征，已为合成可在双相催化中工作的新配体铺平了道路。因此，科学家们企盼通过剪裁合适的片段，把这些配体像裁衣或粘贴标签那样，和各种金属配合物组合起来，制成更加有效的催化配合物。

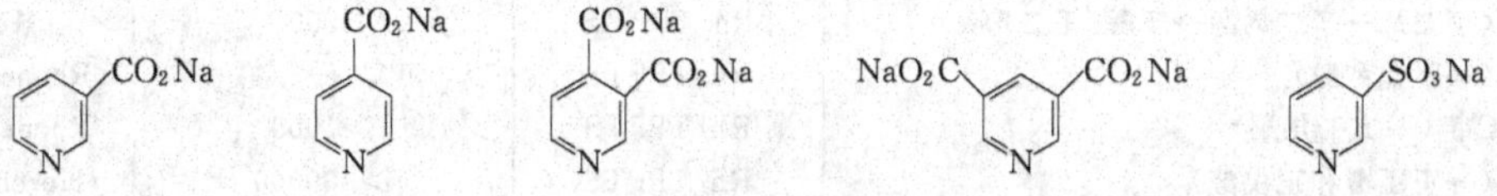

图 4-24　吡啶基水溶性配体

Bakos 等合成出了一系列新的水溶性配体 sulfatephos 和 sulfatediphos[122]，合成步骤主要包括使用 LiPPh$_2$ 打开硫酸根环。

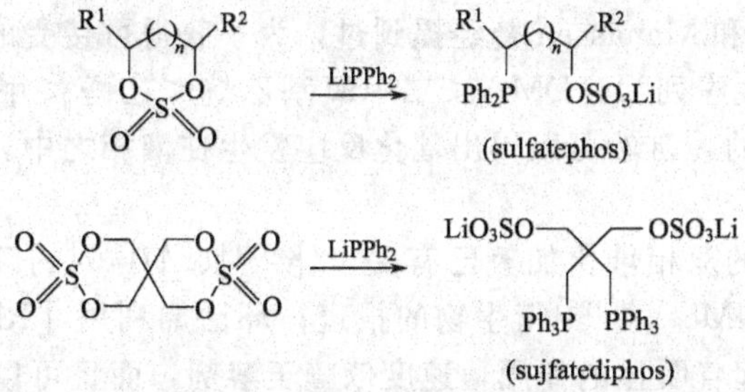

这样的水溶性膦含有带一个或者两个亚烷基硫酸根链的单季膦以及带一个或两个和碳原子头联结的亲水的二季膦，这种膦在催化反应中可以形成孪生离子型 Rh（Ⅰ）配合物，例如，在苯乙烯和辛烯氢甲酰化时能形成 (sulfatephos)Rh(COD) 和 (sulfatediphos)Rh(COD)。

一种称为 "phosphanorbornadiene phosphonates" 的新型水溶性膦配体，是由 Mathey 和同事制得的[123]，这种新配体在结构上类似于 "Norbos"，其合成的主要步骤是环化加成：

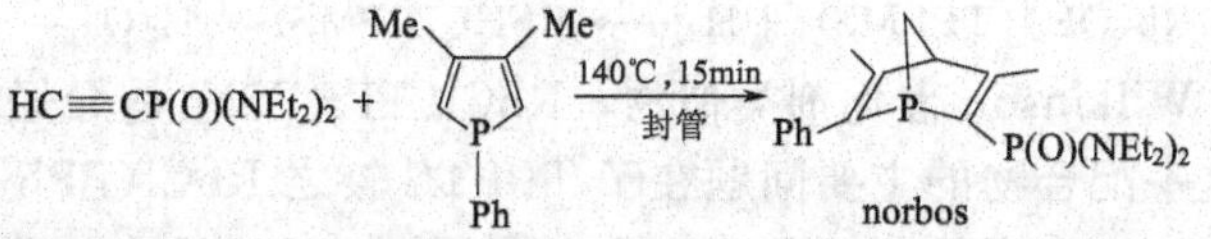

许多含有单齿季胺膦，例如，amphos 或者双齿螯合膦配体的配合物[125]可以因为它们的阳离子本质而诱生溶解度。Dibowski 和 Schmidtchen[126]曾报道过一种新的拥有亲水的 quanindinium 基团的水溶性配体：他们制备出的是单和双 quanindinium-膦配体，这种配体在空气氧化中要比通常的磺酸化芳膦更加稳定：

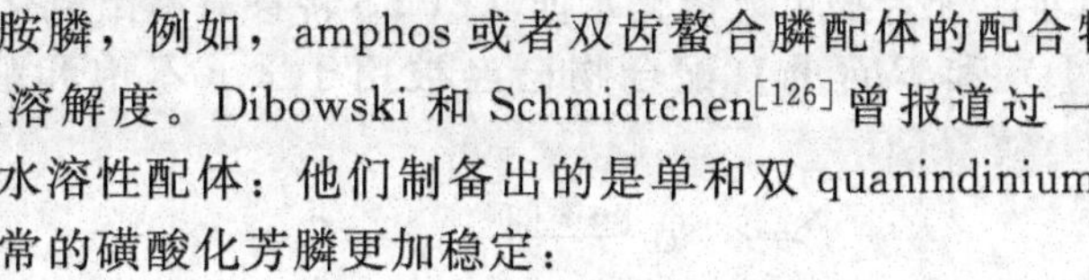

（三）水溶液双相催化的工业实施

双相水溶液催化的应用已在工业上广泛扩展。1982 年以来，氢甲酰化工业已经把双相 Rh-催化剂应用于丙烯转化成丁醛的生产[127]。10 年间已经生产了 200 万吨的正丁醛，演示出水溶液双相加氧合成的强大力量。

双相均相催化剂体系的另一些成功的应用还有 Rhone-Poulenc 工艺[128]、Montedison[129]和 Kurray[130]工艺等。这都是用来制取重烯烃、维生素前体、调聚体以及精细化工产品等的新过程。这些反应包括低聚、歧化、调聚以及羰基化等，已用于工业生产的水溶液两相催化的均相催化体系列于表 4-15 之中。

表 4-15 已工业化的水溶液双相催化剂和催化过程[131]

过程/产物	催 化 剂	生产能力/(t/年)	开发单位
加氢二聚(丁二烯→辛二烯醇→辛醇/壬二醇)	Ru/TPPMS	5000	Kurray
选择加氢(→不饱和醇)	Ru/TPPTS	—	Rhone-Poulenc
形成 C—C 键(→馥牛儿酮)	Rh/TPPTS	>1000	Rhone-Poulenc
氢甲酰化(→正丁醛和正戊醛)	Rh/TPPTS	>300000	Hoechst/A. G
(→正丁醇)	Rh/TPPMS	—	Union-Carb

(1) 非手征性不饱和物的加氢

许多水溶性配合物就是在各种水溶性配体和过渡金属参与之下合成的,这是为非常有效的均相双相加氢过程而设计的。许多 C—C 和 C—O 不饱和化合物的还原是首先应用水溶性催化剂的[132,133]。Dror 和 Manassen 曾经提到过,为了获得可接受的加氢速度需要使用共溶剂[132],溶剂之间的活性序列为:DMA<二甲氧基乙烷<乙醇<甲醇。当在更好的混合溶剂中观察到更高的活性的,自然可以得出催化反应发生在液相之中,而不是在界面上这样的结论。

许多不饱和化合物的双相催化加氢已有关于铑[134]、钌[135]的 TPPMS 衍生物以及铑的 amphos[$Ph_2PCH_2CH_2NMe_3$]$^+$[125]衍生物的报道;环己烯利用 [Rh(TPPMS)$_3$] 的催化加氢[132]。这里,共溶剂起着明显的作用,速度依赖于溶剂,而且可以得出是由于氢和底物在共溶剂水相中的溶解度的增大。对这一体系已经发现,顺丁烯二酸的 *cis*-异构体的加氢要比 *trans*-异构体的慢得多[136]。对 RhCl(TPPMS)$_3$ 这一不希望的选择性可能是由于与 RhCl(PPh$_3$)$_3$ 相比,和氢的化学行为不同的关系。因此之故,当 RhCl(PPh$_3$)$_3$ 和氢反应时可给出 RhH$_2$Cl(PPh$_3$)$_3$[18 电子规则],而配合物 RhCl(TPPMS)$_3$ 和氢反应时,却只能给出 RhH(TPPMS)$_3$[137]。形成这一中间化合物的可能途径包括如下的串联反应:

$$RhCl(TPPMS)_3 + H_2O \longrightarrow Rh(OH)(TPPMS)_3 + HCl$$
$$Rh(OH)(TPPMS)_3 + H_2 \longrightarrow RhH(TPPMS)_3 + H_2O$$

TPPMS 取代的 Wilkinson 催化剂类似物,RhCl(TPPTS)$_3$ 是烯烃在水溶液中加氢很有效的催化剂,利用这一配合物的主要问题在于 TPPTS 较之 RhCl(PPh$_3$)$_3$ 中的 PPh$_3$ 更容易氧化。这是由于 Rh(Ⅲ) 配合物可以催化水向 TPPTS 转移氧给出氧化物 OTPPTS[138]。然而,TPPTS 的 Rh(Ⅰ) 和 Ru(Ⅱ) 配合物已经被用于 α,β-不饱和醛的选择加氢制不饱和醇[139]:

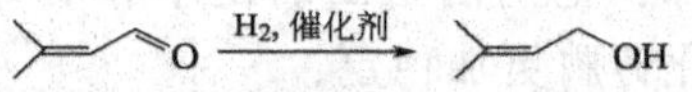

现在,水溶性钌配合物在水溶液双相催化加氢过程中起着越来越大的作用[140],水溶性钌 TPPTS 配合物的第一个报道的一般式为[Ru$_3$(CO)$_{12-x}$(TPPTS)$_x$],X=1、2 或 3 的簇合物。Basset 曾经描述过一系列[RuCl$_2$(TPPTS)$_2$]$_2$、Ru(H)(Cl)(TPPTS)$_3$、Ru(H)(I)(TPPTS)$_3$、Ru(Cl$_2$)(CO)$_2$(TPPTS)$_2$,以及 Ru(OAc)(CO)$_2$(TPPTS)$_2$ 类钌配合物的合成[114]。这些配合物都能在 373K 催化丙醛的加氢。在所有情况下,一系列的平衡反应可以导致生成 RuH$_2$L$_3$(H$_2$O)(L-TPPTS),因此建议 RuH$_2$L$_3$ 可能是催化活性中心。

在催化加氢循环中,还曾报道过添加无机盐的作用,特别是分析过 NaI 的作用。在这种情况下,阳离子效应是由于通过阳离子和 β-氧的键合,可以稳定和碳键合的醇盐中间化合物:

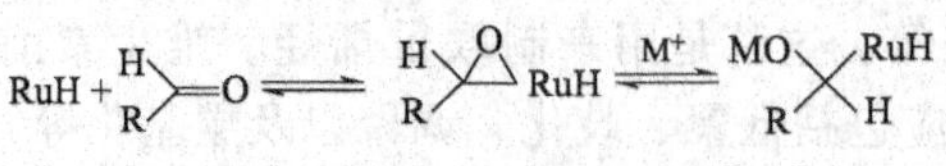

最近,添加无机盐类对改进加氢选择性也有过报道[142]。这一研究涉及己烯-4-醇-3 利

用各种 TPPTS 钌配合物的催化加氢。加氢选择性的变化示于表 4-16 中。

表 4-16　己烯-4-醇-3 利用 Ru-TPPTS 配合物催化加氢的选择性数据[142]①

催　化　剂	转化率/%	3-己酮质量分数/%	3-己醇选择性/%	反式-4-烯-3-己酮
Ru(Cl)[η-Cl(TPPTS)$_2$]$_2$（Ⅰ）	100	98	2	0
（Ⅰ）+10SnCl$_2$	100	>99	痕量	0
（Ⅰ）+10LiOH	100	24	76	0
（Ⅰ）+10KOH	100	34	66	0
Ru(H)$_2$(TPPTS)$_4$	100	93	7	0

① 条件：[Ru]=0.35mmol；[底物]/[Ru]=160；H$_2$O=25mL；H$_2$(298K)=3.5×10^{6}Pa；T=353K；时间=16h；无有机溶剂。

（2）前手征性底物的加氢

近年来，对映纯的药物和杀虫剂的需求，正引导科学家们研究新的配合物以实现高对映选择的非对称反应[143]。许多手征性膦配体已被鉴定并在催化中用作非对称诱导[144]和在对映选择的铑加氢催化剂的合成中使用[145]（图 4-25）。一般地说，许多不饱和酸是在醇溶液中还原的，和别的均相加氢一样，在水溶液中，前手征性烯烃的对映选择加氢常常也是很慢的。而且，在手征性烷烃中，以对映体过剩（e. e.）为量度的光学产率也常常很低。在水溶液中产生低 e. e. 值，发现这和一对非对称的 Rh(Ⅰ) 配合物加氢时过渡达的能量差别不大有关[146]。这一事实也得到了 e. e. 观测值与溶剂的憎水和亲水本质有关这一考虑的支持[147]。但是，后来观察到，由水溶液中非对称加氢中测得的 e. e. 值和在均相醇溶液中所测定的有些相近[148]。

Selke 和同事观察到加入双性试剂可以引起活性和对映选择的增加[149]，各种氨基酸前体在水中用 Rh(Ⅰ) 的 DIOP、Chiraphos 配合物作催化剂，在双性试剂，诸如 Tritonx-100 存在下均相非对称加氢时，所得对映选择性可以和在甲醇中获得的结果相对比：

现在，这种非对称还原过程已被用来合成许多种重要的药物，其中之一就是（S）-萘普生，这是一种由 Wan 和 Davis 制成的抗炎剂[150]。2-(6-甲氧基-2′-萘基)-丙烯酸固定在 SiO$_2$ 上的四磺酸 BTNAP/Ru-催化剂对映选择加氢时也可给出（S）-萘普生收率可高达 96%（e. e.）。

（3）与重烯烃相结合的问题

和水溶液催化相结合的一个主要问题是有机底物在水中的溶解度小的限制，所以使用重烯烃是有限制的。因此，需要对相垒有独特的突破。例如，钠阳离子用洗涤剂的铵阳离子部分地交换[151]，或者利用超声波[152]；或者利用相转移试剂，如 β-环糊精[153]；或者抽提部分水溶性膦[154]，使用热可逆溶剂化[155]，用 PPh$_3$ 作为"助配体"[156]，以及把水溶液催化剂通过固载化水相（SAP）-催化作用固定[157]。

（四）水溶液双相催化的概念和展望

在均相催化中，最经常反复的问题是有机产品和活性催化剂的分离。解决这一困难的出色办法就是使用水溶液/有机物的双相体系[90,93,132]。选择范围广泛的和经典有机化合物不互溶的水，已允许在工业上发展这样的工艺[131]。双相均相催化的基本概念是由 Keim 等在

"壳牌公司的重烯烃工艺（SHOP）"中发展起来的（双相的，但并不包括水作为溶液）。包含水作为溶剂的双相催化的基本概念也已有所报道[158]，即不溶于有机相的水溶性催化剂能将所含反应物在水相中进行任何独特的反应（如加氢、氢甲酰化等），在反应结束之后，通过简单的相分离和倾出，就可以把催化剂从所需的产物中分离出来。

虽然，双相均相催化从本质上说，催化剂处于多相，但是，是固定的。固定就意味着金属未被浸提出来。另外，从经济和生产方面看，可能用移动的载体"水"，使均相催化剂固定"多相化"，还很富有特色[127,159]。

水溶液有机金属化学看起来将有可能发展成为化学的一个分支，它在均相催化中显示出的重要性已昭然若揭；而且，应用水溶性配体和配合物的双相催化，对解决从活性催化剂分离有机产物的反复出现的重要问题，看起来也是非常有用的。从这一意义上说，甚至可以把它视为在解决从水中分离催化剂的一般问题时具有原则意义。水作为溶剂所具有的独特性质：绝对小的分子体积；通过氢键形成的四面体骨架；适用于亲水和憎水效果显著反应的等温压缩性；不久的将来，将有可能像可在有水时工作的生物体系，如维生素 D_{12}(Co)、叶绿素（Mg）和血红素（Fe）那样，对水溶性金属配合物催化剂的研究和应用，也可以和研究生理作用和谐共存。廉价和环境友好的溶剂"水"，在催化研究中将变成一个高优先的领域。那时，这些经济的环境友好工艺，就能更有效地消除污染，保护环境。可以预料，将来这种多学科交叉的领域还将在更多的生物和制药过程中获得更广泛的应用[160]。

参 考 文 献

[1] Jensen W B. Chemistry, 1974, 47(3): 11; 47(4): 13; 47(5): 14.

[2] Bronsted J N. Rec Trav Chem, 1923, 42: 718; Lowry T M. Chem and Ind, 1923, 42: 43.

[3] Lewis G M. J Franklin Inst, 1938, 226: 293.

[4] Mulliken R S. J Amer Chem Soc, 1952, 74: 811.

[5] Pearson R G. Chem and Eng News, 1965, 31(May): 90~103; Pearson R G, Sougsted J. J Amer Chem Soc, 1967, 89: 1827.

[6] Bronsted J N, Wynne Jones W F K. Trans Faraday Soc, 1929, 25: 59.

[7] Bell R P, Lidwell O M. Proc Roy Soc, 1940, A176: 88.

[8] Jensen J I, Herold L R, Lenz P A, et al. J Amer Chem Soc, 1979, 101: 4672.

[9] Lowry T M. J Chem Soc(London), 1927, 2554.

[10] Richards E M. Lowey T M. ibid, 1925, 1385.

[11] Swain C G, Brown J F. J Amer Chem Soc, 1952, 74: 2534~2538.

[12] Eastham A M, Blackall E L, Latremouille G A. ibid, 1955, 77: 2182.

[13] Laidler K J. Disc. Farad Soc, 1955, 20: 83.

[14] Bronsted J N, Pedersen K. Z Chem Phys, 1923, A103: 185.

[15] Bell R P. Acid-Base Catalysis. Chapter 5. Oxford Press, 1941.

[16] Bell, R. P., Higginson, W. C. E., Proc. Roy. Soc. 1949, A197: 141.

[17] 米田幸夫. 近代工业化学（8）——触媒工业化学. 朝仓书店, 1966: 229.

[18] Olah G A. Friedel-Crafts and Related Reaction. Vol1, Vol11. Interscience, 1963, 1964.

[19] Dille M H, Eley D D. J Chem Soc(London), 1949, 2613.

[20] Olah G A, Kuhn S J. J Amer Chem Soc, 1958, 80: 6535, 6548.

[21] Perkampus H H. Baumgarten E. Angew Chem, 1964, 76: 965; Ber Bunsenges Physik Chem, 1964, 68: 70.

[22] Bender M L. Adv Chem Ser, 1963, 37: 19.

[23] 田中虔一, 尾崎萃, 田丸谦二. 触媒, 1964, 6: 262.

[24] Smith J, Hafner W, Jira R, et al. Angew Chem Intern Ed, 1962, 1: 80.

[25] Ruth J F, Kraddock J H, Hershman A, Paulik P E. Chem Technol, 1971, 600.

[26] Wilke G. Angew Chem Intern Edition, 1963, 2: 105.

[27] Henrici-Olive G，Olive S. 'Polymerization' Verlag Chem. Weinheim，1969.

[28] Henrici-Olive G，Olive S. Angew Chem Intern Edit，1976，15：125.

[29] Kauffman G B. J Chem Educ，1959，36：32.

[30] Sidwick N V. The Electronic Theory of Valence. N Y：Connell Univ. Press，Ihara，1927.

[31] 中国科学院长春应用化学研究所第四研究室. 催化学报，1980，1(1)：15.

[32] 中山大学金属系编. 稀土物理化学常数. 北京：冶金工业出版社，1978.

[33] Iring H，Williams R J P. Nature，1948，172：746；J Chem Soc，1953，3192.

[34] Anrland S，Chatt J，Davics N R. Quant Rev Chem Soc，1958，12：265.

[35] Pearson R G. J Amer Chem Soc，1963，85：3533.

[36] Sigel H，Mccormick D B. Acc Chem Res，1970，3：201.

[37] Ugo R. Chim Ind(Milan)，1969，51：1319.

[38] Pidcock A，Richards R E，Venazi L M. J Chem Soc A，1966，1707.

[39] Basdo F，Pearson R G. Prog Inorg Chem，1962，4：381.

[40] Appleton T G，Clark H G，Manzes L E. Coord Chem Rev，1973，10：335.

[41] Henrici-Olive G，Olive S. Angew Chem Intern Edit，1971，10：105.

[42] Basolo F，Pearson R G. Prog Inorg Chem，1962，4：381.

[43] Vanquickenbirne L G，Vrankx J，Gorller-Walrand C. J Amer Chem Soc，1974，96：412.

[44] Bell C F. Principle and Application of Metal Chelation. Oxford Uni Press，1977.

[45] Pedersen K. Acta Chimi Scand，1948，2：252，385.

[46] Hing E P，Margerum D W. J Amer Chem Soc，1974，96：4993.

[47] 张岱山，吴 越. 催化学报，1983，4(2)：83.

[48] DeS Healy M，Rest A J. Adv Inorg Chem，1078，21：1.

[49] Schraus G N，Eichler S. Chem Ber，1962，95：550.

[50] Henrici-Olive G，Olive S. Advan Polymer Sci，1976，15：1.

[51] Tolman C A. Chem Rev，1977，77：313.

[52] Knowles W S，Sabasky M T，Vineyard B D. J Chem Soc Commun，1972，10；Chem Tech，1972，2：590.

[53] Tolman C A. Chem Soc Rev，1972，1：337.

[54] Brown M，et al. J Amer Chem Soc，1977，99：2572.

[55] Druliner J D，et al. ibid，1976，98：2156.

[56] Tolman C A，Meakin P Z，Linder D A，Jessen J P. J Amer Chem Soc，1974，97：2762.

[57] Stik K，Lau K S Y. Acc Chem Res，1977，10：434.

[58] Faltynek R A，Wrighton M S. J Amer Chem Soc，1978，100：2701.

[59] Beike H，Hoffmann R. ibid，1978，100：7224.

[60] Dieke R D，et al. ibid，1977，99：4159.

[61] Noack N，Caederaza F. J Organomet Chem，1967，10：101.

[62] Hancock，M，Levy M N. Ibid，1977，20：241.

[63] Zeiss H H，Tsutsui M. J Amer Chem Soc，1957，79：3062.

[64] Majima T，Karosana H. Chem Commun，1977，610.

[65] a. Yoshida T，Okano T，Otsuka S. J Chem Soc Dalton Trans，1978，993.

　　b. Hills J，Francis J，Ori M，et al. J Amer Chem Soc，1979，101：2411.

[66] Reppe W. Ann，1956，81：601.

[67] Jira R，Freisleben W. Organomet Reaction，1972，3：1.

[68] Breslow D S，Newburg N R. J Amer Chem Soc，1957，82：5072.

[69] Bochmann M. J Chem Soc Dalton Trans，1996，255.

[70] Arlman E J，Cossee P. J Catal，1964，3：99.

[71] Corradim P，Busico V，Cavallo L，et al. J Mol Catal，1972，74：433. Toto M，Cavallo L，Corradini M，et al. Macromolecules，1998，31：3431.

[72] Sinn H，Kaminsky W. Adv Organmetal Chem，1980，18：99.

[73] Even J A. J Amer Chem Soc，1984，106：6355.

[74] Wild F R W P，Zsolnai L，Huttner G，Brintzinger H H. J Organomet Chem，1982，232，233.

[75] Kaminsky W, Kulper K, Wild F R W P, Brinzinger H H. Angew Chem Intern Ed Engl, 1985, 24: 507.

[76] Kaminsky W, Kupler K, Niedoba S D. Macromol Chem Symposium, 1986, 3: 577.

[77] Even J A. J Amer Chem Soc, 1988, 110: 6255.

[78] Evan J A, ElderM T, Jones R N, et al. Makromol Chem Symposium. 1991, 48/49: 253.

[79] Erker G, Nolte R, Aul R, et al. J Amer Chem Soc, 1991, 113: 7594.

[80] Jordan R F, Lapointe R E, Bajgur C S, et al. ibid, 1987, 109: 4111.

[81] Busico V, Brita D, Caporaso L, et al. Macromolecules, 1997, 30: 3971.

[82] Even J A, JonesR L, Ravavi A, et al. J Amer Chem Soc, 1988, 110: 6255.

[83] Waymouth R, Pino P. Ibid, 1990, 112: 4911.

[84] Saccbi M C, Barsties E, Tritto I, et al. Macromolecules, 1997, 30: 3955.

[85] Corradini P, Guerra G, Vacatello M, et al. Gazz Chim Ital, 1988, 118: 173.

[86] Spaleck W, Kuber F, Winter A, et al. Organometallics, 1994, 13: 954.

[87] Basico V, Cipulla R, Chadwick J C, et al. Macromolecules, 1994, 27: 7538.

[88] Coates G W, Waymouth R N. Science, 1995, 267: 5195.

[89] Parshall G W. Homogeneous Catalysis, N. Y.: Wiley, 1980.

[90] Bailar J C. Catal Rev, 1974, 10: 17.

[91] Lang W H, Jurewitz A T, Haag W O, et al. J Organomet Chem, 1977, 134: 85.

[92] Barbier P. C R Acad Sci, 1899, 128: 110.

[93] Grinard V. C R Acad Sci, 1900, 130: 1322.

[94] Zergler K. Angew Chem, 1955, 65: 624.

[95] Kwiatek J, Madok I L, Syeler I K. J Amer Chem Soc, 1962, 84: 304.

[96] Manasen. J, in Basolo F, Burwell R L. Catalysis Progress in Research. London: Plenum Press, 1973. 183.

[97] Cornils B, Kuntz E G. J Organomet Chem, 1995, 502: 177.

[98] Cornils B, Falbe J. Proc 4th Intern Symposium Homogeneous Catal. Leningrad, 1984. 487.

[99] Cornils B, Weibus E. Chemtech, 1955, 25: 33.

[100] Herrman W A, Kellner J, Riepi H. J Organomet Chem, 1990, 389: 85.

[101] Hervath I T, Joo F. Aqueous Organometallic Chemistry and Catalysis ' NATO ASI Series. Kluwer, Dordrecht, 1995.

[102] Fache E, Santinic Senocq F, Basssert J M. J Mol Catal, 1992, 72: 337.

[103] Arland S, Chatt J, Davis N R, William A A. J Chem Soc, 1985, 276.

[104] Borowski A F, Cole-Hamilton D G, Wilkenson G. Nouv J Chem, 1978, 2: 137.

[105] Joo F, Beak M T. React Kinet Catal Lett, 1975, 2: 257.

[106] Chatt J, Leigh R M. J Chem Soc Dalton Trans, 1973, 2921.

[107] Podlahova J. J Inorg Nucl Chem, 1976, 38: 125.

[108] Podlahova J, Podolaha J. Coll Czech Chem Commun, 1980, 45: 2049.

[109] Lubienean A, Auge J, Quenean Y. Synthsis, 1944, 8: 741.

[110] Russell M J H. Platinum Metal Rev, 1988, 32: 179.

[111] Darensburg D G, Bischoff C J, Reibenspies J H. Inorg Chem, 1991, 30: 1144.

[112] Herrmann W A, Thiel W R, Kuchler T G, et al. Chem Ber, 1990, 123: 1953, 1983.

[113] Jiang Z. Sen A. Macromolecules, 1994, 27: 7215.

[114] Palenik G J, Thomas M, et al. Inorg Chim Acta, 1980, 44: L393.

[115] Sommmerer S O, Palanick G J. J Organometallics, 1991, 10: 1223.

[116] Webb J H, Busch D. H Inorg Chem, 1965, 4: 469.

[117] Jin R H, Aokis S, Shima K. Chem Commun, 1996, 1939.

[118] Baker P K, Jenkin A E. Polyhedren, 1997, 16: 2279.

[119] Bartik T, Bartik B, Hanson B E. J Mol Catal, 1994, 88: 43.

[120] Hebber A, Sucken S, Stetzer O, et al. J Organomet Chem, 1995, 501: 293.

[121] Darensburg D J, Stafford N W, Joo E. ibid, 1995, 488: 99.

[122] Gulyas H, Arua P, Bakos J. Chem Commun, 1997, 2385.

[123] Lelievre S, Mercier F, Mathey F T. J Org Chem, 1996, 61: 3531.

[124] Herrmann W A, Kohlpaintuer C W. Angew Chem Intern Ed Engl, 1993, 32: 1524.

[125] Smith R T, Baird M C. Inorg Chem Acta, 1982, 62: 135.

[126] Dibowski H, Schmidtchen F P. Tetrahedron, 1995, 51: 2325.

[127] Wiebus E, Cornils B. Chem Intern Techn, 1994, 66: 926.

[128] Rhone-Poulenc, Ind. FR Pat 2505322. 1981.

[129] Cassar L. Chem Ind (Milan), 1985, 57: 256; DE 2035902. 1979.

[130] Tokitoh Y, Yoshimura N (Kurraray Corp.) US 4808756. 1989.

[131] Cornils B, Herrmann W A, Eckl R W. J Mol Catal A Chem, 1997, 116: 27.

[132] Dror Y, Manssen J. J Mol Catal, 1977, 2: 219.

[133] Joo F, Topth Z, Beck M T. Inorg Chim Acta, 1977, 25: L61.

[134] Joo F, Beck M T. J Mol Catal, 1984, 24: 71, 135.

[135] Lopez-Linares F, Paez D E. J Mol Catal A Chem, 1999, 145: 61.

[136] Parameswarm V R, Vancheesan S. Proc Indian Acad Sci, 1991, 103: 1.

[137] Joo F, Csiba P, Benyei A. J Chem Soc Chem Commun, 1993, 1602.

[138] Grosselm J M, Mercier C, Allmang G, et al. Organmetallics, 1991, 10: 2126.

[139] Larpent C, Dabart R, Patin H. Inorg Chem, 1987, 26: 2922.

[140] Gao J X. J Mol Catal A Chem, 1999, 147: 99.

[141] Fache E, Santimic Senocq F, Basserf J M. J Chem Soc Chem Commun, 1990, 1776.

[142] Herrmandez M, Kalck P. J Mol Catal A Chem, 1997, 116: 131.

[143] Stinson S C. Chem Eng News, 1994, 72: 38.

[144] Laghmari M, Sinon D. J Mol Catal, 1991, 60: L15.

[145] Toth I, Hanson B E. Tetrahedron Asymmetry, 1990, 1: 895.

[146] Amrani Y, Sinon D. J Mol Catal, 1986, 36: 319.

[147] Lecomte L, Sinon D, Bakos J, et al. J Organmet Chem, 1989, 370: 277.

[148] Wan K, Davis M E. J Chem Soc Chem Commun, 1993, 1262.

[149] Oehme G, Paetzold E, Selke R. J Mol Catal, 1992, 71: L1.

[150] Wan K T, Davis M E. J Catal, 1995, 152: 25; Nature, 1994, 370: 499.

[151] Hoechst AG. EP-PS 0302375. 1987.

[152] Ruhrchemie AG. EP-PS 0173219. 1984.

[153] Monflier E, Fremy G, Gastanet G, et al. Angew Chem, 1995, 107: 2450.

[154] National Destillers and Chemical Co-opration. US-PS 4633021. 1985.

[155] Cornils B. Angew Chem, 1995, 107: 1709.

[156] Chaudhaari R V, Bhanage B M, DeshpandeR M, et al. Nature, 1995, 373: 501.

[157] Davis M E. Chemtech, 1992, 22: 498.

[158] Keim W. Chem Eng Tech, 1984, 56: 850.

[159] Cornils B, Wiebus E. Rec Trans Chim Pays-Bas, 1996, 116: 211.

[160] Cornils B, Herrmann W A. Aqueous-Phase Organo-Metallic Catalysis. 2nd Ed. Wiley-VCH, Concepts and Application, 2003.

第五章　生物催化剂(酶)及其催化作用

在生物细胞中发生的无数化学反应，和在非生物环境中发生的同样反应相比，最一般的特点是反应速度不知要快多少倍。即使像由碳酸脱水酶所催化的 CO_2 加水那样简单的反应，也是正确的。

$$CO_2 + H_2O \longrightarrow H^+ + HCO_3^-$$

这个反应的速度是每个酶分子每秒可催化 10^5 个 CO_2 分子转化，这要比无酶时的大 10^7 倍，说明关键之点是酶可以显著增大慢反应的速度。

生物催化剂俗称酶(enzyme)，意思是酵母中的 (in yeast)。确实，历史上有关酶的性质的知识，都是源于对酵母和其它微生物的研究。酶和一般化学催化剂一样，本质上可以定义为能加速特殊反应的生物分子。现在知道，酶是生物体内的一类天然蛋白质，所有酶分子都是蛋白质，但并非所有蛋白质都是酶。

从人类有记载时起，就有关于在酒精以及奶酪生产中利用酶性质的记载，当然，这种利用完全是偶然和不好控制的。但是随着时间的推移，相信早期的人类已可能知道热和某些添加剂对这些发酵过程的影响，尽管如此，进展还是相当慢的。也许人类就是这样不知不觉地进入了生物化学的第一阶段。一直到 18 世纪末和 19 世纪初，才对发酵过程进行较为详细的研究。在这一段时间内，许多科学家作出了重要的贡献。例如，T. Schwann(1825 年)认识到酵母是一种能使糖转化成酒精和二氧化碳的植物；后来 L. Pasteur(1822~1895 年)研究了氧对这些过程的影响，并分析了多种发酵的最终产物等。可惜进一步的发展却受到当时广泛流传的所谓的活力学说(vitalism)的阻碍，根据这个理论，认为有机物的合成需要一种"活力 (vital force)"，而这样的活力只存在于有机体之中。一直到 E. Buchner(1860~1917年)发现，所有活酵母已被除尽的酵母抽提液也能使糖发酵之后，才为详细研究酶的化学和物理性质铺平了道路。20 世纪初叶，发酵中的单体酶被分离了出来，不仅如此，还发现了例如在由糖生产酒精时的中间化合物。近年来，已使人们看到，无论是有关代谢过程的知识，还是有关酶功能的知识都有很大进展。显然，这些进展是在当代科学技术突飞猛进和"活力学说"被摒弃的基础上获得的。现在，人们已经相信，所有在生物细胞中发生的过程，都能用已知的物理和化学科学进行概括。对酶的催化作用来说，尽管在以往的年代里，由于由蛋白质那样双性电解质组成的酶，出现活性的条件相当窄和严格的特点而建立起了一套自己特有的原理体系，以致和一般化学催化反应机理完全相同的反应也有不同的名称等。现在看来，显然没有必要把酶反应和化学催化反应区别开来[1]。在以后的讨论中，本书将尽量列举事实，把酶反应归属于一般的化学催化范围之内，以弥合二者之间长期存在的间隙。

第一节　酶的组成、结构和功能简介

酶是一种具有生理功能的功能蛋白质或生理活性蛋白质，具有催化生物化学反应的功能，而酶的催化功能则存在于酶蛋白的高级结构中。酶作为一种蛋白质，因此，在了解其在催化过程中那种结构起何种作用时，就非了解酶蛋白质本身的结构不可。

酶在生物体内存在的状态因酶的种类而异，但大体上可分为游离型和结合型两大类。大部分酶包含于细胞之中，细胞内呈游离状态的酶主要存在于细胞质、微粒体等之中，而结合酶则和细胞膜或细胞器等生物膜相连。除此之外，在血液、淋巴液、乳汁等液体中的酶大都是游离状的。酶的存在形态则有纯蛋白质的和与辅酶结合的复合蛋白质的之分，复合酶蛋白的结合形式和强度亦因酶的种类而不同。另外还有由单一分子组成的和由几个分子集合而成的酶。有些催化过程需有几个酶的参与才能完成。通常大部分酶均以活性形式存在于生物体内，而有些酶则以酶原或酶的前身等不活性的状态存在等。

一、酶的分类和命名[2]

以往，发明者发现一种新酶即自由给其命名，随着时间的推移，酶的数目增至千种以上，以致酶的分类与命名非常混乱而不统一：有些酶，例如黄色酶，中间酶之类不知能催化何种反应，不同酶用同一名称者有之，同一酶用不同名称者亦有之等。1955 年，国际生物化学协会（I. U. B.）决定成立酶分类和命名法国际委员会，并于 1964 年提出了审定报告，确定酶的名称应反映出底物和催化反应的本质，所有信息都要以所述反应的表观方程式为根据。为了便于命名，定义了六个范围较宽的反应类型，这样，很多酶都可归属于一种反应之中。这种体系，尽管带有一定的任意性，而且在某种情况下是不规则的，然而已证明有相当价值并已为大家所采用。

（一）酶的分类

根据国际酶分类和命名法委员会的决定，区分酶专一性的基本依据是它们催化的化学反应，据此确定的六种酶可按反应定义如本书第二章第六节、"生物催化技术"所述（并参见表 3-2）。

（二）酶的命名法[2]

根据国际酶分类和命名法委员会的规定，酶的名称由"底物名"和"反应形式"加"ase"而成，这样，通过酶的名称就可以直观地知道，何种化合物承受何种反应。但是，正确的记述需要很长的学名，例如，像在氧化-还原酶中列举的将醇类分子中的氢转移到 $NAD(P)^+$ 的反应，底物为醇和 $NAD(P)^+$ 两者，由于反应是氧化-还原反应，所以学名应为醇：$NAD(P)^+$ 氧化还原酶，但很不方便，故通常采用简化了的名称，称为醇脱氢酶，这里没有说明接受醇分子中氢的物质，反应名也简化了。国际上公布的酶的名称表中都记载有学名、习惯名、酶的编号和反应，可作参考，现在，有些惯用名由于不合命名法的体系已有被废除的。

目前国际上对酶的编码采用四组数字。第一位数字表示酶反应的类别（分六大类），第二、第三位数字表示该种酶属于何种亚群，第四位数字则为该亚群内的一系列编号。例如，氧化-还原反应的第一位数字为 1，根据底物中官能团或电子受体的种类可给以第二、第三数字进一步分类为：

1.1　以 CH—OH 为电子供体的酶；

1.1.1　以 NAD^+ 或（$NADP^+$）为电子受体的酶；

1.1.2　以细胞色素为电子受体的酶；

1.1.3　以 O_2 为电子受体的酶；

1.1.99　以其它物质为电子受体的酶；

1.2　以羰基为电子供体的酶；

⋮

以此类推。

上面谈到的醇脱氢酶应属于 1.1.1 亚群。

二、酶的催化功能与特点

酶的催化功能和化学催化剂的相比，主要有以下五个特点。

① 活性大。表5-1列出了若干酶的转换数。它表示酶分子中一个活性中心在一分钟内使底物转换的分子数。和其它类似的催化剂的相比，不知要大多少倍，有的甚至要大好几个数量级。表5-2列出的是可比较的某些酶和与之类似的非酶催化剂的活性数据。要把以转换数表示的酶的活性和固体催化剂的这样的数据直接进行比较是不容易的，因为反应条件非常不同。但考虑到固体催化剂在反应条件下求得的活化能通常和室温下的相接近，根据这个数值求得的室温下的转换数 N_{25} 列于表5-3中，和同类型的酶催化相比，也反映出类似的情况。

表 5-1 某些酶的活性（以转换数表示）[3]

酶的名称	转换数（次/min）	酶的名称	转换数（次/min）
溶菌酶	3×10	乳酸脱氢酶	6.0×10^4
DNA-聚合酶 I	9×10^2	青霉素酶	1.2×10^5
胰凝乳蛋白酶	6×10^3	乙酰胆碱酯酶	1.5×10^6
β-半乳糖苷酶	1.25×10^4	过氧化氢酶（肝）	5×10^6
己糖激酶	2.2×10^4	碳酸酐酶	3.6×10^7

表 5-2 酶和非酶催化反应速度的比较[4]

酶	非酶催化的同类型反应	酶催化 $V_酶/s^{-1}$	非酶催化 V_0/s^{-1}	$V_酶/V_0$
胰凝乳蛋白酶	氨基酸水解	4×10^{-2}	1×10^{-5}	4×10^3
溶菌酶	缩醛水解	5×10^{-1}	3×10^{-9}	2×10^8
β-淀粉酶	缩醛水解	1×10^3	3×10^{-9}	3×10^{11}
富马酸酶	烯烃加工	5×10^2	3×10^{-9}	2×10^{11}
尿素酶	尿素水解	3×10^4	3×10^{-10}	1×10^{14}

表 5-3 固体催化剂的活性中心数及活性[4]

反应	催化剂	反应温度/℃	活性中心数/cm^{-2}	转换数 N_t	转换数 N_{25}
异丙苯裂解	SiO$_2$-Al$_2$O$_3$ 共沉淀	420	9×10^7	5×10^5	3×10^{-5}
异丙苯裂解	SiO$_2$-Al$_2$O$_3$ 浸渍	420	4×10^8	2×10^4	3×10^{-8}
异丙苯裂解	脱阳离子沸石	325	$\approx 10^6$	$\approx 10^8$	$\approx 10^3$
叔丁苯裂解	SiO$_2$-Al$_2$O$_3$ 共沉淀	160	1×10^6	9	6×10^{-4}
叔丁苯裂解	SiO$_2$-Al$_2$O$_3$	160	3×10^3	9×10^4	16
环己烷脱氢	Pt-Al$_2$O$_3$	150	$\approx 10^{15}$	0.3	7×10^{-5}
环己烷脱氢	V$_2$O$_5$	350	3×10^9	1×10^2	7×10^{-11}
环己醇脱水	Al$_2$O$_3$	161	5×10^{11}	≈ 1	9×10^{-7}
正丙醇脱水	Al$_2$O$_3$	183	9×10^9	9	2×10^{-6}
乙醇脱水	SiO$_2$-Al$_2$O$_3$	180	1×10^{11}	3×10^{-2}	6×10^{-10}
蚁酸分解	Al$_2$O$_3$	150	4×10^7	6×10	8×10^{-4}
蚁酸脱氢	CuAu	327	6×10^{10}	6×10^4	1×10^{-4}
蚁酸脱水	TiO$_2$	400	1×10^{10}	1×10^5	5×10^{-6}
正己烷异构	AlCl$_3$·Al$_2$O$_3$	60	$\approx 10^{15}$	1.5×10^{-2}	1×10^{-2}

② 选择性高。概括地说，每种酶都有两种选择性。一种称为底物专一性，即只能催化一种或一族特定底物的反应，这种专一性在某些情况下，可以把两个主体异构体区别开来，例如，D-乳酸及L-乳酸那样的光学对映体。另一种专一性叫做作用专一性，即只能催化某种特定的反应。

③ 反应条件温和，一般均在室温、常压下进行。

④ 可自动调节活性。这是目前对其机理尚不十分清楚的一个问题。这对生理过程十分重要，例如，肌肉在运动和静止状态时需用不同量的能源——糖，这一般靠分解糖原（glycogen）来补给。由于生物体内分解糖源的串联酶组（enzyme cascade）可以因外界条件的改变自动调节其活性，因而可以很容易地满足上述要求。所以酶又称可调节的催化剂。

⑤ 同时具有均相和多相的特点：酶本身是呈胶态分散溶解的，接近于均相；但反应却是从反应物在其表面上积聚开始的，所以又和多相反应相仿。

正是由于酶具有这些特点，它才能在复杂的生命过程中，担负起形形色色的化学反应的催化剂的角色。

三、酶的化学组成[5]

过去，酶的化学组成是一个引起争论的问题，现在，酶的蛋白质本质已被确认并已为大家所接受。早期的科学家认为，酶是负载在高相对分子质量胶体上的化学组成无法知道的物质，且不具有蛋白质结构；而这些大分子的作用，也不过就是在它们之间交换载担（传递）酶分子而已。这种观点看起来得到了酶的活性可以在不显示蛋白质化学颜色的稀溶液中测得所支持；当时，"载体"理论的支持者就是对有颜色的情况，例如，在有缩二脲反应或黄色蛋白反应时，也相信蛋白质不是专一的，载体不过是一种杂质，绝不是真正的酶。另外一些学者尽管相信酶本质上是蛋白质，然而却认为，这一观点不可能通过精制获得绝对的证明，因为大多数酶在提纯过程中并不稳定。这种局面直到 1926 年 J. B. Sumner 从洋刀豆粉中精制和结晶出脲酶并确认其结晶由蛋白质组成之后才被打破。当然，现代的生物化学家在回顾生物化学发展的历史时对这一发现已不再有所怀疑，然而，在 20 世纪 20 年代后期，这个概念并未为所有生物化学家所接受，直至以后许多别的酶以晶体形式分离出来和证明都是蛋白质时，这才成为无可辩驳的事实。这里，值得一提的是由 J. H. Northrop 及其同事们对消化蛋白酶所完成的研究，后来在把酶作为蛋白质进行表征时，许多基本信息几乎都来源于这些早期的研究。

这些以及以后的一些经典研究指出，所有酶都是由碳（≈55%）、氢（≈7%）、氧（≈20%）、氮（≈18%）以及有时有少量硫（≈2%）和金属离子所组成的大分子，它们都是胶质和不能透析的、在水和缓冲液中溶解度不同的两性电解质。定性地说，酶和别的蛋白质一样，在浓溶液中比在稀溶液中稳定，在或接近等电点时不易溶解，也可以用蛋白质沉淀剂，例如，三氯乙酸或硫酸铵等从溶液中沉淀出来，并具有变性的特点等。

关于蛋白质化学结构，在许多年前就有大致上的了解，但单个蛋白质分子的详细结构和形状，只在近 30 年内，由于近代测试方法的发展才被确定下来，只有这些研究，才涉及为什么特殊的蛋白质分子，包括为什么酶能起专一的生理作用，以及为什么蛋白质的结构通过遗传突变就能从根本上影响其活性等一系列问题。通过大量这方面的研究，现在知道，酶除了有单一蛋白质组成的简单酶外，还有蛋白质和各种辅酶、辅基组成的结合酶——全酶。辅因子和酶蛋白的结合形式和强度因酶而异，通常把共价键与蛋白质结合，在反应溶液内不易解离的辅因子称为辅基，而在反应溶液中易于从酶蛋白可逆解离而又保持平衡的辅因子称为辅酶；金属离子被认为是金属酶的一种辅酶、有时也称为活化剂。下面分别介绍酶蛋白和辅因子的化学组成。

（一）酶蛋白[6]

酶蛋白或简单酶的分子已被确认为蛋白质。如众所周知，蛋白质乃是由常见于动物蛋白中的 20 种氨基酸组成的大分子。从理论上讲，由这相对少的 20 种结构单元，可以组成无限个不同的蛋白质，但实际数目却要小得多；即使如此，每种氨基酸的性质以及它们在蛋白质大分子中的排列，对酶的结构及性质起决定作用是显而易见的。

每个氨基酸都在 α-C 上有一个氨基和一个羧基（α-氨基酸），所以，它们可以用下列通式表示：

$$H_2N-\underset{\underset{COOH}{|}}{\overset{\overset{R}{|}}{C}}-H$$

同时，氨基酸还具有酸和碱性。这里 R 称为氨基酸残基，因氨基酸不同而不同。除去最简单的氨基酸，R 为 H 的甘氨酸，所有其它氨基酸的中心碳原子都和四个不同的基团相结合，从而使分子具有不对称结构和绕偏光面旋转，即旋光的能力，虽然 D 型和 L 型氨基酸两者都在细胞中发现，但在蛋白质中却只利用了 L 型氨基酸。蛋白质本身也有光学活性，这除了来源于组分氨基酸外，还因氨基酸相互结合成大分子时形成非对称结构的关系。这可能是酶对所催化的反应具有独特选择性和精确生成产物的部分原因。

下面将要看到，在由氨基酸缩合成蛋白质时将同时涉及氨基和羧基，而蛋白质对催化作用的贡献主要取决于 R 的本质，同时由蛋白质（酶）催化的反应的多样性则和 R 的多样性有关。因此，通常把不同的氨基酸残基 R 分成如表 5-4 所示的七种类型。表中还给出了各种

表 5-4　氨基酸按残基 R 本质的分类

类别	氨基酸 pK 和 pI 值		
（a） 非极性的脂族基	$H_3\overset{+}{N}-CH_2-COO^-$ 甘氨酸（Gly） $pK_S=2.34,9.6$ $pI=5.97$	$H_3\overset{+}{N}-\underset{\underset{CH_3}{\|}}{CH}-COO^-$ 丙氨酸（Ala） $pK_S=2.35,9.69$ $pI=6.02$	$H_3\overset{+}{N}-\underset{\underset{CH}{\|}}{CH}-COO^-$ $H_3C\diagup\diagdown CH_3$ 缬氨酸（Val） $pK_S=2.32,9.62$ $pI=5.97$
	$H_3\overset{+}{N}-\underset{\underset{CH_2}{\|}}{CH}-COO^-$ $\underset{H_3C\diagup\diagdown CH_3}{CH}$ 亮氨酸（Leu） $pK_S=2.36,9.6$ $pI=5.98$ 惰性和疏水的	$H_3\overset{+}{N}-\underset{\underset{CH_2}{\|}}{\overset{\overset{}{}}{CH}}-COO^-$ $HC-CH_3$ CH_3 异亮氨酸（Ile） $pK_S=2.36,9.68$ $pI=6.02$	
（b） 含羟基的脂族和芳族基	$H_3\overset{+}{N}-\underset{\underset{CH_2}{\|}}{CH}-COO^-$ OH 丝氨酸（Ser） $pK_S=2.21,9.15,>12$ $pI=5.68$	$H_3\overset{+}{N}-\underset{\underset{CH}{\|}}{CH}-COO^-$ $H_3C\diagup\diagdown OH$ 苏氨酸（Thr） $pK_S=2.63,10.43,>12$ $pI=6.53$	$H_3\overset{+}{N}-\underset{\underset{CH_2}{\|}}{CH}-COO^-$ （苯酚环） OH 酪氨酸（Tyr） $pK_S=2.2,9.11(\alpha),10.07,(phenol-OH^-)$ $pI=5.65$
	脂族基是中性的，但酪氨酸是弱酸；疏水性比非极性脂族氨基酸的弱		

类别	氨基酸 pK 和 pI 值
(c) 芳族基	苯丙氨酸(Phe) $pKs=1.83, 9.13$ $pI=5.98$　　　色氨酸(Trp) $pKs=2.38, 9.39$ $pI=5.88$
	酪氨酸也属于芳族基,但通常和其它含羟基的氨基酸属于一类[见(b)];疏水的
(d) 酸性的	天冬酰胺(Asn) $pK_S=2.02, 8.8$ $<1(\text{amido})$ $pI=5.41$　谷氨酸(Glu) $pK_S=2.19(\alpha),$ $4.25(\gamma), 9.67$ $pI=3.22$　谷氨酰胺(Gln) $pK_S=2.17, 9.13$ $<1(\text{amido})$ $pI=5.65$　天冬氨酸(Asp) $pK_S=2.09(\alpha),$ $3.86(\beta), 9.82$ $pI=2.97$
	天冬酰胺和谷氨酰胺是分别由天冬氨酸和谷氨酸衍生的酰胺;亲水的
(e) 碱性的	赖氨酸(Lys) $pK_S=2.18,$ $8.95(\alpha), 10.53(\varepsilon)$ $pI=9.74$　精氨酸(Arg) $pK_S=2.17, 9.04(\alpha),$ $12.48(\text{guanidino})$ $pI=10.76$　组氨酸(His) $pK_S=1.82, 6.0(\text{Im}), 9.17$ $pI=7.58$
	亲水的
(f) 含硫的基团	半胱氨酸(Cys) $pK_S=1.71, 8.33(-\text{SH}), 10.78(\alpha-\text{NH}_2)$ $pI=5.02$　　蛋氨酸(Met) $pK_S=2.28, 9.21$ $pI=5.75$
	半胱氨酸是弱亲水的,而蛋氨酸是疏水的,胱氨酸是由两个半胱氨酸残基通过 S—S 键联结而成

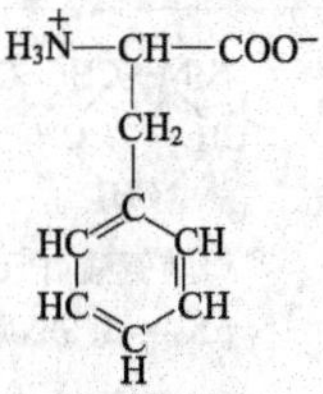

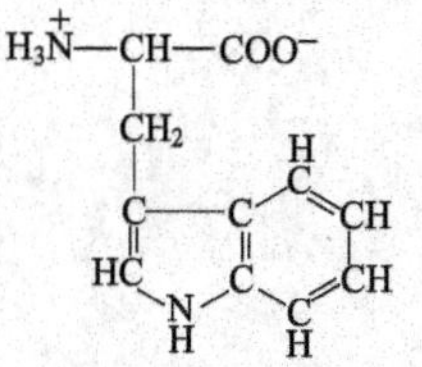

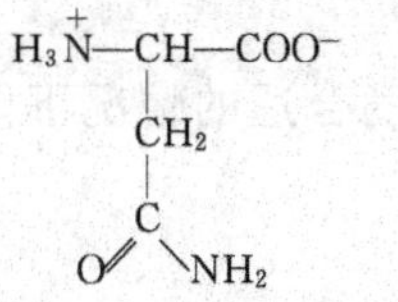

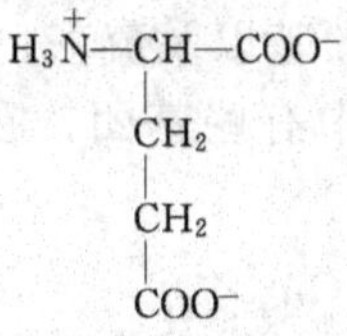

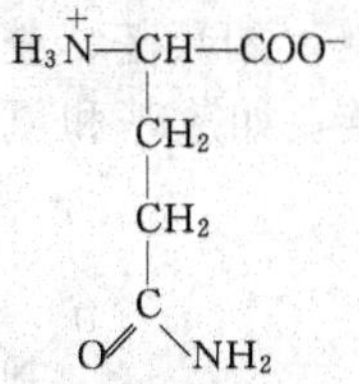

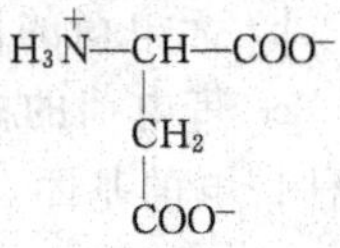

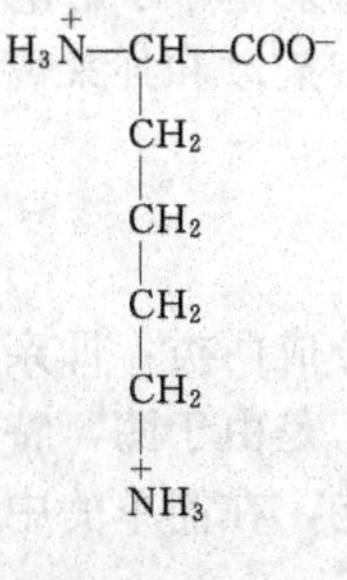

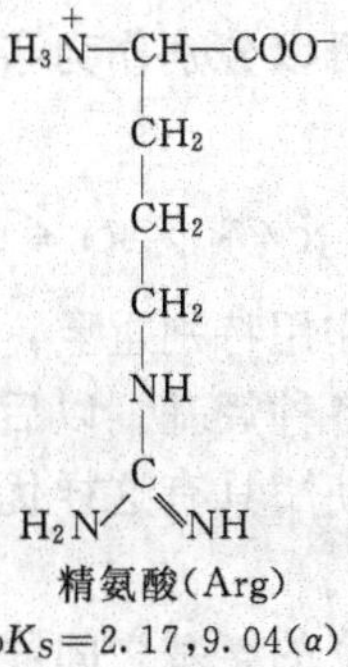

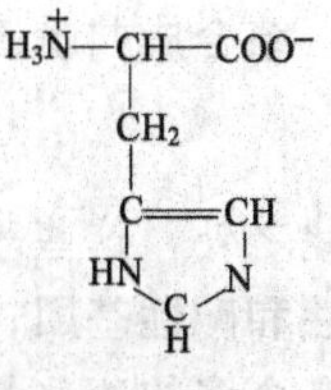

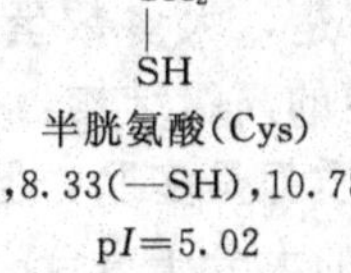

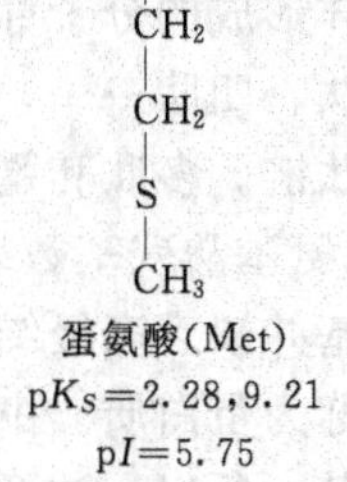

类别	氨基酸 pK 和 pI 值
(g) 亚胺基	$\overset{+}{H_2}N-CH-COO^-$ CH_2 ⟍ ⟋ CH_2 CH_2 脯氨酸(Pro) $pK_S=1.99,10.6$ $pI=6.10$

注：这里给出了氨基酸的完全结构。

氨基酸相应的 pK 和 pI 值。从这些氨基酸残基的化学本质来看，大体上可以分为三大类，即：

a. 非极性的侧链，如烷基和芳基；

b. 无电荷的极性侧链，如羟基、酰胺基、酚基以及巯基；

c. 带电荷的极性侧链，如羧基和氨基。其中有些基团，在酸度合适的情况下能离解成各种带电的基团，诸如：

$$-\overset{H}{\underset{|}{N}}-\overset{H}{\underset{|}{H}} \quad -\overset{H}{\underset{|}{O}} \quad -\overset{C}{\underset{|}{O}} \quad -\overset{H}{\underset{|}{S}}-$$

表 5-5 总结出了不同氨基酸中重要基团的离解作用和各种带电基团存在的最适 pK 值。另外，同一种氨基酸，因介质的 pH 值不同，还可以形成多种带电基团。表 5-6 给出的是赖氨酸在不同 pH 值时可能生成的基团。有些基团，由于中心原子带有孤对电子，例如$-\ddot{N}H_2$，$-\ddot{O}H$ 等，而具有很强的供电子能力，有的则由于基团内部某些原子对电子的吸引力特强而能形成很强的受电子基团，又可以分别作为亲核或亲电子试剂以和外来离子（例如金属离子）结合成共价键或配位等。如：

$$\underset{}{\overset{\delta+}{C}}\!=\!\!\overset{\delta-}{O}, \quad \underset{}{\overset{\delta+}{C}}\!=\!\!\overset{\delta-}{N}, \quad -CH\!=\!CH\!-\!C\!=\!\overset{\delta-}{O}$$

除此之外，这些基团和水的相互作用特别重要，这基本上可分成两类：即亲水性的，如各种酸性和碱性基团；疏水性的，如各种烃基。以后将要看到，正是由于酶，特别是简单酶中，含有众多的这些氨基酸残基，才使酶具有这样优异的催化性能，在简单酶中，这些氨基酸残基就是催化活性中心。

在一个氨基酸分子的羧基和另一个的氨基之间除去一分子水（缩合）时，将生成一个可在酰胺中找到的类似的键，通常称之为肽键：

$$\underset{}{\overset{R^1}{\underset{|}{H_2NCHCOOH}}} + \underset{}{\overset{R^2}{\underset{|}{H_2NCHCOOH}}} \longrightarrow \underset{}{\overset{R^1}{\underset{|}{H_2NCH}}}-\overset{O}{\overset{||}{C}}-NH\underset{}{\overset{R^2}{\underset{|}{CHCOOH}}}+H_2O$$

这样形成的分子称为二肽。由于氨基酸是双功能的，故这个反应尚可继续进行，并导致生成三肽、四肽……，由许多氨基酸缩合生成的产物物为多肽，而由氨基酸组成的直线状链称为多肽链。多肽和蛋白质之间的精确区别并不清楚，大多数蛋白质由至少 100 个氨基酸（通常以氨基酸残基数表示）结合而成，并具有一定的高级结构，而多肽只是指含有 20 个氨基酸残基并缺乏高级结构的分子。所以，所有蛋白质都是多肽，但并非所有多肽都能恰如其分地被称为蛋白质。由上列反应可见，每个缩合后的大分子只含有一个游离 α-氨基和一个游离 α-羧基，所以，这两个基团不像上述 R 那样，在蛋白质分子的性质中只能起很小的作用。

蛋白质分子中氨基酸的结合次序称为蛋白质的初级序列，许多蛋白质中的氨基酸的序列已经确定。例如，由羊得到的促肾上腺皮质激素由 39 个氨基酸所组成，其序列为：

Ser・Tyr・Ser・Met・Glu・His・Phe・Arg・Try・Gly・Lys・Pro・Val・Gly・
Lys・Lys・Arg・Arg・Pro・Val・Lys・Val・Try・Pro・Ala・Gly・Glu・Asp・Asp・
Glu・Ala・Ser・Glu・Ala・Phe・Pro・Leu・Glu・Phe

表 5-5 氨基酸中可离解的基团

基 团	平 衡	最适 pK 值范围
α-羧基	$-COOH \rightleftharpoons COO^- + H_3O^+$	3.0～3.5
β 羧基和 γ-羧基	$-COOH \rightleftharpoons COO^- + H_3O^+$	3.5～4.7
咪唑	$NH^+ \rightleftharpoons NH + H_3O$	5.6～7.0
α-氨基	$NH_3^+ \rightleftharpoons NH_2 + H_3O$	7.6～8.4
疏基	$SH \rightleftharpoons S^- + H_3O$	8.3～8.6
酚基	$OH \rightleftharpoons O^- + H_3O^+$	9.8～10.4
ε-氨基	$NH_3^+ \rightleftharpoons NH_2 + H_3O^+$	9.4～10.6
胍基	$NH_2^+ \rightleftharpoons NH + H_3O$	11.6～12.6

表 5-6 赖氨酸的离解方式

离解物种	NH_3^+ $(CH_2)_4$ $^+H_3NCHCOOH$	NH_3^+ $(CH_2)_4$ $^+H_3NCHCOO^-$	NH_3^+ $(CH_2)_4$ $H_2N-CHCOO^-$	NH_2 $(CH_2)_4$ $H_2NCHCOO^-$
电荷	+2	+1	0	-1
pH	<2.5	4.5～7	9.0	>10

　　如果同样 39 个氨基酸按不同的次序排列，那么，将发生怎样的结局？一般地说，它将失去生物活性，所以，氨基酸的本质以及序列对一种蛋白质来说总是专一的。在不同生物体内起同样作用的蛋白质，它们只能在氨基酸的种类和序列方面稍有改变。例如，比较猪、人、牛、羊的促肾上腺皮质激素的初级序列，可以看到，其中序号为 1～24 和 33～39 的氨基酸完全一样，只有序号为 25～32 的氨基酸稍有不同；划直线的部位表示与猪的激素不同之处。

序号	25	26	27	28	29	30	31	32	33
猪	Asp	Gly	Ala	Glu	Asp	Gln	Leu	Ala	Glu
人	Asp	Ala	Gly	Glu	Asp	Gln	Ser	Ala	Glu
牛	Asp	Gly	Glu	Ala	Glu	Asp	Ser	Ala	Glu
羊	Ala	Gly	Glu	Asp	Asp	Glu	Ala	Ser	Glu

　　另外，还应该看到，可以相互取代的氨基酸，它们之间的性质又往往是相似的，例如，丙氨酸（Ala）和甘氨酸（Gly）、谷氨酸（Glu）和天冬氨酸（Asp）等。

（二）辅因子[7]

　　覆盖很大反应范围的许多酶需要有非蛋白质小分子存在时才具有催化活性，这些小分子和酶既可以牢固地结合，也可以松弛地联结。早期的研究者为了对这样的小分子进行分类，常常把"辅基"这个名词应用于那些与酶能牢固结合的分子，而把"辅酶"用于那些松弛联结的分子。然而，这种区分纯粹是理论上的，现在，对这些分子和酶结合程度的范围已经研究清楚。从催化作用的角度看，有时可以离解的辅酶实际上并不起催化作用，因为它在反应时先和某一底物以化学计量结合成一种新的底物，后者在第二个酶的作用下能重新转化成真正的"活性状态"。例如，ATP 在各种增磷反应中，均要先给底物一个磷酸残基和转化成 ADP 之后，再在第二个酶的作用下才能重新生成 ATP

$$ATP + 葡萄糖 \rightleftharpoons ADP + 葡萄糖-6-磷酸酯$$

又如，在生物的氧化-还原中，NAD^+ 则先要从底物摄取一个氢原子形成 NADH 之后，再在另一个酶的作用下才能重新生成 NAD^+ 以完成一个催化循环：

$$NAD^+ + CH_3CH_2OH \rightleftharpoons CH_3CHO + NADH + H^+$$

因此，这些辅酶，在这里实际上只起到了辅底物的作用。辅基则不同，例如，一个 FAD 分子在氧化反应中，从底物取走两个氢原子变成 $FADH_2$ 后，当第二个底物在同一酶分子上反应时，即能重新转化成 FAD

$$FAD + H_2 \rightleftharpoons FADH_2$$

目前，被普遍接受的概念是除酶蛋白之外，凡是对催化作用有贡献的非蛋白质小分子，不管它们和酶蛋白的结合程度如何，以及它们是否在反应过程中发生过变化，还是被接续过程所再生，都被称为辅酶或者辅因子。辅因子可分为金属离子辅因子和有机辅因子两大类，前者包括铁离子、铜离子、钾离子、镁离子、锌离子、钴离子、锰离子和钼离子。有机辅因子的分子类型多种多样，但大多与维生素有关，其总数也只有 30 个左右，其中最主要的如表 5-7 所示。

表 5-7 一些辅酶和辅基的结构和功能

名　称	结　构	功　能
1. 腺苷三磷酸（ATP）	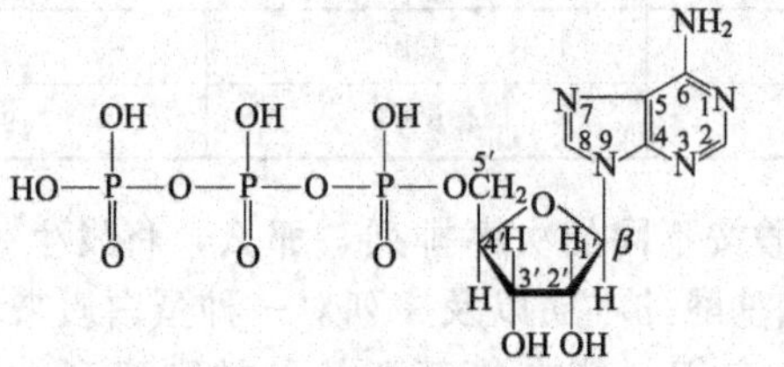	传递磷酸、腺苷酸、5-腺苷-焦磷酸
2. 生物素	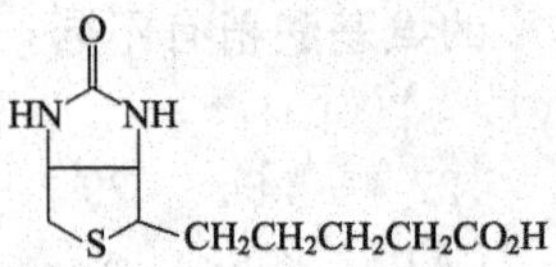	传递 CO_2（＝羧化）
3. 辅酶 A（CoA）	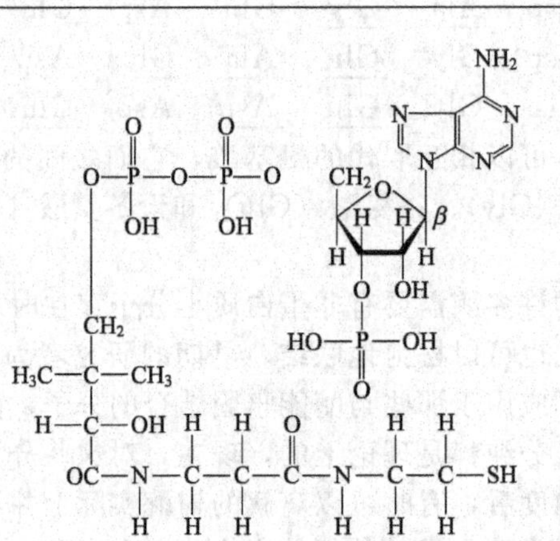	传递酰基

续表

名 称	结 构	功 能
4. 胞苷二磷酸胆胺	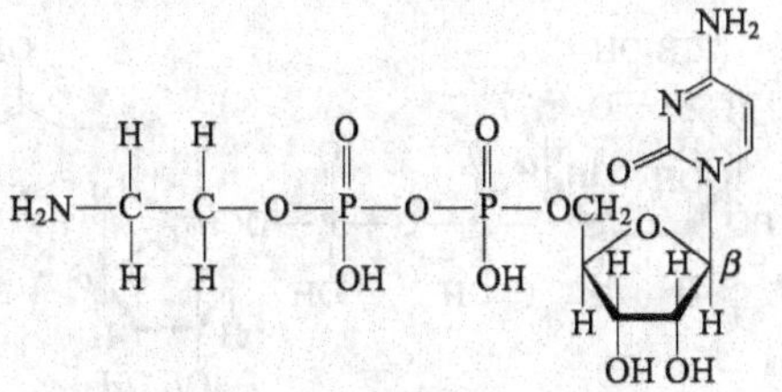	传递磷酸乙酯,磷脂转化
5. 钴胺素—辅酶(维生素 B_{12})	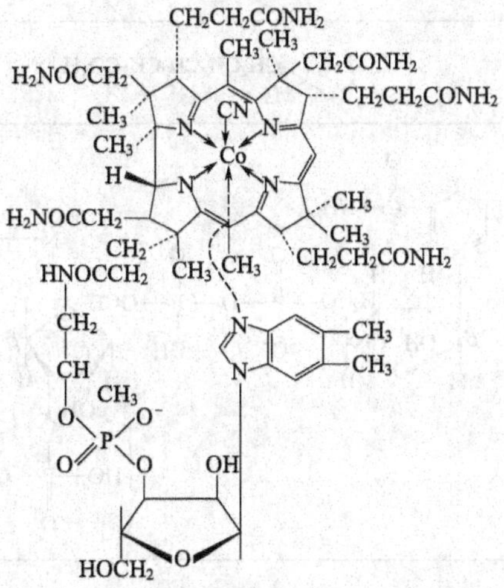	羧基置换,甲基重排和合成
6. 黄素单核苷酸(FMN)	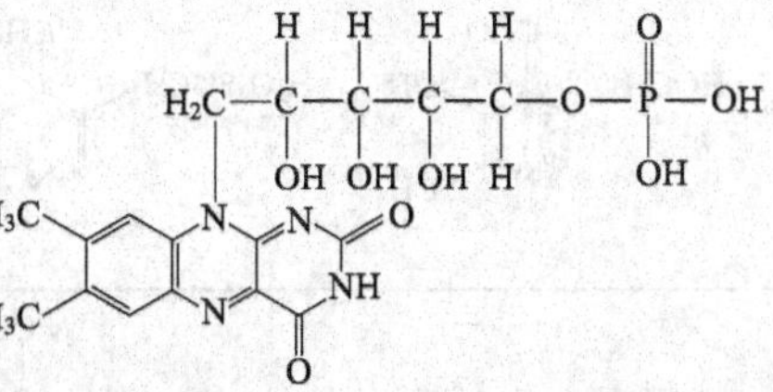	传递氢原子
7. 黄素腺嘌呤二核苷酸(FAD)	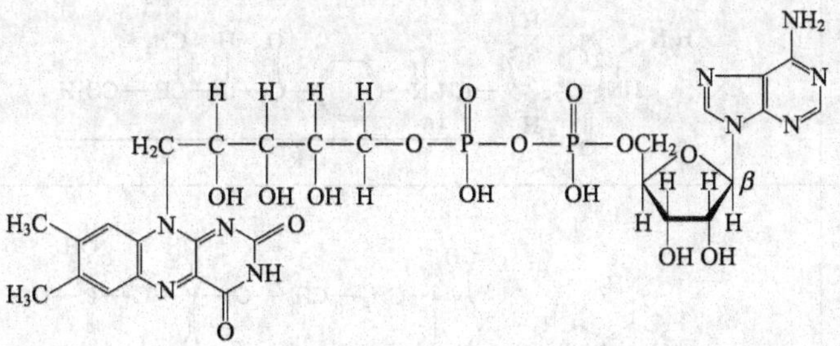	传递氢原子
8. 谷胱甘肽(GSH)	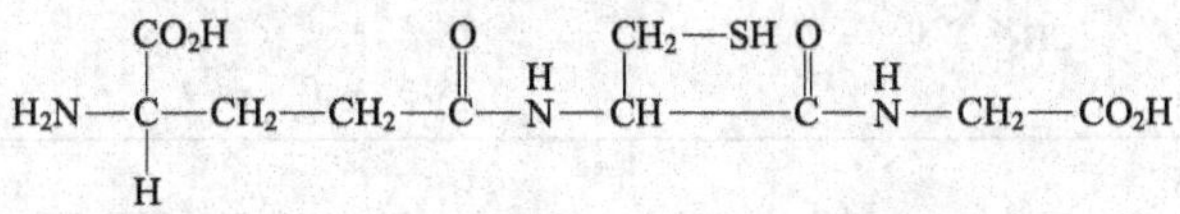	传递氢离子,还原,异构化
9. 鸟苷三磷酸	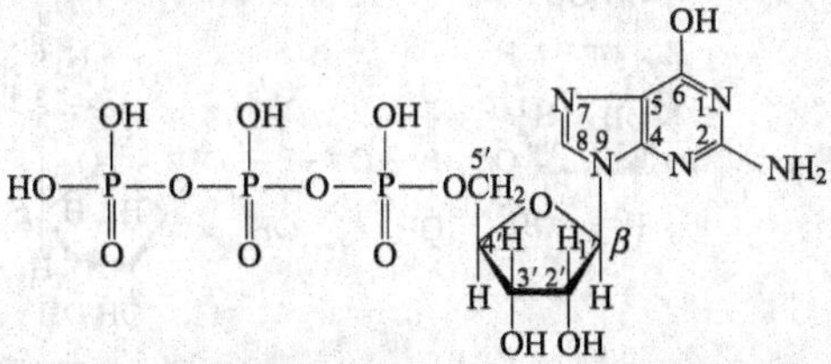	传递磷酸

名　称	结　构	功　能
10. 鸟苷(或肌苷)二磷酸糖苷	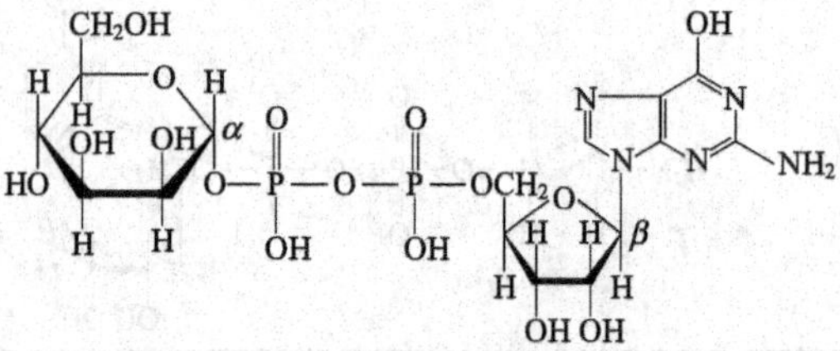	碳水化物重排
11. 硫辛酸	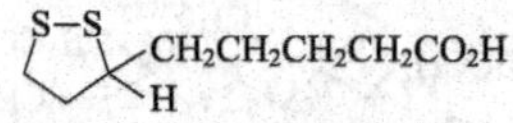	氧化传递酰基
12. 烟酰胺腺嘌呤二核苷酸(磷酸)辅酶Ⅰ(NAD$^+$),辅酶Ⅱ(NADP$^+$)	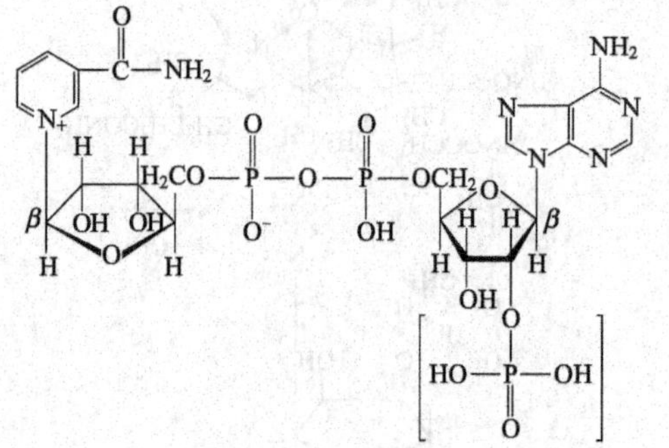	传递氢
13. 吡哆醛(维生素 B_6),磷酸吡哆醛	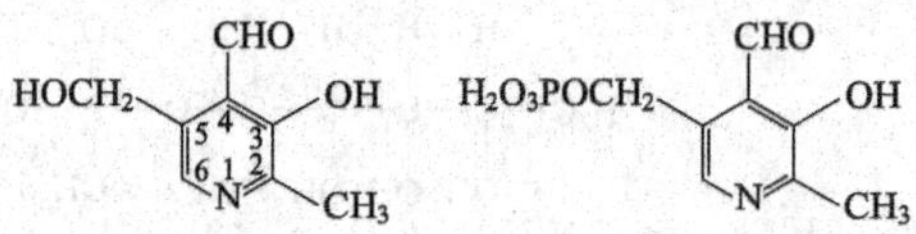	氨基酸的各种转化(反位胺化,脱羧,脱水,α-消除,β-消除,合成等)
14. 四氢叶酸,辅酶 FH_4	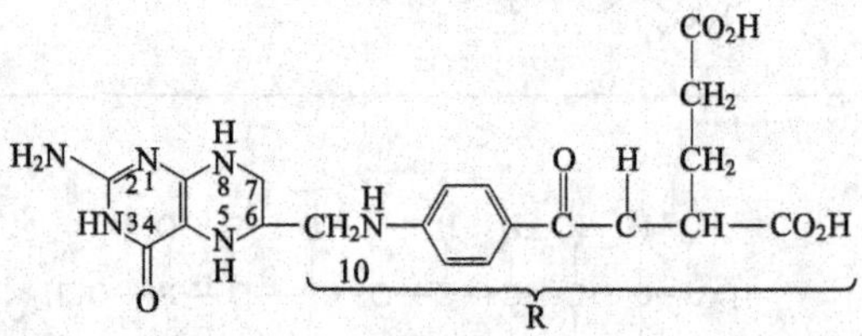	转移甲基,亚甲基甲酰基或亚胺甲基
15. 硫胺素焦磷酸(辅羧酶)	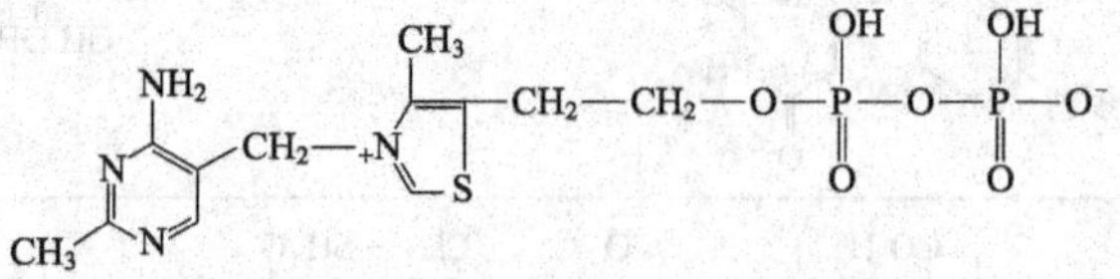	转移"活性醛",例如甘油及乙醛,氧化和非氧化脱羧
16. 尿苷二磷酸糖苷	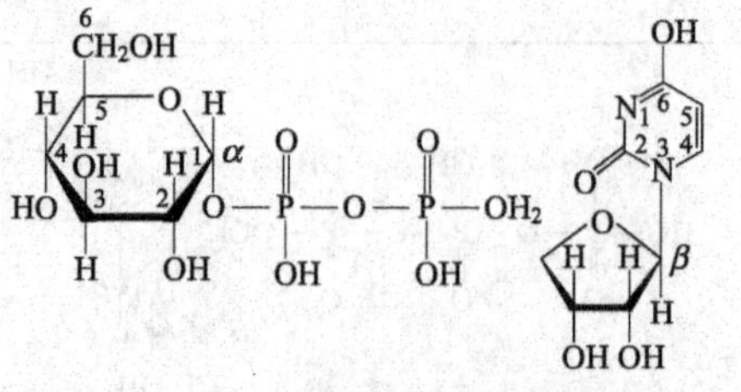	碳水化物重排,氧化异构化和合成

四、酶的结构[8]

在用 X 射线晶构学解决蛋白质晶体结构之前，L. Pauling 和 R. B. Corey 就已把后来在蛋白质构造中发现的基本组装元件的单元结构提出来了[9]。他们首先在解决小肽晶体的结构中找到了肽键的大小和形状，然后在构造精确模型时找到了和纤维状蛋白 X 射线衍射花样相适合的结构；纤维的衍射花样并非由点阵，而是由一组和结构中重复要素间距相当的线所组成。

（1）一级结构——肽键

酶蛋白的基本结构单位——一级结构，是由许多 α-氨基酸的氨基和羧基脱水缩合、通过形成肽键—(CO—NH)—联结而成的一条长链——肽链和多肽链。对小肽晶体的 X 射线衍射研究得知，肽键是平面和反位的，如图 5-1 所示。蛋白质中所有肽键的结构都一样，只有很少例外；平面性是由于氮的孤对电子明显离域进入羰基氧的关系，结果使 C—N 键缩短和具有双键的性质。

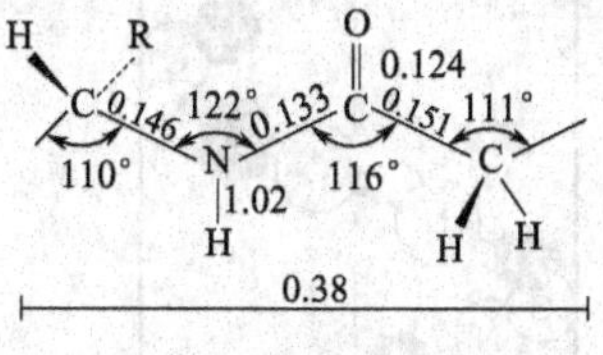

图 5-1 肽键（距离以 nm 表示）

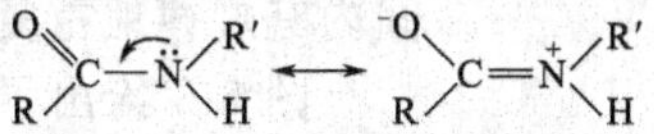

当键扭转时可使之断裂和失去 75～88kJ/mol 的离域能。肽键的这两个特点对蛋白质结构起着决定性的作用[9,10]。

脯氨酸具有一个反常的氨基酸残基，其顺-反平衡仅稍有利于反式，含少量脯氨酸的肽在溶液中含约 20%～30% 的顺式异构体，而一般的氨基酸仅有 0.1% 左右[11,12]。

肽键中的氧和氮原子能和金属离子反应。如果金属离子和氮原子结合，那么，肽键的共振能就将消失，如果肽键中的氢解离，那么，共振能（约 40kJ/mol）就能保留。

$$NH_2CH_2CONHCH_2CO_2^- \rightleftharpoons$$
$$NH_2CH_2CON^-CH_2CO_2^- + H^+$$

这样去质子的肽配合物已在多种金属离子（Cu^{2+}，Ni^{2+}，Pt^{2+}，Pd^{2+}）中发现。这种配位作用可用 Cu(II) 和甘氨酰甘氨酸的反应来说明[13]。如果提高这两种物质组成为 1:1 的混合物的 pH 值，那么，在可见光谱的 625nm [$\varepsilon = 84dm^3/(mol \cdot cm)$] 处就会出现一个新峰（图 5-2），表明体系中形成了一种新的配合物：

$$pK_a \approx 4.5 \quad +H^+$$

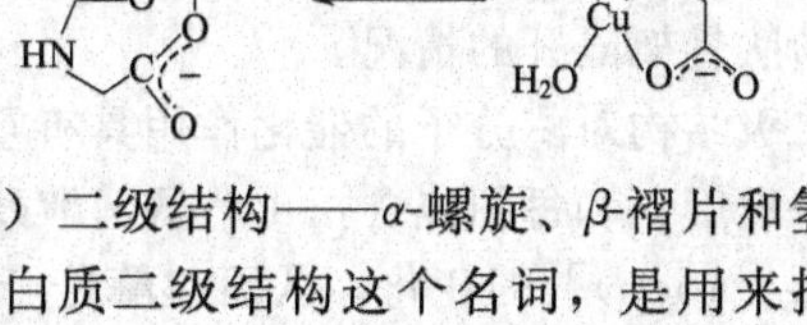

（2）二级结构——α-螺旋、β-褶片和氢键[9]

蛋白质二级结构这个名词，是用来描述柔韧性肽链，当骨架上的羰基氧和酰胺基氮之间形成氢键时发生的折叠。这里要强调的是，这是一种专一的结构，仅指由骨架中的原子形成的氢键，而由氨基酸残基中的原子形成的氢键

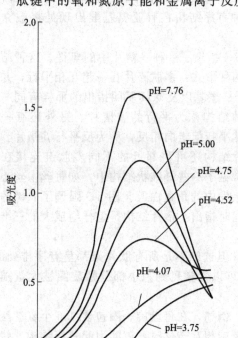

图 5-2 Cu(II)-甘氨酰甘氨酸在水溶液中的可见光谱

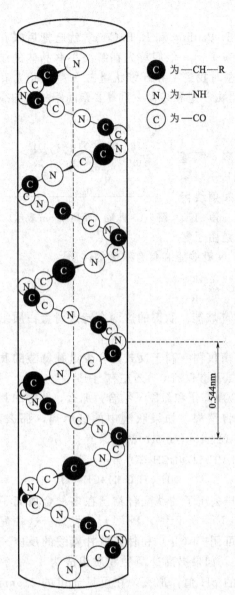

图 5-3　排列成 α-螺旋状的肽链的空间排布

图中图例：

C 为 —CH—R

N 为 —NH

C 为 —CO

标注：0.544nm

对二级结构并无贡献，但是将要看到，后者在决定蛋白质的三级结构中非常重要。

由于多肽骨架中不同部分之间的氢键作用不同，二级结构可分成两大类：α-螺旋和 β-褶片。前者首先是由 L. Pauling 和 R. B. Corey 通过理论考虑提出来的。他们认为最稳定的蛋白质分子折叠至少应该满足以下四个判据：

a. 在肽链骨架中，由 CO 基团和 NH 基团形成的氢键数应最多；

b. 肽键应是平面的；

c. 氢键的 O、H 和 N 应位于一线上；

d. 当沿结构移动时，应按一定的原子空间发展，也就是说，C、N 和 C 应在线性方向的一定区间内有规律地重复。

图 5-3 给出了可以完全满足这些判据的称为 α-螺旋的螺旋结构，它具有某些重要特征：每圈有 3.6 个残基，使每 5 圈形成一个重复花样，螺旋角为 26°，螺距为 0.54nm。这一结构以后为蛋白质晶体的 X 射线晶体分析所确认。脯氨酸和羟脯氨酸在 α-螺旋结构中不能适应，因此，蛋白质链的这种有序结构在有亚氨基酸出现处将被立刻破坏。

图 5-4 指出了一种 β-褶片中的氢键。这种结构可能有两种形式：多肽碎片在一起互相平行，并像 α-碳原子、羰基以及 NH 基团指出的那样有同一走向，这种结构称为平行的 β-褶片。另外还有一种链，虽然平行但走向相反，称为反平行 β-褶片。有时，褶片结构还可将邻近的不同多肽链连接在一起，这常见于一些纤维状结构中，如蚕丝中丝心蛋白以及毛发中的角蛋白等。图 5-5 强调了肽键的平面性，同时指出了褶片结构是怎样组成大的三维排列的。

尽管大部分蛋白质有一种或两种这样的结构，但这绝不是所有肽骨架都呈有序排列的，有时，蛋白质可含高达 80% 的有序结构。另外还可以常常见到，小部分螺旋圈被大量随意折叠的肽骨架隔开的情况。

二级结构对酶分子的催化作用具有重大意义。例如，在每盘旋一圈包含 3.6 个氨基酸残基的 α-螺旋，和每圈包含 4.4 个氨基酸残基的 π-螺旋相互转化时，就能引起三级结构［构型（configuration）］的变化，从而对酶分子的催化功能产生一定的影响［构象（conformation）变化］。另外，由于肽链拥有不同的残基，每种酶的二级结构具有特有的外表特征，例如，在大残基的情况下，侧链将从二次结构外耸起，而在小残基的情况下，在表面上就形成凹陷，结果可为底物提供一种特殊的作用表面等。

（3）三级结构[14,15]

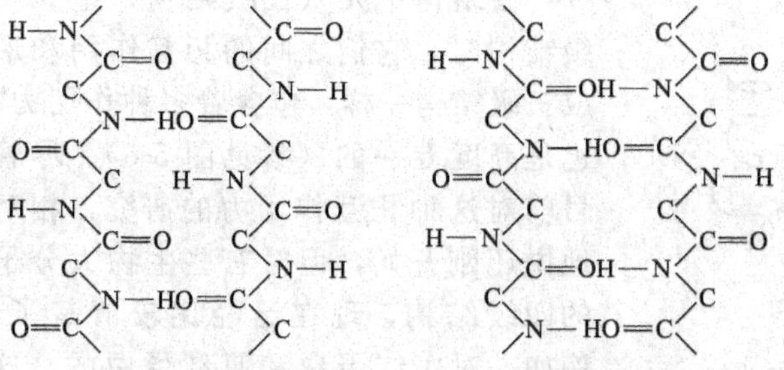

(a) 平行β-褶片　　(b) 反平行β-褶片

图 5-4　平行 β 褶片与反平行 β 褶片
为了清楚起见省去了 α-C 上的取代基 R

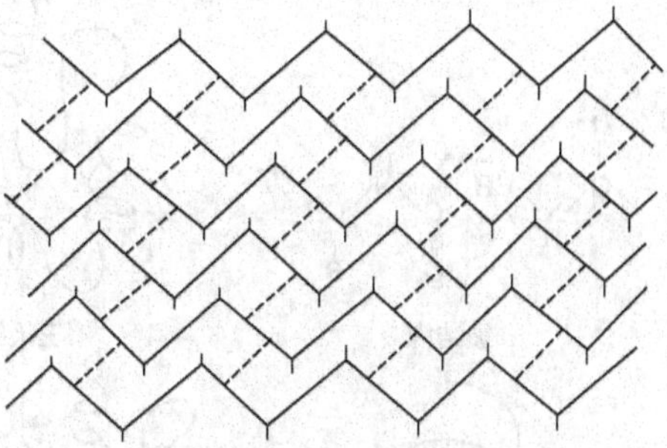

图 5-5　β 褶片的三维网状结构显示
出肽键的平面性

上述线状的、螺旋状的以及褶片状的一级、二级结构，由于邻近残基的相互作用，还能进一步卷曲、折叠成三维空间结构，即所谓三级结构。每种酶可因其所含残基的性质和位置不同而形成特有的三级结构。但就其本质言，这种三级结构主要是由表 5-4 所列化学本质不同的残基，通过如图 5-6 所示的多种作用力相互作用而形成的。根据大量研究事实，大体上可以认为，那些带电荷的极性基团，由于能根据周围环境的 pH 值而带有电荷或不带电荷，可以通过静电吸引力或斥力的作用，使螺旋发生明显的折叠和扭转（图 5-6 之④）；一些不带电荷的极性基团，由于它们有形成共价键的能力，具有使分子形成稳定交联和一定空间结构的作用（图 5-6 之⑤）；非极性基团（疏水基团），根据"球蛋白油滴模型"的假设，则有稳定空间结构的作用（图 5-6 之①）；除上述者外，一些含 OH 基团的残基还能和侧链上的羰基形成氢键，起稳定空间结构的作用等。

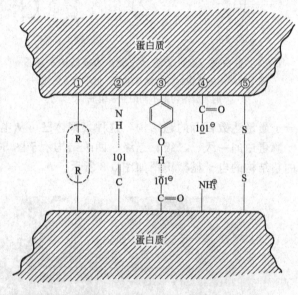

图 5-6　可以导致肽链内部形成交联的分子间力

酶的三级结构，是酶分子的结构单元，称为单体（monomer）、亚基或原聚体（protomer）或酶的构型，对酶的催化作用来说起着决定性的作用，因为，通过螺旋状或褶片状的肽链在节段上的进一步折叠，就能使许多在链上远离的基团相互挨近，形成排列恰当又能适应底物不同基团的各种"作用部位"。可以说，酶的所以具有独特的专一性，就在于酶分子具有这种精确的构型。

（4）四级结构[16]

酶分子是由几个到十几个相同或不同的单体堆积而成的齐聚体（oligmer）或生物大分子。这就是酶的四级结构，或者分子结构。当酶分子从四级结构解离成单体时，酶分子就会改变性质，例如，失去对反应的专一性，最佳工作条件发生变化等，在极限情况下，甚至可以完全失去催化活性。但是一般地说，将单体重新组合并恢复原来的四级结构时，就有可能保持原来的活性。

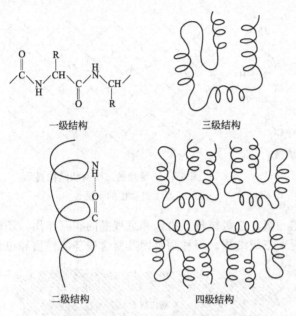

一级结构 　　　　三级结构

二级结构 　　　　四级结构

图 5-7　蛋白质一级、二级、三级、四级结构示意图

图中所示四级结构由相同亚基组成，但不少蛋白质
的四级结构由不同的亚基组成

由结构单元（三级结构）组成四级结构时，它们之间的相互作用和形成三级结构一样，包含着多种作用力，也是高度专一的（参见图 5-6）。尽管目前对这种相互作用力的研究，相对地说还刚开始，但对有些生物大分子的四级结构，现在已经比较清楚了，例如，对血红蛋白和肌红蛋白的，这将在下一节中作较详细的介绍。四级结构对酶的催化作用来说也很重要，根据一致的意见，认为它是能调节酶催化活性的分子基础。

在生物体内，酶的四级结构还能进一步集聚成相对分子质量高达数十万至数百万的超结构高聚物。例如，由小牛肝制得的谷氨酸脱氢酶的四级结构（相对分子质量 336000）是由六个相对分子质量大概为 56000 的三级结构所组成，但它又进一步堆积成相对分子质量达数百万的超结构，这种集聚体已可从电镜中观察出来。

酶蛋白的一级、二级、三级、四级结构示于图 5-7 中，由谷氨酸脱氢酶的四级结构集聚成的超结构的电子显微镜图如图 5-8 所示。

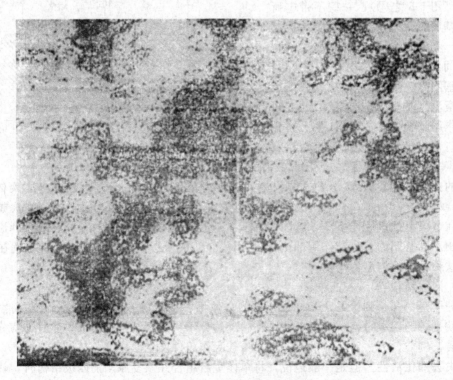

图 5-8　谷氨酸脱氢酶的超结构图

第二节　酶反应——典型的配位催化作用

当今，对许多生物过程（包括生理现象），都企图在分子生物学的基础上作出合理的解

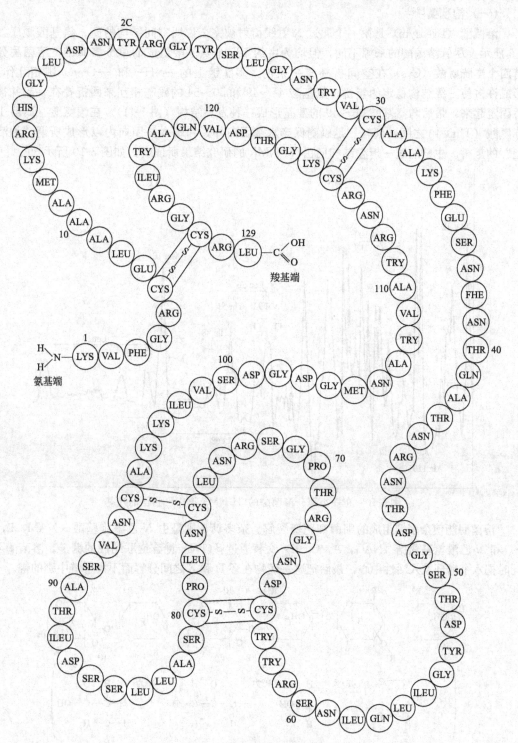

图 5-9　溶菌酶的氨基酸顺序

释。根据无机化学一般原理，对酶的催化功能以及对一些无机金属离子在生物体内的作用所作研究，就是这方面最成功的一个例子，并已发展成为一门新兴学科——生物无机化学。酶的催化作用，从分子水平看，属于典型的配位催化过程（参见本书第三章）[25]，下面先以几个有代表性的已经研究得比较清楚的酶过程为例，说明这个观点。

（一）溶菌酶[26]

溶菌酶（Lysozym）是第一个通过 X 射线衍射被完全说明空间结构的酶。氨基酸顺序如图5-9 所示。尽管溶菌酶的来源不同，但均为由约 129 个氨基酸组成的单个多肽链。溶菌酶分子借四个半胱氨酸（Cys）在空间折叠成一条沟，多肽链上的—NH—和 —C≡O 则相互作用，形成许多使三级结构稳定的氢桥；氨基酸 41～49 和 50～54 的残基相互来回折叠在一起并被氢桥固定起来，最后与氨基酸 46～49 的残基形成一种发夹结构（图 5-11）。在赖氨酸（Lys）-1 和苏氨酸（Thr）-40 之间，则有一足以确保亲水基团向外，和疏水基团向内以形成所谓"油滴模型"的氢桥。主链的这一折叠结构已由[1]H-NMR 的研究结果所证实，如图 5-10 所示[27]。

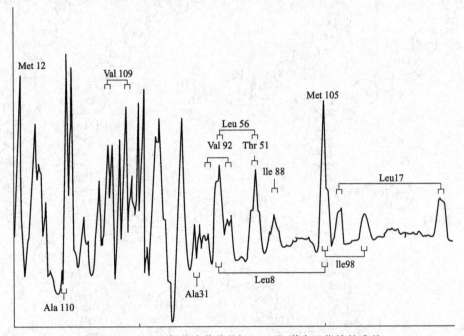

图 5-10　在一小部分溶菌酶的[1]H-NMR 谱中已指认的残基

溶菌酶能使杂多糖组成的细菌细胞壁裂解。杂多糖 **1** 则是由 N-乙酰胞壁酸（NAM，B，D，F）和 N-乙酰氨基葡糖（NAG，A，C，E）交替通过 β-(1,4) 糖苷键联结成的糖链。溶菌酶可以同时把六个糖环取入活性中心，最后把这一底物在环 D 和 E 之间分解而不损害链中别的键。

1

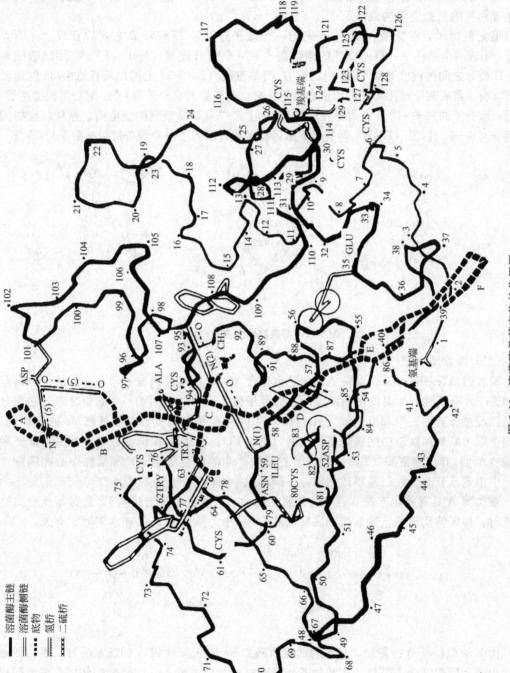

图 5-11 溶菌酶及其底物的作用图

溶菌酶作用时，首先通过和六个胺基醣作用被粘在细胞壁上，并将己糖嵌入自身的沟中。这时，不仅酶本身发生构象变化（原子运动约 0.05nm），而且，环 D 也扭变成半椅式。由于异亮氨酸（Ile)-58 空间结构的阻碍，环 C 就无法在它附近直接结合，从而使 NAG-NAM 交替共聚物准确地嵌入活性中心之中。图 5-11 表明了这种生物大分子催化剂和底物之间相互作用的复杂空间构象。

催化裂解时，谷氨酸（Glu)-35 先把一个质子送至环 D 和环 E 之间的苷氧上［图 5-12(a)］，形成一个由环 A～D 所组成的碳鎓离子和一个糖苷配基（环 E～F）。在形成碳鎓离子时，D 和 E 之间的键就开裂［图 5-12(b)］。门冬氨酸（Asp)-52 上的以及谷氨酸-35 脱质子后的负电荷，都有利于碳鎓离子的形成和稳定。来自四周溶剂水分子的 OH⁻ 附加到碳鎓离子上，而同一水分子的质子 H⁺，则附加在谷氨酸-35 上，以重新抵消它的负电荷。这样，底物的两个组分（A～D）以及（E～F）即脱落下来，酶又重新进入下一个裂解过程［图 5-12(c)］。

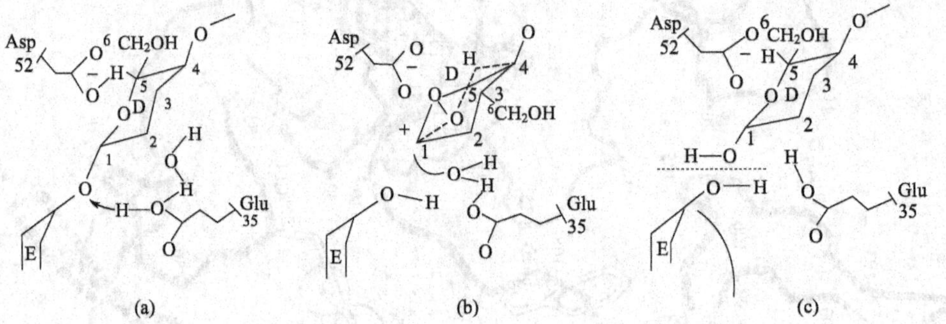

图 5-12 溶菌酶的催化作用机理

（二）羧肽酶 A[28]

羧肽酶 A(carboxypcptidase A) 分子也是由 307 个氨基酸组成的单一多肽链，但需有一个锌原子才有活性。X 射线衍射图显示，锌原子位于蛋白质表面的一个宽阱之中，它在分子中呈四配位。其中三个和组氨酸（His)69 和 196 咪唑基中的氮以及谷氨酸 72 的氧相配位，第四个则为底物多肽链中的羰基氧所占有（图 5-13）。羧肽酶 A 的活性中心即由锌原子和精氨酸（Arg)145；酪氨酸（Tyr)248 以及谷氨酸 270 的侧链所组成；和活性中心相匹配，还有一个由氨基酸非极性残基组成的阱，使酶形成特有的专一性。

羧肽酶 A 具有催化末端肽链和酯裂解的能力：当肽链末端的残基 R¹ 为芳基或有支链的烃基时，作用特别显著。这显然和底物残基 R¹ 易于为羧肽酶 A 的疏水阱固定有关。

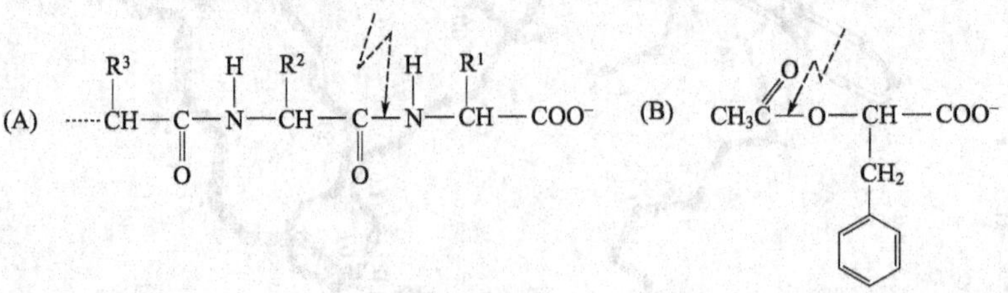

由 X 射线结构分析得知，当底物的疏水残基 R¹ 嵌入羧肽酶 A 的疏水阱时，底物即通过活性中心和酶相结合，带负电荷的羧基和带正电荷的精氨酸 145 的侧链相作用，将要裂解的羰基在挤走一个水分子之后，占据了锌原子的第四个配位位置。残基 R² 和 R³ 则和酪氨酸 198 和苯丙氨酸（Phe)279 相作用。位于 R² 和 R³ 之间的肽链上的羰基则和酪氨酸 71 相结合［图 5-13(a)］，当酶和底物这样结合时，酶分子即围绕活性中心发生所谓"诱导契合(inducedfit)"的局部构象变化。这时，精氨酸-145 的胍基以及谷氨酸 270 的羧基阴离子都

要移动约 0.2nm，酪氨酸 248 的酚羟基竟能移动 1.2~1.4nm。这样，水就从阱内排出，并重新建立起一个疏水区。与此同时，底物分子的疏水基 R^1 从阱外翻，并和底物的羧基阴离子相作用，以部分中和精氨酸-145 的正电荷。酪氨酸 248 的这种构象变化实际上不仅能将疏水阱封闭，而且能使羟基和底物的酰胺紧密接触并专一地固定下来。接着，锌配位界中的一个水分子为底物—C≡O 基所置换，并使之极化和形成无水物。以后，就是如图 5-13 所示，将同时发生无水物的水解裂解，酪氨酸-248 的重新质子化，以及最后底物被推开和酶又重新进入催化循环。

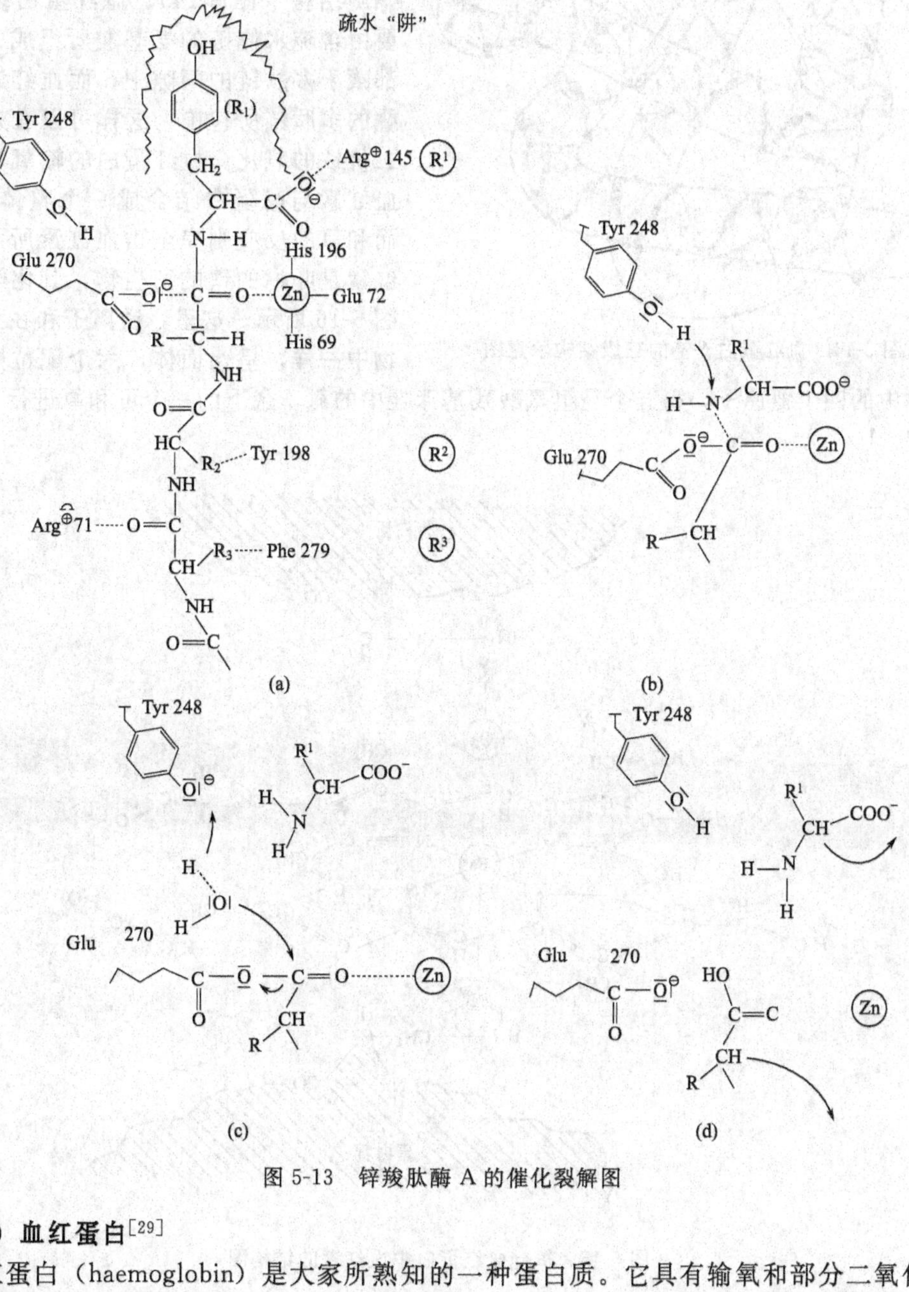

图 5-13 锌羧肽酶 A 的催化裂解图

（三）血红蛋白[29]

血红蛋白（haemoglobin）是大家所熟知的一种蛋白质。它具有输氧和部分二氧化碳的功能，但并非真正的催化剂。然而，由于它和氧的可逆结合和离解过程，被认为是和一些氧化酶、加氧酶等催化的氧化-还原反应有密切关系的一个基元过程；同时，又是从分子水平上研究得最透彻的一种蛋白质。所以，一般都把它作为酶催化过程的例子介绍。

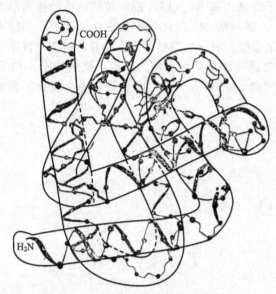

图 5-14　血红蛋白 β-链的三级结构示意图

血红蛋白和上述蛋白质不同，每个分子由四条多肽链（亚基）所组成，两条 α-链（含 141 个氨基酸）和两条 β 链（含 146 个氨基酸），每条多肽链又各含有一个辅基——血红素。两种亚基的氨基酸顺序虽然不同，但折叠形式相仿，都有 75％的螺旋结构（图 5-14）。血红蛋白多肽链主要由含疏水侧链的氨基酸所组成；后者大都藏于多肽链的间隙中；而血红素则为折叠的多肽链所包围，这样可以有效地防止二价铁的氧化。血红蛋白的输氧功能是由血红素与酶蛋白结合成一个整体实现的，而和氧的反应则完全由血红素所承担。血红素是卟啉的铁的衍生物，其化学组成如图 5-15 所示。这里，铁离子和在无机配合物中一样，呈八面体，六个配位中的四个是卟啉中的四个氮原子，第五个是组氨酸残基咪唑中的氮，余下的一个可和氧进行可逆结合和离解。

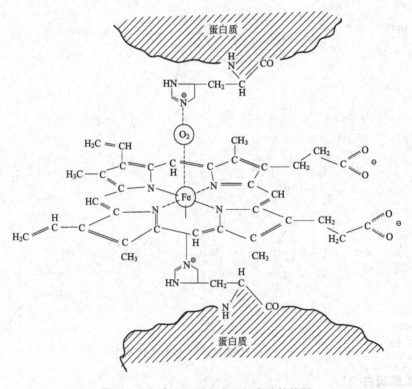

图 5-15　氧合血红蛋白中血红素的结构图

氧合和脱氧血红蛋白（分别表示为 R 和 T），无论在单个链的构型上（三级蛋白质结构），还是在链的相对定位上（构象上、四级蛋白质结构）都是不同的，血红蛋白的键合效应就来源于这两种物种的可逆转移：

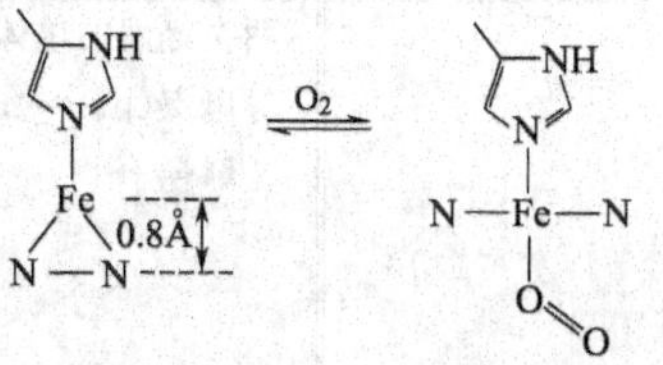

$$脱氧Hb(T) \quad \underset{O_2}{\rightleftharpoons} \quad 氧合Hb(R)$$

这种"血红素-血红素相互作用"或者协合作用的现象，已能在分子水平上作出解释，即使两个铁原子相距约为 25nm。M. F. Peruz 曾对此提出过一个所谓的"触发机理"[30]，认为脱氧 Hb 中的高自旋 Fe(Ⅱ)，约高出卟啉环的平均平面约为 0.08nm，氧化时，铁原子立即变为低自旋的，并移入卟啉环的平面之中。这时，挨近的组氨酸也将移动约 0.08nm 使蛋白质的构象发生变化（β-链的间距要变小约 0.7nm），并使裂口打开。

（四）铜蓝蛋白

含铜的蛋白质具有多种生物功能，包括传递电子、贮氧以及作为氧化酶[31]。如表 5-8 所示，铜蓝蛋白可以分成两大类：氧化酶和电子载体。蛋白质中的铜（Ⅱ），根据光谱性质可分成三种。第一种（类型Ⅰ）是以 600nm 附近有较高消光系数的可见吸收光谱为特征的，这被认为是铜-半胱氨酸键中一种 L→M 荷移光谱。第二种（类型Ⅱ）铜蓝在正常浓度时色泽不强，但和简单的铜（Ⅱ）配合物相比，却有相当高的消光系数。牛血红细胞超氧离子歧化酶（bovine superoxide dismutase，BSOD），即为 $\lambda_{最大} \approx 680nm[\varepsilon = 300L/(mol \cdot cm)]$ 的一种浅蓝色含铜蛋白（表 5-9）。第三种（类型Ⅲ）是无 ESR 活性的，最近由磁化率测定值表明，它是一种反铁磁性的偶联二聚铜。半乳糖（galatose）氧化酶可能是唯一只含一个铜的非蓝蛋白，这种酶可以催化以氧为氧化剂的半乳醛的氧化反应，相对分子质量约 68000，其中的 Cu(Ⅱ) 能用二乙基氨荒酸盐（$HSSCNEt_2$）或 H_2S 除去，脱辅基酶蛋白则相当稳定，加入 Cu(Ⅱ) 后又可以完全恢复原来的活性。对表 5-8 中可以传输六个电子的天青蛋白质（azurin）和质体蓝素的结构最近特别引人注意。质体蓝素存在于高等植物和藻类的绿叶体中，该酶在光合作用的电子传输链中，可把一个电子从和细胞膜联结的细胞色素 f 传输至 P_{700} 叶绿素反应中心。天青蛋白看来是一些细菌呼吸链中电子传输的组成部分。这两种蛋白质都很小，而且都只有一个类型Ⅰ的铜原子。

表 5-8 二类铜蓝蛋白质[32]

蛋白质	相对分子质量	Cu 数	铜的类型	最大吸收/nm	消光系数/[L/(mol·cm)]	E_0'/mV
氧化酶						
漆酶	60000 141000	4	Ⅰ,Ⅱ,Ⅲ	730 615 532	≈500 1400 ≈300	450
抗坏血酸氧化酶	140000	8	Ⅰ,Ⅱ,Ⅲ	606 412	770 ≈500	
血浆铜蓝蛋白	132000	6	Ⅰ,Ⅱ,Ⅲ	605 370	1200 ≈500	300
传输电子蛋白质						
质体蓝素	10500	2	Ⅰ			
Azurin		1	Ⅰ	806 621 521 467	≈600 2800~3500 ≈300 ≈400	

表 5-9　牛血红细胞超氧离子歧化酶的性质

相对分子质量 31400	两个等同的单体
每个单体的氨基酸 151	等电点(pI)≈4.95
每个单体的金属 Cu：Zn=1：1	蓝绿色
吸收光谱	
$\quad\lambda_{最大}=2.58nm;\varepsilon_{最大}=10300L/(mol\cdot cm)$	
$\quad\lambda_{最大}=270nm,282nm,289nm;$肩	
$\quad\lambda_{最大}=680nm;\varepsilon_{最大}=300L/(mol\cdot cm)$	
ESR(77K)$g_m=2.080$	
氧化还原电位 $E^{0'}=0.42V$(取决于 pH 值)	$g_{//}=2.265cm^{-1}$　$A_{//}=0.015cm^{-1}$

在含铜的酶中，超氧离子歧化酶最为重要，如表 5-9 所示，BSOD 为一种由两个单体组成的酶。这个酶已有分辨率为 0.3nm 的 X 射线衍射结构。两个金属共有一个和组氨酸 61 侧链上的咪唑残基，如图 5-16 所示。绕铜离子的配位是畸变正方锥体。另外的供体是三个组氨酸（44,46,118）和一个水分子。Zn 的配位则是准四面体，其它两个也是组氨酸（65,78），另一个则是天冬氨酸（81）的羧基。所以，可以把这个酶的活性部位看作是由双异核组成的一种配合物。

除去这两种离子后的脱辅基蛋白也相当稳定，而且可以再接受各种离子。所以有可能制成各种各样由别种金属取代的超氧离子歧化酶

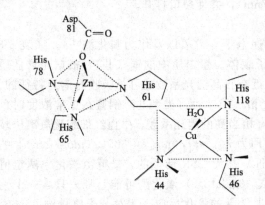

图 5-16　BSOD 活性部位的示意图

（表 5-10）。至目前为止，只制得了用 Ag(Ⅰ) 和 Co(Ⅱ) 以取代天赋 Cu(Ⅱ) 的产物，然而天赋 Zn 离子却可以为多种金属所取代。表中 Cu_2E_2BSOD 即表示去 Zn 的酶。

表 5-10　金属取代的 BSOD 的相对活性

天然酶	100	Cu_2Cu_2BSOD	100
脱辅基蛋白	0	E_2Co_2BSOD	0
Cu_2Co_2BSOD	90	FZn_2BSOD	0
Cu_2Co_2BSOD	90	$Ag(Ⅰ)_2Cu_2SOD$	5
Cu_2Cd_2BSOD	70		

由表 5-10 数据可见，天然酶中的铜离子乃是活性中心，而锌离子只起辅助的结构上的作用。所以，任何衍生物，只要铜还保持原位，就几乎能保持原来的活性。当然，铜在结构上也是能起作用的，可以使酶保持稳定。

在已被完全氧化的酶中加入 O_2^- 时可使颜色完全消失，相反，如在已被完全还原的酶中加入 O_2^-，却可以部分地保持颜色，这一现象表明铜在催化循环中可以交替氧化和还原。所以，这个酶的作用机理最可能是：

$$Cu(Ⅱ)(His^-)(HisH)_3+O_2^- \xrightarrow{H^+} Cu(Ⅰ)(HisH)_4+O_2$$

$$Cu(Ⅰ)(His)_4+O_2^- \xrightarrow{H^+} Cu(Ⅱ)(His^-)(His)_3+H_2O$$

最近，对 Cu_2Cd_2SOD 用 [123]Cd-NMR 研究确认，在催化循环中，His 在铜上质子化了。

以上虽然仅介绍了四种酶或酶类似物的结构和作用机理，但已足以概括地说明所有酶：脱辅基蛋白酶（溶菌酶）、金属活化酶（羧肽酶 A）、全酶包括金属酶（血红蛋白、歧化酶）、变构酶（血红蛋白）的催化（包括酸-碱和氧化-还原）本质。下面将结合酶的催化作用，探讨催化作用中一些带共同性的问题，为阐明催化的化学原理提供科学依据。

第三节　由酶的催化作用获得的启迪

生物催化剂（酶）是怎样作用的？回顾这段认识过程的历史，会把人们带到对这方面作出重要贡献的四位科学家面前：他们分别是 Fisher/Emil，J. B. S. Haldane、Pauling/Li-nus 和 G. S. Hammond。E. Fischer 是 1902 年的 Nobel 化学奖的获得者，他在化学和生物学的边缘处工作，从蔗糖转化酶的研究中，认识到它们中的许多都是绝对专一的，这些工作导致他得出底物和酶的关系就像钥匙及锁相匹配一样的论断[17]。这有很重要的现实性。现在，这样的类似性依然用来说明底物专一性的概念。因为这是后来通过对无数酶-底物配合物的晶体结构分析得到证实了的。

但是，这样简单的类比并不能解释酶为什么能完全促进化学反应。如果底物和酶完全结合在一起，那么，底物又怎样能进行任何反应呢？它应该能从这样的结合中简单地离开。Haldane 在 1930 年提出了一个走出这一两难境地的途径[18]。他的理论允许钥匙不完全固定在锁内，可以对其施加一定的应力。现在在酶的作用已可用大概可追溯到同一时期的过渡态理论得到很完善的解释[19,20]，众所周知后者是建立在化学反应动力学基础之上的。过渡态只是存在于产物和反应物之间过渡结构的一个概念上的模型。这种结构在反应径路上具有最高的能量，而反应径路则是从底物至产物。几乎像一条山间小路那样最方便的捷径。这样就可以论证，降低过渡态的能量就相当于加快反应的速度[21]。在过渡态理论中，过渡态被处理成犹如一个稳定单元，可把它写成方程式和计算出来。过渡态是一个很有用而且可以处理的模型[22]。

Haldane 认为，酶为了能使过渡态稳定，应该在结构上和过渡态（不是和底物）互补，L. Pauling 于 1946 年更加缜密地考察了这一理论，并且假定，如果酶确实以这种方式作用，那么，它就应该较之基态更加有效地和过渡态结合在一起。同时还应该和类似于过渡态的任何物质（过渡态的类似物）更加紧密的结合在一起，而不是和底物[23]。

Hamnond 假定[24]，过渡态在能量和结构上类似于一个不稳定的、沿反应坐标之前或之后的中间化合物（图 5-17），结构上的差别竟如此之少，以致不能影响到酶的活性位，这个模型的主要意义在于过渡态类似物和酶比底物结合得更加牢固——这一事实是从对许多反应和底物的研究中产生的。

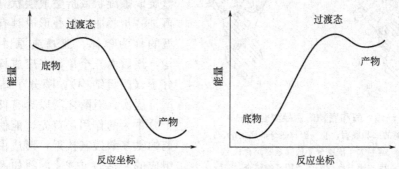

图 5-17　Hamnond 的假定

图 5-17 为 Hamnond 的假定（参见图 3-4）。

放能反应的过渡态沿反应坐标发生得早，在结构和能量上类似于底物，吸能情况恰好相反，过渡态能量和结构上类似于产物。

催化作用中带普遍意义的问题有四个：a. 活性部位的组成和构型；b. 催化作用力；c. 催化反应机理；d. 催化剂活性的调节。酶的催化作用在一定程度上为解答上述问题提供了不少直接的信息。

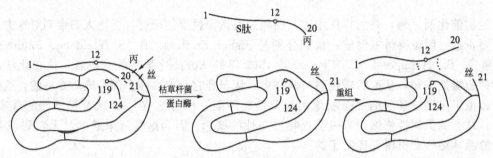

图 5-18 牛胰核糖核酸酶分子的切断和重组
○ 活性中心，组氨酸的残基；—— 二硫键，… 氢键或疏水键

一、活性部位的组成和构型

在催化反应中，催化剂无论是酶还是固化，通常总是假定只有很小一部分——活性中心直接和反应物（或底物）作用形成中间化合物。上述几种酶的结构和催化机理为这一问题提供了明确的证明。例如，溶菌酶虽由 129 个氨基酸所组成，但只有谷氨酸 35 和门冬氨酸 52 两种氨基酸作为活性中心直接参与反应[33]。羧肽酶 A 有 307 个氨基酸，而活性中心仅由精氨酸 145、酪氨基 248、谷氨酸 270 和锌离子所组成[34]。血红蛋白的活性中心为辅基血红素，超氧歧化酶的只是金属铜离子等。那么，作为催化剂的酶是大分子，除活性中心以外的部分在反应中有何作用？这是催化研究中为大家所关心的一个问题。

如图 5-7 所示，组成简单酶的氨基酸在形成多肽链（一级结构）后，通过部分盘旋成螺旋状或折叠成层状（二级结构），再进一步卷曲、折叠形成具有一定空间构型的称为单体、亚基或原巨体的三级结构，最后由几个单体齐聚成构象一定的酶分子（四级结构）。酶分子结构上的这种严格层次，对酶之所以具有催化功能起着十分重大的作用，首先这能使原来相互远离的氨基酸残基挨近，形成由若干个基团组成的"活性中心"，例如图 5-18 所示，由 124 个氨基酸组成的牛胰核糖核酸酶，

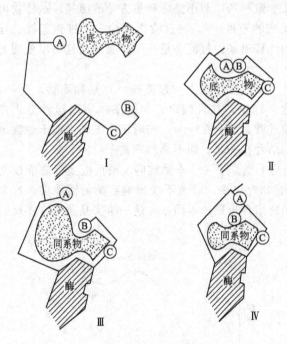

图 5-19 酶和底物的诱导契合模式
Ⅰ—游离的酶和底物；Ⅱ—酶与适合的底物结合；
Ⅲ—酶与大于底物分子的同系物结合；
Ⅳ—酶与小于底物分子的同系物结合；
ⒶⒷⒸ分别代表结合基团或催化基团

活性中心就是由相距 107 个氨基酸的组氨酸 12 和组氨酸 119，通过卷曲、折叠相互挨近而成[35]。实验证明，如果用枯草杆菌蛋白酶将该分子从丙氨酸 20 和丝氨酸 21 处切成两个肽链，则二者均无活性。如果在 pH＝7.00 的情况下，将二者以 1∶1 混合，酶活性即能重新恢复。此外，当底物和活性中心挨近时，尚能使酶的四级结构——构象发生变化（诱导契合），使底物处于对反应来说最好的空间状态［取向效应（orientation effect）］和尽可能地挨近活性中心，缩短反应距离［挨近效应（proximity effect）］（图 5-19）。可见，酶分子中有些氨基酸，尽管不直接参与反应，却有使底物按一定构型固定在酶分子上的作用，酶分子中的各种氨基酸都是反应的积极参与者。根据上述例子，不难看出，这些氨基酸残基的催化功能，可以大体上分成三类：第一类能和底物中的特定部位直接作用的，称为催化中心；另一类虽不能起催化作用，但能把底物固定在一定的位置上，决定酶的专一性，称为结合中心；大多数氨基酸的残基则可使酶分子保持特有的空间构象。酶分子各种基团对底物的作用已表示如图 3-48 所示。正是由于这些不同部位的协合作用，才使底物和酶能相互匹配，构成酶所独有的催化活性和专一性。

可以想象，在这样的反应环境下，在由酶和底物形成的复合物中，酶的活性中心对底物反应部位的进攻，将变得更加容易。这样一来，底物在酶催化下的反应，实质上就可看作一种特殊的分子内的反应。酶催化之所以具有较高反应速度，这被认为是其中一个原因。分子内和分子间反应相比，具有更高反应速度的例子很多。例如：

(1a) ……………… $k_1 \geqslant 0.02 \mathrm{g}^{-1}$

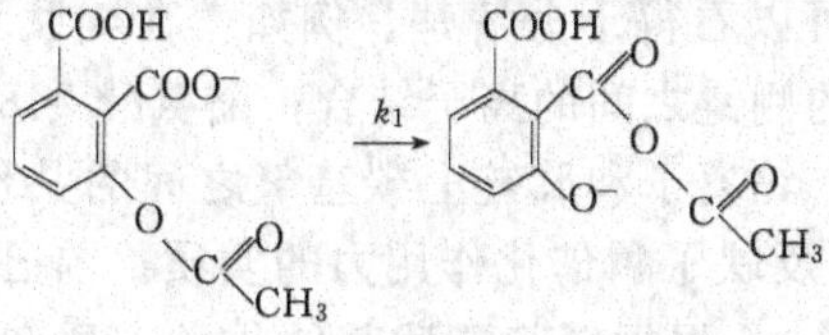

(1b) ……………… $k_2 \cong 10^{-10} \mathrm{mol}^{-1} \cdot \mathrm{dm}^3 \cdot \mathrm{s}^{-1}$

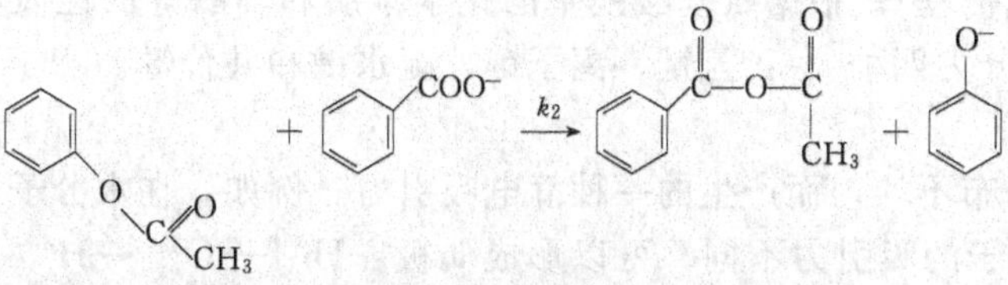

(2a) ……………… $k_1 \cong 0.167 \mathrm{s}^{-1}$

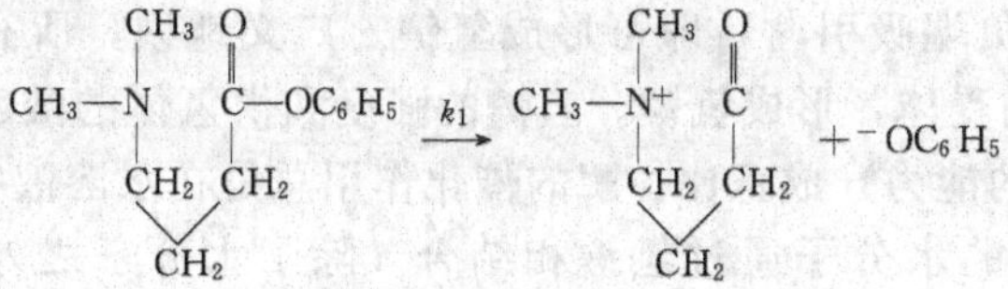

(2b) ……………… $k_2 = 1.33 \times 10^{-4} \mathrm{mol}^{-1} \cdot \mathrm{dm}^3 \cdot \mathrm{s}^{-1}$

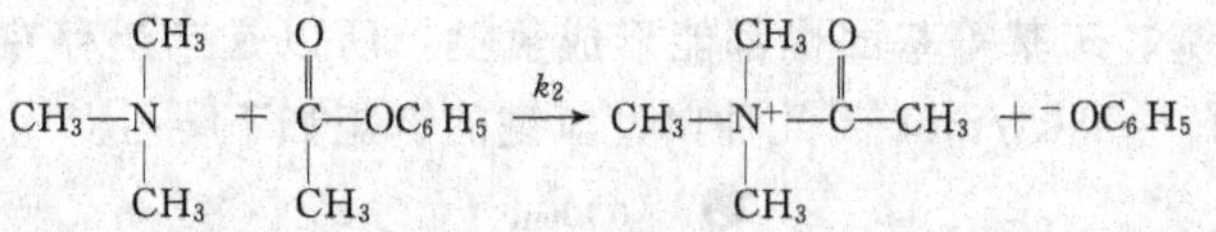

反应（1a）和反应（1b）给出的是乙酰水杨酸（阿司匹林）衍生物中的乙酰基，分别按分子内和分子间反应转位时的反应速度值——k_1 及 k_2 为这两个反应的一级和二级反应速度常数。由该值可见，使用相同浓度的乙酰水杨酸衍生物，要使两者有相同的反应速度，$C_6H_5COO^-$ 的浓度应为 $k_1/k_2 \geqslant 2 \times 10^7 \mathrm{mol/L}$。对反应（2a）和反应（2b），$k_1/k_2 = 1.3 \times 10^3 \mathrm{mol/L}$。由此可见，要使分子间的反应达到可和分子内反应相比的速度，其中一个反应物就非有很高的浓度不可。

反应（2a）和反应（2b）按分子内和分子间反应的热力学参数见表 5-11。由表中数据可见，分子内和分子间反应的 ΔH^* 值相差不大，而分子内反应的 $T\Delta S^*$ 值则较大。也就是说，熵值不同的两种反应的速度可以有明显差别。在分子间反应中，随着形成中间过渡态，平动及转动熵都有损失；而在分子内反应中，只失去内部的一部分转动熵。所以，从这个意义上讲，酶反应实质上乃是酶-底物复合物在酶的官能团作用下，在熵上很有利的一种反应。

表 5-11　分子内和分子间反应的热力学参数　　　　　单位：kJ/mol

	分子内反应 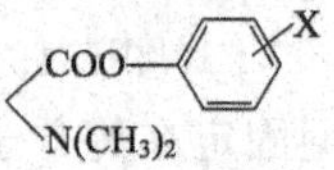 $\begin{array}{c}COO-\\N(CH_3)_2\end{array}$ 苯环-X		分子间反应 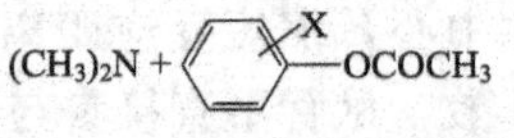 $(CH_3)_2N+$ 苯环-X -OCOCH$_3$	
X	ΔH^*	$T\Delta S^*$	ΔH^*	$T\Delta S^*$
对 NO$_2$	49.8	-7.9	51.5	-26.4
间 NO$_2$	48.1	-18.0	50.6	-33.5
对 Cl	66.5	-9.2	52.3	-38.1
H	52.3	-23.8	54.0	-39.3
对 CH$_3$	57.3	-21.3	—	—

二、催化作用力——互补原理[36]

催化的另一个重要问题是要明确回答，反应分子在催化剂作用下是怎样和为什么能改变其反应性能的。这就和催化的作用力有关。

根据生物化学反应中互补原理（principle of complimentarity）的要求，酶和底物接触处应该互补，这从上述几个例子可以看得十分清楚。例如，在羧肽酶 A 中，底物中带负电荷的羧基和精氨酸 145 带正电荷的侧链之间的离子结合；酪氨酸 248 羟基中的质子和多肽链中具有孤对电子的氮之间的氢键；锌离子和肽链上羰基氧之间的共价配位（配位键）；疏水残基 R^1 为疏水阱所束缚等，充分反映了酶催化作用力的实质。前已述及，酶的活性中心来源于氨基酸的残基和辅酶（或辅基）。根据氨基酸残基的化学本质和辅酶等的性质，已如图 5-6 所示。酶催化的作用力可分为四种[37]：氢键、离子键、疏水键和共价键。

（1）氢键

氢键是因结合键中电子分布不均匀而产生的一种静电吸引力。例如，在水分子中，由于 H—O 键中的电子对氧和氢原子的吸引力不同，可以形成偶极：$H^{+\delta} \rightarrow O^{\delta-} \leftarrow H^{\delta+}$，当偶极正端被另一能提供氢的偶极负端吸引时，即可形成氢键。广义地说，所有供电子基团（如 O：和 N：等）均可作为氢的受体，形成氢键。氢键的强度和供氢体的酸度（供氢能力）以及受氢体的碱度（接受质子的能力）成正比。酶的催化作用总是在水溶液中进行的，一个水分子的氧原子可以和两个别的水分子通过氢键相结合。除了水分子之外，其它如酰氨基（—CO—NH$_2$）、羟基、羧基、酚基、疏基等基团也都能形成氢键，所以是广泛存在于酶中的一种作用力。氢键键能估计为 12～38kJ/mol[38] 几种典型氢键的键矩如下[39]：

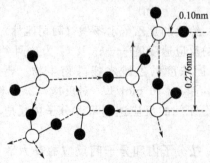

OH···O　0.27nm

OH···N　0.29nm

NH⋯O 0.30nm

NH⋯N 0.31nm

(2) 离子键（盐键）

正电荷和负电荷的吸引力较强。例如，羧酸离子和 NH_4^+ 或 Ca^{2+} 接触时，正、负电荷中心之间的距离约为 0.25nm，几乎相互接触。这种相互作用力亦可用库仑定律计算

$$F = 8.9875 \times 10^9 \frac{qq'}{r\varepsilon} N \tag{5-1}$$

式中，q、q' 为电荷，r 为电荷中心间的距离，ε 为介电常数。介电常数在真空中为 1.0，在烃类中约等于 2，而在水中则为 78.5。如果取 $\varepsilon=2$，$r=0.30nm$，那么，$F=7.7\times10^{14}N/mol$（在 Ca^{2+}—COO^- 的情况下，F 为此值的二倍）。这就是说，要把电荷移开 0.01nm 需要一个相当大的能量 7.7kJ/mol。但是，如果在水溶液中，就可以减少 40 倍。这样，静电力就不那么明显。可见，这种力在疏水条件下以及在极性小的溶剂中作用比较重要。另外，在水溶液中，离子的水合作用也很重要，它能影响静电作用力的许多方面，如对酸、碱的强度，金属离子和负电荷基团之间的键强等。

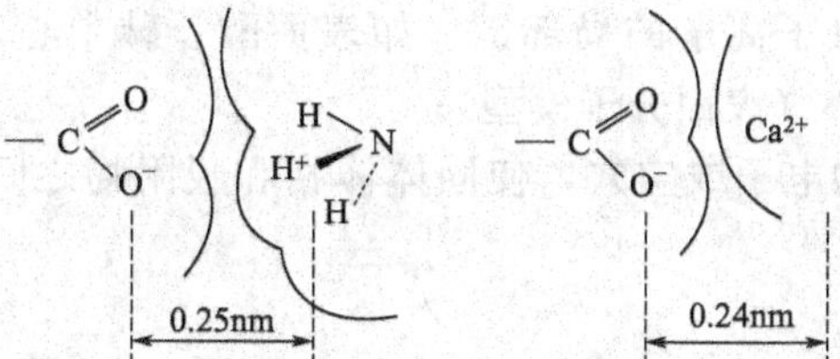

酶分子中广泛存在着像羟基、氨基等带电荷的极性侧链，它们很容易电离成带电基团，另外，金属阳离子（M^{n+}）都极易和底物分子中的互补基团相互作用形成盐键。所以离子键也是酶中一种极为重要的作用力。但是计算酶中静电效应的问题，因为结构上的不均一性特别困难[40]，例如，在酶分子中，介电常数和微环境有关，不是到处都一样的。

(3) 疏水键[41]

疏水键是一种常见的作用力。油脂、烃类以及带有非极性基团的物质之所以难溶于水，就是由于疏水键的作用。疏水键的形成原因至今尚不十分清楚。最为大家接受的是，认为由于疏水基团周围水分子的活动性受到限制，也就是说，水"结构"有所增加的关系。特别是在低温。这可以通过热力学函数的变化来说明。烃类溶解时，ΔH 变化很小，水分子活动受到限制，意味着熵发生明显减小。根据 $\Delta F = \Delta H - T\Delta S$，这时，自由能变化总是正值，说明烃类溶解过程较难进行。相反，当烃分子在水溶液中集聚时，由于烃分子相互接近的关系，疏水基团周围活动的水分子数将相应增加，熵就有所增加。这样，过程的 ΔF 就变为负值，过程即能自发进行。可见，疏水键严格来说，并非一般意义上的作用力，而是一种熵效应。

在酶分子的多肽链上存在着多种非极性侧链，如烷基、芳基。从以上例子可以看到，它们在酶催化中总是以疏水键的形式积极参与催化反应的。

(4) 共价键

前已述及，氨基酸残基中的一些中心原子带有孤对电子，因而具有很强的供电子性；有些残基，则由于内部某些原子对电子的吸引力特强，因而形成很强的吸电子基团，它们可以分别作为亲核或亲电子试剂，和底物通过共价键（配位键）相结合。例如，血红素和氧的结合，根据血红素吸氧后失去顺磁性认为，血红素中原来的亚铁离子，在未和氧结合时是"高自旋态"的，五个 3d 电子轨道中的四个，都有一个未成对电子；氧的结合导致其转化成"低自旋态"，使所有电子都配合成对，说明先由氧分子给予亚铁离子一对电子形成共价键。

血红素-氧配合物的稳定性尚能进一步通过铁原子的 3d 轨道向氧的 π^*-轨道转递电子，而形成反馈 π-键而提高。完全和过渡金属与烯烃形成 π-配合物相类似[42]：

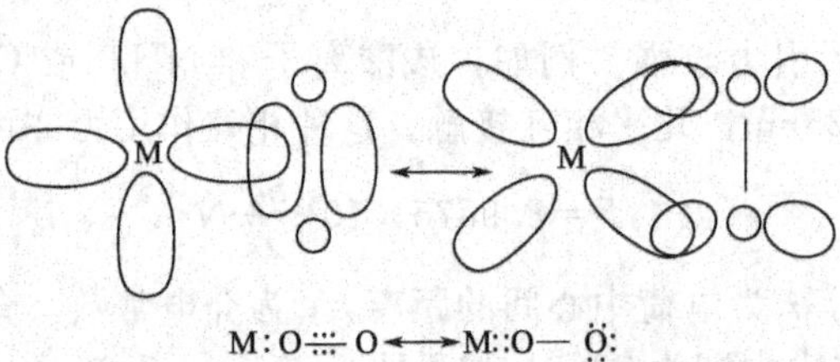

$$M:O \!\!\!\equiv\!\!\! O \longleftrightarrow M:O - \ddot{O}:$$

上述存在于酶催化中的几种催化作用力，对研究催化来说，具有普遍的意义。例如，均相酸、碱中催化剂 H^+ 或 OH^- 的离子性质、均相配位催化中金属离子的配位作用的共价性质，以及相转移催化中的疏水键的作用等，都是尽人皆知的。至于发生在固体催化剂表面上的催化作用力，根据众所周知的事实，即为了达到活化反应分子的目的，催化剂必须具备以下条件。

a. 强至足以使气体分子离解的局部键，如表面酸、碱中心，共价的悬空键（dangling 键），或不饱和的配位中心（表面分子模型）；

b. 可用于离子吸附的电子或空穴，使固体体相和吸附物之间能发生电子传递（刚体能带模型）；

c. 活性晶格原子。

只有具备其中条件之一才能判断，主要只有离子键和共价键[43]。

三、催化作用机理

酶催化反应，根据国际生物化学协会生物化学命名委员会（CBN）的建议，可以分为六大类：氧化-还原、转移、水解、裂解、异构和合成（连接）[2]。但就其作用机理而言，则类似于一般化学反应，可分为酸、碱催化（狭义的），共价催化（亲核和亲电子催化，广义的酸-碱催化）和氧化-还原。

（1）酸、碱催化

酶中的这类催化作用，如本书第四章第一节所述，也是以反应物的质子化或去质子为其特征的：

$$X - S: + H^+ \rightleftharpoons X - S^+ - H$$

以最常见的水解反应为例，在没有酸存在下酯类水解时，生成的是在水分子上有正电荷而在羰基氧上有负电荷的过渡态：

(1a)

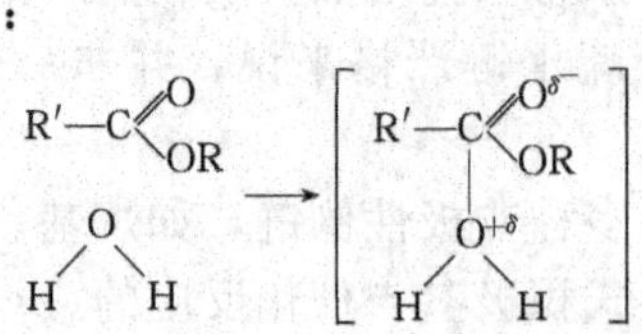

以及，醛缩醇水解时，生成的是在结构上和一个阳碳离子和一个醇盐离子类似的过渡态：

(2a)

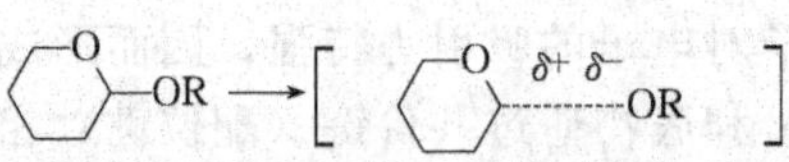

这些过渡态，由于正电荷和负电荷都不稳定的关系，对反应都是无用的。但是，如果正、负电荷能够被稳定，那么，由于降低了过渡态能量的关系，反应也就变得有利了。

（1a）中的正电荷可以通过把一个质子传递至碱：

(1b)

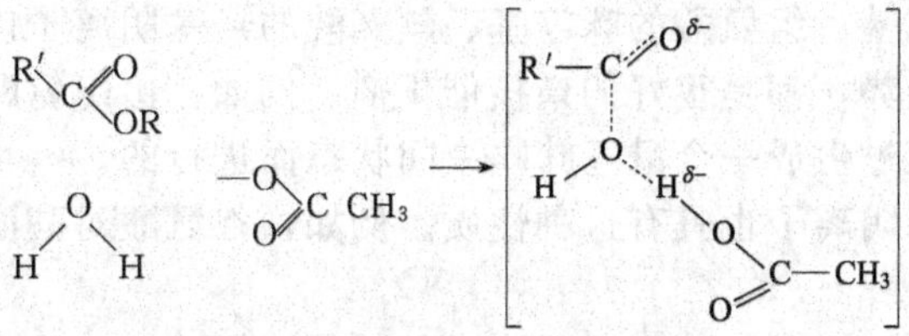

而（2a）中的负电荷，通过从酸向其传输一个质子：

(2b)

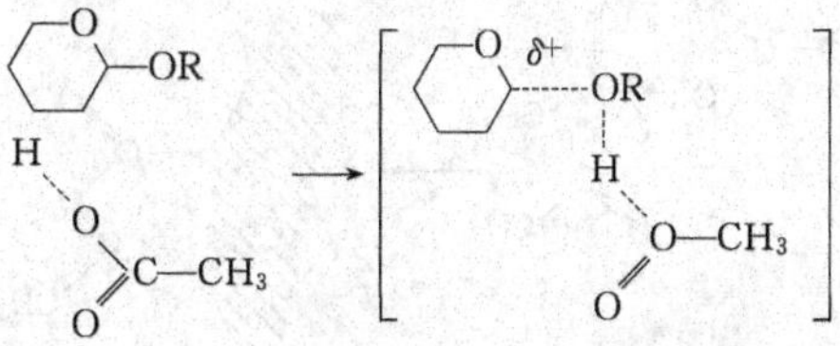

这样就可以获得稳定。反应（1b）即所谓的一般碱催化，而反应（2b）即为所谓的一般酸催化反应。

许多酶是极好的酸、碱催化剂。这是因为多肽链中的许多氨基酸，如精氨酸、天冬氨酸、谷氨酸、组氨酸、酪氨酸，它们的残基都具有明显的酸或碱的本质。实验证明，这些残基的催化性质和普通酸、碱的完全相同：实验观察到的反应速度常数，也可用常见的动力学公式来表示，它们和反应介质 pH 值的关系也都呈明显的钟形（图 3-41），同时还都符合 Brönsted 关系（图 3-42）。

酸、碱催化普遍存在于均相、多相和酶催化之中，这从以后要列举的固定化酶、离子交换树脂、分子筛等几种固体酸催化剂的作用机理，就足以看出它们之间的共同性了。所不同的只是酶的活性和选择性，比其它酸、碱催化剂的高。其主要原因，如上所述，除酶分子具有独特的结构，参与反应的基团都有严格的构型，可以使熵因素和溶剂化作用的影响减少到最小，和具有较多起催化作用的残基外，在酶介质中，质子还具有较大的转移速度（pH＝7 时为 $10^3 s^{-1}$）。

(2) 共价催化

共价催化是以反应物和催化剂之间形成共价键为特征的。一般分为亲核催化和亲电子催化。

A. 亲核催化

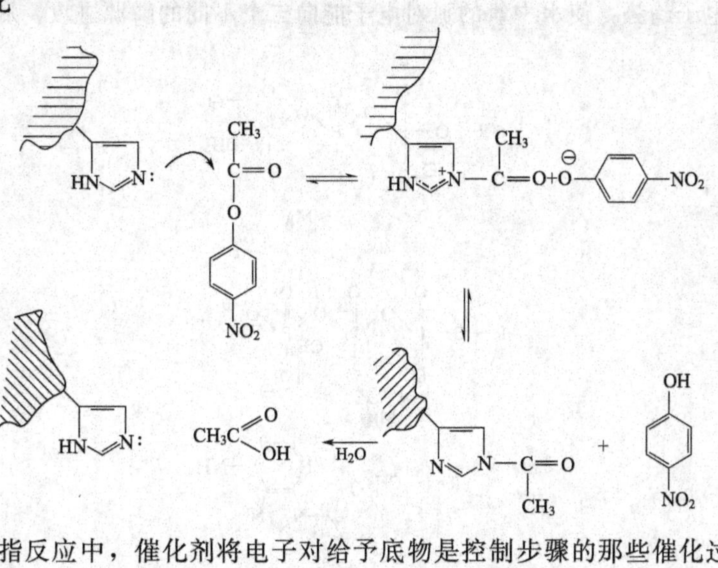

亲核催化是指反应中，催化剂将电子对给予底物是控制步骤的那些催化过程。一些酶的

侧链，如半胱氨酸的巯基、组氨酸的咪唑基、丝氨酸的羟基阴离子以及谷氨酸的羧酸阴离子等，都有很强的亲核趋势，都是很好的亲核催化剂。例如，由组氨酸的残基咪唑基所催化的酰基转移反应，就是通过生成一个酰基咪唑中间状态而进行的。

除了氮原子外，氧阴离子也具有这种性质。例如，谷氨酸对酸酐的水解作用，就是按亲核机理进行的：

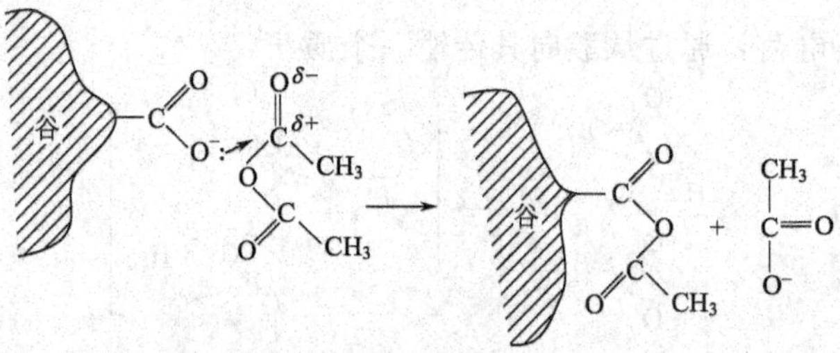

亲核催化剂的活性，一般与其碱强度有平行关系，但有时由于空间位阻和溶剂效应等影响，并非没有例外。

B. 亲电子催化

亲电子催化的控制步骤，是催化剂分子作为电子受体，从底物接受一对电子。酶中可以作为亲电子的基团，主要有金属离子[44]，辅酶或辅基[45]以及质子化的 Schiff 碱[45]。

酶中最重要的金属离子有 Cu^{2+}、Zn^{2+}、Fe^{2+}、Co^{2+}、Ni^{2+}、Ca^{2+}、Mg^{2+}、K^+ 和 Na^+。在至今已知的酶中，大概有 $\frac{1}{4}$ 的酶含有一个砌入三级结构中的金属离子（金属酶），或者为了达到完全的催化活性，至少有一个金属离子存在（金属活化酶）。金属活化酶对金属离子只有不大的亲和力，但却和金属酶一样，能和底物形成 1：1：1 的酶（E)-金属（M)-底物（S）三元复合物。金属离子在酶中，不仅具有稳定三级和四级结构的作用，其最主要的功能还是它们明显的吸电子趋势（Lewis 酸），能和底物通过 σ-键或反馈 π-键相结合，形成具有特定几何构型的 E-M-S 复合物，把底物固定在一个对反应来说特别合适的位置上，从而达到提高酶的选择性和活性的目的。近几年来，研究这些金属离子在生物过程中的作用，特别是在酶中的催化作用，引起了广泛的重视。前面介绍过的血红蛋白中的铁离子和羧肽酶 A 中的锌离子以及超氧离子歧化酶中的铜离子和锌离子，就是这方面的典型例子。另外，像三磷腺酸盐在镁离子存在下的水解过程，认为也是由于 Mg^{2+} 在 E—M—S 复合物中具有强烈的亲电子趋势，使水中氧的孤对电子能向二个不同的磷源进攻，从而提高其水解活性的：

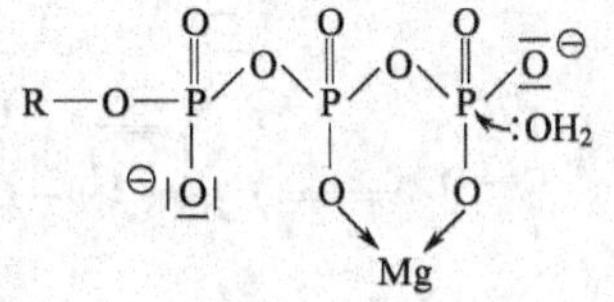

或

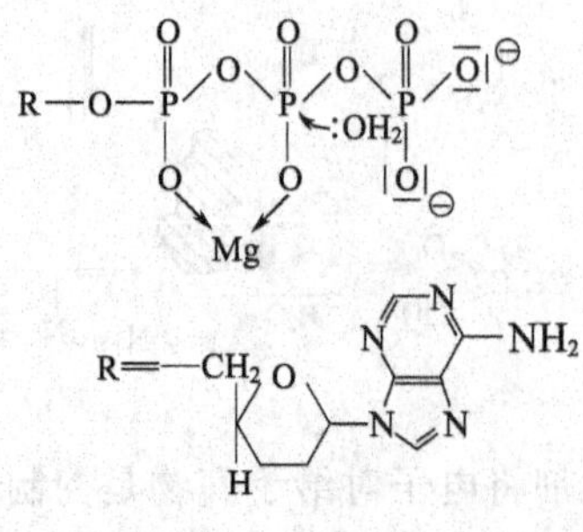

金属离子对酶的催化性能有明显影响，例如，前述羧肽酶 A 中的锌离子被其它金属离子取代时，羧肽酶 A 对裂解肽链和裂解酯的活性，可以发生明显变化（表 5-12），变更超氧歧化酶中的离子也有相同的效果（表 5-10）。关于不同金属离子对酶活性影响的原因至今尚不太清楚。人们假定，例如，对锰来说，可以有一个水分子成为金属的第五个配体，而在铜的情况下，只能证明有两个配体（His 69 和 His 196）。锰和铜的活性之所以下降，显然是由于活性中心的几何学被破坏的缘故。

表 5-12　各种金属羧肽酶 A 的活性

金属名称	肽酶活性/%	酯酶活性/%	金属名称	肽酶活性/%	酯酶活性/%
Zn	100	100	Cu	0	0
Co	160	95	Hg	0	116
Ni	106	87	Cd	0	150
Mn	8	35	Pb	0	52

质子化的 Schiff 碱，具有很强的吸电子能力，甚至可以作为一种电子阱。例如，在乙酰基乙酸为乙酰乙酸脱羧酶脱羧反应中；反应物就是先和赖氨酸残基的 ε-胺基结合成质子化的 Schiff 碱，由于质子化的氮具有强烈的亲电子性质，通过内部电子转移，即可离解出一个 CO_2，最后再通过电子重排，又重新生成标准的 Schiff 碱，并水解成酮和酶[46]。

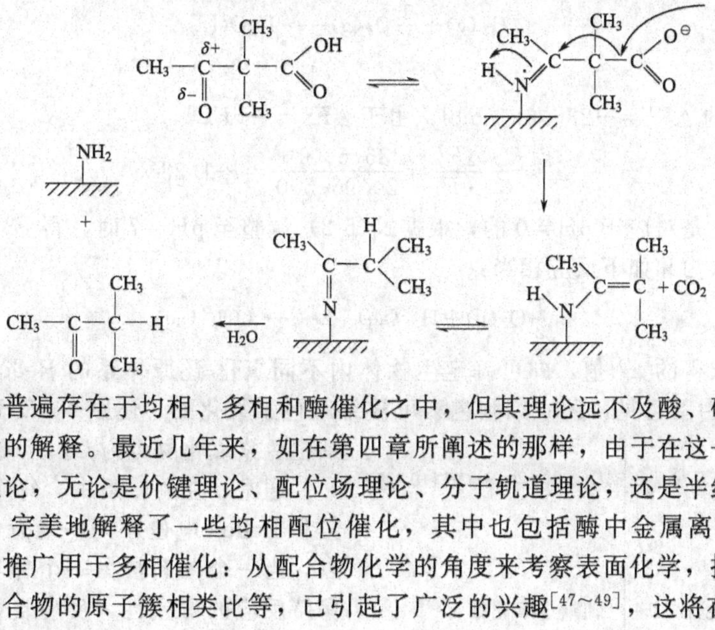

共价催化也普遍存在于均相、多相和酶催化之中，但其理论远不及酸、碱催化那样，尚不能作出半定量的解释。最近几年来，如在第四章所阐述的那样，由于在这一领域内，成功地利用配位键理论，无论是价键理论、配位场理论、分子轨道理论，还是半经验的硬软酸碱（HSAB）理论，完美地解释了一些均相配位催化，其中也包括酶中金属离子的催化作用。目前把这一成果推广用于多相催化：从配合物化学的角度来考察表面化学，把表面金属原子或离子和多核配合物的原子簇相类比等，已引起了广泛的兴趣[47~49]，这将在本书的以后数章中作较详细的介绍。

(3) 氧化-还原机理

氧化-还原通常是指反应物得电子或失电子的过程。但是从反应机理看，这并不完整；还要区分是电子传递还是原子传递的问题。因为在有些氧化-还原反应中，除了电子传递之外，尚有原子或基团的传递，例如，卤素和碱的反应：

$$X_2 + OH^- \longrightarrow X^- + XOH$$

通常都认为是氧化还原反应（X 的氧化态自 0 变至 +1 和 -1）。然而从机理来看，既可以看作 $S_N 2$ 亲核反应（OH^- 对 X^-），也可以看作把 X^+ 当作 Lewis 酸的酸碱反应。特别是在水溶液中，宁可把它看作原子或基团的传递，而不是电子的传递。例如，Fe(Ⅱ) 离子作为还原剂，是因为氢原子自水合界向底物传递的关系。

$$Fe(H_2O)_6^{2+} + R \cdot \longrightarrow Fe(H_2O)_5OH^{3+} + RH$$

Fe(Ⅲ) 作为氧化剂,是由于羟基向底物传递的关系:

$$Fe(H_2O)_6^{3+} + R \cdot \longrightarrow Fe(H_2O)_5^{2+} + H^+ + ROH$$

概言之,传递一个正电荷基团或原子,相当于传递一个电子,而传递一个负电荷基团或原子则相当于接受一个电子。

一般地说,生物体内氧化-还原体系的 Redox 电位介于氢电极和氧电极的 Redox 电位之间。根据定义,氢电极 (NHE) 的 $E^0 = 0.0V$,这个值是相对于 pH=0 时的。联系到反应:

$$H^+(aq) + e \longrightarrow \frac{1}{2}H_2$$

这个值对质子而言,必须调整到相对于 pH=7 时的。氢电极于 25℃ 和 37℃,pH=7 时的电位 $E^{0'}$ 可由式(5-2) 和式(5-3) 分别计算出来。

$$E^{0'} = E_0 - 0.059 \times pH (25℃) \tag{5-2}$$

$$E^{0'} = E_0 - 0.061 \times pH (37℃) \tag{5-3}$$

25℃ 时的 $E^{0'} = -0.42V$。对氧电极不可能直接算出这样的值,因为反应 $\frac{1}{2}O_2(g) + 2e \longrightarrow O^{2-}(aq)$ 不总是可逆的。

但从热力学数据可以算出一个氢-氧电池的 emf。反应:

$$H_2(g) + \frac{1}{2}O_2(g) \longrightarrow H_2O(l)$$

在 25℃ 时的 $\Delta F^0 = -236.6kJ/mol$,由于 $\Delta F^0 = -nFE^0$,

$$E^0 = -\frac{\Delta F^0}{nF} = \frac{236.6 \times 10^3}{2 \times 96.500} = +1.23V$$

+1.23V 也是对应于 pH=0 的,根据式(5-2) 调整至 pH=7 时,得 $E^{0'} = +0.82V$。这个值习惯上被认为和如下反应相当:

$$\frac{1}{2}O_2(g) + H^+(aq) + 2e \longrightarrow OH^-(aq)$$

根据这样求得的 $E^{0'}$ 值,即可确定生物体内不同氧化-还原体系的 Redox 电位序列,如图 5-20 所示。由图可见,还原细胞色素可被细胞色素氧化酶、还原 NADH 可为黄素蛋白、细胞色素氧化酶可为 O_2 所氧化等。

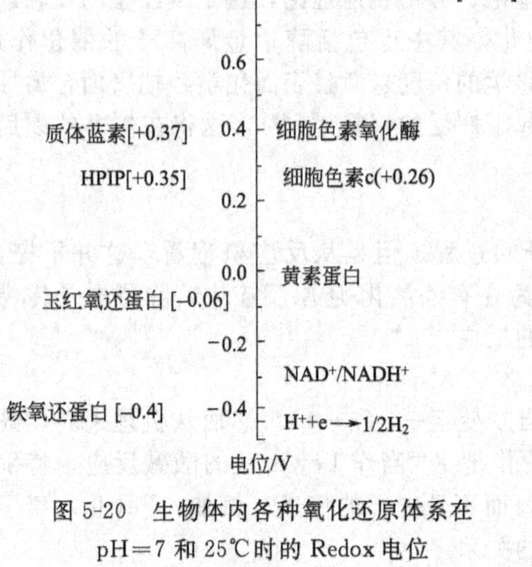

通常,在酶体系中,每个氧化-还原体系只和 Redox 电位序列中最近邻的相反应。所以,当一个体系被另一个体系氧化时,为了保持反应的可逆性,反应自由能的变化并不是太大的。

在酶催化的氧化-还原反应中,可以把催化剂-酶看作一种氧化-还原体系。当反应分子与之作用时,也会发生如下的氧化-还原反应:

$$X\text{—}S: + 氧化剂 \Longrightarrow X\text{—}S^+ + 还原剂$$

可以看出,这种可逆的氧化-还原作用,能在反应中心处使电子密度发生不太大的变化,无需消耗大量的能,显然,这是一种特

图 5-20 生物体内各种氧化还原体系在
pH=7 和 25℃ 时的 Redox 电位

别可取的机理。在酶反应中，有许多过程是通过这种低能通道进行的。例如，生物体内线粒体氧化体系中的呼吸链，如第三章中介绍的那样，就是由一系列包括 NAD^+、FMN、辅酶 Q、多种细胞色素在内的可以催化可逆氧化-还原反应的酶组成的[50]。

(a) NAD^+（烟酰胺腺嘌呤二核苷酸，辅酶 I）或 $NADP^+$（磷酸烟酰胺腺嘌呤二核苷酸，辅酶 II）是许多脱氢酶的辅酶，其特点是分子中都含有烟酰胺，可以进行可逆的加氢（还原）与脱氢（氧化）。因此，它们是递氢体。但反应时它们只接受一个氢原子和一个电子，而将另一个 H^+ 留在介质中。

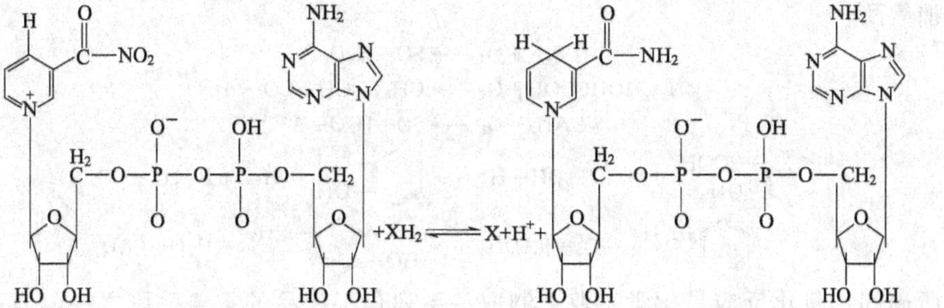

(b) FMN（黄素单核苷酸）或 FAD（黄素腺嘌呤二核苷酸）是 NADH 脱氢酶的辅酶，均含有维生素 B_2（核黄素），它的异咯嗪部分可以进行脱氢和加氢反应，所以也是递氢体。但和 NAD^+ 及 $NADP^+$ 不同，能传递两个氢原子。然而还原过程是按两步进行的，中间生成相当稳定的中间化合物半醌，因为后者有许多异嘧嗪结构的共振式：

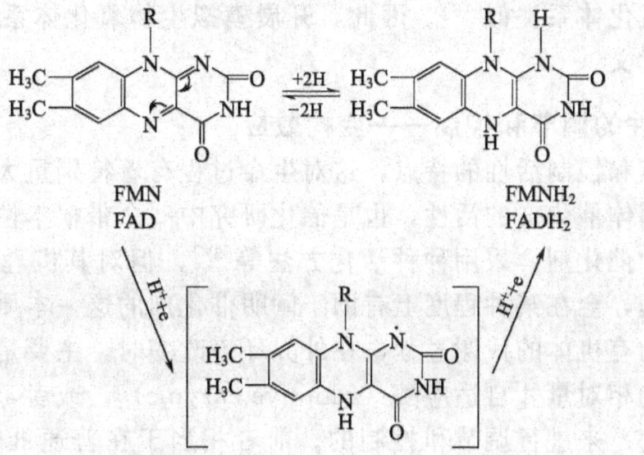

(c) 辅酶 Q(CoQ) 是一种脂溶性醌类化合物，属于递氢体。

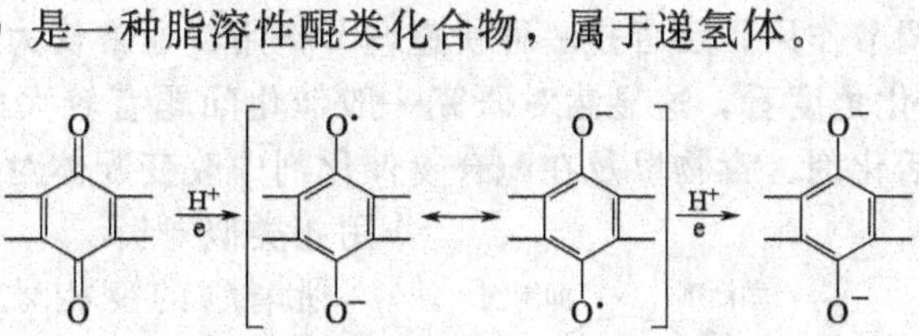

(d) 细胞色素都是以铁卟啉为辅基的蛋白质，和血红蛋白类似。细胞色素分子中的金属离子能进行可逆的氧化-还原反应。电子通过它们之间的相互传递（电子载体），最后传递给氧，生成氧离子并与氢离子生成水。每个细胞色素分子只能传递一个电子。

$$2Cyt\text{-}M^{n+} + 2e \rightleftharpoons 2Cyt\text{-}M^{(n-1)+}$$

$$2Cyt\text{-}M^{(n-1)+} + \frac{1}{2}O_2 \rightleftharpoons 2Cyt\text{-}M^{n+} + O^{2-}$$

$$O^{2-} + 2H^+ \longrightarrow H_2O$$

生物体内的氧化反应，除了线粒体氧化体系外，还有一种微粒体氧化体系。这是在微粒体中进行的氧原子直接加入反应底物的氧化反应，与前者不同之处是不产生腺苷三磷酸（ATP），即在反应中不贮存能量。催化剂有双加氧酶[51]和单加氧酶或混合功能氧化酶[52]。双加氧酶如：

$$S + O_2 \longrightarrow SO_2$$

C$_{10}$H$_{12}$CH=CH—C$_{10}$H$_{12}$
β-胡萝卜素
$\xrightarrow{O_2}$ 2
C$_{10}$H$_{12}$CHO
视黄醛

单加氧酶：

$$SH_2 + O_2 \longrightarrow SO + H_2O$$
$$CH_3CHOHCOOH + O_2 \longrightarrow CH_3COOH + CO_2 + H_2O$$
$$S + AH_2 + O_2 \longrightarrow SO + H_2O + A$$

（苯环）COOH OH $+ O_2 + NADH + H^+ \longrightarrow$ （苯环）OH OH $+ H_2O + NAD^+ + CO_2$

（苯环）NH$_2$ $+ O_2 + FADH_2 \longrightarrow$ HO（苯环）NH$_2$ $+ H_2O + FAD$

众所周知，氧化反应是化学工业上制取一系列化工产品的重要手段之一，但和生物体内的氧化反应相比，大都是在较剧烈的条件下进行的，选择性很差。许多有重大实际意义的氧化反应，无论是多相的，还是均相的，前者如在一系列氧化物催化剂上进行的，例如丁烯、乙苯的氧化脱氢、丙烯氨氧化、甲醇氧化等[53,54]，后者如由乙烯制乙醛等[55]，无一不是由一系列催化剂所催化的氧化-还原反应所组成，十分类似于生物体内的线粒体体系。而许多烃类的加氧反应，也无论是均相还是多相，诸如，烯烃的环氧化、烃类过氧化物的合成等[56]，也都和微粒体内的氧化体系类似。因此，开展模拟生物氧化体系的研究，显然有着重大的实际意义和理论意义。

四、催化剂活性的调节和控制——变构效应

酶具有自行调节和控制活性的特点，这对生命过程有着特别重大的意义。怎样控制和调节催化剂，特别是固体催化剂的活性，也是催化研究中一个带根本性的问题。尽管已有不少方案，例如，添加助催化剂，采用种种活化方法等[57]，但对其机理可以说还很不清楚。研究酶活性的调节机理，会在某种程度上有助于阐明催化剂的这一本质问题。

由酶反应组成的有机体的代谢过程，在外界环境改变时，主要是通过改变酶分子合成或降解速度，即对酶的相对量〔自适应酶（adoptive enzyme）〕，或者，通过激活或抑制酶的活性（变构酶或组成酶）来进行调节和控制的。前者相当于在普通催化过程中增添催化剂的量，是一种较缓慢的调节作用；后者是一种快速调节作用，通常认为是通过酶分子结构的变化来实现的[58]。从催化角度看，这显然对研究一般催化问题有较大的参考价值。因为这和在固体催化剂中添加活化剂、毒物以及在配合物催化剂中改变配体对催化剂引起的所谓调变作用相类似[59]。

所谓酶的变构效应（allosteric effect），就是酶分子和变构剂（激活剂和抑制剂的总称）结合时，由于酶分子发生某种构型变化，使酶和底物结合部位的活性状态发生某种变化的一种作用。变构酶通常均由两个以上称为单体的亚基组成的齐聚物。某个亚基都具有能与相应配体（底物和变构剂）结合的部位，而且至少能以两种不同的构象存

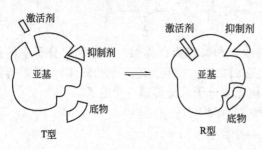

图 5-21　变构酶亚基的不同结合部位和构象

在，活性状态 R 和非活性状态 T(图 5-21)。在一种构象状态下，所有亚基对配体都具有相同的亲和力。为了说明这种变构调节作用，有人提出了所谓"协同（concerted)"、"全体和全无（all or none)"或"双态（two state)"模型[60]。即当酶分子中有一个亚基的构象变动时，所有其它亚基也都被迫进行同样的变化：T⇌R。使酶由"休息"状态立刻跃入"活性"状态，或者相反。还有人提出了另一个所谓"诱导契合"模型[61]，认为 T⇌R 是由一个配体诱导后依次发生的，即只要一个亚基和配体结合，其它亚基就更加容易地和配体依次结合了（图 5-22)。这两种模型实际上是两种极限状态，通常观察到的调节行为位于这二者之间[63]，因此还有把二者结合在一起的模型[63]，但结果较为复杂，无法实际应用。

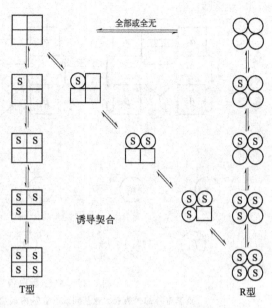

图 5-22　酶分子的变构模型

　　一个最简单的变构过程如图 5-23 所示[64]。T-状态中的两个亚基，借非共价键通过 a-b 对相结合，改变成 R-状态时，c-d 对相结合更有利于底物和 R-状态相结合。可见，当酶从 R-状态和 T-状态往复发生构象变化时，实质上和固定亚基的非共价键的重排有关。例如，脱氧血红蛋白分子具有比较稳定的构型（T 型)，它和氧的结合能力，较单一的 α-亚基或 β-亚基为弱，这是由于脱氧血红蛋白分子中存在八个盐键，使分子的构型受到约束，不利于和氧的结合（参考图 5-24)。脱氧血红蛋白亚基中的血红素铁上有五个连接键，此时它的直径较大，不能全部嵌入卟啉环平面。当一个 α-亚基与氧结合后，血红素铁的直径缩小 0.017nm，可落入卟啉环平面中，

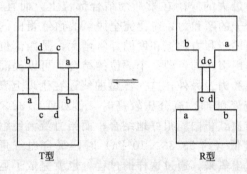

图 5-23　一个最简单的变构过程

发生 0.075nm 的位移。同时 α-亚基的三级结构发生相应变化，使脱氧血红蛋白的约束力减弱，其余亚基对氧的亲和力增强，以致逐步与氧结合。氧合的亚基愈多，盐键愈少，其余亚基与氧结合的速度也愈快。如最后一个 β-亚基与氧结合的速度可较第一个快数百倍。氧合反应最后使盐键全部断裂，整个血红蛋白分子变成氧合血红蛋白构型（R 型)（图 5-24)。

　　酶的变构作用在动力学行为上有一个明显特点，即变构酶的反应速度 (v) 随底物浓度的变化曲线，不呈普通的等轴双曲线形，不符合 Michaelis-Menten 方程，而是呈 S 型变化（图 5-25)，符合两个以上的反应分子——底物或变构剂和酶相结合，以及在结合分子间发生某种相互作用而推导出来的动力学方程。血红蛋白的氧离解曲线随氧分压的变化，就是如曲线 b 所示，呈 S 型变化。这一 S 型曲线，适合于由 G. S. Adair 方程：

$$Hb \underset{K_1, O_2}{\rightleftharpoons} HbO_2 \underset{K_2, O_2}{\rightleftharpoons} Hb(O_2)_2 \underset{K_3, O_2}{\rightleftharpoons} Hb(O_2)_3 \underset{K_4, O_2}{\rightleftharpoons} Hb(O_2)_4$$

$$K_1 = \frac{[HbO_2]}{[Hb][O_2]}; \quad K_2 = \frac{[Hb(O_2)_2]}{[HbO_2][O_2]} \cdots \tag{5-4}$$

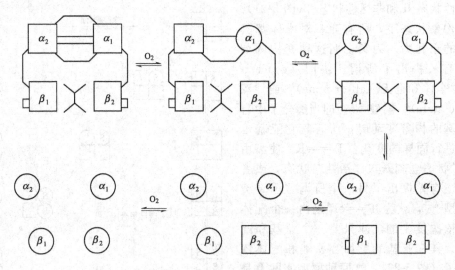

图 5-24 血红蛋白各亚基的逐步氧合过程

亚基框外的线条表示亚基间或 β-亚基内的盐桥，亚基框成为圆形表示已变构和氧合，
两个 β-亚基之间 "X" 状线条表示 2,3-二磷酸甘油酸（2,3-DPG）

求得的血红蛋白的四个连续键合常数[65]，如表 5-13 所示[66]。值得惊讶的是血红蛋白和第四个氧结合时的亲和力要比和第一个氧结合时的高百至千倍。这当然不能简单地用四个有不同亲和力的相互无作用的部位来说明，因为如果是这样，亲和力最大的应落在第一个结合部位上，而且，部分配位的分子的亲和力，应比完全脱氧的血红蛋白的小。显然，上述亲和力随饱和度的异常增大，是因部位之间的相互作用引起的，即一个部位的结合，可以提高另一部位的亲和力。另外，这一 S 型曲线还在生理上表明，当血液流经肺部，氧分压较高时（例如 133.32×10^2 Pa），氧与血红蛋白能很好地结合；而当血液流经组织，氧分压较低（约 53.33×10^2 Pa）时，氧合血红蛋白即可解离放出氧来，通过这样的过程，也就完成了运输氧的功能。肌红蛋白和氧的结合力很强，故氧的解离曲线呈 a 型，因此，它只有储氧的功能。

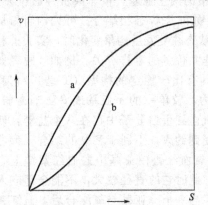

图 5-25 符合 Michaelis-Menten 动力学
方程的酶和符合 S 型动力学方程的
变构酶的 S 和 v 之间的关系
a—符合 Michaelis-Menten 动力学方程酶；
b—符合 S 型动力学方程的变构酶

从以上介绍可见，变构剂对酶活性的调节，是通过在结合底物以外的部位上和酶结合完成的。这完全满足了酶对专一性的要求。因为如果允许变构剂和底物在酶的同一部位上结合，这就要求二者具有相似的结构；相反，如果不同分子有各自的结合部位，那么，即使它们结构不同，也可以很好满足专一性的要求。这和目前处理催化剂调变作用时常用的概念不同。这里往往假定活化剂和毒物，是直接影响那些和底物结合的部位

表 5-13　血红蛋白和氧结合的 Adair 常数（Pa）[66]

2,3-二磷酸甘油酸酯	K_1	K_2	K_3	K_4
0	3.20	≈9.73	≈11.47	986.58
2	1.33	≈3.07	≈1.07	1493.21

注：反应条件：温度为 25℃；pH=7.4；NaCl 浓度为 0.1mol/L。

的[67]，而不是像酶那样，通过和催化剂的别的部位相结合，从而改变酶的结构，间接地影响酶和底物结合的那些部位的活性的。这就使人想到，酶的这种变构作用，十分类似于在均相配位催化中遇到的，由于改变配体而使配合物主体结构发生变化的例子。例如，在氧化加成反应中，反应物就是通过配合物主体构型的变化，才和催化剂配位和发生反应的。例如：

$$
\begin{array}{ccccc}
\underset{L}{\overset{L}{Rh^{I}}}\underset{Cl}{\overset{L}{}} & \xrightarrow{H_2} & \underset{L\ H}{\overset{L\ H}{Rh^{III}}}\underset{Cl}{} & \xrightarrow[-L]{CH_2=CHR} & \underset{L\ H}{\overset{L\ H}{Rh^{III}}}\underset{Cl}{}\ \ \underset{CHR}{\overset{CH_2}{\|}}
\end{array}
$$

$$
CH_3-CH_2R + \underset{L}{\overset{L}{Rh^{I}}}\underset{Cl}{\overset{L}{}} \longleftarrow \underset{L\ H}{\overset{L\ H}{Rh^{III}}}\underset{Cl}{}\ CH_2CH_2R
$$

第四节　生物催化剂(酶)的工业应用

生物催化工业涵盖以开发实用生物催化剂和生物催化工艺为目的的广泛的科学和技术。生物催化剂的自然范围相当广，可能提供无数的催化剂，包括酶、酶复合物、细胞器，或者整个细胞——所有植物或动物源的微生物细胞。但是，对自然界可提供的催化能量的广泛范围依旧需要作广泛的探究。现在只有很少一部分已知的生物催化剂确实已有商业规模的应用，据估计大概在 4000 种已知的酶中，只有 400 种已可由商业提供，而且其中只有 40 种确实已在工业上使用。

生物催化剂一般地说，比化学催化剂更为有效，典型地说，酶的转化数每秒大于或等于 100000，而从均相和多相催化剂所观察到的只有 $0.01\sim1s^{-1}$。另外，酶能在较相对温和、环境友好的条件下进行操作，同时也常常能在较高的底物浓度、特定分子部位以及选择对映体的情况下进行操作。然而，生物催化剂的应用还处在初级阶段，由于种种原因，现在并不能像化学催化剂一样，惯常地应用于化学工业之中，这是因为对工业上所需的化学转化，在自然界中未必都能找到可用的生物催化剂，而且即使能发现适用的酶，但数量和价格上还都很难满足。同时，生物催化剂是否能经受不稳定的底物/产物的影响，也会受到一定限制。另外有些酶在工作中还需要使用一种称之为辅因子的附加试剂（这是一种可以解离的小分子，主要用来提高酶的活性和在酶催化剂的氧化-还原反应中提供反应所需的当量还原剂和氧化剂），后者在反应中循环使用，可使过程成本降低到可接受的程度。虽然在设计辅因子再生系统方面已有很好进展，而且在体内利用整细胞以获取有效的辅因子再循环的体系也已初见端倪，可能解决这一问题，尽管如此，人类毕竟对自然的生物催化剂知之甚少，在应用生物催化剂的领域内，依然还有不少问题有待解决。

一般地说，生物催化过程较之化学生产方法是更加环境友好的。这可以使前者在政治和社会宣传上具有更大的说服力。但是事实上这并不一定正确，已有许多很好开发的环境友好化学工艺，产物/废弃物的比值较之生物催化的更好。所以生物催化过程的潜在效益需要一个个地进行考查。看来，通过设计出杂化的工艺把化学催化和生物催化二者很好地结合起来，可能会获得最有利的方案。

另一个可以明显归功于在实际生产中使用生物催化剂的重要因素，是前十年间许多生物催化工艺，在分子生物学的指导下得到了长足的进步。这就是允许任意过量地生产和重新设计酶以及主要通过基因、蛋白质和代谢工程重新更改代谢流，结果使生物催化剂能够迅速增加产量和降低成本，而且，这些又都是结构复杂，难以用化学方法合成，可用于精细和药物合成之中的一些手征性催化剂，这在一定意义上达到了可裁剪以满足特殊需要的目的。进一步阐明天然生物催化剂多样性和通过基因工程裁剪酶，无疑会进一步改进可为实际需要提供特性并搁置的生物催化剂。这是一个很受鼓舞的生物催化剂的应用远景。

一、采用生物催化工艺的依据

生物催化剂在化学中作为试剂，正在变得越来越熟悉，然而，考虑到在工业上的应用时，仍有一些难予解决的问题。这是由于对由自然界提供的这类催化剂还很不熟悉的缘故。

在本节开始之时先集中从战略上讨论一下在什么情况下使用生物催化剂才有优势要作怎样的安排才能优化其利用？目前业内人士对这一问题已归纳出一些判据，列于表 5-14 中，供读者讨论时参考。其后，对所选择的生物催化剂的应用，采用离析酶或者使用时采用固定化酶，还是通过细胞进行考查，并把注意力集中在每一类酶上，对每一类酶的应用范围以及近来的进展作些讨论。

表 5-14 决定什么时候和怎样利用生物催化剂的依据[68]

层次	应考虑的问题	层次	应考虑的问题
反应	化学转化还是生物催化	生物反应器	标准的还是新的
生物催化剂	离折酶还是整体细胞	操作	（供料）间歇式还是连续式
形式	自由的还是固定化的	总体	反应/过程中的步骤/总包过程
介质	水还是有机溶剂		

第一个问题要回答生物催化比熟知的化学转化是否更加吸引人。这一起始决断需要考虑的方面有：可用性、反应物及其它介质组分的纯度和价格、所含反应步骤数、选择性和产率、反应条件、产品精制的难易、最终产品的质量以及环保方面（绿色性）的问题等。实验已经显示，只有大多数因素对生物催化工艺有利时生物催化工艺才能作为有效可代替的方法。

已于本书第二章第六节之三介绍过的 6-氨基青霉烷酸（6APA）的生产就是一个解释用生物催化取代化学转化的好例子：化学合成由三步组成，需用苛刻的试剂，环境不友好的溶剂二氯甲烷和低温（-40℃）操作。相反，酶法只有一步，使用的条件温和，只需要生物催化剂和底物。在这样的考虑之下，在过去几年间，生物催化剂已大部分取代了 6APA 的化学合成。酶法使用的是分别由 Bovista plumbea 真菌和 E. Coli 霉菌获得的固定化青霉素 V 或 G 乙酰酶衍生物。生产力为每克固定化酶可得高达 2000kg 6-APA，操作寿命超过 10^3 h[69]。

第二个决断层次涉及生物催化剂的形状，也就是整个细胞、细胞器、酶的复合物、粗酶制剂还是离折酶、整个的还是自由的或固定化的、可用性、价格、需用的辅因子等，都是在这个层次上应考虑之点。和固定化相结合的价格显然应该通过开发更有效的工艺重新获得。

通过整体细胞工程化的生物催化工艺的例子可以举靛蓝"从绿色道路至蓝色染料"的生物合成[70]。一个世纪以前，只能从软体动物和从欧洲菘蓝和亚洲靛青树的叶子发酵获得少量靛蓝染料。1897 年，这种染料已能从有害试剂（甲胺、甲醛和氰化物）化学合成出来，但还是存有毒的副产物。Genencor International 开发出了一种使用重组的 E. Coli 细胞（转基因），从葡萄糖先转化成 L-色氨酸，然后至吲哚最后至靛蓝（参见图 5-26），其中包括几种酸。开发有竞争力的微生物必须克服从葡萄糖至氨基酸过程中的瓶颈。利用 E. Coli 可以正常地从葡萄糖制成色氨酸,但只能获得极少量可用于生长的产物。Genencor 的科学家们改变了细胞识别这种氨基酸的能力，使细胞关闭了这条小路，总是打开色氨酸的合成途径。结果是色氨酸和靛蓝的实际产率总是接近于有机物的理论值,这一染料转向生物方法生产代表着化学工艺走向"绿色化"的一步。

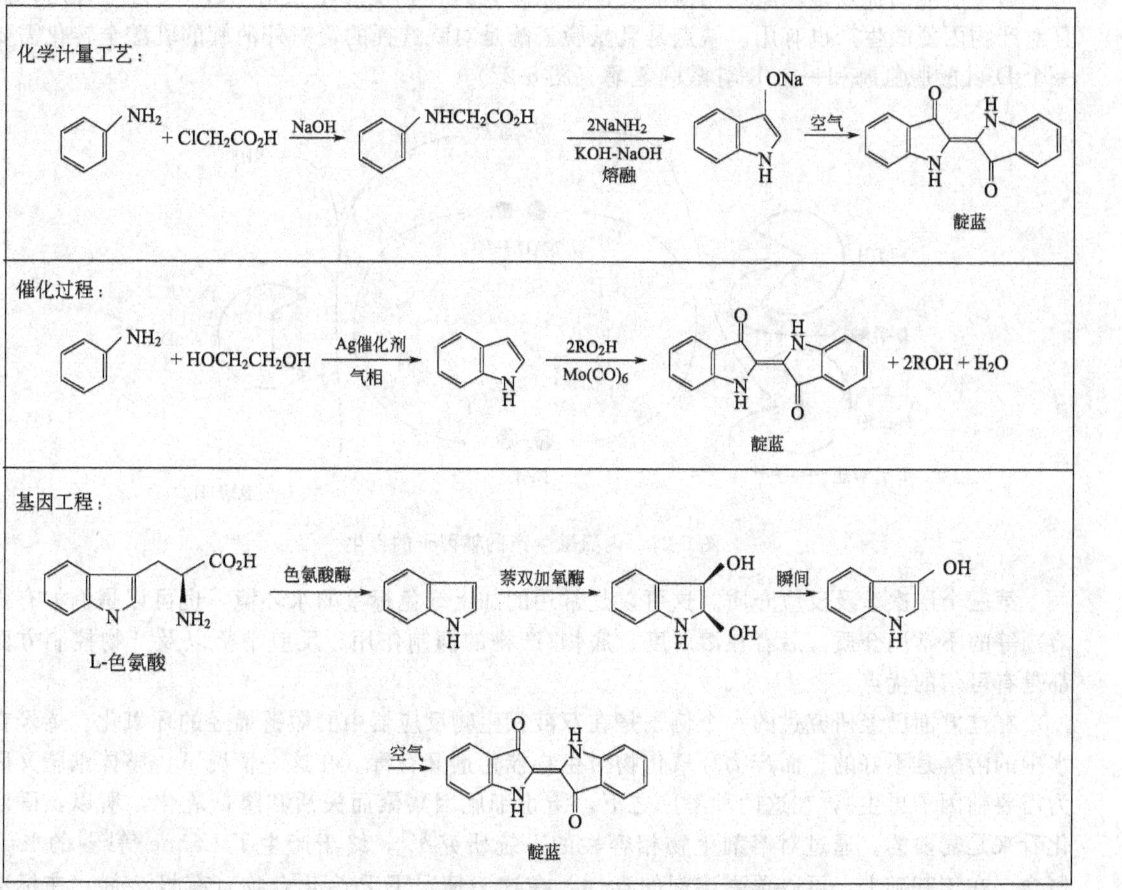

图 5-26 靛蓝生产工艺的演变

有些生物催化剂,在生产中还需用辅酶(或辅因子),这往往是一种价格昂贵的试剂,所以,使用中必须考虑能否再生、重新利用的问题。这也是使用生物催化剂的重要限制因素之一。例如,$NAD^+/NADH$ 在氧化/还原反应中能提供当量的氧化/还原作用,用 20-β-羟基甾类脱氢酶使甾类可的松还原至 20-二氢化可的松时就是利用 $NAD^+/NADH$ 为辅酶的。在反应中要消耗化学计量的 NADH,如果希望这一生产过程在成本上有竞争力,生成的 NAD 就必须通过第二个反应使之再生。假定一个体系能够进行 n 次再生,那么,每千克产品所承担 NADH 的成本费就会降低($27000/n$)[NADH/产品(克分子)],所以要求值 n 很大时($n \gg 1000$),一般地说就需要很好的再生系统。

再生反应可以是非催化的、化学催化的、电化学的、酶催化的或活性细胞催化的等。再生反应的底物必须尽量地少才能有效地降低过程的成本。最好的方法是在"活细胞"中使用便宜的共底物,例如在上述例子中,NADH 可以通过葡萄糖将 NAD^+ 还原至 NADH。下面是使用和 NADH 有关的丙氨酸脱氢(Ala DH)离折酶从丙酮酸盐(或酯)生产丙氨酸中辅酶再生的例子:

$$NADH + 丙酮酸盐 + NH_4^+ \longrightarrow 丙氨酸 + H_2O + NAD$$

NADH 的再生反应可以使用丙酮酸盐和与 NADH 有关的乳酸脱氢酶(LDH)的转化:

$$NAD^+ + 乳酸盐 \Longleftrightarrow H^+ + 丙酮酸盐 + NADH$$

这两个反应必须同时进行，这样，总反应就变成：

$$乳酸盐 + NH_3 \rightleftharpoons 丙氨酸 + H_2O$$

这个反应的优点是乳酸比丙酮酸要便宜很多，这样，反应不仅对 NADH 再生有用，而且对产物丙氨酸生产也有用。缺点是乳酸脱氢酶是对映选择的，对外消旋的乳酸全转化需要一个 D-乳酸脱氢酶和一个 L-乳酸脱氢酶（图 5-27）。

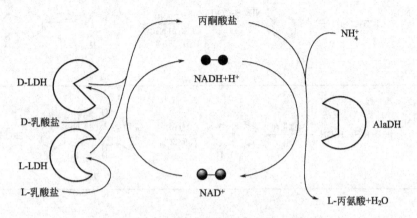

图 5-27　丙氨酸生产的辅因子的再生

第三个层次涉及反应介质。这可以是常用的加上绿色标签的水环境，也可以是例如有机溶剂等的不常用介质。后者在溶解度、底物/产物的抑制作用、反应平衡以及产物控制方面都是有可信的优点。

在这方面已经研究过的一个例子是在双液相生物反应器中的短链烯烃的环氧化。烯烃在水中的溶解是不好的，而产物环氧化物对生物催化剂又有毒（在这一情况下，整体细胞又因为需要辅因子再生），在这两种考虑之下，防止细胞因集聚而失活和降低乳化，所以，固定化看来是需要的。通过对溶剂生物相容性的系统研究[84]，终于产生了 Lanne 等[71] 的 logP 概念。在该基础上，可以预测溶剂的毒性，在这一情况下 P 为化合物（有机溶剂）在标准辛醇/水混合物中的分配系数，通过"分解常数"法[72]，即可相当方便和精确地计算出 P 值。

在生物催化剂的动力学研究基础上，进一步研究反应器的构型时，必须予以选择标准型的还是新型的。这里可用性、经验、混合程度以及传质等都起着重要的作用。生物反应器的操作模式可以是（供料）间歇式的或者连续的，在作出这个决定时，动力学、生物催化剂的稳定性和形状、所需底物的转化率和产物的浓度以及操作控制都起作用。

最后，通过整个决断过程，还要考虑有关反应（如果超过一个反应）的总包过程的层次和过程的各个分步骤。

二、生物催化剂的应用领域

每一类酶都有各自的最重要的工业应用领域，表 5-15 列出了当今酶的重要应用领域。1995 年国际上工业酶的销售额估计为 12 亿美元。此前，最重要的商业用提纯酶是水解酶，90% 以上的酶产品是由水解酶［如蛋白酶、脂（肪）酶、（半）纤维素酶］生产的。典型的用于大规模生产的有洗涤剂成型、食品和饲料以及纸浆和造纸等工业，其次是异构酶和裂解以及有明显增长的氧化还原酶。现在世界上处于领先地位的有丹麦的 NOVO Nordisk 公司，接着是美国的 Genencor 公司，其它两个重要的公司是荷兰的 Gist-Brocades 和 Quest，主要集中于食品和饲料酶方面。

表 5-15 酶的分类应用范围

	研究	洗涤剂	纸浆及造纸	食品及饲料	废物处理	特种产品
水解酶	△	△	△	△	△	△
氧化-还原酶	△			△		△
异构酶	△			△		△
裂解酶	△			△		
转移酶	△					
连结酶	△					

各类酶在不同行业中的具体使用情况和例子示于表 5-16～表 5-19 之中。

表 5-16 水解酶及其在不同工业中的实际应用

工 业 部 门	目 的	水 解 酶 类 别
洗涤剂	除污、抗成球	蛋白酶、脂酶、淀粉酶、纤维素酶
纸浆和造纸	漂白	木聚糖酶
食品和饲料(面包、糕类)	混合时间、浸渍时间、面包体积、味、色	蛋白酶、木聚糖酶、淀粉酶、肽酶
啤酒	改进制酒工艺、饲料净化	蛋白酶、葡萄糖酶、果胶酶、单宁酶、纤维素酶
牛奶场	制造奶酪	凝乳酶、脂酶
肉厂、鱼厂	嫩化	蛋白酶(木瓜蛋白酶)
营养制品厂	蛋白质水解	蛋白酶、肽酶
废物处理	聚合物降解	蛋白酶、纤维素酶
特殊制品及精细化工产品	天冬氨(糖精)合成	嗜菌蛋白酶
	氨基酸合成	酰化氨基酸水解酶
	抗菌素	青霉素酰基转移酶
药品	促进消化	蛋白酶、脂酶、淀粉酶
	组织愈合	胶原酶
	抗白血病	天冬酰胺酶

表 5-17 裂解酶在精细化学品生产过程中的应用

产品(年产量)	底 物	酶
L-天冬氨酶(6000t/年)	富马酸	天冬酶
L-Dopa(200t/年)	丙酮酸(盐)	酪氨酸酚酶
	儿茶酚	
	NH_4^+	
L-苹果酸(500t/年)	富马酸	富马酸酶
L-肉碱(刚生产)	丁内铵盐	烯酰(基)CoA 加水酶
氰醇(多公斤规模)	HCN	(R 醇腈醛化)酶
	乙醛	
丙烯酰胺(3000t/年)	丙烯腈	丙烯腈加水酶
L-氨基丙酸(100t/年)	L-天冬氨酸	L-天冬氨酸-β脱羧酶

表 5-18 异构酶的几种 (潜在的) 应用

异构酶的类型	目 的	应 用 举 例
葡萄糖异构酶	葡萄糖至果糖的互变	增甜剂
蛋白质二硫化物异构酶	交联蛋白质	影响口感的增构剂/味觉
双键异构酶	改变双键位置	高质量味觉(例如异丁子香酚)
顺-反异构酶	顺-反异构	味觉

表 5-19　用于食品工业的氧化酶

氧化酶的类型	目　　的	应用举例	氧化酶的类型	目　　的	应用举例
酚氧化酶	酶法致黑	水果、啤酒	硫化氢氧化酶	除硫去嗅	牛乳
	氢过氧化作用:		酒精氧化酶	生产乙醛	啤酒、果味
脂肪氧化酶	a. 醛/醇合成	各种口味	醛氧化酶	去味净化	大豆抽提物
	b. δ-癸内酯合成	奶油味	香果醇氧化酶	酚衍生物味	啤酒、水果
	c. 芳醛合成	香草醛	过氧化酶	专一氧化的气味	诺卡酮
葡萄糖氧化酶	酸化	奶酪		胺的二甲基化	氨茴酸甲基

　　使用水解酶商业过程的一个例子是前述生产抗生素中间体 6-APA[73,74]。生物催化剂是青霉素酰基转移酶,后者可以从起始原料青霉素 G 在温和条件下于水中一步生产 6-APA。

　　利用蛋白酶催化的另一个商业过程是完全立体选择地生产低热量糖精天冬氨产物[75],后者是由氨基酸苯基丙氨酸和天冬氨酸组成的二肽,见图 5-28。

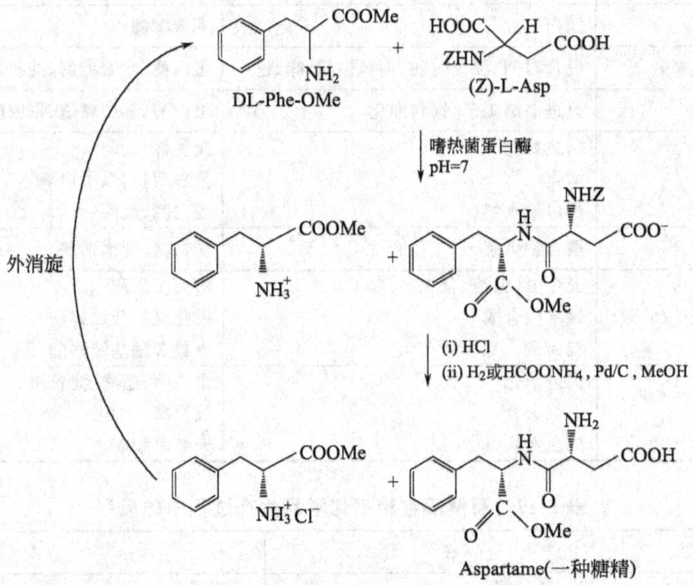

图 5-28　化学/生物合成组合的合成天冬氨产物的路线图[75]

　　裂解酶催化的商业过程最著名的是由日本 Nitto 公司于 1985 年开发的生物催化生产丙烯酰胺。

$$CH_2CHCN + H_2O \xrightarrow{\text{生物催化剂}} CH_2 =CHCONH_2$$

　　使用的是固定化酶[76],将水分子加到丙烯腈的双键上,这一生物催化工艺异常简单,经典的化学工艺需用一个铜催化剂和一个聚合阻聚剂,另外,生物法产率很高,在转化率大于 99% 时选择性也大于 99%。

　　这类酶的实际应用还知之甚少,一般地说,这类酶可以催化同一个分子中几何结构相同的部分,现在已知有 126 种异构酶,但只有 6 种有可能找到商业应用。

　　最为大家所熟知的是应用于食品工业上的由葡萄糖转化成果糖的葡萄糖异构酶,这是生产葡萄糖糖浆的主要方法[77]。

　　已知有超过 650 种的氧化-还原酶。其中有 90 种已可制得,但是现在只有几种能商业应用。

　　下面列举几种可为这类酶催化的反应:

　　A. 脱氢酶: $SH_2 + D \longrightarrow S + DH_2$

B. 氧化酶：$SH_2 + O_2 \longrightarrow S + H_2O_2$

C. 加氧酶：

a. 单加氧酶：$S + DH_2 + O_2 \longrightarrow SO + D + H_2O$

b. 双加氧酶：$S + O_2 \longrightarrow SO_2H$

D. 过氧化酶：$SH_2 + H_2O_2 \longrightarrow S + 2H_2O$

$$S + H_2O_2 \longrightarrow SO + H_2O$$

其中，S(O) 表示被氧化的底物；D 为辅因子，例如 $NAD^+/NADH$。

生物催化剂通常还包括微生物，这是在传统的酿酒、制醋、生产乳酸以及食品发酵等工艺中广泛使用的生物催化过程，其核心是由多种酶组成的酶链，是一个更为复杂的体系，但其总反应，从各个酶的作用即可窥豹一斑，这里就不再展开讨论了[78]。

三、结论和展望

天然的以蛋白质为基础的催化剂——酶，是自然界中制造大量已知天然产物的最有效和强有力的催化剂。生物催化应该也是一种化学催化[74]。有机化学家之所以对它特别感兴趣，是因为开发生物催化工艺——酶和微生物催化合成可以满足反应过程中对映选择性和区域选择性不断增长的需求。生物催化剂之化学对应物可以提供两个主要优点：温和的反应条件和催化的专一性[79]。

酶/底物之间的相互作用能够明显降低化学反应的活化能，因此，酶在温和条件——低温、低压和接近中性的 pH 值时具有相当高的催化活性。生物催化的反应只产生少量的毒物/不希望的产物，从而可使反应废弃物降低到最少。生物催化剂是生物降解的，显示出有环境友好，或者"绿色"化学的明显优点。

与酶相结合的反应专一性，由于可生成均匀产物的内在能力，进一步加强了废弃物可减至最少的优点；酶对底物还有明显的区域选择性，可以区分反应性类似的相应位置和基团，最后，酶的专一性还有一种形式，那就是极为吸引人的可单一归属的有极大潜力的立体选择性[79]。

在有机溶剂中研究酶的作用是最新的发展[80]。它的机理还不完全清楚，然而酶的这一性质可以归功于在有机合成中应用生物催化剂的巨大进展，使用有机溶剂的优点有如下几方面[81]：

a. 有机化合物在有机溶剂中具有较大的溶解度；

b. 可在所需方向上移动化学平衡（例如用于合成的水解酶）；

c. 降低微生物生长的风险；

d. 酶可以回收的重新使用；

e. 使用挥发性溶剂时，可以很容易排除；

f. 可以使用水蒸气灵敏的试剂，例如酸酐。

天然酶，例如固氮酶、单加氧酶 P-450 等的化学模拟，一直是催化研究中的重要领域，其目的是一目了然的。可是因为两个体系本质上的差异（譬如，天然酶中的肽链所具有的特性，绝不能用合成高分子结构所取代），无法对酶进行全模拟。只能对酶的活性部位或者工作环境进行间接的模拟，从应用的角度看，几十年来可以说进展甚微。但是，自从 20 世纪90 年代初，Bailey 提出代谢工程的概念[82]，即利用基因重组技术，对细胞的酶反应，物质运输以及调控功能进行遗传操作，进而改良细胞的生物活性以来，酶的生物模拟却获得了迅速发展。特别是 1994 年 Stemmet[83]，首先提出的一种体外分子定向进化方法，通过重组可以获得不同的嵌合基团，并从中定向筛选出具有预期性质的突变体。不仅可以更快地加速分子进化进程，取得更好的进化效果，而且还为提高酶的活性和稳定性，优化代谢途径以及通过改变酶活性和对底物的专一性，进化出新的代谢途径指出了方向。在不到十年的时间里，通过这一途径，除了对生物催化工业，分子定向进化在其它化合物合成途径的优化方面也都获得了许多成功的应用实例。酶的基因重组、转基因技术对酶的进一步研究已经展现出前所未有的机遇。

参 考 文 献

［1］ Dixon M. The History of Biological Oxidayion, The Chemistry of Life. Cambridge Univ Press, 1970.

［2］ Report of the Commission on Enzyme of the International Union of Bio-Chemistry. Pergmon, 1961; Enzyme Nomenclature ecommendations ［1964］ of the IUB on the NOmenclature and Classification of Enzymes. Elsvier, 1965; ibid. Elsevier, 1973; ibid. Suplementl; Correction and Addition, 1975.

［3］ Winkle H, Katalyse K, Hauffe. Springer-Verlag, 1976. 170~277.

［4］ MaaTman R W. Catal Rev, Vol. 8. N. Y.; Marcel Dekker, 1974.

［5］ Dixon M, Webb E C. Enzyme. 2nd ed. Longman, 1964.

［6］ Dickerson R E, Geis I. The Structure and Action of Protein. 1969.

［7］ Wagner A F, Folkers K. Vitamins and Co-Enzymes. Wiley, 1964.

［8］ Richardson J S. Adv. Protein Chem, 1981, 34; 167.

［9］ Pauling L. The Nature of Chemical Bond. Connell Univ Press, 1960.

［10］ Feisht A R. J Amer Chem Soc, 1971, 93; 3504.

［11］ Brandts J P, Halvorison H R, Brennan M. Biochemistry, 1975, 14; 4953.

［12］ Grathwohl C, Wurtrich K. Biopolymers, 1976, 15; 2025.

［13］ Kazlin K D, Zubieta J. Copper Coordination Chemistry, Bio chemical and Inorganic Perspectives Acad. N. Y.; Press, Abbany, 1983.

［14］ Kuntz I D. J Amer Chem Soc, 1972, 94; 4009.

［15］ Crawford J L, Lipscomb W N, Schellman C G. Proc Natn Acad Sci USA, 1973, 70; 538.

［16］ Levitt M, Chothia C. Nature, 1976, 261; 552.

［17］ Fischer E. Ber Deuth Chem Ges, 1894, 27; 2985.

［18］ Haldene J B S. 'Enzyme' Langman, Green and Co, London, 1930, MIT Press, Cambridge, Mass. 1965.

［19］ Peltzer H, Eigner E. Z Phys Chem, 1932, B15; 445.

［20］ Moore W J. Physical Chemistry. Printice Hall, Engelwood, 1972; Hammitt L P. Physical Organic Chemistry. N. Y.; McGraw Hill, 1970.

［21］ Polanyi M Z. Elektrochem, 1921, 27; 143.

［22］ Kraut J. Science, 1988, 242; 553.

［23］ Wolfenden R. Ann Rev Biphysi-Bioengn, 1976, 5; 271.

［24］ Hammond G S. J Amer Chem Soc, 1955, 77; 334.

［25］ 吴越. 化学通报, 1981, 8; 38.

［26］ Julles P, et al. Angew Chem Intern Ed Engl, 1969, 8; 227 Imoto T, et al. TheEnzyme. 3rd ed. N. Y.; Acad. Press, 1972. 665.

［27］ Radda G K, Williams R J P. Chem Brit, 1976, 12; 124.

［28］ Keiser E T, Keiser B. Acc Chem Res, 1972, 5; 219; Schmidt M F, Herriott J R, J Mol Bio, 1976, 103; 175.

［29］ Perutz M F. Angew Chem, 1963, 75 (13); 589; Ann Rev Biochem, 1979, 48; 577; Perutz M F, et al. Nature London, 1982, 295; 535.

［30］ Prutz M F. Brit Med Bull, 1976, 32; 193.

［31］ Ulrich E L, Markley J L. Coord Chem Rev, 1978, 27; 109; Michelsen A M, MaCORD J M. Superoxide and Superoxide Dismutases. Acad Press, 1977.

［32］ Malkii R, Maimstrom B G. Adv Enzymol, 1970, 33; 177.

［33］ Philips D C. Sci Amer, 1966, 215 ［11］; 78.

［34］ Hartsuck J A, Lipscomb W N. The Enzymes. 3rd ed. N. Y.; Acad Press, 1971.

［35］ Smyth D G, Stem W H, Moore S. J Biol Chem, 1963, 238; 227.

［36］ Metzler D E. Biochemistry, The Chemical Reaction of Living Cell. N. Y.; Acad Press, 1977.

［37］ Jercks W P. Catalysis in Chemistry and Enzymology. McGraw-Hill, 1969.

[38] Dauber P, Hagler A T. Acc Chem Res, 1980, 13: 105.

[39] Hasmmes G G. Enzyme Catalysis and Regulation. Acad Press, 1982. 3

[40] Warshel A, Acc Chem Res, 1981, 17: 284.

[41] Abaham M H. J Amer Chem Soc, 1979, 101: 5477.

[42] Colman J P, Halbert T R, Suslick K S. Metal Ion Activation of Dioxygen. N. Y.: John Wiley amd Sons, 1980.

[43] Szabo Z G, et al. Contact Catalysis. Vol. 1, Part3. Elsevier, 1976.

[44] Williams R J P. Pure and Appl Chem, 1982, 54: 1889.

[45] Snell E E, di Mari S J. The Enzyme, 1976, 2: 335.

[46] Warren S G, Zerner B, Westheim F H. Biochem, 1966, 5: 817.

[47] Bochler J W. Angew Chem, 1978, 90 (6): 425.

[48] Muetterties E L, Angew Chem Intern Ed Engl, 1978, 17 (8): 545.

[49] Che M, Clause O, Bonneviot L. Proc 9th Intern Cong Catal. Canada: 1988.

[50] 上海第一医院. 医用生物化学. 下册, 第11章. 北京: 人民卫生出版社, 1979.

[51] Wood J M. see [42].

[52] Coon M J, White R E. see [42].

[53] 中国科学院长春应用化学研究所. 中国科学, 1978, 4: 396.

[54] Grasseilli R K, Burrington J D. Catalysis of Organic Reactions. N. Y.: Marcel Dekker Inc, 1981.

[55] Linck S G, Stern E W. Transition Metal in Homogeneous Catalysis. Marcel Dekker, 1971.

[56] Achrem A A, Metelica D I, Skurko M B. Chem Rev, 44: 868 (in Russian).

[57] Natta G, et al. Handbuch der Katalyse. BERLIN: Springer Verlag, 1956.

[58] Monod J, Changgeux J-P, Jacob F. J Mol Biol, 1963, 6: 306.

[59] Emanuel N M. Chemistry of Petroleum, 1978, 18 (4): 485 (in Russian).

[60] Monod J, Wyman J, Changeux J-P. J Mol Biol, 1965, 12: 58.

[61] Koshland D E Jr, Nemethy G, Filmer D. Biochem, 1966, 5: 365.

[62] Eigen M. Nobel Symp, 1987, 5: 333.

[63] Levitzki A, Stalllcup W B, Kosland D E Jr. Biochem, 1971, 10: 3371.

[64] Mose D M, Butterworth P J. Enzymology and Medicine, Pitman Medical. Chapter 7. 1974.

[65] Adair G S. J Biol Chem, 1925, 63: 529.

[66] Tyuma I, Imai K. Shimizu Biochem, 1973, 12: 1491.

[67] Maxted E B. Adv Catal, 1951, 3: 129.

[68] Van Santen R A, Van Leeuwen P W N M, Boulijn J A, Averill B A. Studies in Surface Science and Catalysis, 2000, 123: 345.

[69] Cheetham P S J, in Cebral J M S, Best D, Borss L, Tramper J. Appl. Biocatalysis. Switzerland: Hewood Acad. Publishers, Char, 1994. 47~109.

[70] Wicke C B. Genetic Eng News, 1995, 15 (2): 1~22.

[71] Lanne C, Boeren S, Vos K, Veeger C, Biotechnol Bioeng, 1987, 30: 81~87.

[72] Rekker R F. The Hydrophobic Fragmental Constant. Elsevier, Amstdam, 1977.

[73] Verweg J, de Vroom E. Rec TRAV Chim Pays-Bas, 1993, 112: 66.

[74] Shelden R A. Chiratechnology. N. Y.: Marcel Dekker, 1993.

[75] Isowa Y, Ohimori M, Ichikawa J, et al. Tetrahedron Lett, 1979, 28: 2611.

[76] Nagusawa T, Shimiza H, Yamada H. Appl Microbiol Biotechnol, 1993, 40: 189~195.

[77] Quax W G. Trends in Food Sci Technol, 1993, 4: 31.

[78] 李寅, 曹竹安. 化工学报, 2004, 55 (10): 1573~1580.

[79] Roberts S M. Chem Ind, 1988, 384; Tramper J, Van der Plas H C, Linko P. Studies in Oganic Chemistry, 22, Biocatalysts in Organic Syntheses'. Elsevier, Amsterdam, 1985.

[80] Klibanov A M, Acc Chem Res, 1990, 23: 114 Klibanov A M. Trends Biotechnol, 1997, 15: 97~100.

[81] Yamane T. Nippon Nogeikagaku Kaishi, 1991, 65: 1103~1106.

[82] Bailey J E. Science, 1991, 252: 1668~1675.

[83] Stemmer W P C. Nature, 1994, 370 (4): 389~391.

[84] Brink L E S, Tramper J. Biotechol Bioeng, 1985, 27: 1258~1269.

第六章 多相催化剂（固体）：表面功能化的材料

多相催化反应发生于存在两相的体系之中，反应在两相的界面处发生。界面是两相相遇之处，液-固和气-固界面特别重要，这是因为固体表面能给出沉淀和担载催化物质的地方，而且在担载的情况下，可以保证催化物质不被洗掉和在生成的产物流中丢失。催化剂常常是和高表面固体（基底）接触的小颗粒活性物质（活性剂）。

但是，对固体表面之所以感兴趣，并非单是由于两相相遇，还有它可以提供放置活性物质的位置。固体表面内在地和其余部分（体相）不同：表面上的键不同于体相中的，本来应该希望表面的化学是一致的，但在某些情况下，表面原子却不能和体相的原子一样，以相同的方式简单地满足其成键的要求，常常会以别的方式，相互之间或者和外来原子满足成键的需要进行反应。所以说，多相催化中固体催化剂实质上是一种表面功能化的材料。

在开始讨论表面化学过程之前，先从表面本身了解洁净和覆盖吸附质的表面结构，作为了解表面化学问题的基础。利用对表面结构的了解发展化学直观的新线索，从而知道什么时候可以利用从另一相的反应动态学已经观察到的现象，以及什么时候需要开发完全不同于已了解的吸附相中反应性的问题。

表面结构的意义是什么？结构有两个不可分割的方面：电子结构和几何结构。这两个方面是内在耦合在一起的，千万不能忘记这一点。然而，当通过实验与之接触，以及在了解它们的过程中，把这两方面分开还是有帮助的。

当谈及表面科学中的结构时，还可以将讨论进一步分成洁净的、有吸附质时（基底结构）的表面。吸附质的结构包括吸附质本身的结构和覆盖层的结构，而基底的表面常常是指基底上面几层的结构，不管面上是否有吸附体。另外，吸附质的结构不仅涉及吸附分子和基底是怎样成键的，还涉及吸附质之间是怎样成键的。

第一节 表面结构

一、洁净表面的结构

（一）理想的平坦表面

催化剂常常涉及的是过渡金属和半导体的表面，首先考虑通过切割完整晶体体相结构获得的表面。最重要的金属晶体结构有：面心立方（fcc），体心立方（bcc）和六方紧密堆积（hcp）结构。许多在催化中有用的过渡金属，在标准状态下取 fcc 结构。显著的例外是铁、钼、钨被假定是 bcc 结构，而钴和钌则假定是 hcp 结构的。元素半导体（IV 族的碳、硅和锗）的最重要结构是金刚石晶格，然而由 III 族和 V 族组成的半导体（III～V 族化合物，例如 GaAs 的 InP）则假定为闪锌矿结构。

一个完整的晶体可以沿任意可变的角进行切割，晶格中的方向通常用 Miller 指数表示，后者与原子在晶格中的位置有关。方向通常独一无二地用 3 个（fcc、bcc 和石墨）或 4 个（hcp）一组整数定义，并把这些数字置于方括号之内表示出来，例如 [100]。hcp 表面也可以用 3 个独一无二的数字定义，同时这两种表示法都是可以遇到的，如图 6-3 所示。在这样的指数中，负数值可用一个上短划表示出来。原子的平面也是独一无二地用与平面垂直的方向来定义，这样一来，就可以从方向上把平面区分开来：一个平面可用和给定方向相联系的括号内的数字表示出来，例如（100）。

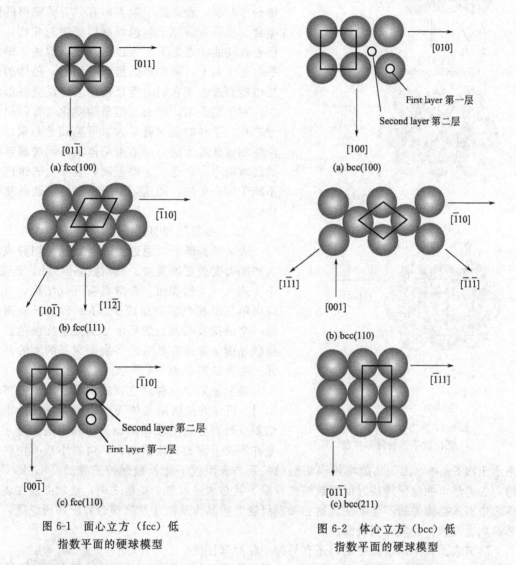

(a) fcc(100)

(a) bcc(100)

(b) fcc(111)

(b) bcc(110)

(c) fcc(110)

(c) bcc(211)

图 6-1　面心立方（fcc）低
指数平面的硬球模型

图 6-2　体心立方（bcc）低
指数平面的硬球模型

　　最为重要的是要记住低指数的平面。它们作为某种最简单和最平坦的基本平面，可把它们想像成表面结构的基本建筑块。在 fcc 体系中的低指数平面硬球模型〔例如，（100）、（110）和（111）〕示于图 6-1 中，bcc 体系中的低指数平面则示于图 6-2 中，更复杂的 hcp 体系的结构示于图 6-3 中。

　　现在来集中讨论图 6-1。示于图 6-1 的理想结构表明几个有意义的性质，注意一下这些面并不是完全各向同性的。从这些几何学上独一无二的表面任何一个表面上取出几个部位，例如，在（100）表面上就可以确定有一配位的（在一个原子中心的顶上）、二配位的（两个原子的桥联处）、成四配位的（四个原子之间的空隙处）三种不同的部位。配位数等于直接和吸附质键合的表面原子数。（111）表面有一配位、二配位和三配位的部位。其它如（110）表面则有两种不同的二配位部位：在两个邻列两个原子之间的长桥联部位和同列两个原子之间的短桥联部位。正如所希望的那样，根据配位化学的结果，这些表面部位的多重性导致了

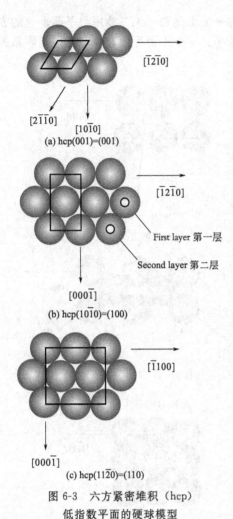

[1̄21̄0]

[21̄1̄0]

[101̄0]

(a) hcp(001)=(001)

[1̄21̄0]

First layer 第一层

Second layer 第二层

[0001̄]

(b) hcp(101̄0)=(100)

[1̄100]

[0001̄]

(c) hcp(112̄0)=(110)

图 6-3 六方紧密堆积（hcp）
低指数平面的硬球模型

分子的表面相互作用中的不均一性，这在今后讨论吸附质结构以及表面化学时是至关重要的。

从晶体的体相形成表面是一个很重要的过程：键必须断裂，表面原子就不再有原有的完整的配位组合。所以表面原子和包埋在体相中时相比，本身已处在高能状态之下，所以必须是弛豫的。即使在平坦的表面上，例如在低指数平面上，晶体的最上层也能通过改变它们的键几何学进行反应并形成表面。对平坦表面，键长和键角的变化也常常只有百分之几。这样的变化就是大家所熟知的弛豫。它能向体相延伸若干层，而结构与体相不同的靠近表面的区域则称为边缘。这就表明，表面上的键内在地不同于体相中的，而这是由配位和结构两种变化造成的。

（二）高指数和邻晶面

表面结构既可以通过沿高指数晶面切割或者引入缺陷而变成更加复杂。高指数晶面［h、k 或 l 大于 1 或大于 2 的表面］常常具有开放结构，可以暴露出第二层甚至第三层原子。fcc（110）表面即使对一个低指数晶面也能显示出这是怎样发生的。高指数晶面常常拥有具有许多表面原子的大的晶胞单元。各种缺陷如图 6-4 所示。

表面缺陷中一种最直观的类型是由于偏离［h，k，l］正确方向切割晶体而引入的。角的微小错误切割就可以导致生成邻晶面。邻晶面是接近于，但是并不是平坦的低指数晶面。角的小错误切割的效果示于图 6-4 中。由于角的小错误切割的关系，表面就不能长程保持正确的［h，k，l］结构。为了尽可能地保持接近低指数结构，原子就必须进入整个晶胞之内，这就必须在表面结构之中引入类阶梯的不连续性。这在微观尺度上邻晶面是由一系列梯台和阶梯所组成，所以邻晶面也被认为是阶梯型表面。

阶梯表面和平坦表面相比，还有另外一种对其性质有直接影响的不均一性[1]。它是由和正常低指数晶面有相同对称性的低指数晶面的梯台所组成，另外还有阶梯。由于其中存在的键不同，阶梯原子的结构必须和梯台原子的结构不同。阶梯原子一般说来较之梯台原子更加弛豫，阶梯对电子结构的影响示于图 6-5 中，固体的电子和存在的阶梯相互作用，力图降低缺陷的能量，这是通过扩展进行的。这里，阶梯处的非连续性不那么突然向外了。这一过程被称为 Smoluchowsk 平滑[2]。因为阶梯的电子结构和梯台的不同，可以希望它们的化学反应性也不同。注意到阶梯的上下是不同的，这就意味着，例如吸附质可以穿越阶梯进行扩散，这就是一个方

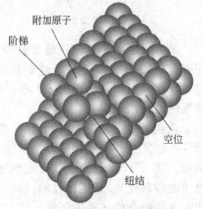

附加原子

阶梯

空位

纽结

图 6-4 单晶表面上能够出现的
各种缺陷结构的硬球模型

向上发生的扩散，常常较之另一个方向上的更加显著一些的缘由。其次可以期望在梯台上的扩散明显不同于通过阶梯的扩散。

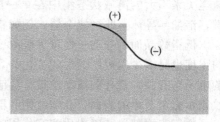

图 6-5 Smoluchowski 平滑（顶部的电子企图滑出阶梯的非连续性）

（三）小晶面化的表面

并非所有表面都是稳定的。表面的形成总是放热的。但是，形成大表面积的低能（低指数）晶面总是较之形成单一层的高能（高指数）晶面要方便些；已知的许多高指数晶面能在平衡状态下小平面化，小晶面化是瞬时形成的低指数晶面排列；许多体系存在着低指数小晶面的有序排列。这已为 Shchukin 和 Bimlerg 等按目录分类[3]。其中包括 Si(111)、GaAs(100) 和 Pt(100) 的邻晶面以及 Si(211) 的高指数晶面和 TaC(110) 的低指数晶面。

（四）双金属的表面

由两种金属的混合物组成的表面常常有独一无二的性质。对 $Pt_2Sn(111)$ 的合金表面之所以很感兴趣，是因为它有不寻常的催化性质[4]。在讨论表面结构时，对含有金属混合物的材料要引入一些新概念：现在来考虑能形成真正中间化合物的由两个金属组成的单晶，理想的单晶样品应该具有和单金属单晶很类似的表面结构。表面的组成依赖于体相的组成和暴露的晶面，这种类型已经观察到有多个例子[5]，例如 $Cu_3Au(100)$、$Ni_3Al(100)$、$Ni_3Al(111)$、$Ni_3Al(110)$，$NiAl(111)$ 以及 $TiPt_3(100)$。

但是并非所有金属组合都能形成中间化合物，有些金属在别的金属中只有有限的溶解度，其次，给定金属在体相中和表面上的溶解度也可以不同。这就是说，如果合金中一个组分的表面能明显低于另一个组分的表面能，那么，表面能低的物种就有利于在表面上集聚。这样一来，表面上的浓度就会高于体相中的浓度。大多数合金表明，表面上总有一种组分在某种程度集聚和增浓。导致集聚作用的因素可简单说明如下：对二元合金 AB，A—A、A—B 和 B—B 相互作用的相对强度以及 A 和 B 的相对大小决定着形成合金是吸热还是放热的，而所有这些相对值又决定着能否发生集聚作用。如果生成合金时是强放热的，也就是说，如果 A—B 的相互作用远强于 A—A 和 B—B 的相互作用，这就不会发生集聚作用。原子的相对大小决定晶格应变是否影响集聚作用的能量十分重要。总之，除非形成合金是强放热的，同时原子半径又有很好的匹配，否则表面集聚作用是可以预计的。

假如双金属表面并非由体相样品直接制得，而是由金属沉积在另一种金属上制成的，那么，表面结构将敏感地取决于发生沉积的条件，特别是结构取决于沉积过程是动力学控制的，还是动态学控制的。

二、再构表面和吸附质的结构

（一）吸附质表面不均一性含义

正如上面已提到过的那样，固体表面自然的不均一性对吸附质来说有几种说法。简单地从电子密度的观点看一下，就可以见到不仅低指数晶面，连邻晶面也都不是完全平坦的。表面电子密度的波动反映出表面原子排列的对称性以及存在诸如阶梯、缺列原子或者杂质等缺陷。表面不同区域和吸附质交换电子并形成化学键的能力强烈地影响着表面上不同部位的配位数。更加基础一点说，各个表面部位进入键合的能力与对称性，以及这些部位处电子态的能量和本质有关。把过渡金属表面原子近似地想像成具有不饱和价（悬空键），等待着和吸附质相互作用是根据不充分的。过渡金属表面的电子态是扩展的，和非占有或者部分占有的轨道关系不大的离域状态集中在单一的金属原子上，而悬空键的概念则是高度适用于共价键，诸如半导体，非过渡金属，例如铝，则能具有高定域的表面电子态。

低指数晶面的非均一性可为吸附质提供或多或少规则排布的部位，与此类似，相互作用的强度也是多少以规则的形式变化的，而这种形式是和表面原子下层的周期性以及与之相关的电子态有关。这样的波动已被称为皱纹。后者既可以和几何也可以和电子结构相关。零皱纹表示完全平坦的表面，高皱纹则和群山的地貌相当。

由于表面部位和吸附质相互作用时有着不同的强度，同时前者又是有序排列的，所以可以期望，吸附质能在十分确定的部位上键合。吸附质之间的相互作用可以增大覆盖层的厚度。确实，这样的相互作用还能在一定的范围内使覆盖层内发生相转移[6]。吸附质覆盖层的对称性有时和下层表面的对称性有关。这里，可以区分为三种方式：自由吸附的、匹配结构的和非匹配结构的。自由吸附相当于覆盖层无二维性，即使吸附质能占有（一或更多）很好确定的吸附部位。当覆盖层结构相当于基底结构某些合理分数时将生成匹配结构的，而当覆盖层有二维排列，但覆盖层的周期性和基底周期性的简单形成无关时，则形成非匹配的结构。覆盖层和基底结构之间的相互关系，目前已能通过低能电子辐射（LEED）技术进行更加精确和定量的讨论。

（二）洁净表面的再构

在许多情况下，金属的低指数晶面由于只有简单的弛豫，所以是稳定的。有时，例如在Pt(100)和Au(111)的情况下，由于边缘的弛豫不够充分，不足以使表面稳定。为了降低表面的能量，表面原子就要重新组织它们之间的键，从而使表面的周期性不同于体相末端表面的结构，这就称之为再构。对半导体来说这已不是一种例外，而是规律。这就可以重新回到半导体表面上存在悬空键的问题，而金属则由于占有非定域状态的趋势，非定域电子更容易调整弛豫和便于适应低指数晶面的几何结构要求。悬空键是高能量单元，固体能以绝对方式与之反应以减少悬空键的数目，即使在金属上邻晶面上的阶梯原子也能和定域电子态相结合。在许多情况下，邻晶表面并不能为简单弛豫而充分稳定。所以，它们还会进行小晶面化，将在本节一之（三）中所述。

最重要且有用的再构作用之一是如图 6-6 所示的 Si(100) 表面，这是在集成电路中最常用的一个晶面。Si(100)-(2×1) 的完全再构可以使所有悬空键从原来的 Si(100)-(1×1) 表面上消失。复合结构 Si(111)-(7×7) 的再构可以将悬空键从 49 确切地减少到 19，这可用描述再构作用的 Wood 标记法得到解释[7]。

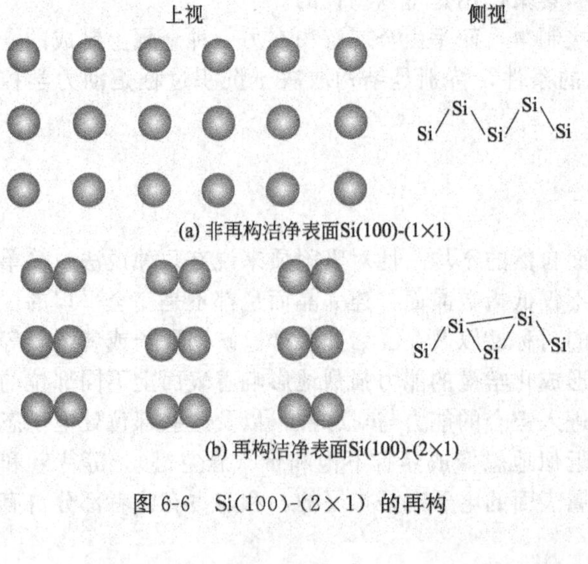

（三）吸附质诱导再构

热力学的一个重要原理是平衡时体系具有最低可能的化学位，以及体系所有的相都有相同的化学位。这在没有动力学或动态学限制，或者说，在足够高温和足够长的时间限制之下的实际世界都是真实的。这个原理也适用于气相/吸附相/底物的体系，而且还有几个有意义的结论：上面已经谈到，吸附质能够形成有序的结构，这看起来是和熵的愿望相违背的，但是如果有序排列的部位可以被最大充

上视   侧视

(a) 非再构洁净表面Si(100)-(1×1)

(b) 再构洁净表面Si(100)-(2×1)

图 6-6 Si(100)-(2×1) 的再构

满，这样，吸附质就必须假定是有序结构的。体系上唯一限制是化学吸附必须是足够放热的，这样才能克服不利的熵因素。

吸附质不仅能假定是有序结构的，而且还能诱导底物的再构。摆脱悬空键的方法之一是把它包括在成键之中。Si—H键是强而非极性的，氢原子的吸附是挑选硅表面上悬空键的一种完全的方法。发现氢原子吸附能引起硅表面的再构，那就是洁净的再构表面通过吸附氢原子转移成了新的表面。每个硅原子吸附一个氢原子时，硅的非对称二聚体结构 Si(100)-(2×1) 变成了对称的二聚体结构，即 Si(100)-(2×1)：H，Si(111) 表面在有化学吸附氢时变成了体相终端（1×1）结构。

吸附质诱导再构对再构表面上的反应动力学有着戏剧性的影响。Pt(110) 在 CO 氧化中的再构作用特别有意义。洁净表面再构成了（1×2）的缺列结构，这是最为一般的再构类型。但是 CO 的吸附也能引起再构。金属表面的吸附诱导再构是和形成强的化学吸附键联系在一起的。

表面对吸附质并没有吸附位的静态模板，Somorjai 对洁净表面和吸附质诱导再构已经收集并编辑成了一个表[8]。当吸附质和表面键合，特别是如果化学吸附的相互作用很强时，就需要考虑表面和再构相比是否稳定[9]。当相互作用足够地大，同时，浓度又足够地高，那么，还必须考虑表面和形成新的固态化合物，例如氧化物层或者挥发性化合物相比是否稳定的问题。就像硅被卤化物或者氢侵蚀中那样，这里将集中考虑可导致再构的相互作用。

吸附质/基底体系的化学位依赖于温度 T、吸附质 A 和基底 S 的化学同一性，即吸附质的密度 σ_A 和表面原子的密度 σ_S 以及假定吸附质和表面的结构是气相与之耦合的，通过压力和 σ_A 相联系，这样一来，就可以把化学位写成：

$$\mu(T, \sigma_S, \sigma_A) = \sum_i \sigma_{S,i} u_i(T) + \sum_j \sigma_{A,j} \mu_j(T) \tag{6-1}$$

在方程(6-1)中，总和是在 i 和 j 可能结构上求得的，这可以分别对表面和吸附质作假设。吸附能依赖于表面结构，如果两个表面结构之间的吸附能的差别相当地大，这样就必须考虑克服基底再构时需要的能量，当已经超过吸附质的临界覆盖度时，表面结构就应该从一种结构变换成另一种结构。注意到方程（6-1）是以面积的密度为依据的，这是为了强调吸附质浓度的改变会导致表面结构通过表面再构进行改变。换句话说，吸附质覆盖度的不均一性可以导致表面结构的不均一性。一个这样的例子就是氢在 Ni(110) 上的吸附[10]。在每个表面镍原子上覆盖高达 1 个氢原子（≡1 单层或 1ML）时，在未再构的表面上可以形成各种有序的覆盖层结构。而当覆盖度继续增大时，表面局部地再构成含 1.5ML 氢原子的小岛。在这样的小岛上，镍原子的列成对地形成（1×2）结构。

方程(6-1)还表明，结构的平衡依赖于吸附质的密度以及温度。表面温度在两个方面是重要的。第一，每一种表面结构的化学位依赖于温度，所以最稳定的表面可以以温度为函数进行改变。第二，吸附质的平衡覆盖度是压力和温度的函数。因为吸附质覆盖度和温度以及压力的这种相关性，可以希望平衡的表面结构也能以这两个变数以及吸附质的同一性为函数进行变化[9]。这对工作中的催化剂来说有着很重要的后果，因为表面的反应性是随表面结构而变的。

表面再构以及依赖于吸附质覆盖度和温度的一个例子是 H/Si(100) 体系（图6-7）[11~14]。洁净的 Si(100) 表面 [图 6-6(a)] 再构成（2×1）结构 [图 6-7(b)] 是由于形成硅二聚体的关系。二聚体在低温时能够皱曲，但是二聚体摆动的位移却是一种低频振动，后者意味着在室温下，二聚体的平均位置看来是对称的。当氢在单氢化结构中的二聚体上吸附时（每个表面硅原子吸附一个氢原子），二聚体就变成对称的了 [图 6-7(a)]。二聚体的键进行扩展，同时，表面下层中的许多应变进行弛豫，通过表面暴露于原子氢中，又进一步增加氢的覆盖层，并从而形成双氢化单元 [SiH_2，图 6-7(b)]。这样形成的化合物，只有在吸附温度低于约 400K 时才有合适的数目。

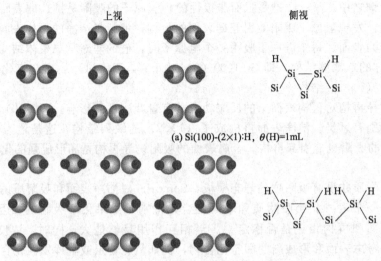

上视   侧视

(a) Si(100)-(2×1):H, θ(H)=1mL

(b) Si(100)-(3×1):H, θ(H)=1.33mL

图 6-7　氢在 Si(100) 上的吸附

氢在 Si(100) 上吸附时获得的这些结构是覆盖度 θ(H) 的函数；
ML：单层 1ML：每个表面的原子吸附一个氢原子

如果表面在室温下暴露在氢中，还能形成三氢化单元（SiH_3）。这是用侵蚀方法制备（SiH_4）时从表面上脱附的前驱体。Northrup[15] 曾经指出过，这样的变化和化学位以及侧面的相互作用有关。邻近的双氢化物单元则轻受着排斥的相互作用，所以无法假定它们的位置，而且，这可以降低全覆盖的双氢化合物表面的稳定性，这样一来，就可以期望 SiH_4 发生瞬间生成的和脱附。

于室温或者更低温度下暴露在大剂量氢中的 Si(100) 的 LEED 花样具有（1×1）对称性，这并不能代表二氢化物在理想的体相末端硅原子表面上完全覆盖时的花样，而只能说是由 SiH_1、SiH_2 和 SiH_3 等单元的混合物组成的粗糙而无序的表面。来自表面下层的 1×1 花样也已用 LEED 作过验证，如果表面在约 300K 暴露于氢中就可以观察到一个（3×1）的 LEED 花样，这样的表面是由 SiH 和 SiH_2 单元交叉组成的一个有序的结构 [图 6-7(b)]，因此，对每二个硅原子就有了三个氢原子，把（3×1）的表面在约 600K 以上加热，SiH_2 单元就会迅速分解，氢由表面上成 H_2 脱附出来，表面就重新恢复成单氢化物的（2×1）结构。

铂再构和非再构的表面示于图 6-8 中，洁净的低指数晶面只有 Pt(111) 表面和再构相比是稳定的，Pt(100) 表面再构时成准六方（hex）相，要比 1×1 表面稳定约 40kJ/mol。Pt(100) 则再构成（1×2）的缺列结构。再构能使化学反应性发生戏剧性的变化。在 CO 氧化时可以形成空间一瞬时花样[16]。洁净表面可以因有某种吸附质，诸如 CO 而引起再构。这是由于两种再构吸附能之间存在较大的差别推动的。对 CO 来说，其值分别在（1×1）相上为 155kJ/mol 和在六方（hex）相上为 113kJ/mol，足够克服再构所需的能量。

表面结构不仅能影响吸附热，而且还能戏据性地影响解离化学吸附的概率。O_2 在 Pt(100)-(1×1) 表面上的解离概率为 0.3，而在 Pt(100) 六方相上，解离概率下降到了约

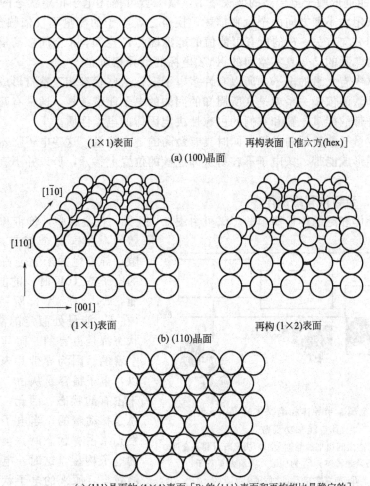

(1×1)表面   再构表面［准六方(hex)］

(a) (100)晶面

[1\overline{1}0]

[110]

[001]

(1×1)表面   再构(1×2)表面

(b) (110)晶面

(c) (111)晶面的(1×1)表面［Pt的(111)表面和再构相比是稳定的］

图 6-8   铂的三种低指数晶面的再构和未再构表面

$10^{-4} \sim 10^{-3}$。

（四）半岛

气体分子流一般是在自由的部位上冲击表面的。如果在吸附分子之间（外侧面的相互作用）没有吸引或者排斥的相互作用，吸附质在表面上的分布也是自由的。但是，如果表面的温度很高，足以进行扩散，那么，侧面的相互作用就能使吸附质产生非自由分布。特别是吸附质还能在由低浓度，甚至空白区域分割开的局部高浓度区内键合在一起。这样形成的高覆盖度区域就叫做小岛。由于小岛内的覆盖度要比周围区域内的高，这样，根据方程(6-1)小岛下面的底物必定会发生再构，而小岛以外的区域就未必能发生。在某种情况下，例如 H/Ni(110)，这就能使再构区内，调节高覆盖度的容量超过非再构区的并从而推动形成小岛。小岛对于表面动力学具有重要的含义，特别是在形成空间瞬时花样中以及单层和薄膜的自组装生长中。

三、固体的能带结构

（一）体相的电子态

固体的体相含有大量电子。电子可以分为价电子和核电子，价电子是键合最不强的电子，但有最大的量子数。价电子可以用已知的 Bloch 波的三维波函数表征形成的离域电子态。Bloch 波的能量依赖于电子态的波矢量 K，波矢量可描述电子特定状态的动量，因为动量是矢量，可以用大小和方向两个量来描述，换言之，电子的能量不仅依赖于动量的大小，而且还和运动的方向有关。K 的所有可能值的范围称为 K 空间，K 空间在动量空间内描述固体世界，与更为熟悉的已知真实空间的 XYZ 坐标的世界相对立。

因为在固体中有大量的电子，所以有许多电子态，这些状态相互覆盖形成电子态的连续带。其能量与动量的依赖关系就是众所周知的固体的电子能带结构。通常有两种能带：价带和导带。这两种带的能量位置和它们的占有性决定固体的电学性质。

核电子是主量子数最低的电子，同时具有最高的键合能量。这些电子强烈地定域于核附近，同时并不能形成能带。核电子不容易从邻近核的位置上移开，所以并不直接参与导电和化学成键。

（二）金属、半导体和绝缘体

金属、半导体和绝缘体最简单的定义可由图 6-9 获得。在金属中，价带和导带是相互覆盖的，在这两个能带之间不存在能

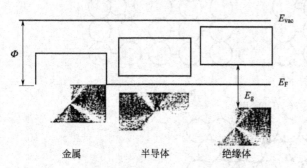

图 6-9　金属、半导体和绝缘体的 Fermi 能、
真空能和功函数

Fermi 能处电子态之间出现的能隙大小，决定着材料是金属、半导体还是绝缘体。E_g 为能隙，功函数 Φ 等于 E_F 和真空能 E_{vac} 之间的差

隙，导带也并未完全占有，最高占有的电子态（0K 时）的能量称为 Fermi 能，E_F，在 0K，所有 Fermi 能级（在 E_F 能量处假定的能级），以下的状态都是占有的，而其上的状态都是空着的。因为导带并未完全占有，所以，电子很容易从占有的状态激发到未占有的状态，因此，导带中的电子总是移动着的。当电子从占有状态激发到未占有状态时，会产生一种激发的电子构型，这时，电子将占有一个激发态，原来的电子状态将没有电子"占据"。这种无电子的状态称为空穴。空穴是一种准颗粒，可以起到电子虚像的作用。空穴也是有效的正电荷粒子。可以根据其有效质量和类似于电子的移动性加以表征。电子激发常常会产生空穴，所以常常把它们称为电子-空穴对（$e-h^+$）。像这同时具有相反电荷的粒子可以相互作用。在金属的导带中，创立一个电子-空穴对表明有一类重要的从零能量开始的连续能谱的电子激发。

图 6-9 还可以解释材料的重要性质：真空能 E_{vac} 被定义为电子被无限分开的物质的能量。E_{vac} 和 E_F 之间的差别称为功函数。

$$\Phi = E_{vac} - E_F \tag{6-2}$$

表示在 0K 时，电子从物质移至无限远处所需的最小能量，对理想的半导体和绝缘体来说，实际的离子化能要比 Φ 大，这是因为在 E_F 处没有状态，相反，能量最高的电子位于价带的顶上。在图 6-9 中，可以表观地看出，功函数是敏感地依赖于表面的晶体化学定向、有无表面缺陷，特别是阶梯[2,17]，当然，还有表面上有无化学杂质等。

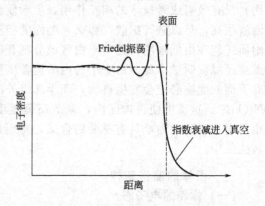

图 6-10　Friedel 振荡：接近表面的电子密度于衰减进入真空之前的振荡

功函数依赖于表面性质的理由可追溯到表面上的电子分布（图 6-10）。表面上的电子分布并不是骤然中断的，相反，电子密度于慢慢衰减至真空之间前，在表面附近是振荡的（Friedel 振荡），这样的电子分布在表面上就有创建一个静电偶极层。表面偶极的贡献 D 与远入真空的静电位 $V(\infty)$ 和体相中平均位能深度 $V(-\infty)$ 之间的差相等：

$$D = V(\infty) - V(-\infty) \tag{6-3}$$

如果把静电位以体相的平均位能作为基准［即 $V(-\infty)=0$］，那么，功函数就可记作：

$$\Phi = D - E_F \tag{6-4}$$

所以，Φ 是由表面项 D 和体相项 E_F 二者决定的。从这一功函数的定义出发，由表面结构和吸附质引起的 D 的变化也会影响到 Φ 的变化，因为表面性质并不影响 E_F。

电子态的占有服从于 Fermi-Dirac 统计学。所有具有非整数自旋的粒子，例如自旋数为 $1/2$ 的电子服从于 Pauli 原理，这意味着不可能有两个以上的电子占有一个给定的电子态。固体中的能量依赖于电子态的可用性和温度。金属有时具有不允有电子态的 K 空间区域，K 空间的这种禁止区域称为不完全带隙。在有限的温度下电子并不能仅限制在或者低于 Fermi 能级的状态。在平衡时会形成能量和化学位 μ 相等的储器，占有允许能态的概率依赖于状态能量 E 以及温度。根据 Fermi-Dirac 分布：

$$f(E) = [e^{(E-\mu)/(K_B T)} + 1]^{-1} \tag{6-5}$$

这里，T 为温度，K_B 为 Boltgmann 常数，对有些温度的 Fermi-Dirac 分布示于图 6-11 中。

在 $T=0K$ 时，Fermi-Dirac 函数是一个阶梯函数，这里，在 $E<\mu$ 时，$f(E)=1$；$E>\mu$ 时，$f(E)=0$。在零度下，Fermi 能级和化学位 μ 是相等的：

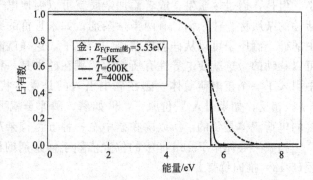

图 6-11　对金的三个温度（T）的 Fermi-Dirac 分布

$$\mu(T=0K) = E_F \tag{6-6}$$

更一般地说，化学位可以定义为 $f(E)=0.5$ 时的能量，这可以演示如下[18]：

$$\mu(T) \cong E_F \left[1 - \frac{\pi^2}{12}\left(\frac{K_B T}{E_F}\right)\right] \tag{6-7}$$

Fermi-Dirac 统计学的直接后果是 Fermi 能级在 0K 并不等于零。事实上，E_F 是与物质有关的一个性质，依赖于电子密度 ρ。根据式(6-8)：

$$E_F = \frac{\hbar^2}{2me}(3\pi^2 \rho)^{2/3} \tag{6-8}$$

式中，$\hbar^2 = h/(2\pi)$，$\hbar$ 是 Planck 常数，E_F 若干个电子伏特的量级和 E_F/K_B 称为 Fermi 温度（T_F）约几千 Kelvin 量级，结果是化学位和 E_F 确实是相等的，除非温度特别高。

半导体在价带和导带之间有一个完全的带隙，导带的最小能量为 E_C，而价带的最高能量为 E_V，带隙的大小就是这两个量的差：

$$E_g = E_C - E_V \tag{6-9}$$

称为本征半导体的纯 Fermi 能级位于带隙之中，确切的位置取决于温度，根据：

$$E_F = E_i = \frac{E_C + E_V}{2} + \frac{K_B T}{2}\ln\left(\frac{N_V}{N_C}\right) \tag{6-10}$$

式中，N_V 和 N_C 分别为价带和导带的有效态密度，态密度可由物质的比常数和温度计算出来，例如参见 Sze 的著作[19]。方程(6-10)指出，本征半导体的 Fermi 能级靠近带隙的中央。下面将会指出，对更一般的掺杂的（非本征的）半导体来说，这未必真实。

在理想的半导体的体相内，在 Fermi 能级处，即使能量上允许，也并没有电子，这是因为在该能量下不允许有电子态的关系。这就等同于说，在理想的半导体的体相中，E_F 处的状态密度是零。在任何真实的半导体中，缺陷（结构的非规整或者杂质）将会在带隙中引入非零的状态密度，这些状态称为间隙状态。在绝对零度时，价带是完全充满的，而导带则是完全空着的。在任何限定的温度下，有些电子被热激发至导带，其数目称为本征载体密度，并由式(6-11)给出。

$$n_i = \left(\frac{N_C}{N_V}\right)^{1/2} e^{-E_g/(2K_B T)} \tag{6-11}$$

半导体中出现带隙意味着半导体的电导性不大。带隙能从零至大于或等于 E_g（电子-空穴成对时的最小能量）。下面就是区分半导体和绝缘体的依据。半导体中的 E_g 已是足够地小，但是，通过热激发，或者添加杂质就可以促使电子进入导带，或者空穴进入阶带。电学活性的杂质称为掺杂剂。有两类掺杂剂；如果Ⅲ价的原子，例如硼取代了原来是完全硅晶体中的硅，硼原子可以从硅晶格获得一个电子，这样就能有效地向价带提供一个空穴。空穴是可以移动的，这就使电导性有所增大。硼在硅中是一种 p 型掺杂剂。因为它在硅的能带结构中引入了一个正电荷载体。硼在硅中引入的是受体状态，同时可把受体原子的浓度表示成 N_A；相反，如果引入 V 价原子，例如磷，磷原子就可有效地为导带提供一个电子，由于最终的电荷载体是负的，所以磷在硅中是一种 n 型掺杂剂，与前类似，掺杂剂的浓度是 N_D。

掺杂半导体中 Fermi 能级的位置依赖于掺杂剂的浓度和类型，E_F 为 n 型掺杂剂，按方程(6-12)推向价带。

$$E_F = E_i + K_B T \ln\left(\frac{N_D}{n_i}\right) \tag{6-12}$$

推上，而为 p 型物质，按方程(6-13)推向价带。

$$E_F = E_i - K_B T \ln\left(\frac{N_A}{n_i}\right) \tag{6-13}$$

方程(6-12)和方程(6-13)只要掺杂剂密度大于 n_i 和反型电活性掺杂剂的密度，就可以保持正确。

绝缘体有一个大的带隙。半导体和绝缘体之间的区别带有任意性。传统上一个材料的带隙大于约 3eV 时就可以考虑成绝缘体。但是这一经验规则由于高技术的推动和需要生产在高温下操作的半导体材料已经被扩大了。带隙大概为 5.5eV 的石墨现在已被认为是宽带隙半导体的上限。

石墨是另一种重要材料，它有高达 Fermi 能的电子态，和由类 p_z 轨道形成的 π^* 反键和 π 成键能量有关的导带和价带，在 K 空间只有很小的覆盖区域，所以，在 E_F 处的状态密度是最小的，因此被认为是一种半金属。

（三）金属接触面的能级

接触面一般和表面有所区别，前者被视为两种材料之间紧密接触时的界面，在平衡时，整个样品的化学位必须是一致的。这意味着二者处于平衡状态和电接触下的两种材料的 Fermi 能级必须是等同的。

图 6-12 演示了两种金属体相放置一起形成时将发生些什么。在图 6-12(a)中可以看到，两个孤立的金属共有一个真空能级，但是却有不同的 Fermi 能级 E_F^L 和 E_F^R，否则由各自的

功函数 Φ_L 和 Φ_R 所决定。上角 L 和 R 分别表示左侧和右侧的金属。当两金属电联结时，电子就可以从脱出功低的金属流向脱出功高的金属，即从金属 L 流向金属 R，一直到 Fermi 能级相等，结果是金属 L 消耗了少量电子，而金属 R 将有过剩的电子。换句话说，在两种金属之间产生了偶极矩。这也就是说，和小的位能降、接触电位［式(6-14)］、电场联系在一起了。

$$\Phi_C = \Phi_R + \Phi_L \tag{6-14}$$

出现电场可以从图 6-12(b) 示出的真空能级发生倾斜得到证明。图 6-12 还演示了两种金属体相的功函数是保持不变的，这是因为 Fermi 能在平衡时必须相等的关系。

图 6-12　金属的电子能带

电接触之前和以后，两种金属的 Fermi 能 E_F 在电接触成平衡时成一直线。

E_{vac} 为真空能，下角 L 和 R 分别表示左侧和右侧的金属。

在金属中，价电子可以有效地屏蔽自由电荷，屏蔽乃是围绕电荷的电子（或者电荷分布，例如偶极）被极化至低能量体系的过程。在绝缘体中，屏蔽就不很有效。因为这里的电子移动并不自由，所以当两个金属确实接触时，偶极层的宽度也只有几埃（Å）。E_F 和 E_{vac} 之间的能量分隔在第二或第三原子层之后也就变成恒定的了。但是在所有表面处，这种分隔并非常数，这对两个金属的接触面来说，意味着 E_{vac} 并不是骤然，而是连续变化着的。

表面上出现偶极层对洁净和覆盖吸附质的表面来说还有别的含义。体相中 E_F 和 E_{vac} 之间的差是材料的一种特性。为了能从金属移去电子，电子就必须穿越表面至真空。所以，当同一金属的两个样品在表面上有不同的偶极层时，它们就有不同的功函数。从图 6-5 可以看到，阶梯处的 Smoluchowski 平滑可以向表面引入偶极。这可以从阶梯密度和功函数减小之间观察到直线关系[17]。与此类似，表面的几何结构决定着表面电子结构的详情。因此，发现功函数同时依赖于表面的晶体学上的定向以及表面的再构作用。

固体表面上有吸附质时，对功函数可以引入两种不同的偶极贡献。第一种发生在吸附质和表面之间有电荷转移时，当吸附质为正电荷，诸如碱金属时，就会和过渡金属表面形成化学键，碱金属趋向于向金属提供电荷密度，从而减小功函数。负电荷吸附质，例如氧、硫或卤素将拉走电荷和增大功函数。第二种的贡献，则来自分子吸附质内在地具有偶极，这时的贡献增大还是减小功函数取决于分子偶极对表面的相对定向。

（四）金属-半导体接触面的能级

金属-半导体的接触面在工业上有着极大的重要性。这不仅是由于在电子器件中起作用[19]，这里开发出的许多概念还可以直接应用于电解质-半导体接触面处的电荷转移[20,21]。这要比金属-金属接触面更加复杂。但这也可以通过上述原理进行了解。这一情况如图 6-13 所示，金属和半导体的 Fermi 能级在平衡时也必须在同一条线上。E_F 的等同可通过电荷转移完成。电荷转移的方向取决于金属（M）和半导体（S）的相对功函数，对 n 型半导体在 $\Phi_S > \Phi_M$ 的情况下，可绘成如图 6-13(a) 所示，而对 $\Phi_S < \Phi_M$ 的情况则可绘成如图 6-13(b) 所示。半导体中的屏蔽作用，效果并不明显，结果可使这表面区的电荷密度在几百埃的宽度范围内不同于体相中的。这被称为空间-电荷区。在图 6-13(a) 中，近表面区可为金属-半导

体提供电荷，因为在这个区内的电子密度比体相中的低，这样的空间-电荷区称为耗损层。在图 6-13(b) 中，在相反的方向上发生电荷转移，在空间电荷区增大了的电荷密度相当于积聚层。空间电荷区的形状对半导体中载流子的迁移和接触面上的电子性质都有很强的影响。图 6-13(a) 相当于电阻接触，而图 6-13(b) 所演示的则是形成 Schottky 能垒。

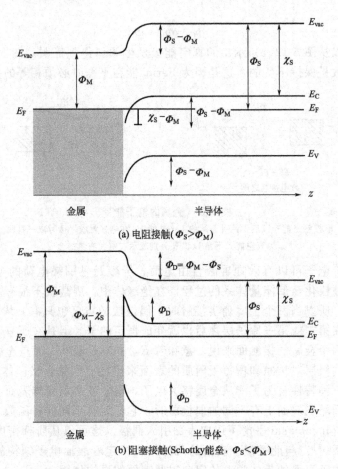

图 6-13　n 型半导体和金属异质结处的带弯曲
能带的能量以方向垂直表面的距离 z 为函数作图。Φ_S、Φ_M 分别为半导体和金属的功函数。
E_{vac} 为真空能；E_C 为最小的导带能；E_F 为 Fermi 能；E_V 为最大的价带能

在组构图 6-13 时已引入了半导体的电子亲和力 χ_S，这个量以及带隙在整个半导体中是保持不变的。重要的是，表面上带边的位置也保持不变。因此，就可以看到，$E_{vac}-E_V$ 和 $E_{vac}-E_C$ 的差也是常数。而相对于 E_F 的位置在整个空间-电荷区内是连续变化的。E_V 和 E_C 的连续变化被称为带弯曲。在图 6-13(a) 中所有 E_{vac}、E_C 和 E_V 都是以等量向下移动的，而在图 6-13(b) 中移动都是以等量向上的。再说一下，所有 E_{vac} 和 E_C 和 E_V 的移动都是等量的。表面处的位能就是带弯曲的大小，可由式(6-15) 给出：

$$eV_{surf}=E_{vac}^{surf}-E_{vac}^{bulk} \tag{6-15}$$

在方程(6-15) 中，选择了 E_{vac}，由于 E_{vac}、E_C 和 E_V 的几个量都是等同的，所以，选择其中任何一个都可使用方程(6-15)。掺杂密度决定着带弯曲的大小以及耗损层的宽度 d，对 n 型半导体，该值应为：

$$V_{surf} = \frac{eN_D d^2}{2\varepsilon\varepsilon_0} \qquad (6\text{-}16)$$

这里 ε 和 ε_0 分别为半导体和自由空间的介电常数，在 p 型半导体中，符号要倒过来，同时，N_D 要用 N_A 取代。由图 6-13 可以进一步看出，对如图 6-13(a) 所示的 n 型半导体电阻接触有：

$$V_{surf} = \Phi_S - \Phi_M \qquad (6\text{-}17)$$

而对如图 6-13(b) 所示的 Schottky 接触则有：

$$V_{surf} = \Phi_M - \chi_S \qquad (6\text{-}18)$$

V_{surf} 在 Schottky 接触中也可称为 Schottky 能垒高。

带的弯曲程度可因采用的外加偏压而发生变化，这无论对器件应用，还是对电化学都是至关重要的。当所用电压 V 通过半导体接点（不是金属-半导体，就是电解质-半导体）时，这并不是恒定地通过接点区的化学位，而是电化学位 η：

$$\eta = \mu - eV \qquad (6\text{-}19)$$

如图 (6-14) 所示，在正向偏压中，电子从半导体流入金属，能叠减小了 eV，在相反方向的偏压中，只有很小的电流从金属流入半导体，而能叠高增加了 eV。这时的电位 $\mu - eV = 0$ 称为平带电位。

（五）表面电子态

纯金属或者元素半导体体相中的所有原子都是等同的，根据定义，表面上的原子则不同。表面原子可以想象成一种杂质，和在体相中的杂质一样，也可以有与之键合的定域的电子态。这样一来，就需要把和表面原子键合的电子态区分为两类：和表面键合的电子态，既可在 K 空间中与体相状态叠合，也可以存在于带隙之中。叠合状态的称为表面共振，表面共振主要存在于表面，然而可穿入体相，并与体相中的电子态强烈作用。真正的表面态是强烈地定位于表面上的。同时，

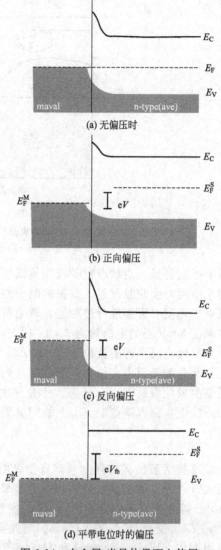

图 6-14 在金属-半导体界面上使用电压时的电化学位和效果
E_F—最小的导带能；E_F—Fermi 能；E_V—最大的价带能；M，S—金属和半导体

由于存在于带隙之中，并不能和体相的状态进行强烈的相互作用。表面态或者表面共振既可以和固体的表面原子（内在的表面态或共振），也可以和吸附质（外来的表面态或共振）相结合。结构的缺陷也能激发成表面态和共振。表面态和表面共振可如图 6-15 加以说明。

表面态在判定半导体的表面能带结构中起着决定性的作用。事实上可以取代金属来描述表面态对能带的弯曲。如果半导体中的电子分布在至表面的所有方向上是均匀的话，那么，能带就应该是平坦的。所以表面态的存在表明，表面较之体相多少具有电子密度。电子分布的这种非均匀性导致了空间电荷区和能带弯曲。表面态既可以作为供主状态也可以作为受主状态。表面态对器体的电学性质，特别是对 Schottky 能叠的行为有强烈的影响[18,19,22]。

共振和状态之间的不同处看起来带有任意性。差别在 Fermi 能级以上的正常未占或空状

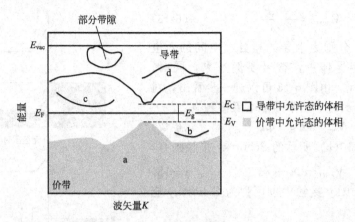

图 6-15 半导体的带结构

a—已占表面共振（a）；b—已占表面态（b）；c—正常的未占表面态；d—正常的未占表面共振；

E_{vac}—真空能；E_C—最小导带能；E_F—Fermi 能；E_V—最大价带能

态中特别明显。空状态在吸收能量低于功函数的声子时将会聚居，体相状态和共振之间的强相互作用将会使激发进入共振的电子寿命变短，而表面态则有较长的寿命。这些寿命都已用双声子光发射直接进行过测定。寿命可因体系不同而不同。例如在 Si(111)-(2×1) 上，正常未占 π^* 状态的寿命约为 $2 \times 10^{-10}\,\text{Ps}$[23]。

如果金属中的能隙位于 E_F 和 E_{vac} 之间的某处，电子激发至这个能隙中就会经历和虚位能相结合的吸引力，结果是形成一系列键合态-虚位能态[23,25]，这就是类似于原子和分子体系中生成的表面 Rydberg 态。作为一次近似[25]，这些状态形成了一个能量可以表示成式(6-20) 的汇集到真空能级 E_{vac} 上的能量系列。

$$E_n = \frac{R_\infty}{16n^2} = -\frac{0.85}{n^2} \qquad (6-20)$$

这些状态在 Z 方向上（垂直于表面）键合，但是，自由电子则在表面的平面之内。当 n 增大时，虚态的波函数和体相叠合愈来愈小，结果是状态的寿命随 n 的增大而增大。这已为 Höfer 等作过直接的测定[26]。他们发现，在 Cu(100) 上，当 n 从 1 变化至 3 时，寿命从 (40±6)fs 变化至 (300±15)fs。与此类似，寿命还能通过在虚态和金属表面之间引入空间层而增加。Wolf、Knoesel 和 Hertel[27] 已经指出，在 Cu(111) 上，物理吸附的氙层，在增加 $n=1$ 时，寿命可从 (10±3)fs 增加到 (50±10)fs。

四、固体的振动

固体的振动要比小分子的振动复杂很多，这是由固体中原子相互作用的多体本质决定的。与电子状态相类似，固体的振动不仅依赖于原子的移动，还和原子的振动方向有关。固体的大群振动的相互叠合，也能形成声子的带结构。后者可以把声子能量描述成为一种波矢量的函数，并能在声子能带结构中找出不完全的带隙。在 Debye 频率模型的范围内[18]，对固体的声带有一个最大频率——Debye 频率。后者可来度量晶格的刚性。对金和钨，Debye 频率的典型值分别是 14.3meV(115cm^{-1}) 和 34.5meV(278cm^{-1})，而对硅则为 55.5meV (448cm^{-1})。最刚性的晶格是石墨的，它的 Debye 频率为 192meV(1550cm^{-1})。

根据熟悉的谐振荡子模型，孤立分子中正常振动模式的能量可由式(6-21) 给出：

$$E_V = \left(V + \frac{1}{2}\right)\hbar\omega_0 \qquad (6-21)$$

式中，V 为振动量子数；ω_0 为振荡子的基本径向频率。

在谐振动的三维晶体中，这一关系需要在两个重要方面进行修饰。第一要注意晶体有 N 个由 P 个原子组成的主胞。因为每个原子有三个移动自由度，固体中有总数为 $3PN$ 个振动自由度，周期性固体内振动的波方程解可以分解为 $3P$ 个分支，其中三个分支相应于声学模式，而其余的 $3(P-1)$ 个分支则相应于光学模式。光学模式是可以被电磁波的电场激发的，只要激发能使耦极发生变化。声学和光学模式还进一步被指定不是横向的，就是纵向的。横向模式表示振动的位移和传播的方向相垂直，而纵向模式则代表位移和传播方向相平行。

第二个重要的修饰来自固体的三维结构。如果分子在自由空间中的振动与振动的方向无关的话，那么，在有序的晶格中的振动就不是这样了。这被包埋在使用振动的矢量之中，波矢量由式(6-22) 给出：

$$|K| = \frac{2\pi}{\lambda} \tag{6-22}$$

式中，λ 是波长；而 K 则是和传播方向平行的矢量。和这个定义相一致，这里引入振动的径向频率 ω_K：

$$\omega_K = 2\pi\nu_K \tag{6-23}$$

现在可写下第 P 个分支中如下的波矢量振动能：

$$E(K,P) = [n(K,P)+1/2]\hbar\omega_K(P) \tag{6-24}$$

这样，对固体，每一个 $3PN$ 个正常模式的振动态，就可以通过专一的激发数 $n(K,P)$ 表示出来。总的振动能也就是所有这些激发振动模式的加和：

$$E = \sum_{K,P} E(K,P) \tag{6-25}$$

和量子化的电磁场直接类比，通常就可以用表示量子化弹性波的类粒子单元（声子）对固体的振动进行描述。和双原子分子完全一样，式(6-24) 和式(6-25) 表明，固体的振动能在 0K 时并未作为零点运动消失。

平均振动能由下式给出：

$$E = \frac{1}{2}\hbar\omega_K(P) + \frac{\hbar\omega_K(P)}{e^{\hbar\omega_K(P)/k_BT}-1} \tag{6-26}$$

因此，和式(6-24) 比较时就可以确认，声子的平均占有数为：

$$m(K,P) = n[\omega_K(P),T] = \frac{1}{e^{\hbar\omega_K(P)/(k_BT)}-1} \tag{6-27}$$

这也是服从 Planck 分配定律的，这对零自旋粒子（更一般地说，整数）来说是所期望的。据此，在任何给定情况下的声子数是无限的。

另外，和电子态相类比，也有可以表征和属于表面声子的模式。表面声子模式的能量在 K 空间是很好确定的，有时，存在于体相声子的不完全带隙之中。存在于带隙中的表面声子模式是真正的表面声子，而在 K 空间与体相声子叠合的则是表面声子共振。其次，因为表面原子和体相中的原子相比是配位不足的，所以，表面的 Debye 频率惯例地要比体相的 Debye 频率低很多，特别是垂直于表面的振幅对表面要比体相原子大很多。依据专一材料表面上振动的振幅均方根一般要比体相的大 1.4～2.6 倍。

第二节　物理吸附、化学吸附和吸附动态学

在前一节中，引入了固体及其表面的结构，电子和振动性质，探讨了表面上吸附质的结构。现在将描述使吸附质保持在表面上并在那里发挥作用的相互作用。在本节中将讨论控制

原子以及分子和表面有关能量学方面的问题，而且将特别注意单个分子和洁净表面的相互作用，也就是吸附作用。吸附是多相催化诸多步骤中必不可少的一步，毋庸置疑，也是多相催化剂最重要功能之一。

一、相互作用的类型

当一个分子黏着表面时，就能借助于化学的（化学吸附）或者物理的（物理吸附）相互作用相结合。化学吸附包含在吸附质和表面之间形成化学键。而物理吸附则包含吸附质和表面极化在内的弱相互作用，并不包括它们之间的电子传递。表 6-1 列出了化学吸附和物理吸附几个方面的对比。

表 6-1　化学吸附和物理吸附的对比

化 学 吸 附	物 理 吸 附
①电子交换	极化
②形成化学键	范德瓦耳斯力吸引
③强	弱
$\geqslant$1eV(100kJ/mol)	$\leqslant$0.3eV(30kJ/mol)，(只在冷冻时稳定)
④高吸附位能	方向性不强
⑤类似于配合物	—

尽管化学吸附和物理吸附看起来已有区分的很好目录，它们之间的相互作用力的强度多少也有连续性，然而在大多数情况下，把它们区分开来还是很有用的。在 0K，所有和零点能远离有关的分子运动都是停止的。这意味着，如果温度足够低的话，所有化合物都是凝缩着的。另一种表明这一观点的途径是：如果温度足够低的话，任何化合物不是成为化学吸附的，就是成为物理吸附的。液体氮和液体氦是两种最常用的冷冻剂，所以要记住两个重要的低温是 N_2(77K) 和 He(4K) 的沸点。大多数化合物在液氮下黏着表面，而在液氦温度下，几乎每种化合物都将黏着表面。

化学吸附和所有化学键一样，都是高度方向性的。所以在专一部位上黏着的化学吸附的吸附质（化学吸附质）具有强烈依赖于它们相对于基底的确切位置和定向的键合相互作用。在金属上，化学吸附原子力图在配位数最高的部位上落坐。例如，氧原子在 Pt(111) 上，将与面心立方 fcc 有三个空位的部位结合，键能约为 370 kJ/mol[4]。这是并不奇怪的。因为 1 个 fcc 金属的晶体是由放置在下一层配位数最高的原子上的一层原子紧密堆积构建成的。当然，这也有例外，通常氢原子和配位数最高的部位键合时，能在 W(100) 上占用两个部位[28]，而半导体的石墨晶格是由原子连续堆积在四面体指向的表面悬空键之上构建成的，这样，原子就将力图化学吸附在半导体的高定域悬空键上，较之在配位数高的部位上更好。

上述规则在吸附质和底物反应生成新化合物形成强键是一个重要的例外。氧和许多元素，例如对氧化特别敏感的铁、铝和硅能形成强键，所以，氧的化学吸附能够很容易地导致不仅生成和表面键合的氧原子，而且还能生成和表面下部位键合的氧。氧和基底表面原子键合被认为是形成例如 Fe_2O_3、Al_2O_3 和 SiO_2 等氧化物的前体，氧原子由于它的尺寸很小的关系，对占有表面下的部位也极为敏感，特别有意义的是 H/Pd 体系[29,30]，氢原子能够装入铂晶格之中，使其密度超过液态 H_2。

物理吸附物种（物理吸附质）不能呈受如此强的有方向性的相互作用，所以，只能和专一部位很弱地结合，并与表面呈受和整个表面比较均匀的吸引相互作用。在许多情况下，物理吸附质之间的相互作用强度，要比与表面的相互作用强些或者相等。

二、键合部位的扩散

吸附质的键合能依赖于它在表面上的位置，这意味着在表面上不仅有不同的键合位置，而且，如图 6-16 所示，还被能垒分割开。吸附质通过表面移动就必须从一个部位穿过这些能垒跳跃到另一个部位。所以把键合部位分开的能垒也叫做扩散垒。图 6-16(a) 可以想象为一维（1D）的位能面（PES）。从一个阱移动到下一个阱的过程就表示扩散。每一个阱内包含着许多的键合振动态，说明吸附质还要相对于表面进行振动。

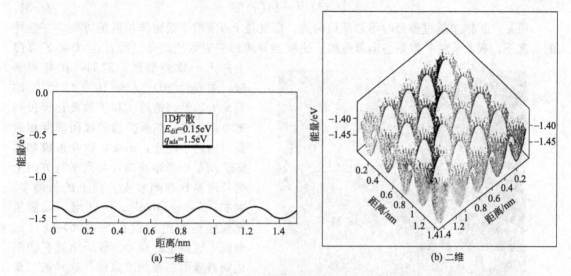

图 6-16　作为无缺陷表面上位置函数的一维（1D）和二维能量的表示
注意，在每一种情况下，吸附质的相互作用位能是怎样"皱折"的，
E_{dif}—扩散活化能；q_{ads}—吸引阱深

和图 6-16 相一致，扩散原是一个活化过程[31]。所以，对均匀的位能，可以期望扩散服从于简单的 Arrhenius 方程：

$$D = D_0 e^{-E_{dif}(RT)} \tag{6-28}$$

式中，D 为扩散系数；D_0 为扩散前因子；E_{dif} 为扩散活化能；R 是气体常数；T 为温度。

对方程(6-28)来说，有两个极端的温度不能描述扩散的，那就是在很低的温度下，对轻质吸附质，例如氢和氘，量子效应占有优势[32]，在这样的隧道地带，扩散和温度无关。但当温度足够高，例如 $RT_s \gg E_{dif}$ 时，吸附质就可以自由地经由表面移动，完成一种 Brownian 运动。换句话说，它已被键合在 Z 方向上，但没有在 X 和 Y 方向上键合，这种自由的双维（2D）运动状态称为双维气体。吸附质/表面位能的皱纹愈大，吸附质经历有效的扩散能垒也愈大，形成 2D 气体的温度也就愈高。化学吸附质经历的扩散垒要比物理吸附质的大得多。在大多数情况下，形成 2D 气体所需的温度 T_s 足够的高，可以使脱附有明显的速度。

对较 E_{dif} 不太大的温度 RT_s，就可以把方程(6-26)直接表示出来，D 和跳跃频率 V、均方跳跃长度（和部位间的距离有关）d^2 以及扩散的无向量性 b 有关：

$$D = vd^2/(2b) \tag{6-29}$$

对 1D 扩散，$b=1$；然而对平面内的均匀扩散，$b=2$。在时间 t 内，吸附质扩散经历的一维均方根距离 $(X^2)^{1/2}$ 由式(6-30)给出：

$$(X^2)^{1/2} = (2Dt)^{1/2} \tag{6-30}$$

单颗粒在均匀的 1D 位能中的扩散特别简单，然而对 1D 扩散的分析以及对吸附质相互作用的了解可以得出一些重要的结论。图 6-16 演示了吸附质/表面位能是起皱的，这样的皱纹有两种形式：已用扫描隧道显微镜（STM）验证过的那样呈几何形的和由来自扩散能垒呈能量形的。因为不同的键合部位有不同的键合能量，所以有不同的键合能垒。在 1D 位能中，最高的能垒决定着总的扩散速度。

表面是二维的，这就使穿越过表面的扩散更复杂些。对一个均匀的 2DPES，可以把 $b=2$ 代入式 (6-29) 中，二维为方根距离 $(X_2)^{1/2}$，并由式 (6-31) 给出。

$$(X^2)^{1/2} = (4Dt)^{1/2} \tag{6-31}$$

但是，扩散垒越过表面时不总是均匀的，那就是 E_{dif} 依赖于吸附质扩散的方向。在这样的情况下，吸附质的扩散是各向异性的。这就会导致形成吸附质小岛，后者在 X 和 Y 方向

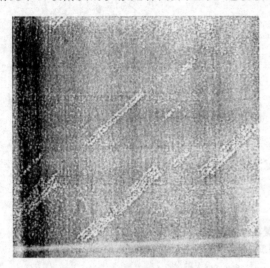

图 6-17　由各向异性扩散造成的
硅半岛的各向异性生长
扫描隧道显微镜像中的亮点已在 Si(100)
底物上部集聚成小岛的硅原子

上并无一致的形状，例如，在有列和槽，如 fcc(110) 或 Si(100)-(2×1) 的表面上，沿列的再构和扩散要比穿过列的方便一些。如果扩散的吸附质互相遇到时趋向于停止，那么，就会形成如图 6-17 所示的类带小岛，与列平行方向上的长度要比与列垂直方向上的长得多。例如，Swarzentruber[33] 已用扫描隧道显微镜追踪过淀积在 Si(100)-(2×1) 表面上硅原子的运动。原子迅速扩散形成叫做吸附二聚的二聚体。这样的二聚体沿二聚体的列也能迅速扩散入底部，在这一方向上的扩散既能直接在二聚体上，也能在二聚体间发生，尽管在二聚体之间的部位上，在能量上更加有利。但在顶上和在二聚体之间的部位上依然存在着能垒，所以，吸附的二聚体在它们跃入更加稳定的二聚体之间的部位之后，还能够在上下列间扩散很长时间。缺陷对扩散有很大影响，缺陷可使从顶上到二聚体之间部位的转移变得容易些。在别的情况下，缺陷又可作为排斥墙，或者俘获吸附质的阱。

已在上节中讨论过的典型缺陷是阶梯。阶梯的电子结构不同于梯台上的，这就使阶梯处具有明显不同的键合位能，同样，还会改变阶梯附近的扩散。如图 6-18 所示，阶梯向下的扩散——就是从梯台通过阶梯到下一个梯台——和在梯台上的扩散相比常常是高活化的。这里附加的能垒高，被称为 Ehrlich-Schwoebel 能垒，E_s[34,35]。对如图 6-18 示出的位能，阶梯向上的扩散较之阶梯向下或者梯台上的扩散更加容易，结果是希望只有梯台上和阶梯向下的扩散，除非温

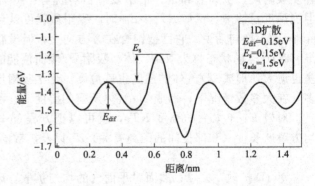

图 6-18　阶梯对扩散能 E_{dif} 的影响［一维（1D）的扩散］
注意，阶梯向上的扩散，常常由于能垒的增加被忽略不计；
在阶梯底部常常可以观察到键合强度增加的特点

度很高，另一些缺陷以及吸附质也都会影响到表面上的扩散[36]。示于图 6-16 的位能是单一吸附质的，Bowker 和 King[37,38] 以及 Reld 和 Ehrlich[39] 都曾指出过侧向相互作用在扩散中也起着重要作用。然而，在没有侧向相互作用时 D 是常数，排斥性的相互作用将增大 D 值，而相吸引的相互作用则使 D 减小。因此，研究扩散作用的外形可以为测定侧向相互作用的强度提供一个方法。

分子可以实施上述的扩散类型，和底物不能太强相互作用的原子也同样进行扩散，但是，对强相互作用的原子，特别是淀积在金属基底上的金属原子，可发生另外的扩散机理，已经知道的，已有扩散的交换机理如图 6-19 所示。这样的机理对金属在金属上生长的体系特别重要。

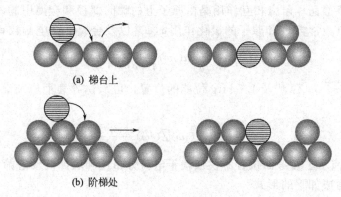

(a) 梯台上

(b) 阶梯处

图 6-19　扩散的交换机理

传质是通过取代另一个原子发生的。这既可以在梯台上发生，也可以在阶梯处发生

三、物理吸附

物理吸附是一种普遍存在的现象，所有原子和分子都会实施长程的范德瓦耳斯力。因此，如果温度足够低的话，任何物种确实都能进行物理吸附。但当吸附质遇到基底强化学吸引时，这就是唯一的例外。因为这已无法从落下化学吸附中停止下来。例如，铼在铼表面的吸附，对具有强金属——金属键的铼来说，铼原子不可能停止直接落入化学吸附态。

惰性气体只能通过范德瓦耳斯力相互作用，所以，物理吸附是唯一的向表面进攻的途径。因此，这些物种只有在低温下能和表面结合。有些表面是特别惰性的，所以，有利于物理吸附。钝化表面的例子有氢端的金刚石和硅以及硫端的铼和石墨。这些材料都只有很小的反应性。这些材料的表面竟如此"缺乏"电子，以致物理吸附才是化学物种和表面之间相互作用的首要方法。低的表面温度也能很好地使较低活性物种的物理吸附态稳定，特别当化学吸附态的形成是一个活化过程时。

范德瓦耳斯力不仅存在于吸附质和基底之间，同时也存在于吸附质之间。因为吸附质-表面的相互作用在物理吸附中是如此之弱，侧向的相互作用对物理吸附分子来说特别重要，有时可以变成和吸附质-表面相互作用一样的强。另外，物理吸附和化学吸附相比，并不是十分专一的，所以，在高覆盖度时就可以形成一种不相称的结构——和基底缺乏匹配的有序结构。

20 世纪 70 年代中叶，Zaremba 和 Kohn[40~42] 奠定了描述物理吸附理论的基础。总的讲，一个原子和金属表面之间的物理吸附位能为 V。Z 可以写成短程的排斥位能 V_{HF} (Z)和长程的范德瓦耳斯吸引力 V_{corr} (Z)。通常 Z 为沿表面法线的原子-表面距离。排斥项来自(充满)原子轨道和表面电子态的叠加，挨近的原子经受着一个 Pauli 排斥力，当表面电子企图和充满的原子轨道相互作用时。如果闭壳物种保持封闭状态，其轨道就必须和任意与之作用的金属状态处于正交之下。这是因 Pauli 排斥引起的正交化能。这一相互作用可以使用 Hartree-Fock 处理近似地表示出来，而相吸的范德瓦耳斯项可由 Lifshitz 位能给出：

$$V_{corr(Z)} = \frac{C}{(Z-Z_0)^3} + O(Z^{-5}) \tag{6-32}$$

项 Z^{-5} 的量级常常可以略去不计，它来自多极和别的高次微扰。注意到 $V_{corr}(Z)$ 随 Z^{-3} 而减小，而两个原子之间的范德瓦耳斯力相互作用，在 Z 处也是减小的。这就是由于多体表面的关系。物理吸附相互作用要比两个孤立原子之间范德瓦耳斯力相互作用的衰减慢很多。方程（6-32）只能在原子和金属轨道之间发生并不显著的叠加区域内用来描述这一相互作用时才合适。范德瓦耳斯力相互作用是由原子上的瞬间偶极和金属中的诱导电荷涨落相互作用产生的。所以，常数 C 和原子的极化作用 $\alpha(\omega)$ 以及金属的介电函数 $\varepsilon(\omega)$ 有关：

$$C = \frac{1}{4\pi} \int_0^\infty \alpha(i\omega) \frac{\varepsilon(i\omega)-1}{\varepsilon(i\omega)+1} d\omega \tag{6-33}$$

式中，$i = \sqrt{-1}$，Z_0 涉及 Lifshitg 位能的位置，可从诱导表面电荷 $\overline{Z}(i\omega)$ 质心的质量平均找出：

$$Z_0 = \frac{1}{2\pi C} \int_0^\alpha \alpha(i\omega) \overline{Z}(i\omega) \frac{\varepsilon(i\omega)-1}{\varepsilon(i\omega)+1} d\omega \tag{6-34}$$

方程（6-34）演示了参考面位置不仅依赖于电荷分布还和表面的动态筛选性质有关。

总的位能可写成如下的形式：

$$V_0(Z) = V_{HF}(Z) + V_{corr}(Z) \tag{6-35}$$

方程（6-35）在描述物理吸附位能中是成功的。因为和物理吸附结合有关的平衡距离趋向于远大于 Z。这一条件保证了金属和原子的波函数叠加相当的小，使用方程（6-33）～方程（6-35）是允许的。

四、非解离化学吸附

(一) 化学吸附的理论处理

Haber 曾建议吸附和基底表面的"不饱和原子价力"有关[43]。Langmuir[44,45] 接着给予了定义并确认化学吸附相应于吸附质和表面之间形成化学键这一概念。这是他在表面科学研究中获得 1935 年 Nobel 化学奖所积累的许多成就之一。描述吸附质-表面键的理论方法已有许多途径[40,46]，所有这些方法都需要解决原子或者分子与主要是半无限的基底怎样相接触的这一问题。理论固态物理已在处理基底物体相方面开发出了很好的标准方法，在描述扩展的电子态方面已经获得相当成功。但是，由于引入减少的表面对称性导致了局域态的生成以及计算上的困难，其次，吸附质在这种减少对称性的处理中是局域杂质。另外，还必须从量子化学角度出发解决这一问题。量子化学已经有力地描述了小分子的性质，然而还需要把表面作为和吸附质键合的簇来处理，这样提出的问题企图对簇增加足够数目的原子，而外在地依然要处理足够多的电子波函数，显然，这两种途径都有其优缺点。

在没有讨论化学吸附键形成的特点之前，首先要浏览一下分子轨道的形成（参见本书第三章），在图 6-20(a) 中示出了众所周知的由两个原子轨道（AO）a 和 b 形成分子轨道（MO）的情况，AO 相互作用取决于状态的能量和对称性。能量愈接近相互作用愈强；有些对称性的组合是禁止的，还要注意反键状态 ab*，一般说来较之成键状态 ab 更加反键，却是可以成键的。这在图 6-20(a) 中就是 $\beta > \alpha$。结果是，如果 ab 和 ab* 两者都是全充满的，这样，不仅键级是零，而且总的相互作用是排斥的。在气相中，每个轨道必须含有恰好是零、一个或两个电子，同时，轨道的能量又是很好确定（尖的），能使分子一直保持键合，

MO 扩展至整个分子,尽管在有些情况下,电子密度可定域在分子的一个小范围内,甚至在单一的原子上。

应用于表面原子吸附的第一个有用的方法是 Anderson-Grimley-Newns 近似[40,47,50]。该法提出的要点是:化学吸附后的电子态类型,不仅依赖于基底和吸附质的电子结构,还和吸附质和基底之间的耦联强度有关。吸附质的能级既可以在金属能带之内,也可以在外终止。在吸附质能级和窄带(例如过渡金属的 d 带)相互作用很强的强耦合限制区内 [图 6-20(c)],吸附质和金属轨道就可以在金属能带上、下分裂成成键和反键组合,弱的连续部分则在这样裂开的状态之间延伸。在吸附质能级和例如过渡金属 s 带的宽带相互作用的弱耦合限制区内 [图 6-20(b)],只有很小金属态密度指向吸附质,但吸附质的能级则可扩宽进入在窄能量范围集中的 Lorentz 形共振之中。

根据 Anderson 的 Grimlen 和 Newns 模型,对化学吸附,Hamilton 算子还需要有一个局限描述。因为只是说明了吸附质和最近邻的相互作用;另外还有电子的相关作用,最好只包含在近似形式之中[51]。所以还必须有别的途径才能获得对化学吸附的定量了解。

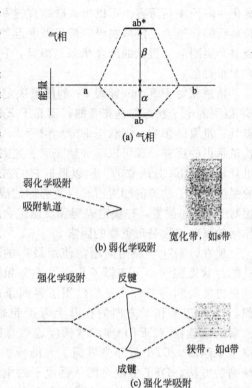

图 6-20 轨道的相互作用
a、b 为原子轨道;ab、ab* 为成键和反键分子轨道

图 6-21 演示了贴近表面对吸附质电子态的影响,这首先是在弱化学吸附限制区内考虑的。表面作为分子近似,它的电子态和金属的电子态相互作用,这将使 MO 宽化(在能量上把它们外扩了)并降低了 MO 的能量。MO 在能量上的次序虽没有变化,但它们之间的空间却是改变了。另外,气相的简并轨道可以因有表面而产生这样的简并;MO 为什么能经历位移和宽化的理由就是由于它们和基底相互作用的缘故。如果在 MO 能量处没有基底的电子,就会和图 6-21 中能量为 E_3 的轨道一样,只能发生很小的相互作用,MO 依然保持尖的,这对核能级以及一些 MO 特别重要;因为前者常处于基底价带的下方,而后者偶然会有位于基底带隙之中的能量。金属一般是没有带隙的,吸附质的价电子态常常要经历强的相互作用,位移和宽化。这在有带隙的半导体和绝缘体的情况下,有些吸附质的价能级会显示出和基底有不大的相互作用,如果它们有幸落入带隙中的话。

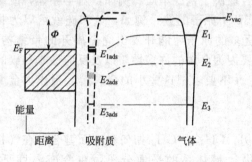

图 6-21 当吸附质接近表面时,吸附质能级的位移和宽化

E_F—Fermi 能级;E_{vac}—真空能;Φ—表面材料的功函数;E_1,E_2,E_3—分别为分子远离表面时分子轨道 1、2、3 的能量;E_{1ads},E_{2ads},E_{3ads}—分别为吸附分子的分子轨道 1、2、3 的能量。影线面为占有带(例如价带)

图 6-21 对强化学吸附限制区也具启发性。在这种情况下,成键组合在能量上要比起始吸附质的轨道移动得更下,也会发生宽化。确实,

宽化一般说来很厉害，可以形成联结成键和反键分裂状态的连续带。在这样的限制区内，尽管最后的轨道主要定域在吸附质以及和起始吸附质轨道有关的轨道之上，最终的轨道还是由金属和吸附质所贡献的组合状态。而且，它们有包括几个基底原子的空间范围。记住这些是非常重要的。

轨道相对于 Fermi 能级 E_F 的能量决定着轨道的占有，犹如基底一样，吸附质所有位于 E_F 以下的电子状态都是充满的，而高于 E_F 的则都是空着的。电子态的宽化对 E_F 附近的状态具有重要的影响。当状态部分地位于 E_F 之下，又部分地位于 E_F 之上时，如图 6-21 最高轨道示出的那样，就可以部分地充满。这对强化学吸附限制区特别重要，因为成键或者反键组合常是在 E_F 处跨立的。所以根据它们对 E_F 的相对位置，总是多少被占有的。相互作用的强度取决于轨道的相对占有以及它们的成键和反键特性。正如即将见到的，过渡金属 d 带相对于 E_F 的位置，在决定成键和反键组合（对一定的吸附质轨道）的充满以及因此对相互作用的强度来说是最重要的因素。

现在，对化学吸附问题，使用最广的两个理论方法的区别在于如何确定问题。在重复的片状近似法中，选择了几个原子宽和几层厚的小切片基底，为了重新建构对体相计算更方便的对称特性，重复使用了界面条件，那就是考虑了把被真空区分割开的小片堆积，以及把 X 和 Y 方向的在其上弯折起来。另外，也可以用簇近似法作为基底的模型。密度泛函理论（DFT）和广意梯度近似（GGA）校正相结合，在计算上这两种模型已变得越来越多。DFT 近年来得到了大踏步的发展，已为处理越来越大的体系提供了详细而精确的方法。DFT 方法企图依据电子的电荷密度来模拟电子态，并借助于 GGA 计算，对电子分布的形状进行校正，再用交换相关泛函对电荷密度进行缝合。对交换相关泛函的较好表示对理论工作者来说，依然是明显的挑战。1999 年，Kohn 获得 Nobel 化学奖标志着 DFT 理论的成功进展。

传统上的 DFT 方法的缺点是不能计算激发的电子态。但是，与时间有关的 DFT 在这方面却有了迅速进展[52]。构型相互作用（CI）的计算为别的原子或分子轨道的类型提供了涉及激发态的不同的计算方法。但是要完成这些计算，随着电子数的增加，需要耗费更多经费和时间，这在完成大体系方面变得十分困难。现在这些方法只限制在 10～100 个电子，如果要包括一个 CI 高能级的话。这就限制了这一方法在过渡金属表面的惯常计算中的通用性。

对给定的体系来说，片还是簇的方法更加适合取决于基底本质。例如，对半导体，成键是高定域的，所以，簇法较为可取。同时，大小 10 个原子的簇，例如，氢和硅就可以为相互作用的研究提供有用的模型[53]。金属则需要更多的原子才能开发出完全展开的带结构。研究小金属簇本身就是一个活跃的研究领域，主要因为金属的许多性质以及反应性是和簇的大小有关[54,55]，尽管如此偏爱这些工作，然而，并不要求把这些小的金属簇，当作大金属集聚体和简单单晶表面的好模型。

（二）乙烯的键合

多原子分子和表面的键合模型可以举乙烯为例。$CH_2 = CH_2$ 如何和表面键合？在气相中，乙烯是一个带有和 C=C 双键相关的极化 π 键体系的平面分子，在冷冻温度下，$H_2C = CH_2$ 平坦地躺在表面上和表面呈弱的键合，如图 6-22(a) 所示。在 Pt(111) 上的结合能为 $-73kJ/mol$[4]。可以视为弱的化学吸附物种。吸附几何学可由 π 键的相互作用来决定。发现 HC_2CH_2 平躺较之端接有最强的相互作用。

和表面的强相互作用需要和表面有更强的 π 电子交换。当 H_2CCH_2 向表面提供 π 电子形成两个 σ 键时，碳原子之间键级下降至 1，平面几何学就不再有利于 H_2CCH_2 物种。吸附质更有利于假定接近于乙烷结构，C—C 保持平行于表面 [图 6-22(b)]，但是，氢原子从表面向上弯曲。这样，有关碳原子的键合就可假定有 sp^3 杂化的结构。这样的电子排列只有当 π 键合的 C_2H_4/Pt(111) 于 52K 以上温度加热时才会发生[56]。这种 π 键合的平面型物种向双 σ 键合化学吸附物种的转移，在振动光谱中是有反映的。π 键合物种中的 C—H 键伸展是 IR 不活性的（沿垂直方向无组分），但它并非是吸附物种[57]。C—C 键的伸展，如果可以观察到的话，将向化学吸附态相当低的频率处移动。

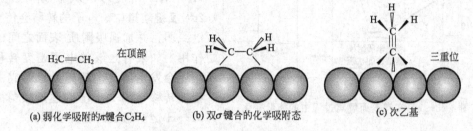

(a) 弱化学吸附的π键合C_2H_4　　(b) 双σ键合的化学吸附态　　(c) 次乙基

图 6-22　乙烯在金属表面上的键合

在 Pt(111) 上，双 σ 物种在高至 280K 时是稳定的，键能约为 117kJ/mol，超过该温度分子就得重排。在室温下稳定的构型为次乙基（C—CH$_3$）。如图 6-22(c) 所示。后者需要有从每个分子通过 C_2H_4 丢失一个氢原子。氢原子从分子一侧移向另一侧的同时，需要分子"站立"起来。键的开裂和形成是需要活化的。这就是为什么在低温下不能形成这样的吸附几何学的缘由。

三种由 C_2H_4 所生成的物种不仅具有不同的键合几何学和能量，而且反应性以及 C_2H_4 的加氢规律也各异[58]。并不希望 π 键合的物种在室温或者室温以上是重要的，在高压（大概 1atm）和气相中有 H$_2$ 时，这一物种可被明显覆盖；覆盖度由吸附、脱附以及反应之间的动态平衡所决定。π 键合的物种较之双 σ 键合的 C_2H_4 对加氢要活性得多，次乙基只不过占据了可以用来进行反应的部位。催化反应性敏感地取决于吸附质——表面相互作用的强度以及足够强的相互作用和吸附质活化之间的平衡。

五、解离化学吸附（H$_2$ 在简单的金属上）

H$_2$ 在表面上的解离是表面上解离的典型例子[56,59,60]。H$_2$ 的离解概率（解离黏着系数）的测定以及有关的理论说明，不仅为了了解表面上的反应动态学，提供了有用的历史记录，而且也有曾经多次用过的进入表面动态学研究的尖端实验和理论技术的记录[61]。

图 6-23 是了解解离吸附的一个过分简化了的但是很有用的起点。真实寿命的情况更加复杂，因为分子的每一个分子轨道都会和表面的电子态相互作用，而分子轨道加上表面轨道的每一个组合都会产生一个成键加上反键的对，当分子和表面的相互作用增大时，每一个这样新的杂化轨道的位置和宽度又都会随之增大。严格地描述轨道占有不仅必须确定轨道的充满，而且还要追踪哪一个是成键还是反键的发展。譬如，在 CO 化学吸附中，反馈进入 π 体系是对 M—CO 键的成键，而反键则是对于 C—O 键的。

图 6-23 中，H$_2$ 分子接近镁表面时，和 H$_2$ 结合的轨道的电子结构变化（计算值），图中向左移动表示朝表面运动，分子是物理吸附的，它的轴在面板 P 中和表面平行。面板 D 相应于解离前能垒的顶部，而面板 B 代表化学吸附的原子。分子轨道已被和表面成键原子有关的宽化且充满的一个状态所取代。注意：镁是一个无需考虑与 d 带相互作用的 s 带金属。

当闭壳物种接近表面时，由于固体和分子中电子的 Pauling 排斥作用的结果，排斥作用就会展开。Pauling 排斥作用是充满电子带之间引起的排斥力，因为正如 Pauli 不相容原理

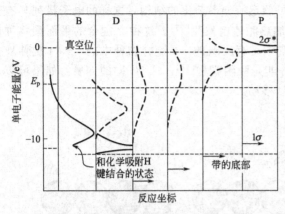

图 6-23 H_2 在镁表面解离过程中的能量变化

预测的那样，没有两个以上的电子可以占据同一个轨道，所以充满态必须是正交的，同时，正交化要有能量。对稀有气体原子来说，这是故事的终结，因为原子的激发态处于高能量上。但是，对 H_2，电子密度可以从金属轨道上送至 $2\sigma^*$ 反键轨道中。电子的转移会使 H—H 键减弱，并加强吸附质-表面之间的相互作用。如果有足够的电子密度转移，甚至还会发生解离。解离可想像成由电子密度转移导致 H—H 键逐渐减弱而形成 M—H 键所组成的协同步骤。

H_2 的 1σ 和 $2\sigma^*$ 轨道在挨近表面时会发生位移和宽化，发生电子从金属向 H_2 的转移。这是因为当 H_2 接近表面时 $2\sigma^*$ 轨道在能量上降低和宽化的关系。当电子密度降低至 E_F 以下时，电子就开始聚居于轨道上，同时 H_2 键逐渐减弱，而 M—H 键逐渐变强[62,64]。电荷转移的这一过程可用图 6-23 加以说明。

由于包含键生成的 MO 有一定的几何学，分子对表面的定位必须正确使轨道容易叠加和转移电荷。解离分子（两个吸附原子）的最后两个状态以及 $2\sigma^*$ 轨道的定位能对 H_2 提供最方便转移电荷和解离的平行途径。另外，和在化学吸附位能中有皱纹一样，在 H_2 的解离能量中也存在着皱纹。换句话说，在表面上有一些特殊的部位较之别的部位更有利于解离。皱纹在 H_2-表面相互作用中，无论在能量学上还是在几何学上都有二者的成分[65]。

六、决定金属反应性的因素

在日常生活中已经可以感觉到金属的反应性。金和银作为珠宝是很吸引人的，这不仅因为它们值钱，还因为它们氧化得慢。铁在这方面是不吸引人的，因为它确实很容易生锈。但是金属的氧化行为并非反应性的唯一量度。铂能抗氧化以及其它化学品的侵蚀，然而它在催化中又是最有用的金属。那么，使金如此昂贵和金属铂、镍的催化活性如此之高的原因又是什么呢？

正如所期望的那样，这是表面结构在反应中起的作用。结构缺陷的存在可以提高反应性，例如 C—C 键和 C—H 键看来在铂族金属的阶梯和扭结部位上较之在梯台上更容易断裂[66]。吸附，一般地说，在密堆积金属表面——bcc(110)、fcc(111) 和 hcp(001)，较之在更开放的晶面上看起来更容易为能垒所阻碍。现在回过来讨论反应性与表面结构的依赖关系。下面先集中在可以区分金属的电子结构上。

在这一讨论中，可以从 Hammer 和 Norskov[67~69] 的理论工作开始。他们在各种金属上考察了氢和氧原子的化学吸附以及 H_2 分子的解离化学吸附。在上一节中，已经谈到了 H_2 解离吸附的简单双能级图。现在更详细地研究分子轨道是怎样和金属的 s 带和 d 带相互作用，影响键能和活化能垒的问题。

下面以氢原子的化学吸附为代表开始。氢和金属的轨道混合可以看作一个如图 6-24 所示的双步骤过程。在第一步中，氢的 1s 轨道和金属的 s 带相互作用，过渡金属的 s 带是很宽的，因此，相互作用属于弱化学吸附型的，这使成键能级远远低于 Fermi 能的。据此，此键的能级是充满的，总的相互作用是相吸的。这种相互作用的强度对所有过渡金属来说，大致上是等同的。在第二步中，可先考虑和金属 d 带相互作用的成键能级，这种相互作用可以形成两个能级：第一个是能量移向比原来成键态低的能级，第二个则位于能量比金属未经微扰的 d 带稍高的位置上。低能量态对吸附是成键的，而高能态是反键的。最终状态的总能量效果依赖于吸附质 s 带和 d 带杂化的耦合强度以及反键态的充满程度，而反键态的充满又由它相对于 Fermi 能级的位置所决定。当耦合强度和 Fermi 能级二者都依赖于金属的同一性时，第二步的差别就可以用来说明金属之间化学吸附键强度之间差别。

过渡金属自左至右穿越一行移动时，d 带中心也不断向低于 E_F 的方向移动，在第二步中形成的反键状态则紧随 d 带的位置。对前过渡金属［图 6-24 (a)］，反键状态位于 E_F 之上，是未充满的，结

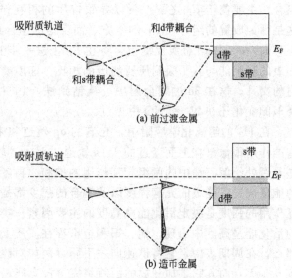

图 6-24 在过渡金属表面上形成化学吸附键的双步骤概念图
E_F—Fermi 能级

果是第一步和第二步都是吸引的，同时原子的化学吸附是强放热的。但是，对铜、银和金，反键态都位于 E_F 之下，是充满的［图 6-24 (b)］，这样，最终的排斥将趋向于抵消来自步骤一的相吸作用。对氢和氧二者在铜上来说，总的相互作用是相吸作用的边缘，而对金的化学吸附则是不稳定的。因此，经过一行的变动趋势可以依据 d 带中心的能量 ε_d 来解释。这一相互关系已可由图 6-25 给出的 ε_d 和氧原子的键能之间的线性关系得到确证。

为了说明金比铜更加珍贵，需要考虑第二步中的耦合大小。吸附质和金属 d 轨道之间相互排斥的正交化能随耦合强度增加而增加的。但这一能量当 d 轨道变得更加扩展时也是增加的。金的 5d 轨道较之铜的 3d 轨道更加扩展，因而使金和铜相比更不活性。这是因为在 H1s 和 Au5d 轨道之间正交化时要有更高的能量所致。

因此，有两种影响化学吸附相互作用强度的判据：a. 吸附质——金属 d 态反键轨道的充满程度（和 ε_d 有关）；b. 耦合的强度。当在周期表中从左至右越过一行过渡金属时，充满程度是增加的，并在制币金属（铜、银和金）处达到完全，而耦合作用则随周期表中列的向下而增大，同时，也随周期向右而增加。

用来解释原子吸附作用的原则也可扩展用于分子吸附。例如，双步骤过程对 CO 也是可以应用的。5σ 的衍生态（成键和反键

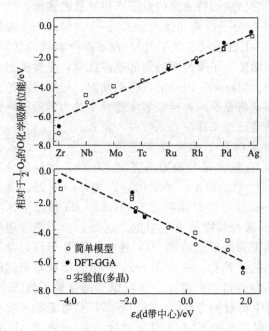

图 6-25 化学吸附氧的相互作用强度和经由一行过渡金属变化的途径
在上部面板上，实验和理论结果有很好的一致性。而在下方的面板上，显示出相互作用强度和 d 带中心能量 ε_d 之间有线性关系[70,71]

组合）主要位于 E_F 之下，所以导致排斥的相互作用，$2\pi^*$ 衍生态则导致吸引的相互作用，这是因为成键的组合在 E_F 的下方，而反键的组合在 E_F 的上方（至少是部分地）。在周期表中移向左时，$2\pi^*$ 金属反键组合将在 E_F 上进一步上升，M—CO 的吸附能即将增加，但是碳和氧的吸附能与分子吸附质所经历的相比，速度要快得多。所以，就会发生从分子到解离吸附的交叉。这在 3d 过渡金属中，从钴到铁，4d 中从钌到铂以及 5d 中从铼到钨都能发生。类似的变化还在 N_2 和 NO 中见过。

在 H_2 的解离化学吸附中，充满的 σg 轨道和未充满的 σu^* MO 都必须加以考虑。σg 轨道的作用很像已在上面谈过的 H1s 轨道。而 σu^* 轨道也经历类似的杂化作用，这是决定能垒是否处于解离途中的两组相互作用的加和。再者，成键以及反键的组合，相对于金属 d 带的能量位置，能级的充满程度以及耦合的强度都是起决定作用的。对解离吸附来说，σu^* 相互作用的强度是决定活化能垒高度的主要因素。类似的变化也能在氢的化学吸附能以及 H_2 的活化能垒高度中出现。铜、银和金都存在实质上的能垒（＞0.5eV），如果都存在着能垒，那么，在周期表中，它将迅速向左下降，例如对镍，密堆积的 Ni(111)，表面的能垒高度只有 0.1eV，而其它更加开放的面就将完全没有能垒[71]。

七、吸附/脱附中的微观可逆性

平衡时，每单位面积上冲击表面的分子数（入射分子）和从表面逸出的分子数（发射分子）相等（即无净质量流）。同样，也没有净能量，或者动量转移。这样一来，入射和发射分子的角分布也必须相等（无向流）。尽管这样的解释乍看起来简单了些，但却如此深奥。一个多世纪以来，它们和它们的结论已被重复地讨论着（同时被错误地表示着）。当有关角分布的任何留下的问题已在 20 世纪 70～80 年代间被搁置时，有关能量转移的问题，在所研究的领域内，却一直非常活跃，特别是现在，它已成为待解决的量子态可接受的课题。

J. M. Maxwell 是第一个企图描述从表面发射分子的角和速度分布的[72]。Maxwell 带着侥幸心进行这一工作，因为他认为在 1878 年，主要还没有关于气体-表面界面本质的认识。他假定，在分子冲击表面之后，能以表征表面温度下平衡分布的角和速度发散，主要的部分是黏着系数，留下的分子则从表面弹性地散射。Maxwell 假设是很有基础的。他所涉及的方面至今依然盛行于许多科学家的思想之中。但是将要看到，这些假定违背了热力学定律，第一，分子还有非弹性散射的；第二，更重要的是已经知道黏着系数并非常数。

Knudsen 接着发展了第二步，他把他的发射分子的角分布定律公式化了[73]。根据 Knudsen 的说法，角分布必须和 $\cos\varphi$ 成正比，这里 φ 是与表面垂直测定的角，这样的分布常常被称为扩散。他的主张取得了一个"定律"的地位是不平常的，因为：a. 它并没有正确地推导；b. 由他完成的验证实验应该和 $\cos\varphi$ 分布存在偏离。Smoluchowski 指出了这些以及别的不足之处，尤其他注意到了 Knudsen 黏着系数是 1 的假定。这是一个不能普遍正确的假设[74]。Gaede 嘲笑了 Smoluchowski 的更为一般的偏离[75]，他使用了基于热力学第二定律以及包括 $S=1$ 在内的不可能创建永动机的论据，提出了 $\cos\varphi$ 分布必须观察到的结论。Millikan[76] 在他的油滴试验中演示发生的独特散射时指出，这就像"把猫放入鸽群中"一样，无误地确认了 Stern 对表面上原子散射中衍射的考察[77～79]。所以，黏着系数一般地说并不等于 1，然而，Millikan 给出的一个说明，企图[80] 由他引入通过 $\cos\varphi$ 分布和 Miline 速度分布表征的一类直接非弹性散射，如果不是完全违背热力学第二定律的话，最好也不过是对一种特殊情况的描述而已。

在 Clansing 里程碑的工作之前[81]，这种情况并无改进。在这段时间里，Langmuir 对气体——表面相互作用的研究，曾为在分子水平上了解表面过程带来了革命。1916 年，Langmuir 说道，因为一般说来蒸发和凝缩是热力学上的可逆现象，蒸发机理必须恰好也是凝缩的机理，即使一直到最小的详情[82]。

在正确描述和分析吸附/脱附以及散射分子的能量和角分布时，需有两个相互关系紧密的原理，那就是原来由 Tolman 引入的微观可逆性[83]和第一个由 Fowler 和 Miline 假定的精细平衡[84]。这两个原理是 Langmuir 提出的概念的形式表示。微观可逆性涉及单个的轨迹，而精细平衡则涉及正向和反向过程的速度。这就是说微观可逆性从属于单个粒子，而精细平衡则从属于在粒子集团上求平均。虽然合适的平均值和微观可逆性同用才能预测有关的速度。

微观可逆性说明，如果把空间和时间内的单个轨迹倒转过来，它们必须确切地跟随相同的轨迹。换句话说，分子和表面的相互作用（有效位能曲线）和扩展的方向无关。相同的位能曲线（或者，如果电子还包括激发状态，那就是一组曲线）控制着分子-表面体系的相互作用，和分子趋近于还是离开表面无关。从严格意义上讲，微观可逆性并不能应用于分子-表面的相互作用，这是因为问题的对称性。正如由 Clausing 第一个注意到的那样[81]，不能把所有的配位原子（当分子必须总是从上方接近表面时）都倒转过来。同时，可逆性的一种稍受限制的形式叫做"倒转"的，恰是服从分子-表面相互作用的[85,86]。尽管如此，微观可逆性的主要后果并未消失，因为气体-表面相互作用依然存在着时间-可逆对称，这样一来，吸附和脱附的轨迹还是互相有关的。

尽管单个粒子的轨迹是可逆的，这既不意味着分子-表面相互作用不能导致不可逆变化，也不意味着分子的记忆性。可逆和不可逆化学反应是现在讨论范围以外的问题，因为这里只限于讨论简单吸附层的形成，并不涉及表面和入射分子反应生成新的表面膜，例如氧化物或者合金的问题，记忆问题又只和微观可逆性有关。入射和逸出流发生当量的 Maxwell-Boltzmann 分布是因为在所有分子上取平均值时两者具有确切相同的特性。但这并不意味着当分子冲击表面时，在这里停留的一段时间内，分子就能以吸附前确切相等的能量脱附进入气相之中。热力学的奇迹在于，即使没有单个分子以确切相同的能量和扩展方向返回气相，当在体系中所有分子上取平均值时，对一个处在平衡下的体系，又在足够长的时间上取平均值，能量和扩展方向在该时间内是不会改变的。平衡分布的微扰只在较短的时间内才发生[89]，但这已是这里现在讨论以外的问题了。

根据这些表面过程的新知识，热力学论据以及认识到分子返回气相的几种隧道（脱附、非弹性和弹性散射），Clausing 假定了如下三个原理：

a. 热力学第二定律要求，离开表面的分子的角分布要有 cos 定律的真实性；

b. 精细平衡原理要求，对每一个方向和每一个速度来说，发射分子的数目应该和入射分子的数目相等；

c. 每一种发射分子的完整晶面，有不同于 1 的黏着系数，而且是入射角和速度的函数。

Clausing 的原理是很正确的，虽然在有些环境下，S 为 1 也是很好的近似。现在根据这些含义，并用它们来理解吸附和脱附的动态学，并把它们扩展于包含分子振动和转动的效果。

先来考虑像图 6-26 那样的和覆盖吸附层的固体处于平衡下的气体。对处于平衡下的体系，气体的温度 T_g 必须和表面的温度等同（即 $T_g = T_s$），再说一下，平衡时化学并不是静止的，只是正向和反向的速度恰好平衡，在这样的情况下，吸附和脱附的速度也是相等的，所以覆盖度是常数。

现在再来考虑 S 并非能量函数的情况，像 Knudsen 和 Gaede 所作那样（类似的论据还有像 Marxwell 长期以来所假定的 S 是常数一样）取 $S = 1$，由于气相分子处于平衡，根据定

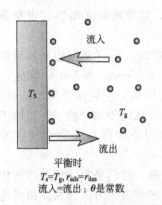

平衡时
$T_s = T_g$, $r_{ads} = r_{des}$；
流入=流出；θ是常数

图 6-26　气体和固体的平衡
T_g、T_s—分别为表面的温度和气相的
温度；r_{ads}、r_{des}—分别为吸附
速度和脱附速度；θ—覆盖度

义，气相分子的所有自由度也都处于平衡，同时，这些自由度——转动、振动以及平动，都可用一个温度 T_g 来描述。对 $S=1$，所说吸附和脱附速度相等的当量途径是，向表面射入的分子流和通过脱附逸回气相的分子流正好相等。$r_{ads} = r_{des}$。为了保持 $T_g = T_s =$ 常数，正如平衡状态所要求的那样，不仅分子吸附和脱附流必须相等，而且吸附和脱附分子的温度也必须相等。另外，由于射入到表面上的分子的角分布要服从 cos 分布，根据简单的几何学论据，脱附分子的角分布也必须服从 cos 分布。

这些结果乍看起来并不重要，表观看来是再明显不过的；和表面与 T_s 处于平衡时的气体分子，也应该在温度 T_s 脱附。同时，由于表面和气体是平衡的，$T_g = T_s =$ 脱附分子的温度。然而，这只是一种特殊情况下的情况，并不普遍地真实，也不是能常常观察到的。

平衡时正向和反向反应的流相等（$r_{ads} = r_{des}$），这时所有相的温度也相等（$T_s = T_g$）。吸附和脱附的平衡速度使覆盖率保持常数，平衡的入射和发射流使压力保持常数，在气体和固体之间无净能量转移。

已经知道，黏着系数依赖于能量，所以必须考虑黏着系数并非常数的更一般的情况。考虑到在极端情况下，能量等于或低于一定能量 E_c 的分子黏着的概率为 1 时，所有大于这一能量的分子就不能黏着（即对 $E \leqslant E_c$，$S=1$；而对 $E > E_c$，则 $S=0$），如图 6-27 所示。

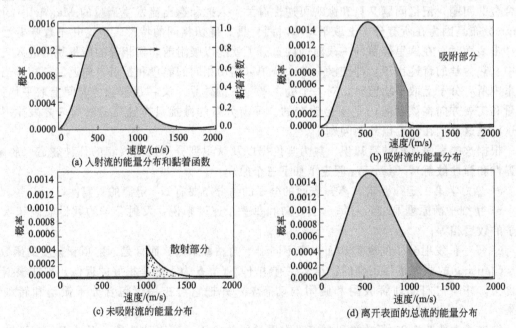

图 6-27　Marxwell-Boltzmamn 分布和阶函数黏着系数
（a）中，如箭头所示，分布与左轴有关，阶函数与右轴相关

平衡时，必须有 $T_g = T_s$ 和 $r_{ads} = r_{des}$，吸附分子和表面是成平衡的。脱附时可以直觉地期望脱附质于温度等于 T_s 时离开表面。但是考虑到图 6-27（b）的内涵，从黏着系数作为能量函数的形状可见，只有低能分子能黏着表面，高能分子反射并返回气相，通过比较图 6-27（a）和图 6-27（b）可见，在 T_s 处的 Marxwell-Boltzmamn 分布（常常称为 Boltzmamn 分布，

或 Marxwell 分布)，和黏着分子的平均能量相比，由于有高能量的拖尾，有较高的平均能量。所以，如果进入气相的脱附分子有 Boltzmamn 分布 T_s 处的能量，它们平均地就有比黏着分子更高的能量。气相就会渐渐地加热，气相和固体的温度就不再相等。这就违背了体系处于平衡以及能从冷体向热体瞬时传递热量创造永动机的起始条件。因此，在这样的分析中，有一些必定是错误的。

错误就在于 Boltzmamn 分布在 T_s 处对脱附分子的假定。图 6-27(b) 对脱附分子描述了真实的能量分布，脱附分子的能量分布必须确切地和吸附分子的匹配，结果应该是，无论何时黏着系数是能量的函数，脱附分子都不会在按 Boltzmamn 分布的表面温度下离开表面。确实，尽管吸附层和表面是成平衡的，但是一般地说，并不能从可用 Marxwell-Boltgmamn 分布描述能量分布的表面上脱附。

图 6-27(b)～图 6-27(d) 描述了体系是怎样维持平衡的。对黏着系数不是 1 的体系，吸附和脱附并非是独一无二的过程，不能导致黏着的散射也必须予以考虑。平衡并非单独决定于吸附和脱附，它是由所有动态过程的加和维持的。所以，入射流的能量分布必须确切地和离开表面的所有流的和的能量分布相等。换句话说，入射流的能量分布必须等于如图 6-27(d) 所示脱附分子加上散射分子的能量分布。

对无需 cos 角或 Marxwell 速度分布的单独脱附的 Clausing 结论，在 58 年内从未作过实验验证。直到 Comsa 反复进行并扩展了他的论据[88]，同时 Vanwillingen 又在六个月内，对 H_2 在铁、钯和镍表面上脱附时测定了非 cos 分布[89,90]，不久之后又用分子束散射进一步测试了这个原理，Stickney、Cardillo 和同事们对吸附和脱附的实验导出了可以演示吸附和脱附能与精细平衡相联结的方法[91～93]。

微观可逆性可用以了解，诸如平衡吸附层不能在表征所期望的平衡分布的能量和角分布的情况下脱附这样的非直觉的结果。还可以举出因依赖于能量的黏着系数而引起的另一个非直觉结果，那就是在高温下，吸附和脱附偏离所期望的 Arrhenius 行为，这一偏离可以再次通过微观可逆性在过渡态理论范围内的重要性得到解释。

第三节　过渡金属氧化物催化剂的分子描述

在催化以及以催化为基础的现代化学工业的科学中，催化氧化反应占有重要的地位[94]，在现代的社会发展中已经做出了极大贡献，其产品已融入大量的材料和日常生活之中。选择氧化是烃分子功能化最方便的途径，今天，催化氧化几乎是所有用以生产三大合成材料单体以及许多别的化学品的基础[95]。了解氧在引入复杂有机分子过程中的特性、作用部位以及对映体控制的机理，可以在创造新的绿色工艺以节能和无害生产许多重要的化学品中揭开新的远景。

烃类选择氧化催化剂的主要组分是过渡金属离子，它可以以如下不同形式用于催化氧化反应之中：

a. 液相中的过渡金属有机配合物；

b. 如界面配位化学中所讨论的，淀积在氧化物载体表面上的过渡金属有机配合物；

c. 体相的过渡金属氧化物或含氧盐；

d. 淀积在氧化物载体表面上形成的氧化物单层催化剂；

e. 进入分子筛，层状黏土或者聚合物骨架中的过渡金属离子。

本节中主要在分子水平上描述过渡金属氧化物的催化作用原理，特别是氧在氧化反应中的作用。

一、体相过渡金属氧化物和含氧盐

近年来，有关界面科学基本概念的发展之一是对固体表面，了解发生在固体表面上的各种现象，包括从流体相吸附分子在内，说明固体表面并不是刚性静态结构的，而常常是和后者成动态的相互作用；表面"活着"并能自适应于"活的"条件。对这些条件变化的适应性是固体表面重要性质之一。这对许多表面现象来说，有着很大的理论意义和实际的重要性。当流体相改变时，流体/固体界面最通常地可通过改变固体最上层的结构和组织做出立刻响应，结果反过来使固体表面的物理和化学性质变成不同于体相的。这当然对在催化反应中的行为特别重要。

在过渡金属氧化物，含氧盐、硫化物等化合物的晶体表面上发生的动态相互作用，可总结表示于图 6-28 中。在过渡金属氧化物的晶体表面和气相之间总是能建立起平衡。有一定数目的金属阳离子和氧化物阴离子进入气相，这里，它们可形成由原子或小簇以及 O_2 分子组成的金属蒸气，而在晶体的晶格点处留下如空位和间隙等缺陷或者扩展缺陷（剪切面）。这就导致化学计量数的改变，使这些氧化物变成了属于非化学计量的固体，具有窄或者宽范围的非化学计量数。缺陷的平衡浓度，也就是非化学计量数取决于氧的压力和温度。在高温下，缺陷向体相扩散，同时，整个晶体变成与气相平衡。这样的晶体可被考虑成缺陷在晶体晶格中的固溶体。当在氧化物晶体的表面上出现缺陷时，它的表面自由能就会发生变化。在气/固界面的固体一方，缺陷就会发生吸附作用，表面层富集这样的缺陷时，就会使表面张力有所降低。通过改变氧压，可以改变氧化物中缺陷浓度，即会适当改变表面的富有程度。当后者达到某一临界值时，这些缺陷在表面层中就会发生有序化。进一步改变表面组成就能

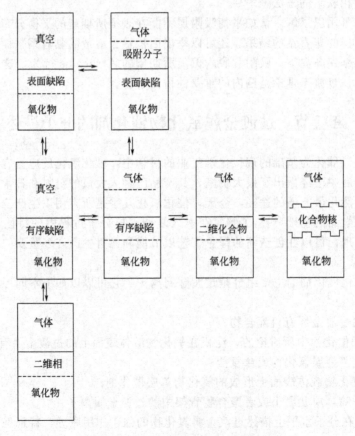

图 6-28 氧化物表面处的动态现象

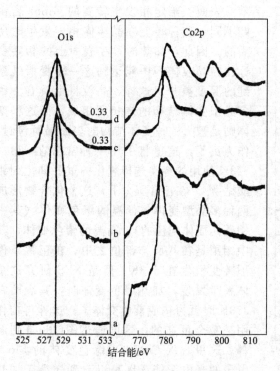

图 6-29 O1s 电子和 Co2p 电子的 XPS 谱图
a—金属钴膜；b—于 773K 在 1×10^{-4} mmHg 的氧气中暴露 5min 后；c—再在 873K 通过于 1×10^{-4} mmHg 的氧气中暴露 5min 之后；d—于 873K 脱气 30min 之后[96]

引起离子位置的移动，结果引起表面再构和形成新的二维相。

所有这些现象可以受到气相中吸附质的剧烈影响。吸附质分子和氧化物表面的相互作用可以转移缺陷的平衡，改变表面组成和松开晶格组分之间的键，最后形成有序的吸附单层，即通过表面离子的迁移形成新的二维化合物，而在适当的条件下，还会在不同的缺陷处形成晶核，从而出现新的体相化合物的晶粒。

在给定过渡金属氧化物表面上，可以覆盖一层这种过渡金属的另类氧化物相的事实，可通过下列实验结果得到解释。当金属钴的薄层暴露在不同条件下的氧中时，用 XPS 分析它的表面（图 6-29）。谱图 6-29 (a) 表明在沉积之后的原始薄膜上只有两个 Co2p 的峰。膜经 773K 暴露于 1×10^{-4} mmHg(1mmHg=133.322Pa) 的氧中 5min 之后，在 529.2eV 处出现了高强度 O1s 峰，同时还能见到两个 Co2p 的新峰，而其强度可与起始金属膜的峰相比较，但峰的位置却向高 BE 方向移动了、2eV、4eV。在图中出现伴峰表明已有顺磁性 Co^{2+} 形成。再

提高温度到 873K 和延长在氧中的暴露时间（曲线 c），起始样品的 Co2p 峰完全消失，说明这时表面已全部为比电子逃逸深度更厚的氧化物层所覆盖。当 Co2p 峰的伴峰不再在谱图中出现时，那就可以认为氧化已生成三价钴离子。这时将样品在 600℃ 脱气 30min（曲线 d），Co2p 的伴峰重新出现，这表明由体相 Co_3O_4 组成的样品表面上含有 Co^{2+} 或 Co^{3+} 在制备条件下的稳定性取决于气相中的氧压。这就可以根据模型很容易地看出 Co_3O_4 在一半的八面体位中含有 Co^{3+}，而在八个四面体部位中的一个含有 Co^{2+}。当通过脱气除去氧时 Co^{3+} 就被还原成 Co^{2+}，同时位移充满整个八面体部位并形成类似于 CoO 的表面结构。如果在氧气中退火，那么将发生相反的过程。因此，不考虑体相的组成，就会有一个组成取决于气相中氧压所表征的表面层。

最近，在 MgO(001) 上取向接长的薄膜磁铁矿 Fe_3O_4(001) 情况中，应用 ^{57}Fe 分子束在有氧的情况下也观察到类似的行为[97]，LEED 的花样表明，当对磁铁矿的体相晶胞元标注时，有一个 P(1×1) 再构表面的完全结构。原位 UHV 电子转换穆斯堡尔谱 (CEMS) 涉及相应磁铁矿的化学计量数，但是，当样品在大气压力下暴露于空气中时，发现光谱组分的强度有剧烈的变化，指出表面被氧化了。这可以估算，在 10nm 的 Fe_3O_4 膜表面上形成了 1.5nm 厚的 γ-Fe_2O_3 层。把样品在 UHV 下于 600K 退火 1h，就像"制备样品"状态一样，恢复了谱图，在 UHV 下还原时可以把氧化反过来。短时间和较低的退火温度证明了氧化-还原过程只限制在表面上。

过渡金属的含氧盐也常常能形成不同的多晶型变体，它们有时可表现出完全不同的催化性质，问题是在催化反应温度下事实上存在哪一种变体。应该记住，由于表面自由能的贡

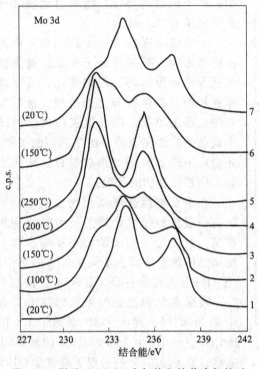

图 6-30 样品 CoMoO₄ 在加热和接着冷却的过程中在 MO3d 电子能量范围内的光电子能谱的变化[99]

献，表面上给定相发生转变的 Gibbs 自由能不同于该种转变在晶体体相中发生时所需的。因此，加热时，在表面上的相转变远比在晶粒体相中能达到这一转变所观察到的温度要早。这样，晶粒将由具有一种多晶型变体结构的体相所组成，而这种变体则是被另一种变体结构的表面层所包封。作为例子，这里将引用一种常常在 573～673K 使用的烃类选择氧化的重要催化剂钼酸钴[98]。在正常压力下，这个化合物形成两种多晶型变体：低温的绿色变体（其中钼是四面体配位的），高温的紫色变体，其中钼则是在八面体部位之中。在正常条件下转变发生在 693K。但是 XPS 研究这个体系时发现，加热绿色变体时，其表面在 373K 时就再构成紫色变体了，这种再构作用是完全可逆的。这可通过图6-30得到解释。这里，从 CoMoO₄ 绿色变体的 Mo3d 电子的光电子能谱图可以看到样品于加热和冷却时的各个不同阶段，在温和温度下，234.2eV 和 237.2eV 两处 Mo3d 电子的成对可见峰是四面体配位的六价钼的特征峰。

样品加热时，这个双峰向低结合能方向移动，并于 373K 左右时可以见到，于 473K 时双峰被假定在 232.2eV 和 235.3eV 处接近四面体位置的六价钼处有一个新的位置。后者并不因为加热至高温而会有所变化。当样品重新冷却到室温时，双峰又转入原来的起始位置。这里应当指出，在加热到 663K 以上时，可以看到明显开始还原，这可以从双峰移向低结合能方向看出。这就可以假定，Mo3d 峰的迁移反映出多晶型变体的可逆转变。这是在 373K 温度下于表面上发生的，这要比在体相中的低 300K。因此，可以得出一个一般的结论：不仅是表面层的化学组成，而且，它的相结构也都和体相的不同。

烃类的氧化反应是经由几个基本步骤进行的[100]。开始于 C—H 键的断开，即和催化剂的表面氧离子形成 H—O 键和 C—O 键。烷氧基因失去第二个氢原子不是作为含氧物种脱附，就是进一步转化并同时生成氧空位。在这些步骤中，催化剂的阳离子被还原，并接着从气相中吸附氧，电子从固体移向吸附氧分子和把氧离子合并入氧化物的晶格之中，并同时将阳离子氧化成起始状态，这样就完成了一个 Redox 循环。因此，在最简单的情况中，这一循环包含着两个吸附的氧化还原偶合：

$$RH + 2O^{2-} \longrightarrow R-O^- + HO^- + 2e$$

$$\frac{1}{2}O_2 + 2e \longrightarrow O^{2-}$$

这里，首先是把电子注入氧化物，其次是一个物种把它们从氧化物吸引。只有当氧化还原对的氧化还原电位位于 Fermi 能级以上时，电子才能从吸附的氧化还原对立即注入氧化物，同时，从固体吸引电子，则要求氧化-还原电位要位于该能级之下。这些过程的概率是和吸附物种氧化还原电位相当的能级状态密度的函数。这个密度在带隙中等于零，所以，吸附物种的位能必须位于带隙之上或之下，见图 6-31。

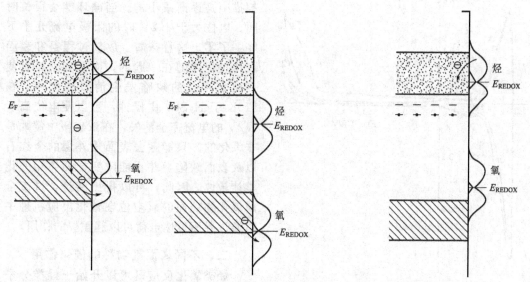

烃分子能进行催化氧化　　　由于分子未活化，烃分子不能进行催化氧化　　　由于催化剂未再氧化烃分子，不能进行催化氧化

图 6-31　烃分子与气相氧于多相催化氧化过程中电子穿越吸附质/氧化物界面时的迁移过程

至最后，固体中能带的相对位置以及吸附分子的氧化还原电位可以通过如下办法进行调变：

a. 产生可以创建表面电子态的表面缺陷，或者可参与电子和反应的吸附分子交换的表面能带；

b. 掺入可以变更 Fermi 能级的离子价态不同的氧化物。

把金属离子或者它的氧化物淀积在另一个氧化物载体之上可以形成氧化物/氧化物界面，这种界面所具有的接触电位在能带中的位置也可以被调整至最优化的地方。

表面缺陷在固体催化剂和反应分子之间传递电子的作用可以用 TiO₂ 单晶上获得的结果来解释。它的（110）表面已通过 UHV 扫描隧道显微镜表征[101]。在负的样品偏压时，检测了占有的电子状态，因此，表面的氧原子就可以成像，因为最高占有状态是氧的 2p 能级。在 UHV 中退火后，氧空位在表面上就变成可见的了（图 6-32），其浓度随退火时间延长而增加，且随在氧中暴露的时间而减小。

单晶 TiO₂(110) 晶面的表面性质，然后用电化学方法进行了研究[102]，图 6-33 示出了在氢中和在真空条件下还原后的循环伏安曲线。电压超过约 1.2V 时流过的强阳极电流，说明这里发生了水氧化至分子氧的过程：

$$2H_2O \longrightarrow O_2 + 4H^+ + 4e$$

该反应在 pH = 4.0 时的可逆电位为 0.992V，但是，导带边却位于约 0.3V 处，因此，显然，在还原时产生的表面空位，却有可能在带隙中提供可以传递电荷过程的能量状态。

$8 \times 8nm^2$

图 6-32　洁净 1×1TiO 表面在样品偏压 1.7V 时的 STM 成像，8×8nm²[101]

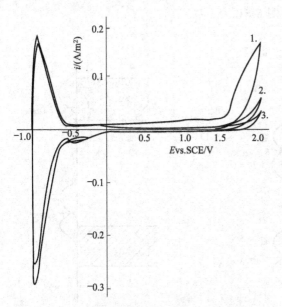

图 6-33　金红石电极在氢中还原和在真空中退火后，
在 Na_2SO_4 溶液中的循环伏安曲线（前三次循环）

从图 6-33 可以看出，阳极电流在连续扫描中是逐渐减小的。当循环继续很长时间，电位大于 1.2V 时的阳极电流几乎下降到了零。这意味着，放氧过程是和表面氧化过程伴随在一起的，而后者则具有使表面上存在的缺陷发生消减的作用。在 510K 于 H_2SO_4 中侵蚀，可以使电位高于 1.2V 的电流完全消失，在浓硫酸中侵蚀是非氧化的，只能除去表面最外层的金红石以及表面缺陷，并不能改变样品体相的化学计量性。因此，可以得出结论，过渡金属氧化物表面的氧空位在催化反应机理中对通过界面传递电荷可以起重要的作用。

二、不同表面氧物种的催化作用

烃类氧化反应既可以开始于烃类分子的活化，也可以从氧的活化开始。在第一种情况下，第一步是通过从给定碳原子上除去氢，使烃分子活化并变成接受氧化物 O^{2-} 的亲核加成物种。但应该强调的是后者并无氧化性质，但是是一种亲核的反应物。氢除去之后的下一步是加氧，这可以反复地有选择性地进行直到生成多氧分子。这样的反应被分类成亲核氧化。在这一反应序列的步骤中，氧化剂的作用是由催化剂晶格中的阳离子提供的。当表面的晶格氧离子加入氧化产物之后，在表面上留下的就是氧空位，后者再从气相重新补足失去的氧。

在第二种情况下，活化的氧物种有单态氧、分子或者原子离子自由基 O_2^- 或 O^-，它们起着氧化剂的作用。所有这些形式都是强亲电子试剂。它们可以从烃分子夺取氢使烃分子形成烷基自由基，开始一个链反应，在多相催化的条件下，导致完全氧化。在和烯烃和芳烃的反应中，它们攻击电子密度最高的地区——π 键体系，结果使 C—C 键断开并形成氧化物碎片，或者进行完全氧化。所有这些反应被归属于亲电子氧化之中。

丰富的试验证明，在以过渡金属的钼酸盐作为催化剂时，过渡金属离子的氧多面体起着使烃类分子活化的活性部位的作用。甲烷和氧钒簇 V_2O_9 作为烃和过渡金属氧化物催化剂相互作用的模型，曾用 DFT 方法对其作过量子化学计算，指出在 C—H 键断开时，两个组成物种——氧和烷基，都和氧化物离子相连，分别形成羟基和烷氧基，表明两个电子同时射进了钒的 d 轨道[103]。但是，在过渡金属氧化物或者含氧盐的表面上，这种情况更加复杂。

正如刚提到的那样，过渡金属氧化物是非化学计量化合物，它们的组成依赖于晶格中各组分与其在气相中同一组分之间的平衡。这是一种动态平衡；氧化物晶格的解离速度和以 O_2 分子形式放出的氧和从气相中吸入的速度等同。在解离过程中氧化物的离子必须从固体的表面抽提出来它的两个电子注入固体，氧原子重新结合成分子和作为双氧脱附。而且相反的一串基元反应必须同时进行，结果在表面上形成平衡：

$$2O^{2-} \rightleftharpoons 2O_{chem}^- + 2V_0 \rightleftharpoons O_{2chem}^{2-} \rightleftharpoons O_{2chem}^- \rightleftharpoons O_{2ads} \rightleftharpoons O_{2gas}$$

这样一来，表面将总是被不同的氧物种所覆盖，这如图 6-34 所示[104]。被这些物种覆盖的程度依赖于气相中的氧压、吸附的速度常数，以及表面氧的转移（电子在吸附氧物种和固体之间的转移），插入空位的速度以及氧化物的解离压力等。

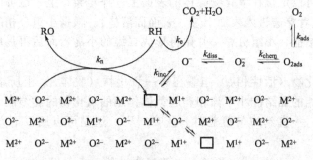

图 6-34　烃类分子在氧化物催化剂上的氧化机理[104]

高温时，在表面上创建的缺陷将扩散入体相，并在气相和固体氧化物之间确立起平衡，在表面上暴露的 O^{2-} 是亲核反应物，而过渡态 O_{2chem}^-，O_{chem}^- 和 O_{2ads} 都是亲电子的物种。当这样的表面和烃类分子接触时，亲核的表面氧化物离子 O^{2-} 和活化烃分子反应，生成有选择性的氧化产物。在平行的反应径路上，过渡态亲电子的氧物种则和烃分子接触生成自由基，进入完全的氧化过程。因此，在氧化物表面上存在的不同氧物种竞争着烃分子，同时，还有烃分子和表面氧空位对亲电子物种 O_{chem}^- 之间的竞争，后者既可以被烃分子所俘获形成完全氧化产物，也可以和氧空位反应，进入表面之中。亲核和亲电子径路可以用两种不同的速度方程来描述，它们的速度之比决定着反应的选择性。这两个速度方程还可以通过描述表面氧空位消失和产生的方程耦合起来：

$$O_O^{2-} \rightleftharpoons Vo^- + O_{chem}^-$$

过渡金属氧化物的催化性质，特别是氧化反应的选择性，因此，强烈地依赖于氧化物的解离压力和缺陷结构的性质。

应该记住，Roberts 曾经假设过，在金属表面上可以形成类似的过渡态瞬态氧物种，同时指出它们可以承担起催化氧化反应[105]。

在决定烃分子在氧化物表面上的反应径路中，另一个因素是静电场。在涉及诸如 V_2O_5 或 MoO_3 等氧化物表面结构的量子化学计算时，一个静电场可扩展至表面之上[106]，而且，在沿表面移动时，梯度变化也相当明显（参见本章第二节之一）。这种静电场可以使反应分子极化并决定后者相对于表面的定向。

三、在氧化物载体上淀积的过渡金属离子

当金属氧化物相被分散在另一个量大且起载体作用的金属氧化物相上时，在热处理过程中，将会产生许多新现象，可归纳如下：

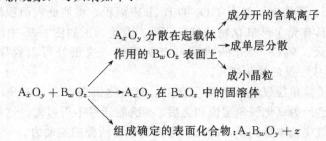

发生过程的类别依赖于两个相的化学和晶体性质，它们的表面自由能、制备方法、处理温度和压力。不管得自浸渍、沉淀-淀积、还是在氧化物混合物中嫁接或者热渗开，只有在退火温度足够低、两种化合物的互溶性和化学亲和性限制很大时，少量化合物 A_xO_y 的相才能几乎集聚在载体的表面。在亚单层的范围内，隔离的过渡金属多面体被锚定在氧化物载体

的表面上，它们既可以定位在氧化物载体的表面上（外骨架）上，也可以合并入表面最外层（表面骨架）中，或者穿透进入表面上层（表面固溶体）。根据小组分相的黏结能是否大于或者小于与载体的黏结能，小组分相一开始将形成二维的小岛，而后再是单层，最后才成三相的晶粒。

由过渡金属氧化物（活性相 a）担载在另一氧化物（载体 s）上所组成的体系，从热力学上考虑，当担载相的黏结能小于该相和起载体作用的氧化物的黏结能时，前者就将在后者的表面上立刻渗开，一直到均匀覆盖时为止[98~107]。这是可以用以下方程式描述的润湿现象的一种显示。

$$\Delta F = \gamma_{ag}\Delta A_a - \gamma_{sg}\Delta A_s + \gamma_{as}\Delta A_{as} < 0$$

这里 γ_{ij} 表示相 i 和 j 之间的比界面自由能，注脚 a、s 和 g 分别代表活性相、载体和气相，而 ΔA 是相应相之间界面的变化。对活性相在载体表面上发生的渗开，ΔF 必须是负的。在相反的情况下，即当 ΔF 假定为正值时，那么，活性相在载体表面上就有形成晶粒的趋向，同时，当它分散成单层，例如，通过嫁接，就会发生聚结作用，体系就会转移成由活性相和载体的晶粒组成的多相混合物。因此，载体为活性相润湿是单层氧化物催化剂稳定的一个条件。确实，实验指出，当氧化钛和氧化钒混合时，氧化钒发生渗开，同时形成氧化钒担载在氧化钛上的单层，表明发生了润湿作用。这样的催化剂在烃类催化氧化中工作时是稳定的。相反，氧化钒担载在氧化硅上则形成晶粒，这是因为二氧化硅不能为氧化钒所润湿。

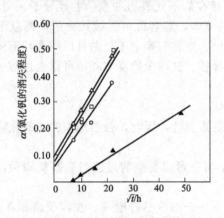

图 6-35 在不同表面积的 TiO_2 样品上，以抛物线定律表示的 V_2O_5 渗开的动力曲线
金红石在干空气中的表面积：○—52 m^2/g；
△—46m^2/g；□—41 m^2/g
在氮中：▲—46 m^2/g

对氧化钒在不同氧化钛样品表面上的润湿作用的考查结果示于图 6-35 中。其中，由 XPS 决定的氧化钒的消失程度 α 对时间在抛物线定律坐标的作图[108]，得到的线性关系表明过程是扩散控制的。可以注意一下，渗开是在氧化气氛中进行的，然而在氮气气氛下，当 V_2O_5 发生表面还原时，渗开就被控制了。表面上看，VO_2 和 TiO_2 是同晶形的，其有相似的表面自由能，同时，体系又缺乏渗开所必要的推动力，这就说明，气相的氧化还原性质对渗开过程是非常重要的。

借助于 EXAFS，还指出，增大 TiO_2 的 BET 表面积，将使低表面积样品的外晶面从长程量级连续变化至具有无定形氧化物的特征[109]。因此，正如图 6-35 中的数据所示，随着氧化钛表面积的增大，V_2O_5 渗开的速度将有所降低，这正好可以说明，在连续无序的 TiO_2 表面上难以形成二维的氧化钒片。

曾企图在预先覆盖单层氧化钒的氧化钛上，对氧化钒进作诱导渗开，结果是完全失败了。这说明，表面已经为氧化钒单层饱和之后，3 钒的迁移不再可能。这是因为体系的表面自由能已经接近于氧化钒本身的了，因此，移去了迁移所需的推动力。

不同过渡金属离子和金红石单晶表面相互作用的电化学研究表明，这些金属离子能够插入晶体的表面下层之中，而插入程度则强烈取决于涉及的金属和实验条件[110]。

金红石表面和金属氧化物的相互作用，可以戏剧性地改变金红石表面电荷转移的条件，从而影响在表面上发生的催化反应的进程。确实，曾经观察过钒离子并入 V_2O_5/TiO_2 氧化催化剂表面下层的作用[111]。

在制备单层催化剂之后的推理是这样的，它们的性质不同于体相的，这就有可能根据反应的需要进行剪裁。通过吸取下述各因素的优点，这有可能达到所述的目的。

① 在单层中，晶体的集合性质尚不能凌驾于组成原子的原子性质之上，允许使用孤立的过渡金属配合物和固体相的两种性质来剪裁单层的性质。

② 表面的过渡金属离子和因其产生的晶格缺陷创建的局域能级或者能带，可以在催化剂和反应分子之间传输电子。

③ 电子在载体和单层之间的转移可以影响过渡金属-氧分子离子的轨道占有，以及可以改变轨道的类型，包括它们之中的 HOMO 和 LUMO，这能影响到活性位和反应分子相互作用时的进程。

④ 氧化物的单层只暴露出一种晶面，由于取向性附生效应的关系，这个晶面和各种载体的表面不同。由于大多数催化反应是结构敏感的，这就能够制出对给定反应优化表面结构的催化剂，同时，消除由于在体相晶粒的情况下存在别的晶面而伴生的反应等相反的效应。

⑤ 单层的性质是由界面处的表面自由能关系控制的。由于氧化物的表面自由能强烈地受吸附和在晶格的表面层中插入外来离子的影响，所以，单层的行为可以通过在载体或者单层中掺入外来离子，或者在不同气体，特别是水汽气氛中热处理进行修饰。

担载型过渡金属氧化物催化剂已得到了深入研究。这是因为这类催化剂的工业重要性和理论上的兴趣。它是研究关于选择氧化机理基础问题的理想模型体系。因为活性位可以在分子水平上用原位 Raman、IR、固体 NMR、DRS、EXAFS/XANES/XPS 等进行表征和测定化学吸附及催化活性。另外，还可以研究引入二维覆盖层或载体中的添加物对表面覆盖度/载体的类型以及添加物特性的相互关系。理想的分子分散可以通过化学蒸气沉积（嫁接）来完成，这时可以滴定表面羟基，这样一来，覆盖度就能通过改变表面羟化程度来控制。另一些制取催化剂的方法，诸如，吸附、离子交换或者渗开等，只能在极小的覆盖度情况下给出分子分散，在高覆盖度时，则能形成高聚物物种。同位素氧交换实验和原位 Raman 光谱指出，担载物种的端 M＝O 键，在单层型催化剂中，并不参与氧化反应。那一种表面氧物种参与氧化反应的问题；覆盖层聚合态的桥联 M—O—M 的氧原子还是桥联 M—O—载体的氧原子依然是讨论的课题。载体的类型对催化活性有着戏剧性的影响。在甲醇氧化脱氢的情况中，只需要一个表面活性位，但在一系列由 VO_x 淀积在等量不同载体上的催化剂却显示出 TOF 可在五个数量级的范围内变动[112]，这是很有意义的，因为在二维的单层中，氧离子的化学应和它在水溶液中的化学完全类似，载体的零电荷点取代 pH 值是决定氧离子形成类型的重要因素。

参 考 文 献

［1］ Jeomg H C, Williams E D, Surf Sci Rep, 1999, 34：171.

［2］ Smoluchowski R. Phys Rev, 1941, 60：661.

［3］ Chchukin V A, Bimberg D. Rev Mod Phys, 1999, 71：1125.

［4］ Watwe R M, Cortright R D, Marirakism M, et al. J Chem Phys, 2001, 114：4663.

［5］ Campbell C T. Annu Rev Phys Chem, 1990, 41：775.

［6］ Patrykiejew A, Sokolowski S, Binder, K. Surf Sci Rep, 2000, 37：207.

［7］ Wood E A. J Appl Phys, 1964, 35：1306.

［8］ Somorjai G A. Introduction to Surface Chemistry and Catalysis. N. Y.：John Wiley：1994.

［9］ Samorjar G A. Annu Rev Phys Chem, 1994, 45：721.

[10] Ertl G. Langmuir, 1987, 3: 4.

[11] Kolasiwski K W. Int J Mod Phys, 1995, B9: 2753.

[12] Becker R, Wolkow R. Semiconductor Surface Silicon. In Scanning Tunneling Microscopy. StroscicoJ. A., Kaiser, W. J. Bosten Mass: Acad Press, 1993. 149.

[13] Chabal Y J, Rughavachart K. Phys Rev Lett, 1985, 54: 1055.

[14] Bolaud J J. Adv Phys, 1993, 42: 129.

[15] Northrup J E. Phys Rev, 1991, B44: 1419.

[16] Imbihl R, Ertl G. Chem Rev, 1995, 95: 697.

[17] Besocke K, Krahl-Urban B, Wagner H. Surface Sci, 1977, 68: 39.

[18] Elliott S. The Physics and Chemistry of Solids. Chichest, Sussex: John Wiley, 1998.

[19] Sze S M. Physics of Semiconductor Devices. 2nd. N. Y.: John Wiley, 1987.

[20] Morrison S R. Electrochemistry at Semi-Conductor and Oxidized Metal Electrodes. N. Y.: Plenum, 1980.

[21] Gerischer H. Electrochem Acta, 1990, 35: 1677.

[22] Luth H. Surfaces and Interfaces of Solid Materials. 3rd. Berlin: Springer, 1995.

[23] Halas N J, Bokor J. Phys Rev Lett, 1989, 62: 1679.

[24] Haught R. surf Sci Rep, 1995, 21: 275.

[25] Steinmann W, Fauster T. Two Phonon Photoelectronspectroscopy of Electronic States at Metal Surfaces. In Laser Spectroscopy and Photochemistry on Metal Surfaces, Part 1: eds, Dai, H—L., Ho, W., World Scientific Singapore, 1995. 184.

[26] Höfer U, Shumay I C, Reusss C, et al. Science, 1997, 277: 1480.

[27] Wolf M, Knoesel E, Hertel H. Phys Rev, 1996, B54: 5295.

[28] Christmann K. Surf Sci Rep, 1988. 9: 1.

[29] Kay B D, Peden C H F. Goodmann D W. Phys Rev, 1986, B34: 817.

[30] Peden C H F, Kay B D, Goodmann D W. Surf Sci, 1986, 175: 215.

[31] Gomer R. Rep Prog Phys, 1990, 53: 917.

[32] Lauhon L J, Ho W. Phys Rev Lett, 2000, 85: 4566.

[33] Swartzentruber B S. ibid, 1996, 76: 459.

[34] Ehrlich G, Hudda F G. J Chem Phys, 1966, 44: 1039.

[35] Schwoebel R N, Shipsey E J. J Appl Phys, 1966, 37: 3682.

[36] Kellog G L. Surf Sci Rep, 1994, 21: 1.

[37] Bowker M, King D A. Surf Sci, 1978, 71: 583.

[38] Bowker m, King D A. ibid, 1978, 72: 208.

[39] Reed D A, Ehrlich G. ibid, 1981, 102: 588.

[40] Brivio G P, Trioni M I. Rev Mod Phys, 1999, 74: 231.

[41] Zaremba E, Kohn W. Phys Rev, 1976, B13: 2270.

[42] Zaremba E, Kohn W. ibid, 1977, B15: 1769.

[43] Haber F Z. Elrctrochem, 1914, 20: 521.

[44] Langmuir I. Phys Rev, 1916, 8: 149.

[45] Langmuir I. J Amer Chem Soc, 1918, 40: 1361.

[46] Desjonqueres M C, Spanjard, D. Concrpts in Surface Physics. 2nd. Berlin: Soringer, 1996.

[47] Anderson P W. Phys Rev, 1961, 124: 41.

[48] Grimley T B. Proc Roy Soc London, 1967, SerA, 90: 751.

[49] Grimley T B. Theory of Chemisorption. In The Chemical Physics of Solid Surfaces and Heterogeneous Catalysis. Vol 2. King D A, Woodruff D P. Amsterdam: Elsevier, 1983, 333.

[50] Newns D M. Phys Rev, 1969, 178: 1123.

[51] Brenig W, Schonhammer K. Z Phys, 1974, 276: 201.

[52] Vasiliev I, Ogut S, Chelikowsky J R. Phys Rev Lett, 1999, 82: 1919.

[53] Doren D J. Kinetics and Dynamics of Hydrogen Adsorption and Desorption on Silicon Surfaces. In Advances in Chemical Physics, 95. Prigogine I, Rice S A, N. Y.: John Wiley, 1996. 1.

[54] Haberland H. Clusters of Atoms and Molecules. Springer Series. In Chemical Physics, 52. Berlin: Springer, 1993.

[55] Haberland H. Clusters of Atoms and Molecules II. Springer Series in Chemical Physics, 56. Berlin: Springer, 1994.

[56] Harris J. J Appl Phys A Mater Sci Process, 1988, 47: 83.

[57] Steminger H, Ibach H, Lehwala S. Surf Sci, 1982, 117: 685.

[58] Somorjai G, A, McCrea K R. Dynamics of Reactions at Surfaces. In Adv in Catalysis, 45. Gates B C, Knozinger H. Boston, MA: Acad Press, 2000. 386.

[59] Depristo A E. Dynamics of Dissociative Chemisorption. In Dynamics of Gas-Surface Interaction. Rettner C T, Ashfold M N R. Cambridge: The Royal Society of Chemistry, 1991. 47.

[60] Darling G R, Holloway S. Rep Prog Phys, 1995, 58: 1595.

[61] Michelsen H A, Rettner C T, Auerbach D J. The Adsorption of Hydrogen at Copper Surfaces: A ModelSystem for the Study Activated Adsorpion. In Surface Reaction, Springer Series in Surface Sciences 34. Madix R J. Berlin: Springer, 1994. 185.

[62] Landqvist B I, Norskov J K. Hjelmberg H. Surf Sci, 1979, 80: 441.

[63] Nordlander P, Holloway S, Norskov J K. ibid, 1984, 136: 59.

[64] Norskov J K, Houmoller A, Johansson P K, Landqvist B I. Phys Rev Lett, 1981, 46: 257.

[65] Darling G R, Holloway S. Surface Sci, 1994, 304: L461.

[66] Samorjai G A. Adv Catal, 1977, 26: 1.

[67] Hammer B, Norskov J K. Surf Sci, 1995, 343: 241.

[68] Hammer B, Norskov J K. Nature, 1995, 376: 238.

[69] Hammer B, Norskov J K. In Adv Catal 45. Gates B C, Knozinger H. Boston: Acad Press, 2000. 71.

[70] Toyoshima I, Samorjai G A. Catal Rev Sci Eng, 1979, 19: 105.

[71] Ertl G. In Adv Catal, 45. Gates B C, Knozinger H. Boston: Acad Press, 2000. 1.

[72] Maxwell J C. Philo Trans R Soc Landon, 1879, 170: 231.

[73] Knudsen M. Ann Phys, 1911, 34: 593.

[74] Smoluchuwski M V. ibid, 1910, 33: 1559.

[75] Gaede W, ibid, 1913, 41: 289.

[76] Millikan R A. Phys Rev, 1923, 21: 217.

[77] Stern O. Naturwissenschaften, 1929, 21: 391.

[78] Estermann I, Frish R, Stern O. Z Phys, 1931, 73: 348.

[79] Frish R, Stern O. ibid, 1933, 84: 430.

[80] Millikan R A. Phys Rev, 1923, 22: 1.

[81] Clausing P. Ann Phys, 1930, 4: 36.

[82] Langmuir I. J Amer Chem Soc, 1916, 38: 2221.

[83] Tolman R C. Proc Nat Acad Amer, 1925, 11: 436.

[84] Fowler R H, Miline E A. ibid, 1925, 22: 400.

[85] Wenaas E P. J Chem Phys, 1971, 54: 376.

[86] Kuscer I. Surf Sci, 1971, 25: 225.

[87] McQuarrie D A. Statistical Thermodynamics, Uni. Science Books Mill Valley, C. A. 1973.

[88] Comsa G. J Chem Phys, 1968, 48: 3235.

[89] Palmer R L, Smith J N, Saltsburg Jr H, O'Keefe O R. J Chem Phys, 1970, 53: 1666.

[90] Smith J N, Palmer R L. ibid, 1972, 56: 13.

[91] Dabiri A C, Lee T J, Stickney R E. Surf Sci, 1971, 26: 522.

[92] Balooch M, Stickney R E. ibid, 1974, 44: 319.

[93] Cardillo M J, Balooch M, Stickney R C. ibid, 1975, 50: 263.

[94] Delmon B. Studies in Surface and Ctalysis, 1997, 110: 43.

[95] Haber J. Studies in Surf Sci Catal, 1992, 72: 279.

[96] Haber J. Reactivity of Solids. Polish Scientific Publ Warszawa, 1982, 3.

[97] Handke B, Haber j, Slezak T, Kubik M, Korecki J. Vaccum, 2001, 63: 331.

[98] Haber J. Pure Appl Chem, 1984, 56: 1663.

[99] Haber J. Stoch J, Unger L. Unpublished Data.

[100] Haber J. Heterogeneous Hydrocarbon Oxidation, ACS SYMP. Series 638. Washington D C: Amer Chem Soc, 1996, 20.

[101] Spiridis N, Haber J, Koricki J. Vacuum, 2001, 63: 99.

[102] Haber J, Nowak P. Topics Catal, 1999, 8: 199.

[103] Broclawik E, Haber J, Piskorz W. Chem Phys Lett, 2001, 333: 332.

[104] Haber J, Turek W. J Catal, 2000, 190: 320.

[105] Roberts M W. Chem Soc Rev, 1996, 437.

[106] Hermann K, Witko M. In The Chemical Physics of Solid Surfaces. Vol 9. Oxide Surfaces. Woodruff, D P. Amsterdam: Elsevier Sciences, 2001, Chapter4.

[107] Knozinger H, Taglaner E. Specialist Periodical Report Catalyst. Vol 10. Royal Socity of Chemistry, 1993, 1

[108] Haber J, Machej T, Serwicka E M, Wachs I E. Catal. Lett, 1995, 32: 101.

[109] Haber J, Kozlowski A, Kozlowski R. Proc. 9th Cong On Catal Calgvry. Philips M J, Ternan M. Ottawa: Chemical Institute of Canada, 1988, 1487.

[110] Haber J, Nowak P. Langmuir, 1995, 11: 1024.

[111] Centi G, Giamello E, Pinelli D, Trifiro F. J Catal, 1991, 130: 220.

[112] Wachs J E, Deo G, Tehng J-M, Kim D S. Hu H. In Heterogeneoue Hydrocarbon Oxidation, ACS Symposium Ser 638. Warren B K, Oxama S. Washington, D. C.: Ted Amer Chemical Society, 1996, 292.

第七章 金属(合金)催化剂

金属催化剂是固体催化剂中研究得最早、最深入,同时也是获得最广泛应用的一类催化剂,例如,氨的合成(Fe)和氧化(Pt),有机化合物的加氢(Ni、Pd、Pt……)、氢解(Os、Ru、Ni……)和异构(Ir、Pt……),乙烯的氧化(Ag),CO 的加氢(Fe、Co、Ni、Ru……)以及汽车尾气的净化(Pt、Pd……)等。其主要特点是具有很高的催化活性和可以使多种键发生开裂。目前已有多本专著阐述这类催化剂的基本特性和由这类催化剂所催化的反应,尽管如此,这类催化剂依然有如下一系列待研究的问题。

A. 自从 20 世纪 P. Sabatier 发现金属镍可催化苯加氢生成环己烷以来,迄今除金属催化剂以外,尚未发现过能催化这一反应的其它类型催化剂。又如,乙烷氢解对金属催化剂来说并非难事,然而除金属催化剂之外,也未发现可使乙烷加氢分解的别种催化剂,另外,如众所周知,F-T 合成也只有在金属催化剂上才能进行等。那么,金属催化剂之所以具有这种高的活性,其内在因素是什么?

B. 所有金属催化剂几乎都是过渡金属,而且,金属催化剂的功能又都和 d 轨道有关,这是为什么?

C. 当过渡金属催化剂按其活性排列时,对每个反应都有自己独有的序列,即便对每类反应,至今也未发现它们有相同的序列,什么是决定这种序列的内在因素?

D. 对一个反应来说,为什么同一金属又常常有明显不同的选择性?

E. 对某些反应来说,单位表面积的催化活性决定于金属的晶面、金属晶粒的大小(如果金属是载担着的),载体以及制法,为什么对活性有这种差别?又怎样和反应相联系?

F. 由两种金属制成的合金催化剂,其催化功能随组分有很大变化,而且又明显地取决于所研究的反应,产生这些效果的原因是什么?

显然,要正确阐明以上这些问题,仅以金属的物理学是很难达到的。按照本书撰写的宗旨,这里将根据本书第四章阐述金属配合物催化剂作用的观点,也就是说,从催化化学的角度来探讨金属催化剂的作用特点和机理,通过类比,达到对上述问题作出相应说明的目的。

第一节 金属催化剂的特征

金属催化剂和均相金属配合物催化剂相对比,有下面最具特征的事实。

(1)有裸露着的表面

这一事实包含着以下三个含义。

① 前已述及,配合物中心金属的配位部位可以为包括溶剂在内的配体所全部饱和,而对具有界面的固体金属原子来说,至少有一个配位部位是空着的(图7-1)。

② 金属配合物在溶液中总是移动着的,而且可互相碰撞,以致在配体之间发生交换并保持一种微观的动态上的平衡。但是,固体表面的金属原子则是相对

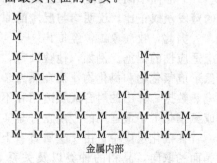

图 7-1 金属表面的模型

固定的，不能相互碰撞，因此，从能量上来说，处于各种各样的亚稳状态。

③ 配体的性质不同，在固体金属中，金属原子四周的邻接原子——配体，都是相同的金属原子本身，因此，与此相关的热力学上的稳定性也就不同。

(2) 金属原子之间有凝聚作用

和上述③有关，在金属中，金属原子之间有相互凝聚的作用。这是金属之所以具有较大导热性、导电性、展延性以及机械强度等的原因，同时，也反映了金属原子之间化学键的非定域性质。金属的这种非定域性质使其获得了额外的共轭稳定化能，从而在热力学上具有较高的稳定性。所以金属是很难在原子水平上进行分散的。下面是一些实验事实。

① 金属原子尽管在适当配体作用之下，可以避免进一步凝聚而形成所谓的原子簇化合物。金属原子簇化合物从其结构化学以及化学键理论来看，可以看作金属催化剂的模型，但是，从含底物的催化体系的热力学稳定性的观点加以分析，那么，它和真正的金属催化剂有着明显的区别。

② 金属原子通过金属键凝聚达到稳定的原动力，就在于金属原子之间有很强的集合在一起的倾向，这从金属的原子化热远大于相似配合物的键能得到证明。例如，Cu、Ag、Au 的原子化热各为 304.6kJ/mol、253.9kJ/mol 和 310.5kJ/mol；Fe、Co、Ni 的为 354.0 kJ/mol、382.8kJ/mol 和 380.7kJ/mol；Ru、Rh、Pd、Os、Ir、Pt 的更大，分别为 648.5kJ/mol、556.5kJ/mol、351.5kJ/mol、677.8kJ/mol、669.4kJ/mol、564.8kJ/mol；Cr、Mo、W 的为 344.8kJ/mol、544.1kJ/mol、799.1kJ/mol 等[1]，而配合物中金属与配体之间的键能，以最稳定的二环己二烯铁和镍为例，仅分别为 322.2kJ/mol 和 221.8kJ/mol[2]。

③ 在由浸渍法制取金属载体催化剂时，可以清楚地看到，原来的金属离子，是在分散状态下被还原成金属原子的；在还原过程中，生成的金属粒子确实具有甩开载体而相互吸引的凝聚力。例如，载担在 γ-Al_2O_3 上的氧化铜，由 ESR 研究得知，铜离子之间的相互作用力并不小，分散在立方对称的配位场之中，但当用氢或 CO 于 400℃还原处理后，它变成了反磁性的金属铜。如果将这样形成的金属铜再氧化，那么，在 100℃左右低温下处理的样品，发现由铜离子因彼此交换所引起的 ESR 谱线的线宽相当狭窄，表明铜原子在再氧化过程中并未有多大位移。但是如果将样品在 600℃下，空气中焙烧一昼夜，那么，ESR 谱就变得和原来的一致了[3]。这个实验说明，在还原过程中，金属铜原子确实凝集在一起的。

④ 以"相"的形式参与反应。当固体金属显示出有催化活性时，金属原子总是以相当大的集团，而不是像配合物催化剂那样以分子形式与底物作用，也就是说，金属是以相当于热力学上的一个"相"的形式出现的。这是金属催化剂在热力学上的又一特征。作为这一特征的例子，可用 H_2 在蒸发铜膜上的氧化来说明[4]。通过真空蒸发制得的铜的 [100] 晶面，当 H_2 和 O_2 于 325℃在其上反应时，20～40nm 的铜膜在反应中都可以成有序排列。而 [110] 晶面不同，通过成长变成了别种晶面，而且，测得的生成 H_2O 的活性速率常数和铜的蒸发量成正比。说明参与反应的原子集团——"相"，因晶面而不同。

据此，牧岛象二曾经提出[5]，可以把金属的这一性质，作为预测金属催化剂对某一反应适应性的判据。例如，他曾预言，适用于由氢和氮合成氨的催化剂，应是那些易于和氢与氮形成氢化物和氮化物，而在热力学上又不那么稳定的金属。根据金属氮化物以及氢化物生成热数据，算出的对合成氨适用和不适用的金属催化剂列于表 7-1 中。由表可见，被认为合成氨催化剂中最适用的金属正好是实际中使用的铁催化剂。

在催化反应中，由于金属具有上述的非定域化作用，所以，诸如金属的颗粒大小，金属晶面的取向，晶相的种类以及关系到这些性质的制备方法，都对催化剂的性质有明显的影响。

表 7-1　合成氨反应中不同金属氢化(Q_1)、氮化(Q_2)以及再生过程(Q_3)的反应热(放热为正)

催 化 剂	反应热/(kJ/mol)			适应性[①]	NH₃ 收率/%
	Q_1	Q_2	Q_3		
Al	502.0	−79.5	−79.5	+	—
Ca	439.3	192.5	−456.1	—	—
Ti	669.4	83.7	−405.8	—	—
Cr	234.3	−159.0	171.5	—	—
Mn	209.4	8.4	−87.9	+	0.8
Fe	29.3	−54.4	121.3	++	2.0
Ni	−167.4	−25.1	175.7	—	0.0~0.1
Cu	−146.4	−125.5	301.2	—	—

①适应性的判据以不含大的吸热过程为准，Q_1、Q_2、Q_3（kJ/mol）分别为：

$$N_2 + 2K \rightleftharpoons 2KN + Q_1$$

$$3H_2 + 6K \rightleftharpoons 6KH + Q_2$$

$$2KN + 6KH \rightleftharpoons 2NH_3 + 8K + Q_3$$

　　通过以上对固体金属催化剂和金属配合物催化剂的对比，金属催化剂的特征可概括如下：

固体金属催化剂的特征
- 具有界面
  - a. 一个配位部位是空的——有较大的活化反应分子的能力
  - b. 从能量上看，允许存在亚稳状态——活化反应分子的能力大，但选择性差
  - c. 配位是金属原子本身——限制了适应反应的本质
- 是集聚体
  - d. 由于是集聚体，化学键是非定域的，比较稳定——要求有严格的反应条件，结构敏感性大
  - e. 具有"相"的行为——催化剂的适应性可以预测

　　根据以上金属催化剂的特点，显而易见，它们的催化作用，将因金属和反应类别而大不相同，所以，本章中所列举的金属催化剂将只限于过渡金属，而且主要是指Ⅷ族过渡金属和铜而言，而反应也将主要选择烃类的转化和与 H 有关的一些反应。这是因为由这些金属和反应组成的催化体系，不仅研究的历史最长，已经积累了大量资料，而且对与它们同类的配位催化体系的研究也很成功，通过对比，可以更好地了解金属固体催化剂的作用本质。另外，由于本书主要目的在于提示催化剂之所以能催化物质变化的化学本质，因此之故，对这个因素之外的因素，诸如固、气相界面之间的传质，金属粒度与其它物性和催化作用的关系，以及金属催化剂制法对活性、选择性的影响等，都不准备在这里详细阐述，在以后对氧化物催化剂和固体酸催化剂的讨论也将采用这样的办法处理。

第二节　过渡金属的催化作用

　　过渡金属及其氧化物与过渡金属配合物催化性质之间的相似性已引起广泛的注意。它们都能催化有氢和烯烃参与的反应，例如 H_2-D_2 交换、烯烃、二烯烃和炔烃的加氢，某些聚合和氧化反应。配合物中不同配体与中心金属之间的键强序列，和配体在相同金属上化学吸附的强度序列基本上是一致的。例如，在羰基配合物中，CO 与金属之间的键强和 CO 在相应金属上吸附的键强相当接近，烯烃在金属上的化学吸附和烯烃的金属配合物之间也有与此类似的关系。对金属催化剂的催化毒物——含有授电子原子 O、S、N、As、P 及其它带孤对电子原子的化合物，也都是类似配合物催化剂的毒物等。

一、过渡金属催化作用中的几何因素

　　在多相氧化、加氢、脱氢反应中，催化活性最高的是Ⅷ族过渡金属 Pt、Pd、Os、Rh、Co 等，这些反应在溶液中进行时，最活性的催化剂也是含这些金属的配合物。

　　图 7-2 中列出了氢在一系列过渡金属上的起始吸附热的数据[6]，可见，吸附热是随周期而减少的。乙烯的化学吸附热变化也与此类似，尽管它们有较大的绝对值（200~400

kJ/mol），在图 7-3 中列出了过渡金属在乙烯加氢中催化活性的变化数据，比较一下这两个图就可以看到，在最具活性的催化剂上，氢和烯烃的化学吸附相对地弱。

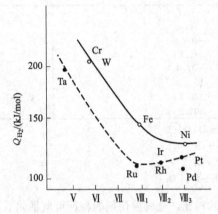

图 7-2　氢在过渡金属上的起始吸附热

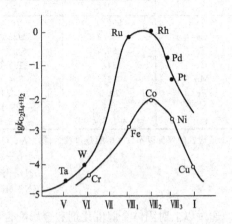

图 7-3　过渡金属在乙烯加氢反应中的催化活性

在图 7-2 和图 7-3 中无 Mn 的数据。有这样的概念，即在第四周期金属中，电子构型为 $d^5 s^2$ 的 Mn 被认为是活性最低的催化剂[7]。

在烯烃加氢、H_2-D_2 交换等反应中，许多对合金催化剂（例如 Ni-Cu，Pd-Ag）活性的研究表明，d 壳层为电子充满时，催化剂活性会迅速降低。根据这些研究，首先提出了关于金属中 d 电子在吸附和催化中作用的概念。在以往的这一领域内的工作可以列举众所周知的 С. Э. Рогинский[8]、O. Beeck[9]、D. A. Dowden[10] 以及 J. J. Rooney[11] 等的研究。例如，O. Beeck[9] 将化学吸附热和金属键的 d% 相联系等，这些观点读者还可参阅有关过渡金属上催化和化学吸附与原子电子结构关系的近代论著，例如文献 [12，13]。

以接近于近代化学概念，并用分子轨道来描述过渡金属上化学吸附的研究，是在 G. C. Bond 的论文中提出来的[6]。G. C. Bond 根据近代固体理论，在他的论文中，对在过渡金属上参与化学吸附的分子轨道给予了概念上的描述。

图 7-4 给出了乙烯在 Ni[100] 晶面上的吸附图[14]。这和均相配位催化给出的 π 配合物相类似。在 [110] 晶面上，$C_2 H_4$ 应和表面成 45°角吸附，[111] 晶面显然不利于乙烯的化学吸附。这就可以预料，在 [100] 晶面上，乙烯系利用垂直的 e_g 轨道，或者在 [110] 晶面上

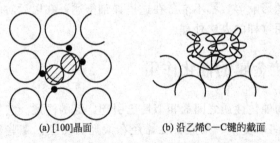

(a) [100]晶面　　(b) 沿乙烯C—C键的截面

图 7-4　乙烯在 Ni 的立方晶面上的吸附图

利用垂直的 t_{2g} 轨道和成 45°角的 e_g 轨道成双位吸附。

双烯吸附需要两个空的配位部位，因此最有利的是 [110] 晶面，因为这里有两个 e_g 轨道从表面向外，同时还有四个 t_{2g} 轨道。当然也可能吸附在两个相邻的原子上。炔烃在晶面 [110] 上吸附也较为有利，因为这里两个 π 键可以和两个邻接原子的表面轨道相互作用：

$$
\begin{array}{c}
\text{H} \\
| \\
\text{C} \\
\text{Ni} \cdots \parallel \cdots \text{Ni} \\
\text{C} \\
| \\
\text{H}
\end{array}
$$

在 [100] 晶面中，在该方向上没有挨近的 e_g 轨道，尽管对一个 π 键也可能发生简单的吸附。可以想像，在晶体的棱、角以及晶面的阶梯和其它不完全部位上，不同 d 轨道参与吸附的可能性将更大。

可以使人很容易地就想起均相配位催化中有关烯烃反应中间化合物的结构。由图 7-4 和图 7-5 可见，金属催化剂作用的特点可以通过纯粹的几何因素来描述，即反应分子和两个过渡金属原子之间成键的可能性增加了；因此，吸附分子 CO 和 C_2H_4 吸附时出现桥式结构是必不可少的。这样，金属催化剂作用中的几何因素概念，和最早由 A. A. Валандин 提出的概念相比较[16]，那就不局限于对六位的催化反应（例如，苯的加氢），对由金属催化的二位反应也可以得到圆满的解释。由 A. A. Валандин 提出的多位理论其内容也因此为现代的化学概念所充实。

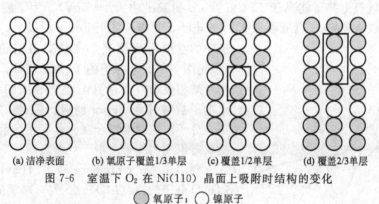

图 7-5　氢原子和借 σ 键双位
吸附在 B，中心上的乙烯分子
的结合

在 20 世纪 70 年代期间，由于 LEED 技术的日臻完善，获得了许多意外的发现[23,24]。看来，在许多情况下，气体在金属上的吸附并非是统计的，而是生成有序的二维相。图 7-6 给出的是 O_2 在 Ni(110) 晶面上于室温下吸附的 LEED 电子谱[24]。随着氧在表面上的集结，表面依次再构成 (3×1)、(2×1) 以及 (1×3) 结构，即形成不同的二维氧化物相。仔细研究之后发现，晶格周期有几十纳米的超结构。例如，氧在同一个 Ni(100) 晶面上于 300℃ 吸附时，在很窄的覆盖范围内 (0.555～0.625 单层)，观察到了四种不同的结构，它们的晶格周期覆盖了几十个表面原子，而从一个结构到另一个的转移则不是连续的。

(a) 洁净表面　　(b) 氧原子覆盖1/3单层　　(c) 覆盖1/2单层　　(d) 覆盖2/3单层

图 7-6　室温下 O_2 在 Ni(110) 晶面上吸附时结构的变化

⬤氧原子；◯镍原子

二、过渡金属催化作用中的能量因素

尽管已有大量探讨吸附物种与金属之间相互作用的理论工作，但是对许多问题的解释仍有争论。有关金属上吸附键的量子化学理论可参阅文献 [12] 及其中所列文献。这里只能对其中最重要的结果作概要的介绍。

在早先有关表面化学键的一个工作中，D. A. Dowden 根据能带理论，推导出了一个关联吸附时离子化物种浓度和按金属 Fermi 能级确定的吸附物能级的简单方程式[25]。按照这个方程式，除了大 φ 和小 I 之外，Fermi 能级上大而正的状态密度值 $d\ln N(E)/dE$ 也能促进表面上正离子的生成。这里 $N(E)$ 为金属中按能量 E 确定的状态密度分布函数。对负离子的生成则相反，除了 φ 和 A 之外，还可为 Fermi 能级上大而负的 $d\ln N(E)/dE$ 值所促进。至于共价键，那么，除了高 φ 值之外，Fermi 能级上大而正的 $d\ln N(E)/dE$ 值，和自由原子轨道的存在都能促进其生成。这些概念现在都已为 D. A. Dowden 和 P. W. Reynolds 等的下述实验所证实[10]。在苯加氢的反应中，组成为 60%Cu 和 40%Ni 的 Cu-Ni 合金，也就是说，在 d 带填入电子时，随着 $\mathrm{d}\ln N(E)/\mathrm{d}E$ 值的降低，活性亦随之下降。

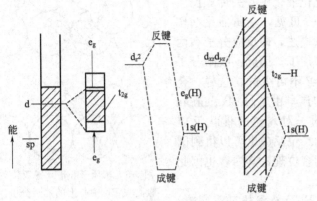

图 7-7　Ni 或 Co[100] 晶面的电子能级及其
与氢原子的相互作用图[7]

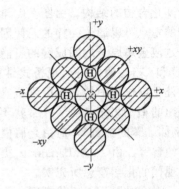

图 7-8　Ni 或 Co[100] 晶面上
吸附氢原子的分布几何学

图 7-7 用图给出了 Ni 和 Co[100] 晶面上的电子能级以及它们与氢原子的相互作用（由 Dowden 根据 Goodenough 概念提出[7]的）。与此相对应的氢原子的分布几何学如图 7-8 所示。这个几何学和 d 轨道一定的对称性相适应，氢原子既能位于和定域 d_{z^2} 轨道相互作用的直线上，也可以在和 d_{xz}、d_{yz} 轨道相互作用的桥式位置上吸附，形成 t_{2g} 能带（参见图 7-7）。当氢原子（$I=13.5\mathrm{eV}$）沿 z 轴接近金属时，定域的成键轨道将低于 13.5eV，而反键轨道则位于较高的能级上并可能高于 E_F（Ni 及 Co 的脱出功为 4～5eV）。为了能生成双电子键 H—Ni，就必须从氢的 1s 轨道移去 0.86 个电子，并将其置于 Fermi 能级上，使 Ni 的 3d 轨道中的空位得到填充。在桥式吸附位置上吸附时，（参见图 7-8），氢原子的 1s 轨道与 d_{xz}、d_{yz} 轨道的四个叶瓣相叠合，并达到与上述相同的结果，即 0.86 个电子被转移到 Fermi 能级。但是，在这样的情况下，分子轨道就被组合在由可以相互重叠的成键和反键状态组成的能带之中了（参见图 7-7 右侧）。

利用由 M. Wolfsberg 和 L. Helmholz 等提出的 LCAO 分子轨道（MO）法[26]，对氢原子的 1s 轨道和表面镍原子的定域 d_{z^2} 和 $d_{x^2-y^2}$ 轨道之间的相互作用所作量子化学研究，已在文献 [27] 中作过介绍。其基本模型仍是上面提到过的 Goodenough-Dowden 图，通过计算获得了吸附氢原子的定域能级值。但是在计算时并未考虑和金属的集合电子的相互作用。然而，按照 D. J. M. Fassert 等的计算，吸附时原子和吸附中心所有的键都要发生再构作用，这就和 Dowden 的图不相适应了[28]。最典型的吸附分子的 UPS 光谱（CO 在 Pd 上的吸附）如图 7-9 所示[29]。

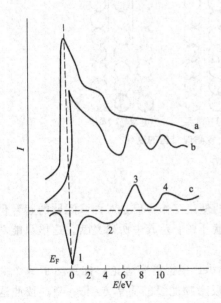

图 7-9　吸附在 Pd[110] 晶面上的
CO 的 UPS 光谱图

a—洁净 [110] 晶面；b—吸附 CO 后；
c—a 和 b 的光谱差（$h\nu=40.8\mathrm{eV}$）

为了研究吸附作用，通常都是利用差光谱，即把吸附分子和相应的气相中的分子光谱进行比较。一般

地说，最大值的位置要相差几十或几个电子伏。最大值（气相和吸附相的键能 E）之间的差等于

$$\Delta E = \varphi_{sp} + \Delta E_R + \Delta E_B \tag{7-1}$$

式中，φ_{sp} 为脱出功；ΔE_R 为弛豫能的变化（这常包括电子热发射后原子环境的弛豫）；ΔE_B 为化学键能级的变化。

图 7-9 中，最低值 1 和 2 表明因吸附而产生的发射减少。这可以因吸附时光电子发射深度的减少、电子在固体界面上发射分散的变化以及在形成表面化学键时电子在表面上的重新分布，也就是说，在吸附剂消失固有的表面态等情况下发生。在过渡金属上的化学吸附中，后一种原因是基本的，直接与位于 Fermi 能级下的最低值 I 和 d 电子的能级相当，同时，这在过渡金属上几乎总是可以观察到的，这就证明了在化学吸附键中包含着 d 轨道。

表面能级的光谱研究尽管开始不久，但已经获得了很重要的结果，支持了关于 d 能级在吸附中有重要作用的假定。可以期望，这一领域内的实验方法将迅速发展；有关化学吸附以及在某些情况下催化作用的详细机理将被说明。

第三节　合金的催化作用：集团效应和配体效应

20 世纪 50 年代，许多科学家寄希望于金属物理学的电子能带模型，企图用以预测催化作用。这里，明显不过的事实，即最好的加氢催化剂 Pt、Rh 和 Pd 都是 d 带未充满的过渡金属，可以作为描述导电性以及磁性等集合参数与催化活性关联的缘由。当时，对例如 Cu-Ni 合金给予了极大注意，这是因为它们允许逐步改变用于描述能带模型的参数。Ni 是铁磁性的，但 Ni 通过 Cu 的合金化，磁化率就有所降低。含 60% 铜的 Cu/Ni 合金报告则是抗磁性的。在那个时候，这样的观察结果，都用合金中每个 Cu 能向 d 带提供一个电子表达。如果纯 Ni 金属的 d 带含有 60% 的空穴，这样，在 Cu0.6Ni0.4 合金的 d 带中就不再留有空穴。Cu-Ni 合金的加氢活性也比纯镍的低，这样一来，d 带中的空穴就被假定为加氢活性的真实缘由。

事后看来，这样的模型是过于简单化了，但是，它对鼓励实验科学家研究金属和合金的催化活性还是很有价值的。乙烯和苯的加氢被用来验证过渡金属和它们的合金的催化活性[30]。用甲酸分解来验证的金属和合金的范围更广，G. M. Schwab 创建了一套全玻璃的精美反应器，在各种温度下研究了这一反应的速度，也是用这样的工具，还用简单而可以重复的方法测定了反应活化能[31]。

催化活性和上述能带模型集合参数之间的简单因果关系的概念，在由高真空金属蒸气淀积制得的合金膜表面上研究时，却遇到了强烈挑战，甚至在 Ni 中加入少量 Cu 时也能引起单位表面积上用化学吸附氢原子对物理吸附 Xe 原子之比表示的吸附氢显著减小。这一比值在降低至铜的标准值之前，可以在很大范围内保持不变[32]。这一结果可以应用一般有效的两个基本热力学原理合理地解释[33]。

A. 由金属形成 Cu-Ni 合金是稍微吸热的过程，在 Gibbs 自由能对组分的绘图上有两个最小值。这显然在平衡时有两个相，一个富铜的相和另一个富镍的相。

B. 平衡时，固体表面能最小原理有利于这些颗粒这样排布：富铜的相应该包埋富镍的相，结果是在总组成的广大范围内，在 Cu-Ni 膜表面上暴露的将是组成一定的表面，也就是富铜的相。

这样的模型也就变成众所周知的，称之为合金膜的"樱桃模型"（Cherry Model）[34,35]。这已经为 Pt-Au 合金所确认，这里，共有的两个相的相图已是众所周知的[36]。从这一工作

得出的最重要的结论是催化作用是彻底地为表面所控制，和金属或合金表面下两个或更多原子层的电子状态的关系并不大。

对由大小几乎相等的原子，诸如 Cu 和 Ni 组成的合金，包裹相将变成富有升华热最低的元素，也就是铜的。同样的判据，预见了在 Pt-Au 或 Pd-Ag 合金中最外层表面在超高真空（UHV）的平衡下将富有 Au 或者 Ag。这对稍吸热的合金以及组分大小几乎相等的合金都是正确的。但是对放热的 AB_x 合金，例如 Pt-Sn，A 原子本身为 B 原子围绕的趋势变成了主要的原则[37]。

樱桃不仅有一个被果肉包裹的核，而且还有一层皮，确实已经发现，对任何均匀的合金；也是对"樱桃"的果肉相，表面的组成不同于内部的。最外原子层的组成取决于气相的化学，因为化学吸附变成了影响体系 Gibbs 自由能的一个新因素。对 Pt-Au 合金，当和 CO 接触时，CO 和 Pt 之间能形成很强的化学键，但却不能和 Au 形成化学键。这样一来，富 Pt 表面的 Gibbs，自由能将比富 Au 表面的低。确实，即使在室温下也能观察到 Pt 的"化学吸附诱导表面集聚"过程。这一过程是可逆的，化学吸附的 CO 分子脱附时，表面又重新返回到原来的富 Au 组成状态[38,39]。

显然，了解合金的催化选择性的原因是催化中特别有意义的问题。这个问题可以通过发表在同一杂志上的两个报告中的结果加以说明。两者使用的都是 Cu、Ni 合金体系。Roberts 等在 Cu-Ni 膜上研究了甲基环戊烷的氢解和 H/D 交换[40]。同时，Sinfelt 则在担载的 Cu-Ni 催化剂上对苯的加氢和氢解进行了比较[41]。两个小组都发现，在 Ni 中加入少量的铜，将使氢解的选择性发生戏剧性的降低，而合金对催化加氢以及碳氢键 H/D 交换的倾向却变化不大。两个小组对各自的发现给出了不同的解释。Sinfelt 提出的解释是以合金的电子集合性质为基础的，而 Roberts 等则将结果归结为表面组成和局域位的几何学。

正如许多场发射结果指出的那样，大多数在金属表面上化学吸附的原子更喜欢在"顶位上的空位"上，Roberts 等不无理由地指出，对 C—C 键断裂来说，需要在 Ni 和非铜原子之间有两个邻近的空位。即使在 fcc 合金密堆积的（111）晶面上，也需要 5 个 Ni 的簇才能创建出一对邻近的空位。这样的 Ni_5 集团，当然在镍表面上是到处存在的，但是在 Cu-Ni 合金富铜的表面上只能找到不多的大镍簇。因此，在 Cu 和 Ni 合金化后选择性发生戏剧性变化，这可以归因于竞争反应：加氢和氢解需要不同的集团。这样的几何学自然有利于需要镍原子的小集团，而需要更大 Ni 集团的氢介反应自然就被抑制了。

在金属上解离吸附需要两个邻近空位的直观假设已由理论计算所确认[42]。一端落入高配位部位的解离原子和最少表面金属原子共有时最有利于解离，这是键级守恒原理的结果。对 CO 的解离，C 和 O 之间的相互作用，当它们为同一个金属原子共有时就将变成相互排斥的。

这样的模型是一般正确的：集团效应已经变成一个普遍概念，可以将许多催化现象合理化。Van Hardeveld 和 Hartog 把由 n 个表面原子组成的集团叫做 Bn 位，并指出对截头的 fcc 颗粒，在平衡时 B5 位的相对浓度依赖于颗粒的大小[43]。在 Ni 表面上，Van Hardeveld 和 Montfort 的 IR 数据指出[44]，吸附在 B5 位上的 N_2 并未解离[45]，但是，在铁催化剂上合成氨时，却发生了解离化学吸附的 N_2。Brill 等人指出，这里由于 bcc Fe 的（111）晶面的高专一性，它是最活性的晶面[46]。承担这一高活性的部位是由 7 个铁原子所组成，包括不仅最外晶面的，还有下面两个晶面的铁原子。N_2 的解离吸附在 NH_3 合成中是决定性的，正如 Araki 和 Ponec 指出的那样，CO 的解离就是 Fischer-Tropsch 工艺中的起始步骤[44]，作为最好的催化剂，Fe 和 Ru 也是很好的合成氨的催化剂。这样，就可以假定，Brill 的结论也能应用于 Fischer-Tropsch 工艺。对 NO 在 Rh(111) 晶面上的解离化学吸附，Van Santen

指出，至少需要 5 个表面原子才能形成共有一个角的两个三角形。双原子分子的每个碎片的末端处于两个三角形之一的中心的空位之中。

如果解离吸附是速度控制的，那么，和分子（例如 CO）的非解离吸附时相比，地貌学的效果就非常重要，一般地说，在催化中区分"结构敏感"的和"结构钝感"的反应是很平常的，但这个定义非常有用，因为它可以用来对观察分类，而无需作任何假设，例如引起"结构敏感性"或者没有它的原因等。

强调地貌学的重要并不意味着电子效应应该忽略，恰好与此相反，所有"化学的"效果，当然都是电子轨道的形状和占有以及它们为电子所占有的结果。另外，表面原子和吸附质之间的化学键，当然，也能为和表面键合的别的原子所影响，这种影响对直接邻近的金属原子是最强的，而对远离的原子则要小很多。为了区分由于邻近而引起的电子效应和上面谈及的集合电子效应曾建议采用"配体效应"这个名称[47]。

作为金属催化的一个概念，集团效应在理解现代双金属的"铂重整催化剂"，诸如 Pt-Sn 或者 Pt-Ge 是很有帮助的。在这些情况下形成焦炭前体需要大的集团是特别重要的。因为这被认为和单 Pt 催化剂相比，可以大大提高双金属体系催化剂的寿命。同样，Pt-Re 也能在集团效应的范围内来理解；要考虑的另一个事实是，纯 Pt-Re 合金对不需要的氢介反应有一个很高的选择性，而且在含 H_2S 的工业铂重整过程中，表面上的 Re 可以覆盖上硫原子，而 Pt 却不能。因此，这些 Pt 就能在覆盖硫的 Re 中分散，并因之形成对（脱）氢是理想的，但对氢介和形成焦炭前体不理想的是很小的集团[48]。

总结起来可以认为，离域集合现象的物理性质、电导性以及磁性，并非是控制金属和合金的催化活性和选择性的，取代的是催化现象由两个化学原因所控制，那就是表面的化学组成和部位的原子几何学。

这里应该说一下，这些都是很相同的原理，包括 A. A. Balandin 所用多位原子和火山型曲线[49]模型中的原理。

第四节　载担型金属催化剂

把催化活性的金属担载在诸如氧化铝、活性炭、二氧化硅等载体上有很多优点，即金属多半能以微晶的形式，高度分散在载体的整个表面上，结果，对所用金属的重量来说，就能产生较大的活性表面，如果金属不回收的话，这对贵金属来说优点尤为显著；金属载体催化剂被制成适当的球状或粒状时还有利于气流通过反应器，以及因此使反应物易于通过孔向活性物质扩散；载体还能改善反应热的发散，阻止金属微晶的烧结与由此产生的活泼表面的降低；除此之外，还能增加抗毒性能因此延长催化剂的使用寿命。由于以上种种原因，这类催化剂已广泛应用于化学和石油加工工业中。但必须看到，有时"载体"本身也可以起催化作用，例如，在石油重整催化剂中，只有低浓度的铂担载在氧化铝上，金属和载体这时都能提供活性中心，这种具有"双功能"的催化剂，不仅已经成为工业上最重要的催化剂之一，而且也是很多研究工作的主题。

应用这类金属催化剂以研究金属的吸附和催化性质已有悠久的历史，用组合不同的金属/载体单独研究动力学和机理，以致用红外光谱技术研究吸附等都已有所报道，而最近几年来，对这类催化剂的一些特殊问题，诸如微晶大小效应及载体效应则尤为催化界所瞩目。

一、晶粒大小及其分布

担载在载体——硅胶、Al_2O_3、活性炭上的金属，在许多情况下是呈高分散状态的。高分散金属的研究是在电镜、X 射线小角度散射及磁学等方法得到发展之后才成为可能。看来，通过把金属盐担载在上述高分散载体上而后再进行还原的方法，可以制得晶粒大小达到硅胶孔（1.5～3nm）那样的金属微粒。图 7-10 给出了一种含 2.5％（质量分数）铂的硅胶催化剂，在 480K 经氢还原后制得的电镜照片和粒度大小分布图[50a]。文献上已有可在硅胶中制得大小为 0.55nm 的 Ni 微晶的报道[51]。另外，还有通过金属蒸气凝聚以制金属薄膜的方法，由此法在玻璃或云母上制得的超薄铂膜，其晶粒也可小至小于 1.5nm，图 7-11 为在超高真空条件下沉析在空气中解离的云母上的超薄铂膜的电镜和晶粒分布图[50]。

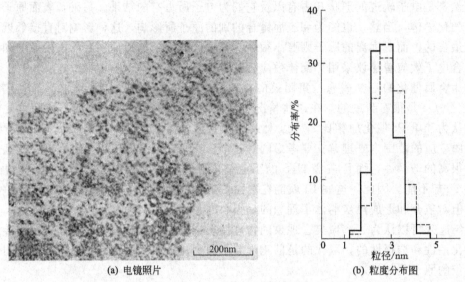

(a) 电镜照片　　　　　　　　(b) 粒度分布图

图 7-10　2.5％（质量分数）铂/硅胶催化剂的电镜照片和粒度分布

实线为晶粒数分布；虚线为表面积分布

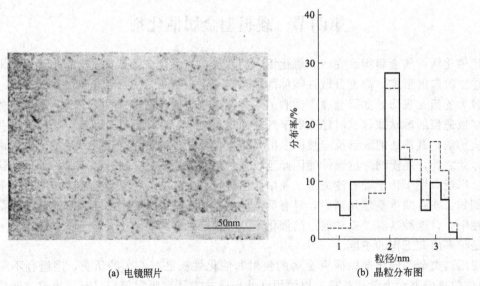

(a) 电镜照片　　　　　　　　(b) 晶粒分布图

图 7-11　超薄铂膜的电镜照片和晶粒分布图

实线为晶粒数分布；虚线为表面积分布

这就有这样的问题：晶粒成何种形状才是平衡的？R. Van Hardeveld 以及 F. Hartog[52] 等利用表面上自由价最小这一概念作为这个问题的判据，得出了在微粒的情况下，成球形结构的微粒是最稳定的这一结论。他们认为，对含 $600\sim700$ 个原子的微粒，球面上的自由价足以使其成为最稳定的状态存在。确实，电镜像表明，直径为 $1.5\sim2.5nm$ 的金属（Pt、Pd 及其它）微粒接近球形。晶体的表面取向能变化决定着平衡微晶的形状，随着表面能的各向异性程度的改变，预期的平衡形状就从球形变到多面体。并且，可以用 Walff 结构定律[53] 对指定的各向异性程度计算晶形。对理论计算指出的各向异性程度，可以预知平衡形状将处于上述极限之间，即预期形状具有一种有明显磨圆角的多面体形式[54]。图 7-12 给出了由 B. E. Sundquist 得到的这种典型晶型的模型图[55]。W. Romanowski[56] 仅考虑最近邻原子的相互作用计算了非常小的金属微晶的表面能，具有最小表面能的形式有面心立方、立方八面体、体心立方、正交十二面体、六方密堆积的平截六角双锥体。所以，由金属盐于低温下还原以及在低温下由蒸汽凝聚薄膜获得的微粒是非平衡的，可以有任何形状。但在高温条件下，由于表面的再构作用以及载体表面原子迅速向高配位中心扩散的关系，以离域状态存在的小部分金属微粒则有可能成平衡状态且非常稳定。

对面心立方晶格的金属来说，成八面体和立方八面体形状的微晶是稳定的[15,57,58]。根据 O. M. Полторак 等的数据[57]，大小为 $2.0\sim2.5nm$ 的微粒，八面体是比较稳定的形状，而对大于 $3.0nm$ 的微粒，则是立方八面体。同时还有这样的实验数据，即在金属和载体之间有强相互作用时（Ni/Al_2O_3，Ni/SiO_2），可以形成半球形或者半立方八面体的金属微粒，通过赤道平面团聚在载体之上[58]（参见第五节）。

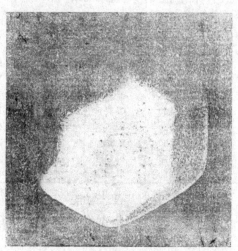

图 7-12　由各向异性表面能决定的微晶的平衡形状模型[55]

O. M. Полторак[57] 提出用"线面体法（mito-hedral method）"这个名词把由实验求得的分散金属的性质与晶体表面和体相原子数的相对值关联起来。这样一来，晶体的性质就只和那些分布在晶体棱、面和顶端的原子，也就是说，只和原子的配位数或者近邻原子数有关，而和其分散度无关了。实验指出，从微粒的大小等于 $2.0nm$ 开始，金属体相的许多物理性质（除磁性之外）就和分散度无关，也就是说，这时，金属的晶格已形成较大的晶粒。

低配位原子的数目是随粒子的变大变小，也就是说，随原子的总数目的减少而增加的。图 7-13 是由每边 9 个和总数 489 个纯原子组成的面心立方晶格型 Pt 和 Ni 金属微粒的八面体模型。由图可以看出，有三种配位数不同的表面原子，即在八面体 [111] 平面上的中心 C_9、棱上的中心 C_7 和八面体顶端的中心 C_4。这里，C 下的注脚表示配位数，即最邻近的原子数目。

表 7-2 列出的是按照 O. M. Полторак 等人[57] 就大小不同的有限正八面体 Pt 晶粒计算所得的结构性质。由表中数据可见，配位数不同的原子，在数目上变化的最大范围相当狭窄（$0.8\sim4.0nm$），也就

图 7-13　含 489 个原子的八面体微粒模型
图中数目为配位数

是在 Лолторак 称这为"线面体的区域"内。

表 7-2　铂八面体晶粒的分散度及表面性质[57]

晶粒的棱边长度		表面上的原子百分率/%	晶体中的原子数	配位数不同的原子数①			表面上原子的平均配位数	晶体中一个原子的平均键数
原子数	大小/nm			棱 C_7	面 C_9	体相		
2	0.55	1.0	6	6	0	0	4.00	2
3	0.895	0.95	19	12	0	1	6.00	3.16
4	1.100	0.87	44	24	8	6	6.94	3.81
5	1.375	0.78	85	36	24	19	7.46	4.23
6	1.650	0.70	146	48	48	44	7.76	4.51
7	1.925	0.63	231	60	80	85	7.97	4.72
8	2.200	0.575	344	72	120	146	8.12	4.89
9	2.475	0.53	489	84	168	231	8.23	5.00
10	2.750	0.49	670	96	224	344	8.31	5.10
11	3.025	0.45	891	108	288	489	8.38	5.18
12	3.300	0.42	1156	120	360	670	8.44	5.25
13	3.375	0.39	1469	132	440	891	8.47	5.31
14	3.850	0.37	1834	144	528	1156	8.53	5.35
15	4.125	0.35	2255	156	624	1469	8.56	5.40
16	4.400	0.33	2736	168	728	1834	8.59	5.44
17	4.675	0.31	3281	180	840	2255	8.62	5.48
18	4.950	0.30	3894	192	960	2736	8.64	5.50

①C_4 原子的数目（八面体顶端）对所有晶粒都等于6

图 7-14 给出的是配位数——C_4、C_7 和 C_9 的表面原子随八面体颗粒折合大小 $d_{折合}=0.1105\sqrt{N}$ 绘出的曲线，这里 $N=$ 颗粒中的原子数[52]。八面体中 C_4 的原子数总是等于6，其百分率随颗粒大小的增加而迅速下降。C_7 的原子数取决于颗粒的大小，而 C_9 的数目则和颗粒的大小平方有关。在晶粒粒径大于 2.0nm 的晶体中，表面大都是 C_9 的原子，而粒径在 0.8～1.5nm 之间的粒子，则大都是 C_7 原子；而小于 0.5nm 的则是 C_4 原子。对粒径大于 10～20nm 的晶粒，顶端、棱以及表面上的原子百分率很小，这时，因配位数不同而影响晶体表面的效应实际上已不再存在，如果要观察到这种影响，棱以及晶面上的表面原子的比性质就必须相差三个数量级以上。

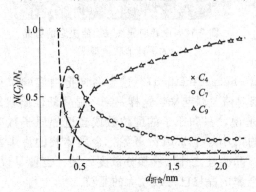

图 7-14　Pt 八面体微粒中顶端（C_4）、棱（C_7）以及表面上（C_9）表面原子百分率与微粒大小的关系

在 R. Van Hardeveld 等的工作中[52,15]还对相同的面心立方晶格，用类似的方法考察了立方八面体。立方八面体可以含 38 个、113 个、201 个、405 个原子等，图 7-15(a) 给出的是含 405 个原子的立方八面体模型。这是一个由六角面围成的对称晶体。在立方八面体表面上有五种配位数不同的表面原子：a. 在 [111] 平面上的 C_9 原子；b. 在 [100] 平面上的 C_8 原子；c. 在 [111] 平面交界上的原子 C_7'；d. 在平面 [111] 和 [100] 交界上的原子 C_7''；e. 顶端的原子 C_6。c 和 d 的原子 C_7' 和 C_7'' 只在它们近邻的分布几何学上有所不同。立方八面体的顶、棱以及晶面上的原子百分率的变化如图 7-15(b) 所示。一般地说，与八面

体颗粒的情况几乎一样，差别之所以相对的小，就在于 [111] 平面上的 C_9 中心，甚至在粒度最小的立方八面体 [$N=38$，$d_{折合}=1.06nm$ (3.86 原子)] 中也依然存在。

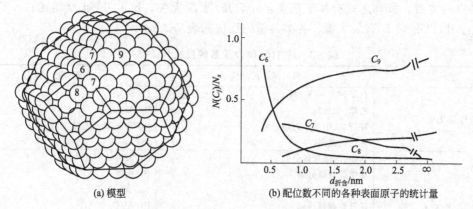

(a) 模型　　　　　　　　(b) 配位数不同的各种表面原子的统计量

图 7-15　含 405 个原子的正立方八面体的模型及配位数不同的各种表面原子的统计量

　　上述八面体和立方八面体的模型乃是完整的晶体，然而，在原子数目处于中间数的情况下，微粒中就有可能存在着非完整的晶体。正方八面体的成长就是通过在 [100] 或 [111] 平面上生成晶核面后再在特殊的称之为 B_5 的中心旁成长起来的[59,60]。晶面 [100] 上的阶梯中心 B_5 [113] 如图 7-16(b) 所示。在晶面 [111] 上也能生成阶梯中心 B_5 [图 7-16(a)]。从中心 B_5 开始的新晶面的成长，在平面未被最大覆盖之前可以一直进行，而后再沿顶和棱填充形成新的立方八面体。在平面交界上的中心 C_7' 和 C_7'' 处也能形成与中心 B_5 相近的结构。G. C. Bond 把这两种 B_5 分别称为 B_5[110] 和 B_5[113]。

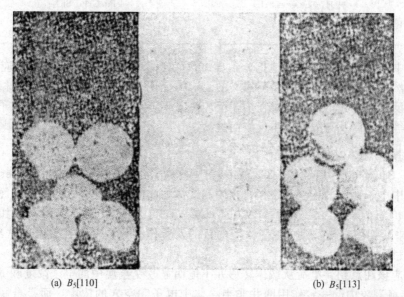

(a) B_5[110]　　　　　　　　(b) B_5[113]

图 7-16　在面心立方 [111] 和 [100] 的阶梯边缘上形成的两种 B_5 吸附位的几何位置 B_5 [110] 和 B_5 [113]

　　有许多研究工作者把独特的催化和吸附性质与 B_5 中心相关联。它们的性质在一定程度上类似于在本书第六章中讨论过的单晶阶梯上的原子。表面原子 B_5 的百分率在晶粒大小处于 2.0～2.5nm 范围内时，也就是说，在"线面体区"中心处有最大值。

根据最近的总结，担载金属以金属粒子中表面暴露原子对总原子数表示的分散度（D）和以转换频率（TOF）表示的每个表面原子单位时间内的活性之间，在一系列反应中有着各种各样的关系。概言之，有如下四类：a. TOF 与 D 无关；b. TOF 随 D 增加；c. TOF 随 D 减小；d. TOF 对 D 有最大值。各类典型的反应如表 7-3 所示[61]。

表 7-3　按 TOF 和 D 关系的反应分类[61]

类　别	典　型　反　应	催　化　剂
a. TOF 与 D 无关	$2H_2 + O_2 \longrightarrow 2H_2O$	Pt/SiO_2
	乙烯、苯加氢	Pt/Al_2O_3
	环丙烷、甲基环丙烷氢解	Pt/SiO_2；Pt/Al_2O_3
	环己烷脱氢	Pt/Al_2O_3
b. D 大，TOF 大	乙烷、丙烷加氢分解	Ni/SiO_2-Al_2O_3
	正戊烷加氢分解	$Pt/$炭黑
		Rh/Al_2O_3
	环己烷加氢分解	Pt/Al_2O_3
	2,2-二甲基丙烷加氢分解	Pt/Al_2O_3
	正庚烷加氢分解	Pt/Al_2O_3
	丙烯加氢	Ni/Al_2O_3
c. D 小，TOF 也小	丙烷氧化	Pt/Al_2O_3
	丙烯氧化	Pt/Al_2O_3
	$CO + 1/2O_2 \longrightarrow CO_2$	Pt/SiO_2
	环丙烷加氢开环	Rh/Al_2O_3
	$CO + H_2 \longrightarrow CH_4$	Ni/SiO_2
	$CO + H_2 \longrightarrow C_nH_m$	Ru/Al_2O_3；Co/Al_2O_3
	$CO + H_2 \longrightarrow C_2H_5OH$	Rh/SiO_2
	$N_2 + 3H_2 \longrightarrow 2NH_3$	Fe/MgO
d. TOF 有最大值	$H_2 + D_2 \rightleftharpoons 2HD$	Pd/C；Pd/SiO_2
	苯加氢	Ni/SiO_2
	苯加氢	Rh/SiO_2

根据表中数据，就可以很好地把分散度（D）与钝感反应（a）和敏感反应（b～d）关联起来，显然，这是具有明显的实际意义的。这类催化剂的缺点是，由于金属微粒的粒度太小，表面的反应性较大，在反应过程中，反应热又不容易导出，所以在金属粒子间常易发生熔合、烧结等过程以及与载体发生反应而失活。

二、金属和载体之间的相互作用

G. M. Schwab[61a]以及 Z. G. Szabo 等[61b]曾试图根据固体-载体中的 Fermi 位对和它接触的金属中电子性质的影响，来探讨金属和载体之间的相互作用。作者们企图通过在载体中添加别种价态的氧化物（NiO、BeO、CeO_2、TeO_2 等）以调整载体（例如 Al_2O_3）的 Fermi 位，来达到影响金属镍中电子浓度的目的，所作测定说明存在着电子从载体向金属，或者相反的过程。

然而，应该注意到，电荷从载体转移并不能明显改变金属中的电子浓度和 Fermi 位。在金属-载体接触现象中起一定作用的并非半导体中电子和空穴的浓度，而是金属和半导体脱出功的相对比值。而且所有被研究的金属-氧化物体系又都是粉状物的压片，如众所周知，其导电测定是相当困难的。至于说到担载在绝缘体上的金属，那么，人们不止一次地强调过，这类载体，如 SiO_2、Al_2O_3 等，从性质上讲，接近于无定形无序宽禁带半导体。由于在这样的材料中，状态有较高的紧密性，Fermi 能级总是稳定的，决不能明显地改变载体的 Fermi 能级的位置。

但是，还要注意到相反的现象，即金属添加物对载体（绝缘体和半导体）中电子性质的影响却可以产生相当大的效果。例如，В. А. Роитер 等发现[62]，添加微量 Pt 对氧化物的电子以及催化性质有着明显的影响，这显然是因为氧化物表面的整个能量图被破坏了的关系。

电子从铂转移至载体是在研究 Pt 担载在硅酸铝上时发现的[63]。硅酸盐表面上的供电子中心数系根据苝（perylene）吸附后，用 ESR 测定由它转化成的阴离子自由基信号来决定，与此类似，受电子中心数则通过四氰乙烯吸附，检测阳离子自由基。在 Pt 存在下，（四氰乙烯）$^+$ 的信号强度明显增大，而（苝）$^-$ 的信号却降低，这就说明，电子从 Pt 转移到了硅酸盐上，在铂和载体之间形成了荷移"配合物"，电子的转移在一定程度上降低了担载铂的金属特性。

С. В. Марковии 等[64]在 Pd/Al$_2$O$_3$ 催化剂中也发现了金属和载体之间的相互作用，他们用 γ 射线辐照这个催化剂时，观察到在 Al$_2$O$_3$ 中被稳定的顺磁性缺陷数远远大于纯 γ-Al$_2$O$_3$ 辐照时的。

А. В. Склярок 等为了研究担载 Pt/Al$_2$O$_3$ 催化剂中金属和载体之间的相互作用，利用了 Auger 光电子能谱[65]。对纯 γ-Al$_2$O$_3$，Auger 谱中铝峰 Al$_{LMM}$ 和氧峰 O$_{KLL}$ 位置之间的差 $\Delta E = E_{Al} - E_o \approx 444.4 \text{eV}$，而对在 H$_2$ 中还原后的担载催化剂 Pt/Al$_2$O$_3$，$\Delta E = 441.3 \text{eV}$。众所周知，Auger 谱中氧峰的位置是比较稳定的[66]，那么，比较一下上面两个 ΔE 值，就可以得出 Al 可能因为电荷和配位数改变而发生了化学位移的结论。因为这一效果是由于引入了铂才引起的，因此可以假设，在这一情况下，接触到了铂和铝之间的相互作用，可能形成了直接或籍氧联结的 Al$^{\delta-}\cdots$Pt$^{\delta+}$ 对，而电荷则可以按无定形绝缘体中高电子浓度下的涨落状态体系来实现传递。

近十年来，载体和金属之间的强相互作用（SMSI）成为这一领域内最活跃的研究课题[67]。这是因 1978 年美国 Exxon R & D 公司的 S. T. Tauster 等发现，担载在 TiO$_2$ 上的多种高活性吸 H$_2$、吸 CO 的贵金属，在高温下经 H$_2$ 处理后会完全失去吸氢、吸 CO 活性，而自身在结构上（XRD、TEM）又不发生变化，且可经低温处理恢复原来的活性的实验事实而引起的[68]。后来发现，这种效果并不局限于 TiO$_2$，在研究用不同氧化物担载 Ir 的催化剂时，诸如 TiO$_2$、Nb$_2$O$_5$、V$_2$O$_3$、Ta$_2$O$_5$、MnO 也都显著的有这种效果。当时曾把这类氧化物与不具有这种效果的氧化物，诸如 SiO$_2$、Al$_2$O$_3$、MgO、ZrO$_2$、HfO$_2$、Y$_2$O$_3$ 等分成两大类，而把易还原的氧化物置于这类氧化物之间，当然，在 SMSI 的详细机理未被确定之前，这种分类并非绝对的[69]。

最早企图对这一现象作出解释的是同一公司的 R. T. K. Baker 等，他们将 Pt 蒸发至厚度为 35nm 的 TiO$_2$ 膜上作为催化剂的模型试样，然后用电镜进行研究[70]，发现模型催化剂经高温（600～800℃）H$_2$ 处理后 TiO$_2$ 被还原成了 Ti$_4$O$_7$，而 Pt 的电镜像的对比度变低了，再经 O$_2$ 处理时，对比度变高并恢复成原来的粒状。据此，他们提出，处于 SMSI 下的状态乃是部分 TiO$_2$ 被还原成 Ti$_4$O$_7$ 并与 Pt 直接结合的 Pt-Ti，如图 7-17(a) 所示，这时 Pt 以薄层状的二维丸盒（pill-box）结构存在于载体表面之上。以后，J. A. Horsley 从理论上进行了计算，也得出了有 Pt—Ti^{3+} 键形成以及电子从 Ti^{3+} 向 Pt 传输（0.6 电子/Pt 原子）的结论[71]。根据 XPS 的研究，还提出了因载体向金属传输电子，使金属的电子状态发生变化的假设[72,73]等。尽管如此，这种丸盒模型以后还是受到了形形色色模型的挑战，如半导体模型，认为 TiO$_2$ 被还原后，由于脱出功降低，电荷可自载体 TiO$_2$ 向金属移动[74]。氢强吸附模型，认为 SMSI 乃导源于 Pt 在高温下对氢的强吸附作用[75]。氢反溢流模型，认为高温氢处理中溢流至载体上的氢又重新反溢流至金属[76]等。最近，由于提出了所谓的涂铺模型（spreading decoration migration），原来的丸盒模型更不被重视了。

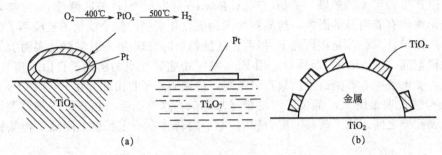

图 7-17　Pt/TiO₂ 经高温氢及氧处理后的结构变化（丸盒模型）[100] 和涂铺模型

如图 7-17(b) 所示，涂铺模型认为 SMSI 是由于经 500℃ H_2 还原生成的 TiO_x ($1 \leqslant x < 2$) 向金属微粒表面迁移并涂铺（有岛型和分子状涂铺之分）而引起的[77]。主要根据首先有

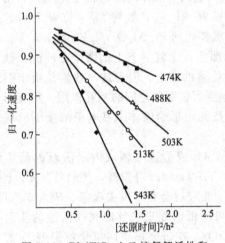

图 7-18　Rh/TiO₂ 上乙烷氢解活性和 H₂ 处理时间的关系

D. E. Resasco 和 G. L. Haller[78] 等在研究乙烷在 Rh/TiO₂ 上加氢分解反应时，发现催化剂活性和氢处理时间之间，有如图 7-18 所示的直线关系，以及催化剂用氢原子（微波放电，267Pa）在室温下处理后可以减少氢的吸附量等。这表明，SMSI 必须有热扩散过程存在，因此，提出了"迁移"这个概念[79]。其次，他们在把由第Ⅷ族和ⅠB 族元素组成的双金属催化剂的活性和金属组成之间的关系和 SMSI 作对比时，还发现了对同一反应有如图 7-19 所示的对应关系[78,79]。由图可见，对结构敏感的乙烷加氢分解，活性随还原温度显著下降，而且活化能大体上是一定的，相反，对结构钝感的环己烷脱氢反应来说，活性并不随还原温度而降低［图 7-19(b)］。这和在 Ni 中添加铜有着明显的相同效果［图 7-19(a)］。这是涂铺模型的又一根据，也就是说，由于 TiO_x 的涂铺作用，氢分解的活性点（或者集团）被破坏了。

在 J. A. Dumesik 等的研究中也发现，经高温还原处理后的 Fe/TiO₂ 催化剂，对氨合成的活性有所下降，但活化能及反应级数不变，同时，由 Mössbauer 谱证明，Fe 的金属状态并未发生变化。这些结果也表明了 TiO_x 有向金属 Fe 上迁移的作用[80]。

显然，上述有关涂铺模型，都是从催化剂的几何效应出发考虑的，但电子效应也不可忽视，必须一并加以考虑。

总之，对实际催化剂的 SMSI 的表征，还不能说是充分的，同时，作为涂铺模型也还有一系列问题需待解决，如 TiO_x 怎样向金属上转移的？TiO_x 的几何及电子效果怎样？O_2 处理时 SMSI 又怎样被解除的……，今后尚需进行大量的工作。尽管如此，在过去几年内，对 SMSI，在催化研究中可说是足够重视的，这是因为金属载体催化剂乃是烃类转化中最主要的一类催化剂，而其中许多反应，如表 7-3 所示，是结构敏感的，搞清楚 SMSI 问题，就可以达到提高催化剂选择性的目的。另外，SMSI 中的氧化物作为载体本身也是有催化作用的，例如在 CO 的加氢反应中，TiO₂、Nb₂O₅ 等作为载体，众所周知，都会显著地影响到

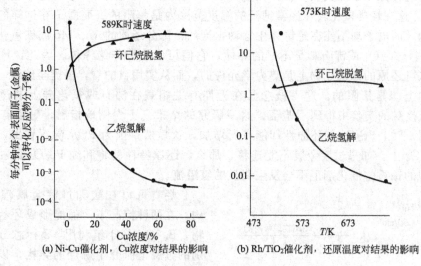

(a) Ni-Cu催化剂，Cu浓度对结果的影响　　(b) Rh/TiO$_2$催化剂，还原温度对结果的影响

图 7-19　乙烷加氢分解及环己烷脱氢反应的活性[79]

催化剂的活性和选择性[81]。当然，这些事实并不意味着 SMSI 状态可以促进活性。但最近有这样的报道[82]，由于金属的吸附能受到抑制（即 SMSI 效应），降低了 CO 的加氢活性，然而通过在反应中生成 H$_2$O 等途径，解开 SMSI 状态之后，即可使催化剂恢复原来的状态和活性，说明 SMSI 对反应确实是有影响的[83]。

另外，由于研究 SMSI 现象的关系，还大大扩展了对载体的研究，除了 TiO$_2$ 之外，常用的还有 Pt/Al$_2$O$_3$、Ni/SiO$_2$ 等，而用于 SMSI 研究的则更多，如 Rh/Nb$_2$O$_5$、Ni/Al$_2$O$_3$、Pd/La$_2$O$_3$、Ni/Al$_2$O$_3$-AlPO$_4$ 等，而且还在不断扩大之中。此外，添加氧化物对 SMSI 的影响，目前也已成为重要的研究课题。总之，以 SMSI 研究为契机，对载体以及氧化物的助催化效果的研究，不仅现在，而且将来，都会不断由此获得有益的信息，促进催化研究的深入发展。

三、金属帮助的酸催化：酸和金属催化在反应机理上的共性

在工业上的烃转化催化中，通用油产品（UOP）公司的 Vladimir Haensel 完成了一项重要突破。他发现，少量沉积在酸性氧化铝上的铂，可以强烈地改进产品的性质和催化剂的寿命[84]。铂帮助确立了氢、烯烃、二烯烃、炔烃、芳烃以及相应饱和分子之间的热力学平衡，同时还帮助焦炭前体的加氢从而延长了催化剂的寿命[85]。沉积物需要连续加氢可以说明看起来是非而似的说法。那是被定义为脱氢环化的烷烃至芳烃的过程是在高压氢的条件下进行的。所以，由酸和金属位二者同时负担的双功能催化剂需要在这里略加讨论。另外还要简单地提到已经在金属催化反应中应用的酸催化作用的一些机理上的原则。

过渡金属具有使 H$_2$ 解离吸附的能力，在这族金属中，铂是独一无二的能和高加氢活性以及低氢解活性相关联的。因此在富氢的气氛中，少量的铂就足以使二烯保持稳定的低浓度状态，并因此控制炭淀积物的生成。机理上的问题是，不饱和的分子必须和 H 覆盖的铂相接触，还是它们能够和从铂表面溢流至固体酸上的 H 反应而饱和？

当这个问题依旧考虑值得进行争论时，这里根据热力学和实验事实可以得出以下的结论：氢溢流在热力学上是有利的，这一点已毋庸置疑，何况由 Pt 颗粒和可还原氧化物，诸如 WO$_3$、MoO$_3$ 或 Fe$_2$O$_3$ 等所组成的体系，也已从实验给予了证实[86,88]。但是，固体酸，诸如沸石或氧化铝/氧化硅是很不容易还原的。一个仅借助于范德瓦耳斯力加以保持的氢原

子在铂表面迁移是一个强吸热步骤。在这一步中，如图 7-20 所示，H_2 的 ΔH 值估计需要＋470kJ/mol。这在烃类催化转化经常遇到的温度范围内是禁阻的。而质子在这样的表面上却很容易移动，而电子却不能在绝缘体中移动，当然，部分还原的 W、Mo 或铁氧化物是半导体，而 SiO_2、Al_2O_3 或沸石却是不好的导体，它们可以被称作绝缘体。因此，H 从铂溢流至半导体（可还原的）氧化物上是热力学允许的，而从实用目的看，溢流至绝缘（不能还原的）氧化物上却是禁阻的。这一概念已在近期有关担载在沸石或氧化硅上的过渡金属和 Fe_2O_3 紧密接触的实验中得到了验证。这一研究的结果毫不含糊地指出，每当有 Pt（或别的过渡金属）时，Fe_2O_3 的还原性却能有所增加，这显然是因为 Pt 从沸石移出，进到了可还原的 Fe_2O_3 上。如果过渡金属不能迁移，那么，还原特性就将和纯 Fe_2O_3 的相同，所以认为在典型的铂重整催化剂上不会发生明显的氢溢流。

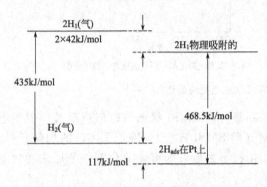

图 7-20　氢原子在气相中物理吸附在绝缘体表面上以及化学吸附在过渡金属上

烃类可以在酸和过渡金属催化剂上异构。在两种情况下，都能形成环状中间化合物。F. Gault 小组利用 [13]C 标志分子在铂和别的金属上研究了烷烃的异构，以确认反应机理[89]。他们区分了两种机理，分别称为"键转移"和"环化"机理（参见本章第五节之一及第八章第一节之三）。事实上，这两种机理可用于催化剂表面上包含至少一个金属原子的碳-金属—环化。在前一个机理中，应用了由 3 个碳原子和数目未定的金属原子所组成的中间化合物。而在后一个机理中，假设的中间化合物则由 5 个 C 和假定为一个金属原子所组成。文献中比较同意 Ponec 在讨论 Gault 结果中有关机理方面的主张，因为这分别涉及 3C 环和 5C 环的问题[90]。Brouwer 的三元环碳阳离子是用一个和 3C 环的 π 电子相互作用的外加质子取代的环丙烷分子。与此类似，Gault 的 3C 中间化合物也可以写成和 3C 环相互作用的一个金属离子取代的环丙烷分子。同样，在酸位上或者在金属上，通过 5C 的中间化合物在 1,5-环的闭合和打开之间至少也有形式上的类似之处。

另外，在烷烃通过烯碳阳离子转化中的负氢转移看来也和金属催化中的情况十分类似。当乙烯和过量 D_2 在镍表面上反应时，起始的主要产物是 C_2H_6，而非 $C_2H_4D_2$。乙胺或二乙胺在 Pt、Rh 或 Ru 上进行 H/D 交换时，发现所有与 C 键合的 H 很容易被 D 所交换，但是，和氮键合的 H，正常情况下是最活性的，看来却不能交换。其理由，再次是这些活性的原子在形成吸附复合物时脱离了分子，例如二乙胺在钌上：

$$(C_2H_5)_2N-H+2Ru \longrightarrow (C_2H_5)_2N-Ru+Ru-H(\text{I})$$

当乙基经 H/D 交换后，N—Ru 键通过和别的分子间的 H 转移，N—Ru 键就断开了，例如：

$$(C_2D_5)_2N-Ru+(C_2H_5)_2N-H \longrightarrow (C_2D_5)_2N-H+(C_2H_5)_2N-Ru(\text{II})$$

这和 Otvos 等在考察异丁烷的 H/D 交换时所发现的现象有很明显的类似之处[91]：

$$[(CD)_3C]^+ + HC(CH_3)_3 \rightleftharpoons [C(CH_3)_3]^+ + (CD_3)_3C-H(\text{III})$$

这也是通过腈类"加" D_2 制胺时，产品中为什么主要和胺中 N 键合的是 H，而 D 只和 C 键合[92]。很明显，从乙腈分子的甲基向类氮烯化学吸附复合物的氮原子的分子间氢转移过程，要比氮原子和金属表面之间的键在氢解时简单加入吸附 D 更加有效[93]。

反应式（Ⅱ）和（Ⅲ）的共同要素是：一个分子的吸附步骤也是另一个吸附单元的脱附

步骤。因此，这种化学也可考虑成 Yamada 和 Tamaru 称之为“吸附帮助脱附”现象的一种极端例子。

第五节 金属催化剂上的反应

金属催化剂是应用最为广泛的催化剂之一，由它催化的反应不知有几百甚至上千种。这里不可能对所有反应作一一介绍和分析，仅打算对一些既具有理论研究意义、又有应用价值的反应，根据已经掌握的比较确切的资料，就其在金属催化剂上的反应机理作扼要的分析，并在此基础上，尽可能地和同类型均相配位催化体系中的反应机理进行对比，深化对由金属催化的反应本质的理解。被选定的反应有以下几种类型：

a. 和氢转移有关的烃类转化反应；

b. 氨的合成反应；

c. 氧化反应；

d. $CO+H_2$ 转化（F-T 合成）。

一、和氢转移有关的烃类转化反应

石油加工工业中一个最主要的工艺——重整，包含着如下一系列可以提高汽油辛烷值的反应。

A. 环烷烃脱氢：

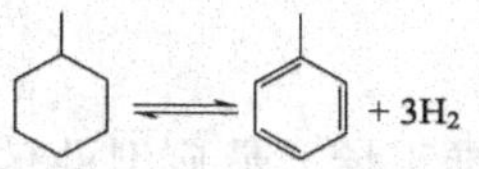

B. 链状烷烃脱氢：

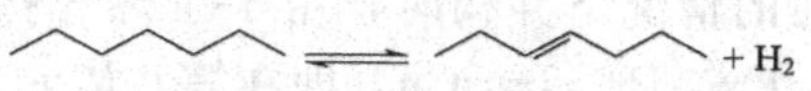

C. 环烷烃异构化：

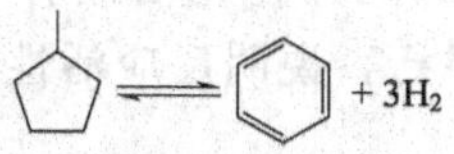

D. 链状烷烃异构化：

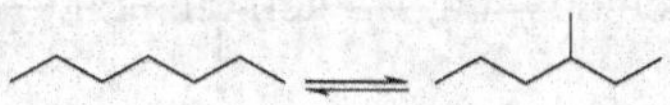

E. 链状烷烃芳构化：

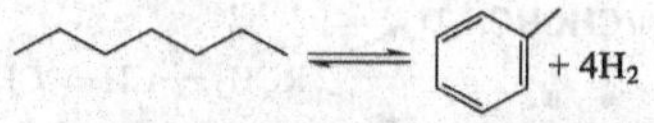

这些反应大都和氢的转移有关。研究这些反应在金属催化剂上的作用机理，可以为改进催化剂、提高活性、提高生产能力提供可靠的科学依据。

(1) 异构化反应

在金属表面上，烯烃是最容易进行这类反应的。除乙烯、丙烯两种简单烯烃之外，从丁烯开始，无论在有、无氢的条件下都能进行异构。一般说来，在有氢存在的情况下，烯烃异构化既可以借助于生成半氢化状态的 α,β-转化来说明：

$$RCH_2CH{=}CH_2+\underset{*}{\overset{H}{|}}\xrightarrow{2*}RCH_2\underset{*}{\underset{|}{CH}}-\underset{*}{\underset{|}{CH_2}}+\underset{*}{\overset{H}{|}}\longrightarrow$$

$$\longrightarrow RCH_2-\underset{*}{\underset{|}{CH}}-CH_3+2*\longrightarrow R\underset{*}{\underset{|}{CH}}-\underset{*}{\underset{|}{CHCH_3}}+\underset{*}{\overset{H}{|}}\longrightarrow RCH{=}CHCH_3+\underset{*}{\overset{H}{|}}+2*$$

也可以借生成烯丙基中间体的机理来说明：

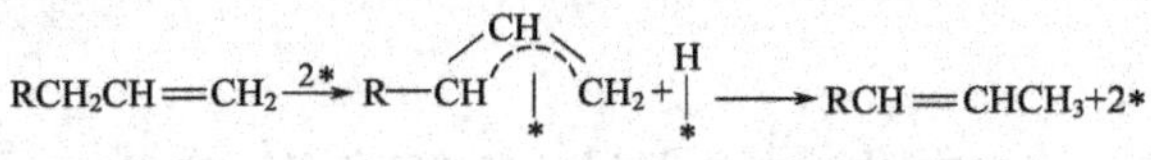

$$RCH_2CH = CH_2 \xrightarrow{2*} R-\overset{CH}{\underset{*}{CH}}\underset{||}{\overset{\parallel}{\cdots}}\underset{*}{CH_2} + \overset{H}{\underset{*}{|}} \longrightarrow RCH = CHCH_3 + 2*$$

显然，如果没有氢，那么按 α, β-转化机理就不能说明这个反应了。上述两种烯烃异构化的机理，和烯烃在配合物催化剂作用下的异构化机理完全相同。在氢存在下有

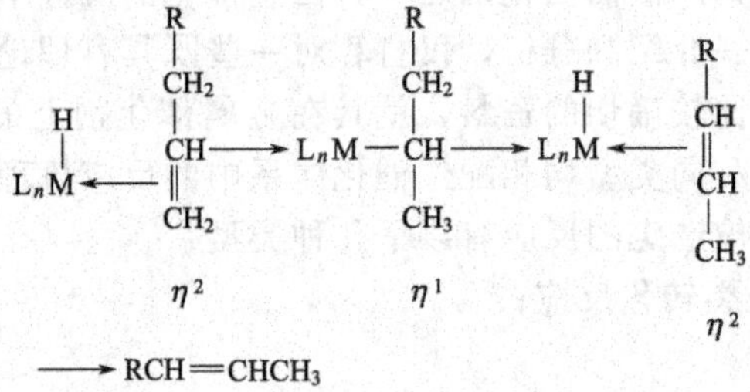

$$\eta^2 \qquad \eta^1 \qquad \eta^2$$

$$\longrightarrow RCH = CHCH_3$$

即按 σ-π 机理，在无氢时：

$$\eta^2 \qquad \eta^3 \qquad \eta^2$$

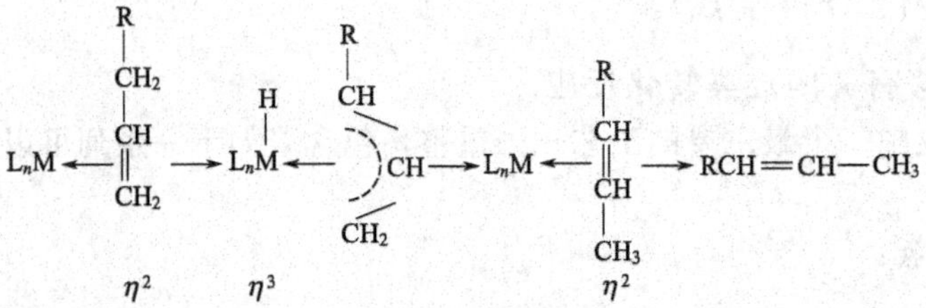

即按 π-烯丙基机理进行。

对烯烃异构化研究得最多的当推丁烯。最典型的例子，如丁烯在担载在 Al_2O_3 上的金属催化剂上于 100℃ 有氢存在的情况下异构时，由 1-丁烯异构成 2-丁烯的金属活性序列为 $Co > Fe \approx Ni \approx Rh > Pd > Ru > Os > Pt > Ir \approx Cu$，即在第八族元素间有 3d 金属 > 4d 金属 > 5d 金属的关系[94]。对 1-戊烯来说，金属的异构化活性有 4d 金属 > 5d 金属的关系，这一序列和烯烃与重氢交换反应的活性序列平行，说明反应活性高的金属，吸附着的烯烃从金属表面脱附也比较容易[95]。

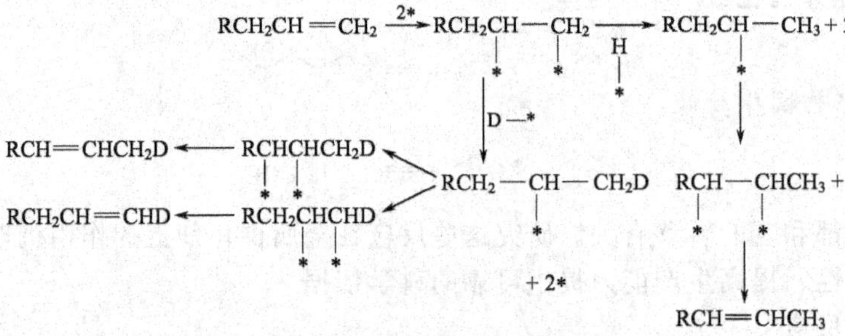

在 1-丁烯异构成 2-丁烯时，生成物中的顺/反比，在上列金属上为 $0.5 \sim 1.0$[94]，在 Pd 和 Rh 上，顺式 2-丁烯的含量较大[96]。另外，在担载在 Al_2O_3 上的 Co、Ni、Ru、Rh、Pd、Os、Ir、Pt 金属上，即便在无氢的条件下，丁烯也还是可以进行异构的[97]。在这种情况下，发现 Al_2O_3 含水的程度不仅能影响活性，而且还能影响顺/反比，对 Ir 催化剂，当含水量大时，顺/反比可达 2.5[98]。在配合物催化剂中，顺/反比有时可达 18.0[99]。顺式体含量大并不只是由于 π-配位稳定的关系，顺/反比的问题可简单地根据吸附种在热力学上的稳定性来解释。

如果反应物从半氢化中间状态进一步加氢的速度较慢，而烯烃又比较容易脱附，那么，就可以在产物中得到异构体；相反，如果进一步加氢比较容易，那么，就将获得加氢产物。

S. Siegle 等将 2-甲基亚甲环己烷在 Pd 催化剂上加氢时，在气相中测得了大量的异构化产物，如 2,3-二甲基环己烯、1,2-二甲基环己烯。同时，首先是 2-甲基亚甲环己烷，而后是 2,3-二甲基环己烯，以后又是 1,2-二甲基环己烯消失，最后才获得最终产物——二甲基环己烷[100]。这里，二甲基环己烷的顺/反比开始时为平衡组成的值，因此认为，反应在达到半氢化状态之前，就已处于预平衡状态。另外，1,2-二甲基环己烯在 Pd 上加氢可以生成较多的顺式二甲基环己烷，而且，氢压愈大，顺/反比也愈大。这显然是由于增大氢压，缩短了半氢化状态的寿命，从而使包含烯烃脱附在内的生成反式体的途径受到抑制所致[100]。

当烷烃在金属表面上吸附包含着两个近邻碳原子时，它能分裂出两个氢原子并以烯烃的形式进行吸附，这样的吸附物种脱附时就不再能和氢原子重新结合，而是生成烯烃逸入气相之中。例如：

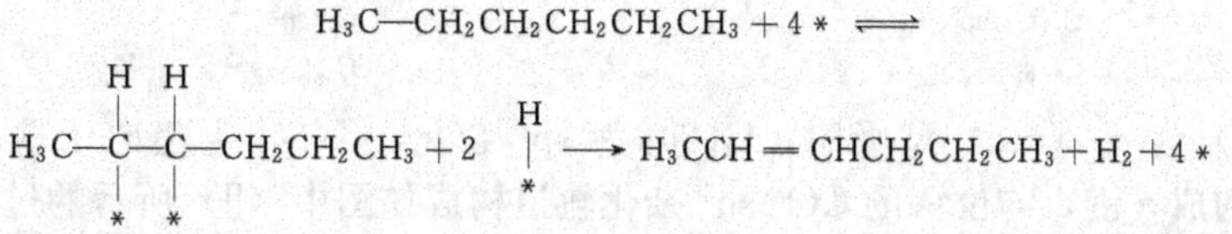

$$H_3C-CH_2CH_2CH_2CH_2CH_3 + 4* \rightleftharpoons$$

$$H_3C-\underset{*}{\overset{H}{C}}-\underset{*}{\overset{H}{C}}-CH_2CH_2CH_3 + 2\underset{*}{\overset{H}{|}} \longrightarrow H_3CCH=CHCH_2CH_2CH_3 + H_2 + 4*$$

但是，如果烷烃通过两个非邻接碳原子吸附，那么，脱附就将以另一种途径进行，生成一个 C—C 新键和一个五元或六元环物种。这一反应的要求是：和表面结合的碳原子之间要相隔四个或五个碳原子，而且要和邻接的金属原子相结合，这样生成的环状中间体可能就是烷烃在金属上进行骨架异构的途径[101]：

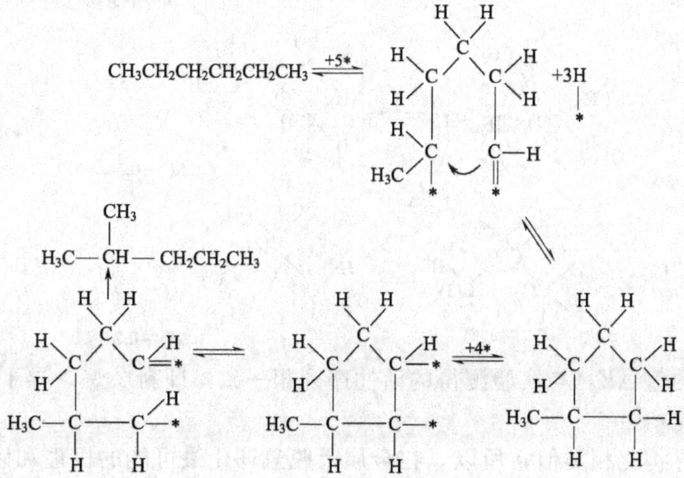

一个六碳烷烃在金属表面上可望生成的异构体有：

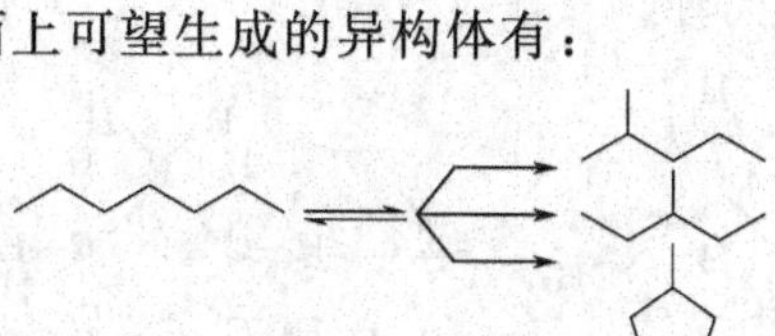

烷烃异构的另一种机理是"键转移"机理。这可归因于在两个邻接金属原子上形成 α，$\gamma(\alpha,\alpha)$ 三点吸附中间体[102]所致：

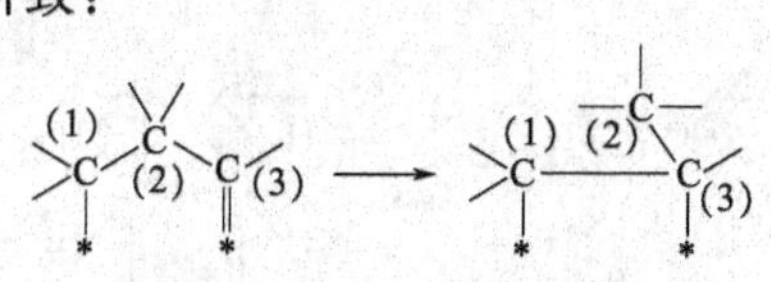

（正构）　　　　　　　（异构）

J. R. Anderson 等曾从微观上对这种"键转移"机理中的过渡态作过解释，如下图所示[102]。

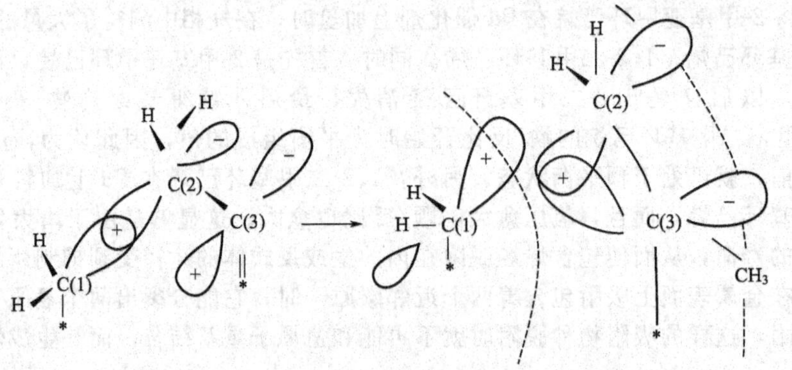

(I)
$C_1, C_2 : sp^3$
$C_3 : sp^2$

(II)
$C_1 : sp^3$
$C_2, C_3 : sp^2$

图中，（I）为 $\alpha, \gamma(\alpha, \alpha)$ 型吸附，C(3) 为 sp^2 杂化，C(2) 也趋向于取 sp^2 杂化，于是 C(2)—C(3) 构成 π 键，与位移的 C(1)sp^3 杂化轨道构成如图中（II）所示的过渡态。他们曾用 Hückel 分子轨道法计算了 C_4 和 C_5 烷烃异构化时中间化合物 I 和化合物 II 的能量差。

正丁烷：

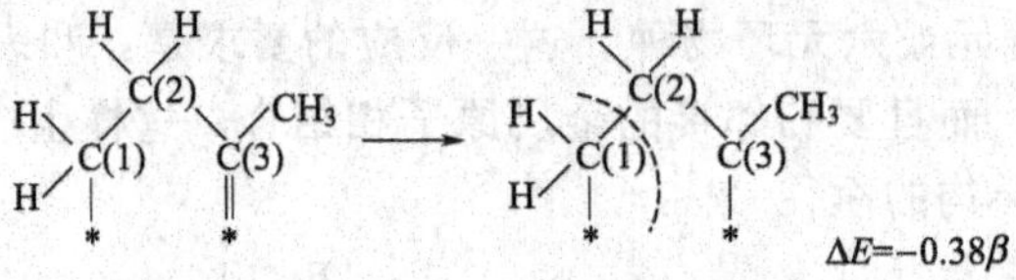

$\Delta E = -0.38\beta$

异丁烷：

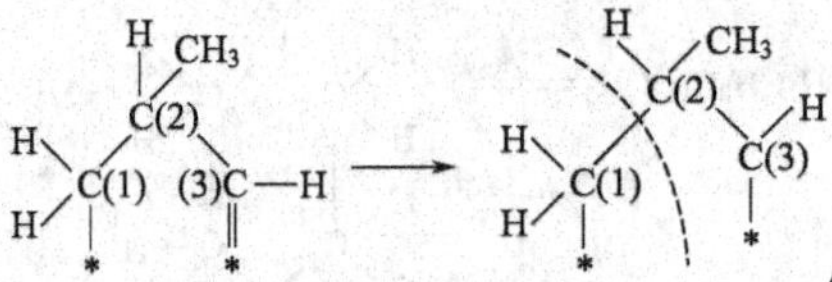

$\Delta E = -0.58\beta$

新戊烷：

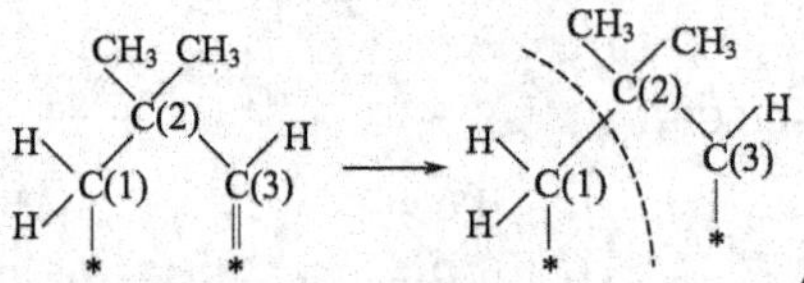

$\Delta E = -0.7\beta$

由计算求得的值 ΔE，与实验测得的活性序列相一致，即新戊烷＞异丁烷＞正丁烷。

（2）脱氢环化

脱氢环化和异构化相类似，所以，在金属上脱氢环化最可能的机理和以上考虑金属上的异构化时所讨论的相同。例如[103]：

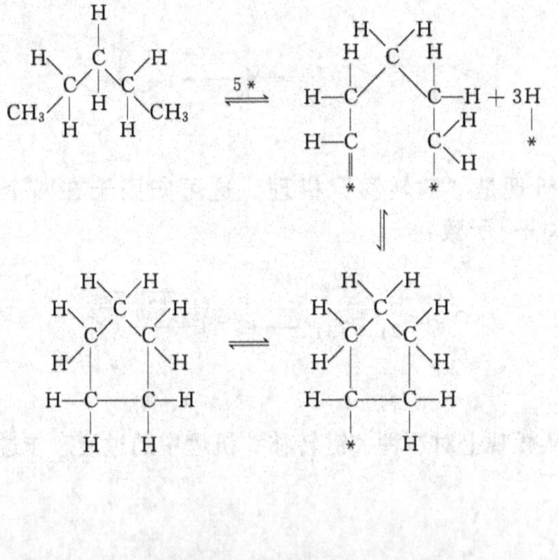

还有一种机理则和下面将要讨论的氢解模型相一致[104]，即：

另外，还有只在一个金属原子上进行反应和吸附的机理[103]，但是根据对稀释 Pt-Au 合金研究的结果，这个机理显然存在严重问题[105]。

(3) 加氢分解（氢解）

这是一个简单 C—C 键被切断并同时生成 CH_4 及少量 C_2H_6 的过程。在金属表面上，最简单的氢解过程可表示为：

$$CH_3CH_2(CH_2)_nCH_3 + H_2 \longrightarrow CH_4 + CH_3(CH_2)_nCH_3$$

但是也有生成 C_2H_2 的时候。由 Ni 一般只能生成 CH_4；而 Pt 则常使挨近分子中央的 C—C 键断裂。

氢解机理看来应包含反应分子中邻接碳原子在邻接金属部位上吸附并使 C—H 键断裂的过程；为了使 C—C 键发生断裂，碳原子还必须继续脱氢以形成碳-金属的多重键，在某些情况下，碳原子上的氢甚至须完全脱除[106]

看来，金属-碳的键强对 C—C 键断裂速度起着决定性的作用。C—C 键一旦断裂，不同碎片就会分别重新加氢生成 CH_4 或者别的烃类。

氢解需要高温和反应物对催化剂有强的结合力，所以一般难于完全实现。和比较容易进行的加氢反应相比较，这个反应至少需要一对（可能更复杂的集团）金属原子。尽管担载金属的晶粒大小对加氢反应比速度的影响不大，但对氢解速度却有强烈的影响[107]。这些结果显然是和下列要求和事实一致的，即要有强的碳-金属键才能使 C—C 键断裂，而这只有和低配位金属原子，诸如位于角、棱以及高指数晶面上的金属原子相结合时，才能形成较强的键，因为，如众所周知，只有在小的晶粒上才富有这样的金属原子[108]。

合金化的实验结果为催化各种反应需要大小不等的金属原子集团提供了直接的信息。例如，当 Ni 和 $Cu^{[106]}$ 成合金时（或者 Pt 和 $Au^{[105]}$），氢解的活性就会受到很大影响，而对异构及脱氢环化活性的影响并不明显。这种效果被认为就是由于这时，小活性集团，甚至单个活性 Ni 或 Pt 分散于不活性的 Cu 或 Au 之中所致。因此得出结论，氢解和异构不同，需有更加复杂的活性金属部位。

乙烷氢解是经过详细研究过的反应，根据 J. H. Sinfelt 等对反应级数的分析，认为乙烷氢解也是先由乙烷分子断裂 C—H 键，而后再在吸附物种上加氢生成甲烷的[109]。在以Ⅷ族金属为催化剂、乙烷分压为 0.030atm($1atm = 1.01 \times 10^5$Pa)、氢压为 0.20atm、反应温度为 205℃ 的条件下测得的乙烷氢解速度如表 7-4 所示。由表中数据可见，在 5d、4d 金属中，乙烷氢解活性为 Os>Ir>Pt，以及 Ru>Rh>Pd，这是十分明显的。表明按周期表横向排列

表 7-4 在Ⅷ族金属催化剂上乙烷氢解速度的比较

M(负载在 SiO_2 上)	Fe	Cu	Ni	Ru	Rh①	Pd	Os	Ir	Pt
$lg(\nu/\nu_{Rh})$	−1.28	−0.76	0.46	1.14	0.00	−5.52	2.26	−0.32	−5.52
d 电子的量/%	39.5	39.7	40	50	50	46	49	49	44

① 速度以 Rh 的为标准；$\nu_{Rh} = 2.3 \times 10^{-4}$，乙烷转化率以 mol/(h·m²) 计。

优于按纵向排列，因此，反映出和金属的 d 电子的量（％）有密切的关系。对 3d 金属，尽管活性和周期表的顺序相反，即 Fe＜Co＜Ni，但从 d 电子的量（％）的大小来看，还是一致的。

最近，J. A. Delmon 等从 C_2H_6 在 Ni/SiO_2 上吸附时的磁性研究提出，作为 C_2H_6 氢解的中间化合物应是完全脱氢和碳化的物种：

$$2 \ Ni \underset{Ni}{\overset{C}{|}} Ni +6 \ \underset{Ni}{\overset{H}{|}}$$

这需要 12 个镍原子。在动力学研究中，他们发现，预吸附的氢会抵制这样的物种形成（像 Cu 在 Cu-Ni 合金中那样）。而 $NiCu/SiO_2$ 催化剂活性的降低又和由 12 ± 2 个邻近 Ni 形成活性部位的概率减小有关。对 C_3H_8 的加氢分解，也可以用类似的模型作出解释[110]。他们的工作还是支持了上述由不可逆脱氢的烃物种和氢在表面上进行竞争吸附的模型[106,107]。

（4）加氢

烃类的加氢反应不仅是研究得最多和最深入，而且也是用途最广泛的反应之一。自从 1902 年 P. Sabatier 首先指出金属催化剂能在气相、常压下活化双键、三键，以及 V. N. Ipatief 在液相加压下实现加氢之后，对这个反应已经做了很多的工作。现在，既有有关这方面基础研究的报道[111]，也有不少工业应用的报道[112]，读者可分别参阅有关文献。

由于在这方面已经积累了大量资料，无论对这个反应的机理，还是对催化剂的特点，正在进行初步的概括。关于这类反应的机理，这里将着重结合催化剂本质对反应的特点作概要的说明。

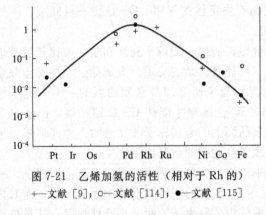

图 7-21　乙烯加氢的活性（相对于 Rh 的）
＋—文献［9］；○—文献［114］；●—文献［115］

首先，一个加氢活性的催化剂必须同时对不饱和烃和氢具有吸附能力。这可以从表 7-5 所概括的数据看出，所有过渡金属都具有这种性质。表 7-5 的分类是按照 B. M. W. Trapnell 提出的原则，并由 G. C. Bond 报道的[113]。但是，重要的是要把活性作为函数，将金属分类。可惜直到今天，尽管已经拥有大量的活性数据，但大都还是定性的，很少有用每个原子的活性（转换数）来表示的数据，表 7-6 概括了这方面的资料。列出这些信息，主要在于说明要达到上述分类的目的还需要一些定量的值。从乙烯在金属膜上[9,114]以及在担载在 SiO_2 上的金属[115]上的加氢和重氢交换反应研究中获得了这样的结果。图 7-21 给出了由Ⅷ族金属获得的活性数据。金属的活性：$4d＞5d＞3d$，以 4d 金属的活性为最高。

表 7-5　各种金属对不饱和烃及氢的吸附性质

类　别	金　属	C_2H_2	C_2H_4	H_2
A	Ca,Sr,Ba,Ti,Zr,Hf,V	+	+	+
	Ta,Cr,Mo,W	+	+	+
	Fe,Co,Ni	+	+	+
	Rh,Pd,Pt,Ir	+	+	+
B	Al,Mn,Cu,Au	+	+	−
C	Mg,Ag,Zr,Cd,	−	−	−
	Ln,Si,Ge,Sn	−	−	−
	Pb,As,Bi,Sb	−	−	−

表 7-6　第Ⅷ族金属在各种加氢反应中的活性序列

反　　　应	活　性　分　类
$CH_2=CH_2+H_2$	$Rh>Pd>Pt>Ni>Fe>W>Cr>Ta$
$CH\equiv CH+H_2$	$Pd>Pt>Ni=Rh>Fe、Cu、Co、Ir>Ru>Os$
$CH_2=C-CH=CH_2+H_2$ 　　　$\vert$ 　　　CH_3	$Pd>Ni>Co$
α-烯烃→内烯烃	$Co>Fe=Ni>Rh>Pd>Ru>Os>Pt\geq Ir=Cu$
⬡ $+H_2$	$Pt、Rh、Ru>Ni>Pd$

O. Beck 还在金属活性与乙烯在不同金属膜上的起始吸附热之间发现了如图 7-22 所示的关系（参见图 7-2 和 7-3）[9]，吸附热愈小，活性愈大。这个结果和 P. Sabatier 早就提出的原则一致，即由催化剂及反应物之间形成的中间化合物必须足够地稳定，但又不能太过分。换言之，为了获得活性催化剂，吸附强度或者吸附系数（吸附平衡常数）既不能太强，也不能太弱，这样的原则可以用众所周知的表示活性对吸附系数关系的火山型曲线表示出来。图 7-3 和图 7-21 中的曲线都具有这样的特性。

有些作者还建议，用 R. G. Pearson 的分类（HSAB）办法[116]，即把金属作为 Lewis 酸时所固有的"软度"与其氢解以及加氢的活性关联起来[117]。

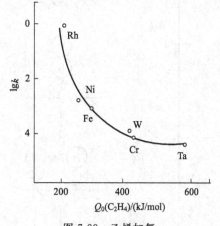

图 7-22　乙烯加氢
k—速度常数，Q_0—起始吸附热

```
        Fe  Co  Ni
硬   Ru  Rh  Pd  软
    Os      Ir
            Pt
```

根据这个关系，和烯烃能形成强键的应是像 Fe 那样的硬酸，而弱键只能和像 Pt 那样的软酸形成。有意义的是这样的分类竟然和双键位移的实验结果相一致，即最活泼的是像 Fe、Co、Ni 那样最硬的金属。

对乙炔以及双烯烃，也粗略地得到了与乙烯同样的关系。而且在这些情况下，钯的选择性总是最高的。在乙炔加氢的情况下，这是由于乙烯和乙炔的吸附能相差较大，乙炔在 Pd 表面上比乙烯更易于吸附。当气相中乙炔浓度很高时，吸附着的乙烯就会被乙炔挤走，催化剂表面上几乎就不再存有乙烯[94]。

二、氨的合成

自从 20 世纪初叶，德国的 Fritz Haber 及其同事们借助于铁催化剂由氮和氢合成氨成功以来，80 年间，这个反应和所使用的催化剂一直是催化领域内最吸引人的研究课题，这主要是因为氨是制备和国计民生有着密切关系的化学肥料的重要原料。80 年后的今天，人们对它依然抱有极大的兴趣，还因为在这个合成中依旧蕴藏着相当可观的潜力，通过催化剂的改进和工艺上的完善，有可能为人类创造出更多的财富。

大家知道，作为这个反应的原材料，除了可由空气获得的氮和随时可从水找到和获得的氢之外，就只需要能量。根据热力学计算，每 1t NH$_3$ 需要的能量为 2×10^7 kJ，然而，现在按照 Haber-Bosch 的催化工艺生产 1t NH$_3$，实际上却需要 3.6×10^7 kJ，如果没有催化剂，那就需要 11.7×10^7 kJ，也就是说，几乎要比热力学上需要的多 6 倍，这是因为这个反应在没有催化剂的情况下，只能在相当高的温度（400～500℃）和压力（15～40MPa）下才进行。由以上数据可见，利用催化剂可以在何种程度上节省能量！而且，这里，还存在着多大的潜力！

为了达到能实用的目的，当初，F. Haber 曾经验地试验过约 5000 个催化剂[118]，最后从中才找出适合于生产的 Fe 催化剂，今天为了进一步完善这个工艺和降低能耗，依然只有寄希望于催化剂的进一步改进上。

关于这一反应精细反应机理中的问题，早在早期的工作中就已经有所讨论。其中特别重

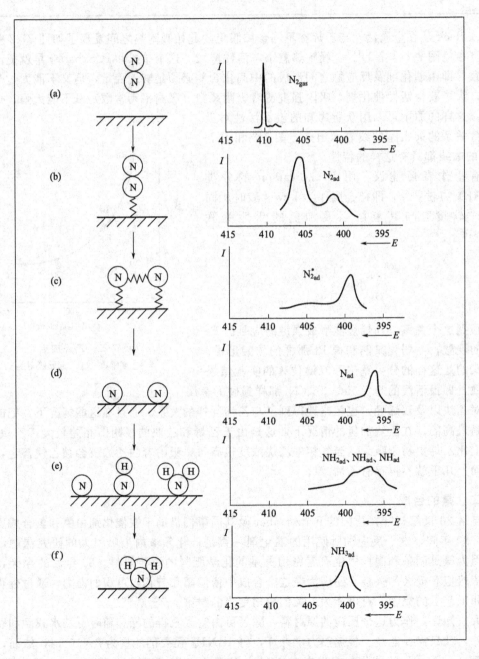

图 7-23　氨在 Fe[111] 晶面上合成时氮的反应步骤

分子氮的离解 [(c)→(d)] 是速度控制步骤

要的是查明总反应中的速度控制步骤，因为只有这样，才能通过催化剂的修饰，达到加速反应中最慢步骤的目的。为此，首先就要在表面上检测出反应的中间生成物和测定出各个步骤的反应速度。根据能量上的考虑，表观上可以把反应按氮的吸附状态分为经由原子吸附的和分子吸附的两类。较新的研究指出，反应在可以进行表面物理测定的低压下是经由氮的原子吸附进行的。在这些研究中，XPS 对检测中间化合物具有特殊的意义。利用此法，不仅把分子吸附氮和部分氢化的氮原子（NH、NH_2）区分了出来，而且，对过去用场发射观察到的一种尽可能"开放"的铁表面，当时被认为是立方体心单晶的 [111] 晶面，对生成氨具有最大活性的看法又重新获得了证实。

在图 7-23 中，对氨在这种 Fe[111] 晶面上如何合成以及在合成过程中生成何种吸附中间化合物给出了明确的描述。反应的第一步 [(a)→(b)] 是氮分子（$N_{2_{gas}}$）成弱分子结合状态吸附（$N_{2_{ad}}$）。然而这种弱结合分子可以转化成一种强分子结合态 $N^*_{2_{ad}}$[(b)→(c)]，这时，分子可能已躺在表面上，为 N—N 键断裂并在两个氮原子和铁表面之间形成化学键创造了必要的条件。然后，步骤 (c)→(d) 是 $N^*_{2_{ad}}$ 分子离解成原子（Nad），后者在以后的 (d)→(e) 和 (e)→(f) 步骤中经逐个加氢成 NH— 和 NH_2— 物种后，最后加氢成 NH_3。详细测定各中间步骤的反应概率指出氮分子离解乃是反应中决定氨生成速度的最慢步骤。表面上一个

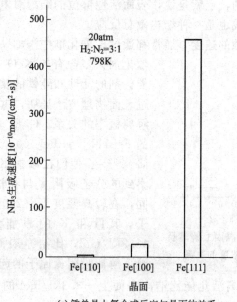

(a) 铁单晶上氨合成反应与晶面的关系

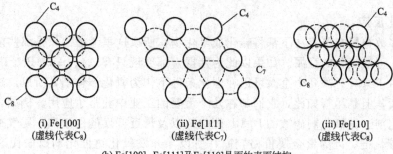

(i) Fe[100]　　　　　(ii) Fe[111]　　　　　(iii) Fe[110]
(虚线代表C_8)　　　(虚线代表C_7)　　　(虚线代表C_8)

(b) Fe[100]、Fe[111]及Fe[110]晶面的表面结构

图 7-24　铁单晶上氨合成反应与晶面的关系以及 Fe[100]、
Fe [111] 及 Fe[110] 晶面的表面结构

N_2 分子的分解概率约为 10^{-6}，所以要想改进 NH_3 的合成工艺，就必须提高这一步的速度。

关于上述氨合成的机理目前已拥有大量实验资料。例如，早在 20 世纪 70 年代，R. Brill[119] 和 M. Boudart[120] 就预言，存在于三重对称部位中的 C_7 原子结构是活性最高的，最近，G. A. Somorjai 等在铁的 [111]、[100]、[110] 的单晶表面上，在 798K 和 20atm 条件下研究 N_2 与 H_2（1∶3）反应时得到了如图 7-24(a) 的结果，各种晶面的原子排列如图 7-24(b) 所示。[111] 面含有 7 配位（C_7）和 4 配位（C_4）的原子，而 [100] 和 [110] 面只含有 C_6 原子和 C_4 原子，含有 C_7 结构的 Fe[111] 晶面活性最大[121]。和上述 R. Brill 等的主张不谋而合。G. Ertl 等在探讨这一反应的速度控制步骤时，曾对 N_2 在 Fe[111] 和 Fe[100] 晶面上的解离过程作过比较[122]。N_2 在 Fe[111] 晶面上于 120K 时的起始吸附概率为 10^{-2}，吸附活化能 $E_{Ad} = 31.4 kJ/mol$，系分子吸附，这样吸附的氮大部分可在 160K 脱附，在室温以上时，即可观察到它的解离吸附，430K 时解离氮的起始吸附概率为 $5×10^{-6}$，解离活化能为 $-3.3 kJ/mol$，系负值。在 Fe[100] 晶面上于低温下亦为分子吸附，吸附能比铁 [111] 的略小，400K 时解离吸附氮的起始吸附概率约为 10^{-7}，活化能约 12.6 kJ/mol，但是正值。可以认为，解离速度要比 Fe[111] 上的小得多。这和上述由 G. A. Somorjai 等测得的合成反应的活性是一致的，也就是说，表面活性部位的结构对氮分子解离的难易起着决定性的作用，可见，氨的合成也是一种结构敏感反应。

为了提高反应中最慢步骤的速度，通常都通过在催化剂中添加助催化剂来实现。工业铁催化剂大多含有如 K_2O 一类的助催化剂，这种催化剂的活性和纯铁的相比不知要高多少倍，通过表面物理方法证明，这就是由于提高了氮分子解离概率的关系。G. Ertl 等曾对 N_2 在蒸附着 K 的 Fe[111] 和 Fe[100] 晶面上的解离作过系统研究[123]。他们在添加 K 的 Fe[111] 晶面上观察到的分子吸附氮与在洁净表面上观察到的不同，在较高温度下（210K）有一种新的吸附分子，其量和 K 的添加量成正比，吸附能为 43.9 kJ/mol，比洁净表面上的强，而且，于高温下解离吸附氮原子的起始吸附概率，如图 7-25

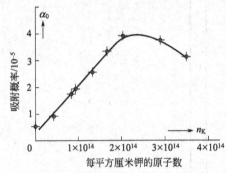

图 7-25　在 430K 的 Fe[111] 晶面上解离吸附氮的起始吸附概率和 K 浓度的关系

所示也和 K 的量成正比，解离活化能比洁净表面上 $-3.3 kJ/mol$ 的负值还要大，为 $-12.1 kJ/mol$，这些结果表明，K 的添加可使 N_2 更易进行离解吸附。

三、氧化反应

由于大多数金属在氧存在下都将转化成氧化物，所以这里考虑的只是那些能保持零价状态以及仅表面可被氧化的金属。如果以此为判据，那么就只有 Ag、Au、Pt、Pd 和 Rh 可以算作金属。由于只有有限几个金属可以在催化条件下作为氧化催化剂，所以，这个领域相对来说并不太大，但是尽管如此，它们却在几个重要的工业中获得了应用。例如，生产氧化乙烯用的银催化剂、氨氧化制硝酸的 Pt-Rh 催化剂以及最近开发的用于汽车尾气处理的贵金属（Pt 或 Pd）催化剂。因为贵金属价格较高，所以，开发氧化物催化剂以取代这些金属已成为目前的一般发展趋势。早先用于由 SO_2 工业生产 SO_3 的 Pt 催化剂已经成功地用以氧化钒为基础的催化剂所取代，在甲醇氧化制甲醛中使用的 Ag 催化剂也已部分地改用了 Fe-Mo-O 混合氧化物催化剂[124]，现在还正在大力开展以氧化物取代氨氧化制硝酸以及汽车尾气处理中使用的铂催化剂的研究[125]。

氧化反应是不可逆的,并可最终达到完全氧化的程度。最稳定的氧化产物是 CO_2 和 H_2O,生成这些化合物时要放出大量的热,所以,控制反应中放出的热量是个严重的问题。这里,将以此为依据,结合烯烃氧化和氨氧化的反应,探讨金属表面上的氧化反应机理。

(1) 烯烃氧化

烯烃在选择适当的金属时,可以按多种不同的反应被氧化。

$$Rh: C_2H_4 + 3O_2 \longrightarrow 2CO_2 + 2H_2O$$

$$Ag: C_2H_4 + O_2 \longrightarrow CH_2\text{—}CH_2$$
$$\diagdown O \diagup$$

$$Pd: C_2H_4 + 1/2O_2 \longrightarrow CH_3CHO$$

另外,还有丙烯在 Ir 上被氧化成乙酸和 CO_2 以及在 Ag-Cu 上选择氧化至丙烯醛的报道[126]。

在这些反应中,乙烯在 Ag 上环氧化成环氧乙烷已成为工业过程,最为重要,并且已经经过深入的研究[127]。所以,这里将着重讨论这个反应。

为一般所接受的这个反应的机理可表示如下:

$$2Ag + O_2 \longrightarrow Ag_2O_2$$
$$Ag_2O_2 + C_2H_4 \longrightarrow C_2H_4O + Ag_2O$$
$$4Ag_2O + C_2H_4 \longrightarrow 2CO + 2H_2O + 8Ag$$

这个机理符合于大量实验数据,并已预测到最大选择性不能高于 80%。

但是后来有人报道,在用碱修饰的银上,当乙烯转化率为 6.2% 时,C_2H_4O 的选择性可达 100%[128],在一个 ICI 的专利中也有用 Na 和 Cl 修饰的银,在转化率为 5% 时 C_2H_4O 的选择性可达 90% 的报道[129],而且,这些结果最近又在经 NaCl 修饰的银上得到了验证[130]。这样一来,对这一反应的理想选择性,因此,反应机理又将重新开展争论。最近,H. Mimoun 根据均相配合物催化剂在氧插入反应中的作用机理的研究结果,对这个反应提出了一个包含生成银过氧环在内的机理[131]。

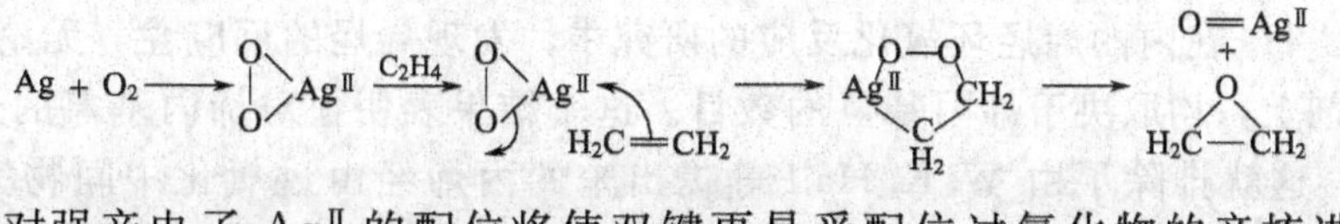

认为乙烯对强亲电子 Ag^{II} 的配位将使双键更易受配位过氧化物的亲核进攻,氧化银(II)被另一个乙烯分子还原后产生甲醛和一个碳烯银(II)"配合物"。

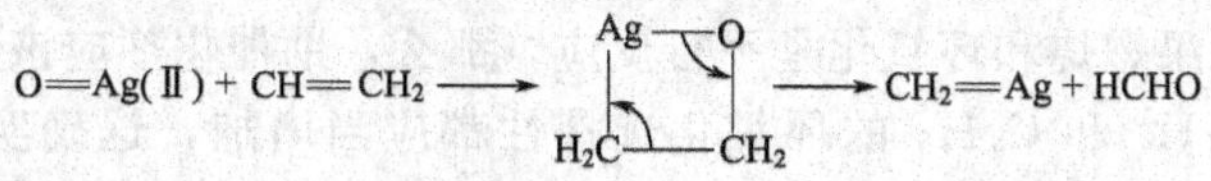

后者在和氧反应时再生成另一个甲醛分子。

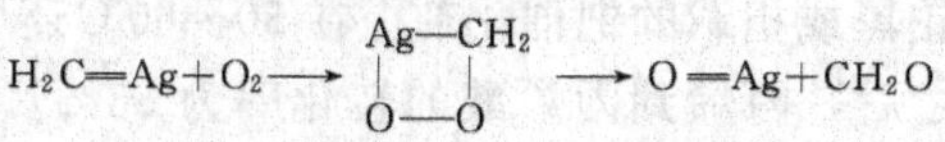

由于甲醛及其氧化物甲酸,都是强还原剂,具有将氧化银重新还原成金属银催化剂的能力。按照这个机理,反应可化学计量地写成:

$$7C_2H_4 + 6O_2 \longrightarrow 6C_2H_4O + 2CO_2 + 2H_2O$$

根据这一反应预测的环氧乙烷的最大选择性为 85%。

以下一些结果支持烯烃环氧化是结构敏感的反应。

A. 对氧吸附所建议的机理。

B. 颗粒大小对反应选择性的影响。选择性随粒度减小至 $40 \sim 50nm$ 范围内,可增至

60％～70％，这种效应在大粒度时无法简单地从棱对表面原子的比得到解释[132]。G. C. Kuczyuski 等发现在工业催化剂的表面上常有杂质 Ca 富集[133]。他们推测在一定的粒度条件下，这种杂质才能发生偏折。关于表面富集现象在高纯度单晶上已是众所周知的[134]，而且确实有人观察到过 Ag 在一般温度下加热后有被碱离子覆盖的现象[135]，如上所述，碱性离子像氯一样，作为表面稀释剂对这个反应是有利的。

C. Ag 用 Au 合金化时的影响。实验结果看来是矛盾的，因为根据 W. H. Frank 等的报道，合金化能够提高 C_2H_4O 的选择性[135]，而 P. V. Geenen 等[126b]却发现添加 Au 后选择性反而减小，D. Cormack 等在用 Pd 稀释 Ag 时发现对环氧化物的选择性也是减小的[136]。R. L. Moss 在分析了 Ag-Au 合金的表面组成之后认为，这一矛盾主要由于合金的制法不同，表面组成也不同而引起[137]。

看来，碱性添加剂显示出的特殊作用，也就是能使 Ag 在表面上富集形成很稳定的表面层，所以，可被想像为表面稀释剂。过渡金属也能起到相同的作用。但是有几种缺点：在氧化气氛中会引起燃烧，同时，合金的稳定性也是问题。

长时期以来，曾企图将这个催化体系用于丙烯的环氧化。文献中报道最好结果是在添加 Na 的 Ag 上获得的，转化率为 4.8％时选择性可高达 61％[129]。最近有人在金属 Ag 和 Ag-Au 合金上详细研究了乙烯和丙烯的环氧化反应动力学，认为反应按下列图式进行：

对乙烯求得的 $k_1=3.4\times10^{-3}\,s^{-1}$；$k_2=7.9\times10^{-3}\,s^{-1}$；对丙烯 $k_1=0.2\times10^{-3}\,s^{-1}$，$k_2=5.0\times10^{-2}\,s^{-1}$。由这些动力学参数可见，丙烯的环氧化物是由吸附氧和气相中的丙烯反应生成的。丙烯环氧化速度看来不及乙烯环氧化的，相反，转化成 CO_2 的速度则较快。Ag 用 Au 稀释可以促进这一结果，因为主反应向生成丙烯醛的方向转移了。M. Akimoto 等报道[138]，C_2H_4 和 C_3H_6 在无载体 Ag 上的转化速度是相同的，但是动力学级数却不同。在一系列包括 C_3H_6 在内的烯烃环氧化反应的研究中，发现烯烃的反应性，无论在 Ag 还是在 MoBiO 催化剂上，均取决于烯丙基氢的数目。这个结果表明，对烯丙基氢的进攻乃是生成 CO_2 的根源。这就排除了由 W. K. Hall 等提出来的丙烯经由过氧化中间物完全氧化生成 CO_2 的可能性[139]。乙烯之所以易于环氧化，是因为它不含有烯丙基氢。

文献和专利中有关由丙烯合成环氧丙烷选择性好坏的矛盾，看来主要是由助催化剂的作用不同而引起的。如果燃烧和环氧化是平行反应，那么，助催化剂应该起到抑制完全氧化部位的作用，这时，C_2H_4 和 C_3H_6 的环氧化选择性都应当增加，这确实是如此[129]。但是，这样的结果在丙烯环氧化方面并不多见，还有待于进一步研究。

烯烃在悬浮于水中的铂黑或担载的钯催化剂上在 50～60℃ 还可以进行选择氧化[140]。一个典型的例子是，90min 之后，丙烯到丙烯酸的转化率为 83％，同时至丙烯醛的转化率为 15％、至 CO_2 的转化率为 2％；丁烯至巴豆酸的转化率为 35％、至巴豆醛的转化率为 11％、至甲基乙烯基酮的转化率为 52％、至 CO_2 的转化率为 2％。

这类反应的机理有些类似于 Wacker 法的，包含着加水和氧化的双功能催化作用。但在 Pt 的情况下，则都完全氧化成了 CO_2。

W. K. Hall 等[141]曾对一系列贵金属在烯烃选择氧化中的催化性能作过比较。以 C_2H_4 为反应物时，由 Pd 于 87℃ 时对乙酸的选择性可达 20％，但 Pt 和 Rh 的选择性很小。在 C_3H_6 的情况下，对选择氧化产物没有选择性，只在 Ir 上，对酸有 30％ 左右的选择性。

在原料中加入水蒸气可以提高钯的选择性，其中对酮的选择性最好[142]。在 Ir 载体催化剂上曾对这些反应作过进一步的考察[126]，从 C_3—C_5 烯烃，乙酸的选择性可达 11%～32%。用同位素烯烃证明反应是通过烯烃双键开裂进行的。

乙烯于 130℃和丙烯于 150℃在 Rh、Ru、Ir、Pd 和 Pt 上氧化成 CO_2 亦已有报道[141]。活性序列为 Pt≈Pd＞Ir＞Ru＞Rh。总转化率和金属的 d 电子的量（%）或原子半径有关。确实这两个物理量是有联系的，同时，这个结果还表明 d 电子介入了反应。

（2）氨的氧化

这也是一个"古老"的反应。由 NH_3 选择氧化成硝酸是一个十分重要的工业过程，同时，氨被氧化氮氧化成 N_2 虽然是这个反应的副反应，但却是从汽车尾气中消除 NO 的重要步骤。由于这个反应在生产上的重要性，所以几十年来（自 1903 年计算起）也一直是催化领域内最引人瞩目的研究课题，并且已有专著[142]可供读者参阅。

近来，有人在 Pt[111] 和阶梯 Pt[（111）×12(111)] 晶面上于低压（$1.33×10^{-7}$ Pa）和较广的温度范围（至 600℃）内考察氨的氧化反应[143]。反应在 150℃以上时进行得很快并生成 NO、N_2 和 H_2O。低温时（150～400℃）主要生成 N_2；NO 必须在 400℃以上。利用 LEED、AES 和热脱附等仔细研究表面组成后得出结论，N_2 是由吸附氨和气相中或弱吸附的 O_2 反应生成的，而 NO 则来自吸附在阶梯棱上的原子氧和分子氨的反应。而且，Pt[111] 和阶梯表面相比，对 NH_3 氧化来说是很不活性的，因为后者，如前所述，具有许多低配位部位。NH_3 被 NO 氧化时有与此相同的趋势，但在阶梯晶面上反应进行得还要快些。所有这些反应的动力学都可用单个活性部位的 Langmuir-Hinshelwood 机理进行描述[144]。

在工业上，这个反应是用 Pt-Rh 网催化的。在反应过程中，网的表面上有 Rh 富集，其部分原因是由于生成了挥发性的铂氧化物[145]。在这样的条件下，当铑也转化成了 Rh_2O_3，那么活性就会下降[146]。但是，合金表面的再构作用也有好处，因为这时形成的缺陷有利于催化剂的活化。

J. A. Busby 和 D. L. Trimm 曾对网的起始活化过程作过研究[147]。为了从表面上除去钙和残炭，洗涤是必要的。接着在 O_2 或 H_2 焰中进行的活化可使表面发生重排和在表面上富集 Rh，而富集的 Rh 在氨氧化的起始阶段又会重新返回体相。所以，一个活性催化剂既可通过上述活化步骤获得，也能就地恢复，只要起始活性还足以点燃反应的话。

四、CO＋H_2 转化（F-T 合成）

20 世纪 70 年代，由于需要改变燃料和化工原料的来源以取代石油和天然气，对由煤生产的一氧化碳和氢（合成气）以合成烃类及含氧化合物又重新引起了广泛兴趣。

由 CO＋H_2 反应合成有价值的产物可以追溯到 P. Sabatier 和 J. B. Senderens 的工作。早在 1902 年，他们就报道了当 CO＋H_2 在大气压和 200～300℃条件下经由分散的镍或钴通过时可以生成甲烷[148]。但是，这方面系统的工作应从 1910 德国科学家的工作算起，他们首先提出了 CO 在 100～200atm（1atm=$1.01×10^5$ Pa）和 300～400℃的条件下加氢制醇、醛、酮、酸以及烃类的专利[149]。在以后的年代里，他们进行了大量志在压缩产物范围以及控制其比例的研究，在此基础上才使工业生产甲醇成为可能，并在 1923 年和 1927 年分别在德国和美国建成了工厂[151]，现在，甲醇的同系物以至乙二醇都已成为这一过程的主要产品生产了出来[150,151]。

除了早期那些以获得甲烷为主要产品的工作外，F. Fischer 和 H. Tropsch 在德国 Mulheim/Ruhr 的 Kaiser Wilhelm 煤炭研究所的工作堪称由 CO＋H_2 合成烃类之母。在制取所谓 Synthol 的实验中，他们获得了含氧化合物和烃类的混合物，并且观察到当压力和温度降低时可以增大烷烃的产量[149]。通过系统研究，确实获得了不含氧产物的烃类产品。1925年，在铁和钴等催化剂上，于 1～7atm 和 250～300℃ 条件下由 CO 和 H_2 低压合成烃类的 Fischer-Tropsch 工业诞生了[152]。1936 年，他们又公布了在 5～30atm 操作的合成新工艺[149]。

随着低压和中压工艺的开发，从 1935～1939 年间，在德国先后建成了年总产量达 70 万吨在钴系催化剂上合成烃类的 9 个工厂，这个量占当时德国合成燃料总产量的 20%（其余由煤的直接加氢制得[151]）。由 Fischer-Tropsch 合成制得的烃类开始时主要用作发动机燃料，但是从 1944 年起，产量的 40% 被用来作为化工原料，而原来的钴基催化剂则渐渐被铁基催化剂所取代[149]。与此同时，钌被发现可在 1000～2000atm 下催化聚亚甲基的生成，这是相对分子质量超过 2 万、熔点大于 130℃ 的烷烃混合物，另一个新的成就是在氧化物催化剂作用下高压合成支链烃（Iso-合成）。在这期间，H. Kölbel 及其同事还提出了一个改进的新工艺；把 CO 和水蒸气通过悬浮在液体介质中的催化剂，使一部分 CO 被水氧化成 CO_2（水煤气转化），而生成的 H_2 再和 CO 反应[153]。所有这些由 CO+H_2 在金属催化剂上生产烃类的过程通称为 Fisch-Tropsch(F-T) 合成，尽管这两位作者只和低压合成的部分有关。

第二次世界大战之后，能源和化学工业开始转向以石油为原料，F-T 合成失去了它的经济活力。德国最后一个工厂于 1962 年关闭，这种变化只有南非共和国例外，SASOL(South African Synthetic Oil Ltd) 建于 1955 年的第一个厂生产能力为 24 万吨。1975 年该公司建立的第二个厂开始运转，其计划产量为每年 150 万吨，1979 年 SASOL 又建成了第三个工厂[154]。

1973 年以来，由于石油危机以及从长远看，石油和天然气储量的限制，许多工业国家都在寻找别的能源和化工原料，因此，煤的利用又重新引起了极大注意。近二十多年来在这方面开展了许多新的研究，特别是和 F-T 工艺有关的问题。传统的 F-T 合成中的主要问题是选择性差，当今的研究已经指出，F-T 催化剂通过以下的改进，选择性是有提高的[155]：

a. 化学修饰；

b. 将金属催化剂淀积在分子筛或氧化铝等多孔载体的孔中；

c. 和适当的分子筛共同组成具有双或多功能的所谓复合催化剂。

催化剂、反应器设计以及工艺体系的改进已经大大提高了 F-T 合成的选择性，和以往的工艺相比，已使人看到通过这一工艺有可能合成出许多新产品。自 20 世纪 70 年代开始，CO+H_2 在均相配合物催化体系中的合成异军崛起，和 F-T 合成相汇合，已使 CO+H_2 合成发展成为目前化学领域内最广泛的所谓 C_1 化学的研究领域[156]，建立起了许多新的工艺。概括起来，可列成表 7-7～表 7-9[157]。从应用观点看，CO+H_2 合成已变得更有活力，更有前途。

表 7-7　CO 在多相金属催化剂上加氢

催　化　剂	产　　物	条　　件
1. Fe		
共沉淀 Fe/Cu/SiO$_2$/K$^+$	CH_4；C_nH_{2n+2}；C_nH_{2n}	$(1～15)×10^5$Pa
熔融 Fe$_3$O$_4$/SiO$_2$/K$^+$	$C_nH_{2n+1}OH$；酮、酸、酯	250～300℃
2. Co		
Co/ThO$_2$/MgO/	CH_4；C_nH_{2n+2}；C_nH_{2n}	$(1～15)×10^5$Pa；
硅藻土/K$^+$	$C_nH_{2n+1}OH$；酮、酸、酯	250～300℃
3. Ni		
Ni/SiO$_2$(MgO)	CH_4	$(1～10)×10^5$Pa；250～300℃
Ni/ThO$_2$	CH_4；$C_nH_{2n+2}(n=2～5)$	$1×10^5$Pa；150℃

续表

催 化 剂	产 物	条 件
4. Ru		
Ru(RuO$_2$)	CH$_4$	1×10^5Pa;250~500℃
Ru(RuO$_2$)	CH$_4$;聚亚甲基	$(1\sim2)\times10^8$Pa;
	含氧产物(100~120℃)	120~200℃
5. Rh		
Rh/ZrO$_2$	CH$_4$;C$_n$H$_{2n+2}$;CH$_3$OH	1×10^5Pa;200℃
	C$_2$H$_5$OH;CH$_3$COOR'	
Rh/SiO$_2$	CH$_4$;C$_n$H$_{2n+2}$;CH$_3$OH	9×10^6Pa;300℃
	C$_2$H$_5$OH;CH$_3$CHO,CH$_3$COOH	
6. Pd	CH$_4$ 及同系物;CH$_3$OH	1×10^5Pa;180℃
Na$_2$PdCl$_6$/Al$_2$O$_3$-SiO$_2$	(CH$_3$)$_2$O	

表 7-8 CO 在均相配合物催化剂上加氢

催 化 剂	产 物	条 件
1. Fe;Fe(CO)$_{12}$	CH$_3$OH,CH$_3$COOCH$_3$,HCOOCH$_3$,CH$_3$CH$_2$OH	2×10^8Pa;230℃
2. Co;Co$_2$(CO)$_8$	CH$_3$OH,HCOOCH$_3$,CH$_3$COOCH$_3$,乙二醇,多元醇	2×10^8Pa;230℃
3. Ni;Ni(acac)$_2$	CH$_3$OH,HCOOCH$_3$,CH$_3$COOCH$_3$,C$_2$H$_5$OH	2×10^8Pa;230℃
4. Ru;Ru$_3$(CO)$_{12}$	CH$_3$OH,HCOOCH$_3$,CH$_3$COOCH$_3$,C$_2$H$_5$OH,乙二醇,多元醇	$(2\sim20)\times10^7$Pa;200~300℃
5. Rh;Rh(CO)$_2$(acac)	CH$_3$OH,HCOOCH$_3$,CH$_3$COOCH$_3$,C$_2$H$_5$OH,乙二醇,多元醇	$(2\sim20)\times10^7$Pa;200~300℃
6. Pd;Pd(acac)$_2$	CH$_3$OH,HCOOCH$_3$,CH$_3$COOCH$_3$,C$_2$H$_5$OH	2×10^8Pa;230℃

表 7-9 CO 在氧化物催化剂上加氢

催 化 剂	产 物	条 件
1. ZnO/Cr$_2$O$_3$	CH$_3$OH;(CH$_3$)$_2$O	$(3\sim4)\times10^7$Pa/350~390℃
2. ZnO/Cr$_2$O$_3$/碱(1%)	CH$_3$OH(40%~60%)	3.25$\times10^7$Pa/425℃
	丙醇(2%~5%)异丁醇(15%~20%)	(异丁油法)
3. CuO/ZnO/Al$_2$O$_3$;	CH$_3$OH(>99%)	$(5\sim10)\times10^6$Pa;
原料 CO/CO$_2$/H$_2$		230~270℃
4. ThO$_2$/Al$_2$O$_3$/碱(1%)	CH$_4$(19%),C$_2$~C$_4$,异丁烷	$(3\sim6)\times10^7$Pa/375~470℃
5. ZnO/Al$_2$O$_3$	C$_3^+$;(CH$_3$)$_2$O	
6. P$_2$Mo$_{22}$O$_{42}$	聚亚甲基	加压釜/二甲苯
磷钼酸		$(5\sim17)\times10^6$Pa/100~250℃
7. Cu/Co/碱,加一种或两种其它金属(Cr,Al,Mn,Fe)	CH$_3$OH,C$_n$H$_{2n+2}$OH($n=2\sim6$)	6×10^6Pa/320℃(1PP 法)

在这一时期内,与改进 F-T 合成工艺的同时,对 CO+H$_2$ 相互作用的机理也进行了认真、深入的研究,这里,有些观点和以往的相比也有了根本性的变化和发展。

在一系列金属催化剂上可能同时发生的 CO+H$_2$ 合成反应有:

a. 烃类(烷烃和烯烃)的合成

$$mCO+(2m+1)H_2 \longrightarrow C_mH_{2m+2}+mH_2O$$

$$mCO+2mH_2 \longrightarrow C_mH_{2m}+mH_2O$$

$$2mCO+(m+1)H_2 \longrightarrow C_mH_{2m+2}+mCO_2$$

b. 含氧化合物(甲醇及高级醇类)的合成

$$CO+2H_2 \longrightarrow CH_3OH$$

$$nCO + 2nH_2 \longrightarrow C_nH_{2n+1}OH + (n-1)H_2O$$

c. 副反应

$$CO + H_2O \longrightarrow CO_2 + H_2$$
$$2CO \longrightarrow CO_2 + C$$
$$CO + H_2 \rightleftharpoons C + H_2O$$
$$C + xM \longrightarrow M_xC$$

热力学分析表明，所有这些反应都是可能的[158]。反应中哪一种产物占统治地位，主要取决于催化剂、反应物的配比、温度和压力以及其它一些实验条件。

从热力学上讲，最稳定的烃类产物是 CH_4，所以，当反应接近平衡时，它总是主要的产物，确实，生成甲烷的选择性总是很高的，而别的产物只能在多少复杂的产物中获得。然而研究表明，改变催化剂的电子以及几何结构和工艺因素，都能从根本上影响这一合成的选择性。这涉及碳链的长度、加氢的程度以及异构化程度等。文献中已有多种用图解表示的机理来解释 $CO + H_2$ 的合成反应，都企图对反应中的三个步骤作出解释。

a. 链的引发　说明反应开始时中间化合物是怎样形成的；

b. 链的增长　说明碳链是怎样增长的；

c. 链的终止　说明在什么情况下链停止增长并生成最终产物的。

关于 $CO + H_2$ 合成反应的机理可算得上是催化领域内讨论时间最长和最热烈的一个问题。每一种机理的可接受性往往和当时由物理、物理化学研究所得信息的准确程度有关，问题的症结就在于对活性物种的产生和本质，特别是对它们在形成 C—C 键和 C—H 键时的反应活性，能否获得确切的信息。这一困难在最近十几年内，由于金属有机化学以及表面化学和物理的发展，通过对模型化合物及模型反应的研究，已在一定程度上获得了进一步的认识。下面将分别对机理中三个步骤获得的基本认识作扼要阐述。

① 链的引发　关于 F-T 合成反应的机理是由 F. Fischer 和 H. Tropsch 首先提出来的[152]，称为碳化物机理。他们根据 Fe、Ni、Co 等金属单独和 CO 反应时都可生成各自的碳化物，而后者加氢又能转化为烃类的事实认为，当 CO 和 H_2 同时与催化剂接触，CO 在催化剂表面上最先离解并生成金属的碳化物，后者和氢反应生成亚甲基后再进一步聚合生成烯烃、烷烃。

$$CO \xrightarrow[-H_2O]{+H_2} M-C \xrightarrow{H_2} \underset{M}{\overset{H\diagup C\diagdown H}{|}} \xrightarrow{聚合} -CH_2-CH_2-CH_2-$$

（碳化物）

与此同时，他们还指出了表面碳化物和正常的体相碳化物不同，如 $(C/M)_{表面} \gg (C/M)_{体相}$ 等。当然，那时提出的碳化物理论并不能说明一切现象，如由 CO 生成表面碳化物的速度明显低于液态烃的生成速度就是一个例子。

以后，前苏联科学家 Я. Т. Эидус 和 Н. Д. Зелинский(1942 年) 由金属羰基化合物出发，在前人工作的基础上，提出了 $CO + H_2$ 首先生成含氧的中间化合物——表面烯醇 $(HCOH)_s$，然后经由脱水生成亚甲基后再聚合成烃类的，CO 无需预先离解，这样在能量上更为有利[159]。

$$\underset{M-M-M}{\overset{\overset{\displaystyle O}{\|}}{C}} \xrightarrow{+(H_2)_s} \underset{M-M-M}{\overset{\overset{\displaystyle OH}{|}}{C-H}} \xrightarrow[-H_2O]{(H_2)_s} \underset{M-M-M}{\overset{\overset{\displaystyle H}{|}}{C-H}} \longrightarrow -CH_2-$$

（烯醇，羟基碳烯）

在漫长的历史长河中，$CO + H_2$ 反应机理中关于链的引发问题，一直围绕 CO 的吸附间题——离解还是非离解而争论不休。而且各自都有实验根据。总的来说，碳化物理论认为在金属表面上生成碳化物是可能的，并且可以有多种途径。

a. 直接的　一氧化碳在金属表面上直接离解生成 C_s 和 O_s，后者既可经由 CO_2（和 CO 反应），也可经由 H_2O（和 H_2 反应）从表面脱离[160]。

b. 间接的　通过 $(CO)_s$ 物种和 CO（歧化）[161]或者和 H_2 反应[162]。和 $(CO)_s$ 物种反应的分子原则上既可来自气相，也可来自邻近的吸附部位。这样的考虑，显然包含着 CO 的离解是有条件的，即生成的 C_s 不应有强的表面键。

含氧中间化合物理论则认为，在反应起始阶段将有 (COH_x)，$x=1$，2 表面"配合物"生成，这就是说，CO 在未离解之前就已经被加氢了。但是迄今为止，尚未能从实验中检测出这类化合物，包括按照这个机理（参见链的增长）生成的一些含氧中间化合物[163]。尽管如此，并不能完全排除这一可能性，特别是 CO 在均相配位催化剂体系中实现了加氢以及氢甲酰化等反应之后（参见本书第二章第五节）。因为大量实验已经证明，在这类反应中 CO 是无需离解的[164]。

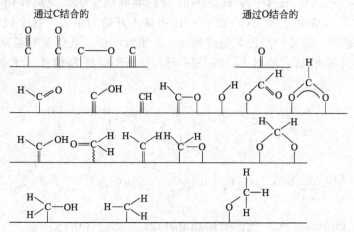

图 7-26　由 CO 派生的表面物种

看来，这样的争论还会继续下去，因为，最近的研究指出，$CO+H_2$ 在以不同金属为基础的催化剂上反应时，如图 7-26 所示，催化剂除了可能和氧结合生成不同多种物种之外，和碳也可能生成一系列高反应性的物种。其中含氢物种，诸如 HCOH、CH_2 等都已检测了出来[165,154]，某些由非离解 CO 派生的表面物种也都用化学俘获技术检定过[166]，而且所有这些在金属有机化合物中又都有相应的物种[167]。

② 链的增长　根据链引发步骤中生成的活性物种已提出了三种链增长机理。按照 CO 不离解的链引发机理，提出了通过含氧中间化合物（烯醇＝CHOH，或—CH_2OH）或者 CO 插入等两种链增长机理。显然，CO 在 M—H 键中插入的机理乃是在均相配位催化剂作用的影响下对烯醇插入机理的一个发展。按照 CO 离解的链引发机理，则有通过碳烯物种插入使链增长的机理，现分述如下。

A. 烯醇物种的脱水缩合机理　1951 年，H. H. Storch 和 R. B. Anderson 等对烯醇中间体理论中的链增长机理提出了新的观点，认为链的增长是通过 CO 氢化后的羟基碳烯缩合，而链的终止则由烷基化的羟基碳烯（Ⅰ）开裂生成醛或脱去羟基碳烯生成烯烃，而后再分别加氢生成醇及烷烃而完成的[168]。

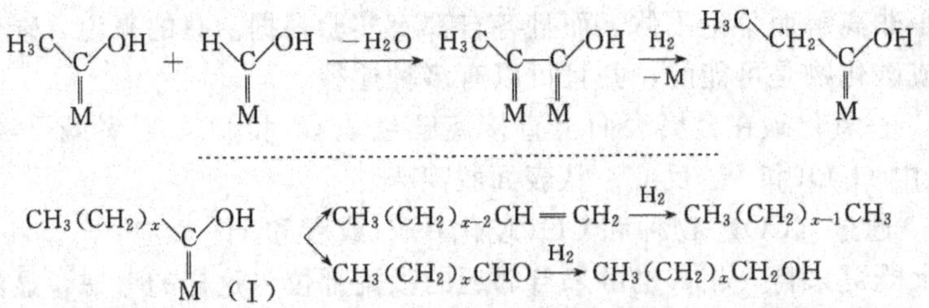

$$CH_3(CH_2)_x \underset{M}{\overset{OH}{C}}\ (I)$$

这个机理已在铁催化剂上导入 $CO + H_2$ 时由红外吸收光谱测得的 $M = CHOH$ 所证实[169]。在以后的年代里，I. Wender 等人[170]以及 K. W. Hall 等人[171]分别对这个机理作了一些补充和修正，主要指出 CO 有可能先在 $M—H$ 中插入形成甲酰基，在后者加氢生成醇型吸附物种 $M—CH_2OH$ 后再缩合使链增长的。

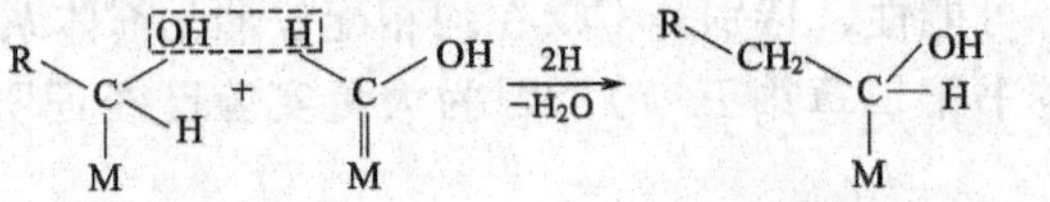

B. CO 插入机理 H. Pichler 和 H. Schulz 受均相有机金属催化剂作用机理的影响，于 1970 年提出了 F-T 合成也可能从 CO 在 $M—H$ 中插入开始的主张。这个机理的重要特点是假定在形成甲酰基后，能进一步加氢生成如（II）所示的桥式氧化亚甲基物种，后者则可进一步加氢生成碳烯和甲基，经过 CO 在 $M—H$、$M—R$ 中反复的插入和加氢完成了链的增长[172]。

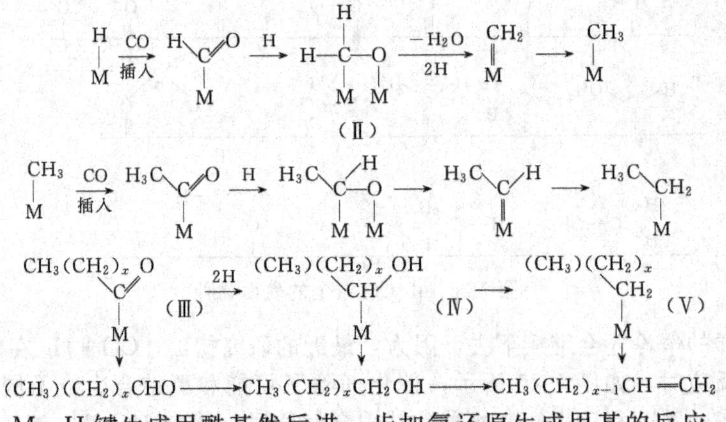

由 CO 插入 $M—H$ 键生成甲酰基然后进一步加氢还原生成甲基的反应，在有机金属催化剂的均相催化反应中是屡见不鲜的。最典型的例子是 J. R. Sweet 等[173]在 H_2O/THF 溶液中将 Re 的单核配合物中的 CO 配体用 $NaBH_4$ 依次还原成甲酰基、羟化甲基和甲基的过程。

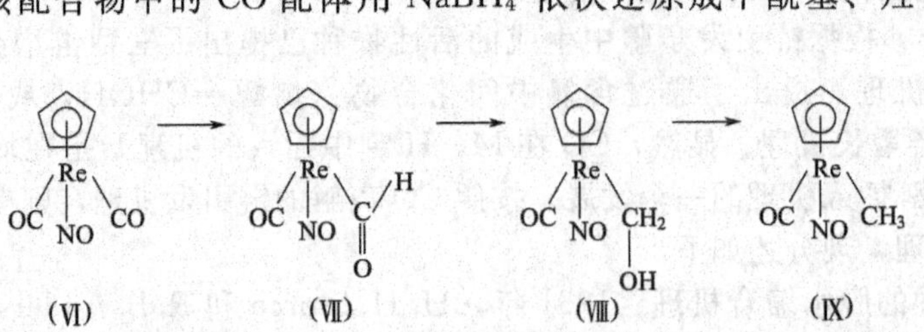

而且，这些化合物都很稳定，均已用 IR、NMR 测定了结构。尽管如此，这个机理并未在 F-T 合成条件下获得任何直接的证明。何况迄今为止尚未见到由 CO 插入生成的乙酰基能还原至乙基的报道[174]。另外，还有不少值得争议的问题，如由烯烃和 $CO + H_2$ 通过氢甲酰化反应制得的产物中尚未见有碳原子数增加 2 以上的，而且，F-T 合成与配位催化相比需在高温低压下进行，这时，通过 CO 的插入生成各种表面中间化合物确是值得怀疑的[145]。

以后，G. Henrici-Olive 和 S. Olive 在这个反应中更进一步引入了均相配位催化中的基元反应——氧化加成的概念。提出和均相配位催化一样，在 M—H 键中插入的 CO，可通过 H_2 分子的连续氧化加成反应还原成产物[175]。

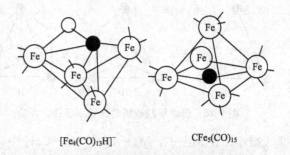

把这个机理完全纳入了均相配位催化的基元反应之中。这个机理存在和上述 Pichler 机理相同的缺点，而且反应中水的还原脱离也颇难解释。

C. 碳烯插入机理　1978 年以前，以金属有机化物均相催化反应机理为依据的 CO 非离解吸附和插入的理论，在探讨 F-T 合成反应机理时占有统治地位。但自 R. W. Joyner 对 F-T 合成由 XPS 测得具有高催化活性的金属，如 Fe、Co、Ni、Ru 等都具有使 CO 离解，而活性不高的 Pd、Pt、Rh 等又难于使 CO 离解的信息之后，碳化物理论又重新活跃了起来[176]。以后在这方面获得了一系列有说服力的数据。例如，可以把如图 7-27 所示的铁的原子簇结构看作 CO 在金属表面上离解的中间物种或者碳化物模型[177]。又如，当温度高于 200℃ 时，CO 在 Fe、Co、Ni、Ru 等催化剂上很容易进行歧化

图 7-27　吸附 CO 和解离碳物种的关系
（以两种铁原子簇配合物为例）

反应，在表面上沉积的碳在 300℃ 时，可直接和 H_2 反应生成 CH_4，在较低温度下则生成 $C_1 \sim C_4$ 的烷烃，但在室温下，CO 既不能离解也不能和氢反应[178]等。再如，J. G. McCarty 等发现，当在 Ni/Al_2O_3 上通过 CO 时可以因温度不同生成四种不同的碳种：化学吸附碳（α）、体相的 Ni_3C、非结晶碳（β）和结晶碳。在 227℃ 时生成的完全是 α 碳，加热至 327℃ 时 α 碳可完全转化成为 β 碳，α 碳和体相表面 2~3 层内的 Ni_3C 的反应性远比 β 碳和结晶碳的好。C 的沉积量愈大，反应性就愈差，温度到 395℃ 以上时，只要 6~7min，α 碳即能转化成 β 碳，而大部分 β 碳则变成了结晶碳，也就是说，在 CO 和金属的反应中，沉积碳量随时间、温度而增大，而其反应性则随沉积量而减小[179]。还可以举出许多 CO 离解生成碳的例子[161]。

现代的碳化物理论认为，反应中链的增长是由 CO 在催化剂表面上解离生成的碳，经加氢变成 CH_x 而后再变成烃类的。但如果加氢的速度较慢，反应温度又较高，那么，碳就会转化为碳化物甚至石墨，积聚在表面上，石墨析出的温度因金属而异，取决于金属碳化物的

分解温度。在一个通过 CO 歧化反应沉积有一定量碳的 Co/Al₂O₃ 催化剂上，用脉冲送入 H₂ 以考察表面各种碳种的加氢活性时发现，230℃时的碳种最易和 H₂ 反应，但在反应温度大于 250℃时，就会失去活性，在 430℃时生成的碳加氢比较困难。这就是说，于 230℃生成的碳化钴，在温度超过 250℃时即分解并转化成石墨和失去活性[180]。

看来，CO 在某些金属上离解并生成多种碳种已毋庸置疑，问题是碳种在加氢过程中生成何种氢化物参与反应。首先，J. Happel 等利用 ¹³C 同位素，通过过渡应答法，研究了 CO 在 Ni 催化剂上的加氢作用，所得结果表明，CO 在 Ni 上的吸附速度很快，但表面碳种和气相 CO 的交换速度却很慢，反应主要是由 CO 离解生成碳单质和活性的表面碳种，逐次加氢 C→CH→CH₂→CH₃，最后生成 CH₄ 的。反应中碳的主要氢化物为—CH、—CH₂ 以及—CH₃ 的浓度小于—CH 的 40%，活性的表面碳种种类很多，约为—CH 的 10% 左右[181]。P. Biloen 等也曾在 Ni、Co、Ru 等催化剂上对 CO 的加氢反应，用同位素交换进行过过渡应答法的研究[182]。但是由这两个组得到的研究结果表明，似乎只有极小一部分表面吸附物种和 F-T 合成有关。要确定反应中间体中是否存在着含氧化合物确实是件相当困难的事。在以后的不少工作中，例如，J. Galuszka 等用 IR 在 Ni/Al₂O₃ 催化剂上研究 CO 加氢的工作[183]，他们也只发现，CH₄ 的生成速度取决于表面上碳的氢化物浓度，以及扩展的红外谱带只和吸附的 CO 有关。在 W. M. H. Sachtler 等用 ¹³C 同位素的研究中，也只发现表面的 ¹³C 浓度和 CH₄ 的生成存在着很好的相关性[184]，认为 CO 的离解乃是反应的控制步骤，都没有观察到有含氧化物生成的迹象。

以上结果反映出 CO 在某些金属表面上加氢生成烃类时，未必经由含氧化合物的中间阶

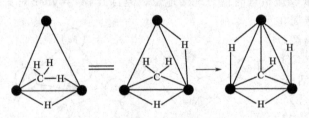

图 7-28　借亚甲基桥联的三锇原子簇的反应

段，而可由离解的碳直接氢化完成。那么，碳的氢化物又以何种形式和方式参与链的增长的呢？近年来有机金属化合物，特别是金属簇化物的结构给人以启迪。如图 7-28 所示，碳的氢化物一旦和金属形成某种结构的配合物之后，进一步加氢的活化能就可大大减小。在 Mₗ—C，Mₘ—CH，Mₙ—CH₂ 中，l、m、n 的值愈小（金属—碳的不饱和度愈高），反应性就愈高。部分氢化的中间体（M₃—CH，M₂CH₂—，M—CH₃）很容易达到平衡值，由这些中间体生成 C—C 键的可能性也最高[185]。

A. T. Bell 等用活性清扫法确认，在稳定的 CO+H₂ 反应体系中确有—CH₂—存在。他们在 Ru/SiO₂ 催化剂上导入少量乙烯可以增大丙烯的生成量，导入环己烯则可获得烷基衍生物和在环己烯双键上有由亚甲基形成的三元环附加物。可见，—CH₂ 乃是烃类合成反应中的重要中间体[186]。

R. Pettit 等为了验证所述三种链增长机理，曾进行了下述以偶氮甲烷（CH₂N₂）为添加剂的试验。(a) 在 CO+H₂ 的原料气体中添加和不添加偶氮甲烷，研究产物分布的变化；(b) 用同位素标记的 ¹³CO，研究不同配比的 ¹³CO：H₂：¹²CH₂N₂ 混合气体经反应后产物中 ¹²C 和 ¹³C 的分布。根据不同机理，对某一反应产物，例如丙烯可预测其中 ¹²C 和 ¹³C 的分布，结果如表 7-10 所示[187]。实验值和按 CH₂—插入推出的结果一致，即产物向高碳数一侧移动，丙烯中的 ¹²C 和 ¹³C 成混合组成。另外，他们还在 Co-硅藻土催化剂上于 1atm、210℃时由 CH₂N₂ 反应，这时得到的 C₄ 产物的分布和由一氧化碳加氢得到的几乎是一样的。

表 7-10　按各种机理丙烯生成物和同位素分布

链 增 长 机 理	产 物 分 布	丙烯中的同位素分布
1. CH_2—插入	向高碳数方向转移	^{12}C 和 ^{13}C 的混合物
2. 羟化碳烯脱水缩合	两种分布	^{13}C—^{13}C—^{13}C；^{12}C—^{12}C—^{12}C
3. CO 插入	无变化	^{12}C—^{13}C—^{13}C；^{13}C—^{13}C—^{13}C

之后，他们还在 Ni、Pd、Fe、Co、Ru、Cu 等催化剂上由（CH_2N_2）合成乙烯，如图 7-29 所示那样，产物在有氢时发生了明显的变化，即在 Ni、Pd、Fe、Co、Ru 等催化剂上，（CH_2N_2 和 H_2）反应生成了 α-烯烃和正构烷烃，这一产物分布和 F-T 合成时的一样，和温度以及氢压有关，氢的分压越高，烯烃就越少，链也越短。在铜催化剂上只有 CH_2═CH_2 生成，这显然是由于铜不能使 H_2 活化，没有在起始步骤中生成 CH_3 之故[187]。

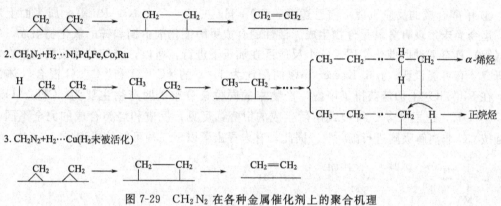

图 7-29　CH_2N_2 在各种金属催化剂上的聚合机理

把 R. Pettit 的这一研究结果应用于 $CO+H_2$ 反应，那么，F-T 合成的反应机理就可以描述为：CO 在某些金属表面上先离解成表面碳和表面氧，表面氧因催化剂、合成气组成、反应条件的不同生成 H_2O 以及 CO_2，而表面碳则加氢依次生成碳的各种氢化物。链的增长则通过甲基和表面的碳烯反应开始，而后再通过碳烯的插入来完成。

而催化剂表面上的烷基进行 β 消除，即可生成烯烃使链终止。上述机理中由羰基（或 C）转化成烷烃的反应，以及由烷基通过 β 消除生成烯烃的反应在有机金属化合物的反应中已得到了明确证明。

前者例如，由铁的羰基簇化物经过质子化或与氢分子反应时即可在分子中形成 C—H 键（图 7-27）[188]：

后者如由下述 Rh 羰基簇通过 β 消除即可由烷基获得烯烃产物[189]：

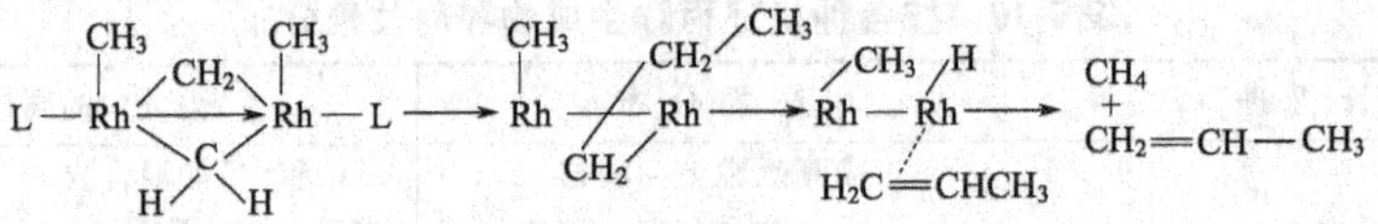

如众所周知，碳烯（＝CH₂）作为六电子体在 C—H 键中插入的反应，则在有机反应中是屡见不鲜的（碳烯化学）。至于要用—CH₂ 插入来说明 F-T 合成中含氧化合物的生成看来是不容易的。但是，如果把 CO 的插入作为链终止的步骤，那么，对这一矛盾也许就能自圆其说。

③ 链的终止　在上面讨论各种链增长的机理时已分别论及了有关链终止的过程。总的来说，链的终止不外通过表面烃基（或醛）的进一步加氢转化成产物烷烃（或者醇），和通过 β 消除转化成烯烃脱离表面两种途径。根据新的实验事实，特别是金属有机反应的实验结果，链的终止最可能的是取放出 α-烯烃的途径，烷烃则是由烯烃重新吸附后加氢获得的。

④ 甲醇合成的反应机理　前已述及，$CO+H_2$ 在 Fe、Co、Ni、Ru 等金属表面上反应时，迄今尚未发现有含氧化合物生成。活性的合成甲醇催化剂由铜和锌的氧化物组成，氧化铬（铝）具有某种助催化作用。这个反应系在加压下进行，所以，详细的反应机理应在加压下研究才有可能说明。J. R. Katzer 等曾用配比为 1∶1 的 $^{13}C\,^{16}O$ 和 $^{12}C\,^{18}O$ 混合气体为原料，在 Rh/TiO_2 上加氢获得了甲醇，产物中的同位素分布表明产物主要为 $^{13}CH_3\,^{16}OH$ 和 $^{12}CH_3\,^{18}OH$，这里没有 C 和 O 离解后生成的甲醇，可见，反应和烃类合成的完全不同，可能是按 CO 非离解吸附进行的[190]。据此，有人提出了以下三种可能的机理[156]：

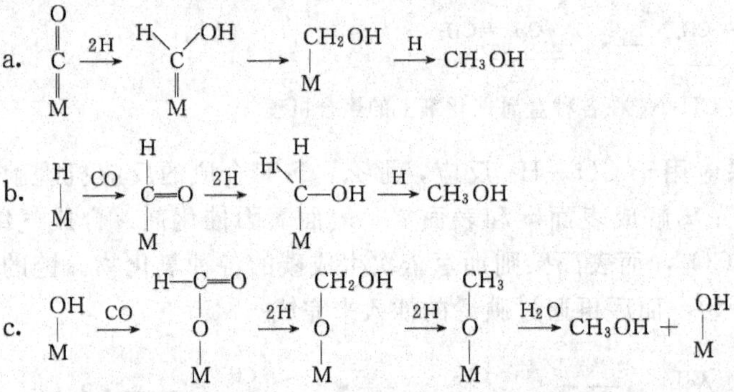

反应机理 a 和 b 以及上节中已作过介绍的羟基碳烯和 CO 插入的机理相一致，机理 c 则假设 CO 先在表面 O—H 键中插入生成甲酸盐，而后再加氢脱水生成甲醇[191]。在这三种机理中，机理 a 最易为人所接受[192a]。在甲醇合成中 ZnO 是主催化剂，而铜可以助长对 CO 的吸附和促进加氢。K. Klier 等对 CO＋H 在 Cu—ZnO 催化剂上生成 CH_3OH 提出了如下的反应机理：

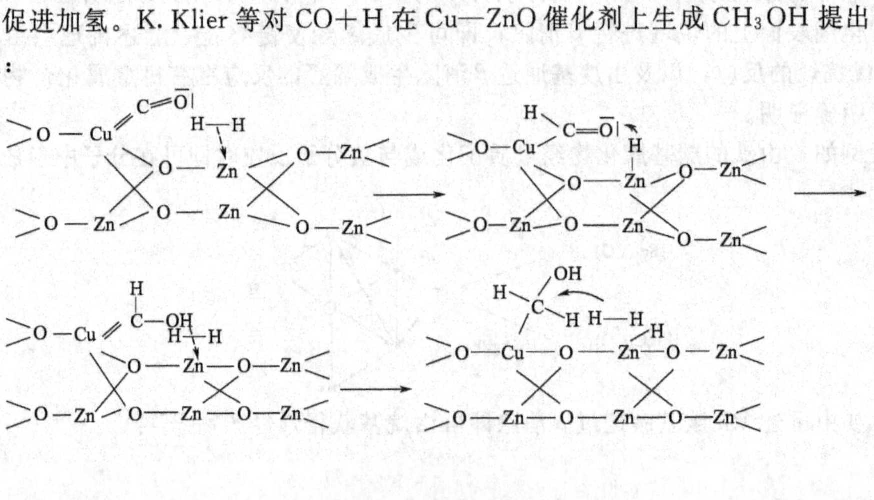

　　CO 先在 Cu(Ⅰ) 上进行非解离吸附并活化，H_2 则在 ZnO 表面上活化，当 Cu(Ⅰ) 变成 Cu(O) 时即失去活性，而后再通过 O_2、H_2O、CO_2 等的活化重新返回 Cu(Ⅰ)[192b]。当然，CO 在 M—C 和 M—O 中插入也并不是不可能，而且，M—O 和 M—C 常见于有机金属配合物中，已经发现，Zr 配合物中的 CO 配体就是通过甲氧基转化成甲醇的[193]。

　　现在，$CO+H_2$ 合成即使不考虑均相配位催化中氢甲酰化一类反应，在多相催化中也已远远超出了原先合成汽油（F-T 合成）、合成甲醇的范围。当前，CO 加氢的领域已扩展到对低级烯烃、低碳醇和 $C_2 \sim C_3$ 含氧化合物，例如乙二醇、乙酸等的选择合成。在这一领域内研究的直接目的就是想开发出新的、性能更好的催化剂。在这方面，如众所周知，由于由经典 F-T 催化剂获得的产物的分布，常常受反应机理（—CH_2 物种的增长）Schulz-Flory 分布[192]的限制。为了改变对产物的选择性，目前主要采用对催化剂修饰，在催化剂中添加第二种合适的金属的办法，以及寄希望于在链的终止过程中，有非离解吸附 CO 参与以促进低碳产物（醇）的形成。

　　在第一个方面，目前已有许多专利和文献涉及"修饰的 F-T 催化剂"，特别是含 Co 和 Fe 两种金属的催化剂[154,193]。所得结果表明，提高低碳烷烃和烯烃的选择性常常会降低产率[192]。最鼓舞人心的结果则得自在低碳醇合成中用铜修饰的 Fe 和 Co 的催化剂［参见表 7-9］。一个可以完全改变 F-T 合成产物分布的方法是在 F-T 催化剂中加入另一种催化剂，例如分子筛，使原来的产物就地转化（例如裂解）。这方面已经获得了许多有意义的结果，例如，从一个由合成甲醇催化剂和分子筛结合起来的双功能复合催化剂，可以对轻质烃馏分获得很好的选择性[193]。这种将原来的产物或中间产物就地转化成产物的新工艺（一体化）。

$$CO+H_2 \longrightarrow \boxed{中间化合物} \overset{转化}{\longrightarrow} 产物$$

　　这无疑是近年来多相催化工艺中的一大成就。在第二个方面，根据以上对 $CO+H_2$ 合成机理的讨论可见，如能促进非离解 CO 参与中间化合物的生成，避免或者减少—CH_2 的插入反应（F-T 系统），那么，CO/H_2 合成就有可能向提高低碳产物（含氧化合物）选择性的方向转移。

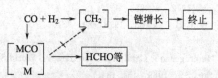

　　这样的转化当然可以归属于在均相催化体系中合成 $C_2 \sim C_3$ 含氧化合物的反应之中（参见表 7-8）。

参 考 文 献

[1]　日本化学会誌. 化学便览. 基础篇 2. 丸善, 1966.

[2]　Hall H S, Reid A F, Turnhull A G. Inorg Chem, 1967, 6：805.

[3]　Berger P A, Roth J F. J Phys Chem, 1967, 71：4307.

[4]　Nielsen N A, Keating K B, Miller W R. Surf Sci, 1967, 8：307.

[5]　牧岛象二. 触媒. 1960, 2：168.

[6]　Bond G C. Disc Faraday Soc, 1965, 41：200.

[7]　Dowden D A. Anales Real Soc Expanol Fiz Y Quim, 1965, B61：177.

[8]　Roginski S Z. J Phys Chem 1935, 6：334 (in Russian).

[9]　Beek O. Disc Faraday Soc, 1950, 8：115.

[10]　Dowden D A, Renold P W. ibid, 1950, 8：184.

[11]　Rooney J J. J Catal, 1964, 3：486.

[12] Shonov D, Andreev A. Chemical Bonds in Adsorption and Catalysis. Vol 1. Sofia: Metal. Acad Press, 1975 (in Russian).

[13] Rhodin Th N, Ertl G. The Nature of the Surface Chemical Bond. North Holland: Amsterdam, 1979.

[14] Bond G C. Surf Sci, 1969, 18: 11.

[15] Bond G C. Proc. Of 4th Intern Cong On Heterogeneous Catalysis Vol2. Moscow, 1968 Science, 1970, 250 (in Russian).

[16] Balandin A A. Multiplet Theory of Catalysis. Vol 1. Moscow: Moscow University Press, 1963 (in Russian).

[17] Boreskov G K. J of Indian Chem Soc, 1979, 56 (3): 273.

[18] Davisson C G, Germer L P. Phys Rev, 1927, 20: 795.

[19] Tucker C W. Surf. Sci, 1964, 2: 516.

[20] Davisson C J, Estrup P J, ibid, 1968, 9: 463.

[21] Coad J P, Bishop H E, Rivere J C, ibid, 1970, 21: 253.

[22] Margoniski Y, et. al. ibid, 1975, 53: 488; J Appl Phys, 1976, 47: 3868.

[23] Somorjai G A. Principles of Surface Chemistry. New Jersey: Prentice-Hall, 1972.

[24] May J W. Adv in Catal, 1970, 21: 151.

[25] Dowden D A. J Chem Soc, 1950, 242.

[26] Wolfsberg M, Helmholz L. J Chem Phys, 1952, 20: 837.

[27] Shopov D, Andreev A, Petkov D. J Catal, 1969, 13: 123.

[28] Fasssert D G M, Veerbeck H, Van der Avoird A. Surf Sci, 1971, 29: 501.

[29] Kuppers J, Conrad H, Ertl G, et al. Japan J Appl Phys Suppl, 1974, 2: 225.

[30] Eley D. Catalysis, 1955, 3: 49.

[31] Schwab G-M. Adv Catal, 1950, 2: 251.

[32] Sachtler W M H. J Catal, 1968, 12: 35.

[33] Ponec V. Adv Catal, 1983, 32: 149.

[34] Sachtler W M H, Dorgelo G, Jongepier R. J Catal, 1965, 4: 100, 654.

[35] Sachtler W M H, Dorgelo G, Jongepier R. Phys Proc Intern Symp, 1966, 218.

[36] Kuyers F J, Dessing R P, Sachtler W M H. J Catal, 1974, 34: 316.

[37] Van Santen R A, Sachtler W M H. J Catal, 1974, 33: 202.

[38] Bouwman R, Sachtler W M H. J Catal, 1972, 26: 63~69.

[39] Sachtler W M H. J Vac Sci Tech, 1972, 9: 828.

[40] Roberts A, Ponec V, Sachtler W M H. J Catal, 1973, 29: 381.

[41] Sinfelt J. J Catal, 1973, 29.

[42] Van Santen R A. Theoretical Heterogeneouc Catalysis. New Jersey: World Scientific Singapore, 1991.

[43] Van Hardevela R, Hartog F. Surf Sci, 1969, 15: 184.

[44] Araki M, Ponec V. J Catal, 1976, 44: 438.

[45] Spencer N D, Schoonmaker R C, Somorjai G A. J Catal, 1982, 74: 129.

[46] Brill R, Richter E L, Ruch E. Angew Chem Intern Edn Engl, 1967, 6: 882.

[47] Sachtler W M H, Van Santen R A. Adv Catal, 1977, 26: 69.

[48] Shum V, Butt J, Sachtler W M H. Appl Catal, 1984, 11: 151.

[49] Balandin A A. Multiplet Theory of Catalysis. Vol 2. Moscow: Press of Moscow University, 1963 (inRussin).

[50] a. Adams, C. R., Bebsei, H. A., Curtis, R. M., et. al. J. Catal. 1962, 7 336.

b. Anderson, J. B., Shimoyamaa, J., Proc. 5th Intern. Cong. on Catal. Miami-Beach: 1972. North-Holl Publ, 1973. 695.

[51] Coenen J W E, Van Meerten R Z C, Rijnten H T. ibid, 671.

[52] Van Hardeveld R, Hartog F. Surf Sci, 1969, 15: 189; Adv in Catal, 1972, 22: 75.

[53] Herring C. Phys Rev, 1951, 82: 87.

[54] Nicholas J F. Austral J Phys, 1968, 21: 21.

[55] Sungquist B E. Acta Met, 1964, 12: 67, 585.

[56] Romanowski W. Surf Sci, 1968, 18: 673.

[57] Poltorak O M, Boponi B S. J Phys Chem, 1966, 40: 1436 (in Russian).

[58]　Koinen G B E.　see [15], 292.

[59]　Shlosser E G.　see [15], 290.

[60]　Bond G C.　Platinum Metal Rev, 1975, 19: 126.

[61]　a. Schwab G-M, Block J, Schultze G.　Angew Chem, 1959, 71: 101

　　　b. Szabo Z G, Solmosi F.　Actes 2-me Congr Intern Catalyse. Vol 2. Paris: Technip, 1961, 1627.

[62]　Il'chenko N I, Juza B A, Roiter B A.　Dokl. BSSR, 1967, 172: 133 (in Russian).

[63]　Figuras L, Mencier B, Demourgues L.　J Catal, 1970, 19: 315.

[64]　Markivechi S B, Kravchuk L S, Kupcha L A.　Dokl. BSSR, 1977, 21: 833 (in Russian).

[65]　Skljarok A B, Krylov O V, Kelks G.　Kin Katal, 1977, 18: 1487 (inRussian).

[66]　Ogivie J L, Wolberg A.　Appl Spectrosc, 1972, 26: 401.

[67]　Tauster S T.　Acc Chem Res, 1987, 20: 401.

[68]　Tauster S T, Fung S C, Garten R L.　J Amer Chem Soc, 1978, 100: 170.

[69]　Tauster S T, Fung S C, Baker R T K, Hordley J A.　Science, 1981, 211: 1121.

[70]　Baker R T K, Prestridge E B, Garten R L.　J Catal, 1979, 59: 293.

[71]　Hoiseley J A.　J Amer Chem Soc, 1979, 101: 2870.

[72]　Fung S C.　J Catal, 1982, 76: 225.

[73]　Kao C C, Tsai S-C, Chung Y-W.　J Catal, 1982, 73: 136.

[74]　Herrman J M.　J Catal, 1984, 89: 404.

[75]　Menon P G, Froment G F.　Appl Catal, 1981, 1: 31.

[76]　Conesa J C, et al.　Proc Of 8th Intern Congr On Catal. Vol 5. 1984. 217.

[77]　Mariaudean P, et al.　Studies in Surface Science and Catalysis. Elsevier, 1982, 11: 95.

[78]　Resasco D E, Haller G L.　J Catal, 1983, 82: 279.

[79]　Haller G L, et al.　Proc Of 8th Intern Congr On Catal. Vol 5. 1984. 135.

[80]　Santos J, Phillips J, Dumesic J A.　J Catal, 1983, 81: 147.

[81]　荒川浴则, 国森公夫, 内岛俊雄.　Petrotech, 1983, 6: 859.

[82]　Anderson J B F, et al.　Appl Catal, 1986, 21: 179; Orita H, Naito S, Tamaru K.　J Phys Chem. 1985, 89: 3066.

[83]　内岛俊雄, 国森公夫.　表面科学, 1984, 5: 332.

[84]　Haensel V.　US 2 611 736. 1952.

[85]　Haensel V.　Adv Catal, 1951, 3: 179.

[86]　Boudart M.　Adv Catal, 1969, 20: 153.

[87]　Conner W C, Teichner S J, Pajonk G M.　Adv Catal, 1986, 54: 1.

[88]　Conner W C, Falconer J L.　Chem Rev, 1995, 95: 750.

[89]　Gault F G.　Adv Catal, 1981, 30: 1.

[90]　Ponec V.　Adv Catal, 1983, 32: 149.

[91]　Otvos J W, Stewensen O P, Wagner C D, Beeck O.　J Amer Chem Soc, 1951, 73: 5741.

[92]　Huang Y-Y, Sachtler W M H.　J Catal, 1999, 184: 247.

[93]　Huang Y-Y, Sachtler W M H.　J Catal, 2000, 190: 69.

[94]　Bond G C, Wells P B.　Adv Catal, 1964, 15: 92.

[95]　Bond G C, Rank J S.　Proc 3rd Intern Congr Catal Amsterdam. Vol 2. North-Holland, 1965. 1225.

[96]　Carra S, Ragaini V.　J Catal, 1968, 10: 230. Maonab J I, Webb G. ibid, 1968, 10: 19.

[97]　Wells P B, Wilson G K.　J Catal, 1967, 9: 70; Disc Faraday Soc, 1966, 44: 237.

[98]　Mellor S D, Wells P B.　Trans Faraday Soc, 1969, 65: 1873.

[99]　Hudson B, Taylor P C, Webster D E, Wells P B.　Disc Faraday Soc, 1968, 46: 37.

[100]　Siegel S, Smith G V.　J Amer Chem Soc, 1960, 82: 6082, 6087.

[101]　Anderson J R.　Adv Catal, 1973, 23: 1; Dartigues J M, Chambellan A, Gault F G.　J Amer Chem Soc, 1976, 98: 856.

[102]　Anderson J R.　Chemisorption and Reactions on Metallic Films. Vol 2. N. Y.: Acad Press, 1971.

[103]　Anderson J R, MacDonald R J, Shimoyama Y.　J Catal, 1971, 20: 147.

[104]　Germain J E.　Catalytic Conversion of Hydrocarbons. N. Y.: Acad Press, 1969.

[105] Schaik J R H, Van Dessing R P, Ponec V. J Catal, 1975, 38: 273.

[106] Sinfelt J H. Adv in Catal, 1973, 23: 91.

[107] Boudart M. ibid, 1969, 20: 153; Lani Y, Sinfelt J H, ibid, 1976, 42: 319.

[108] Fassaert J M, Verbeck H, Van der Avoird A. Surf Sci, 1972, 29: 501.

[109] Sinfelt J H, Yates D J C. J Catal, 1967, 8: 82.

[110] Delmon J A, et al. Bull Soc Chim Belg, 1979, 88: 559; J Catal, 1979, 60: 325; 1980, 62: 235; 1980, 66: 214.

[111] Webbs G. Comprehensive Chemical Kinetics. Vol 20. Elsevier, 1978. 1~121.

[112] Cosyns J, Marring G. Hydrogenation des Hydrocarbons. Techniques de l'ingenieur, 1986.

[113] Bond G C. Catalysis by Metals. N. Y.: Acad Press, 1962. 312.

[114] Kemball C. Adv Catal, 1959, 9: 223.

[115] Schuit G C A, Van Reuen L L. Adv Catal, 1958, 10: 242.

[116] Pearson R G. Hard and Soft Acids and Bases. Dowden, Hutchinson and Ross, 1973.

[117] Matzumoto H, Saito Y, Yoneda Y. J Catal, 1970, 19: 101~112.

[118] Haber F, Van Oordt G. Z Anorg Chem, 1904, 43: 111; 1905, 45: 341.

[119] Brill R. Angew Chem, 1967, 6: 882.

[120] Boudart M. Catal Rev, 1981, 23: 1.

[121] Spencer N D, Schoomaker R G, Somorjai G A, Nature, 1981, 247: 643.

[122] Ertl G, Lee S B, Weiss M. Surf Sci, 1982, 114: 515.

[123] Ertl G, Weiss M, Lee S B. Surf Sci, 1982, 44: 527; Chem Phys Lett, 1979, 60: 391.

[124] 中国科学院吉林应用化学研究所甲醛组. 中国科学, 1978, 4: 396.

[125] 吴越等. 中国科学 (B辑). 1984, 3: 209.

[126] Cant A W, Hall W K. J Catal, 1972, 27: 70; Geenen P V, Boss H J, Pott G T. ibid, 1982, 77: 499.

[127] Sachtler W M H. Catal Rev, 1070, 4: 27.

[128] Shingu H, Tnui T. Stud Surf Sci Catal, 1978, 3: 245.

[129] FR 2253747 to ICI. 1974.

[130] Ayame A, Kimura T, Yamaguchi M, et al. J Catal, 1983, 79: 233.

[131] Mimoun H. Rev Inst Fr Pet, 1978, 33: 259.

[132] Wu J C, Harriott P J. J Catal, 1975, 30: 395.

[133] Kuczinski G C, Carberry J J, Martinetze E. J Catal, 1973, 28: 39.

[134] McCarroll J J. Surf Sci, 1975, 53: 297.

[135] Fank W H, Beachell H C. J Catal, 1967, 8: 316.

[136] Oormack D, Thamas D H, Moss R L. ibid, 1977, 32: 492.

[137] Moss R L, Catalysis. Vol 1. London: The Chemistry Society, 1977. 37.

[138] Akimoto M, Ichikawa K, Echigoya E. J Catal, 1982, 76: 339.

[139] Cant N W, Hall W K. J Catal, 1978, 52: 81.

[140] Seiyama T, et al. Proc 5th Intern Congr Catal Palm Beach. North Holland: Amsterdam, 1973. 997.

[141] Cant N W, Hall W K. J Catal, 1970, 16: 220.

[142] Chilton T H. The Manafacture of Nitric Acid by the Oxidation of Ammonia. N. Y.: Amer. Inst. Chem. Engineers, 1960.

[143] Gland I L, Korchak V N. J Catal, 1978, 53: 9; 1978, 55: 324. ; 1980, 61: 541.

[144] Kuchayev V I, Nikitushina L M. Proc 7th Intern Congr. Catal Tokyo: Kodasha, 1981. 698.

[145] Contour J P, Mourrier G, Hoogewys M, et al. J Catal, 1977, 48: 217.

[146] Pszonika M. ibid, 1979, 56: 472.

[147] Busby J A, Trimm D L. J Catal, 1979, 60: 430.

[148] Sabatier P, Senderens J B. Compt Rend, 1902, 135: 87, 88.

[149] Pichler H. Adv Catal, 1952, 4: 271.

[150] Frohning C D. Reactivity and Structure. Vol 11. New Synthese with Carbon Monoxide. Chapter 4. Berlin: Springer, 1950.

[151] Falbe J. Chemierrostoffe aus Kohle. Stuttgart: Thieme Verlag, 1977.

[152] Fischer F, Tropsch H. Ber Deutsch Chem Ges, 1926, 59: 830, 832; Brennstoff-Chem, 1926, 7: 97.

[153] Kohbel H, Ralek M. Catal Rev Sci-Eng, 1980, 21: 225; Chem-Ing-Techn, 1957, 29: 506.

[154] Dry M E. Catalysis; Science and Technology, eds. Anderson J R, Boudart M. Vol 1. Chapter 4. Berlin: Springer Verlag, 1981.

[155] King D L, Cusumano A A, Garten R L. Catal Rev Sci-Eng, 1981, 23: 233.

[156] Keim W. Catalysis in C₁-Chemistry, D Reidel Publ Co Doedrecht, 1983.

[157] Sneeden R P, Perrichon V, Denise B. Catalyse par des Metaux. Paris: CNRS, 1984. 19.

[158] Emmett P H. Catalysis. Vol 4. N. Y. : Reinhold, 1956.

[159] Edus Ja T, Zelinski N D. Izv AN SSSR Otd Khim, 1942, 190 (in Russian).

[160] Greggs S J, Leach H F. J. Catal, 1966, 6: 308; Jones H F, McNicol B D. ibid, 1977, 47: 384.

[161] Craxford S R, Rideal E K. J Chem Soc, 1939, 1604; Wentrcek P R, Wood B J, Wish H. J Catal, 1976, 43: 363.

[162] Ho S V, Harriott P. ibid, 1980, 64: 272; Wang S W, Moon S H, Vannice M A. ibid, 1981, 71: 167.

[163] Smuteek M, Cerny S. Intern Rev in Physical Chemistry, 1983, 3: 263.

[164] Eisenberg R, Hendriksen D. E. Adv Catal, 1979, 28: 79; Masters C. Adv Organometal Chem, 1979, 17: 61.

[165] Sneeden R P A. Comprehensive Organometallic Chemistry. Oxford Section: Pergamon Press, 1982, 50 (2): 40, 62.

[166] Deluzarche A, Kieffer R, Muth A. Tetrahedron Lett, 1977, 3357.

[167] Muetterties E L, Stein J. J Chem Rev, 1979, 79: 479.

[168] Storch H H, Golumbic N, Anderson R B. The Fischer-Tropsch and related Synthses. N Y: Wiley, 1951.

[169] Blyholder G, Neff L D. J Catal, 1963, 2: 138.

[170] Wender I, Friedman S, Steiner W A, Anderson R B. Chem Ind, 1958, 1694 (London)

[171] Hall W H, Kokes R J, Emmett P H. J Amer Chem Soc, 1960, 82: 1027.

[172] Pichler H, Schulz H. Chem Ing Techn, 1970, 42: 1162.

[173] Sweet J R, Grahm W A G. J Amer Chem Soc, 1982, 104: 2811.

[174] Herrmann W A. Angew Chem Intern Edn Engl, 1982, 21: 117.

[175] Herrici-Olive G, Olive S. ibid, 1975, 16: 136; J Mol Catal, 1977/1978, 3: 443.

[176] Yoyner R W. J Catal, 1978, 50: 176.

[177] Richardson N V, Bradshaw A M. Surf Sci, 1979, 88: 255.

[178] Rabo J A, Risch A P, Poutzma M L. J Catal, 1978, 53: 295.

[179] McCarry J G, Wise H J. J Catal, 1979, 57: 406.

[180] 田中虔一. 表面, 1985, 23: 81.

[181] Happel J, et al. J Catal, 1980, 65: 59; 1982, 75: 314.

[182] Biloen J N, Helle J N, Sachtler W M H. ibid, 1983, 81: 450.

[183] Galuzka J, Chang J K, Amenomiya Y. Proc 7ᵗʰ Intern Congr Catal. 1980. Amsterdam: Elsevier, 1981. 529.

[184] Biloen P, Heller J N, Sachtler W M H. J Catal, 1979, 58: 95.

[185] Bell A T. Catal Rev Sci-Eng, 1981, 23: 203.

[186] Ekerdt J G, Bell A T. J Catal, 1980, 62: 19.

[187] Bradyill R C, Pettit R. J Amer Chem Soc, 1980, 102: 6181; 1981, 103: 1287.

[188] Molt E M, Whitmore K H, Shriver D F. J Organometal Chem, 1981, 213: 123; Tachikawa M, Muetterties E L. J Amer Chem Soc, 1980, 102: 4541.

[189] Isobe K, Andrewa D G, Mann B E, Maitlis P M. J Chem Soc Commun. 1981, 809.

[190] Takenchi A, Lavalley J C. J Phys Chem, 1981, 85: 937.

[191] Deluzarche A, Hinderman J P, Roger R. J Chem Res, 1981, 72.

[192] Takenchi A, Katzer J R. J Phys Chem, 1981, 85: 937; Herman R G, Klier G M, Simmona B P, et al. J Catal, 1979, 56: 407.

[193] Gillies M T. C₁-Based Chemicals from Hydrogen and Carbon Monoxide. N. Y. : Noyes Data Corp, 1982. 101.

第八章　金属氧化物催化剂(一)——酸-碱型

　　金属氧化物和金属相比,应该说是一种应用更加广泛的催化剂,这是因为它既可以和金属一样应用于许多氧化-还原型反应之中,例如,氧化（V_2O_5、CoO、$NiO\cdots$）、加氢（$Ln_2O_3\cdots$）、脱氢（Cr_2O_3、$MgO\cdots$）等,而且,还可以在一般不为金属所催化的酸-碱型反应中使用,如裂解（Al_2O_3-$SiO_2\cdots$）、脱水（Al_2O_3、$ThO_2\cdots$）等。不仅如此,由金属氧化物还可以组合成多种多样的多组分氧化物,这类氧化物不仅种类之多,无法估算,而且在不同的反应中又都有独特的催化功能。例如,由丙烯氨氧化制丙烯腈的一种催化剂,竟是由 P、Mo、Bi、Fe、Co、Ni、K 等七种氧化物组成的多组分氧化物。尽管氧化物催化剂,如上所述,在实际应用上如此广泛而重要,但目前人们对这类催化剂作用本质的了解,还远远赶不上对金属催化剂的了解,当然,更不用说和配合物催化剂的相比了。如果说目前对均相催化剂（酸-碱及配位化合物）、酶以至金属催化剂的催化作用,已可在某种程度上从“分子”水平加以解释,进入了称之为“分子催化”阶段的话,那么,对氧化物催化剂来说,甚至还是处在讳莫如深的状态。造成这种状态,除了这类催化剂在化学组成以及结构,特别是表面结构上的复杂性这一根本原因之外,还不无其它原因,例如,近年来虽然在对固体表面结构和表面反应等的研究中广泛应用了各种现代化研究工具,把多相催化的研究带进了分子水平的阶段,但所有这些方法大都是针对金属催化剂的,对氧化物催化剂,由于在高真空条件下很不稳定等原因,还不能获得可靠和满意的结果。另外,一些已在金属催化剂研究中解决了的问题,如表面上活性中心的测定,在氧化物催化剂,特别是氧化-还原型氧化物催化剂的研究中也还未能圆满解决等。这就是说,今天,连研究氧化物催化剂的实验方法还存在不少有待解决的问题。除此之外,又如在理论上对金属氧化物这类固体的处理也比对金属的困难,这方面的积累远不及金属的丰富和深入,需要做不少理论方面的工作等。显而易见,对氧化物催化剂,无论在实验方面还是在理论方面都还需要做大量的研究,这样,它才有可能进入“分子催化”的水平。看来,文献中许多在氧化物的晶体结构、电子结构以及各种物理化学和催化化学之间所作的关联,还不能说已是最本质的;同时,今天对如此复杂而多样的氧化物催化剂的作用本质,企图从其晶体的结合状态,或者从其配位状态作出统一的论述也还是不可能的。

　　为了能对氧化物催化剂作用本质的阐述尽可能地贯彻撰写本书的宗旨,本书将一方面根据本书对催化反应的分类（表 3-1）,将氧化物催化剂按酸-碱型、氧化-还原型两类分两章撰写,另一方面还将按照多组分氧化物的组合特点,将氧化物催化剂分为简单氧化物、混合氧化物和复合氧化物三大类。简单氧化物不言而喻是指结构单一的氧化物催化剂,混合氧化物是指几种氧化物混合后依然保留各自结构,至多只在界面上形成新相的氧化物催化剂,复合氧化物则指几种氧化物混合后形成在结构上与原氧化物不同的氧化物催化剂。两种分类的关系和例子如表 8-1 所示,在以后的阐述中将以阐明简单氧化物的催化作用机理为主,在此基础上,只对混合氧化物及复合氧化物催化剂指出其结构上以及催化作用中的特点。当然,在实际的氧化物催化剂中,除了表 8-1 所列典型的类型之外,还有在反应和结构上更为复杂的氧化物催化剂,例如,杂多酸,尽管它在结构上可归属于复合氧化物,但却同时具有酸-碱和氧化-还原的催化性能。又如,上述由七种氧化物组成的丙烯氨氧化制丙烯腈的催化剂,不仅同时具有两类催化性质，而且在结构上还同时含有简单、混合、复合氧化物的结构。关于这些催化剂的结构以及作用机理，本书将只在适当的地方加以介绍。本章讨论的内容为酸-碱型氧化物催化剂。

表 8-1　氧化物催化剂的分类及举例

催化剂类型	简单氧化物	混合氧化物	复合氧化物
酸-碱型催化剂	Al_2O_3、ZnO、TiO_2、CeO_2、As_2O_3、V_2O_5、SiO_2、Cr_2O_3、MoO_3	$BeO\text{-}SiO_2$、$MgO\text{-}SiO_2$、$CaO\text{-}SiO_2$、$SrO\text{-}SiO_2$、$Y_2O_3\text{-}SiO_2$	$SiO_2\text{-}Al_2O_3$、$Cr_2O_3\text{-}Al_2O_3$、$ZrO_2\text{-}SiO_2$、$TiO_2\text{-}ZnO$、杂多酸、分子筛
	BeO、MgO、CaO、SrO、BaO、SiO_2、Al_2O_3、ZnO、Li_2O、Ln_2O_3、Y_2O_3	$SiO_2\text{-}MgO$、$SiO_2\text{-}CaO$、$SiO_2\text{-}SrO$、$SiO_2\text{-}BaO$	$SiO_2\text{-}Al_2O_3$、$MgO\text{-}Al_2O_3$、碱性分子筛
氧化-还原型催化剂	V_2O_5、CoO、NiO、MnO、CeO_2	$V_2O_5\text{-}TiO_2$、$V_2O_5\text{-}SiO_2$、$FeO\text{-}TiO_2$、$V_2O_5\text{-}SrO$	$LaCoO_3$、$LaMnO_3$、Co_3O_4、Fe_3O_4、$BiMoO_4$、杂多酸

第一节　固体酸和固体碱

大多数金属氧化物以及由它们组成的混合和复合氧化物，都具有酸性或者碱性，有的甚至同时具有这两种性质。所谓的固体酸催化剂和固体碱催化剂大部分就是这些氧化物。和均相酸-碱催化剂一样，固体酸也包括可以给出质子的［Brönsted 酸（B 酸）］或者可从反应物接受电子对的［Lewis 酸（L 酸）］两类固体，固体碱则刚好与此相反，系指能向反应物给出电子对的固体。各种氧化物固体酸和固体碱催化剂的例子如表 8-1 所示。

一、简单固体酸和固体碱

一般地说，固体氧化物的酸性主要来自其中的金属离子，已知金属离子在水溶液中的酸强度可通过下式所示反应的离解平衡常数 pK_a 表示出来：

$$M(H_2O)_m^{n+} + H_2O \xrightleftharpoons{K_a} [M(H_2O)_{m-1}(OH)]^{(n-1)+} + H_3O^+$$

而 pK_a 值，如图 8-1 所示，和金属的电负性（χ_i）有直线的关系[1]，因此，金属离子的酸性也就可以 χ_i 作为判据，而 χ_i 则可由下式算出：

$$\chi_i = (1+2z)\chi_0^{[1]} \tag{8-1}$$

或

$$\chi_i = \chi_0 + \left(\sum_i I_i\right)^{1/2[2]} \tag{8-2}$$

式中，χ_0 为金属的电负性；z 为电荷，I_i 为 $M^{i-1} \longrightarrow M^i$ 的电离势。

关于金属氧化物的碱性，可从组成金属离子的 χ_i 粗略地估算出来。当表面上有—OH 时，那么，就要视其按如下哪种离解而定，既可以起酸的作用，也可以起碱的作用。

$$\text{(I)} \qquad \overset{\displaystyle O-H}{\underset{\text{////}M\text{////}}{|}} \rightleftharpoons \overset{\displaystyle O^-}{\underset{\text{////}M\text{////}}{|}} + H^+ \tag{a}$$

$$\text{(II)} \qquad \overset{\displaystyle O-H}{\underset{\text{////}M\text{////}}{|}} \rightleftharpoons \text{////}M^+\text{////} + OH^- \tag{b}$$

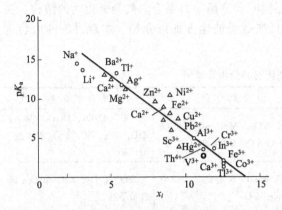

图 8-1　水合金属离子的酸解离常数 pK_a
和金属离子的电负性 χ_i 的关系

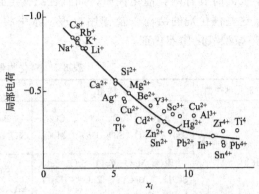

图 8-2　氧化物中氧离子上的局部电荷和金属
离子电负性 χ_i 的关系[4]

　　这里 M 为表面的金属离子，如果 M 的电负性相当大，对氧离子的电子对有较强的吸引力，那么，就能使 O—H 键减弱，有利于反应按（a）式离解；相反，如果 M 的电负性小，那么，就将按反应（b）生成碱中心。显然反应按（a）还是按（b）进行，主要取决于作为 H^+ 或者 OH^- 受体的反应物。也就是说，M—O—H 和两性化合物相似，当有碱性物质存在时，反应将按（a）式，而当酸性物质存在时，则按（b）式进行。从反应（a）、（b）逆反应的（Ⅰ）和（Ⅱ）可见，（Ⅱ）作为酸中心，其强度仅和金属离子的电负性 χ_i 有直接的关系，而（Ⅰ）中 O 离子作为碱中心的强度则和氧上的负电荷密度有关，负电荷密度愈大，强度也愈大。关于这点，R. T. Sanderson[3] 曾按照电负性均一化原理，对各种氧化物中的氧离子计算过它的相对的局部电荷，由计算所得的局部电荷对各种金属的电负性 χ_i 作图，可得如图 8-2 所示的关系[4]。可见氧离子上的负电荷密度与 χ_i 有着密切的关系，χ_i 愈小，负电荷密度就越大。这样一来，金属氧化物的酸性以及碱性就都和金属离子的电负性联系起来了，χ_i 值大的氧化物主要是酸性的，而 χ_i 值小的则是碱性的。田中虔一由此曾得出结论，作为共轭碱（Ⅰ）的碱强度越小，也就是说（Ⅰ）中氧离子上的负电荷越小，B 酸的酸强度就越大。

　　以上根据金属离子的电负性 χ_i，从物质的内在因素之一对氧化物的酸-碱性质作了分析，除此之外，还可以从其它，如电离势、氧化物的局部电荷等物质的内在因素作为参数进行同样的分析。

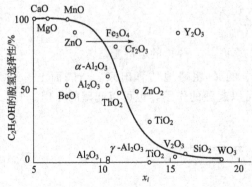

图 8-3　乙醇脱氢选择性与金属离子电负性
χ_i 的关系[4]

　　氧化物所固有的这种内在的酸-碱性质，在催化反应中可以充分地反映出来，如众所周知，在醇类的脱水和脱氢反应中，不同氧化物对这两个反应具有不同的选择性，其原因就是由于它们具有不同的酸、碱性质的关系。图 8-3 所示乙醇脱氢选择性与金属离子电负性 χ_i 之间的关系表明，在 χ_i 大的氧化物上，由于酸性占主导地位，所以脱水反应的选择性较大，相反，在 χ_i 小的氧化物上，由于主要是碱性，所以以脱氢反应为主。

以上从一般意义上讨论了氧化物催化剂的酸、碱性的本质，但实际上有许多例外的情况，譬如，有许多氧化物仅具有酸性或碱性，有些氧化物又同时存在着 Brönsted 酸和 Lewis 酸。

二、混合氧化物固体酸和固体碱

众所周知，无论是氧化铝还是氧化硅，或者这两种干燥氧化物的机械混合物，都不是活性的裂解催化剂。但是它们的胶体混合物，即使主要是氧化硅却都相当活性，这就是说，当氧化铝被引入氧化硅时，即使浓度很小就能形成对裂解反应有催化作用的表面。或者说，已在表面上形成了 B-酸或者 L-酸。这是由于在铝的三水合物和氧化硅的表面羟基之间发生了消除水的缩合反应产生的。在活性氧化硅过剩和低 pH 值的情况下，Al—O—Si 键比 Al—O—Al 键更容易形成。一个代表性的反应可用图表示如下：

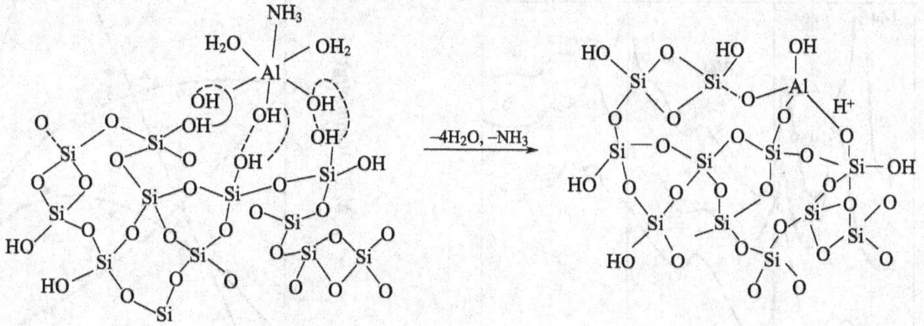

结果是铝离子被引入了硅粒的表面之中。

从这个反应式可以明显地看出，原始氧化铝以及氧化硅末端的羟基从弱酸性变化至醇性，这是没有催化活性的。但是当三价的铝离子一旦进入氧化硅的表面，那么，就会产生具有强 B 酸性质的表面羟基，并成为活性的裂解催化剂。这种具有质子性质的酸，显然是由水在铝离子上离解吸附所产生，如下式所示。而且是和朝着与硅阳离子结合的氧转移的质子联系在一起的。

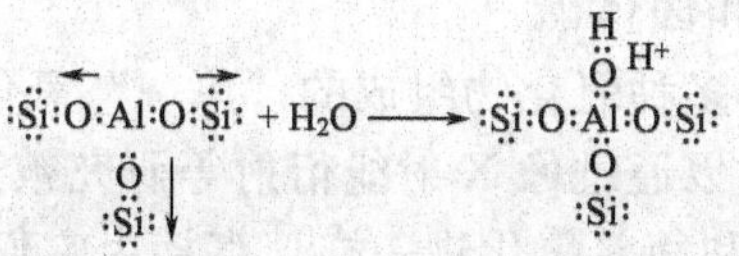

这个反应起因于铝离子的强亲电子性，即由于铝原子的 p 轨道力图使自己充满电子，铝原子本身已具有相当强的吸电子性，加之 SiO_4 结构中的硅（4 价）有较大的电负性，可按箭头方向自铝原子周围吸引电子，这就进一步增大了铝的吸电子性。使铝原子有可能通过水解离放出一个质子而获得羟基。

当氧化硅-氧化铝表面通过高温加热脱水，水分子将从 B 酸部位离开，这时裸露在外的铝离子将具有接受电子对的性质，也就是说如下式所示，形成了 L 酸部位：

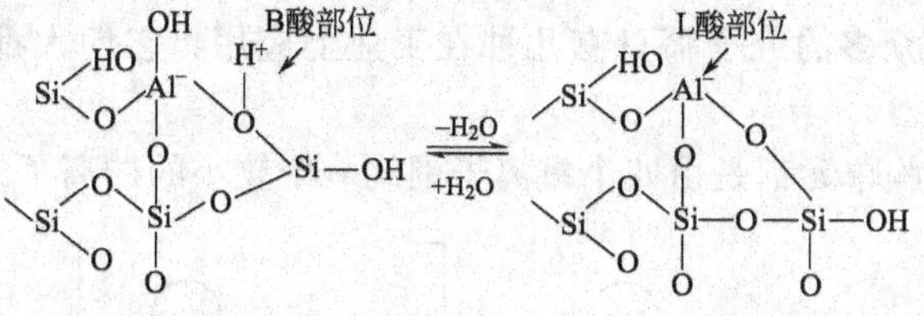

根据处理条件的不同，脱水表面可以是 B 酸，也可以是 L 酸，或者是两种酸都有。

图 8-4 给出了用吡啶测定一种 SiO_2-Al_2O_3 混合氧化物表面酸性所得的结果。由图可见，在 $1540cm^{-1}$ 附近出现的吡啶鎓离子峰，以及于 $1455 \sim 1459cm^{-1}$ 处的强配位吡啶峰分别和 B

酸和 L 酸相当，同时，因处理条件的不同，二种酸的相对量亦随之改变[5]。图 8-5 给出的则是因 SiO₂-Al₂O₃ 中 SiO₂ 的含量不同，不同酸的变化曲线[5]。其中，a 为由胺滴定法测得的总酸量（$H_0 \leqslant 1.5$）；b 为按照改进的 Leftin-Hall 法[5]测得的 L 酸量；c 为由（a－b）求得的 B 酸量；d 则为根据 Holm 离子交换法求得的 B 酸量[5]，代表可和乙酸铵溶液中铵离子交换的 H⁺量。由图可见，L 酸在纯 Al₂O₃ 上最大，随着氧化硅的增加而逐渐减小，B 酸则在氧化硅含量 70％处达最大值。由 c 和 d 测得的 B 酸不同，可能是由两种方法测定的酸强度范围不同引起的。

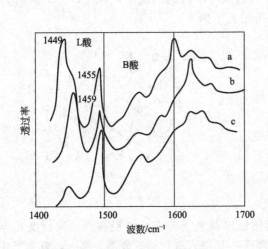

图 8-4　SiO₂-Al₂O₃ 上吸附吡啶的 IR 光谱图
a—室温排气后吸附；b—300℃排气后吸附；
c—引入 0.05mmol H₂O 后吸附

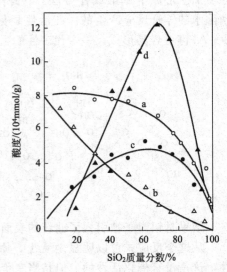

图 8-5　SiO₂-Al₂O₃ 组成和各种酸量的关系
a—$H_0 \leqslant 1.5$ 的总酸量；b—L 酸量；c—B 酸量
（c＝a－b）；d—由离子交换法求得的酸量

三、复合氧化物固体酸和固体碱

复合氧化物可以理解为由多种氧化物组成的"单一"氧化物。因为它们有明确的和不同于母体氧化物的晶体结构，可以通过像 X 射线衍射等研究被充分了解。同时，它们的性质，诸如酸-碱以及氧化-还原等，和简单氧化物一样，直接由它们的结构所决定。因此，近年来在氧化物催化剂的研究中，它们已被认为和金属催化剂研究中的单晶一样，受到了普遍的注意。其中，各种分子筛和杂多酸则被看作是复合氧化物固体酸和固体碱中的典型代表，研究得最为广泛和深入。

（1）酸性分子筛

过去常用的固体酸催化剂 SiO₂-Al₂O₃，现在在许多反应中已被分子筛所取代。分子筛有天然和合成之分，天然沸石分子筛约 35 种；自然界中没有的，现在已经合成出了约 100种之多[6]。但是这么众多的分子筛只有几种在工业上应用，它们大都是合成分子筛和天然沸石的合成类似物。

所有分子筛的结构单元都是由四个氧离子围绕一个较小的硅离子或铝离子成的四面体：

这些四面体按每个氧离子均与别的硅或铝四面体共享的规则展开排列，最后形成各种分子筛晶体。由以上的结构单元可见，每个硅四面体单元是电中性的，而铝四面体则带有—1的剩余负电荷，为了保持电中性，每个铝四面体需从结构中别的阳离子获得一个正电荷。这样的阳离子在制备分子筛时往往采用钠离子，以后，通过离子交换，它们可以为各种阳离子，甚至质子所取代，以达到改变其性质的目的。这里需要预先和特别强调的一点是，在复合氧化物中这些抗衡离子在结构中有其固有的位置，在吸附和催化过程中起着不可忽视的作用。

现在已被用于吸附和催化的代表性分子筛列于表 8-2 中。

表 8-2　可用作吸附剂和催化剂的分子筛

类　型	组　　成	有效细孔径/nm	耐酸限度(pH 值)	最大吸附分子
A	$Na_{12}(AlO_2)_{12}(SiO_2)_{12} \cdot nH_2O$	0.42	5	C_2H_4
L	$K_4(AlO_2)_9(SiO_2)_{27} \cdot nH_2O$	0.71	可在 0.1mol/LHCl 中	$(C_4H_9)_3N$
丝光沸石	$Na_8(AlO_2)_8(SiO_2)_{40} \cdot nH_2O$	0.67nm×0.70nm	11	$C_6H_6$①
X	$Na_{86}(AlO_2)_{86}(SiO_2)_{106} \cdot nH_2O$	0.74	5	$(C_4H_9)_3N$
Y	$Na_{56}(AlO_2)_{56}(SiO_2)_{136} \cdot nH_2O$	0.74	2.5~3.0	$(C_4H_9)_3N$
ZSM-5	$0.9+0.3NaO \cdot Al_2O_3 \cdot 20-90SiO_2 \cdot nH_2O$	A<ZSM-5<Y	可在 0.1mol/LHCl 中	—

① 在对位上有一个小于苯核的取代基时也能吸附。

① 酸中心的形成机理　分子筛固体酸中心的形成机理与上述混合氧化物的不同，完全由分子筛所固有的结构所决定。现在为大家普遍接受的理论，根据分子筛处理方法的不同认为有两种。一是认为由分子筛中的抗衡钠离子直接为质子取代而形成的。如众所周知，分子筛作为催化剂在使用之前都要先经离子交换和一系列的处理之后才具有催化活性。例如 NaY 型分子筛需要先用 NH_4^+ 进行离子交换使之转化成 NH_4^+Y，然后再在 $250\sim300℃$ 加热使 NH_4^+ 分解生成 HY 型分子筛，这时在分子筛表面上形成的 H^+ 即为分子筛中的 B 酸中心，HY 如进一步加热到 500℃时即可脱水，使其中部分 Al^{3+} 转变为配位不饱和状态，形成 L 酸，带有过剩负电荷的另一部分则可能起碱中心的作用。上述转化过剩可用图解表示如下：

图 8-6 给出的是用红外光谱通过吡啶吸附获得的各种酸中心随 NH_4Y 处理温度的变化曲线[7]。

处理温度对分子筛表面上酸种和浓度的改变对各种分子筛都是一样的，而且，和催化剂活性之间也存在着共同的关系。图 8-7 表示经不同温度处理的 NaHY(56%) 交换分子筛表面 B 酸浓度，和作为催化剂在异丙苯于 325℃裂解时的活性的变化。可以看出，两者有几乎相同的走向[9]。

另一个形成酸中心的机理，是在研究用各种高价金属阳离子 M^{n+} 取代分子筛中的抗衡 Na^+ 的基础上提出来的[10]。譬如，在用碱土离子或稀土离子取代 Na^+ 时，由于水合金属离子的离解作用，可以发生如下的反应：

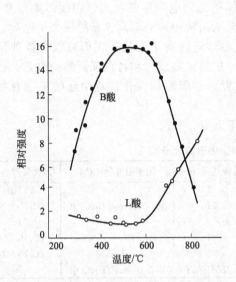

图 8-6　通过测定吸附吡啶的吸收强度求得的
B 酸和 L 酸量与 NH₄ Y 处理温度的关系[8]

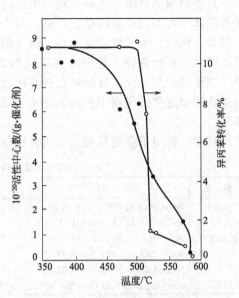

图 8-7　NaHY 分子筛处理温度对表面
B 酸浓度和异丙苯裂解活性的影响

这是因高价金属离子和分子筛结构之间存在着强的电场，在其作用下，使吸附水发生极化，从而使水离解，和使分子筛获得更加稳定的电荷分布的结果。图 8-8 为 Y 型分子筛中不同碱土金属阳离子的静电场大小和 B 酸之间的关系。可见，碱土金属离子的静电场愈大，B 酸的量也就愈大[11]。经稀土离子交换的分子筛表面上的酸强度分布比 HY 的更广[12]。交换度越大，酸中心的强度也越大，甚至可以出现 $H_0 \leqslant -12.8$ 的强酸。酸强度的广泛分布表明和—OH 作用的不同中心的阳离子含的氧不同。稀土离子之所以能提高—OH 的酸强度，就在于能吸引—OH 的电子[13]：

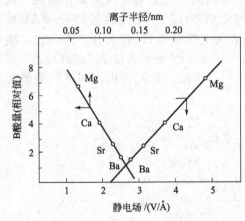

图 8-8　B 酸量和阳离子半径以及
静电场的关系[39]

$$M^{n+} \cdots \cdots O \underset{\delta-}{\overset{H}{\diagdown}} \underset{\delta+}{\overset{}{\diagdown}} H$$

② 分子筛在催化中的作用特点　分子筛作为催化剂，是以能在石油加工中取代使用中的 SiO_2-Al_2O_3 才被人们关注的。这显然由于它具有比 SiO_2-Al_2O_3 更为优异的酸性；后来大量的研究还证明，分子筛之所以具有如此优异的催化功能，还因为它有良好的孔隙结构，可以在反应中起到筛选反应分子的作用。现在知道分子筛的酸性也好，孔隙结构也好，都由它所固有的化学组成以及晶体结构所决定。这是因为分子筛种类如此之多，但并不都能被用作催化剂，只有那些在化学组成和晶体结构上能满足催化要求的分子筛才能成为最佳的催化剂。

首先，分子筛中的铝含量起着重要的作用。通常，在一定范围内，分子筛催化剂显示出其中的 Si/Al 比愈高，催化活性也愈高的倾向。许多用作催化剂的分子筛在它们的 Si/Al 比之间有如下的关系：

分 子 筛	X	Y	HL	H-丝光沸石
Si/Al 比	1.23	2.43	3.00	6.25

一般地说，不管在任何反应中，Y 型分子筛的催化活性总比 X 型的高。在二甲苯异构的反应中，H-丝光沸石的活性要比 HY 的大 16 倍之多[14]。HL 对异丙苯裂解的活性为 HY 的三倍[15]，这样的例子还可以举出很多。另外，无论是 Y 型、L 型分子筛，还是丝光沸石，如果将其结构中的 Al³⁺用 EDTA 或盐酸等处理除去其中的一部分，那么，特别是部分脱铝的 Y 型分子筛，热稳定性就能显著提高，这样的分子筛已被称为超稳定的分子筛[16]。尽管在这种脱去了一部分铝，Si/Al 比已有所增大的分子筛中，酸性中心的数目(即 AlO₄⁻基团)已经减小，但是，许多研究却表明，分子筛的活性反而比原来的高[16,17]。另据报道，低 Al 的 ZSM-5 分子筛在己烯裂解中的活性也比 Y 型和丝光沸石的都高[18]。同样，虽然这里 ZSM-5 分子筛的酸中心数较少，但活性却也比丝光沸石的高。这些结果，由反映这些分子筛中 B 酸特性的—OH 在 IR 光谱上的振动频率数据[19]：

HZSM-5   H-丝光沸石   YH

$3600cm^{-1}$ $3610cm^{-1}$ $3650cm^{-1}$

可以找到答案，即随着 Si/Al 比的变大，酸性羟基的振动频率有变小的趋势。说明这是由于 ZSM-5 分子筛的 B 酸强度变大的关系[20]。

分子筛在催化中另一个广泛引人注意的性质是它的孔隙结构，加上上述酸性，使分子筛在最近二三十年间，在石油加工和石油化工工业中受到了特殊的青睐，它的发现，被人们称之为催化史上的第二次革命。这里，孔的大小以及孔的分布是否均匀是最重要的两个问题。二十年前由美国 Mobil 公司开发的 ZSM-5 被认为是在这两方面最具有最佳性质的一种分子筛[21]。

从该公司公布的有关分子筛在甲醇转化成汽油(MTG 法)反应中，使分子筛活性遭到破坏的析炭作用的研究可以看出，在这种分子筛上积炭最少。在一些其它的反应中也得到了与此类似的结果。例如，F. X. Cormerais 等人

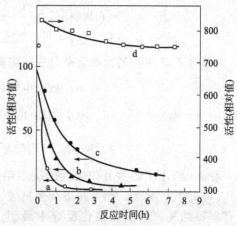

图 8-9 各种分子筛在二甲醚转化中活性
随时间的变化(350℃)
a—H-M；b—H-E；c—H-Y；d—H-ZSM-5

以各种 H 型分子筛为催化剂，在 350℃研究二甲醚转化成烃类的反应时得到了如表 8-3 和图 8-9 所示的结果[22]。这些结果再次证明 ZSM-5 是最佳催化剂，由反映反应产物的分布和分子筛孔径关系的研究更可以看到，分子筛的孔大小在反应中起着何等重要的作用。

表 8-3 各种分子筛在二甲基醚转化时的积炭及活性变化

催 化 剂	残留活性/%	积炭质量分数/%	10³ 炭/烃类	催 化 剂	残留活性/%	积炭质量分数/%	10³ 炭/烃类
H-ZSM-5	90	2.5	0.3	H-E	0.15	8.6	90
H-Y	8	9.3	40	H-M	0.15	6.8	200

(2) 杂多酸的酸催化作用

近年来，杂多酸及其盐类在催化领域内越来越引人关注，这一方面是由于有些杂多酸(盐)已有可能成为有实用价值的工业催化剂，另一方面，则是由于杂多酸有许多基础理论

问题引人入胜。从催化角度看，杂多酸是很有特点的。化学计量的杂多酸，组成简单，结构确定，既兼有配合物和金属氧化物的结构特征，又兼有酸性和氧化-还原性能。许多杂多酸（盐）在水和含氧有机溶剂中溶解度甚大，而且相当稳定，固态杂多酸（盐）的热稳定性也很好，因而既可以作为均相或多相，又可以作为氧化-还原或酸催化剂，甚至两者兼而有之的多功能催化剂，杂多酸（盐）在催化性能上的这种兼容并蓄的功能，显然是其它同样由金属氧化物组成的催化剂——分子筛、氧化-还原型复合氧化物所没有的。这里，将只介绍其酸催化功能，关于它的氧化-还原性能，将在下一章中作详细介绍[23]。

根据杂多酸化学，杂多酸的酸根是由中心原子（或杂原子，通常以 X 表示）与氧离子组成的四面体（XO_4）或八面体（XO_6）和多个共面、共棱或共顶点的由配位原子（或多原子，以 M 表示）与氧离子组成的八面体（MO_6）配位而成。当杂多酸中的 H^+ 被金属离子取代时，和普通盐一样即形成杂多酸盐，而当酸根中含有两种以上的配位原子时，则形成混合杂多酸。

杂多酸既可以在水溶液中，也可以在非水溶液中制备。由原料直接在水溶液中制备，如：

$$12WO_4^{2-} + HPO_4^{2-} + 23H^+ \longrightarrow [PW_{12}O_{40}]^{2-} + 12H_2O$$

由其它多氧阴离子转化，例如：

$$\alpha\text{-}[P_2W_{18}O_{62}]^{6-} \xrightarrow{OH^-} \alpha\text{-}[P_2W_{17}O_{61}]^{10-} \xrightarrow{OH^-} \alpha\text{-}[P_2W_{16}O_{59}]^{12-}$$

$$\alpha\text{-}[P_2W_{18}O_{59}]^{12-} + VO^{2-} \xrightarrow{pH=4-5} \alpha\text{-}[P_2W_{16}V_2O_{62}]^{8-}$$

在非水溶液中，则大都用来合成同多酸，例如：

$$Na_2WO_4(\text{甲醇}) \xrightarrow{HCl/MeOH} [W_6O_{19}]^{2-}$$

$$Na_2MoO_4 \cdot 2H_2O(DMF) \xrightarrow[HCl]{(AC)_2O} [Mo_6O_{19}]^{2-}$$

$$[W_{10}O_{32}]^{4-} + [V_2O_7]^{4-} \xrightarrow[CH_3CN]{\text{回流}} [VW_5O_{19}]^{2-}$$

表 8-4 给出了一些有代表性的杂多钼酸离子的分子式，如果其中的 Mo 全部或部分用 W、V 等取代，那么，即可获得杂多钨酸、钒酸或它们的混合杂多酸离子。杂多酸在结晶学上有多种结构，目前在催化反应中最引人注意的是具有 Keggin 结构的钼和钨的杂多酸（盐）。它们在一定的温度范围内相当稳定，由表 8-5 给出的有代表性的这类杂多酸的热差-热重数据可见，它们的热稳定性按下列次序降低[24]，杂多钨酸比杂多钼酸稳定。

$$PW_{12} > SiW_{12} > GeW_{12} > PMo_{12} \geqslant PMo_{10}V_2 > PMo_8V_4 > SiMo_{12} > GeMo_{12}$$

杂多酸（盐）的催化性能主要取决于它们的化学性质，由表 8-5 列出的数据可见，杂多酸首先具有质子酸的性质，因杂多酸种类的不同，质子至少有两种不同的存在状态，有人建议为非定域的水合质子（Ⅰ）和定域在阴离子端氧原子上的非水合质子[25]（Ⅱ）。

（Ⅰ）   （Ⅱ）

因此，水在杂多酸晶体中形成的质子结构十分重要。根据顺磁和吡啶以及氨热脱附的数据[26]测得的酸强度，几种杂多酸有如下的关系：

$$H_3(PW_{12}O_{40}) > H_4[SiW_{12}O_{40}] > H_3[PMo_{12}O_{40}] > H_4[SiMo_{12}O_{40}]$$
$$592℃ \qquad\qquad 532℃ \qquad\qquad 463℃ \qquad\qquad 423℃$$

表 8-4　杂多钼酸离子

杂原子 X 与 Mo 之比	主要的杂原子	杂多酸(离子)的化学式	杂原子的氧配位数
1:12	(A)P^{5+}、As^{5+}、Si^{4+}、Ge^{4+}、Ti^{4+}、Zr^{4+}	$[X^{n+}Mo_{12}O_{40}]^{(8-n)-}$	4
	(B)Ce^{4+}、Th^{4+}	$[X^{n+}Mo_{12}O_{42}]^{(12-n)-}$	12
4:12	As^{5+}	$[H_4As_4Mo_{12}O_{22}]^{4-}$	4
1:11	P^{5+}、As^{5+}、Ge^{4+}	$[X^{n+}Mo_{11}O_{39}]^{(12-n)-}$	4(?)
2:5	P^{5+}	$[P_2Mo_5O_{23}]^{6-}$	4
1:10	P^{5+}、As^{5+}	$[X^{n+}Mo_{10}O_x]^{(2x-60-n)-}$	?
1:9	Mn^{4+}、Ni^{4+}	$[X^{n+}Mo_9O_{32}]^{(10-n)-}$	6
1:6	(A)Te^{6+}、I^{7+}	$[X^{n+}Mo_6O_{24}]^{(12-n)-}$	6
	(B)Co^{3+}、Al^{3+}、Cr^{3+}、Fe^{3+}、Rh^{3+}、Ga^{3+}、Ni^{2+}	$[X^{n+}Mo_6O_{24}H_6]^{(6-n)-}$	6
2:18	P^{5+}、As^{5+}	$[X_2^{n+}Mo_{18}O_{62}]^{(16-2n)-}$	4
2:17	P^{5+}、As^{5+}	$[X_2^{n+}Mo_{17}O_x]^{(2x-102-2n)-}$	4
1m:6m	Co^{2+}、Mn^{2+}、Cu^{2+}、Se^{4+}、As^{3+}、P^{5+}、P^{3+}	$[X^{n+}Mo_6O_x]_m^{m(2x-36-n)-}$	6(?)

注: ? 为不能完全确定，可能有意外的值。

表 8-5　一些杂多酸的热重分析数据

杂多酸	第一阶段		第二阶段		第三阶段		杂多酸分子式	Keggin 结构中 M—O—M 氧键破坏的最低温度/℃	放热峰的位置/℃
	温度/℃	1mol 杂多酸失水量/mol	温度/℃	1mol 杂多酸失水量/mol	温度/℃	1mol 杂多酸失水量/mol			
PMo_{12}	200	12			200~440	1.5	$H_3[PMo_{12}O_{40}]12H_2O$	420	406~428
$PMo_{10}V_2$	200	12.5			200~412	2.5	$H_5[PMo_{10}V_2O_{40}]12.5H_2O$	420	406~414
PMo_8V_4	182	12.5			182~416	3.5	$H_7[PMo_8V_4O_{40}]12.5H_2O$	420	403~418
$SiMo_{12}$	192	12			192~373	2.0	$H_4[S_1Mo_{12}O_{40}]12H_2O$	400	332~365
$GeMo_{12}$	198	12			198~364	2.0	$H_4[GeMo_{12}O_{40}]12H_2O$	380	328~356
PW_{12}	116	4	116~316	6	316~588	1.5	$(H_5O_2^+)_3[PW_{12}O_{40}]4H_2O$	450	568~588
SiW_{12}	122	7	122~262	6	262~528	2.0	$(H_5O_2^+)_3[HS_1W_{12}O_{40}]7H_2O$	450	473~512
GeW_{12}	108	8	108~244	6	244~472	2.0	$(H_5O_2^+)_3[HGeW_{12}O_{40}]8H_2O$	450	416~467

化学式下方的数值系氨的脱附温度。可见磷酸的酸强度比硅酸的强，而钨酸的则比钼酸的强。而且，由于杂多阴离子的体积较大，对称性较高，电荷密度相对低的缘故，分子中的质子较易离解，可以产生比相应中心原子或配位原子组成的无机酸，如 H_3PO_4、H_4SiO_4 等更强的酸性[27]，例如，12-磷钼杂多酸固体由指示剂测得的 $pK_a < -8.2$，属于强酸性之列[28]。表明杂多酸内在地具有酸催化剂的本质[29]。除此之外，杂多酸在结构上还有其特点，即由杂多酸分子及所含结晶水构成的二级结构，具有使水或许多含氧有机物(有时作为反应物)在室温下自由进入或脱离杂多酸体相的功能，这种杂多酸所特有的，而在结构上又不同于分子筛结构的、能形成所谓"假液相"的功能，对其催化性能有重要的影响[30]。

杂多酸作为液相催化剂已在许多酸催化反应，诸如烯烃水合制醇、炔烃加水制酮、过氧化物分解等反应中，显示出比无机酸，如 HNO_3、H_2SO_4 等有较高的活性[25]。作为固体酸催化剂也已在异丁烯的顺/反异构比、醇类脱水、羧酸分解、烯烃加水，甲醇转化、烃类歧化、裂解和烷基化第一系列反应中进行过研究[29]。固体杂多酸，或者固载化(SiO_2、活性炭)的杂多酸的酸催化作用本质已经确定，是 B 酸而不是 L 酸。如上所述，由固态杂多酸阴离子与溶剂化的水合质子形成的二级结构，根据反应物对这一结构的亲和性，反应可分为表层的和体相的[72]。一些含氧有机物，由于具有溶解杂多酸的性质，能在杂多酸二级结构的晶格中出入，在以这些物质为反应物的反应中（如醇类脱水生成烯烃的反应），发现与均相反应具有相似的催化活性，反映出杂多酸体相参与了反应的特点，形成了所谓的"假液相"，其简单模型可表示如下：

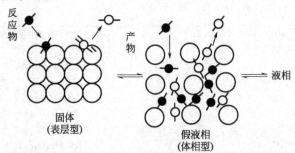

这里，○代表杂多酸阴离子；●代表水、醇等反应物；◐代表产物。醇脱水、羧酸分解、叔丁基醚的合成及甲醇转化等反应都属于这种"假液相"过程。相反，如以烃类为反应物的反应，如丁烯的异构，甲苯的烷基化等则属于表层反应[31]。值得指出的是，杂多酸的这种对反应物的选择性和杂多酸本身结构的可变性之间的关系，还多少具有一点酶催化的特点。

最近，有人发现，许多杂多酸的中性盐也能催化在 B 酸中心上进行的反应[32]，而且，某些金属盐的活性甚至比母体酸的还高，尽管中性盐本身并不具有明显的酸性[33]。现在证明，这些盐的强 B 酸性以及高催化活性，主要来自它们和反应介质的相互作用，因金属阳离子本质的不同，有两种产生酸中心的机理：水解[34]或者氧化-还原[33]。

在讨论分子筛中酸中心形成的机理时，已经指出过水解机理，这是一些具有高电负性金属阳离子（Al^{3+}、La^{3+}、Zn^{2+} 等）的特性，按照这一机理，B 酸中心是由金属离子配位界内的水分子按下式分解而成：

$$M^{n+} + H_2O \rightleftharpoons M(H_2O)^{n+} \rightleftharpoons M(OH)^{(n-1)} + H^+$$

这里，催化活性和金属阳离子电负性之间的相关性可以作为水解机理的判据，因为水合物的酸离解常数和电负性之间存在着很好的相关性[35]。这样的相关性已在异丙醇在 PMo_{12} 盐上脱水的反应中发现[34]。

氧化还原机理则在具有较高氧化电位的金属阳离子（Ag^+、Cu^{2+}、Pd^{2+}、Pt^{4+} 等）的情况下才发生[33]。这时，酸中心是由金属阳离子被反应介质的一个组分还原时形成的。典型的例子有甲醇在 PW_{12} 的银和铜盐存在下转化成烃类的反应[32]，在反应产物中确实发现了微量的氢，质子中心是按下述反应形成的：

$$Ag^+ + \frac{1}{2}H_2 \longrightarrow Ag^0 + H^+$$

$$Cu^{2+} + \frac{1}{2}H_2 \longrightarrow Cu^+ + H^+$$

甲醇在 PW_{12} 的盐存在下需要有很长的诱导期才能转化，表明酸中心系在诱导期间形成。如果在反应体系中引入 H_2，那么，诱导期即行消失，而且，盐的活性经 H_2 于 300℃ 处理后可以明显高于母体酸的，相反，如果引入微量氧，那么盐的催化活性就会有所降低，这可能是由于发生了如下的反应：

$$2Ag + 2H^+ + \frac{1}{2}O_2 \longrightarrow 2Ag^+ + H_2O$$

这里要指出的是按水解机理形成酸中心时，盐的催化活性和体系中有无 H_2 无关。现在还不清楚的是用氢还原盐时活性为什么比母体酸的还高？可能的解释是阳离子或者金属微粒具有活化反应物的作用。

(3) 超强酸及其催化作用

最近引人注目的一种由硫酸根和氧化物组成的超强酸($-14.52 \geqslant H_0 > -16.04$)[36]，如$SO_4^{2-}/Fe_2O_3$、$SO_4^{2-}/TiO_2$、$SO_4^{2-}/ZrO_2$等，经 IR 研究，它们的表面酸结构被认为也是如上所述的混合氧化物型的。以超强酸SO_4^{2-}/Fe_2O_3为例，其酸中心可表示为：

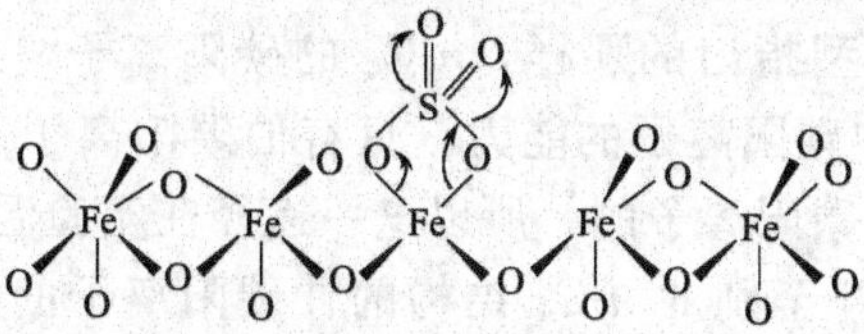

这里，一个 S＝O 的吸收峰的频率($1540cm^{-1}$)，要比$Fe_2(SO_4)_3$中 S＝O 的($1460cm^{-1}$)约高$100cm^{-1}$，和有机磺化物中的 S＝O 相当，这种高频率的 S＝O 有较强的双键性质，在它的诱导之下，可以使Fe^{3+}具有更强的 L 酸性[66]。而由普通无机酸，如硫酸、磷酸等载担在如Al_2O_3、SiO_2等载体上制得的催化剂，一般不具备这样的性质，依旧属于简单氧化物催化剂之列，尽管它们也由两种氧化物所组成。

早在 20 世纪 30 年代，H. Pines 就发现，石油馏分和强硫酸一起摇晃时，不仅可以除去其中的水溶性组分，而且还能引起一些新的化学反应。他和 V. N. Ipatieff 一起，在强酸和固体酸上系统地研究了烃类的反应。他们的工作现在看来是烃类转化中带革命性的领域。在他们的工作基础上，开发出了许多新的工艺过程[37,38]。在同一时期，E. Houdry 发现，汽油的品质通过其蒸气在某些加热固体上吹扫可以获得显著改进，因而发明了称为"催化重整"的工艺。它的工业生产是从 1936 年 6 月 6 日开始的，1939 年全世界的产量达到了10000 桶/天[39]。1978 年催化裂解的生产能力仅在美国就达到 3500 万桶/天，现在这一工业已大大超过所有别的工业催化过程，约有 35％的原油是通过"催化裂解"加工的。第一个流态化催化裂解，或者 FCC 单元建立于 1941 年，早期的催化剂是黏土矿以后采用卤化铝或氧化铝/氧化硅。1961 年以后，引入了酸强度更高和对所需汽油馏分选择性更好的沸石催化剂。Weisz 和在 Mobil 公司的合作者在开发这一工艺中起到了决定性的作用[40]。现在大多数炼厂已都使用这些强酸催化剂。工艺的开发和对催化裂解的深入了解已为这个领域内的主要活动者，包括 V. Haensel[41]、R. A. Shankland[42]以及 H. Heinemann[43]等人所描述。液体酸，特别是浓硫酸和流体氟化氢在 Pines 和 Ipatieff 的早期工作中主要用于催化烷基化，但是 Friedel-Crafts 型固体不久也就包括在他们的工作之中了。固体酸是现代裂解和异构过程以及它们的许多变种，包括择形催化裂解[44]在内的基石。但是，它们还可以催化"甲醇至汽油"，或者用于称之为 MTG 的工艺之中[45]。这些工艺过程大规模生产的结果，即使是少量的副产品，也可以占据独有的市场，一个例子是"氢"，它可以从烷烃脱氢至苯和焦炭时获得，但是，操作变数，例如压力($33\sim40atm$)、烃/水汽比以及催化剂的碱性助剂等还可以对这一工艺进行优化，以获取高氢产量[46]。

酸催化剂和烃类之间相互作用的决定因素是烯烃和芳烃能和强 Lewis 酸以及 Brönsted 酸进行反应的程度。例如，烯烃能和 Brönsted 酸位反应生成烯碳正离子：

$$R_2C{=}CR_2' + H^+ \longrightarrow R_2C\underset{+}{-}\underset{H}{CR_2'}$$

Ipatieff 早在他 1948 年的报告中就引用了 Whitemore 所假定的[47]，这样的离子在这一化学中是主要的参与者。他们的异构化机理已经为许多作者，包括 D. M. Brouwer 和 Hogeveen[48]等人研究过，他们曾经指出，带有五个碳原子以上的烯碳正离子很容易通过一个取代的环丙烯基离子中间化合物进行异构。三元环接着打开形成易于异构的仲烯碳正离子，并通过负氢离子的转移成为叔烯碳正离子：

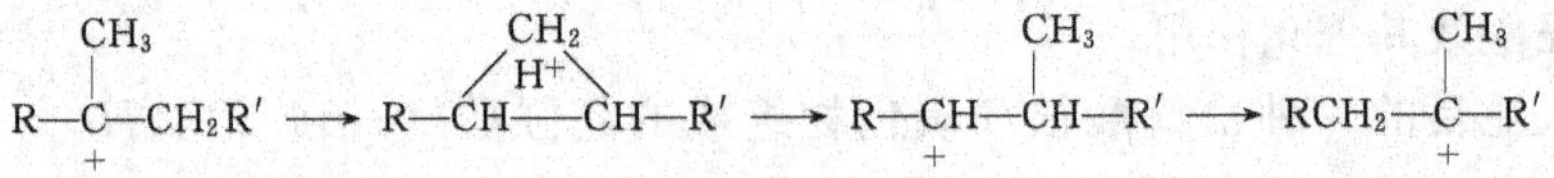

$$
\underset{\substack{\text{CH}_3 \\ | \\ \text{R}-\overset{+}{\text{C}}-\text{CH}_2\text{R}'}}{} \longrightarrow \underset{\substack{\text{CH}_2 \\ \diagup \overset{+}{\text{H}} \diagdown \\ \text{R}-\text{CH}\quad\text{CH}-\text{R}'}}{} \longrightarrow \underset{\substack{\text{CH}_3 \\ | \\ \text{R}-\overset{+}{\text{C}}\text{H}-\text{CH}-\text{R}'}}{} \longrightarrow \underset{\substack{\text{CH}_3 \\ | \\ \text{RCH}_2-\overset{+}{\text{C}}-\text{R}'}}{}
$$

不像以前假定的机理模型，Brouwer 的机理避免了形成在能量上很不利的伯烯碳正离子。正丁烷在正戊烷以及所有高正构烷烃易异构的条件下不能异构成异丁烷的事实，是对这个机理有力的论据。正如模型指出的那样，$n\text{-}C_4$ 的碳阳离子，虽然也能形成三环，但却缺乏打开以形成 $i\text{-}C_4$ 结构的仲碳阳离子的能力。只有伯碳阳离子能够导致 $i\text{-}C_4$ 结构。因为伯碳阳离子具有的能量高于仲碳阳离子的，所以这一途径在实验温度的条件下就无法打开。但是，环状的 C_4 离子能够打开至别的 $n\text{-}C_4$ 结构的仲碳阳离子的途径。确实，同位素标志确认，$C^*H_3-CH_2CH_2CH_3$ 异构成 $CH_3-C^*H_2CH_2CH_3$ 非常之快。

但是，如果一个径路是为一个机理上的弯路开放的，正如 Guisuet 所建议的那样[49]，那么，正丁烷还是有可能异构成异丁烷的。在这种情况下，C_4 的碳阳离子就必须先和一个烯烃，例如丁烯分子反应，生成的 C_8 阳碳离子就很容易异构，无须经过伯烯碳正离子的步骤。如果异构产物分解成两个 C_4 碎片，其中之一（或者两者）具有 $i\text{-}C_4$ 结构，那就可以说骨架异构作用完成了。这种化学确实已在硫酸化锆（SO_4/ZrO_2）上发生了，这是 Adeeva 等[50]使用双标记 $^{13}CH_3-CH_2CH_2^{13}CH_3$ 时观察到的。硫酸化锆是一种强的 Brönsted 酸；它的酸强度和惯常的酸性沸石具有等同的量级[51]。

当烯碳正离子很容易由烯烃和强酸形成时，要使这一反应路径对烷烃也有效时，还必须要有附加的步骤。Ipatieff 和 Schmerling[52]假定，使一个 H 和它的电子对从烷烃，例如异丁烷转移到烯碳正离子上（负氢离子转移）。这已由 Otvos 等提出并经标记同位素研究所确认。他们在研究异丁烷在 D_2SO_4 中的 H/D 交换时发现，只有三个甲基中的 H 原子能和 D 进行交换，而在季碳原子上的 H 原子，虽然已知是最活性的，但看起来并不能进行交换[53]。他们已经知道，痕量的烯烃能剧烈地和酸中的 D^+ 位进行反应：

$$(CH_3)_2C\!=\!\!=\!CH_2+D^+\!=\!\!=\![(CH_3)_2C-CH_2D]^+$$

但是这一过程只能使 D/H 完全交换烯烃中的 8 个氢原子，或者烯碳正离子中的 9 个氢原子，要使这些物种都能转化成异丁烷分子，还需要一个不同的过程。和 Ipatieff 的概念相同，他们假定，可以从另一个烷烃分子转移一个 H 离子至烯碳正离子：

$$[(CD_3)_3C]^+ + H-C(CH_3)_3 \rightleftharpoons [C(CH_3)_3]^+ + (CD_3)_3C-H$$

作者通过添加 D-异戊烷 $[(CH_3)_2CDC_2H_5]$，作为另一个 D 原子的供体，确认了这个机理。确实，这使 H/D 交换了异丁烷中所有 10 个氢原子，可见，烷烃在强酸上异构的催化循环，是通过负氢离子从一个烷烃分子向烯碳正离子开和闭的转移进行的。为了能使无限多的烷烃分子转化，只要每一个骨架残余能在短时间内处于烯碳正离子状态就足够了，在这样的状态下，它就可以异构，或者形成五个或六个碳原子的环，或者和另一个烯烃反应，因此之故，烷烃在酸催化剂上的转化常常包括三个决定性的步骤：

a. 在烯烃上加上质子；

b. 碳阳离子通过环化中间化合物进行骨架异构化；

c. 从烷烃转移 H^- 至碳阳离子。

当用这样三个步骤描述酸催化的异构化的主要方面时，另外一些现象在酸催化反应中也是很重要的，可以简单地概括如下：

① 烯碳正离子能和烯烃反应，形成大的烯碳正离子，而相反的过程将使大的单元裂解。阳离子聚合和催化裂解就是立足于这些基本概念之上的。

② 许多固体酸在表面上暴露的，不仅是 Brönsted 酸位，还有 Lewis 酸位。确实，三氯化

铝——一种典型的 Friedel-Crafts 催化剂，是第一个用于重油馏分转化成轻质烃类的工业催化剂。因为在表面上暴露酸性基团 O—H 的固体以及配位不饱和的 Al^{3+} 这两种酸位上，都可以化学吸附 NH_3，而这两种吸附状态，现在又都可以用 IR 光谱进行表征。在 Brönsted 酸位上，NH_3 显示出铵离子的光谱信号，而在 Lewis 酸位上，则形成典型的 Lewis 酸-Lewis 碱配合物 $Al：NH_3$。当化学吸附水时，Lewis 位即能转化成 Brönsted 位，而每一种酸位的相对浓度取决于固体的焙烧温度，已经假定，烷烃在这些酸位上，可能通过中间自由基进行脱氢[54]。

③ 固体酸的酸强度可以用各种方法测定。吸附一种碱，而后通过程序升温脱附，即可提供脱附活化能的数据，这常常被认为是和吸附热相等的。更可信的是酸位和弱碱相互作用的光谱鉴定。例如：CO 分子在 Lewis 酸位上吸附时在 $C≡O$ 键反键能级上的电子变得更稳定，即 $C≡O$ 键变得更强了。Knozinger 等利用 IR 谱带至高波数的最终位移作为酸强度的量度[55]。Neyman 等指出，对 Brönsted 酸位，因乙腈对表征表面—OH 的微扰和酸强度有关[56]。

④ G. Olah 在"超强酸"，例如 $H[SbF_6]$ 中研究了烃类的反应[57]。虽然烷烃的碱度要比烯烃的小得多，但它们也能和超强的质子加成，结果是形成一种烷碳正离子，它的化学与烯碳正离子的显著不同。例如，异丁烷能够用 D 交换所有 10 个氢原子。J. M. Sommer 所以假定，可用这一过程区分超强的和已有强酸，例如沸石的判据。在后一种情况下，强酸是在烯碳正离子化学中运转的。在正常的强酸中，异丁烷和氘化酸接触时，只能交换三个甲基中的九个氢原子，但是，可以导致烷碳正离子化学的"超强酸"却能使所有 10 个氢原子与 D 交换[58]。这一事实可以用来定义操作中的"超强酸"[59]。不幸的是对这样的定义还没有被同意，有些作者利用异丁烷的异构作为操作的定义，这必定会强烈地丧失信心，因为大家已经知道，如前所述，正常的酸也能利用通过二聚至辛烷中间化合物这条弯路完成这一异构作用。

⑤ 烷碳正离子放出一分子 H_2 或者 CH_4，即能转化成烯碳正离子：

$$[(C_nH_{2n+1})_3CH—CH_3]^+ \longrightarrow [(C_nH_{2n+1})_3C]^+ + CH_4$$

⑥ 根据经典的烯碳正离子化学，既不能希望形成氢，也不能形成 CH_4，因此 Haag 和 Dessau 认为，从工业条件下形成这些分子看，有可能就是由于在工业的固体酸催化剂表面上[60]，由烷烃生成烷碳正离子的关系。在高温下，烷碳正离子是可以转化成烯碳正离子的。Kramer 等的理论工作指出，在烃类和 Brönsted 质子之间的 H/D 同位素交换中，将经由一个 H 和 D 和同一个碳原子以及同时和催化剂表面的两个邻接氧离子相联结的对称的中间化合物[61]。从这一化学出发，甲烷就能够和氘化酸催化剂的 D 交换本身的 H[62]。

⑦ 烯烃在固体酸(例如 H-沸石上)化学吸附的稳定配合物，并非经典的烯碳正离子。Kazansky 认为，从量子化学计算，$C_nH_{2n+1}^+$ 离子仅籍库伦力保留的沸石表面上，要比一个 C 和沸石的一个氧离子强相互作用形成的结构不稳定得多，因此，很像烷氧基[63]。同样，J. Haw 等[64]从固体核磁结果也认为，通过静电力抓在表面上的自由烯碳正离子模型是真正络合物的不正确表示。Kotrel 等[65]主张用"络合的乙烯"这个名词。对链状分子异构的大多数根据烯碳正离子模型预测的结构，仍旧允许根据在固体酸上的实验结果加以合理化。

第二节　有重要实际意义的固体酸、碱催化反应

固体酸、碱催化剂，主要是固体酸催化剂，是石油加工和石油化工工业中使用量最大，也是使用最广泛的一种催化剂。众所周知，石油加工工业中使用酸、诸如 B 酸中的 H_2SO_4、H_3PO_4，L 酸中的 $AlCl_3$、BF_3 等作为烃类转化的催化剂已有悠久的历史。但自 1936 年以天然黏土(如酸处理的白土——膨润土、高岭土等)为催化剂取代硫酸开始，以后又采用一系列非晶态硅酸盐为催化剂。近 30 年来，更由于一系列新型分子筛被合成出来，使石油加

工工艺日新月异，处在不断的发展之中。目前，大部分烃类转化工艺，如裂解、烷基化、叠合等，大都改用了固体酸为催化剂，近年来，在石油化工工业中，采用固体酸催化剂的新工艺也与日俱增。今天，固体酸、碱催化剂确实已称得上是催化工业中的一个重要支柱。

使用固体酸最重要和最有前景的催化工艺普遍认为有如下几种：

a. 石油裂解；

b. 择形催化；

c. 由甲醇制烃（MTG）；

d. 以沸石为基础的待开发催化剂。

下面对这四种工艺作扼要介绍。

一、石油裂解[67]

石油裂解是和烃类中 C—C 键断裂相联系的反应，是工业上由石油原料制取低碳烃类的重要催化工艺。裂解有使用催化剂的催化裂解和不用催化剂的热裂解之分。催化裂解所用催化剂是各种固体酸，反应则按阳碳离子机理进行，除了分解之外还有一系列副反应，如异构、环化、脱氢、氢转移、烷基化、叠合等同时发生[68]。热裂解按自由基机理进行，和分解反应同时发生的副反应比催化裂解中的少[69]。目前工业上典型的催化裂解过程主要是使用分子筛、SiO_2-Al_2O_3 为催化剂由轻油制取汽油，产物含有较多的异构烃，辛烷值较高。典型的热裂解则是由石脑油分解以制取以乙烯为主的产物，可以用来作石油化工的原料。烷烃催化裂解的详细过程可用如下图解表示。

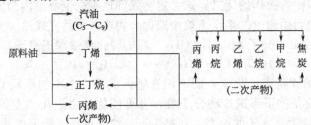

在相同的实验条件下，催化剂的裂解活性以及产物分布取决于烃中的碳原子数和结构。图 8-10 给出的是不同烃类在 SiO_2-ZrO_2-Al_2O_3 催化剂上于 500℃，空速 13.7mol/(h·L) 时裂解的转化率和产物的分布曲线。表 8-6 则为含不同碳原子数的烃类的催化裂解数据。由表及图可见，具有叔碳原子的烃类反应物，由于很容易去氢直接形成稳定的叔碳阳离子，所以

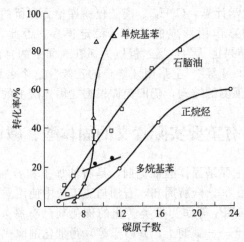

图 8-10 不同烃类在相同条件下催化裂解时的转化率和产物分布比较

很容易裂解。当侧链上有三个以上的碳原子时，芳环能相对地促进裂解。B. S. Greensfeld 曾经估算过，叔碳的活性要比仲碳的高 10 倍，比伯碳的高 20 倍。同时，支链烃，例如 2,7-二甲基辛烷比正烷烃，例如正十二烷烃裂解得快，环烷烃（例如十氢萘）比直链烷烃裂解快。而 2,7-二甲基辛烷和十氢萘的裂解速度大致相同，因为它们都含有叔碳，这样的规则在分子筛催化剂上也大致相同。根据这些研究结果，他们得出了如下的概括意见[68]。

a. 按反应性大小分，烯烃最易裂解，次序为：

烯烃≈烷基化芳烃＞环烷烃≈异构烷烃＞正构烷烃

b. 气体产物中 C_3、C_4 烃较多，C_1 和 C_2 烃较少；几乎没有 C_5 以上的正构 α-烯烃；

c. 生成物中一般以异构烷烃为多；

d. 结构中具有叔碳的烃类反应性较大；

e. 烷基化芳烃脱烷基时，烷基从末端脱落。

表 8-6　各种烃类的裂解[67]

烃　类	碳原子数	转化率[1]/%	烃　类	碳原子数	转化率[1]/%
正戊烷	5	3	1,3,5-三甲苯	9	20
正十二烷	12	18	异丙苯	9	84
正十六烷	16	42	环己烷	6	62
2,7-二甲基辛烷	10	46	正十六烯	16	90[2]
十氢萘	10	44			

① 由 450℃所得数据的估算值。

② 此转化率是外推得到的，因为正十六烯的转化温度远低于 450℃。

烯烃和烷基化芳烃最易裂解。烷烃则需先由例如 L 酸除去一个氢负离子（H$^-$），或者，由气相中已有的烯烃先生成阳碳离子后才能进入裂解反应，例如：

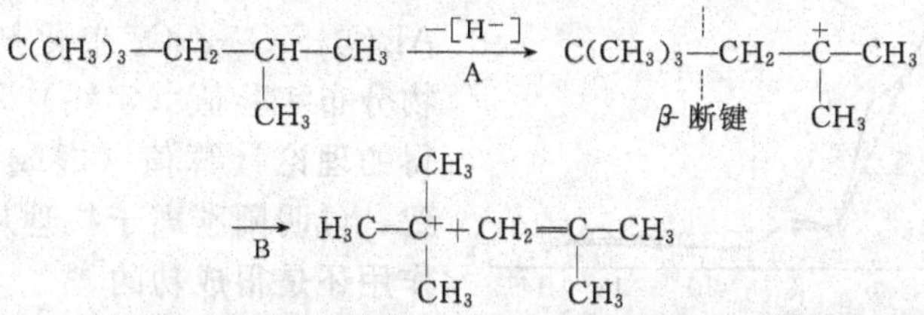

$$C(CH_3)_3-CH_2-CH-CH_3 \xrightarrow[A]{-[H^-]} C(CH_3)_3-CH_2-\overset{+}{C}-CH_3$$

（第一行右侧标注 β-断键，CH_3 为下方取代基）

$$\xrightarrow{B} H_3C-\overset{+}{C}+CH_2=CH-CH_3$$

反应在 A 阶段中，原料烷烃根据阳碳离子稳定性的要求，先从适当的 C 原子上除去一个氢原子，而后再按照 β-断键的原则，生成新的阳碳离子并依次继续去氢、断键、完成裂解过程。在上述反应中，根据阳碳离子稳定性的要求，如反应式所示应从仲碳上去氢，对正庚烷的裂解可描述如下：

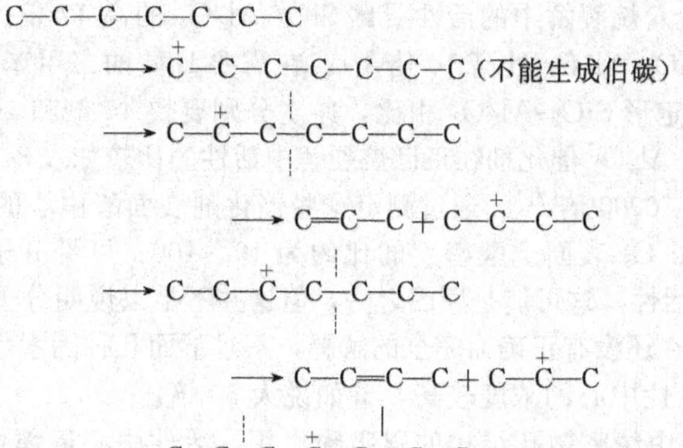

C—C—C—C—C—C—C

⟶ $\overset{+}{C}$—C—C—C—C—C—C（不能生成伯碳）

⟶ C—$\overset{+}{C}$—C—C—C—C—C

⟶ C=C—C + $\overset{+}{C}$—C—C—C

⟶ C—C—$\overset{+}{C}$—C—C—C—C

⟶ C—C=C—C + $\overset{+}{C}$—C—C

⟶ C—C—C—$\overset{+}{C}$—C + $\overset{+}{C}$—C—C

⟶生成伯阳碳离子时难于分解

当烃类分解至 $C—C—\overset{+}{C}—C$ 时，进一步裂解就较比困难了，因此，按上述机理进行裂解如上式所示，主要生成 C_3 和 C_4 的产物，不能生成乙烯。相反，如果反应按自由基机理进行热裂解，那么就能一直分解至 C_1 和 C_2。因为根据自由基机理裂解，反应将自键能最小的 C—C 键处切断，例如：

$$R^1-\overset{\overset{\displaystyle H}{|}}{\underset{\underset{\displaystyle H}{|}}{C}}-\overset{\overset{\displaystyle H}{|}}{\underset{\underset{\displaystyle H}{|}}{C}}-R^2 \longrightarrow R^1-\overset{\overset{\displaystyle H}{|}}{\underset{\underset{\displaystyle H}{|}}{C}}\cdot + \cdot\overset{\overset{\displaystyle H}{|}}{\underset{\underset{\displaystyle H}{|}}{C}}-R^2$$

生成的自由基再从 β 处切断时即能生成乙烯和低级的烃自由基：

$$RCH_2|CH_2\dot{C}H_2 \longrightarrow R\dot{C}H_2 + CH_2{=}CH_2$$

依此类推，最后生成甲基和乙基自由基，它们再从别的烃分子中夺取氢原子生成甲烷和乙烷：

$$\dot{C}H_3 \text{ 或 } CH_3-\dot{C}H_2 + RCH_2CH_2CH_2CH_3 \longrightarrow CH_4 \text{ 或 } C_2H_6 + RCH_2\dot{C}HCH_2CH_3$$

从烃分子那一个位置上夺取氢，一般取决于 C—H 键的键能太小。仲碳上 C—H 键的键能比伯碳上 C—H 键的小 4~9kJ，叔碳上的又比仲碳上的小 16~21kJ，故由正烷烃生成的是仲碳自由基，而由异构烷烃则生成叔碳自由基。而生成的自由基又能再进一步在 β 位置上断键生成烯烃：

$$RCH_2\text{-}\vdots\text{-}CH_2\dot{C}HCH_2CH_3 \longrightarrow R\dot{C}H_2 + CH_2{=}CHCH_2CH_3$$

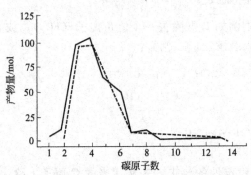

图 8-11　十六烷烃（$C_{16}H_{34}$）催化裂解的产物分布（以原料裂解 100mol 计）曲线
500℃；转化率 24%

故热裂解能生成大量乙烯、少量乙烷、甲烷和 α-烯烃。

图 8-11 给出了正十六烷烃 $C_{16}H_{34}$ 在 Al_2O_3-SiO_2-ZrO_2 催化剂上催化裂化时的产物分布实验值（实线）和按阳碳离子机理所得的理论计算值（虚线）。两个结果相当一致，说明阳碳离子机理从表观上说明酸催化作用还是很成功的[68]。

现在用于催化裂解的固体酸催化剂，只有无定形 SiO_2-Al_2O_3 和各色各样的分子筛。大多数分子筛都比无定形 SiO_2-Al_2O_3 具有更高的活性和优异的选择性。D. M. Nace 曾报道过 ReHX 在正十六烷裂解中的活性要比 SiO_2-Al_2O_3 的高 17 倍[70]，ReX 在汽油裂解中的活性要比无定形 SiO_2-Al_2O_3 的高 10 倍[70]，在需要 B 酸的二甲苯异构反应中[9]，ReHY 和 HY 等分子筛与无定形 SiO_2-Al_2O_3 相比，速度分别要快 40 倍和 10 倍[14]。根据对一系列分子筛和无定形 SiO_2-Al_2O_3 催化剂在正己烷裂解中活性的比较如表 8-7 所示。分子筛的活性竟比 SiO_2-Al_2O_3 的超过 10000 倍[71]，通过测定这些催化剂表面酸中心的密度得知，例如 HY 分子筛和无定形 SiO_2-Al_2O_3 表面上酸密度的比约为 10~100，可见分子筛之所以比无定形 SiO_2-Al_2O_3 具有更高的活性，这可能是原因之一，但这并不足以说明分子筛在正己烷裂解中的高活性。对这一问题现在还没有正确而完全的解释，不过下面几种因素是比较重要的。

a. 分子筛中活性中心的浓度较高，譬如说大 50 倍。

b. 由于分子筛中精密微孔结构的强吸附作用，活性中心近邻处烃类有较高的有效浓度。例如，于 200℃时，NaX 孔中每毫升孔体积中正己烷的浓度达 0.4g；比该温度下的气体密度大 250 倍[72]。在较高的裂解温度下，分子筛孔中的浓度大概要比 SiO_2-Al_2O_3 大孔中的大 50 倍。

c. 分子筛孔中的电场可以增大经由 C—H 键极化的阳碳离子的生成和反应。

上述因素（a）和（b）相结合就可使分子筛比 SiO_2-Al_2O_3 的反应速度大约增大 2500 倍，只要孔扩散对反应无阻碍作用。

表 8-7　在正己烷裂解中各种分子筛和无定形 SiO_2-Al_2O_3 的活性比较

催化剂	交换入分子筛中的主要阳离子	分子筛的质量分数/%					活性	
		SiO_2	Al_2O_3	Na	Ca	Re	$T/℃$[①]	α[②]
无定形 SiO_2-Al_2O_3（标准催化剂）							540	1.0
八面沸石	Ca^{2+}	47.8	31.5	7.7	12.3	—	530	1.1
	NH_4	75.7	23.1	0.4	—	—	350	6400
	La^{3+}			0.4		29.0	270	7000
	Re			0.39		28.8	<270	>10000
	Re,NH_4^+	40.0	33.0	0.22		26.5	<270	>10000
	Re,NH_4^+						420	20
分子筛 A	Ca^{2+}	42.5	51.4	7.85	13.0		560	0.6
分子筛 ZK-5	—						400	38
	H^+	76.8	23.1	0.47			340	450
丝光沸石	Ca^{2+}	(约77)	—	1.01			520	1.8
	Ca^{2+},H^+	82.0	14.0	0.4			360~400	40~200
	NH_4^+						<270	>10000
	H^+	80.1	13.4	0.3	1.54		300	2500
	NH_4			0.1			<270	>10000

① 正己烷转化率达到 5%～20% 的温度。

② 外推到 540℃ 分子筛和 SiO_2-Al_2O_3 活性的比值。

分子筛相对于 SiO_2-Al_2O_3 的最明显的改进还不是活性而是选择性。一个由 SiO_2-Al_2O_3 和 ReHX 以及 ReHY 分子筛所催化的裂解反应的产物分布的例子，可用图 8-12 粗略地来描述。通过比较可以看到，由分子筛可获得更多的汽油馏分和较少的焦炭和轻质产物（$<C_4$）。焦炭收率低的原因是由于裂解产物分子之间有较大的氢转移速度，而不是由于来自焦炭前身的氢转移[73]。这被推断为下列反应：

$$烯烃 + 环烷烃 \longrightarrow 烷烃 + 芳烃$$

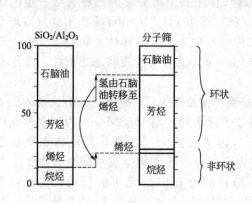

图 8-12　由 SiO_2-Al_2O_3 和 Y 分子筛催化的汽油裂解产物的分布

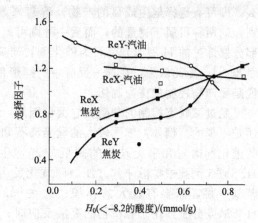

图 8-13　裂解的选择性和酸强度的关系 图中选择因子是相对于 SiO_2-Al_2O_3 而言的

依据 H 的转移，这一由烯烃至烷烃、环烷烃至芳烃的转化几乎是化学计量的。

看来，分子筛表面酸强度的分布对裂解反应的选择性非常敏感。图 8-13 给出了裂解中汽油以及焦炭的选择性和由指示剂法测得的酸强度之间的关系[74]。由图可以清楚地看出，强酸对裂解并非必需，它能导致生成焦炭和产生低级气体。当然，分子筛的选择性比 SiO_2-Al_2O_3 的好，还可能和孔内烃类的浓度增大以及在分子筛中存在有较弱的酸有关。但这方面至今还没有可靠的数据。

二、择形催化

在开发分子筛催化剂的研究过程中，许多作者发现，分子筛在某些反应中的催化活性和选择性，不仅如前所述取决于它的表面酸性，而且还和它的孔结构有密切关系。1960 年 P. B. Weisz 等人首先针对分子筛的这一独特催化功能提出了择形催化的概念[75]。把择形催化根据因反应分子本身的大小以及分子在孔内的扩散速度等不同原因，分成了受反应物控制的和受产物控制的两大类。前者显然主要取决于反应分子的大小，因为只有那些能进入孔的分子才能进行反应，当然扩散也有一定影响；后者从本质上讲当然和分子的大小有关，但主要取决于产物向孔外的扩散速度，大而扩散慢的产物分子，将在孔内就地进行异构或分解等两次反应转化成小分子，成为副产物再扩散排出孔外[76]。上述择形催化的例子是很多的。受反应物控制的择形催化反应可举异丁醇和 1-丁醇，在 CaA 分子筛上只有 1-丁醇能够脱水[75]，异丁烯以及 1-丁烯在 Pt/CaA 催化剂上只有 1-丁烯被加氢[75]。CaA、H 型毛沸石等在直链烷烃裂解中很好的选择性[77]，以及 Ba-丝光沸石、HZSM-5 等在有季碳烷烃存在下可使直链和甲基取代烷烃选择裂解[78]等作为例子。受产物控制的择形催化的例子则有：在 ZSM-5 催化剂上，通过邻-二甲苯或间-二甲苯的异构以及甲苯的歧化以制取对二甲苯[79]，十氢萘在 CaA 催化剂上裂解以制取直链烷烃和烯烃的选择合成[76]，以及由甲苯和甲醇在 ZSM-5 分子筛上选择合成对二甲苯等[79]。

1971 年，M. S. Csicsery 在 H 型丝光沸石上研究 1-甲基-2-乙基苯的歧化反应时选择性地获得了 1,2,4-三甲基苯，认为这是由于生成 1,3,5-异构体的中间化合物 1,1-二苯基烷烃的大小要比生成 1,2,4-目的产物的大，使 1,3,5-异构体难于在丝光沸石的细孔内生成所致[80]。根据这一实验结果，他提出了另一种择形催化作用，称为受过渡状态控制的。这是这样的一种择形催化作用，即当反应在分子筛的窄孔内进行时，如果需要经由容积大的过渡状态，反应就会受到立体上的阻碍。相反，如果形成过渡状态的反应只需要不大的容积，那么，即可有选择地生成目的产物。看起来，这种择形作用和上面介绍的两种有着一定的区别，前两种可属于物理的，而后一种则可属于化学的。然而，S. Namba 等在用金属阳离子部分修饰过的 H 型丝光沸石为催化剂，研究间二甲苯歧化时，也选择性地获得了 1,2,4-三甲苯[81]。因此认为，在这一反应中的择形催化作用，与其说是受过渡状态控制的，还不如说是受产物控制的更为确切。

受过渡状态控制的和受其它两种因素，特别是受产物控制的择形催化之间有区别的例子还是不少的。例如，细孔较大的丝光沸石和 Y 型分子筛不同，用 HZSM-5 作为二甲苯异构的催化剂时，几乎无歧化的副反应产物生成[82]，因为在这个反应中，反应物和产物在 HZSM-5 细孔中扩散非常方便。而歧化反应则需先由两分子反应物生成中间化合物 1,1-二苯基甲烷，需要有较大的容积；这在 HZSM-5 那样的细孔中是无法进行的。另外，当 HZSM-5 分子筛用于有机物的高温反应时，生成的焦炭也比在丝光沸石和 Y 型分子筛上的少。这显然也是因为在细孔中难于生成焦炭前身的多核芳环的关系[83]。

现在工业上最重要的择形催化工艺都以 HZSM-5 分子筛及其修饰体作为催化剂，主要用于烷烃的择形裂解以及用甲醇使甲苯烷基化的反应。

① 烷烃的择形裂解　烃类的选择裂解已成为目前石油加工工业中一个十分重要的反应。各种己烷和各种庚烷在 HZSM-5 上的相对活性如图 8-14 所示。由图可见，随己烷和庚烷中侧甲基数的增加反应性逐渐下降，有如下的序列：

直链＞2-甲基＞3-甲基＞二甲基

根据这个序列，原来认为这是受反应物控制的择形催化作用，但是 W.O.Haag 等人则认为，单甲基取代烷烃的反应性低于直链烷烃的乃是由

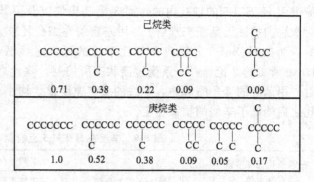

图 8-14　在 HZSM-5 催化剂上烷烃异构体的反应性
反应温度 613K，图中数字为一次反应的速度常数

于受过渡状态控制的关系，而二甲基取代烷烃的反应性这样小才是受反应物控制的[84]。这是他们根据在 Si/Al 比相同、晶拉大小不同的两种 HZSM-5 分子筛上，研究各种己烷和己烯裂解反应时获得了如表 8-8 所示的结果而得出的结论。由表中的数据可见，己烷以及 2-甲基戊烷的反应速度并不随晶粒大小而变，说明 2-甲基戊烷的反应性比己烷的小，并非由于扩散速度不同（反应物控制的）而引起的。相反，2,2-二甲基丁烷的反应速度受扩散的影响十分明显，在大晶粒上反应速度常数很小。己烯的反应性要比己烷的大数百倍，同时，晶粒大小对各种己烯的速度常数都有影响，而且，甲基取代得越多，这种影响也越明显。因此认定，在己烯的情况下，反应性的序列是由反应物所控制。根据以上 W.O.Haag 等的结果可以得出结论：在烷烃裂解中，直链分子不受任何控制，而二甲基取代物则受反应物所控制。烷烃裂解和烯烃不同，由于包含着催化剂酸中心上阳碳离子和烷烃中的氢转移态，所以单甲基取代烷烃的过渡状态大于直链状态的，使反应受到了过渡状态的限制。

表 8-8　在 HZSM-5 催化剂上己烷和己烯的择形裂解（811K）

晶粒大小/μm	一次反应速度常数/s⁻¹					
	正己烷	2-甲基戊烷	2,2-二甲基丁烷	1-己烯	3-甲基-2-戊烯	3,3-三甲基 1-丁烯
0.025	29	19	12	7530	7420	4350
1.35	28	20	3.6	6480	3610	141

以上介绍的都是单个烃的裂解结果。当烃类在固体酸催化剂上于高温下裂解时，可以想象，它在一次反应中在催化剂表面酸中心上的覆盖度通常是不大的。因此，在竞争裂解中，如果没有扩散的影响，裂解速度就应和单独时的相同；当在细孔内扩散速度大的反应物，和不能进入孔内的大分子反应物进行竞争裂解时，各反应物的裂解速度应和单独时的一样；当扩散速度快的反应物，和可以进入细孔但扩散速度慢的反应物进行竞争裂解时，扩散速度快的反应物的裂解速度应比单独时的慢，这就是说，在像 ZSM-5 那样窄细孔中，原来扩散快的反应物这时就不能超过原来扩散速度慢的反应物进行扩散，即扩散速度变慢了。

表 8-9 列出了由 S.Namba 等在 HZSM-5 分子筛上研究辛烷单独和竞争裂解时所得的数据[85]。辛烷单独裂解有如下的反应序列：

辛烷＞3-甲基庚烷＞2,2,4-三甲基戊烷

具有择形催化的特征。辛烷单独裂解时的反应速度，和有别种烃类存在时的竞争裂解速度相比有所变化。其中，3-甲基庚烷、2,2,4-三甲基戊烷以及甲苯的影响不大，也就是说，这三种烃类对辛烷的反应无阻碍作用。从这三种烃类分子的大小看，2,2,4-三甲基戊烷是不

能进入 HZSM-5 的细孔内的，而 3-甲基庚烷以及甲苯对辛烷反应的阻碍作用，则可从它们对辛烷的扩散无延缓来理解。3-甲基庚烷在细孔径较大的催化剂上的反应性应远远高于辛烷的。而在 HZSM-5 上反应性却比辛烷的低，这显然不是受反应物控制的，而是像 W. O. Haag 所得的结论那样，系受过渡状态所控制。除此之外，在 2,2-二甲基丁烷、环己烷以及对二甲苯等的竞争裂解中，辛烷的反应速度常数均小于单独裂解时的，说明这些烃类进入细孔之后降低了辛烷的扩散速度。

表 8-9   辛烷在 HZSM-5 上的竞争裂解（673K）

一次反应速度常数的相对值	共 存 烃 类						
	—	辛烷	3-甲基庚烷	2,2,4-三甲基戊烷	2,2-二甲基丁烷	环己烷	甲苯	间二甲苯
辛烷	1	—	0.98	1.00	0.93	0.84	0.99	0.84
3-甲基庚烷	0.36	0.34						
2,2,4-三甲基戊烷	0.03							

　　由以上讨论可见，通过对单独和竞争裂解反应速度的比较，可以获得共存烃类对扩散影响的信息。

　　② 甲苯用甲醇烷基化制对二甲苯　　对二甲苯是合成纤维的一种重要原料，以往都是从几种异构体和从甲苯歧化后分离出来，很难满足生产需要。利用 HZSM-5 等分子筛由甲苯通过甲醇烷基化合成二甲苯时，由于分子大小和孔径匹配程度的不同（参见图 8-15），即分子内甲基的转移，可在一定程度上抑制在热力学上有利的间二甲苯的生成，获得较高收率的对二甲苯。在选择适当的反应条件下，产物中对二甲苯含量可高达 90%，这一反应从 20 世纪 70 年代起就在国际上引起了普遍的重视，20 世纪 80 年代成了石油化工中开发的一项意义重大的新工艺[86,87]。

　　通常，由单独的 HZSM-5 分子筛，从甲苯用甲醇烷基化选择地合成对二甲苯并非易事。但是，如果 HZSM-5 用 Mg、P、B 等修饰[80,87~89]，或者经过高温水蒸气处理[87]，就可得到相当好的结果。例如，用 MgO 修饰 HZSM-5 时，产物中对二甲苯的含量随 MgO 含量而增加，在 MgO 含量超过 18% 时可超过 90%[87]。很多作者认为，经修饰的 HZSM-5，对二甲苯之所以具有较高的选择性，乃是由于分子筛中有效孔的孔径变窄了，可以起到控制产物的作用[90]。有效细孔孔径经过修饰变窄的事实，已为 393K 时邻二甲苯的吸附速度数据所证实[91]；而关于对二甲苯选择性的问题，由二甲苯异构体在细孔

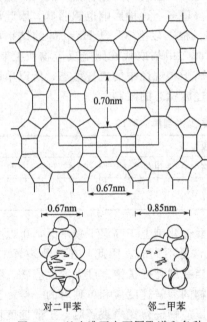

图 8-15　丝光沸石中不同孔道和各种
二甲苯分子间的适应关系

中的异构速度，它们的扩散速度，以及由于细孔变长而使 Thiele 数有较大增加等实验事实，也都得到了确认[92,93]。

　　尽管如此，目前对这样的结论还是有争论的。例如，S. Namba 等在经修饰的 HZSM-5 上研究甲苯的甲醇烷基化时，对生成对二甲苯的选择性的原因，提出了不同于上述受产物控制的机理。在图 8-16 中，列出了他们在细孔较大的 HY 和未经修饰的 HZSM-5 分子筛上，将甲苯用甲醇烷基化时得到的结果[87]。由图可见，HZSM-5 与 HY 的情况不同，首先二者

生成邻二甲苯和对二甲苯的走向相反，起始时在 HZSM-5 上又仅有对二甲苯生成。按照热力学原理，在大的 W/F 时，生成的二甲苯应达到热力学平衡，也就是说，单独改变 W/F (Thiele 数不变) 就可以使对二甲苯的选择性发生明显变化，而且，由于邻二甲苯和间二甲苯在细孔内扩散又比较迅速，所以二甲苯的异构化是比较容易达到平衡的。然而，在 HZSM-5 上烷基化时，对二甲苯的生成似乎是受过渡状态控制的。因为起始时生成物中的对二甲苯应由别的异构体通过二次反应异构转化而成。在苯[94]以及甲苯[95]的乙基化反应中也获得了同样的实验结果。在这样的乙基化反应中，通过二次反应异构时也没有邻位的异构体生成，看来，异构时也受到了过渡状态的控制。

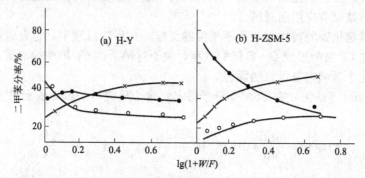

图 8-16　在 HY 及 HZSM-5 催化剂上甲苯用甲醇烷基化时二甲苯异构体的组成（反应温度 673K）
○ 邻位；● 对位；× 间位

如上所述，甲苯在 HZSM-5 催化剂上用甲醇烷基化时的起始产物为对二甲苯，被认为和对二甲苯的异构性质有关。确实，对对二甲苯选择性高的经修饰的 HZSM-5，对二甲苯的异构化活性要比未修饰的 HZSM-5 的差得多[79,87]。图 8-17 给出了 HZSM-5 以及经 Mg、P 和 B 等氧化物修饰过的 HZSM-5 的 NH₃-TPD 图。从修饰 HZSM-5 高温一侧峰的消失可见，在 HZSM-5 分子筛上存在着较强的酸中心。烷基化以及异构化均为酸催化的反应，一般认为，烷基化既能在弱酸中心上，也能在强酸中心上进行，而异构化则只能在强酸中心上进行，这就可以说明，经修饰的 HZSM-5 为什么可以提高对二甲苯的选择性了[87,94]。

根据上述，可见通过氧化物的修饰[91,96]以及高温水蒸气处理，都可以使 HZSM-5 分子筛中有效细孔的孔径变窄，进而使经过修饰的催化剂，大幅度地降低其异构化活性和明显地提高其对对二甲苯的选择性。究其原因，显然是由于一方面没有了强酸中心，另一方面，在较窄的细孔内，生成较大的分子——邻二甲苯和间二甲苯，受到了一定的限制（受过渡状态控制的）的关系。当然，也可能是由于在细孔内，通过异构生成的邻

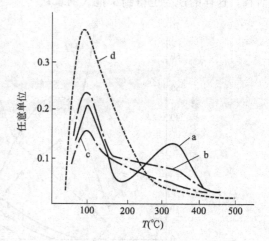

图 8-17　HZSM-5(a) 以及用 Mg(b)，P(c) 和
B(d) 等修饰后的 HZSM-5 的 NH₃-TPD 谱
（这些催化剂的选择性为：A≪B<C<D）

二甲苯和间二甲苯不能从细孔中扩散出来而受产物控制的，这实际上就和没有进行异构一样。总之，甲苯在修饰 HZSM-5 上用甲醇烷基化时能选择地生成对二甲苯，乃是由于：a. 受过渡状态的控制，烷基化起始时的生成物只有对二甲苯；b. 催化剂对对二甲苯的异构

化活性很小的关系。

三、由甲醇制烃（MTG）[97]

在化工原料从石油转向煤的过程中，能否从煤以及煤的一次加工产物（合成气）成功地直接制取低碳烯烃，乃是这种转向成败的关键。看来，从煤直接制取烯烃（通过发生炉煤气）很难成功，而从合成气（F-T 合成），在技术上也相当困难。近年来，从煤的二次加工产物——甲醇制取低碳烯烃却迅速获得了发展。并已在新西兰建成了第一个工业装置。尽管目前这个工艺和从石油直接获得低碳烯烃的工艺相比，在价格上还难以竞争，但是，如果由水煤气合成甲醇的工艺，能获得更进一步的改善，成本能在现有基础上得到大幅度下降，那么，这个工艺不是没有应用前景的。

由甲醇向碳氢化物的转化是一个不平常的反应，在反应机理中，包含着由在某种酸催化剂存在下产生的 C_1 物种形成 C—C 键的过程，关于这种活性 C_1 物种的本质，至今并不十分清楚，依然是这个领域内有争议的课题。

C. D. Chang 等认为，在 ZSM-5 分子筛上，这个反应可一般地表示成[98]：

$$2CH_3OH \underset{+H_2O}{\overset{-H_2O}{\rightleftharpoons}} CH_3OCH_3 \xrightarrow{-H_2O} C_2^{2-} \sim C_5^{2-} \longrightarrow \begin{matrix} 烷烃 \\ 芳烃 \\ 环烷烃 \\ C_6^+ \ 烯烃 \end{matrix}$$

这一表示式是根据改变接触时间时产物分布的变化确定下来的。由图 8-18 所示的产物分布随接触时间的变化，明显地展示出二甲醚是这一反应的中间产物。这一结论，还得到直接以二甲醚为原料和以甲醇为原料有完全相同的产物分布图（参见图 8-19）的进一步证明。这样的反应途径还为许多别的研究者所确认[99]。当然，除此之外，也有提出别的途径的，例如，S. E. Voltz 等[100]根据流动床的动力学研究曾提出过可由甲醇直接生成烯烃的途径，而且，这样的途径也得到了他人的承认[101]。

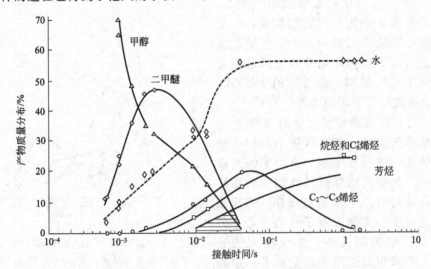

图 8-18 在 HZSM-5 上（371℃）甲醇转化成烃类的反应产物分布

表 8-10 列出了一些有代表性的分子筛在这一反应中对各种产物的选择性的数据。从表中的数据可见，ZSM-5 和 ZSM-11 有类似的催化功能，按分子量计涉及的烃类范围不宽，最高的为 C_{10}。在这样的反应过程中，烯烃中间化合物几乎全部转化，主要产物为异构烷烃和芳烃，而大部分芳烃则是甲基取代的，从取代芳烃中异构物的分布可以看到，ZSM-5 在这

个反应中也具有择形催化的作用[102]，如图 8-20 所示。由小孔毛沸石（0.43nm）获得的产物主要是低相对分子质量的烃，由于它不能吸附苯，所以不能生成芳烃。而大孔径的分子筛 ZSM-4 和丝光沸石（<0.8nm），则能集聚像六甲苯那样的大分子，所以除此之外，还有别的芳烃生成。

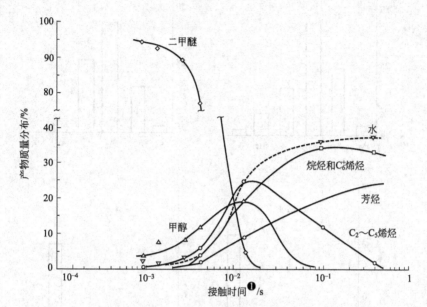

图 8-19　二甲醚在 HZSM-5(371℃) 上转化为烃类时的反应产物分布

$$2CH_3OH \rightleftharpoons CH_3OCH_3 + H_2O$$

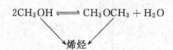

表 8-10　甲醇在各种分子筛上转化成各种烃类的选择性

（370℃，1atm[①]，1LHSV）

烃　类	烃类的质量分布/%				
	毛沸石	ZSM-5	ZSM-11	ZSM-4	丝光沸石
C_1	5.5	1.0	0.1	8.5	4.5
C_2	0.4	0.6	0.1	1.8	0.3
C_2^{2-}	36.3	0.5	0.4	11.1	11.0
C_3	1.8	16.2	6.0	19.1	5.9
C_3^{2-}	39.1	1.0	2.4	8.7	15.7
C_4	5.7	24.2	25.0	8.8	13.8
C_4^{2-}	9.0	1.3	5.0	3.2	9.8
C_5^+ 脂族	2.2	14.0	32.7	4.8	18.6
A_6	—	1.7	0.8	0.1	0.4
A_7	—	10.5	5.3	0.5	0.9
A_8	—	18.0	12.4	1.3	1.0
A_9	—	7.5	8.4	2.2	1.0
A_{10}	—	3.3	1.5	3.2	2.0
A_{11}^+	—	0.2	—	26.6	15.1

① 1atm=101325Pa。

❶ 接触时间等于时空速度 LHSV 的倒数。

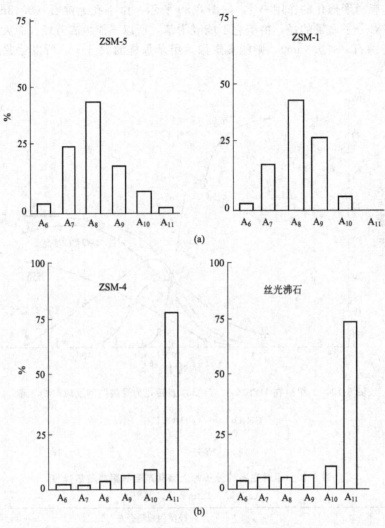

图 8-20　甲醇在各种分子筛上转化时芳烃的分布

　　通过以上扼要的介绍，可以看到，由甲醇通过酸催化生成烃类的反应途径由三步组成：生成二甲醚、形成 C—C 键和通过 H 转移生成芳烃。在这三个步骤中，在酸催化剂作用下由甲醇脱水生成二甲醚的过程可用类似于醇类在氧化铝上脱水的机理加以说明[103]：

　　在 B 酸上，反应机理可简单地表示为：

$$CH_3OH + H^+ \longrightarrow CH_3OH_2^+$$

$$CH_3OH_2^+ + CH_3OH \longrightarrow (CH_3)_2O + H_2O + H^+$$

　　这里将主要讨论在酸催化剂上 C_1 物种如何相互结合形成 C—C 键的问题。在讨论 F-T 反应中的链增长时已经指出，这是个有待解决和感兴趣的问题。

　　如前所述，由甲醇生成起始的 C—C 键的机理，乃是现在尚未解决的一个问题。文献中有多种假设的机理，包含从碳烯到自由基的。现在某些假设的机理已有少量实验上的支持。

这里将对讨论中的各种机理作扼要的说明。

首先是所谓的表面烷氧机理。这是根据甲醇蒸气在 SiO_2、$SiO_2\text{-}Al_2O_3$ 以及 Al_2O_3 上的吸附作用，由 К. В. Толчева 等首先提出来的[104]。他们发现，一部分甲醇在 $SiO_2\text{-}Al_2O_3$ 和 Al_2O_3 上的吸附是不可逆的。在加热和抽气至 400℃ 时有 C_2H_4、C_2H_6、CO 和 CO_2 放出，据此，表面甲氧基被认为是起始步骤，而碳氢化合物则是通过甲氧基的缩合，然后脱水和 H 转移等过程而后生成的。同时，E. I. Heiba 等[105] 又确实证明了，烷氧基铝热解产物和由氧化铝催化的醇和醚的分解产物完全相同。根据 $Al(OCH_2Ph)_3$ 的分解远比 $Al(OCH_3)_3$ 的迅速，还得出了 C—O 键的断裂是异裂的，即有电子向 Al 转移，使活性中间化合物含碳物种带有正电荷的结论。另外由求到的活化熵是负值，还假定过渡态是环状的。

文献中广泛讨论的另一个机理是碳烯机理。P. B. Venuto 和 P. S. Landis[106] 假定，当甲醇在 NaX 上于 260℃ 脱水生成二甲醚时，烯烃的生成可用 α-氢消除机理来解释。根据这个机理，在分子筛表面上吸附的甲醇将在失去水后形成一个碳烯物种。后者再继续叠合即能生成烯烃：

$$H\text{—}CH_2\text{—}OH \longrightarrow H_2O + :CH_2$$
$$n:CH_2 \longrightarrow (CH_2)_n \quad (n=2,3,4,5)$$

F. A. Swabb 等人通过研究甲醇在 H-丝光沸石上于 155~240℃ 时的脱水作用，提出在分子筛晶格中酸和碱中心的协合作用之下，C—H 键更容易断裂，也就是说，更易按 α-H 消除机理生成烯烃[107]：

碱中心 $O^{\ominus}$ ⋯⋯ $H\text{—}CH_2\text{—}O\text{—}\overset{\oplus}{H}\text{—}O$ B酸中心

P. Salvador 等在其用 IR、GLC、吸附等温线以及 TGA 等方法于 20~350℃，研究甲醇在 HY 和 NaY 上的表面反应时发现，在室温下，在两种分子筛上都有物理吸附发生。对 HY，表面羟基的甲氧基化始于 20℃，在约 130℃ 时达到最大；于 120℃ 时开始生成二甲醚，在 210℃ 时达到最大，大概在 250℃ 左右发生二次裂解反应，主要生成丁烷和丙烯，同时，在催化剂上生成焦炭。这个反应随温度升高而增加，他们也用 α-H 消除机理来说明烯烃的生成，但并未采用上述酸、碱协合作用的概念，认为碳烯物种是通过甲氧基化的表面分解而成[108]：

$$\text{—SiOCH}_3 \longrightarrow \text{—SiOH} + :CH_2$$

由碳烯的缩合再给出烯烃，而烷烃则假定由 H-转移反应而成。

在 ZSM-5 上的甲醇反应，也能用上述生成碳烯中间化合物的 α-H 消除机理说明[96]。然而，并不认为烯烃是由双自由基中间化合物叠合而成的。因为，碳烯有很高的反应性，像在烯酮光解中显示出的那样[109]，所以，这样的可能性并不大，同理，也不存在自由的碳烯，最可能的是在亚甲基之间发生协合反应，即作为反应的起始步骤，系在消除 α-H 的同时在甲醇或二甲醚中进行 sp³ 插入：

$$\begin{array}{c} H \diagdown \quad \diagup OR \\ CH_2 \\ H \diagup \quad \diagdown CH_2OR' \end{array} \longrightarrow \begin{array}{c} CH_3CH_2OR' + ROH \\ (R,R' = H\ 或烷基) \end{array}$$

许多人认为，由于在分子筛内部有较强的静电场，可以诱发或者使键更容易断裂[110]。这里分子筛起着强有力的"离子化"溶剂的作用。S. Beran 和 P. Jiru 曾对这种静电场强度，对甲醇在分子筛腔内的反应性的影响作过理论上的计算[111]。由于甲醇分子并不太大，允许把分子筛中的场强对它看作是均匀的。计算中使用了 INDO 法。甲醇分子对外场的定向被表示为：

$$\begin{array}{c} H_4 \\ H_3 \\ H_2 \end{array}\!\!\!\!\!\!>\!\! C\!-\!O \xrightarrow{\longleftarrow} \begin{array}{c} F \\ \big| \\ H_1 \end{array}$$

在场强从 0 增加到 80V/nm 时，$O—H_1$ 的键长从 0.101nm 增加到 0.131nm，而 C—O 键则从 0.133nm 伸长到 0.138～0.140nm，键强也减弱了。这时，有一个氢原子移向 O（即 $O—H_4$ 从 0.204nm 缩短到 0.179nm）。除此之外，随着键强的增加，H_1 上的电荷变得更负，而甲基氢则变得更正。据此，他们认为，在场强为 20～40V/nm 时，生成二甲醚是可能的，而在 40～80V/nm 的情况下则有可能存在 CH_2O 和 CH_2 等物种。据估计，在距表面阳离子 0.25～0.30nm 处的静电场强度梯度为 10～30V/nm 在分子筛诸如 ZSM-5 的内部，由于结构上的影响，场强梯度还要大些。例如，P. E. Pickert 等曾计算过 CaA(Si/Al＝2) 中距阳离子占据部位 S_{II} 约 0.20nm 处的场强，所得的值为 63V/nm。

许多作者，无论在甲醇直接反应[98]还是在二甲醚分解[113]的反应产物中，都发现有少量的甲基乙基醚 MeOEt 生成。这一产物既可以看作是关键反应的中间产物，也可以简单地看作是甲醇至烯烃的副产物。从动力学研究结果看，这个产物并非由 Me_2O 和乙烯相互反应生成。另外，由 MeOEt 生成丙烯的速度要比由 Me_2O 快 10 倍。考虑到乙烯本身在反应性上的惰性，可以肯定，丙烯是经 CH_2 二次插入 Me_2O 中生成 MeOPr 之后才由后者分解而成的。同样，在另一组实验中，对 C_4 烃也获得了类似的结果。在此基础上，F. X. Cormeral 等提出了如图 8-21 所示的"靶式"机理，认为反应是通过碳烯插入表面烷氧基中，而后再通过阳碳离子转变成烯烃的[113]。如众所周知，这样的碳烯插入反应在液相中不仅屡见不鲜，而且在反应物的所有 C—H 中的插入概率差不多是相等的[114]。

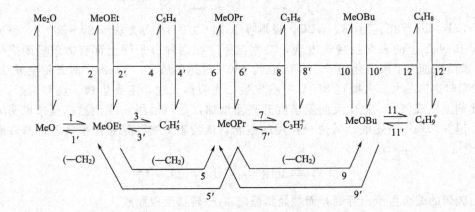

图 8-21 二甲醚转化成烃类的"靶式"机理

在讨论上述有关由甲醇转化生成烃类的碳烯反应机理时，曾经有人提出过处于过渡状态的碳烯中间化合物的稳定性问题。这个问题直至不久前才由 J. P. van den Berg 等提出的机理所解决[115]。根据他们的观点，由甲醇脱水生成的二甲醚和 B 酸中心反应生成二甲基氧鎓离子（Ⅰ），然后再和另一个二甲醚分子反应，通过Ⅱ和消去甲醇，形成三甲基氧鎓离子：

$$CH_3OCH_3 + {}^+O^- \rightleftharpoons \quad \xrightarrow{(CH_3)_2O} \quad \xrightarrow{-CH_3OH}$$

（下方化学结构式 Ⅰ、Ⅱ、Ⅲ）

这一机理中的关键步骤是三甲基氧鎓离子Ⅲ经由 Stevens 型分子内重排生成甲乙基氧鎓离子Ⅴ：

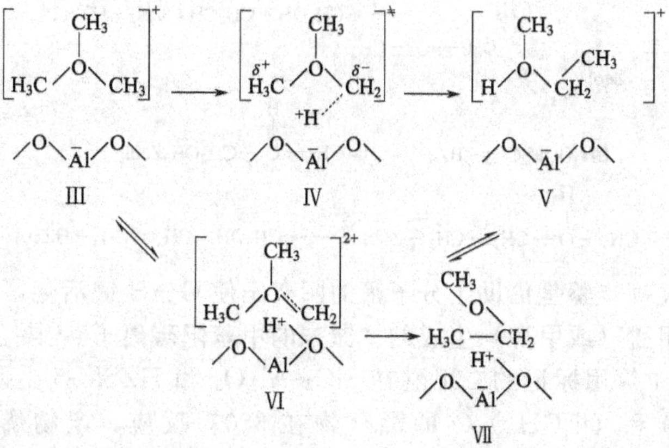

看来，在和氧内鎓盐 $(CH_3)_2O^+CH_2^-$ 相当的结构Ⅵ中，即含有稳定的 C_1 物种碳烯，而这个碳烯物种顺位插入相邻的 C—O 键中时就能形成 C—C 键。氧内鎓盐的形成，是以 ZSM-5 分子筛中与之成共轭的碱中心是否具有足以诱导甲基中一个 C—H 键极化的强度为依据的。如前面所述，这已为 S. Beran 等用从头算起法对场强作计算所肯定[111]。

J. P. van den Berg 还提出过另一个包含碳氧鎓离子的阳离子机理。在这个机理中，碳氧鎓离子是通过除去负氢离子产生的。他把烷基氧鎓离子（A）和碳氧鎓离子（B）机理中的不同步骤作了如下的比较：

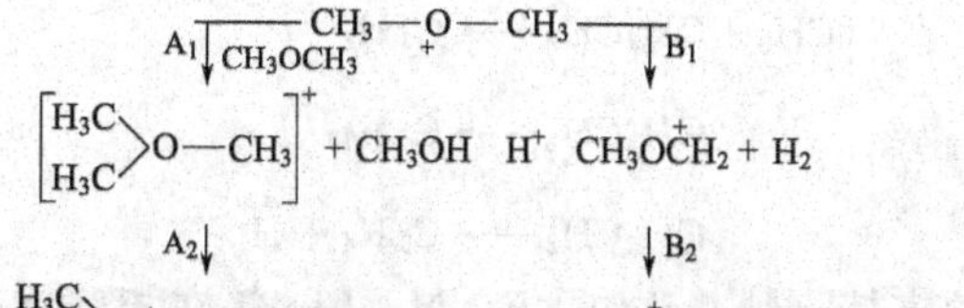

两种机理中主要不同之处在 A_2 和 B_2 之间。根据理论计算[116a]，尽管 1-羟基乙基阳离子要比甲氧基甲基阳离子稳定得多，把它们分开的能量约为 260kJ/mol，如果重排是经由 O-质子化的环氧乙烷进行的话：

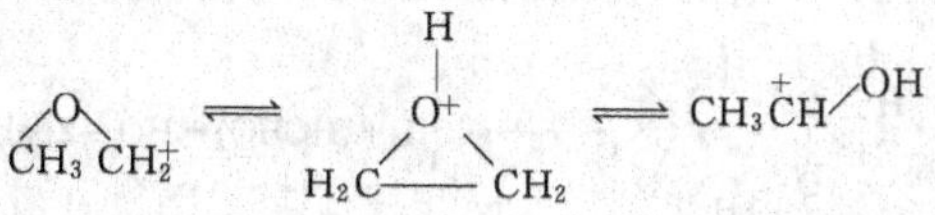

这和期望于步骤 A_2 的能垒是可比较的。步骤 A_3 是高放热的，可望只要不大的活化能。通过能量的对比，可以看到经由三甲基氧鎓离子的途径 A 更为有利。

W. W. Kaeding 和 S. A. Butter 在解释用磷修饰的 ZSM-5 分子筛转化甲醇的机理时，也应用了生成氧鎓中间化合物为根据的假设：

$$CH_3OCH_3 + HZeol \Longrightarrow CH_3 \overset{\oplus}{\underset{CH_3}{O}} H + Zeol^{\ominus}$$

$$CH_3-\overset{H}{\underset{\underset{CH_2-O-CH_3}{|}}{O}} \longrightarrow CH_3OH + CH_3CH_2OCH_3 + HZeol$$

$$Zeol \underset{H}{\diagdown} $$

$$CH_3OCH_2CH_3 + HZeol \Longrightarrow CH_3-\overset{H}{\underset{}{O}}-CH_2CH_3Zeol$$

$$CH_3-\overset{H}{\underset{}{O}}-CH_2\frown CH_2\frown HZeol \longrightarrow CH_3OH + CH_2=CH_2 + HZeol$$

这一机理中的关键步骤是借助于分子筛的阴离子使 C—H 键活化，然后由生成的亲核物种再进攻由质子化甲醚（或甲醇）生成的"原先的甲基阳碳离子"[116b]。

最近，G. Perot 等用标记的二甲醚在 SiO_2-Al_2O_3 和 HZSM-5 上研究了这个反应[117]，他们用 $(^{12}CH_3)_2O$ 和 $(^{13}CH_3)_2O$ 的混合物在 350℃ 反应，产物烯烃中的同位素分布（60％转化率）是随机的。这意味着烯烃的形成是分子间的。这和 J. P. van den Berg 等提出的机理相吻合[115]，即这个机理包含着由二甲醚和甲醇或者和另一个二甲醚分子通过双分子反应生成的三甲基氧鎓离子的重排反应。

除了以上三种机理之外，还提出过一些别的机理。例如，W. Zatorski 和 S. Krzyzanowski 在研究甲醇于天然丝光沸石上转化成 $C_1 \sim C_5$ 烃后，提出了一个自由基机理：

$$CH_3OH \longrightarrow \dot{C}H_3 + \dot{O}H$$

$$2\dot{C}H_3 \longrightarrow C_2H_6$$

$$\dot{C}H_3 + C_2H_6 \longrightarrow CH_4 + CH_3\dot{C}H_2$$

$$\dot{C}H_3 + CH_3\dot{C}H_2 \longrightarrow C_3H_8$$

$$2CH_3\dot{C}H_2 \longrightarrow C_4H_{10}$$

$$CH_3\dot{C}H_2 \longrightarrow C_2H_4 + \dot{H}$$

但并没有可资证明的支持[118]。又如，F. N. Lin 等在担载在分子筛 A、丝光沸石等载体上的氧化钨上研究了甲醇的转化反应之后，提出了一个包括生成"H_2C-O"物种并把它假设为速度控制步骤的机理。他们假定，这个物种可以插入比 C^+ 和 O^- 之间的内部键还要强的活性中心和氧之间的外部键之中，这样即能形成二价物种 CH_2，并聚合产生烯烃，这里，氧化钨看来具有脱氢的作用[119]。这些机理由于没有坚实的实验证据，在这一领域内并未引起广泛的注意。

关于在这一反应中甲烷如何形成的问题也有过不少争论。根据 E. L. Wu 等的意见，由分子筛表面上的甲氧基物种，通过可以产生中间化合物甲醛的"甲基歧化"反应即可生成 CH_4、CO 以及 H_2 等。这里，一个分子内的负氢离子的转移是可以预见的[120]：

$$\underset{\underset{H}{\overset{H}{\diagup}}}{\overset{H}{\underset{O}{\overset{|}{C}}}}\cdots\underset{O}{\overset{H}{\underset{}{\overset{|}{C}}}}\overset{H}{\diagdown} \longrightarrow CH_4 + (HCHO) + HO-Zeol$$

$$\downarrow$$

$$H_2 + CO$$

由这个反应也可以导致焦炭的生成：

$$HCHO \longrightarrow C + H_2O$$

另外，也有人认为甲烷是通过自由基的途径生成的[106]。最后，被活性 C_1 物种除去负氢离子的过程，至少作为生成少量甲烷的原因也是不能不考虑的。正如 Y. Ono 等指出过的那样，自催化作用可以减少这个反应，但是，除去负氢离子的过程，在这样的自催化作用的诱导期内还是很显明的，因此，能够解释低转化时甲烷的生成[121]。

在甲醇转化成烃的反应中，除了使用上述分子筛一类的硅酸盐催化剂之外，还有不少使用别的氧化物催化剂的。据报道，一个沉积在黏土粒上的由 $39.1\% \sim 43\%$ $Al_2O_3 + TiO_2$，$0.83\% \sim 0.93\%$ Fe_2O_3，$0.15\% \sim 0.3\%$ MgO 和微量 CuO 组成并经 $700 \sim 750℃$ 焙烧的催化剂，在 $100 \sim 150℃$，$1 \sim 1.5$atm 下，于空速约 $0.03h^{-1}$ WHSV（重量计时空速度）时，可使甲醇转化率达 85%，气体产物中只有烯烃，催化剂使用 $15 \sim 20$h 后需用空气再生[122]。此外，大都涉及强酸性的催化剂，如磷酸、硫酸等[123]。其中研究得较深入的有磷钨、磷硅杂多酸及其盐类[124]。最典型的结果列于表 8-11 中。由表可见，烃类大部分是 $C_2 \sim C_5$ 馏分，芳烃很少。对在这类强酸性催化剂上的反应，许多作者采用了与上述完全不同的机理。根据 G. A. Olah 等提出来的阳碳离子机理[125]，Y. Ono 等认为，甲醇在诸如杂多酸、Nafion-H（一种过氟磺酸化树脂）等强 B 酸中心上转化成烃时，首先涉及的是甲基阳离子：

$$CH_3OH \xrightleftharpoons{[H^+]} CH_3OH_2^+ \rightleftharpoons CH_3^+ + H_2O$$

这样生成的甲基阳离子再在饱和碳上作亲电子进攻，在甲醇（二甲醚）的情况下：

$$CH_3^+ + CH_3OR \longrightarrow \left[\begin{array}{c} H \\ CH_3 \end{array} \negmedspace\negmedspace CH_2OR \right]^+ \longrightarrow CH_3CH_2OR + H^+$$

这是很容易发生的。他们认为，在 SiO_2-Al_2O_3 催化剂上通过表面甲氧基的极化生成甲基阳离子也并不难[126]。

这里，他们还引入了甲醇和烯烃缩合的自催化作用[127]，以说明通过除去负氢离子为什么能产生少量甲烷的问题。

Y. Ono 等不赞成上述碳烯机理的理由是，他们发现 HCl 并不能使发生在 HZSM-5 上的甲醇反应中毒，因为他们相信，HCl 能毒化被碱催化的反应，这就是说，碱并未参与反应。尽管还有一些工作支持这个机理[128]，但是迄今尚未直接观察到 CH_3^+ 和 $C_2H_5^{+[129]}$，即使在超强酸的溶液中。

表 8-11　甲醇在不同杂多酸（盐）上转化成烃类的产物分布（300℃）

产物分布/%	催 化 剂					
	HPW	CuPW	AgPW	HSiW	CuSiW	AgSiW
MeOH	1.3	2.1	0	3.9	4.7	0
MeOMe	38.6	37.3	2.0	57.5	35.5	20.1
烃类	60.1	61.5	98.0	38.6	50.8	79.9
烃类分布/%						
CH_4	3.7	5.2	9.0	1.6	7.3	3.2
C_2H_4	11.3	9.5	9.0	10.3	11.2	10.3
C_2H_6	0.9	0.8	5.2	0.5	0.5	1.2
C_3H_6	8.3	8.5	3.8	8.3	8.7	8.3
C_3H_8	16.1	13.4	34.0	9.8	14.5	21.9
C_4	39.3	39.2	26.1	41.8	35.1	36.4
C_5	12.5	13.7	7.2	15.8	15.1	13.3
C_6	7.9	9.7	5.7	11.9	7.6	5.4

四、以沸石为基础的开发中的催化剂

沸石一直是一类很有前途的催化剂，蕴藏着无限潜力。以往的研究主要局限于 H 式沸石，大规模的用作石油转化工艺的催化材料。这里，它们的酸强度要比无定形的氧化硅/氧化铝的高，同时，很好确定的孔道系统使之具有择形选择性；有的分子不能进入孔道系统，在有小分子的条件下不能转化；在笼中生成的大的反应产物也难于逸出。例如，在二烷基苯中，对位的异构体很容易离开孔道系统，而邻位的则被俘获[130]。甲醇在 H-MFI 催化剂上转化成汽油时，产物的截流可以给出 1、2、4、5-四甲基苯，这是能够脱离沸石的最大的多取代苯分子[44]。最后，还有可以导致生成不同产物的两种过渡态，也需要不同的空间，所以，对过渡态的选择，是催化剂贡献于择形选择性的第三个参数。这正如文献中许多权威性总结已经指出的那样。读者可进一步参阅有关文献，例如 W. O. Haag 的文章和其中所引用的文献[131]。

但是，沸石除了作为带有很好确定的孔道或者笼结构的强酸之外，还可以用于更多的催化之中。这里最感兴趣的是，它具有在空腔内接纳外来物种，诸如，裸露的金属簇，配位的金属簇，例如羰基簇，甚至单个金属原子的能力；这些物种有些是电中性的，而有些则带有正电荷。其中包括只和沸石中的氧配位的裸露金属离子以及带有不属于沸石晶格氧原子的含氧离子，例如 $(GaO)^+$，所以后者也称为"晶格外的氧"，或者记作 ELO。裸露离子和质子的正电荷是用来补偿 Al-中心四面体的负电荷的。但是，含氧离子具有比原子价给出的电荷要小，带有含氧离子的沸石的最大负载明显高于裸露离子的，例如，带有 $(RhO)^+$ 的给定沸石的最大负载要比带 Rh^{3+} 的高三倍。$(GaO)^+$ 和 $(RhO)^+$ 是单核含氧离子的例子；其它的含氧离子，例如，$[Cu-O-Cu]^{2+}$，是双核的，通过氧桥联结在一起[132,133]。这里述及的所有物种，作为催化位，都具有独特的倾向。

配位的金属簇也能引入沸石腔中，或者，在那里由较小的建构单元形成。一种称为"船在瓶中（ship in bottle）"的技术，允许合成固定在某种笼中的大配合物，当然，过大的会经由任何一个笼的窗口离开。这些都可以参阅由 M. Ichikawa[134]、Sachtler 和 Zhang[135] 以及 B. C. Gate[136] 等编写的评论。图 8-22 给出了交换进入 Y-沸石的 Pd 离子，经氢还原后于室温下暴露在一氧化碳气体中获得的 FTIR 谱图[137]，分析这一谱图可以看出是一个成二十面体结构的 13 个 Pd 原子的簇，为 CO 配体成线、桥、三重桥的及蝶形配位所围绕。在沸石腔外，从未合成出这样的簇。

图 8-22 为 $Pd_{13}(CO)_x$ 在 NaY-沸石超笼中的光谱图（取自 Catal. Lett. 1989，2：132）。

在 Y-沸石中对 Pt 作类似的研究之后，Stakheer 等获得了在 KL 沸石腔内形成中性 Pt 羰基簇的证据；这些作者指出，只有在压力超过 500Pa 时才能形成这样的簇[139]。Zhang 等曾对 Pd 基簇起源的机理作过研

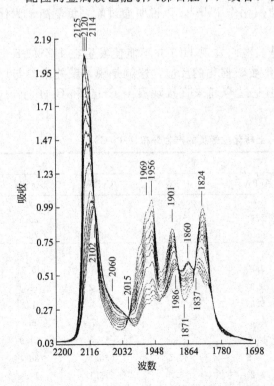

图 8-22　$Pd_{13}(CO)_x$ 在 NaY-沸石超笼中的光谱图

究[139]，当 Rh/Na Y-沸石用作 CO 加氢的催化剂时，发现反应产物主要取决于反应条件，在低压下，反应产物主要是烃类，而在高 CO 压力下，可望同时生成 Rh-簇和 Rh-羰基簇。当 CO 在沸石腔内同时存在，在 Rh-金属簇和 Rh-羰基簇的 Rh/Y 催化剂上加氢时，发现乙酸变成了主要产物[140]。

如果这个试验性的表述能得到确认，那么，过渡金属/沸石就能成为由合成气在有利于在沸石腔内生羰基簇的 CO 压力下，高收率地制取含氧化合物的催化剂。

沸石担载的过渡金属离子，已经被确认对由贫空气/燃料混合物工作的燃烧发动机排放的氮氧化物的还原是一种不平常的强有力的高选择性催化剂。Cu/MFI、Fe/MFI、Co/MFI 和 Pd/MFI 可以用浓度为 1×10^{-3} 或者更低的烃类催化 NO 和 NO_2。在 Co/MFI 催化剂上，NO 或 NO_2^- 用异丁烷还原可以达 100%[141]。这一催化剂甚至用甲烷也能完成 NO 的相当还原。NO 在以沸石为基础的催化剂上的还原，近年来已成为极有兴趣的研究领域，因为贫燃汽油和柴油发动机较传统的用量或者富燃/空气混合物工作的发动机有更高的能量转化效率。用于传统的个人汽车中的"三效催化剂"不能在有氧的情况下催化 NO 排放物，而后者肯定是贫燃或柴油发动机排放的一种重要组分。显然，这种情况大大激发了人们对多相催化的研究。Iwamoto 和 Held 的发现[142]，沸石担载过渡金属离子或含氧离子能够催化还原 NO 打开了深入研究的新领域。这些催化剂中的某些催化剂在富水汽的气氛中会失去其高功能，而别的催化剂，即使在类似于个人汽车排放管末端尾气的湿气气氛下也能有很高的性能。读者有兴趣于这一研究领域的动态，可参阅 Iwamoto[143] Misono[144] Cant 和 Liu[145] 以及 Chen 等[146] 的近期报告。

这一研究虽然还在进行之中，看起来，双核含氧离子，诸如在 MFI 沸石腔中的 [HO—Fe—O—Fe—OH]$^{2+}$ 在富氧和富水汽的气氛中，对用烃类还原 NO_x 也具有例外高的活性[147,148]。在沸石中形成这样的含氧离子之所以有利于负电荷，也就是 Al 中心四面体的位置是固定的，所以对一个 Fe^{3+} 来说，不可能同时接近可能补偿其电荷的三个 Al 中心四面体，只有在阳离子的有效正电荷被晶格外的氧（ELO）降低之后，正电荷和负荷载体之间才能获得最好的 Coulomb 相互作用力。双核的、氧桥和适度 Si/Al 比值的沸石中的两个 Al 中心四面体相接触，这正如 B. R. Goodman[149] 所指出的那样，这样的化学为以沸石为基础的体系，提供了又一个优化催化功能的空间，这是使用无定形载体的催化剂无法做到的。

含氧离子可以通过裸露离子的水解，或者挥发性化合物，诸如 $GaCl_3$ 或 $FeCl_3$ 升华至 H-式沸石上制得。

$$FeCl_3（蒸气）+ H^+（沸石）\longrightarrow HCl（气体）+ [FeCl_2]^+（沸石）$$

即通过水解处理即可将 [$FeCl_2$] 离子转化成含氧离子。

对催化来说，单核和双核含氧离子的重要区别是它们的可还原性。所有离子都能用氢还原，但只有含氧离子可用 CO 还原。像 [GaO]$^+$ 或 [RhO]$^+$ 那样的单核离子可还原至 Ga^+ 和 Rh^+，也就是说，它们的原子价从 +3 下降到了 +1。相比之下，双核中的氧桥联的离子只能被还原 1 个单位，这样，[Cu—O—Cu]$^{2+}$ 变成了 [Cu—Cu]$^{2+}$，以及 [HO—Fe—O—Fe—OH]$^{2+}$ 变成了 [HO—Fe—Fe—OH]$^{2+}$。

很显然，还原态和氧化态的能量差对催化氧化反应和催化还原反应是非常重要的。两个研究小组最近通过包括 EXAFS 在内的组合技术，已经确认了 Fe/MFI 中的双核模型[150]。这些数据支持了下列假设：像 Cu/MFI、Fe/MFI 或者 Co/MFI 这一类催化剂之所以具有如此非凡的催化性能，就是由于有氧桥联的双核过渡金属离子的关系。

一个值得惊奇同时尚未完全理解的现象是 N_2O 在 Cu/MFI[151]、Fe/MFI[152] 和 Co/

MFI[153]催化剂上分解时观察到的等温催化振荡。这里指出，在不同沸石笼中的离子，并非完全相互依赖；但是，它们的化学反应却能同步进行。看来，这很难对沸石采用对金属表面振荡的真实概念[154]。气相和沸石晶格二者是潜在的耦合介质。已有文献提出：过渡金属离子和含氧离子在和笼壁接触时，可以引起晶格振动的不连续微扰，从而产生新的 IR 带[155]。这还需要作进一步研究才能澄清沸石催化剂的振荡过程的机理。

装入不同沸石笼中活性位的一个概念问题是离解吸附的机理。在每个金属原子为别的金属原子所围绕的宏观金属晶体上，不难想象入射的 O_2 分子就像在金属一章中所述那样进行离解，甚至连 N_2 也很容易地在 C7 部位上解离，但是，在沸石中的金属离子并非是相互第一邻近的，它们不能形成"集团"。看来更像形成了双原子的吸附质，譬如，超氧离子 O_2^-，或者过氧离子 O_2^{2-}。由这些前体解离成单原子 O^- 或 O^{2-} 需要很高的活化能，当然，沸石氧也参与了这一过程，这也是可能的，正如由 $^{18}O_2$ 和 Cu/MFI[156] 以及 Fe/MFI[157] 之间的同位素交换的结果所建议的那样。

Roberts 已经成功地在 Zn 和 Mg 表面上鉴定过非解离的双原子 O_2 前体，Madix 也曾指出过在 Ag 上确有 O_2 实体。对 Fe/MFI，美国西北大学最近的工作指出，在 Fe/MFI 上可以形成超氧及过氧基团[158]。超氧离子已在 Fe/MFI 和 Co/MFH 上于低温下用 EPR 作过鉴定[153]。以上所述由 O_2^- 和 Co^{3+} 组成的离子对，可以说明由 Co 的核自族（$I=7/2$）和 O_2^- 中的非成对电子相互作用引起了超精细结构现象。用 UV、Raman 光谱还发现了过氧基团。超氧基因则由弱的信号所指认[159]。铁的双核含氧配合物以及 Fe 构型都不是沸石所独有的，在能催化氧化甲烷至甲醇的甲烷单加氧酶（MMO）的催化中也被认为是至关重要的[160]。在这一化学中，曾对由双氧桥联的双铁配合物作过讨论，但是 Siegbahn 和 Crabtree 通过 DFT 计算指出，Fe—O—O—Fe 结构在能量上讲是更为有利的[161]。

在沸石的 Lewis 部位上已经鉴定出各种形式的活性氧，例如通过 H-式 MFI 在 900℃高温焙烧，可以获得高浓度的这种部位。Kustov 等[162]指出，把这种材料暴露在 N_2O 中，就能形成单态氧，同时放出 N_2。和 Al^{3+} 一起，单态氧可形成 Lewis 碱-Lewis 酸对，后者可通过在 77K H_2 的体积吸附加以验证。在 Lewis 碱-Lewis 酸对上极化的 H_2 分子，可在 IR 吸收带上给出信号，和氧相（4163cm^{-1}）相比向低频方向位移。单态氧通过吸附 H_2 的体积测定可以定量确定：在一个于 1170K 焙烧的 H/MFI 样品上，N_2O 吸附之后有单态氧 5.7×10^{19} g。单态氧是十分活性的，例如，可以把苯转化成酚。当这样的氧能由 N_2O 再生时，那就有可能形成一个催化循环，这就是苯可用 N_2O 以 98%～100% 选择性地氧化至酚了。以前，Panov 等曾在 Fe/MFI 催化剂上，用 N_2O 作为氧化剂演示过苯催化氧化至酚，他们把催化活性归属于"α-氧"的作用[163]，同样的物种也被引入甲烷用氧化亚氮催化氧化至甲醇之中，现在还不十分清楚的是，这种"δ-氧"是否和由 Kostov 等鉴定的单态氧等同，还是仅与之相关而已。显然，为了完全开发近来已在沸石表面上鉴定出的三种活性氧——超氧离子、过氧离子和单态氧在催化氧化中的潜力，还需要做大量工作。

参 考 文 献

[1] Tanaka K, Ozahki A. J Catal, 1967, 8；1.
[2] Misono M, Ohiai E, Saito Y, Yoneda Y. J Inorg Nucl Chem, 1967, 29；2685.
[3] Sanderson R T. Chemcal Bonds and BonD Energy. N. Y.；Acad. Press, 1976.
[4] 田中虔一. 元素别触媒便览，触媒学会编. 地人书馆, 1967, 787～789.
[5] Parry E P. J Catal, 1963, 2；371.
[6] Barrer R M. Chem Ind. 1968, 1203 [London].

[7] Ward J W. J Catal, 1967, 9：225, 396；1968, 11：252.

[8] Peri J B. J Phys Chem, 1965, 69：23.

[9] Turkewich J, Ono Y. Adv Catal, 1969, 20：135.

[10] Ward J W. J Catal, 1968, 10：34.

[11] Corado A, Kiss A, Knozinger H, Muller H O. J Catal, 1975, 37：68.

[12] Otouma H Y, Arai Y, Ukihashi H. Bull Chem Soc Japan, 1969, 42：2469.

[13] Richardson J T. J Catal, 1967, 9：182.

[14] Hansfold R C, Ward J W. ibid, 1969, 13：316.

[15] Ono Y, Kaneko M, Kogo K, Takayanagi H, Keii K. J Chem Soc Faraday Trans I, 1976, 72：2150.

[16] Kerr G T. Adv Chem Ser, 1973, 121：219.

[17] Ono Y, Halgeri A, Kaneko M, Hatada K. ACS Symp Ser, 1977, 40：596.

[18] Wang I, Chen T J, Chao K J, Tsai T C. J Catal, 1979, 60：140.

[19] Hatada K, Ono Y, Ushiki Y. Z Phys Chem Neue Folge, 1979, 117：37.

[20] Barthomeuf D. Acta Phys Chem, 1978, 24：71.

[21] Chang C D, Kao J C W, Lang W H, et al. I E C Proc Dev Res, 1978, 17：255, 340.

[22] Cormerais P X, Perot G, Guisner M. Zeolites, 1981, 1：141.

[23] 胥勃, 吴越. 化学通报, 1985, 4：34.

[24] 曲淑华, 周桂林, 胥勃, 吴越. 科学通报, 1985, 16：1228.

[25] Kozhevnikov I V. Chem Rev, 1987, 56：1417 [in Russian].

[26] Misono M, et al. Proc 7th Intern Congr Catal 1980, B27：1418 Tokyo.

[27] Hallada C J, Tsigdinos G A, Hadson B S. J Phys Chem, 1968, 72：4304.

[28] 大竹正之, 小野田武. 触媒, 1975, 17：13.

[29] Urabe K, et al. Proc 7th Intern Congr Catal, 1980, C14：1418 [Tokyo].

[30] Misono M. Catal Rev Sci-Eng, 1987, 29 [2~3]：269~321.

[31] 泉有亮, 大竹正之. 化学总说, 1982, 34：116.

[32] Ono Y, Baba T. Catalysis by Acids and Bases. Amsterdam：Elsevter, 1985. 167；Proc 8th Intern Congr Catal. Berlin, Verlag, Chemie, vol. 5 1984：405.

[33] Baba T, Watnabe H, Ono Y. J Phys Chem, 1983, 87：2406.

[34] Huyama H, Saito Y, Echigoya E. Proc 7th Intern Congr Catal Preprints. Tokyo, 1980. C13

[35] Tanaka K I, Ozaki A. J Catal, 1987, 8：1.

[36] 荒田一志, 曰野诚. 表面, 1981, 19：75.

[37] Pines H, Wakher R C. J Amer Chem Soc, 1946, 68：599.

[38] Pines H. Adv Catal, 1948, 1：201.

[39] Hansford R S. ibid, 1952, 4：1.

[40] Weisz P B. Chemtech, 1973, 498.

[41] Haensel V. Adv Catal, 1951, 3：179.

[42] Shankland R A. Adv Catal, 1954, 6：271.

[43] Heinmann H. Development of Industrial Catalysis, Handbook of Heterogeneous Catalysis. Wiley-Verlag, Chemie, Weinheim, 1997.

[44] Chen N Y, Goring R L, Ireland H R, Stein T R. Oil and Gas Journal, 1977, 15：165.

[45] Chang C D, Silvestri A. J Catal, 1977, 47：349.

[46] Oblad A G, Heinmann H, Friend H, et al. Proc 7th World Petroleum Congress, 1867, 5：197.

[47] Whitmore F C. J Amer Chem Soc, 1932, 54：3274.

[48] Brouwer D M. Chemistry and Chem Eng of Catalytic Processes, Sijthoff and Noordihof Alphen and Rija, Netherland, 1980.

[49] Guisuet M R. Acc Chem Res, 1996, 23：392.

[50] Adeeva V, Liu H Y, Xu B-Q, et al. Topics in Catalysis, 1998, 6：61.

[51] Adeeva V, de Haan J W, Janchen J, et al. J Catal, 1995, 15：364.

[52] Ipatief V N, Schmerling L. Adv Catal, 1948, 1：27~64.

[53] Otvos J W, Stevenson J W, Wagner, C. D. , et. al. J. Amer. Chem. Soc. 1951, 73：5741.

[54] McVicker G B, Kramer G M, Ziemiak J J. J Catal, 1983, 83: 286.

[55] Neyman K M, Strodel P, Ruzankin S Ph, et al. Catal Lett, 1995, 31: 273.

[56] Neyman K M, Strodel P, Van Santen R A, et. al. J Phys Chem, 1993, 97: 1071.

[57] Olah G A, Farooq G, Hussain A. et al. Catal Lett, 1991, 10: 239.

[58] Sommer J M, Hachonmi M, Garin F, et al. J Amer Chem Soc, 1994, 116: 5401.

[59] Sommer J M, Hachonmi M, Garin F, et al. ibid, 1995, 117: 1135.

[60] Haag W O, Dessan R M. Proc 8th Intern Congr Catal Berlin. Vol 2. Germany, 1984. 305.

[61] Kramer J G, Van Santen R A, Emeis C A, et al. Nature, 1993, 363: 529.

[62] Van Santen R A, Kraner G J. Chem Rev, 1995, 95: 637.

[63] Kazansky V B. Acc Chem Res, 1991, 24: 379.

[64] Haw J F, Nichols J B, Xu T, et al. ibid, 1996, 29: 259.

[65] Kotrel S, Rosyneck M P, Lunsford J J. J Catal, 2000, 191: 55.

[66] Kayo A, Yamaguchi T, Tanabe K. J Catal, 1983, 83: 99.

[67] Emmett P H. Catalysis. Vol. 6. Chapman and Hall Ltd, London, Chapter 5, 1958. Dzisw A, Boreskov G K, et al. Proc 3rd Intern Catalysis, North-Holland, 1964. 163.

[68] Greensfeld B S, Voge H H, God G M. Ind Eng Chem, 1945, 37: 514, 983, 1038; 1949, 41: 2573. Hansford R S, ibid, 1947, 39: 849; Thomas C L. ibid, 1949, 41: 2564.

[69] Kossiokoff A, Rice F O. J Amer Chem Soc, 1943, 65: 590.

[70] Nace D M. Ind Eng Chem Prod Res Dev, 1969, 8: 24.

[71] Miale J C, Chen N Y, Weisz P B. J Catal, 1966, 6: 278.

[72] Breck W, Molecular Sieves. N Y: Wiley, 1974.

[73] Weisz P B. Chemtech Aug. 1973, 498.

[74] Moscon L, Mone R. J Catal, 1973, 30: 417.

[75] Weisz P B, Frilette V J. J Phys Chem, 1960, 64: 382.

[76] Weisz P B, Frilette V J, Maatman R W, Mower E B. J Catal, 1962, 1: 307.

[77] Chen N Y. Proc 5th Intern Congr Catalysis. Elsevier, 1973. 1343.

[78] Yashima T, Yashimara A, Namba S. Proc 5th Intern Congr Zeolites. Heyden, 1980. 705

[79] Yong L B, Butter S A, Kaeding W W. J Catal, 1982, 76: 418.

[80] Csicssery S M. J Catal, 1971, 23: 124.

[81] Namba S, Iwase O, Takahashi N, Yashima T, Hara N. ibid, 1979, 56: 445.

[82] Cortes A, Corma A. J Catal, 1978, 51: 338.

[83] Rollman L D, Walsh G E. Proc Catalyst Deactivation. Martnus, Niijhoff Publ, Hague, 1982. 81.

[84] Haag W O, Lage R M, Weisz P B. Faraday Disc. 1981, 72: 317.

[85] Namba S, Yashima T. 触媒, 1985, 27 [8]: 542.

[86] Yashima T, Ahmad H, Yamazki k, et al. J Catal, 1970, 16: 273.

[87] Yashima T, Sakagushi Y. Namba S. Proc 7th Intern Congr Catal. Kodansha, 1981. 739.

[88] Chen N Y, Kaeding W W, Dwyer F G. J Amer Chem Soc, 1979, 101: 6783.

[89] Kaeding W W, Chu C, Young S B, Butter S A. J Catal, 1981, 69: 393.

[90] Deyer J. Chem and Ind, 1984, 2 [April]: 258.

[91] Olson D H, Haag W O. Catalytic Materials: Relationship between Structure and Reactivity. ACS, Symp Ser 248. 1984. 275.

[92] Wei J. J Catal, 1982, 76: 433.

[93] Theodron D, Wei J. ibid, 1983, 83: 205.

[94] 金钟镐，难波征太郎，八鸠建明. 昭和 59 年度触媒研究发表会讲演予稿集. C48.

[95] Chandavar K H, Hegde S G, Kulkarni S B, et al. Proc 6th Intern Zeolites Conf. Butterworths, 1984. 325.

[96] Namba S, Kanai Y, Shoji T, Yashima T. Zeolites, 1984, 4: 77.

[97] Chang C D. Hydrocarbons from Methanol. N. Y.: Marcel Dekker Inc 1983.

[98] Chang C D, Suvestri A J. J Catal, 1977, 47: 249.

[99] (a) Derouane E G, et al. ibid, 1978, 53: 40.

   (b) Anderson J R, et al. ibid, 1979, 58: 114.

[100] Voltz S E, et al. Final Report November, 1976, Contact No. E [49-16]-1773, US-Energy Research and Development Administration.

[101] Ceckiewicz S. J Chem Soc Faraday Trans, 1981, 77: 1.

[102] Chang C D, Lang W H, Bell W K. Catalysis of Organic Reaction. N. Y.: Dekker, 1981. 73.

[103] Parers J M, Eigoli N S. J Catal, 1969, 14: 303.

[104] Topchev K B, Ballod A B. Dokl AN SSSR, 1950, 75: 247 [in Russian].

[105] Heiba E I, Landis P S. J Catal, 1964, 3: 471.

[106] Venuto P B, Lamdis P S. Adv Catal, 1968, 18: 259.

[107] Swabb F A, Gates B C. Ind Eng Chem Foundam, 1972, 11: 540.

[108] Salvador P, Klandnig W. J Chem Soc Faraday Trans 1. 1977, 79: 1153.

[109] Kistiakoski G B, Saner K. J Amer Chem Soc. 1956, 78: 5699; 1958, 80: 1066.

[110] Noller H, Kladnig W. Catal Rev, 1976, 13: 150.

[111] Beran S, Jiru P. React Kinet Catal Lett, 1978, 9: 401.

[112] Pickert P E, Rabo J A, Dempsey E, et al. Proc 3rd Intern Congr Catal Amsterdam, 1964.

[113] Cormerais F X, Perot G, Chevalier F, Guisonet M. J Chem Res, 1980, 362.

[114] Kirmse W. Carben Chemistry. 2nd edn. N. Y.: Acad Press, 1971.

[115] Van der Berg J P, Wolchulzen J P, Van Hooff J H C. Proc 5th Zeolites Conf Naples, Italy, 1980. 649.

[116] Nobes R H, Rodwell W R, Bouma W J, Radom L. J. Amer Chem Soc 1981, 103: 1913; Kneding W W, Butter S A. J Catal, 1980, 61: 155.

[117] Perot G, Cormeris F X. Guisnet J Chem Res, 1982, 58.

[118] Zatorski W, Krzyzanowski S. Acta Phys Chem, 1978, 29: 347.

[119] Lin F N, Chao J C, Anthony R C. Coal Process Technol, 1978, 4: 72.

[120] Wu E L, Kuhl G H, Whyto Jr T E, Venuto P B. Adv Chem Ser, 1971, 101: 490.

[121] Ono Y, Mori T. J Chem Soc Faraday Trans 1, 1981, 77: 2209.

[122] Matymenski V B, Fridrin G N. J General Chem, 1967, 12: 710 [in Russian].

[123] Dolgov B N. Die Katalyse in der Organischen Chemie. Berlin: DVW, 1963. 439.
Pearson D E. J Chem Soc Chem Commun, 1974, 397.

[124] Ono Y, Mori T, Keil T. Prepr 7th Intern Congr Catal. Tokyo, 1980, Paper C12; J Chem Soc Chem Commun, 1981, 400.

[125] Olah G A, et al. J Amer Chem Soc, 1968, 90: 2726; 1969, 91: 3261; 1973, 95: 4939.

[126] Ono Y, Imai E, Mori T. Z. Phys Chem N F, 1979, 115: 99.

[127] Chen N Y, Reagan W J. J Catal, 1979, 59: 123.

[128] Kagi D. J Catal, 1981, 69: 242

[129] Herlem H. Pure Appl Chem, 1977, 40: 107.

[130] Csicsery S. Shape-Selective Catalysis. ACS Monography, 1976, 171: 680.

[131] Haag H. Studies in Surface Science and Catalysis, 1994, 84.

[132] Delguses W, Garten R, Boudart M. J Phys Chem, 1969, 71: 2970.

[133] Beutel T, Sarkary J, Yan J, et al. ibid, 1996, 100: 845.

[134] Ichikawa M. Adv Catal, 1992, 38: 283.

[135] Sachtler W M H, Zhang Z. ibid, 1993, 39: 129.

[136] Gites B. Supported Metal Cluster Catalysis, Handbook of Heterogeneous Catalysis. Wiley-Verlag Chemie Weinheim, 1997.

[137] Sheu L, Knozinger K, Sachtler W M H. Catal Lett, 1989, 2: 129. 132.

[138] Stukheev A, Shpiro E, Jaeger N, et al. ibid, 1995, 34: 293.

[139] Zhang Z W, Sachtler W M H, Knozinger H. J Phys Chem, 1993, 97: 3579.

[140] Xu B, Sachtler W M H. J Catal, 1998, 180: 194.

[141] Wang X, Chen H-Y, Sachtler W M H. Appl Catal B, 2001, 29: 47.

[142] Iwamoto M, Yahiro H, Tanda K. J Phys Chem, 1991, 95: 3727.

[143] Iwamoto M Proc 10th Intern Zeolites Conf, Garmisch-Partenkirchen. July, 1994. Amsterdam: Elsevier, 1994.

[144] Misono M. Cattech, 1998, 4: 183.

[145] Cant N, Liu I. Catal Today, 2000, 63: 123.

[146] Chen H-Y, Wang X, Sachtler W M H. Appl Catal A, 2000, 194: 159.

[147] Chen H-Y, Sachtler W M H. Catal Today, 1988, 42: 73.

[148] Chen H-Y, Wang X, Sachtler W M H. Phys Chem Chem Phys, 2000, 2: 3083.

[149] Goodmann B, Hass K, Schneider W, et al. Catal Lett, 2000, 68: 85.

[150] Battiston A, Bitta J, Koningsburger D. ibid, 2000, 66: 75.

[151] Turek J J. J Catal, 1998, 174: 98.

[152] El-Mulki E M, Van Santen R, Sachtler W M H. Micropor Mesopor Mat, 2000, 35~36: 235.

[153] El-Mulki E M, Werst D, Doan P, et al. J Phys Chem, 2001, B104: 5924.

[154] Schuth F. Adv Catal, 1993, 39: 51.

[155] Lei G, Adelman B, Surkaty J, et al. Appl Catal, 1995, B112: 245.

[156] Valyon J, Hall W K. J Catal, 1993, 143: 520.

[157] Voskoboinkov T, Chen H-Y, Sachtler W M H. J Mol Catal, 2000, A155: 155.

[158] Gao Z, Sun Q, Sachtler W M H. Appl Catal [in Preparation].

[159] Kim H, Gao Z, Sun Q, et al. [in Preparation].

[160] Que L, Ho R. Chem Rev, 1996, 96: 2607.

[161] Sigbahn P, Crabtree R. J Amer Chem Soc, 1997, 119: 7103.

[162] Kostov L, Tarasov A, Bogdan V, et al. Catal Today, 2000, 61: 123.

[163] Panov G, Uriarte A, Bodkin M, et al. Catal Today, 1998, 41: 365.

第九章 金属氧化物催化剂(二)——氧化-还原型

氧化-还原型氧化物催化剂在工业催化剂中应该说是应用最广的一种,因为由两种以上的氧化物可以组合成无数个具有催化性能和有应用价值的催化剂。自20世纪50年代末,美国 Sohio 公司成功地采用 Mo-Bi 系催化剂,由丙烯氨氧化合成丙烯腈之后,50年期间,使用这类氧化物为催化剂并已工业化的重要催化过程,除上述由丙烯氨氧化制丙烯腈(六电子氧化)外,就有由丁烯氧化脱氢制丁二烯(双电子氧化)、丙烯氧化制丙烯醛(四电子氧化)及进一步氧化成丙烯酸(双电子氧化)等多种催化新工艺问世。最近由正丁烷经十四电子氧化成顺丁烯二酸酐也已经研究成功。

这类氧化物目前已成为除分子筛以外的另一类重要的氧化物催化剂;同时,由于这类催化剂在活性部位的形成以及作用机理上都比酸-碱型氧化物催化剂复杂,所以,这50年内,在了解这类选择性氧化反应的机理以及控制这类催化剂的活性和选择性的因素方面,也都做了不少基础性的工作,并获得了显著的进步。现在知道,用于这类反应的高效催化剂,从结构上来说,都是一些复合金属氧化物,其中最有效的是一些钼酸盐、铁酸盐、杂多酸盐等。同时,它们具有某些共同的性质。本章将对这类催化剂的作用机理作较详细地阐述。

第一节 氧化-还原型氧化物催化剂的特点

1954年,P. Mars 和 D. W. Van Krevelen 在氧化钒催化剂上研究芳烃(苯、萘、甲苯)氧化的反应速度后指出,这些反应系按图 9-1 所示的反应机理进行的[1]。也就是说,反应产物中的氧并非直接来自气相,而是来自金属氧化物催化剂,气相中的氧只是用来补充催化剂在反应中消耗掉的氧。

这个机理被称为 Mars-Van Krevelen 氧化-还原机理。与此同时,A. Byström 等根据 V_2O_5 的晶体结构,提出了芳烃系和垂直于 V_2O_5(010)面的具有双键性质的

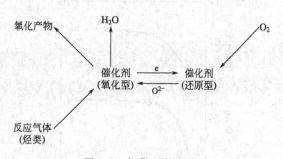

图 9-1 氧化-还原机理

端氧(V—O)反应的,如图 9-2 所示[2]。后来,这种单纯以 V^{5+}—O 为烃类氧化的活性中心的观点得到了不少学者的支持[3],使这一机理在很长时间内被用来解释在氧化-还原型氧化物催化剂上发生的氧化反应。

然而,如果苯是被 V^{5+}—O 中的氧氧化的,而活性中心又只有 V^{5+}—O,那么,就会产生苯不必被催化剂吸附,只要从气相和表面 V^{5+}—O 相碰撞就能反应的问题。这显然和一般的催化原理不符;如果要求苯在 V_2O_5 上吸附,那么,V_2O_5 上就得有由多种官能团组成的活性部位,同时,也会产生它在表面上形成何种官能团或者离子的问题。最近,在五氧化二钒催化剂上研究 $NO+NH_3$ 反应时,对以上提出的一些问题得到了很有意义的结果。

如下式所示的 NH_3+NO 的反应是目前工业上脱 NO 工艺过程中的一个重要的基元

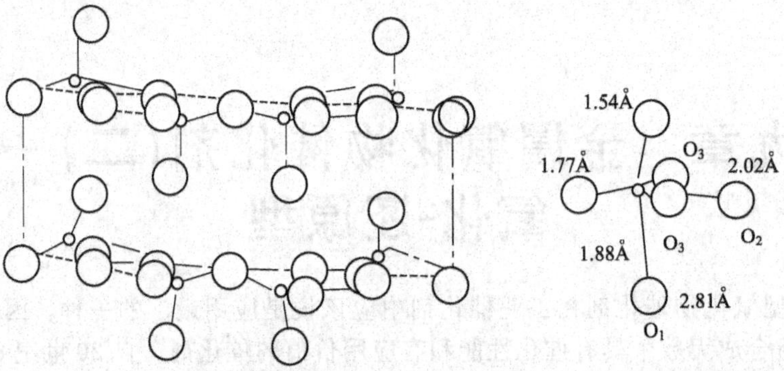

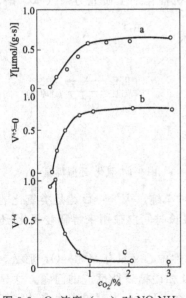

(a) V₂O₅晶体结构示意图　　　　(b) V⁵⁺与O²⁻配位的关系

图 9-2　V₂O₅ 晶体结构示意图以及 V⁵⁺ 与 O²⁻ 配位的关系

○—V⁵⁺，◯—O²⁻

反应：

$$NO + NH_3 + \frac{1}{4}O_2 \longrightarrow N_2 + \frac{3}{2}H_2O$$

五氧化二钒对这个反应在低温时就有很高的活性，而且有很强的抗毒（S）性能，是实用上最重要的催化剂。A. Miyamoto 等发现，当标记的 ¹⁵NO 和 ¹⁴NH₃ 的混合气体通过 V₂O₅ 时，在产物 N₂ 中没有 ¹⁵N¹⁵N 和 ¹⁴N¹⁴N 生成。表明反应是按上式以 1 分子 NO 和 1 分子 NH₃ 作用生成 1 分子 N₂ 进行的[4]。图 9-3 中曲线 a 为在 V₂O₅ 催化剂上 NO-NH₃ 的反应速度（r）和氧浓度的关系[5]，在没有氧的情况下，r 的值很小；在 $c_{O_2} < 1\%$ 时，r 随 c_{O_2} 成比例增加，超过该值时 r 几乎为一定值。如果以 V⁵⁺=O 的特征拉伸频率 1020cm⁻¹ 的强度作为其含量的度量，那么，它和 c_{O_2} 之间有如图 9-3 中曲线 b 所示的关系，可见，改变 c_{O_2} 对反应速度（r）和 V⁵⁺=O 量有相等的影响，因此可以认为 V⁵⁺=O 乃是这一反应的活性

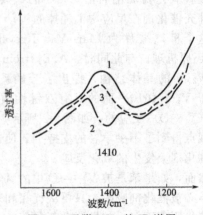

图 9-3　O₂ 浓度（c_{O_2}）对 NO-NH₃
反应速度（r）

a—1020cm⁻¹处的透过率；b—V⁴⁺量的影响；

c—$c_{NO} = c_{NH_3} = 1 \times 10^{-3}$，$T = 250℃$

图 9-4　吸附 NH₃ 的 IR 谱图

1—本底；2—吸附 NH₃ 8×10³Pa，室温
脱气后；3—NO(6×10³Pa) 100℃反应后

中心。图 9-3 中曲线 c 系由 ESR 测得的催化剂中的 V^{4+} 量随 c_{O_2} 的变化曲线，通过这个结果与图 9-3(b) 的相对照，可以确定反应中存在着 $V^{5+} \rightleftharpoons V^{4+}$ 的氧化-还原过程。

另外，他们还发现，NO 在 V_2O_5 上不能吸附，而 NH_3 的吸附则较强，在 $1410cm^{-1}$ 处有一 NH_4^+(吸) 的强吸收峰（图 9-4）。后者与 NO 相接触即立刻消失生成产物 N_2。根据这一结果，可以设想，在 $V^{5+}=O$ 的邻近处应有一 B 酸中心（V_5—OH）存在。这样才能和吸附的 NH_3 生成 NH_4^+(吸)。在高浓度氧的情况下（$c_{O_2} > 1\%$），反应速度（r）可用下式表示：

$$r = 2.38e^{-11600/(RT)} c_{NO}^1 c_{NH_3}^0$$

式中，r 的单位是分子/$cm^2 \cdot s$。

这个表达式也反映出反应是在强吸附的 NH_3 和气相中的 NO 之间进行的。在此基础上，他们还对这个表示式用过渡状态理论进行了解析，并以 $VO(OH)_3$、$(HO)_2VO(O)$ $VO(OH)_2$ 等簇化合物为模型，对 V_2O_5 进行了量子化学计算，通过这些工作对这个反应提出了如下的机理[6]：

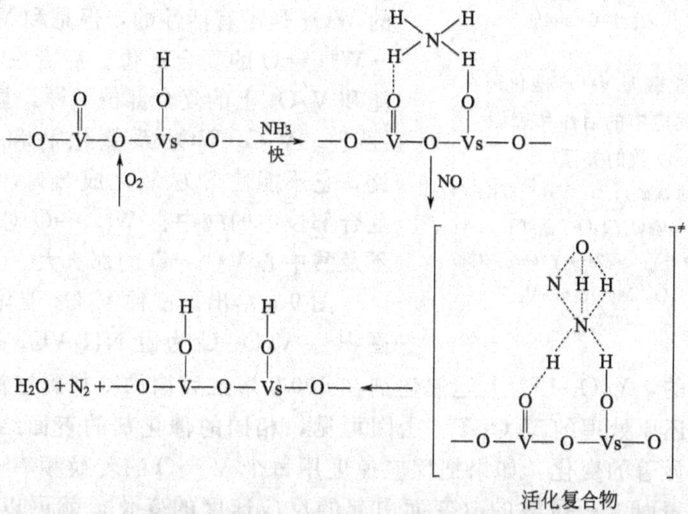

活化复合物

即 NH_3 先被 $V^{5+}=O$ 邻近的 B 酸中心（V_s—OH）所吸附形成 NH_4^+(吸)，后者被气相中的 NO 进攻后生成 N_2、H_2O 和 V^{4+}—OH。最后 V^{4+}—OH 再被气相中的 O_2 氧化使 $V^{5+}=O$ 再生。这一机理不仅指出了与 $V^{5+}=O$ 邻近的 B 酸中心为这一反应所必需，而且强调了反应需要在由酸中心和活性氧所组成的复合活性中心作用下才能进行。不仅如此，这种复合活性中心的 B 酸中心和活性氧种还分别担负着以下的角色，即 B 酸中心必须能将 NH_3 浓缩至 $V^{5+}=O$ 近傍并使其活化生成 NH_4^+(吸)；而 $V^{5+}=O$ 则需具有能从 NH_3 的三个氢原子中拉走一个氢原子并生成 V^{4+}—OH 的能力，V^{4+}—OH 能和 O_2 反应使 $V^{5+}=O$ 再生，在氧化钒表面上容易进行 $V^{5+} \rightleftharpoons V^{4+}$ 的氧化还原循环。五氧化二钒催化剂在 NO-NH_3 反应中之所以在低温下就有较强的活性其原因就在于此。

将 V_2O_5 担载在 TiO_2、Al_2O_3 以及 ZrO_2 等载体上时，可以明显提高催化剂单位重量的活性。但是，反应速度随表面 $V=O$ 数而增加的规律，如图 9-5 所示，与催化剂种类无关，仅取决于不同载体形成复合活性中心的能力[7,8]。

如上所述，NO-NH_3 的活性部位系由酸中心和活性氧种所构成的复合部位，其中各组分用类似的活性中心取代时可以得到相同的效果。例如，在由 V_2O_5 和 P_2O_5 组成的 V_2O_5-P_2O_5 复合氧化物催化剂中，P 大概就是通过 I 所示的形式发挥其催化作用的[9]。这里 P 上

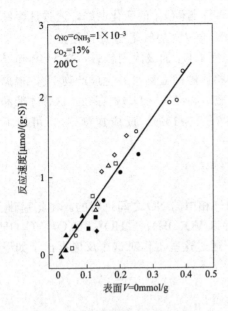

图 9-5 各种担载型 V_2O_5 催化剂在
NO-NH₃ 反应中的活性和表面
V═O 数的关系

△—V_2O_5/TiO_2（锐钛矿）；□—V_2O_5/TiO_2（锐
钛矿-金红石）；◇—V_2O_5/TiO_2（金红石）；○—
V_2O_5/Al_2O_3；●—V_2O_5/ZrO_2；▲—V_2O_5/
SiO_2；■—V_2O_5/MgO；◆—V_2O_5

的 B 酸中心（P—OH）具有比 V_5—OH 更强的酸
性，能和 NH₃ 形成如Ⅱ所示的配合物，使 NH₃
活化，而每个当量酸中心的活性（以转化频率表
示）则远远超过单独的 V_2O_5 的。

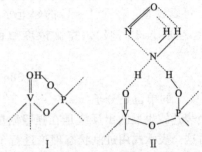

在实际应用中被广泛注意的 V_2O_5-WO_3 催化
剂，可能也按同样的机理发挥其催化作用，单独
的 WO_3 是没有活性的，但是和 V 混合后即能形成
—W^{6+}═O 的复合部位，后者在 NO-NH₃ 反应中
能和 V_2O_5 上的复合部位一样，显示出相同的高活
性[10]。V_2O_5-WO_3 系催化剂和 V_2O_5 催化剂相
比，它不能使 SO_2 氧化成 SO_3，这就是由于这时
复合部位中的酸中心 W^{6+}═O 对 SO_2 的氧化能力
不及酸中心 V^{5+}═O 的那么大。

图 9-6 给出了三种 V_2O_5 催化剂的电子显微镜
图[11]。V_2O_5-U 为由 NH_4VO_3 在 500℃的 O_2 气
流中热分解制成的，V_2O_5-F 为上述催化剂在 800℃熔融后徐徐冷却到室温的样品，V_2O_5-
RO 则为经氧化-还原处理的 V_2O_5-F。由图可见，相同的催化剂的表面结构，可因处理条
件的不同而发生显著的变化。如果把反应速度用每个 V═O 的转换频率（TOF）来表示，
那么通过考察因表面 V═O 数的改变而引起的反应速度的变化，就可以探讨表面结构的
变化对反应速度的影响。表 9-1 列出了 H₂、乙烯以及苯等在这三种催化剂上的氧化时的

V₂O₅-RO

V₂O₅-U

V₂O₅-F

图 9-6 三种 V_2O_5 催化剂的电镜图

TOF 值[11~13]。由表中的数据可见这个值几乎没有改变，但是在 CO、正丁烷以及丁二烯[1,3]等的氧化反应中，催化剂的表面结构对 TOF 值有着很明显的影响，属于结构敏感型反应。

表 9-1　在三种 V_2O_5 催化剂上各种氧化反应的转换频率（TOF）值及产物的选择性（S）

反应 催化剂	H_2 (445℃) TOF (ks^{-1})	C_2H_4 (500℃) TOF (ks^{-1})	苯 (389℃) TOF (ks^{-1})	苯 $S^{①}$ (%)	CO (400℃) TOF (ks^{-1})	正丁烷 (465℃) TOF (ks^{-1})	丁二烯 (349℃) TOF (ks^{-1})	丁二烯 $S^{②}$ (%)
V_2O_5-U	99	32	57	50	439	270	555	60
V_2O_5-F	103	36	48	50	15	14	68	65
V_2O_5-RO	98	34			27	60	128	64

① 顺丁烯二酸酐。
② 顺丁烯二酸酐、呋喃。

那么，什么原因造成这种差别的呢？由图 9-2 可见，在理想的 V_2O_5 晶体中，表面 V＝O 在光滑的（010）晶面上是相当均匀的，然而在实际的催化剂表面上存在着诸如阶梯、扭折、空位等缺陷，而这些缺陷的数目，如众所周知，系随催化剂处理、制备条件的不同而不同。一般地说，经熔融处理的固体，其表面缺陷的数目要少些，而缺陷少的表面，经过严格的氧化-还原反复处理之后缺陷数则会有所增加。换句话说，在实际的 V_2O_5 表面上存在着两种活性部位：平滑（010）面上的和表面缺陷附近的。对后一种部位不能起活性中心作用的反应来说，TOF 将随表面结构发生较大的变化，这时反应是结构敏感的，相反，如果这两种部位不能区别，都是反应的活性中心，那么，TOF 就不会随表面结构而变，反应就属于结构钝感的。为了要对反应作上述结构敏感性的讨论，那么，就非对活性部位，特别是它在几何学上的结构有所了解不可。

如上所述，所谓结构敏感反应乃是催化剂中一部分活性部位不起作用的反应。这可在氧化反应中用 $^{18}O_2$ 取代 $^{16}O_2$ 时得到证明[14]。在结构钝感的 H_2、C_2H_4 等氧化反应中使用 $^{18}O_2$ 时，得到的主要是含 V_2O_5 催化剂中的氧（^{16}O）的产物 $H_2^{16}O$、$C^{16}O_2$；相反，在结构敏感的 CO 氧化反应中使用 $^{18}O_2$ 时，则大部分产物中含有 $^{18}O(C^{16}O^{18}O)$。在 V_2O_5 催化剂上这类反应系按氧化-还原机理进行（图 9-1），在使用 $^{18}O_2$ 时，它将首先和催化剂表面上的活性氧种（开始时为 ^{16}O）进行反应。如果这时 $^{18}O_2$ 未能进行置换，那么，自然就不能获得含 ^{18}O 的产物。因此实验表明，对以两种不能区别的部位都作为活性中心的钝感反应来说，在反应中将从催化剂内部提供大量的 ^{16}O 以生成主要含 ^{16}O 的产物。相反，对表面只有一部分活性部位作为活性中心的结构敏感反应，这时，具有和 $^{18}O_2$ 交换能力的这部分活性部分就能不断地从气相通过交换给产物提供 ^{18}O。

V_2O_5 系层状晶体结构。因此，担载在载体上的 V_2O_5 催化剂，可因选用的载体、担载率以及制法的不同制成层数不同的 V_2O_5[15,16]。苯在这样制得的各种氧化钒载体催化剂上氧化时，可以通过选择氧化制得顺丁烯二酸酐（MA）和完全氧化生成 CO 以至 CO_2[17]：

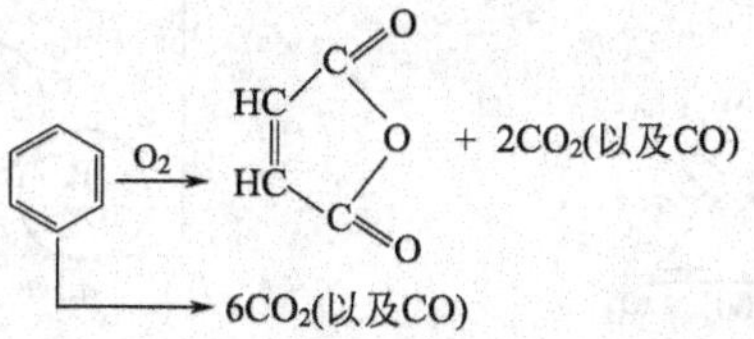

苯醌的收率很小，可以略去不计。图 9-7 给出的为 V_2O_5/TiO_2（O）以及 V_2O_5/Al_2O_3（△）催化剂上 V_2O_5 层数与苯氧化时 MA 选择性（S_{MA}）的关系。由于实验是在微分反应

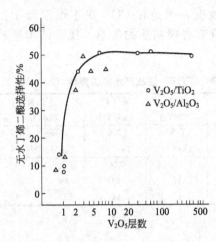

图 9-7 苯氧化反应中顺丁烯二酸酐选
择性和载体上 V_2O_5 层数的关系

苯摩尔分数：1.43%；O_2 摩尔分数：20%；
反应温度：389℃

条件下进行的，故由 MA 生成的 CO_2（以及 CO）已被略去不计。S_{MA} 随载体的种类、担载率等有特别明显的变化。但如果把它和载体上 V_2O_5 的层数（N）相关联，那么就可以获得如图 9-7 所示的比较单一的关系。V_2O_5/TiO_2 和 V_2O_5/Al_2O_3 的结构相当不同，但 S_{MA} 和 N 的关系对两个催化剂来说都是一致的。在 V_2O_5 成单分子层（$N=1$）的催化剂上，S_{MA} 的值很小，主要是完全氧化反应，随着 V_2O_5 层数的增加，S_{MA} 值明显增大，当 V_2O_5 的层数超过 3～5 时，就主要发生生成 MA 的选择氧化反应了。这些结果表明，没有内层 V_2O_5 时只有完全氧化反应，而选择氧化必须存在内层 V_2O_5 时才能发生。

其次，在 V_2O_5 催化剂上，存在着如 NO-NH_3 反应机理所示的没有考虑 V_2O_5 层数的 B 酸中心和 V^{5+}＝O 复合部位。和 NO-NH_3 的反应一样，苯分子也必须和 B 酸中心相互作用而活化，这时反应将自 V^{5+}＝O^{2-} 中氧的亲核进攻开始。但是，为了使分子苯氧化至顺丁烯二酸酐，就必须为 6～8 个氧原子连续提供活性部位。显然只有在有内层 V_2O_5 时（$N \geqslant 2$），才能通过固体的内部扩散为反应提供这么多的原子氧。相反，在单分子层 V_2O_5 的情况下，从表面氧的扩散以及从气相 O_2 的直接进攻都不可能完成这样的补充的，因此，这时的 S_{MA} 就不会太大。

除了 V_2O_5 之外，常见的对烃类选择氧化具有高选择性的催化剂中的氧离子，都很容易发生内部扩散作用[18,19]。也就是说，在金属氧化物催化剂的情况下，和反应分子直接接触的表面最外层活性部位的结构以及电子状态，与固体的内部结构和性质是密切联系着的。

上面以氧化钒为例，详细分析了在氧化-还原反应中可能形成的各种活性部位和它们之间的相互关系。但是，活性和选择性可以控制的这类催化剂的机理还远不止此。例如，还有由金属离子（酸中心）-活性氧种组成的复合部位在某些反应中更为重要。例如，J. C. Volta 等以 $MoCl_5$-层状石墨为原料制成了如图 9-8 所示的具有定向性的 MoO_3 晶体[20]，这种晶体的晶型可因制备条件而有相当大的变化，通过制备可以控制它的裸露晶面。J. Ziol-kowskii 等[21]在这种 MoO_3 晶体上，深入研究了丙烯氧化反应的活性、选择性与各种晶面上金属离子、氧离子的排布、金属离子配位的不饱和数以及表面氧离子的结合状态等的关系。他们发现，例如，在处于氧化态的 MoO_3 的 (010) 面中，Mo^{6+} 完全为 O^{2-} 所包围，不存在配位不饱和的 Mo^{4+}（图 9-9），而且，表面氧离子与 Mo^{6+} 之间结合得很牢固，因此这个面就没有

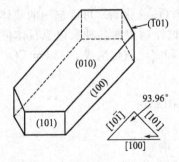

图 9-8 定向性 MoO_3 晶体的外形

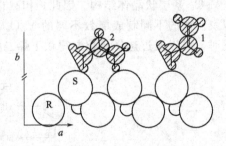

图 9-9 MoO_3(010) 晶面上丙烯的吸附模型

小圆圈代表 Mo^{6+}；大圆圈代表不活性氧

活性，或者说，这是由于在（010）面上不能形成可使丙烯氧化的金属离子和活性氧种的复合部位的关系。相反，在图 9-10 所示的（101）面上，裸露着配位不饱和的 Mo^{6+}，这就有可能形成 π-烯丙基种。另外，在和 π-烯丙基邻近的表面上，还存在着结合比较弱的表面氧，这样就有可能形成对丙烯醛具有选择性的 Mo^{6+}-活性氧种复合部位。其次，（100）面虽然也存在配位不饱和的 Mo^{6+}，但在 π-烯丙基周围却又存在着大量的活性氧种，所以，不能选择地氧化成丙烯醛，相反，却有利于完全氧化。除此之外，J. Ziolkowski 等还对丙烯、邻二甲苯等在 $Mn_{1-x}\phi_xV_{2-2x}Mo_{2x}O_6$ 型复合氧化物催化剂上的氧化反应机理作过同样的分析[21,22]。

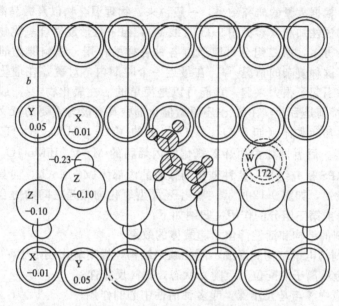

图 9-10 MoO_3（101）面上由丙烯吸附形成的烯丙基种
○ Mo^{6+}；◯ 不活性氧；◉ 活性氧

综上所述，可见氧化-还原型氧化物催化剂，无论是单一的，还是混合或复合的，它们在氧化-还原反应中，一般不是在一种，而是在由多种活性中心形成复合部位的情况下参与反应的。如上所述，在 V_2O_5 的情况下为酸中心和活性氧种，而在 MoO_3 的情况下则为金属离子和活性氧种等。因此可以说，氧化-还原型氧化物催化剂最为重要的特点就是多种功能的活性中心协合作用。现在知道，在金属氧化物催化剂表面上存在着多种多样的活性官能团，包括在上一章中所述的酸、碱中心，可概括如表 9-2 所示。可见，由这些官能团可以组成各种复合部位，而在它们的协合作用下，可以在催化剂表面上产生千千万万个反应。这就是这类催化剂复杂之所在。

表 9-2 金属氧化物催化剂的表面官能团及其功能

表面官能团	功 能	表面官能团	功 能
$O—H^+$、M^+	B 酸中心；L 酸中心	M^{n+}	配位活化
O^{2-}、OH^-	碱中心	$M^{n+}—H^-$、$O—H^+$	加氢
O^{2-}、O^-、O_2^-、O_3^- 等	除去负氢离子；加氢		

第二节 氧化-还原型氧化物的协合效果

催化剂的协合效应（synergistic effect）是催化研究中一个普遍感兴趣的问题，因为几乎在所有的催化体系中，包括均相、酶、多相中都可以观察到这种现象。这在氧化-还原型氧化物中则更为复杂和重要。许多由两种以上、有时甚至七种氧化物组成的有重要实用意义的工业催化剂，之所以具有极好的催化功能，看来，就是由于它们充分发挥了相互之间的协合作用的效果。

如众所周知，当在金属氧化物中加入第二组分时，金属氧化物的形态和结构将因其性质、加入量以及制备条件而有显著不同。例如，即使是机械混合，也可以制成由微晶组成的混合物、组成不固定的复合氧化物、固溶体、无定形物质或者膜状物等。当然，这些物质都可以作为催化剂，根据大量的研究结果，一般说来，物理混合物以及微晶混合物的活性往往只是组成氧化物的活性加和（参见图9-11直线V），但一旦形成复合氧化物或者固溶体，那么，情况就要复杂得多，第二组分可以通过各种各样的作用，影响催化剂的活性，图9-11中不同曲线反映了这种复杂的情况[23]。在最近一个时期内，对覆盖在催化剂表面上的活性膜状物的催化性质引起了很大兴趣。它们可以是简单的活性氧化物[24]，或者是固溶体及复合氧化物等[25]，特别是后者，在氧化-还原型催化剂中具有极为重要的意义。前者一般为担载在具有某种催化功能载体（如 SnO_2、TiO_2）上的 V_2O_5、MoO_3 等，它们具有很好的氧化丙烯成酮的功能。后者例如由丙烯氨氧化制丙烯腈的 $M_a^{II} M_b^{III} BiMo_{12} O_x$ 型催化剂，据 X 射线衍射分析及 XPS 研究结果，这种催化剂颗粒的内部为 $M_a^{II} MoO_4$，而其上为钼酸铁，表面活性层则为钼酸铋，如图9-12所示。氧化-还原型氧化物相互之间的协合作用是多种多样的，作为第二组分或第三组分的作用可归纳如下：

a. 稳定催化剂的结构和活性部位，起载体的效果；

b. 改变催化剂的电子结构和形成不同的缺陷结构，提高氧化-还原性；

c. 改变表面金属离子的配位（吸附）状态，提高反应性；

d. 在一个反应中参与基元步骤，起多种活性中心的作用；

e. 在多功能催化剂中担负某一催化功能。

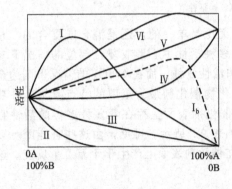

图 9-11　二元氧化物活性和组成的关系
Ⅰ～Ⅲ：由一个活性和一个不活性氧化物组成
的体系；Ⅳ～Ⅵ：两种都有活性的氧化物体系

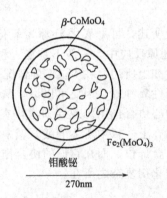

图 9-12　$M_a^{II} M_b^{II} BiMo_{12} O_x$ 催化剂的组成示意图

这样的分类当然是任意的，然而，上述这些效果却是相互关联着的，所以，尽管这方面有大量研究，但对这些效果发生的缘由已有明确科学依据作出解释的并不多，而不清楚的地方却不少。在本章中将以一些典型的简单二元氧化物体系为例，从固态化学反应以及固体结构的角度出发，探讨在它们协合之后，产生上述不同作用的内在因素，在此基础上，再在本章最后一节中，结合复杂氧化物催化剂在一些有重要意义的反应中的作用机理，作进一步的综合说明。

根据本书对氧化物催化剂的分类，氧化-还原型催化剂同样也可分为简单、混合和复合氧化物三类，而氧化-还原型混合和复合氧化物活性部位的形成和酸碱型混合（Al_2O_3/SiO_2）以及复合（分子筛）氧化物一样，也将主要通过固溶体和复合氧化物来实现。这些由两个简单氧化物组成的固溶体或者复合氧化物既可以存在于整个体系之内，也可以作为活性组分担载在一个作为载体的金属氧化物之上。

一、固溶体及其催化作用

金属氧化物的协合效果除氧化-还原性发生变化之外，金属离子以及氧离子的配位状态、电子状态以至键合状态也都可以在某种程度上也发生变化，甚至可以引入各种缺陷，包括结构的和电子的例子也不少。探讨这些协合效果的形成过程和它们对催化作用的影响乃是这个领域中最为活跃的课题。而这里最感兴趣的氧化物体系则是以非过渡金属氧化物为母体的过渡金属氧化物的稀固体溶液[26]。因为由这种体系获得的信息可以从以下几个方面解释和吸附以及催化过程机理有关的一些基本问题。

a. 把过渡金属离子稀释在结构相同的母体中之后，通过比较单个金属离子的催化和吸附活性，就能很容易地研究在催化和吸附过程中起主要作用的是定域还是集体作用；

b. 采用阳离子中心对称性不同的惰性母体（例如 T_d 和 O_h），通过比较同一过渡金属离子的活性，就可以知道晶体场的作用；

c. 在相同的母体中，通过比较同一浓度下不同过渡金属离子（d^n 及 d^m）的活性就可以知道 d 电子数的作用；

d. 通过在母体中引入价态不同于主晶格阳离子价态的别的惰性离子，就可以研究过渡金属氧化态的作用。

经稀释的氧化物体系根据氧化物互溶的情况可以分为以下三类。

① 真固溶体。这里，过渡金属离子和母体的金属离子有相同的价态以及相同的或近似的大小。例如，Ni^{2+}、Mn^{2+}、Co^{2+} 在母体 MgO 中，Cr^{3+} 和 Fe^{3+} 在母体 Al_2O_3 中。有代表性的例子有 NiO-MgO、CoO-MgO、Cr_2O_3-Al_2O_3 等。

NiO-MgO[27~29]中离子半径接近，Mg^{2+} 为 0.074nm，而 Ni^{2+} 则为 0.072nm；晶格参数，对 MgO，$a=0.421$nm，对 NiO，$a=0.419$nm。两种氧化物均属面心立方晶体（NaCl型），因此可以形成连续的固溶体。于焙烧时（温度超过 950℃）可以生成固溶体 $Ni_xMg_{1-x}O$，其中阳离子最接近于均匀和按统计分布。孤立离子在这种分布时的分离可以从下式得出：

$$x_0 = x(1-x)^m \tag{9-1}$$

式中，x 为镍离子的总摩尔分率；m 为与给定中心邻接的阳离子中心数；$x_0 = n_0/N$；n_0 为孤立的镍离子，N 为样品中阳离子中心的总数。结合成 Ni—O—Ni 离子对的概率则可由式(9-2)算出

$$x_1 = mx^2(1-x)^{m-1} \tag{9-2}$$

这种经高温焙烧的 $Ni_xMg_{1-x}O$ 样品，在可见光谱区内，有和八面体构型中 Ni^{2+} d-d 跃迁相当的谱带[29]。在 ESR 谱图中，于 $x<0.01$ 时还观察到 $g=2.26$ 的信号线，这也和氧化物体相中孤立的 Ni^{2+} 相当[28]。用光谱方法研究表面离子比较困难，因为经强烈焙烧的样品只有不大的表面。然而也有关于表面上的 Ni^{2+} 浓度，经高温焙烧后变成和体相中的一样的报道。这是根据 NO 在 Ni^{2+} 上选择吸附时 NO∶Ni=1∶1 而得出的结论[29]。

对吸附和催化更感兴趣的是经较低温度（400~600℃）焙烧制得的 $Ni_xMg_{1-x}O$ 样品。在这样的温度下，氧化物有较大的表面，达 $100m^2/g$，并有相当部分的 Ni 位于表面之上。

这时，Ni^{2+} 在母体 MgO 中的分布不是无序的，在 $x=0.005$ 时已经形成了 Ni^{2+} 对或簇[26]。根据磁化率以及 X 射线漫散射与 Ni^{2+} 浓度关系的数据，也得出过 $Ni_xMg_{1-x}O$ 固溶体中，Ni^{2+} 发生偏析的结论。随着 x 的增加，ESR 的信号强度减小，从 $x\approx0.4$ 开始，就会产生反铁磁的相互作用，出现 Neel 温度 T_N（0℃左右），并随之增大至接近于纯 NiO 的 T_N 值。

用光学方法很容易在低温下焙烧的样品，$Ni_xMg_{1-x}O$ 的表面上观察到镍。它的电子构型以及配位状态和体相中的不同：在体相中和通常一样，观察到了八面体中的 Ni^{2+}，根据漫反射光谱，发现表面上的一部分 Ni^{2+} 处于四面体配位之中，而另一部分则为 Ni^{3+}，属于自旋成对的强场构型，在表面上能形成这样的离子，乃是由于 OH^- 使之稳定的关系[29]。在 ESR 谱图中，宽信号属于 Ni^{2+} 簇的，它们由于挨近表面的关系很少交换；同时，和体相中的离子相比对称性也较低，所以对最终光谱的贡献较大[26]。

② 过渡金属的价态、大小或者轨道对称性不同于母体金属离子的体系。例如，Cr^{3+} 或 Cu^{2+} 在 MgO 中；V^{5+}、Cr^{5+}、Mo^{6+} 在 SiO_2 和 Al_2O_3 中等。在这种情况下，引入离子可以通过以下各种途径进入固溶体：a. 借别的离子使电荷平衡，例如在 MgO 中的 Cr^{3+}，可以用 Li^+ 平衡；b. 转变成别的氧化态；c. 仅稳定在表面上；d. 生成化合物。有实际意义的这类过渡金属氧化物的载体催化剂，大都是 Cr、Mo、V、W 等的高氧化态氧化物，而载体则大都为 MgO、Al_2O_3、SiO_2 和硅酸铝等。由于过渡金属和母体阳离子的氧化态不同，所以，这些离子一般不形成体相固溶体，而只形成表面化合物。

A. CrO_x/SiO_2 体系　对在硅胶表面上的 Cr^{5+}，由 ESR 获得了 $g_\parallel=1.91$ 和 $g_\perp=1.98$ 的谱图。从光谱中还获得了一个和 $t_{2g}\rightarrow d_{x^2-y^2}$ 跃迁相应的谱带，强度 $\Delta E=13000cm^{-1}$。有人利用这个值和水溶液中 Cr^{5+} 盐的 λ 值（$\Delta E=160cm^{-1}$）算出的 $g_\parallel$ 和 $g_\perp$ 与实验求得的相当一致[30]，据此假定 Cr^{5+} 取代表面 OH 中的质子形成了：

与此相对应，硅胶或硅酸铝上 Cr^{6+} 的状态可记作 $(CrO_4)^{2-}$ 或 $(Cr_2O_7)^{2-}$。

用 XPS 法研究 CrO_x/SiO_2 时发现，随着担载样品 [1%～9%Cr（质量分数）] 焙烧温度的升高，Cr^{6+}/Cr^{3+} 的比值下降。在 400℃ 焙烧的样品，这个比值变化最大[31]。显然，SiO_2 表面上的 Cr^{3+} 呈 Cr_2O_3 微晶。这一结果和漫反射光谱数据完全一致。没有发现有中间氧化态 Cr^{4+} 和 Cr^{5+} 生成，显然这是由于它们含量太小的关系。

B. MoO_x/Al_2O_3 和 MoO_x/MgO 体系。担载在 MgO、γ-Al_2O_3 以及 α-Al_2O_3 等表面上的 Mo^{6+} 的状态，已用漫反射光谱作过详细研究[32]。当处于四面体配位 T_d 中的 Mo^{6+} 转变为八面体 O_h 中的 Mo^{6+} 时，可以观察到一个吸收很强的特征位移，这和电荷从 O^{2-} 的 π 轨道向 Mo 离子 3d 轨道转移相当。O_h 配位中的吸收位于波长较长的范围内，在低浓度时（摩尔分数＜6%），Mo^{6+} 在 MgO 和 Al_2O_3 表面上成四面体配位。换言之，在表面的单层中呈钼酸离子 $(MoO_4)^{3-}$。提高浓度，Mo 开始先在表面上形成 O_h 配位，而后（在 Al_2O_3 上 MoO_3 的浓度高于 15%）成 MoO_3 相，在 MgO 上则生成体相的钼酸盐 $MgMoO_4$，只有在完全生成化学计量的 $MgMoO_4$ 之后才在表面上出现 MoO_3。

Mo^{6+}/Al_2O_3 还原后可以观察到两个 ESR 信号[33]，这被分别归属于四面体（T_d）和四方锥体（C_{4v}）中的 Mo^{5+}。其中较强的 $g_\parallel=1.90$ 及 $g_\perp=1.94$ 的信号相应于 C_{4v} 配位。在氧化镁上还原后观察到的 Mo^{5+} 信号的 $g_\perp=1.920$ 和 $g_\perp=1.295$。看来，担载离子有一个

使样品在还原时出现低价钼信号的最低浓度。这个最低浓度，等于每 $1cm^2$ Al_2O_3 和 MgO 表面上 0.01%（摩尔分数）MoO_3 或者 10^{12} 个 Mo^{6+}。出现这种浓度极限表明，Mo^{6+} 于 500℃时的还原以及还原离子的稳定都必须生成双或多核中心的簇。

加热还原的起始温度（对 Mo/MgO 为 400℃，对 Mo/Al_2O_3 为 300℃），与 Mg 和 Al 的氢氧化物分解温度以及表面进一步脱水有关。这很可能是还原产物体相中活动的缺陷在起作用，特别是那些能抵消介于钼酸（Mo^{6+}）和钼华（Mo^{4+}）之间的中间离子电荷的空位缺陷。因为这样的缺陷形成于体相氢氧化物分解之时。在缺陷不多的 α-Al_2O_3 上，Mo^{5+} 在还原中则是不稳定的。

根据 ESR 和漫反射光谱确定了 Al_2O_3 上 Mo^{6+} 还原的起始步骤[34]。在低浓度时（MoO_3 摩尔分数 < 4%），氧化钼和载体的强碱中心相互作用生成了氧阴离子 $(MoO_4)^{3+}$，随着 MoO_3 浓度增至 4% ~ 10% 时，表面的酸性上升。酸性 OH 和 Mo 的氧化物相互作用则生成酸式氧阴离子 $[HMoO_4]^{2-}$、$[Mo_2O_7]^{4-}$ 以及氧钼阳离子 $[MoO(OH)]^{2+}$ 和 $[Mo_2O_3]^{4+}$。在钼富集的区域，无论是表面还是体相，则将生成含 Mo^{6+} 和 Mo^{5+} 的同多氧阴离子以及氧阳离子 MoO_3^+。

根据文献 [35,36] 中有关 Mo/Al_2O_3 体系的还原数据，F. E. Massoth 对表面的还原过程提出了如下的图解[37]。

考虑了生成双核中心。可见，由两个 Mo^{5+} 组成的双核中心进一步解离成了 Mo^{6+} 和 Mo^{4+}。

③ 过渡金属离子和母体离子化学本质相同，但氧化态不同的体系，例如 Ti^{3+} 在 TiO_2 中。

在对经真空或氢气还原的金红石单晶进行研究时，发现了和体相超非化学计量离子 Ti^{3+} 有关的 ESR 信号[38]。但这一信号在液氮温度下才出现，在 -195℃ 时就消失了，这可以用缺陷的离子化（Ti^{3+} 的能级总是比导带底低约 0.05 ~ 0.005eV）来解释。从金红石体相顺磁性缺陷 ESR 的 g 因子分析，有充分的理由相信，这和电子构型为 $3d^1$ 的 Ti^{3+} 有关，自旋-晶格弛豫时间约为 10^{-9}s。甚至考虑到 John-Teller 效应时也只能在很低的温度下才能观察到信号。在激烈的条件下，将金红石晶体在氢气中还原时，通常都能出现新相 Ti_2O_3 的晶核，这里，于 -195℃ 时观察到的 ESR 信号被认为是体相的 F 中心[39]。

无论是金红石还是锐钛石，表面上可能存在的顺磁中心有 Ti^{3+}[40,41]、俘获电子的氧空位[42] 以及间隙 Ti^{3+}[41]。通过测定金红石表面电子的非弹性损失光谱表明，吸收峰和 d 电子跃迁相关，也就是说，涉及了还原表面上的 Ti^{3+}。由 TiO_2 多晶样品于较高温下测得的 ESR 信号要比由单晶测得的大，说明表面和体相顺磁中心体系的参数确实不同。这很可能是由于 Madelung 常数变小之后，表面 Ti^{3+} 的供体能级，反而比相应体相 Ti^{3+} 的能级变得更深了。对二氧化锡也发现有类似的情况[43]。

从分析 g 因子的各向异性指出，在部分还原的锐钛矿表面上，Ti^{3+} 最可能的配位是四面体[43]，而在金红石的表面上则为正方锥体（C_{4v}）[45]。利用实验数据 $g_{/\!/} = 1.945$ 和 $g_{\perp} = 1.956$ 以及由漫散射光谱决定的光谱劈裂 $\Delta = 17500cm^{-1}$，可以算出自旋-轨道相互作用常数 $\lambda = 120cm^{-1}$，这个值低于硅胶上孤立 Ti^{3+} 的（$\lambda = 154cm^{-1}$）。说明存在着部分离域的电子，即对共价成分有重要贡献。

表面顺磁离子 Ti^{3+} 可以和提高温度时活动性氧空位同时形成。不久以前，在文献 [44] 中报道了有关不同焙烧温度 T_c 下，金红石表面上随机生成的顺磁中心的研究结果。作者利用众所周知的根据电导动力学测定评价缺陷自扩散系数的方法，对在真空中还原（≈500℃）的金红石分散性样品，得到了值 $D=10^{-6}\sim10^{-8}\ cm^2/s$。这比单晶的相应值要高 2 个数量级。在 $T_c=500℃$，缺陷的扩散距离 $l_0=\sqrt{2Dt}$，在样品还原时间 t 内，也要比金红石单晶的大 4～5 个数量级，这就可以认为，在表面的任何区域内等概率地产生了空位。在这样的温度范围内，空位的配位之间的相互关系，由于以下原因将相应地减弱：首先是缺陷的高热能，其次是自由电子的强屏蔽作用，因为电子浓度于 500℃ 时可达 $10^{19}\ cm^{-3}$。在这种情况下，表面上顺磁中心的分布就可以很好地用 Poisson 函数描述出来。根据 Poisson 统计，在平台上生成由 m 个元素组成的大小为 δ 的集团的概率可记作：

$$\omega_m=(N_s\delta)^m/(m!)e^{-N_s\delta} \tag{9-3}$$

式中，N_s 为中心的平均浓度。

在较低的温度下，相应缺陷之间的还原就不可避免了，和上述顺磁中心缔合成簇一样，空位缔合在热力学上也更加平衡，其浓度 $N_{AS}=N_s/(N_s\delta)$，同样可由质量作用定律计算出来。问题是不容易按中心数或按大小找出簇的分布。尽管根据相关函数，已对体相缺陷的这种统计理论作过一些计算机处理，但由实验方法提供的信息，还不足以应用这些理论方法求出氧化物表面上顺磁中心的分配函数[45]。除此之外，正如上面已经指出过的，表面上活性中心的分布往往与统计的不同，而是生成了有序的双维相。

④ 稀释氧化物体系上的吸附和催化作用。N_2O 在稀释固溶体 $Ni_xMg_{1-x}O$、$Co_xMg_{1-x}O$ 以及 α-$Cr_{2-x}Al_xO_3$ 上的分解是许多催化工作者共同感兴趣的反应[46,47]。一些母体，如 α-Al_2O_3、MgO，对这个反应原来就具有一定的催化活性，然而，引入过渡金属离子后，催化活性急骤提高。这时，换算成稀释样品（每 100～1000 个母体阳离子有 1 个过渡金属离子），每平方米表面的比活性只比浓缩样品的稍小一点。如果把活性换算成过渡金属离子浓度的，那么，发现该值和稀释度无关，甚至稀释时的活性还有所增大。除此以外，还有这样的情况，即稀释样品的活化能 E 较小，例如，对含 Co 0.05％（原子）的 $Co_xMg_{1-x}O$，$E=70kJ/mol$，而对含 50％ 以及纯 CoO 的则达 $125kJ/mol$[47]。在 $Ni_xMg_{1-x}O$ 体系中，活化能从含 1％ Ni 的样品的 75kJ/mol 到纯镍的 145kJ/mol。而换算成每个镍原子的反应常数则要增加 2～3 个数量级[46]。在稀释的 Cr_2O_3-Al_2O_3 体系中，每个 Cr 的活性也是增大的。然而，这里活性的变化范围并不太大。

在稀释固溶体上氧吸附的研究结果是矛盾的。在纯的氧化物 CoO、NiO 和 Cr_2O_3 上，观察到了最强的化学吸附和最小的吸附活化能，而和氧的结合则随稀释而降低。

母体以及阳离子环境对称性的作用，曾通过 N_2O 在固溶体 $Ni_xMg_{1-x}O$ 和 $Ni_xZn_{1-x}O$[47] 上的分解为例进行过研究。这两种母体（MgO 和 ZnO）的催化活性不高，同时几乎相等。在相同的浓度下（Ni 1％），反应活化能在 Ni^{2+} 处于四面体环境（ZnO）中时要比处于八面体环

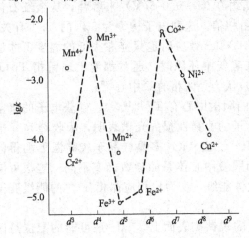

图 9-13 在母体 MgO 中引入 1％（原子）不同过渡金属离子后在 N_2O 分解中的催化活性[47]

境中（MgO）时大两倍，比在 $Ni_xMg_{1-x}O$ 上相应的反应速度也大得多。引入母体 $MgAl_2O_4$ 中的 Ni 的活性介于上述两者之间。对 MgO 和 ZnO 中的 CoO 也得到了类似的结果。对氧的结合强度也再次获得了反向关系，即阳离子位于四面体环境中时强度较大。活性低的原因乃是由于四面体中的 Ni—O 键较短，因而共价性较大的关系[48]。

离子电荷的状态对活性的影响，曾通过在晶格 MgO 和 Al_2O_3 中引入 Li_2O 作过详细研究[47,48]。按照价态可控原理，相应于引入 Li^+ 量的部分 Ni^{2+} 当量地转化成了 Ni^{3+}；Co^{2+} 转化成了 Co^{3+}；Mn^{2+} 转化成了 Mn^{3+} 等。总的结果是，换算成一个过渡金属离子的催化活性随掺杂 Li 阳离子数而下降，N_2O 的分解活化能增大，而氧的结合强度以及表面为氧的覆盖度则增大。换言之，高价过渡金属离子 Co^{3+}、Ni^{3+}、Mn^{3+} 在 N_2O 分解反应中的活性不及低价离子 Co^{2+}、Ni^{2+}、Mn^{2+} 的大。

对不同过渡金属离子的催化活性进行比较时也得到如图 9-13 所示的双峰图[47]。

以上的研究结果表明，催化过程的电荷转移是在没有电子以及空穴参与下实现的。N_2O 的分解可用图式表示为：

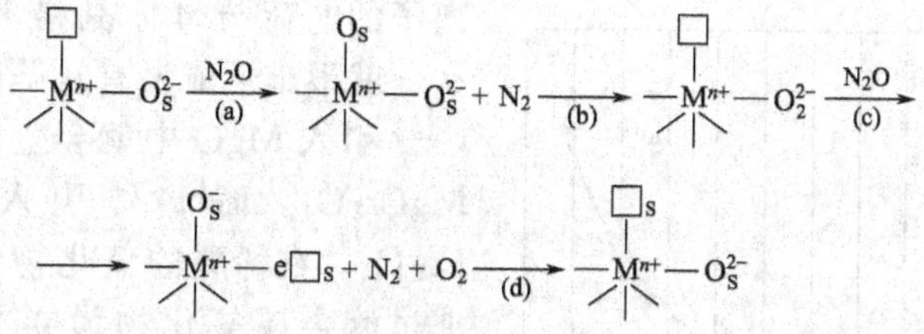

（这里□表示氧空位；e 为电子；n 为阳离子的价态；S 表示表面）

由以上图解可见，所有过程都是以阳离子电荷状态 M^{n+} 不变为前提来描述的，尽管在反应的第一步——N—O 键的断裂有来自过渡金属阳离子的电子参与。在纯 MgO 或 ZnO 中，过程几乎不能进行。在步骤（a）中生成的配合物，可以写成 $M^{(n+1)+}—O_S^-$，在步骤（a）中转移的电子不超过一个，同时，形成的氧键也不强。在步骤（b）中，该弱结合氧与晶格氧生成过氧离子 O_2^{2-}，这时并没有电子迁移。以后，过氧离子可以在晶格中移动：

$$O_2^{2-}+2O^{2-} \longrightarrow 2O^{2-}+O_2^{2-}$$

或者在步骤（c）中与 N_2O 反应或歧化放出氧气：

$$O_2^{2-}+O_2^{2-} \longrightarrow 2O^{2-}+O_2\uparrow$$

所有这些过程都无需从氧化物体相转移电子。

当过渡金属离子之间有相互作用并生成可向弱结合氧转移电子的能带时，那么，后者就会转化成强结合的：

$$M^{n+}—O+2e \longrightarrow M^{n+}—O^{2-}$$

这样一来，负担进一步催化反应的活性中心也就被堵塞了。

氧化-还原催化反应，在由若干个过渡金属原子组成的簇上，要比在孤立原子上容易进行。因为，a. 多点吸附有助于氧化-还原过程；b. 对氧化-还原反应来说，通常都要在基元步骤中转移若干个电子，这样才易于实现和若干个原子价可变金属离子之间的相互作用；c. 在簇中，和孤立原子相比，可以形成许多相互间距离不很大的电子能级，因此，找出实现催化作用所必需的能级有更大的概率。

二、复合氧化物及其催化作用

复合氧化物严格地说应该包括两类。其中之一即上述的固溶体。从结构上说，它是由一种氧化物混入别的氧化物后，在单一氧化物 M_xO_y 结构中，M 为两种以上的金属离子不规则地占据而成。如上所述，这既可由晶型相同的两种氧化物组成，如由 CeO_2（萤石结构）和

UO_2 组成的 $Ce_{1-x}U_xO_2$，这里 x 可从 $0\sim1$。也可以由晶型不同的两种氧化物组成，如由 CaO（岩盐结构）和 UO_2 形成 $CaUO_3$（c 型，M_2O_3）等。另一类习惯上称之为复合氧化，与上述成固溶体的复合氧化物不同之处，仅在于两种以上差别不很大的离子有规则地占据了 M_xO_y 中 M 的位置，形成了超结构（superstructure）而已。显然，具有超结构和成固溶体的氧化物催化剂，它们在催化性质上会有不同的特点。具有实用意义并已在催化领域内引起广泛兴趣的这类复合氧化物有尖晶石（AB_2O_4）、钙钛石（ABO_3）、白钨石（ABO_4）和杂多酸等，这些复合氧化物在催化中的共同特点，乃是由于它们除杂多酸外，大都为非化学计量化合物，在结构中存在着几乎所有缺陷结构，在氧化-还原反应中具有优异的传递氧和电子的功能。所以近年来，在石油化工工业中，诸如尖晶石类、白钨石类复合氧化物在烯烃选择氧化，钙钛石类复合氧化物在烃类完全氧化中受到格外重视，不是没有道理的。本节将对这类复合氧化物在这些催化反应中的特点作概要的介绍。

（一）尖晶石（AB_2O_4）型（参见图 11-12）

作为过渡，先介绍在载体表面上形成的尖晶石的催化性质。如果引入母体中的过渡金属离子的电荷与母体晶格离子的电荷不同，那么，就很难形成没有缺陷的固溶体。例如，当 Cr^{3+} 引入 MgO 中就会生成新相——亚铬酸镁 $MgCr_2O_4$，而 Fe^{3+} 引入 MgO 则形成 $MgFe_2O_4$。在稀释的氧化物体系中，当母体——非过渡金属氧化物为立方晶格的 MgO 或 γ-Al_2O_3 时常常能生成尖晶石。为了说明尖晶石中过渡金属阳离子的分布，可以利用晶体场理论。A. Navcotsky 等把和氧离子处于相同配位状态下的两种离子 A 和 B 的热函差定义为"择优能"[49]。并取位于四面体配位中的非过渡金属离子 Al^{3+} 的热函为零。由图 9-14 可见，该离子迁移入八面体中时将获得约 40kJ/mol 的能量。位于该离子右侧的离子 Cr^{3+}、Mn^{3+}、Ni^{2+} 具有较大的八面体"择优能"，而左侧的 Zn^{2+}，很可能还有 Cd^{2+} 和 In^{3+}，则力图占据四面体。图中点是由实验求得的数据，其它则是根据晶体场理论（高自旋配合物）由计算方法获得的值[50]。由图可见，这些值正确地反映了一般关系。

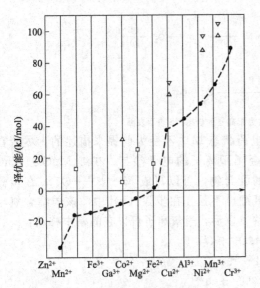

图 9-14 尖晶石结构中不同阳离子在相应位置的"择优能"

● 各种尖晶石的实验点[49]；□ 计算点，取自文献[50]；△ 计算点，取自文献[51]；▽ 计算点，取自文献[52]；

利用图 9-14 的值可以说明漫反射光谱和 Co/Al_2O_3 以及 Co/MgO 催化剂的结构。例如，在 Co/Al_2O_3 催化剂中，由光谱发现 Co^{2+} 系位于四面体配位中[53]。由图 9-14 可见，Co^{2+} 确实偏向四面体一方。而 Al^{3+} 则在八面体中，它们的"择优能"差别很大。因此，$Co[Al_2O_4]$ 是常式尖晶石，而且 Co 具有二价离子的稳定性（在空气中加热至 800℃时，光谱不变化）。根据 XPS 的研究结果[54]，表面上呈单层的尖晶石的组成为 $CoAl_2O_4$，如进一步为钴的氧化物覆盖时则转变成组成为 Co_3O_4 的尖晶石。

对 Co/MgO 体系，由图 9-14 可见，Co^{2+} 和 Mg^{2+} 分布于八面体和四面体中的位置十分接近，它们的"择优能"很近似。这就可以用来说明 CoO 和 MgO 为什么能在较大的浓度范围内形成固溶体（八面体配位）的问题。然而，对 Co/MgO 还有另一个可能性，即 Co^{3+} 被稳定在八面体之中。但按照文献[50]，高自旋状态的 Co^{3+} 的"八面体择优能"要比 Mg^{2+} 的大得多。至于低自旋状态的 Co^{2+}，它应位于图 9-14 的最右侧，因此，如果在体系中存在着电子受体，那么，Co^{2+} 就会给出电子并以 Co^{3+} 的形式出成 $Mg[Co_2O_4]$，稳定在八面体配位之中。确实，在 Co/MgO 的光谱中，在八面体构型中同时观察到了 Co^{2+} 和 Co^{3+}[53]。

用作催化剂的尖晶石结构的复合氧化物大都是非化学计量的化合物。首先，反式尖晶石尽管化学式和常式的一样，也可写作 AB_2O_4，但结构式却为 $[B^{3+}]_t[A^{2+}B^{3+}]_oO_4$，被认为是一种缺陷结构。常式尖晶石的晶胞单元可写成 $Mg_8Al_{16}O_{32}$，如果把其中 8 个 Mg^{2+} 用 4 个 Li^+ 离子和 4 个 Al^{3+} 离子取代形成 $Li_4Al_{20}O_{32}$ 即 $LiAl_5O_8$，这时 2/5 的 Al^{3+} 占据了四面体的位置，而其余 3/5 的 Al^{3+} 和所有 Li^+ 则处在八面体之中，这也成了一种具有缺陷的晶体结构 $[Al_2^{3+}]_t[Li^+Al_3^{3+}]_oO_8$。在催化剂中最常见的大多是尖晶石型铁酸盐，如用于水煤气转化的 Fe_2O_3-Cr_2O_3，丁烯氧化的 ZnO-Fe_2O_3 等，包括许多铁的氧化物，本身也都是非化学计量的化合物。例如，γ-Fe_2O_3，其结构可以看作具有空位的尖晶石型结构：$[Fe_{8/9}^{3+}\square_{1/9}]_t \cdot [Fe_{16/9}^{3+}\square_{2/9}]_oO_4$。式中，$\square$ 表示空位。根据这一结构式，在结构的四面体空位与八面体空位中均为 Fe^{3+}，但每一个原子的位置上，平均相当于只有 8/9 个原子。Fe_3O_4 也可看作结构为 $[Fe^{3+}]_t[Fe^{2+}Fe^{3+}]_oO_4$ 的反式尖晶石。这是一种价态无序的尖晶石。

尖晶石催化剂的研究和应用，一般都在包括烃类氧化脱氢在内的氧化领域内，这通常可以把它区分成导致生成二氧化碳和水的深度氧化，以及可以制得各种氧化中间产物或不饱和烃的选择氧化两大类。

在深度氧化方面，早期以在添加锂、铜和钛等氧化物的 Co-Mn 尖晶石催化剂上，研究丙烯深度氧化的工作为最多[57]。添加物的浓度一般在 $0.2\%\sim5\%$（原子）。氧化锂可以引起尖晶石晶格的重排并生成新的化合物。在常式尖晶石 $CoMn_2O_4$ 中的三价锰离子，可以从八面体中被取代出来和生成锂锰尖晶石，后者在和母体作用后可形成一种新的固溶体。另外，引入反式尖晶石中的氧化锂可以取代八面体位置上的二价锰离子而形成组成可变的相：$(Co^{3+})_t[Mn_{1-x}^{2+}Li_x^+Co^{3+}]_oO_4^{2-}$，氧化钛在常式和反式尖晶石结构中都能加入，可以生成类似于铁钛石（$FeTiO_3$）的相。氧化铜和常式尖晶石能生成一种代位式固溶体，但却不能进入反式尖晶石，最终将出现二相体系。

添加钛和锂，都能减小氧在常式尖晶石 $CoMn_2O_4$ 上的吸附速度，和在表面上的覆盖度，以及增大化学吸附的活化能，因此，使氧和表面的结合变得更强，从而可减小丙烯的总氧化速度。相反，在反式尖晶石 $MnCo_2O_4$ 上，氧化钛却可以使氧化速度增大，表 9-3 列出了丙烯在这系列催化剂上的氧化动力学参数，由表中数据可见，在反式尖晶石中添加钛后，反应速度增大是由于频率因子增大的关系，因为活化能并未改变。看来这是和加钛后氧的吸附中心增加有关。而后者则显然由尖晶石中的缺陷结构所决定。

表 9-3　丙烯完全氧化的动力学参数

添加剂	添加量（原子）/%	常式尖晶石 $CoMn_2O_4$			反式尖晶石 $MnCo_2O_4$		
		比速度常数 $k/(m^{-2}s^{-1})$	活化能 $E/(kJ/mol)$	频率因子 $\lg k_0$	比速度常数 $k/(m^{-2}s^{-1})$	活化能 $E/(kJ/mol)$	频率因子 $\lg k_0$
O	0	0.70	83.7	17	0.205	71.2	14.5
Li_2O	5.4	0.15	41.8	6	0.057	37.7	6.4
Li_2O	11.0	0.08	37.7	5.5	0.040	33.5	6.0
TiO_2	5.5	0.20	37.7	1.45	1.45	71.2	15.4
TiO_2	11.0	0.05	17.5	3	1.20	71.2	15.6
CuO	5.0	0.10	46.1	9	—	—	—

近年来，一些尖晶石结构的复合氧化物，特别是一系列铁酸盐，如铁酸碱土盐、铁酸锌（镉）、铁酸镍（钴、锰）等在丁烯氧化脱氢制丁二烯的反应中引起了广泛的注意，这方面的工作开始先在美国 Petro-Tex 化学公司，后来又在 Goodrich-Gulf 化学厂中进行。这里最好的催化剂有含有部分反式尖晶石结构的铁酸镁（$MeFe_2O_4$）[58] 和含镁或锌的铁酸铬（$MgCrFeO_4$、$ZnCrFeO_4$）[59]。据认为，这是由于在反式尖晶石中，有相当数目的镁离子占据了八面体部位，而相应数目的铁离子则被挤入四面体部位的关系。但是，关于这样的说明还有争议，因为在 $MgFe_2O_4$ 中已有部分的反式尖晶石[60]，而亚铬酸镁则是很稳定的常式尖晶石，而且，$Cr^{3+}(d^3)$ 对八面体部位又有很强的择选性，所以，很难期望在铁酸镁中加铬后能增大倒置程度。由于这些催化剂是在还原条件下工作的，可以想象，$Fe^{2+}(d^6)$ 才是活性组分。在反应中，它将力图占有八面体部位，而加铬则有利于 Fe^{2+} 的生成。与上述解释相反，这将使更多的 Mg^{2+} 进入常式尖晶石的四面体部位，而不是把 $Fe^{2+}(d^6)$ 挤入四面体部位中去[55]。在锌的情况下，由于铁酸锌和铁酸铬都是常式尖晶石，$Cr^{3+}(d^3)$ 在八面体内的高稳定化能就足以阻止 $Zn^{2+}(d^{10})$ 在还原时进入八面体部位中，但这个催化剂的活性并没有含镁的高。

在上述工作的基础上，R. J. Rennard 以及 W. L. Kehl[61] 还对这类催化剂作了大量的表征和探讨了可能的反应机理。通过 X 射线衍射分析，确定了 $MgCr_xFe_{2-x}O_4$（$x=0\sim2$）体系中 Fe^{3+} 和 Mg^{2+} 在四面体部位中的分配。当 $x=0.5$ 时，活性最大，这和 Fe^{3+} 占领了 60% 的四面体部位相当。而在 $MgFe_2O_4$ 中则有 80% 为 Fe^{3+} 所占领。当然，这并不能作为解释活性变化的理由。在大量工作的基础上，他们立足于 Mars-Van-Krevelen 机理[1]，并参照由 G. C. A. Schuit 等就 1-丁烯在钼酸铋上氧化脱氢提出的机理[62]，对 1-丁烯在铁酸盐上氧化脱氢的反应机理建议为：

I $\square+C_4H_8+Fe^{3+}+O^{2-} \Longleftrightarrow C_4H_7-Fe^{2+}+OH^-$

II $C_4H_7-Fe^{2+}+O(吸) \longrightarrow C_4H_6+Fe^{3+}+OH^-$

III $2OH^- \longrightarrow O^{2-}+H_2O+\square$

IV $1/2O_2(气) \Longleftrightarrow O(吸)$

式中，$C_4H_7-Fe^{2+}$ 为 Fe^{3+} 的配合物，一种烷基阴碳离子；O(吸) 为无电荷的吸附氧种；而 $\square$ 则为 Fe^{3+} 邻近的阴离子空位。由产物丁二烯解吸再生的阴离子空位被在第二步中生成的 OH^- 所占有，这就使在最先两步中生成的 OH^- 成为等当量的。这里，II 被认为是速度控制步骤。在这样的机理中，烯烃在 Fe^{3+} 上的吸附是可以接受的，但是，对氧吸附形成 O(吸) 的机理并不清楚。

上述机理包含四个要点，即：

a. 无需将铁还原至低于 Fe^{2+} 的氧化态；

b. 在无气相氧的情况下，不能由丁烯和晶格氧反应生成丁二烯；

c. 在正常反应条件下，即 I 是速度控制步骤时，丁二烯的生成对氧是零级的；

d. 丁二烯的生成动力学应符合双点吸附模型。

J. S. Sterrett 等在 $ZnCrFeO_4$ 催化剂上研究 2-丁烯氧化脱氢至丁二烯的动力学所得结果，支持了上述机理中 c 和 d 的结论[63]。

F. E. Massoth 和 D. A. Scarpiello 通过对单独及按不同配比混合的氧化物的催化性能的研究，对 $ZnCrFeO_4$ 的催化性质作了全面的考察[64]，他们得出结论，认为在氧化脱氢中，包含着一个氧化-还原循环：阳离子先和烯烃反应被还原成低价，而后再被氧重新氧化。能改进催化剂选择性的添加成分，可以通过生成新的晶格结构，或者借助于更易起交换作用的晶胞尺寸促进氧化-还原循环。在铁酸盐催化剂中，氧化-还原循环应发生于 Fe^{2+} 和 Fe^{3+}

之间，而一些添加剂，如 Zn、Cr 之类则有防止铁被深度还原的作用。如果催化剂被过分地还原，那么，复合氧化物的结构就会遭到破坏，而生成的由简单氧化物组成的混合物就会立刻失去应有的活性。

从 $\alpha\text{-}Fe_2O_3$ 出发，通过氧化态的变化研究 Fe 氧化物中晶格氧与 1-丁烯之间的作用时，得到了如图 9-15 所示的结果[65]。图中的曲线表明，反应性随还原有一极大值（Ⅰ→Ⅱ→Ⅲ），而在再氧化时又急骤增大（Ⅳ）。反应性随氧化态不同而变，乃是氧化物催化剂中最常见的现象。铁的氧化物有如图 9-15 那样明显的变化，看来是和铁的氧化物体相有如下的结构和氧化态变化有关：

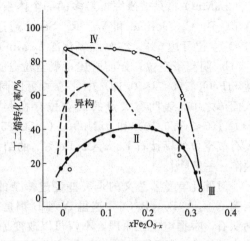

图 9-15　Fe 氧化物上 1-丁烯的反应随还原、
　　　　　再氧化的变化（300℃）
　　Ⅰ→Ⅱ→Ⅲ：由 CO 脉冲还原；
　　Ⅲ→Ⅳ：由 N_2O 脉冲再氧化

$$\alpha\text{-}Fe_2O_3(Ⅰ) \xrightarrow{\text{还原}} \alpha\text{-}Fe_2O_3 + Fe_3O_4(Ⅱ) \xrightarrow{\text{还原}}$$

$$Fe_3O_4(Ⅲ) \xrightarrow{\text{氧化}} \gamma\text{-}Fe_2O_3(Ⅳ)$$

由再氧化生成的 $\gamma\text{-}Fe_2O_3$ 以及 $\gamma\text{-}Fe_2O_{3-x}$（Ⅳ），对生成丁二烯之所以具有高活性，乃是由其结构的特点决定的。也就是说，一方面从动力学角度看，在发生 $Fe^{2+} \rightleftharpoons Fe^{3+}$ 转变和 Fe 离子发生体相 $\rightleftharpoons$ 表面的扩散时，晶格氧的吸、脱并不会使尖晶石的结构发生任何变化；另一方面从热力学角度看，由于有低配位（由阳离子缺陷所引起）的关系，还有能量高的晶格氧存在。后者在氧气气氛下仍可作为有反应活性的氧种，因此，所述在 $\gamma\text{-}Fe_2O_3$ 上的氧化脱氢反应，乃是按和离子扩散同时发生的氧化-还原机理进行的，这可能是选择氧化的另一种原型（prototype），和在 $Bi_2O_3\text{-}MoO_3$ 上借氧离子扩散机理不同。

综上所述，对烯烃氧化脱氢为二烯烃的铁酸盐催化剂，看来是铁以三价状态存在于尖晶石结构中为最好，因为这可为烃类提供吸附部位。同时，空位或者低价的铁离子，作为氧的吸附部位也是必要的。所以进一步探讨如何改变铁尖晶石中 Fe^{3+}/Fe^{2+} 的比例以及这些离子和空位的绝对浓度的途径有着重要的意义。

这类催化剂除了可用于由有机化合物，包括腈、胺、烷基卤化物、醚、酯、醛、酮、醇、酸、芳烃、环烷烃、烷烃、烯烃等脱氢制备不饱和衍生物之外，还可以用于和脱氢同时的加卤和加氧反应以及氨氧化、水煤气转化、加氢等反应之中，所以有着广阔的应用前景。

（二）钙钛石（ABO₃）型（参见图 11-13）

在催化领域内，钙钛石结构的化合物原先并不像尖晶石那样广泛引人瞩目。但是，近几年来，发现汽车尾气处理、燃料电池、烃类完全氧化、氨氧化等一系列使用贵金属 Pt、Pd 等为催化剂的过程，有可能利用含稀土的钙钛石型催化剂取代这些贵金属催化剂，因而对这类催化剂引起了极大的注意。

钙钛石复合氧化物和尖晶石一样，也都是非化学计量的，在晶体结构中存在着多种缺陷。除了有和尖晶石相同的阳离子缺陷外，缺陷主要是氧离子空位。这些缺陷在不同反应中都是催化剂的活性部位。

a. 阳离子缺陷　在钙钛石结构中，由于 BO_6 正八面体的作用，很少有 B 离子空位，主要是 A 离子空位[66]。如 $LaTiO_3$ 在还原气氛（$CO+H_2$）中于 1350℃ 焙烧时可得 $La_{2/3}TiO_3$，其中还夹杂有 $La_{2/3}TiO_{3-\lambda}$（$0.007 \leqslant \lambda \leqslant 0.079$）的非化学计量化合物，这里 A 空位几乎占 1/3。

$LaMnO_{3+\lambda}$是被研究得最多的一个体系，其中非化学计量氧（λ）可以通过 A 空位进行调节，B. C. Tofield 和 W. R. Scott 通过中子衍射研究确认在 $LaMnO_{3.12}$ 的样品中，A（La）空位可达 6%。在高度氧化的 $LaMnO_{3+\lambda}$ 样品中，La 的空位可更高[66]。

b. 阴离子空位　如前所述，氧空位是这类复合氧化物中最主要的缺陷。例如，在铁酸盐 $SrFeO_{3-\lambda}$（$0<\lambda<0.12$）中，Fe^{3+} 可以同时存在于和氧成四配位的四面体以及成六配位的八面体之中，表明有大量的氧空位存在[67]。用 X 射线衍射和导电也证明，例如，在 $LaVO_{3-\lambda}$（$0<\lambda<0.10$）和 $LaNiO_{3-\lambda}$（$\lambda\leq0.25$）中存在着氧空位。T. C. Gibb 最近用电镜研究具有氧空位的钙钛石 $La_{1-x}Ca_xFeO_{3-\lambda}$ 的结构时还发现，由氧空位甚至能形成一种新的扩展缺陷——簇[68]。

对催化有重要意义的是一些经过掺杂的钙钛石结构，例如 $A_{1-x}A_x'BO_3$ 或 $AB_{1-y}B_y'O_3$ 以至 $A_{1-x}A_x'B_{1-y}B_y'O_3$，这里 A' 和 B' 都是掺杂物质。通过类似离子取代部分 A 或 B 形成的钙钛石，根据电中性原理，不仅可以改变原来 A 或 B 的氧化态和配位状态，而且还能使结构中的缺陷，特别是氧空位的浓度等发生显著变化。可以想象，这必定能在很大程度上改变这些复合氧化物的物理和包括催化性质在内的化学性质。果然，例如，通过同晶取代就可以把半导体性质引入钙钛石相中[60]。在 $BaTiO_3$ 中，如果有些 Ba 离子（Ba^{2+}，0.135nm）被 La 离子（La^{3+}，0.115nm）取代，为了保持电荷平衡，就会有相同数目的 Ti^{4+} 被还原成 Ti^{3+}，形成 $La_x^{3+}Ba_{1-x}^{2+}Ti_{1-x}^{4+}Ti_x^{3+}O_3$，该化合物由于 Ti^{4+} 部位上有 Ti^{3+}，所以就变成 n 型半导体。混合价的钙钛石还可以导致铁磁交换，例如，$La_x^{3+}Sr_{1-x}^{2+}[Mn_x^{3+}Mn_{1-x}^{4+}]O_3$，当 $0<x<1$ 时，这样的化合物具有很高的导电性，在 $0.6<x<0.8$ 的范围内，导电是金属性的，同时又是铁磁性的，其磁矩和所有锰的自旋完全定位相接近。

当在这类复合氧化物中引入外来原子时，不仅可以改变阳离子的价态，其配位状态也可以随之变更，即在其周围形成氧空位。复合氧化物的这种固态反应如用缺陷符号可写成：

$$A_x'A_{1-x}B_{1-x}^{3+}B_x^{4+}O_3 \longrightarrow ABO_3 + xA\,|\,A'\,|'\,+xB^{3+}\,|\,B^{4+}\,|\,\cdot$$

$$A_x'A_{1-x}V_{0\lambda}B^{3+}O_{3-\lambda} \longrightarrow ABO_3 + xA\,|\,A'\,|'\,+\lambda\,|\,0\,|\,\cdot\cdot,\, x=2\lambda$$

根据大量的实验数据，事实上，就是 ABO_3 本身也并非化学计量的，一般都以 $ABO_{3\pm\lambda}$ 的形式存在，即：

$$ABO_{3\pm\lambda} \longrightarrow ABO_3 \pm \frac{2\lambda}{3}\,|\,A\,|'''\pm2\lambda\,|\,e\,|\,\cdot\,\pm\frac{\lambda}{3}B_2O_3$$

如在其中引入低价阳离子，在不考虑价态变化仅考虑生成氧空位的情况下，可写成：

$$A_x'A_{1-x}BO_{(3\pm\lambda)-\delta} = ABO_{3\pm\lambda} + xA\,|\,A'\,|'\,+\delta\,|\,0\,|\,\cdot\cdot\,+(2\delta-x)\,|\,e\,|'$$

大量实验证明，在许多氧化-还原型催化反应中，这类复合氧化物的催化活性不是和阳离子的价态就是和氧空位浓度有关，而后者对催化剂吸附氧的能力又起着决定性的作用。

一组由过渡金属氧化物和稀土以及碱土金属氧化物组成的 $A_x'A_{1-x}BO_{3\pm\lambda}$（A'=Ca、Sr；A=La；B=Mn、Fe、Co、Ni）钙钛石型复合氧化物催化剂在氨氧化制硝酸的反应中，尽管它们的活性主要取决于过渡金属离子，有如下的活性序列（见图 9-16）：

$$Co \gg Mn > Fe$$

但在每一体系中，其活性则取决于 x，而后者又对体系中过渡金属的价态（Mn^{4+}/Mn^{3+}）和空位浓度（λ）起决定作用，当然变化规律则有所不同（见图 9-17）。在 $Ca_xLa_{1-x}MnO_{3\pm\lambda}$ 中，Ca^{2+} 的掺入体系几乎按比例生成了稳定的 Mn^{4+}[69]，而在 $Sr_xLa_{1-x}CoO_{3-\lambda}$ 中，随 Sr^{2+} 的掺入，体系只生成少量的高价钴离子[70]，认为这是由于生成的高价钴离子易于为氧从晶格中放出时所还原：

$$2Co^{4+} + O^{2-} \rightleftharpoons 2Co^{3+} + \frac{1}{2}O_2 + \square$$

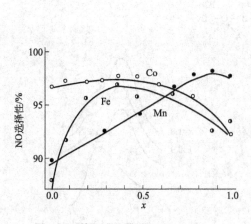

图 9-16 在 $(Ca, Sr)_x La_{1-x} MO_{3\pm\lambda}$
$(M=Mn、Fe、Co)$ 系列催化剂
上 NO 选择性与组成的关系

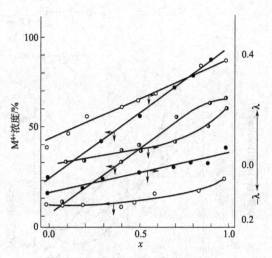

图 9-17 $La_{1-x}(Ca, Sr)_x Mo_{3\pm\lambda}$
$(M=Mn、Fe、Co)$
系列催化剂 M^{4+} 中 x、λ 和浓度的关系
○ $La_{1-x}Sr_xCoO_{3-\lambda}$; ◎ $La_{1-x}Sr_xFeO_{3-\lambda}$;
● $La_{1-x}Ca_xMnO_{3-\lambda}$

Fe 系则位于两者之间[71]，反映了这些高价离子在体系中的稳定性，这和它们在空气中的稳定性 $Mn^{4+}>Fe^{4+}>Co^{4+}$ 是一致的。不仅如此，对任何一个体系，由容量法、TPD 等测得的氧吸附量和氧空位浓度之间有着直接的关系，并通过 XPS 研究获得了证明。为了参考，图 9-18 和图 9-19 给出了 $Ca_x La_{1-x} MnO_{3\pm\lambda}$ 体系的这些结果。可以认为氧在这反应中的循环为：

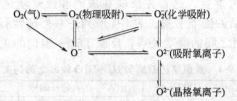

反应是通过缺陷-氧空位的吸附（α 氧）实现的。另外，在 $Sr_x La_{1-x} FeO_{3-\lambda}$ 体系中，通过高分辨电镜的研究，还在高浓度氧空位时观察到氧空位的簇化。结构从钙钛石再构成了有序的 Brownmillerlite 结构 $ABO_{2.75\sim2.50}$，同时，完全失去了催化活性[72]，这反映出完全有序和稳定的结构，在能量上对催化是不利的，这在这类氧化物中是常见的现象[73]。

在这类催化剂上，过去 R. J. H. Voorhoeve 等曾详细研究过 CO 的氧化[74]，T. Seiyama 等研究过丙烯的完全氧化[75]以及 M. Misono 等研究过烃类的氧化[76,77]等，都得到了与上述类似的结果。这被普遍地认为，这类催化剂在这些反应中只起了"捕获"活性氧种的"模板"作用，如贵金属 Pt 在氧化反应中的作用一样，晶格氧并不参与反应；当然，这里并不排除在吸附氧离子和晶格氧离子之间存在着迅速达成平衡的快速步骤。因此，这样的作用被称为面上的（suprafacial）催化作用，区别于按 Mars-Van Krevelen 机理进行的称之为面内的（intrafacial）催化作用。当然，对催化剂催化作用的这种分类并不是绝对的，可因反应和反应条件而异。例如，NO 在这类催化剂上用 CO 等还原时就被认为是按氧化还原机理（面内的）进行的：

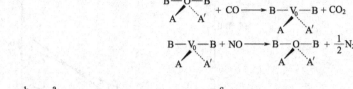

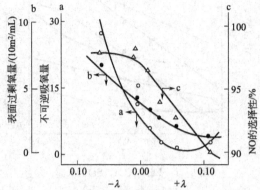

图 9-18　$Ca_xLa_{1-x}MnO_{3\pm\lambda}$ 催化剂
上不可逆吸氧量表面过剩氧量
以及 NO 选择性与非化学计量氧量的关系

a—不可逆吸氧量；b—表面过剩氧量；

c—NO 选择性；λ—非化学计量氧量

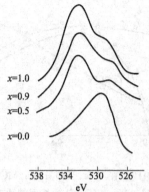

图 9-19　$Ca_xLa_{1-x}MnO_{3\pm\lambda}$ 催
化剂的 O_{1s} XPS 谱

吸附氧（a）：$531.5\pm0.5eV$；

晶格氧（β）：$529.0\pm0.5eV$

而这种作用，认为和其中过渡金属离子中 d 电子的能级有关。

钙钛石的催化活性主要取决于 t_{2g} 和 e_g 轨道的充满程度。在面上的催化作用中，反应只和 Fermi 能级附近的最低未占能级和最高已占能级的对称性和能量有关。而在面内的催化作用中，氧化物的稳定性最为重要，这首先反映在成键和反键轨道的能量和它们的占有情况上，换句话说，和晶格中氧的键能有关。表 9-4 所列一系列钙钛石晶格中氧的键能值 Δ(A—O)+Δ(A′—O) 和活性序列之间的顺变关系，反映了这一推论的正确性。

表 9-4　表面氧的键能和 N_2＋N_2O 收率之间的关系

按收率下降的活性序列	Δ(A—O)[①]/(kJ/mol)	Δ(A′—O)/(kJ/mol)	Δ(A—O)+Δ(A′—O)/(kJ/mol)
Bi,K	−72.0	−32.7	−104.7
La,□	−141.1	0	−141.1
La,Rb	−141.1	−31.0	−172.1
La,K	−141.1	−32.7	−173.8
La,Na	−141.1	−36.4	−177.5
La,Pb	−141.1	−54.8	−195.9
La,Sr	−141.1	−83.3	−224.8

① Δ(A—O)$=\frac{1}{12}(\Delta H_f - m\Delta H_s - \frac{1}{n}D_0)_m$。式中，$\Delta H_f$、$\Delta H_s$ 以及 D_0 分别为 $1mol A_mO_n$ 的生成热、A 的升华热和 O_2 的离解能。

钙钛石结构的复合氧化物也可用于上述的烯烃氧化脱氢反应[58,59]，除此之外，在应用于由 SO_2 还原制元素 S 的反应中也受到了应有的注意，这是因为在这类化合物的表面上很不容易生成硫化物，特别是含 Ti 的化合物，如 $LaTiO_3$[78]。另外，还有用作光解水制氢催化剂的报道[79]。

一般地说，钙钛石在数量上由于结构上的限制，不及上述尖晶石那么多。它们的催化活性看来主要取决于成八面体配位的过渡金属，和尖晶石不同，不存在四面体部位。至今尚未见 ABO_3 结构中 B 位为非过渡金属元素的材料可以作为催化剂的报道，例如 $LaAlO_3$ 很少在反应中见过有活性的。钙钛石结构应该说相当稳定,因此,即使在苛刻的还原条件下也是抗分解的。

(三) 白钨石 (ABO₄) 型

目前已知大约有一百个左右的化合物具有这种结构。在白钨石结构中可以有许多可能的氧化态,A 阳离子的氧化态可以从 1~4(K^+、Zr^{4+}),而 B 阳离子甚至可从 1~8(Zn^{2+}、O_8^{8+}),阴离子除氧之外,一部分还可以是氮和氟(KO_8O_3N),属于混合阴离子的白钨石。占据白钨石结构 A 位或 B 位的阳离子可以不止一种,它们既可以是不同氧化态的同一物种,也可以是别的离子,例如 $KEu(MoO_4)_2$、$Bi_3(FeO_4)(MoO_4)_2$。一般说来,在 A 位或 B 位上的不同阳离子之间不会产生长程有序排列,例如,在许多 $A^+A^{3+}(BO_4)_2$ 白钨石中,在 A 阳离子之间从未见过长程有序,这里 A^+ 为 Li、Na 或 Ag; A^{3+} 为 Bi 或稀土,而 B 则为 Mo 和 W。另外,在 $A_2^{3+}(B^{4+}O_4)(B^{6+}O_4)$ 型化合物中的 B 阳离子之间也是如此,这里 B^{4+} 是 Ti 或 Ge,B^{6+} 则为 Mo 或 W。但在这些情况下却有可能存在着短程有序。例如,$Bi_3(FeO_4)(MoO_4)_2$ 中的 FeO_4 和 MoO_4 四面体以及 $KEu(MoO_4)_2$ 中的 K 及 Eu 还都是有序排列的[80,81]。由于在这种结构中离子的取代有很大的自由度,这和上述尖晶石以及钙钛石一样,又为研究催化剂结构和其催化性质之间的关系提供了很多机会。

在白钨石结构中 A 阳离子空位是浓度较高的唯一一种缺陷。这种缺陷相可表示成 $A_{1-x}\phi_xBO_4$,这里 ϕ 表示 A 阳离子空位。x 值最大可达 0.33。这是在 $La_{0.67}\phi_{0.33}MoO_4$ 中观察到的。但在这样的情况下,空位是有序的,所以已不再成为缺陷。现在已在 $La_{0.67}\phi_{0.33}MoO_4$ 化合物中发现了三种这样的有序空位,如图 9-20 所示[82~84]。图中○表示 A 阳离子,四面体是 BO_4,图系沿理想白钨石结构 C 轴的投影。和理想白钨石相比较,这些有阳离子空位的四面体略有畸变。

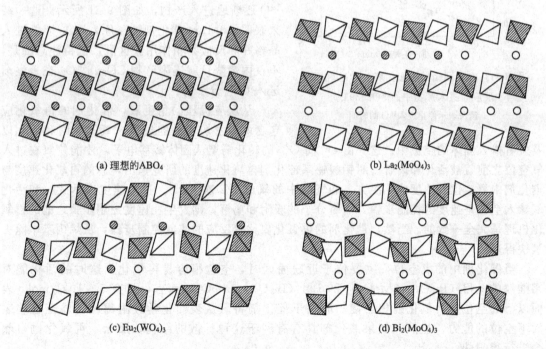

(a) 理想的ABO₄

(b) La₂(MoO₄)₃

(c) Eu₂(WO₄)₃

(d) Bi₂(MoO₄)₃

图 9-20　理想 ABO₄ 结构与含有 A 离子空位的 $A_{2/3}\phi_{1/3}(BO_4)$ 结构的比较

另外,在白钨石结构中,氧阴离子的移动性是相当显著的,所以,也不排除还有氧空位或间隙阳离子。但是，这些缺陷的浓度不会太大；关于它们现在还知道得很少。除此之外，在白钨石中进行掺杂时，掺杂离子（例如，Co^{2+}、Cu^{2+} 等）通常都进入晶隙，而不是取代 A 位或 B 位的阳离子[85]。显然所有上述这些缺陷，对催化来说，也都是不可忽视的。

白钨石型复合氧化物作为催化剂，最引人注目的，当推用于下列烯烃选择氧化、氨氧化以及氧化脱氢反应之中的钼酸铋类复合氧化物 $Bi_2O_3 \cdot nMoO_3$。

a. 丙烯选择氧化生成丙烯醛

$$CH_3CH{=}CH_2 + O_2 \longrightarrow CH_2{=}CHCHO + H_2O$$

b. 丙烯氨氧化生成丙烯腈

$$2CH_3CH{=}CH_2 + 3O_2 + 2NH_3 \longrightarrow 2CH_2{=}CHCN + 3H_2O$$

c. 1-丁烯氧化脱氢生成丁二烯

$$2CH_2{=}CHCH_2CH_3 + O_2 \longrightarrow 2CH_2{=}CH{-}CH{=}CH_2 + 2H_2O$$

这个催化体系被认为是有晶格氧直接参与并按 Mars-Van-Krevelen（图 9-1）机理进行的典型例子。所有能够催化这些反应的催化剂，不仅能在生成产物时被还原，而且，还能接着被重新氧化和使气相中的氧转化成晶格氧以填补还原时形成的空位[86]。G. W. Keulks[86] 以及 J. A. Hockey[87] 等在丙烯用 $^{18}O_2$ 作为气相氧化剂氧化时，确证了晶格氧的这一行为。根据他们的结果，在没有反应的情况下，$^{18}O_2$ 和 $Bi_2Mo^{16}O_6$ 或 $Bi_2Mo_3^{16}O_{12}$ 体相中的 $^{16}O^=$ 不能进行交换，但却能在催化剂存在下与丙烯相作用，^{18}O 逐渐地进入产物，如图 9-21 所示。这一结果表明，0.1nm 催化剂被还原，$^{18}O_2$ 即能进入晶格并和反应物相作用。这里，值得注意的是，不仅丙烯醛，就连副产物 CO_2、$^{18}O_2$ 也是逐渐进入 CO_2 分子的。

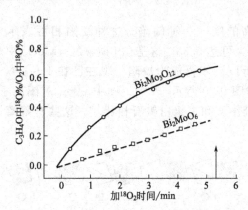

图 9-21　在不同钼酸铋催化剂上 $^{18}O_2$ 和丙烯反应时进入产物中的 ^{18}O(439℃)
箭头表示停止进入 ^{18}O 的时间

从反应机理的角度看，催化剂的再氧化应包含两个密切相关的过程：氧的吸附和活化以及接着掺入固体的空位中。这一由 O^- 向 O^{2-} 的转化需要从固体转移电子，才能使氧在进入氧空位之前就被活化和离解。对钼酸铋系催化剂再氧化速度的研究指出，总的再氧化速度与催化剂中氧空位的浓度成 1 次方，和气相中的氧成 1/2 次方[88]。这一速度表示式，和活化氧掺入空位是速度的控制步骤，而氧分子的吸附和离解，则发生在速度控制步骤之前的再氧化机理是完全一致的。当然，催化剂的再氧化要比总反应的速度控制步骤，从烯丙基中除去氢快得多。

当催化剂中的氧空位，主要位于近表面区时，空位很容易再氧化，这时的活化能对钼酸铋的 α 相（$Bi_2O_3 \cdot 3MoO_3$）和 β 相（$Bi_2O_3 \cdot 2MoO_3$）而言，只有 5～10kJ/mol，表面以下的空位的再氧化则相当慢，取决于催化剂将氧从表面化学吸附部位传输至这些表面下空位的能力。显然，如果催化剂具有有利于这种扩散的结构，那么，再氧化也自然会进行得很快。

例如，在呈层状的 γ-钼酸铋中（$Bi_2O_3 \cdot MoO_3$）[89]，氧阴离子（以及氧空位）就能经由低能通道进行扩散。在这一情况下，再氧化的活化能只有 30～40kJ/mol。但在堆积更密的结构中，例如在 α-钼酸铋中[89]，扩散就不能那么迅速，这时，总的再氧化速度成为扩散控制的，活化能高达 105～110kJ/mol。然而，催化体系中的氧化-还原循环，由于可以促进表面和体相之间电子以及氧的传输作用，就可为扩散提供一个低能通道。这样，在 α-钼酸铋的白钨石结构中掺入铁（形成 $Bi_3FeMo_2O_{12}$ 单相），就可以将再氧化的活化能降低到 30～35kJ/mol[90]。这时还原型催化剂中的 Fe^{3+}/Fe^{2+} 氧化-还原对，起了促进表面以及体相中氧迅速交换的作用。

目前，为大家所接受的这类反应的机理，其主要特点是在速度控制步骤中从丙烯除去一个 α-氢生成烯丙基中间体[91]：

$$CH_2=CH-CH_3 \longrightarrow CH_2=CH=CH_2 + H\cdot$$

最早，根据示踪氘的研究，曾建议该中间产物接着还将除去一个氢，而后再插入氧（氧化）或者 N（氨氧化）[91]，生成丙烯醛和丙烯腈之后，J. Haber 假设[92]，烯丙基自由基是在铋上生成的，因为丙烯能在 Bi_2O_3 上二聚成 1,5-己二烯和苯，而钼多面体则是氧的插入部位，因为丙烯醛能由烯丙基碘生成的"烯丙基自由基"和 MoO_3 反应生成[93]。

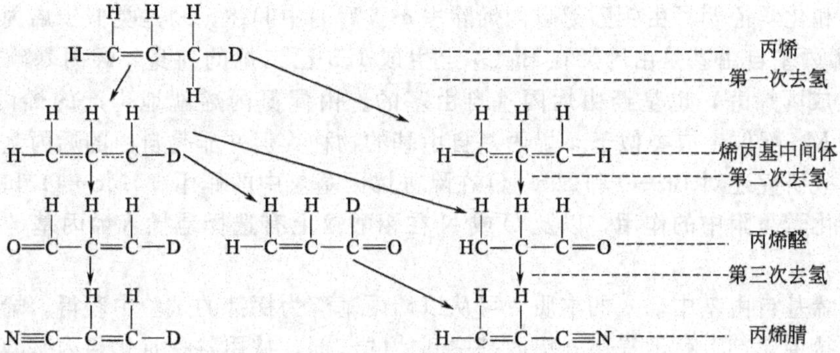

根据这些结果，对这一反应曾提出过如下的反应机理：

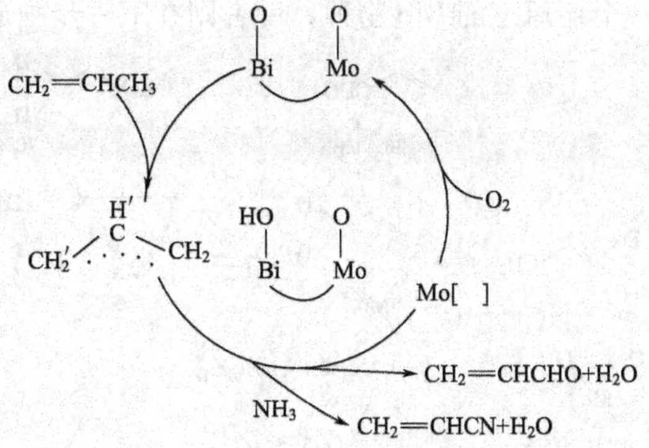

但是，对这一机理中烯丙基中间体的本质，它是阳离子、自由基，还是阴离子以及在除去 α-氢的速度控制步骤之后的步骤，包括分别通过氧或氮的插入生成丙烯醛和丙烯腈的步骤还都不十分清楚。

为了进一步弄清这些问题，R. K. Grasselli 等曾通过在反应的不同阶段，引入一些合适的化合物作为分子探针的办法，获得了一系列有关这个反应的机理的信息。首先，通过比较丙烯、偶氮丙烯（π 前身）、烯丙基醇和烯丙基胺（σ 前身）的氧化和氨氧化反应获得了有关表面中间体的关键信息。

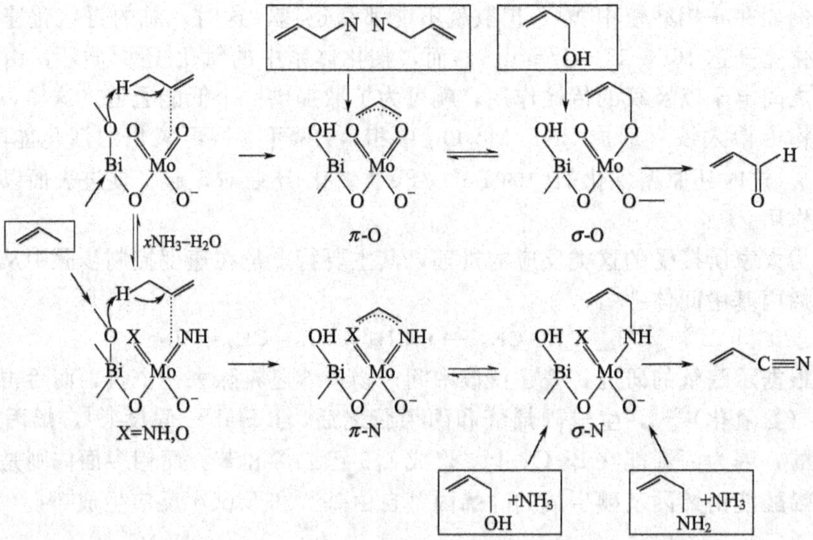

从光谱和化学证明了由钼酸铋自丙烯除去 α-氢后的中间体，乃是类似于烯丙基自由基的物种[94]。烯丙基自由基是由丙烯在 Bi_2O_3 上生成 1,5-己二烯的前身，烯丙基碘或偶氮丙烯在 MoO_3 生成丙烯醛，也是经由烯丙基自由基的。由偶氮丙烯就地生产的烯丙基自由基，能进一步和 Mo 配位生成类似于 π-烯丙基自由基的物种，但并非是自由的烯丙基自由基。除此之外，这些研究还对 Bi—O 和 Mo—O 在除去烯丙基氢中的作用、 Mo=O 和 Mo=NH 在引发丙烯化学吸附中的作用，以及 O 或 N 在钼酸铋上有选择地插入烯丙基，也都获得了相应的信息。

氧在丙烯基自由基中插入的本质，可从以烯丙基醇为探针的试验中获得。烯丙基醇是一种可在钼酸盐催化剂上就地提供 σ-烯丙基中间体的试剂，从用各种氘化烯丙基醇所作试验后得到的结论是，在丙烯氧化反应中，不可能从丙烯直接获得 σ-烯丙基。在速度控制步骤中除去 H 之后生成的是 π-烯丙基中间体，而后者则接着等量地转化成两种 σ-O 烯丙基，然后再发生 1,4-氢转移和生成一个还原态的 Mo 物种，后者则在下一步中通过晶格氧被再氧化：

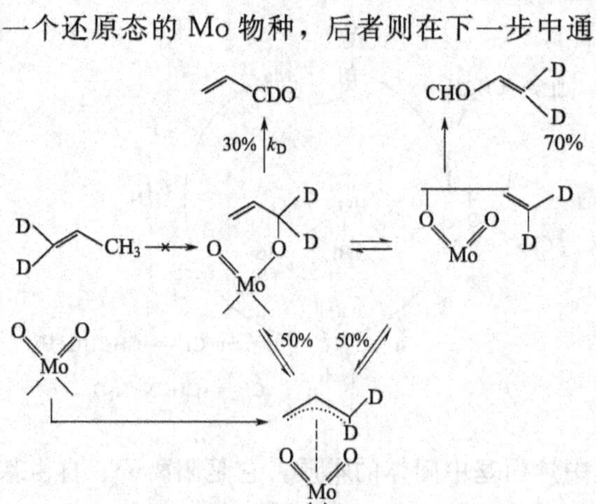

这一在机理上的结论，并已为 ^{18}O-烯丙基醇的实验得到了进一步的确认。

铋有利于除去丙烯上的第一个和第二个氢。然而，最优的丙烯选择氧化，应在化学吸附和氧的插入（Mo）以及除去氢（Bi）三者之间有一个平衡。对丙烯氧化的活性是按 $Bi_2Mo_3O_{12}(\alpha) \sim Bi_2Mo_2O_9(\beta) > Bi_2MoO_6(\gamma)$ 次序下降的，当表面上的 Bi：Mo 比为 1 时最佳。而且，如众所周知，对多组分体系（$Ma^{2+} Mb^{3+} Bi_x Mo_y O_z$），催化活性通过 Bi-Mo 部位以及氧化-还原对的最优组合，还能进一步改善。

　　氨氧化至丙烯腈在机理上要比选择氧化更加复杂些，因为，它还包含有氨的活化，N 在烯丙基中的插入，以及生成一分子选择产物时要传输 6 个电子，不同于在选择氧化中传输 4 个电子等，尽管两个反应的总活化能很类似，为 80～90kJ/mol，速度控制步骤也相同。氨氧化的反应温度（＞400℃）高于选择氧化的（＞320℃），因为在较低温度下，氨能通过生成配位饱和的 Mo—NH₂ 毒化催化剂，而在高温下却可使之转化成配位不饱和的 Mo═NH，后者对丙烯吸附和除去 α-氢则是有利的。由一些氘化丙烯氨氧化实验得到的结果表明，烯丙基还易于从 O 转移到 N：

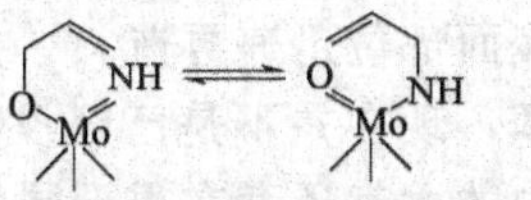

即 σ-N-烯丙基更为稳定。同时，H 却易于从 N 转移至 O：

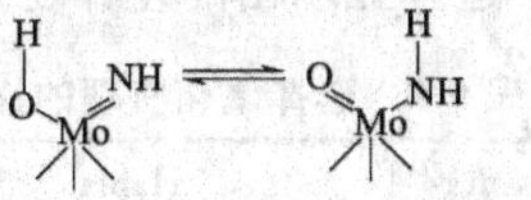

根据以上所有结果，对这个反应提出了如下的详细机理[94]：

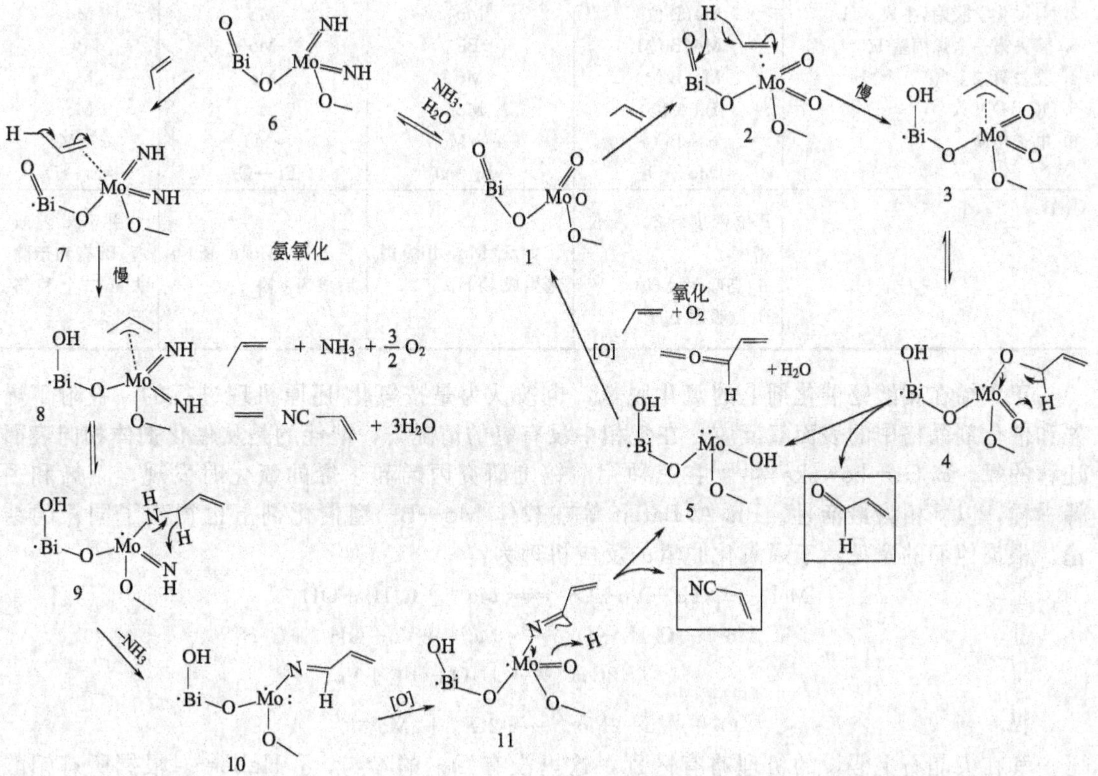

　　这里，包含丙烯在配位不饱和 Mo 中心上的化学吸附和活化（2），由和铋结合的氧原子除去 α-氢以形成 π-烯丙基 Mo-配合物（3），并进一步通过生成 C—O 键形成 σ-O-钼酸（丙烯醛的前身）（4），以及通过 1,4-氢转移（除去第二个氢）生成丙烯醛和一个还原部位。

　　当有 NH₃ 存在时，活性部位中的 Mo═O 先要迅速转化成 Mo═NH（6），后者在转化成 π-烯丙基 Mo 物种后，又立即转化成和氧化中 σ-O 物种类似的 σ-N 物种（9），而后通过相的 1,4-氢转移再生成亚氨基丙烯的 Mo 配合物（10），这里，它被假定并不脱附，而是在 Mo 再氧化之后或同时进行另一次 1,4-氢转移（11）。否则的话，Mo 在由丙烯转化成丙烯腈时就需要有 5 电子的还原作用。形成丙烯腈之后,通过气相氧在再氧化部位上的化学吸附,以补充在其还原循环中失去的晶格氧,这样,催化循环也就完成了。

一些钼酸铋催化剂体系用丙烯还原时的相对速度,按多组分体系＞$Bi_2Mo_2O_9$(β)＞$Bi_2Mo_3O_{12}$(α)＞$Bi_3FeMo_2O_{12}\gtrsim Bi_2MoO_6$($\gamma$)＞$MoO_3\sim Bi_2O_3$ 的序列下降[88,93]。这是完全符合上述图解中对速度控制步骤,丙烯需由 Mo 中心化学吸附和 Bi 中心去氢而活化的要求的。γ 相和 Bi_2O_3 只有很少的化学吸附部位,而 MoO_3 则没有去氢的部位,因此,这些催化剂极不具活性。相反,在 α 相和 β 相中,这两种能影响速度控制步骤的活性部位有较好的配比,而在多组分体系中,则不仅含有大量有特定结构和组成的表面活性部位,而且,这种固体结构还能用体相晶格氧将这些表面部位迅速再造。

关于这个催化体系的作用机理,现在并不是已经没有争论了,相反,对每种活性部位,包括各种金属离子和缺陷在反应中的贡献还存在很不同的看法,为了简单起见,表 9-5 列出了这方面的一些主要问题。可见,这里显示出的差异还是不小的。

表 9-5　选择氧化机理的比较

反应步骤	Matssura[95]	Haber[92,96]	Sleight[97]	Grasselli[94]
1. 烯烃化学吸附	Mo(B 位)	Bi	Mo	Mo
2. NH_3 化学吸附,生成 NH	Mo(B 位)	Mo	Mo	Mo
3. 除去第一个烯丙基 H	Mo(B 位)	Bi	Mo	Bi
4. 除去第二个(第三个)H	Mo(B 位)	Mo	Mo	Mo
5. O(NH)插入	Bi(A 位)	Mo	Mo	Mo
6. 电子传输	e→Bi→ Mo→O_2	e→Mo→ →Bi→O_2	e→Mo→ Bi→O_2	e→Mo →Bi→O_2
附注	B 位密度＝$2\times$A 位密度 A:高吸附 ΔH B:低吸附 ΔH	如无 Mo,由烯丙基生成 C_6H_{10}	Bi6P/Mo4d 覆盖后成为 e 阱	由于 e 阱效应,Bi 有利于除去第二个和第三个氢

正丁烯在钼酸铋催化剂上的氧化脱氢,也被认为是按氧化-还原机理进行的。吸附丁烯先和催化剂晶格中的表面氧反应。在气相中没有氧的情况下,消耗的是从催化剂体相向表面迁移的氧。B. Grzybowska 等[96]在三种钼酸铋上研究丙烯和丁烯的氧化时发现,丁烯和丙烯一样,以 β 相为最活性。Ph. A. Batist 等在载体 Mo—B—型催化剂上也得到了同样的结论。根据他们的意见,丁烯氧化脱氢的反应机理为:

I.　　　　　　$Mo^{6+}+C_4H_8+Vo+O^{2-}\Longleftrightarrow Mo^{5+}-C_4H_7+OH^-$

II.　　　　　　$Mo^{5+}-C_4H_7+O^{2-}\longrightarrow Mo^{4+}+Vo+OH^-+C_4H_6$

III.　　　　　　$2OH^-\longrightarrow H_2O+O^{2-}+Vo$

IV.　　　　　　$O_2+2Vo+2Mo^{4+}\overset{快}{\longrightarrow}2O^{2-}+2Mo^{6+}$

和在尖晶石上假设的机理略有区别,这里没有 $O_{吸}$ 的参与。J. Haber[96]根据所有钼酸铋都具有活性的实验结果,认为 Mo 中心并无特种构型,Bi 则具有使反应物通过化学吸附迅速形成烯丙基的功能。这显然和上述在 Mo 上形成烯丙基的机理不同（参见表 9-5）。D. J. Hucknall 曾就通过生成烯丙基中间体的氧化反应作过比较全面的总结,读者可参阅他编写的专著[99]。

(四) 杂多酸

目前,在催化领域内最感兴趣的是一些具有 Keggin 结构的磷钼（PMo_{12}）及磷钨（PW_{12}）杂多酸（盐）,及它们与别的过渡金属,特别是和钒组成的混合型（$PW_{12-n}V_n$）杂多酸（盐）。因为它们在结构上正好介于硅铝酸（由四面体组成）和上述钙钛石型复合氧化物（由八面体组成）之间，在四面体中央的四周，围绕着由八面体堆积而成的多面体。因此，它既具有与硅铝酸类似的酸性，又具有类似于钙钛石的氧化-还原性。关于这类化合物的酸催化作用已在第八章第一节（三）之（2）中作过阐述，这里主要介绍它们的氧化-还原的催化特性[100]。

关于对这类复合氧化物的氧化-还原催化性能的研究，远不及上述几种的广泛和深入。从它们组成中的杂多阴离子含有多个易于传递电子的过渡金属离子，可以作为电子阱，在反应中能同时接受或传输若干个电子以进行氧化-还原，例如：

$$-Mo^{6+}-O-Mo^{6+}- \xrightleftharpoons[O_2]{H_2} -Mo^{5+}-O-Mo^{5+}-+2H^+$$

$$\downarrow O_2 \qquad +H_2O \Big\Updownarrow -H_2O$$

$$-Mo^{5+}-O-Mo^{5+}- \text{ 或 } 2-Mo^{5+}$$

另处，还存在着不同的氧键： $P-O_p (\approx 1065 cm^{-1}) M=O_t (\approx 960 cm^{-1})$ ，$M-O_b-M$ ($\approx 800 cm^{-1}$ 和 $870 cm^{-1}$)，它们的化学位移[101]、与溶液中氧的交换速率以及对质子的亲和性方面都有所不同[102]，并在红外光谱中反映了出来（见图 9-22）等，反映出所有这些杂多酸（盐）都有可能成为具有独特氧化-还原性质的催化剂，另外，通过引入别种过渡金属制成混合型杂多酸以进行修饰，还可在很广的范围内调变其催化性质。

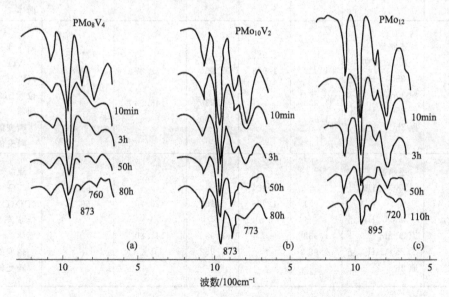

图 9-22　几种典型杂多阴离子及其在还原过程中变化的红外光谱图

首先，由 IR 研究杂多阴离子还原过程所得数据表明，其中三种不同氧键被还原的速度是不同的，包括混合杂多阴离子在内[103]。由图 9-22 的数据可见，O_t 和 O_p 的峰强度迅速下降，最后逐渐消失，而 O_b 的则是逐渐减弱的，有相当的稳定性。这些结果反映出杂多阴离子中不同部位的氧的反应性并不相同。

表 9-6 列出了几种杂多阴离子的 ESR 研究结果[103]。氧化态的 PMo_{12} 是没有 ESR 信号的，经不同还原条件处理后的还原态，都显示出有 Mo^{5+} 的 ESR 谱，而且随还原度的

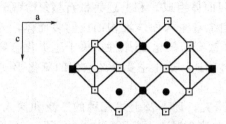

图 9-23　含钒杂多酸还原成理想的
正方锥形的图形（ac 平面）
（● V，○ O_t，□ O_{b1}，■ O_{b2}）

增加，谱图的对称性变低，g 因子的各向异性却变得明显，反映出体系中有两种配位状态不同的 Mo^{5+}。由 Mo 和 V 组成的混合杂多酸与单独含 Mo 的不同，未经还原处理的样品，即展现出一个 ESR 强信号，这认为是属于四价氧钒离子 VO^{2+} 的。在还原过程中，还原样品开始只显示出 V^{4+} 的精细结构信号，没有 Mo^{5+} 的信号。而且 V^{4+} 也有两种不同的配位状态。一种与 VO^{2+} 的相当，而另一种则可能是由杂多酸中的 H^+ 和 V^{5+} 键合而成的低钒离子 $V^{4+}(OH)$。样品深度还原后则只有畸变四面体的 V^{4+} 的信号。含钒杂多酸还原后的理想结构可表示成图 9-23。

表 9-6　还原态杂多化合物的 ESR 参数

化合物	处理条件	$g_\parallel$	$g_\perp$	g_{AV}	$A_\parallel$ /$(10^{-4}cm^{-1})$	$A_\perp$ /$(10^{-4}cm^{-1})$	配位对称性
PMo₁₂O₄₀	100℃抽真空	1.934	1.965	1.954			Mo^{5+} 配位畸变的八面体
	250℃ H₂ 还原30min	A_1 1.912 B_1 1.861	1.971 1.965	1.949 1.933			Mo^{5+} 配位畸变的八面体和四方锥体
	250℃ H₂ 还原2h	A 1.915 B 1.860	1.972 1.963	1.956 1.928			四方锥体占优势和畸变的八面体
PMo₁₀V₂O₄₀	还原前		1.982			71.23	含氧缺陷 VO^{2+}
	100℃抽真空	1.932	1.983	1.966	172.87	69.80	VO^{2+} 或者 V(IV)(OH)两种配位状态畸变的八面体
	250℃ H₂ 还原30min	1.932		1.930	145.53		畸变的四面体
	250℃ H₂ 还原2h	1.930		1.930			畸变的四面体
PMo₈V₄O₄₀	还原前		1.984			69.86	氧缺陷
	100℃抽真空	1.931	1.985	1.967	176.78	69.94	VO^{2+} 或者 V(IV)(OH)两种配位状态畸变的八面体
	250℃ H₂ 还原30min	1.932		1.932	147.80		畸变的四面体
	250℃ H₂ 还原2h	1.932		1.932			畸变的四面体

杂多酸主要用于烃类的氧化脱氢和氧化，其中最为大家关注的是异丁烯酸（甲基丙烯酸）的合成：

$$H_3C-CH-COOH \xrightarrow{1/2O_2} H_2C=C-COOH + H_2O$$
$$\quad\quad\quad | \quad\quad\quad\quad\quad\quad\quad\quad |$$
$$\quad\quad\quad CH_3 \quad\quad\quad\quad\quad\quad\quad CH_3$$

或

$$H_2C=C-CHO + 1/2O_2 \longrightarrow H_2C=C-COOH$$
$$\quad\quad\quad | \quad\quad\quad\quad\quad\quad\quad\quad\quad |$$
$$\quad\quad\quad CH_3 \quad\quad\quad\quad\quad\quad\quad\quad CH_3$$

在这两个反应中，前一个反应是具有特点的，反应和羰基碳上的官能团无关，仅取决于α-碳是伯碳还是仲碳的问题，表现出对底物结构具有专一性的作用[104]。杂多酸在这个反应中的另一个特点是反应温度要比前述 Mo-Bi 复合氧化物的低 $50 \sim 100℃$，尽管选择性（60%）不及 Mo-Bi（约 75%）[105]。因此认为，这个反应在这两类催化剂上的机理可能不同。

在固体杂多酸（盐）催化剂上，氧可能有三种不同的形式参与反应[106]：

a. 反应和吸附氧直接有关（吸附部位现在仍不清楚）；

b. 像复合氧化物中的晶格氧那样，氧从杂多酸阴离子骨架中脱离出来生成氧化产物；

c. 杂多酸阴离子只和摘除 H 有关，而气相分子只是用来再氧化-还原态的杂多阴离子。

在含氧化合物的氧化脱氢一类反应中，由于不涉及氧原子的插入（加氧）问题，而且反应温度又相对的低，所以，氧以第三种形式参与反应最为可能[107]。这样，羰基 α-碳的脱氢反应机理即可表示为：

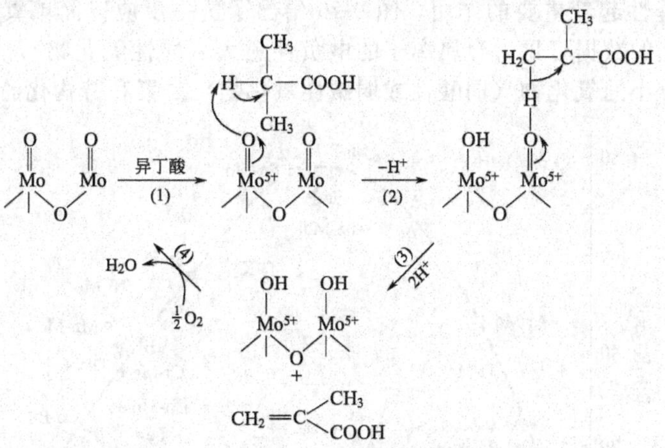

第二个反应，一般认为是按水合脱氢机理进行的[108]，即：

$$RCHO \xrightleftharpoons{H_2O} RCH(OH)_2 \text{ 或 } RCH(OH)O \cdots \cdots \text{杂多酸} \xrightarrow{-H_2} RCOOH$$

所以，也属于氧的第三种作用形式。杂多酸也有被用作较高温催化剂的（$400 \sim 450℃$），这时，氧当然有可能按（1）、（2）二种形式进行反应，但在这样的温度下，杂多酸就有可能分解了[108]。

关于杂多酸表面氧的类型，得到的初步推断是：O^- 的浓度很低，或者有可能完全不存在[105]。这是因为杂多酸在高达 $450℃$ 温度下也不能和 CO 反应，而如众所周知，后者只有和 O^- 反应时才有较高的反应性。

第三节　重要氧化-还原型工业催化剂举例
——多种活性组分的协合作用

主要由过渡金属氧化物组合而成的氧化-还原型催化剂的基本特点，乃是在表面上存在着如表 9-1 所示的多种活性部位，但所有这些部位，不管怎样复杂，就其本质而言，都可概括入酸-碱或者氧化-还原中心之中。作为第一个层次，即有关酸-碱以及氧化-还原中心各自的形成过程及其调整，已在第八章及本章前数节中作了阐述。但对一个高效的氧化-还原型催化剂来说，还必须在第二个层次上，即对酸-碱和氧化-还原中心之间的协合作用，作出合理的解释。这是非常重要的。譬如，对单一的氧化-还原型反应来说，酸-碱中心的出现，就会因反应物、中间产物以及目的产物的聚合、缩合并进一步碳化而降低目的产物的收率和催化剂的使用寿命等；相反，对一个需要在多种功能的活性中心共存下才能完成的氧化还原型反应，则又必须同时存在这两类中心，并且要求它们无论在数量上和强度上都能相互匹配等。这样的例子是很多的。前者如烯烃及芳烃等碱性物质选择氧化时的选择性，可因产物为酸性还是碱性而不同，如果产物为无水顺丁烯二酸等酸性物质，那么，酸性氧化物催化剂就有较高的选择性。这是因为，酸性催化剂一般对碱性原料氧化的活性都较高，这时就不再有对酸性产物进一步氧化的活性。从碱性原料氧化生成碱性产物，只有具有适当酸-碱性的催化剂才有较高的选择性。如图 9-24 所示，催化剂的酸性过强，原料和产物都比较容易反应，所以选择性就很差；如果碱性过强，碱性原料就必须在相当苛刻的反应条件下才能活化。另外，由于碱性增大，氧就比较容易活化，反应也就变成非选择性的了。后一种可举丙烯的烯丙基型氧化和由丙烯氧化水合脱氢成丙酮的反应为例。在烯烃的烯丙基型氧化反应中，由丙烯氧化至丙烯醛以及氧化脱氢二聚（加上芳构化）乃是两个竞争反应，催化剂的酸-碱性对这两个反应的选择性起着重要的作用。图 9-25 给出了这一反应以简单氧化物为催化剂时得到的结果，由图上的数据可见，金属离子的电负性愈大（酸性氧化物），丙烯醛的选择性就愈高，而电负性较小的氧化物（弱酸性或弱碱性氧化物）二聚和芳构化的选择性就高。这一

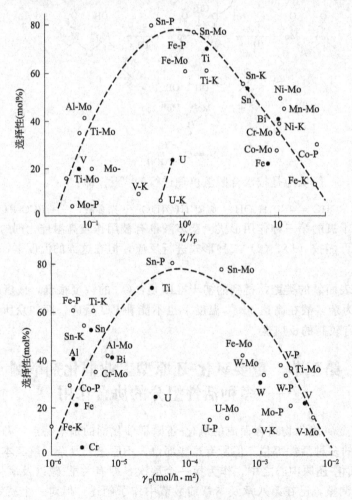

图 9-24　由 1-丁烯制丁二烯的选择性和催化剂酸量（γ_p）、碱量（γ_a/γ_p）的关系[229]

●简单氧化物；○复合氧化物（原子比 9:1）

规律在二元氧化物中也同样存在[109]。在丙烯氧化水合脱氢合成丙酮的反应中，同样可以看到催化剂的酸碱性质对反应选择性的重要性。例如，对这一反应中具有高活性的 SnO_2-MoO_3 系催化剂，在催化剂酸性与生成丙酮的活性之间有如图 9-26 的关系。图上的直线表明，催化剂的酸浓度愈大，活性也愈高[110]。

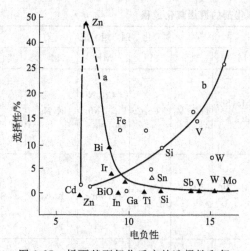

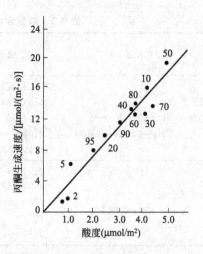

图 9-25　烯丙基型氧化反应的选择性和氧
化物中金属离子电负性的关系[109]
a—C_6H_6＋C_6H_{12}二聚反应的选择性；
b—丙烯醛 C_3H_4O 的选择性

图 9-26　SnO_2-MoO_3 系催化剂的酸度和
生成丙酮活性的关系[111]
图中数字表示 Mo 的摩尔分数（％），
反应温度 140℃，酸性 $H_0 < 3.3$

目前，在这类催化剂中，对氧化物的复合效果和不同活性部位之间的协合作用作过综合和系统研究的，莫过于以低级烯烃为原料的氧化反应及其催化剂，下面将以此为例，对以上问题做系统的阐述。

一、烯烃氧化的催化过程及工业催化剂

以低级烯烃为原料可以合成一系列不饱和羧酸和腈类，其中，丙烯腈（AN）、丙烯醛（AL）、甲基丙烯醛（MAL）以及由不饱和醛进一步氧化成丙烯酸（AA）、甲基丙烯酸（MAA）等都已经工业化。AN、AL、MAL 的合成属同一种反应，即烯丙基型氧化反应。表 9-7 列出了这一催化过程的概要和所用催化剂的组成。如表所示，构成催化剂的元素很多，但主要是由 6～10 种元素的氧化物和一些复合氧化物组成的多相颗粒。其中主催化剂可分为 Mo-Bi 系和 Sb 系（主要用于 AN 生产），各种催化工艺虽只有微小差别，工业上所用催化剂的基本结构也十分相似，然而是不能互换的。其中最有代表性的 Mo-Bi 系多元催化剂的组成可表示为：

$$Mo\text{-}Bi\text{-}M^{II}\text{-}M^{III}\text{-}M^{I}\text{-}X\text{-}O$$

M^{II}＝Ni^{2+}、Co^{2+}、Mg^{2+}、Mn^{2+}、Cu^{2+}、Pb^{2+} 中的 1～3 种；

M^{III}＝Fe^{2+}、Cr^{3+}、Al^{3+}，特别是 Fe^{3+}；

M^{I}＝K^+、Na^+、Cs^+、$Tl^+\cdots$；

X＝P、$B\cdots$

Mo 作为催化剂的主要成分含量较大，催化剂中的金属成分约占 50％，Bi 以下的成分几乎都和 Mo 以复合氧化物的形式存在。催化剂中的 Mo，其中一部分可用 Sb、V、W、Te 等取代，Bi 为不可少的组分，添加量较少，一般小于 5％，多了反有损活性。其它大部分为 M^{II} 及 M^{III}，而 M^{I}、P、B 等均为微量成分。在 AN 和 AL 工艺开发初期使用的催化剂，主

成分以外的组成比较简单，后来，由于通过复合提高了活性和降低了反应温度，使选择性以及催化剂寿命都有明显改善。制备 AA 以及 MAA 的催化剂和烯丙基型氧化催化剂不同，这是以 Mo-V（用于 AA 合成）和 Mo-V-P（用于 MAA 生产）等杂多酸为主体的催化剂体系，已于上节杂多酸催化剂中作过说明，这里主要介绍用于烯丙基型氧化反应的催化剂。

表 9-7　以复合氧化物为催化剂的丙烯氧化过程

氧 化 过 程	反 应 条 件	催 化 剂 组 成					
		M^{VI}	M^{V}	M^{III}	M^{II}	M^{I}	其它
丙烯腈的合成 $C_3H_6 + NH_3 + 3/2O_2 \longrightarrow$ $CH_2{=}CHCN + 3H_2O$	温度 400～470℃，原料浓度 6%～10%，接触时间 3～6s，单收 80%～85%	Mo, Sb, W, Ta	Te, V, As	Bi, Fe, Cr	Co, Ni, Cu, Mn, Mg, Pb	K, Na	P, B, Ge, Zr, Sn, Ce, In
丙烯醛的合成 $C_3H_6 + O_2 \longrightarrow CH_2{=}CHCHO + H_2O$	温度 290～350℃，原料浓度 2%～8%，接触时间 1～7s，单收 90%～94%	Mo, W, Ta	Bi, V, As	Fe, Cr, Al	Co, Ni, Mg, Mn, Zn	K, Na	P, B, In, Tl, Sn, Ce

甲基丙烯醛合成
$i{-}C_4H_8 + O_2 \longrightarrow CH_2{=}C{-}CHO + H_2O$
         $\mid$
         CH_3
	温度 370～420℃，原料浓度 3%～6%，接触时间 1～5s，单收 80%～85%	Mo, Sb, V, Nb	Bi, Te, Ta	Fe, Al, Cr	Co, Ni, Cu, Zn, Mg, Pb	Cs, K, Rb	P, B, In, Tl, Nd, Sn, Zr, Cd, Th

二、催化剂的作用机理

在烯烃选择氧化中有效的催化剂都是复合氧化物，它们具有某些基本的性质，可概括如表 9-8，其中最有效的大多是钼酸盐、锑酸盐和碲酸盐。通过过去 50 年间广泛深入的动力学、结构以及光谱研究，对这类反应的机理获得了如下的观点，即选择氧化催化剂必须同时具备至少四种催化功能：a. 化学吸附烯烃；b. 除去 α 位置上的氢；c. 插入氧原子或者 NH；d. 有和氧分子离解有关的氧化-还原循环。除此之外，还要尽可能地减少因烯烃水合生成醇式中间体而发生使碳链断裂的氧化水解反应[110]，以及完全氧化和结炭以提高目的产物的选择性。

表 9-8　几种催化活性元素的电子结构

除去 α 氢	烯烃吸附/O(NH) 插入	氧化-还原对	例　子
$Bi^{3+} 5d^{10} 6s^2 6p^0$	$Mo^{6+} 4d^0 5s^0$	$Ce^{3+}/Ce^{4+}, Fe^{2+}/Fe^{3+}$	$Bi_2O_3 \cdot nMoO_3, M_a^{II} Mo_b^{III} Bi_x Mo_y O_z$
$Te^{4+} 4d^{10} 5s^2 5p^0$	$Mo^{6+} 4d^0 5s^0$	Ce^{3+}/Ce^{4+}	$Te_2MoO_7, Te_aCe_bMo_yO_z$
$Sb^{3+} 4d^{10} 5s^2 5p^0$	$Sb^{5+} 5s^0 5p^0$	Fe^{2+}/Fe^{3+}	$Fe_xSb_yO_z$
$U^{5+} 5f^1 6d^0 7s^0$	$Sb^{5+} 5s^0 5p^0$	U^{5+}/U^{6+}	USb_3O_{10}
$Se^{4+} 3d^{10} 4s^2 4p^0$	$Te^{6+} 5s^0 5p^0$	Fe^{2+}/Fe^{3+}	$Fe_aSe_b^{4+} Te_c^{6+} O_x$

通常认为，烯烃的化学吸附和氧或 NH 的插入是在同一个部位上进行的，而烯烃的化学吸附都发生在和元素最高氧化态（Mo^{6+}、W^{6+}、Sb^{5+}、Te^{6+}）有关的配位不饱和部位上，除去 α 氢的部位则和带有自由电子对的非金属（Bi^{3+}、Sb^{3+}、Te^{4+}、Se^{4+}）或带有若干自由电子密度的元素（U^{5+}）有关。它们可以将局部的自由基特性转入和这些元素结合的氧上，使从化学吸附的烯烃上以自由基形式除去一个 α 氢变得更加容易。这是形成 π-烯丙基

的决定步骤。氧化态最高的金属离子（Mo^{6+}、Sb^{5+}、Te^{6+}）特别适合于氧或 NH 在 π-烯丙基中的插入。后者在 O 或 NH 插入之后将立刻转化成 σ-烯丙基表面中间化合物，在这一过程中，金属将被还原并随之发生选择氧化产物的脱附，这时，还原电位大于 O 或 NH 在元素中插入的氧化-还原对的存在十分重要，这有利于把这些元素再氧化至原来的氧化态，并使表面部位处于活性状态。当然，这一氧化-还原对同时还能使氧分子还原，这就和在模型化合物 Bi_2O_3-MoO_3 上观察到的一样，完成了一个完整的催化循环[111]。

三、不同组分的功能

(一) 主催化剂 Mo-Bi(Sb) 的作用

目前工业上用于这一反应的催化剂的主成分为 Mo-Bi 和 Sb。早期曾使用过 Te 及 Se，但由于它们易于蒸失，迅速使催化剂性能下降而被舍弃。

以 Mo-Bi 为主成分的催化剂，其活性组分是钼酸铋，其中 Bi 和 Mo 的原子比 Bi/Mo 可从 2/3 变化至 2，即包含所有稳定的钼酸盐：$Bi_2Mo_3O_{12}$（α 相，白钨石结构）、$Bi_2Mo_2O_9$（β 相，亚稳态斜方层状结构）、Bi_2MoO_6（γ 相，钼铋石结构）。这些相对这类反应都具有活性，但目前还很难对这些相的活性作出正确的比较。最近有人认为活性催化剂的表面组成接近于 β 相的，即 Bi/Mo$\approx$1[119]。以 Sb 为主成分的催化剂主要以锑酸盐的形式存在，所以都是一些复合氧化物。问题是为什么 Mo-Bi 和 Sb 能成为这类反应的主催化剂？这显然是由它们的化学本质所决定的。

一般地说，为了提高烃类氧化反应的选择性，催化剂应对脱氢和加氧两个反应保持平衡至关重要。这从下面两个反应的路径就可以明白。

a. 丙烯氧化（Mo-Bi、Sb 复合氧化物）：

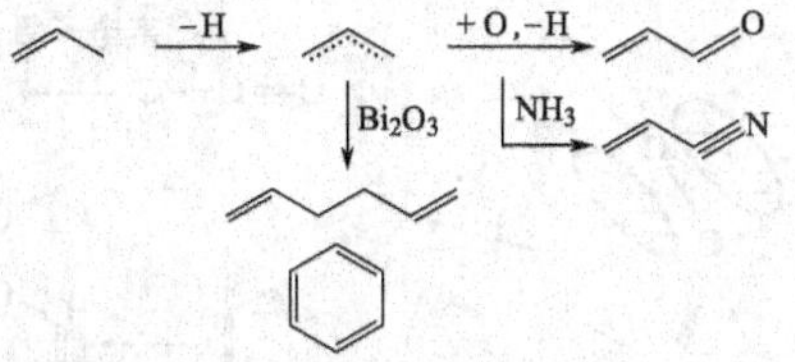

b. 丁烯氧化（V 的复合氧化物）：

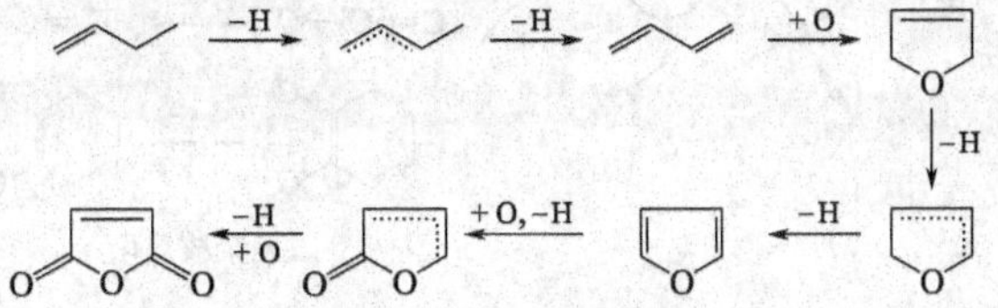

即在烯丙基型氧化反应中，如果催化剂的加氧能力较弱，那么，烯丙基中间体就会二聚成己二烯和苯，但是，如果脱氢能力过强，那么，燃烧反应就会占优势。另外，还要看到，在催化剂中促进脱氢和在不饱和烃上加氧的氧种，从本质上讲是不同的。前者应为带有较大负电荷的强碱性活性氧种，而后者则为接近于中性的对强亲电子性有利的物种[112]。表 9-9 列出了这些典型氧种在烯烃氧化中的特性。这一概念也同样适用于多相氧化反应中气相氧的活化，后者可用图解表示，如图 9-27 所示[113]。尽管如此，但是，关于氧化物中活性氧种的有效电荷目前尚无正确的测定手段。不过可根据 R. T. Sanderson 的电负性均一化原理求得的值作一些推测[114]。该原理对简单化合物可直接从其组成原子的电负性进行均一化，而求得的值即为组成原子电负性的几何平均值。表 9-10 列出的即为各种金属氧化物中氧离子的电负性。由表中的值可见，钒以及Ⅵ族元素氧化物中，氧离子的电负性总的说来都较大。这可能就是容易加入不饱和烃中的原因，因为这里，氧和金属之间有较强的共价结合，不可

能绝对地离子化，这也是这些元素的含氧酸所以能起氧化剂作用的原因。

表 9-9　不同活性氧种的特性和反应

氧种的特性	活 性 氧 种 的 例 子	和烯烃的反应
亲核性	O_2^-、O^-、O^{2-}、$PdO_2(pph_3)_2$ 等Ⅷ族元素的氧配合物	脱氢反应
亲电子性	O、$O_2(^1\Delta_g)$、O_3 过酸、RuO_4、OsO_4、$MoO(O_2)HMPA$ 等	不饱和烃的加氧反应

表 9-10　根据电负性均一化原理算得的金属氧化物中氧的电负性[114] **（Pauling 单位）**

氧化物	电负性	氧化物	电负性	氧化物	电负性	氧化物	电负性
O	3.50	SnO_2	2.80	ZnO_2	2.58	Hg_2O	2.33
RuO_4	3.19	PtO	2.77	ThO_2	2.52	Ce_2O_3	2.28
OsO_4	3.19	PdO	2.77	NiO	2.51	La_2O_3	2.20
MoO_5	3.13	Bi_2O_3	2.74	FeO	2.51	$KO_2(O_2^-)$	2.14
BeO_2	3.09	Ta_2O_3	2.74	CoO	2.51	MgO	2.05
As_2O_3	2.98	V_2O_4	2.70	MnO	2.51	CaO	1.87
MoO_3	2.96	Fe_2O_3	2.68	SnO	2.51	SrO	1.87
TeO_2	2.95	Co_2O_3	2.68	PbO	2.51	BaO	1.77
WO_3	2.92	Mn_2O_3	2.68	Cr_2O_3	2.49	Na_2O	1.42
U_3O_8	2.87	Pb_2O_3	2.68	Al_2O_3	2.49	O^-	1.31
Sb_2O_4	2.86	Tl_2O_3	2.64	CdO	2.44	K_2O	1.31
V_2O_5	2.80	Co_3O_4	2.63	ZnO	2.37	Rh_2O	1.31
Nb_2O_5	2.80	CuO	2.58	Cu_2O	2.33	Cs_2O	1.29
As_2O_3	2.80	HgO	2.58	Ag_2O	2.33		

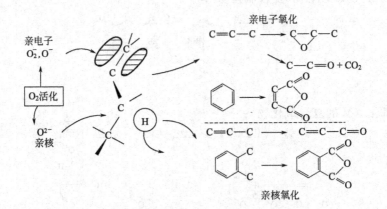

图 9-27　亲电子及亲核氧化反应的示意图[113]

　　从上述两个反应所经的途径看，在选择催化氧化的催化剂时，不仅要考虑加氧过程，还必须考虑到对脱氢有效的氧种，相对地说，后者更容易在广泛的金属氧化物中获得。确实，仅有脱氢反应的由丁烯氧化制丁二烯的有效催化剂，要比适用于仅含加氧过程的氧化反应（例如乙烯环氧化）的范围广得多。除此之外，已有不少实验可以证明，加氧用和脱氢用氧种的特性确实不同。例如，Y. Moro-oka 等利用$^{18}O_2$示踪法在 Mo-Bi 催化剂上不仅把这两种氧种区分了出来，而且还对它们作了相应的表征[115]。作为结论，那就是钒以及Ⅵ族金属氧化物单独用作催化氧化的主催化剂时，与这些金属结合的氧所具有的脱氢能力并不太强，所以能加入到不饱和烃中。而其中 Mo-Bi 和 Sb 在烯丙基型氧化中为什么又使用得较多呢？看来只仅是因为两者的毒性较小，并且容易防止蒸失而已。

（二）晶格氧的作用

除了上述 Y. Moro-oka 等通过 $^{18}O_2$ 示踪法证明催化剂中存在着两种氧种之外，R. K. Grasselli 等最近通过原位 Raman 光谱的研究，进一步证明了在除去 α 氢以及加氧步骤中起作用的晶格氧有明显的区别，而且定位在不同的晶格部位上。他们在以 Bi_2MoO_6 为模型催化剂，以 1-丁烯、丙烯、甲醇以及氨为反应物和 $^{18}O_2$ 为再氧化剂的试验中，所得结果证明，当以丙烯、甲醇或 NH_3 为反应物，而后再用 $^{18}O_2$ 再氧化时，Mo—O 的拉伸频率（848 cm^{-1}，803 cm^{-1}，725 cm^{-1}）约向低频移动 14～18 cm^{-1}。但是，当用 1-丁烯为反应物时，就没有观察到这样的位移，这就再一次证明了除去 α-H 和 Bi—O，而氧和 NH—的插入则和 Mo=O 或 Mo=NH 有关[116]。另一个结论是从气相化学吸附氧和使之离解的部位与 Bi—O—Bi 物种中的两对弧对电子联系在一起，符合于这些发现的催化剂反应可用下图表示为：

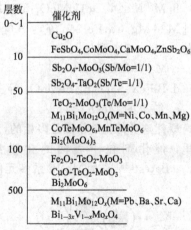

O′—用于除去 α-H 的氧；O″—和 Mo 结合的氧，用于在烯丙基中间体中加氧；
□—用于 O_2 还原和解离化学吸附的部位

在 Redox 机理中，向活性部位提供活性氧种，认为是通过晶格氧离子在体相内扩散完成的，与反应有关的晶格氧可以深入到内层[117]，Y. Moro-oka 等通过 $^{18}O_2$ 示踪法测得的结果如图 9-28 所示[118]，一般地说，工业催化剂的特征是，和反应有关的晶格氧层要更深些。

（三）一些次要成分的作用

如表 9-7 所示，适用于这类反应的催化剂，除主成分 Mo-Bi（Sb）之外，还要添加多种别的金属氧化物。现在知道，所有这些次要成分，大都也是以钼酸盐（锑酸盐）的形式存在。M^{III} 以最常用的 Fe^{III} 为最好，其中一部分认为形成了催化剂的活性组分：BiFeMoO_6、$Bi_2FeMo_2O_{13}$ 等复合氧化物[120]。然而，还有完全不含铁的、活性稍差但又具有选择氧化活性的催化剂体系，所以，活性催化剂表面上是否非有 Mo-Bi-Fe 的复合氧化物不可仍有问题。尽管如此，认为 Mo-Bi-O 是催化剂的活性成分还是恰当的。添加 M^{II} 以下的成分其效果主要是：

a. 增大比表面积（M^{II}，M^{III}）；

b. 增大单位表面的活性（M^{II} 及 M^{III} 的共同效果）；

c. 提高反应的选择性以及催化剂的选择性（M^{II}、M^{III}、M^{I}、P 或 B 等）

其中 a 和 b 的效果容易理解，而 c 则是多种效果的综合结果。M^{II}，M^{III} 以外的组分主要用来调节催化剂表面的酸性，从而达到控制反应物以及产物吸附的目的[121]。而 M^{II} 和 M^{III} 则有通过影响电子的供、受性质以改变活性组分电子状态的作用，并因此可以达到提高催化剂的选择性，以及使催化剂稳定并防止失活的目的；当然，如果这些组分添加过多就会

层数	催化剂
0～1	Cu_2O
	$FeSbO_4,CoMoO_4,CaMoO_4,ZnSb_2O_6$
10	Sb_2O_4-MoO_3(Sb/Mo=1/1)
	Sb_2O_4-TaO_2(Sb/Te=1/1)
50	TeO_2-MoO_3(Te/Mo=1/1)
	$M_{11}Bi_1Mo_{12}O_x$(M=Ni、Co、Mn、Mg)
	$CoTeMoO_6$,$MnTeMoO_6$
	$Bi_2(MoO_4)_3$
100	Fe_2O_3-TeO_2-MoO_3
	CuO-TeO_2-MoO_3
	Bi_2MoO_6
500	$M_{11}Bi_1Mo_{12}O_x$(M=Pb、Ba、Sr、Ca)
	$Bi_{1-3x}V_{1-x}Mo_xO_4$

图 9-28　丙烯氧化反应中参与 Redox 循环的各种催化剂表面层的深度

（$^{18}O_2$ 示踪法，450℃）[118]

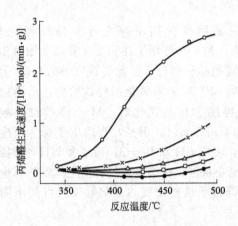

图 9-29　Mo-Bi 系三元及四元催化剂
在丙烯氧化中的活性[122]

○ $Co_8Fe_3Bi_1Mo_{12}O_x$；　× $Co_8Al_3Bi_1Mo_{12}O_x$；
● $Co_8Ni_3Bi_1Mo_{12}O_x$；　□ $Co_{11}Bi_1Mo_{12}O_x$；
△ $Bi_2Mo_3O_{12}$

有损于活性。由图 9-29 给出的结果，可对几种 Mo-Bi 系多元和单纯催化剂在丙烯氧化中组成与活性的关系进行比较[122]。工业上用得最多的催化剂的组成为 Mo-Bi-Fe^{III}-Co^{II}-O，其单位重量的活性要比纯 Mo-Bi-O 的高达十倍至数十倍，其中比表面积约增大数倍，所以这里的活性增大包含着比表面积和比活性增加的乘积。另外，在四元催化剂 Mo-Bi-Co^{II}-Ni^{II}-O 中，只添加了两种 M^{II}，效果并不显著，可见多元催化剂活性的提高乃是 M^{II} 和 M^{III} 协合作用的结果。

四、单相还是多相

从以上对高效催化剂中各组分作用的分析可以看到，一个催化剂往往要负担起一系列起关键作用的催化步骤，这显然不是一个简单的晶相，例如，$Bi_2Mo_3O_{12}$、$Bi_3FeMo_2O_{12}$、USb_3O_{10} 等单独所能承担的，许多在工业上实际中使用的催化剂，大都是由许多复合氧化物和游离氧化物所组成的多相颗粒。例如，上述的 Mo-Bi 系多元催化剂，经 X 线衍射分析证明，至少是由三种以上复合氧化物组成的多相混合物，除微量成分之外，已发现有如下的主要成分[123]：

a. 以 α 相为主体的 Mo-Bi-O($Bi_2Mo_3O_{12}$)；

b. $M^{II}MoO_4$：α-$CoMoO_4$ 型 [M^{II}(Ni、Co 等)：6 配位，Mo^{6+}：6 配位]；α-$MnMoO_4$ 型 [M^{II}(Mg、Co、Fe、Mn 等)：6 配位；Mo^{6+}：4 配位]；重石型 [M^{II}(Cd、Ca、Pb 等)：8 配位；Mo^{6+}：4 配位]；

c. $M^{III}_2(MoO_4)_3$；

d. $BiFeMoO_4$；Bi_2FeMoO_4 等三种以上金属的复合氧化物；

e. 游离的 MoO_3

既然这类催化剂依旧是多相的，那么这些组成不同的相又如何协合作用的呢？不言而喻，这里，催化剂粒子表面的化学组成仍是最最重要的因素。以往，M. W. J. Wolfs 和 Ph. A. Batest[25] 曾对 Mo-Bi 系多元催化剂的粒子提出过如图 9-12 所示的模型，即 $M^{II}MoO_4$

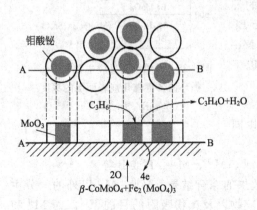

图 9-30　Mo-Bi 系多元催化剂
颗粒的模型[95]

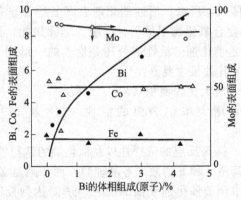

图 9-31　四元 Mo-Bi 催化剂 $Mo_{12}Bi_xFe_3Co_8O_{48.5+1.5x}$
的表面组成（由 XPS 测定）

以及 $M_2^{III}(MoO_4)_3$ 为粒子的核,而在其表面上则覆盖有一层壳状的 Mo-Bi-O。然而,由 XPS 分析,表面上除了 Mo、Bi 之外,尚有 M^{II} 及 M^{III} [124],所以 I.Matsura 等提出,表面除 Mo-Bi-O 相之外,还有由游离 MoO_3 和 M^{II},M^{III} 形成的钼酸盐,如图 9-30 所示[25]。图 9-31 则为由 XPS 所得表面分析的结果[125]。XPS 通常能从表面透射至约 20 层处,当然,从这个结果未必能对表面的组成作出结论,但是表面上 Mo 和 Bi 的浓度比体相中的高,同时,也存在着微量的 M^{II} 和 M^{III} 都是可以肯定的。另外,一般地说,越是挥发性的组分,越易偏析到表面上去。根据图 9-31 的结果,不管上述模型正确与否,Mo-Bi-O 是表面上相当主要的成分也是没有问题的。由此可见,多元催化剂颗粒确实是不均一的体系,表面和体相中的组分不同,而且以生成复合氧化物微结构的形式存在于表面和体相之中[126]。

参 考 文 献

[1] Mars P , Van Krevelen D W. Chem Eng Sci Suppl, 1954, 3:41.

[2] Bystrom A, Wilhelmi K A, Brotzen O. Acta Chem Scand, 1850, 4:119.

[3] Tamaru K, Teranishi, S, Yoshida S, Tamaru N. Proc 3rd Intern Congr Catal, 1965, 282.

[4] Miyamoto A, Kobayashi K, Inomura M, et al. J Phys Chem, 1982, 86:2945.

[5] Inomura M, Miyamoto A, Murakami Y. J Catal, 1980, 62:140.

[6] Miyamoto A, Inomura M, Hattori A, et al. J Mol Catal, 1982, 16:315.

[7] Murakami Y, Inomura M, Miyamoto A, et al. Proc 7th Intern Congr Catal, 1981, 1344.

[8] Inomura M, Miyamoto A, Ui T, et al. Ind Eng Chem Prod Res Dev, 1982, 21:424.

[9] 宫本明,服部敦,萨摩笃,冈田文男,村上雄一. 第 53 回触媒讨论预稿集, 1984, B3.

[10] 服部敦,宫本明,村上雄一. 第 50 回触媒討论会, 1982, 3021.

[11] Mori K, Miyamoto A, Murakami Y. Z Phys Chem, 1982, 131:251.

[12] Mori K, Miyamoto A, Ui T, et al. J Chem Soc Chem Commun, 1982, 260.

[13] Mori K, Miyamoto A, Murakami Y. Appl Catal, 1983, 6:209.

[14] 三浦守道,森宪二,宫本明,村上雄一. 第 52 回触媒讨论会, 1983, 3E21.

[15] Inomura M, Mori K, Miyamoto A, et al. J Phys Chem, 1983, 87:754, 761.

[16] Murakami Y, Inomura M, Mori K, et al. Preparation Catalysts, III, 1983, 5531.

[17] Mori K, Inomura M, Miyamoto A, Murakami Y. J Phys Chem, 1983, 87:4560.

[18] Keulks G W, Kreuzke L D. Proc 6th Intern Congr Catal, 1977, 806.

[19] Moro-oka Y, Ueda W, Tanaka S, Ikawa T. Proc 7th Intern Congr Catal, 1981, 1086.

[20] Volta J C, Foissier M, Theobald F, Pham T P. Disc Faraday Soc, 1982, 72:225.

[21] Zio' lkowski J. J Catal, 1983, 80:263; 81:311.

[22] Zio' lkowski J, Gasior M. ibid, 1983, 84:74.

[23] Mittasch A, Z Electrochem. Angew Phys Chem, 1930, 36:569.

[24] Buiten J. J Catal, 1968, 10:188; Ozaki A, et al. ibid, 1972, 27:177, 185.

[25] Wolfs M W J, Batist Ph A. J Catal, 1974, 32:25; Matsura L, Wolfs M W J. ibid, 1975, 37:174.

[26] Selwood P W. Chemisorption and Magnetization. N Y; Acad Press, 1975.
Cimino A, de Angelis B A, Luchetti A. J Catal, 1976, 17:1009.

[27] Shopov D, Andreev A, Pumpalov P. J Catal, 1970, 19:398.

[28] Gesmundo F, Rossy P F. Solid State Cem, 1973, 8:287.

[29] Vorob' ev V N, Nursitova T E, et al. J Theor Phys, 1976, 50:1465 [in Russian].

[30] Pecherskaja Ju. I, Kazanski V B. Problems of Kinetics and Catalysis. Vol 13. Moscow; Science, 1968. 217 [In Russian].

[31] Tarama K, Iosido S, Doi Ja. Proc 4th Intern Congr Catal. Moskow; 1968. Vol 1. Science, 1968, 176 [in Russian].

[32] Ashley J H, Mitchell P C H. J Chem Soc, 1969, A27:30; Lipsch J M, Schuit G C A. J Catal, 1969, 15:174.

[33] Seshardri K S, Petrakis L. J Catal, 1973, 30:195.

[34] Giordano N, Bart J C J, Casetlam A, et al. J Catal, 1975, 36:81; 37:204; 38:11.

[35] Spiridonov K H, Krylov O V, et al. Kin Katal, 1971, 12: 1448 [in Russian].

[36] Spiridonov K H, et al. Problem of Kinetics and Catalysis. Vol 16. Moscow, 1975 [in Russian].

[37] Massoth F E. J Catal, 1973, 30: 204.

[38] Chester P E. J Appl Phys Suppl, 1961, 32: 866, 2233.

[39] Bogomolov V H, Sochava D S. FTT, 1967, 9: 3355 [in Russian].

[40] Iyengar R D, Codell M, Carra S Y, et al. J Amer Chem Soc, 1966, 88: 5055.

[41] Merriadeau P, Che M, Gravelle P, et al. Bull Soc Chim France, 1971, 1: 13.

[42] Du T S, Rachoport V D. Bestnik, Leningrad University Series Phys Chem, 1966, 10: 45 [in Russian].

[43] Mizokawa Y, Nakamura S. Japan J Appl. Phys, 1975, 14: 779.

[44] Mamenko A I, Kazanski V B, Pariisi G B. Kin Katal, 1967, 8: 853 [in Russian].

[45] Bulbuljavnus P I. ibid, 1973, 14: 1526.

[46] Stone F S, et al. J Solid State, 1975, 12: 271;
J Catal, 1974, 33: 299, 307.

[47] Cimino A, et al. J Catal, 1970, 17: 54;
Chimica Industria, 1974, 56: 27.

[48] Schiavello M, Cimino A, Criado J M. Gazz Chim Ital, 1971, 101: 47.

[49] Navcotsky A, Kleppa O J. J Inorg Nucl Chem, 1967, 29: 2701.

[50] McClure D S, J Phys Chem Solid, 1957, 3: 311.

[51] Allen J W. Phys Rev Lett, 1976, 36: 1249.

[52] Wintruff W, Enden N, Wiss Z. Fridrich-Schiller Uni Jena, 1974, 22: 749.

[53] De Boer V N D, Van der Aalst M J M, Schuit G C L, et al. J Catal, 1976, 43: 78.

[54] Gimblot J, Bonnelle J P, Beaufils J P. J Electron Spectroscopy, 1976, 8: 437; 9 : 449.

[55] 王誉富, 刘忠范, 何吉先. 吴越, 应用化学, 1985, 2: 7.

[56] 周望岳等. 催化学报, 1980, 1: 157; 1983, 4: 167.

[57] Margolis I Ya. Catal Rev, 1973, 8: 241.

[58] Bajara L, Crodce L J, et al. US 3 284 536. 1966; US 3 303 236. US 3 342 890. 1967; US 3 526 675 1970; US 3 649 560. 1972; US 3 743 683, 1973.

[59] Kehl W L, Rennard R J. US 3 450 787. 1969; US 3 450 789. 1969.

[60] Greenwood N N, Ionic Crystals, Lattice Defects and Non-Stoichimetry. N. Y.: Chem. Publ. Co, 1970.

[61] Rennard R J, Kehl W L. J Catal, 1971, 21: 282.

[62] Schuit G C A, Nalast T, Kalleign Ph A, Lippen B C. ibid, 1967, 17: 33.

[63] Sterrett J S, Mellvried H G. Ind Eng Chem Proc Des Develop, 1974, 13: 54.

[64] Massoth F E, Scarpiello D A. J Catal, 1971, 21: 294.

[65] Misono M, Nozana Y, Yoneda Y. Proc 6th Intern Congr Catal. London, 1976.

[66] Tofield B C, Scott W R. J Solid State Chem, 1974, 10: 183.

[67] Maocheshey J B, Sherwood R C, Potter J P. J Chem Phys, 1965, 41: 1907.

[68] Vallet-Regi M, Gonzales-Calbet J, Alario-Franco M A, et al. J Solid State Chem, 1984, 55: 251.

[69] 王承宪, 吴越. 中国科学, 1984 B辑 [3]: 209.

[70] 窦伯升, 吴越等. 催化学报, 1985, 6 [4]: 299.

[71] 于涛, 吴越. 中国科学, 1988, B辑 [4]: 351.

[72] 于涛, 吴越. 催化学报, 1989, 10 [3]: 256, 252; [4]: 434.

[73] Shin S, et al. Mat Res Bull, 1979, 14: 133.

[74] Voorhoeve R J H. Advanced Materials in Catalysis: Burton J J, Garten R L. London: Acad Press 1977, Chapter 5.

[75] Seiyama T, Yamazoe N, Eguchi K. IEC Prod Res Devel, 1985, 24: 19.

[76] Misono M, Nitadori T. Adsorption and Catalysis on Oxide Surface. Elsevier, 1985. 409.

[77] Kremenic G, Nieto J M L, Tasc' on J M D, Tejuca L C. J Chem Soc Faraday Trans 1, 1985, 81: 939.

[78] Happel J, Hnatow M A, Bajars L, Kundarath M. IEC Prod Res Devel, 1975, 14: 155.

[79] Nasby R D, Quinn R K. Mat Res Bull, 1976, 11: 985 Kennedy J H, Fres Jr K W. J Electrochem Soc, 1976, 123: 1683.

[80] Sleight A W, Teitschenko W. Mat Res Bull, 1974, 9: 951.

[81]　Klevisova R F, Kozeeva L P, Klevisov P V. Sov Phys Crystallogr, 1974, 19：50.

[82]　Templeton D H, Zalkin A. Acta Crystallogr, 1963, 16：762.

[83]　Cesari M G, Perego A, Zazzetta G, Manara G, Notari B. J Inorg Nucl Chem, 1971, 33：3595.

[84]　Teitschenko W. Acta Crystallogr, 1973, B29：2074.

[85]　Azarbayejani G H. J Appl Phys, 1972, 43：5880.

[86]　Keulks G W. J Catal, 1970, 19：232.

[87]　Peacock J M, Parker A J, Ashmore P G, et al. J Catal, 1969, 15：389；1971, 22：49.

[88]　Brazdil J F, Suresh D D, Grasselli R K. J Catal, 1980, 66：34.

[89]　Van der Eigen A F, Rieck G D. Acta Cryst, 1973, B29：2433, 2436.

[90]　Jeitschko W, Sleight A W, McClellan W R, Weiher J F. Acta Crystallogr, 1976, B32：1163.

[91]　Adams C R, Jennings T J. J Catal, 1963, 2：63；1964, 3：549.

[92]　Grzybowska B, Haber J, Janas J. J Catal, 1977, 49：150.

[93]　Burrington J D, Grasselli R K. ibid, 1977, 59：79.

[94]　Burrington J D, Kartsek J D, Grasselli R K. ibid, 1980, 63：235.

[95]　Matsura I. J Catal, 1974, 35：452；1974, 33：420 Matsura I, Schuit G C A. ibid, 1971, 20：19；1972, 25：314.

[96]　Haber J, Grzybowska B. ibid, 1973, 28：489.

[97]　Sleight A W. see [74], 181.

[98]　Bratist Ph A, Bowens J F H, Matsura I. J Catal, 1969, 15：267；1972, 25：1；1973, 28：496；1974, 32：262.

[99]　Hucknell D J. Selective Oxidation of Hydrocarbons. N. Y.：Acad Press, 1974.

[100]　胥勃, 吴越. 化学通报, 1985 [4]：34.

[101]　Filowitz M, et al. J Amer Chem Soc, 1979, 98：2345；Inorg Chem 1979, 18：93.

[102]　Fedolov M, et al. Dokl AN SSSR, 1978, 240：128.

[103]　曲淑华, 詹瑞云, 吴越. 中国科学, 1988, 辑 [3]：252.

[104]　大竹正之. 有机合成化学, 1981, 39 [5]：385.

[105]　大竹正之, 小野田武. 触媒, 1976, 18 [6]：169.

[106]　御圆生诚. 化学的领域, 1981, 35 [7]：515.

[107]　Ozake M, et al. Proc 7th Intern Congr Catal Tokyo, 1980；[B3]：780.

[108]　Misono M, et al. ibid, [B27]：1047.

[109]　Seiyama T, Egashira, M, Sakamoto T, Aso I. J Catal, 1972, 24：26.

[110]　Takita Y, Ozaki A, Moro-Oka Y. ibid, 1972, 27：185.

[111]　Grasselli R K. React Kinet Catal Lett, 1987, 35 [1~2]：327.

[112]　诸冈良彦, 铃木宽治. 有机合成化学协会誌, 1983, 41：316.

[113]　Haber J. Proc 8th Intern Congr Catal Berlin. Vol 1. 1984, 85.

[114]　Sanderson R T. Chemical Bonds and Bond Energy；2nd edn. N. Y.：Acad. Press, Chapter 5, 1976.

[115]　Ueda W, Moro-Oka Y, Ikawa T. J Chem Soc Faraday Trans 1, 1982, 78：495.

[116]　Glaeser L G, Brazdil J F, Hazle M A S, Grasselli R K. ibid, 1985, 81：2903.

[117]　Kreuzke L D, Keulks G W. J Catal, 1980, 61：316.

[118]　Moro-Oka Y, Ueda W, Tanaka S, Ikawa T. Proc 7th Intern Congr Catal. Vol 2. Kodanaha-Elsevier 1981. 1086.

[119]　Matsurra I, Schut R, Hirakawa K. J Catal, 1980, 63：152.

[120]　Linn W J, Sleight A W. J Catal, 1976, 41：134.

[121]　王誉富, 赵新萍, 吴越. 化工学报, 1984 [3]：189.

[122]　Ueda W, Moro-Oka Y, Ikawa T, Matsurra I. Chem Lett, 1982. 1365.

[123]　松浦郁也. 触媒, 1979, 21：409.

[124]　Rao T S R P, Menon P G. J Catal, 1978, 51：64.

[125]　Yeda W, Moro-Oka Y, Ikawa T, Maruya K, Ohnishi K. J Catal, 1984, 38 [1]：214.

[126]　Linov A I, Kostikov Ju P, Strykanov B S. Chem Rev, 1988, 57：1233~1252 [in Russian].

第十章 催化剂的表征

在多相催化反应中，反应发生在固体表面之上；作为催化剂，催化作用和催化剂表面都需要通过参考其物理性质、物理化学性质以及实际的性能进行表征。当然，最重要的是那些和表面有关的物理和物理化学性质，因为催化剂的性能取决于一些表面的参数。已经说过，催化材料可以分为金属（包括金属本身和担载在氧化物或碳基板上的金属）、氧化物、混合氧化物、硫化物等。氧化物本身既可用作催化剂，也可用作担载材料。对这种催化剂的表征，必须包括用作载体，例如氧化铝、氧化硅等，和助催化剂的所有材料。而且必须从同一材料的化学组成开始。这里，惯常使用湿法化学分析。先用适当的办法把固体催化剂溶解，并定量测定水溶液（获得催化剂组成的容量或重量分析方法已是众所周知的）。经常使用火焰光度法、原子吸收光谱（AAS）或诱导偶合等离子体（ICP）分析法来准确估计化学组成，了解催化剂中有无痕量元素、添加剂、毒物也十分重要。知道催化剂全组成需要给出干基的值，因为，许多催化剂都很容易吸附水分，例如，沸石是已知的绝对亲水的，需要用催化剂在某温度的焙烧失重（LOI）来规一化组成。X荧光光谱（XRF）是另一种重要的测试方法。固体催化剂能这样分析：为了获得化学组成的精确值，在适当制备样品之后，需要用组成类似的参考材料对未知组成进行校正，这种方法是通用的并且已广泛使用。

固体催化剂，特别是商品催化剂的处理和取样绝不能不重视，已经成型的适合用于不同反应器的商品催化剂具有不同的形状和大小（大小不同的压片和挤条）或者颗粒大小适当的集聚粉剂（例如，干的FCC催化剂），可以含有和催化剂一起的惰性的黏结剂和润滑剂，对处理这些催化剂还必须遵循材料的安全指导：氧化物和沸石一般比较容易处理，而担载型的金属催化剂，处理就必须十分注意。特别是那些已经过预处理的和在惰性气氛下装入的催化剂，要记住，细分散的金属（常常是在载体上的）是很活性的和可能自燃的。在许多情况下，担载型金属催化剂是以氧化物形式存在（焙烧之后），需要在反应或者表征之前，在适当控制的条件下原位进行还原。

用作任何表征的样品量相对来说都是不多的。同时在许多情况下，使用的方法又是非破坏性的，已有从吨级催化材料中取催化剂样品进行表征的详细手续。样品应该对整体具有代表性，要注意的是，催化剂的商品生产，现在还不是不变的，而是在一定体积（或者重量）下的间歇地批量生产，这当然有可能在批量之间性质有所不同。

通常可把催化剂的一般表征分成两类：与催化剂结构和织构有关的性质。结构上的表征不变地意味着"几何学"上的，固体的长程有序等，对沸石、金属催化剂以及复合材料（钙钛石、萤石或尖晶石）来说，结构性质可以提供有关催化剂的丰富信息，这将在本章第一节——催化剂结构的表征中作详细的讨论。在许多催化剂中，特别是那些表面积主要包含在孔结构之中的氧化物催化剂，就是这些孔性结构常常在一个反应中具有速度控制步骤的作用，和这样的孔性催化剂相联系的性质，或者由载体材料孔本质所影响的性质，可以广泛地称为催化剂的织构。在本章第二节中将主要描述这方面的性质以及测量这些性质的方法和它们的局限性[34~37]。

另外，为了了解表面过程和在表面上发生的化学，包括表面化学键和催化作用，还要获得表面上存在原子的信息，它们是怎样影响吸着物种的？原子和分子精确的吸着部位，它们的键强、键长和键角以及表面化学键对表面反应性的影响等，表面光谱技术对表征固体表面和催化材料也都很重要，同时，它们也已广泛地用来研究表面和催化反应。

固体材料表面的表征可以使用多种技术，通常可以按它们对光子、电子、中子以及离子的吸收、发射或者散射分类。

对光子：XRD、NMR、ESR、FTIR、EXAFS、XANES、XRF 等；

对电子：UPS、XPS 或 ESCA、SEM、TEM、STM、STEM、ED、EELS 等。

其中，X 射线衍射（XRD）技术是首屈一指和最重要的，可以给出晶体的晶格几何学，以及晶体结构晶胞中专一原子和它们排布的信息。有关表面光谱学在催化剂表征中的应用，本章将单立一节（第三节）予以介绍。

第一节 催化剂织构的表征

一、固体催化剂的形态——孔、孔分布、表面积和密度[34,35]

绝大多数多相催化剂是孔性固体，孔结构则来源于不同的制法[1~3]：

a. 固体从溶液沉淀时，粒子前体会集聚并形成孔结构。

b. 水热晶化制成的沸石或别的微孔晶体化合物在其特殊排列的"结构单元"中具有分子大小的空腔；

c. 热处理（灼烧、蒸发）消除挥发性物质时，由于固体的重排和挥发性物质的外逸，也会产生空腔。

d. 选择性地消除一些组分时能产生孔。

e. 为了获得适用于工业反应器的催化剂，各种成型过程（压片、挤条、喷雾干燥等）都将为颗粒提供稳定的集聚体，而其中都含有由颗粒间形成空的孔结构。

在所有这些情况下，一个典型的催化剂，总会含有因制法不同而产生大小和体积不同的孔。

根据孔的大小，孔可以分成多种[1~5]：

a. 微孔（孔径<2nm）；超（极）微孔（孔径<0.7nm）

b. 介孔（2nm<孔径<50nm）

c. 粗孔（孔径>50nm）

孔可以是规则的，或者更一般地说是不规则的。如图 10-1 所示，孔可以用许多与之类似的几何形状来表示：筒形（在某些氧化物，如氧化铝和氧化镁中）、裂缝（在活性炭和黏土中）、连结实心球的空间（在氧化硅和许多由凝胶制得的固体中）。筒（大小＝直径）和裂缝（大小＝壁间距），由于处理简单是最常用的模型。

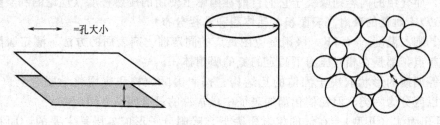

图 10-1 孔的形状

通常假定，这些模型中的孔沿其长度的大小是均匀的，但最经常的还是墨水瓶形的（体内的孔大于孔口的）或漏斗形的（正好与上述相反）。孔大小这个名词的物理意义取决于研究孔结构的方法，最后说一下，粒状催化剂一般均含有大小不等的孔，所以就必须考虑孔体积对孔大小而言的孔分布（图 10-2）。

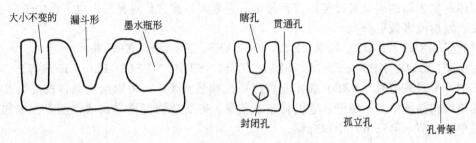

图 10-2 孔的类型

孔可以是封闭的（不能从外到达的）、瞎的（只有一端开着）或者是通的（两端都开着的），而每一种孔有时是孤立的，或者最常见的是和别的孔相遇形成一个孔骨架（图 10-2）。当反应分子穿越催化剂颗粒时，形状不规则的孔和它们的联结程度可使分子覆盖的距离大于颗粒的大小，覆盖距离和颗粒大小间的比有时称为曲折因子（tortousity facfor）。

孔性固体的总表面积远远大于由孔壁贡献的相应的外表面积，最常见的催化剂的比表面积位于 $1\sim1000m^2/g$ 范围内，而它们的外表面积只有 $0.01\sim10m^2/g$，约小 100 倍。

固体形态参数的信息有助于了解催化剂制备过程的演化，并能有效地反馈，从而获得更适合的制备方法。

同样，形态参数对理解反应环境中的催化剂功能也是有用的。这是一方面由于发生在催化剂表面上的催化反应能强烈地影响催化剂活性，另一方面，反应原料到达表面以及反应产物离开催化剂时都必须穿越孔体系，而在颗粒内的传质过程又有赖于孔的大小；在粗孔中的体相扩散，在介孔中的 Knudsen 扩散和在微孔中的分子扩散以及曲折因子等。

同样，催化剂的失活也大大地受孔大小的影响，典型的例子就是含碳物质的淀积不仅可以使微孔以至介孔口堵塞，同时还能覆盖介孔和粗孔的孔壁。

上述概括性的几种信息可在文献 [5~7] 中获得。

固体催化剂在形态上有意义的特征包括表面积、孔体积、孔大小的分布和密度。已有多种可以测定这些特性的方法，正确地选择取决于孔的类型和需用的数据。催化剂的比表面和孔结构对催化反应的影响，因反应及催化剂种类不同而异，这里将介绍催化剂的形态特征的特点以及它们的表征方法。

二、测定固体催化剂形态特征的技术和方法

定量测定形态特性的最重要的方法和技术列于表 10-1 中。下面将对各种技术和方法作简要讨论，而介绍的内容则取决于它们目前在国际上使用的成熟程度（理论的和实验的）。

（一）77K 时氮的吸附（表面积、孔体积和孔径分布）

氮在其沸点温度下（77K）吸附是应用最广的测定催化剂表面的方法。测定吸附等温线是方法的起点，那是在相对压力下测定的氮的吸附体积。

吸附等温线的形状取决于固体的孔结构。按照国际纯粹和应用化学联合会（IUPAC）的分类可以区分为六类。但在催化剂的表征中最常见的只有四种（图 10-3）[1~5]。

① 粗孔固体（Ⅱ型） 在低的相对压力下，吸附分子形成单层是主要的，而在高的相对压力下就会发生多层吸附。吸附质的厚度不断增加直到达到凝缩压力。如果吸附质和吸附剂的相互作用较强，形成第一单层的压力就较低。但是形成单层和多层的过程常常是叠加的。

表 10-1　测定固体形态特征的技术和方法

编号	技　术	方　法	文　献	信　息	微孔	介孔	粗孔
1	77K 时的 N₂ 吸附	BET	[3,4]	表面		×	×
		t-作图	[3,16]	表面		×	×
		αs-作图	[1,5]	表面	×	×	×
		t-作图	[3,16]	孔体积	×	×	
		αs-作图	[1,5]	(分布)	×	×	
		DR	[1,8,18]	(分布)	×		
		MP	[18]	(分布)	×		
		Horvath-Kawazoe	[20,19]	(分布)	×		
		DFT	[20,23]	(分布)	×	×	×
		BJH	[4,24]	(分布)		×	×
		Gurvitsch	[3]	(分布)	×	×	
2	低温下 Kr、Ar、He 的吸附	BET 各种方法	[2,25,26]	小表面		×	×
3	压汞法	Washburn	[2,3,27～29]	总孔体积(分布)		×	×
4	初湿法			总孔体积	×	×	
5	由真密度和颗粒密度计算			孔体积	×	×	
6	渗透压法		[30]	平均扩散孔径	×	×	
7	逆向扩散法			曲折因子	×	×	
8	其它	X 线小角度散射	[1,2,15]				
		NMR 和氚 MMR	[31]				
		热量计	[18]				
		电镜	[13,14]				
		分子筛	[19]				

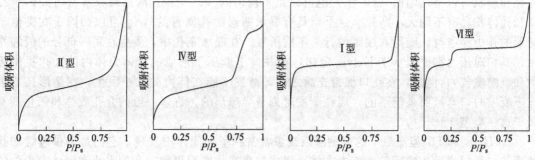

图 10-3　氮吸附时常见的四种吸附等温线

② 介孔固体（Ⅳ 型）　在低的相对压力下和在粗孔中发生的过程没有区别。而在高的相对压力下，在介孔中的吸附过程也会导致形成多层吸附，在压力服从于 Kelvin 型规则时，（介孔愈大＝压力愈大）就会发生凝缩，同时给出一个明显的吸附体积增大。当介孔充满时，吸附将继续在外表上进行，大多数用作载体的氧化物和大多数催化剂属于这类固体。

③ 微孔固体（Ⅰ 型）　吸附也是在很低的相对压力下就进行的，因为孔壁和吸附质之间有强的相互作用，完全充满常常需要稍大一点的压力以有利于吸附分子之间的相互作用。在低的相对压力区域内（＜0.3），没有毛细管和形成单层过程相区别。一旦微孔充满，吸附就在外表面上和在粗孔固体中同样继续。典型的微孔固体有活性炭和类沸石晶体等。

④ 均匀的超（极）微孔固体（Ⅵ型） 发生吸附的压力取决于表面和吸附的相互作用。所以，如果固体是能量均一的，那么，整个过程就将在一定压力下发生。如果表面只在一部分部位上能量是均匀的，那么，就会出现阶梯式的吸附等温线。每一步相当于在一种部位上的吸附。由于所有催化剂表面有很宽的不均匀性，所以，从未观察到这样的行为。阶梯式的吸附等温线仅在结晶度很好的沸石，如 X 型沸石（有相当于充满空腔的一步）以及硅酸盐（有分别相当于通道充满和吸附剂——吸附质转移的二步）的情况下观察到。

当吸附达到饱和之后，吸附质就会脱附。这是吸附的一个逆过程，但从介孔蒸发常常是在低于毛细管凝缩压力下发生的，这样就会出现一个滞后现象。由于孔形的关系，根据 IU-PAC 的分类[2,3,8]也已确认了四种滞后现象（图 10-4）。

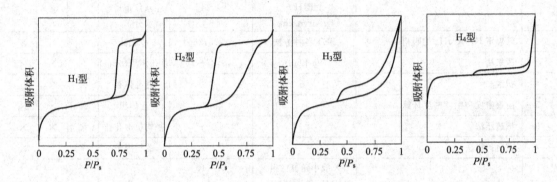

图 10-4　氮吸附时常见吸附等温度的四种滞后现象

a. H_1 型和 H_2 型滞后　这种形状是下列固体的特征，它们通过接近于筒形通道交叉的颗粒，或者由球状颗粒的集聚体（固结的）或附聚物（非固结）所组成。在这两种情况下，孔径和形状可以是均匀的（H_1 型）也可以是不均匀的（H_2 型）。滞后现象常常可归因于孔口和孔体积具有不同大小所致（这是对具有墨水瓶形的孔而言的），也可以归因于在类似于筒形的孔中穿越时，吸附和脱附的行为不同所致。在墨水瓶孔中，发生在每一部分的凝缩作用，其相对压力都要服从于 Kelvin 定律（在并口于低压下形成的液体为体内的大孔提供吸附和凝缩蒸气），但是，在孔口保持充满之前，蒸发不能在体内的孔中发生。在筒形孔的情况下凝缩时，弯液面是筒形的，而在蒸发时刻是半球形的。许多一般的介孔载体和催化剂都属于这一类型[2,3,9,10]。

b. H_3 型和 H_4 型滞后　这样的滞后现象常常在下列固体中发现，它们是由带裂缝的孔状颗粒（平板或带边的颗粒，如立方体）组成的集聚体或附聚物。孔的大小和形状有均匀的（H_3 型）和不均匀的（H_4 型）。滞后现象常常可归因于吸附和脱附的行为不同，例如，在由平板组成的孔中吸附时，弯曲面是平的（直径＝∞）（在任何相对压力下不会发生凝缩作用），而在脱附时是筒形的（半径＝平板间距的一半），这样的典型例子有活性炭和沸石[2,3,11,12]。

c. 无滞后现象　这是瞎的圆筒形、锥型和楔型孔的情况，因为催化剂的孔常常是不规则的，所以只能在滞后回线减小了的固体中观察到。

对氮来说，滞后回线的低压密封发生在相对压力 0.42 处，这和吸附剂以及孔大小分布无关，而只和液体吸附质有关。

（1）BET 法（表面积）

由 Brunauer、Emmett 和 Teller(BET) 在 20 世纪 40 年代提出的模型[3,6]，依然是测定吸附质单分子层体积（V_m），然后用下列方程获得固体表面积（A_s）的最广泛的方法：

$$A_s = (V_m/22414)N_A\sigma \qquad (10-1)$$

式中，N_A 是 Avogadro 常数；σ 为一个氮分子所覆盖的面积，σ 值一般采用 $0.162nm^2$[3]；V_m 则和按下列假定推导出的 BET 方程的三个参数有关[3,32]。

a. 第一层的吸附热是常数（对吸附来说，表面是均匀的）；

b. 吸附分子侧向的相互作用可以略去不计；

c. 吸附分子可以作为新的吸附表面，进行叠加吸附；

d. 除了第一层外的所有单层的吸附热等于凝缩热。

根据这一模型，吸附体积（V_{ads}）依赖于相对压力（P/P_s）、V_m、与吸附及液化热有关的参数（C）（C 值大相当于吸附质-吸附剂的相互作用强），以及表观上和能在固体上形成的平均层数有关的参数（n）。方程式（三参数 BET 方程）可记作：

$$V_{ads} = V_m \frac{CP/P_s}{1-P/P_s} \times \frac{1-(n+1)(P/P_s)^n + n(P/P_s)^{n+1}}{1+(C-1)(P/P_s)-C(P/P_s)^{n+1}} \qquad (10-2)$$

如果 $n \to \infty$，那么，方程式就可以假定具有下列形式，这就是两参数的 BET 方程：

$$V_{ads} = V_m \frac{CP/P_s}{(1-P/P_s)[1+(C-1)]P/P_s} \qquad (10-3)$$

实际上，这个方程适用于 $n>6$ 的情况（粗孔和较大介孔的固体）。在这个范围内，两种 BET 方程之间的差别不超过实验误差。对 $n \leq 6$ 的情况，由两参数方程给出的表面积值低于（高达 20%）由三参数方程给出的[3,32]。

BET 模型受到了许多批评，因为真实的表面并不服从模型的假设（例如见文献[3, 16, 32]）。然而在相对压力 0.05～0.35 的范围内，这确实能将大多数固体的实验结果表达出来，给出接近于可信的值。直至目前，BET 法常常被用来测定固体表面积，而且已被认为是一种值得参考的方法。主要不足之处是在微孔固体上的应用；在这一情况下，从 BET 方程算得的单层体积相当于微孔体积加上微孔外表面上的单层体积[2~4]。

（2）t 作图法（表面积、微孔和介孔体积）

由 De-Boer 及其同事于 1965 年提出的方法[33]是以下列事实为根据的。对各种各样的粗孔固体，单位表面的吸附体积（即吸附层的统计厚度 t）对压力有一条与固体无关的简单曲线[3]，然后将给定粗孔固体的 V_{ads} 对 t 作图（称之为 t 作图法），即可获得通过坐标原点的一条直线（图 10-5），它的斜率 m 和固体的表面积 A 成正比：

$$A_s = (m/22414)t_m N_A\sigma \qquad (10-4)$$

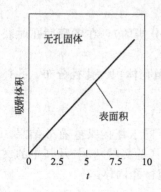
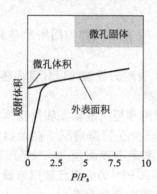
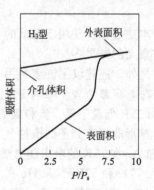

图 10-5 在氮吸附时常见到的吸附等温线的 t 作图

如果有微孔存在[3,4]，当它连续充满时，表面的吸附就会减少，曲线的斜率也随之减少，一直要到完全充满时为止。这样一来，直线的斜率就相当于微孔外的表面积，如果外推

到 $t=0$，它就会给出一个相当于充满微孔所需吸附体积的正截距。在有超微孔的情况下（例如在沸石中）总表面积就不能测定了。确实，由于吸附质和孔壁之间的相互作用很强，即（孔大小/吸附质分子大小）的比值很小，使吸附和敞开表面的很不一样（在这样的固体上是得不到直线的）。

如果固体含有介孔[3]，那么，就会观察到相当于毛细管凝缩的从直线向上的偏离。在介孔完全充满后又会出现新的直线，其斜率则相当于不大的外表面积。由新线和纵坐标的交点给出的就是介孔和微孔的体积，如果还有微孔的活。可惜在大多数情况下，直线部分对计算来说太短了一点。

如上所述，此法除了表面积之外，还能计算微孔和（或）介孔的体积。或者，更确切地说，充满孔所必需的气态氮的体积 V_f。为了计算孔的物理体积 V_p，就必须要知道孔内吸附质的密度，根据所谓的 Gurvitsch 规则，即使对微孔固体，通常吸附质的密度接近于测定温度下的液体密度 P_l[3]，这样，孔体积即可由下式给出：

$$V_p = 22414 V_f M/P_l \tag{10-5}$$

现在，t 作图法是计算总微孔体积的最好方法。此法成功之处在于选择的参考等温线（决定 t 对 P/P_s 关系的等温线）。在形成第一单层时，等温线的锐度范围取决于用 BET 方程中参数 C 表示的吸附质-表面的相互作用。显然，适合于所有固体的参考等温线是没有的，许多等温线在许多情况下是通过在非孔性类似化合物上的吸附而获得的，推导出的又是半经验的方程，已被建议作为各类固体（氧化物、活性炭等）的参考。

已有多种参考等温线的数字表示式问世，如 Halsey、Harkina-Jura 和 Cranston-Inkley 等，可参考文献[32]。当参考等温线改变时，斜率和纵坐标的截距也都会随之改变。所以最好的选择是采用和研究对象类似的固体上获得的等温线。

（3）A_s 作图（表面积、微孔和介孔体积）

这是 t 作图法的一个修正方法，为 Sing 在 1969 年所提出[3]，也是一种广泛应用的方法（参考收集在文献[1，5]中的例子）。出发点是观察什么是 t 作图法中将实验中的等温线形状和标准等温线相比较的真实做法。所以，从这一点出发，只要把给定 P/P_s 时的吸附作用规范化就足够了。因此，本方法使用了量 A_s，这是吸附体积和在 $P/P_s=0.4$ 时的吸附体积的比值，研究样品的表面积即可从参考样品的表面积根据式(10-6)直接计算出来，而孔体积也能和 t 作图法一样计算获得。

$$A_s = A_s(参考) V_{ads}(样品于 P/P_s=0.4 时的值)/V_{ads}(参考于 P/P_s=0.4 时的值)$$
$$\tag{10-6}$$

本法已被扩展用于很低的 P/P_s 范围（如作图所示是高分辨的），在考察微孔时获得了很有意义的结果[2]。

另外，还建议了许多利用 N_2 吸附的等温线以计算固体微孔体积、孔径分布、孔体积等的方法，可参考表 10-1 中所列文献。

（二）低温下氮、氩和氪的吸附作用（表面积和微孔体积）

球形非极性分子的惰性气体至少在特殊情况下能给出不同于氮的某些有效结果。利用 Kr 和 Ar 在 77K 的吸附能有效地测定小表面积（$<1m^2/g$）（见文献[3]及其中的文献），Ar 在 77K 和 87K[25] 和 He 在 4.2K[2,26] 的吸附已被用来研究微孔固体。

（三）压汞法（介孔、粗孔体积和孔径分布）

由于大多数固体和汞的接触角大于 90°，这就需要按 Washburn 方程[2,3]式(10-7) 计算，算得的压力下才能穿过孔。

$$P = (2r\cos\theta)/r_p \tag{10-7}$$

式中，P 为使用的压力；r 为表面张力；θ 为接触角，而 r_p 则为孔大小（即筒形孔的半径，裂缝形孔的壁间距离）。目前商业压汞仪提供的测定范围为 1～2000atm，相当于孔径 7.5～15000nm。功能是和氮不同的，后者的接触角小于 90°，当压力增大，汞即连续充满细孔，可以获得压入的汞体积（即孔的体积）相对于孔径的图。

因为 θ 并不容易测定，通常都采用 140°，与试验的固体无关 [3，27]。对 r 则采用纯汞的值，即使对来自固体的杂质很敏感。由于 θ 和 r 的不确定性，因而也无法定量地获得总的误差，可以从略去不计到很大。所以要尽可能地和由别的方法获得的结果进行比较（图10-6）。

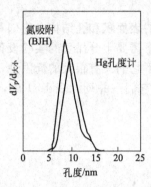

方法	V_p/(cm³/g)	孔大小/nm
N₂（BJH）	0.48	9.5
N₂（Gurvitsch 法）	0.50	—
Hg 孔度计	0.46	10.5
初湿法	0.52	—

图 10-6　由不同计算方法获得的介孔体积和大小的比较

在孔不均匀的情况下（例如墨水瓶形），孔的大小只和孔口相当。由于在大多数固体中都有一个孔结构，获得的结果常常受到堵塞效果的影响[28]。

在压力下工作需要注意，因为它会使柔性固体压缩或孔壁破裂。这是由溶胶-凝胶结合成的超高孔硅胶的情况。对于 N₂ 吸附来说，由压汞给出的滞后回线是一个难于解释的问题。得到的信息也较成问题，较详细的可参见文献 [3，28]。

尽管压汞法有局限性，但还是被指定为 ASTM 的标准方法（D4284/83）。这需要有一个基本操作技术，才能研究高达 15000nm 的大孔，后者是不可能用蒸气吸附法测定的。在介孔范围内，两种技术都能使用，而且所得结果还常常相当一致 [10，29]（图 10-6）。如果有不一样时，这可能是因没有适当选择好孔的 θ 和 γ 值，或者氮吸附层厚度的参考曲线而引起的。

（四）初湿法（总孔体积）

此法系将固体用一种非溶剂液体，常常是水和烃类浸渍使孔完全充满，但不能让固体变黏，或者液体已过量时需用离心机除去。在这一条件下，孔体积就等于被固体吸附的液体体积。

这是一个好的精确的方法，这在验证由别的方法获得的结果时非常有用。另外，这是唯一能用于粗孔硅胶的方法。

（五）比重法（总孔体积）

利用真密度 ρ_t（即对可能存在的瞎孔进行校正后的化学密度）以及颗粒密度 ρ_p（即对所有的孔进行校正后的化学密度），即可由方程（10-8）算出总孔体积：

$$V_p = \rho_p^{-1} - \rho_t^{-1} \tag{10-8}$$

这两种密度可用常用的比重瓶测定。ρ_t 用 He，而 ρ_p 用汞[8]。在大气压力下，He 能穿透所有的空腔，而汞只能穿透小于 15000nm 的孔。因此，这样简单的方法很适用于孔不大于 15000nm 的所有固体，并且可以用来验证由别的方法获得的数据。

（六）渗透计和逆向扩散法（平均扩散孔径和曲折因子）

至今，直接利用上述方法获得的孔径分布以定量解释孔内的传质过程的所有努力，看起来都是失效的。相反，由渗透计和逆向扩散研究却可获得能直接用于描述催化剂孔中传质方程式的"平均扩散直径"和"曲折因子"[9,30]。

这两种技术，要求气体仅穿越固定在孔性载体上的成型催化剂的孔。在渗透计中，要在颗粒的两侧之间建立起一个不大的压力差，而后记录达到平衡压力时的速度。逆向扩散即众所周知的 Wicke-Kallenblach 法，则是测定两种相对分子质量不同的气体通过催化剂颗粒时的逆向扩散通量，合适的模型可用来计算所需的参数，但目前所有的测定仪器还都是实验室自制的。

（七）其它

除上述之外，还有多种别的方法可以用来测定固体的表面积和孔结构。它们和上面谈过的方法相比，由于种种原因还是非广用的。在某些情况下需要十分昂贵的实验设备和熟练的技术，因此大都还在特殊的实验室内使用，在别的情况下它们又有很大的局限性，而且有些获得结果的物理意义也不甚确切等。为了完整起见，把它们一并列入表 10-1 中，读者可参阅有关的文献。

根据经验，可以给出最好结果的方法如下所述：

a. 总表面积：BET 法；

b. 微孔外表面积：t 作图法和 α_s 作图法；

c. 总孔体积：初湿法、比重计法；

d. 总微孔体积：t 作图法和 α_s 作图法；

e. 总微孔和介孔体积：Gurvitsch 法；

f. 介孔体积和介孔大小分布：压汞法；

g. 粗孔体积和介孔大小分布：压汞法。

有些物理量无意义（微孔表面积）或所得结果存在问题并需要独立验证的（微孔大小分布、介孔表面积、粗孔表面积）。

（八）催化剂的密度及其测定

反应器中使用的以及反应器设计中所需的某种形状和大小的催化剂，其主要形态学上的特性是颗粒的形状、大小以及颗粒容积和床层密度等。这里将先对密度加以定义和简单介绍测定的手续。

① 骨架密度 这也称为材料或者催化剂的真密度。这是以在校正过的流体中测定置换催化剂骨架的质量和体积为基础的。现在使用的氦比重计是由两个等同圆筒组成的商品仪器（见图 10-7）。用阴影线面积表示的体积 V_c 是样品池（W），体系用氦充满之后整个体积加压至常压，样品池也然后升压至 P_2 超过常压约 15psi，打开阀 V_1 和样品池相连的附加体积 V_A 联通，接着，样品池中的压力降到 P_1，附加体积中的压力从常压升到 P_1，利用 P_1 和 P_2 即可算出催化剂骨架的体积 V_s：

$$V_s = V_c + V_A / [1 - (P_2/P_1)] \tag{10-9}$$

由 V_s 即可算出给定质量催化剂 W 的真密度：

$$\rho_t = W/V_s \tag{10-10}$$

② 颗粒密度 也称为汞置换密度，所以这里使用的是汞密度计。质量已知的催化剂（W），和上述相同，抽真空除去催化剂孔中的空气后加入一定体积的汞 V_{Hg}，后者已知在大气压力下不能穿透直径小于 $10\mu m$ 的孔，颗粒密度即可由 $\rho_p = W/(V - V_{Hg})$ 和表示成 cm^3/g 的孔体积的 V_p 用 $V_p = 1/\rho_p - 1/\rho_t$ 计算出来。

③ 床层密度 也称为堆密度。这是对制成适用于反应器的片剂，挤条或者其它任何形状的已成型催化剂的重要测定数据。对床层密度来说，两个值是一般应予考虑的：密堆积密

度和疏堆积密度。密堆积密度是这样测定的：在体积适度的锥形量筒中，逐步加入催化剂，在每次加入的间隔内，通过拍打量筒装载至一定体积，通常每次是 $100\sim1000cm^3$。这种充满密度的重要性，在一定的反应器中装载催化剂换算成当量需要的催化剂时，可以在操作中以体积或重量的空间速度，即以 LHSV 或 WHSV 表示催化反应时体现出来。

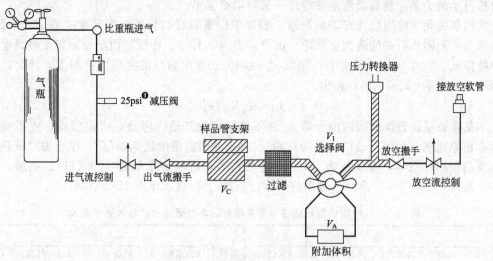

图 10-7 测定真密度的氦密度计

这以后从以上的密度和压力降就可能计算出催化剂床层的空隙比。❶

三、担载金属——金属的表面积、分散度和晶粒大小

化学吸附——气相分子和表面原子之间形成化学键的过程是催化反应中最重要的第一步，担载金属催化剂是由特殊反应所需的金属并保证能适当地在载体上分散而制成的。在这样的担载型催化剂上，化学吸附典型的是在小的锚定在高表面积氧化物材料的金属晶粒上发生。化学吸附和催化活性之间的关系已很好确认：化学吸附的强度是影响催化剂活性的一个参数，化学吸附分子的数目当然也很重要，和催化剂表面形成化学键的分子数目和可键合的表面原子数有关。这种为化学吸附提供的表面部位的最大化在优异的担载金属型催化剂设计中是最重要的。

（一）金属的化学吸附和表面积

（1）用氢的化学吸附测定金属表面

怎样测定化学吸附位的数目？对表面位已知化学计量关系的化学吸附分子可以作为表面的表征。对担载型金属催化剂，这种在金属表面位上分子有选择的化学吸附可以通过以下条件进行检定。

a. 在封闭体系内（称为静态的或者体积的化学吸附）测定被表面于平衡时吸附的气体分子；

b. 检测有多少校正过的化学吸附分子的脉冲被表面（脉冲化学吸附）所吸附；

c. 化学吸附的分子加热从表面上脱附时（程序升温脱附），计算化学吸附的分子。

前两个技术需要在等温条件下完成（常常是在室温条件下），并且已广泛用来计算金属的表面积和在载体上的分散度，也就是吸附位的数目。第三种方法是用于催化剂表征的程序升温技术一族中的一员，可以测定两个参数：化学吸附位的强度和数目提供信息。

---

❶ 英制压力单位，1psi=6894.76Pa。

选择氢作为吸附质以测定催化剂金属部分的表面积有许多优点。一般地说，ASTM 委员会 D-32 介绍氢作为化学吸附分子，是因为它主要只在表面的金属部位上化学吸附，在非金属部分上吸附的（以载体为例）在许多情况下都是很小的[38]。氢可以在催化剂的金属和非金属部分上都发生物理吸附，但是，这在温和的温度和压力下所进行的实验中，由于氢的吸附热很小的关系，物理吸附层和程度一般可以略去不计。

使用氢的化学吸附以测定表面积时，需要单层覆盖时的化学吸附计量关系 X_m 的数据，那是和每个吸附质有关的表面金属原子的平均数目，另外，还要表面单位面积上金属原子数目的数据 n_s。在单层化学吸附中，如果 n_m^s 是以分子表示的总的吸附的吸附质，那么，总的表面积 S_H 就可由式(10-11)算出。

$$S_H = n_m^s X_m / n_s \tag{10-11}$$

多晶金属单位表面的表面原子数 n_s 并不能确切地知道，但是，可以假定，主要低指数晶面有相等比例〔即由（111）、（110）和（100）晶面提供的比例相等〕。根据由电镜获得的小金属晶粒的形态学，可以认为：对 fcc 金属，平衡时相当于暴露 70％（111）晶面，25％（100）晶面和 5％（110）晶面，根据这一假定所得的 n_s 值示于表 10-2 中[39]。

表 10-2 几种催化加氢活性金属多晶表面单位面积上的表面原子数 n_s

金属	$n_s/(10^{10}/m^2)$		金属	$n_s/(10^{10}/m^2)$	
	（110）晶面、（111）晶面和（100）晶面比例相等	25％（100）晶面、5％（110）晶面和 70％（111）晶面		（110）晶面、（111）晶面和（100）晶面比例相等	25％（100）晶面、5％（110）晶面和 70％（111）晶面
钴	1.51	—	铱	1.30	1.48
镍	1.54	1.75	铑	1.33	1.55
铂	1.25	1.42	铜	1.47	1.67
钯	1.27	1.45	锇	1.59	—
钌	1.63				

一般地说，氢化学吸附至全覆盖时，X_m 为平均吸附一个氢分子所需表面原子的数目，假定为 2，对 fcc 金属的（111）晶面，$X_m = 2$ 是正确的选择。

对总的吸附的吸附质 n_m^s 也是不好确定的数值。吸附量最多的氢（强化学吸附）可以在压力低于 133.22Pa 下发生。但在该压力之上，还发现有弱化学吸附的氢吸附，大多数有强吸附单层的 20％～25％。注意到 $X_m = 2$ 的值只涉及强的化学吸附氢。在许多情况下，小的金属晶粒通过化学键能牢固地和载体结合，因此，n_s 的值强烈地为载体/微粒之间的相互作用所影响。这就是导致了金属-载体的强相互作用（SMSI），从而大大压制了任何形式的氢化学吸附。载体的存在还可以引起氢的溢流，说明氢的吸附可以大于所期望的。

（2）用一氧化碳测定金属表面积

一氧化碳可能是第一个用来测定工业合成氨催化剂中游离铁表面积的。使用 CO 的一个困难是不仅和铁，而且还和过渡金属中其它金属，如镍、钌、钯、铑和铂等处于单层中化学吸附的 CO 也能"转移"至游离金属的表面上。在所有这些金属上，一氧化碳能以各种形式，诸如线型、桥型、三重结合，或者解离键合等进行化学吸附，这样一来，吸附一个 CO 分子所需的表面原子的数目 X_m 就变成可变的了，同时，不同型式的相对比例又是温度和压力的函数，另外，这个比例看起来还和金属微粒的大小有关。

另一个众所周知的困难是，有些金属在金属和一氧化碳之间还能直接反应，生成可挥发的羰基化合物，如果金属的分散度很高的话，这当然就更加容易了。

根据以上观点，就有令人信服的理由，选择氢而不是选择 CO 作为表面积以及分散度的测定。但是，也有这样的情况，即在过剩氢的情况下，使用一氧化碳的吸附，具有独特的优点。

（3）担载型金属催化剂的金属表面积

① 铜催化剂和金属表面积 担载型铜催化剂是仲醇脱氢至相应酮和硝基苯加氢至苯胺，以及在水煤气转化反应和在低压合成甲醇中广泛使用的催化剂。铜可以化学吸附氢并非是一般能实现的，在低指数晶面上于室温下是不具活性的，而在高指数晶面上却可进行解离的氢化学吸附。由于一氧化碳的吸附热接近于氢的这一事实，铜在有一氧化碳存在的情况下是一种活性的加氢催化剂。氢和一氧化碳都不适宜于测定担载型铜催化剂的金属分散度，这是因为晶面专一性和温和条件下覆盖度相对低的关系。氧在$-135℃$的吸附等温线指出是可用的，因为在这一温度下，化学吸附并未因物理吸附或者体相氧化而复杂化。但是，最一般的方法是用下式所示的N_2O在$90℃$左右的吸附分解：

$$N_2O(气)+2Cu_S \longrightarrow (Cu_S)_2O+N_2(气)$$

当压力在反应中保持不变的情况下，可以测定氧化亚氮中氮的增加量。每个氮分子相当于两个表面铜原子Cu_S。

对氧覆盖的不同值发现反应热焓等于氧的化学吸附热的一半加上氧化亚氮的分解热焓。因此，可以知道，从氧化亚氮和从氧来的氧原子是以相同形式吸附在同一个部位上。氧化亚氮吸附分解与温度的关系指出，大概在$363K$、$266Pa$时达到了几乎全覆盖的地步。从已知BET表面积的纯铜样品发现，在全覆盖时，一个氧原子吸附在两个表面铜原子上（n_s取值等于$1.67×10^{19}m^{-2}$）。但要注意的是，当在$393K$和$413K$观察时并没有发现有氧的转折点（来自面下层的氧化）。

这里需要强调的是，载体并不需要对氧化亚氮的吸附分解是惰性的。如果可能的话，可在载体上作一次分开的验证。也就是说，在制备Cu催化剂时使用的助催化剂（Cr、Zn、Al等）也可能是活性的，所以就有可能过高地估计了表面的铜原子数。

② 铂催化剂 担载型铂催化剂已在工业上广泛使用。载体可以是氧化铝、氧化硅的活性炭等，或者离子交换入沸石中。由氧化铝担载的铂催化剂常常被用于加氢、脱氢、氧化和石脑油重整之中。为了确定铂的分散度，一般地说，氢的化学吸附可能提供最好的方法。但是对不同体系还需要通过实验确定优化条件，希望铂能通过吸附在载体上发挥更大的作用。这最好是在$273\sim300K$和压力不超过$0.2kPa$的条件下实现。根据对整个铂粒大小范围内的测定，已经很好找出每个表面铂原子（$X_m=2$）能吸附一个氢原子可以作为这方面工作的基础。

问题的复杂性在于对许多八族金属来说，强化学吸附之后，接着还有弱的化学吸附，区分两种吸附形式就成为一个难题。TPD技术提供了从强吸附型分离出弱化学吸附的可能性。如果出现氢溢流现象，那么问题就会变得更加复杂。这在氢在铂/碳催化剂上吸附时达到了惊人的程度。根据实验，吸附氢原子的值和样品中铂原子总数的这个值可以超过一个因子$3\sim10$。

氢-氧滴定：单层化学吸附的氧和气相中氢之间的反应也是普遍采用的估算分散度的又一种方法，从化学计量学可知，这个方法的灵敏度比氢的化学吸附方法要高三倍。

$$O_{Ads}+3/2H_2 \longrightarrow H_{ads}+H_2O$$

在后一个循环中，吸附氢还可以用气相氧进行再滴定。在许多工业催化剂中，Pt的浓度比较低（质量分数$0.1\%\sim0.5\%$）。因此，化学吸附的氢量很小，有时很难用体积进行定量，所以，通常用氧来滴定覆盖催化剂样品的氢。在滴定过程中，消耗在消除吸附氢的氧（变成H_2O移向载体）也会吸附在Pt上，所以覆盖Pt表面的最终的氧还要用同一方法用氢来滴定。这样的H_2/O_2循环在同一个样品上要循环数次，这可用下列化学计量反应式表示出来：

H₂ 的化学吸附（HC）：$Pt + 1/2H_2 \longrightarrow Pt-H$

O₂ 的滴定（OT）：$Pt-H + 1/2O_2 \longrightarrow 1/2Pt_2O + 1/2H_2O$

H₂ 的滴定（HT）：$1/2Pt_2O + H_2 \longrightarrow Pt-H + 1/2H_2O$

O₂ 的化学吸附（OC）：$Pt + 1/4O_2 \longrightarrow 1/2Pt_2O$

这样一来，对上述步骤中气体的相对消耗为[40]：

$$HC : OT : HT : OC = 2 : 2 : 4 : 1$$

这一测定的典型结果列于表 10-3 中。

表 10-3　新鲜催化剂在 400℃ 还原后的吸附测定中气体的消耗

项　　目	HC	OT₁	HT₁	OT₂	HT₂	OC
每克催化剂吸附标准状态气体量/mL	0.39	0.39	0.78	0.39	0.29	0.20
折合每个 Pt 原子吸附气体原子数目	0.90	0.91	1.80	0.92	1.83	0.46

实验条件：催化剂为 Pt/Al_2O_3，室温，真空体系；容量法测定，催化剂在干标准条件下先还原。

取大量催化剂以增加灵敏度确好可和应用正常的氢化学吸附时取得的一样。许多作者指出，滴定法的结果受处理条件的影响较大，在温和条件下于氢气氛中处理样品必须和在氢气氛下"长期"处理的相区分，这一现象可和下列事实相联系：和 Pt 晶粒近邻的氧化铝在"长期"处理时将被部分地还原，在这一过程中，可以获得铝在铂中的溶解热，因而形成 Pt/Al 合金，结果由于铝的再氧化，吸附了较之和铂量相当的更多的氢，并因之使滴定法的化学计量超出了平衡值。

③ 钯催化剂　钯催化剂主要用于从乙烯、丙烯和 1,3-丁二烯中选择消除乙炔，因为后者对聚合催化剂是剧烈的毒物。Pd 催化剂还可用于硝酸部分还原至羟胺、甲酚还原至环己酮。在许多加氢的反应中使用活性炭或者氧化铝做载体。

钯金属的分散性可通过氢的化学吸附进行测定，但是要避免氢吸收入金属达到不需要的程度。在 343K 和氢压 133Pa 的条件下，吸附氢的平衡浓度不能超过 0.2。这是用于一系列 Pd/Al_2O_3、Pd/SiO_2 和 Pd/炭黑样品测定分散度的条件。和单层吸附有关的氢吸收的强烈地取决于钯的分散度。

④ 镍催化剂　镍催化剂是众所周知的植物油加氢的有效体系。但是也用于许多其它的加氢、脱氢、氰氢化和异构化反应之中。测定游离镍表面积或镍分散度的最好方法，很可能是在温度 273～300K 范围内，于压力高至大约 10～20kPa 下的氢化学吸附。

⑤ 有关金属表面积的一些考虑，在许多情况下，原位金属表面的条件和常常在处理之后测定时所能达到的条件相当不同，在工业反应器中进行催化反应的过程中，催化剂表面常常为一些强吸附的原子、分子或炭淀积物所覆盖，只有一小部分金属表面是催化活性的。还可能有偶然的烧结，这就是为什么在许多情况中，游离金属的表面积和催化活性之间没有直接关系的缘由。

游离金属的表面积和催化活性之间的线性关系仍在许多情况中出现。这里给出几个例子。例如酚在四种镍催化剂上的加氢。在某些情况下，活性看起来和催化剂上化学吸附氢的类型有关，例如，苯在含 0.76% 铂的氧化铝催化剂上加氢时，已确认和弱化学吸附的氢有关。还有另一些效应，例如晶粒的大小对活性的关系以及常常无法用惯常分析方法测出的金属杂质量对活性的影响问题等。

（二）金属分散度的测定

通常习惯于把金属再分割后的状态用表面的原子数对金属原子总数的比值来定义金属微

粒的分散度 D_M，定义如下：

$$D_M = n_s/n_T \qquad (10\text{-}12)$$

这里，n_s 为催化剂单位重量的表面金属原子数；n_T 则为单位质量催化剂的原子数，如果 $X_m = 2$，那么，单位催化剂强化学吸附氢原子的数目等于 n_s，这样：

$$D_M = n_H/n_T \qquad (10\text{-}13)$$

这对确定同一个样品的 n_T 十分重要，这里 n_H 为测定值（并非从催化剂制造商提交的金属的质量分数求得，还要注意取样和批量的不同）。D_M 原则上讲，可以从零变化至 1，D_M 愈大，金属为催化目的的利用率就愈高。D_M 值和金属百分率的知识相结合，就可为单位重量可用催化活性位的数目提供直接的估定。对担载金属催化剂的表征来说，这样的数目在许多情况下要比游离金属表面积的知识更具有指导意义。但是由于众所周知的晶面的专一性，D_M 值和金属质量分数相等的催化剂在催化性能上可以很不一样。

从 D_M 决定晶粒的平均直径也是可能的，球形金属微粒集聚后的体积-表面平均直径可由下式给出：

$$\bar{d}_{VS} = 6\frac{\sum\limits_i n_i V_i}{\sum\limits_i n_i S_i} = 6\frac{\sum\limits_i n_i 1/6\,\Pi d^3}{\sum\limits_i n_i \Pi d_i^2} \qquad (10\text{-}14)$$

式中，V_i 为直径为 d_i 的微粒的体积；S_i 为直径为 d_i 的微粒的表面积。

如果为表面上一个金属原子所占有的有效平均表面积为 S_M，同时 V_m 为体相中每个金属原子的体积，那么就有：

$$D_{VS} = 6V_M/(S_M \cdot D_M) \qquad (10\text{-}15)$$

这意味着 D_M 和体积-表面的平均直径是直接相关的。

(1) 由 X 射线增宽测定微粒的平均大小[56]

粉末和金属的一个重要性质是它们的微粒大小和颗粒大小，因为 X 射线的粉末花样明显地受产生花样的晶粒大小的影响。X 射线衍射法可以用来测定晶粒的大小。

应该对微粒和晶粒之间的区别给出一个明确的说明：晶粒是指一个小的单晶，而微粒则是由晶粒紧密接触所组成。在金属工业的领域内，颗粒和晶粒的名称有时是可以互用的。从 X 射线衍射观点来看，晶粒的大小（直径）可区分为如下三个范围：

a. 大于 10^{-3}cm：当每个晶粒给出多斑点衍射时，衍射仪并不能感知到线的增宽；

b. $10^{-5} \sim 10^{-3}$：X 衍射花样给出的是平滑的线，因为各个点在底片上已不再可分辨，在这一范围内花样对大小变动并不敏感；

c. $0 \sim 100$nm：在这一范围内，衍射线会增宽，因为晶粒很小。

这一现象十分类似于众所周知的光栅，晶体的行为就像朝向 X 射线束的三维光栅最终的增宽依赖于每个晶粒的衍射中心数，也就是晶粒的大小。增宽效应当晶粒平均直径下降至 20nm 以下时就十分明显了。这样一来，X 射线衍射也就变得更加有效。因为电子显微镜在这个范围内并不灵敏。重量平均直径 d_w 可由 Scherrer 方程得到：

$$d_w = K\alpha/(\beta\cos\theta) \qquad (10\text{-}16)$$

式中，α 是 X 射线的波长；K 为 Scherrer 常数，取决于晶体体系和 β 的积分宽度或者 FWHM 的选择；β 则是以 $\delta(2\theta)$ 半径表示的角宽。这通常并不考虑与晶体体系的关系，当分别使用积分宽度或者 FWHM 时，使用 $K=1$ 或者 $K=0.9$。

测得的真正衍射图 f(e) 是由于仪器常数或者物理因素 g(e) 的增宽。衍射花样的增宽是 f(e) 和 g(e) 的回旋；同时用程序将晶粒大小和非完整晶格的信息从衍射图 f(e) 分出来。有多种非完整的晶格，需要利用对每一种的专一分析程序，在正常的衍射中，简单的晶格畸变是最感兴趣的。

衍射花样图一般可通过 Gauss 函数或者 Canchy 函数进行大概的估算。

Gauss 函数：$B^2 = b^2 + \beta^2$

Canchy 函数：$B = b + \beta$

式中，B 是测得的衍射花样宽度；b 是仪器增宽的宽度；β 则是真正的宽度。如果两种增宽是由于存在大小和畸变的关系，那么，叠加的增宽效应就将和两个有效的图相关，当两个图近似地接近于 Gauss 和 Canchy 函数，那么，就会出现以下三种情况：

a. 当两种衍射花样的增宽是由于大小和畸度，就可以假定为 Canchy 函数；

b. 两者都取 Gauss 函数；

c. 当增宽是由于大小，那么就可以假定为 Canchy 函数，而由畸变的增宽则是 Gauss 函数的。

根据理论和实际两方面的结果，以畸变为基础的增宽接近于 Gauss 函数，而晶粒大小和大小分布则接近于 Canchy 函数。完全的图分析可以用来说明所有有效衍射峰中的信息（与宽度 β 形成对照的形状），并且允许精确校正仪器增宽和应变的效应。所以不仅可以决定颗粒的平均大小，而且还有微粒大小的分布。一般地说，这样的完全分析已被称作 Warren 法和 Averbach 法，它是把衍射强度用 Fourier 系统的正弦和余弦项的加和来表示为基础的。

X 射线增宽的可用性受到强烈限制。一般地说，为了达到可信的衍射强度和衍射线，不与别的载体的衍射相叠合，催化剂中的金属负载量应超过 2%。至今还没有见到直径小于 2.5nm 的微粒被测定出来，对直径大于 100nm 的微粒也不能测到增宽，这是因为 100nm 是检测的上限。

重量平均直径 d_w 并不能和在化学吸附中描述的 d_{vs} 直接进行比较，但是当由 X 射线线增宽得到的 D_{WG} 远远小于由氢的化学吸附求得的 d_{vs} 时，这就强烈地反映出金属晶粒和载体之间强烈的键合，或者，已部分地中毒。这是因为线增宽决定的 d_w 值，并不像决定 d_{vs} 的情况那样被表面毒物和（或）金属表面被载体覆盖所影响。

(2) 透射电镜（TEM）

TEM 的优点是十分明显的，允许直接观察和测定金属的微粒。大多数现代电子显微镜的分辨能力已达 0.7～0.3nm，这就甚至可能看到不同的晶面，也就是说，像孪生晶粒、SMSI 以及晶面间距离等这些精细结构也都能进行研究。因为对晶粒大小既没有达到过下限值（0.3nm），也没有上限值。只要显微图的数目够多，同时在整个样品中分布得又好，则可以用来测定微粒的大小分布并从这样的分布算出 d_{vs} 和 d_w。因为样品的量很小（少于微克），从体相中取出有代表性的专一样品显得非常重要，和 XRD 整体结果相比这可能是 TEM 的限制。另外，计算出的晶粒数应该在统计上足够得高，特别是不管怎样，在少量中也应有大的晶粒。

当观察到的晶粒大小很容易和载体背景以及人工制备相区别时，就可以达到可信的值。在和由氢的化学吸附算得的值 d_{vs} 有大的偏离时，说明金属表面中毒和（或）有强的金属-载体相互作用。

四、固体催化剂的表面酸性和碱性

用作烃类反应的固体酸催化剂的固体氧化物和沸石，可能是目前生产量最大的一种催化剂。其中关键步骤是碳骨架的转移，这些反应包括烃类裂解，烷烃和芳烃与烯烃的异构化、烷基转移、歧化以及烯烃的叠合等。通常认为这些反应是通过早在 40 年前就提出的烯碳正离子机理进行的，其中关键步骤涉及质子的转移。

　　已有多种方法用来测定表面上酸中心的本质（Brönsted 酸和 Lewis 酸）酸强度和酸度。这里将评论性地总结测定固体催化剂表面酸性的有代表性的方法。在金属氧化物表面上有两类酸：Brönsted 酸（质子酸，B 酸）和 Lewis 酸（L 酸）。强的 B 酸对许多反应的催化活性是第一位的，找出与酸性测定最有关的方法问题是一个渐进的过程。这里将介绍以下一些最常用的方法。

　　a. 利用 Hammett 指示剂的非水溶液指示剂法，指示剂法一直是筛选固体表面酸性最容易，而且最简便的方法，滴定表面的酸性可用正丁胺在苯中进行，这可能是众所周知的方法，但却有严重的缺点[43]。

　　b. 碱性气体的吸附，可以在体积和重量方法中使用氨、吡啶或者喹啉等作化学吸附[43,44]。

　　c. 红外光谱法，这可能是最有力的工具，吸附氨或吡啶的 IR 图谱可以为催化剂表面上是否存在 B 酸和 L 酸提供直接的证据。这有可能在不同温度下进行吸附，甚至可以在不同温度和压力下进行原位测定，这个方法也是最富有信息的[45~47]。

　　d. 模型反应决定表面酸性。

　　e. 从催化滴定（最好用碱使酸位中毒）决定酸位的数目和强度。

　　f. 碱的脉冲吸附和氨的程序升温脱附，这样的技术也已经为惯常分析所采用。

　　g. 微热量计法可以对吸附时放出的热量提供直接和准确的测定。热流动热量计现在已有商品，有很好的灵敏度，可以测定以表面覆盖度为函数的不同吸附热。

（一）水溶液法

　　表面酸度的水溶液滴定法是一个离子交换过程方法。由粉状催化剂样品的水悬浮体用稀碱，例如氢氧化钠直接滴定至中和终点所组成。也可利用已有的酸-碱自动滴定商品仪器，这样可以自动记录终点。但这个方法并不适宜用来滴定固体催化剂的酸度，主要是因为固体酸表面在水中悬浮时，和它作为使用中的酸性催化剂的状态有着本质上的差别，水还能引发生成新的 B 酸位，或者和存在的 B 酸形成 H_3O^+，而且也不可能在某一阈值之外来区分的强度。

（二）非水溶液指示剂法

　　这个方法较之水溶液法有相当大的改进，因为这里使用的介质，例如苯或者正己烷不能和催化剂表面反应。而且利用吸附的指示剂，还可以用来确定表面酸的酸强度和量。固体表面酸的酸强度一般用 Hammett 函数 H_0 表示，它被定义为：

$$H_0 = -\lg a_H^+ \cdot f_B/f_{HB^+} \tag{10-17}$$

　　式中，a_H^+ 是固体表面质子的活度；f_B 和 f_{HB^+} 分别被称为 Hammett 指示剂的吸附指示剂碱式和酸式的活度系数。这种指示剂（B）在和 Brönsted 酸（HA）反应时，按如下方程式进行：

$$B + HA \rightleftharpoons HB^+ + A^-$$

　　可以通过吸附的 Hammett 指示剂的颜色来区分固体酸表面的 H_0 值。这就和用常规酸-碱指示剂的颜色来区分水溶液的 pH 值一样。当对吸附指示剂观测到"酸"色时，固体表面的 H_0 值就相等或者低于指示剂的 pKa 值。要用 pKa 值不同的指示剂来区分酸的强度。比色通常在试管中装入约 0.1g 干燥粉状固体，然后加入 3~5mL 经干燥过的溶剂（即苯），最后滴入数滴指示剂的苯溶液进行。将最后的悬浮液混合，并注意粉状固体上形成的颜色。Bensi 扩展了这个方法，并用了不同的 Hammett 指示剂，进一步的详情和方法可参见文献[43]。

　　虽然指示剂法一直是筛选催化剂最方便的途径。但它却也有一些缺点。第一，合适的指示剂数目并不太多，同时，颜色变化的可分辨程度也难得满意。接着更多的指示剂，例如芳基甲醇类已被列入其中。第二，确立滴定的平衡需要很长时间，在这段时间里，酸性被指示剂诱导修饰是完全可能的，这里，胺分子对其首先作用的吸附位可以是不可逆的附着。第三，酸色可能来自质子和指示剂简单加成以外的过程，这是很严重的。Lewis 酸位可以和给定指示剂分子配位，产生一个在位置上和通过质子加成所产生的等同的吸附带。

这个由正丁胺的稀苯溶液慢慢滴入粉状催化剂的苯悬浮液的方法，一直要到所选吸附指示剂（奶油黄）的"酸"色（红）完全消失，这个方法在用指示剂测试部分催化剂样品中是很有用的，只要它们和苯中变量的正丁胺达到平衡。这种非水溶液滴定表面酸度的最终技术，看起来将是这样一种方法：对吸附指示剂使用光谱测定以决定在滴定硅胶、氧化铝、氧化硅-氧化铝等时的终点。

尽管这个方法曾被许多研究工作者广泛应用，但只能局限于为固体的酸性和酸分布提供最起码的信息量，另一种更加强有力的技术，诸如碱的 TPD 和吸附碱的 IR 光谱却可以提供更有价值的信息，因此优于指示剂法。

（三）碱性气体的吸附

碱性气体的吸附常常被用来测定表面的酸性，例如，氨的等温吸附，可为固体酸的酸性提供有用的信息。碱性气体的重量吸附和体积吸附可在样品脱气之后进行，所以更有意义。这一方法的主要优点在于吸附能在（或者接近）可能发生催化反应温度之下测定。原理上讲，测定可以提供样品在接近使用条件下表面酸性的实际概况。碱性气体在给定条件下的化学吸附可以给出催化剂表面上的酸位，从而计算出催化剂单位表面上的部位数目。这个方法还能提供一个途径，即在温度上升时，研究吸附和脱附达到平衡的每一阶段的吸附作用，从而作出温度对酸位影响的研究。例如，氨作为表面覆盖度的函数的等比容吸附热，就能为氧化铝和氧化硅-氧化铝的酸度提供一个很好的测定。

此法已被一些可逆和不可逆吸附问题所困扰，作为碱性气体的化学吸附，常常应该是不可逆的，当然，一部分化学吸附的胺或碱接触催化剂表面不活性部分也是可能的。现在还缺乏吸附的比热容和催化活性之间相互关系的数据，但是，可以指出下列事实，当碱的主要部分和催化剂表面非活性部分强烈键合时，即碱和催化剂表面的接触强度并非是催化剂活性的真实指标。这里，依赖于催化剂类型，碱的选用应该是主要考虑的。

（四）红外光谱法

表征固体表面上酸性基团最有力的工具是红外光谱，研究固体材料表面所有其它方法的大多数限制都可以应用 IR 光谱法予以克服。用以中和 Brönsted 酸的碱性试剂的量可以通过鉴别化学键的类型与催化表面接触的其它试剂相区分，因为方法十分敏感，Eishens 和 Pliskin 在开发这一方法，以及回答区分催化剂表面上 B 酸和 L 酸位的问题方面作出了巨大贡献[45]。这一方法为催化剂表面上存在 Brönsted 酸和 Lewis 酸提供了直接的证明：在氨和吡啶之间后者更好些，因为它是一种弱碱，因此，对强酸位具有选择性。同时，永久性的吡啶吸收带也可满意地容易鉴别。在约 1545cm^{-1} 处的带，起源于吡啶鎓离子，而位于 1440～1465cm^{-1} 区域内的，则来自配位键合的吡啶。

已有许多在酸性催化剂上胺化学吸附的 IR 定量研究。文献中报道较多的是包括沸石在内的数据。方法需要组建一个永久安装在 IR 光谱仪上装载样品的真空密闭红外吸收池。这里，还需要准备为样品加热，通常样品被制成自架起的薄片，样品温度能在略微温和约 700℃之间调整。然后样品还能在高温下脱气以净化表面，表面羟基则应在 3500～3700cm^{-1} 范围内进行研究。记录脱气时（除去水）或者加入胺时谱带的变化。于高温脱气后的样品在控制分压的条件下加热到胺吸附的任何温度进行 IR 光谱研究。这个方法的多样性是如此之多，以致报告中的大多数工作都足以成为这一技术的参考。

样品的碱性也可以通过弱酸或中性分子，例如 CO_2 或 NO 的吸附，用相同步骤进行研究。近来较有兴趣的是固体碱催化剂的反应，已对不同固体的碱性进行了表征和定量方面的大量工作。

（五）决定表面酸度的模型反应

最直接的方法是进行几个已知是酸催化的模式反应。这个方法看起来对决定表面酸性很有关系，因为这可以完成简单反应的速度测定，然后应用 Arrhenius 关系求出反应活化能。在合适的条件下，Arrhenius 方程中的 A 直接正比于酸位的浓度，同时 E 包含着表示酸强度的能量项。如果动力学确实相当简单，那么，催化剂单位面积的活性位就可以从频率因子通过绝对反应速度理论计算出来。

模式反应的速度通常用来在许多酸催化剂上测定相对表面酸度而不是绝对表面酸度。醇类的脱水、二乙苯的异构以及异丙苯的裂解，都曾被用作模式反应的例子。

但是，这对各种酸催化的模式反应，例如脱水、异构、裂解或歧化要在相同的尺度上决定所需的酸强度确实是不可能的。一个看起来对决定酸位数目和强度易于进行的方法是，在模式反应中决定毒化催化剂酸性所需要的碱量。酸位的选择毒化技术已有一种称之为催化滴定的方案：使用由 GC 或者脉冲反应器开发出的简单而易行的技术即可进行催化滴定。这里，把合适的反应物和强吸附的碱（毒物）交替地以脉冲形式进入惰性载气流中并通过催化剂样品，这一流动技术以往已成为一种极有用的方法。

（六）量热法

使用量热法测定酸强度分布是主要考虑的问题。这是以下述假定为基础：酸强度直接和标准碱的吸附热相关。热重滴定和 DSC 是两种可以使用的方法。商品 DSC 和量热计（例如 Calvet）已为直接研究表面被碱覆盖时的热量提供了一种推动力。DSC 提供的是温度和标准碱脱附热以及 TPD 和测温滴定特点相结合。但是，测定却受到传热和传质的限制，同时，从弱吸附的脱附又能被强酸位上的吸附质所堵塞。

五、程序升温技术（TPR、TPD、TPO 和 TPRS）

程序升温技术（TP…）现在已成为测定固体催化剂织构性质最通用和最方便的一种方法。这一方法是在 20 世纪 60 年代初开发出来的，现在已有不少很好的评论性文章发表[37,41,42]。为了了解这一技术以及它在催化剂表征中的应用情况和局限性，这里先就这一方法作一概要介绍。

TPR、TPD 仪器的流程图如图 10-8 所示。装有催化剂样品的反应器被置于有程序升温控制的加热炉中，从反应器排放出的气体在一个或两个合适的检测器中进行分析。TCD 是最常用的检测氢消耗的仪器，为了获得定量信号，还原过程中产生

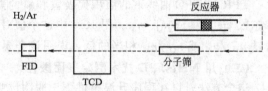

图 10-8　程序升温还原（TPR）仪器的安装图

的 H_2O，在气体混合物进入 TCD 之前，需要冷凝或除去。一般说来，需要用两个检测器，通常还使用一个 FID 检测器，因为孔性催化剂几乎常常含有导致增加氢消耗的含碳物质。还原气体由 H_2 和惰性气体所组成，后者实际上用的是氩（或氦），因为 N_2 能和氢在所研究的催化剂上生成 NH_3，因此并不合适。检测器通过用一种很好确定的材料，例如常常是可以还原成 Cu 的 CuO，完成一次 TPR 实验很容易进行校正。也可以通过在 TPR 原料混合物中脉冲已知量的惰性气体（例如氩）测定检测器的应答进行校正。在这个方法中，消耗的氢

被模拟了。这是很快的简单而可重复的方法。

（一）用 TPD 技术测定金属表面积、分散度和粒度

在典型的 TPD 实验中，粉状样品被装入玻璃或不锈钢的反应器中，然后将反应器放置在电热炉中，并和气体线路相连接。样品要预先处理使样品提供还原好的金属或者裸露的洁净表面。然后把气流换成被选择用作化学吸附的气流，这常常在环境温度下通过催化剂。在适当时间之后，把气流重新换成惰性气体气流，并把样品温度有控制地（程序地）提高。这样的加热就能为化学吸附物种提供能量，当这些物种获得足够的能量时就从表面脱附进入惰性气的气流之中，当这一气流扫过已经对气流中气体分子数做过定量校正的检测器（例如 TCD）时，就可由这些数值和已知化学吸附的化学计量一起产生所要的量——催化剂样品上表面部位的数目。检测器信号作为催化剂温度函数的监控，可以提供表面上吸附强度的量度，在低温下脱附的分子只是弱的结合，而在高温下的脱附则标志着强的化学相互作用。因此之故，TPD 实验描述的不仅是化学吸附的数目和强度，而且还能描述表面部位的不均一性。

从原理上讲，吸附质和吸附剂之间的任何化学相互作用都能用 TPD 技术进行研究，更为一般的例子有氨的 TPD，可用来表征催化剂的酸性质（酸度和酸强度），氢的 TPD 可用来研究担载型金属催化剂上游离金属的表面积、分散度和粒度等。TPD 实验除了定性测定表面上不同部位吸附强度的变化之外，还常常可为获得有关担载金属催化剂金属表面一些定量的信息。在一个典型的 TPD 实验中，可以连续记录时间对信号（脱附物种），或者温度的绘图，给出的称之为 TPD 的谱图或脱附谱。在程序升温还原研究中给出 TPR 谱等。信号对时间曲线下的面积和在催化剂表面上化学吸附的分子数有关。检测器的信号需要通过在惰性气体中送入一定量化学吸附气体的脉冲并流入检测器中进行校正。由此，可以很准确地确定其面积，因此和分子数目相当的体积，从而获得用每毫克摩尔数表示的被催化剂吸附的气体量，并因此获得比金属面积和分散度等。

担载金属铑、铁、铁-铑的硅胶催化剂的 TPR 和 TPO 花样示于图 10-9 中[49]。这些催化剂是由硅胶浸渍氯化铑和硝酸铁的水溶液制成。要注意的是贵金属铑和非贵金属铁还原温度之间的差别。双金属一起可以较铑催化剂大大降低同一范围内的温度，表明铑催化了铁的还原作用。这为铑和铁在新鲜催化剂中的很好混合提供了证明。新制备的催化剂有两个 TPR 峰，其中之一完全和氧化后的 TPR 花样一致，因此可以确定是氧化物的还原，第一个 TPR 中的别的峰可以指认为金属盐前体的还原峰。

TPR 和 TPO 曲线下的面积代表氢和氧的总消耗量，通常表示成每摩尔金属消耗的 H_2 摩尔数 n_{H_2}/n_M 或 n_{O_2}/n_M。图 10-9 中这个值对铑总是 1.5，表明铑的存在状态为 Rh^{3+}，而对铁 n_{H_2}/n_M 或 n_{O_2}/n_M 相当的低，说明该金属只有部分地被还原。

（二）用 NH_3-TPD 技术测定表面酸性

这个方法是以在程序升温条件下，脱附已吸附在固体表面上的挥发性碱，例如，氨、吡啶、正丁胺、喹啉等为基础的。这一简单而省钱的方法经常被用来测定固体催化剂上酸位数目和强度。在 NH_3-TPD 中，这些可转换成和物质中酸强度分布有关的脱附能量分布，假定脱附能主要是酸的再质子化能。因此，强酸需要高的再质子化能，但这一直接关系可通过酸位的类型加以修饰。这样一来，这一技术就能对酸中的弱、中和强酸的相对计量，提供一个依赖于温度发生脱附的吸附碱的量。可以注意到，尽管和弱、中、强酸位相联系的温度范围是相当任意的，他所得酸位的区分和信息却十分有用，而把脱附的碱汇集在一个介质中，然后再根据脱附的温度范围用标准的酸加以定量也非常实用。一个典型的氨脱附谱示于图 10-10 中，低温峰相当于物理吸附的氨，而高温峰则和强酸位相对应。

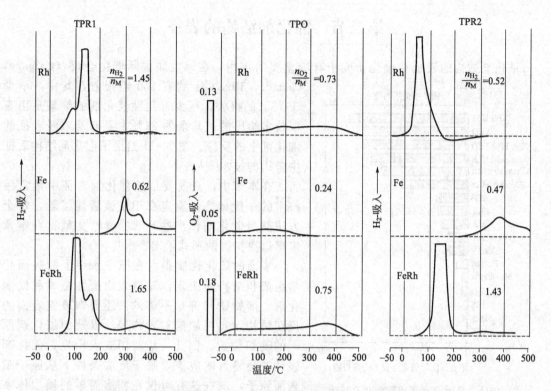

图 10-9　氧化硅担载的 Rh、Fe 和 Fe-Rh 催化剂的 TPR/TPO 谱图[49]

这一技术通过适当选择吸附剂还可区分出孔内酸度和表面酸度，并得到进一步的发展。技术的详情可参阅相关文献[41，47，48]。

TPD 实验包含许多有争议的测定。气流速度必须控制，气流必须有可能换向，温度对时间需要成线性变化，以及有能够精确测定脱附气体的检测器（TCD 或者质谱仪），后者则是这一技术的核心。

一般地说，已对这一技术提出过不少有趣的问题。为什么对一个给定催化剂获得关于化学吸附位的数目，或者金属晶粒的大小如此重要？从 TPD 实验中能够抽提出何种动力学信息？怎样判别催化剂床层的温度上升是线性的？如何在物种脱附和检测之间的时间差变得更小？在孔性的样品体系中无再吸附的洁净脱附有可能发生吗（和均匀表面的急速脱附以及从孔性的催化剂的脱附相比较）？对这种再吸附现象重要的催化体系，实验变数对最终的 TPD 谱有怎样的

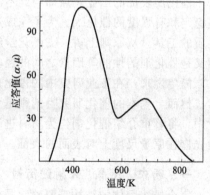

图 10-10　由 ZSM-5 获得的
NH$_3$-TPD 谱

效果？通过改变 TPD 实验条件，能否补偿再吸附的效果？

当在实验中改变条件，还不能排除所有这些从不均匀表面研究脱附观察到的内在问题时，就只有试着在各种流速和脉冲的 TPD 实验中进行更加广泛的学习。在各种条件下考察脱附谱常常有助于开发一个可用于整个催化剂系列的标准实验技术，这种"指纹识别（Finger-Printing）"催化剂的方法，在吸附和脱附中是很有用的倾向记录，可以和催化剂性能中的倾向进行比较。

第二节　催化剂结构的表征

催化剂结构的表征在催化研究中有着重要的作用。在第九届国际催化会议（Calgary，Canada，1998）上约有 250 篇报告，其中，不少于 78％ 的报告，至少有几种催化剂的结果是由表征技术给出的；其余的 22％ 主要涉及未经表征的催化剂上的反应。图 10-11 给出了催化剂结构表征中常用的技术[51]。

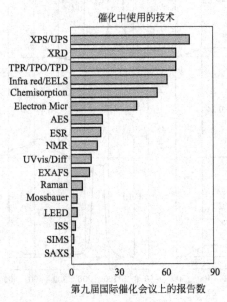

催化中使用的技术

第九届国际催化会议上的报告数

图 10-11　显示第九届国际催化会议上报告中常用技术的柱状图

在本节中，只简要描述催化剂表征中最常用技术的一般概念。重点在于使读者能了解，每个方法能为催化剂作出些什么？参考文献将在本章末尾以更扩展的形式给出[52,55]。

表面的催化性质是由在原子水平上的表面化学组成和结构所决定，知道表面所含金属和助催化剂，诸如铁和钾是不够的，还要知道铁表面的确切结构，包括缺陷和阶梯等，以及助催化剂原子的确切位置。因此，从实用观点出发，催化剂表征的最终目的应该着眼于反应条件下从原子到表面原子，现在这有时仅在相当简单的模型体系中，例如，在很好确定的单晶表面上，或者用于场发射的针形尖端上的研究才有可能。

催化剂表征的工业观点却与此不同，这里，主要目的是要优化和生产活性的，有选择性的稳定和有强度的催化剂。为了完成这些，需要鉴别可以区分有效和无效催化剂的那些结构性质的工具。从原则上讲，支配化学组成、微粒形状和大小以及一方面是孔的尺寸，另一方面又是催化剂的性能等因素之间的经验关系对催化剂来说是绝对有用的。

简单说来，在工业研究中的催化剂表征，在或多或少的介孔尺度上涉及催化剂的材料科学。然而，基本的催化研究目的则是要把催化剂的表面在原子尺度上进行表征。因此，在本章中，将着重介绍催化剂作为材料进行表征的一些实用方法，而在后一节中，才介绍使用表面光谱在原子尺度上对表面的表征。

一、粉末（多晶）X 射线衍射

完全描述固体的结构需要确定晶体的结构、空间群、晶胞大小、原子坐标和最后原子周围真实的密度分布。固体的化学表征，一般应包含对主相的表征，包括决定化学计量、均一性和氧化态（如果有多价元素的话）以及次相和杂质的表征。在制备固体中的主要问题之一是发现是否从完成步骤（固态反应、共沉淀、溶胶-凝胶法、水热合成等）中获得的产品是单相还是多个相的混合物，单产物是单相时就很容易通过化学和 X 射线方法进行表征。

微晶和无定形粉末的表征可用粉末 X 射线衍射方法进行。粉末 X 射线衍射（PXRD）花样含有十分丰富的有用信息，如果在合成材料时非常耐心，加上熟练的科学才能，使用现代的计算机工具，就能获得或抽提出满意的结果。但是，在和单晶强度的数据比较时，PXRD 图主要由于相同和叠加反射的关系，将产生很差的信息，和在单晶衍射实验中，每一个反射的三维定位相比，粉末衍射花样，由于定位倒置晶格的旋转投影，只能给出单维的数据。PXRD 对固体样品基本的周期性结构来说，是一个长程有序的灵敏技术。有关详情可参阅文献中已列出的书籍[56,57]。

固体材料（氧化物或沸石、分子筛以及无定形材料）的化学，如果没有结构的信息是不能完全了解的，两者有着密切的关系，因为大多数合成的微孔材料，制成的是微晶粉末，而不是单晶，不能用平常的结晶学解决它们的结构。在一个衍射花样中有三类信息：衍射峰的位置、强度和形状。衍射峰的位置是由晶格的几何学，也就是晶胞的大小和形状决定的。图中的峰强度则和晶体中原子及其在晶体晶胞中的排布有关，衍射图则和晶粒的大小和完整性以及不同仪器的参数有关。用于衍射图研究的大多数分析方法强调位置变数（间隔 d），因为它是可以精确测定的，而其它两个参数，只有在需要定量分析/结构优化和晶粒大小时才考虑。

（1）基本原理

晶体是三维周期性的点阵结构，晶胞中原子间的距离与 X 射线的波长接近。当 X 射线照射到晶体上时，晶体就会像一个三维光栅产生衍射，在空间产生分立的，强度不同的衍射点。衍射点的衍射强度取决于原子在晶胞中的排布，而衍射方向则由晶体的晶胞参数决定。在测得各衍射点的衍射方向、强度和位相之后，就可计算出电子云密度图，从而直接得到分子中原子在晶体中的化学结合方式，得到分子的立体构型、构象、电荷密度、热振动情况以及精确的键长、键角和扭角等结构数据。X 射线结构分析和其它谱学等方法不同，能直接得到可靠的结构数据。

XRD 是催化剂表征中最常用的技术，在埃范围内的 X 射线波长在能量上足以穿透固体和验证其内部结构，XRD 常常用来鉴定体相和估算微粒的大小[58]。X 射线源是由高能电子、轰击靶（阳极物质）所组成。从两个过程产生发射出的 X 射线。因靶而减速的电子可以发射次级射线的连续背景光谱，并于此叠加成有特征的窄线。例如，CuKα 线就是由初级电子在被 L 层的一个电子填充的 K 层中，于 X 射线量子发射时创建一个核空穴时产生的（Kβ：由 M 层填充的 K 空穴等），这一过程也称为 X 射线荧光，它不仅是 X 射线源，而且也可以在电子显微镜、EXAFS 和 XPS 中应用。

由 W. L. Bragg 开发出的衍射原理是最一般和强有力的衍射理论。由相距 d（以埃为单位）的两个散射面的衍射和波长为 λ（也以埃为单位）的 X 射线相交于入射角 θ 处时，实验参数 2θ 就是衍射和未偏离的 X 射线波之间的角。当服从 Bragg 定律 [式(10-18)] 时（这里 n 是衍射级次），就会产生建设性干扰而以相同的出射角发出绕射光。

$$n\lambda = 2d\sin\theta \quad (n=1,2\cdots) \tag{10-18}$$

对大多数粉末衍射工作来说，晶胞的几何学是未知的，确定峰的最终目的就是要确定 Bragg 定律中的整数 $n=1$ 和报导作为间隔 d 的峰位置。

图 10-12(a) 可以解释 X 射线是怎样被晶面衍射和允许通过测定波长为 λ 的相长干扰 X 射线离开晶面时的角 2θ，使用 Bragg 关系式（10-17）推导出晶格间隔。粉末样品的 XRD 花样通过固定的 X 射线源（常常是 CuKα）和移动着的扫描以进入和衍射束之间的角 2θ 为函数的衍射强度的检测器进行测定。当使用粉末样品进行工作时就会产生衍射线的像，因为粉末微粒的一小部分会这样定向：某些晶面 (khl) 偶然能和入射束成直角，从而产生相长干扰。

衍射花样可以用来鉴定催化剂的不同相，图 11-12(b) 给出了一个例子。XRD 是作为时间的函数用来追踪于 675K 还原担载在氧化铝上的氧化铁的。起始时存在的 α-Fe_2O_3（赤铁矿）被部分地还原成带有作为中间化合物的 Fe_3O_4（磁铁矿）的金属铁，获得的铂的衍射线则来源于样品的容器。

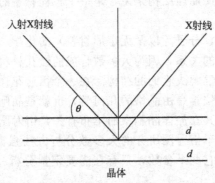

(a) 晶格平面中系列原子反射的X射线在由Bragg定律给出的方向上的相长干扰

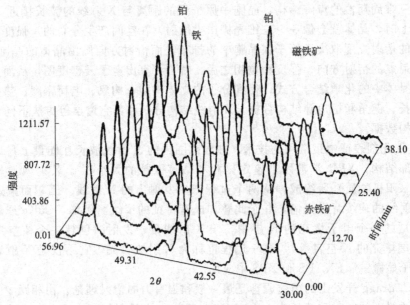

(b) 氧化铝担载的氧化铁于675K还原时的XRD图

图 10-12　晶格平面中系列原子反射的 X 射线在由 Bragg 定律给出的方向上的
相长干扰，以及氧化铝担载的氧化铁于 675K 还原时的 XRD 图

衍射峰的宽度附带着反射平面大小的信息。完整晶体的衍射线是很窄的，但是，对小于 100nm 的晶粒由于 X 射线处于相外，在散射方向上的不完全相消干扰就会产生线的增宽现象。

Scherrer 公式(10-15) 把晶粒大小和线宽关联了起来，在本章第二节之二中，已对由 X 射线增宽测定微粒的平均大小作过较详细介绍，供读者参阅[58]。

PXRD 在催化中是很一般的方法，但却有一些缺点。因为 XRD 是以晶格平面反射的 X 射线之间的干扰为基础的，这一技术需要具有相当长范围的有序样品，无定形相和小微粒给出不是宽和弱的衍射线，或者就是没有衍射。结果是如果催化剂含有大小分布的微粒，XRD 就只能检测到较大的一些微粒，在不幸的情况下，金属的衍射线还可以和载体的相叠加，最后归属于催化活性的表面区域，恰好正是催化剂的这一部分在 XRD 中并不能见到。

（2）定性分析

样品的 XRD 图，在常规的基础上，涉及一些重要的性质，并能回答如下一些问题。

a. 扫描的固体样品本质上是晶体还是无定形？

b. 追踪材料的晶化动力学，例如在水热过程中合成沸石材料时，研究成核和晶体生长的速度；再如根据显示晶化过程进程的 XRD 图的本质，在特殊温度下的焙烧过程中，于不同温度内取出样品。

c. 把样品中最强峰的强度和参考样品的进行比较，定性地获得样品的晶化度。

d. 一旦获得最终样品，和相已知材料的 XRD 花样中 2θ 的相比较，涉及材料是否是纯的？单相还是有杂质的相？或者有多于一种的主相？

e. 透过观察样品与参考样品 2θ 值之间的差别，讨论有关晶胞是否膨胀还是收缩的问题。因为 XRD 图中的峰位置可以确定晶胞的大小和形状。

f. 审查 XRD 图可以观察到结构中对称性的变化。例如，在不同类型的 ZSM-5 情况中，或者，在对二甲苯吸附中，可以形成 Na^+、NH_4^+ 等类型，从峰的劈裂和反射线强度的变化，可以看到从正交到单斜，而后又返还到正交的对称性变化；在硅酸盐（ZSM-5、ZSM-11、ZSM-12 等的所有氧化硅多晶型物）样品中的 Si^{4+} 为不同金属离子同晶型取代时，也可以在 XRD 图中观察到有些峰的劈裂/非劈裂以及 2θ 位置的变化，从而可以确定金属离子的同晶取代是否发生。

（3）半定量/定量分析

通过决定样品一组 2θ 范围之间的峰面积积分（A_s）和标准或者参考材料的相同 2θ 范围内所得面积（A_g）相比较，可以计算出相对于标准材料的结晶度 ［结晶度＝$(A_s/A_g) \times$ 100%］。因为对标准或者参考材料的绝对结晶度也是不知道的，所以，总是只能和由 XRD 对一组样品求得的结晶度，在相对基础上进行比较。假如在间隔一定时间（几天或者几月）扫描样品，标准样品每次也必须扫描（确切地测定），研究工作者必须拥有一套自己用的对比的测定结晶度的办法。例如，通过重量方法对峰面积积分，或者，在 $2\theta_1 - 2\theta_2$ 中间积分几个强峰的面积，并除以相同 $2\theta_1 - 2\theta_2$ 区域内的总面积，或者为了尽快知道样品的结晶度，也可以惯常地取最强峰的强度，作为常规分析方法。

相的数目和浓度的定量可能利用拥有以往研究过的固体的 d 间隔和强度特性的综合图书馆的资料（ASTM 或者 JCPDS 以及 PDF 索引）。于 1999 年解禁的现代 PDE 文件（powder, diffration file）是由 ICDD(international center of diffraction data) 以数据形式提供的，其中拥有 120000 个相，包括 2500 个实验花样和由 ICSD(inorganic crystal structure databae) 提供的 4220 计算花样，但必须使用 Retrial 软件 PCPDFWIN 将其数据转化成可读数据。如果 XRD 图是为了常规分析而扫描的，小于 2%～3% 的杂质相就不能检测出来；如果杂质相是由快扫描检测出来的，那么，就必须进行慢扫描，而且，保证有足够长的时间，通过积累强度计数和优化圆形，达到最大的检测才能进行定量。对定量分析中的内标和外标方法，在由 Bish 和 Post 所著一书中有详细介绍，可供参考文献 [57]。定量分析也可以用 Rietreld 的优化法进行，但需要有混合物中所有相的晶体结构的知识。

二、电子显微镜

电子显微镜在测定担载微粒的大小和形状是比较方便的技术。这还能涉及微粒组成的信息，例如，通过检测由电子和物质的相互作用，或者分析电子是经怎样衍射的途径产生的 X 射线[59]。

电子具有在 0.1～1nm 范围内（可见光 400～700nm）的特征波长，接近可以见到原子的详情。图 10-13 总结了高能电子显微镜中（100～400keV）一次电子束冲击样品时能发生的情况：

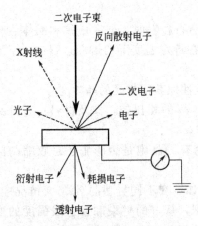

图 10-13 可以产生丰富可检测信号的电子显微镜中一次电子束和样品的相互作用

a. 根据样品的厚度，一部分电子能在不耗损能量的情况下穿透样品，正如下面将要讨论的，这些电子可用于透射电子显微镜（TEM）；

b. 电子能以偏爱于束的定向从微粒衍射，从而获得晶体学上的信息；

c. 电子碰撞样品中的原子时，可反向散射，反向散射在原子的质量增大时更为有效；

d. 在核离子化的原子弛豫中形成的 X 射线和 Auger 电子，可作为 XPS 和 Auger 电子能谱的发射源；

e. 样品中电子激发的特征振动，可以通过分析因一次电子引起的能量损失进行研究；

f. 在一串连续的非弹性碰撞中，许多电子释放能量，这称为二次电子，大多数这样的电子在离开样品之前于表面范围有其最后的损失过程；

g. 从紫外至红外光子范围内的发射叫做阳极发光，这是由电子-空穴对的重新结合引起的，因此之故，一次束和样品的相互作用可为地貌学、晶体学和化学组成提供大量信息。

透射电子显微镜（TEM）用于发射和衍射电子。如果把光学透镜用电磁透镜取代，TEM 就和光学显微镜十分类似。在 TEM 中，高强度的一次电子束经冷却后产生的平行射线冲碰样品。因为束的衰减取决于样品的密度和厚度，透射的电子将形成样品体的双维投影，后者随即通过电子光学的放大产生称为明视场的成像，而从和发射束稍成角的衍射电子束，可以得到暗视场成像。对担载的催化剂，暗场图对担载金属显示出增强的对比。常用的 TEM 仪器，典型的操作条件是 100keV 的电子、10^{-4}Pa 真空、0.5nm 分辨率、放大倍数 300000；高分辨电镜可显示原子级的分辨，放大 100 万倍。

扫描电子显微镜（SEM）是通过在表面上光栅窄的电子束和作为一次束位置的函数，检测产生的二次或者反向散射的电子实现的。对比则由定向所引起：朝向检测器的表面部分看起来要比从检测器垂直外指表面的那部分表面更亮些。二次电子的能量稍低（10～50eV），同时来自样品的表面部位。反向散射的电子则来自更深处，并携带样品组成的信息。因为重元素能更有效地散射，同时，在成像中也显示得更亮。精密的 SEM 仪器有约 5nm 的分辨率，为了样品配置，分辨率约微米（10^{-6}）的简单变型 SEM 仪器常常可和 Auger 电子能谱通用。SEM 和 TEM 的主要差别在于，SEM 看到的对比来自表面的地貌，而 TEM 则将所有信息投射于双维的成像之中，但是，后者只有纳米（nm）的分辨率。STEM 仪器把电子显微镜的上述两种形式结合了起来。

正如图 10-13 所显示的那样，电子显微镜对分析样品提供了附加的可能性。衍射花样（取自单晶微粒的点以及由自由定位微粒收集的环）可以像 XRD 那样用来确定晶体学上的相。发射的 X 射线对元素来说是特征性的，允许用来鉴定样品中选择部分（典型的大小为 10nm）的化学组成。这一技术叫做电子显微探针分析（EM、EPMA），或者，参考常用的鉴测模式，叫做 X 射线的能量色散分析（EDAX 或 EDX）。同样，Auger 电子也能像损失电子那样，给出样品组成的信息，后者对 X 射线荧光只有低效的低 Z 元素具有潜在的信息。

在研究担载型催化剂时，TEM 是电子显微镜中最一般的应用形式。可以检测担载的微粒（参见本书图 7-10 及图 7-11），只要微粒和载体之间有足够的对比度。这自然对 TEM 在担载氧化物的样品的应用是不利的，微粒大小或者分布的确定是立足如下假定：成像微粒的大小确实和真实微粒的大小成正比，以及检测的概率对所有微粒是相同的，并不依赖于它的大小。催化剂的半原位研究在仪器和外反应器耦合之下是可能的。反应器抽真空之后，催化剂在见不到空气的情况下可以直接转移至分析位置[60]，TEM 在催化剂上应用的评论可参见文献[59,60]。

三、红外光谱

红外光谱在催化中最一般的应用是鉴定吸附物种以及研究这些物种在催化剂表面上化学吸附的途径。有时，吸附探针分子，例如 CO 和 NO 的红外光谱图对存在于催化剂上的吸附位可以给出很有价值的信息。这里，首先介绍一下红外光谱的基本原理[61]，以后再介绍一些实例。

(一) 基本原理

分子具有不连续的转动和振动能级，振动能级之间的跃迁是在吸收频率位于红外范围内（波长 $1\sim1000\mu m$，波数 $10000\sim10m^{-1}$，能量差 $1240\sim1.24meV$）光子时发生的。例如，CO 的伸展振动在 $243cm^{-1}$ 处，振动的双原子分子原子从平衡位置的稍微偏离的位能 $V(r)$ 可以近似地用谐振子表示出来：

$$V(r)=\frac{1}{2}K(r-\gamma_{eq})^2 \tag{10-19}$$

式中，K 为振动键的力常数；r 为两个原子之间的距离；γ_{eq} 为平衡时的距离。相应的振动能级为：

$$E_n=(n+1/2)h\upsilon$$
$$\upsilon=1/2\pi\sqrt{K/\mu}$$
$$1/\mu=1/m_1+1/m_2$$

式中，$n=0,1,2\cdots$；h 为 Planck 常数；υ 为频率；m_1 和 m_2 是振动原子的质量；μ 为折合质量。在谐振动近似中的允许跃迁是这样的：振动量子数改变 1 个单位。对吸收一个光子的通用选择规则是分子的偶极矩于振动时必须改变。

谐振动近似只在原子偏离平衡位置不大时才正确，谐振动位能最明显的缺点是两个原子之间的键不能断裂。从物理学上更加真实的位能，例如，从 Lennard-Jones 或者 Morse 位能看。能级并非总是空间相等的。同时 $\Delta n>1$ 的振动的跃迁也不总是禁阻的，这样的跃迁称为谐波（overtone），气体 CO 在 $4260cm^{-1}$ 处的谐波（稍小于 $2\times214=4286cm^{-1}$）就是一个例子。

振动分子的简单谐振子图有着很重要的内涵。第一，知道频率就能立即计算键的力常数，从方程 (10-18) 可以注意到，K 作为 r^2 的系数，相当于原子间位能的曲率，对它的深度，也就是键能，并非是主要的。但是，由于位能的深度和曲率是经常变化着的，因此，常常允许把红外频率作为键的强度指示剂。第二，同位素取代在指认频率为吸附种的键时是有用的，因为由于同位素取代（例如，在吸附乙烯中 D 取代 H，或者在甲醇中 OD 取代 OH）而引起的频率移位可以直接预测。

气相中的分子有转动自由度，同时，振动跃迁相伴着转动跃迁。对作为谐振子振动的刚性转子，其有

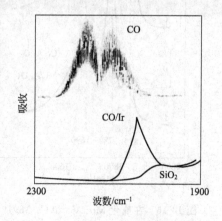

图 10-14 指出转动精细结构的气相 CO 的红外光谱图，吸附在 Ir/SiO₂ 催化剂上的 CO 光谱中无精细结构[62]

效能级可表示成：

$$E = (n + 1/2)h\upsilon + [h^2/(8\pi^2 I)]J(J+1) \tag{10-20}$$

式中，J 是转动量子数；I 是分子的转动惯量。这里可以使用第三选择规则，即 $\Delta J = \pm 1$。注意到，因为第三选择规则是纯粹的振动跃迁，并不能在气相 CO 中观察到。取代的是在转边带上出现两个分支，对 CO 见图 10-14。

吸附时，分子失去其转动自由度，只能观察到振动跃迁，但是，频率是不同的，见图 10-14。在 CO 的情况下，这一跃迁由如下三种不同的因素做出了贡献。

a. CO 分子和重底物的机械耦合增大了约 $20 \sim 50 cm^{-1}$ 的频率；

b. C—O 偶极和在导体及极化金属中的成像之间的相互作用使 CO 频率减弱了约 $25 \sim 75 cm^{-1}$；

c. 在 CO 和底物之间形成的化学吸附键将改变电子在分子轨道上的分布，并从而使 CO 键有所减弱。

因此，严格地说，仅用吸附和气相 CO 之间的频率差来表示化学吸附键的强度并不完全正确。

红外频率对分子中的某些键是特征性的，常常被用来鉴别表面上的化学吸附物种。探究化学吸附物种与其在催化反应中行为的关系是红外光谱的主要应用领域。但这已是本书范围之外所要讨论的问题。吸附质的红外光谱有时也可以用来了解催化剂表面上的活性部位。光谱-结构相互关系事实上已形成样品或其表面的光谱表示和表征的基础。通过 IR 光谱能进行考察的多相催化领域，概括起来有如下一些：

a. 催化剂的体相和表面结构；

b. 催化剂表面上的官能团；

c. 利用探针分子，研究表面位的吸附性质或鉴定；

d. 活性过渡物种和反应中间化合物；

e. 修饰表面的物种，例如催化剂的中毒。

下面将举一些例子，阐述这些内容。

（二）典型的应用实例

用于烃氢处理反应的硫化 Mo 和 Co-Mo 催化剂，含有 Mo 和 MoS_2。这一化合物具有由夹心层组成的层状结构，每层 Mo 位于两层 S 之间。MoS_2 的化学活性可和隔层的边缘相联系，这里，Mo 暴露在气相之中，而 S^{2-} 阴离子的底面并不具活性。NO 在硫化物 Mo/Al_2O_3 催化剂上的红外光谱显示出有两个频率不同的峰（图 10-15 中曲线 a），这和在有机金属 Mo 簇和 NO 基团中观察到的完全一致[13]。在硫化的 Co/Al_2O_3 中，也给出了两个红外峰（图 10-15 中曲线 b），但是，

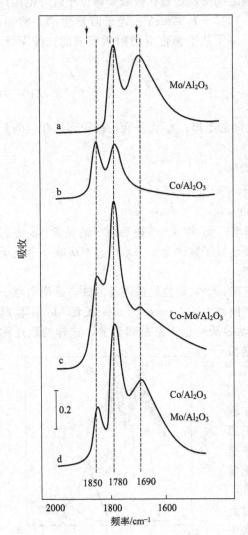

图 10-15　在硫化 Mo、Co 和 Co-Mo 加氢脱硫催化剂上用以滴定 Co-Mo 催化剂中 Co、Mo 部位的探针分子 NO 的红外光谱[63]

和在 MoS_2 中观测到的频率位置并不相同，这一结果建议，NO 可作为探针来滴定 Co-Mo/Al_2O_3 催化剂中的 Mo 和 Co 部位的数目，图 10-15 中曲线 c 确认了这一工作的概念。另外，比较一下 Mo/Al_2O_3 和 Co-Mo/Al_2O_3 上 NO/Mo 红外信号的强度，说明 Co 的存在能减少可接受 NO 的 Mo 原子数，这意味着 Co 是最最可能修饰 MoS_2 夹层物边的，因为这种边组成了对 NO 的吸附位[63]。

红外光谱也是研究氧化物催化剂载体以及沸石表面上羟基的重要工具[64]。这些 OH 既可以具有正电荷，电荷还可以是零或者是负的。它们也可以分别称为酸性的、中性的或者碱性的。在溶液中，这些基团可与金属离子配合物进行交换（OH^- 和负离子配合物；H^+ 和阳离子），或者在吸附相反电荷的离子处，通过静电相互作用提供反应部位。

作为例子，这里可举锐钛矿晶体中 TiO_2 的（111）晶面为例。这一晶面总的是中性的，但是具有带电荷的部位在无水时，含有净过剩电荷 $+\frac{2}{3}$ 的阳离子和两种类型的氧原子，其中之一带有零过剩电荷，而另一氧原子则带有净电荷 $-\frac{2}{3}$[65]，结果发生了水的异裂；质子被带过剩负电荷的氧原子所吸附，从而形成酸性的桥式—OH（过剩电荷 $+\frac{1}{3}$）；同时，OH^- 则和 Ti 离子相连接，给出带碱性的末端—OH（过剩电荷 $-\frac{1}{3}$），后者可和负离子，诸如 $[RhCl_x(OH)_y]^-$ 或者 F^- 进行交换。

不同的羟基（见图 10-16）有不同的振动性质，并可通过它们在红外光谱中 O—H 的伸展频率加以区分。

正如图 10-16 之曲线 A 所示，TiO_2 光谱—OH 伸展区域至少含有三个峰；$3730cm^{-1}$ 处的一个峰当和 F^- 交换时即行消失，这相当于碱性—OH，另外 $3670cm^{-1}$ 和 $3630cm^{-1}$ 周围的两个峰分别相应于中性的和酸性的羟基基团[66]。在氧化铝载体上对—OH 的 O—H 伸展频率也有类似的关系[64]。

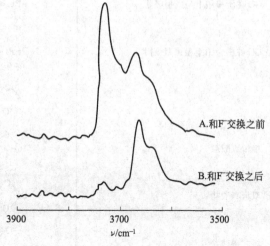

图 10-16 TiO_2 的 O—H 伸展区域的红外光谱
$3740cm^{-1}$ 附近的峰确认为碱性 $OH^{\delta-}$ 基团[66]

在制备催化剂的过程中，在载体上担载应用的活性组分之前和之后，可以测定各种羟基的相对贡献。在这方面，Sibeijn 等[67]确认，氧化铼和氧化铝载体的酸性位接触时，较之氧化铼在中性或碱性位上，显示出对烯烃歧化具有更高的活性。但是，当铼物种完全和碱性羟基交换后，就需要更多高于某一负载量（对 $200m^2/g$，需质量分数为 6% 氧化铝）时，催化剂才能有明显的活性[67]。

另一个应用 O—H 红外光谱是通过监控作为催化剂负载量函数的羟基团总信号强度，确定载体要在何种程度上为活性相所覆盖的问题。但是要注意的是，这只能在定性的基础上作出结论。因为，a. 不知道不同—OH 基团的区分系数；b. 红外信号很容易受吸附水的干扰；c. 信号强度还和强度及浓度有关等。对羟基的定量结果，红外研究应和湿式化学滴定相结合，就像 VanVeen 等所描述的那样[66]。

介绍的第三个实例是确认催化反应中形成的表面物种。

如众所周知，氧化铈是汽车尾气净化催化剂的一种标准组分，它的氧化-还原性和高温稳定性（和氧化锆组成的一种复合氧化物 $Zr_{1-x}Ce_xO_2$）使它成为一种氧的缓冲材料，即在尾气中缺少氧时释放氧，在氧过剩时储存氧。许多别的氧化物，在包括 CO、NO 和烃类的氧化、脱氢和脱水反应中也找到了类似的用途。在气体 CO 和 NO 的氧化过程中可以形成表面物种，已被广泛进行过研究。在这些工作中，IR 谱起到了很有活力的作用[68]。在 CeO_2 或者 Pt/CeO_2 上和 CO 相互作用时形成的表面物种和有关的振动带一起示于表 10-4 中，显然，这样的研究对了解实际反应条件下实际催化剂的转换是很有帮助的。

表 10-4 CeO_2 和 Pt/CeO_2 在 CO 中暴露后形成的 IR 谱带

物　种	化　学　式	波　数/cm^{-1}
CO 在 Ce^{4+} 呈线型吸附	Ce—C≡O	$1310\sim1338$ 2177,2156
CO 在 Ce^{3+} 呈线型吸附	Ce—C≡O	$2150\sim2170$ $2120\sim2127$
CO 在氧化铂上吸附	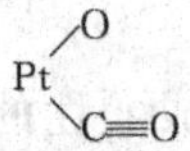 Pt（—O，—C≡O）	$2122\sim2131$ $2110\sim2130$
CO 在邻近氧化铂的铂上吸附	Pt—O，Pt—C≡O，Pt	2091 2096 $2080\sim2085$
CO 在阶梯铂上呈线型吸附	Pt—C≡O，Pt	2086 $2071\sim2077$
CO 在梯台铂上呈线型吸附	Pt Pt—C≡O，Pt Pt	2072
甲酸盐	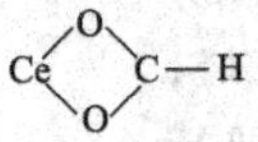 Ce（O，O）C—H	2945,2845,1580,1375
单齿硫酸盐	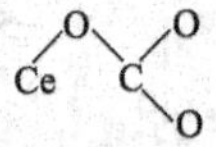 Ce—O—C(=O)—O	1062,1348,1454
双齿碳酸盐	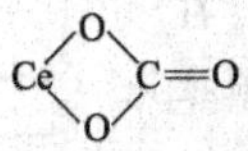 Ce（O，O）C=O	1028,1286,1562
桥式碳酸盐	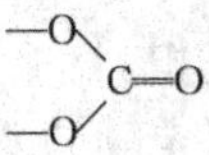 (O,O)C=O	1132,1219,1396,1728
无机碳酸盐	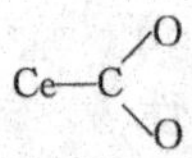 Ce—C（O，O）	1310,1510,1560
碳酸盐	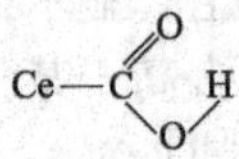 Ce—C（=O，O—H）	1670,1695

总之，红外光谱在研究气体在担载型催化剂上的吸附中，或者，在催化剂制备过程中研究红外活性催化剂前体的分解中是一种很普遍使用的方法。红外光谱是一种原位技术，可以在真实催化剂上用于透射，或者在漫反射模式之中。

四、热分析技术

近年来，在催化剂结构研究方法中，在热差、热重分析以及量热计等传统的热分析方法基础上，又开发出了一系列程序升温热分析方法。如本章第一节中已介绍过的，包括 TPD、TPR、TPO、TPS 等统称为程序升温反应谱学（TPRS）的新技术。这是将输入的热量用于"释放"中性物种，并进行化学鉴定和定量分析的一种方法。所有这些方法和结构以及化学分析相结合已被用来研究催化中的多种问题，例如，a. 金属载体的相互作用；b. 催化剂的活化和减活；c. 助催化剂的影响；d. 从前体展开催化剂体系，或者老化和再生等。本节只介绍传统的热差、热量分析和量热计技术。

热分析技术在开发催化剂中正常可达到如下目的。

① 在催化剂的化学和焙烧处理中，确定催化剂中需要和不需要的相。

② 在开发催化剂过程的各阶段中形成的相。例如，担载型催化剂中有无已被还原的相；有无用作催化剂前体的，像碳酸盐、氢氧化物、醇盐等；在制备沸石一类催化剂时，孔结构中有无模板剂分子；模板剂和开发催化剂相互作用的本质等。

③ 表征表面的性质，特别是开发催化剂的酸性。

概括地说，热分析技术在催化剂结构研究中可以在以下几个方面提供有益的信息：

a. 导致催化剂形成活性相的分解途径；

b. 在担载型金属催化剂中，金属-载体之间的相互作用；

c. 催化剂焙烧和处理过程中发生的结构变化；

d. 通过碳沉积和再生研究，探讨催化剂的减活；

e. 金属和合金的氢化[69,70]。

这里，不可能对所有方面作一一介绍，只能选择其中某些方面作扼要介绍。

（一）导致催化剂中活性相形成的分解途径

Fubini 等用不同的热差分析方法考察了非化学计量相 Zn/Cr 尖晶石催化剂的形成、稳定性和表面反应性[71]，干样的 DSC 热谱显示出有五个吸热峰；在 373K 和 473K 处的前两个峰是由于脱水，在 533K 处的第三个峰，则由于碱性碳酸盐分解至无定形氧化物。无定形氧化物在 740～790K 和 880～920K 两阶段中反应生成非化学计量的尖晶石，这是甲醇合成中的活性相。非化学计量的尖晶石是不稳定的，随着温度的升高，能转化成化学计量化合物 $ZnCr_2O_4$，同时使 ZnO 偏析出来。这一研究指出，热分析方法可以用于控制活性相的形成。

化合物的热稳定性取决于组成元素和不同元素之间的联系形式。杂多酸是众所周知的水合物，在室温下含有不同的结晶水[72]。新制备的再结晶 12-磷钨酸发现有 29 个水分子，放置后可以降至 24 个水分子。Hayaschi 和 Moffat 曾经报道过 $H_3PW_{12}O_4 \cdot 24H_2O$ 在热分析过程中分三步失重，第一步是在 373K 除去弱吸附的水，第二步在 623～723K 温度范围内形成无水酸，最后一步则是在 798K 以上由化合物按下列方程分解成相关的氧化物[73]。

$$H_3PW_{12}O_{40} \longrightarrow 1/2P_2O_5 + 3/2H_2O + 12WO_3$$

在铵盐的情况下，Hayashi 和 Moffat 曾报道过从 573K 开始即发生失重，但至 773K 则保持不变[74]，在 573～773K 之间，观察到的平台和形成无水盐有关，而盐进一步加热至 873K 时，产生的主要减重是由于盐的分解，和酸的情况一样。

Hodnett 和 Moffat 在 12-磷钨酸的 DTA 中观察到两个吸热峰和在 888K 处有一个放热峰[75]，放热峰是由于无水酸分解为氧化物，而吸热峰则和失水相对应。从不同杂多酸的分解温度看，含钼的体系没有含钨体系稳定，而含磷的体系则比含硅的体系稳定。在化合物 $Mg_8SiW_9O_{37} \cdot 24H_2O$ 的热分析中，在 373～473K 和 483～573K 处有两个吸热峰，而 773K 处则有一个放热峰[76]。在前两阶段中水分子全部失去之后，晶格即崩坍成无定形态，晶粒变成了与高温 $MgWO_4$ 相似的相，并进而转化成稳定的黑钨矿结构，高温的吸热峰可归因于相转变。

已有不同 $H_3PW_{12}O_{40}$ 盐的热重分析结果示于表 10-5 和表 10-6 中[77,78]。

表 10-5　各种 $H_3PW_{12}O_{40}$ 盐的热重分析

催　化　剂	每个 Keggin 单元的水合分子(X)/个		700K 时失重率/%
	观　察　值	报　告　值	
$BiP_{12}O_{40}$	13	NA	7.1
$AlPW_{12}O_{40}$	9	13①	5.5
$Zn_{3/2}PW_{12}O_{40}$	9	37①	5.2
$Cd_{3/2}PW_{12}O_{40}$	14	NA	7.5
$Mg_{3/2}PW_{12}O_{40}$	10	33①	5.6
$Ca_{3/2}PW_{12}O_{40}$	9	26①	5.2
$Na_3PW_{12}O_{40}$	12	12①,13③	6.1
$K_3PW_{12}O_{40}$	5	NA	3.2
$Cs_3PW_{12}O_{40}$	10	NA	5.1
$(NH_4)_3PW_{12}O_{40}$	9	8②	5.1
$NaH_2PW_{12}O_{40}$	9	15③	5.2
Na_2HPW_{12}	13	14③	7.2

① Hayashi H and Moffat J B. J Catal, 1983, 81：61。

② Hayashi H and Moffat J B. J Catal, 1983, 83：192。

③ Ohuhara T, Kasai A, Hayakawa N, Yoneda Y and Misono M. J Catal, 1983, 83：121。

表 10-6　各种 $H_3PW_{12}O_{40}$ 盐的 DTA 结果

体　系	吸热/K	放热/K	体　系	吸热/K	放热/K
$H_3PW_{12}O_{40}$	373(383)483(553)	893(888)	$Na_3PW_{12}O_{40}$	388,463(593)	828(848)
$BiPW_{12}O_{40}$	373,458	798	$K_3PW_{12}O_{40}$	Broad(373-488)	>965
$AlPW_{12}O_{40}$	373(423)①553(498)	828(823,853)	$Cs_3PW_{12}O_{40}$	Broad(373-503)	>980
$Zn_{3/2}PW_{12}O_{40}$	383,464	833	$(NH_4)_3PW_{12}O_{40}$	Broad(373-499)	901
$Cd_{3/2}PW_{12}O_{40}$	373,470	823	$NaH_2PW_{12}O_{40}$	373,460	853
$Mg_{2/3}PW_{12}O_{40}$	373,508	873(893)	$Na_2HPW_{12}O_{40}$	373,516	870
$Ca_{3/2}PW_{12}O_{40}$	373,536	840			

① Shedle A R, Wood T E, Brastrom M L, Koskenmaki D C, Montez B, Oldfield E, J Am Chem Soc, 1989, 111：1665。

注：括号内的数据取自 Hodnett B K and Moffat J B；J Catal, 1984, 88：253

从表 10-5 和表 10-6 的结果可见，从杂多化合物的稳定性出发产生的一般规则，对盐以及可溶于水的盐都是正确的。表明，有多阶段的脱水峰，而像 K^+、Cs^+、NH_4^+ 等不溶于水的盐，在热谱上只有一个脱水峰。

(二) 催化剂焙烧和处理中发生的变化

开发双金属催化剂已由 Gatte 和 Phillips 通过微分吸附量热计作过研究[79]。他们观察到，氧在担载石墨上铁的微分吸附热是很高的，并且在覆盖度高达 0.75 时也能保持恒定；而在铑体系上，吸附热要小得多，同时随覆盖度的增加而减小，担载在石墨上的 Fe-Rh 合金则显示出中间行为。于小覆盖度时，起始吸附主要是在铁位上（由于 Fe—O 的高生成热），并随覆盖度增加而减小，这是由于铑位上的吸附的关系。但是，如果还原的双金属体系先被氧化而后接着还原，那么，生成的体系将显示出对氧有高的吸附热，同时，这一吸附热也可随覆盖度保持恒定。表明和铁有类似的行为。这就清楚地指出，铁铑合金已发生了偏析作用，铁在表面上暴露了出来。

在开发一个催化剂时，常常要把一些前体分解，例如，在 $NiMoO_4$ 催化剂的制备过程中，Di Reizo 等使用过 $x(NH_4)_2 \cdot yH_2O \cdot zNiO \cdot MoO_3$，发现 NH_4NO_3 在铝坩埚中的分解是吸热的，而当应用铂坩埚时，则为放热的。这一差别来源于铂是氨氧化的一种催化剂，因此，生成的活性相对由前体制备催化剂过程中发生的反应化学，内在的差别产生了影响[84]。

Petranovic 和 Bogdanov 曾改察过制备合成氨催化剂的磁铁矿的还原动力学[81]。他们在热重分析中使用了不同加热速度，得到的还原过程的活化能数据分别有 107kg/mol 和 104kg/mol。他们还用扩散和相反应模拟估算了还原过程的活化能，并得出以下结论：在磁铁矿相的复杂多相还原中，气体反应分子的扩散是速度控制步骤。这个例子指出，在焙烧和处理过程中，不同反应条件能控制活性催化剂的形成。

（三）催化剂因碳沉积的失活和再生研究

图 10-17 给出了 Pt/KL-沸石催化剂在甲基环丙烷于 773K 经 5h 重整反应失活后，逸出 CO_2 的 TPO 分析结果[82]。可以看出，表面上有"软"和"硬"两种碳沉积。因为在 463K 和 683K 处有两个脱附峰。另外，气体逸出图中的积分给出一个 C/Pt 总比约为 20，看起来，

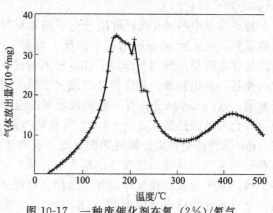

图 10-17　一种废催化剂在氧（2%）/氩气流中的程序升温氧化[32]

从 TPO 实验所得二氧化碳逸出峰的分析，有可能获得沉积碳的质量和本质的信息。

TPD 或者 TPR 技术也能类似地成功用来确定吸附孔性载体上的有机污染物。例如，利用正辛烷作为浸渍液制成的锇簇催化剂，前者被认为在孔性载体上有强烈的吸附，用质谱仪得出的大脱附峰 $m/z=43$ 证明了这点[82]。

根据以上概要地介绍，可以看出，热分析技术在开发催化剂，特别是在控制体系的形成中有着巨大的潜力，能够成功地用来确定优化条件下催化剂的表面性质；由在线性加热速度下获得的热分析数据估算动力学参数的可能性，用于设计更具有优越性催化剂体系。在催化剂的开发中，应用热分析方法可以说，已经达到了成熟的程度，通过许多别的，即使是对发生在催化剂表面上的表面变换的研究，也能够期望有所开拓。

五、紫外-可见-近红外（UV-Vis-NIR）光谱

（一）一般情况

紫外-可见-近红外（UV-Vis-NIR）光谱技术允许研究气体、液体、固体中原子、离子和分子中轨道和能带之间电子的跃迁，这一技术可以提供以下的信息：

a. 前体溶液的研究；

b. 导致前体在不同处理过程，诸如，焙烧、还原等中形成活性相的化学变化；

c. 前体在与反应物、助催化剂或毒物接触时的修饰；

d. 研究吸附物种的本质。

电子的跃迁有两种类型，包括轨道之间的，或者不是定域在同一金属（M）原子之间，就是定域在两个近邻原子能级之间。第一类包括金属中心之间的跃迁，d-d 和 $(n-1)d$-ns（在过渡金属中）、4f-5d（在稀土元素中）以及主族元素中的 ns-np 跃迁。第二类则包括从供体原子的占有能级向受体空位跃迁的电荷转移（CT）。这种分类既包括配体至金属（LM-CT），也包括金属至配体（MLCT）、金属至金属（MMCT）的电荷转移，或者，有时也叫做价间转移［也就是 Fe_3O_4 中的 $Fe(II)\rightarrow Fe(III)$，以及蓝宝石中 $Fe(II)\rightarrow Ti(IV)$］，自由

或者和金属配位的有机或无机分子或离子，MOs 之间的跃迁（n-π＊和 π-π＊），也称为配体内（CTS）；或者在后一种情况中称为配体中（LC）的等。样品大多数可通过透射光谱或者漫散射（DR）光谱进行考察，有时也使用镜面反射（SR）光谱。透射光谱是在溶液薄膜和单晶的情况下使用，然而粉末、凝胶以及浑浊介质则用漫散射光谱，详细的理论和仪器，读者可参阅 Banwell[83]、Herzberg[84]、Rao[85]、Suton[86] 的标准教科书和参考文献[12，19，80，88]。

特殊体系中的 d-d 跃迁取决于电子构型和配合物的对称性。对八面体几何学的 ad^1 离子只能见到从 t_2g 至 e_g 能级的一个跃迁。对有 1 个以上电子的离子，情况就要复杂一些，这是因为存在着排斥的相互作用。在这样的情况下，可以观察到几个跃迁。这时，可以测定吸收的能量，并把它放大和作为波长或者波数，有时作为光子的能量 $E(eV)$ 的函数作图。一般地说，这些 d-d 跃迁只有一般的或者弱的强度，因为它们受到 Laporte（轨道）选择规则的禁阻（允许的跃迁服从 $\Delta=\pm1$，也就是轨道量子数的变化为 1 单位）。除了 Laporte 规则之外，d-d 跃迁还受自旋选择规则的支配，后者要求能级有相等的自旋多重性（$\Delta S=0$）。这些选择规则可以部分地，或者全部地为各种机理，例如，电子振动耦合、自旋轨道耦合，或者多金属体系中交换的相互作用等所弛豫，这些跃迁可以给出有关过渡金属的氧化态和对称性的信息以及允许确定晶体参数 Δ（或 10Dq），这一参数随金属离子的氧化态而增加，同时，依赖于环境的对称性和配体的本质。金属-配体键的共价特性可以从 d-d 带的能量推导出来。

另外，f-f 跃迁对周围只稍微敏感，看起来和自由离子有相同的波长，它由弱（轨道禁阻的）而窄的带对稀土离子 L_3+（L=Ce、Sm、Eu、Yb）是很好的指纹。

电荷转移跃迁常常是很强的，因为它们是 Laporte 规则允许的。这些对供体和受体原子来说，本质上都是敏感的。CT 带的能量随金属和配体间的光学电负性的差别而增大。光学电负性的值 X_{opt} 以元素的给定氧化态给出，并可以卤离子的 Pauling 电负性作为参数。这样一来，第一个 CT 吸收带的波数就可以表示成为：

$$\nu=30000[X_{opt}(配体)-X_{opt}(金属)] \tag{10-21}$$

式中，ν 为波数，cm^{-1}。

绝缘体和半导体氧化物在催化中不管作为活性相还是作为载体都很重要。对 d^0 和 d^{10} 氧化物是没有 d-d 跃迁的。同时，颜色仅由带隙 E_g 来决定。如果 $E_g>3eV$，这些过渡金属氧化物都是白色的；对 $1.5eV<E_g<3eV$ 的氧化物则是有色的；当 $E_g<1.5eV$ 时，则是褐黑色的，充满的价带常常可以作为氧的 2p 能级和金属（$n-1$）d 或者 ns 轨道的空导带，以及类似于 LMCT 的跃迁来进行鉴定。

除去低能电子跃迁，近红外范围还包括谐波和伸展以及弯曲振动的结合。在 NIR-DRS 中，像—OH、—SH 和 M 等的表面基团很容易检测，谐波和配体的振动结合可用作催化剂制备的标志。

（二）应用举例

应用举例如下所述。

① 担载型铜催化剂的活性物种，能用 UV-Vis-NIR 光谱鉴定[89]。铜可以成 Cu^0（$3d^{10}$ $4s^1$）、Cu^+（$3d^{10}4s^0$）和 Cu^{2+}（$3d^94s^0$）等氧化态。和大多数能成零价的过渡金属离子相反，铜在可见光范围内于 $18200cm^{-1}$（550nm）附近处有吸收（3d、4s 跃迁）。Cu^+ 物种的谱带仅在 UV 区域内由 MLCT 跃迁所组成，Cu^{2+} 单元指出，不是在可见光区域［八面体的 Cu（Ⅱ）］、就是在近红外［四面体的 Cu(Ⅱ)］区域内有 d-d 跃迁。

② 各种反应物，例如苯、丙烯、二氧化硫、硫化氢、吡啶等和沸石之间相互作用，也能通过监控 UV-Vis 光谱变化进行研究。

③ d-d 跃迁可涉及金属离子-载体之间，例如 Pd-硅胶、Ni-硅胶等催化剂体系的相互作用[90]。

④ 可能研究量子尺寸对八面沸石包埋的 ZnS、CdS 和 PdS 等带隙能量的影响[91]。

换言之，UV-Vis-NIR 光谱技术可以提供催化剂制备各阶段的信息，同时还允许追踪活性相和反应物接触时的变化，很容易完成定性控制以及常规测定。新的实验装置对原位催化实验非常方便，显示相当强度差别（1～10⁶）和带宽的有关跃迁通常需要很长时间，这对物种的鉴定显然是乏味的，但这些困难可通过和适当的模拟体系对比就可以克服。另外当活性物种的浓度（阳离子的）极小（例如<0.1%），也就是 XRD、TEM、TEM、STEM、Raman 光谱以及 EXAFS 等都不能给出信息时，就可以采用这种 CT 跃迁很强的特殊分析方法。

（三）表面的氧化还原性质

金属氧化物的表面具有氧化-还原位，常常需要知道其本质——数量和强度，以与催化剂活性和选择性相关联。这利用导致生成电荷转移配合物的电荷转移反应是可能的。后者可在固体表面（S）和常常是溶于苯中的有机电子受体（A）以及电子供体（D）之间传递一个电子生成：

$$S+A \longrightarrow S^+ + A^-$$
$$S+D \longrightarrow S^- + D^+$$

表面进行这一反应的能力依赖于受体的电子亲和力和供体的离子化能。通过和离子化能以及电子亲和力不同的分子形成电荷转移配合物以估量氧化-还原位是可能的。低离子化能的分子，例如苊、蒽、萘（π-碱）和高亲电子分子（例如四腈基乙烯、二硝基苯、三硝基苯）都可以用作探针分子，而表面羟基和（或）氧离子则可以起电子供体中心，而表面阳离子的氧化态和吸附在表面上的氧分子则可起到电子受体的作用。

表面的氧化-还原性质，既可以用 UV-Vis-NIR 光谱技术，也可以使用顺磁共振波谱（ESR）进行监测。

尽管这两种技术的原理不同，但在过渡金属离子的氧化态、配位和局域对称性以及能级方面都可提供类似的化学信息。UV-Vis-NIR 可以直接提供有关能级的信息，而在 ESR 中，这一信息要从 g 组分的理论表示式推演出来。在 UV-Vis-NIR 中，强的电荷转移带常常和 d-d 带叠加在一起，使后者看不出来。在这种情况下，就可以通过 g 值的理论表示成和 ESR 相关起来，和 UV-Vis-NIR 光谱不同，就可以孤立地鉴定出顺磁物种，一般地说，对 ESR 波谱考察有一个温度限制，但在 UV-Vis-NIR 中，温度只有不大的限制。在 ESR 中样品不能是高介电常数和高电导的，然而，在 DRUV-Vis 中，光学性质则很重要（为了能反射，样品不能是黑的）。电荷转移跃迁在 ESR 中并无类似之处；然而，精细结构和超精细结构的相互作用，在 UV-Vis-NIR 光谱中也没有与之相对应的部分。在 UV-Vis 中，电子在从基态激发至激发态时无需改变自旋，而在 ESR 中，电子自旋服从于 $\Delta m_s = \pm 1$ 规则。光子在两种技术中都需要跃迁激发，在 UV-Vis-NIR 中，光子能量的量级约为 10000cm^{-1}。而在 ESR 中光子能量的量级仅为 1cm^{-1}。在 UV-Vis-NIR 中，能级仅由金属离子的本质和氧化态以及配体的本质所决定，而在 ESR 中，能级则取决于外磁场的强度。不管怎样，UV-Vis-NIR 和 ESR 两种技术可以提供互补性的信息。

第三节 表面光谱技术

有许多途径可以获得材料的物理、化学性质的信息。图 10-18 示出了可以推导出几乎所

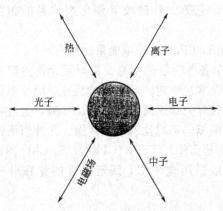

图 10-18　研究催化剂的可能途径

每个进入箭头代表一种激发形式；而每个离开
箭头则表示检测信息的途径

有技术的方案。光谱技术是建立在图 10-18 中以进入箭头表示，催化剂响应后，又用离开箭头标志的几种激发形式的基础之上的。例如，用 X 射线辐照一个催化剂，研究 X 射线是怎样衍射（X 射线衍射，简称 XRD）的，也可以研究由于光电子效应，从催化剂发射的电子能量分布（X 射线光电子能谱，简称 XPS），也可以把废催化剂加热来考察在什么温度下，反应中间化合物和产物从表面上脱附出来（程序升温脱附，简称 TPD）等。在前两节中，已对某些技术作过介绍，本章将集中介绍表面光谱技术。

如众所周知，对催化剂中活性位的确切位置、结构以及电子基态的完整知识，才是从基础了解结构-活性关系以及改进催化剂选择性和稳定性等的关键。而这方面只有光谱技术才能起到决定性的作用。从最近的仪器发展看，甚至已能在原位技术中从原子到原子地表征真实催化剂。光谱技术是一种非破坏性的分析方法，而且只要很少量样品，测量是精确和可信的。但是，另一方面它并不简单，在催化剂表征中，实验并不存在"快"和"容易"，谱图的正确解释需要在光谱学方面有丰富的经验，还要有坚实的理论背景，包括在固态物理方面的物理化学知识。只有在光谱和催化方面的专家密切合作才有可能获得有意义和正确的表达结果。

根据定义，光谱学研究电磁辐射与物质之间的相互作用，换句话说，光子通过催化剂的散射、衍射、吸收或者发射可以形成多种形式的信息源。图 10-19 列出了电磁波以及各种不同分支的光谱技术。由不同分支光谱技术的光谱所产生的物理化学性质列于表 10-7 之中。

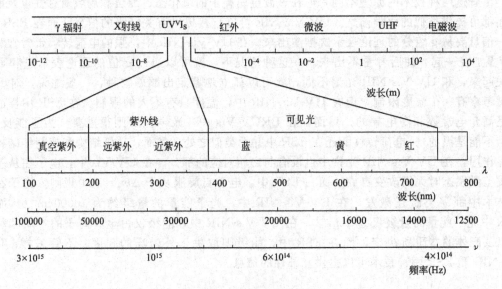

图 10-19　电磁辐射的范围

在光谱技术中，如果辐射和微粒在固体中能移动不大于几个原子的距离，该技术才能算表面敏感的。低能的电子和离子特别适宜于研究表面区域。使用电子和离子工作的后果是实验必须在真空下（至少 10^{-4} Pa）进行，否则，微粒离开表面后，不能到达检测器。表面光谱最好能在超高真空（压力在 10^{-8} Pa 范围）下使用的理由是：为了能在洁净的，或者吸附一定气体的表面的内在性质上获得有意义的结果。表面不允许为测定室的气体污染。对催化剂表征，真空的要求不必十分严格，压力在 10^{-6} Pa 量级下也是可接受的。

表 10-7　光谱的不同分支和与之相关的物理性质变化

光　　谱	性质变化	光　　谱	性质变化
NMR	核自旋	ESR	电子自旋
微波	定向	红外	构型
UV-Vis	电子分布	X 射线	电子分布
γ 射线	核构型		

一、电子光（能）谱

（一）低能电子衍射（LEED）

这是一种重要的技术，可以用于研究表面的化学，获得表面的结构信息。在 LEED 中，入射电子从表面无能量损失地弹性反向散射，从这种反向散射的电子，可以在原子水平上分析出很好确定的晶面的取向。低能电子束可用来考察表面衍射，当入射波满足条件 $\lambda \leqslant d$ 时，在表面衍射是可能的。这里，λ 是入射电子束的波长，而 d 是内部原子之间的距离。电子的德布罗意波长 λ 由 $\lambda = h/p$ 给出。这就变成了 $\lambda = (150.6/E)^{1/2}$。因此，能量在 $20\sim500$ eV 范围内的电子，其波长变动于 $0.28\sim0.60$ nm 之间，可以满足 $\lambda \leqslant d$ 的条件。电子并不穿透表面层太深（逸出深度约为 0.5nm），同时，主要从表面原子的反向衍射为 LEED 提供表面的灵敏度。

这种能量范围的电子不能穿进样品的体相，因此，这个方法是表面敏感的，在典型的 LEED 实验中，由电子枪产生的准直单色电子束冲击样品和对弹性反向散射的电子进行空间分析，来自周期性表面的反向散射电子，经过串联的四个半球形栅（G1～4），第一个栅（G1）处于晶体的位能上，而第二个、第三个栅（G2 至 G3）则处于减压状态以消除非弹性电子，而第四个（G4）则和地相接，经过这些栅之后，衍射束被加速至荧光屏上并产生光发射，这时，衍射电子即可给出由亮点和暗背景组成的衍射花样，由点的明度和总强度反映出表面的对称性和有序程度。当表面不太有序时，衍射束就会宽化和不太强。如果衍射点相当地明显，这就清楚地表明，表面在原子上是有序的。LEED 花样可以由肉眼看出或者由视频照相机进行定量强度分析。LEED 强度数据的表达要比体相 X 射线数据的表达更加复杂。

对表面化学起决定作用的表面结构信息可由 LEED 花样获得。上述的亮点和双维的倒

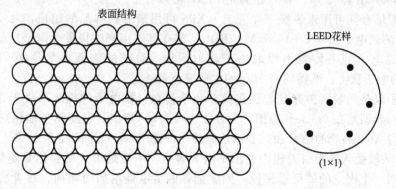

图 10-20　六方（1×1）的表面结构和相应的显示六方对称性的 LEED 花样

易晶格相当，可以提供关于表面层（表面晶胞的大小和取向）的几何学的信息，简单的表示法即可用来描述表面原子的排列。根据这一表示法，相当于体相晶胞原子的排布称为基底结构，例如可以记作（1×1），与此类似，晶胞边的表面结构要比基底晶胞边大二倍，可以记作（2×2）。已经获得了金属、半导体、合金、氧化物以及中间金属的各种简单固体单晶表面的 LEED 花样，一般说来，它们有四种不同的表面晶格，即四方、长方、C-长方和六方。相应的倒易晶格和各 LEED 花样的形状相当。简单的六方表面晶格（1×1）和相应的可以在荧光屏上看到的 LEED 花样，示于图 10-20 之中。LEED 花样是呈倒易晶格的形式，同时反映出表面原子的六方对称性。

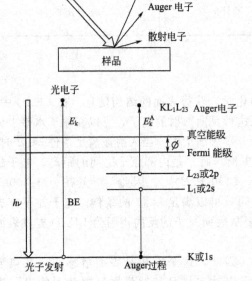

图 10-21 光电子发射和 Auger 衰减

（二）X 射线光电子能谱（XPS）

这一技术是建立在光电效应基础之上的。当原子吸收一个光子的能量（$h\nu$）时，就会有一个结合能为 E_b 的核电子或者价电子（图 10-22）以动力学能发射出来：

$$E_k = h\nu - E_b \qquad (10-22)$$

常规地使用 X 射线源是 MgK_α（$h\nu = 1253.6eV$）和 AlK_α（$h\nu = 1486.3eV$）。在 XPS 中，测定的是以其动力学能量 E_K 为函数的光电子强度 $N(E)$。XPS 谱是 $N(E)$ 对 E_k，或者更加经常的是对结合能 E_b 作图。图 10-22（a）示出了新鲜浸渍的由氧化铝担载的铑催化剂的 XPS 谱。

原子吸收能量为 $h\nu$ 的入射 X 射线光子和发射能量为 $E_k = h\nu - E_b$ 的光电子，激发离子不是通过 Auger 过程就是通过 X 射线荧光表示衰减。

光电子峰是根据电子源的能级量子数标号的，来自主量子数 n、轨道动量 l(0,1,2,3…记作 s,p,d,f…）和自旋量子数 s(+1/2 或 −1/2），轨道的电子可以记作 nl_{1+s}。例子有：$Rh3d_{5/2}$，$Rh3d_{3/2}$，$O1s$，$Fe2p_{3/3}$，$Pt4f_{7/2}$。对每一种 l>0 的轨道动量，总动量有两个值：j=l+1/2 和 j=l−1/2。每个状态可以充满 2j+1 个电子。因此，大多数 XPS 峰都成双重态，同时，组分的强度比是 (l+1)/l，在双重态的情况下，分裂太小不容易观察到（和实际中的 Si2p、Al2p 和 Cl2p 一样）注脚是 l+s，可以省去。

因为一组结合能可用来表征一个元素，XPS 可用来分析样品的组成，几乎实验室应用的所有 XPS 的光电子在 0.2~1.5keV 范围内，都有可以用来试探催化剂外层的元素动力学能，固体中的电子的平均自由程取决于动力学能，最佳的表面灵敏度可用动力学能为 50~250eV 的电子获得。然而约有 50% 的电子来自最外层。

结合能不仅是元素所独有的，还包括着化学信息：核电子的能级取决于原子的化学状态，化学位移典型地在 0~3eV 范围之内，图 10-22（b）指出，在新制备催化剂的 XPS 谱图中，$RhCl_3$ 的 $Rh4f_{7/2}$ 峰的结合能，要比还原催化剂谱中 Rh 金属的高 2.5eV[92]，其理由是，Rh^{3+} 的电子从核受到的吸引要比中性原子的大得多。一般地说，结合能是随氧化态增加而增加的，而对一个固定的氧化态来说，则随配体的负电性增加而增加。后者从表 10-8 示出的 $FeBr_3$、$FeCl_3$、FeF_3 系列的结果即可以看出。

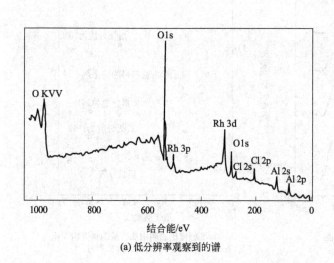

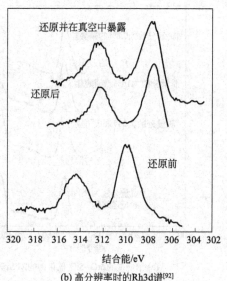

(a) 低分辨率观察到的谱　　　　　　(b) 高分辨率时的 Rh3d 谱[92]

图 10-22　从 RhCl₃ 溶液浸渍制成的 Rh/Al₂O₃ 的 XPS 光谱

表 10-8　$Fe2p_{3/2}$ 电子在几种组分中的结合能[93]

化 合 物	E_b/eV	化 合 物	E_b/eV
金属铁	706.7	FeBr₃	710.0
FeO	710.0	FeCl₃	711.1
Fe₂O₃	710.7	FeF₃	714.0
Fe(CO)₃	709.4		

　　注意一下，XPS 测定的结合能，并不需要和光电子发射轨道的能量相等，这一差别是因剩余电子重组引起的。这是因为一个电子从内层移走的关系。因此，光电子的结合能既包含光离子化学（始态）原子态的信息，也包含着电子发射之后（终态）、留下的离子化核的信息。有幸的是，这在为图 10-22(b) 所示以始态效应表达结合能时总是正确的。电荷位能模式可以出色地用式（10-23）解释这种结合能位移背后的物理学。

$$E_b^i = Kq_i + \Sigma_j q_j / r_{ij} + E_b^{ref} \tag{10-23}$$

　　式中，E_b^i 是由原子 i 的电子结合能；q_i 是原子上的电荷；k 为常数；q_j 和原子 i 相距 r_{ij} 的邻近原子 j 上的电荷以及 E_b^{ref} 为一个合适的参数值。第一项表示结合能是随发射光电子的原子的正电荷增加而上升的，在离子型固体中，第二项的作用和第一项的则好相反，因为近邻原子上的电荷将有相反的符号，由于和离子固体中的晶格位能有相似性，第二项常常被作为 Madelung 加和。

　　虽然 XPS 主要用来研究表面组成和氧化态，但是这一技术还能产生担载催化剂的分散信息。如所举 ZrO₂/SiO₂ 催化剂的例子所见（图 10-23）[94]。由从氧乙基锆开始的新制法制得的催化剂的图，较之从硝酸锆溶液由惯常浸渍法制得的催化剂的图，Zr 有相当高的强度。因为电子在 XPS 中的逸出深度只有不多几个纳米，高的 Zr/Si 强度比（在相同的 Zr 含量下）指出，ZrO₂ 相得到了更好的分散。

　　也可以利用 ZrO₂/SiO₂ 强度比来判断催化剂的热稳定性，如图 10-23(b) 所示，浸渍催化剂在相对低的焙烧温度下，ZrO₂/SiO₂ 值有所下降，这表明，锆相已失去分散性。通过氧乙基锆制得的催化剂则有更好的抗烧结性，分散值也能从 Zr/Si 比值，像 Kuipers 等公布的

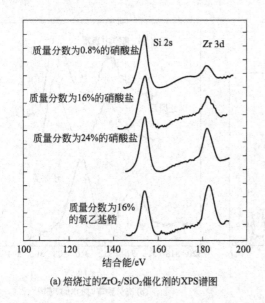

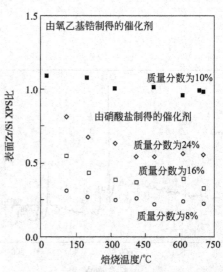

(a) 焙烧过的ZrO₂/SiO₂催化剂的XPS谱图

(b) Zr/Si强度比表明由氧乙基锆制得的催化剂较之由硝酸盐制得的分散得更好[94]

图 10-23　ZrO₂/SiO₂ 催化剂的 XPS 谱

例子那样[95]，通过一个模型计算出来。当应用图 10-23(a) 时，Kuipers 的模型指出，三个浸渍和焙烧制成的催化剂中，Zr 的分散度是从 5%～15%，而由氧乙基锆制成的催化剂，Zr 的分散度可达 75%。

　　XPS 实验中的一个问题（也存在于别的电子和离子光谱之中）是电绝缘样品在测定中可以被充电，这是因为光电子离开样品的关系。样品所需的电位，由离开样品的电子的光电子流所决定。电流通过样品槽（常常是接地的）流向样品，同时，Auger 和二次电子则从源朝向样品。由于样品上的正电荷，所有谱图中的 XPS 峰都将以等量向高结合能方向移动。比位移本身更加严重的是催化剂的不同部分可以得到稍微不同的电荷，这种现象称为"微分充电"。它会使峰增宽，从而导致不高的分辨，这可由图 10-24 看出。事实上，图 10-23(a) 中宽的 Zr3d 信号实实在在是双峰［类似于图 10-22(b) 中 Rh3d 的信号］，但是并没有作为微分充电进行测定。

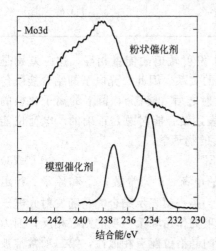

图 10-24　MoO₃/SiO₂ 催化剂的 XPS 谱图中电荷对 Mo3d 信号的影响 在导电模型催化剂中没有电荷[97]

　　电荷位移可以利用已知化合物的结合能进行校正，在 SiO₂ 担载的催化剂中可以利用 Si2p 电子的结合能，它应该是 103.4eV。如果没有别的可用，常常可以利用带有结合能为 284.4eV 的碳 C1s 的污染物。把低能电子喷射到样品上的读数电子枪以及将粉末压入导电铟薄片膜中的专一样品装载技术，可以在一定程度上缓解充电这一问题。

　　敏感材料，诸如用作催化剂前体的金属盐或者金属有机化合物，在 XPS 分析中会分解，特别是使用标准的 X 射线源。来自源的热和电子还可以引起样品的破坏，在这样的情况下，单色 XPS 提供了一种解决办法[96]。

（三）紫外光电子能谱（UPS）

UPS 不同于 XPS，使用的是 UV 光（HeI 21・2eV；HeⅡ 40.8eV）。在这些低激发能量下，光发射只限于价电子。因此，UPS 谱会有重要的化学信息。在低结合能处，UPS 可检测到价态的状态密度（DOS）（但要想像它处于扭曲状态，与未占状态成褶合式）。在稍高的结合能处（5~15eV），吸附气体的分子占有轨道变成可检测到的。UPS 还能为宏观的脱出功提供快速测定。这是 Fermi 和真空能级之间的分离能：$\Phi = h\nu - w$，这里 w 是光谱宽。UPS 是应用于表面科学的典型的单晶技术，但是，在催化中并不经常使用，主要理由是所有元素都能在价带区域内对峰有所贡献，结果是含有至少三种或以上多种元素的担载型催化剂的 UPS 谱，相当复杂。

在 XPS 中，光电子发射之后，留下的原子变成在其一个核能级上面有空穴的离子，这是一种不稳定的状态。激发的离子就能通过 X 射线荧光或者 Auger 跃迁（图 10-21）发生去激发作用。所以 XPS 谱上还会包含由于 Auger 电子的峰，后者具有在固定动力学能下发生的特征性质，可以用来表征发射的元素。

（四）Auger 电子能谱（AES）

Auger 电子能谱中，核空位是由样品通过电子束（1~5eV）的激发产生的。Auger 电子看起来在从入射束由样品发射的二次电子的高本底上只有不太大的峰。为了增大 Auger 峰的可见度，谱图通常被表示成 dN/dE 模式的导数，图 10-25 示出了由 SiO_2 担载的 ZrO_2 催化剂的平板导体模型测得的 Auger 光谱图，其中，可以明显地看出，Zr、Si 和 O 及 C 的信号[98]。注意一下杂质碳被氧化后强度的减弱以及在约 180eV 的光谱处出现新的杂质氯。

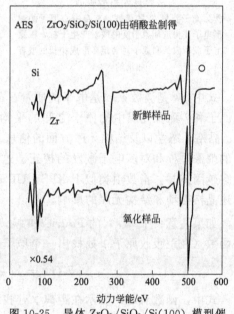

图 10-25　导体 $ZrO_2/SiO_2/Si(100)$ 模型催化剂浸渍和焙烧后的 Auger 能谱图[98]

AES 的重点是能为导体样品的表面区域提供快速的测定。对许多与催化有关的元素（C、Cl、S、Pt、Ir、Rh）相应的 Auger 电子能量位于 100~300eV 范围内，这里，电子的平均自由程接近于最小值。对这些元素来说，AES 的表面敏感度要比 XPS 的更高些。AES 的一个缺点是强电子束很容易使敏感样品（高聚物、绝缘体、吸附层）破坏。绝缘样品的充电也是一个严重问题。这就是尽管 AES 在表面科学和材料学中非常重要，而在担载型的催化剂上不能经常使用的原因。

结论是，XPS 是催化中最常用的技术（见图 10-11）。XPS 的优点是易于提供表面区域的组成以及也能区分元素的化学状态。XPS 已成为研究载体上活性相分散的重要工具。相应的 UPS 和 AES 的技术在表面科学中也很有用，但对 AES 却有一些例外，不太适用于催化剂的表征。

（五）广延 X 射线吸收精密结构分析（EXAFS）

EXAFS 技术是 X 射线吸收的一种，可以给出精确的区域结构信息。例如，邻近原子的类型，数目和距离[99]。和在 XPS 中一样，基本过程是电子效应：光子为原子或离子所吸收，电子从一个内壳层发射。

EXAFS 谱是由样品转移的 X 射线强度以单色 X 射线的能量 $E = h\nu$ 为函数作图而得。每一时间的 E 达到结合能为 E_b 的核电子的光发射阀值时，吸收截面戏剧性地增大（见图 10-26）。在固体或者液体中，动能为 $E_K = h\nu - E_b$ 的光电子能从近邻原子反向散射至原先的原子，这里，它能影响到光子吸收的概率。当电子是波时，反向散射的波将为原来发射出的波所干扰。根据电子动力学能的不同，后者反过来又取决于入射 X 射线的能量，干扰可以是相长的，也可以是相消的。干扰花样在光谱中就可以作为精细结构在吸收边以上几百电子伏处显示出来。

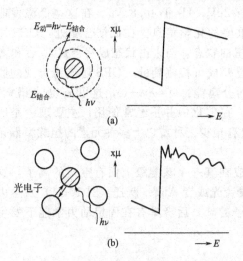

图 10-26　自由原子以及晶格中原子的 X 射线吸收

作为光子能量 $h\nu$ 的函数，来自中心原子的球形电子波为近邻原子反向散射产生干扰，根据电子波的波长和原子间的距离形成相长的或者相消的[100]

在单原子固体中，每个壳层都可以给出特征的干扰，这在 EXAFS 函数 $\chi(\kappa)$ 中可表示如下：

$$\chi(\kappa) = \sum_j A_j(\kappa)\sin[2\kappa r_j + \Phi_j(\kappa)];$$

$$\tag{10-24}$$

$$A_j(\kappa) = [N_j/(\kappa r_j^2)]S_0^2(\kappa)F_j(\kappa)e^{-2\kappa^2\sigma_j^2}e^{-2r_j/\lambda(\kappa)}$$

$$\tag{10-25}$$

$$\kappa = 2\pi/h\sqrt{2mE} \tag{10-26}$$

式中，κ 是波数；m 是电子的质量；E 是动能；j 是吸收原子周围的配位壳层；r_j 是中心原子和 j 配位壳层中的原子之间的平均距离；$\Phi(\kappa)$ 为相位移。振幅函数 A 含有配位数 N、晶格动态学以及结构无序方面的信息。反向散射振幅 F 是元素专一的，S 为对吸收原子中的弛豫过程和对多电子激发的校正。这些过程可以使外逸电子的能量低于 $h\nu - E_b$。当电子穿越固体时，指数项类似于 XPS、UPS 和 AES，通过均方位移 σ^2 和电子波的衰减，可以描述晶格振动和结构无序的影响。

如果注意一下 $\chi(\kappa)$ 的 Fourier 变换，EXAES 函数就变得可理解了，前者像一个径向分布函数（在距吸收原子 γ 处找出一个原子的概率）。

$$\theta_n(r) = 1/\sqrt{2\pi}\int_{k_{min}}^{k_{max}}\kappa^n\chi(\kappa)e^{2ikr}\,d\kappa \tag{10-27}$$

式中，函数 $\theta_n(r)$ 表示在距离 γ 处找出一个原子的概率，为了分别强调轻或者重原子的作用，变换是和 κ 或者 κ^3 权重的。原则上当 κ 间距较大时，Fourier 变换变得更加精确。但是，实际上，谱图的噪声比信号已设定了 κ 的限制。

EXAFS 信号直接的 Fourier 变换并不能产生真正的经向分布函数。第一，相位移能在每一个配位壳层至峰有不正确的距离；第二，由于元素的专一反向散射振幅强度也可以是不正确的；第三，有距离的壳层的配位数可能过低，这主要因为振幅［式(10-26)］中的 $1/r^2$ 项以及光电子非弹性平均自由程不大的关系。但是，当相位移以及振幅函数是由参考样品推导来的，或者从理论计算出来的，就可以进行合适的校正。图 10-27 可以解释相和振幅对 Rh 薄片的 EXAFS 校正[101]。注意一下，除了样品是单一的元素，N 是分数配位数，也就是真实的配位数和所含元素浓度的乘积。还有 EXAFS 的信息是整个样品的平均值，结果是担载型催化剂上有意义的数据，只在微粒有单分散的大小分布时才能获得。

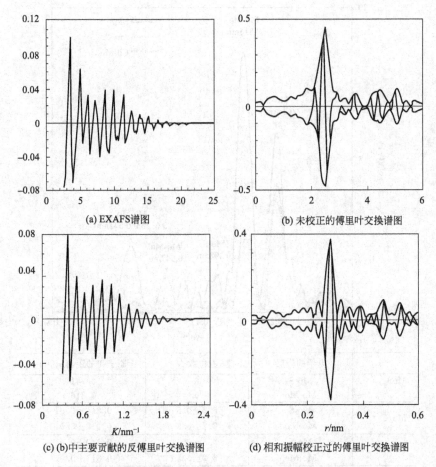

(a) EXAFS谱图

(b) 未校正的傅里叶交换谱图

K/nm^{-1}

(c)(b)中主要贡献的反傅里叶交换谱图

r/nm

(d) 相和振幅校正过的傅里叶交换谱图

图 10-27　金属铑的 EXAFS 谱图和 Fourier 变换谱图

图 10-28 示出了 EXAFS 在氢处理的硫化物催化剂中的应用[102]。列在相应表中的结果是由计算机拟合的。EXAFS 的最大缺点是数据分析较为复杂、同时耗时较长、需要相当专业人员才能避免模糊不清。但是，如果分析进行是固定的，那么，就能在原子水平上获得结构的信息。

（六）高分辨电子能量损失谱（HREELS）

电子从表面散射时可以有多种途径损失能量，其中之一就是激发表面原子和分子的振动模式。通过入射电子检测表面的振动激发的技术就叫做高分辨能量损失谱（HREELS）或者 VELS（振动 ELS）。这是一种研究单晶表面上表面吸附质配合物的通用技术。

在实验上，一束高单能的电子射向表面，并测定从表面反向散射的电子的能量光谱和角分布。在标准的实验中，入射电子束的 KE 处于 $1\sim10eV$ 范围之间，在这样的条件下，电子只能穿透晶体的最外数层，同时，反向散射的电子会有表面的信息。入射电子典型地在 $3\sim10meV(25\sim80cm^{-1}，1meV=8.065cm^{-1})$ 之间单色化后带有能量 E_i。在激发一个量子化的振动模式时要失去能量 W。这些能量为 E_i-W 的反向散射电子产生振动光谱（见图 10-29），谱中的峰则相应于这样的电子，它们在从表面散射时，发生了中断的能量损失，能量损失的大小 ΔE 和在非弹性散射过程中激发的吸附质的振动量子（也就是能量）相等，零能量损失峰叫做弹性峰。HREELS 在样品上检测吸附质亚单层量的灵敏度取决于光谱仪的特性参数——样品和吸附质。

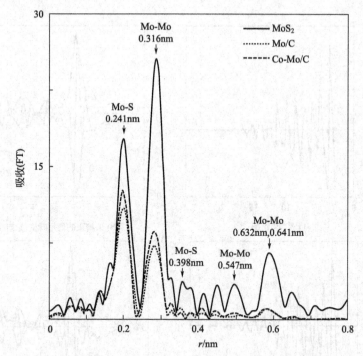

	电子的壳层	配位数 N	原子间的距离 r/nm
MoS_2	Mo-S	6	0.241
	Mo-Mo	6	0.316
Mo/C	Mo-S	5.2 ± 0.5	0.241 ± 0.01
	Mo-Mo	2.7 ± 0.3	0.315 ± 0.01
Co-Mo/C	Mo-S	5.5 ± 0.5	0.240 ± 0.01
	Mo-Mo	3.2 ± 0.3	0.313 ± 0.01

图 10-28 由碳担载的硫化 Co-Mo 和硫化 Mo 催化剂 Mo
的 K 边 EXAFS 光谱和 EXAFS 参数[102]

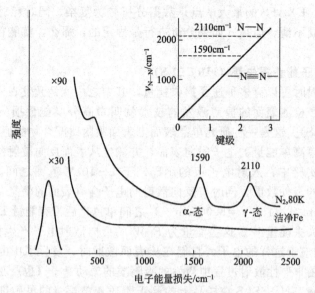

图 10-29 表面化学吸附键不同的吸附氮分子的高分辨电子能量损失谱
注意一下，化学吸附键影响吸附分子物种的键级[103]

但是，典型的灵敏度是相当高的，这部分是由于高的非弹性的电子截面 A，检测极限可达 10^{-4} 的单层，例如对强偶极散射分子 CO 能够成功检测。另外，不像许多别的表面光谱，HREELS 还能检测吸附的氢。这也是一种非破坏性的技术，还可用来考察弱吸附物种和那些对束破坏敏感的物种，例如，烃类覆盖层的振动模式。HREELS 可接受的光谱范围相当大，典型的实验可在 $200\sim400cm^{-1}$ 之间考察。除了基础之外，由于谐波（overtone）、带的组合以及多重损失的能量损失也都可以区分。

HREELS 的一个明显缺点就是：电子能以三种机理激发表面的振动模式，即偶极散射、撞碰散射和共振散射。通过分析非弹性散射电子的角变化，可以对表面吸附配合物做出完全对称的指认。HREELS 的主要缺点还有仪器的分辨率相对地差，特别是和光学技术，例如与 IR 比较时，后者可以在 $1\sim10meV$ 之间变动，另外还需要使用平的、最好是导电的底物。

二、离子光（能）谱

（一）二次离子（中子）质谱（SIMS，SNMS）

当低能离子束（$\leqslant5keV$）撞击表面时，离子能穿透样品，在和靶原子一系列的非弹性碰撞中失去其能量。这将导致二次离子和中子从表面发射。另一个可能性是离子从表面原子（低能离子散射）的弹性散射，或者，当利用高能离子时，从样品深处的原子（rutherford）反向散射。另外，离子还能通过从样品取得电子被中和。

二次离子质谱（SIMS）是最灵敏的表面技术，但是也是最难以定量的[104,105]。当表面暴露在离子束（Ar^+，$0.5\sim5keV$）时，通过多次撞碰能量就在样品的表面区域内积聚，其中有些能量可返回到表面并促进原子和多原子簇发射（脱附）。在 SIMS 中，正的或者负的二次离子可直接用四极质谱仪检测，在最近开发出的 SNMS 中，二次中子可被离子，例如在进入质谱仪前通过电子碰撞离子化。

图 10-30 示出了通过氧乙基锆和载体羟基缩合反应，新制成的由氧化硅担载氧化锆的催化剂前体的正的 SIMS 谱[94]。注意一下简单离子（H^+、Si^+、Zr^+）和分子离子（SiO^+、$SiOH^+$、ZrO^+、$ZrOH^+$、ZrO_2^+）能同时存在，还能清晰地看到锆的同位素花样。同位素在鉴定峰时非常重要，因为所有峰强度的比应该和自然的丰度相同。另外，从担载在铟薄片上的氧化硅上的锆所期望的峰，图 10-30(a) 的谱还包含着 Na^+、K^+ 和 Ca^+ 的峰，这对 SIMS 是典型的：灵敏度可在几个数量级的范围内变动，同时，像元素，碱金属当只有痕量时也能检测出来。

SMIS 严格地说是一种破坏性的技术，在动态模型中，为了制得浓度的深处图形，每分钟需要除去几个单层；但是在静态的 SIMS 中，除去的速度只相当于每小时一个或一个以上单层，包括测定（在秒和分之间）时改变表面的结构。在这样的情况下，可以认为，分子、离子的碎片确实可以代表表面的化学结构。

SMIS 的优点有它的高灵敏度（对某些元素有 10^{-6} 级的检测限度）和它们有检测氢的能力，以及检测与表面上母体存在易处理关系的分子碎片的发射。缺点是形成二次离子还是一个很不易理解的现象，同时，定量常常也是很困难的。主要不足之处是模板效应：一个元素产生的二次离子可以随其化学环境而有巨大的变化，这一模板效应以及元素的灵敏度，在经由周期表变化时，可以在 5 个量级的范围内变化。这对工业催化剂的 SIMS 光谱作定量表示变得绝对地困难。

即使有定量的问题，但只要利用合适的参考材料，由 SIMS 还是可以获得有用的信息的。图 10-30(b) 和图 10-30(c) 给出的光谱，说明了 ZrO_2^+、ZrO^+ 和 Zr^+ 的相对强度包含着锆的化学环境的信息：锆的醇盐（O：Zr＝4：1）谱 [10-30(b)] 指出，ZrO_2^+ 和 ZrO^+

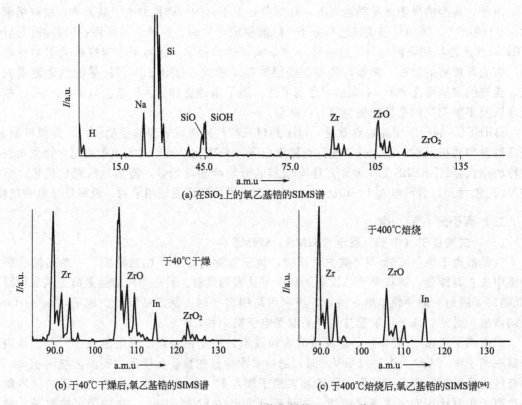

(a) 在SiO₂上的氧乙基锆的SIMS谱

(b) 于40℃干燥后,氧乙基锆的SIMS谱

(c) 于400℃焙烧后,氧乙基锆的SIMS谱[94]

图 10-30　ZrO₂/SiO₂ 催化剂的正 SIMS 谱

信号较之焙烧和 ZrO_2（O：Zr=2：1）有较强的信号。表达这一信息的途径只有和具有 ZrO_2 参考谱的催化剂以及锆的醇盐对比[94]。

对单晶来说，模板效应就大大地消除了。通过别的技术，例如电子能量损失谱，或者，热脱附谱，对获得的 SIMS 进行校正，就可以获得很好的结果[104]。这里，SIMS 提供了一个激动人心的远景，那就是在反应进行的实际时间内可以监控催化反应中的反应物、中间化合物和产物。

SNMS 并不需要承受和离子化结合在一起的模板效应。这里，对某一元素的灵敏度主要取决于溅射收率，溅射相对来说已经有所了解，所以已演示过很好定量的 SNMS 技术，SNMS 相对来说是一种新技术，至今尚未在催化剂上做过完整的开发。

（二）低能离子散射（LEIS）

低能离子散射也称离子散射光谱（ISS）。能量为几千电子伏的惰性气体离子束从固体表面弹性地散射，离开离子的能量由能量和动量守恒所决定，并涉及散射的靶原子的质量。当离子的能量检测器放置在与入射线成 90°角处时就有：

$$E/E_0 = (M_{at} - M_{ion})/(M_{at} + M_{ion}) \tag{10-28}$$

式中，E_0 为入射离子的能量；E 为散射后离子的能量；M_{ion} 为入射离子的质量；M_{at} 为和离子碰撞的原子的质量。因此，反向散射离子的能谱和表面原子的质量谱相当[100]。图 10-31 示出的是担载在氧化铝上的氧化催化剂的 LEIS 图谱。和能量的表达式相一致，图 10-31 还可以说明一次离子在重离子损失的能量要比在轻原子上的小。La 的分散可以通过 LEIS 图谱中相应峰的 La/Al 比值强度反映出来。当氧化镧出现在微粒中时，La/Al 的比值较小，但当它形成单层时，比值就会变大。这种情况和以前在 XPS 中讨论 ZrO_2/SiO_2 的例子相类似，差别仅在于现在的信息来自外面的一层或者二层。图 10-31 中的图谱还表明 La_2O_3 在高温下能在载体上铺开[107]。

有两个因素决定着散射束的强度：入射离子-靶原子结合的散射截面以及离子在和固体相互作用中和的概率。后一个量可使 LEIS 表面灵敏：1keV 的 He 离子在通过一层底物原子时中和概率约为 99%，因此，大多数到达检测器的离子必须从最外层散射出来。现在，并没有简单的理论可以适当地描述散射截面和中和概率，但是，满意的校正方法是利用已有的参考样品。

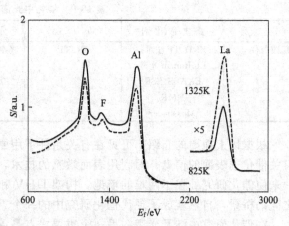

图 10-31　于 825K 和 1325K 焙烧后的 La_2O_3/Al_2O_3 催化剂取自 3keVH$^+$ 束的 LEIS 图谱

由图 10-31 可见，高温时氧化镧在氧化铝上铺开[107]。

LEIS 能为多组分材料的外层化学组成提供定量这一事实，已使这一技术成为催化剂表征的有力工具。但是，对有些物质的分辨能力可能妨碍了某些应用，例如，在周期表的重金属范围内（如，Pt 和 Ir，Pd 和 Ag）对水平邻近的原子很难区分。LEIS 的一个有意义的特点是：二层中的原子通过峰向低能的宽化可以和第一层中的相区分。这是因为在第二层中散射的离子有相当的机会把路上的附加能量反向经由第一层予以释放的关系（注意一下，图 10-31 中载体 Al 峰的低能量一侧，在本底中的高价梯）。另外，组分的浓度深度绘图可以用离子束的溅射作用进行考察。

在 Rutherfold 反向散射（RRS）中，使用的是从原子核向靶散射的高能量的 H$^+$ 或 He$^+$（1~5MeV）一次束，一部分入射离子向回散射并接着对能量进行分析。和在 AEIS 中一样，能量图表示成为质量图，但是，这个时间恰好是样品内在的特征性质[92]。

三、结论和展望

在本章中，限于介绍表征催化剂的最常用的技术。当然还有许多也能用于催化剂研究的光谱技术，例如磁共振波谱［核磁共振（NMR）、顺磁共振（ESR）］、Mossbauer 波谱、Raman 光谱、扫描隧道显微镜（STEM）、原子力显微镜（AFM）、量热技术、热重分析、热磁分析以及 X 射线小角度衍射（SAXS）等。已经讨论过的许多强有力的表面科学技术，都是对考虑很好确定的表面和在上吸附的物种的无价的工具，而且都已在开发催化剂的新观点方面做出了极大贡献。

原则上可以通过两种途径进行催化的基础研究：研究催化性质以及催化剂组成和结构之间的关系。第一个途径是模拟催化剂的表面，例如使用单晶。通过利用合适的表面光谱组合，在原子水平上的表征肯定是可能的。但是，优点虽然可以在实际条件下研究真实样品的催化性质，但大多数的表征是在超高真空条件下而不是在实际反应条件（压力大于 1.01×10^5 Pa）下获得的。

第二个途径是用原位技术，例如原位红外、Mossbauer 和 XRD 等，在反应条件下，或者更经常地在反应骤冷之后，在可控环境中进行。但是，这样的原位技术不能获得足够专一的从原子到原子的表面表征，最多只能决定微粒的组成。这种情况可以用表 10-9 表示出来。

表 10-9 催化中光谱研究的分类

分　类	真实催化剂	单　晶	分　类	真实催化剂	单　晶
反应条件	XRD、TP 技术，IR、Raman 光谱 EXAFS、ESR NMR Mossbauer	IR、TP	真空	XPS，SIMS SNMS，LEIS RBS，TEM	所有表面科学技术

　　根据以上扼要的介绍，可见在有关条件下用原位技术研究真实的催化剂，只能给出不多有关催化剂表面的信息；而利用表面敏感的技术，又常常只能用于高真空的模型表面，这样一来使催化研究处在了两难的境地。构架 UHV 和高压之间以及单晶表面和真实催化剂表面之间的桥梁，自然就成了现代催化研究中的一个重要课题。

　　在催化研究中涉及光谱的另一个重要之点是催化科学和光谱学都是多学科的，需要相当多的专业。例如，催化剂的状态常常取决于制法、处理条件，甚至环境，所以重要的是要用经过仔细选择的有关条件和经过适当处理的催化剂。正确表达催化剂的光谱也需要有实际经验和光谱方面丰富的理论背景，包括物理化学和固体物理学。因此，光谱方面和催化方面的专家密切合作，可能是获取有意义和正确表达结果的最佳途径。

　　最后，这样的现实是可取的。虽然许多技术能为催化剂提供有用的信息，但这未必能获得从基础观点看所需的信息。在这样的情况下，战略上最好是把那些至少能告诉人们有着催化剂信息的所有技术组合起来。这在催化的文献中已有一些这样的例子，而且这样的处理相当成功。

参 考 文 献

[1]　Roquerol J, et al. In：Characterization of Porous Solids Ⅲ. Amsterdam：Elsevier, 1994. 1.

[2]　Kaneko K, Member J. Sci, 1994, 96：59.

[3]　Gregg S G, Sing K S W. Adsorption, Surface Area and Porosity. Acad Press, 1982.

[4]　Everett D H. In：Characterization of Porous Solid. Amsterdam：Elsevier, 1988. 1.

[5]　Sing K. S. W. In：Characterization of Porous Solids Ⅱ. Elsevier, Amsterdam. 1991, 1.

[6]　Richardson J T. Principles of Cataltsts Development. N. Y. ：Plenum Press, 1989.

[7]　Sanfilippo D. The Catalytic Process from Laboratory to the Industrial Plant, Proc. Of the 3rd Seminar of Catalysis, Rimini. 1994.

[8]　Sing K S W, et al. Puer Appl Chem, 1985, 57：603.

[9]　Barrer R M, et al. J Colloid Interface Sci, 1956, 479.

[10]　Cohen L H. J Amer Chem Soc, 1944, 66：98.

[11]　Deboer J H. The Structure and Properties of Porous Materials. London：Butterworth, 1958.

[12]　Barrer M R, McLeod D M. Trans Faraday Soc, 1954, 50：980.

[13]　McEnaney B, Mays T J. In：Roquerol J, et al. Characterization of Porous Solids Ⅲ. Elsevier, Amsterdam, 1994. 327.

[14]　Deexpert H, Callezot P, Leelercq C. In：Imelik B, Vedrine J C. Catalyst Characterization. N. Y. ：Plenum Press, 1988. 509.

[15]　Young O M, Crowell A D. Physical Adsorption of Gases. London：Butterworth, 1962..

[16]　Halsey G D. J Chem Phys, 1948, 16：931.

[17]　Dubinin M M, Radushkevich L V. Proc Acad Sci USSR, 1947, 55：331.

[18]　Dubinin M M, Stoeckli H F. J Colloid Interface Sci, 1980, 75：34.

[19]　Horvath G, Kavazoe K K. J Chem Eng Japan, 1983, 16：470.

[20]　Saito A, Foley H C. AIChE J, 1991, 37：420.

[21]　Seaton N A, Walton J P R B, Quirke N. Carbon, 1989, 27：853.

[22]　Lastoskie C, et al. in Proc Of the Intern. Symposium on Effet of Surface Heterogenity in Adsorption and Catalysis. Kazimierz Dolny, Poland, 1992.

[23]　Olivier J P, et al. ibid.

[24]　Barret E P, Joiyner L G. J Amer Chem Soc, 1953, 73: 373.

[25]　Webb S W, Cconner W C. In: Characterization of Porous Solids Ⅱ, cf. [5].

[26]　Setoyama N, et al. Langmuir, 1993, 9: 2612.

[27]　Ritter H L, Drake L C. Ind Eng Chem Analyst Ed, 1945, 17: 782.

[28]　Day M, et al. In: [1], 225.

[29]　Adkin B D, Heink J B, Davis B H. Ads Sci Technol, 1987, 4: 87.

[30]　Satterfield C N. Mass Transfer in Heterogeneous Catalysis. Cambridge: MIT Press, 1970.

[31]　Ben Tarrit Y. In [14], 91.

[32]　cf [15].

[33]　Lippens B C, Deboer J H. J Catal, 1965, 4: 319.

[34]　Lowell S, Shields Joan. Poder Surface Area and Porosity. 2nd edn. Chapman and Hall, London, N. Y., 1984. 218.

[35]　Leofanti G, Pudovan M, Tozzola G, Ventarelli B. Catal Today, 1998, 41: 207~219.

[36]　Anderson R B, Dawson P T. Experimental in Catalytic Research. Vol. 2, Vol. 3. N. Y.: Acad Press, 1976.

[37]　Thomas J M, Lambert R M. Characterization of Catalysts. N. Y.: John Willey, 1980.

[38]　ASTM Committee D-32., 1985; Annual Book of ASTM. Standards, Vol. 5, 03, American Society for the Testing of Materials, Phildelphia, 1985.

[39]　Trapnell B M W. Chemisorption. London: Butterworth, 1964.

[40]　Den Otto G J, Dantzenberg F M. J Catal, 1978, 53: 116.

[41]　Cvetnovic R J, Amenomia Y. Adv Catal, 1977, 17: 103.

[42]　Schwarz J A, Falconer J L. Catal Rev, 1985, 25: 141.

[43]　Benesi H A, Winquist B H C. Adv Catal, 1975, 27: 97.

[44]　Forni L. Catal Rev, 1973, 8: 65.

[45]　Eischens R P, Pliskin W A. Adv Catal, 1958, 10: 1.

[46]　Little L H. Infrared Spectra of Adsorbed Species. N. Y.: Acad Press, 1966.

[47]　Schmidt L D. Catal Rev, 1974, 9: 115.

[48]　Klinowshi J. Chem Rev, 1991, 91: 1459.

[49]　Van't Blik H F J, Niemantsverdriet J W. Appl Catal, 1984, 10: 155.

[50]　Cohen J B, Schwartz L H. Diffraction from Materials. N. Y.: Acad Press, 1977.

[51]　Phillips M G, Ternan M. Proc. of 9th Congr On Catal. Calgary: 1988. Ottawa: The Chem. Institute of Canada, 1988.

[52]　Delgass W N, Haller G L, Kellmann R, Lunsford J H. Spectroscopy in Heterogeneous Catalysis. N. Y.: Acad. Press, 1979.

[53]　Fierro J L G. Spectroscopic Characterization of Heterogeneos Catalysts. Amsterdam: Elsevier, 1990.

[54]　cf [37].

[55]　Niemantsverdriet J W. Spectroscopy in Catalysis; an Introduction. Weinheim: VCH, 1993.

[56]　Klug H P, Alexander L E. X-ray Diffraction Procedures. N. Y.: John Willey and Sons.

[57]　Bish D I, Post J E. Structures and Structure Determination. Springer, 1999.

[58]　Cohen J B, Schwartz L H. Diffraction from Materials. N. Y.: Acad. Press, 1977.

[59]　Delannay F. In: Characterization of Heterogeneous Catalysts. N. Y.: Dekker, 1984.

[60]　Baker R T K. Catal Rev Sci Eng, 1979, 19: 161.

[61]　Fadini A, Schnepel F M. VibrationalSpectroscopy. Chichester: Ellis Horwood Ltd, 1989.

[62]　Van Gruijthuijsen L M P, Van Wolput J H M C. Unpublished Data.

[63]　Topsoe N Y, Topsoe H. J Catal, 1983, 84: 386; J Elec Spectr Relat Phenom, 1986, 39: 11.

[64]　Knozinger H, Ratnasamy P. Catal Rev Sci Eng, 1978, 17: 31.

[65]　Van Santen R A. Theoretical Heterogeneous Catalysis. World Scientific, 1991.

[66]　Van Veen J A R, Weltmaaat F T G, Jonkers G. J Chem Soc Chem Commun, 1985, 1656.

［67］ Sibejn M, Spronk R, Van Veen J A R, Mol J C. Catal Lett, 1991, 8: 201.

［68］ Holmgren A, et al. Appl Catal B Enviromental, 1999, 22: 215~230.

［69］ Selvam P, Viswanathan B. Unpublished Results.

［70］ Srlvam P. Physico-Chemical and Surface Studies on some Hydrogen Storage Materials, Ph. D. Thesis (Indian Institute of Technogy, Madras, 1987).

［71］ Fubini I B, Giamello E, Trifiro F, Vaccari A. Thermochim Acta, 1988, 133: 155.

［72］ Bradley A J, Illingsworth J W. Proc Roy Soc (London), 1936, A157: 113.

［73］ Hayashi H, Moffat J B. J Catal, 1981, 77: 473.

［74］ Hayashi H, Moffat J B. ibid, 1983, 83: 192.

［75］ Hodnett B K, Moffat J B. ibid, 1984, 88: 253.

［76］ Gunter J R, Bensch W. J Solid State Chem, 1867, 69 .

［77］ Visvanathan B, Omana M J. Unpublished Results.

［78］ Omana M J. Physico-Chemical Properties of 12-Tungsto-Phosphoric Acids and Salts, Ph. D. Thesis (Indian Institute of Technology, Madras, 1989).

［79］ Gatte R R, Phillips J. Thermochem Acta, 1988, 133: 149.

［80］ Direnzo F, Mazzochia C, Anouchinsky R. ibid, 1988, 133: 163.

［81］ Petranovic N A, Bogdanov S S. ibid, 1994, 233: 197.

［82］ Dossi C, Fusi A, Psano R. ibid, 1994, 236: 165.

［83］ Banwell C N. Fundamentals of the Molecular Spectroscopy. N. Y.: Tata McGraw Hill Pub. Co. Ltd, 1979.

［84］ Herzberg G. Molecular Spectra and Molecular Structure. Vol, 1, Vol. 3. Nostrand, 1967.

［85］ Rao C N R. Ultra-Violet and Visible Spectroscopy. Butterworths, 1961.

［86］ Sutton D. Electronic Spectra of Transition Metal Complexes, McGrsw-Hill, 1968.

［87］ Stone F S. Surface Properties and Catalysis by Non-Metal, Boston, 1983. 237~273.

［88］ Imelik B, Vedrine J C. Catalyst Characterization: Physical Techniques for Solid Materials. Chapter 4. N. Y.: Plenum Press, 1994.

［89］ Marion M C, Carbouski E, Primet M, Primet J. J Chem Soc, Faraday Trans, 1990, 86: 3027.

［90］ Schronheydt A A, Roodhoft D, Leeman H. Zeolites, 1987, 7: 412.

［91］ Mark M, Schultz-Ekloff G, Jaeger N I, Zukai A. Stud Surf Sci Catal, 1991, 69: 189.

［92］ Borg H J, Van den Oelelaar L C A, Van Ijzendorn L J, et al. J Vac Sci Technol, 1992, A10: 23~37; Catal Lett 1993, 17: 81.

［93］ Wagner C D, Riggs W M, Davis L E, et al. Handbook of X-Ray Photoelectron Spectroscopy. Eden Praire: Perkin-Elmer Cooperation, 1979.

［94］ Meijers A C Q M, de John A M, Van Gruijthnijsen L M P, et al. Appl Catal, 1991, 70: 53.

［95］ Kuiper H P C E, Van Lenven H C E, Viser W M. Surf Interface Anal, 1986, 8: 235.

［96］ Muijser J C, Niemantsverdriet J W, Wehman-Ooyevaar I C M, et al. Inorg Chem, 1992, 31: 2655.

［97］ Kopik H, de Jong A M. Unpublished data.

［98］ Eshelman L M, de Jong A M, Niemantsverdriet J W. Catal Lett, 1991, 10: 201.

［99］ Koningsberger D C, Prins R. X-rayAbsorption. Willey, 1987.

［100］ Van Zoo-Dijvenvoorden F B M. Thesis, Eindhoven University of Technology, 1988.

［101］ Mantens J H A. Thesis, Eindhoven, 1988.

［102］ Bouwens M A M, Prins R, de Beer V H J, Koningsberger J. J Phys Chem, 1990, 94: 3711.

［103］ Rao C N R, Ranga Rao G. Surface Science Reports (a review), 1991, 13: 221~263.

［104］ Bord H J, Niemantsverdriet J W Specialist Periodical Report. Vol. 11. In: Catalysis. Spivey, J J, Agarwal S K. Cambridge: The Soc. Of Chem. , 1994.

［105］ Viekerman J C, Brown A, Reed N W. Secondary Ion Mass Spectroscopy: Principles and Applications. Clarendon Oxford, 1989.

［106］ Feldman L C, Mayer J W. Fundamentals of Surface and Thin Film Analysis. Amsterdam: North Holland, 1986.

［107］ Van Leerdam G C, Brongersma H H, Tijburg I M M, Geus J W. Appl Surf Sci, 1992, 55: 11.

第十一章 催化剂的制备

催化剂通常由两种或两种以上的成分所组成。在催化剂中，不同成分被集合在所需的结构和形状之中。在本章中，将先考虑催化剂的一组建构单元——结构单一的组分。这常常被考虑成载体材料（氧化硅、氧化铝和碳）、沸石和介孔材料。催化剂的集合过程最常见的包括在所述建构单元中加入另一种活性（金属、氧化物和配合物）组分，其中所指的一种是在载体材料上担载一种金属或者配合物，称为担载型催化剂；而另一类则是担载另一种金属氧（硫）化物。但未能形成独立结构的称为混合氧化物催化剂。担载型催化剂则将在本章第二节中介绍。

载体材料对活性组分来说是一种传输器，起着多方面的作用。其中，通过大表面积把活性成分铺展开来以增大活性相的表面以及铸入便于在工业反应器中使用的大颗粒是最重要的。活性相一般来说，含有催化剂总质量的 $0.1\% \sim 20\%$。在正常情况下呈小晶粒的形式，例如 1nm 的铂晶体或者 50nm 的银微粒。载体本身常常假定是催化惰性的，但是当和活性相成伴时，也能以特殊形式参与总的反应，也就是称为双功能催化作用。

在高表面载体中发现的典型材料有硅胶和 γ-氧化铝，它们的表面积在 $100 \sim 800 m^2/g$ 范围内；使用的低表面积载体（约 $1 m^2/g$）有 α-氧化铝和莫来石（氧化铝-氧化硅），这些氧化物载体材料事实上都是和为了制成热稳定性高的催化剂有关的热稳定性很好的陶瓷材料。炭是很有吸引力的一种载体，因为它在液体（水）中是化学惰性的，允许在精细合成的液相催化中应用。

微孔以及近来开发出的介孔固体是由一类和催化剂有关的材料所组成（参见第六章、第八章、第九章），这些材料因为有很好确定的孔道系统及活性位，可以在分子精度上建立起催化体系。由这些材料衍生的最重要的催化剂有酸性沸石，酸性位是通过晶体结构决定的。对催化转化，例如流态化裂解、烷烃异构都有很好的化学和立体选择性（参见第二章）。在本章中也将对沸石的合成进行讨论，同时还将简单地介绍介孔固体。

还有一类称为复合氧化物的催化剂，它们是在高温下催化氧化反应的重要催化剂，既要求有高的活性和选择性，还需有很好的热稳定性，这类催化剂虽然由多种氧化物所组成，但它们的结构比较单一和确定。例如尖晶石（A_2BO_4）、钙钛石（ABO_3）、白钨石（ABO_4）。现在除用做催化剂之外，也有用作高温载体的报道，也将在这一章中做些介绍。

对工业催化剂的制法做一般说明是不容易的，但是在许多情况下，可以在集合化学成分的化学操作以及把催化剂制成所需形状的加工步骤区分开来。不幸的是，成型过程从本质上说是依靠经验进行的，所以将在最后一节中对成型方法作扼要介绍。

第一节 结构单一的催化剂和载体

一、简单氧化物和单质

（一）氧化硅（SiO_2）载体的制备

（1）硅胶的制备

原料通常采用可溶性硅酸盐，这种溶液的主要变数有：a. 碱金属；b. 氧化硅对碱金属氧化物的摩尔比；c. 固体的浓度。

硅酸钠是作为 SiO_2 与 Na_2O 的摩尔比位于 $1.6 \sim 3.9$ 之间的玻璃而生产的，以整块，或者粉状、部分水解的粉以及浓缩溶液出售。为了生产沉淀的氧化硅，通常使用比例约 3.25 的硅酸钠溶液，不用低比例的。因为这样可以节省用于每单位质量硅所需中和碱的酸，比较经济[1]。在水溶液中，这种硅酸钠不仅含有硅酸物种的单体（SiO_4），还有二聚体（$Si_2O_7^{6-}$）、三聚体（$Si_3O_{10}^{8-}$）、四聚体（$Si_4O_{20}^{8-}$）和高齐聚体，例如双四环状的八聚体（$Si_8O_{20}^{8-}$）：

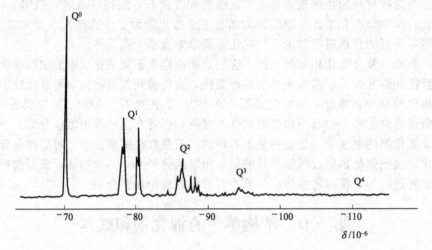

SiO_4^{4-} $Si_2O_7^{6-}$ $Si_3O_{10}^{8-}$

$Si_4O_{12}^{8-}$ $Si_8O_{20}^{8-}$
四元环   双四环

考察这些物种的强有力的工具是 $^{29}Si—NMR$，见图 11-1。在硅酸溶液的 $^{29}Si—NMR$ 谱中，可以观察到和聚硅酸离子中不同位置的 ^{29}Si 核相应的线。可以观察到单体硅酸单元的最大的化学位移值（相对于四甲基硅烷的 $\delta = -7.15 \times 10^{-5}$），而在低的化学位移处（$\delta = 1.10 \times 10^{-4}$）也能观察到全缩聚的硅原子的共振体 [即 $Si—(SiO)_4$，四硅氧硅烷]。

图 11-1　硅酸钾 $SiO_2/K_2O = 1.0$ 溶液的典型 $^{29}Si—NMR$ 谱图[2]

为了区分不同的信号，根据硅氧桥 [$Si—(O—Si)_n$，$n = 0, 1, 2, 3, 4$] 的数值 n，分别引入了 Q^0、Q^1、Q^2、Q^3 和 Q^4。从这些硅酸溶液形成硅胶的步骤如下所述。

先通过加入酸（常常是 H_2SO_4），降低溶液的 pH 值，根据下列平衡形成硅酸基团：

$$\hspace{-1cm}\overset{|}{\underset{|}{\gg}}Si{-}O^- + H_3O \longrightarrow \overset{|}{\underset{|}{\gg}}Si{-}OH + H_2O$$

① 形成的硅醇具有强烈的聚合趋势，可以形成带有最大硅氧烷（Si—O—Si）键和最少未缩合 Si—OH 基团的聚合物。主要的聚合反应为：

$$\gg Si{-}O^- + HO{-}Si \leqslant \rightleftharpoons \gg Si{-}O{-}Si \leqslant + OH^-$$

② 在聚合的最早阶段，可能会导致形成环结构。例如，环四聚体，接着再在其上加入单体并和环状齐聚物结合在一起形成更大的三维分子，这些再通过留在外边的 $\gg$Si—OH互相缩合成最紧密的状态。

③ 最后生成球状单元，实际上就是进一步发展成大微粒的核，因为小的微粒要比大的更加容易溶解，同时，由于所有微粒大小并不相同。微粒生长成平均大小，但在数目上减小至可以溶解为止，使氧化硅淀积在较大的微粒上面（Ostwald 催熟）。

④ 在 pH 值大于 6 或 7，以致高达 10.5 时，氧化硅就开始成为硅胶溶解，这时氧化硅微粒是带负电荷的，而且相互排斥。这样一来，它们就不再相互撞碰，而微粒就能不再集聚而连续地生长。但是，如果存在的盐浓度大于 0.2~0.3mol，这是当硅酸钠用硫酸中和时可能发生的，如果是这样，电荷之间的排斥作用就会降低，同时发生集聚和胶化。

⑤ 在低 pH 值时，微粒带有不大的离子电荷，因此，能相互撞碰和集聚成链然后成胶体骨架。

从单体至大微粒，乃至胶体的聚合作用中的连续步骤可详细地示于图 11-2 中。

用这一方法制得的硅胶和由碱为酸中和所得的盐（常常是硫酸钠溶液）溶液相混合，盐可以通过过滤和洗涤胶除去。由此法制得的硅胶中的孔为水所填充，叫做水溶胶（aquagel）。从这样的胶可以通过蒸发除去水而制得干凝胶（xerogel）。

干凝胶的结构可以被压缩，当除去水之后，由于表面张力的关系，孔度至少可以减少到一定的程度。气凝胶（aerogel）是干凝胶的一种特殊形式，其中水已被除去至可以防止任何崩塌，或者当除去水之后发生结构

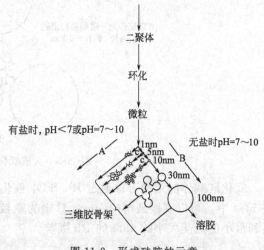

图 11-2 形成硅胶的示意

变化，特别是当充满水的凝胶加热时常常可以制成一种醇凝胶（alcogel）：在高压釜中加热至液体的临界点以上，放出蒸气，这样就不再有液体蒸气的内表面。

所有低于 150℃由水干燥的氧化硅都有完全的羟基表面，其末端结构是硅醇基团，这样常容易为水以及水溶性有机分子所湿润：

$$\begin{array}{ccccc} OH & OH & OH & OH \\ | & | & | & | \\ {-}O{-}Si{-}O{-}Si{-}O{-}Si{-}O{-}Si{-}O{-} \\ | & | & | & | \\ O & O & O & O \\ | & | & | & | \end{array}$$

根据 Bohm 的意见，氧化硅上 $\gg$Si—OH 基团的浓度比较一致，每 nm^2 上有 6.6 个 OH 基[3]。

例如，由 AKEO　Nobel 和 Davisan 公司生产的作为催化剂原料的商品氧化硅硅胶，其表面积位于 100~600m^2/g 之间，孔体积位于 0.3~2.0mL/g 之间。这样的硅胶含有的杂质

主要有 S(硫酸)、Na、Fe 和 Ti。

（2）由蒸汽淀积氧化硅——火成氧化硅。

极纯的氧化硅可由纯制的 $SiCl_4$ 于高温下氧化或羟化制得：

$$SiCl_4 + O_2 \longrightarrow 2Cl_2 + SiO_2$$

$SiCl_4$ 可以在氧气中焙烧成 SiO_2 和 Cl_2。但是，当 $SiCl_4$ 和 CH_4 混合之后，就可用较简单的设备焙烧成细 SiO_2 和 HCl：

$$SiCl_4 + CH_4 + 2O_2 \longrightarrow SiO_2 + CO_4 + 4HCl$$

用此法生产的氧化硅都知道它的商品名：在欧洲由 Degusa 生产的叫 "Aerosil"，而在美国 Cabot 生产的叫 "Cabosil"。

这种由灼烧制得的氧化硅的结构，已由 Barby 作过讨论[4]，特别是有关它们的表面积。认为起始缩合的微粒直径大概只有 1nm，而且堆积得非常紧密（高配位数），呈 10~30nm 的二级微粒，只有很少量的氮能穿透它们之间的微孔。因此，二次微粒就像可在电镜中一般检测出的那样，可以决定其表面积。它们是大容积集聚结构的一级微粒，约具有低配位数 3（见图 11-3）。因为只有低品位的杂质，这种氧化硅可用作基础研究的催化剂载体。

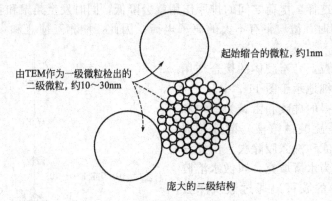

图 11-3 火成氧化硅的结构示意图

氧化硅载体的结构可以通过 Rh/SiO_2 催化剂的透射电镜（TEM）照片得到说明[5]。在图 11-4 中，可以观察到与约 10nm 对比的微粒。这是表面积约 $300m^2/g$ 的载体的微粒，最黑和最小的点是大小约 1nm 的 Rh 微粒。

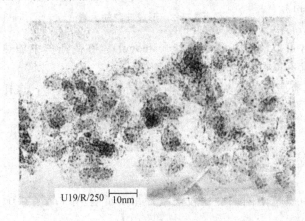

图 11-4 含 4%（质量分数）Rh 的 Rh/SiO_2
催化剂的 TEM 电镜图
预先已在 250℃还原[5]

（二）氧化铝载体的制备

由于 $Al(OH)_3$ 的双性关系，既可以溶于酸也可以溶于碱溶液之中。在酸溶液中，当 pH<2 时，铝的存在形式溶剂化的 Al^{3+}；而在碱溶液中，当 pH>12 时，将以铝酸根离子 $Al(OH)_4^-$ 的形式存在。

从酸性 Al^{3+} 的水溶液开始（例如硫酸铝溶液），如果通过添加碱溶液，当 pH 值下降到 3 时，就会发生沉淀。起始的沉淀物是类似于胶体的物质，其中含有一水软铝石 $[AlO(OH)]$ 的微晶。如果未经陈化，就把它过滤和焙烧至 600℃，可以得到无定形材料。这种材料如果一直焙烧到温度超过 1000℃ 以上也能保持无定形，但在更高温度下就能转化成 α-Al$_2$O$_3$。

如果起始呈微晶的一水软铝石胶浆在 40℃ 陈化，即可转化成三羟铝石，这是 Al(OH)$_3$ 的一种晶体。如果把这种产物过滤出来，干燥然后焙烧就可以得到称为 η-Al$_2$O$_3$ 的一种晶体。如果焙烧温度更高些，就会生成另一种称为 θ-Al$_2$O$_3$ 的产物，后者在温度超过 1100℃ 时也能转化成 α-Al$_2$O$_3$。

三羟铝石也可以通过胶浆在较高温度（80℃）和 pH$\cong$8.0 时进一步陈化，从而转化至更加结晶的一水软铝石形式，称之为晶体一水软铝石的产物。当这种沉淀物过滤和洗净后加热，就可以变成另一组化合物：γ-Al$_2$O$_3$ 和 δ-Al$_2$O$_3$，它们和 η-Al$_2$O$_3$ 及 θ-Al$_2$O$_3$ 十分类似，但并非等同。在加热至超过 1100℃ 时，γ-Al$_2$O$_3$ 即可转化成 α-Al$_2$O$_3$。如果三羟铝石在高 pH 时老化，还可转化成三水铝石，后者还可转化成它的脱水形式：χ-Al$_2$O$_3$ 和 κ-Al$_2$O$_3$。这些材料在催化剂载体中的用途并不重要。

也可能使用碱性的 Al(OH)$_4^-$ 溶液通过添加酸开始。在 pH$<$11 时，就会沉淀出胶体状的三羟铝石，以后就可和上述一样进行处理。

最后还可以用如下方法直接制备一水软铝石晶体：只要在 pH$=$6$\sim$8 的范围内，将酸和碱同时加入反应器中进行沉淀。

制取各种氧化铝的不同途径可以用图 11-5 示出。

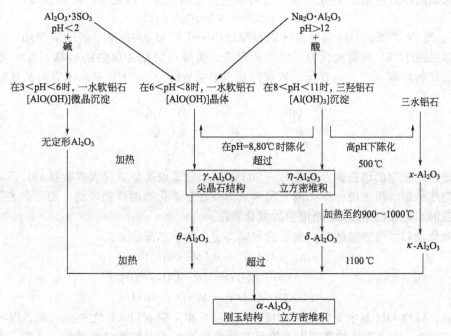

图 11-5　形成不同形式氧化铝途径的示意图

用于催化剂载体的重要化合物有 γ-Al$_2$O$_3$ 和 η-Al$_2$O$_3$，特别是前者。它们都是表面积大（15$\sim$300m^2/g）以及表面酸度可控的、热稳定载体的代表。

氧化铝和氧化硅在催化中的主要用途之一都是作为担载型催化剂的载体。它们在结构上的共同特点是这类氧化物的表面都能与之接触的活性相前体，提供可与之作用的部位，也就是不同类型的，用粗略区分为酸性、中性和碱性的羟基，以及配位不饱和（C、U、S）的金属位（Lewis 酸中心）。羟基可以通过 IR 光谱区分开来；对给定氧化物，低波数的是 OH

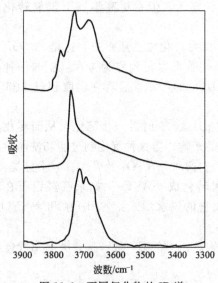

图 11-6　不同氧化物的 IR 谱
（OH 基伸展区的）

从上至下：γ-Al₂O₃、SiO₂ 和 TiO₂

基的伸展频率，具有较酸的特性；某些重要的有代表性的酸性载体材料，如 γ-Al₂O₃、SiO 和 TiO₂ 等的 IR 光谱（O—H 伸展区）示于图 11-6 中。粗略地说，在 γ-Al₂O₃ 中，OH 谱可以区分为三个带系，并被定义为表面 OH 构型；高频带是由于类型 Ⅰ 的结构，而中间和低频的则分别由于类型 Ⅱ 和Ⅲ 的结构：

Ⅰ   Ⅱ   Ⅲ

与此类似，对 TiO₂ 有两个带系，高频带的相应于碱性的，也就是单一键合的羟基；而另一个则相应于更酸性的桥联羟基。氧化铝和氧化钛上Ⅰ类羟基的阴离子特性，可以和氟离子很好交换：

$$M—OH+F^- \longrightarrow M—F+OH^-$$

其次，TiO₂ 上的酸性羟基则能用例如甲基碘和对甲基磺酸很好甲基化说明。Cd²⁺ 也可以主要包括在这一族之中，可以期望：

$$TiOH+Cd^{2+} \rightleftharpoons TiOCd^+ +H^+$$

SiO₂ 的 IR 光谱的 OH 基伸展区域典型地由一个约在 3740cm⁻¹ 处的尖带和一个在低波数区（参见图 11-6）具有宽化特征的带所组成。尖带可归结为单独的羟基（A），也可以假定为双取代的羟基（B），而宽化的特点则是由于邻近的羟基（C）显示出有内部氢键。

A   B   C

但是，用化学的语言说，这些 Si—OH 基团十分难以区分，对大多数目的，可以把它们当作均匀地分布。附带说一下"内"羟基（即存在于氧化硅的体相内的，而不是表面的）有时是存在的，可以归结于 IR 光谱中的宽化特征。

当氧化物和水溶液接触时，表面的羟基即进入如下的平衡：

$$M—OH+H^+ \rightleftharpoons [M—OH_2]^+ \tag{11-1}$$

$$M—OH+H_2O \rightleftharpoons [M—OH_2]+OH^- \tag{11-2}$$

$$M—OH+OH^- \rightleftharpoons M—O^- +H_2O \tag{11-3}$$

这里，碱性 OH 基主要将包含在反应（11-1）和反应（11-2）之中，而酸性基团则在反应（11-3）中。表面交换的范围以及符号当然取决于和表面接触的溶液的 pH 值。净表面电荷为零时的 pH 值称为 PZC(零电荷点)。在这里讨论的氧化物中，γ-Al₂O₃ 是碱性最强的，PZC≈8；TiO₂ 酸碱性属于中间，PZC≈5～6；而 SiO₂ 是酸性最强的，PZC≈2。高于 PZC 值时，给定氧化物的表面是负电荷的，可以吸附阳离子；而低于 PZC 时，它是带正电荷的，就能吸附阴离子，既可以处在形成外界［反应（11-4）］，也可以处于形成内界［反应（11-5）］配合物的条件之下：

$$[M—OH_2]^+ +X^- \rightleftharpoons [M—OH_2]X \tag{11-4}$$

$$[M—OH_2]^+ +X^- \rightleftharpoons M—X+H_2O \tag{11-5}$$

一个形成外界配合物的很好例子是 $Co(CN)_6^{3-}$ 在 $\gamma\text{-}Al_2O_3$ 上的吸附，如图 11-7 所示，降低 pH 值，就可以使阴离子的吸附量有所增加，而在中和时，溶液就能重新被诱导使 $Co(CN)_6^{3-}$ 脱附。这一过程是完全可逆的。在内界配合物的情况下，并不总是如此。

催化剂前体在氧化物表面上的吸附可以通过化学相互作用模型来讨论。也就是说允许形成内界配合物。但重要的是文献上也确实提倡过另一些模型：一方面只允许形成外界配合物的物理吸附模型，而另一方面又假定在"吸附"时确实在前体和载体之间能够发生反应形成一个新相和多个相，后一种情况常常又被称为"淀积-沉淀"法。

这些氧化物表面的特性是用不同方法制备担载型催化剂的理论基础，本书将在下一节中介绍担载型催化的制备时作进一步阐述。

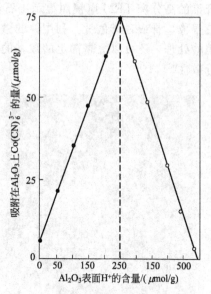

图 11-7　在 $\gamma\text{-}Al_2O_3$ 上，作为表面质子化函数的氰化钴离子的吸附
● 加 HNO_3；○ 加 KOH

（三）碳载体

碳载体因其具有大的表面积和在液体介质中的稳定性而和催化有关，另一个优点是易于从使用过后的催化剂回收贵金属，这里，只要通过烧去碳就可以成功，在液相的精细化学合成中非常适宜使用碳担载的贵金属催化剂。

碳的最重要形式列于表 11-1 中，其中，用作催化剂载体的最常用的有两种：最常见的活性炭和有相当潜力且相对新的碳纤维。

表 11-1　容易获得的碳材料的一些表面积数据

碳类型	来　源	表面积/(m²/g)	孔织构
活性炭	天然材料热介	500～1200	微孔、介孔、大孔
炭墨	烃类部分氧化	10～400	介孔
石墨	碳高温处理	0.3～300	介孔、大孔
碳纤维①	CH_4 在小金属微粒上分解	100～300	介孔

① 常常指碳纳米管。

活性炭，有时也指焦（木）炭，是通过天然或合成有机高聚物热解制成。大多数使用天然材料，可以从椰子壳到木材，热解之后由控制氧化，例如在 900℃ 进行活化，活化步骤可以增大可接受的炭表面。在活化状态，活性炭依然会有很多元素，如氢、氧、氮和对催化作用的硫，另外，还有无机残留物。来源于天然的原料，还在活性炭中留有一些"外来物质"，以致无法使材料性质重复生产；另外，材料中和亲水以及憎水相结合的宽的孔分布，也常常在生产担载型催化剂中，使安放金属成为一种"技艺"，而不是科学。然而，它的价格低廉和高表面积今天依然使它成为催化剂载体的一种选择。

最近，研究工作者相信，由甲烷和一氧化碳在小金属微粒上生长出的碳纤维（碳纳米管）有可能成为有吸引力的催化剂载体材料。C_1 气体在金属微粒上生成的碳纤维已早为人知。这种生长是甲烷水蒸气重整以及 Fischer-Tropsch 化学中催化剂失活的一处重要机理（参见第二章、第七章）。在 20 世纪 80 年代后期和 90 年代初期，许多研究小组[6,7]实现了有控制的碳纤维生长，从而为制取织构独一无二的石墨材料提供了方法。图 11-8 示出的 TEM 图是从甲烷在一种 Ni/Al_2O_3 催化剂上于 600℃ 生长所得的碳纤维束。在镍上，生长的纤维的高分辨 TEM 电镜照显示出石墨面的取向是非常有组织的（图 11-9）。这种类型的纤维很像鱼骨或者鲱鱼骨。利用铁的微粒就能制成和纤维轴平行的石墨平面的纤维。碳纤维用硝酸处理，还可以提高锚定的羧基的数目，从而提高 Pd 金属在 Pd/C 催化剂中已经很好的分散性[8]。

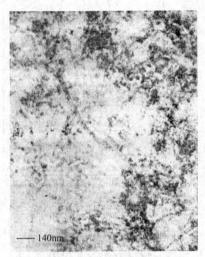

图 11-8　由甲烷在 Ni/Al_2O_3 上于 600℃
时制备的碳纤维束 TEM 图
注意一下纤维末端的金属微粒

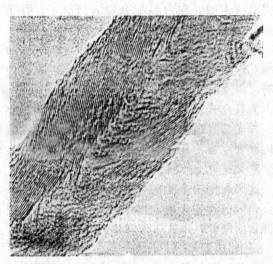

图 11-9　鱼骨型碳纤维的高分辨 TEM 图
注意一下石墨的晶格平面，距离在 0.34nm 之间

活性炭的表面包含多个含氧的基因，但是至今尚未做完全分析。一些酸性表面基因，如羧酸和酚羟基是常常存在的，但是活性炭的主要特点是具有弱的阴离子交换性。这些部位在结构上所具有的特点尚不清楚，最新的建议示于图 11-10 中。活性炭的另一个重要性质是能强烈地吸附芳族分子，这一性质有时也可用于制备催化剂时由阳离子和芳烃配体配位制成催化剂的前体，例如碳担载的过渡金属卟啉，一种双氧电化学还原的催化剂，就是把螯合剂从合适的溶液中简单地吸附在炭上制得的。

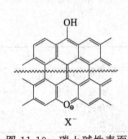

图 11-10　碳上碱性表面
氧化物的模型
X^- 表示可交换的原子[8]
波纹线表示两个氧官能团
可以分开一定距离，只需
要有适宜的共振结构

二、复合氧化物催化剂及载体

复合氧化物系指由两种或两种以上的简单氧化物，通过化学合成制得的一种新的有确定结构的多组分氧化物，这不同于由多种简单氧化物混合而成的混合氧化物，后者在结构上依然保留原来简单氧化物的晶体结构。例如，具有尖晶石结构的 $ZnAl_2O_4$ 为复合氧化物，而 $ZnO+Al_2O_3$ 则为混合氧化物；具有钙钛石结构的 $CaTiO_3$ 为复合氧化物，$CaO+TiO_2$ 则为混合氧化物等。对双组分复合氧化物可表示为 $A_xB_yO_z$，这类复合氧化物，根据原子 A 和 B 的电负性的大小，大体上可分成两类，一类就是通常所谓的复合氧化物，它由电负性差别不太大的 A 和 B 所组成，可以看作两种金属离子和氧离子的集合物，如上述的尖晶石、钙钛石等，另一类则是由电负性较小的 A 和电负性较大的 B 组成的氧酸盐，这里，B 原子和氧离子强烈地配位形成了含氧酸离子 BO_4^{n-1}，而 A 阳离子则与之组成离子性晶体。可以形成含氧酸离子的元素很多，如 B、Si、P、V、Cr、As、Mo、W 等。其中特别是 Si、P、Mo、W 等的含氧酸盐，如分子筛、杂多酸等是很重要的催化剂。

（一）具有特殊催化作用的复合氧化物结构

（1）尖晶石型复合氧化物

这类复合氧化物，包括结构按尖晶石 $MgAl_2O_4$ 组成的一大类化合物，其结构通式为 AB_2O_4，尖晶石属立方晶系，在结构中，O^{2-} 按 ccp 排列，每个立方晶胞中有 32 个 O^{2-}，晶胞化学式应为 $A_8B_{16}O_{32}$。在 O^{2-} 最密堆积所形成的八面体和四面体空隙中，阳离子按一定规律插入，保持电中性。其插入的类型和程度为：

$$A\left(\frac{3}{4}o\right)B\left(\frac{1}{4}o, \frac{1}{4}t\right)C\left(\frac{3}{4}o\right)A\left(\frac{1}{4}o, \frac{1}{4}t\right)B\left(\frac{3}{4}o\right) \cdot C\left(\frac{1}{4}o, \frac{1}{4}t\right)$$

即 $M_{3/4}O$ 或 M_3O_4。从上述占有情况，考虑到四面体空隙数比八面体孔隙数多一倍，而占据四面体的阳离子数又恰好是占据八面体空隙的阳离子数的一半；同时，每种空隙内的阳离子又不需要具有相同的电荷。这样，对常式尖晶石 $A^{2+}B_2^{3+}O_4$，A^{2+} 将有序地占据堆积中的四面体空隙位置，平均每八个四面体空隙位置有一个被 A^{2+} 所占据，而 B^{3+} 则有序地占据堆积中的八面体空隙位置，平均每两个八面体空隙位置上有一个放置 B^{3+}。图 11-11 给出了常式尖晶石的晶胞组成[10]，若标明配位情况，结构式可写作 $[A^{2+}]_t[B_2^{3+}]_oO_4$。对反式尖晶石，有一半的 B^{3+} 占据具有堆积中的四面体空隙位置，而另一半 B^{3+} 则和 A^{2+} 分布在八面体空隙中，结构式应记作 $[B^{3+}]_t[A^{2-}B^{3+}]_oO_4$，这属于一种缺陷结构。常式和反式尖晶石结构是两种极限情况，其间尚有种种中间状态。从以上可见，不管是何种尖晶石结构，有 2/3 阳离子呈八面体配位，而 1/3 阳离子则呈四面体配位。在八面体相互之间和与四面体之间，则分别通过共边和共顶点连结，如图 11-12 所示。

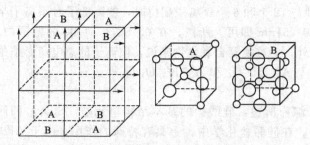 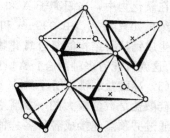

图 11-11　常式尖晶石结构的晶胞　　　图 11-12　尖晶石结构中八面体和四面体相互之间的连结方式

上面介绍过的 $\gamma\text{-}Al_2O_3$ 和 $\eta\text{-}Al_2O_3$ 也属于这种结构。因为这样的相似性以及结构中有氢原子，所以这两种氧化铝的化学式可以形式地记作：

$$\gamma\text{-}Al_2O_3 : H_{1/2}Al_{1/2}[Al_2]O_4$$
$$\eta\text{-}Al_2O_3 : Al(H_{1/2}Al_{3/2})O_4$$

其中有几个 Al^{3+} 处在四面体位置。在所有的可能性中，正如这里所建议的，质子并不能位于四面体或八面体位置中，除了在表面的 OH 基中。所以每八个 O^{2-} 中有一个在表面上成为 OH^-，这就是说。晶体是小的，同时，它们的表面主要由 OH^- 所组成。这样的结论和对 $\gamma\text{-}Al_2O_3$ 及 $\eta\text{-}Al_2O_3$ 表面积很大（约 $250m^2/g$）的测定是很好一致的，同时和这些结构包含着相对多的"结合水"也很符合。

氧化铝在催化中结构上的重要特征是它的大表面积和它常以层状形式出现，因此，往往只有一种表面起控制作用是最可能的。根据 Lippens 的意见[11]，就是 $\eta\text{-}Al_2O_3$ 的（111）晶面以及 $\gamma\text{-}Al_2O_3$ 和（110）晶面，这种差别对氧化铝在催化过程中的可用性是十分重要的。$\gamma\text{-}Al_2O_3$ 更适用于加氢脱硫，而 $\eta\text{-}Al_2O_3$ 则更适用作重整催化剂。$\eta\text{-}Al_2O_3$ 在两种氧化铝中

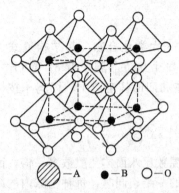

○ —A   ● —B   ○ —O

图 11-13　钙钛石的晶体结构

更酸性一些，这是由于四面体中的 Al^{3+} 密度更高的关系。

（2）钙钛石型复合氧化物及其同类物

钙钛石型化合物包括结构与钙钛石 $CaTiO_3$ 类似的一大类化合物。在这类化合物中，以通式为 ABO_3 的复合氧化物为最多。图 11-13 表示阳离子 B 位于原点，A 位于中心的理想的钙钛石晶胞。由图可见，O^{2-} 和较大的阳离子 A 一起，按立方最密堆积排列，而较小的阳离子 B 则安置在这样堆积起来的八面体空隙之中。

ABO_3 型钙钛石结构的稳定性，主要取决于阳离子 B 占据共顶点八面体时获得的静电能（Madelung 能），因此，对阳离子 B 来说，就必须有利于八面体配位，因为阳离子 A 必须占据较大的由共顶点八面体形成的阳离子空间。当然，另一个要求是阳离子 A 的大小要合适。在钙钛石结构中，阳离子 A 和 12 个氧离子配位，而阳离子 B 则和 6 个氧离子配位，为了使 A、B 和氧离子之间能相互接触，定义了一个容限因子[12]。

$$t = \frac{r_A + r_O}{\sqrt{2}(r_B + r_O)}$$

式中，r_A，r_B 和 r_O 为相应离子的半径（Å，1Å=0.1nm），从几何学上来说，理想的立方结构相当于 $t=1$。实际上，容限因子对一个稳定的钙钛石结构来说并非充分条件。因为，在氧化物中，当阳离子 A 和 B 分别与 12 个和 6 个氧离子配位时，就降低了对阳离子半径的约束，只要 $r_A > 0.090nm$ 和 $r_B > 0.051nm$ 即可。所以，在 $0.75 \leqslant t \leqslant 1.00$ 的范围内，都能生成钙钛石结构的复合氧化物。另外，对这类复合氧化物来说，阳离子的总电荷必须是 +6，这就可能有多种组合：$A^{+1}B^{5+}O_3$，$A^{2+}B^{4+}O_3$ 和 $A^{3+}B^{3+}O_3$ 等[13]。

（3）硅酸盐和沸石分子筛[14,15]

硅酸盐是数量极大的一类无机物，综前所述，硅酸盐的基本结构单元是 [SiO_4] 四面体，通过共顶点连接成各种各样的结构。在硅酸盐化学中，铝具有特殊的作用，由于 Al^{3+} 的大小和 Si^{4+} 相似，所以可以有序或无序地置换 Si^{4+}，置换数量有多有少，这时，Al^{3+} 处在四面体配位中，和 Si^{4+} 一起组成硅-氧-铝骨架，形成硅铝酸盐。为了保持电中性，每当骨架中有 Al^{3+} 置换 Si^{4+} 时，必然伴随着引入其它阳离子以补偿其电荷。另外，Al^{3+} 的大小又适于处在配位数为 6 的八面体中，所以，又可作为硅氧骨架外的阳离子，起平衡电荷的作用。

由四面体共顶点连接而成的硅铝酸盐的一般表示式为：

$$(Al_nSi_{1-n})O_2 M_{n/x}^{k+}$$

作为硅铝酸盐的母体，硅酸盐结构中硅氧骨架的型式可分成立分型硅酸盐，结构中含有分立的硅氧骨架，如 [SiO_4]$^{4-}$，[Si_2O_7]$^{6-}$，…，[$Si_{12}O_{30}$]$^{12-}$ 等；链型硅酸盐，结构中含有往一方向无限延伸的硅氧骨架，如 [SiO_3]$_n^{2n-}$，…，[Si_3O_{17}]$_n^{2n-}$，[Si_2O_5]$_n^{2n-}$ 等；层型硅酸盐，结构中含有二维平面上无限延伸的硅氧骨架，如 [Si_2O_5]$_n^{2n-}$；骨架型硅酸盐，结构中含有三维空间连接的硅氧骨架，如 [$AlSi_3O_8$]$_n^{n-}$ 等。图 11-14 列出了上述除骨架型硅酸盐以外的全部硅酸盐的结构。

（4）杂多酸[16]

以上谈及的沸石分子筛等晶形复合氧化物的结构有以下特点：主要由离子键组成，同时，不相连的配离子是不能区分的。像钨酸和钼酸那样更酸性的阴离子，也能形成类似于沸

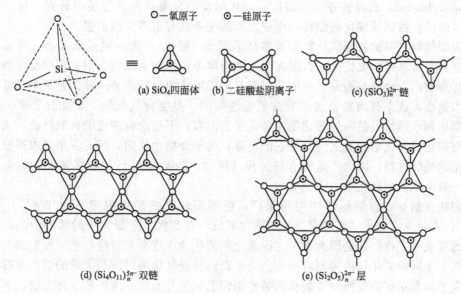

○—氧原子　◎—硅原子

(a) SiO₄四面体　　(b) 二硅酸盐阴离子　　(c) $(SiO_3)_n^{2n-}$ 链

(d) $(Si_4O_{11})_n^{5n-}$ 双链

(e) $(Si_2O_5)_n^{2n-}$ 层

图 11-14　各种硅酸盐的结构

石中由［SiO₄］基团产生的同多结构。在钼酸和钨酸盐中，除了和硅酸盐一样有四面体配位外，还可以有八面体配位的。这些更为复杂的阴离子，可以通过氧原子的共顶点和共棱连接形成同多酸阴离子。同时，有时在这样形成的空腔中，还能放置由杂原子组成的配位多面体，形成所谓杂多酸阴离子。杂多酸具有与硅铝酸类似的性质，如需要有平衡电荷的离子，具有孔性结构等；除此之外，由于其组成原子大都是过渡金属，所以还具有氧化-还原的特性，这对催化来说，意义就格外重要。

　　图 11-15 为两种通过共顶点连接起来的 12-钨酸同多阴离子的结构，它们相当于硅酸盐的二级结构，有时，也和硅酸盐的结构基体相当，由此即可组成各种钨酸盐。

(a)仲钨酸Z离子($W_{12}O_{42}^{12-}$)　　(b) 偏钨酸离子($H_2W_{12}O_{40}^{6-}$)

图 11-15　共顶点连接的 12-钨酸同多阴离子的结构

　　一种最简单的杂多阴离子可由偏钨酸同多阴离子获得。由图 11-15(b) 可见，在偏钨酸离子中央，有一个空腔，其中可以安置一个含杂离子——P^V，As^V，Si^{IV}，Ge^{IV}，Ti^{IV} 以及 Zr^{IV} 的四面体，结果得到了一个通式为 $[X^{n+}M_{12}O_{40}]^{(8-n)-}$（M＝W 或 Mo）的杂多阴离子，这个结构即为众所周知的 Keggin 结构，由 J. F. Keggin 于 1933 年对 $[PW_{12}O_{40}]^{3-}$ 进行研究后确定的。这个结构具有 T_d 对称性。这是以 XO_4 四面体为根据的，因为在它的四周，均匀分布着四组，每组有三个共边八面体（M_3O_{13}）共 12 个 MO_6 八面体，而每组三个八面体连接的公共点正好是 XO_4 四面体顶点的氧原子。

　　在 Mo、W 的杂多酸中，杂离子除了成四面体外，还可以以八面体或二十面体的配位存在于杂多酸配离子之中。

（二）复合氧化物催化剂材料的制备化学[17~19]

　　复合氧化物诸如尖晶石（AB₂O₄）、钙钛石（ABO₃）、分子筛等都是通过无机合成制得的，性质及结构完全不同于氧化物前体（AO、B₂O₃、BO₂）的一种新化合物，其中许多种这样的复合氧化物都是重要的电、磁、光学材料，被用作催化材料还是不久前有些材料［例如超导材料（A₂BO₄）］在烃类高温完全氧化、环保催化、传感器等催化领域内寻找新用途时才逐渐引起人们注意的，在催化反应中使用这类化合物作为催化剂时，由于其结构上的确定性（well-defined）获得的各方面的信息，犹如使用金属单晶进行模型研究一样，对理解固体表面的反应性以及催化剂结构和组成之间的关系具有很重要的价值。

作为催化剂材料的复合氧化物都是多晶形固体（粉末），很少制成非晶态（微晶）或单晶的、制备复合氧化物催化剂材料的方法主要有两种，一种是以固态形式直接反应的所谓制陶法，这主要用来合成与超导、压电等材料类同的催化剂材料，另一种则是从水溶液中结晶的所谓水热法，这主要用来合成具有含氧酸结构的一类复合氧化物，诸如分子筛、杂多酸等。制陶法和水热法也是一般催化剂制备化学的内容，不过这时制得的目的产物，从制备复合氧化物催化材料化学意义上讲只是它的前体，属于介稳相物质，而后者则要求通过固相反应获得新的晶体材料，因此，这时有些过程（例如，需要在大于1000℃温度下焙烧催化剂等）是一般催化剂制备化学中很少见的。

制陶法在制备多晶形固体中应用最广，但需要较高的反应温度（＞1000℃）和时间（＞10h），有时为了防止（或者促进）缺陷的形成，以及保持金属离子的某种价态，还需要在特殊的气氛下进行，这是因为发生在固态之间的化学反应异常缓慢和难以控制的关系，由两种结构上不同的氧化物前体制取结构上完全新的复合氧化物时涉及大量的结构重排，只有当金属离子具有足够的热能时才能从正常的格位上跃出并通过晶体扩散互相交换，氧离子才能在新的晶核位置上进行重排，从而形成新的晶核，晶核形成之后新晶体进一步扩展的过程也相当慢，因为，这时金属离子还必须通过产物层正确地发生相互扩散到新的反应界面才能进一步反应，制陶法工艺主要受制于三个因素，即氧化物前体之间的接触程度（原料粒度和表面积）、产物相的成核速度和离子通过各物相（特别是通过产物相）的扩散速度。

制陶法的主要缺点是反应速度太慢，虽然在每个加热区间可以进行补充的研磨和混合，但也只能获得某种程度的改善，另外，用这个方法无法控制反应的进程，得到的产物往往混有反应物，而且也难获得组成完全均匀的产物，为了克服某些局限性，近来开发了一些改进方法，其中之一与降低扩散距离有关，即利用冷冻干燥、喷溅干燥、共沉淀及溶胶-凝胶等手段，将反应物粒子从大约10μm降到几十纳米，为了能在比固体焙烧温度低得多的温度下实现合成，还提出了所谓的局部化学法，使结构在合成中发生尽可能小的重构作用，基本上保持母体结构的特征，提出来的方法已有固态前体物法、氧化-还原法和离子交换法等，但是这些方法尚都未在制备催化剂材料中获得广泛应用。

水热法是在较低温度下于溶液中就能获得结晶物质的方法，主要用于制备混合盐类，如硅酸盐、杂多酸盐等作为一种合成新结构的路线，其特点是离子在反应中不要作长距离的扩散，结晶形成温度比制陶法所需的低得多，因而比较容易形成晶体，这对于合成那些在高温下结构不稳定的物质，价值尤其重大，分子筛的合成就是一个重要的例子。

分子筛的合成是将原料碱金属硅酸根和铝酸根负离子先进行共聚，然后通过热处理在高压水蒸气下将原料在凝胶中转化成结晶，在这一方法中要求反应活性原料是新鲜制成的共沉淀凝胶或者是无定形固体，要加入强碱使溶液具有较高的pH值，同时要在低温水热条件下进行，而且在饱和水蒸气压力下，自生压力要低，凝胶组分的过饱和程度要高。以便生成大量的晶核等，由水热制得的复合氧化物的结构都在一定程度上具有开放性，常常含有较大的通道、空洞或成层，这些晶体材料还可以通过离子交换和插层等办法转变成组成和结构完全不同的新的复合氧化物。例如，由Na-型分子筛通过离子交换可以制成各种碱土、稀土以及酸型的分子筛，由合成黏土（包括天然产物）可以通过插层制成层柱状产物等。

复合氧化物作为电、磁、光材料的制法，除了上述以外，还有诸如气相输运法、电化学还原法、电弧法以及高压合成法等，为了特殊需要的目的，还可直接制成薄膜和拉成单晶，但这些方法在催化领域内尚未得到广泛应用。

（三）沸石催化剂及介孔材料的制备化学

沸石结构是由 SiO_4 和 AlO_4 四面体构建而成。这些一级建构单元也必须存在于合成混合物之中。因为铝酸离子在高 pH 值溶液中才稳定，因此，沸石合成总是在碱性介质中进行的。决定合成条件的一个重要因素是合成沸石的 Si/Al 比，Si/Al 比愈大，铝的含量就愈低，合成就更加困难。所需合成条件也就更加严格。为了说明沸石合成的各个方面，下面选用四种随 Si/Al 比值增大的沸石为例，说明其中细节：

a. 沸石 A 或 LTA，Si/Al＝1；

b. 沸石 Y 或 FAU，Si/Al＝2.5；

c. 丝光沸石或 MOR，Si/Al＝1；

d. 沸石 ZSM-5 或 MFI，Si/Al＞12。

但是，在描述专门的制备方法之前，先介绍一下沸石合成中可能发生的情况是必要的。

一般说来，第一步是在低温（＜60℃）制备反应混合物。不同的组分在这一步中混合时会形成所谓的合成胶，在这种胶状的硅酸和铝酸中，单体和齐聚体在溶液中和缩合的硅酸和铝酸单元在胶相中处于平衡状态；在有些情况下，须要蒸煮一时间使之达到这一平衡。

在第二步中，要将合成混合物的温度提高到晶化的温度（一般在 100～200℃ 之间），在这一过程中，硅酸和铝酸的齐聚体连续发生解离，以增大溶液中硅酸和铝酸单体物种的浓度。

一旦达到了高的晶化温度，经一段诱导期之后，沸石开始结晶。在诱导期间，胶相连续溶解导致生成聚硅酸或聚铝酸的簇，后者在大于某种临界大小时（对沸石 A 约 0.10nm，对 ZSM-5 沸石约 0.20nm）就可以变得很稳定，同时，开始结晶。沸石的成核和晶化过程一般来说，可用晶化物质的生成量对晶化时间作图所得的 S 形晶化曲线来描述。

根据沸石种类的不同，晶化要经过数小时，甚至几天才能完成。通过倾析除去母液后再经过滤或离心分离把所得晶体分离出来，而后用水洗涤，制备沸石的最后一步是干燥和焙烧，而后除去沸石中的模板剂，即可供不同用途使用。

① 沸石 A 的合成　化学组成为 $Na_2O \cdot Al_2O_3 \cdot 2SiO_2$ 的沸石 A，或者 LTA(Linde Type A)，系由铝酸钠和硅酸钠胶体合成。典型的胶可由 Na_2O、Al_2O_3、Na_2O、SiO_2（水玻璃）的水溶液和 NaOH 制备，起始的反应混合物组成可用图 11-16 给出的类型图加以说明。胶体的无水组成以摩尔分数绘在三角坐标的底部，在这样的类型图上无法给出胶体的浓度（H_2O 含量），但作为起始原料的本质还是很重要的。

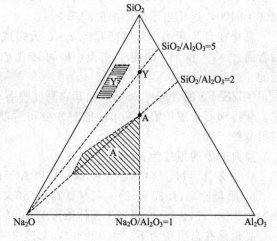

图 11-16　合成沸石 A 和沸石 Y 的反应物组成

从文献［20］取下的典型的胶的组成是：

a. 摩尔比　$Na_2O : Al_2O_3 : SiO_2 : H_2O = 2.50 : 1.0 : 1.95 : 170$；

b. 质量比　$(2.5\times62) : (1.0\times102) : (1.95\times60) : (170\times18) = 155 : 102 : 177 : 3060$，相当于固体浓度约 11%。

晶化于 80～100℃ 约 4～24h 完成。此后通过过滤和用水洗，即可获得沸石。用此法制成的典型的晶粒大小位于 $1 \sim 10 \mu m$ 之间。

② 沸石 Y 的合成　合成沸石 Y 时，需要在合成混合物中以活性硅胶或氧化硅溶胶形式加入额外的 SiO_2[21]，以获得正确的组成。在这一情况下，典型的胶的组成是：

a. 摩尔比　$Na_2O : Al_2O_3 : SiO_2 : H_2O = 4.00 : 1.0 : 10.0 : 160$；

b. 质量比　$(4 \times 62) : (1 \times 102) : (10 \times 60) : (160 \times 18) = 248 : 102 : 600 : 2880$，相当于固体浓度约 25%。

由胶体氧化硅制得的胶在分子水平是非均一的，含有相对分子质量约 $1000.00 \sim 500.00$，大小位于 $10 \sim 20nm$ 相对大的氧化硅微粒。所以，在 $100 \sim 120℃$ 刚能晶化之前，必须在室温下使之平衡或者让胶陈化。在 $2 \sim 4$ 天内，可以获得高结晶的产物，经过滤和洗涤后，通过离子交换将其转化成酸型。

因为沸石 Y 在低 pH 值溶液中是不稳定的，但是不能利用矿物酸溶液引入 H^+ 直接和 Na^+ 进行交换，通常有如下两个办法可以解决这一问题。

① 和 NH_4^+ 进行离子交换，接着通过加热至约 350℃ 以上，把 NH_4^+ 分解成 H^+ 和 NH_3。

② 和二价及三价金属离子进行离子交换，接着进行热处理以获得水解。为了这一目的，常常采用稀土离子（Re^{3+}）。

③ 丝光沸石的合成　低硅丝光沸石可能要从碱性混合物开始合成，但是，为了获得化学组成为 $Na_2O \cdot Al_2O_3 \cdot 10SiO_2$ 高硅丝光沸石，就需要加入有机修饰剂，由于 Al 的含量低，沸石骨架失去极性，同时，通过吸附水合碱离子，也不再稳定。因此必须加入带正电荷的有机分子，除了可以抵消电荷之外，还可以和沸石骨架的非极性相互作用，为此，常常使用胺化物。在丝光沸石的合成中，特别使用了乙二胺（EDA）。

典型的胶的组成为：

a. 摩尔比　$Na_2O : Al_2O_3 : SiO_2 : DEA : H_2O = 1.0 : 1.0 : 6.6 : 20 : 300$

b. 质量比　$(1 \times 62) : (1 \times 102) : (6.6 \times 60) : (20 \times 73) : (300 \times 18) = 62 : 102 : 396 : 1400 : 5400$，这相当于固体浓度约 7.5%。

晶化在自生压力下于 175℃ 经 $2 \sim 5$ 天完成。过滤之后经洗涤得到的丝光沸石是钠盐，后者通过 Na^+ 和 H^+ 的离子交换，即可转化成酸型沸石。这常常是通过铵交换和加热进行的。

④ ZSM-5 的合成　ZSM-5 和其它高硅沸石合成只有当氢氧化碱能用氢氧化四烷基铵取代，获得沸石合成所需的高 pH 值时才变得可能。在 ZSM-5 的情况下，还必须使用氢氧化四丙基铵[22]。

经典的胶的组成为：

a. 摩尔比　$Na_2O : Al_2O_3 : SiO_2 : TPAOH : H_2O = 1.25 : 1.00 : 30 : 18 : 800$

b. 质量比　$(1.25 \times 62) : (1 \times 102) : (30 \times 60) : (18 \times 203) : (800 \times 18) = 77.5 : 102 : 1800 : 3654 : 14400$，这相当于固体浓度约 10%。

晶化是在自生压力下，于 $150 \sim 170℃$ 经 $2 \sim 5$ 天完成。过滤和洗涤之后，所得沸石骨架中尚有四丙基铵离子（每个孔中插入 1 个 TPA 分子）。因为这个缘故，四丙基铵也被视为这一特殊沸石的模板剂。

为了除去模板剂，还必须把它分解掉，这可以通过把它加热到 550℃ 以上完成。这样得到的 ZSM-5 依然还有一些 Na^+，由于氧化铝的含量不高，酸稳定性如此之好，以致可以和在矿物酸溶液中进行交换以制取 HZSM-5。上述合成方法还可以在没有 Na_2O 和 Al_2O_3 的情况下完成。在这种情况下，可以获得纯氧化硅的 ZSM-5，后者称为 "Silicalite"。

⑤ 介孔 Al-MCM-41 的合成[23,24]　这里讨论的介孔材料包括硅酸盐和铝-硅酸盐,这是在和沸石可比的合成条件下形成的。和后者的主要区别是利用了表面活性剂分子,例如烷基三乙基铵离子作为导向剂的超分子组装,由于这些球形或圆筒形胶束的大尺寸,硅酸盐的骨架不像沸石那样能很好地晶化,这就降低了骨架的稳定性,同时,Brönsted 酸性也变得较弱,焙烧时可以获得直径均一的大孔(根据所用表面活性剂,约为 4~10nm)。

典型的 Al-MCM-41 实验室合成是这样进行的[25]:将 200g 含 2%~6%(质量分数)的氢氧化十六烷基三甲基铵溶液、2g 氧化铝、100g 硅酸四甲基铵溶液(10% SiO_2 和 TMA/SiO_2＝1)、25g 蒸气氧化硅的混合物置于四氟乙烯衬里的不锈钢高压釜中,温度在 150℃保持 48h,取出材料,用水洗涤和在 550℃于 N_2 流中焙烧 1h。

第二节　担载型催化剂的制备化学

担载型催化剂的制备,正如常说的那样,依然是一种技艺,还算不上是一门科学。通常,特殊的催化剂被识别之后,它的生产还要通过改变实验上易于接受的一些参数(pH值、温度、活性组分的负载量、添加剂),在已确定的基本配方上进行优化。但这并不是说所含的基础化学一点都不清楚。不过一般地说,最佳催化剂的制备配方是相当复杂的,从化学上说,制备过程中发生的反应很难精确描述,然而,催化剂制备的科学基础,近期以来已引起极大注意,而且,在有些情况中,对制备过程中各个步骤的化学,已能成功地作精细地了解。

担载型催化剂是一种最广泛应用的催化剂。它的基本组成是载体(包括预先制成的和在制备过程中形成的)以及活性组分。一般而言,这类催化剂在制备中的基本要求是活性组分能均匀地分散在载体表面(见图11-17)。催化剂的制备化学的重要方面也就是实现这个要求。担载型催化剂有多种制备方法,但主要的有沉淀法、浸渍法和化学键合法。

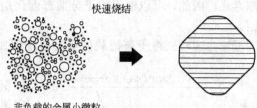

非负载的金属小微粒　快速烧结

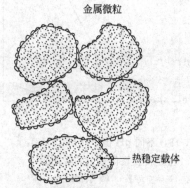

金属微粒

热稳定载体

热稳定担载型金属催化剂

图 11-17　热稳定的载体阻止活性材料烧结的示意图

(一) 沉淀法

沉淀法是最常用的制备方法之一,许多工业上使用中的高负载量的担载型催化剂几乎都用此法制造。例如,用于甲烷水蒸气重整的 Ni/氧化铝催化剂,以及用于低温水煤气变换和甲醇合成(低压)中的 $Cu/ZnO-Al_2O_3$ 催化剂,都用此法生产。这里活性组分和载体的离子,用 NaOH 或者 $NaHCO_3$ 作为沉淀剂同时沉淀成氢氧化物或者盐基性盐(例如盐基性碳酸盐),过滤和干燥之后,固体被压成片剂,然后焙烧和还原(也可以先焙烧后压片)。活性材料和载体离子在沉淀步骤中密切混合至关重要。这样在最后的催化剂中活性微粒才能均匀地分布。也就是说,它们必须同时沉淀出来,这就常常需要改变 pH 值,否则的话只有利于其中某个组分的沉淀。最近才发现,利用具有化学组成一定的复合盐类为前体,可以制得分散性更好的催化剂[26]。典型的例子是以水滑石类化合物为前体制成的上述几种催化剂。确实，严格说起来，只有构成一种复盐，也就是一种化学计量的，可用产物的简单溶解度表征的材料时，才是真正的沉淀。如果不是这样，最常见的只是"同时沉淀和共集聚"而已。用沉淀法制得的催化剂前体，焙烧时除去 CO_2 和水以及还原时除去氧即可获得孔性催化剂，这种制备方法，由于在制备过程中有选择地除去一些组分，形成多孔的载体，所以这种方法也有人称之为有选择消除组分的方法。

上述的沉淀方法很不容易控制组分的混合程度，因为后者取决于沉淀步骤的细节（不同组分的加入次序、形式、温度、沉淀母液的陈化时间，以及过滤、洗涤手续等）。活性微粒的大小、分布以及孔结构和最终（还原后的）催化剂片（或挤条）随组分沉淀时的混合程度十分明显，共沉淀反应放大，在大量溶液中要求有效的混合也很困难，而且固体在焙烧和还原时结构也会发生突然的变化。例如，在 Ni/Al_2O_3 的情况下，如果焙烧温度失控，就有可能形成尖晶石结构的 Ni/Al_2O_4，这可戏剧性地降低镍组分的可还原性。总之，这个方法在操作上较为简单，主要缺点还是不能保证活性组分均匀分布。

（二）浸渍法

这是另一个最常用的制备方法，手续比沉淀法更加简单，但更难制备出活性组分分布均匀及分散良好的催化剂，也是本法的主要缺点。为了克服这个缺点已研究了很多方法，其中有机金属络合物浸渍法和溶剂化金属原子浸渍法基本上可以克服上述缺点。有机金属络合物浸渍法常用金属羰基簇类化合物作为浸渍剂，由于其分解温度低，而且其金属组分可以以零价态存在，因此，可以制得原子分散态催化剂[27]，还可以制备出具有一定大小的金属活性集团。

浸渍法通常先将所需担载的金属盐配制成一定浓度的溶液，使用初期润湿"浸渍"方法，也称等体积浸渍，即加入足以充满载体微粒孔体积或稍少一点的溶液，将其担载在已制就的孔性载体上。对粉状载体，浸渍液体积则需稍大于孔体积（称为湿浸渍），除非催化剂前体能强烈地在载体上吸附。在干燥期间，连续搅拌混浆是很重要的。这样才能使催化剂前体在载体上均匀分布。

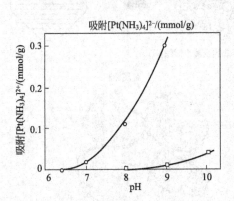

图 11-18　不同 pH 值下 $[Pt(NH_3)_4]^{2-}$ 在硅胶和氧化铝上的吸附量
○硅胶；□ γ-氧化铝

在"湿浸渍"法中，吸附效应可用表面电荷模型加以说明。作为一个例子，图 11-18 示出了在二氧化硅和氧化铝上，四氨合铂（2+）阳离子以 pH 值为函数的吸附作用[28]。

这是一个在氧化硅上制取高分散 Pt 的经典方法。如所期望的那样，从其低 PZC 观点看，在氧化硅上的吸附程度是高的；而且随 pH 值增大而增加，在 pH≈9 时是实用上的限度。因为高于该值时，氧化铝和氧化硅载体就开始明显溶解。在沸石的情况下，如果完全可能的话，可以通过离子交换引入催化剂前体。这里的问题是使晶粒中的铂金属微粒在焙烧和还原时能依然保持不变。已有许多方法被开发出来以处理这一问题。

在本节中，将重点介绍在成型载体上担载贵金属的干浸渍方法。

氧化铝担载铂的催化剂是用浸渍法制备催化剂的典型例子。是由 γ-Al_2O_3 浸渍氯铂酸（H_2PtCl_6）水溶液后挤条制成。活性组分氯铂酸能强烈地吸附在氧化铝表面上，从相对不可逆的观点看，可以按下式形成内界配合物加以描述。

$$2\ \underset{}{\overset{OH}{Al}} + PtCl_6^{2-} \rightleftharpoons \left[\begin{array}{c} Cl \quad Cl \\ Cl-Pt-Cl \\ O \quad O \\ Al \quad Al \end{array}\right]^{2-} + 2HCl$$

反应中所含 AlOH 看起来具有碱性，因为吸附反应可能想像成类似于 $PtCl^{2-}$ 物种的水解，而后者是可以在高 pH 值的水溶液中发生的。在典型的 γ-Al_2O_3 上，铂的吸附量可达 $1.5\mu mol/m^2$，而碱性 OH 基团的量，典型的为 $3\sim3.5\mu mol/m^2$，这是 $MoO_2(acac)_2$ 滴定测得的值，正好和这一概念的值十分符合。

使用含需要量 H_2PtCl_6 的水溶液浸渍时，并不能获得 Pt 均匀的分布，这是因为 $(PtCl_6^{2-})$ 和氧化铝表面之间有强的相互作用，同时，因为吸附反应又很快，Pt 将淀积在从挤条外表面进入内部时沿途遇到的所有的吸附位上，一直到溶液完全耗尽。结果将形成如图 11-19 示出的铂在外边缘上浓缩的担载催化剂体（蛋壳分布），有时确实，例如当反应严重受扩散控制时就需要这样的分布。但是更经常需要的则是均匀分布，这可以在浸渍中加入 HCl，后者和氯铂酸一样，可接下式吸附在相同的部位上。

$$\underset{}{\overset{OH}{Al}} + HCl \rightleftharpoons \underset{}{\overset{Cl}{Al}} + H_2O$$

这样的竞争吸附，可以推动铂深入挤条，同时当加入 HCl 时，$PtCl_6^{2-}$ 的吸附也被修饰到相信可达到均匀分布的程度，加入酸的吸附作用也可以比氯铂酸的更强。

例如，草酸、柠檬酸和它们的作用就可以得到图 11-19(b) 所示的 Pt 分布。图 11-19 中 Ⅰ，当处理的气流中有强吸附的毒物，例如，汽车尾气中的铅是有毒的；而图 11-19 中Ⅱ和Ⅲ，例如在扩散控制的连续反应中也是有利的。

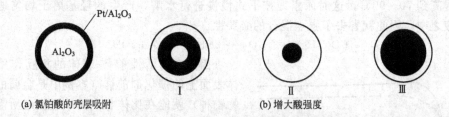

(a) 氯铂酸的壳层吸附   Ⅰ   (b) 增大酸强度   Ⅱ   Ⅲ

图 11-19 吸附酸的压片的浓度分布

浸渍之后，Pt/Al_2O_3 催化剂经干燥和焙烧即可制得担载型的 Pt-氧化物物种（有些 Cl 保留在氧化铝上），后者常常可以在相对温和的条件下（$300\sim350℃$）在氢气流中还原制成小的 Pt 微粒（约 $0.10nm$）。

在某些应用中，例如在液相加氢和 H_2/O_2 燃料电池中，炭（活性炭或炭黑）是更好的担载材料，因为它们在化学上更加惰性（不为强酸和烧碱液侵蚀），同时对燃料电池来说，由于有导电的性质，所以就更加重要。碳担载的 Pt 催化剂正常说来和铝担载类似物一样，是用同样的方法制成的，也就是说，通过氯铂酸水溶液的浸渍。因为碳的阴离子交换能量的关系，在 $PtCl_6^{2-}$ 和载体之间也有相互的作用力，即使很弱，但在干燥过程中，已足以对 Pt 物种的迁移施加极大的阻力，但未必能诱使 Pt 达到非均匀的分布，因而也就省去了在浸渍液中添加 HCl。此外，碳还能温和地被氧化成表面羧基基团，通过离子交换引入 Pt。常常利用浓硝酸以及次氯酸钠，作为氧化剂像高表面石墨选用氧气流于 $500℃$ 处理一样，使不活性的炭活化。

（三）化学键合法[29]

化学键合法是催化剂制备化学中的新领域，因此法制备催化剂原则上可以预先控制活性组分的结构、组成和氧化态，同时能制备出高分散度催化剂，所以无论对基础研究，还是对开发实用催化剂都有重要意义，所谓化学键合法是把载体表面所含的 OH 基和作为键合剂的化合物中的某些功能团发生键合作用，从而再引入结构确定的催化剂前体以制备催化剂的方法。常用的键合剂为带有能和过渡金属形成配合物的配体 L 以及能和 OH 基作用的功能团 X，如卤硅烷类、甲氧基硅烷类等，其通式为：$X_3Si(CH_2)_nL$ [X 为 Cl^-、CH_2O^- 等；L 为 PPh_2、NR_2、$NH(CH_2)_2$、NH_2 等]。

因为共沉淀法不容易控制和重复，而浸渍法又总不能制备出所需的活性相分布、担载量和分散，所以，很值得考虑开发别的方法。下面介绍的就是一种全新的制备方法。

(四) 淀积-沉淀法

(1) 方法的基础

传统上沉淀的目的是要从含载体粉的金属盐溶液中，通过加碱，得到在载体上分散很好的金属氢氧化物（或者碳酸盐）。载体粉是悬浮在金属盐的水溶液之中的，例如加入 NaOH 时，水溶液的 pH 值即随之强烈增大并生成金属的氢氧化物物种，当浓度超过溶解度极限时（过饱和），金属的氢氧化物微粒就成核和生长。让成核过程在载体表面上发生要比在溶液中发生为好，否则将生成大的晶粒和金属氧化物不均匀分布。为了避免在溶液体相中快速成核和生长，必须慢慢加入沉淀剂和剧烈地搅拌，以避免产生局部的高 pH 值，从战略上看来，应该在悬浮液于剧烈搅拌时，慢慢地从液面下用超速喷射器喷入碱液。但是，如此高效的搅拌，在大规模制备中，也未必能成功。所以，这样的条件依然是大规模生产中难以解决的问题。

为了能在载体上完成小活性微粒的均匀分布，还会遇到混合问题，因而开发出了淀积-沉淀法。此法很容易操作是至关重要的。因为在沉淀法中，一般结果是载体有利于活性组分成核的。此方法经典的操作过程，含有尿素的金属盐水溶液和载体粉在室温下很好混合后，将温度提高到 70~90℃，这时尿素即按下式慢慢进行水解，产生的羟基离子均匀地分布于整个溶液之中，因此就省去了强烈混合的必要性。

$$CO(NH_2)_2 + 3H_2O \longrightarrow 2NH_4^+ + CO_2 + 2OH^-$$

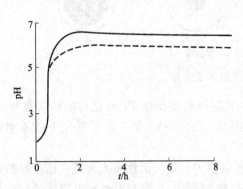

因为在有活性前体-载体的相互作用，在载体表面上的催化剂前体（本例中是金属的氢氧化物物种）就能在比体相中简单沉淀时所需浓度低的情况下成功地成核，而且只在载体的表面上沉淀。这个方法已被用于生产许多不同的催化剂。可以说明这个方法原理的例子如图 11-20 所示。这是锰（Ⅱ）从均匀溶液中通过提高羟基离子的浓度而进行的沉淀过程，这里 pH 值的变化是以尿素水解的时间为函数表示的。没有悬浮的二氧化硅，硝酸锰溶液的 pH 值通过一个最大值，在溶液体相中进行到成核之前，浓度必须增大到和大晶粒溶解度（过饱和限制）相当的浓度以上，成核之后，pH 值就下降到了和氢氧化锰（Ⅱ）

图 11-20　Mn(Ⅱ) 沉淀时在有二氧化硅（……）和无二氧化硅（——）的情况下，pH 值以时间为函数的记录[30]

溶解度相当的值。在有二氧化硅悬浮时则不同，没有了成核的垒，而且在氧化硅的表面上沉淀进行得也很平滑。

除了提高 pH 值之外，还可以用各种其它方法诱发沉淀。既可以利用例如阴离子物种通过降低 pH 值先淀积在悬浮的载体表面上，这一方法已用于钒（Ⅴ）和 Mo(Ⅵ) 之中；也可以利用低价离子溶解，而氧化物种不溶的 pH 值，可从均匀的溶液中进行沉淀，铁（Ⅱ/Ⅲ）

和钼（Ⅲ/Ⅳ）就是在这样的情况之中。可溶性反应物，例如硝酸盐或者电化学方法能影响氧化作用，已把 Cr、Cu、和 Mo 还原到不溶的离子化合物。还原到金属也是很实用的，看来，这特别是对贵金属。解配位作用（decomplexing）是另一种可能性，例如，通过过氧化氢把 EDTA 的配位破坏，已被用来生产担载型催化剂。

在淀积-沉淀步骤已经完成之后，把固体过滤和洗涤，在活化和使用之前先成型（例如压片），在大多数情况下，还要焙烧。

(2) 举例

在预成型载体上的沉积-沉淀，正如已经注意到的，常常需要把催化剂的前体担载在已成型的载体之上，一种最明显不过的方法是把载体用所需金属盐和尿素在水溶液中浸渍入孔体积之中，然后把浸渍微粒加热到 20～90℃。正如最近已见到的那样，可在 Ni/Al$_2$O$_3$ 情况下使用，但是，制取高担载量的催化剂时，此法就有些问题。

在约 1mm 大小的孔性 SiO$_2$ 颗粒上，通过尿素水解淀积，已经对 Mn(Ⅱ) 作过研究。正如所期望的，速度控制步骤是尿素的水解，在这样的条件下，金属在颗粒上的分布是由水解的 Mn 物种在孔中扩散的相对速度以及这些物种和 SiO$_2$ 表面的反应所决定。这可以相对满意地用 Thiele 概念来解释，并已得到了如图11-21的证实[30]。

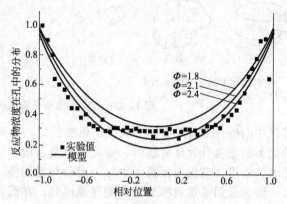

图 11-21 由实验所得锰在有代表性的二氧化硅颗粒上的分布

实线由不同 Thiele 模数（Φ）计算所得[30]

对 Rh^{3+} 和 Ni^{2+}，表面反应要比对 Mn^{2+} 的低一些，后者得到的是平坦的金属分布，但是，当这一制备方法用于大的载体颗粒时，载体内部的某种浓度梯度是不能避免的。这些浓度梯度是否可以接受，则取决于催化剂及其专一应用。

第三节　固体催化材料的成型

载体和催化剂的成型是商品催化剂制备手续中的一项重要步骤。对给定的催化反应器，催化剂必须有一个预先确定的形状和大小，而形状和大小则取决于催化剂的用途和使用催化剂的反应器类型，表 11-2 和图 11-22 给出了使用中的催化剂形状、大小和反应器的类型。

表 11-2 催化剂形状的不同类型

形状	大小	反应器类型	形状	大小	反应器类型
挤条	$d=1\sim5mm$	固定床反应器	颗粒	$d=1\sim20mm$	固定床反应器
	$l=3\sim30mm$		丸粒	$d=1\sim50mm$	
压片	$d=3\sim10mm$	固定床反应器	球	$d=1\sim50mm$	固定床反应器
	$h=3\sim10mm$		球	$d=20\sim100\mu m$	固定床反应器,浆态床反应器,提升管反应器

对固定床反应器，床层的压力降是最重要的，要尽可能地小。这一条件通过利用压片、挤条或者直径大于 3mm 的球常可以完成。固定床有时可达 10m 或以上，为了这一理由，固

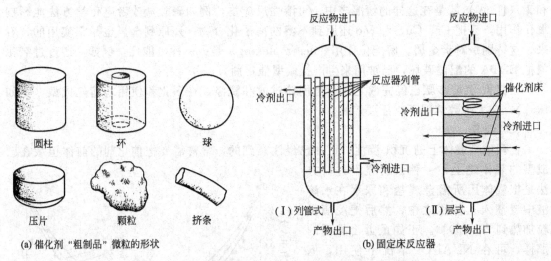

(a) 催化剂"粗制品"微粒的形状

(b) 固定床反应器

图 11-22　催化剂粗制品微粒的形状及固定床反应器

定床中的催化剂微粒必须有较高的机械强度，否则，床层下部的微粒就无法承受上部催化剂的重量。在提升管反应器内，催化剂球是连续传输的，这里，催化剂微粒必须尽可能的光滑和坚固，因为长期地运动能使催化剂迅速碎化。在流化床反应器中，催化剂是流态化的，催化剂微粒在不断地剧烈移动之中，这样，微粒还要互相碰撞，因而，这些微粒应当要有很高抗磨性能，否则会粉化和被吹出反应器，不同工艺对催化剂的成型要求有如表 11-2 示出的形状[31,32]。以下将就不同工艺作扼要的介绍。

（一）喷淋（雾）干燥

喷淋干燥是一种用来生产球形材料的工艺，可以作为中间过程用于干燥和生产自由流动的粉，或者作为真正的成型工艺，生产直径位于 $10\sim100\mu m$ 之间的抗磨球形微粒。

这样的微粒可以用于流化床。有不同类型的喷雾干燥器，差别在于溶液是喷淋的还是喷雾的，在喷淋干燥器中，水凝胶或溶胶液通过喷嘴喷入加热区中，根据温度，在液滴下落时进行干燥或者同时进行干燥和焙烧。图 11-23 示出了两种喷淋干燥器。这两种类型的差别在于形成小的液滴还是形成雾。例如，喷出液体的喷射孔可以很小，也可以是一个迅速转动的轮子。还有射孔像喷泉那样向上吹的喷淋干燥器。液体喷雾器的类型对最大获取的微粒大小和扩大微粒大小的分布都非常重要。

当溶胶或凝胶微粒组成的球滴喷淋时，在液滴蒸发过程中，会生长在一起并形成集聚体。生

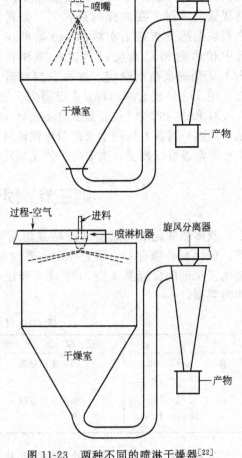

图 11-23　两种不同的喷淋干燥器[22]
上部为带喷淋喷嘴的；下部为带旋转轮的

产流化床催化剂的喷淋干燥是从形成凝胶的材料开始的，这些材料在干燥时会收缩和聚结，或者形成膜状材料，干燥和焙烧之后形成很好的抗磨的球。如果形成非凝胶或者非聚结的材料喷淋干燥，那么，就可以利用形成凝胶或者膜的添加剂，作为更加晶化材料的基体，例如，铂酸铋，就能包埋在二氧化硅的凝胶之中，然后再喷淋干燥。这样的二氧化硅凝胶就可以以胶体二氧化硅的形式加入。另一个例子是氧化铝凝胶基体的沸石。

过程本身技艺的成分要比科学的内涵更多一些。在公开的科学文献中有关的信息报道并不多，最多的文章和磁粉的喷淋干燥有关[33]。也有一些关于喷淋干燥的标准书籍[34]。重要的参数包括液体的黏度、悬浮液中固体的含量、形成膜的性质、喷雾的类型、温度、轮子的转速、气体速度等。

（二）成粒

颗粒含有许多呈球形的微粒。如果需要球状微粒的话，这种微粒的直径可在 2～30mm 之间，成粒被广泛用于别的一些工艺领域之中。成型方法的原理可以用雪球效应很好地描述，这里，圆形的盘（见图 11-24）绕斜轴旋转，而倾斜的角则是可变的。当小的微粒投入圆盘之后，黏性的泥浆同时喷散在小的微粒上。微粒的表面变成湿的，同时开始生长。有许多过程涉及生长。同时，其中何种过程起主导作用则取决于许多因素，例如大小、强度、可塑性以及颗粒表面的湿润、搅拌程度和粉床中细粉的量等。基本的过程如下：

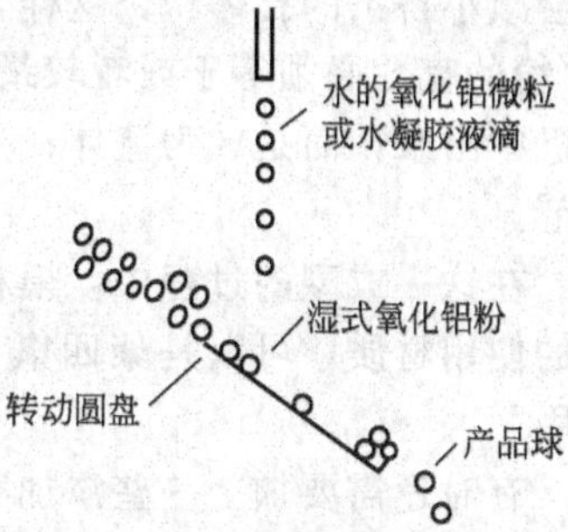

图 11-24 利用转动圆盘
的方法生产球[32]

　　a. 核的创建；
　　b. 核的生长；
　　c. 核的聚结；
　　d. 小颗粒的破碎；
　　e. 碎片在大颗粒上敷涂。

所有这些过程的结果，在盘中滚动的小微粒一层层地长大并变成含许多大球形的微粒。因为过程和湿气相关，大小和强度可以通过分散喷入水的速度加以控制。调整圆盘的斜度，所需大小的颗粒即能自动地脱离颗粒盘。

在这一技术中，有许多技艺，但是在公开的文献中也只有不多有关这种成型过程原理的阐述。起作用的基本过程可在 Rumpf[35] 的经典著作中找到，Newitt 和 Conway-Jones[36] 鉴证了四种依赖于润湿粉中液体相对量的液体结合过程，Rumpf 还讨论了湿润粉中微粒间的结合强度。

干燥之后，制成的球可进行焙烧以获取高的机械强度，过程中控制成球的参数最为重要，因为球是一层层生长的，所以防止形成类葱皮材料至关重要。因为这样的层状物很容易剥落，为了防止这样，可以使用黏结剂以给出很强的黏合力，而在催化剂的情况下，黏结剂受到一定限制，如果只有很弱的黏结力，球就很不坚实，同时也不可能通过水溶性盐来改进这样的球的强度。

（三）挤条

挤条是应用于催化剂或者催化剂载体成型的最一般的技术。已有多种挤条装置，其中有些已非常完善，但从原理上讲却十分简单。催化剂的糊剂被加到螺旋传输体系之中，利用螺旋把糊剂推进并通过置于挤条机末端模板上的小孔（见图 11-25）。在这块模板上，可以铸有各种形状的孔，如圆形、环状、椭圆形、星形、三叶环等，这样就可以获得样式、大小各异的挤出物，当挤出物的带从模板孔中挤出时，就可以开始干燥并变得足够硬以保持其

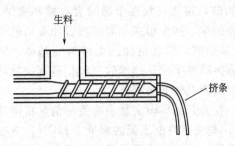

图 11-25 挤条的生产[32]

形状。

当材料要在干燥器或焙烧炉内干燥和焙烧时，也可以用装在端板外部旋转的刀切断成长度不规则的小段。

既可以向挤条机提供糊剂，也可以提供干粉，在干粉时，挤条机需要有一个捏合设备，这里需要在粉中加入些液体把粉捏合成糊剂。在另一种情况下，也可在加入挤条机之前先在另一捏合机中预先制成糊剂。糊剂的流变性质非常重要，通常都把糊剂的形成看作这一方法的最重要步骤。溶胶剂，例如硝酸，可以用来使粉中的微粒解聚。这一步还有助于控制最终产品的介孔性[37,38]溶胶作用可以影响到糊剂的流动行为，起始粉以及最终产物的孔性决定着必须加入粉中的流体的量，在挤条过程中挤条机中的高压力会减小挤条的孔体积，这样，挤条的孔体积就会小于原料粉的孔体积。加入粉中的流体体积/粉的克数必须等于或者较最终产物的孔体积稍大一些。如果太大的话，带就不再会从挤条机中出来，而是成为流体；但如果太小，糊剂就将黏在挤条机中，也就不再容易得到干的糊剂。

在这一成型的过程中，模板上的孔形状，特别是糊剂进入这些孔的形状同样很重要。模板的使用材质，可以是聚四氟乙烯的、尼龙的和不锈钢的，在挤出的过程中起着很重要的作用。

有时还需要加上一些添加剂，例如：

a. 改进糊剂流变性质的化合物；

b. 改进溶胶作用和增加固体含量的反絮凝剂；

c. 挤出时和从孔挤出的水相结合的化合物；

d. 增加大孔性的可燃材料。

这种成型的类型也是一种技艺，同时又是催化剂制造商的专利技术，因此，在公开文献中也知之甚少，但是却有不少关于陶、瓷产品挤出的报告[39]。

一旦挤出完成很好，形成的挤出物是很规则的，硬而且均一。挤出机可以大量生产各种形状的产物，因此，挤出法和催化剂成型的压片法相比相对地较比便宜。当然，机械强度应比压片的差些。所以挤条不太抗磨，但是，从孔性和去润滑剂的观点看，却有较好的性质。另外有许多不同的形状和大小可供使用。

（四）油滴法/溶胶-凝胶法

毫米级微粒球化可分成依赖于小微球滚动或者雪球技术［见本节之（二）成粒］筑构成球，以及单个微粒成型制成球等两个方法。第一种方法的生产价格较低，但球并不规则，粒度分布也较宽。通过单个成型制成的球较费钱，但球的形状和微粒大小分布规则，且有很强的机械强度。一般说来，这样的催化剂或者载体是通过油滴或者溶胶-凝胶法制成的，也就是在不和水混溶的液体中，如硅烷或者别的油中，通过悬浮的水溶液液滴，

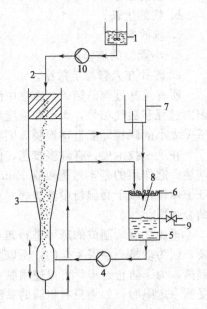

图 11-26 溶胶-凝胶法连续制备
氧化铝球的流程图

1—制备溶胶；2—溶胶滴入石油醚层中；3—充满 NH_4OH 液的胶化反应器；4—循环泵；5—胶质流体的储槽；6—微粒分离；7—溢流，为了保持 3 中的一定水平；8—添加新鲜 NH_4OH 液；9—纯化；10—溶胶泵

就可以形成球状的液滴。液滴的胶化则是通过 pH 值的变化实现。球然后经足够的时间陈化。这样一来，就可以把制成的液滴分离出来，最后洗涤、干燥和焙烧。

溶胶-凝胶过程的原理如下：由十分合适的氧化铝粉，用酸通过溶胶作用制成溶胶，粉状微粒或集聚体通过这些微粒表面上的正电荷层被稳定后，增大 pH 值，使 OH^- 将微粒表面上的正离子中和，这些微粒会在一起生长成大颗粒同时发生胶化。溶胶-凝胶过程也可以用以下几种别的方法进行。

① 对小球，球中的溶胶可通过外加液氨进行胶化，这里，溶胶微滴通过油层后即下降，液滴中的胶化过程在陈化过程中继续进行，使球获得足够的刚性[40]。

② 对大球，溶胶本身含有像尿素或者六亚甲基四胺（乌洛托品），后者在热油（约 90℃）即可分解给出 OH^-，使 pH 值增大[40,41]，并引起胶化。

③ Labofine 还开发了另一个方法[42]，这里，使用了可以在热油中聚合的有机单体，使球得到足够的刚性，这样一来，在确保步骤中可以容易处理。

溶胶-凝胶过程已用来制造二氧化硅[43]和氧化铝[44]载体。对溶胶-凝胶过程，图11-26示出了重要描述，可供参考。

参 考 文 献

[1] Iler R K. The Chemistry of Silica. Willey, 1979.

[2] Wijnen J G. A Spectroscopic Study of Silica Gel Formation from aqeous Silicate Solution. Ph. D. Thesis, TU. Eindhoven, 1990.

[3] Bohm H P. Adv Catal, 1966, 16: 220.

[4] Burby D. Silicas, In: Charactrization of Powder Surfaces. Parfitt G D, King K S W. N. Y.: Acad Press, 1976.

[5] De Jong K P, Glezer J H E, Knipers H P C E, et al. J Catal, 1990, 124: 520.

[6] Hoogenraad M S, Van Leeuwarden, R A G M, Van Breda Vrisman G J B, et al. In: Preparation of Catalysts Ⅵ. Poncelet, et al. Elsevier, 1995. 263.

[7] Rodriguez N M, Chambers A, Baker B T K. Langmuir, 1995, 11: 3862.

[8] Mojet B L, Hoogenraad M S, Van Dillen A J, et al. J Chem Soc. Faraday Trans, 1997, 93: 4371.

[9] Boehm H P, Knozinger H. Catalysis. Vol Ⅳ. Chapter 2. Berlin: Springer-Verlag, 1983.

[10] Gotter E W. Phillips Research Reports, 1954, 9: 295.

[11] Lippens B C, Ph D Thesis TU. Delft, 1961.

[12] Jona F, Shirane G, Pepinsky R. Phys Rev, 1955, 98 (4): 903.

[13] Greenwood N N. Ionic Crystal Lattice Defects and Non-Stoichiometry. N. Y.: Chem Publ Co, 1970.

[14] Breck D W. Zeolites Molecular Sieve Structure Chemistry and Use. N. Y.: Willey-Intersciences, 1974.

[15] 徐如人，庞文琴，屠昆岗. 沸石分子筛的结构和合成. 第一章. 长春: 吉林大学出版社, 1987.

[16] Pope M T. Heteropoly-and Isopoly-Oximataletes. N. Y.: Springer-Verlag, 1983.

[17] Wlobleski J T, Boudart M. Appl Catal, 1992, 15: 239～360.

[18] Davis M E. ACC Chem Res. 1993, 26: 21.

[19] Zwinkles M F M, Jaras S G, Menon P G, et al. Catal Rev Sci-Eng, 1993, 35: 319～356.

[20] Henkel. GmbH, Dutch, Patent, Application, 1974, 7406306.

[21] Breck D W. US 3130007. 1964.

[22] Argoner R J, Landolt G R. US 3702886. 1972.

[23] Beck J S, et al. J Amer Chem Soc, 1992, 114: 10834.

[24] McCullen S B, et al. In: Access in Nano-Porous Materials. Pinnevaia Th J, Thorpe M F. N. Y.: Plenum Press, 1995: 1～11.

[25] Biz S, Occelli M L. Catal Rev Sci-Eng, 1998, 40: 329.

[26] Cavani F, Trifiro A. Catal Today, 1991, 11: 173.

[27] Phillips J, Dumesic J A. Appl Catal, 1984, 9: 1.

[28] Benesi H A, Curtis R M, Studer H P. J Catal, 1968, 10: 328.

[29] Iwasawa Y. Inorganic Oxide-attached Metal Catalysts. In: Tailored Metal Catalysts. Iwasawa Y. Reidel, 1981: 1.

[30] De Jong K P. Stud Surf Sci Catal, 1991, 63: 19.

[31] Stiles A B. Catalyst Manufacture Chemical Industries 14. N Y: Marcel Dekker. 1983.

[32] Richardsen F T. Principles of Catalyst Development. N Y: Plenum Press. 1989.

[33] Lukasiewicz S J. J Amer Chem Soc. 1989, 72 (4): 617~624.

[34] Masters K. Spray Drying. 4th Edn. N Y: Willey, 1985.

[35] Rumpf H. In: Agglomoration. Knepper A. Interscience, 1962.

[36] Newitt D M, Conway-Jones J H. Trans Inst Chem Eng, 1958, 36: 422.

[37] Jiratova K, Janacek L, Schmeider P. Stud in Surf Sci Catal, 1983, 16: 643~651.

[38] Damme A, Unger K K. ibid, 1987, 31: 343~351.

[39] Benbow J J, Jazayeri S H, Bridgewater J. Cer Trans. Vol. IIB. Amer Cer Soc, 624~634.

[40] Hermann M E A. Sci of Cer, 1970, 5: 523~538.

[41] Bonton H, et al. Stud in Surf Sci and Catal, 1987, 31: 103~111.

[42] Cahen R M, Andre J M, Debus H R. ibid, 1979, 3: 585~594.

[43] Spek T G. E P 0067459. 1982.

[44] Day M A. E P 0115927. 1984.

第十二章　催化反应工艺[1]

催化反应工艺是关联催化基础和实际应用之间的桥梁，从催化化学家和表面科学家对催化反应机理提供的深刻了解开始，继而开发出允许定量描述反应条件对反应速度和所需产物选择性影响的速度方程式——本征反应动力学，然后研究那些仅由化学事件决定的因素过渡到催化反应工艺的基础研究。这是因为与之相关的领域还有传输（包括传质和传热）和化学反应之间相互作用的问题。这种相互作用，对在工业反应器中获得的速度和选择性也有显著的影响，这也必须通过实验规模放大到工业规模加以清楚地说明。

所以，了解催化反应的工艺对催化化学工作者来说并非是多余的，恰恰相反，也是一门必备的知识。在本章中，企图给读者在催化反应工艺中使用的主要概念和工具。为了使读者能够应用这些概念和工具，在本章第一节中，将对一些重要的工业反应器作一番浏览。在第二节中，重新复习一下理想反应器的类型，重点放在构建每一类型反应器的数学模型方程上，归结起来，基本上应用物质、能量，也可能还有动量守恒的一些概念。在第三节中，将对反应物种和（或）热从反应区域，也就是从催化位提供或者除去时的有限的效果进行具体的分析。在最后一节中，将利用在第二节、第三节中总结出的资料，设计实验室反应器和对速度数据进行分析。

第一节　工业催化反应器概述

每一个工业化学过程和催化过程，无例外地是为了在经济上和安全上生产所需要的产品，或者从各种原料生产一系列产品而设计的。最理想的希望是能在安全和低成本的情况下，高生产能力、高产低耗（100％选择性和转化率）又无负的环境冲击下生产。要在选择和设计催化转化过程中达到这样的理想境地是很不容易的，因为总有一些强加于过程的不同要求起着作用。在这一节中将介绍几种在工业上经常使用的最重要的催化反应器及其特点，首先将根据操作条件分类，也就是间隙式的和连续式的，其次催化剂是不是固体。这样的分类并不是很明确，因为许多连续式的反应器也可以间隙地应用。

一、间隙式反应器

间隙式反应器（图 12-1）常常用来生产产量有限的高附加值产品，例如，精细化工产品和催化剂，也可用于试验尚未完成开发的新过程以及还难以转入连续操作的过程，如一些聚合过程。典型的反应器体积约为 $10m^3$，同时，反应介质是液体，机械搅拌能保证有很好的混合以及和环境有足够的热交换。如果需要的话，也能用于悬浮的固体。

反应器一般通过上部开孔加料，反应既可以

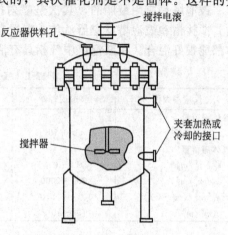

图 12-1　简单的间隙式均相反应器

通过加温或者催化剂启动，反应结束后，未转化的原料和反应产物由反应器底部的排放管排放出来。

　　间隙式反应器通过反应物在反应器中长时间才离开而得到高转化率的优点。但是，当大规模生产时，就会发生单元生产人工费用高的缺点。所以，常常是不同的产品在同一个工厂中生产。即使用相同的反应器、相同的原料等的所谓的多种产品或者综合工厂（multi-purpose plant，MPP），这样就可以减低每种产品的投资费用。

　　对快的放热反应，温度控制是一个问题，这常常将一部分反应物通过热交换器的外循环，或者通过增加内部热交换面积加以解决。此外，也可利用半间隙式操作，也就是把一部分反应物在一定时间内稳定地或者通过一定时间间隔加入，这还能减少发生不希望的副反应。

　　在生物催化中，温度控制常常不是一个问题，因为反应的热效应总是不大的。但是，在生物催化中，pH 值的控制却是一个重要问题，这要和控制温度一样加以处理。

二、用于气-液反应的连续流动反应器（均相催化）

　　在均相催化中，常常是在溶于液相催化剂的存在下，气体反应物和液体反应物之间发生的反应。例如羰基化、氢甲酰化、加氢以及氰氢酸化、氧化和聚合等，典型的反应物，例如，氧、氢和（或）一氧化碳必须从气相转移到发生反应的液相。反应器的选择主要依赖于气体和液体的相对流速以及和传质、传热性质相比较的反应速度（见图 12-2）。

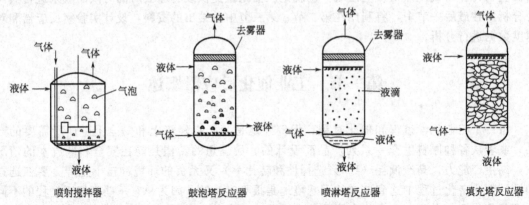

图 12-2　用于气-液反应的连续反应器

　　鼓泡塔是应用最广的，其次是喷射搅拌器。在某些应用中，两种反应器都是经常使用的，搅拌槽和鼓泡塔反应器从传质来看有相似的特点（参见表 12-1），在两种反应器中，液体都能很好混合。在鼓泡塔中气相具有活塞流的行为，而在搅拌槽中也可以很好混合。

表 12-1　气-液反应器的传质参数[2,3]

反应器类型	喷射搅拌器	鼓泡塔	喷淋塔	填充塔
液体滞留量				
$\varepsilon_L(m_l^3/m^3)$	>0.70	>0.70	<0.30	0.05∝0.15
气体滞留量				
$\varepsilon_G(m_G^3/m_R^3)$	0.02~0.03	0.02~0.30	>0.7	0.50~0.80
$a_V(m_l^2/m_L^3)$	200~2000	100~500	25~200	50~250
$k_L[m_l^3/(m_l^2\cdot S)]$	10^{-4}~6×10^{-4}	10^{-4}~6×10^{-4}	1.5×10^{-4}~3×10^{-4}	5×10^{-5}~3×10^{-4}
$\beta(m_L^3/m_l^3)$	10^3~10^{-4}	10^3~10^4	10~40	10~40

　　反应器温度的控制是通过几处测定进行的，例如，可以利用冷却夹套或内部冷却。通过

热交换器使液体在外部进行循环是另一种可能性。最好的解决办法是在液体混合物的沸点下操作，因此，在鼓泡塔中，通过一种或一种以上的液体的蒸发，就能成功地实现近等温操作。

鼓泡塔的主要优点是设计简单，液体通过气泡向上流动可以很好混合，结果是传质速度受到一定限制，另一个缺点是温度和压力都受到限制，而且还不适用于黏性流体的过程。

搅拌槽的主要缺点是在液相和气相中都会发生明显的反混，许多搅拌槽可以成串的放置以缩短滞留的时间分布。机械搅拌对控制黏液也有优点，但是，这会增加投资和操作成本。

喷淋塔和填充塔都只有低的气体压降，所以适用于需要高气体流量的过程，当被用于处理气体和尾气洗涤时，例如，从气体流中吸收 CO_2 和 H_2S 常常是在填充塔内完成的。

表 12-1 对各种类型的气-液反应器的参数进行了比较。

在选择发生在液相中的气-液反应的反应器时，第一个最重要的决断应该是反应器总体积的优化利用，也就是对参数 β，即液相体积对扩散层体积之比（参见第三节之二）的选择。当反应和从气体至液体的传质比较慢时，喷射搅拌槽和鼓泡塔比较有利，因为这些反应器有最大的液体体积。但是，从另一方面，对于大部分在扩散层中进行快的反应，喷淋塔和填充塔就较比适宜。

三、用于固体催化反应的连续流动反应器

多相催化反应是二相、三相，甚至多于三相的操作。固体催化剂和气体及液体反应物在一起相遇，成功地进行所需的转化。几种使用中的反应器及其优缺点的一般特点将简单地在此介绍。

气-固反应器是众所周知的连续操作的双相催化反应器，固体催化剂催化的气相反应的主要反应器有：固定床、流化床和夹带流反应器。

固定床反应器既可以在绝热（图 12-3），也可以在等温条件下操作。在后一种情况下，常常选用为热载体所包围的列管体系。催化剂床的固有特性是催化剂需要一个长寿命，如果发生失活，那还应该有可能在反应器内使催化剂再生。

对热效应一般至强的反应，多床层或者多反应器常常和中间加热及冷却串联放置。绝热固定床反应器的优点是简单，单位体积的催化剂负载量高，催化剂磨损和反混小；缺点则是压力降大，温度控制难和扩散距离长。气体反应物使用绝热固定床的一些反应器有甲醇和合成氨的生产以及萘的氢处理。

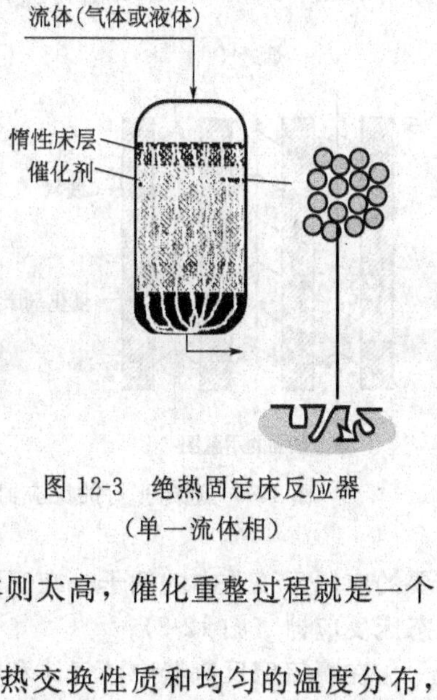

图 12-3　绝热固定床反应器
（单一流体相）

类似于固定床反应器的反应器体系还有移动床反应器，这里，失活速度相对的低，但是，对纯固定床操作成本则太高，催化重整过程就是一个实例。

选择流化床反应器（图 12-4）的主要优点是有很好的热交换性质和均匀的温度分布，另外床层的类流体行为，催化剂在迅速失活时可在操作期间通过加入和取出进行再生和置换。加之由于微粒尺寸相对的小，扩散距离较短；另一方面，缺点则有催化剂磨损和反混以及流化床反应器难以放大等。

夹带流反应器（图 12-5）可在接触时间很短的情况下使用，因为在催化剂活性高的情况下失活很快，在流化催化裂解（FCC）中，循环用的催化剂也能对吸热反应提供部分的

热，根据催化剂担载量的不同，还可以区分为"稀"和"浓"相的"提升管"。

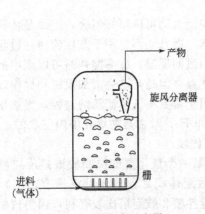

图 12-4 流化床反应器

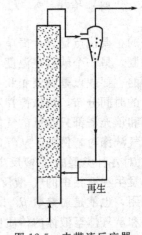

图 12-5 夹带流反应器

夹带流反应器的优点有：传质速度高，接触时间短和催化剂可能连续置换，缺点则有催化剂磨损，反应器腐蚀和需要从产物中分离催化剂。

在流化床和夹带流反应器之间，还有中间类型的反应器，譬如，带有内部提升管部分和流体/移动床型的外部环形部分的内循环床反应器。

相对新的蜂窝形反应器（见图 12-9，用于气/液/固操作），主要应用于环境保护中[4]，包括汽油机尾气净化的三效催化剂（TWC），在贫燃燃烧烟道气中 NO_x 用 NH_3 选择催化还原（SCR）以及 VOC 氧化和空调（飞机、照相复制）中的臭氧分解等。由于催化剂结构上的特点，这些都只有极小的压力降。可以用于高的流速。TWC 具有小的通道（$\approx 1mm$）和很薄的壁及高的热稳定性。SCR 催化剂则有相对大的通道（$\approx 1cm$），允许在有尘埃的条件下操作。

压降小的反应器的例子还有处理烟道气的通道平行的反应器，如图 12-6 所示。

也有液-固的流化床反应器，或者称为浆态床反应器，但和气-固类似物相比并不经常提到。在大多数情况下，还包含着气相，组成三相操作。

在实际中可以发现有许多气-液-固三相的反应器。液体反应物（混合物）由固体催化剂催化的选择氧化和加氢、氢处理以及胺化等都是这类重要的应用于工业中的例子。在三相操作中有两种极端的情况：滴流反应器（图 12-7）和浆态床反应器（图 12-8）。

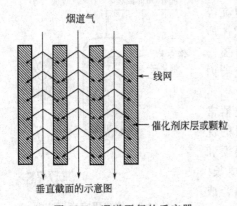

图 12-6 通道平行的反应器

在滴流床反应器中，气体和液体反应物并流向下通过填充的催化剂床层，液体必须能在催化剂上均匀地分布，否则，就会产生局域热点和短路。气相是连续的相，使用高气流速度，可以获得足够快的除热（或者供热）速度，因为液体覆盖着催化剂微粒，反应物的扩散较之气相操作要缓慢得多。填充层的本质需要几厘米的催化剂物体，这样，催化剂的利用率就会受到一定限制。

液滴流反应器的优点是高催化剂负载，对催化剂不需要分离，无磨损和有限的反混；缺点是催化剂利用率和选择性低，流动分布不均匀和压力降大。

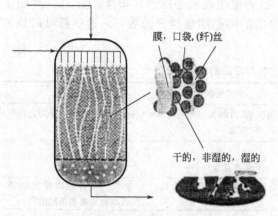

膜，口袋,(纤)丝

干的，非湿的，湿的

图 12-7　滴流床反应器

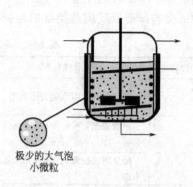

极少的大气泡
小微粒

图 12-8　浆态床反应器

向上流反应器有时用于小规模测试，液相是连续相，气泡从此通过，同时没有湿润问题。液体和气体都向上流的工业反应器很少见到，因为很难使催化剂床在大流速下保持不移动。

逆流操作也会有一定优点：像除去中间产物以避免副反应，克服平衡限制（芳烃加氢）或者避免产物的阻滞（加氢脱硫）作用。同时，沿反应器长度的温度分布不同，可以有效地利用。主要问题是液阻，亦即液体为气体造成的卷吸作用。必须使用大的催化剂颗粒，使之能够利用足够大的流速，但这会进一步降低催化剂的利用率。

在浆态床反应器中（图 12-8），小的催化剂微粒通过机械混合使之悬浮在液相之中，搅拌也能促进气泡和液相的接触以及热与周围环境的交换。浆态床反应器能以间歇式、半间歇式或者连续式操作，在半间歇式操作中，气相的供给常常也是连续的。

使用小的微粒，结果会提高催化剂的利用率、沉降，以及混合速度在很好搅拌的反应器中可以成功地解决热的供给和消除。

浆态床反应器的主要优点是催化剂的利用率高、温度均匀和外部传质好；缺点是催化剂磨损，需要分离催化剂和反混的程度高。为了减少磨损，微粒的再循环可以通过气泡（升气）代替机械搅拌（气泡塔，见图 12-2）来完成。用特殊的液体喷射装置进行液体的外部再循环，可为改进气-液间的传质提供可能性，在气体和液体都向上流的情况下，还可以产生三相流化态床。这里，需要几毫米的微粒，才能使其在反应器中保持和允许从气/液相分离。

表 12-2　不同类型三相反应器的特性[2]

特　　性	悬浮中的催化剂		固　定　床			三相流化床
	鼓泡塔	搅拌槽	同流向下	同流向上	逆　　流	
ε_{CAT} (m^3_{CAT}/m^3_r)	0.01~0.1	0.01~0.1	0.6~0.7	0.6~0.7	0.5	0.1~0.5
ε_L (m^3_L/m^3_R)	0.8~0.9	0.8~0.9	0.05~0.25	0.2~0.3	0.05~0.1	0.2~0.8
ε_G (m^3_G/m^3_R)	0.1~0.2	0.1~0.2	0.2~0.35	0.05~0.1	0.2~0.4	0.05~0.2
d_p/mm	≤0.1	≤0.1	1~5	1~5	>5	0.1~5
a' (m^2_S/m^3_P)	500	500	10^3~2000	10^3~10^4	500	500~10^3
k_L [$m^3_L/(m^2_i \cdot S)$]	10^{-4}~6.10^{-4}	10^{-4}~6.10^{-4}	5.10^{-5}~5.10^{-4}	5.10^{-5}~5.10^{-4}	5.10^{-5}~5.10^{-4}	10^{-4}~5.10^{-4}
a_V (m^2_i/m^3_L)	100~400	100~500	100~10^3	100~10^3	100~500	100~10^3
η(等温)	1	1	<1	<1	<1	<1

因为三相操作在工业上十分重要,同时,已有很激动人心的催化操作。表 12-2 列出了与三相反应器相比较的主要特性,而表 12-3 给出的则是明显判据的数目,这些都可以作为对特种反应选择适当反应器类型的判据。

表 12-3　不同类型三相反应器的比较[2]

鉴别的判据	悬浮状催化剂	三相流化床	固 定 床
活性	高,可变的,但常能完全利用	高,可变的,内部和相互间传质可以降低利用率,特别是固定床 反混(一)	活塞流(+)
选择性	一般说来,不受传质/传热的影响	同上 常有反混(一)	常为活塞流(+)
稳定性	批量间改换催化剂,避免迅速中毒	可连续再生必须有好的抗磨性	主要用于固定床操作活塞流,可以确定毒物吸附前沿
价格	取决于原料中作为毒物的杂质		需要低催化剂消耗
热交换	很容易解决	可能在反应器中进行热交换	一般使用绝热操作
设计困难程度	催化剂分离有时困难	由于淀积或腐蚀可能有问题	对下向同流相当简单
放大	无困难,限于间歇和相对小的尺寸	对体系了解甚少,应该逐级放大	可以构建大的反应,只要有好的液体分布

对三相操作的新反应器类型还在开发之中,一个例子是结构反应器的应用。这在三相操作中具有某些优点,即同时可以用于同一、交叉以及逆流操作。最近的发展是在三相操作中利用蜂窝状反应器(图 12-9),其优点在于压降小,外部传质好,扩散距离短以及绝热温度上升低;缺点是催化剂价格高,液体分布量要和催化剂负载量适中。蜂窝状反应器还没有在工业上应用(除一个过程之外),还只限于实验室和中试规模的试验。

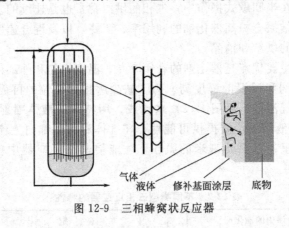

气体　液体　修补基面涂层　底物

图 12-9　三相蜂窝状反应器

第二节　理想的反应器:数学描述

对每一类理想的反应器,即间歇式反应器、活塞流反应器(PFR)和连续流动搅拌槽反应器(CSTR),它们的连续性方程或者设计方程都可以从所含每一物种的物料(或摩尔数)平衡方程推导出来。

对物种 A 在任何瞬间的摩尔平衡可得如下的一般方程:

A 进入反应器时的流速+A 通过化学反应的生成速度-A 离开反应器时的速度

=A 在反应器中积累的速度

$$F_{A,0}+R_{V,A}V-F_A=dn_A/dt \tag{12-1}$$

式中，$F_{A,0}$ 和 F_A 分别为 A 在反应器进口和出口处的摩尔流速，mol/s；$R_{V,A}$ 为 A 在单位反应体积中的生成速度，mol/(m³·s)；V 为反应体积，m³；n_A 为 A 的量，mol；t 为时间，s。

在催化反应中，催化剂以单位体积，或者甚至以单位质量来定义生成速度，要比以单位反应体积来定义更加方便，方程式(12-2)把不同速度定义之间的关系表示了出来：

$$R_{V,A}V=R_{V,P,A} \quad V_P=R_{w,A}W \tag{12-2}$$

式中，$R_{V,P,A}$ 为单位体积催化剂微粒的生成速度，mol/(m³·s)；V_P 为催化剂微粒的体积，m³；$R_{w,A}$ 为单位催化剂质量的生成速度，mol/(kg·s)；W 为反应器中催化剂质量，kg。

和在以往大多数章节中介绍的一样，这里主要涉及多相催化作用，生成速度用单位催化剂质量表示，而对反应物的生成速度使用负号（－），对产物的使用正号（＋）。

$$R_{w,A}=\nu_A r_w \tag{12-3}$$

式中，ν_A 为 A 的化学计量系数（－）；r_w 为 A 的比反应速度，mol/(kg·s)。

在下一节中，将对三种理想反应器的设计方程在等温条件下的情况进行推导，这在实际上和化学反应结合的热效应常常会产生非等温条件。应用能量守恒条件就可以得到所谓的"能量平衡"方程，其推导类似于质量平衡方程的推导，这里将不再重复（见文献 [5，6]）。但是，应该注意到在非等温条件下，能量平衡方程常常应该和相应的质量平衡方程同时求解，因为反应速度不仅依赖于组分，而且还和温度有关。

一、间歇式反应器

在间歇式操作中，反应物和生成物的浓度是以时间为函数变化的，在完全搅拌时，也就是在理想的间歇反应器中，温度和组分（假如有的话，还有催化剂的浓度）在整个反应器中是均一的。因为在间歇反应器中，反应时并无反应物和产物流入和流出，对物种 A 的物料平衡只有一个积集（右侧）和一个生成项：

$$dn_A/dt=R_{w,A}W \tag{12-4}$$

式中，n_A 为 A 的量，mol；t 为时间，s；$R_{w,A}$ 为 A 的比生成速度，mol/(kg·s)；W 为反应器中催化剂的质量，kg。

如果 A 是反应物，它的转化率可定义为：

$$X_A=(n_{A,0}-n_A)/n_{A,0} \tag{12-5}$$

同时，对恒密度体系（$V=$常数）：

$$X_A=(c_{A,0}-c_A)/c_{A,0} \tag{12-6}$$

这样，可得：

$$dX_A/dt=(-1/c_{A,0})WR_{w,A}/V \tag{12-7}$$

（一）单一反应

对单一反应和已知其动力学时，对 A 的平衡可在给定温度下积分，给出间歇时间和转化率之间的关系：

$$(1/c_{A,0})W_t/V=-\int_0^X (1/R_{w,A})dX_A \tag{12-8}$$

在特殊情况下，可以对方程（12-8）推导出分析解。对不可逆的一级单元反应 A ⟶ P，可得：

$$R_{w,A}=\nu_A r_w=-r_w=-k_w c_A \tag{12-9}$$

式中，k_w 为一级反应速度常数，m³/(kg·s)。

把方程(12-6)和式(12-9)代入方程(12-8)并积分，将得到：

$$X_A = 1 - e^{-K_w \tau_B} \tag{12-10}$$

式中，τ_B 为间隙的空间-时间，$kg/(m^3 \cdot s)$：

$$\tau_B = tW/V \tag{12-11}$$

表 12-4 列出了简单反应动力学的转化率或浓度和间歇空间-时间的分析关系。

表 12-4　间歇式反应器转化率 X_A 或浓度 c_A 和间歇空间-时间 τ_B（对恒密度）的关系

$r_W/mol/(kg \cdot s)$	$X_W(mol/mol)$	$c_A/(mol/m^3)$
k_W	$k_W \tau_B / c_{A,0}$	$c_{A,0} - k_W \tau_B$
$k_W c_A$	$1 - e^{-K_w \tau_B}$	$c_{A,0} e^{-k_w \tau_B}$
$k_W c_A^2$	$k_W c_{A,0} \tau_B / [1 + k_W c_{A,0} \tau_B]$	$c_{A,0}/(1 + k_W c_{A,0} \tau_B)$

（二）多元反应

如果发生一个以上的反应，通常就要对 Q 的选择性用产物生成的量和反应物转化的量之比来定义：

$$S_Q = [n_Q - n_{Q,0}] / [n_{A,0} - n_A] \tag{12-12}$$

另外，产物 Q 的收率还和由进料 A 生成的 Q 量有关：

$$\nu_Q = \frac{n_Q - n_{Q,0}}{n_{A,0}} \tag{12-13}$$

注意到，

$$\nu_Q = S_Q A \tag{12-14}$$

如果发生如下的反应：$A \xrightarrow{(1)} Q \xrightarrow{(2)} P$，为了确定生成的 Q 量，除了对 A 的平衡之外，还需要 Q 的物料平衡：

$$dn_A/dt = R_{W,A} = -r_{W,1}W \tag{12-15}$$

$$dn_Q/dt = R_{W,Q}W = r_{W,1}W - r_{W,2}W \tag{12-16}$$

平衡方程式组成了一组偶合的可数学解的常微分方程，只有在特殊的情况下才可能使用分析积分法。

假定是一级反应动力学和恒密度的，那么将得：

$$dc_A/d\tau_B = -k_{W,1}c_A \tag{12-17}$$

$$dc_Q/d\tau_B = k_{W,1}c_A - k_{W,2}c_Q \tag{12-18}$$

式中，τ_B 如方程（12-11）所定义的。把方程（12-17）、方程（12-18）用起始条件：

$$\tau = 0 \text{ 时}, c_A = c_{A,0}; c_Q = 0 \tag{12-19}$$

积分，可得如下对 c_A 和 c_Q 以时间为函数的分析表示式：

$$c_A = c_{A,0} e^{-k_{W,1} \tau_B} \tag{12-20}$$

和

$$c_Q = c_{A,0} k_{W,1}/(k_{W,2} - k_{W,1}) \times (e^{-k_{W,1} \tau_B} - e^{-k_{W,2} \tau_B}) \tag{12-21}$$

注意，P 的浓度是由总物料平方衡获得的。

二、活塞流反应器（PFR）

许多反应是通过向空的或者填充催化剂的长度较之直径大 10~1000 倍的圆筒形管连续提供原料完成的。未转化的反应物和反应产物的混合物连续排出，因此，在这种管状反应器的出口和进口之间，反应物和产物的浓度以及温度都能建立起恒定的分布（见图12-10）。和间歇式反应器不同，这要求对无限小的体积元 dV 或者质量元 dW 应用质量守恒定律。在固定床催化的列管式反应器中，通常总是把生成速度和催化剂质量联系起来，而不是反应器体积联系起来。

和间歇式反应器不同，由于存在温度分布，不允许分别考虑反应组分的物料平衡和能量平衡。这样的分开考虑，只有对等温列管反应器才允许。考虑到大多数列管式反应器的长度对直径的比很大，在许多情况下，经由列管通过的"流"才能确切地描述成"活塞流"。这是这样假定的：

a. 流只在一个方向，即和管子的轴平行的方向上发生；

b. 径向的，即和轴垂直的非均一性可以忽略不计；

c. 流仅通过强制对流发生。

根据这些假定，就可以把"流"描绘成性质均一的流体活塞被推过管子一样。在活塞流反应器中，组分 A 在无限小的反应器元中物料平衡，如图 12-10 所定义的那样，可以记作：

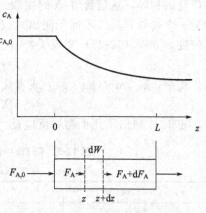

图 12-10　在 PFR 中，反应物浓度对位置的绘图

$$(F_A + dF_A) - F_A = R_{w,1,A} dw \qquad (12\text{-}22)$$

方程（12-22）左侧相应于 A 离开反应器元的总流，在稳态下必须和 A 的总生成速度相等，也就是方程（12-22）的右侧。

和间歇式反应器类似，反应物 A 的转化部分可以定义如下：

$$X_A = (F_{A,0} - F_A)/F_{A,0} \qquad (12\text{-}23)$$

式中，$F_{A,0}$ 为反应器进口处 A 的摩尔流速，mol/s。这就对 A 可得连续性方程：

$$dX_A/d(W/F_{A,0}) = -R_{w,A} \qquad (12\text{-}24)$$

积分结果是：

$$W/F_{A,0} = -\int_0^{X_A} dX/R_{w,A} \qquad (12\text{-}25)$$

和间歇式反应器的方程式（12-8）进行比较，可见活塞流和间歇式反应器之间在数学表达式上是类似的。在上一节中获得的间歇式反应器的结果，可以和活塞流反应器的互换，只要把活塞流反应器的空间-时间 τ_0 定义为：

$$\tau_0 = W c_{A,0}/F_{A,0} \qquad (12\text{-}26)$$

三、连续流搅拌槽反应器（CSTR）

工业上可以看到的另一类连续反应器还有连续流搅拌槽反应器（CSTR），见图 12-4。在这种反应器中，混合可以在两个长度尺度上来考虑。粗混和流体元在反应器尺度上混合有关，理想的粗混要求流体元混合的时间尺度，对这些元流过反应器的时间尺度来说可以略去不计；理想的细混则要求反应分子混合的时间尺度和它们反应的时间尺度相比可以略去不计。在一个完全的混合流反应器（CSTR）中，反应器内在两个长度尺度内相对于组分和温度而言，都是均一的，因此，对一个组分的物料平衡可以适用于整个反应器（见图 12-11）。在稳态下：

$$F_A - F_{A,0} = R_{w,A} W \qquad (12\text{-}27)$$

或者，在引入 A 的部分转化方程（12-23）：

$$X_A = -R_{w,A} W/F_{A,0} \qquad (12\text{-}28)$$

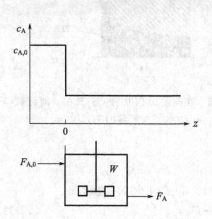

图 12-11　CSTR 中反应物浓度对位置的绘图

之后注意一下，反应器中的均一条件和反应器

出口处的相等，这包含着 A 的生成速度也由出口条件所决定。CSTR 中一个组分的物料平衡是一个代数方程，不同于间歇式或活塞流反应器的情况。对一个不可逆的简单一级反应和恒密度，方程（12-28）变成了：

$$X_A = k_W c_{A,0}(1-X_A)W/F_{A,0} \tag{12-29}$$

式中，$k_W[m^3/(kg \cdot s)]$ 或者代入方程（12-26）之后，解 X_A，得：

$$X_A = k_W \tau_0/(1+k_W \tau_0) \tag{12-30}$$

表 12-5 列出了几个简单反应动力学转化或浓度之间的分析关系。

表 12-5　CSTR 中简单反应动力学的转化 $X_{A,0}$ 或浓度 c_A 和
$\tau_0 = W c_{A,0}/F_{A,0}$（恒密度）之间的关系

$r_W/[(mol/(kg \cdot s)]$	$X_A/(mol/mol)$	$c_A/(mol/m^3)$
k_W	$k_W \tau_0/c_{A,0}$	$c_{A,0}-k_W \tau_0$
$k_W c_A$	$k_W \tau_0/(1+k_W \tau_0)$	$c_{A,0}/(1+k_W \tau_0)$
$k_W c_A^2$	$1+(1-\sqrt{1+4k_W c_{A,0} \tau_0})/(2k_W c_{A,0} \tau_0)$	$(-1+\sqrt{1+4k_W c_{A,0} \tau_0})/(2k_W \tau_0)$

四、PFR 和 CSTR 的比较

对给定反应动力学的等温活塞流反应器（PFR）和 CSTR 获得的转化率进行比较是很有意义的。图 12-12 给出的就是对不可逆一级反应动力学在两类反应器中的转化率对空间-时间 τ_0 的绘图。

在 PFR 中获得的转化率要比 CSTR 中在相同空间-时间时获得的大。这对 A 来说，于每一个正的分数反应级数时都是正确的。与此类似，在起始浓度 $c_{A,0}$ 相同的情况下，对同等转化率需要的空间-时间在 PFR 中比在 CSTR 中的小，图 12-13 就是利用方程（12-25）和方程（12-28）对级数大于零的 n 级的任意反应作出的解释。

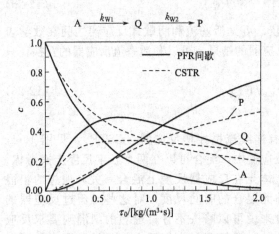

图 12-12　在间歇式反应器或 PFR（实线）和 CSTR　　图 12-13　在间歇式 PFR 和 CSTR 中，对级数

（虚线）中，反应 $A \xrightarrow{1} Q \xrightarrow{2} P$ 的反应物和产物　　　　　$n>0$ 的反应所需的 $W/F_{A,0}$

浓度相对于间歇时间或空间-时间作图

恒密度；$k_{W1}=2m^3/(kg \cdot s)$；$k_{W2}=1m^3/(kg \cdot s)$

对多元反应，选择性和收率进入了图，可用式（12-31）和式（12-32）表示。

$$S_Q = (F_Q - F_{Q,0})/(F_{A,0}-F_A) \tag{12-31}$$

另外，产物 Q 的收率和由 A 的进料量生成的 Q 量有关：

$$Y_Q = (F_Q - F_{Q,0})/F_{A,0} \tag{12-32}$$

图 12-12 还对两种一级反应在 CSTR 和间歇式或活塞流反应器在串联情况下，对比了所需中间化合物 Q 和最后产物 P 的浓度。于恒密度时，在 CSTR 中反应组分的物料平衡分别为：

$$c_A = c_{A,0}/(1 + k_{W1}\tau_0) \tag{12-33}$$

和
$$c_Q = k_{W1} c_{A0} \tau_0 /(1 + k_{W1}\tau_0)(1 + k_{W2}\tau_0) \tag{12-34}$$

对反应物为正反应级数时，由 CSTR 获得的中间产物收率要比在间歇式或活塞流反应器中获得的低。

中间化合物 Q 的最大收率只是 k_{W2}/k_{W1} 的函数：

（ⅰ）对 PFR，间歇：

$$Y_{Q,max} = (k_{W1}/k_{W2})^{k_{W2}/(k_{W2}-k_{W1})} \tag{12-35}$$

（ⅱ）对 CSTR：

$$Y_{Q,max} = 1/(\sqrt{k_{W2}/k_{W1}}+1)^2 \tag{12-36}$$

图 12-14 给出了这些关系。

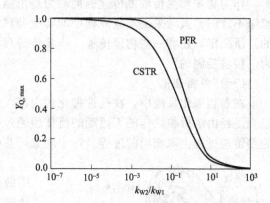

图 12-14　在 PFR 和 CSTR 中，中间化合物以 k_{W2}/k_{W1} 为函数的最大收率

在生物催化中，选择性也十分重要，但是，在生物催化中，竞争往往在平行反应 A⟶P 和 A⟶Q（这在对映催化中也很重要），或者 A⟶P 和 B⟶Q（动力学分析，A 和 B 都是对映体，所以，P 和 Q 也都是）之间发生。在后一种竞争情况中，在 CSTR 中的选择性低于在 PFR 中的，就像在连续反应的例子中的一样。另外，对 A 的平行反应，在 CSTR 中的选择性则和在 PFR 中在一样。

第三节　和传输结合的反应[7,8]

催化研究的最终目的是要把催化剂成功地应用于经济上重要的反应之中，任何催化剂的成功应用，都是在实验室和中间工厂中认真研究和开发之后才实现的。在这些研究过程中，催化工作者主要着重于三个基本信息：催化剂的活性、选择性和稳定性，但是，这些项目是在一般意义上讲的。活性项本身就包含着多个内容，催化剂活性的本质因反应条件不同而不同。因此，区分不同条件下催化剂的活性是非常重要的。

然而，人们并不能随时考察催化剂的行为，事实上也没有这种必要。实验工作者只能测定流体体相的组成和温度，但是反应的观察过程是整个催化剂在实际条件下在催化剂内表面上每一处发生的事件。催化剂颗粒内表面和不同浓度的原料及产物相接触，而不是正常的流体，因此，观察到的行为，实际上（表观的）可以和催化剂的内在（本征）的行为不同。

行为上的这种不同是由依赖于催化剂孔性结构的物理过程相互作用引起的。高孔性催化剂颗粒的活性位，大部分分布于内表面上，换句话说，内表面积较之外表面积要重要得多。显然，反应物必须通过催化剂的孔道扩散至内表面才能相互进行反应，而反应形成的产物又必须通过孔道向外扩散才能至气相，而在这样的扩散过程中，反应物和产物的分子都可以对催化剂的工作状态产生一定的扩散上的阻力，在催化剂颗粒的内、外表面之间产生温度和浓度梯度，从而影响到催化剂的活性、选择性和稳定性。

一、催化过程中物质的传输和传递

至今一直假定，整个反应器在完全搅拌下，或者，在活塞流的无限小的体积元内，组分和温度是均一的，这些假定，对单一相的均相反应来说，常常是正确的。如果反应物，例如在气-液反应中多于一个相时，或者包含一个多相催化剂时，常常会背离这个均一性的假定。确实，存在几个相时反应物就需要在相之间进行相互传输或者传递才能使反应发生。

作为物质和热传输或传递的推动力是由温度和浓度梯度提供的。因此，后者绝不总是可忽略不计的。其结果是反应方程中的物质和热函的生成项并不总是由化学动力学（称为本征的）所决定，还和一些物理传输，或者传递现象有关。在这样的情况下，这样的过程就被称为"传输控制的"。

（一）多相催化

在多相催化反应中，在孔性催化剂内部，从流体相向活性相的传输（包括传质和传热）过程是经由绕微粒虚构的不流动的流体膜通过传递以及在微粒内部通过扩散进行的。催化剂的热传递过程也取相同的过程。这个现象可总结如图 12-15 所示。

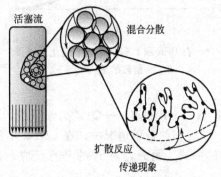

图 12-15 填充床反应器内各反应物种的存在现象

传输阻力可以导致或低或高的估计催化剂微粒中的局域条件，从而偏估反应速度。当可以略去不计时，实际的后果又将变得过高或低不好设计反应器。

从反应物 A 开始至反应产物 B 为止，通过多相催化途径，一般说来，有如下 7 个不同的物理和化学步骤。

① A 从围绕催化剂微粒的流体相，即所谓的流体的体相传输至微粒的表面。

② 从微粒的外表面通过孔向内表面上的活性位传输。

③ A 在用 A* 表示的活性位上的化学吸附。

④ A* 转化成 B* 的表面反应。

⑤ B* 的分解（B 从 * 的脱附）。

⑥ B 通过孔向微粒外表面的传输。

⑦ B 从微粒外表面向流体体相的传输。

③～⑤步是严格化学的和相互接触的，这已由③～⑤步组成的纯化学现象的速度方程：Hougen-Watson 方程和 Langmuir-Hinshelwood 方程所描述。在传输控制的情况下，反应物的输入和（或）反应产物的输出速度，不足以和潜在的本征速度保持同步。这样一来，孔内 A 和 B 的浓度就和相应流体体相的浓度不同。

①和⑦是严格意义上的物理步骤，并和步骤③～⑤成串联，这个传递和化学反应分开发生。但是，传输步骤②和⑥并不能和化学步骤③～⑤分开，孔内的传输是和化学反应同时发生的。

（二）均相催化

几个重要的均相催化反应含有一个以上的相，通常是一个气相和一个液相。气体反应物必须从气相传输至发生反应的液相，而在液相中，一般均含有均相催化剂和一种液体反应，常常还有一种溶剂。从一个相向另一个相传输时，还需要有一个以浓度或温度梯度形式表示的推动力，而温度梯度则常常被忽略不计。图 12-16 示出了和气-液界面方向垂直的浓度变化。

这可以区分出以下几个步骤。

① A 从气相的体相传输至气-液界面。

② 界面处的 A 从气相传递入液相。

③ A 向液体的体相传输。

④ A 在液体中反应。

①和②是严格的物理和相互连续的步骤。在大多数情况下，相当于步骤①和②的阻力，当和相当于步骤③和④的阻力比较时可以略去不计。也就是说，A 在界面处的液相浓度 c_{Ai}^l 可按公式(12-37)计算：

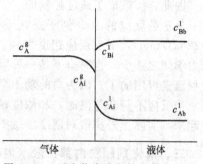

图 12-16 反应物在液相均相催化反应中于气-液界面邻近处的浓度分布

$$c_{Ai}^l = P_A / H_A \qquad (12\text{-}37)$$

式中，H_A 为 A 的 Henry 系数，$Pa \cdot m^3/mol$；P_A 为 A 在气相体相中的分压，Pa。

一般说来，步骤③和④不能相互分开，从界面向外传输是和化学反应同时发生的，就像催化剂微粒内部的传输和反应一样。

以上无论在多相催化还是在均相催化中谈到的物理和化学步骤，在真实的体系中，任何步骤和其它步骤相比，都有可能是最慢的，是反应的控制步骤。如果在吸附相中的化学反应最慢，那就可以把反应称作是反应控制的（或者动力学控制的），相反，如果吸附相中的化学反应进行得如此之快，以致反应物至孔内活性表面的扩散，控制着总的反应速度，那么，这样的反应就可称为内扩散控制的。如果最慢的速度是经由流体的扩散，那就可称为外扩散控制的反应。如果操作的条件对特殊的过程使之能在中间状态下工作，那么，总的速度就将由化学和扩散的两种速度组成。

一般说来，化学控制的过程发生在较低的温度，而扩散控制的过程则在相对高的温度下发生。这是因为化学反应和温度成指数关系，就像 Arrhenius 方程 $k = A e^{-E/(RT)}$ 所表示的那样，而扩散则和温度的平方根成正比，因此，当温度增加时，化学反应的速度要比扩散系数增加快得多，从而使扩散过程变慢和在高温下成为控制步骤。

二、催化剂颗粒外部扩散（外扩散区）的限制

从流体体相向固体催化剂微粒和流体界面的扩散速度可用方程式(12-37)描述：

$$r_{ext} = D_{ext}(c_b - c_i) \qquad (12\text{-}38)$$

式中，D_{ext} 是外扩散系数；c_b 和 c_i 分别代表反应物在体相中和界面上的浓度。催化反应在外表面上的速度可写成：

$$r = k_{ext} c_i \qquad (12\text{-}39)$$

这两个过程在稳态时，将以相同的速度进行，因此：

$$D_{ext}(c_b - c_i) = k_{ext} c_i \qquad (12\text{-}40)$$

对化学反应速度，以已知的体相浓度 c_b 可重新写成：

$$r = c_b / (1/D_{ext} + 1/k_{ext}) \qquad (12\text{-}41)$$

在有限制的情况下：

（ⅰ）如果 $D_{ext} \gg k_{ext}$，则：

$$r = k_{ext} c_b \qquad (12\text{-}42)$$

这时，化学反应就是控制步骤，因为速度方程式只包含化学反应速度系数。

（ⅱ）如果 $k_{ext} \gg D_{ext}$，在这一情况下：

$$r = D_{ext} c_b \qquad (12\text{-}43)$$

因此，扩散成了速度控制的。

外扩散反应的一个例子是用非孔性铂网催化的氨氧化。反应是强放热的（$\Delta H_{298}=$ -226kJ/mol），而且反应速度极快。因此，外扩散决定着总转化速度。即使对这一反应的动力学知之甚少，也完全不是一种阻碍。在这个情况下为了反应器的设计和操作，上述简单方程已是可用的了。因为总的动力学可以用扩散系数和氨浓度的乘积来描述。

当反应不是非等温时，和浓度梯度相应的温度梯度在微粒外表面和流体体相之间也能建立起来，实际上外扩散对温度的敏感性要比内扩散的低得多，比化学反应速度的也低。

三、催化剂颗粒内部扩散（内扩散区）的限制

在工作条件下的大多数催化反应，在多少程度上都会受到微粒间扩散的影响。正如以前已经见到过的那样，微粒间扩散的程度取决于催化剂微粒的孔结构。如果孔和反应物及产物分子的尺寸相比是窄的话，那么在孔内的扩散将经受阻力和变成速度控制的。

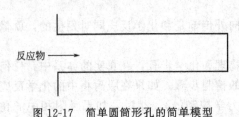

反应物 ⟶

图 12-17　简单圆筒形孔的简单模型

解决这个问题的方法，可以引入被定义为有效因子的参数 η，这是观测到的反应速度 r 对没有微粒间扩散限制时获得的速度 r' 之比（r/r'）。

在简单圆筒形孔内（图 12-17）的不可逆等温表观一级反应的情况中，对 η 的表示式（根据 Thiele-Wheele 理论）可写成：

$$\eta = r/r' = \text{tg}\, h\, mL/mL \qquad (12\text{-}44)$$

式中，mL 是一个无向量的量，称为 Thiele 模数。和单位体积催化剂质量以及扩散系数 D 有关：

$$mL = L\sqrt{k}/D \qquad (12\text{-}45)$$

式中，L 是孔的长度，和微粒的直径有关。

当 Thiele 模数不大或者 $mL<0.5$ 时，很显然，从上述方程（12-43），$\eta=1$，因此 $r=r'$。这意味着孔的扩散对反应的阻力可以忽略不计。这是 L 和 k 都不大，而 D 却很大的情况（短孔、慢反应和快扩散的情况）。

对大的 Thiele 模数值，或者 $mL>5$，η 就和 Thiele 模数成反比（$\eta=1/mL$），这时，孔扩散强烈地影响着反应。同时，观测到的速度将是 Thiele 模数的倒数乘以内在的（本征的）速度。图 12-18 示出了 η 以 mL 为函数的变化，低值 mL 所限定的面积表示是反应控制的，而高值限定的面积则是由扩散控制的。而在这两个过程的中间区域，多少含有速度相等的区域。这里应该注意的是，即使在扩散限制很强的区域，观测到的速度依然取决于化学活性，

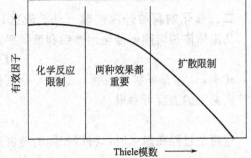

图 12-18　有效因子以 Thiele 模数为函数的变化

因为 r 和 $\sqrt{k}$ 保持着正比关系。因此，对孔性扩散的处理，不同于外扩散的情况，不能独立于内在的反应之外。对 n 级不可逆反应，Thiele 模数可以一般地写成：

$$mL = L[(n+1)kc_A^{n-1}/(2D)]^{1/2} \qquad (12\text{-}46)$$

式中，c_A 为特殊反应物 A 在催化剂微粒表面上的浓度。

四、强孔性阻力区域内的反应行为

① 正如已在上节中见到的，在强孔性阻力区域内催化反应的速度可成为：

$$-r = kc_A^n \eta \tag{12-47}$$

或者
$$-r = kc_A^n(1/mL)$$
$$= kc_A^n(1/L)[2D/(n+1)kc_A^{n-1}]^{1/2}$$
$$= [2kD/(n+1)L^2]^{1/2}c_A^{(n+1)/2} \tag{12-48}$$

这意味着什么？n 级的反应在强孔阻力的区域内将和 $(n+1)/2$ 级的反应一样，换句话说，零级反应的行为和 1/2 级的反应一样，一级的将保持一级，而二级的变成了 1.5 级等。

② 从方程式(12-47) 观测到的速度常数可表示成为：
$$k_{OBS} = [2kD/(n+1)L^2]^{1/2} \tag{12-49}$$

两边取对数，并对温度积分，得：
$$d(\ln k_{OBS})/dt = 1/2[d(\ln k)/dt + d(\ln D)/dt] \tag{12-50}$$

应用 Arrhenius 方程，可以从上一方程看到观测到的活化能：
$$E_{OBS} = (E_{TRUE} + E_{DIFF})/2 \tag{12-51}$$

式中，E_{TRUE} 和 E_{DIFF} 分别为真实的或者内在的以及扩散的活化能。因为扩散的活化能和化学反应的活化能相比非常之小，方程（12-51）可以近似地写成：
$$E_{OBS} = E_{TRUE}/2 \tag{12-52}$$

因此，在强孔性阻力区域内的活化能，当化学反应是速度控制步骤时，将趋向于所观测到的一半。

五、催化反应控制步骤的确定

影响测定催化反应动力学参数的变数可总结如表 12-6 所示。

表 12-6　影响测定催化反应动力学参数的变数

控制步骤	活化能/kcal[①]	反应级数	微粒直径	表面线速度
本征动力学	E	n	无关	无关
内扩散	$E/2$	$(n+1)/2$	与 d_p 成反比	无关
外扩散	$E = 1 \sim 5$	1	有关	有关

① 1cal=4.2J。

通过计算，或者，更确切地通过实验，有可能确定内、外扩散限制的干预程度。

（一）外扩散限制的检测

这可以通过观测不同流动类型扩散系数下的速度常数进行。如果其中两个大小或多或少地相等，那就是外扩散对反应速度的影响。如果扩散系数的大小，远大于观测到的速度常数，那么，对扩散阻力就可以略去不计。

但是，这个方法并不总是可信的，最好还是通过实验来检定外扩散的限制。实验方法的根据是流体相的扩散在高线速下快的事实：在高线速时，扩散的限制应该减小，同时转化率应该有所改进。实验上这可以按催化剂体积的比例增大流速，这样，流体的空间速度是常数，而线速度却是增大了。这时测定每一流速下的转化率；如果转化率在流速增大时并无变化，这就说明表观速度并未为外扩散所限制（图 12-19）。在整个实验中，催化剂微粒的直径要保持均一才能获得可信的结果。

（二）内扩散限制的检测

如果 mL 并不大，为了确定在何种情况下有内扩散限制，计算出实验的 Thiele 模数也是可能的。已有以修饰过的 Thiele 模数为函数，确定 η 的图算方法。但是，使用这个方法要特别审慎。

另一个方法是评估内扩散限制对考测温度上升时反应活化能下降的影响，以及有可能如

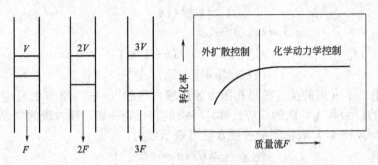

图 12-19　检测外扩散限制的实验

V—催化剂体积；F—流体反应物质量流

前述对反应级数随之的变化。

但是，最为稳妥的办法是根据 Thiele 模数和催化剂压片大小成比例而安排的如下实验：

在接触时间恒定的情况下，而所有其它条件又都保持不变，改变催化剂压片的尺寸（图 12-20）完成一组实验。如果转化率因微粒尺寸改变而变化，那么，说明内扩散是速度控制的；而一个不变的转化率则表明，反应动力学是速度控制步骤。当然，这种测试仅在没有外扩散限制的情况下才真实。另外还要注意的是，后者也和微粒的大小有关。

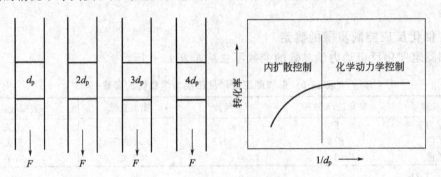

图 12-20　检测内扩散限制的实验

d_p—微粒的尺寸

参 考 文 献

［1］　Van Santen R A，Van Leeuwen P W N M，Moulijn J A Averili B A．Stud in Surf Sci and Catal，1999，123：Chapter 8.

［2］　Trambouze P，Van Landeghem H，Wauquier J P．Chemical Reactors Design/Engineering/Operation．Paris：Editions Technip，1988．439～475.

［3］　Krishna R，Sie S T，Chem Eng Sci，1994，49 (24B)：4029～4065.

［4］　Cybulski A，Moulijn J A，Structured Catalysts and Reactors．N. Y.：Marcel Dekker，1998．1～14.

［5］　Fogler Scott H，Elements of Chemical Reaction Enginering．London．Prentice-Hall，1986，349～451.

［6］　Fromment G F，Bishoff K B，Chemical Reactor Analysis and Design．2nd Edition．N. Y.：Willey，1990．293～304.

［7］　Thomas J M，Thomas W J．Principles and Practice of Heterogeneous Catalysis．N. Y.：Weinheim，1997.

［8］　Satterfield C N．Heterogeneous Catalysis．N. Y.：McGraw-Hill，1980.

编　后　语

　　《应用催化基础》一书是吴越先生去世前留下的还没有完全修改好的初稿。书中许多新的内容是先生通过总结大量文献资料后，精心撰写而成的；许多文献都是非常久远的，并且所涉及文献的量又是非常之大，因此大部分内容都是高度概括的。

　　在初稿中有许多地方先生的表述对青年读者理解起来可能会有一些不便，因此出版社邀请本人对这些内容进行适当修改，以方便于青年读者阅读。与先生的学识相比，本人对催化的理解与修为还有相当大的距离，考虑到《应用催化基础》一书所涉及的内容对青年催化工作者具有非常重要的参考价值，所以作为吴先生学生的我还是较为勉强地进行了修改，因此难免会有理解上的差距以及由于催化自身的玄妙出现一些错误也在所难免。有些地方尊重了先生语言习惯没有修改，让读者去体会先生对催化的高度概括式的表述。对由于在理解上的差异导致修改部分在学术水平上的差距以及可能出现的错误对读者造成的影响，本人在此表示歉意。

杨向光

2009 年 1 月